国家社会科学基金重点项目
"唐代审美意识研究"（批准号：11AZD053）最终成果

唐　代　审　美
意　识　研　究

大唐气象

陈望衡　范明华　等 ————— 著 —————　江苏人民出版社

图书在版编目(CIP)数据

大唐气象:唐代审美意识研究/陈望衡等著.——
南京:江苏人民出版社,2022.1(2024.1重印)
ISBN 978-7-214-25046-9

Ⅰ.①大… Ⅱ.①陈… Ⅲ.①审美意识-美学史-研
究-中国-唐代 Ⅳ.①B83-092

中国版本图书馆 CIP 数据核字(2020)第 104184 号

书　　　名　大唐气象——唐代审美意识研究
著　　　者　陈望衡　范明华　等
责 任 编 辑　卞清波　胡海弘
装 帧 设 计　潇　枫
责 任 监 制　王　娟
出 版 发 行　江苏人民出版社
地　　　址　南京市湖南路 1 号 A 楼,邮编:210009
照　　　排　江苏凤凰制版有限公司
印　　　刷　苏州市越洋印刷有限公司
开　　　本　718 毫米×1000 毫米　1/16
印　　　张　46　插页 23
字　　　数　735 千字
版　　　次　2022 年 1 月第 1 版
印　　　次　2024 年 1 月第 4 次印刷
标 准 书 号　ISBN 973-7-214-25046-9
定　　　价　188.00 元

(江苏人民出版社图书凡印装错误可向承印厂调换)

目录

绪论
　1

第一章

唐代诗歌的审美意识（上）

第一节　抒怀诗：心随朗日高，志与秋霜洁
　27

第二节　边塞诗：气高轻赴难，谁顾燕山铭
　44

第三节　伤世诗：乾坤含疮痍，忧虞何时毕
　58

第四节　友情诗：何时一樽酒，重与细论文
　71

第五节　女题诗：笑入荷花去，佯羞不出来
　85

第二章

唐代诗歌的审美意识（下）

第一节　羁旅诗：柴门闻犬吠，风雪夜归人
　100

第二节　山水诗：江山留胜迹，怅然吟式微
　112

第三节　咏物诗：所咏虽微物，所寓皆世情
　125

第四节　仙道诗：悟了长生理，秋莲处处开
　138

第五节　佛教与唐诗
　150

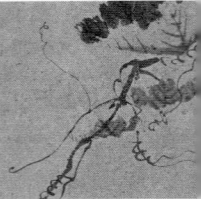

第四章　唐代小说的审美意识

第一节　文体：作意好奇　203

第二节　功业：英雄际会　208

第三节　荣华：一枕黄粱　213

第四节　婚恋：情纯义重　217

第五节　女性：德色双馨　222

第三章　唐代散文的审美意识

第一节　青云之志　162

第二节　吊古之伤　170

第三节　山水之娱　176

第四节　园林之乐　186

第五节　理性之光　196

第六章　唐代书法的审美意识

第五节　书法理论　323

第四节　草书之美　317

第三节　楷书之美　302

第二节　时代风格　288

第一节　兴盛原因　284

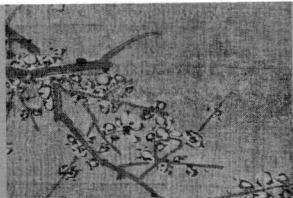

第五章　唐代文论的审美意识

第四节　文道论　268

第三节　文教论　255

第二节　意象论　242

第一节　诗品论　229

第七章 唐代绘画的审美意识（上）

第一节　绘画的专业化　334
第二节　佛教画的流行　337
第三节　新技法的创造　352
第四节　水墨画的产生　358
第五节　文人画的肇始　363

第八章 唐代绘画的审美意识（下）

第一节　人物画　371
第二节　山水画　380
第三节　动植物画　386
第四节　绘画理论　391

第九章　唐代乐舞的审美意识

第一节　和为主题　408

第二节　崇武尚文　413

第三节　娱乐旨归　419

第四节　广纳胡乐　425

第五节　乐舞典范　429

第六节　乐美解放　437

第十章　唐代雕塑的审美意识

第一节　唐代雕塑概述　444

第二节　佛教造像　447

第三节　道教造像　459

第四节　帝陵石雕　466

第五节　墓俑雕塑　474

第十一章　唐代城市建设的审美意识

第一节　唐代城市的历史定位　481
第二节　唐代城市的个案分析　484
第三节　唐代城市的审美特征　502

第十三章　唐代园林营造的审美意识

第一节　唐代园林的历史定位　540
第二节　唐代园林的个案分析　547
第三节　唐代园林的审美特征　565

第十二章　唐代建筑营造的审美意识

第一节　唐代建筑的历史定位　507
第二节　唐代建筑的个案分析　509
第三节　唐代建筑的审美特征　531

第十四章

唐代儒家与唐代审美意识

第一节　唐代儒家之学 576

第二节　注重社会功用 586

第三节　强调明道抒情 592

第四节　标榜风骨之美 598

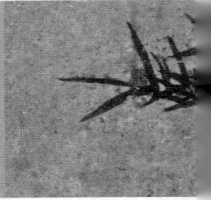

第十六章　唐代佛教与唐代审美意识

第五节　华严宗的审美意识（下）　706

第四节　华严宗的审美意识（上）　695

第三节　禅宗的审美意识　674

第二节　唐代佛教的审美意识　659

第一节　唐代佛教的中国化　650

后记　724

主要参考文献　717

第十五章　唐代道教与唐代审美意识

第五节　唐代道教中的仙境与仙人之美　640

第四节　神仙道教中的审美意识　628

第三节　文人道教中的审美意识　621

第二节　皇家道教中的审美意识　613

第一节　道教文化的三个层面　604

绪　论

　　唐朝是中国历史上最为强盛的时期之一,它与中国历史上另一个强盛的帝国——汉并列,史称"汉唐"。唐朝在中国历史上的存在时间为公元 618 年至907 年,近 300 年。这个时期,美洲尚未被欧洲人发现;欧洲处于黑暗的中世纪,城市破败,田园荒芜。唯有中国这块土地,呈现繁荣、兴旺的景象。兴旺的大唐帝国,如旭日东升,辉耀全球。毫无争议,唐帝国是当时世界上第一强国。尽管当时没有飞机,没有轮船,没有火车,没有汽车,也阻止不了人们的交往。主要用骆驼作为交通工具的陆上丝绸之路和主要用帆船作为交通工具的海上丝绸之路,将唐帝国与世界联系在一起。于是,我们看到,唐帝国的丝绸、茶叶、瓷器,源源不断地输送到了西亚、南亚、欧洲,而西亚、南亚、欧洲的各种产品也源源不断地输送到了唐帝国。与物品相伴随的是人,是文化。在唐帝国的首都长安,可以看到长相与唐人相异的罗马人、波斯人、天竺人、西域人、吐蕃人、高丽人、朝鲜人,看到来自诸多国家的各种风格鲜明的乐舞。唐帝国俨然成为当时世界的中心,长安成为当时世界诸多民族向往的圣地。

　　大唐帝国拥有世界上最大的物质财富;也拥有世界上最灿烂、最辉煌的精神财富。诗歌、乐舞、绘画、雕塑、建筑,在当时的世界上毫无争议地处于最高水平。当李白在高吟"黄河之水天上来,奔流到海不复回"的时候,英国人引以为豪的莎士比亚在哪里?当《霓裳羽衣舞》以大曲三十六段的规模在唐宫辉煌上演时,欧洲的"明珠"维也纳歌剧院在哪里?当李思训父子的山水画、吴道子的人物画称誉东方时,造型艺术大师米开朗基罗、达·芬奇在哪里?众所周知,莎士比亚、米开朗基罗、达·芬奇都是文艺复兴时期的人物,比李白、李思训、吴道子晚了近一千年。

唐代人的审美品位究竟是什么样子的? 现在,我们只能通过唐人自己留下的物质作品或文字作品去揣摩、去想象了。读读杜甫的《丽人行》,那都城长安水边丽人出行的场景何等靓丽,何等辉煌! 且不说"态浓意远淑且真,肌理细腻骨肉匀"的女人姿态尽见唐人视肥为美的女性审美观,仅看看这贵族女子的装饰:"绣罗衣裳照暮春,蹙金孔雀银麒麟。头上何所有? 翠微匐叶垂鬓唇。背后何所见? 珠压腰衱稳称身。"那个时期的工艺水平、审美趣味不是尽为彰显了吗? 再看看王勃的《滕王阁序》,那地处偏僻的江西南昌也有这样崇阿的殿宫:"桂殿兰宫,即冈峦之体势。披绣闼,俯雕甍,山原旷其盈视,川泽纡其骇瞩。闾阎扑地,钟鸣鼎食之家;舸舰弥津,青雀黄龙之舳。"唐代的繁华、强壮以及高度发达的文明,不是也尽可见出吗?

繁华、富裕、强大、开放,虎虎有生气,这是唐人留下的物质文明与精神文明给我们的总体印象。唐人的审美观念集中体现在文学艺术之中,同时,也体现在哲学观念、政治观念、伦理观念以及各种充满生意的实际生活之中。品味唐人的审美情趣,探讨唐人的审美观念,犹如从高空俯瞰大地,唐朝的精神气象,唐朝的物质文明和精神文明的发展水准,都一览无余了。

一、上承隋制,革新创造

任何文化均有其发展的承续。唐朝的审美观念与它的前一个朝代隋朝的审美观念有着内在的关联:在某些方面,它直接承续隋制;而在有些方面,则是吸取隋的教训,不取隋制;更多的方面,则是既吸取了隋制,又改造了隋制,在隋制的基础上创造新制。

隋朝(581—618 年)存在的时间不长,仅 37 年。在这 37 年中,尽管有不少战事,但隋朝还是重视自己的文化建设的。这些文化建设中,涉及审美的,主要有三:

第一,对轻艳审美情趣的批判。轻艳审美情趣集中表现在齐梁文风上。这种文风被历代视为文学的堕落。隋建国后,有识之士直斥这种文风,要求朝廷予以坚决的纠正。李谔在《上隋高祖革文华书》中说:

降及后代,风教渐落。魏之三祖,更尚文词,忽君人之大道,好雕虫之小艺。下之从上,有同影响,竞骋文华,遂成风俗。江左齐、梁,其弊弥甚,贵贱贤愚,唯务吟咏。遂复遗理存异,寻虚逐微,竞一韵之奇,争一字之巧。连篇累牍,不出月露之形,积案盈箱,唯是风云之状。

　　这种文风,概括起来,就是尚形式、轻内容。体现在文字形式上,则尚音韵、轻字义;体现在内容主题上,则尚风月、轻家国。李谔大声疾呼,不要轻视这种文风对社会人心的腐蚀,对江山社稷的损害:"世俗以此相高,朝廷据兹擢士。禄利之路既开,爱尚之情愈笃。于是闾里童昏,贵游总丱,未窥六甲,先制五言。至于羲皇、舜、禹之典,伊、傅、周、孔之说,不复关心,何尝入耳。以傲诞为清虚,以缘情为勋绩,指儒素为古拙,用词赋为君子。故文笔日繁,其政日乱,良由弃大圣之轨模,构无用以为用也。损本逐末,流遍华壤,递相师祖,久而愈扇。"这种文风如果仅是个人爱好,只是玩玩,那不妨事,可怕的是它与政治相联系,与禄利相联系,那对国家社稷的危害就非同小可了。试想,一个政府,整天泡在公文中,而这些公文徒具华美形式,没有实际的内容,这个政府,还能做出什么于百姓有利的事情来呢?隋文帝杨坚接受李谔的建议,下令"公私文翰,并宜实录"。泗州刺史司马幼上给文帝的表章,因文辞过于华丽,竟然遭到治罪。

　　与齐梁文风相联系的是弥漫于南朝的乐舞,这种乐舞的代表为《玉树后庭花》,那是南朝陈朝亡国之君陈叔宝最为痴迷的乐舞。陈叔宝是一位很有文学艺术才华的皇帝,但是他的艺术趣味低下,耽于酒色,不理政事,醉心轻艳的乐舞。他的亡国应该说是有诸多原因的,但人们简单地将他所醉心的以轻艳为主要风格的乐舞视为"亡国之音"。隋统一中国后,自然要对之前的文化进行清理,陈叔宝醉心的乐舞,自然也就成了批判的对象。

　　隋文帝非常看重音乐的教化作用。在隋帝国建立后,他下令建立雅乐体系,强调这雅乐体系一定是华夏正声。虽然隋建立的正声多源自南朝旧乐,但对于其中的亡国之音非常注意排斥。值得指出的是,虽然文帝对于风格特征主要为轻艳的乐舞是极力排斥的,但是,他的这种努力并没有得到臣下全心全意的支持,不少臣子喜爱的还是这种轻艳的乐舞,还有也遭文帝排斥的胡音。据《隋书·音乐志》载,开皇年间,龟兹音乐传到中原,很受欢迎:"时有曹妙达、王长通、李士衡、郭金乐、安进贵等,皆妙绝弦管,新声奇变,朝改暮易,持其音技,估衔公王之间,举时争相慕尚。高祖病之,谓群臣曰:'闻君等皆好新变,所奏无复正声,此不祥之大也。自家形国,化成人风,勿谓天下方然,公家家自有风俗矣。存亡善恶,莫不系之。乐感人深,事资和雅。公等对亲宾宴饮,宜奏正声;声不正,何可使儿女闻也!'"

文帝的担心是没有用的,到炀帝杨广即位,轻艳的审美风气不仅死灰复燃,而且越发猖獗了。重要的原因,不是臣下,而是杨广,他的审美观念与其父文帝完全不同。就文学创作来说,他登位之前,"初习艺文,有非轻侧之论",其作品《与越公书》等,"虽意在骄淫,而词无浮荡",尚能"归于典制"。即位之后,则将"典制"抛至九霄云外,从内容到形式全然轻艳浮荡,与齐梁文学无异(参《隋书·文学传》)。

炀帝热衷轻歌艳舞。他不仅喜欢观赏这类乐舞,而且还亲自制作艳词,让来自龟兹的著名音乐家白明达谱成歌曲,编成舞蹈。据《隋书·音乐志》记载,炀帝创作的艳曲有《万岁乐》《藏钩乐》《七夕相逢乐》《投壶乐》《舞席同心髻》《玉女行觞》《神仙留客》《掷砖续命》《斗鸡子》《斗百草》《泛龙舟》《还旧宫》《长乐花》《十二时》等,这些曲子"掩抑摧藏,哀音断绝",全然是靡靡之音。

隋朝在炀帝手里,十余年便亡国了。隋朝亡国的教训引起后代无尽的思考,其中重要的一个问题是,国之兴亡与文艺或者说与审美到底有没有关系?如果有,是什么样的关系?不管炀帝是不是因为贪恋此种乐舞而导致亡国的,反正,隋的亡国,引起了唐的高度警惕。唐太宗清醒地知道,生活理念以及这种理念指导下的生活方式不仅是联系到人生的,而且也是联系到家国命运的,尤其对于负有家国使命的君臣来说。从人生观的维度,他自觉地抵制轻艳虚浮的生活理念,明确表示效法尧舜等先王,树立简朴的生活观。他说:

> 台榭取其避燥湿,金石尚其谐神人,皆节之于中和,不系之于淫放。故沟洫可悦,何必江海之滨乎!麟阁可玩,何必两陵之间乎!忠良可接,何必海上神仙乎!丰镐可游,何必瑶池之上乎!释实求华,以人从欲,乱于大道,君子耻之。(《帝京篇序》)

值得我们注意的是,唐太宗只是从人生观的维度否定轻艳虚浮的审美理念,反对将它当作人生理想,而在艺术生活中,却并不完全排斥这种艺术风格。比如,他偶尔也写写宫体诗,一次写了宫体诗,让臣下赓和,虞世南予以谏阻,说："圣作诚工，然体非雅正。上之所好，下必有甚者，臣恐此诗一传，天下风靡。不敢奉诏。"(《新唐书·虞世南传》)贞观十八年(644年)，太宗想对初立为太子的李治严加管束，让他住在自己的寝殿之侧。对太宗日常爱好非常清楚的散骑常侍刘洎则予以谏阻，担心太宗爱好轻艳文学的不良喜好影响到了李治。此话是这样说的："陛下……暂屏机务，即寓雕虫。综宝思于天文，则长河韬映；摘玉字于仙札，则流霞成彩。固以锱铢万代，冠冕百王，屈、宋不足以升堂，钟、张何阶于入室。"(《旧唐书·刘洎传》)话说得很委婉，但将太宗喜好"流霞成彩"的轻艳文字说出来了。对于陈叔宝作的《玉树后庭花》，太宗也没有看成洪水猛兽、认为它是"亡国之音"，基于此乐舞很美，他主张接收过来，供当世的人们欣赏。

第二，提出了整合南北文学的主张。汉魏以来，由于南北分裂、地理、经济及其他原因，南北文学形成了不同的风格。隋朝统一中国后，为了建立尽善尽美的文学，提出整合南北文学风格的主张：

> 江左宫商发越，贵于清绮，河朔词义贞刚，重乎气质。气质则理胜其词，清绮则文过其意，理深者便于时用，文华者宜于咏歌，此其南北词人之得失大较也。若能掇彼清音，简兹累句，各去所短，合其两长，则文质斌斌，尽善尽美矣。(《隋书·文学传》)

应该说，南北文学在隋建立前就有交流，不过，这种交流多是被动的、不太正常的。像庾信和王褒这样的著名文学家，本是南方人，之所以来北方生活，是因为历史事变。庾信本是梁朝使臣，奉命出使西魏，被迫滞留北地。王褒则因为江陵城破，被西魏大军掳至北方。

值得指出的是，北人对于来自南方的文学表示出了特别的尊重、喜爱。据《北史·庾信传》，北方的最高统治者西魏"明帝、武帝，并雅好文学，(庾)信特蒙恩礼。至于赵、滕诸王，周旋款至，有若布衣之交。群公碑志，多相托焉"。王褒虽为俘虏，也受到礼遇。据《周书·王褒传》，江陵被攻陷后，"元帝出降，褒遂与众俱出。见柱国于谨，谨甚礼之。褒曾作《燕歌行》，妙尽关塞寒苦之状"。同样，南人也喜爱北人的文章。北人薛道衡的文章就受到南人的欢迎。《隋书·薛道衡传》云："江东雅好篇什，陈主犹爱雕虫，道衡每有所作，南人无不吟诵焉。"北人郦道元的《水经注》流传到了江南，为江南文人所重视。书中关于三峡风光的那段绝美的文字，被录入刘宋人盛弘之编的《荆川记》中。

尽管南北文学一直有着交流,但由于南北分裂,这种交流是不够顺畅的。大一统的隋帝国的建立,为这种交流创造了条件,帝国对于这种交流所持的积极态度,更是促进了这种交流。由于隋帝国存在的时间不长,这种交流所产生的积极成果,在隋帝国存在期间,不太明显,但唐帝国文学的繁荣,在相当程度上得力于南北文学交流的结果。可以说,隋帝国播下的种子,在唐帝国开出了绚丽的花朵。

第三,重申文学的社会服务功能。隋代出了一位大儒,名王通。王通,绛州龙门人,门人私谥"文中子"。王通以正统儒家继承人自居,曰:"吾视千载而下,未有若仲尼焉。其道则一,而述作大明。后之修文者,有所折中矣。千载而下,有申周公之事者,吾不得而见也。千载而下,有绍宣尼之业者,吾不得而让也。"(《中说·天地篇》)王通在美学上的重要贡献,主要是重申文学的社会服务的功能,其中特别重视的是文学的认识价值和教化价值。王通《中说》有云:

> 子谓薛收曰:"昔圣人述史三焉。其述《书》也,帝王之制备矣,故索焉而皆获。其述《诗》也,兴衰之由显,故究焉而皆得。其述《春秋》也,邪正之迹明,故考焉而皆当。"(《王道篇》)

> 薛收曰:"吾尝闻夫子之论诗矣,上明三纲,下达五常,于是征存亡,辩得失。故小人歌之以贡其俗,君子赋之以见其志,圣人采之以观其变。"(《天地篇》)

> 子曰:"学者,博诵云乎哉? 必也贯乎道。文者,苟作云乎哉? 必也济乎义。"(《天地篇》)

从《诗经》中发现政权兴衰之由,不就是说《诗经》包含有诸多的政治道理吗? 读诗而明政,诗之用大矣哉! 不仅如此,诗中还有伦理纲常,有道,有义,读诗可以学做人,学处世。诗的作用几乎囊括了政治、伦理、历史的诸多功能,那它还有没有自身的功能呢? 王通没有说,或者,他不愿意说。《诗经》是诗,其语言是特别讲究的,这是美的来源之一,孔子对《诗经》的语言是很看重的,曾经说"不学《诗》无以言"(《论语·季氏》),而王通认为《诗经》的语言"词达而已矣"(《中说·天地篇》),这就未免太不重视文学语言的审美功能了。

王通的文学理论在隋没有能发挥大的作用,而是作用在唐及唐以后的诸朝代。唐人比较重视王通的文学理论。在隋做过东宫通事舍人的李百药,曾与王通论过诗,入唐后,担任太宗朝的中书舍人、礼部侍郎、太子左庶子,是一位与太宗关系比较密切的文人。他对文学的看法,大的方面,与王通一致,认为文学有化成天下的重要功能,但是,他不赞成王通对文学审美功能的忽视。他在为《北齐书》的"文苑"部分写的序言中,大谈文学的情感作用和文词之美。唐太宗虽然在理论上反对"释实求华,以人从欲,乱于大道",但在实际的文学生活中,是讲究文学的审美作用的。他对宫体诗存有一定的兴趣,"暂屏机务,即寓雕虫"就足以说明他个人的审美旨趣,更不消说他对南朝著名乐舞《玉树后庭花》网开一面而不将它打入"亡国之音"了。

存在时间只有 37 年的隋朝,为存在时间近 300 年的唐帝国在诸多方面提供了经验和教训,它既是唐帝国的一面镜子,又是唐帝国政治、经济、文化发展的基础。唐帝国审美观念的建立,既在诸多方面延续了隋的传统,又在诸多方面革新了隋的传统。

二、开放治国,美美与共

唐代审美观念的建立,唐太宗李世民功不可没,从某种意义上说,他是唐帝国审美观念体系的奠基者,或者说是开拓者。

李世民虽然是唐帝国的第二任皇帝,但实际上,唐帝国主要是他打下来的,作为帝国主要的缔造者,他深知创业之艰。在帝国建立后,稳定天下,巩固政权,守住这份来之不易的功业,无疑是重中之重。太宗较炀帝之根本不同就在于他对这个问题极为看重,头脑十分清醒。

具体如何稳定天下、巩固政权,太宗实施了一系列的战略,包括文武两个方面。在文治方面,太宗与前代任何一位皇帝之不同,就在于他积极实施开放的国策。开放的前提是改革,那就是对传统的治国方针作必要的调整与变革。在这里,最为突出的一点是一改自汉武帝以来所固守的"独尊儒术"或以儒家治国的方略,采取以儒为主、儒道释并尊的治国方略。

儒家为主,这是太宗坚持的。他说:"朕今所好者,惟在尧、舜之道,周、孔之教,以为如鸟有翼,如鱼依水,失之必死,不可暂无耳。"(《贞观政要·论慎所好》)这种坚持是正确的,吸取了汉武帝以来的治国经验。但是,对于道家、道教和佛教,他也一概不加排斥,尤其是道家、道教,因为李世民认为他们李家本为道家创始人兼道教宗主老子之后。至于佛教,太宗的认识有一个过程。他曾说:"至于佛教,非意所遵,虽有国之常经,固弊俗之虚术。"(《旧唐书·萧瑀传》)但是,他后来改变了这一观点,认为佛教对于稳定天下、劝谕百姓行善,有相当的好处。著名高僧玄奘从天竺取经回来,他不仅亲自接见,还对玄奘的译经事业做出了很好的安排。唐代佛教的繁荣是在太宗之后的武周时期,高僧辈出,出现了众多宗派。一时间,佛教的地位竟跃升在道教之上。武周在《释教在道法之上制》中说:"自今已后,释教宜在道法之上,缁服处黄冠之前。"

儒家独尊地位的失落所带来的,不只是道家、道教和佛教的兴旺,更重要的是文化的繁荣,其中最为突出的是文学艺术的繁荣,是审美生活的丰富,是精神世界的解放。

唐朝建国之初,朝廷讨论雅乐建设时,大臣杜淹认为:"陈将亡也,有《玉树后庭花》,齐将亡也,有《伴侣曲》,闻者悲泣,所谓亡国之音哀以思。以是观之,亦乐之所起。"(《新唐书·礼乐志》)杜淹的观点来自儒家的《乐记》,《乐记》说:"治世之音安以乐,其政和;乱世之音怨以怒,其政乖;亡国之音哀以思,其民困。声音之道,与政通矣。"(《乐本篇》)这当中提出了一个重大问题,即国家兴衰与乐——推而广之与艺到底有没有关系? 有没有所谓的"亡国之音"? 太宗的观点是:"古者圣人沿情以作乐,国之兴衰,未必由此。"(《新唐书·礼乐志》)所谓"国之兴衰,未必由此",包括两义:(一)国之兴衰与艺术没有必然关系;(二)在某种情况下,它们之间也可能有一定的关系。虽然,对于在什么样的情况下有关系、什么样的情况下无关系的问题,太宗没有做过多的论述,但是他强调"声之所感,各因人之哀乐。将亡之政,其民苦,故闻以悲"(《新唐书·礼乐志》)。

唐太宗这一观点关涉到诸多方面的问题,其中最重要的有两个:

第一,礼与乐的关系问题。儒家认为礼与乐有着必然的联系,太宗不这样认为。乐与礼可以有密切联系,但这有联系的乐只是乐中的一部分;乐与礼也可以没有联系,这没有联系的乐也只是乐的一部分。用现代的概念来表述,那就是:艺术与政治有联系,这有联系的艺术只是艺术中的一部分;艺术与政治也可以没有联系,这没有联系的艺术,同样也只是艺术的一部分。艺术不是政治,政治也不是艺术。

第二,乐的功能问题。乐有诸多的功能,包括为礼服务的功能,这主要体现在那与礼有联系的乐身上。太宗时所建立的《六庙乐曲舞》、《七德舞》(即《秦王破阵乐》)、《九宫舞》均属于这一类。乐也有自身的功能,就是供人娱乐。应该说所有的乐都有娱乐功能，只是在为礼服务的乐身上，其娱乐功能往往被忽略了，而在不为礼服务的那些乐身上，其娱乐功能就特别突出了。

太宗的观点，最为直接的效果是为一大批所谓的"亡国之音"解脱了罪名，其次是为一大批民间艺术赢得了地位。民间艺术走向繁荣，不仅受到百姓欢迎，而且也为文人雅士所看重，唐代诸多诗人吸取民歌精华制作出新的民歌，就是明证。更为重要的是，诸多优秀的民间乐舞进入了宫廷，经宫廷艺术家的改编，成了品位很高的艺术。本来，在隋文帝时期，乐还分雅、俗二部，至唐，这二部取消了，更名"部当"（《新唐书·礼乐志》）。俗乐大摇大摆地进入宫廷，进入广大士人的生活。

太宗不仅破了儒家的"雅俗之辨"①，还破了儒家的"夷夏之辨"。"夷夏之辨"出自孔子，孔子极端看不起域外少数民族的文化，认为他们不懂礼乐、不文明，自认为唯有体现周公礼乐精神、恪守周朝礼乐制度的文化才是先进文化。这一儒家正统观念一直受到冲击，因为外域文化不可阻挡地进来了，尤其是艺术。南北朝时期，中国分裂为南北两个部分，北朝因为近邻西域，受外域文化影响更多，诸多北朝的统治者就有胡人血统。隋朝建国后，恪守儒家传统的隋文帝是排斥西域文化的，在讨论雅乐体系时，他明确地说要防止胡乐的进入，但实际上却没有做到，他制定的《七部乐》中就有《高丽伎》《天竺伎》《龟兹伎》。

如果说在隋，胡乐的进入多少还有理论上的障碍的话，那么到唐，这种障碍就几乎看不见了。唐帝国缔造者李渊家族本就有鲜卑血统，也就是说，本就是胡人，虽然汉化，但在文化上对胡人不持抵制的态度。唐高祖在位时，雅乐体系用的是隋朝的，唐太宗即位，建设属于自己的雅乐体系，将隋的七部乐扩大为十部乐，其中同样也有诸多来自西域的音乐。

太宗制定的雅乐向胡乐开放这一政策，以后一直得到很好的执行。西域诸音乐中，龟兹乐由于音调欢快、特色鲜明，尤其受到宫廷欢迎。在民间，胡旋舞等来自西域的乐舞更是倾倒了中原观众，大诗人白居易也为之赋诗，盛赞此乐舞之美。另外还有狮子舞，本也来自西域，传入中原后，盛演不衰，延至今日，人们完全忘记了它的来历。

---

① 孔子并不反对民间音乐，但是他说"恶紫之夺朱也，恶郑声之乱雅乐也"（《论语·阳货》），实际后果是将诸多民间音乐当成了与雅乐相对的俗乐。

作为一代雄主,太宗对唐文化建设的最重要贡献也许还不是打开了一座吸纳天下众多文化精华的大门,为唐文化的建设开辟了一条最为宽广的道路,而是树立了一种文化建设精神,即开放精神。这种开放精神必然带来审美观念的大解放,带来文学艺术的空前繁荣。

太宗的开放精神,到玄宗执政的开元天宝年间发扬到了极致,玄宗亲自主持创作的《霓裳羽衣舞》可以说是这种全面开放精神的产物。此乐舞主题是道教的神仙观念,乐调基础是传统的清商乐,但充分吸取了自印度经龟兹传过来的佛教音乐,可以说,它是道教文化与佛教文化圆融的结晶,是中原音乐与西域音乐杂糅的产物。

从唐太宗到唐玄宗,开放的程度是加大了,但是,若仔细比较两位帝王的开放方针,我们就可以发现,他们还是有所不同的。唐太宗的开放,有一个固守的基本点,就是以巩固帝国政权为主旨。一切开放均以之为基本原则。突出的体现就是,太宗虽然允许《玉树后庭花》这样主要供人娱乐的乐舞存在,但是他并没有忽视,乐舞也还有教化百姓促人向上的重要作用。他所确定的雅乐,有武乐、文乐两大系列。武乐以《七德舞》(原名《秦王破阵乐》,又名《神功破阵乐》)为首。此乐舞表现的是当年太宗率军大破刘武周的情景,太宗不仅亲自为乐舞编词,还亲自编制舞图。这样的乐舞,其意义是明显的,就是不让人忘记创业的艰难。高宗有段时间将此舞闲置,待听到臣下奏请再将它搬演时,竟然感动到流泪,说:"乍此观听,实深哀感。追思往日,王业艰难勤苦若此,朕今嗣守洪业,可忘武功?"(《旧唐书·音乐志》)太宗制定的文乐,为首的是《功成庆善舞》(又名《庆善舞》)。按古制,国家举行重大的活动,需要演奏乐舞,凡国家以揖让取得天下的,先奏文舞;凡以征伐取得天下的,先奏武舞。唐朝属于后一类,所以,凡是重要礼仪场合,总是先奏《神功破阵乐》、后奏《功成庆善舞》的。太宗所制定的开放政策,不仅不与巩固政权的根本原则相冲突,还有助于政权的巩固,因为它显示了一种大国的气度、大国的胸襟,有利于争取西域各国的拥护。事实上,自太宗执政至玄宗执政这段时间里,国家政权是稳固的。

然而,唐玄宗的对胡人开放则完全忽视了巩固政权这一根本原则。玄宗是一位音乐修养极高的皇帝,也酷爱音乐,经常在宫廷举办宴会兼音乐会,排场极大。玄宗在"听政之暇,教太常乐工子弟三百人为丝竹之戏。音响齐发,有一声误,玄宗必觉而正之,号为皇帝弟子,又云梨园弟子"(《旧唐书·音乐志》)。玄宗对于西域音乐特别喜爱,"太常乐立部伎、坐部伎依点鼓舞,间以胡夷之伎"(《旧唐书·音乐志》)。他主创的《霓裳羽衣舞》就是充分吸收西凉都督杨敬述进献的婆罗门乐曲而创作的。而且,《霓裳羽衣舞》这个名字,也是婆罗门曲的原名。如此醉心胡乐的玄宗,也许因为爱乌及屋,对于胡人也很有好感,完全没有防备心理。安禄山是一个怀野心而又极为狡诈的胡人,玄宗却对他信任有加,让他身兼范阳节度使、平卢节度使、河东节度使三职。其实,安禄山的本事也很平常,就是善于投玄宗所好。他知道玄宗宠爱杨玉环,于是极力拉杨玉环的关系,请玉环收他做干儿子。每次去长安,他总是先拜见杨玉环,玄宗感到奇怪。安禄山的回答是:"臣是蕃人,蕃人先母而后父。"也就是这等卑下的手段,竟然让玄宗对他深信不疑。有人说安禄山心怀不轨,玄宗大怒,竟然将说此话的人绑起来,送给安禄山。如此昏庸,实在不可理喻。天宝十四载(755年)安禄山谋反,玄宗仓皇出逃,长安陷落。虽然安禄山之乱最终被唐帝国平定,但帝国从此一蹶不振,走下坡路了。安禄山之乱也许跟玄宗爱好胡乐没有直接关系,但注意《旧唐书·安禄山传》的记载:"(安禄山)晚年益肥壮,腹垂过膝,重三百三十斤,每行以肩膊左右抬挽其身,方能移步。至玄宗前,作胡旋舞,疾如风焉。"又《旧唐书·音乐志》有条记载:"天宝十五载,玄宗西幸,禄山遣其贼党载京师乐器乐伎衣尽入洛城。"显然,安禄山是胡乐的高手,这是否也是他讨玄宗宠爱的原因之一呢?上面的引文足以让我们去猜测了。当然,胡乐无害,喜爱胡乐也无害,开放更是无害,重要的是,不能因之失去基本的政治警惕。

史书没有记载玄宗之后的唐朝皇帝是如何吸取玄宗的教训的,但是有一点似乎很清楚,那就是由唐太宗开创的开放国策被一直坚持下来,唐帝国的审美文化一直朝着海纳百川的方向发展着,胡人乐舞依然在长安城热舞着,而唐朝的文化也同样凭着两条丝绸之路向世界传播着。正是因为有唐一代一直坚守的是开放国策,所以唐人的文化生活才如此丰富多彩,真正说得上是各美其美、美美与共了。

唐人的开放源于自信,自信源于自强,自强源于自省,自省最为重要的是政权意识的自省。可以说,唐人的开放主义给后代留下了诸多的启示。

三、诗领风骚,寓教于美

唐朝文化以诗最为有名。人们一说到唐朝,马上就会想到诗,唐诗是名副其实的唐朝文化标志。

唐诗是中华诗歌史上的一座高峰。一谈到唐诗，人们头脑中会立刻闪现出一系列光辉灿烂的名字：李白、杜甫、王维、孟浩然、李贺、白居易、刘禹锡、杜牧、李商隐等。而伴随着童年岁月的那些朗朗上口的诗句自然浮上心头，涌到唇边。唐诗，毫无疑问是中华民族精神的乳浆，它培育了中华民族的审美精神、审美观念、审美趣味。

中华民族有很好的诗歌传统。一般将此传统追溯到《诗经》和《楚辞》。《诗经》产生于春秋之际，是孔子亲自整理的一部诗歌集，其《国风》部分原为民歌，那就是说，在《诗经》成书以前就有诸多的诗在民间流传了。周朝已有采诗的制度，朝廷派人去民间搜集诗歌，名之曰采风，周朝廷通过这种方式了解民情。这是一种非常好的民主政治的方式，得到孔子肯定，孔子说："诗可以兴，可以观，可以群，可以怨。"（《论语·阳货》）兴、观、群、怨，归结到一点，就是审美教育，用《毛诗序》的话来说，即"教化"，它包括对上对下两个方面：上以风化下，下以风化上。所有的教育均是通过"兴""观"这样的审美形式进行的，是教育与审美的统一。《毛诗序》说"诗言志"，这"志"内涵极为丰富，核心是家国之志，但这家国之志是融化在家国之情之中，而这家国之情并不是独立的纯粹的只是对家国的情感，它是人的全部情感大海中的一部分，这情感大海中就有丰富的审美成分，像盐溶化在大海之中。

战国时爱国诗人屈原的作品也被后世视为诗的一个重要传统。屈原的骚体文学基调是楚地的民歌。此种民歌，情感热烈，想象奇特，形象鲜艳。屈原将这些都吸取过来了，创造了即使在当今也属第一流的诗歌。屈原诗歌的灵魂是高昂的爱国主义精神。显然，屈骚传统与《诗经》传统基本上是一致的，它们的共同点就是寓教于美。教与美这两者，在中国的诗歌传统中，教是主体，美是载体。美是为教服务的，这一点非常肯定。

孔子之后，中国诗歌的发展基本上是沿着这条路线前进的。中间也有好些时候偏离了这一路线，主要体现在处理教与美的关系上，丢失了教，只存在美。这种情况是儒家所不允许的。一旦出现这种情况，就有持正统儒家思想的人物出来大声疾呼，号召人们起来纠偏。唐朝存在的近300年内，这种纠偏有过很多次，大的有三次：

第一次是初唐。初唐文坛上，占统治地位的是南朝以来的绮丽之风，这种绮丽之风很是诱人,即使一代雄主李世民也难以完全摆脱它的诱惑,暇时也写那种齐梁风格的宫体诗。好就好在李世民的头脑是清醒的,他明白:"雕镂器物,珠玉服玩,若恣其骄奢,则危亡之期可立待也。"(《贞观政要·论简约》)然后采取断然措施,以身作则,不再玩齐梁那种绮丽的文字游戏,史臣记载他"听览之暇,留情文史。叙事言怀,时有构属,天才宏丽,兴托宏远"(《旧唐书·邓世隆传》),他甚至说:"凡人主惟在德行,何必要事文章耶?"(《贞观政要·论文史》)由于唐太宗的身体力行,初唐的文风得到了相当程度的改善。

第二次为唐高宗时期。这个时期,齐梁文风又有所泛滥,一个扫荡旧弊的勇士出来了,他就是陈子昂。陈子昂在《与东方左史虬修竹篇序》中说:"文章道弊五百年矣。汉魏风骨,晋宋莫传,然而文献有可征者。仆尝暇时观齐梁间诗,彩丽竞繁,而兴寄都绝,每以永叹。思古人常恐逶迤颓靡,风雅不作,以耿耿也。"从这种情况来看,齐梁文风的影响还比较严重。陈子昂为之忧心忡忡,在予以揭露批判之后,他树立了一个正面的典型,就是东方左史虬,赞扬其《咏孤桐篇》"骨气端翔,音情顿挫,光英朗练,有金石声"。陈子昂起的作用不小。与他同一个时期而稍晚的诗人卢藏用就高度评价了他的贡献,说:"道丧五百岁而得陈君……崛起江、汉,虎视函夏,卓立千古,横制颓波,天下翕然,质文一变。"(《右拾遗陈子昂文集·序》)

第三次是中唐唐德宗时期,代表人物是白居易。到中唐时期齐梁诗风应该说基本上得到了清理,此时,文坛上发起了两股变革之风。一股是古文运动,以韩愈、柳宗元为代表。他们坚持儒家的思想路线,提出"文者以明道"(柳宗元《答韦中立论师道书》)的主张。另一股风则是在诗歌创作领域中强调诗的社会服务功能,代表人物为白居易。白居易长期坚持中国诗歌中的乐府传统,写反映民生且通俗易懂的诗歌,自名为"新乐府",他在将自己的新乐府诗结集时作序曰:"凡九千二百五十二首,断为五十篇,篇无定句,句无定字,系于意,不系于文。首句标其目,卒意显其志,诗三百之义也。其辞质而径,欲见者易喻也;其言直而切,欲闻者深诫也;其事核而实,使采之者传信也;其势顺而肆,可以播于乐章歌曲也。总而言之,为君、为臣、为民、为物、为事而作,不为文而作也。"在中国文论史上,如此明确地标出自己的创作是为君、为臣、为民而作,特别是提出"为民"而作的,白居易是第一人。白居易的新乐府诗虽然通俗易懂,但诗意仍然浓郁。白居易为中国通俗文学的发展作出了重大贡献。

中唐诗歌继盛唐之后，在风格多样性方面更为繁荣，虽然除白居易之外还多有诗人如元稹、韩愈、柳宗元等重视诗的社会服务功能，但诗的艺术性一点也没有减弱，在某种意义上说，中唐的诗特别是白居易的诗才真正是寓教于美的典范。

晚唐诗坛虽有萧飒之风，但并不沉寂，在诗歌创作倾向上，齐梁之风似是有所抬头，其代表是韩偓的艳情诗。但这种艳情诗与齐梁之风仍有重要差别，齐梁之风的本质是纵情声色，忘怀国事，而晚唐的艳情诗在绮丽清艳的形象中透出丝丝对国事的隐忧。在晚唐，坚持儒家寓教于美传统的诗人不少，著名的有杜荀鹤、聂夷中、皮日休。晚唐有好些诗人，诗风淡泊，或咏史，或言佛，似是超尘，其实，其淡泊宁静之中同样跳动着为国为民的拳拳之心。晚唐的诗歌无论思想性还是艺术性都并不弱于中唐。由于晚唐诗人较之中唐诗人更注重境界的追求，在艺术上也有许多新的创造。

整个唐代，儒家寓教于美的传统得到弘扬。寓教于美似是视教化为目的，让人担心是否会让诗成为枯燥的说教，而事实已经证明，不会这样。唐代诗歌既主教化，又主审美，这两者似是并没有构成冲突。此间的关键是唐人对教化的理解和对美的理解不是固守成法而是开放的。在唐人看来，教化并不限于礼教，给人输送精神正能量均是教化。李白的诗歌几曾说过什么礼教，相反，有些诗倒是有些反礼教，但谁能说李白的诗坚持的不是寓教于美的立场呢？另外，对审美的理解，也是开放的，审美不只是快乐。杜甫的诗多哀怨，甚少欢乐，但谁能说杜诗不美呢？

从总体上看，中国诗人的绝大多数是坚持儒家的诗教传统的。白居易说："予历览古今歌诗，自《风》《骚》之后，苏、李以还，次及鲍、谢徒，迄于李、杜辈，其间词人闻知者累百，诗章流传者巨万。观其所自，多因谗怨谴逐，征戍行旅，冻馁病老，存殁别离，情发于中，文形于外。故愤忧怨伤之作，通计今古，什八九焉。世所谓文人多数奇，诗人尤命薄，于斯见矣。"（《序洛诗》）正是因为有这样优秀的诗人一直在坚守儒家诗教传统，才创造出在世界文化之林中非同一般的诗歌风光。中国的诗歌不只是抒发个人的感慨而已，它还表达家国情怀，这家国情怀就寄寓在个人感慨之中。故不管在哪个时代，诗歌都是中华民族精神的火炬，指引着、鼓舞着华夏儿女的人生方向。中华民族的审美观念很大程度上是在诗的陶冶下培植的。诗不仅是中华民族的精神母亲，还是中华民族的美学导师。历代诗歌对中华民族心理上的滋润,毫无疑问,就是在参与着中华民族精神传统的培育。

纵览历代的诗歌,整体艺术水平最优秀者当属唐朝。从某种意义上讲,中国诗歌的优良传统虽然不是唐代建立的,却是在唐代稳定、成熟乃至强大的。唐诗是唐代文化的主流,以其巨大的影响力,影响着甚至培育着其他的艺术。

且看唐诗对于乐舞的影响。不错,中国自古以来,诗乐舞为一家,诗为词,乐为曲,舞则以曲为节奏而高蹈。诗独立以来,发展很快,但仍与乐舞有着密切的关系,因为绝大多数的乐均是有词的,因此诗还称为歌行。到唐代则发生了重要的变化,诗除歌行外,还出现古近体,这古近体之分是与音乐没有关系的。宋代学者郑樵说:"古之行曰歌行,后之诗曰古近二体。歌行主声,二体主义。歌为声也,不为文也……二体之作,失其诗也。纵者谓之古,拘者谓之律,一言一句,穷极物情,工则工矣,将如乐何?"(《通志·正声序论》)古近体的出现,虽然说明诗更具独立性,有更大的发展,但是,古近体还是可以歌唱的,尤其是绝句。在唐代,有一个有趣的现象,诗人以自己的诗能谱成曲演唱而骄傲,而光荣。宋代王灼的《碧鸡漫志》载唐代三位著名诗人王昌龄、高适、王之涣旗亭赌唱的故事:

> 开元中,诗人王昌龄、高适、王涣之诣旗亭饮,梨园伶官亦招妓聚燕。三人私约曰:"我辈擅诗名,未定甲乙,试观诸伶讴诗分优劣。"一伶唱昌龄二绝句云:"寒雨连江夜入吴,平明送客楚帆孤。洛阳亲友如相问,一片冰心在玉壶。""奉帚平明金殿开,强将团扇共徘徊。玉颜不及寒鸦色,犹带昭阳日影来。"一伶唱适绝句云:"开箧泪沾臆,见君前日书。夜台何寂寞,犹是子云居。"涣之曰:"佳妓所唱,如非我诗,终身不敢与子争衡。不然,子等列拜床下。"须史,妓唱:"黄河远上白云间,一片孤城万仞山。羌笛何须怨杨柳,春风不度玉门关。"涣之揶揄二子曰:"田舍奴,我岂妄哉!"以此知李唐伶妓取当时名士诗句入乐曲,盖常俗也。

用时下文人的诗句入乐曲,当然并不始于唐,但是像上面的故事所说的那样,文士们热衷于自己的诗句能否入乐却是过去少见的。唐代第一号大诗人李白之所以进入宫廷,很大程度上就是因为唐玄宗喜爱音乐,需要有人为之写词。《旧唐书·李白传》载:"玄宗度曲,欲造乐府新词,亟召白,白已卧于酒肆矣。召入,以水洒面,即令秉笔,顷之成十余章,帝颇嘉之。"据李濬《松窗杂录》记载,著名的《清平调》就是李白为杨贵妃乐舞作的词:

> 会花方繁开,上乘月夜召太真妃以步辇从。诏特选梨园弟子中尤者,得乐十六色。李龟年以歌擅一时之名,手捧檀板,押众乐前欲歌之。上曰:"赏名花,对妃子,焉用旧乐词为?"遂命龟年持金花笺宣赐翰林学士李白,进《清平调》词三章。白欣承诏旨,犹苦宿醒未解,因援笔赋之。

唐代诗人多通晓乐律,大体上,不通乐律者也作不好诗,大诗人李白就是一位深通乐律的诗人,故他的诗入曲很多。

唐诗对于绘画的影响也非常大。宋代的苏轼说:"味摩诘之诗,诗中有画;观摩诘之画,画中有诗。"(《书摩诘蓝田烟雨图》)这种现象在唐代较为普遍,不独王维然。现在我们要讨论的是,诗画互相影响,到底主要影响的是什么?就画对诗的影响来说,主要是让诗具有更好的画面感;就诗对画的影响来说,则主要是对画的主题、精神、品位的提升。唐代著名画论家张彦远关于人物画有一个总的看法,他说:

> 记传所以叙其事,不能载其容;赋颂有以咏其美,不能备其象;图画之制所以兼之也。故陆士衡云:"丹青之兴,比雅颂之述作,美大业之馨香。宣物莫大于言,存形莫大于画。"此之谓也。(《历代名画记·叙画之源流》)

张彦远将画的作用与记传、赋颂等并列,认为它们共同的使命是赞颂那些体现了中华民族精神的人物(当然,在统治者看来,主要是帝王将相),并且认为,承担这一使命,记传与赋颂均不如图画。图画为什么优于记传和赋颂呢?因为图画能将记传、赋颂的长处综合于其内,而补上记传与赋颂均没有的形象。表面上看,似是认为图画高于记传和赋颂,但若细研,则会发现,如果没有将记传和赋颂的长处兼之于内,则图画也徒然为象而已,根本无法担负"美大业之馨香"的重任。记传、赋颂对于图画各有其作用,相较而言,赋颂的作用似是胜出一等,主要原因在于,赋颂和图画均属于艺术,二者内在相通的地方更多,它们实在是亲兄弟,只是赋颂为兄,图画为弟。赋颂赋予图画以内容、以精神,而图画则是将这一内容、精神转化为可视的形式。

人物画如此,山水画其实也是如此。中国的山水画不图为山水传形,而图为山水传神。这山水之神,在山水诗中表达远比在山水画中表达要容易得多,所以,诸多山水画实际上是纳山水诗的诗意入画,山水诗的诗意如何,在很大程度上决定着山水画的品位。王维既是写山水诗的高手,也是山水画大师。苏轼说:"味摩诘之诗,诗中有画;观摩诘之画,画中有诗。"说王维的诗"诗中有画",这"有画"主要指诗有形象,而说王维的画"画中有诗",则是说王维的画中有诗意,诗意即是画的内容。艺术作品,到底是内容决定形式还是形式决定内容?虽然这两者具有互决性,但一般来说,内容还是第一位的,起着根本作用的。所以,就诗与画的相互影响而言,还是诗对画的影响更大一些。唐代更是如此,虽然唐代的绘画也很发达,但相较于诗,终逊一筹。不论是社会地位,还是实际影响,诗总是位于画的前面。

唐诗对其他艺术的影响是诸多方面的,有艺术内容方面的,也有艺术风格方面的,但最根本的是审美观念方面的影响。唐诗的审美观念当然很多,而其核心是寓教于美——教化与审美的统一,这一观念对其他艺术均有深远的影响。

文化通常被理解为人类精神上的创造,主要以精神产品体现出来的文化,它远不只是影响着人的精神,还影响着社会的诸多方面,包括政治制度、社会结构、物质生产等等。精神文化中,文艺是其中的重要组成部分。在唐代,诗在文艺中处主流地位,因此,由诗达整个文艺,由整个文艺达整个精神文化,由整个精神文化达整个唐代社会政治制度及其他种种方面面,唐诗居功伟矣!而唐诗之魂,正在寓教于美——教化与审美统一的审美观念。

四、百川汇海,蔚为大观

唐代审美意识既是在唐代的物质文明和精神文明的土壤中培育的,也是对中华民族传统审美意识的继承与发展。认识唐代审美意识的特点,必须将它置于唐代物质文明和精神文明的土壤中去,同时也必须将它置于中华民族审美意识发展的历史长河中去。

如果说,上面我们是侧重于从整个唐代的物质文明和精神文明的状况去认识唐代的审美意识的话,那么下面,我们就将着重从中华民族审美意识发展的历史长河去认识唐代的审美意识。

中华民族的审美意识源远流长。早在 9 000 年前的贾湖文化遗址就发现有骨笛,说明至少在 9 000 年前,中华民族的先祖们就有审美的追求了。8 000 年前的大地湾文化遗址发现的彩陶器皿上有着精美的图案,这图案虽然含有诸多神秘的意味,但审美是基本的。大约在公元前 2 000 年,中华民族进入文明期,历经夏、商、周、秦、汉、南北朝、隋,到公元 618 年唐帝国建立,应该说,中华民族的审美意识已基本建立。虽然已基本建立,可是并不是说已经完善,更不是说已经终止发展。唐代是中华民族审美意识发展的一个重要时期,这主要体现在:

1. 多元融合、纳新创造,极大地丰富并发展了中华民族的审美意识。唐人审美意识的多元融合,主要体现在两个方面。

第一,儒道释审美意识的融合。儒道两种思想文化产生于先秦,一直互有吸取,但对立也很突出。汉代立国,先是主要取道家思想,后是主要取儒家思想。汉朝晚期,佛教传入,并为统治阶级所重视。魏晋南北朝时期,佛教得到发展,玄学兴起,儒道释三教开始融合。到唐代,儒道释三教的融合达到新的水平。这对中华民族的审美意识产生了重大影响,并培育出诸多艺术之花,最有代表性的莫过于《霓裳羽衣舞》了。此乐舞的灵感来自游仙,显然是道家思想。它的音乐原来用的是清乐,这乐原本是华夏正声,合乎儒家礼制的,但在创作过程中,采用佛教乐曲《婆罗门曲》,这就是典型的儒道释三教合一了。儒道释三教合一,儒为骨干、为主宰,这一格局基本上在唐代形成,一直延续到封建社会结束。唐诗的伟大成就和古文运动,就其对中华民族审美意识建构的意义来说,它不仅奠定而且坚定了儒家审美意识作为中华审美意识的主干地位。

第二,汉族与诸多外域民族及本域民族审美意识的融合。唐帝国版图远较现在的中国大,在这块土地上除汉族外还生活着诸多少数民族,此外,唐帝国与外域的东罗马、大食(今阿拉伯)、波斯(今伊朗)、天竺(今印度)、吐火罗(今阿富汗北部)、罽宾(今克什米尔)、曹国(今阿富汗)、石国(今乌兹别克塔什干)、新罗(今朝鲜半岛)、日本、真腊(今柬埔寨)、婆利(今印度尼西亚加里曼丹岛或巴厘岛)等民族或国家均有来住。据《唐六典》记载,与唐帝国互相交往的地区和国家多达 300 多个。东罗马帝国曾 7 次派使节来到长安城,大食帝国于唐高宗永徽二年(651 年)至唐德宗贞元十四年(798 年)间 36 次与唐朝通使。唐代僧人玄奘于唐太宗贞观三年(629 年)从长安出发,贞观十九年(645 年)返回长安,遍游南亚大陆,唐朝使臣王玄策于贞观十七年(643 年)、二十一年(647 年)、唐高宗显庆二年(657 年)3 次奉命出使天竺。日本不仅多次派遣唐使与唐帝国交往,还派来诸多青年留学,而中国的鉴真和尚也东渡大海去日本传授佛教。唐帝国与外域的诸多往来,不仅让外域的文化而且也让外域的宗教传入了中原。唐高祖武德年间,伊斯兰教从海路经广州传入长安,并在长安、广州、扬州建寺。伊斯兰教主穆罕默德说:“要追求学问,虽远在中国,也当求之。”①贞观九年(635 年),景教(基督教的一支,即聂斯脱里派)传入中国,在长安的义宁坊、醴泉坊(后移至布政坊)设置景教寺院。武则天延载元年(694 年),摩尼教经师拂多诞来中国传教。域外文化的传入必然带来诸多的艺术,丰富唐人的审美生活,同时也影响着唐人的审美观念。事实上,唐人的审美观念早已不是纯粹的汉族审美观念了,它不仅融入了诸多本域内各民族的审美观念,而且也融入了诸多异域民族的审美观念。

唐帝国在文化上的开放,不仅使得中华民族的审美意识得到了空前的丰富,而且缔造了中华民族审美观念的开放性和包容性的品格。这一品格,直到今天还在发挥着重要的作用。

值得特别指出的是,唐代审美意识的建设虽然采取开放兼容的态势,但并不只是提供一个舞台让大家来演出,而是让各种艺术先进来,然后吸取其长,创造出属于自己的艺术。唐人的做法,有点类似于鲁迅说的“拿来主义”。唐人的乐舞吸取众多的异域音乐精华,但最后的成品并不是杂糅物,而是突出展现中华民族精神的完整的艺术品。《霓裳羽衣舞》,哪怕这曲名来自西域,这乐调也来自《婆罗门曲》,但它不是西域的乐舞,更不是婆罗门乐舞。洛阳龙门石窟和敦煌莫高窟艺术大多创造于唐代,这些作品属于佛教艺术,无疑承担着宣传佛教的使命,但是,我们品赏它时能感受到这完全是中华民族的艺术,因为,不要说它所要体现的佛教精神是经过中国人再诠释亦即再创造过的,作为艺术,它的审美观念、艺术观念、艺术手法均也主要来自中华民族。

2. 礼美并举,轻礼重美,追求生活的艺术化、审美化,同时也促进审美世俗

---

① 转引自陕西省博物馆编:《隋唐文化》,学林出版社 1990 年版,第 22 页。

化的发展。

中华民族是一个非常注重礼仪的民族,《周礼》《仪礼》《礼记》详尽地记载了周代各种礼仪制度。礼不只是用于朝廷,也用于民间,不只是用于政治、祭祀等重要活动,也用于婚丧嫁娶等日常生活。唐朝也非常重视礼仪,从诸多文献及敦煌壁画,我们发现唐代重视礼仪有个突出特点,就是注重礼与美的统一,化礼为美。敦煌榆林窟第 25 窟北壁《弥勒经变》壁画,有唐代婚礼的场面。门外搭起青庐,门内设有屏风,近屏风有一矮桌,桌上陈列糕点、菜肴,桌四周端坐着长辈或贵宾。地毯上,新郎面对尊贵的长辈或贵宾在跪拜,身旁站着三位女子,中间一位是新娘,两边为伴娘。走廊上,侍女端着宽盘进来,一女子捧着包袱跟在后面,包袱内可能是礼物。如此习俗,当是某种礼仪的体现。有意思的是,这幅图画所绘的情景与唐代段成式《酉阳杂俎》中的一段文字正好吻合。此文说:"北朝婚礼,青布幔为屋,在门内外,谓之青庐,于此交拜。迎妇,夫家领百余人或十数人,随其奢俭,挟车俱呼'新妇人催出来',至新妇登车方止。婿拜阁日,妇家亲宾妇女毕集,各以杖打婿戏乐,至有大委顿者。"礼仪有明确规定,但亦有娱乐。

唐人选婿,也有礼制,但亦有审美。唐朝名相李林甫有 6 位女儿,均有姿容,许多官宦或富家子弟前来求婚,李林甫皆不允。李林甫意欲让女儿自行择婿,方法是在厅堂壁间开一横窗,装上薄纱,让女儿在内室隔帘选婿。[①] 如此择婿,显然难以了解对方的内在品质,但可以窥探对方的姿容、风度,也就是审美了。

衣食住行,这些日常生活,有些可能有礼制规定,有些可能没有。从有关文献看,唐人在这些方面,也是注重审美的。唐代妇女日常衣着,上身着襦、袄、衫、帔,下身着裙。裙色以红、紫、绿、黄居多,红裙最为流行。唐代宫女一律短袖,露半臂。妇女袒胸。唐代诗人方干有诗云:"朱唇浅深假樱桃,粉胸半掩疑晴雪。"(《赠美人四首》)

唐人爱出游。杜甫有诗云:"三月三日天气新,长安水边多丽人。"(《丽人行》)这丽人是杨贵妃的姐妹。不独皇家爱出游,知识分子也爱出游。《开元天宝遗事》记载:"长安进士郑愚、刘参、郭保衡、王冲、张道隐等十数辈,不拘礼节,

---

① 参陕西省博物馆编:《隋唐文化》,第 185 页。

旁若无人,每春时,选妖妓三五人,乘小犊车,诣名园曲沼,籍草裸形,去其衣帽,叫笑喧呼,自谓之颠饮。"如此癫狂,实已视礼节于不顾了,但爱美之心是有的。唐人生活中种种不太顾及礼节的表现,与唐代儒家思想相对不够专制而道家思想相对较为张扬有关。

追求生活的艺术化或者说审美化并不始于唐,魏晋南北朝就有了,但仅限于知识分子圈,只有到唐,这一现象才遍及整个社会,由宫廷到民间。生活艺术化可以理解为审美的世俗化。唐人审美意识的这一品格,在后代产生深远的影响,特别是宋、元、明三个朝代,民俗审美有着长足的发展,可以用"万紫千红"来形容那种繁盛的景象。清代,由异族统治者主持中央政权,倒是有所停滞,但并没有遭到扼杀。

3. 缔造了大唐艺术的基本审美品格——大气、绚丽、灵动,这种品格突出反映了大唐富强进取的气概与大国风范。

首先是大气。这在大唐的城市、建筑和雕塑等方面体现得最为突出。唐长安城是当时世界上最雄伟的城市,城市布局近于棋盘格,划分成若干个区域,皇城居于北面中间部位。唐长安城是在隋大兴城的基础上扩建的,城内原只有大兴宫一处宫殿,唐将此宫改名太极宫,另兴建大明宫。大明宫美轮美奂。大明宫建成后,唐又建兴庆宫,于是,形成"三大内"的格局,即太极宫(西内)、兴庆宫(南内)、大明宫(东内)。东内含元殿、西内承天门是举行"外朝"仪式的地方。外朝仪式的显赫,王维有诗加以描绘:"九天阊阖开宫殿,万国衣冠拜冕旒。"(《和贾舍人早朝大明宫之作》)

唐代的雕塑气势雄伟、前无古人,乐山大佛开凿于开元元年(713年),完成于贞元十九年(803年),历时约90年。像高360尺,是中国最大的一尊摩崖石刻造像。此像背依大山,面临大江,磅礴之势可谓前无古人,后无来者。佛教造像并不始于唐,但在唐达到高峰。高宗时洛阳龙门凿有诸多佛教石窟。大大小小的佛像依山而立,整个就是一座佛像山。佛像造型不仅精美,而且气势夺人。其中奉先寺的卢舍那佛造像,最为壮观。佛像通高17.14米,头高约4米,耳长近1.9米,面像庄重,身躯魁伟,令人望而生敬。佛像两旁有天王、力士石像,天王高10.5米,力士高9.75米。天王、力士怒目圆睁,虎虎生威。

大气重要的不是体量大,而是气势大,体现为一种雄健的生命力量。唐代陵墓有诸多的石狮造像,均能见出这样一种气势和力量。如顺陵的石狮,昂首挺胸,阔步向前,气势磅礴,充分见出唐代艺术雄壮豪迈的审美风格。大气是一种精神,既然是精神,就不只是在造型艺术中见出,唐代的诗歌、乐舞、书法均非常大气,给人向上的精神力量。这其中,特别是诗歌,李白、杜甫是突出的代表。李白的大气在纳宇宙于胸襟,纵豪情于天宇;杜甫的大气在系百姓之生死,念家国之兴衰。虽然后代诗人均不同程度地具有李白、杜甫的大气,但均无法与之并肩。辉煌不可重现,李白往矣,杜甫往矣!

其次是绚丽。绚丽首先是色彩鲜艳炫目,敦煌壁画、墓室壁画均如此。像出土于唐太宗昭陵陪葬墓长乐公主墓墓道西壁的《云中车马图》,彩旗飘飘,车马奔驰,剑戟如林,色彩极为富艳。绚丽也指内容丰富多彩,唐代的人物画,包含有诸多的内容。像《秦府十八学士图》《凌烟阁二十四功臣图》《历代帝王图》《步辇图》《萧翼赚兰亭图》均有极强的故事性,让人浮想联翩。山水画也一样,唐代山水画多金碧山水,画面较满,将大自然的万千景象汇于一图,极见绚丽。绚丽也不只是指感性的色彩、有事实可征的故事,也可以指意味,即丰富的意味。既如此,它就不只见于造型艺术,也见于语言艺术,如诗。唐诗作为语言艺术,多方面地见出绚丽。它有丰富的色彩,有鲜活的情感,有无尽的意味,在中国的诗歌长河中,还有哪个朝代的诗比唐诗更绚丽的呢? 没有!

再次是灵动。灵动指艺术作品生意盎然。生意盎然,也许是唐代艺术远胜于汉代艺术的地方。生意盎然主要体现在作品所表现的生命力上,生命力是多方面的,也取多种形态,不一定为刚劲外露。只要是生机勃勃,情韵悠悠,均是生意盎然。请看唐代著名的《三彩女立俑》:人物微胖的脸向右微仰,眼波流转,似在与你说话。她左手自然下垂,手掌略略展开,右手则端起来,呈兰花指。形象清丽婉转,美不可言。这里的灵动主要是通过内容即形象自身的生气体现的。更多的灵动借助于艺术形式。中国画以线条的灵动为特色,而线条的创造集中在唐代。吴道子最擅用线条表现对象,那流动的线条传达出无比灵动的审美意味。试看唐永泰公主墓前室东壁的《侍女图》,所画一群少女,充满着青春的气息。画面形式给人的突出感觉是线条造型,如果注意一下线条,你的眼前似是春竹挺拔,满是线条。少女脸用线条勾勒,圆润婉转;少女的身子、衣裙也用线条造型,大方潇洒。灵动同样也显现在书法中,因为书法也是用线条表现的。唐代是中国书法发展的一个高峰期,不仅隶、篆、楷、行等源自汉魏的传统书法品种得到发展,而且新创狂草,出现了张旭、怀素这样的狂草书家,将线条的灵动之美发挥到了极致。灵动当然也体现在诗歌、散文中,想落天外的逸思,妙手偶得的佳句,让唐代的诗歌、散文散发出无穷的魅力。

客观地说,大气、绚丽、灵动,前代有之,后代也有之,但没有像唐代这样凸显,这样张扬,这样辉煌。如果说,汉代艺术也不缺大气、绚丽的话,那么,可以说,它缺少一点灵动,正因为少了一点灵动,它的大气就少了些飞扬蹈厉的气概,它的绚丽就少了些华美。唐之后的宋也许灵动不缺,但明显地少了唐那种大气,也少了唐那种绚丽。

大气、绚丽、灵动,集中表现在盛唐的艺术中。在唐的前期,也许灵动弱一些,而在后期,也许大气弱一些。至于绚丽,初唐、中唐均占主流地位,后期就逐渐失去了主流地位,诗歌审美越来越倾向于恬淡了。

中华民族的审美文化到后来形成情理兼得、力韵互含、刚柔相济、象意合一的审美理想。这一观念的最终成熟也许在唐代之后,但是一个不容忽视的事实是,当后代学者谈到这一审美理想时,都要举出唐代艺术作为典型的事例。事实也是如此,唯有唐朝的艺术才充分实现了中华民族的审美理想。

五、审美嬗变,"境"论生成

唐代在中华民族审美意识发展史上的地位,远不只是体现为它集中华民族审美意识之大成,还在于它是中华民族审美意识实现嬗变的关键时期。

审美意识的发展,不外乎两种方式:一是积累,二是嬗变。唐代的审美意识发展,这两种方式均很突出。关于积累,前已论及。关于嬗变,主要有如下两种:

第一,"恬淡"审美观念的兴起。

唐代的审美,从总体上看是崇尚绚丽,这与唐代的经济繁荣、文化发达和实施对外开放国策有很大的关系。但值得我们注意的是,在整个社会推崇绚丽之时,一种与之相对的新的审美观念也在悄然出现,这就是恬淡。

恬淡作为一种审美观念并不始于唐,但在唐代逐渐地成为社会上一种有相当影响力的审美导向,在唐代之后,竟成为一种堪与绚丽相媲美的审美风格。

恬淡审美观念之所以成为社会的一种审美导向,与文人画的兴起大有关系。唐代的绘画,主体是彩画,用矿物研磨成颜料,就壁画来看,主要有土红、石青、石绿、石黄、硃磦、银硃、紫色等,色彩非常鲜艳。有些画还用上金泥,画面更是金碧辉映,代表人物为李思训、李昭道父子。盛唐时,水墨画兴起,代表人物为王维。王维是大诗人,也是大画家。作为诗人,在中国诗歌史上,也许他还够不上与李白、杜甫并肩,但作为画家,在中国绘画史上的地位,几乎无人能与他颉颃。重要原因不在他画得多么好,而在于他是中国文人画的开山祖师,而文人画后来成为中国绘画的主导画种。文人画主要为水墨画,关于墨画,传为王维写的《山水诀》云:"夫画道之中,水墨为上,肇自然之性,成造化之功。"水墨画只用墨一色作画,因为水的作用,造成各种变化,构成一种新形象。彩画的效果重在感觉的冲击力,水墨画的效果则重在心灵的启发。前者重在再现,后者重在表现。两种不同的画法,实际上代表了两种不同的审美意识,前者追求绚丽,后者追求恬淡。正如绚丽之美不只在形式一样,恬淡之美也不只在形式。绚丽之美的根子在儒家思想,比较注重功利,讲究文质彬彬;恬淡这种美则是道家、佛教人生观的审美展现。

王维的水墨画得到后代的充分肯定,后晋刘昫等撰的《旧唐书》评价他的画说:"(王维)书画特臻其妙,笔踪措思,参与造化,而创意经图,即有所缺,如山水平远,云峰石色,绝迹天机,非绘者之所及也。"(《王维传》)王维创的水墨画很快在社会上产生影响,这与天宝后期弊政丛生、社会动荡有关,不少画家效法王维,也画水墨画,至中唐,水墨画就相当多了。中唐时画家张璪用墨就很神。符载在《观张员外画松石序》中记:张璪在监察御史陆潘家当着24位宾客,箕坐鼓气,少刻神机始发,便"毫飞墨喷,捽掌如裂,离合惝恍,忽生怪状"。尽管如此,水墨画在唐代还不能说成熟,水墨画的成熟是在元代,到明代则真正地蔚为大观,成为中国画的代表。

恬淡这种审美意识在唐代不只表现在绘画之中,也表现在诗歌之中。李白的诗虽然主导面是绚丽,但也有不少恬淡风格的作品,而且,他表白对"清真""自然"这种风格很感兴趣,而清真、自然跟恬淡是相通的。在唐代,风格明显体现为恬淡的诗人,盛唐有王维、孟浩然;中唐有刘长卿、钱起、韦应物;晚唐有司空图、李山甫、陆龟蒙。

依照晚唐诗人兼诗歌理论家司空图著《二十四诗品》划分,大体上可以归入恬淡这一大类的有冲淡、沉著、高古、典雅、洗炼、自然、含蓄、精神、疏野、清奇、委曲、实境、超诣、飘逸、旷达、流动等16则,占了2/3,由此可见,在晚唐,人们对于诗的审美意识明显发生了变化,由绚丽转为恬淡。

由于唐诗中,王维、孟浩然地位不及李白、杜甫,因此,虽然有诸多诗人热衷于恬淡诗风,但影响还是不够大,在唐诗中不占主流地位。但是,到宋代,恬淡风格的诗就多起来了,恬淡成为山水诗中的主导风格。

唐代审美意识的这一嬗变,于中华民族艺术的发展影响重大。自此,儒家对艺术的影响明显弱化,仅在"诗言志"、主教化这些事关艺术主导功能的问题上发挥作用,而在更为广阔的艺术趣味和艺术技巧等领域中,则是道家思想大显其能了,而且艺术的主旨到底是教化还是悟道,也还存在争论。按道家审美观,艺术的主旨就不是教化而是悟道,悟天地之道,造化之道,而并非儒家的人伦之道。

第二,"传神"论向"境"论升华。

"传神"论的始创者是东晋的顾恺之,他提出"以形写神"论,将"神"定为艺术反映的重点。其后发展出"贵在神似""传神写照"等观点,将艺术表现的重点移到神。唐代朱景玄论画用韩幹、周昉均为郭子仪婿赵纵画像的故事,让赵纵妻评二画优劣,导出画之好在于是否"兼移神气",即形神兼得,以神为上。这些观点原多局限于画人物,延及画山水。传为王维所著的《山水论》中说,画山水"要见山之秀丽""显树之精神"。由画延及书法,张怀瓘论书,说是"深识书者,惟观神彩,不见字形"。到后来又延及诗歌等全部艺术领域,所有的艺术均以"传神"或"写神"为主旨。

"神"的内涵和外延扩大了,由精神到生气,由人物到山川草木,而且不独涉及艺术的表现对象,也兼及艺术家的主观心胸。诗僧皎然说,诗人写诗,"有时意静神王,佳句纵横,若不可遏,宛若神助"(《诗式·取境》)。这里最重要的是,"神"成为艺术评判的最高标准。张怀瓘首先用之评书法等级,说"较其优劣之差,为神妙能三品"。"神"作为艺术评判的最高标准几乎被运用到所有类型的艺术作品上。

尽管提出了"神"这一艺术评判的最高标准,但什么是神,却难以说清。也就在同时,"境"的概念提出来了。境,本一直在佛教经义中使用,但没有用到审美上去。唐代王昌龄最先将境用到诗歌创作上,在《诗格》中说"诗有三境",为"物境""情境""意境"。王昌龄说的"三境",是三种诗:一种是山水诗,此诗创的境为"物境";另一种为抒情诗,此诗创的境为"情境";再一种为表意诗,此诗创的境为"意境"。众所周知,意境是中国艺术的最高范畴,也是中国审美意识的最高范畴,看来,王昌龄的意境说跟后来我们理解的意境差距很大。不过,他提出了"意境"这一词,意义仍然很大。唐代,于"境"论建树最大的应是皎然,他提出"境象"这一概念,说:"境象不一,虚实难明。有可睹而不可取,景也;可闻而不可见,风也;虽系我形,而妙用无体,心也;义贯众象而无定质,色也;凡此等,可以对虚,亦可以对实。"(《诗式·诗议》)"虚实难明"是"境象"的主要特征,这就抓住了根本,后来人们说的"意境",根本特征正是"虚实难明"。皎然也单独拎出"境"这一概念,并且指出"缘境不尽曰情"(《诗式·辨体有一十九字》)。虽然皎然从诸多角度触及了"境"的特征,但在表述上还是不够明确。中唐诗人刘禹锡就说得明白了,他在《董氏武陵集纪》中说:"诗者,其文章之蕴邪!义得而言丧,故微而难能;境生于象外,故精而寡和。"这"境生于象外"抓住了"境"的要害。可惜的是,刘禹锡没能充分论证。这一使命最终由晚唐的司空图来完成。司空图在《与李生论诗书》中说"愚以为辨于味而后可以言诗也",将"味"作为诗的重要审美特征。这味又是怎样的呢?他说:"江岭之南,凡是资于适口者,若醯,非不酸也,止于酸而已;若鹾,非不咸也,止于咸而已。华之人以充饥而遽辍者,知其咸酸之外,醇美者有所乏耳。"其意就是诗味是丰富的,这丰富的味,不仅不是单一的味,而且可以在味外。所以,在《与李生论诗书》的结尾,司空图说:"倘复以全美为工,即知味外之旨矣。"这"味外之旨"点破了诗的奥秘。在《与极浦书》中,司空图还提出"象外之象""景外之景"的命题,于是,至司空图,可以说,"境"的理论基本上完成了。让人感到遗憾的是,司空图没有将"味外之旨""象外之象"归于"境"。所有这些遗憾是需要让后代来弥补的了。中国古典美学的"境"论,在宋、元、明、清均有所发展,到近代,王国维将其归结为"意境"论和"境界"论,于是"境界"论成为中国古典美学理论的最高形态。

第一章　唐代诗歌的审美意识（上）

在唐代，最能体现其审美意识的，首推唐诗。提到唐朝，人们立刻想到的也是唐诗，唐诗是唐朝的一面最为光辉的旗帜。在中国4 000多年的有朝代可记的历史中，能以诗作为时代旗帜的，唯有唐朝。唐代诗人之多、诗派之丰，特别是诗歌质量之高、对中国诗歌乃至中国文学发展贡献之巨，无有过之者。《全唐诗》这部编于清朝康熙年间的诗集，收诗48 900余首，诗人2 200余人，总900卷。尽管收录量已是相当大了，但远没有将唐诗所有的精华概括进去。但仅此一书，已让人感到这是一座无比辉煌的宫殿，光彩夺目，百宝汇集，美不胜收。

唐人的审美意识几乎全从唐诗中体现出来。如果说唐诗是唐人精神的天空，天空中那骄艳的阳光、妩媚的月色、闪耀的星星、绚丽的霞彩、飘动的云朵、缤纷的雪花、闪亮的雨丝……种种让人心炫神迷的美妙情景，就是唐人所创造所欣赏也让后世为之心醉心迷而赞叹不已的美！

第一节　抒怀诗：心随朗日高，志与秋霜洁

至唐，晋以来300多年的士族门阀制度彻底衰落了，凭军功、文才、德行博取功名，成为唐帝国的重要人事制度。唐帝国第二代君主——唐太宗李世民说："我平定四海，天下一家，凡在朝士，皆功效显者，或忠孝可称，或学艺通博，所以擢用。……我欲特定族姓者，欲崇重今朝冠冕，何因崔幹犹为一等？

……不须论数世之前,止取今日官爵高下作等级。"(《旧唐书·高士廉传》)这样一种人事制度,让天下英雄俊杰为之振奋,踊跃地通过当时人才通道——科举、进荐或投身军务等,以为朝廷使用。在这种背景下,产生了不少优秀的抒怀诗作。

一、初唐的抒怀诗

唐代抒怀诗的开创者,首推李世民。李世民(598—649年)出身于军旅,随父南北征战,先灭隋,继灭各路草野英雄,将天下归于一统,是唐帝国的实际创建者。李世民重视文学,雅爱诗歌,是中国历史上不可多得的文武全才。李世民在诗中抒发他的怀抱,在马上实现他的理想。他的《经破薛举地》是不可多得的佳作,此诗开篇云:"昔年怀壮气,提戈初仗节。心随朗日高,志与秋霜洁。"表明自己不同凡俗的怀抱。他用"朗日"比其心,以"秋霜"喻其节,这就与一味自夸称霸群雄、一统天下的所谓帝王气概不一样,还真有匡世救民的意味。在回忆当年惨烈的战争后,李世民在诗末感叹道:"沉沙无故迹,灭灶有残痕。浪霞穿水净,峰雾抱莲昏。世途亟流易,人事殊今昔。长想眺前踪,抚躬聊自适。"头脑冷静,反躬自省,谦虚谨慎。

这种怀抱对于帝王特别可贵。李世民不只是在《经破薛举地》这一首诗中抒发这种怀抱,还在别的诗中也抒发了这种怀抱。

《帝京篇》是李世民的代表作,较之《经破薛举地》更为全面地展现出他的志向、胸襟和气魂。

诗前有序,序云:

> 予以万几之暇,游息艺文。观列代之皇王,考当时之行事,轩、昊、舜、禹之上,信无间然矣。至于秦皇、周穆,汉武、魏明,峻宇雕墙,穷侈极丽,征税殚于宇宙,辙迹遍于天下,九州无以称其求,江海不能赡其欲,覆亡颠沛,不亦宜乎? 予追踪百王之末,驰心千载之下,慷慨怀古,想彼哲人。庶以尧舜之风,荡秦汉之弊,用咸英之曲,变烂漫之音,求之人情,不为难矣。故观文教于六经,阅武功于七德,台榭取其避燥湿,金石尚其谐神人,皆节之于中和,不系之于淫放。故沟洫可悦,何必江海之滨乎! 麟阁可玩,何必两陵之间乎! 忠良可接,何必海上神

仙乎! 丰镐可游,何必瑶池之上乎! 释实求华,以人从欲,乱于大道,君子耻之。故述《帝京篇》以明雅志云尔。

李世民在此序中抒发的怀抱就是尚朴、崇俭、务实、爱民。他是反对奢华、淫欲的。对于宫室,他认为只要能"避燥湿"就好,至于"金石"这些东西,那是用来供奉神灵的,凡人不可亵玩。秦始皇的海外寻仙,他认为是荒诞的,周穆王的追梦瑶池更是没有必要。在《帝京篇》第十首中,他写道:

> 以兹游观极,悠然独长想。披卷览前踪,抚躬寻既往。望古茅茨约,瞻今兰殿广。人道恶高危,虚心戒盈荡。奉天竭诚敬,临民思惠养。纳善察忠谏,明科慎刑赏。六五诚难继,四三非易仰。广待淳化敷,方嗣云亭响。

一如《经破薛举地》,他反躬自问,什么才是帝王的追求? 是无穷无尽的个人享受,还是国家的强大、人民的富裕? 如果是前者,他认为"人道恶高危",是不能无止境地去追求的。至于后者,倒是要"奉天竭诚敬",努力去做,争取做得更好。整首诗突出的就是一个"谦"字——《周易》的"谦道"思想。《周易》谦卦《象传》云:"谦尊而光,卑而不可逾,君子之终也。"诗中的"六五诚难继,四三非易仰"亦是谦。《周易》谦卦的六五爻位,最能体现"谦尊而光"。五为君位,然而君不是阳,而是阴。以阴居尊,按朱熹的说法,那就是"中顺之德,充诸内而见于外",为"大善之吉"(《周易本义》)。"四三"指谦卦的四爻位和三爻位。四爻位说"㧑谦",三爻位说"劳谦"。李世民说"四三非易仰",意思是谦做到"㧑谦""劳谦"是很不容易的。

正是因为唐太宗以谦为立志之本,才能采纳忠言,励精图治,赢来了贞观之治,在中国 3 000 多年的王朝历史上写就最为光彩的一页。

初唐名臣魏徵(580—643 年)是中国历史上赫赫有名的诤臣。他对太宗的数次犯颜忠谏,成就了太宗的谦志,对贞观之治的实现起到了重要的作用。魏徵是能诗者,他的《述怀》一诗,直抒胸臆,表达了他的志向。诗云:

> 中原初逐鹿,投笔事戎轩。纵横计不就,慷慨志犹存。杖策谒天子,驱马出关门。请缨系南越,凭轼下东藩。郁纡陟高岫,出没望平原。古木鸣寒鸟,空山啼夜猿。既伤千里目,还惊九逝魂。岂不惮艰险,深怀国士恩。季布无二诺,侯赢重一言。人生感意气,功名谁复论。

这首诗在某种意义上可以看作是唐代抒怀诗的代表。唐代诗人的怀抱,主要是报国,而要报国,需要得到天子赏识,所以"谒天子"是非常具体的理想。报国的途径在唐代一是军功,一是治策,前者在唐代初期、中期很为知识分子所向往,诸多文人投身边疆,效力军幕,拔剑蒿莱。随后兴起的边塞诗不仅是唐诗的重要组成部分,而且也是中国古代诗歌中最为靓丽的一道风景线。"国士"虽然不是唐代出现的概念,却是在唐代特别为知识分子推崇的概念。知识分子皆以"国士"自诩,与这个概念相应的就是"国士"的气节:重然诺,讲义气。魏徵此诗所言的怀抱,在初唐、中唐的诗歌中很普遍,我们在李白的诗中见到,在杜甫的诗中见到,只是到中唐以后,就少见了。

二、盛唐的抒怀诗

唐诗是唐帝国的标志,而李白是唐诗第一面旗帜。李白(701—762年)经历了唐代的开元盛世和安史之乱,他死后的第二年,安史之乱结束。可以说,李白是唐帝国由盛转衰的见证人。值得我们注意的是,李白主要的诗歌作品是在他生命的前期创作的,也可以说是他年轻时代的作品,这些作品充满着青春气概。这种青春气概主要是通过抒怀来体现的,也就是说,李白的诗虽然题材非常广泛,有山水,有边塞,有送别,有爱情,有唱和,有咏史,但贯穿这些作品的主旋律是抒怀。李白是主观诗人,他笔下所有的景物和人物都说不上是客观实际的再现,而只能说是他抒情言志的符号。像《梦游天姥吟留别》这样的作品,压根儿就不是写天姥山(李白没有去过天姥山),而是抒发心志的。

唐代是一个精神相对自由、崇尚个人意志的时代,抒写怀抱很自然地成为唐诗的主题。作为唐代诗人中的第一面旗帜,李白的抒怀诗达到了中国古代诗歌的最高峰,堪称中国古代诗歌的代表。

李白的抒怀诗有三个特点:一是气势磅礴,吞吐宇宙,叱咤风云,在这方面,他堪称前无古人,后无来者;二是想象奇特,匪夷所思,不合常理,恰为至情;三是豪情胜概,透脱率真,天机呈露,非同凡响。

李白所要抒发的主要是报国之志、匡世之情。这种报国之志、匡世之情体现为两种形态:

一是自诩。主要方式为比喻,最具代表性的作品是《大鹏赋》。从题材来说,它取自《庄子·逍遥游》篇中的大鹏,但作了很大的改造。《庄子》的鹏并不是至高的形象,实际上,《庄子》还是贬它的,欲抑先扬。因为在庄子看来,大鹏虽然伟大,还是要御风而行,而他所要推崇的生存方式,不是御有形之物(包括风)而行,而是要御无形之道而行。李白将庄子的这一层意思舍弃了。李白尽情地讴歌大鹏的雄姿,表达"上摩苍苍,下覆漫漫"的壮志。

二是自勉。李白虽有报国之志,也有匡世之才,但仕途甚为不顺。他曾"遍干诸侯","请日试万言,倚马可待",自诩"笔参造化,学究天人"(《与韩荆州书》),都没能成功,直到天宝元年(742 年)他 42 岁时,经道士吴筠(?—778年)的推荐,才得以进入宫廷,获得翰林之职。翰林虽然名声好听,却无实权。实际上在唐玄宗眼中,李白不过是为杨贵妃写写歌词的御用文人,而李白也只能忍气吞声,遵命写作。他的《清平调》写贵妃之美,虽然笔致清丽,想象奇妙,但缺乏真情,算不得好诗。对于宫廷生活,李白自己也长喟"彷徨庭阙下,叹息光阴逝"(《答高山人兼呈权倾二侯》)。正直的李白在朝廷不可能有所作为,反因得罪高力士遭受毁谤,而为玄宗赐金放还。3 年的从政生涯可谓一事无成,然而,李白的报国之志并没有因此而消泯,他一直在积极地寻找机会,以图东山再起。永王璘趁安史之乱起兵,说是平叛,其实是图谋不轨。唐肃宗命他"归觐于蜀",他却要去占领唐王朝的直接统治地扬州和金陵。对于永王璘的不臣之心,李白懵然不知,还赋诗说"帝子金陵记古丘"(《永王东巡歌十一首》),真个是天真到家,也傻到家了。李白自然绝无谋反之心,他真的以为逮住个机会,可以实现他的报国之志了。肃宗也明白李白不会真的谋反,将他放逐之后不久又赦免,这时李白还未到达流放地夜郎。李白回来后,"闻李太尉[即李光弼——引者]大举秦兵百万出征东南,懦夫请缨,冀申一割之用,半道病还"(《闻李太尉大举秦兵百万出征东南,懦夫请缨,冀申一割之用,半道病还,留别金陵崔侍御十九韵》),由此可见李白的拳拳报国之心了。只有对李白的报国之心有一个基本的了解,才能理解李白自勉诗句中多夹有怨气,诸如:

> 人生得意须尽欢,莫使金樽空对月。天生我材必有用,千金散尽还复来。(《将进酒》)
> 闲来垂钓碧溪上,忽复乘舟梦日边。行路难,行路难,多歧路,今安在?长风破浪会有时,直挂云帆济沧海。(《行路难三首》)

李白的抒怀诗多为励志诗,情绪乐观积极,但个别的诗也有消极情绪。如《行路难三首》其三云:

> 有耳莫洗颍川水,有口莫食首阳蕨。含光混世贵无名,何用孤高比云月。吾观自古贤达人,功成不退皆殒身:子胥既弃吴江上,屈原终投湘水滨。陆机雄才岂自保,李斯税驾苦不早,华亭鹤唳讵可闻,上蔡苍鹰何足道。君不见吴中张翰称达生,秋风忽忆江东行。且乐生前一杯酒,何须身后千载名。

此诗引用了诸多典故,不外乎是想表达一个思想:贪图功名后果糟糕。李白用了那么多名人来说事,为的是给自己获取功名不成找个理由。似乎不是自己没有遇到机会或者有机会没有能抓住机会、利用好机会,而是自己压根儿就不想成就功名。所谓"且乐生前一杯酒,何须身后千载名",欺人乎? 不太可能。慰己乎? 倒是可能的。

李白有道家的思想,有成仙的愿望,但是李白自始至终没有轻弃轩冕、超越庙堂的想法,即使成仙也是为了更好地报国、匡世、救民。与李白同时代的著名道士司马承祯其实也不时出入朝廷,为皇上出谋划策,何尝与红尘断绝?

值得我们注意的是,李白的怀抱中还真有出世的一面。当仕途不顺的时候,这一面显得格外突出,这在李白,不只是一种心理调节的手段,还是一种人生境界的向往与追求。在《酬王补阙惠翼庄庙丞泚赠别》中他说:"学道三十春,自言羲皇人。轩盖宛若梦,云松长相亲。偶将二公合,复与三山邻。喜结海上契,自为天外宾。"这种言说不是矫情的自我调侃,而是真诚的自我表白。正是因为他将自己的人生与仙家联系起来,所以他的诗中总是出现神仙的境界,诸如"玉女千余人,相随在云空……又引王子乔,吹笙舞松风"(《至陵阳山登天柱石酬韩侍御见招隐黄山》)。就是寻常的生活,在他也别具仙味。如赏月,那是"昨玩西城月,青天垂月钩"(《玩月金陵城西孙楚酒楼,达曙歌吹,日晚乘醉着紫绮裘乌纱巾,与酒客数人棹歌秦淮,往石头访崔侍御》);饮酒,那是"怀余对酒夜霜白,玉床金井冰峥嵘"(《答王十二寒夜独酌有怀》),自诩"天外常求太白老,金陵捉得酒仙人"(崔成甫《赠李十二白》)。某种意义上讲,李白确是生活在自己创造的一种梦境里,他不仅视这种梦境为仙境,而且也视为真境——真实的人生境界。

李白抒怀诗的特殊魅力也许正在这里，现实与理想、入世与出世、报国与成仙，种种对立的因素在李白的抒怀诗中，总是达到最佳的统一，且情感之真挚热烈、想象之奇特绝美、境界之冰清玉洁是无人可以企及的。

杜甫（712—770 年）也有报国之志，其热切不在李白之下，但杜甫的抒怀诗与李白的抒怀诗完全不是一个风格。在李白，抒怀诗是心理积郁的释放，是关于人生乃至宇宙感悟的自由表达，可以说，他的抒怀诗是心理解放的一种象征，是为自己而写的。杜甫的抒怀诗虽然也是心理积郁的释放，却未必是关于人生乃至宇宙感悟的自由表达，他嗫嗫嚅嚅地絮叨着，生怕说得不妥当，不全面。像《自京赴奉先县咏怀五百字》就是从身世谈起的，说是"杜陵有布衣，老大意转拙，许身一何愚，窃比稷与契"，有这个必要吗？然读到"生逢尧舜君，不忍便永诀"，则恍然大悟，此诗原来是想献给皇帝看的。接着读下去，则有："当今廊庙具，构厦岂云缺？葵霍倾太阳，物性固莫夺。顾惟蝼蚁辈，但自求其穴。胡为慕大鲸，辄拟偃溟渤？以兹误生理，独耻事干谒。兀兀遂至今，忍为尘埃没？终愧巢与由，未能易其节。沈饮聊自适，放歌颇愁绝。"这些话完全是对着皇上说的，虽然要谦逊一点，不可狂妄而致皇上误解，但目的要突出，一定要让皇上赏自己一个合适的官职。既然自己的才能不好多说，就说忠诚吧，"葵霍倾太阳，物性固莫夺"这样出自本性的忠诚，难道还不可贵吗？更重要的是将皇上比作太阳。真是一箭两雕：既推销了自己，又赞颂了皇上。杜甫生怕皇上不明自己的真实目的，故明确地说，他不愿做巢、由这样的隐士，虚伪地固守所谓的节操，而是想立足于庙堂，为皇上效劳，为国家献力。杜甫的抒怀诗就是这样。在那样的时代，如此的想法，也没有什么不好，但品位是谈不上高的。不能说李白就没有杜甫这样的想法，或者说没有杜甫这样的俗，但是，李白还有另一面——雅的一面，这是杜甫欠缺的，那就是："湖州司马何须问，金粟如来是后身"（《答湖州迦叶司马问白是何人》）的自负，"仰天大笑出门去，我辈岂是蓬蒿人"（《南陵别儿童入京》）的自豪，"天生我材必有用，千金散尽还复来"（《将进酒》）的自信，"归时傥佩黄金印，莫学苏秦不下机"（《别内赴征三首》）的预期，"人生在世不称意，明朝散发弄扁舟"（《宣州谢朓楼饯别校书叔云》）的旷达，"且就洞庭赊月色，将船买酒白云边"（《游洞庭湖五首·其二》）的癫狂，"寻仙下西岳，陶令忽相逢"（《江上答崔宣城》）的潇洒，最重要的是"人生且行乐，何必组与珪"（《夜泛洞庭，寻裴侍御清酌》）的人生哲学。

三、中唐的抒怀诗

安史之乱之后，唐代进入中期，唐王朝已经风光不再了。肃宗之后，几代君主均昏庸腐朽，虽边衅不断，倒还能勉强维持唐王朝版图，最要命的是统治阶级内部的矛盾加剧，宦官作为皇帝的亲信，干预朝政，与朝臣的矛盾日趋激烈。皇帝勉力在中间调停，不可能做到公正，眼看唐帝国又陷入新的危机，国势危殆。是时顺宗即位，顺宗颇想挽回国运颓势，任王伾、王叔文为相，实施改革，朝臣中，有柳宗元、刘禹锡、韩泰等积极支持"二王"，改革矛头指向宦官专权，还有中央及地方政府各种对百姓的过分掠夺行为。如提出取消怨声载道的宫市，蠲免民间对官府的各种旧欠，停止地方官的进奉和盐铁使的月进钱，降低江淮海盐价格，等等。改革也收到了一定的效果，但很快遭到宦官和腐朽官僚的反击，顺宗被迫退位，宪宗上台。宪宗贬"二王"，流放柳宗元、刘禹锡等改革派干将。自宪宗始，唐朝开创了一个新的恶例：每一个皇帝都把自己任用的人当作私人，后帝对前帝的私人，不分是非功过，一概敌视，予以驱逐。宦官继续干政，朝臣分成朋党。唐帝国就这样长期处于内耗之中，再也看不到中兴的希望了。知识分子对于王朝缺乏信心，虽然仍醉心为官，但亦视仕途为畏途。"致君尧舜上，再使风俗淳"的雄心壮志，盛唐时期，是普遍的，中唐则少见了。中唐众多的抒怀诗笼罩着一种阴郁、凄冷的气氛，这在柳宗元的诗歌中表现得最为明显。

柳宗元（773—819 年），字子厚，河东人，世称"柳河东"，因晚年做官柳州，又称"柳柳州"。柳宗元是唐代最有思想的文学家之一。顺宗永贞元年（805 年），王伾、王叔文改革弊政，柳宗元是"二王"的重要助手，因之，擢至礼部员外郎。革新失败，柳宗元被贬为邵州刺史，后改为永州司马。宪宗元和十年（815 年）正月，他与同时被贬的刘禹锡等奉诏回长安，柳宗元以为复任有望，谁想三月又贬为柳州刺史，以后就再没有回过朝廷，卒于当时尚为蛮荒之地的柳州。

柳宗元大量的诗歌作品写于被贬谪之后，这些诗题材广泛，或咏山水，或赠友朋，或题故事，均为抒怀写抱，诗风冷峻而峭拔，有些作品看似平淡、宁静，却难掩酸楚与无奈。

且看他的《登柳州城楼寄漳汀封连四州》：

> 城上高楼接大荒，海天愁思正茫茫。惊风乱飐芙蓉水，密雨斜侵

薛荔墙。岭树重遮千里目,江流曲似九回肠。共来百越文身地,犹自
音书滞一乡。

这首诗题目中的漳、汀、封、连四州,是指他在永贞革新中的四位战友:韩
泰、韩晔、陈谏、刘禹锡,这四位同时分别被贬到这四州为刺史。这首诗中的关
键词是"愁思"。思什么? 当然是他的这几位战友了,为什么在思前加上"愁"?
因为这四位朋友的处境都不好,而且,又何止这四位朋友的处境不好,柳宗元自
己的处境也不好,也不只他们五人处境不好,还有诸多同道处境不好,特别是永
贞革新的领导者王伾、王叔文尚在囹圄之中。也许,柳宗元真正愁的还不是他
们这些革新者的处境,而是岌岌可危的唐帝国江山。"惊风乱飐芙蓉水,密雨斜
侵薛荔墙",这"惊风",这"密雨",也许不只是自然景象,还是当时黑暗势力的象
征。"芙蓉水""薛荔墙"是不是也可以理解成他们的革新事业呢? 如此说来,这
样一首怀友的诗其实也是一首抒怀诗。

众所周知,桂林、柳州等地多佳山、秀水,风景极美,然而,在被贬谪的柳宗
元看来,"海畔尖山似剑铓,秋来处处割愁肠"。他哪里能在这里安得下来呢?
"若为化得身千亿,散上峰头望故乡。"此诗题为《与浩初上人同看山寄京华亲
故》,从题目就可以看出,唯一让他牵肠挂肚的是京华的亲故,京华亲故当然有
他的亲人,但也有他的战友,他关心他们的安危。

清代诗论家贺裳在《载酒园诗话·又编》中说到柳宗元的诗,说是"五言诗
犹能强自排遣,七言则满纸涕泪"。诚如斯言。

身处蛮荒的柳宗元一直盼望重回京城再兴大业,他认为应是可能的。几个
月前,他不是突然得到皇上的诏书,从永州返回长安吗? 返程过汨罗,遇风,还
写了一首诗,诗云:"南来不作楚臣悲,重入修门自有期。为报春风汨罗道,莫将
波浪枉明时。"(《汨罗遇风》)然而,这次的贬谪却是长期的,直至死,他也未能回
到京城。时间一年年地过去,回京城的希望越来越渺茫,他不能不面对这残酷
的现实,刚来时心灵里的那份创伤也结成了疤。柳宗元逐渐振作起来,在有限
的范围内继续着他的为国为民的革新事业。在《冉溪》一诗中,他写道:

少时陈力希公侯,许国不复为身谋。风波一跌逝万里,壮心瓦解
空缧囚。缧囚终老无余事,愿卜湘西冉溪地。却学寿张樊敬侯,种漆
南园待成器。

这首诗最能反映柳宗元的情怀。此时的他，已经冷静下来，诗中没有牢骚话，没有伤心语。"少时陈力希公侯，许国不复为身谋。风波一跌逝万里，壮心瓦解空缧囚"四句平静地叙述了一段事实。那"希公侯"的事，并不是谋官，而是"许国"，因此置生死于度外。看来，回京城无望，革新事业再兴无望，所以，他说"壮心瓦解"，其实不是"壮心瓦解"而是"壮心空有"。壮心虽然空有，那是指目前不可能直接效力朝廷，但是不是就什么也不能做呢？也不是，虽然自称"缧囚"，但他其实不是囚犯，他还是一位官员，官位还不小，刺史。虽无力做影响国家全局的大事，但造福当地百姓的事还是可以做的，更重要的，是要为未来做准备。诗中说要学樊敬侯种漆南园。这樊敬侯原名樊重，东汉人。《后汉书》有传，传云："（樊重）尝欲作器物，先种梓漆，时人嗤之。然积以岁月，皆得其用，向之笑者咸求假焉。"这樊重后封为寿张侯，谥曰敬。柳宗元在诗中用上这一典故，说明他其实并不消极，他还在努力着，为了他的报国之志，为了唐王朝。

刘禹锡（772—842 年）是柳宗元贞元九年（793 年）的同科进士，他们同是永贞革新的干将，"二王"的得力助手。永贞革新失败后，刘禹锡被贬为朗州（今湖南常德）司马。元和十年（815 年）正月终得与柳宗元等一并奉诏回京，然不出三个月就因"诗语讥忿，当路不喜"（《新唐书·刘禹锡传》）又遭贬谪。刘禹锡与柳宗元一样，是有血性的汉子，自小立下了忠君报国的志向。对于被贬，他们的感受也是一样的——悲愤。亦如柳宗元，刘禹锡也发出不平之音。在《答杨八敬之绝句》中，他说：

> 饱霜孤竹声偏切，带火焦桐韵本悲。今日知音一留听，是君心事不平时。

偏切之音，悲苦之韵，出自杨八敬的琴声，却也出自杨八敬的心境。杨也遭贬，境遇与刘禹锡相似。因此，刘能从琴声听出心声。

的确是痛苦，的确是悲愤，痛苦悲愤之后是消沉颓废还是执着坚持？刘禹锡选择了后者。

在《酬元九侍御赠壁州鞭长句》中，他抒怀：

> 碧玉孤根生在林，美人相赠比双金。初开郢客缄封后，想见巴山冰雪深。多节本怀端直性，露青犹有岁寒心。何时策马同归去，关树扶疏敲镫吟。

元九即元稹（779—831年），他虽不是永贞革新干将，却也是革新的支持者、同情者，刘禹锡遭贬之后，他以长诗《壁州鞭长句》相赠。刘禹锡在答诗中，以竹为喻，表示自己不屈的气节。刘禹锡对于未来是有企盼的，不然，怎么会说"何时策马同归去"呢？

刘禹锡果然有机会重返朝廷，元和十年（815年），刘禹锡与柳宗元均奉诏返回长安。时令正是春天，长安名胜玄都观桃花盛开，看花人摩肩接踵，往来道路尘土飞扬，刘禹锡有感写下《元和十年自朗州承召至京戏赠看花诸君子》，诗云：

> 紫陌红尘拂面来，无人不道看花回。玄都观里桃千树，尽是刘郎去后栽。

此诗也许是有寓意的，一些研究者也在做种种猜测。桃寓意什么也许并不重要，重要的是刘郎又回来了。

让人叹息的是，刘郎此番回来，好景只是昙花一现。对于刘禹锡、柳宗元的回京，顽固派自然是不甘心的，他们从刘、柳回京后写的诗中挑出一些句子，说是"讥忿"，向宪宗告上一状，宪宗对刘、柳等本就不够放心，于是将他们再行放逐。刘禹锡此番被贬，迁谪连州、夔州、和州等地，直到宝历二年（826年），才结束流浪于巴山楚水之间的生涯，被任命为东都尚书省主客郎中，大和二年（828年），又由东都洛阳调回朝廷任主客郎中。虽然未能再振革新大业，但他的回京，仍然是一个重大胜利。刘禹锡再游玄都观，此时的玄都观又是另一番景象，刘禹锡感慨之，再赋诗一首，诗名《再游玄都观绝句并引》：

> 余贞元二十一年为屯田员外郎时，此观未有花。是岁出牧连州，寻改朗州司马，居十年，召至京师。人人皆言有道士手植仙桃满观，如红霞，遂有前篇，以志一时之事。旋又出牧。今十有四年，复为主客郎中，重游玄都观。荡然无复一树，唯兔葵燕麦动摇于春风耳。因再题二十八字，以俟后游。时大和二年三月。
>
> 百亩庭中半是苔，桃花净尽菜花开。种桃道士归何处？前度刘郎今又来。

此序概括了玄都观24年三个阶段：24年前，观未有花；14年前，观有花，花盛如霞，观者如云；如今观又没有花。观的变化大矣，不变的是刘郎还在。由花的盛衰联想到政治风云，同样是白云苍狗，变化万千。24年前，刘禹锡参与永贞革新遭贬，那是宪宗当政；10 年后返京，仍是宪宗朝；而到大和，已是文宗主政。从宪宗到文宗，中间有过穆宗、敬宗两位皇帝当政。前后经历了四位皇帝，自然不可能再像宪宗朝那样，视革新者为异类，当然，刘禹锡也未能赓续永贞革新，但是，做上了主客郎中这样的高官，也算是另一番景象了。

刘禹锡与柳宗元的最大不同，就是刘禹锡较柳宗元乐观。他的名篇《酬乐天扬州初逢席上见赠》有句："沉舟侧畔千帆过，病树前头万木春。"又《酬乐天见老见示》云："莫道桑榆晚，为霞尚满天。"最能见出刘禹锡豪情胜概的是他的一首短诗，即《秋词二首》之一：

> 自古逢秋悲寂寥，我言秋日胜春朝。晴空一鹤排云上，便引诗情
> 到碧霄。

正是因为刘禹锡如此的达观、雄健，他还在世时，诗友白居易就称誉他说："彭城刘梦得，诗豪者也。其锋森然，少敢当者。"（《刘白唱和集解》）

严格来说，政治上的立场与人的品格没有直接关系，拿中国历史上的革新与守旧来说，未必革新者的品格就高，守旧者的品格就低。他们的对立只是政治观点的不同，将他们的政治立场冠上"革新"与"守旧"虽是通用语，也未必恰当。发生在中唐永贞年间的革新，其支持者中有大贤，反对者中也有大贤，韩愈（768—824 年）即是。韩愈自认为是儒家道统的继承者，历史上的评价也基本上如此。作为持儒家道统的诗人，他的抒怀诗可以视为儒家诗学主旨"诗言志""思无邪"的注解。他的《利剑》一诗兼有李白的豪放与杜甫的顿挫。诗云：

> 利剑光耿耿，佩之使我无邪心。故人念我寡徒侣，持用赠我比知
> 音。我心如冰剑如雪，不能刺谗夫，使我心腐剑锋折。决云中断开青
> 天，噫！剑与我俱变化归黄泉。

在中国文化中，剑不只是兵器，也是高尚气节之象征，所以，君子有佩剑的传统。韩愈从友人那里得剑，佩之，一是辟邪，不只是辟外来邪侵，也避自心生邪。二是刺邪，这邪包括"谗夫"。然而，让韩愈感慨的是，此剑"不能刺谗夫"，这当然是有某种不可克服的困难所致，尽管如此，也不能不让韩愈扼腕而恨，甚至希望自己与剑俱化为黄泉。如此昂扬的气节，显示出韩愈不愧为儒家道统的继承者。

韩愈因反对王伾、王叔文的革新而受宪宗的赏识，召拜国子博士，又因从裴

度讨淮西吴元济有功，升任刑部侍郎。然而官场险恶，做上刑部侍郎不过两年，仕途上春风得意的韩愈因表谏宪宗迎佛骨，几遭杀头，后贬为潮州刺史。如此朝云暮雨、生死瞬间的变故，韩愈不能不害怕了，儒家"乐天知命"的另一面凸显了。他的《八月十五夜赠张功曹》最为鲜明地反映出他的这种心态。诗前序说："张功曹，署也。愈与署以贞元二十一年二月二十四日赦自南方，俱徙掾江陵，至是俟命于郴，而作是诗。"这官为功曹的张署看来是他的难兄难弟了。此诗中有句云："一年明月今宵多，人生由命非由他，有酒不饮奈明何！"值得我们注意的是，韩愈没有在诗中发牢骚，他坚持的是"怨而不怒"的儒家诗风，因此，后世有论者认为它有"小雅之风"。迭遭风波的儒者韩愈对于道家思想颇能接受。他有《落齿》诗，诗中云："人言齿之落，寿命理难恃。我言生有涯，长短俱死尔。人言齿之豁，左右惊谛视。我言庄周云，木雁各有喜。语讹默固好，嚼废软还美。"能这样看待人生，看待生命，韩愈算是透脱了。

　　将中唐的抒怀诗与初唐和盛唐的抒怀诗作个比较，就不难看出，这抒怀诗是越写越悲哀了，唯有李贺(790—817年)还能多少保持初唐和盛唐那种可贵的英雄气概。他的《致酒行》就很有点李白的气概，诗云：

　　　　零落栖迟一杯酒，主人奉觞客长寿。主父西游困不归，家人折断门前柳。吾闻马周昔作新丰客，天荒地老无人识。空将笺上两行书，直犯龙颜请恩泽。我有迷魂招不得，雄鸡一声天下白。少年心事当拏云，谁念幽寒坐呜呃。

　　此诗充满着怀才不遇的愤懑。假若李贺有马周那样的机会，又设若当朝皇帝有如太宗那样的英明，谁能说李贺不能成就一番大业呢？

　　李贺的《雁门太守行》是一首边塞诗，诗云：

　　　　黑云压城城欲摧，甲光向日金鳞开。角声满天秋色里，塞上燕脂凝夜紫。半卷红旗临易水，霜重鼓寒声不起。报君黄金台上意，提携玉龙为君死。

　　战争的惨烈，被写得有声有色。这是我们在边塞诗人高适、岑参的诗中看不到的景象：尽管敌军如黑云一样扑天盖地向城压来，城却似欲摧而不摧。日光中守城将士的铠甲发出金鳞般的光辉，将士们意志坚不可摧，为了君王，为了国家，随时准备着慷慨赴死。诗尾"报君黄金台上意，提携玉龙为君死"，是边疆战士的心声,又何尝不是李贺的心声。

可惜的是,这位只活了 27 岁的天才诗人,并没有"提携玉龙为君死"的机会,因为他的父亲名"晋肃",为避讳,他没有参加进士科举考试。李贺擅长乐府,基于他的皇族出身,朝廷给了他一个太堂协律郎的小官职,他哪里有可能效力边疆创建功勋呢?连李白那样为皇上写歌词的机会也没有。据《唐子才传》,李贺死时,有这样一个故事:

> 忽疾笃,恍惚昼见人绯衣驾赤虬腾下,持一板书,若太古雷文,曰:"上帝新作白玉楼成,立召君作记也。"贺叩头辞,谓母老病,其人曰:"天上比人间差乐,不苦也。"居顷之,窗中勃勃烟气,闻车声甚速,遂绝。死时才二十七,莫不怜之。

这一故事曲折地反映出李贺的家国之志,既然在尘世不能为国为君做成什么大事,死了就去为天帝效力吧!

李贺处于中唐向晚唐过渡的时候,他的《雁门太守行》可以看作初盛唐抒怀诗的回光返照,进入晚唐后,再也看不到这样光辉四射的抒怀诗了。

四、晚唐的抒怀诗

公元 820 年,唐宪宗为宦官所杀,次年穆宗即位,史家一般将 820 年至唐灭亡的 907 年称为晚唐。晚唐的政治可以用混乱糟糕来概括。短短的 87 年,历 9 个皇帝。贯穿于唐晚期的政治斗争主要是宦官与朝官的斗争,胜败此起彼伏,全是皇帝在中间左右,基本上没有是非对错可言。每一次斗争,总是有不少人流血、流放。然而,这种斗争没有穷尽,如灯蛾扑火似的前仆后继,没完没了。这种悲剧,不独晚唐存在,但以晚唐最为突出。唐代自开国以来就存在的藩镇痼疾直到唐灭亡也没能得到彻底解决,安史之乱之后,藩镇的势力遭到重创,然不久后,新的割据又形成。唐帝国的版图内实际上并没有做到统一,唐王朝多次对割据的藩镇用兵,胜负参半,每一次用兵,又涉及朝臣与宦官、皇帝与臣下(含宦官)的矛盾,更可怖的是朝臣中存在严重的朋党之争,内部的倾轧将唐王朝逐渐拖入深渊,中晚唐的君主也没有一个出色的,不是昏庸腐朽,就是刚愎自用,处在臣下的矛盾漩涡之中,经常错断是非,误伤好人。晚唐时期也不是没有出过能力强的大臣,但处在这种环境,实在是无能为力。让人感到哭笑不得的是,斗争的双方得到的都不是永久的胜利,往往胜利后不久即遭到或来自对方或来自皇上的严厉打击,当然,最后的失败者是唐朝的皇帝,是唐帝国。

在这样的背景下,不要说初盛唐那样明朗爽劲的抒怀诗不可能产生,就是中唐那样或含有悲愤或透显达观的抒怀诗也难以产生。社会太可怕了,人言可畏。尽管如此,也不能没有抒怀诗,情感总得要抒发,志向总得要表露。那就只有变换表达的方式了。

晚唐诗歌有两个现象值得注意,一是怀古诗比较有分量。本来,怀古诗不是唐代才出现的文学现象,各个朝代都有。纵览历朝历代的怀古诗,大体上,凡是社会黑暗,面临崩溃之时,怀古诗就比较多,也比较好。晚唐的怀古诗之所以特别好,跟日薄西山的政治形势不无关系。晚唐诗人,怀古诗写得最好的是杜牧(803—852 年)。他的《赤壁》颇耐人寻味。此诗云:

> 折戟沉沙铁未销,自将磨洗认前朝。东风不与周郎便,铜雀春深锁二乔。

杜牧似是在这里说笑话,赤壁之战这样的大战,竟然不是双方实力、战略、战术的较量,而仅取决于偶然的自然条件。虽然这样的认识,没有多少人能接受,但是,它似是在为唐帝国敲警钟,提醒唐帝国不要以为自己很强大,说不定一场偶然事件就将你终结了。

不能不佩服杜牧的清醒,他这样说,一是对最高统治者提个醒,另就是表达自己报效国家的雄心壮志。他的《题乌江亭》一诗,也是怀古,其真实意思就直接说出来了。诗云:

> 胜败兵家事不期,包羞忍耻是男儿。江东子弟多才俊,卷土重来未可知。

话说得再明白不过了,唐帝国还有救,重要的是认识人才、用好人才,暗含着他也是人才的意思。

品读杜牧的怀古诗,报国的拳拳之心清晰可见。

晚唐诗歌的另一个重要现象是艳诗呈现强劲的势头。艳诗并不产生于唐朝,早在六朝就出现了。初唐、盛唐、中唐都有艳诗,但不占重要地位,诗坛上有影响的还是以"言志"为主题的抒怀诗、山水诗、乐府诗以及咏物诗等。到晚唐,似乎抒怀诗、山水诗、乐府诗以及咏物诗等已经走到山穷水尽了,引不起诗人多少兴趣,于是走向艳情。艳情以男女情爱为主题,其中一部分确也是写男欢女爱,但是,有一部分则摹仿楚辞,托言香草美人,藉以写君臣朋友之间的恩怨离合,这就是抒怀诗了。

李商隐(813—858年)是这类诗最重要的写作者。《无题》是他的代表作,历代传诵,经久不衰。这首诗的含义扑朔迷离,一直没有统一的看法。我们现在来看看这首诗:

> 相见时难别亦难,东风无力百花残。春蚕到死丝方尽,蜡炬成灰泪始干。晓镜但愁云鬓改,夜吟应觉月光寒。蓬山此去无多路,青鸟殷勤为探看。

这首诗解释成相思,那是最容易的。它完全可以看成是爱情诗。但是,如果稍许了解一下李商隐的生平,就会对以上的理解产生动摇,是什么样的女子或男子值得相思者奉献自己全部的生命去爱,而且又是如此难以相会?此诗所写的相思对象应该不是他的妻子王氏,与王氏不存在“见”与“别”的问题,那就只能是他的情人了,李商隐爱恋过的女子不止一位,其中让李商隐情感投入比较深的可能是道姑宋华阳,然宋华阳不想还俗,对李商隐一直保持距离。基本上属于单相思的这段感情大概也还不值得李商隐用“春蚕到死丝方尽,蜡炬成灰泪始干”来向对方表白。仔细品味这首诗,它表达的主要是一种无奈、执着、真诚和恳切地希望被对方接受的意味,这种情感未必只能献给私情的对象,难道就不可以献给政治生活中他热切希望得到理解帮助的人吗?

李商隐的生活中,还真有这样的人,他就是令狐绹。令狐绹的父亲是令狐楚,宪宗时任过宰相。令狐楚非常喜爱李商隐,让其在门下,与自己的儿子令狐绹一起读书,并亲加指点。公元837年,借令狐楚的力量,李商隐进士及第。也就在这年冬,时为兴元节度使的令狐楚走到生命的尽头,临死前一天,他急召李商隐自京城来兴元,令他代草遗表。如此这般的信任,足以让李商隐感激涕零了,李商隐此时决不会想到,命运会给他开一个大玩笑,不久他就会被令狐家扫地出门。就在令狐楚死后的第二年即公元838年,李商隐赴泾原节度使王茂元幕,受到王茂元赏识,娶王茂元女为妻。王茂元属李德裕朋党,与令狐绹的朋党处于对立地位。李商隐娶王女为妻,被令狐绹视为忘家恩、叛师门的大逆不道的行为,深恶而痛绝之,从此,李商隐陷入朋党的漩涡之中,一生不得脱身,极为痛苦。宣宗大中四年(850年),令狐绹任宰相,李德裕党大败。李商隐力谋接近令狐绹,希望得到令狐绹的宽恕和原谅,但未能如愿。令狐绹任宰相10年,对李商隐始终怀恨在心,李商隐的很多艳体诗,实是向令狐绹表明心志的诗。上引《无题》应是这类诗。此诗首句云"相见时难别亦难",这"相见"可能是他求令狐绹见他,令狐绹予以拒绝;"别"是当年他们的分别,因为是背叛师门的一桩行为,内心十分纠结,故称"难"。"春蚕到死丝方尽,蜡炬成灰泪始干"两句表白心志,意是对于令狐家的深恩至死也不忘记;希望得到令狐绹的宽恕与原谅的心一直不死。"晓镜但愁云鬓改,夜吟应觉月光寒",是述说自己当下的身心状况,长期的负罪心理与生计的艰辛,已经摧毁了自己的健康,心境凄凉。这两句显然是乞求令狐绹的同情与原谅。"蓬山此去无多路,青鸟殷勤为探看",这两句是向令狐绹传递信息,想去见他。这首诗取名《无题》也暗示着它非艳体诗,它有难言的苦痛,之所以取这样的题目是别有原因。

除了朋党之争严重影响李商隐的仕途,出身的寒微也给他的仕途带来了一定的影响。虽然李商隐是一位极具才干的优秀人才,然终其一生,也只是在幕僚位置辗转。对于寒士实现政治抱负的艰辛,李商隐较宦家子弟有更多的感受,在《少年》一诗中,他喟然长叹:"瀛陵夜猎随田窦,不识寒郊自转蓬。"更重要的是统治集团一味以私利为重,哪有是非之辨? 正直有作为的人士得不到提拔,反是邪恶小人官运亨通。对于这种现象,李商隐极为悲愤,在《鸾凤》诗中,他直斥"金钱饶孔雀,锦段落山鸡"的社会不公现象。尽管如此,李商隐并没有完全陷入消极颓废的境地,他对前途仍然充满着信心。也就在《鸾凤》一诗中,他吟道:"岂无云路分,相望不应迷。"意思是:不要说显达之仕途我辈无分,当望路争驱又何疑虑之有?

韩偓(844—914年)是晚唐时期的另一位重要诗人。清代纪昀《四库全书总目》一五一卷"韩内翰别集一卷"云:"偓为学士时,内预秘谋,外争国是,屡触逆臣之锋,死生患难,百折不渝,晚节亦管宁之流亚,实为唐末完人。其诗虽局于风气,浑厚不及前人,而忠愤之气时时溢于言外。性情既挚,风骨自道,慷慨激昂,迥异当时靡靡之响。其在晚唐,亦可谓文笔之鸣凤矣。"

韩偓于昭宗龙纪元年(889年)登进士第,历官至兵部侍郎。韩偓为人正直,有骨气,朱温专权,恨偓不附己,贬之为濮州司马,寻徙邓州司马,后召复原官,韩偓拒不赴任。韩偓诗深得其姨父李商隐的赏识,称之为"雏凤清于老凤声"。

韩诗以构思工巧、刻画细致、精于用事见长,诗风多婉曲含蓄。他早年所作《香奁集》多涉艳情,婉丽妩媚,对后世产生了一定的也许不良的影响,后期他较少作艳体,而多作山水诗、咏物诗、赠别诗,也有一些直抒胸臆的诗作。这些作品多伤感时局,慨叹身世,诗中不时透闪愤怒的火花,于其通常的婉约风格之外别具刚毅、锋利、鲜亮的风采。《安贫》一诗中,他坦言"谋身拙为安蛇足,报国危曾拊虎须",表白自己的立场:就是要给权臣朱温制造点麻烦,要拊他的虎须。诗的末句云:"举世可能无默识,未知谁拟试齐竽。""齐竽"用的是齐湣王典。齐宣王喜欢听合奏,吹竽者多达300人,其中就不乏滥竽充数的南郭先生。齐湣王则喜欢听独奏,他继位后,让吹竽者一个个地奏给他听,南郭先生就只得逃之夭夭了。韩偓用此典,似是在问,这个朝廷是否真还有人能像齐湣王选乐师那样,认真地选拔人才呢?人才问题在韩偓看来,是拯救唐帝国的关键。他在许多诗中提出此问题,不完全是自身怀才不遇的宣泄,应还是向朝廷,也是向社会的沉痛呼吁。

唐帝国的灭亡是韩偓难以排遣的心头之痛。在《思录旧诗于卷上凄然有感因成一章》中,他慨然悲歌,云:

> 缉缀小诗钞卷里,寻思闲事到心头。自吟自泣无人会,肠断蓬山第一流。

是"闲事"吗?不是,而是家国存亡的大事,"闲事"反用,乃为要事。吟、泣并不可怕,可怕的是无人同情、无人理会,成了自吟、自泣,这就难怪痛断肝肠了。

300多年的唐帝国经历过兴盛到衰落到灭亡的全过程,唐诗跟着唐帝国走完它的路。这一路走来,狂歌慷慨有之,抑郁婉转亦有之;兴高采烈有之,缠绵悲苦亦有之。总的来说,是初唐多激昂之声,盛唐多豪迈之歌,中唐多凄婉之语,而到晚唐则多无奈之叹了。

第二节 边塞诗:气高轻赴难,谁顾燕山铭

唐代诗歌以边塞诗最为有名。这类诗抒家国之志,言边关之情,充分体现出唐代文人以军功为上、视边地为美的豪情胜概。

边塞诗并不始于唐代,也不止于唐代,但是没有哪个朝代其边塞诗有唐代

这样的规模,这样的地位,这样的丰富多彩,这样的魅力无限!边塞志,是唐诗的主调;边塞情,是唐诗的绝唱;边塞美,是唐诗的风采。边塞诗的代表性诗人有高适、岑参、王昌龄、王之涣、李颀等,他们均是唐代第一流的诗人。

一、边塞诗的基本性质

最好的边塞诗出现在唐代中期和中期前,之所以如此,是有时代原因的。

公元 618 年,唐朝建立。唐朝建立之初,高祖和太宗都将主要精力专注于国内事务和新王朝制度的建立,但是,外患很严重,处于唐王朝疆域北部、西北部的东突厥、西突厥,还有处于西南部的吐蕃等部落不断骚扰唐帝国。东突厥的大军甚至屡屡侵犯到长安周围地区,给唐帝国带来严重威胁,唐高祖无力征服东突厥,无奈曾一度向东突厥求和。李世民即位后,着手彻底解决东西突厥的问题,他先是派遣大将李勣、李靖率十万大军出征东突厥,一举摧毁了东突厥王国,东突厥可汗颉利被唐军俘虏,在长安了却余生。太宗还采纳中书令温彦博的建议,将十万东突厥遗民安排在河套以南的中国境内,希望用中原文化同化他们。西突厥的问题较东突厥的问题严重。西突厥兵强马壮,野心勃勃,不断向东发展,已经占领唐帝国所辖的玉门关一带的土地。唐太宗在解决东突厥问题以后,派遣大军远征西突厥,不仅将西突厥逐出唐帝国疆域,还一度进入到与波斯接壤的地区。

虽然边境安全问题算是解决了,但是,中国与西部中亚、西亚乃至欧洲的贸易通道即"丝绸之路"尚存在问题。原因是在中国西北部新疆、甘肃河西走廊这一带,除了有西突厥这一强国,还有诸多小国。这些小国虽然无力与唐帝国抗衡,但地处丝绸之路,如果不能归服唐帝国,丝绸之路是不可能畅通的。唐帝国深明这一点,同样采取武力兼收买的办法,逐一征服它们。这其中有焉耆、龟兹、吐谷浑、高昌等国。

这些对西域小国的征服中,对高昌的征服具有重要的意义,这不仅因为高昌在西域诸国中国土较大、文化较为发达,而且因为高昌地处丝绸之路的主干道。高昌王起初将唐军跨越沙漠远征他的王国看作是可笑的行为,显然,他低估了唐军士气,所以,当唐将侯君集的大军突然兵临城下之时,他竟然惊恐而死。太宗深知高昌地位的重要性,为彻底解决西北问题,他不顾魏徵、褚遂良的坚决反对,决定将高昌并为唐帝国的一部分。于是,高昌成了唐帝国的一个州——西州。太宗在此设安西都护府。都护府兼管文、武事务,为唐帝国在西北的最高管理机构。唐代诸多文人在安西都护府任过职,留下不少描绘边塞生活的壮丽诗篇。

唐高宗、武则天时,唐帝国边境再起苍黄。西突厥帝国再次崛起,多次跨过边界向中国进犯。松赞干布去世后,吐蕃一改国策,再次骚扰唐帝国。一度为太宗征服的东突厥,在沉寂近半个世纪后,其残部又在今山西北部举兵反唐。公元696年至697年,生活在今河北和辽宁省的两个游牧民族——突厥血统的奚族和准蒙古族的契丹人——在东北崛起,对唐帝国构成新的威胁。边疆再次告急,引起唐朝廷的恐慌。此时的唐帝国虽然国内政治有所动荡,但政权是稳定的,经济是繁荣的,军事实力仍然称得上雄厚。为平定边衅,唐高宗、武则天多次派大军远征,取得了一次又一次的成功。

总括唐帝国中期前在西北边境上的军事活动①,基本性质是保家卫国,与汉帝国的开疆拓土有所区别。同时,在经济上维持丝绸之路的畅通,不仅于唐帝国有利,也于西域、中亚诸国诸民族,乃至丝绸之路的终端欧洲有利。

这种形势不仅导致了大量边塞诗的产生,而且决定了边塞诗的基本性质:是对正义战争的歌颂而不是对侵略战争的讴歌。由于战争的最后胜利者属于唐帝国,因此,从总体上来讲,唐朝中期前的边塞诗是胜利者的颂歌,并且充溢着保家卫国的豪情。

王昌龄(约698—757年)《出塞二首》之一云:

　　　　秦时明月汉时关,万里长征人未还。但使龙城飞将在,不教胡马度阴山。

"不教胡马度阴山"是战争的目的,很明确,这属于保家卫国。

高适(702? —765年)在他的诗中同样多次歌颂保家卫国的正义战争。在著名的《燕歌行》中,他吟道:"汉家烟尘在东北,汉将辞家破残贼。男儿本自重横行,天子非常赐颜色。"这里,"汉家"指唐朝,"汉将"指唐将。此诗序中说:"开元二十六年,客有从御史大夫张公出塞而还者,作《燕歌行》以示,适感征戍之事,因而和焉。"序中的"张公"即营州都督、河北节度副大使张守珪,张还兼任御

---

① 唐帝国的对外军事活动也有侵略的性质,主要表现为对高丽的战争,但在西北地区主要还是反侵略的战争。边塞诗主要产生于唐帝国西北地区的军事活动,故对于唐帝国在高丽的战争,本书不论。

史大夫。开元二十六年(738年)契丹侵犯唐朝的疆土,张守珪奉命出塞反击契丹侵略。关于这场战争的来龙去脉,《资治通鉴》有一个介绍:"开元十八年五月,契丹大臣可突干弑其王李邵固,帅其国人并胁奚众降于突厥。从此以后,契丹、奚连年侵边。"战争延续数年,开元二十六年的这场战斗,张守珪先胜后败,战斗十分激烈。高适的这首诗以饱满的激情,歌颂战士的爱国精神,诗云:"相看白刃血纷纷,死节从来岂顾勋。"是的,战士们与敌人浴血奋战,哪里是为了建功封赏? 为的是保卫自己的国家!

高适的《同李员外贺哥舒大夫破九曲之作》也是歌颂正义战争的。诗歌开头云:"遥闻副丞相,昨日破西蕃。"副丞相指唐将哥舒翰,西蕃就是吐蕃。唐朝对吐蕃一直采取和亲的政策。太宗时,有文成公主和亲;睿宗时,又有金城公主和亲。不想吐蕃借机索要河西九曲之地,说是作为金城公主汤沐之所。唐帝国虽知吐蕃欺诈之意,也还是给了这块土地,哪知吐蕃竟在九曲据守两支军队,并设置两个军事基地。唐帝国不能容忍,天宝十二载(753年),玄宗命哥舒翰收复九曲。这场战争的性质同样是明显的,是正义战争。此诗歌颂哥舒翰"长策一言决,高踪百代存,威棱慑沙漠,忠义感乾坤",这种歌颂是值得肯定的。

值得我们注意的是,高适虽然在诸多的诗中歌颂战争,但并不主张战争,因为不管是什么性质的战争,都要杀人;高适也不主张和亲,因为和亲作为一种手段,并不是真正的"和",也不是真正的"亲"。高适要的是真正的和,真正的亲。他在《塞上》一诗中写道:"转斗岂长策,和亲非远图。"是的,战争只能一时,岂能长久地战下去? 同样,和亲也不是长治久安之策。那么,该怎样才能实现唐帝国与周边国家的永久和平? 高适不知道,所以,他只能在诗中怅然叹道:"倚剑欲谁语,关河空郁纡。"

二、边塞诗的价值取向

边塞诗不仅表达了忠君爱国的坚定立场,而且也表达了建功立业的雄心壮志。王昌龄在《变行路难》中写道:

> 向晚横吹笛,风动马嘶合。前驱引旗节,千里阵云匝。单于下阴山,砂砾空飒飒。封侯取一战,岂复念闺阁。

这里,表达了一种价值取向,到底是"封侯"即功名为重,还是"闺阁"即儿女之情为重？回答是显然的，封侯为重。这种价值取向，不只是对直接从事战争的将士而言，也是对自己这样只是参赞军务的文人而言。

文人参赞军务，自古皆然，以唐代为盛。之所以如此，有三个原因：

第一，唐高祖李渊是武人，他以军事手段取得了江山。李渊比较相信武力，对文治有所轻视。"唐高祖时代的中央文官体制比起唐代后来的规模来说是很小的，它在最高层相对地说也是不拘礼仪的，这反映了皇帝本人及其所任命的官吏之间出身大体相仿"，"高祖的很多最高层文武官员都是他的太原军事幕僚中的旧部"。① 这种重军功的倾向，一直延续到唐中期，唐玄宗李隆基虽然文才出众，堪称当时最为优秀的艺术家，但他的军事才能也十分出众，他的获取天下，不是凭的文才，而是凭的武力。重军功，也不是到唐朝中期就中止了，只是因为唐到了中期后，整个地衰落了，也就谈不上整个社会是重军功还是重文才了。

第二，唐朝虽然自高祖就建立了科举制，但是，通过科举道路取得官职的文人非常少，就是在太宗时代，应试人数还是不多，每年中试者不过十多人②，官员的来源，主要是军功，再就是沾亲带故，三是重要官员向皇上推荐。李白、杜甫均做过干谒权贵的事，李白还写过吹捧权贵韩朝宗的文章《与韩荆州书》。科举之外的三条途径，还是第一条途径最为可靠，所以，唐朝诸多文人喜好武艺、兵法。李白好舞剑，高适也是，自称是"二十解书剑"（《别韦参军》）。其实，何止是文人，整个社会都崇尚骑马弄剑。高适《行路难》其一云："长安少年不少钱，能骑骏马鸣金鞭。"文人学一点武艺，当然不是为了上战场，那点武艺，战场上也不管用，主要还是为了借此懂点军事，以便去将军幕帐参赞军务。对于这样有谋略又懂点武艺的文人，军队是非常欢迎的。高适《别冯判官》有句云："才子方为客，将军正渴贤。遥知幕府下，书记日翩翩。"文人也就从做书记入手，争取自己的前途。高适就做过河西节度使哥舒翰幕府中的书记。他仕途显达实始于此。

第三，唐朝有文官进入军界的政策。唐睿宗时期，唐帝国在边地设节度使制，节度使又称"藩镇"，它既拥有一个地区的行政权，又负责一个地区的防务。如果某一地区出现反叛或有外族侵略，中央政府不必临时组建远征军去征讨，

---

① ［英］崔瑞德编：《剑桥中国隋唐史》，中国社会科学院历史研究所西方汉学研究课题组译，中国社会科学出版社1990年版，第153页。

② 参上书，第193页。

镇压叛军或侵略军的战事由相应地区的节度使负责。玄宗时,全国已有平卢、范阳、河东、朔方、陇右、河西、剑南、北庭、安西九个节度使,体制比较完善了。值得指出的是,除西部各藩镇外,大部分节度使为高级文官。他们均兼任其他高级职务,在节度使任期满了之后,一般会调至中央政府任职。"许多这类官员虽然身为文官,但可能在武职中几乎度过他整个官宦生涯,而且是与许多将军一样的职业军人。"①当然,能够任节度使的文人未必是诗人,但是在当时,几乎所有文人均能写诗。文人任节度使的情况也有例外,这就是位于中亚的安西、北庭和位于吐蕃边境的河西、陇右四个藩镇,它们的节度使还是由武官担任,主要是因为这些地方经常有严重的战争,文官担当不了亲临前线的指挥工作。即使如此,这四个藩镇中,还是有不少文人在参赞军务,其中就有像岑参这样的优秀诗人。

本色为诗人却担任高级将领的也不乏其人,其中最重要的代表为高适。高适,字达夫,渤海蓨(今河北景县)人。20岁时,他曾赴长安求仕。"举头望君门,屈指取公卿",然而没用,"布衣不得干明主"(《别韦参军》),这条李白、杜甫等均走过都没有走通的干谒之路,高适也一样没有走通。他终于决定北上蓟门,走军功之路了,初到蓟门,他慨然唱道:"黯黯长城外,日没更烟尘。胡骑虽凭陵,汉兵不顾身。古树满空塞,黄云愁杀人。"(《蓟门五首》)可惜这初次出塞,他没能遇到赏识他的伯乐,慨叹"勋庸今已矣,不识霍将军",只得"长剑独归来"(《自蓟北归》)。虽然第一次出塞没有达到出仕的目的,但获得了军营生活的体验,以至于后来有机会入哥舒翰的幕府,担任书记之职。安史之乱,高适佐哥舒翰守潼关。虽然潼关后来失守了,高适却得到进一步的锻炼,更重要的是,他有了一个面见皇上陈述潼关失守经过的机会,并被玄宗授予了正式的官职。玄宗之后,又得在肃宗朝任职,成为肃宗的近臣。其间,永王璘据金陵起兵,肃宗召高适计议,其对形势的分析,深受肃宗赏识。肃宗任他为扬州大都督府长史、淮南节度使,使讨永王璘。高适一跃成为封疆大吏,从文官变成将军。

高适是边塞诗人的代表,在他的诗中明确地表达了走军功道路实现功名利禄的人生理想:

> 功名万里外,心事一杯中。(《送李侍御赴安西》)

---

① [英]崔瑞德编:《剑桥中国隋唐史》,第336页。

威棱慑沙漠,忠义感乾坤。(《同李员外贺哥舒大夫破九曲之作》)

隐轸戎旅间,功业竞相襃。(《自武威赴临洮谒大夫不及因书即事寄河西陇右幕下诸公》)

男儿本自重横行,天子非常赐颜色。(《燕歌行》)

最有意思的是他的《塞下曲》,将军功求取功名与科举求取功名进行比较。诗云:

结束浮云骏,翩翩出从戎。且凭天子怒,复倚将军雄。万鼓雷殷地,千旗火生风。日轮驻霜戈,月魄悬雕弓。青海阵云匝,黑山兵气冲。战酣太白高,战罢旄头空。万里不惜死,一朝得成功。画图麒麟阁,入朝明光宫。大笑向文士,一经何足穷。古人昧此道,往往成老翁。

诗的开头写战马,浮云为马名。接着写战斗。万鼓齐鸣,千旗翻动,刀光剑影,血肉横飞。战争是残酷的,然将士舍生忘死,英勇杀敌。最后写两种人生:一种为军旅,虽说充满着危险与艰辛,但只要“万里不惜死”,也许会“一朝得成功”,封官拜将,扬名后世;另一种为科举,皓首穷经,未必能得到一官半职。高适对这种文士朗声“大笑”,为自己的选择无比自豪。

与高适齐名的边塞诗人岑参(约715—770年)在人生观上,与高适、王昌龄是差不多的。他天宝三载(744年)进士及第,授兵曹参军;天宝八载(749年)充安西四镇节度使高仙芝幕中掌书记。他两次出塞,在黄沙大漠生活六年。他也认为科举取功名不如军功取功名,在诗中,他朗声唱道:

丈夫三十未富贵,安能终日守笔砚?(《银山碛西馆》)

怜君白面一书生,读书千卷未成名。(《与独孤渐道别长句》)

在《送李副使赴碛西官军》一诗中,他豪迈地表达自己的人生理想:“功名只向马上取,真是英雄一丈夫。”

杜甫在边塞诗《前出塞九首·其九》中也这样表述:“丈夫四方志,安可辞固穷。”

什么是壮丽的人生?高适、岑参、王昌龄这些边塞派诗人认为,驰骋疆场的军旅人生,就是壮丽的人生。

三、边塞诗的审美特点

边塞诗写的是边塞,而众所周知,边塞一般自然条件恶劣,生活设施更是谈不上齐全,更严重的是,边塞是战争的前沿阵地,这里,经常发生着激烈的战争,人的生命朝不保夕。这样一种情况,在边塞诗中又是如何反映的呢?

我们首先看战争,边塞诗都写到战争。其中,正面写战争,写得最生动、最具直观性的数高适。高适名篇《燕歌行》有句:

> 摐金伐鼓下榆关,旌旆逶迤碣石间。校尉羽书飞瀚海,单于猎火照狼山。山川萧条极边土,胡骑凭陵杂风雨。战士军前半死生,美人帐下犹歌舞! 大漠穷秋塞草腓,孤城落日斗兵稀。身当恩遇恒轻敌,力尽关山未解围。铁衣远戍辛勤久,玉箸应啼别离后。少妇城南欲断肠,征人蓟北空回首。边庭飘飖那可度,绝域苍茫更何有? 杀气三时作阵营,寒声一夜传刁斗。

从这首诗可以看出高适写战争的两个特点。一是既写出战争的激烈、残酷,又写出战争的威武、雄壮,像"摐金伐鼓下榆关,旌旆逶迤碣石间。校尉羽书飞瀚海,单于猎火照狼山",画面均极具视觉震撼力,恍若实拍的电影镜头。

他的《同李员外贺哥舒大夫破九曲之作》同样将战争写得极为壮美:

> 作气群山破,扬军大旆翻。奇兵邀转战,连弩绝归奔。泉喷诸戎血,风驱死虏魂。头飞攒万戟,面缚聚辕门。鬼哭黄埃暮,天愁白日昏。石城与岩险,铁骑皆云屯。

特点之二是,不只是描绘战争的场面,还深层次地揭示出战争中的社会问题。上引诗句中就揭示了三个问题:战士对将官的不满、战士对家人的思念、战士效忠国家君主的精神。

大体上,边塞诗均是这样写战争的。岑参写战争也有极为优美的诗句:

> 朝登剑阁云随马,夜渡巴江雨洗兵。(《奉和杜相公发益昌》)
> 日落辕门鼓角鸣,千群面缚出蕃城。洗兵鱼海云迎阵,秣马龙堆月照营。(《献封大夫破播仙凯歌》)
> 上将拥旄西出征,平明吹笛大军行。四边伐鼓雪海涌,三军大呼

阴山动。(《轮台歌奉送封大夫出师西征》)

这反映出一种重要的审美观念:战争也自有一种美。战争中,正义与邪恶、美与丑的斗争化成生与死的激烈角逐,生命瞬间变得非常脆弱,又变得极为坚强。许多平时难以通晓的深奥道理刹时变得非常简单明白,许多平时难以看到的伟大人性顿时如电光火石通天透亮。

陆侃如、冯沅君先生曾说岑参"写战争不大诅咒战争的残酷,而常赞颂战争的伟大"[1],这主要是因为岑参写的战争是正义的战争,参加这样的战争是一件光荣的事,高适也是这样看的。

除了表现战争的壮美,边塞诗还描绘了边塞风光的美。这其中,岑参最为出色。岑参写边塞风光有两个突出特点。

第一,他并不回避边塞自然条件的极度恶劣,但是,他能用极为美妙的词句将它美化,这种美化,不是改变了自然条件的恶劣,而是改变了读者对这种自然条件的心理反应,不仅不是害怕它,躲避它,反而因为它的美,想去亲近它。比如,这样的雪:

北风卷地白草折,胡天八月即飞雪。忽如一夜春风来,千树万树梨花开。(《白雪歌送武判官归京》)

尽管这雪带来的是奇寒,况且还有钢刀般的北风助虐,但是因为诗人将它比喻成千树万树的梨花,读者立马联想到温暖的春天,哪里还有寒意,哪里还会害怕这"愁云惨淡万里凝"的雪天呢?

雪除了寒的属性,还色白,这白的属性给它带来了很大的美感,如果这白雪与银月相映,就更美了。岑参就是这样描写边塞的雪月的:

天山有雪常不开,千峰万岭雪崔嵬。北风夜卷赤亭口,一夜天山雪更厚。能兼汉月照银山,复逐胡风过铁关。(《天山雪歌送萧治归京》)

月,在自然景物中,最为特殊,自然景观只要有月的参与,就增添了美妙,就加进了温馨。岑参喜欢边塞的月,不只将月与雪相配,也将月与沙漠、山岭、城楼相配,创造出一幅幅美丽的景象:

----

① 陆侃如、冯沅君:《中国诗史》中册,人民文学出版社 1983 年版,第 437 页。

山口月欲出,先照关城楼。溪流与松风,静夜相飕飗。(《初过陇山途中呈宇文判官》)

弯弯月出挂城头,城头月出照凉州。凉州七里十万家,胡人半解弹琵琶。(《凉州馆中与诸判官夜集》)

银山碛口风似箭,铁门关西月如练。(《银山碛西馆》)

凉秋八月萧关道,北风吹断天山草。昆仑山南月欲斜,胡人向月吹胡笳。胡笳怨兮将送君,秦山遥望陇山云。边城夜夜多愁梦,向月胡笳谁喜闻。(《胡笳歌送颜真卿使赴河陇》)

岑参写边塞风光的第二个特点是,他总是用雄奇的自然风光来烘托戍边将士的英雄气概,或是创造一种诡异奇绝的意境来表达诗人特殊的情感,或送友,或思乡,或报国。

如著名的《走马川行奉送出师西征》,诗云:

君不见走马川行雪海边,平沙莽莽黄入天。轮台九月风夜吼,一川碎石大如斗,随风满地石乱走。匈奴草黄马正肥,金山西见烟尘飞,汉家大将西出师。将军金甲夜不脱,半夜行军戈相拨,风头如刀面如割。

原来,描写这"平沙莽莽""风头如刀""满地石乱走"的风光是为了衬托"汉家[实为唐朝——引者]大将"的风采。

又如《送张献心充副使归河西杂句》云:

澄湖万顷深见底,清冰一片光照人。云中昨夜使星动,西门驿楼出相送。……张掖城头云正黑,送君一去天外忆。

这样凄清阴冷的景象,烘托的是一种凄绝刻骨铭心的送别之情。

王之涣(688—742年)也有歌颂边塞风光的壮丽诗篇《凉州词》:

黄河远上白云间,一片孤城万仞山。羌笛何须怨杨柳,春风不度玉门关。

黄河因远自白云奔腾而来,就不仅气势磅礴,而且光彩夺目;孤城,因万仞之山的衬托而显得格外峭拔、威严。即使是"春风不度",这玉门关也因沾上了"春风",而显得更加温馨、美丽了。

总括唐代边塞诗的边塞风光描写,它反映了这样的一种审美意识:

美不只在杏花春雨江南,也在骏马秋风塞北。秀丽是美,雄壮也是美。赏心悦目固然有美,惊心动魄同样有美。战争不只是可诅咒的,也是可赞美的。当战争奏响的是正义的主旋律时,它就是壮丽的画卷、英雄的诗篇、崇高的乐章。唐朝的边塞诗就其本质来说,就是这样的画卷、诗篇、乐章。

四、边塞诗的情感表现

唐朝边塞诗不是本事诗,虽然其中有一些描写涉及真实的历史事件,但一般说来,仍不宜当作历史。它基本上属于抒情诗。边塞诗中所抒的情是很丰富的,边塞诗的美从本质上来说,不是上面说的对于战争的认识以及爱国志向的表达,而是它整个地反映了唐代的时代精神,而这种精神又是通过具有个性特点的情感来透显的。这是一种非常个性化的情,同时又是一种极具代表性,也极具时代性的普通人之情。

边塞诗的地域特点是清楚的,是边塞,是一般来说地理条件较差、生活比较艰辛的地区,更重要的,这是国家疆界,所临的异族异国,并不都是友好之邦,因此会经常发生突如其来的战火,而且时刻都有生命危险。来这个地方,不管是军人还是文人,都不是观光、住家或创业,而是戍边,因此,多是单身而来,极少拖家带口。正是因为这样,此地的戍边人员,不论是军人还是文人均有一种特殊的情感基质,就是使命感、危机感以及旷达感。使命感赋予情感以崇高性,危机感赋予情感以忧伤性,而旷达感赋予情感以乐观性。忧伤属于悲剧情感,旷达则属于喜剧情感,这两种情感的交互、综合、渗透,统属于卫国的使命意识,显现出可贵的崇高感。

边塞诗中的情感是丰富的,大体上可以分为忧时、思乡、怀友、自许。这些情感虽然总体上均见出以上所说的悲喜交融的崇高感,但具体情境有异,因而其审美意味又有别。一般来说,忧时,均比较大气,但由于不便直说,又不能不说,有诸多顾忌,或借汉喻唐,或借褒为贬,或借物喻人,或点到为止,或藏而不露,或时隐时显,让人去品味、去思索。像王昌龄的《塞下曲》之三、之四:

奉诏甘泉宫,总征天下兵。朝廷备礼出,郡国豫郊迎。纷纷几万人,去者无全生。臣愿节宫厩,分以赐边城。

边头何惨惨,已葬霍将军。部曲皆相吊,燕南代北闻。功勋多被
黜,兵马亦寻分。更遣黄龙戍,唯当哭塞云。

甘泉宫,此为汉宫;霍将军,即霍去病,这是汉将。此诗借汉喻唐是很鲜明
的。这是一次严重失败的战役,全军覆没,连主将都折损了。失败的原因,诗人
讳莫如深,但从"功勋多被黜"来看,朝廷要负主要责任。这样的仗,诗人认为还
是不打为好,但看来朝廷并没有停止,还要继续出兵,所以诗人忧心忡忡地说:
"更遣黄龙戍,唯当哭塞云。"

边塞诗对具体战役的阐释也许并不都准确,重要的是它的情感,这情感有
些复杂,多为愤懑纠结而不得畅舒一快。

边塞诗中的乡情则相对要明朗一些,当然,乡情是征戍诗、边塞诗、闺怨诗
共同的主题之一,各朝各代均有表现乡情的好诗,唐朝边塞诗在这方面的优势
并不突出,但仍然有特点,最主要的特点是较为明朗、较为洒脱,可能主要原因
是边塞诗中所表现的战争还是以卫国的为多,而且边塞诗人多是抱着建功立业
的目的主动请缨沙场的,这就与征戍诗、闺怨诗中的男主人公有了根本的不同。
征戍诗、闺怨诗中男主人公不管参与的是侵略战争还是卫国战争均是被征而来
的、不得已而来的,这样,就难免在诗中有抱怨。岑参的《初过陇山途中呈宇文
判官》就有这样的诗句:"万里奉王事,一身无所求。也知塞垣苦,岂为妻子谋!"
当然,问题也不会这样简单:有了这份自觉,就不思乡了。思乡还是有的,忧愁
也不因此而不在,就在此诗中,诗人还吟道"别家赖归梦,山塞多离忧"。尽管如
此,有了这样一份自觉,思乡之苦就减轻了许多了。之所以减轻了许多,是因为
这种思乡之苦在使命意识的作用下,获得超越。更具理性意义的使命意识让思
乡的痛苦升华了,这种升华恰如孟子所说——"充实之谓美,充实而有光辉之谓
大"(《孟子·尽心下》),充实是戍边这一行动的伦理意义,有光辉是这一行动的
审美意义。

边塞诗中有诸多送别诗,这些诗表现出浓郁而又深刻的友情。友情是人
类一种普遍的感情,这种友情在边塞诗中有特殊的表现。一同来边塞效力,
边塞是战场,那就是战友了。但边塞诗似乎也没有强调送别对象与自己的战
友之情。那个时代人事多错迕,见面殊为不易,何况是在边塞,因此,送别一
个对象,自然就会有一个心理准备:也许是永别。正是因为这样,边塞诗中的

送别诗就自然多了一份感伤。感伤自然见出友情,但感伤过浓又显得不吉利,因此,又不能不有所克制。就唐朝边塞诗中的实际情况来看,积极多于消极:诸多送别诗表现的竟然不是感伤而是旷达。如王昌龄《芙蓉楼送辛渐二首》:"洛阳亲友如相问,一片冰心在玉壶。"不是忧心而是放心,如高适《别董大二首》:"莫愁前路无知己,天下谁人不识君。"不是缠绵而是豪壮,如王昌龄《别陶副使归南海》:"宝刀留赠长相忆,当取戈船万户侯。"不是苦语而是美愿,如岑参《原头送范侍御》:"别君只有相思梦,遮莫千山与万山。"诸多送别诗表现的人生境界其美妙具有超越时代、超越人种的价值,乃是人类精神上最美好的慰藉。

中华民族的人伦观,非常看重朋友这一伦,交友之道是中华传统文化重要组成部分。高适《赠别晋三处士》说:"知己从来不易知,慕君为人与君好。"这两句诗可说是中华民族交友之道的最好概括。

边塞诗中有诸多自励、自许、自慰之语,这些自励、自许、自慰之语是诗人内心真实的自白,这里没有狂语、诳话,只有朴实、真诚。王昌龄志高气豪,自视甚高,有诗曰"莫学游侠儿,矜夸紫骝好"(《塞下曲》之一),颇看不起一味在江湖称雄的浪荡儿。他豪语:"封侯取一战,岂复念闺阁。"(《变行路难》)这些话,称得上豪言壮语,是真实的吗?是真实的,但是,说这些话时,他似乎还没有充分领略边塞之苦,没有打过多少仗。待他有了足够的边塞生活经历之后,发声就不同了。首先他看到了战争的残酷——"纷纷几万人,去者无全生"(《塞下曲》之三),不主张一味用军事的方式解决边境的纠纷,说是"臣愿节宫厩,分以赐边城"。对于军队中的腐败他也有所领略:"功多翻下狱,士卒但心伤"的丑恶现象时有发生。李广那样身先士卒、爱兵如子的将军,怎么唐代就没有了呢?对于自己的从军,王昌龄似是有些后悔了:"百战苦风尘,十年履霜露。虽投定远笔,未坐将军树。早知行路难,悔不理章句。"(《从军行》二首)然此时要退,也难,而且他也不想真退,那就只能改换一种人生哲学:"人生须达命,有酒且长歌。"(《长歌行》)那种"气高轻赴难,谁顾燕山铭"(《少年行》之一)的精神气概似乎不见了。

将王昌龄的这类诗句全找出来,你会发现它们有矛盾。是有矛盾,但都是真实的。因为他不是在写哲学论文,是在写诗。他不必着眼于人生的全过程,而在意当下的心理感受,他不是在论理,而是在抒情。论理有严密的逻辑,重在推导——不一定切合实际却符合逻辑联系的推导;抒情不需严密的逻辑,只要真实——当下的情感真实。

虽然诸多的边塞诗人期望能在边塞建功立业,赚个像样的官职,但诸事又哪能符合人的心愿?事实上,除了高适,其他在边塞谋事的文人们都没能做上高官。岑参晚年总结自己的一生,写了《行军诗二首》,其二云:

> 早知逢世乱,少小谩读书。悔不学弯弓,向东射狂胡。偶从谏官列,谬向丹墀趋。未能匡吾君,虚作一丈夫。抚剑伤世路,哀歌泣良图。功业今已迟,览镜悲白发。平生抱忠义,不敢私微躯。

此诗的情绪有些悲观,但主调仍然是积极的:虽然没能建立功业,而且因为年已老,建功的机会也少了,但作者对自己"抱忠义"的"平生"一点也不后悔,即使现已老了,仍不懈怠,更"不敢私微躯",也就是说,愿鞠躬尽瘁,死而后已,做到尽心就可以了。这首诗虽然出自岑参之心,是岑参一生的总结与反思,却在某种意义上反映了边塞诗人共同的心境,具有代表性。

遍观边塞诗人自励、自许、自慰之诗句,发现它们有一个共同的特点,就是达观。达观包含着两种哲学思想。一种是儒家的进取精神,来边塞为的就是建功立业,这,边塞诗人心里非常明白,早立下报国之志,而且也做好了殒身沙场的心理准备。这在诸多的边塞诗中有充分的反映。另一种是道家的退让精神,道家精神主要是针对失意者的,人的一生哪能都得意?总有失意的时候,道家哲学对于失意,是一剂最好的清凉之药。高适、岑参、王昌龄都有这种精神,既用以安慰别人:"穷达自有时,夫子莫下泪。"(高适《效古赠崔二》)"丈夫穷达未可知,看君不合长数奇。"(高适《送田少府贬苍梧》)也用以自慰:"人生须达命,有酒且长歌。"(王昌龄《长歌行》)"一生称意能几人,今日从君问终始。"(高适《题李别驾壁》)

遍观边塞诗中的情感色彩,其中有悲哀,但更多的是豪壮;有伤感,但更多的是乐观;有抱怨,但更多的是无悔。这种情感,总体的美学意味很像那万道霞彩,虽然有若干道为灰,为黑,色彩不那么好看,但总体上是金黄,是血红,而且光辉灿烂,气势磅礴。这种情调折射出唐帝国的时代精神:踩着瓦砾,踩着尸骸,雄强奋发,呼啸前进,"龙战于野,其血玄黄"(《周易·坤》)!

第三节　伤世诗:乾坤含疮痍,忧虞何时毕

中国自古以来就有感时伤世的诗篇。伤世诗的重要内核是人道主义精神与对统治阶级的揭露和批判,而在创作方向上主要为现实主义。伤世诗,溯其源,是《诗经》,继之则为汉代的乐府诗。到唐代,伤世诗得到突出发展,出现了杜甫这样伟大的诗人。杜甫的出现,是中国文化史上的重要现象。这与杜甫的杰出才华有关,但更重要的是时代,是唐帝国自己造成的不得不接受的安史之乱。短短的七年,唐帝国遭受致命性的打击。真所谓"国家不幸诗家幸",安史之乱让唐帝国从此由盛转衰,对唐帝国是重大灾难,然而它却造就了一批伟大的诗人,其中最杰出的,成为时代标志的,是杜甫。杜甫的反映安史之乱的伤世诗,被誉为"诗史"。

安史之乱之后,唐代出现一个短暂的稳定期,虽然政权没有危险了,但社会矛盾,特别是统治阶级与人民的矛盾不仅没有缓和,而且还在加深、加重。统治阶级对人民敲骨吸髓般的压迫与剥削,让一些有正义感的诗人心中严重不安,他们同情人民,关心人民,写下了一些今日读来仍感人肺腑的诗篇,这其中最重要的也是最好的诗是白居易的作品。

在中国的伤世诗人中,杜甫、白居易是两面旗帜,在某种意义上说,他们也可以看作是儒家文化在诗歌领域中的杰出代表,看作是中国知识分子的良心。

一、杜甫的伤世诗及其审美特质

唐帝国进入玄宗统治时期之后,有过短暂的繁荣,但很快因为范阳节度使安禄山的造反(755 年),全国陷入战乱。这场战争几乎将半个中国拖入战乱,先后有三位皇帝——玄宗、肃宗、代宗在战争期间更替。唐帝国风雨飘摇。

身为唐朝的官员、士大夫,杜甫对唐帝国的统治能否稳固深怀忧虑。他真实地描绘了这场战乱所带来的深沉苦难。在《北征》中,他写道:

> 乾坤含疮痍,忧虞何时毕! 靡靡逾阡陌,人烟眇萧瑟。所遇多被伤,呻吟更流血。回首凤翔县,旌旗晚明灭。

不回避战争给国家、给人民带来的巨大创伤,不掩饰战争的残酷,这是杜甫战乱诗一个突出的特点。尽管战乱给人的心理带来了凄凉、痛苦、可怖,但作为诗人的杜甫仍然将它创造成一个个具有审美价值的意境、一个个电影镜头,如:

> 山雪河冰野萧瑟,青是烽烟白人骨。(《悲青坂》)
>
> 烽火连三月,家书抵万金。(《春望》)
>
> 夜深彭衙道,月照白水山。(《彭衙行》)
>
> 白水暮东流,青山犹哭声。(《新安吏》)
>
> 积尸草木腥,流血川原丹。(《垂老别》)
>
> 夜深经战场,寒月照白骨。(《北征》)
>
> 恸哭松声回,悲泉共幽咽。(《北征》)
>
> 三年笛里关山月,万国兵前草木风。(《洗兵马》)

精美的画面,并没有淡化或者虚化战争的残酷,但因为注意形象的组合、色彩的运用,特别是真挚情感的渗入,竟然创造出一种动人心扉的冷美效果。

杜甫的战乱诗,在描绘战争苦难之时,也不时跳跃出一些青春的色彩:如《北征》在一串诗句描绘战乱的恐怖景象之后,竟又写道:“菊垂今秋花,石戴古车辙。青云动高兴,幽事亦可悦。山果多琐细,罗生杂橡栗。或红如丹砂,或黑如点漆。雨露之所濡,甘苦齐结实。”花木不明人事,它依然遵循季节的变化,或开花,或结果。这样写,有两个美学效果,一是减轻了阅读描绘苦难的诗句给予人心的沉重,让读者心中悄然生出一份愉悦;另是让自然与人事构成强烈的对比,让自然的生机启发人事的希望。因此,这份由自然花木逗发的喜悦竟潜在着一种正面的能量。这种正能量,诗人一直是有的,他只是借诗境传达给读者。

《玉华宫》一诗也有同样的妙构。此诗作于公元 757 年。玉华宫是唐太宗的行宫,杜甫离开凤翔,往鄜州探望亲人,途中路过此宫。眼前此宫已是“苍鼠窜古瓦”“阴房鬼火青”的破败景象了,然而,诗中间却跳出这样两句:“万籁真笙竽,秋色正萧洒。”仿佛为黑暗的屋子开了一扇天窗,心里顿生出希望。

对于由安禄山、史思明制造的战乱,杜甫忧心忡忡,甚至也为某些战事而扼腕,但仍然对战争的前途充满着信心,对唐帝国充满着信心。在《北征》中,他吟道:“仰观天色改,坐觉妖氛豁。”“胡命其能久? 皇纲未宜绝!”“煌煌太宗业,树立甚宏达。"

有人将杜诗归于批判现实主义,杜诗有批判,但也有歌颂,对于参与安史之乱平叛的将帅,他由衷地发出赞歌:

> 成王功大心转小,郭相谋深古来少。司徒清鉴悬明镜,尚书气与
> 秋天杳。二三豪俊为时出,整顿乾坤济时了。……张公一生江海客,
> 身长九尺须眉苍。征起适遇风云会,扶颠始知筹策良。(《洗兵马》)

成王是肃宗太子李俶,公元758年封成王,时为兵马大元帅;郭相指郭子仪,时加中书令,杜甫认为他深谋远虑,古来少有;司徒指李光弼,时加检校司徒,杜甫歌颂他眼光敏锐,识人善任;尚书为王思礼,杜甫认为他气度高朗,胸怀广阔;张公指张镐,他出身布衣,故为江海客,天宝十四载(755年)自布衣召征为左拾遗,扶持国家颠危,为收复两京出谋划策,立下很大的功劳。这些人都是平定安史之乱的大功臣。

杜甫的诗情感充沛,梁启超称杜甫为"情圣"。情感中两极为悲为喜,杜诗中,大悲有之,大喜有之。表现大悲,杜甫喜欢用哭。杜甫毫不掩饰自己的情感,常在诗中哭:灾难中的人民在哭,他自己也在哭:

> 十室几人在,千山空自多。路衢唯见哭,城市不闻歌。(《征夫》)
> 汉北豺狼满,巴西道路难。血埋诸将甲,骨断使臣鞍。牢落新烧
> 栈,苍茫旧筑坛。深怀喻蜀意,恸哭望王官。(《王命》)
> 忧来藉草坐,浩歌泪盈把。(《平华宫》)

读杜诗,我们发现,悲极哭,喜极也哭,大悲大喜均哭。哭,在杜诗中不是哽咽,不是抽泣,多是大哭,痛哭,恸哭,"泪盈把"的哭。如此哭,真可谓哭得豪壮,哭得解气!

莫非盛唐的精神即使体现在表现苦难的诗歌中,也别有一番英雄气概?

杜诗的风格,学界定为"沉雄顿挫"。这在史诗类的作品中体现得最为突出,不过,那多是写苦难的风格,如果是写喜讯、写捷报,杜诗的语句则分外流畅、轻快,如江上轻舟,夏日豪雨,如:

> 中兴诸将收山东,捷书夜报清昼同。河广传闻一苇过,胡危命在
> 破竹中。(《洗兵马》)

　　剑外忽传收蓟北,初闻涕泪满衣裳。却看妻子愁何在,漫卷诗书喜欲狂。白日放歌须纵酒,青春作伴好还乡。即从巴峡穿巫峡,便下襄阳向洛阳。(《闻官军收河南河北》)

　　杜诗的情感,总是大起大落,跌宕起伏,即使写苦难,也不是凄凄惨惨,一片悲凉。诗中总有亮点,总有光辉,让人在悲伤之余不至感到绝望,在苦难之中仍满怀希望。

　　整体来看,杜甫的战乱诗充溢着英雄气概。它不独是现实主义的杰作,就其精神来说更是浪漫主义的。

二、杜甫诗的"诗史"价值

　　唐诗人孟棨《本事诗》称杜甫的诗当为"诗史",其根据主要是他写于安史之乱时的诗作。孟棨说:"杜逢禄山之乱,流离陇蜀,毕陈于诗,推见至隐,殆无遗事,故当号为'诗史'。"细检杜甫这个时期的诗作,有这样几个特点:

　　一是均作于安史之乱期间,内容与此背景相关。战乱指安史之乱,安史之乱在唐代的历史上具有重要的意义,这一事件暴露了唐代政治、外交诸多的问题,安史之乱虽然结束,唐帝国的藩镇割据问题并没有解决,河北三藩镇长期处于独立的状态,游离于中央政权之外。唐帝国内部产生新的纷争,朝官与宦官之争、朋党之争累禁不绝,且越演越烈,最后把唐帝国拖入绝境。从唐帝国近300年的历史来看,公元755年至762年的安史之乱确是唐帝国由盛转衰的关键。正是基于对这段历史的重视,人们也就特别看重反映这段历史的诗歌。

　　二是从唐诗的实际来看,直接地、正面地反映安史之乱的诗歌,其实是不多的。当时的著名诗人李白避地东南,来往宣城、当涂、金陵、溧阳一带,后隐居庐山,可以说是远离安史之乱腹心地区。安史之乱结束的762年李白去世。因此,安史之乱在李白的笔下不可能有所反映,事实上也没有反映。大诗人高适和岑参对安史之乱有所反映,但都远远不能与杜甫相比,不要说量不及杜甫多,质也远弱于杜甫。

　　安史之乱时,杜甫虽然在朝廷的官职卑小,但能接触皇帝,对唐帝国高层的情况及军队的讯息均比较了解。杜甫回乡探亲,又深知战乱给民间带来的巨大破坏。更重要的是,他曾被叛军俘虏过,也知道一些叛军的情况。安史之乱期间,他虽未上前线,但在已被叛军占领的长安和当时肃宗所在的凤翔之间往来穿梭,称得上是当时最为全面地了解时局的人物了。所有这些,都在他的诗中有真切的反映,读他这个时期的诗作,简直就直接进入了那个时代。从他的诗中,我们接触到形形色色的人物,从唐军到叛军,从皇上到百姓,一个个人物都鲜活如生,一场场情景都宛在面前。这样的诗作实在可以与司马迁的《史记》相媲美。

三是就杜甫一生的诗歌创作来说,反映安史之乱的诗歌也是最有价值的,不仅有很高的历史价值,而且也有很高的审美价值。其中诸多诗篇内容与形式结合完美,称得上是唐诗的典范之作,并事实上成为家喻户晓的名篇,如《月夜》(756 年)、《春望》(757 年)、《月夜忆舍弟》(759 年)、《闻官军收河南河北》(763 年)等。如下脍炙人口的诗句就出自他的手笔:

> 香雾云鬟湿,清辉玉臂寒。(《月夜》)
>
> 感时花溅泪,恨别鸟惊心。(《春望》)
>
> 露从今夜白,月是故乡明。(《月夜忆舍弟》)
>
> 即从巴峡穿巫峡,便下襄阳向洛阳。(《闻官军收河南河北》)

谈到史,人们的第一反应就是:它是真实的、意义重大的,而且是深刻的。杜甫那些被称作"诗史"的作品就具有这样的品格。

他著名的"三吏""三别",最大的价值就是对当时社会现实的真切反映。以《新安吏》来说,它反映的是当时征兵的情况。诗云:"客行新安道,喧呼闻点兵。借问新安吏,县小更无丁。府帖昨夜下,次选中男行。中男绝短小,何以守王城?肥男有母送,瘦男独伶俜。白水暮东流,青山犹哭声。"此诗的背景是,公元759 年春,围攻邺城的大唐官军溃退,郭子仪退守洛阳。杜甫从洛阳到华州途中,见到征兵的情况,写下此诗。从"县小更无丁"的情况来看,唐帝国与叛军的拼争,也是竭泽而渔了。然而,作战不能无兵,成丁(23 岁以上)虽然没有了,但中男还有。按天宝初的兵役制度,18 岁至 23 岁称为中男。当时征兵已征到这个年龄。"三吏""三别"除《潼关吏》外,均是讲兵役的。《石壕吏》中的老两口,三个儿子都在围攻邺城的部队里,其中两个战死。家中的男人仅余老汉了,征兵的吏半夜来捉人,老汉吓得赶紧越墙走了,然走得了和尚走不了庙,无奈,老妇提出,由她去顶替。老妇又怎么上得了前线呢? 当时兵源枯竭的情况于此可见一斑。这种叙述是具有历史价值的,正史未必如此具体地介绍当时的兵源,杜诗在某种意义上填补了这个空缺。

真实性是历史的基础,但不是一切真实的事实都具有历史价值,进入历史的事件是需分成诸多层面的,由重大到细小。一般来说,重大的历史事实是关涉到国家民族命运的大事。正史的主体即为这样的大事以及与这样的大事相关涉的人物。杜甫的反映安史之乱的诗作,也写到这样的事件,有的正写,有的侧写,有的明写,有的暗写。不管哪种写法总是触及事实的关键处,透显出可贵的政治意识。

《悲陈陶》《悲青坂》涉及安史之乱期间一次重要的战役——陈陶之战。由宰相房琯率领的唐军大败。战斗十分激烈,"血作陈陶泽中水",杜甫满怀悲愤之情,一方面歌颂战士们的英勇,另一方面也深切期盼朝廷能吸取教训,"忍待明年莫仓卒"。《潼关吏》涉及安史之乱另一场战争——桃林之战。这场战争的唐军主将为哥舒翰。被安禄山叛军打晕了头的玄宗急不可耐地希望唐军创造奇迹,迫使准备不足的潼关守将哥舒翰出关破敌,哥舒翰知道必败,拍胸痛哭,引兵出关,在灵宝遇敌,一战即溃,全军覆没,败兵坠黄河者无数。杜甫这首诗中写道:"哀哉桃林战,百万化为鱼!"正是因为有哥舒翰的教训,杜甫才借这首诗谆谆告诫潼关吏:"慎勿学哥舒!"

安史之乱时,肃宗从回纥借兵,与回纥定约:"克城之日,土地、士庶归唐,金帛、子女皆归回纥。"①回纥可汗遣太子叶护率精骑四千参战。杜甫在好些诗中记载了这一事实,如《哀王孙》中云:"昨夜东风吹血腥,东来橐驼满旧都。"在《洗兵马》中,亦云:"京师皆骑汗血马,回纥喂肉葡萄宫。"在《北征》中也写道:"阴风西北来,惨淡随回纥。其王愿助顺,其俗善驰突。送兵五千人,驱马一万匹。"从回纥借兵是存有风险的,对回纥是否可靠,诸多朝臣存有疑虑,然肃宗在当时条件下,也顾不得了,只能虚心期待,杜甫的诗准确地反映了这种情况:"圣心颇虚伫,时议气欲夺。"

杜甫写于安史之乱期间的诗之所以被称为"诗史",可能主要还不是在诗中涉及诸多重大的事实,而是真实地、典型地反映了社会现实:首先是战争造成的重大灾难,十室九空,家破人亡;然而人民能够理解这场讨伐叛军的战争,愿意

---

① 范文澜:《中国通史简编(修订版)》第三编,人民出版社1965年版,第140页。

为它做出更大的牺牲。"三别"之所以堪为"诗史"之经典,就在于它以真实具体的事例反映了当时人民的心声。"三别"中没有豪言壮语,诸如保家卫国之类,其中有痛苦,但也有对形势的理解,对朝廷的理解,对家人的理解。"三别"中《新婚别》最为动人。新妇对丈夫的告别语,句句出自真情,句句见出"理解"。请看如下几句:"君今往死地,沉痛迫中肠。誓欲随君去,形势反苍黄。勿为新婚念,努力事戎行。妇人在军中,兵气恐不扬。自嗟贫家女,久致罗襦裳,罗襦不复施,对君洗红妆。仰视百鸟飞,大小必双翔。人事多错迕,与君永相望。"诸多方面都想到了,都透出深深的理解,非常难得!

尽管杜甫支持这平叛的战争,但从骨子深处来看,他是反对战争的。《洗兵马》一诗写于公元 758 年,当时杜甫在华州,时有喜讯传来,唐军收复长安、洛阳。杜甫作此诗一是表达自己的喜悦之情,二是歌颂平叛的将帅,此诗命名为"洗兵马",明确表达的心愿就是:快点结束战争,洗净战争创伤,恢复太平生活。诗的结尾,杜甫写道:"安得壮士挽天河,净洗甲兵长不用!"

任何史实的记载都透出一种史识,所有史实的选取都决定于史识。杜甫那些反映安史之乱的诗透出一种什么样的史识呢?那就是对国家、对君主、对人民深沉的情感,对国家、民族、人民的未来坚定的信念,对和平生活、太平盛世的无限向往。

三、杜甫诗的情感表现

战乱时,生命朝不保夕,情感也就变得分外脆弱。杜甫的战乱诗之所以具有丰富的审美魅力,除了上面说的对时代的真实而又深刻的发映,对时代正能量——英雄气概的歌颂,还有对家人、对朋友的真挚情感。

动乱中,杜甫与家人常有离别。对于离别中的思念之情,杜甫有深刻的反映。《春望》和《月夜》堪为代表:

> 国破山河在,城春草木深。感时花溅泪,恨别鸟惊心。烽火连三月,家书抵万金。白头搔更短,浑欲不胜簪。(《春望》)

> 今夜鄜州月,闺中只独看。遥怜小儿女,未解忆长安。香雾云鬟湿,清辉玉臂寒。何时倚虚幌,双照泪痕干。(《月夜》)

两诗主题相同,然手法不同。《春望》主要写思念的自己,《月夜》主要写思念的对象。两诗都将自然景象写进来,以增强思念的分量,然而《春望》中的自然景象——春天之景,已融入了人物的心灵,成为情感之一部分。春花,太平时日总是人们喜悦的对象,而在这苦难的时日,却让人睹花而流泪了;同样,鸟鸣在太平时日也是让人喜欢的,如今听来却让人惊心动魄。花、鸟的审美属性,是审美者的特殊心态所造成的,而究其源,却是时势。此诗伤时之深,于此可见一斑。而《月夜》中的自然景象——月色却是被思念人物的背景,因为有了这种背景,人物倍加清晰,也越发让人思念了;更重要的是,月在中国传统文化中总是跟人的团聚分离联系在一起,因此,这月夜思人,就思得越发地痛苦。春天、月色都是自然界的美景,用在这里,不仅没有减弱杜诗思念之重、思念之苦,倒平添了一份凄婉与美丽!

再没有比在战乱中思念亲人、思念家更沉重的思念了。杜甫在表达这种摧心伤肝的思念之苦时,常用反常合道的艺术手法。比如,他在《月夜忆舍弟》中写道:"露从今夜白,月是故乡明。"月色哪里不一样?还有比故乡的月色更明的吗?从常识来说是没有的,但这种反常的语句却极好地表达了对故乡的爱,对故乡的思。家书,也是他在诗中常用到的"道具"。"家书"未必是"书",其实就是信息。《述怀》一诗中,他反复说到"书"。先是"寄书问三川,不知家在否",设想了种种可怕的情景,心中十分郁结。"自寄一封书,今已十月后。反畏消息来,寸心亦何有?"这种盼书又怕书的心理,深刻地反映了乱离之世人们的心态。

杜甫对友人的情感,也在诗中有充分的反映。李白是他如同兄长般的朋友,在这动乱的年代,李白音讯杳无,思念自然就更为加剧了。杜甫共写了三首怀念李白的诗,均写于安史之乱尚未平定的 759 年。《梦李白二首》写得特别凄厉,因为"三夜频梦君",不得不非常担心李白是否遭遇了不测。"江湖多风波,舟楫恐失坠。"心怎么不悬着呢?"君今在罗网,何以有羽翼?"重要的是消息断绝,于是,"鸿雁几时到"就成为《天末怀李白》的重要关注点了。在那样的年代,生死难测,杜甫更多的是恐惧,甚至想到了屈原,李白是不是也投水了呢?"应共冤魂语,投诗赠汨罗。"思念友人之情是人之常情,然思到如此程度,一是足以见出他对李白的情感之深,二也足见出时势之艰危。

杜甫是不动真情不写诗的,他的每一首诗都流淌着滚烫的情感,这情,一是他自己的情,二是他猜度的他人的情。他的"三吏""三别"之所以感人至深,不只是诗中所写到的事,更重要的是诗中所抒发的情。上面我们谈到《新婚别》,

诗中的新娘自述,感人至深。我们再看《垂老别》,这是一位当兵老人的自述,是另一种情感形态。那年月,年轻人如《新婚别》中的男儿,自然要去当兵,而像《垂老别》中的老人,也要去当兵。诗中,老人与老妻分别之情景就更为凄惨了:"男儿既介胄,长揖别上官。老妻卧路啼,岁暮衣裳单。孰知是死别?且复伤其寒。此去必不归,还闻劝加餐。"这里句句写事,也句句写情,是老人对老妻之情,也是杜甫对这一对老夫妻之情。情之真、深、切足以让人为之泪下。可贵的是老人并不囿于这夫妻之情,也不囿于个人的生死之虑,将此情升华扩充,成一博大、灿然、光辉的境界。老人在与老妻话别后,云:"土门壁甚坚,杏园度亦难。势异邺城下,纵死时犹宽。"这是分析战局,看来,还有回旋余地,这杏园之战未必就是死地。老人有这样的见解,难得。下面的话,就更了不得:

> 人生有离合,岂择衰盛端?忆昔少壮日,迟回竟长叹。万国尽征
> 戍,烽火被冈峦。积尸草木腥,流血川原丹。何乡为乐土,安敢尚盘
> 桓?弃绝蓬室居,塌然摧肺肝。

情感跌宕起伏,一会儿提到哲学高度,视人生为偶然,表现出置生死于度外的姿态;一会儿回首青春,留恋生命,仰首长叹,显然又回复到红尘;一会儿联想到"万国尽征戍",自己也不算倒霉,既是自我解嘲,又是实情,可以理解;一会儿联想到国家状况,"积尸草木腥,流血川原丹",油然生起爱国豪情,决定勇赴国难,不再迟疑;最后回到现实,别妻抛家,还是心痛如绞,"塌然摧肺肝"。这是一个普通人的感情,一个战士的感情,也是一个爱国者的感情。这情感可以说是老人的,也可以说是杜甫的,它的突出特点是真实。也正因为它真实,因而具有强烈的感染力。杜甫反映战乱的诗篇作为诗写的历史,它以真为美;作为抒情诗,它因情而美。

虽然安史之乱将唐帝国拖入灾难,但安史之乱之前唐帝国确是盛世。盛世中培养出来的杜甫怎么会一下子失去盛唐时那种昂扬的气概?只要看看他写于安史之乱前三年的《同诸公登慈恩寺塔》就可以清楚地了解杜甫的心胸是多么的宽阔,志气是如何的豪迈:

> 七星在北户,河汉声西流。羲和鞭白日,少昊行清秋。秦山忽破
> 碎,泾渭不可求。俯视但一气,焉能辨皇州?回首叫虞舜,苍梧云正
> 愁。惜哉瑶池饮,日晏昆仑丘。

这种吞天吐地、叱咤风云的英雄气概,不独杜甫拥有,与他同登慈恩寺的诗人高适、岑参、薛据、储光羲也有,也不只是与杜甫同登慈恩寺的这几位诗人拥有,应该说,这是一种时代精神,情况不一地洋溢在那个时代各色人们的心中。也正是因为这样,我们才能理解,为什么《新婚别》中的新娘、《垂老别》中的老人、《无家别》中的老战士均有那样高的觉悟。

从这个意义言之,杜甫的战乱诗也是盛唐精神的一面旗帜,一面为战火烧破,为鲜血染污,然迎着劲风依然呼啦啦地飘扬的大旗!

四、白居易等人的伤世诗

安史之乱历经唐朝玄宗、肃宗、代宗三位皇帝,公元 779 年德宗即位。按说,安史之乱后,国内矛盾应该得到缓和,君臣同心同德,以复兴盛唐为大业,然而事实并不是想象的那样,德宗即位仅仅一年,因成德藩镇李宝臣的儿子要求朝廷承认其继承权而引发了一场战争,战火再次在中原大地燃烧,直到 785 年战祸方大体上结束。然朝廷内部宦官与朝官的矛盾激烈起来,皇上极为昏庸,为两派势力所左右,总的倾向竟是宁信家奴不信朝官,从而将国内政治弄得乱七八糟。德宗极为贪婪,嫌国库每年供应朝廷的财物不够用,私兴宫市,甚至让宦官带人去市场上勒索。皇上做出此等丑事,让百姓十分失望,民怨沸腾。公元 805 年顺宗即位,王伾、王叔文二人深得顺宗信任,实施改革,罢宫市,但很快此改革失败,反对派拥立顺宗儿子李纯即位,是为宪宗。新的社会矛盾又开始了,唐帝国衰败的局势不仅未能挽转而且愈演愈烈。著名诗人白居易(772—846 年)就生活在这样一个时代。

白居易是继杜甫之后,唐代又一位伟大的现实主义诗人,他将自己的诗歌分为四类:一、讽谕,二、闲适,三、感伤,四、杂律。这四类诗,他自己最为看重的是第一类。讽谕诗实是伤世诗,与杜甫的伤世诗性质基本上是相同的,主要的不同在于对于人民与统治者的态度。在诸如征兵这样的问题上,杜甫处于两难境地:一方面,百姓实在苦,年轻男子都上前线了,几乎无丁可抽;另一方面,叛军强大,兵强马壮,唐军兵力奇缺,这战如不能胜,唐帝国就完了。杜甫的心十分纠结,但基本立场还是明确的,将唐帝国的存亡看得高于一切,他的名篇"三吏""三别"都是这一主题。白居易的诗也写到战争年代抽丁的事,然而他就没有这种纠结的情绪。比如他的《新丰折臂翁》。此诗写新丰一位年 88 岁的老

翁。他"左臂凭肩右臂折",问到是什么原因导致折臂的,老人说是为了逃丁,自己用大石捶折的。这样做,值得吗?老人的回答是:

> 骨碎筋伤非不苦,且图拣退归乡土。此臂折来六十年,一肢虽废一身全。至今风雨阴寒夜,直到天明痛不眠。痛不眠,终不悔,且喜老身今独在。不然当时泸水头,身死魂孤骨不收。

谁不爱惜自己的身体,谁愿意折臂断腿?老人这样做,实在是不得已,问题是作者——白居易是如何看的。他这样说:

> 老人言,君听取。君不闻开元宰相宋开府,不赏边功防黩武。又不闻天宝宰相杨国忠,欲求恩幸立边功。边功未立生人怨,请问新丰折臂翁。

白居易的立场很清楚,他反对"边功",此边功应是开疆拓土性质的侵略战争。开元年间,玄宗有对外侵略的想法,当时唐朝边境有河西、陇右、幽州(后改为范阳)、剑南、朔方、天兵(后改为河东)、安西、北庭等节度使,玄宗提高节度使的地位,宰相往往出任节度使,而节度使有功,也往往入朝做宰相。节度使领若干州,是一个地区的最高军事长官,在朝廷与宰相平起平坐。当时边境并无强敌,唐玄宗这样设置,目的是对外侵略。诗中说的"开元宰相宋开府"是宋璟,为了防止边将生事邀功,宋璟赏赐边将特别谨慎。[1] 与之相反,天宝年间的宰相杨国忠为了谋求玄宗的恩宠,迎合玄宗好大喜功之心,极力怂恿玄宗对吐蕃等外族国家用兵,而当时的边将也有好战的行为。玄宗的好战,养大了拥兵自重的节度使,促成了安禄山的反叛。白居易从反对侵略战争这一维度来看待折臂翁这一事件,不能不说是很有思想高度的。杜甫面对的是叛军发起的旨在推翻唐王朝的战争,面对这样的战争,必须迎击,为了卫国,也为了保家,因此,他支持平定叛军的战争。与白居易的《新丰折臂翁》相似,杜甫的名篇《垂老别》也写了一位老人,但这位老人毅然从军去了,他参加的是平定叛军的战争。杜甫对老人的处境极为同情,对他的行动又充满着敬佩。应该说,白居易、杜甫的立场都是值得肯定的,虽然他们的立场不同,但须知他们面对的是不同的战争。

由于白居易处的时代,战争不多,社会矛盾主要是人民与统治阶级的矛盾,

---

[1] 参范文澜:《中国通史简编(修订版)》第三编,第119页。

具体表现形式是统治阶级对于人民的残酷压榨，白居易在不少诗中对这种现象进行了反映，对老百姓表示深切的同情，对于统治阶级明确地表示出不满。这方面的作品最有代表性的是《卖炭翁》，此诗还有一个副题——"苦宫市也"，明确地将批判的锋芒指向了专为皇宫服务的宫市，也指向了皇帝。此诗云：

　　卖炭翁，伐薪烧炭南山中。满面尘灰烟火色，两鬓苍苍十指黑。卖炭得钱何所营，身上衣裳口中食。可怜身上衣正单，心忧炭贱愿天寒。夜来城外一尺雪，晓驾炭车辗冰辙。牛困人饥日已高，市南门外泥中歇。翩翩两骑来是谁，黄衣使者白衫儿。手把文书口称敕，回车叱牛牵向北。一车炭，千余斤，宫使驱将惜不得。半匹红绡一丈绫，系向牛头充炭直。

　　穿着黄衣骑着大马而来的人就是宦官，他们来到市场，巧取豪夺，口口声声说是皇上的旨意，事实上，他们也有皇上的文书。这回，他们就将卖炭翁的一车炭抢走了。眼睁睁地看着这重达千余斤的炭被宦官抢走，老人心痛如绞，这一年的生活又怎么办呢？对于宫市，白居易深恶痛绝，尽管这是皇上所为，白居易也没有丝毫的犹豫。在这些方面，白居易似乎表现得比杜甫更有骨气，更有人民性。

　　白居易对于贪官污吏、骄兵悍将有广泛的揭露与批判，这集中体现在他的《新乐府》之中。如《母别子》，就揭露了关西骠骑大将军的荒淫和霸道。其诗云：

　　母别子，子别母，白日无光哭声苦。关西骠骑大将军，去年破房新策勋。敕赐金钱二百万，洛阳迎得如花人。新人迎来旧人弃，掌上莲花眼中刺。迎新弃旧未足悲，悲在君家留两儿。一始扶行一初坐，坐啼行哭牵人衣。以汝夫妇新燕婉，使我母子生别离。不如林中乌与鹊，母不失雏雄伴雌。应似园中桃李树，花落随风子在枝。新人新人听我语：洛阳无限红楼女，但愿将军重立功，更有新人胜于汝。

　　这位骠骑大将军不仅荒淫无耻，喜新厌旧，更重要的是拆散了人家母子，实在是丧尽天良！可悲的是那女子也不觉悟，贪图荣华。诗人警告那新人，你听着，洛阳的红楼女多得很，将军下次再立个功，你就等着被更新的人取代吧！

　　白居易对劳动人民有着难能可贵的同情。那首《缭绫》有副题为"念女工之劳也",此诗先是描写缭绫如何美,比喻为"天台山上明月前,四十五尺瀑布泉",强调这是越溪寒女的作品。这样美的缭绫送到宫廷,做成美丽的衣裳,为皇宫中的妃嫔、宫女享用。真是非常贵重的东西啊!"春衣一对直千金。"然而,她们珍惜这样美丽的衣裳吗?绝不!诗中写道:"汗沾粉污不再着,曳土踏泥无惜心。"最后,诗人慨叹道:

> 缭绫织成费功绩,莫比寻常缯与帛。丝细缲多女手疼,扎扎千声
> 不盈尺。昭阳殿里歌舞人,若见织时应也惜。

珍惜劳动人民的劳动成果,这种感情非常难得。一般说来,不管这缭绫是如何来的,它到了宫廷,成为妃嫔、宫女的服装,她们怎样对待它,似是轮不到别人说话了,但白居易却要说,对劳动者成果的珍惜,虽未必要提到对劳动的尊重,但至少可以说是不许暴殄天物吧!

出于对劳动者的深切同情,白居易对统治者的急敛暴征极为愤怒。在《杜陵叟》一诗中,他痛斥那些食人者:"剥我身上帛,夺我口中粟。虐人害物即豺狼,何必钩爪锯牙食人肉。"

耐人寻味的是,白居易的诗一方面对于统治者的掠夺有猛烈的批判,其中有些诗的锋芒也触及了最高统治者——皇帝,但是,在另一些诗中,他又会肯定皇帝的"恻隐"之心和"忧农"举措,如《牡丹芳》即为"美天子忧农也"。这不能说是美化皇帝,很可能它就是事实。最高统治者为了江山的永固,也还知道不能竭泽而渔,在某种形势下,会采取一些如蠲免租税或放赈救灾的举措,给百姓以生息。

白居易自诩他的诗是"为君、为臣、为民、为物、为事而作,不为文而作也"(《新乐府序》),这就非常了不得了。在封建社会,为君而作,并不是错误,君在许多情况下是国的象征,因此,为君而作,也就是为江山社稷而作,为国家的兴盛富强而作。

就对人民的态度来说,白居易不弱于杜甫,他们的诗基本品格是一致的,既伤国又伤民,只是相比较而言,杜甫更多地伤国,而白居易更多地伤民。

中国儒家美学特别强调诗的社会责任,主张"诗言志",这志指的是家国之志。杜甫、白居易可以看作是儒家美学在诗歌领域中的杰出代表。儒家有着可贵的"民本"思想,不管持的立场是什么,爱民,总是对的。杜甫、白居易同情劳

动人民,呼吁统治者要减轻对人民的压迫和剥削,在某种意义上,他们也代表中国知识分子的良心。

在白居易的时代,有一批作家具有白居易这样忧国伤民的崇高思想,他们中有白居易的好友元稹,有张籍、李绅。人民是不会忘记他们的,历史是不会忘记他们的。

唐代末年,帝国再次陷入战争,战争的性质比较复杂,有统治阶级的内部纷争,也有农民战争,还有外族的入侵。帝国再也经受不起这样的折腾了,最后土崩瓦解。国家一时出现不了足以统一全国的政治、军事力量,只能走向分裂。战争肆无忌惮地在全国蔓延,百姓是最大的受害者。这个时候又出现了一批伤世诗,以皮日休(约 834—约 883 年)、杜荀鹤(约 864—约 904 年)、聂夷中(837?—884? 年)的作品为代表。皮日休有《正乐府十篇》,分别是《卒妻怨》《橡媪叹》《贪官怨》《农父谣》《路臣恨》《贱贡士》《颂夷臣》《惜义鸟》《诮虚器》《哀陇民》。仅仅从这些题目就知道反映世乱已达多深多广了。杜荀鹤《山中寡妇》写了一位"夫因兵死守蓬茅"的寡妇,极为感人。本来夫死,家中没了顶梁柱,生活就十分困难了,可怕的是国家的税,重重的税压得她没办法生活了,只得逃往深山,然而,"任是深山更深处,也应无计避征徭"。聂夷中是很知道农家艰难的,他在《咏田家》写道:"二月卖新丝,五月粜新谷。医得眼前疮,剜却心头肉。"然而有什么办法呢? 没有,唯一的希望是:"我愿君王心,化作光明烛。不照绮罗筵,只照逃亡屋。"但这希望只是奢望。

虽然都是反映战乱,虽然都是伤世,但皮日休、杜荀鹤、聂夷中的作品与杜甫的作品有着突出的不同。杜甫诗篇中那种既同情人民又极力支撑朝廷的心态看不到了,皮日休、杜荀鹤、聂夷中的伤世诗见不出对唐王朝有什么好感,时不时地还见出讽刺与批判,他们唯一同情的是苦难的百姓。如果说,杜甫的诗在哭喊,虽然悲痛,却充溢着一股热情,那么杜荀鹤、皮日休、聂夷中的诗不是在哭,而是在长叹,叹息中,透出一股冰凉。

第四节　友情诗:何时一樽酒,重与细论文

友情,在中华文化中属人伦之一,占有重要的位置。友情诗始于《诗经》,其《邶风·燕燕》就是一首优美的友情诗,具体内容为送嫁。其诗以燕起兴,云:

"燕燕于飞,差池其羽。之子于归,远送于野。瞻望弗及,泣涕如雨。"汉代,友情诗开始多起来,有一组假托李陵送苏武的送别诗,也很具艺术感染力,有句云:"远望悲风至,对酒不能酬。行人怀往路,何以慰我愁。独有盈觞酒,与子结绸缪。"尽管如此,汉及其后的魏晋南北朝,友情诗在全部诗歌中还是不占重要位置,主要原因可能是诗歌本身就不够发达,人们用来表达友情的方式主要还不是诗,其次,知识分子之间的往来也许还少了些诗意。到唐代,情况则完全不同了。第一,诗这种人们用来表达情感的艺术形式已经趋于成熟,广大知识分子均掌握了这种艺术方式,他们可以用它来自由地表达自己的情感。第二,这是一个崇尚诗歌的时代,写诗是知识分子重要的进身之阶,不要说在朝的高官们个个善于写诗,就是最高统治者——皇帝也会写诗,唐太宗的诗就写得非常好,唐玄宗的诗也不错。第三,人们的交往不仅注重情感而且注重情感的表达方式了。虽然情感的表达方式有诸多种,但无疑,在唐代用诗的形式表达情感是最为高雅的。由于以上原因,在现存的唐诗各种选本中,友情诗占据重要地位,粗略统计,《全唐诗》中友情诗的比例接近 25%,《唐诗三百首》则接近 30%。唐诗的魅力很大部分就在友情诗中。

一、李白与杜甫的友情诗

说到唐代的友情诗,人们首先想到的自然是唐代两位顶尖级的大诗人李白和杜甫的友情了。《唐诗三百首》中录有杜甫怀念李白的一首诗《天末怀李白》,其实,杜甫怀念李白的诗是很多的,李白也有诗写到杜甫。这些诗可以看作唐代友情诗的重要典范。

李白长杜甫 11 岁,他们初次相遇是天宝三载(744 年)春夏之交,是时,李白44 岁、杜甫 33 岁,地点为东都洛阳。他们同游梁、宋,在这里遇见了诗人高适,相与豪饮畋猎。他们北渡黄河,登王屋山访道士华盖君,华盖是时已死,他们视为终生恨事。然后到齐州,访北海太守李邕。十月朔日,李白、杜甫、高适等同饮于李邕宅。[①]

李白与杜甫相遇时,他的艺术创作正是如日中天之时,名动天下。也就是在这一年,他遭高力士谗毁,被玄宗赐金放还,虽然实际是逐出朝廷,但形式上

---

① 参郭沫若:《李白与杜甫·李白杜甫年表》,人民文学出版社 1971 年版,第 262 页。

还是礼送。不能说李白的心中没有一丝落寞之感,但还不能说因之而颓丧,因为离开朝廷,至少是无须防范高力士这样的小人迫害,更自由了。也就在新的周游之中,李白创作激情高涨,写了诸多好诗。杜甫虽然当时已有一些声名,但创作高潮期还未到来,所以,是时杜甫的地位还不能与李白并列,事实上,杜甫是将李白看作老师兼兄长的。这年秋冬之际,李白与杜甫分手,各自访友去了。

天宝四载(745年)杜甫再游齐鲁,再访李邕,然后来到鲁郡(兖州),李白闻讯来鲁郡与杜甫相会,这是他们第二次见面。共聚一些日子后,再次分手,李白南下赴江东,取道邳州、扬州,入越中游历。而杜甫则西归,二人此次分手后,再未相见。

他们同游的生活,两人的相别、相赠、相忆的诗中均有所表露。

李白的诗集中,写到杜甫的诗有四首,其中两首是送别诗:

> 我觉秋兴逸,谁云秋兴悲?山将落日去,水与晴空宜。鲁酒白玉壶,送行驻金羁。歇鞍憩古木,解带挂横枝。歌鼓川上亭,曲度神飙吹。云归碧海夕,雁没青天时。相失各万里,茫然空尔思。(《秋日鲁郡尧祠亭上宴别杜补阙范侍御》)

> 醉别复几日,登临遍池台。何时石门路,重有金樽开?秋波落泗水,海色明徂徕。飞蓬各自远,且尽手中杯。(《鲁郡东石门送杜二甫》)

都是在鲁郡,具体地点不同。从诗中可以看出,李白与杜甫这个秋天在鲁郡游得非常畅快。"我觉秋兴逸,谁云秋兴悲"见出李白一贯的豪迈,此时的杜甫当也是青春气概,壮志干云。他们的分手是在海边,虽云"飞蓬各自远",不一定坐海船,对于此番分别,李白一方面是有些不舍,对于何时相见似有些迷茫,但并不悲观,他压根儿没有想到,这是他们最后的分别。

李白是一位洒脱的诗人,全是真性情,没有丝毫的客套与虚伪。杜甫比他小十来岁,虽然诗已是作得相当不错了,但没有到与李白平起平坐的地位,李白对他有同道间的尊重,更有兄弟间的亲密和好朋友间的随意。他有一首诗名《戏赠杜甫》,对杜甫开起了玩笑。诗云:

> 饭颗山头逢杜甫,顶戴笠子日卓午。借问别来太瘦生,总为从前
> 作诗苦。

此诗见孟棨的《本事诗》,孟棨认为此诗是李白讽刺杜甫"拘束",《唐书·文

苑传》说此诗是李白对杜甫的"嘲诮",不能说此诗没有这样的意味,但更为重要的是,能对杜甫做这样的"嘲诮",说明他们情同兄弟,可以随意说话。

分别以后,两人均写过思念诗,李白有《沙丘城下寄杜甫》,诗中云"鲁酒不可醉,齐歌空复情。思君若汶水,浩荡寄南征",再次提到鲁酒、齐歌,可见他们在鲁地玩得多么开心。李白对杜甫的思念没有感伤,充满着期盼。

杜甫与李白在鲁郡分手后,往长安方向去了,天宝四载(745 年),在长安,杜甫写下著名的《春日忆李白》:

> 白也诗无敌,飘然思不群。清新庾开府,俊逸鲍参军。渭北春天树,江东日暮云。何时一樽酒,重与细论文?

这首诗充满着对李白深挚的感情,是显然的,更重要的是他对李白的理解与评价。就为人来说,"飘然思不群"可能是对李白人格与风度最准确的概括。而"清新""俊逸"的确是李白诗歌最重要的美学特色。

李白与杜甫在鲁郡分别是在天宝四载即 745 年,在江南游历中,他参加了永王璘的幕府,758 年被判罪,流放夜郎(今贵州桐梓),759 年春夏之交遇赦放还。杜甫在北方知道李白被流放事,但不知他途中遇赦。这段时间,杜甫特别挂念这位朋友,不知他生死如何,久思成梦,于是写下著名的《梦李白》二首。其一云:

> 死别已吞声,生别常恻恻。江南瘴疬地,逐客无消息。故人入我梦,明我长相忆。恐非平生魂,路远不可测。魂来枫林青,魂返关塞黑。君今在罗网,何以有羽翼?落月满屋梁,犹疑照颜色。水深波浪阔,无使蛟龙得!

一颗焦灼的心,在诗句中显露无遗。第二首,由挂念拓展到对李白一生的评价:"冠盖满京华,斯人独憔悴。孰云网恢恢,将老身反累。千秋万岁名,寂寞身后事。"这一评价是经典性的,直到今日,还是最准确的评价。

李白与杜甫的情谊十分深厚,这种深厚的情谊,其本质是相互的了解,是对对方准确的评价。这其中,杜甫对李白的评价更见深刻,更具经典性。在中华民族所崇尚的情谊中,最高的莫过于知音了,李白与杜甫是知音的卓越代表。

二、白居易与元稹的友情诗

虽然李白与杜甫友情深厚,也相互均有很深的了解,但李白与杜甫的诗风并不是一路,因此,他们是朋友而不是同志,真正称得上朋友兼同志及兄弟的是白居易和元稹。白居易与元稹基本政治观点相同,对于顺宗时"二王"的革新采取不介入也不反对的态度,而与"二王"党中的刘禹锡有着很好的交往。他们的美学观点也相同,都抑李(白)扬杜(甫),都坚持现实主义的创作道路,共同倡导新乐府运动,世称"元白"。关于他们的同志及兄弟之情,白居易在《赠元稹》一诗中有所表达,诗云:

> 自我从宦游,七年在长安。所得惟元君,乃知定交难。岂无山上苗,径寸无岁寒。岂无要津水,咫尺有波澜。之子异于是,久处誓不谖。无波古井水,有节秋竹竿。一为同心友,三及芳岁阑。花下鞍马游,雪中杯酒欢。衡门相逢迎,不具带与冠。春风日高睡,秋月夜深看。不为同登科,不为同署官。所合在方寸,心源无异端。

在唐诗中,如此剖肝沥胆表白心扉的诗不多见。此诗强调,他与元稹的情谊不在同科及第,也不在同朝为官,而在心心相印,即"合在方寸"。心为处事之源,既然心源无异端,那就是最好的朋友——同志了。同志难,白居易说他七年在长安,就只交了元稹这一位朋友。这首诗中,除了强调同志"合在方寸",还强调"节"——节操。这就是说,做朋友,还要看做什么样的朋友。心如古井,不受诱惑,立场坚定;志如秋竹,傲霜迎雪,枝竿遒劲。在这关涉做人的基本原则上,白居易视元稹为同道。至于在生活上,他们实际上已是亲如兄弟:"衡门相逢迎,不具带与冠",不讲究等级与官场礼仪了。

元稹对于白居易也同样视为最好的朋友、同志和兄弟。元和五年(810年),元稹因得罪宦官和权贵,被贬为江陵府士曹参军,很长一段时间,在偏僻的地方做小官,可以说受尽屈辱。元稹在《寄乐天二首》中感喟道:"荣辱升沉影与身,世情谁是旧雷陈。"在这个时候,给予他最大安慰、最大鼓励的是白居易:"唯应鲍叔犹怜我,自保曾参不杀人。"真可谓患难见真情。

元稹远谪江陵,白居易非常思念他,因思念过深而致梦。他在诗中清晰地描绘梦境:"晓来梦见君,应是君相忆。梦中握君手,问君意何如?君言苦相忆,无人可寄书。"巧的是,梦醒,即闻敲门声,原来是商州使到了,送来元稹的一封信。白居易言道:"枕上忽惊起,颠倒着衣裳。开缄见手札,一纸十三行。上论迁谪心,下说离别肠。心肠都未尽,不暇叙炎凉。"(《初与元九别后,忽梦见之,及瘳,而书适至,兼寄桐花诗;怅然感怀,因以此寄》)白居易梦见元稹,不只一次,有时一夜梦三回:"晨起临风一惆怅,通川溢水断相闻。不知忆我因何事,昨夜三回梦见君。"(《梦微之·十二年八月二十日夜》)对朋友怀念到这个程度,可谓罕见。元稹对此深为感动,他亦有诗回应:"山水万重书断绝,念君怜我梦相闻。我今因病魂颠倒,唯梦闲人不梦君。"(《酬乐天频梦微之》)

非常有意思,一个频梦,一个不梦,然都思念对方甚深。

让人感叹唏嘘的是,白居易与元稹同年及第,也前后不到一年遭贬谪。元稹贬在江陵为江陵府士曹参军,白居易谪为江州司马。自京城赴江州的途中,有一段路程为汉水水路,白居易无心欣赏两岸风光,把卷元稹诗篇,以求慰藉。他有诗吟道:"把君诗卷灯前读,诗尽灯残天未明。眼痛灭灯犹闇坐,逆风吹浪打船声。"(《舟中读元九诗》)元稹读到这样的诗句后十分感动,在回诗中写道:

　　知君暗泊西江岸,读我闲诗欲到明。今夜通州还不睡,满山风雨杜鹃声。(《酬乐天舟泊夜读微之诗》)

仿佛是"心有灵犀",元稹在听到白居易贬谪江州时,震惊而痛苦,他写道:

　　残灯无焰影幢幢,此夕闻君谪九江。垂死病中惊坐起,暗风吹雨入寒窗。(《闻乐天授江州司马》)

两位老朋友各自在贬谪地,凭着诗书诉说着他们的思念,对方诗书到来,竟然是未开信而先流泪。关于这种情况,元稹有诗,诗云:

　　远信入门先有泪,妻惊女哭问何如。寻常不省曾如此,应是江州司马书。(《得乐天书》)

这样的情况通常只会在热恋的男女之间有,同性朋友则极为罕见。

贬谪途中,白居易经过商山路上一处驿站,发现有元稹的题诗,原来,这是元稹赴江陵的必经之所。后来,他们又多次经过此驿站,留下题名。白居易激动了,写了一首名为《商山路驿桐树曾与微之前后题名处》的诗,诗云:

　　与君前后多迁谪,五度经过此路隅。笑问中庭老桐树,这回归去免来无?

白居易与元稹相互问候、唱和的诗很多。他们的友谊是中国诗史中的一段佳话,同时也是中国文化史上一道亮丽的风景线。

三、唐代友情诗的兴盛及原因

唐代诗史上,最具经典性的诗人情谊为两段:一是李白与杜甫的情谊,一为白居易与元稹的情谊。这两段情谊都极真诚,但性质有异。李白与杜甫的情谊主要体现在相互欣赏上,属于文人相重、惺惺相惜之类;白居易与元稹则主要为同志、同道之间的相互支持、相互关爱。应该说,前一种情谊具有较多的普适性,后一种情谊则具相当的特殊性。

归属于前一种情谊的故事,在唐代真还不少,李白与孟浩然就是一例。孟浩然(689—740年),襄阳人,终生未仕,年长李白12岁。李白与孟浩然的相识为开元十三年(725年),王琦《李太白年谱》说:"开元十三年,太白出游襄汉。"另据刘文刚《孟浩然年谱》,开元十四年(726年)三月,孟浩然出游扬州,途经武昌遇李白。李白在黄鹤楼作诗送行:"故人西辞黄鹤楼,烟花三月下扬州。孤帆远影碧空尽,唯见长江天际流。"诗称孟浩然为"故人",因此二人成交应在开元十四年三月之前。李白对孟浩然极为推崇,有《赠孟浩然》一诗:

> 吾爱孟夫子,风流天下闻。红颜弃轩冕,白首卧松云。醉月频中
> 圣,迷花不事君。高山安可仰,徒此揖清芬。

此诗高度赞赏孟浩然"不事王侯,高尚其事"的品格。在李白的交往中,受到如此推崇的人极少。

李白认识孟浩然时,孟已名动天下了。李白真心地服膺孟浩然,视孟浩然为师,而孟也很喜爱这位后生(他们初次会面时,孟37岁、李25岁),后来的事实也证明,李白的诗风、为人均受孟浩然影响极深。李白赠孟浩然的诗,除上引二首外,还有《淮南对雪赠孟浩然》《游溧阳北湖亭望瓦屋山怀古赠孟浩然》和《春日归山寄孟浩然》三首,由此可见他们之间的友谊之深。

贺知章(659—744年)与李白的友情也属于此类。贺知章长李白42岁,他不仅是当时诗坛领袖,而且位列太子宾客职,备极荣耀。然而,他并不以此自傲。据孟棨《本事诗》等资料记载,李白是在长安紫极宫向他献《蜀道难》的,他"读未竟,称叹者数四,号为谪仙"。贺知章当时身上未带钱,然而他太兴奋了,一定要招待一下李白,于是,当即解下佩饰金龟,让下人拿去换钱,请李白饮酒。

李白为人向以高傲闻名,很少有他称许的人,但对贺知章,他尊重备至,写了许多怀念贺知章的诗篇,如《对酒忆贺监二首其一》一诗:"四明有狂客,风流贺季真。长安一相见,呼我谪仙人。昔好杯中物,翻为松下尘。金龟换酒处,却忆泪沾巾。"

与白居易、元稹友情相类的有柳宗元与刘禹锡的情谊。柳宗元与刘禹锡同为王伾、王叔文革新集团的骨干,世称"二王刘柳"。革新失败,他们同遭贬谪。据《新唐书·柳宗元传》记载:

> 元和十年,(柳宗元)徙柳州刺史,时刘禹锡得播州。宗元曰:"播非人所居,而禹锡亲在堂,吾不忍其穷,无辞以白其大人,如不往,便为母子永诀。"即具奏欲以柳州授禹锡而自往播。

虽然后来,不需柳宗元替代,朝廷已接受大臣的建议将刘禹锡改贬连州了,但柳宗元对刘禹锡的友情仍让人极为感动。韩愈在为柳宗元撰写的《墓志铭》中谈及此事情不自禁地赞叹:

> 呜呼! 士穷乃见节义。今夫平居里巷相慕悦,酒食游戏相征逐,诩诩强笑语以相取下,握手出肺肝相示,指天日涕泣,誓生死不相背负,真若可信;一旦临小利害,仅如毛发比,反眼若不相识。落陷阱,不一引手救,反挤之,又下石焉者。皆是也。此宜禽兽夷狄所不忍为,而其人自视以为得计。闻子厚之风,亦可以少愧矣。

在流放地,柳宗元与刘禹锡相互赠诗,倾诉衷肠,相互安慰,相互鼓励。这些诗均成为中国古代友情诗的名篇,不少诗句今日还在吟诵。

唐代诗人之间有如此动人的友情故事,而且不是孤例,让人不禁要去探寻:这是为什么?

原因可能是多方面的。唐代社会比较开放。唐帝国虽然是专制社会,但最高统治者还算比较开明。谏官制度的存在,说明皇上多少还能听取臣下的意见,至少容许臣下发表不同的意见。因此,士人的道德良心不至于因皇权的绝对权威而严重扭曲。

儒道两家作为知识分子的指导思想,在唐代比较具有活力。儒家思想未能上升为统治阶级的政治意识,它在生活中的影响,主要还是道德意义上的。没有遭到政治污染的道德意识具有强大的正能量,能在一定程度上净化社会空气。

道家思想在唐代最为活跃，道家的神仙观念与崇尚自然的观点，对于儒家过热的功名利禄观念能够起到一定的中和作用。李白就是一个代表性的例子。李白有强烈的入世观念，但当入世受到打击，就很自然地退回到道家立场，在山水徜徉中寻回真实的自己。在唐代为官，任何士人均有着儒道两种思想，不会在一股道上走到底。道家的思想在一定程度上对士人的道德节操起到净化作用和保护作用。

正是因为唐代的社会比较开明，唐代的士人能够将做人与为政在一定程度上区分开来，做人是基本原则，不能变，政见则可以变。政治观点可以不同，但做人的基本原则不能违背。白居易、元稹、韩愈在政治上是反对王伾、王叔文的，但是，他们并不因此而将政敌全都视为坏人，对于"二王"派中的柳宗元、刘禹锡能够持公正的态度，对柳、刘的人品是肯定的。

不仅如此，他们还能将为政与为文区分开来。对于柳、刘的政治主张，白居易、元稹、韩愈都不赞成，但是他们都佩服柳、刘的文才，对柳、刘的诗文给予高度评价。《旧唐书·刘禹锡传》特指刘禹锡的《西塞怀古》《金陵五题》为佳作，刘禹锡自己在《金陵五题引》中说："友人白乐天掉头苦吟，叹赏良久，且曰'石头题诗云，潮打空城寂寞回'，吾知后之诗人不复措辞矣。余四咏虽不及此，亦不孤乐天之言尔。"从这"引"，可以看出白居易对刘禹锡的诗评价极高。事实也正是如此，白居易曾经给刘禹锡写信云："微之先我去矣，诗敌之劲者非梦得［刘禹锡字——引者］而谁？"

韩愈对柳宗元也是非常推崇的。在《祭柳子厚文》中，韩愈说柳宗元"子之中弃，天脱馽羁；玉佩琼琚，大放厥词。富贵无能，磨灭谁纪？子之自著，表表愈伟"。又在《柳子厚墓志铭》中说柳宗元"隽杰廉悍，议论证据今古，出入经史百子，踔厉风发，率常屈其座人，名声大振"。对于柳子厚的被贬，他说是"材不为世用，道不行于时"，实际上已突破政见的樊篱，为其不幸遭遇而不平了。

唐代诗人的交往能够突破政治上的约束，在唐代并不出奇，因为唐代的皇帝就是这样的。唐太宗李世民重视文学，爱好诗歌，"于万机之暇，游息艺文"（《帝京篇序》）。唐朝开设有文学馆、弘文馆。太宗常与文士们吟咏唱和，在政治上，他们是君臣，而在文苑，他们是诗友。唐玄宗也是一位爱好文艺的皇帝，他招李白入宫，授以翰林学士，就是看中李白的才华。他与贺知章堪谓诗友，天宝三载(744 年)贺知章上表乞为道士,还乡为民,得到玄宗的批准,玄宗为这位老诗友写了一首送别诗《送贺知章归四明》,诗云:

> 遗荣期入道,辞老竟抽簪。岂不惜贤达,其如高尚心。寰中得秘要,方外散幽襟。独有青门饯,群僚怅别深。

获知皇上要设宴送贺知章,群僚纷纷给贺知章写送别诗,此风一开,诗人们的交往就更普遍、更顺畅了。

四、唐代友情诗的价值

友情诗大体上可以分为送别诗、忆念诗、寄赠诗、唱和诗四类。这四类诗内容上均为表达对对方的情谊,并没有严格的区分,要说有所不同,主要在用途上:送别诗用于送别,忆念诗表达怀念,寄赠诗相当于信件,唱和诗则你来我往、互相赠答。

友情诗不独用在诗人与诗人之间,也用在诗人与普通人之间。诗中可以抒情,也可以叙事,还可以明理,是一种方便且高雅的交际方式。上面所谈的诗人与诗人的情谊是经典的,但不是普适的,尽管不是普适的,它仍然为普适的人际交往树立了正面的榜样。

友情诗不独唐代有,各个历史时期都有,但属唐代的友情诗最为丰富,最为精美,最具魅力。

唐代的友情诗具有重要的价值:

首先,它们在相当程度上反映了唐代的社会生活。唐代的友情诗大量地涉及边塞、动乱、贬谪等内容,从而反映了唐代对外战争、安史之乱、政治斗争等一些状况。

其次,唐代的边塞诗中有许多属于送别诗。著名的边塞诗,如岑参的《白雪歌送武判官归京》《送李副使赴碛西官军》、高适的《走马川行奉送出师西征》《轮台歌奉送封大夫出师西征》,都是送别诗。边塞诗中的送别诗,有些涉及某一具体的战役,具有历史文献的价值;有些虽只是一般地反映了边塞生活,但对于了解那段历史、那个时代人们对于边战的看法,仍然具有重要的参考意义。

再次,边塞诗中的送别诗大多描绘了边疆壮丽而又奇异的自然风光,它们不仅具有审美价值,还具有地理科学价值。如岑参的《热海行送崔侍御还京》,

其中写到热海:"侧闻阴山胡儿语,西头热海水如煮。海上众鸟不敢飞,中有鲤鱼长且肥。岸旁青草常不歇,空中白雪遥旋灭。蒸沙烁石然虏云,沸浪炎波煎汉月。"这种描写尽管具有一定的夸张性,但也有相当多的写实成分,地理学家对于这样的诗肯定是感兴趣的,他会从中找到诸多重要的地理考察的线索。

此外,贬谪诗中也有不少属于送别诗。唐顺宗时发生的永贞革新,造就了一批逐臣,这些逐臣都是诗人,其中最著名的是柳宗元、刘禹锡。同为逐臣,惺惺相惜,柳宗元给他的同志写了一些送别诗,其中最著名的是《衡阳与梦得分路赠别》,其诗云:

> 十年憔悴到秦京,谁料翻为岭外行。伏波故道风烟在,翁仲遗墟
> 草树平。直以慵疏招物议,休将文字占时名。今朝不用临河别,垂泪
> 千行便濯缨。

情真意挚、用典确切且不说,这其中所透露的史实,就具有重要的意义。此诗引发了刘禹锡的回应。《柳河东集》在这首诗的诗题下,加有这样的叙述:

> 刘梦得集,有重至衡阳悲柳仪曹诗,引云:"元和乙未岁,与故人柳
> 子厚临湘水为别。柳浮舟适柳州,余登陆赴连州。后五年,予从故道
> 出桂岭,至前别处。而君殁于南中。因赋诗以投吊。"诗云:"忆昔与故
> 人,湘江岸头别。我马映林嘶,君帆转山灭。马嘶循故道,帆灭如流
> 电。千里江蓠春,故人今不见。"元和乙未,即十年也。

这段诗引和忆念诗,同样记载了一段重要的史实。

当年他们从京城分别被贬去柳州、连州,有一段不短的路同行,直到衡阳才依依不舍地告别。柳宗元写了上引的送别诗,而刘禹锡也有回赠的诗《再授连州至衡阳酬柳柳州赠别》。其诗云:

> 去国十年同赴召,渡湘千里又分歧。重临事异黄丞相,三黜名惭
> 柳士师。归目并随回雁尽,愁肠正遇断猿时。桂江东过连山下,相望
> 长吟有所思。

这又有一段重要史事,柳宗元与刘禹锡有过多次被贬的经历,刘禹锡此诗中说是"三黜":永贞元年(805年)初贬连州刺史;行至江陵,再贬朗州司马;流放十年后与被贬到永州的柳宗元同召回京,此即谓"去国十年同赴召"。不想又一

同被贬,此番刘禹锡贬至连州为刺史,柳宗元则贬至柳州为刺史。

柳宗元在柳州写了著名的《登柳州城楼寄漳汀封连四州》,此一诗题包含有重要的信息:永贞革新的积极参加者,除柳宗元、刘禹锡外,还有韩泰、陈谏、凌准、程异、韦执谊。革新失败,他们同贬为司马,号称"八司马"。凌准、韦执谊皆卒贬所,程异先召回京。元和十年(815 年),余下的五人一起被例召回京,不到一年后,又同时再次遭贬,分别任职柳州、漳州、汀州、封州、连州。此次,他们贬的官稍许高点,为刺史。此诗不仅表达了柳宗元对朋友的不胜怀念,而且也记载了这一段悲摧的往事。

与柳宗元同朝的诗人元稹因连宦官权贵,元和五年(810 年)也被贬谪,他的贬谪地是江陵。元和十年(815 年),他被召还朝,途中得知刘禹锡、柳宗元、李景俭等也将被召还京,很是高兴,在蓝桥驿站的墙壁上留下一首《留呈梦得子厚致用》,诗云:

> 泉溜才通疑夜磬,烧烟余暖有春泥。千层玉帐铺松盖,五出银区印虎蹄。暗落金乌山渐黑,深埋粉堠路浑迷。心知魏阙无多地,十二琼楼百里西。

元稹料定柳宗元等也会路过此驿站,留此诗就是想让他们看到。诗中的情感有些复杂,既有对现实险恶的深深忧虑,又有对未来的朦胧期盼,字里行间流淌着对朋友的深切怀念。柳宗元、李景俭病故多年后,元稹、刘禹锡还重提这段难忘的往事。大和四年(830 年),元稹出镇武昌,路经蓝桥,回想当年事,不胜感慨,有诗作,可惜已佚。然刘禹锡的和作尚存,此诗名《微之镇武昌中路见寄蓝桥怀旧之作凄然继和兼寄安平》:

> 今日油幢引,他年黄纸追。同为三楚客,独有九霄期。宿草恨长在,伤禽飞尚迟。武昌应已到,新柳映红旗。

永贞革新,在新旧《唐书》中是有记载的,但比较简略,很难看出参加者的情感活动,有了柳宗元等人的友情诗,这段历史就鲜活起来。读友情诗,其实也是在读史。

五、唐代友情诗的主题

唐代的友情诗是情感的大海,也是人伦的大海,从这些诗中,我们不仅读出了人的真情,也读出了伦理,读出了人性,这些诗不仅一直温暖着我们的心,而且也一直指导着我们应该怎样对待朋友,怎样为人处世。所以,从某种意义上讲,友情诗也是人生的教科书。

唐代的友情诗有六个母题:

第一,懂得感恩。人在世界上,不能不接受别人的帮助,这种帮助,并不都是义务和责任,懂得感恩是做人的第一要义。李白的那首《赠汪伦》,其价值就在此。诗云:

> 李白乘舟将欲行,忽闻岸上踏歌声。桃花潭水深千尺,不及汪伦
送我情。

此诗有南宋诗论家杨齐贤作的题引,云:"白游泾县桃花潭,村人汪伦常酿美酒以待白。伦之裔孙至今宝其诗。"诗后,有明末诗人唐汝询的评论:"伦,一村人耳,何亲于白? 既醅酒以候之,复临行以祖之,情固超俗矣。太白于景切情真处,信手拈出,所以调绝千古。后人效之,如'欲问江深浅,应如远别情',语非不佳,终是杞柳杯棬。"

杨齐贤作的题引和唐汝询的评论都耐人寻味。一位村民(汪伦),对李白能有多大的恩德? 不过是家酿美酒招待罢了,酒又值几何? 然而李白深为之感恩。他离开村子时,汪伦唱着歌,踏着节拍送他,这更让李白感动了。这首诗明白如话,语甚浅然情甚真。这样的诗是别人摹仿不来的,所以,后人效之,终是杞柳杯棬。

第二,叮咛保重。这是送别诗中最为常见的主题,不外乎希望分别的人注意保重自己。如高适有《送郑侍御谪闽中》:"谪去君无恨,闽中我旧过。大都秋雁少,只是夜猿多。东路云山合,南天瘴疠和。自当逢雨露,行矣慎风波。"郑侍御被谪闽中,因为他没有去过闽中,多少有些担心,不知自己能不能适应。高适说他去过闽中,一一给他介绍闽中的地理、气候,让他放心,但是,还需小心——"自当逢雨露,行矣慎风波"。

第三,激发壮志。友情诗中难免有些情感缠绵,有些伤感,甚至有些颓废,但是好的友情诗不沉湎于这种消极的情感之中,总是将人从消极的情感中振奋起来,激发起建功立业的雄心。这在边塞诗中体现得特别明显。如岑参的《送李副使赴碛西官军》:

火山六月应更热,赤亭道口行人绝。知君惯度祁连城,岂能愁见轮台月。脱鞍暂入酒家垆,送君万里西击胡。功名只向马上取,真是英雄一丈夫。

又如高适的《送李侍御赴安西》:

行子对飞蓬,金鞭指铁骢。功名万里外,心事一杯中。虏障燕支北,秦城太白东。离魂莫惆怅,看取宝刀雄。

分别在这些诗中是创业立功的开始。还有什么比建功立业更荣耀的呢?于是,建功立业作为一种人生理想,激励着奔赴边疆的士子。这些送别诗就超越了感伤,充满着豪情,格调也就高亢起来。

第四,达观处世。分别是让人伤感的,在那个时代,交通不便,一分别很难知道彼此的信息,至于能不能重聚就更难说了。因此,在这个时候,伤心流泪是很正常的。送别诗有一些反其道而用之,不主张临别洒泪。初唐诗人王勃(650—676年)就写过这样的好诗,如《送杜少府之任蜀州》。诗云:

城阙辅三秦,风烟望五津。与君离别意,同是宦游人。海内存知己,天涯若比邻。无为在歧路,儿女共沾巾。

诗中的"海内存知己,天涯若比邻"自此诗诞生之日起,就不胫而走,传遍大江南北,成为中华语汇中的经典。此句强调的是"知己",既然是知己,自然会心心相印。心是相通的那就是近的,至于身体遥隔,就显得不那么重要了。交友之道,重知己,重知音。这是中华民族的重要传统,一直延续至今。

第五,安慰鼓励。分别,远离亲人、朋友,来到一个陌生的地方,最大的痛苦就是没有人可以交流,比较寂寞,比较孤单,送别诗中就有一部分以此为主题对送别的人进行安慰和鼓励的。最有名的莫过于高适的《别董大》:

千里黄云白日曛,北风吹雁雪纷纷。莫愁前路无知己,天下谁人不识君。

这首诗脍炙人口,给过诸多浪游天下的士子以安慰和鼓励。

第六,节操自持。分别,缺少友人在身边的监督、帮助,是不是能保持节操就难说了。有一部分送别诗专就这一方面劝慰送别的人。王昌龄的《芙蓉楼送辛渐二首》就是这方面的佼佼者。诗云:

寒雨连江夜入吴,平明送客楚山孤。洛阳亲友如相问,一片冰心在玉壶。

丹阳城南秋海阴,丹阳城北楚云深。高楼送客不能醉,寂寂寒江明月心。

"一片冰心在玉壶",意象很美,这表达什么样的意思呢?那就是固守做人的基本原则,如孔子所言"士不可不弘毅,任重而道远"(《论语·泰伯》)。第二首诗中"寂寂寒江明月心",是同样的意思。

唐代的友情诗意象瑰丽,意境深邃,同时又切合人心,实际上用诗的形式概括了交友的道理,因此,许多名句播至四海,深入人心,影响深远。这里我们不妨再摘引若干句:"青山一道同云雨,明月何曾是两乡。"(王昌龄《送柴侍御》)"相逢成远别,后会何如今。"(王昌龄《别刘谞》)"宝刀留赠长相忆,当取戈船万户侯。"(王昌龄《别陶副使归南海》)"请君试问东流水,别意与之谁短长。"(李白《金陵酒肆留别》)"春风知别苦,不遣柳条青。"(李白《劳劳亭》)"劝君更尽一杯酒,西出阳关无故人。"(王维《送元二使安西》)"惟有相思似春色,江南江北送君归。"(王维《送沈子福归江东》)"野火烧不尽,春风吹又生。"(白居易《赋得古原草送别》)"不知山下东流水,何事长须日夜流。"(元稹《西归绝句十二首》之八)"日斜江上孤帆影,草绿湖南万里情。"(刘长卿《别严士元》)"同作逐臣君更远,青山万里一孤舟。"(刘长卿《重送裴郎中贬吉州》)"芳草复芳草,断肠还断肠。"(杜牧《池州春送前进士蒯希逸》)

第五节　女题诗:笑入荷花去,佯羞不出来

唐朝出过中国历史上唯一的女皇帝,而且女皇帝的接位与她的传位,均是正常的,没有动用军力,说明唐帝国对于这位女皇帝的作为是比较接受的。就总体来看,唐帝国对妇女较少歧视,这可能与唐朝的意识形态有关。在国家的文化战略上,唐朝持比较开放的态度,并不像汉代中期以后,独尊儒家。由于在唐帝国儒家地位相对有所下降,这种社会环境自然于妇女有利。妇女题材在唐诗中比较有地位,作为旗帜的唐代三大诗人李白、杜甫、白居易均有女性题材的名篇。不仅女性题材的诗在唐诗中占有一定的数量,而且现存的唐诗中,也没有发现持明显歧视态度的诗篇,一般来说,对于女性多持正面的立场,或赞赏其

美丽,或同情其遭遇。在文学中,是《诗经》最早发现并肯定女性美的,但是,女性美真正全方位地获得肯定还是在唐诗中。女性题材中相当一部分关乎爱情与婚姻,与传统的喜新弃旧、始乱终弃主题不同,唐诗中,李商隐的爱情诗触及了一个重大的问题——爱情究竟是什么? 爱情究竟是怎样的一种感情? 李商隐的爱情诗,就是放在全人类所有的爱情诗中,也绝对是出类拔萃的,李商隐无疑是爱情诗写作的绝世天才。相思是唐代爱情诗的主题,怨是相思诗的基调。相思诗表现怨,立意仍然是爱。以爱写怨是唐代相思诗重要的写作手法,凸显出唐代特别是盛唐相思诗的审美特色。

一、李白的女题诗

在女性题材的写作上,李白是不可忽视的。当然,李白的代表性作品并不是女性题材诗,这不是因为他的女性题材的诗不怎么样,而是因为其他题材的诗在他的诗中更重要,更出色。然如果单拎女性题材诗,在整个唐代此类题材的作品中,李白的诗不仅是出色的,而且在某种意义上可以作为这一类题材作品的一个代表。之所以这样说,一是量大,总数近百,更重要的是质量高。质量是多方面的,就美学品格来说,李白女性题材的诗,突出地体现在其美学上的最高追求——清新。李白是非常推崇清新这种美学品格的。在《古风》第一首中,他言道:"自从建安来,绮丽不足珍,圣代复元古,垂衣贵清真。"在《经乱离后天恩流夜郎忆旧游书怀赠江夏韦太守良宰》中又云:"览君荆山作,江鲍堪动色。清水出芙蓉,天然去雕饰。"李白诗的艺术风格总体上看是清新,它的表现形式,一为豪放,一为清秀。豪放可以出自清新,重自然,为天成;也可以出自矫情,反自然,为人工。李白的豪放是出自他的本性,字字句句出自至情,整个诗篇浑然天成。清新这种美学品格的哲学基础为道家的"道法自然"说。清新这种风格虽可以以豪放出之,但以清秀出之,更为讨巧,也许可以说,清秀这种形式是清新这一内容的本色。李白的女性题材,在风格形式上,均是清秀的。李白善于化静为动,以动显静,将少女的美化成动态的娇媚,就在上引"览君荆山作"前,李白描绘少女的美:

吴娃与越艳,窈窕夸铅红。呼来上云梯,含笑出帘栊。对客小垂手,罗衣舞春风。

虽然只是这样几句诗,却活脱脱地将少女的美丽、可爱写出来了。这其中,"对客小垂手"一句极妙,有几分胆怯,更有几分讨好,是礼仪、修养、规矩、害怕所致,还是自然天真?让人怜惜,让人好笑,让人温馨。这种写作手法,让人联想到《诗经》中写美女的名句:"巧笑倩兮,美目盼兮,素以为绚兮。""素"即为本色,大美在素。李白的诗就是这样的素,这样的大美。

李白笔下的女性美大体上有四类:第一类是民间小女子,第二类是贵妃,第三类是历史上的名女人,第四类是道姑仙女。让我们感到惊讶的是这四类女人各有不同的风采,均光彩照人,这其中,写得最好也最动人的是第一类女子。试举一例,《越女词五首》其三:

> 耶溪采莲女,见客棹歌回。笑入荷花去,佯羞不出来。

同样是采取"化美为媚"的手法。媚,是动态的美。诗中女孩最可爱之处不是"歌",也不是"笑",而是"佯羞"。为何要羞,而且不是真羞而是佯羞,这就耐人寻味了。谜底肯定关涉到诗中所说的"客"。虽然这客的身份、面目不清楚,但让女孩佯羞,就不是一般的客人了。全诗清新可人,活生生一个流畅的电影镜头。

著名的《清平调三首》是写杨贵妃的,主要采取比喻的手法。第一首将贵妃比作仙女:"若非群玉山头见,会向瑶台月下逢。"仙女如何美,需要人去想象。第二首将贵妃比作赵飞燕:"借问汉宫谁得似,可怜飞燕倚新妆。"赵飞燕如何美,同样需要人去想象。第三首将贵妃比作"名花",就比较一般了。显然,这三首诗中所写的贵妃远不如上面那首诗所写的越女动人。奉皇上之命写这样的诗,李白不可能放开,只能将贵妃写成概念性的美人了。

李白写道姑、仙女的诗也非常美,他笔下的道姑、仙女,兼有越女的娇美和贵妃的端庄,然多了仙人的轻灵与超越。看《江上送女道士褚三清游南岳》:

> 吴江女道士,头戴莲花巾。霓衣不湿雨,特异阳台云。足下远游履,凌波生素尘。寻仙向南岳,应见魏夫人。

这女子就完全是另一种风格了。不过,虽然她有着道士的矜持,但从她头上戴的莲花巾,身上披的霓衣,可以窥探出她心灵深处仍然跃动着一颗滚烫的春心。她与普通女孩一样,爱美。如果要说有什么不同,就在这"凌波生素尘"了。"凌波生素尘",既是写实,更是写意。它透显出的,不只是道姑的身材袅娜多姿,步履轻盈,更重要的是道姑超凡脱俗的精神风貌。这样的女子,可敬而不可近,可爱而不可亵。

李白的女子题材的诗,主要是两大主题。一是爱情,可以《长干行》为代表。这首脍炙人口的爱情诗好在哪里呢? 好在它写了纯真的爱情。小夫妻原是两小无猜的小伙伴:"妾发初覆额,折花门前剧。郎骑竹马来,绕床弄青梅。同居长干里,两小无嫌猜。"没有想到,短短的恩爱之后,却是长久的思念和痛苦的盼望:

> 常存抱柱信,岂上望夫台。十六君远行,瞿塘滟滪堆。五月不可触,猿声天上哀。门前旧行迹,一一生绿苔。苔深不能扫,落叶秋风早。八月胡蝶黄,双飞西园草。感此伤妾心,坐愁红颜老。早晚下三巴,预将书报家。相迎不道远,直至长风沙。

从春天盼到了秋天,心上的人还是没有回来,最可怕的是坏消息,从"瞿塘滟滪堆。五月不可触"的诗句来看,她是有这个担心的,但是她不愿朝这方面想,意念是夫君回家,绝对不愿"上望夫台"。因此,她的想象均是美好的:"预将书报家""相迎不道远"。

第二个主题是怨情。李白的爱情诗中有思慕、思念之情,也有怨情。怨情诗在中国爱情诗中是比较多的。李白是写怨情诗的好手,他的怨情诗的突出特点是,不一味地写埋怨,而尽量写出主人公对美好过去的思念,不言怨而怨自在。如《寄远十一首》其十一,诗中极力写当初两人相爱时的美好:"爱君芙蓉婵娟之艳色""怜君冰玉清迥之明心""夜同鸳鸯之锦衾"……一番回忆品味之后,写相思:"乱愁心,涕如雪,寒灯厌梦魂欲绝,觉来相思生白发,盈盈汉水若可越。"最后是盼望:"美人美人兮归去来,莫作朝云暮雨兮飞阳台。"这首诗没有一句怨词,但怨情隐在其中。有时,诗人也不写回忆之美好,而是布置一个清凉的情境,让主人公的行动去显示内心的怨情。如著名的《玉阶怨》:

> 玉阶生白露,夜久侵罗袜。却下水精帘,玲珑望秋月。

一位女子,在清凉的夜晚,长久地望着月亮,忘掉了秋寒悄然上身,这一行动说明什么呢? 望秋月,只是望吗? 恐怕不是,更多的是诉说,诉说什么? 诗没有说。如此美好的秋宵,一位女子,孤独地望月,心情会好吗? 恐怕不会! 她或者没有心上人;或者有,这心上人却是负心人。从这诗的背景为"玉阶"来说,这怨很可能是宫怨。李白的怨情诗也有写得很沉痛的,如《春思》:"燕草如碧丝,秦桑低绿枝。当君怀归日,是妾断肠时。春风不相识,何事入罗帏?"话不能说说得不狠:"当君怀归日,是妾断肠时。"但是,诗的背景是燕草方生的春天,就分外透出一份希望。不相识的春风吹开罗帏,此景寓意特别深刻,似乎在预示着君的早日归来。

李白真个是青春诗人,不仅可以从他本人的抒情诗中见出这一点,而且也可以从他的女子题材诗中见出这一点。他诗中的女子,无一不美丽,不青春,即使有思,有怨,那思也有致,那怨也美妙!

二、白居易的女题诗

中国古代的爱情故事多发生在民间,发生在帝王中而又为后世所激赏的爱情只有唐玄宗与杨玉环一例。中国历史上著名的四大美女中,杨贵妃是唯一没有政治野心的。人们一度将造成安史之乱的责任推给了她,她为此付出了生命的代价。杨贵妃死于安史之乱开始的那一年——公元 755 年,半个世纪后,她就以正面形象出现在著名诗人白居易的笔下了。这就是白居易著名的作品《长恨歌》。

《长恨歌》写的是唐玄宗李隆基与杨玉环的爱情故事,主要事实均是真实的,但托名为汉皇和杨妃。诗篇写到了"渔阳鼙鼓动地来",显然,这是指安禄山从河北起兵杀向长安,是为安史之乱的开始。逃难中的汉皇军队哗变,不听指挥。"六军不发无奈何,宛转蛾眉马前死。花钿委地无人收,翠翘金雀玉搔头。"关于杨妃的死只有四句诗,四句诗只是写了一个事实,至于为什么要让杨妃死,并没有分析,显然,诗人力图淡化这一故事的政治内涵,而从爱情角度强化它,事实上是,诗人将汉皇与杨妃的故事树立为爱情的典型,从正面去歌颂它。那么,这首诗反映了诗人什么样的爱情审美观呢?

第一,爱情产生于男女两情相悦。容貌是不可忽视的。诗篇描写杨妃的美丽:"回眸一笑百媚生,六宫粉黛无颜色。春寒赐浴华清池,温泉水滑洗凝脂。侍儿扶起娇无力,始是新承恩泽时。云鬓花颜金步摇,芙蓉帐暖度春宵。"与李白写女子手法相似的是:写笑,注重动态的美。但白居易笔下这女子的形象完全不同于李白笔下的越女,越女是那样天真、活泼,充满着乡间的野气;而这后宫妃子,其形象则为慵懒。她身体丰腴,肤如凝脂,切合君王的审美观。爱情与别的情感之重大不同,在于它特别重视感性,表现在注重对方的外貌、气息、声音、动作、气质。白居易在不多的诗句中,全面地展示了杨妃感性的美,准确地说,为汉皇所欣赏的美。其次,就是两人的爱好了。诗中写道:"骊宫高处入青云,仙乐风飘处处闻。缓歌慢舞凝丝竹,尽日君王看不足。"这说明,他们两人在兴趣爱好上是相同的,都爱好音乐、舞蹈。诗篇所写的这些内容,不能简单地只是看作汉皇荒淫无度,而应看作是爱情的两情相悦。

第二,爱情贵在深情专一。也许有人认为,皇上三宫六院,根本谈不上爱情专一,事实也许如此,但此诗试图创造出一个爱情专一的汉皇。它先是说:"后宫佳丽三千人,三千宠爱在一身。"杨妃活着时,汉皇是如此对她专一的。杨妃死后,仍然专一。诗中写道:

> 春风桃李花开夜,秋雨梧桐叶落时。西宫南内多秋草,落叶满阶红不扫。梨园弟子白发新,椒房阿监青娥老。夕殿萤飞思悄然,孤灯挑尽未成眠。迟迟钟鼓初长夜,耿耿星河欲曙天。鸳鸯瓦冷霜华重,翡翠衾寒谁与共。悠悠生死别经年,魂魄不曾来入梦。

这段文字所表现的爱情专一是丰富的。首先,是兴趣爱好专一。当年,汉皇与杨妃的共同兴趣是梨园演唱。杨妃不在了,汉皇仍守着这份爱好,但是不玩了,因为知音、同好者不在了。不玩了,却不愿遣散梨园弟子,实际上是让梨园弟子与他共同守着这份专一。其次,是恩爱情境专一。当年汉皇与杨妃恩爱相处的场所是在这宫内,如今她去了,汉皇不愿联系着那段恩爱生活的场景发生任何变化,于是,"西宫南内多秋草,落叶满阶红不扫"。这种场景的保留,不能理解为心情不好,懒于打扫,事实上,这宫苑的打扫本也不是汉皇做的,他无须指挥宫女打扫宫苑,但需提出不让打扫宫苑。再次,是同衾共枕人专一。从诗中所说"鸳鸯瓦冷霜华重,翡翠衾寒谁与共"来看,这些年来汉皇是守着空床的。当然,实际情况绝不会是这样,但须知,白居易写的是文学人物,是他心目中的爱情专一的典型。

故事的结局是浪漫而又感伤的,浪漫的是,汉皇在道士的帮助下,在海外的仙山找到了杨妃。有情人终于见了面,以解相思之渴,但是,既然杨妃已经成仙,仙凡两隔,短暂相见允许,长久共处是不行的。所以,汉皇只能辞别。这就让人感伤了。此诗作为爱情诗,最有思想性的地方,正是在这里。诗人似乎想说,美满的爱情是理想性的,漂亮的誓词诸如"在天愿作比翼鸟,在地愿为连理枝"之类,都只能是相互安慰的谎话。追求完美的爱情只能是一个悲剧。诗篇的结尾恰到好处地表达了这一主题:"此恨绵绵无绝期"。

《长恨歌》只是借用了唐玄宗和杨玉环的爱情故事,而非真实地描述这个故事。借用的目的,是为了表达白居易自己的爱情审美观。它也具有一定的时代性、代表性。

白居易对于爱情婚姻问题是关注的,除了以汉皇与杨妃的爱情故事为例正面表达自己的爱情观,他还在许多诗中批判一种重利轻情的商人爱情观。在《琵琶行》中,他写了一位商妇,原为倡女,擅长琵琶演奏。白居易为她的精彩演奏而吸引,遂移船过去与之相见,并问其经历。其中涉及婚姻。倡女说:"五陵年少争缠头,一曲红绡不知数。钿头云篦击节碎,血色罗裙翻酒污。今年欢笑复明年,秋月春风等闲度。弟走从军阿姨死,暮去朝来颜色故。门前冷落鞍马稀,老大嫁作商人妇。商人重利轻别离,前月浮梁买茶去。去来江口守空船,绕船月明江水寒。夜深忽梦少年事,梦啼妆泪红阑干。"这段自述,有两个关键处:第一,这位女子对爱情和婚姻看得很重,不愿与五陵年少苟合,想找一位可以终生相伴的人;第二,这位女子对爱情和婚姻的质量看得很高,她的丈夫为商人,去浮梁出差,她就认为是"商人重利轻别离"了。白居易显然是赞同这位商妇的婚恋观的。不过,也不是不可以讨论,第一点似无可非议,第二点就有点过分了,商人出差理所当然,如果连出差也不行,这爱就有些专制了。不过,白居易也许不是具体讨论这商人应不应该去浮梁出差,而是强调一个重要命题:"商人重利轻别离"。这话需要分析:不是不要重利,而是说,重利不必轻别离;利与情不应构成矛盾,重利也可重情。另外,重利者也不只是商人,商人也并不都重利轻情。白居易的观点应该不至于产生误解。他是非常看重爱情的,在金钱与爱情这两个方面,他的天平是倾向于后者的。

在唐代诗人中,白居易是最同情妇女的,这不仅可以从《长恨歌》《琵琶行》这样的名篇中看出来,也可以从他一首并不出名的诗《妇人苦》中看出来,其诗不长,录之如下:

> 蝉鬓加意梳,蛾眉用心扫。几度晓妆成,君看不言好。妾身重同
> 穴,君意轻偕老。惆怅去年来,心知未能道。今朝一开口,语少意何
> 深。愿引他时事,移君此日心。人言夫妇亲,义合如一身。及至生死

际,何曾苦乐均。妇人一丧夫,终身守孤子。有如林中竹,忽被风吹折。一折不重生,枯死犹抱节。男儿若丧妇,能不暂伤情。应似门前柳,逢春易发荣。风吹一枝折,还有一枝生。为君委曲言,愿君再三听。须知妇人苦,从此莫相轻。

此诗揭露了一个严重的事实:男女在爱情和婚姻上忠贞度是不平等的。女子"重同穴",男子却"轻偕老";两方如一方先死了,态度更不同,"妇人一丧夫,终身守孤子",而男人若丧妇,只是暂时伤情,很快就考虑续弦了。男女这种对爱情与婚姻忠贞度的差异,可能还不能仅归结到意识形态上去,怪罪于儒家,它的原因是多方面的,其中最重要的也许是源自动物性的男女人性上的差异。白居易在诗里没有分析原因,仅是揭露这现象,尽管是司空见惯的现象,但一经凸显,仍然具有极大的精神冲击力。虽然自古以来为女人说话的人也不少,但似没有见过像白居易这样超越意识形态,从人性的角度揭露男女在爱情婚姻上的不平等的。仅此一点,白居易就应该在妇女解放史上拥有一席之地。

三、李商隐的女题诗

在中国诗史上,如果仅就爱情诗而言,李商隐堪为第一号诗人。李商隐,字义山,自号玉溪生、樊南生,怀州河内(今河南沁阳)人,一生经历了宪、穆、敬、文、武、宣六朝,属晚唐时人。李商隐自称是皇室后裔,在《哭遂州萧侍郎》一诗中说:"公先真帝子,我系本王孙。"据学者们考证,"李商隐确实与皇室同宗共祖。唯同源分流,迁徙异地,故属籍失编"①。李商隐处晚唐社会多事之秋,侧身朝廷,位列小官,却又不能不被卷入政治漩涡之中,深感无奈,应该说,他的许多用语隐晦的诗实是自身无奈处境的抒写。李商隐是多情种子,与妻王氏伉俪情深,然也曾与道姑掀起过情感风波,甚至对宫女也产生过非分之想,他出入勾栏瓦肆,为不少歌女写过艳诗,与洛阳商家女柳枝也曾有过邂逅。他的用情到底如何,学者们众说纷纭。有意思的是,李商隐似是预知后人会对他指指点点,所以在《上河东公启》一文中说"至于南国妖姬,丛台妙妓,虽有涉于篇什,实不接于风流"。关于李商隐的个人生活,我们现在就不必去说了,我们要说的是他的

---

① 郑在瀛注:《李商隐诗集今注》,武汉大学出版社 2001 年版,第 7 页。

诗，诗是文学，不是现实，诗中的主人公更不能等同于现实的李商隐。

李商隐的诗，涉爱情的有 100 多首，爱情中的各种滋味，李商隐都说遍了，其中最动人肺腑的是思情。虽然古往今来，表达思情的爱情诗汗牛充栋，有些诗读多了，确也让人产生审美疲劳，但李商隐的思情诗无可怀疑地是思情诗的翘楚，而且怎么也不会让人感到审美疲劳，其原因是他的思情诗意境幽深美丽，意味无穷，不可确解。试以李商隐最重要的代表作《锦瑟》为例：

> 锦瑟无端五十弦，一弦一柱思华年。庄生晓梦迷蝴蝶，望帝春心
> 托杜鹃。沧海月明珠有泪，蓝田日暖玉生烟。此情可待成追忆，只是
> 当时已惘然。

这首诗被公认为一首难解的诗。元好问《论诗绝句》云："望帝春心托杜鹃，佳人锦瑟怨华年。诗家总爱西昆好，独恨无人作郑笺。"自古以来，对此诗有诸多解释，大体上分为三类：政治、人生、爱情。每类中具体所说又不尽相同。我们认为，此诗确实难解，不过，看你要的是什么样的解。如果要将诗中所写与诗人的现实生活一一照应，那难解。须知诗是诗人想象的产物，只能在现实中找到一些蛛丝马迹，却不能将它看成现实生活的记录。如果不是要在现实生活中找到它的对应，那此诗并不难解。说此诗难解，难的是用的典故太多，尽管如此，诗的总体意境是能理解的，情感意向是明白的，它写的是对往事的思念，是对昔情的追忆，只是此思此情"当时已惘然"——太痛苦了！此诗用典多，是造成难解的主要原因，但须知，此诗用典，均将典形象化，写成美丽的画面、动人的故事，让人能够感受它，更重要是它还透出了关键，让你能正确地去理解它。

首句"锦瑟无端五十弦"，有典，来历有二：《史记·封禅书》和《周礼乐器图》。然不懂典，也能感觉到此句很美，因为它是一个画面。瑟与情相关，什么情，有些迷离，但"无端"二字，让人想到它的缺损。锦瑟自古以来联系到情，联系最多的是什么情呢？显然是爱情。此诗的基调大致定了：写爱情，此爱情有缺损，其中一端必定不见了。

第三句"庄生晓梦迷蝴蝶"，用了《庄子·齐物论》中"庄周化蝶"的典故。此典关键在庄子醒后"不知周之梦为蝴蝶与，蝴蝶之梦为周与"。庄子为什么不知？是因为庄子与蝴蝶同一个由来，难分先后。什么样的情感关系，能理解成这样？当然，只有恋情关系了。

第四句"望帝春心托杜鹃"，用了《蜀记》"望帝化鹃啼血"的典。但须知，此句的关键是"春心"而不是"杜鹃"。什么样的心为"春心"？当然只有爱情之心了。杜鹃在此是为"春心"即爱情而啼血的。

第五句"沧海月明珠有泪"，"珠有泪"的典有两个出处：一是《博物志·异人》中"鲛人眼能泣珠"的典，二是《淮南子·说林训》"蚌病成珠"的典。但此句重要的不是"珠有泪"，而是"月明"。月明之景，什么样的人与之相合，当然是美人了；什么样的情才能与之贴切，当然是爱情了。"鲛人"典、"蚌病成珠"典均没有"月明"的背景，两典中，鲛人典与此句没有什么关系，"蚌病成珠"则可能有些关系。在此诗中这病不应是别的病，而只能是相思病。

第六句"蓝田日暖玉生烟"用了《搜神记》中紫玉与韩童相爱的典。此典说，紫玉死后显形，韩童想去拥抱她，紫玉化为一道青烟不见了。此句用的是此典的本意：对死去情人的无限思念。

如果以上理解大致说得过去，此诗的主题可以确定为思情。虽然主题大致可以确定，但其中丰富的意味，还是很难完全把握的，特别是最后两句："此情可待成追忆，只是当时已惘然。"为什么这样的深情，"当时"就惘然了呢？既然早就惘然了，为什么还要追忆呢？

也许是故意，也许不是故意，而是此情确实特别，作者因此将相思之情写得既瑰丽辉煌，又迷离恍惚，这样，就让人既感到魅力非凡，又摸不着头脑了。

李商隐有些爱情诗创造出一种仙境的气氛，似乎是在跟仙女谈恋爱，这就更具魅力了。试看《碧城三首》中的前两首：

> 碧城十二曲阑干，犀辟尘埃玉辟寒。阆苑有书多附鹤，女床无树不栖鸾。星沉海底当窗见，雨过河源隔座看。若是晓珠明又定，一生长对水精盘。

> 对影闻声已可怜，玉池荷叶正田田。不逢萧史休回首，莫见洪崖又拍肩。紫凤放娇衔楚佩，赤鳞狂舞拨湘弦。鄂君怅望舟中夜，绣被焚香独自眠。

据专家研究，《碧城三首》是写给女冠宋华阳的，李商隐在玉阳山学道时认识宋华阳，为她的美貌、气质所吸引，而宋华阳对李商隐的才华也有所属意，二人有些情意了，但宋华阳慑于道教戒律，不敢轻越雷池，常有约不至，叫李商隐分外想念。此诗本为凡俗与道姑的相爱,诗人将道观写成仙境,将道姑写成仙女,于是这场人人相爱就升格为人仙相爱了,三首诗流荡着仙境的气氛,加之诗人又多用神仙典故,更是让人既无比向往,又无比迷茫了。

李商隐善于布置气氛,在某种既温馨又神秘的气氛中将爱情美化了,也仙化了。但李商隐不会将一首诗整个写成句句不懂的谜,他会在诗中用上一句或两句极清新、极美丽的句子让你对全诗的意蕴有所领悟。上引两首诗,你只要细读,就会从中读出其奥秘。第一首中,"星沉海底当窗见,雨过河源隔座看",意思是,三星沉海,天就要亮了;暮雨将至,隔座可看。良机不要错过啊! 急迫的心情跃然纸上。第二首,开头两句写女仙之美,"对影闻声已可怜,玉池荷叶正田田",以声思人,声既可怜,人当更可怜。"玉池荷叶"既写场所,又烘托人物。中间四句用了典故,会有些难懂,但最后两句非常显豁,"鄂君怅望舟中夜,绣被焚香独自眠"——就是在等待,在盼望,等待中有些急迫,盼望中有些失望。

《碧城三首》写得如此艰深,也许有某些苦衷,他担心写得太平易,太明白,对宋华阳有些唐突,也不足以显示自己的才学。他的许多名为《无题》的诗,虽也用典,但典不冷僻,不懂典也不妨碍对诗意的理解。且看下面这首《无题》:

> 相见时难别亦难,东风无力百花残。春蚕到死丝方尽,蜡炬成灰
> 泪始干。晓镜但愁云鬓改,夜吟应觉月光寒。蓬山此去无多路,青鸟
> 殷勤为探看。

诗不难懂,此诗的特别处是比喻的新鲜贴切,体现在三、四句:"春蚕到死丝方尽,蜡炬成灰泪始干。"刻骨铭心的爱,毕生专一的情,永不停歇的思,还有难以名状的痛,尽在这比喻之中。李商隐的爱情诗有许多精彩句子,今日还流传在人们的语汇中,如:

> 春心莫共花争发,一寸相思一寸灰。(《无题四首之二》)
> 嫦娥应悔偷灵药,碧海青天夜夜心。(《嫦娥》)
> 昨夜星辰昨夜风,画楼西畔桂堂东。(《无题二首 会昌二年 其一》)
> 总把春山扫眉黛,不知供得几多愁。(《代赠二首 其二》)
> 君问归期未有期,巴山夜雨涨秋池。(《夜雨寄北》)

李商隐是用他整个的心来写爱情诗的,他的爱情诗的突出特点是真——真诚,真纯,真挚,真美。这是一种既超越了生物性的原始本能,又超越了社会功

利的纯情之爱。这种爱情,某种意义上,是抽象化了的真正的情爱,犹如从普通的水提纯为实验室用的水。感谢李商隐,他让我们懂得了什么叫爱情。

四、杜牧及其他诗人的女题诗

论及唐代的以女子为题材的诗歌创作,晚唐杜牧的成就是不可忽视的。杜牧,字牧之,京兆万年(今陕西西安)人。中国古代诸多文人有狎妓的陋习,杜牧也有。晚年,他不无悔恨。其《遣怀》一诗云:"落魄江湖载酒行,楚腰纤细掌中轻。十年一觉扬州梦,赢得青楼薄幸名。"

杜牧善于表现青楼女子的美丽。《赠别二首》之一云:

娉娉袅袅十三余,豆蔻梢头二月初。春风十里扬州路,卷上珠帘总不如。

杜牧也善于表现青楼女子的情态,《见刘秀才与池州妓别》中有句云:"金钗横处绿云堕,玉箸凝时红粉和。"这两句诗,将女子眼泪汪汪的可怜模样描写得极为动人。

杜牧尤善描写还未长大的小女孩,不仅能生动描写她们稚嫩的面容,还能借助一些场景,捕捉她们的天真可爱,加以生动展示。如著名的《秋夕》:

红烛秋光冷画屏,轻罗小扇扑流萤。天阶夜色凉如水,坐看牵牛织女星。

那"扑流萤"、看天上星星的是小女孩。从"红烛秋光冷画屏"这样的背景来看,不太可能是普通人家,不是妓院就是富贵人家了,而就杜牧的生活来看,妓院的可能性更大。

杜牧对于青楼女子是有真感情的,写有不少与青楼女子分别的诗,也写了好些怀念的诗。其《送人》一首,很是动人:

鸳鸯帐里暖芙蓉,低泣关山几万重。明镜半边钗一股,此生何处不相逢。

此诗未写明别的是何人,从情景来看,是青楼女子。女子哭哭啼啼,杜牧则一边哄着,安慰着,一边拿出信物——"明镜半边钗一股",表示还爱着她,会来寻她,而且一定会寻到她。

　　分明可以看出，杜牧的爱情诗与李商隐有很大的不同。李商隐的诗云遮雾罩，太难解了；而杜牧的爱情诗简直就是日常口语，显豁、明白，然与李商隐的诗一样情味绵长，耐人品赏。

　　杜牧是一个政治意识极强的诗人，他写了很多著名的怀古诗，诸如《赤壁》《题乌江亭》，很有见识，他的女子题材诗也同样显示出不凡的政治识见。如《过华清宫绝句（三首其一）》：

　　　　长安回望绣成堆，山顶千门次第开。一骑红尘妃子笑，无人知是
荔枝来。

　　在汗牛充栋的女子题材诗中，此诗之所以能脱颖而出，就在于它的政治性。不是说凡寓有政治性，其诗就必定好，而是此诗恰到好处地借送荔枝这一故事，揭露了一个富有深意的问题，耐人寻味，促人深思。

　　在女子题材诗作中寓有政治，由来已久，最早可以追溯到《诗经》。杜牧之前，杜甫的《丽人行》就是这样的诗。让我们感到别有意味的是，杜甫的这首寓有政治含义的女子题材诗，却没有能够充分地实现其效果，其原因是此诗对于"丽人"的描绘太吸引人了，其中"态浓意远淑且真，肌理细腻骨肉匀"简直可以看作是唐代美人标准的准确概括。有意思的是，杜甫开的这个头，到晚唐，有张祜（约785—849年）接上去了。张祜有《集灵台二首》，是写杨贵妃与虢国夫人的。第二首云："虢国夫人承主恩，平明骑马入宫门。却嫌脂粉污颜色，淡扫蛾眉朝至尊。"最末一句"淡扫蛾眉朝至尊"，极为精彩，是表述女子本色美的典范句子。这首诗与杜甫的《丽人行》同一主题，也系政治诗，同样因为对女性美的成功描绘，其政治性被忽视了。也许，这完全不是作者的本意所在，却是诗歌创作新的而且是重要的收获。

　　这一现象还不在少数，宫怨诗一般来说是政治诗，主题是批判封建后宫制度的，应该说，有些诗也明显地表达这一主题，如白居易的《后宫词》："泪湿罗巾梦不成，夜深前殿按歌声。红颜未老恩先断，斜倚薰笼坐到明。"但有些诗因为女性美的精彩表述，其政治批判性完全被忽视了，刘禹锡的《春词》可以作为代表：

　　　　新妆宜面下朱楼，深锁春光一院愁。行到中庭数花朵，蜻蜓飞上
玉搔头。

锁在深宫,又是怨又是愁。诗的主题应是宫怨。然而,这新妆宜面的女孩,行到中庭,给蜻蜓盯住了,竟然将她的头看成美丽的花,飞到她头上,而且停住了。于是,作品悄然发生变化,由表现闺怨移到表现女性美了。这可能是实景,但即使是实景,也需有灵感的发现,更何况还需有神来之笔。这三者,在此诗中兼具,因此,它也成为古代写美人的名诗。其诗的政治批判意义同样给忽视了。

刘禹锡的诗是写一位宫女的,顾况(约 727—约 815 年)的《宫词》写了一群宫女,也出现了同样的效果。此诗云:"玉楼天半起笙歌,风送宫嫔笑语和。月殿影开闻夜漏,水精帘卷近秋河。"这一群被锁在深宫中的宫嫔,本是不得自由的奴隶,此刻在笙歌中笑语相和,暂时忘掉了她们悲惨的处境。她们忘掉了,读诗的我们也忘掉了。

如同杜牧一样,刘禹锡与青楼女子有着很深的交往,不是一般的狎妓,而是动了真情。他的《怀妓》是真正的爱情诗。诗云:

> 三山不见海沉沉,岂有仙踪更可寻。青鸟去时云路断,姮娥归处月宫深。纱窗遥想春相忆,书幌谁怜夜独吟。料得夜来天上镜,只应偏照两人心。

爱妓走了,像嫦娥去了月宫,再也不能相见了。唯一可倚的只有这颗相忆之心。

晚唐的罗隐(833—910 年)有一首写青楼女子的诗,名为《偶题》,诗云:

> 钟陵醉别十余春,重见云英掌上身。我未成名君未嫁,可能俱是不如人。

很有感慨,不独言爱,也不只言情。

在中国 3 000 多年的封建社会中,唐代于妇女是比较开放的一个时代,诗人都比较喜欢写妇女,因此,这个朝代留下来的以妇女为题材的诗非常多。更重要的,还是诗作的质量,这些诗较少对妇女的偏见,较多对妇女的赞美,即使杨贵妃、虢国夫人这样在政治上名声不好的女子,在唐诗中也赢得了诗人的赞美。美貌是女人主要的价值所在,它具有独立性,这一观点似乎成为唐代诗人的共识,不然为什么对杨贵妃、虢国夫人这样的女人有如此的好感,自盛唐一直吟到晚唐呢?再就是爱情了,爱情虽然是男女双方的事,却主要在以女子为题材的诗中得到比较充分的展现。唐诗中的爱情,绚丽多姿,且多为真情、纯情,这就难能可贵了。总之,唐代的女题诗是唐诗中的重要一族,这些诗多方面地展示了妇女的生活、情感世界,还有她们的美丽。可以说,唐诗是中国历史上女性美的春天!

第二章　唐代诗歌的审美意识（下）

第一节　羁旅诗:柴门闻犬吠,风雪夜归人

　　唐代诗人多流动,或是赴边,或是宦游,或是访友,或是干谒,或是逃难,或是游学,或是游山玩水。他们的诗大多与这种游历有关。人在旅途,视野扩大了,胸襟开阔了,阅历丰富了,特别是遇上不少新鲜事,欣赏到不少好风景,情感易于激发,灵感易于产生,于是,相对就易于触发诗情,写出好诗来。

　　检点唐代产生在旅途上的诗,大体上有三种诗值得我们重视:一是写旅途苦乐的诗;二是写思乡怀亲的诗,三是写邂逅分别的诗。这些诗虽然重在诗人个人的流动生活,却因为这流动多与社会相关,因此,这个人的生活就成为透视社会的一面镜子,在相当程度上反映了社会某些深层次的问题。像杜甫安史之乱期间写的一些诗,多是羁旅诗,由于反映社会问题深刻,还被誉为"诗史"。另外,人在流动期间,相对是比较孤独的,情感比较脆弱,也比较敏感,因此,羁旅诗几乎触动了人们全部的情感大海,仿佛打翻了五味瓶,人们自然而然地与诗人一道喜怒哀乐。

一、抒写人生艰难的羁旅诗

　　古时出行是艰难的,交通不方便,有着诸多的凶险,所以,早就有诗人写过这种主题的诗篇,以至于乐府《杂曲歌词》中就有"行路难"这样的名目。李白用

此旧题写过三首《行路难》,当时就广泛流传,很快成为名篇。那么,李白在这样的旧题中翻出怎样的新意呢?且看第一首:

> 金樽清酒斗十千,玉盘珍羞直万钱。停杯投箸不能食,拔剑四顾心茫然。欲渡黄河冰塞川,将登太行雪满山。闲来垂钓碧溪上,忽复乘舟梦日边。行路难,行路难,多歧路,今安在?长风破浪会有时,直挂云帆济沧海。

这首诗不是一次具体的行路纪实,它具有高度的概括性。从字面上看,它是在写行路,但实际上,这行路全是他想象的,"欲""将""闲来""忽复"用的都是虚拟的口气、假设之辞,然而,行路苦乐全写出来了:"冰塞川""雪满山",这是险阻;"垂钓""乘舟",这是快乐。值得我们注意的是,险阻让人感到切切实实,而快乐却显得虚无缥缈。李白是在写在行路吗?是,又不全是。他是借行路难来写仕进之难。具有满腹才华的李白,自长江东下,踏遍名山大川,干谒权贵政要,希望有一个报效国家的机会,然而,希望渺茫。他失望了!他连声长叹"行路难",其潜台词就是仕进难。然而,李白是不容易被打败的,他极其倔强,这种倔强,来自他的自负、自信,在此诗的结尾,他高唱:"长风破浪会有时,直挂云帆济沧海。"

借行路难的乐府旧题来发抒内心深处怀才不遇的愤懑,是此诗的独特之处,也是此诗迅速流传成为名篇的原因。当然不是每一个人都存有仕进的人生理想,但是每一个人都有自己的愿望,而实现愿望的过程,就是行路,这路真有些像李白所写的那样充满着艰险,但也有些美好的希望。虽然,希望如梦一般缥缈,但它的美丽,足以鼓舞人们去努力奋斗了。实现个人愿望的道路上,每个人都需要李白这样的自负、自信。"长风破浪会有时,直挂云帆济沧海。"多好!

李白也有真写行路难的诗篇,那就是《蜀道难》。不过,《蜀道难》重在写道,不重写行,以道写行是此篇的突出特点。所以,也有人将它归属于山水诗。其实,此诗还是在写人生,写人生之难。诗的结尾透露了这样的信息:

> 剑阁峥嵘而崔嵬,一夫当关,万夫莫开。所守或匪亲,化为狼与豺。朝避猛虎,夕避长蛇,磨牙吮血,杀人如麻。锦城虽云乐,不如早还家。蜀道之难,难于上青天!

诗中说剑阁险要,还算写实,可以接受,接着写到猛虎、长蛇,就让人纳闷,这是在写实吗？显然不是,它在借喻着什么。那借喻什么呢?让人猜疑。李白虽然天纵豪迈,自信满满,但还是有诸多的担心、诸多的恐惧,他在担心什么、恐惧什么呢?所以,严格说来,李白这首诗也不是写蜀道难,而是借蜀道难写人生难。

不管行路多么难,路总还得坚定不移地走下去,自信心最为重要。在唐代,拥有像李白这样自信心的诗人很多。号称"大历十才子"之首的钱起(710—782年),也写过一首《行路难》,诗云:

> 君不见明星映空月,太阳朝升光尽歇。君不见凋零委路蓬,长风飘举入云中。由来人事何尝定,且莫骄奢笑贱穷。

钱起没有李白那样的自傲,他只是轻描淡写地说了一句人事难定。虽如此,也足以见出其自信了。从容、恬淡,其实也是一种力量,而且此种力量更难以估计。

实实在在地写一次行路难,李白的诗中似是少见。但他实实在在地写过行路乐。如《早发白帝城》:"朝辞白帝彩云间,千里江陵一日还。两岸猿声啼不住,轻舟已过万重山。"轻舟既是写景,又是写情,既是写实,又是写虚。身如轻舟,心如江水。不尽的轻松,不尽的轻快。那份豪情,那份胜概,跃然纸上,让人感同身受。而同是写行路乐,《望天门山》又是另一种情调:"天门中断楚江开,碧水东流至此回。两岸青山相对出,孤帆一片日边来。"那站在船头打量日出的情景,是何等的潇洒,何等的自信,何等的乐观!

二、抒写朋友离合的羁旅诗

人在旅途,会有诸多的事发生,最让人情牵意挂、心动神飞的莫过于遇见什么人了。诸多的羁旅诗就写途中的相逢、相识、相交、相知、相别。友情之美就在诸多人之间绽放出灿烂的花朵。友情是重要的人伦关系,中华民族对于此伦极为重视,在伦理上,有"义"这一道德范畴,即是为处理这一人伦关系而提出的重要原则,而体现在行动上,它所绽放出来的则是更具魅力的人性之美。朋友之义、朋友之情是可以通过生活的诸多方面体现出来的,而在羁旅中体现得最为突出且最具光彩。有句很有名的俗语:"在家靠父母,出门靠朋友。"关于唐诗中的友情之美,我们已有专节论述,此处,专就羁旅诗中的友情作些赏析。羁旅中,无论老友之相逢,还是新友之相交,均具有很强的偶然性。虽然多为偶然,但情感特别真诚、特别强烈、特具魅力,这也许是身处羁旅这一特殊的情境之下彼此都有强烈的需要之故吧。

新友相识,固然动人,但形之于诗,则不如老友重逢感人。唐代羁旅诗中,老友相逢,远比新友相识为多。老友羁旅中忽然相逢,起初自然是惊喜的,但羁旅本多为无奈,言谈之后,就难免伤心起来。且看郎士元(? —780 年)的这首《长安逢故人》:

> 数年音信断,不意在长安。马上相逢久,人中欲认难。一官今懒道,双鬓竟羞看。已料生涯事,只应持钓竿。

这首诗让很多人感伤,因为它写出了很多人共同的生活体验与心理感受。"马上相逢久,人中欲认难。"多年不见的朋友,不要说记忆会有所模糊,就是面貌也会多少有所变化,万千人丛中,如果不是靠得近,或对撞着,真难认得出来。整首诗情绪有些低落,诗人自认为这些年过得不好,不愿向朋友多谈。无奈,自我调侃,且自我超脱。"已料生涯事,只应持钓竿。"虽是调侃语,却引起很多人的共鸣。不管是什么人,不如意的事总是十之八九,因此,哪怕春风得意之人,不称心时也会说这样的话。

从个人的体验中写出大多数人的体验,是这首羁旅诗的魅力所在。

韦应物(737—792 年)有两首羁旅诗写与朋友相遇:

> 客从东方来,衣上灞陵雨。问客何为来,采山因买斧。冥冥花正开,飏飏燕新乳。昨别今已春,鬓丝生几缕。(《长安遇冯著》)
> 结茅临古渡,卧见长淮流。窗里人将老,门前树已秋。寒山独过雁,暮雨远来舟。日夕逢归客,那能忘旧游。(《淮上遇洛阳李主簿》)

两首诗均写与老友羁旅中不期相遇。诗中似乎一点欣喜感都没有,只有感伤。上引郎士元的羁旅诗也有感伤,不同的是,郎士元的感伤主要在人生不如意上,而韦应物的这两首诗,却是岁不我与,不觉人就老了。"嗟老"是中华文化中一个重要主题,在诗词中表现得最为突出,诗词中又以羁旅诗最为突出。这两首诗在写作上有一个共同特点,即两诗均以线性时间的流动为格局。《长安遇冯著》一诗中的时间流动有两条线索:自然风物在变着——花开,燕来;人事也在变着——客来,见面,分别。《淮上遇洛阳李主簿》也有这样两条线索:自然风物在变——水流,雁过,日夕;人事也在变——来舟(即来客),逢客,别客。这种缓缓的流动感,突出的是人老了。《长安遇冯著》说"鬓丝生几缕",说明变化悄悄地缓慢地然而不可逆转地发生着。《淮上遇洛阳李主簿》则明确地说"窗里人将老",将老,还未老,这里突出的是一种老之势,正是这种势让人惊心。这首诗是名诗,其得名全在此联。以"树已秋"预示着"人将老",既是比,又是兴,更是烘托、渲染、造势,将岁不我与的思想表现得既让人惊心,又让人宽慰。

朋友在羁旅中见面,也可以不感伤的。在一起,喝喝酒,聊聊天,话话旧,也是一桩快事。当然,这就要看是什么样的朋友了。李白一生浪迹江湖,总在旅途。他有一首与朋友在山中饮酒的诗,值得一读:

> 两人对酌山花开,一杯一杯复一杯。我醉欲眠卿且去,明朝有意抱琴来。(《山中与幽人对酌》)

李白此时就没有感伤,他忘怀世事,也忘怀岁月。在与朋友的对酌中,他在意的只有两个东西:一是美味的酒,二是盛开的山花。他还能想起的是琴,因此临别时特别嘱咐朋友明天抱琴来。这种超然物外的快乐建立在两人均能喝酒的基础上,如果此朋友不愿喝酒,或不能喝酒,那就有些尴尬了。李白还有一首这样的诗:

> 地白风色寒,雪花大如手。笑杀陶渊明,不饮杯中酒。浪抚一张琴,虚栽五株柳。空负头上巾,吾于尔何有?(《嘲王历阳不肯喝酒》)

羁旅中与朋友相聚多半是短暂的,最后总免不了分别。分别是悲伤的事,诗人们多半会写诗互赠。柳宗元与刘禹锡既是政治上的同志,又是情投意合的诗友,因王叔文改革案一道被贬,前一段路同行,到分路时,各写一首赠别诗,互道珍重。刘禹锡诗中说:"桂江东过连山下,相望长吟有所思。"(《再授连州至衡阳酬柳柳州赠别》)柳宗元则说:"今朝不用临河别,垂泪千行便濯缨。"(《衡阳与梦得分路赠别》)

在当年,被放逐的人能不能回来,是很难说的。放逐人行动不得自由,不要说当年交通不便,就是交通方便,也不能来回走动,互相看望。因此,生离,也可能是死别。如果说柳宗元基于对刘禹锡的安慰,赠别诗在情感上还多少有些收敛的话,那么,他在途中,写给从弟柳宗一的赠别诗就简直无法控制情绪,一任悲哀之情宣泄了,其诗云:

零落残魂倍黯然,双垂别泪越江边。一身去国六千里,万死投荒十二年。桂岭瘴来云似墨,洞庭春尽水如天。欲知此后相思梦,长在荆门郢树烟。(《别舍弟宗一》)

如果不是逐臣,赠别诗一般也不那么悲观,一则后会有期,即算无期,但愿人长久,千里共婵娟,也不必悲伤。皇甫曾(? —785 年)的《乌程水楼留别》就属于此类诗:

悠悠千里去,惜此一尊同。客散高楼上,帆飞细雨中。山程随远水,楚思在青枫。共说前期易,沧波处处同。

送别在即,而且将会是"千里"之远,且不去管它,只是珍惜眼前的这"一尊"与共。看似情淡,实是情深!我们还是多说说前期吧,轻松而又愉快;至于未来,谁能说得清楚呢?哪里的江湖沧波不一样呢?看似达观,实藏悲凉。唐诗基本品格也就是这样,黄钟大吕中难免有几丝悲怆之声。

三、抒写历史、社会和个人境遇的羁旅诗

旅途遍观山水名胜,风土人物,自然有感,感必然入诗。在某种意义上,羁旅诗品位之高低决定于这感。大体上,这感分为三种情况:

(一) 发思古之幽情

这都是羁旅中路过重要历史事件发生地而引发的。杜牧这类诗较多。如:

烟笼寒水月笼沙,夜泊秦淮近酒家。商女不知亡国恨,隔江犹唱后庭花。(《泊秦淮》)

从"泊"可知这是羁旅诗,杜牧当晚就寓在秦淮河的客舍之中,甚至可能就住在船上。晚上听到商女唱《后庭花》,勾起了他对六朝往事的遥思。六朝的灭亡原因当然是多方面的,但一个重要表现就是当权者醉生梦死,不理国事,整个社会风气缺乏振作,颓废情绪像空气一样,弥漫于南朝上下。英雄何在?人才何在?狂澜于既倒谁来挽?大厦之将倾谁来扶?生于晚唐的杜牧严重地感到唐帝国的末日快要到了,有感而赋此诗。

杜牧这首《泊秦淮》还没有结合到自己的身世,而有些羁旅诗中的怀古就明

显地见出个人的身世了。李德裕(787—850 年)就有这样的诗。李德裕,字文饶,河北赵州人。宪宗元和初以荫补校书,穆宗时擢拜翰林学士,文宗时累历节度使、观察使等,大和七年(833 年)拜相,武宗时再拜相,封卫国公。宣宗时贬死岭南。李德裕仕历六朝,其才干、学问当属一流,是中唐极为杰出的政治人物。无论任京官,还是地方官,都政绩卓著。可是,中唐朝廷一是朝官与宦官斗争激烈,二是朝官内部又有严重的朋党之争。李德裕不可避免地卷入其中,而且还是一党的领袖。这样,他的命运就只能是以悲剧而告终了。宣宗时李德裕在朋党斗争中失败,遭贬岭南。这于他是致命的打击。在被贬途中,他来到湖南汨罗江,当年屈原流放到此,听到楚都被秦攻破的消息,绝望地投江自尽。李德裕抚今追古,无限感慨,写了一首诗,题名《汨罗》。诗曰:

> 远谪南荒一病身,停舟暂吊汨罗人。都缘靳尚图专国,岂是怀王厌直臣。万里碧潭秋景净,四时愁色野花新。不劳渔父重相问,自有招魂拭泪巾。

李德裕将屈原的被迫流放归罪于奸臣靳尚专国,而将楚怀王开脱了,这样写,是有所用意的。实际上,他借此表达了对自己被贬的看法:也是奸臣误国的结果,不是宣宗昏庸所致。不知这首诗是否传到宣宗那里,让宣宗有所感动,但最后的结局是:在中唐政坛迭遭坎坷、几上几下的李德裕这次没能再翻过身来,病死于被贬的任所。

(二) 揭社会之弊端

诗人云游时,较能发现社会的问题,对于其中较为严重者,常不禁陈之于诗,并发起感慨来了。杜甫著名的"三吏""三别"就是这样。晚唐的杜荀鹤(846—904 年)是一位很有社会责任感的诗人,在一次旅行中,他写下了这样一首诗:

> 去岁曾经此县城,县民无口不冤声。今来县宰加朱绂,便是生灵血染成。(《再经胡城县》)

诗中的愤怒简直像火山喷发。这诗中所写实际上不是一般的有感而发,而是对县宰的有力控诉。文学是不朽的。当年如果真有一份控诉书,那早已化为尘土,而诗却是永恒的,它传之千秋万代,胡城的那个县宰就这样永远被钉在杀人者立柱上。

晚唐社会问题非常多，因此，像杜荀鹤《再经胡城县》这样揭露社会问题的诗也比较多。皮日休有《三羞诗》是他上京"射策不上"，途中所见种种社会问题所写的诗，其价值与意义可与杜甫的"三吏""三别"相媲美，而且在揭露统治者方面也不相上下。

（三）慨个人之殊感

诗人的感慨常与所见所闻所遇有关，有些事关乎家国，诗人借此抒家国之志，有些事与家国无关，与自身有关，那就抒个人感受了。这些诗抒发个人的感受，其价值、感染力区别很大。这一是看诗人的个人感受是否具有普遍性，或是否与他人相通，能否激起人们的共鸣，所谓"惺惺相惜"；二是看艺术表现是否具有特色。诗人的这种特殊感受在家与处外均可以产生，都可以诉之于诗，但一般来说，由于羁旅中诗人所遇之事往往出于意外，再者羁旅中诗人也更为敏感，因此容易产生好诗。晚唐诗人钱珝（生卒年不详）被贬，自襄阳至江州，一路走来，处处写诗，得一百首，名为《江行无题一百首》，均为有感而发，情景与实际相符，很是真切。其一云："高浪如银屋，江风一发时。笔端降太白，才大语终奇。"如果不是真个遇上如此大风大浪，大概不会有如此感慨，竟将自己看成李白。再如晚唐著名诗人韦庄（836？—910 年）羁旅中有次栖身石穴，不想此穴为虎穴。韦庄事后写诗一首，诗云："白额频频夜到门，水边踪迹渐成群。我今避世栖岩穴，岩穴如何又见君。"（《虎迹》）这样的诗，如果没有亲身经历，怎么能写得成？

四、抒写乡愁的羁旅诗

羁旅中的情感是复杂的，核心的情感是思乡。中唐诗人杨凝（？—803 年）有一首《行思》：

> 千里岂云去，欲归如路穷。人间无暇日，马上又秋风。破月衔高岳，流星拂晓空。此时皆在梦，行色独匆匆。

大家尚在梦中，他早早起来，借着晓星亮光，奔走于途了，真个是"行色独匆匆"！诗人这是在写自己，还是在写他人？最大可能还是在写自己。那么，为什么这么急赶路？是想早点回去,路远着呢！此诗写归途。归途的情感很复杂,大概既不能说是苦,也不说是乐,在杨凝,主要还是思,思家心切。

思乡是羁旅人普遍的情感。只是具体写法不一样。杨凝写归途,以行色匆匆见思;刘皂(生卒年不详)却以错望为思。他有一首《旅次朔方》诗,诗云:

> 客舍并州数十霜,归心日夜忆咸阳。无端又渡桑乾水,却望并州似故乡。

诗中交待得很清楚,刘的家乡是咸阳,他日夜思的是咸阳。然而他现在住的地方是并州,而且在此住了数十年。此次他出差朔方,奉命办事,办事毕,还得回并州,因此,这回在外,眺望的是并州,且把并州当故乡。诗中这种无奈衬托了他数十年对故乡咸阳的思念之深。此诗读之,让人感喟不已!

都是在路上,都是在思乡,杨凝的《行思》重在思之切,刘皂的《旅次朔方》重在思之深。卢纶(748—799？年)的《晚次鄂州》所写的思,却别是一种情调:

> 云开远见汉阳城,犹是孤帆一日程。估客昼眠知浪静,舟人夜语觉潮生。三湘衰鬓逢秋色,万里归心对月明。旧业已随征战尽,更堪江上鼓鼙声。

这是一次战乱后的归乡,写的是他一段堪称痛苦的经历。唐德宗建中四年(783年),朱泚叛乱,卢纶陷贼中,朱泚乱平定后,咸宁郡王浑瑊出镇河中,召卢纶为元帅府判官。卢纶此诗当是写于军旅归来。他知道,因征战,原有的家业早已荡尽,最为挂念的自然是亲人的安危,然音信全无。可怕的是,战火还没有停息,江上还传来鼓鼙声。于是,离家越近,心倒越发紧张起来了。《晚次鄂州》的重要价值就是极为准确深切地写出在这种特定情况下对家乡的特殊思念。这种思,既不是思之切,也不是思之深,而是思之悲和思之惧。

羁旅中的思,情感意味非常丰富,就思的对象来说,主要是思乡。乡情在人的情感中,联系的是亲情、家园之情,特别动人。但是,羁旅中的思,也不只是思乡,而可能是思别的。像下面这首张继写的《宿白马寺》,其思就颇耐人寻味了。诗云:

> 白马驮经事已空,断碑残刹见遗踪。萧萧茅屋秋风起,一夜雨声羁思浓。

这思的不是家乡,是白马? 似又不像,那是什么呢? 让人悠然凝想,也就在这种凝想中,佛寺、白马、唐僧、人生际遇……依次涌上心头。

唐代羁旅诗中,温庭筠(816? —870? 年)的《商山早行》总是为人津津乐道。诗云:

> 晨起动征铎,客行悲故乡。鸡声茅店月,人迹板桥霜。槲叶落山
> 路,枳花明驿墙。因思杜陵梦,凫雁满回塘。

此诗为人称道,主要是中间两句"鸡声茅店月,人迹板桥霜"。的确,在描写赶路之苦上,无出其右者,以之来表达行路难,具有很强的视觉冲击力和情绪感染力。李东阳在《麓堂诗话》中称赞它"不用一二间字,止提掇出紧关物色字样,而音韵铿锵,意象具足,始为难得"。此诗耐人琢磨的地方还有一些,如"客行悲故乡"一句,语虽浅,意却深。"悲"什么,为何"悲"? 它决定了诗中人物为何要那样赶早,为何要那样贪黑。

张继的名篇《枫桥夜泊》也是写羁旅之思的,但写得极为含蓄,极为优美,甚至让人看不出思来。诗云:

> 月落乌啼霜满天,江枫渔火对愁眠。姑苏城外寒山寺,夜半钟声
> 到客船。

此诗是写羁旅的吗? 应该是的。整个诗所透出的,分明就是羁旅之思。且不说对愁眠的渔夫,那夜半来到寒山寺码头的船不就是一只客船吗? 此位客人一夜赶路,为的何事? 强调此船为客船,一个客字,勾起了诗人诸多思绪。尽管此诗蕴含的情感是忧伤的,但至少在字面上一点也看不出来,羁旅诗写到这个样子,给予人的真个是一种如入梦境般的享受了。

五、抒写归情的羁旅诗

有旅就有思,有思就有归。有思之切,就有归之喜。杜甫身经安史之乱,饱受与家人分离之苦。他的羁旅思乡诗常被人视为羁旅诗的典范。《月夜》写于756 年,是年,叛军占领长安,肃宗即位灵武,杜甫获知信息,安顿好家小,即赶往灵武,不想途中被叛军所获,关在长安。此时,他特别思念更非常担心家中的妻儿。诗中,他写思儿:"遥怜小儿女,未解忆长安。"写思妻:"香雾云鬟湿,清辉玉臂寒。"不仅情真意切,而且非常的美。此美增情,情又增美。杜甫从长安逃脱

后去了灵武,第二年即 757 年回家探亲,与妻儿相见。此番见面,他写下《羌村三首》。诗中他描绘羁旅归来与妻儿相见的情景:"柴门鸟雀噪,归客千里至。妻孥怪我在,惊定还拭泪。"邻人呢?"邻人满墙头,感叹亦嘘欷。"

杜甫的羁旅诗,均为写实,也正因为此,他的诗被人称为"诗史",但还有两点值得特别肯定。一、他是讲究技巧的。写实正如摄影,也需要讲究技巧。当时没有摄影,但杜甫委实使用了摄影的技巧。他善于捕捉镜头。思念中的妻儿镜头特别鲜亮、美丽。而对见面时妻子吃惊的神情,给予了放大,成为特写。二、情感是极为真实且极为充沛的。正是因为这两点,他的诗不仅堪为诗史,而且也堪为诗画。

杜甫写思、写归均为实写,也有些诗人善于虚写。虚写也有多种手法:
宋之问(656?—712 年)有一首《渡汉江》:

> 岭外音书断,经冬复历春。近乡情更怯,不敢问来人。

近乡情不是一般的紧张、激动,而是怯。为什么怯? 怯什么? 其实,诗人是清楚的,读者也是清楚的。多年的战乱,音信断绝,家人的存亡日日系在心头,也日日想象在心头,很快,就要揭晓了。是啊,与其知道那最坏的结果还不如不知道是何结果!

这种羁旅之归,既是盼归,又是恐归。怎一个"怯"字了得!

当然,如果不是这等战乱后的归家,而是和平时期的回家,特别是衣锦还乡,那自然是高兴的了。贺知章就有过这样的荣归。贺知章是武后、玄宗两朝重臣,官至太子宾客兼秘书监。他的诗文均佳,堪称当时文坛领袖。天宝三载(744 年),上疏为道士,归隐镜湖。玄宗率文武百官为之送行,并赠诗,可谓风光无限。贺知章回乡后,写了《回乡偶书》二首:

> 少小离家老大回,乡音无改鬓毛衰。儿童相见不相识,笑问客从何处来。

> 离别家乡岁月多,近来人事半销磨。唯有门前镜湖水,春风不改旧时波。

这种归,当然是喜归了。诗中虽然不免有些岁月沧桑的慨叹,但基调是欢快的。一个"笑"字,将贺知章那份得意的神情心态表露无遗!

羁旅之归,写得最好的属刘长卿的《逢雪宿芙蓉山主人》。刘长卿(?—790

年），字文房，宣州人。在唐代诗人中，也许他是一位值得格外注意的诗人。刘长卿系天宝后期进士，仕途坎坷。肃宗时因事下狱。代宗大历初为转运使判官，后擢鄂岳转运留后，遭鄂岳观察使诬奏，贬睦州司马。德宗时迁随州刺史。建中三年（782 年），李希烈叛，刘长卿流寓江州。如此丰富的人生阅历，于他写诗有很大的作用。刘长卿长于表达人生那种颠沛流离的沧桑之感，诗的风格苍凉然不乏清新，寓意深刻然平易出之。刘长卿与杜甫年岁相若，然以诗出名则在肃宗、代宗后，他与钱起诗名并起，称为"钱刘"，为大历诗坛的主要代表人物。刘长卿于羁旅有深切体会，可以说，他一生都在羁旅。他的《逢雪宿芙蓉山主人》，据题，应是下雪天，天晚，投宿一个名"芙蓉山主人"的朋友家。诗云：

　　　日暮苍山远，天寒白屋贫。柴门闻犬吠，风雪夜归人。

　　全诗全是叙事，几无情感波动。雪夜无声，只有犬吠打破苍山的寂静，报知山村白屋的主人，有人来了。本是投宿，此应不是家，然诗题的结尾句用了一个"归"字，一种家的温馨感油然而生。可以想象，随着犬吠，门"吱呀"一声开了，一束温暖的灯光射了出来。下面的情景就尽读者去想象了。无须作更多的分析，此诗意境之清新隽永，尽在读者的品味之中。刘长卿善于写羁旅，佳作甚多，《逢雪宿芙蓉山主人》只是其中之一，难怪明代的李东阳在《麓堂诗话》中这样评价他："《刘长卿集》凄婉真切，尽羁人怨士之思。"

　　归一般是温馨的，但也有凄凉的。晚唐许浑（791？—858 年）的《洛东兰若夜归》就完全没有温馨感了，因为他实际上没有家，半生流落在外的他，只有一衲老禅床而已，然他还是思乡、思家。诗云：

　　　一衲老禅床，吾生半异乡。管弦愁里老，书剑梦中忙。鸟急山初暝，蝉稀树正凉。又归何处去，尘路月苍苍。

　　有一首言归诗，在言归诗中是一朵奇葩。诗的作者为赵嘏（806？—852？年），诗名《到家》，诗云：

　　　稚子牵衣问，归来何太迟。共谁争岁月，赢得鬓边丝。

　　写得太妙了，不独写出浓浓的父子之情，还借稚子之口委婉地对自己多年来热衷功名进行了批评。据有关文献的记载，赵嘏多年应试不举，不得已奔走权贵之门，以事干谒，早期的诗不少为应酬之作，多阿谀之词，质量不高。直到武宗会昌四年(844年)登进士第后,才端正诗风,写出一些比较好的诗。此诗似是游戏笔墨,实是难得的佳作。说它是言归诗的奇葩当不为过。

羁旅以归为结,相应,羁旅诗以写归为最难,更重要的是,以写归品位最高。

唐代是一个相当开放的朝代,由于种种社会原因,唐代的士人们都在外流动着,就像天空中有无数朵云彩在飘浮,在交汇,亦像大地上有无数条河流、山溪在奔逐,在喧嚣。羁旅诗就是天空中无数朵云彩闪耀的霞光,亦是大地上无数道河流、溪水喷溅出来的浪花。

第二节　山水诗:江山留胜迹,怅然吟式微

山水一直是中国古典诗歌的主要题材,山水诗的发端一般追溯到魏晋南北朝。最重要的诗人是陶渊明(372—427年)、谢灵运(385—433年)。陶、谢都创作了大量优秀的山水诗,陶渊明不仅创作了优秀的山水诗,还开辟了田园诗这一新的方向。山水诗、田园诗可以归为一个大类,有所不同的是,山水诗侧重于自然风光,田园诗则较多地描绘农家生活。山水诗境近仙界,田园诗则实写红尘。

在唐代,田园诗还谈不上很发达,田园诗的真正发达是在宋代。所以,我们在这里谈的主要是山水诗。虽然魏晋南北朝是山水诗的发端期,但写作山水诗的人数不是太多,质量也仅限于陶渊明、谢灵运等不多的几位诗人的作品。最重要的是,除了陶渊明,魏晋南北朝的山水诗技法也不很到位,往往是有佳句,无完篇。这种状况到唐代,得到根本性的改变,唐代的诗人,人人写山水诗,而且都写得很好。如果只是从题材的选取来看唐诗,那山水诗几成为唐诗的主体了。我们也许最好不要这样来看唐代山水诗,还是从诗歌的流派来看。流派在诗歌创作上,不是很严格的概念,诗人们写诗也未必按某流派的要求去写,只是说,有些诗人,在题材选取上、艺术情趣上比较接近一致,因而被后人看成一个流派。如果不只是从题材选取上,还加上艺术情趣,那么可以说,在唐代,孟浩然、王维、储光羲等人,倒是构成了一个流派,这个流派的特点是以山水田园为题材,描绘淡然、恬静、舒适的生活情调,在一定程度上体现出对现实世界苦难的超越。在某种意义上,孟、王等人的山水诗是杜甫战乱诗的一种互补。显然,杜甫多写人事,孟王则多写山水;杜甫比较现实,孟王则比较超脱;杜甫的诗过

于沉重,孟王的诗则比较空灵。正是因为有了孟王对杜甫的互补,唐诗才显得波谲云诡,光辉灿烂,风光万千!

一、孟浩然的山水诗

唐代的山水诗人,孟浩然堪为首位。李白对孟浩然极为推崇,曾有《赠孟浩然》诗,诗云:"吾爱孟夫子,风流天下闻。红颜弃轩冕,白首卧松云。醉月频中圣,迷花不事君。高山安可仰,徒此揖清芬。"这是李白在湖北安陆时期写的诗,安陆距孟浩然所在的襄阳不远,两人常相往来,诗歌唱和,相互引为知己。诗中写的"红颜弃轩冕,白首卧松云。醉月频中圣,迷花不事君"是有根据的。孟浩然40岁前隐居鹿门山,40岁时,游京师,尝于太学赋诗,有句"微云澹河汉,疏雨滴梧桐",一座嗟叹,众皆不及。王维、张九龄等成名的诗人对孟浩然刮目相看,对他的诗极为称道,一时,孟浩然的诗名在京师传开。一日王维被玄宗诏入金銮殿,王维私邀孟浩然一起去,正在等候玄宗接见之时,俄报皇上临幸,孟浩然不知所措,藏匿在床下,王维不敢隐瞒,因奏闻。玄宗倒是高兴,说:"朕素闻其人而未见也,何惧而匿?"孟浩然遂从床下出来。玄宗让他念近作,孟浩然遂将《岁暮归南山》念给玄宗听,至"不才明主弃,多病故人疏",玄宗不悦,慨然道:"卿不求仕,朕何尝弃卿,奈何诬我?"命放还南山。回到家乡后,经过一番准备,孟上京应进士不第,求仕失败了。但机会终于来了,采访使韩朝宗来到襄阳,约他同往京师,表示愿意向皇上推荐。这位韩朝宗是权贵,李白曾经干谒过他,致他的书信中有"生不用封万户侯,但愿一识韩荆州"语。没有想到,适有朋友来,孟浩然陪着喝酒,大醉,竟将韩朝宗邀约的事忘记了。韩朝宗自然很生气,不再理他。就这样,孟浩然一辈子都没有做过官,终生布衣。

一辈子布衣的身份,就写诗来说,对孟浩然倒没有什么坏处,至少使他的诗少了几分酸儒气,事实上,他写诗也没有杜甫那样"致君尧舜上,再使风俗淳"的使命意识。

也许是因为他生活在安史之乱之前,没有那种"乱离人不如平安犬"的感受,也许是因为他一辈子没能做到官,国家的事无须管它,乐得逍遥自在,他的诗流露出浓重的超尘绝俗的意味。《自洛之越》云:

皇皇三十载,书剑两无成。山水寻吴越,风尘厌洛京。扁舟泛湖海，长揖谢公卿。且乐杯中物，谁论世上名。

有点无可奈何，不是主动而是被动的选择，但既然这样了，就将被动化成主动，去山水之中、湖海之间寻找快乐吧。尽管如此，欲罢不能。读《春晓》，我们仍能感受到孟浩然心中深层次的痛："春眠不觉晓，处处闻啼鸟。夜来风雨声，花落知多少。"听鸟心有喜悦，而听风听雨则只有伤心。花虽无情人有情，人如此怜花，花应怜人。一句"花落知多少"中，隐隐透出对尘世间美好事物遭受摧残的伤感，他没有多说，但我们能感受到他的心声，他本来不就是被一场无情的风雨吹落的花？

孟浩然虽然大多表现出超脱的一面，但毕竟是人，蕴藏在心中的块垒，在某种触媒的作用下，也会喷涌而出，化成难以止住的眼泪。他的《与诸子登岘山》吟道："人事有代谢，往来成古今。江山留胜迹，我辈复登临。水落鱼梁浅，天寒梦泽深。羊公碑尚在，读罢泪沾襟。"西晋的羊祜镇守襄阳时，为百姓做了不少好事，人民怀念他，为他立了这块碑，记载着他的动人事迹，人们每读此碑，都不禁伤心落泪，故此碑称为"堕泪碑"。孟浩然感念这位同乡前辈，想到自己的不遇，无限酸楚。自己不是没有羊祜那样的德行，也不是没有羊祜那样的才干，可是没有机会啊！像这种遇与不遇的故事，历来都有，真可谓"人事有代谢，往来成古今"，孟浩然毕竟胸襟浩然，他想通了。

这种伤感，在孟浩然的诗中其实是不多的，他的诗更多地是体现出一种平静，一种淡然，平静中跃动着生机，淡然中透露出情动。《宿建德江》就是如此。此诗云：

移舟泊烟渚，日暮客愁新。野旷天低树，江清月近人。

是有些愁，但是淡淡的，那是因为江面烟雾朦胧，看不见对岸。还好，到夜晚，月亮出来了，一切就露出身影，对岸的旷野、树木历历在目，那月如此地近人，让人心生喜悦。愁还有吗？早消失得无影无踪了。

孟浩然执着追求的境界是"清"，这"清"，意味着超越功名利禄，一任自己的本性而生活，概括成一个字，就是"闲"。

孟浩然将自己的这一理想付诸山水，在山水中寻找清——闲的境界。于是，他找到了青山、明月、白云、深潭、竹林……

垂钓坐磐石，水清心亦闲。鱼行潭树下，猿挂岛藤间。游女昔解

佩,传闻于此山。求之不可得,沿月棹歌还。(《万山潭作》)

一片清幽的境界,似乎不在人间。

　　闲归日无事,云卧昼不起。有客款柴扉,自云巢居子。居闲好芝术,采药来城市。家在鹿门山,常游涧泽水。手持白羽扇,脚步青芒履。闻道鹤书征,临流还洗耳。(《白云先生王迥见访》)

好一个"闲"字!闲在人间,通向仙界。这"鹤书",不就是来自仙界的书信吗?

孟浩然就这样,在现实的人间创造出一种神仙的世界!

神仙的世界虽然清闲,却不是死寂,它灵动,充满着生机。孟浩然创造的山水世界,虽是静的,又是动的,静中有动;是空的,又是灵的,空中有灵。

　　夕阳度西岭,群壑倏已暝。松月生夜凉,风泉满清听。樵人归欲尽,烟鸟栖初定。之子期宿来,孤琴候萝径。(《宿业师山房期丁大不至》)

这是一个寂静的世界,但从夕阳的"度",夜凉的"生",风泉的"听",之子的"来",孤琴的"候",分明感受到这一切皆在动,是自然在运动,人物在活动,情感在流动。一股温馨油然在心中产生。

孟浩然创造的山水境界总是有人在,这种境界属于王国维说的"有我之境"。值得我们注意的是,孟浩然山水境界中的人,不独是樵人、舟子、钓者、居士以及他自己这样的文人,偶尔也有"浣纱女",从而让作品中的山水境界倍添一番情趣:

　　落景余清辉,轻桡弄溪渚。泓澄爱水物,临泛何容与。白首垂钓翁,新妆浣纱女。相看似相识,脉脉不得语。(《耶溪泛舟》)

孟浩然的山水境界只是近仙界,却不是仙界,它有红尘的温馨,虽然恬淡,却别有情趣。像这位新妆的浣纱女,与作者相遇,看似相识,眉目传情之间,尽送消息。

孟浩然写山水,非常注重山水的形、色、香、味等诸多感性因素的配合,他希望给读者提供的是尽可能真实的自然界——全方位的感性的自然界。《鹦鹉洲送王九之江左》有句:"滩头日落沙碛长,金沙熠熠动飙光。舟人牵锦缆,浣女结罗裳。月明全见芦花白,风起遥闻杜若香。"这景,色彩很鲜明:晚霞,金沙,锦缆,罗裳,好一幅艳丽的景色! 随着江水的流动,落日的移动,人物的活动,景色也在变化着。入夜,月亮升起,别的看不清楚了,但一大片白色的芦花,分外耀眼。这是另一种景象,与日落时的热烈构成强烈的对比,它分外清雅。此时,风起了,触觉、听觉有感觉了,风送来清香,嗅觉也有感觉了。

孟浩然的山水诗就意境来说,大体分为两类:一类近仙境,这类诗多是写山水,人物的身份虽或为舟人,或为樵子,或为浣女,实都为高士;另一类则实写农家,这类诗与陶渊明的田园诗很接近。最有名的数《过故人庄》。诗云:"故人具鸡黍,邀我至田家。绿树村边合,青山郭外斜。开轩面场圃,把酒话桑麻。待到重阳日,还来就菊花。"这诗完全生活化、红尘化,没有仙境气氛了。这实际上反映了孟浩然的另一面。孟浩然其实并不是隐士,只不过是一位没有做官、生活在农村的布衣。

孟浩然的诗,历来多评价为冲逸,也许,清新更为恰当。冲逸重在自然,清新重在生机。孟浩然重视表现自然不假,但他重视表现自然生机的一面、小清新的一面。孟浩然偶尔也会写雄壮的山水,他的《望洞庭湖赠张丞相》中有句:"气蒸云梦泽,波撼岳阳城。"阔大的空间意识,直追李白的"飞流直下三千尺,疑是银河落九天"。可见,孟浩然也有豪放的一面,只是这一面没有能较多地展现而已。

在孟浩然也许并没有山水诗一说,他的诗几乎首首有自然,有山水,有花草,这些自然物在他的诗中均化成他的情感浪花。

二、王维的山水诗

唐代的山水诗人中,与孟浩然齐名的是王维(? —761 年)。王维,字摩诘,祖籍山西太原祁县,其父迁家蒲州,遂为蒲州人。与孟浩然不同,王维少年得志,开元九年(721 年)进士及第,此后受到中书令张九龄的赏识,擢为右拾遗。然而,这种好运没有持续多久。开元二十四年(736 年)张九龄罢相,王维受到牵连,贬为荆州长史,远离了政治中心。李林甫继张九龄任中书令,这李林甫是中国历史上著名的奸相,他的当政是玄宗时期政治由比较清明到日趋黑暗的转折点。此时的王维政治上处于低潮,但并未完全沮丧,开元二十五年(737 年)王维赴河西节度使副使崔希逸幕。王维以为建功立业的机会来了,在《从军行》中,他朗声吟道:"吹角动行人,喧喧行人起。笳悲马嘶乱,争渡黄河水。日暮沙漠陲,战声烟尘里。尽系名王颈,归来报天子。"开元二十八年(740 年),王维迁殿中侍御史,以选补副使赴桂州知南选。安史之乱前,官至给事中。天宝十五载(756 年)安禄山叛军陷长安,王维被俘,送往洛阳,署以伪职。两京收复后,唐王朝以王维受伪职给予定罪。因王维在受拘时写有《凝碧池》一诗,此诗主题为思念王室,肃宗为之嘉许。王维弟王缙时在朝廷任高官,请削己官为兄赎罪,遂得肃宗宽恕,仅降职为太子中庶子,后累官升迁为尚书右丞。

政治上这一番沉浮,对王维精神上的打击很大,他接受了佛教,他的诗歌创作,逐渐转到以山水诗为主,而且在诗中渗透着佛教情怀。某些山水诗禅意盎然,如《过香积寺》:

> 不知香积寺,数里入云峰。古木无人径,深山何处钟。泉声咽危石,日色冷青松。薄暮空潭曲,安禅制毒龙。

精心地营造一种静谧的境界,而且这静几乎达到了生命寂灭的地步,这是王维山水诗的一个显著特点。他的《鹿柴》诗,这样写:

> 空山不见人,但闻人语响。返景入深林,复照青苔上。

这个境界简直有点让人感到恐怖了。值得我们注意的是,即使是主张一切皆空的禅宗也不是否定生命的,红尘的快乐,生命的意味,也不时出现在禅宗的偈语之中,"世尊拈花微笑",千古传颂,更不消说"频呼小玉元无事,只要檀郎认得声"的禅门著名公案了。王维的山水诗,在静寂的世界中,能让人隐隐地感受到生命的欢欣,如《辛夷坞》:

> 木末芙蓉花,山中发红萼。涧户寂无人,纷纷开且落。

"无人",只是说人不去干扰这个寂静的境界,读诗,我们分明感受到有一双人的慧眼在静静地观看着,这人,虽然屏住声息,但,眼睛在发亮,分明流露出内心的喜悦。撇开在一旁观看的人,这在深涧中自开自落的芙蓉花,其实也不是无情物,从"发红萼"的"发",难道不能品味出一份轻柔,一份喜悦?而"开且落"的"纷纷",更是明白地展示着一份轻曼与优雅。当然,花是无情的,有情的是人,因此,这芙蓉花的种种情性的妩媚,其实都来自观赏者的移情。

王维最优秀的山水诗正是这类具有禅意的山水诗。如果就意境的完美程度来评价,也许《鸟鸣涧》当得第一。不妨将它引下,再来欣赏一番:

人闲桂花落，夜静春山空。月出惊山鸟，时鸣春涧中。

此诗较同类诗为优在于它以动写静。春山不是一片死寂，有鸟不时在鸣叫着。鸟的鸣叫不是人惊扰的，而是月色惊扰的。这就特别有趣了。因为有了这鸟鸣，这春山更静也更美了。

孟浩然的山水诗也制造静谧的境界，但有人在活动着，王维的山水诗，却让人走开。因此，如果说孟浩然的诗创造的是"有我之境"的话，那王维的诗创造的是"无我之境"。"无我之境"并非真的无我，只是无我之形，我之情、我之神俱在。

不能说孟浩然的诗就没有禅意，但孟浩然的诗更多应是道教仙境意味，活动在孟浩然诗中的人物诸如舟人、樵夫、浣女均具有仙人的意味，王维的山水诗中很少有这样的人物，它让人隐隐约约地感到有一个禅僧在，不是禅僧的人形在，而是禅眼在，禅心在。

王维的山水诗多写他的辋川别墅，这座别墅是他从诗人宋之问手里买过来的，经过他的手加以改造。在某种意义上，王维写的辋川之景，不完全是自然之景，而是经他设计过的风景。因此，这自然风景较多地具有人味，不仅有人的情在，而且还有人的理在。像《竹里馆》（"独坐幽篁里，弹琴复长啸。深林人不知，明月来相照。"）所写的景就是他自己设计的景，诗人独坐幽篁，一边弹琴一边长啸，这个时候月亮移过来，将月光泼洒在诗人身上。境界孤峭凄冷、晶莹透亮，又透着些微温馨。这人与月色相拥的光明情景，让人生发出诸多感想，其意味又岂是文字可以描述的？

王维是中国历史上少见的艺术全才，他精文学，通音乐，善绘画。殷璠谓："维诗，词秀调雅，意新理惬，在泉成珠，著壁成绘。一句一字，具出常境。"（《河岳英灵集·王维评》）苏轼说："味摩诘之诗，诗中有画；观摩诘之画，画中有诗。诗曰：'蓝溪白石出，玉川红叶稀。山路元无雨，空翠湿人衣。'此摩诘之诗。或曰：'非也，好事者以补摩诘之遗。'"（《书摩诘蓝田烟雨图》）

诗是语言的艺术，诗所描绘的景象需通过读者的想象方能转换成感性的图景，所以，诗所用的语汇其感性程度如何在相当程度上影响着读者的这种转换。王维工绘画，他在写诗时，自觉或不自觉地按照绘画的要求，用文字来构图，来写景，这样，读他的诗，就自然地在头脑中出现感性的图景，如殷璠所说"著壁成绘"。作为画家,王维是注重色彩的,而作为诗人,他也注重色彩词的选用,像上面苏轼引的《阙题》二首之一:"蓝[一作'荆'——引者]溪白石出,玉川[一作'天寒'——引者]红叶稀。"这"蓝"与"白"、"玉"与"红"构成强烈的对比,色彩十分明丽。

王维虽常写静境,却善构动景,这动景,好像电影镜头组接成蒙太奇,具有强烈的艺术效果。如《栾家濑》:

> 飒飒秋雨中,浅浅石溜泻。跳波自相溅,白鹭惊复下。

四句诗就是四个镜头,依次连缀,最后推出白鹭,白鹭在烟雨中或上或下地飞翔,形象非常美丽。

严格说来,其实通画的诗,不独王维有,其他诗人也有,像孟浩然的山水诗何尝不可以看成画境。王维之不同,在于他作为画家,对色彩、构图较别的诗人更为敏感,因而其诗之画意就更为突出。

王维的山水诗中也有部分可以归属于田园诗。细比较王维的田园诗与孟浩然的田园诗,我们发现,他们有一个不同:孟浩然毕竟生活在底层,因而其田园诗写的多是农家的生活情景,而王维则生活在他的庄园之中,庄园的主人并不是真正的农民,而是隐士。且看《积雨辋川庄作》:

> 积雨空林烟火迟,蒸藜炊黍饷东菑。漠漠水田飞白鹭,阴阴夏木
> 啭黄鹂。山中习静观朝槿,松下清斋折露葵。野老与人争席罢,海鸥
> 何事更相疑。

这辋川庄是一处美丽的园林,兼有农家、仙家、禅家多种风味,生活在其中的王维也许会做点农活,但更多地是在其中习静,观花,折葵,过着隐士的生活。

严格意义的禅诗在王维那里是不存在的,他的山水诗只能说有禅味,却不能说是禅诗。王维的诗也是有仙味的。他的辋川别墅可能是儒仙禅兼具的。他的《山居秋暝》《终南别业》《归辋川作》《山居即事》《辋川闲居》《春园即事》都生动地描写了他在辋川的生活。其中《终南别业》特别值得注意,诗云:

> 中岁颇好道,晚家南山陲。兴来每独往,胜事空自知。行到水穷
> 处,坐看云起时。偶然值林叟,谈笑无还期。

好"道",这"道"不是指一种道,比如仙道、禅道,而是兼具儒道禅多种中华

文化因素的大道,而"行到水穷处,坐看云起时",从水穷与云起所悟出的哲理同样是多元的。唐代的山水诗较魏晋南北朝的山水诗,内涵深邃多了,尽管"山水有清音"(晋·左思《招隐二首》),有道,在唐诗,这清音是在山水之中的,不离山水;这道同样是在自然之中的,不离自然。这就与宋代的山水诗一味说理大不相同。

三、韦应物的山水诗

在唐代山水诗人中,韦应物①有他不可取代的重要地位,历代佳评如潮。唐代司空图的《与李生论诗书》有云:"王右丞、韦苏州澄淡精致,格在其中,岂妨于遒举哉?"宋代苏轼的《书黄子思诗集后》也说:"独韦应物、柳宗元发纤秾于简古,寄至味于淡泊,非余子所及也。"朱熹评价更高,说:"韦苏州诗,高过王维、孟浩然诸人,以其无声色臭味也。"明、清两代,对韦应物的评价都居高不下,明代钟惺、谭元春《唐诗归》云:"韦苏州等诗,胸中腕中,皆先有一段真至深婉之趣,落笔自然清妙,非专以清婉拟陶者。"清代贺裳《载酒园诗话·又编》云:"宋人又多以韦、柳并称,余细观其诗,亦甚相悬。韦无造作之烦,柳极锻炼之力。韦真有旷达之怀,柳终带排遣之意。诗为心声,自不可强。"清代施补华《岘佣说诗》云:"《寄全椒山中道士》一作,东坡刻意学之而终不似。盖东坡用力,韦公不用力;东坡尚意,韦公不尚意,微妙之旨也。"

所有这些评价都是有根据的,韦应物诗的题材以山水为主,他的山水诗营造的境界主要是"清"。关于"清",明代诗论家胡应麟有深刻论述,他说:"诗可贵者清。然有格清,有调清,有思清,有才清。才清者,王、孟、储、韦是也。若格不清则凡,调不清则冗,思不清则俗。王、杨之流丽,沈、宋之丰蔚,高、岑之悲壮,李、杜之雄大,其才不可概以清言,其格与调与思,则无不清者。"(《诗薮·外编·卷四》)在胡应麟看来,"四清"中,以"才清"最为重要。格清、思清、调清,不一定才清,而才清者,则格、思、调都清。韦应物属于才清者。那么,他的才清体现在哪里呢?我们先看他的山水诗名篇——《寄全椒山中道士》,这是为施补华

---

① 据《全唐诗》介绍,韦应物是"京兆长安人,少以三卫郎事明皇,晚更折节读书,永泰中授京兆功曹,迁洛阳丞,大历十四年自鄠令制,除栎阳令,以疾辞不就。建中三年拜比部员外郎,出为滁州刺史,久之调江州,追赴阙政,改左司郎中复出,为苏州刺史"。

激赏的一首诗。诗云：

今朝郡斋冷，忽念山中客。涧底束荆薪，归来煮白石。欲持一瓢酒，远慰风雨夕。落叶满空山，何处寻行迹。

这是一首山水诗，也是一首叙事诗，更是一首抒情诗。说它清，清在哪里呢？从其所抒之情来看，它的清应在仙道。诗中两位人物，一位为山中客，一名隐士，他过着极清贫的生活——"涧底束荆薪，归来煮白石"。虽贫却清，清主要在乐此贫，而之所以乐此贫，是因为心清——超越功名利禄，亲近大自然，道法大自然。诗中的另一人物是作者，虽在宦，却也崇道，思"山中客"，是念友，也是崇道。从景来看，它的清，应在"空山"，空山之空，不只是清幽，更重要的是摈绝尘俗，自在，自然，自为，这真是一个修道的好地方，景与情合。这诗与王维的《鹿柴》很有些相似，但比《鹿柴》美，理由是此诗透显出一股友情的温馨、道意的玄妙。施补华强调此诗是韦应物"不用力"写出来的，不用力，即非刻意，非刻意，就是自然天成，如此说来，此诗的"清"不仅在诗作上，还在作诗中，它是"道法自然"的产物。

韦应物除了以其作品境界本身来显示其"清"，有时也还在诗中特意点出"清"，诸如：

尘襟一潇洒，清夜得禅公。（《夜偶诗客操公作》）

澹景发清琴，幽期默玄悟。（《司空主簿琴席》）

冰壶见底未为清，少年如玉有诗名。（《杂言送黎六郎》）

与孟浩然、王维两位山水诗人比，应该说，韦应物的诗与孟浩然、王维的诗风格差不多，均清新、淡雅，只是孟浩然的诗重乡野情调，更为朴质；王维的诗重哲理境界，更为幽玄；韦应物的诗似是重道家（不是道教）意味，更为清纯。

用王国维的"境界"说来论，孟浩然的山水诗"不隔"；王维的山水诗则有些"隔"①。韦应物的山水诗近孟浩然，不隔，如王国维所说，"语语都在目前"，但他还是很有讲究的，只是不露痕迹，从而做到了如王国维所说："大家之作，其言情

---

① 王国维在《人间词话》中提出"隔"与"不隔"的理论，说"陶谢之诗不隔，延年则稍隔矣，东坡之诗不隔，山谷则稍隔矣"。见北京大学哲学系美学教研室编：《中国美学史资料选编》下册，中华书局 1981 年版，第 456 页。

也必沁人心脾,其写景也必豁人耳目。其辞脱口而出,无矫揉妆束之态。以其所见者真,所知者深也。"

韦应物的山水诗总体品位为清,其在景物选择上,是有讲究的,最常见到的景有:雨(微雨、风雨)、月(秋月、明月、皓月)、山(空山、秋山、青山)、烟(晨烟、野烟)、霞(余霞、山晖)。现在,我们试挑雨景和月景两类诗来作个赏析:

雨景的诗句:"策马雨中去,逢人关外稀。"(《送榆次林明府》)"禁钟春雨细,宫树野烟和。"(《送汾城王主簿》)"楚江微雨里,建业暮钟时。"(《赋得暮雨送李胄》)"微雨洒高林,尘埃自萧散。"(《雨夜感怀》)"独向高斋眠,夜闻寒雨滴。"(《秋夜二首》)"春潮带雨晚来急,野渡无人舟自横。"(《滁州西涧》)

月景的诗句:"见月出东山,上方高处禅。"(《上方僧》)"忧人半夜起,明月在林端。"(《秋夜》)"皓月流春城,华露积芳草。"(《月夜》)"官舍耿深夜,佳月喜同游。"(《府舍月游》)"岂无终日会,惜此花间月。"(《暮相思》)

从这些诗句能品味出韦应物的审美情趣,他是喜欢那种优美的清新的自然风景的,审美情趣显然偏向于阴柔。

对于意境的创造,韦应物重幽,重静,重凉。但是,幽中无惧,静中寓动,凉中藏温。试看他的《寄裴处士》:

> 春风驻游骑,晚景澹山晖。一问清泠子,独掩荒园扉。草木雨来
> 长,里闾人到稀。方从广陵宴,花落未言归。

荒园、人稀、花落,晚景,独人,一派幽静、清冷的景象!然而,从春风、游骑、山晖、宴席又分明感受到一份温馨,一份繁华,还有一派生机。

韦应物是非常重友情的诗人,他的诗多写友情,其中送别、寄赠的主题又尤多。脍炙人口、广为流传的《寄李儋元锡》云:

> 去年花里逢君别,今日花开又一年。世事茫茫难自料,春愁黯黯
> 独成眠。身多疾病思田里,邑有流亡愧俸钱。闻道欲来相问讯,西楼
> 望月几回圆。

即使是这样的友情诗,韦应物也将它置于一个自然环境里,这环境就是"花里",以时间流逝为线索,于是就有了去年的花开与今年的花开。自然景象周而复始,去年的花开与今年的花开并没有什么不同,然而花开背景下的人事却有着很大的变化。去年花开时逢君,今年花开时思君,造成逢君与思君的关键词

是"别"。非常有意思的是,君又要来,于是,"别"与"来"构成张力,有力地托出主题景观——西楼望月,于是,得知此诗的核心词,既不是"别",也不是"来",而是"望"。

韦应物作诗非常注重将山水与人物联系起来,或反衬——以山水景观的不变衬托人物活动的变,如上诗;或正衬——以山水景观的变烘托人物活动的变,如《淮上遇洛阳李主簿》有句云"窗里人将老,门前树已秋";或是正衬反衬兼之——均变又均不变,如《因省风俗访道士侄不见题壁》,其诗云"去年涧水今亦流,去年杏花今又拆。山人归来问是谁,还是去年行春客"。今年的景观、人事与去年多么相似,须知,这诗的主人是"行春客",这中间包含有多么深的情意——对春天,对青春,对生命。然而正如今年的涧水不可能是去年的涧水一样,今年的行春客虽是同一人,但难道不会有些些变化吗?

在山水诗情感的处理上,如果将孟浩然、王维、韦应物三人比较一下还是很有意思的。从阅读的感受来说,孟浩然的山水诗,其情感也许更多地在旷达;王维的山水诗,其情感似是更恬淡;而韦应物的山水诗,其情感的突出特点是深婉。

四、李白、杜甫的山水诗

唐代山水诗人很多,有些诗人虽一般不归属于山水诗派,但山水诗也写得很好,其中最突出的当然是李白和杜甫。李白、杜甫的成就是全方位的,他们的诗因为在别的方面更受人注意,所以,其山水诗就给忽略了。

李白的山水诗大体上分为两类。一类主要是借山水来抒情的,其山水未必是真山水,如著名的《蜀道难》《梦游天姥吟留别》。虽然蜀道是难的,但李白笔下的蜀道,神话多于现实;天姥山就更不用说了,那完全是一个梦。另一类是真正的山水诗,如《望天门山》《望庐山瀑布》《早发白帝城》《秋登巴陵望洞庭》《峨眉山月歌》。李白的山水诗其突出特点是豪放,想象丰富,如著名的《望庐山瀑布》,其中有句"飞流直下三千尺,疑是银河落九天",虽然是极大地夸张了,但绝对不会引起误会,反而让人觉得诗境极美。再如《陪侍郎叔游洞庭醉后三首》之一:"划却君山好,平铺湘水流。巴陵无限酒,醉杀洞庭秋。"这样的山水诗不能说不是写实,它有写实——"君山""湘水",但写实的目的是写意——"划却君山""平铺湘水"。这是醉后狂语,却又是出自锦心绣口的美语。

杜甫的山水诗亦非常好,其突出特点是体制大备。就景观来说,雄奇者有,清丽者亦有;就写法来说,重写实者有,重写意者亦有。情调更是丰富:或优雅,或悲壮,或超逸,或诙谐,或感伤,或达观……几乎涵盖山水诗的所有情感类型。

《登高》一首,在山水诗中几乎拥有至高无上的地位。其诗云:

> 风急天高猿啸哀,渚清沙白鸟飞回。无边落木萧萧下,不尽长江滚滚来。万里悲秋常作客,百年多病独登台。艰难苦恨繁霜鬓,潦倒新停浊酒杯。

这诗名"登高",应是实景,具体在哪里登高,据专家考证,说是在夔州,作于767年秋。此诗所写的景与一般的景不一样,它更重概括,是一种具有代表性的长江秋日景观。由于此景既具有高度的概括性,又具有极生动的表现性,所以,它甚至具有哲理,特别是其中"不尽长江滚滚来"一句。唐代的山水诗一般来说,不重哲理,而重情趣,但并不是说其中就不含哲理,只是哲理更多地融化在情趣之中。如果要论写景之精细,首选《江畔独步寻花七绝句》之一:

> 黄四娘家花满蹊,千朵万朵压枝低。留连戏蝶时时舞,自在娇莺恰恰啼。

用"留连"描绘蝶戏,那是再恰当不过的了;用"自在"形容莺啼之潇洒,也别有情趣。显然,在杜甫的笔下,蝶、莺均人化了,它们简直就是美丽可爱的少女,在你面前翩翩起舞,轻舒歌喉。

尽管山水诗中颇多大气磅礴之作,如李白的山水诗,也不乏寄意遥深之篇,如杜甫的山水诗,但是,人们谈到山水诗,首先想到的不是李白,也不是杜甫,而是孟浩然、王维、韦应物等诗人。而孟、王、韦他们的山水诗多偏于阴柔,其哲学倾向主要为道家,也有禅宗。为什么会这样?很可能是中国的文化史实际上已经形成了这样一种传统:诗主要是用来言志的。虽然《尚书·虞书》最早提出"诗言志",它其实只是与"歌咏言"区分一下罢了,真正对此命题进行新的阐释、让它成为诗学第一原理的是《毛诗序》。《毛诗序》说:"诗者,志之所之也。在心为志,发言为诗。"那"志"具体指什么呢?《毛诗序》也有论述,它认为主要是"经夫妇,成孝敬,厚人伦,美教化,移风俗"。《毛诗序》提出的这一诗学第一原理,在实践中遇到了一定的困难,因为诗是抒情的,不是言理的,如是言理的,这诗就味同嚼蜡,也没得读了。固然,抒情与言理也可以统一起来,情中寓理,但是,人的情感有其独立性,不是所有的情感都要去言个理,而且,理也不只是上面说的五句话。人对于自然山水的情感,就好像与"经夫妇,成孝敬,厚人伦,美教化,移风俗"联系不到一起,那这山水诗还要不要写? 当然是要写的,于是,人们对于山水诗似乎放了一马,不一定要去言志,只要抒情就好了。所以,从汉代起,就有独立的不言志只抒情的山水诗,只是比较少,到魏晋南北朝,这种山水诗就多了,但真正成其气候、见出丰硕成果的,还是唐代。虽然在唐代,山水诗还不能与伤世诗(以杜甫为代表)、抒怀诗(以李白为代表)平起平坐,但已是有地位的了。到宋代,山水诗几乎成了诗的主流。此时的山水诗仍然坚守着唐代形成的传统:重抒情,亦重在写景,情与景合;景中可以有寓意,但不强求,这寓意,不排斥儒家之志,但更青睐道家之志,因为道家重自然。从本质上说,山水诗的哲学基础在道家,山水诗的本色在清。值得我们注意的是,就山水诗的本色来说,王维、孟浩然、韦应物应是代表性人物,李白、杜甫不是。让人迷惑的是,号称道家信徒的李白,其山水诗毫无道味,虽然也在其中发抒诸如"人生在世不称意,明朝散发弄扁舟"(《宣州谢朓楼饯别校书叔云》)之类的话,但骨子深处却是儒家的进取精神。

第三节　咏物诗:所咏虽微物,所寓皆世情

中国咏物诗的源头是《诗经》,《诗经》中不仅有咏物诗,更重要的是《诗经》提供了咏物诗的基本写法,就是比、兴、赋。清代金圣叹说:"咏物诗纯用兴最好,纯用比亦最好,独有纯用赋却不好。何则? 诗之为言思也,其出也必于人之思,其入也必于人之思,以其出入于人之思,夫是故谓之诗焉。若使不比、不兴,而徒赋一物,则是画工金碧屏幛,人其何故睹之而忽悲忽喜? 夫特地作诗,而人不悲不喜,然则不如无作,此皆不比不兴,纯用赋体之过也。"(《金圣叹选批唐诗》)《诗经》虽普遍运用比兴手法,但真正的咏物诗是很少的,咏物诗成为独立的体裁应是在东汉时期,但此时的咏物诗多直奔主题,意境浅显,形象也不够丰满。到唐代,咏物诗才真正蔚为大观,体格完备,手法多样,特色鲜明,佳作甚多,充分地反映出唐代不同时期的精神风貌。

一、咏马诗

唐代咏物诗,首推咏马诗。虽然各个朝代均有咏马诗,但只要将它们拿来

125

与唐代一比较,就明显地发现,无论质量、数量远不可以与唐代相比。唐代咏马诗始自唐太宗,太宗有《咏饮马》一诗,诗云:

> 骏骨饮长泾,奔流洒络缨。细纹连喷聚,乱荇绕蹄萦。水光鞍上侧,马影溜中横。翻似天池里,腾波龙种生。

此诗对马的定位就不同一般——"龙种"。此种说法切合中国的龙文化传统,中国人崇龙,将龙看成中华民族的图腾,而龙,虽然其形象的构成是多元的,而且说法很多,但是最权威的应是王充的说法。王充在《论衡·龙虚》中说:"龙之象,马首蛇尾。"事实是中国很早就将马联系到龙了,《周礼》说"马八尺以上为龙"(《夏礼·司马下》),《吕氏春秋》赞扬"马之美者,青龙之匹"(《孝行览·本味》)。《周易》的《说卦传》将马派属为乾之象,而乾其六爻,四爻明言以龙为象:"初九,潜龙勿用""九二,见龙在田""九五,飞龙在天""上九,亢龙有悔"。三四爻辞虽无"龙",但实说的是龙。这就难怪汉代的易学大师京房说乾卦"配于人事为首,为君父,于类为龙、为马"(《京氏易传》下)。《后汉书》将马与龙对举,说"行天莫如龙,行地莫如马"(《马援列传》)。更有意思的是《艺文类聚》称龙为"上帝之马"。于是,"龙马精神"一语就成为龙与马相互为训的成语。众所周知,唐太宗爱马,他乘骑过的六匹骏马,被做成浮雕,镶嵌在昭陵的北阙。

唐太宗咏马重在马的龙性,显然,太宗也是以龙自许的。与其说"腾波龙种生"(《咏饮马》)生的是马,还不如说,生的就是太宗自己。

杜甫写过许多骏马诗。其《房兵曹胡马》云:

> 胡马大宛名,锋棱瘦骨成。竹批双耳峻,风入四蹄轻。所向无空阔,真堪托死生。骁腾有如此,万里可横行。

此诗一是写了马的名,二是写了马的形,三是写了马的神,四是写了马的能,五是写了马的德,最后是对马的功劳的充分肯定与赞美。诗篇中"竹批双耳峻,风入四蹄轻"堪为马神的经典写照,而"所向无空阔,真堪托死生"更是让人感叹不已。什么叫"所向无空阔"?怎样才能做到"所向无空阔"?这是一种非常可贵的品格——自由品格,显示出人生的最高境界——自由境界。此品格人未必具有,此境界人未必达到,而马有了。"真堪托死生",一般是谈不上"托死生"的,谈到"托死生",那就是最高的信任了,而且还是"真堪"。马为什么能"真堪托死生"?这又要对马的品格、精神、能量作分析了。由马及人,由人及宇宙,它让人心潮澎湃,浮想万千,心境逐渐走向湛明,走向开阔,与浩瀚的天空合一。

如果说太宗的咏马诗传达的主要是龙的精神,那么,杜甫的这首咏马诗主要表达的是一种哲学。

杜甫还有一首咏马诗,名《高都护骢马行》,诗云:

> 安西都护胡青骢,声价欻然来向东。此马临阵久无敌,与人一心
> 成大功。功成惠养随所致,飘飘远自流沙至。雄姿未受伏枥恩,猛气
> 犹思战场利。腕促蹄高如踏铁,交河几蹴曾冰裂。五花散作云满身,
> 万里方看汗流血。长安壮儿不敢骑,走过掣电倾城知。青丝络头为君
> 老,何由却出横门道。

此诗写马着重于马的雄姿、力量,从"长安壮儿不敢骑,走过掣电倾城知"可以见出此马非凡的威猛。虽然作者也在诗中由衷地赞美马的花纹的美丽,但更突出的是它的战士本色,这是此诗的真正主题。

唐代的画家喜欢画马,最著名的画马专家有韩幹,韩幹画的马,杜甫曾写诗赞美过。唐诗中赞美画马的诗篇还有不少,边塞诗人高适有《画马篇》《同鲜于洛阳于毕员外宅观画马歌》,另一位边塞诗人岑参有《卫节度赤骠马歌》。画马诗,一方面着力表现马的威猛,另一方面也赞赏画工技法的高超,不仅得马之形,也得马之神,还得马之美。于是,画马诗成为唐代咏马诗中的一枝奇葩。试看岑参的《卫节度赤骠马歌》,诗云:

> 君家赤骠画不得,一团旋风桃花色。红缨紫鞯珊瑚鞭,玉鞍锦鞯
> 黄金勒。请君鞲出看君骑,尾长窣地如红丝。自矜诸马皆不及,却忆
> 百金新买时。香街紫陌凤城内,满城见者谁不爱。扬鞭骤急白汗流,
> 弄影行骄碧蹄碎。紫髯胡雏金剪刀,平明剪出三骏高。枥上看时独意
> 气,众中牵出偏雄豪。骑将猎向南山口,城南狐兔不复有。草头一点
> 疾如飞,却使苍鹰翻向后。忆昨看君朝未央,鸣珂拥盖满路香。始知
> 边将真富贵,可怜人马相辉光。男儿称意得如此,骏马长鸣北风起。
> 待君东去扫胡尘,为君一日行千里。

马本是红马,配上红缨、紫鞯、玉鞍、锦鞯、黄金勒、珊瑚鞭,更是无比辉煌,当它出现在长街上时,引来无数观者,投来无数既敬且爱的眼光。马的装饰虽然如此奢华,但这马不是用来街头卖艺的,它是战士的坐骑。马的辉煌只是出

征将士社会地位的象征。在当时,效力边疆,是男儿一桩得意的事。此诗结尾是如此豪壮:"待君东去扫胡尘,为君一日行千里。"

马在唐代,特别是在盛唐受到诗人如此的青睐,反映盛唐崇尚边功、崇拜英雄的社会风尚。值得注意的是,唐代的咏马诗也不都是如此,有一些咏马诗似是与这种时代精神不和谐的,其中最重要的是李白的《天马歌》。天马指汗血马,产于西域。《汉书·武帝纪》中说:

> 元鼎四年秋,马生渥洼水中,作《天马之歌》。太和四年春,贰师将军广利斩大宛王首,获汗血马来,作《西极天马之歌》。

李白写这首《天马歌》,所咏的天马也就是汗血马。汗血马是不凡的马,称得上神马,李白用生花放彩的文笔极力歌颂它的状貌、迅捷和神勇,诗开头云:

> 天马来出月支窟,背为虎文龙翼骨。嘶青云,振绿发,兰筋权奇走灭没。腾昆仑,历西极,四足无一蹶。鸡鸣刷燕晡秣越,神行电迈蹑慌惚。

按如此开头的写法,人们以为诗的结尾应是天马建就赫赫战功,名扬四海,却没有想到,诗的最后一段,完全是另一番情景:"盐车上峻坂,倒行逆施畏日晚。伯乐翦拂中道遗,少尽其力老弃之。愿逢田子方,恻然为我悲。虽有玉山禾,不能疗苦饥。"这里用了几个典故。其中,"盐车上峻坂"出自《战国策》,言骥服盐车上太行山,如此骏马竟不能用在战场上,岂不悲哉!伯乐途中见之,为之修剪毛鬃,但也只能叹息而已。如此使用骏马,真可谓"倒行逆施"。田子方典出自《韩诗外传》:"田子方出,见老马于道,喟然有志焉,以问于御者曰:'以何马也?'曰:'故公家畜也,罢而不为用,故出放也。'田子方曰:'少尽其力,而老弃其身,仁者不为也。'束帛而赎之,穷士闻之,知所归心也。"以上两典用在歌颂天马的诗篇中,作者的寓意是显明的,他以天马自喻,认为自己有大材,但不能见用于世,命运不济,即使遇见了伯乐也不顶用。从用田子方典,说老成被弃,疑此诗是李白被玄宗放逐去翰林后所作。诗的结尾两句云:"请君赎献穆天子,犹堪弄影舞瑶池。"李白对统治者仍寄予希望,仕进之心至死未泯,这也就能理解李白晚年为什么那样轻易地答应永王璘的要求,进入他的幕府,再次跨入公府的行列。在李白,不是谋反,而是想为国效力。盛唐的知识分子,具有强烈的家国意识,不管遭到什么打击,都意志不衰,都心存希望,如杜甫《自京赴奉先县咏怀五百字》中所云:"葵藿倾太阳,物性固莫夺。"杜甫如此,李白亦如此。

与李白《天马歌》主题有某种类似的还有杜甫的《瘦马行》,诗中写了一匹遭丢弃的瘦马,此马身上打有官印,可见曾经也是驰骋战场的军马,现在被丢弃是因为有病,有伤,不适合上战场了。然此马心有不愿:"见人惨淡若哀诉,失主错莫无晶光。"作者对此马非常同情,说道:"谁家会养愿终惠,更试明年春草长。"他认为,此马既然想再上战场,就应该给它以机会。杜甫哪里是在说瘦马,分明是在说自己。杜甫是一位政治性很强的诗人,然而他实际的政治生涯却很短促。他在天宝十四载(755年)的春天在右卫率府里管了几个月的兵甲器仗,至德二载(757年)五月到乾元元年(758年)六月在肃宗身边做过一年的左拾遗,随后在华州做过不到一年的司功,广德二年(764年)春到次年正月在严武幕府做了半年的参谋,总共加起来不满三年。杜甫也可以说是那匹被丢弃的瘦马,他与瘦马一样,切望有人同情他,欣赏他,再给他机会。

咏马诗在初唐盛唐较多,中唐以后就较少了,在某种意义上说,咏马诗较为深切地反映了初唐、盛唐的时代精神风貌,在唐代的咏物诗中堪居第一的地位。

二、咏鹰诗

在唐代的咏物诗中,地位堪列第二的应为咏鹰诗。写得最好的咏鹰诗为杜甫的《画鹰》,诗云:

> 素练风霜起,苍鹰画作殊。拟身思狡兔,侧目似愁胡。绦镟光堪摘,轩楹势可呼。何当击凡鸟,毛血洒平芜。

马和鹰均是唐代画家喜欢的题材,此诗不知是杜甫为哪一位画家的画写的诗。诗起笔不凡:"素练风霜起。""风霜"二字,奠定了此诗的基调,在作者的心目中,鹰与风霜有着内在的联系,鹰的使命就是击风霜,风霜既是实景,又是借喻。拟身待兔,思谋一击,那是智慧与力量的较量。兔之善走和兔之善谋,是鹰不敢掉以轻心的。至于一击凡鸟,在鹰只不过是日常生活。当然,那"毛血洒平芜"的景象够让人惊心动魄。诗人着力塑造的鹰是一位英勇的战士形象,此种形象是杜甫心目中的英雄,不仅是杜甫希望自己能成为这样的英雄,唐代诸多的知识分子都想成为这样的英雄,他们渴望效身边疆,在战场上建立功勋。杜甫在《前出塞九首》中就这样明确地说:"丈夫誓许国,愤惋复何有? 功名图麒麟,战骨当速朽。"在《后出塞五首》中,更强调:"男儿生世间,及壮当封侯,战伐有功业，焉能守旧丘？"

李白也喜欢鹰，武汉东湖边有古迹放鹰台，据说，李白在此放过鹰。李白有《观放白鹰二首》，那是他所观察到的鹰的雄姿：

> 八月边风高，胡鹰白锦毛。孤飞一片雪，百里见秋毫。
>
> 寒冬十二月，苍鹰八九毛。寄言燕雀莫相啅，自有云霄万里高。

这里，李白没有着力写鹰的凶猛，而是重在写白鹰羽毛的美丽，写它飞得高，点题的一句是"寄言燕雀莫相啅，自有云霄万里高"。李白借诗言志，自比苍鹰，自诩有云霄之志，卑视小人，在《南陵别儿童入京》一诗中，他吟道："会稽愚妇轻买臣，余亦辞家西入秦。仰天大笑出门去，我辈岂是蓬蒿人。"此诗中的"会稽愚妇"不就是《观放白鹰》中的"燕雀"吗？

自视甚高，力避凡俗，不在退隐，而在出世。这是初唐、盛唐诸多知识分子的精神气概。李白还有一首咏鹰诗，咏的也是画鹰，诗名为《壁画苍鹰赞》，诗云：

> 突兀枯树，傍无寸枝。上有苍鹰独立，若愁胡之攒眉。凝金天之杀气，凛粉壁之雄姿。觜铦剑戟，爪握刀锥。群宾失席以愕眙，未悟丹青之所为。吾尝恐出户牖以飞去，何意终年而在斯。

此诗表达的意义同于《观放白鹰》。诗中的苍鹰亦如杜诗中所写一样的凶猛，正是因为形象凶猛，宾客为之恐惧，而李白则担心此鹰会穿窗而飞去。表面上看，这是赞美画，说画的鹰真如真鹰，而从骨子深处看，这是在抒发豪情。犹如鹰何意终在壁上，英雄也不可能终老田园。鹰志在蓝天，英雄则志在报国。

在咏鹰诗中，杜甫的《义鹘行》有些特别，此诗主题不在赞扬苍鹰的奇志，也不在讴歌苍鹰的威猛，而在表彰苍鹰的除暴安良，维护正义。诗云：

> 阴崖有苍鹰，养子黑柏颠。白蛇登其巢，吞噬恣朝餐。雄飞远求食，雌者鸣辛酸。力强不可制，黄口无半存。其父从西归，翻身入长烟。斯须领健鹘，痛愤寄所宣。斗上捩孤影，噭哮来九天。修鳞脱远枝，巨颡坼老拳。高空得蹭蹬，短草辞蜿蜒。折尾能一掉，饱肠皆已穿。生虽灭众雏，死亦垂千年。物情有报复，快意贵目前。兹实鸷鸟最，急难心炯然。功成失所往，用舍何其贤。近经滴水湄，此事樵夫

传。飘萧觉素发,凛欲冲儒冠。人生许与分,只在顾盼间。聊为义鹘

行,用激壮士肝。

这是一个故事:白蛇趁老苍鹰不在家,登上鹰巢,将小鹰吞噬了。苍鹰引来
了更猛的鹰——鹘。这鹘果然凶猛,将白蛇啄死了。这样一个故事是听来的,
杜甫深为之感动,他试图通过表彰健鹘,弘扬见义勇为的精神。这中间也许"物
情有报复,快意贵目前"还不是最重要的,最重要的是"功成失所往,用舍何其
贤"。健鹘为苍鹰报了仇之后,很快就消失了,它不图苍鹰的回报,这正应了《论
语》中的一句话:"用之则行,舍之则藏。"

一是马,二是鹰,作为咏物诗的对象,在某种意义上,成了初唐至盛唐所崇
尚的英雄精神的象征。

三、其他类型的咏物诗

咏物诗在唐代空前繁荣,首先是题材空前丰富,就咏动物来说,蝉、蜂、鹭
鸶、鸳鸯、燕、雁、鹅、狮、虎无不入于诗,其中有不少可圈可点的名篇。

蝉是一种极平凡的昆虫,然而,在唐代就有好些咏蝉的名篇。"初唐四杰"
之一的骆宾王(约619—约687年)的《在狱咏蝉》,在借蝉抒情上开前人之未有,
堪为咏物诗中之翘楚。诗云:

> 西陆蝉声唱,南冠客思侵。那堪玄鬓影,来对白头吟。露重飞难
> 进,风多响易沉。无人信高洁,谁为表予心。

诗人因反对武则天而入狱。诗人的心中耿耿于怀的是什么呢? 是"无人信
高洁",也就是说,他反武则天的行为不被人理解。为此,他焦虑,痛苦,忧愁。
正在这个时候,一只蝉飞到了他的牢房,蝉是他的知音,他也是蝉的知音。蝉,
在此时的骆宾王的心目中,是高洁人格的象征。诗人在此诗的序中说:"每至夕
照低阴,秋蝉疏引,发声幽息,有切尝闻。岂人心异于曩时,将虫响悲于前听?
嗟乎,声以动容,德以象贤,故洁其身也,禀君子达人之高行;蜕其皮也,有仙都
羽化之灵姿。候时而来,顺阴阳之数;应节为变,审藏用之机……庶情沿物应,
哀弱羽之飘零;道寄人知,悯余声之寂寞。非谓文墨,取代幽忧云尔。"

就这样,诗人将无限的忧思寄托在这似有些单调却又无比丰富的蝉唱
之中。

同为咏蝉，并同入《唐诗三百首》的，还有李商隐的《蝉》。此诗虽同为咏蝉，然主题有别，骆宾王的《在狱咏蝉》，不堪蝉唱，自诉衷曲，意在寻问谁是知音；李商隐的《蝉》则自我讥诮，说那秋蝉餐风饮露，徒费声响，空作不平之声，实不过自我标榜清高罢了。深沉的叹息含有诸多的无奈。

蜂，也是一种极普通的昆虫。与蝉不同，蜂所酿的蜜是人类最美好的食物。晚唐诗人罗隐的《蜂》含意深刻，其诗云：

> 不论平地与山尖，无限风光尽被占。采得百花成蜜后，为谁辛苦
> 为谁甜。

罗隐是一位很有思想的诗人或者说哲理诗人，他不从蜂蜜——人这一通常的维度去思考，而是从养蜂人——食蜜人这一维度去思考，深刻地揭露了社会上的不平。罗隐善于讽刺，他的讽刺才华主要见于他的小品文，鲁迅对他的小品文称赞有加，说是"一塌糊涂里的光彩和锋芒"（《南腔北调集·小品文的危机》）。他的诗也时有讽刺，如《感弄猴人赐朱绂》："十二三年就试期，五湖烟月奈相违。何如学取孙供奉，一笑君王便著绯。"

也许就艺术性来说，罗隐的《蜂》谈不上有什么特别出色，但思想的深刻自然会生发出光辉，让作品产生强烈的美感。堪与罗隐《蜂》相媲美的，可举出晚唐的另一位诗人于濆，他有一首《野蚕》，诗云：

> 野蚕食青桑，吐丝亦成茧。无功及生人，何异偷饱暖。我愿均尔
> 丝，化为寒者衣。

诗可贵者情，情可贵者真。真情还有个深度、广度问题，此诗将同情和爱无私地奉献给广大读者，其情不独为真，还为善——高尚。

一般来说，咏物诗以歌颂的居多，但也有批判的，如皮日休的《蚊子》，诗云：

> 隐隐聚若雷，嘬肤不知足。皇天若不平，微物教食肉。贫士无绛
> 纱，忍苦卧茅屋。何事觅膏腴，腹无太仓粟。

此诗最具亮色的是宕开一笔，直指世道："皇天若不平，微物教食肉。"借骂蚊子，骂不平的世道，骂食人的统治者。

我们发现，晚唐的一些咏物诗，特别是其中的咏动物的诗，比较专注表现寒凉的景物，而且多寄寓一种负面的情致，隐隐见出对世道的批判意味。像郑谷

(851？—910年)的这首《鹭鸶》就别有韵味,诗云:

> 闲立春塘烟澹澹,静眠寒苇雨飕飕。渔翁归后汀沙晚,飞下滩头
更自由。

景是寒凉的,就像晚唐的国势,没有希望。尽管渔翁已经归去,那鹭鸶也不一定愿飞下滩头,恐惧紧紧地攫住它的心,自由是可贵,但安全更可贵!

杜牧也有一首《鹭鸶》,诗云:

> 雪衣雪发青玉嘴,群捕鱼儿溪影中。惊飞远映碧山去,一树梨花
落晚风。

此诗没有特别的寓意,就是写景,写物,写气氛。也许杜牧自己并没有意识到,这景、这物、这气氛,透出一股深深的悲凉! 李白也写过鹭鸶,只要细比一下,韵味就有差别。李白诗云:"白鹭下秋水,孤飞如坠霜。心闲且未去,独立沙洲傍。"(《白鹭鸶》)此诗的主题是"心闲",心闲,轻松愉快,没有太大的欢乐,也没有悲凉。

鸳鸯是唐代诗人比较喜欢写的动物,盛唐崔国辅(生卒年不详)有一首《湖南曲》,其诗云:

> 湖南送君去,湖北送君归。湖里鸳鸯鸟,双双他自飞。

晚唐也有不少写鸳鸯的诗,其情调就没有这样乐观了。如李远(生卒年不详)有一首《咏鸳鸯》,诗云:

> 鸳鸯离别伤,人意似鸳鸯。试取鸳鸯看,多应断寸肠。

李远,蜀人,文宗大和五年(831年)进士,历文宗、武宗、宣宗三朝,晚唐颇有文名。他还写过一首《失鹤》:"秋风吹却九皋禽,一片闲云万里心。碧落有情应怅望,青天无路可追寻。来时白雪翎犹短,去日丹砂顶渐深。华表柱头留语后,更无消息到如今。"

李商隐也咏过鸳鸯,其诗云:"雌去雄飞万里天,云罗满眼泪潸然。不须长结风波愿,锁向金笼始两全。"(《鸳鸯》)语甚奇警,锁向金笼,没有了雌去雄飞的可能,也没有了自由,难道这种处境更让鸳鸯称心? 虽然我们猜到诗人如此写肯定因为有一段难以释怀的与恋人分离的隐痛,但竟如此咏鸳鸯,让人心惊

肉跳。

四、初唐至中唐的咏物诗

咏物诗中,植物诗占了很大的比例。我们同样发现,初唐、盛唐、中唐的咏植物的诗,与晚唐也有所不同。先看看初唐、盛唐、中唐的咏植物的诗。突出的是,在题材的选择上,诗人们比较热衷于选择能较好寄托正面情感的植物作为歌咏对象。再就是所抒发的情感,虽然也有负面的情绪特别是愤懑情结,但情感走向却是正面的,积极向上的。

首先看咏竹诗。唐代最早且最有分量的咏竹诗,数陈子昂的《修竹诗》。此诗前有一篇序,由于此序提出重要的诗学主张而为后代重视,故而序的名气远远大于诗,其实,此诗也是很值得注意的。此诗分上、下两部分,下部分主要是写音乐,故真正写竹的是上部分。且将上部分摘引如下:

> 龙种生南岳,孤翠郁亭亭。峰岭上崇崒,烟雨下微冥。夜闻鼯鼠叫,昼聒泉壑声。春风正淡荡,白露已清泠。哀响激金奏,密色滋玉英。岁寒霜雪苦,含彩独青青。岂不厌凝冽,羞比春木荣。春木有荣歇,此节无凋零。始愿与金石,终古保坚贞。

首先肯定竹为"龙种",这竹的地位就不同一般了。其次,揭示竹的品性:一是耐寒,二是常青。"含彩"二字还透出竹子的青苍中含有无限的美妙。最后将竹的品性提升到天地的境界,即"终古保坚贞",与天地同荣。

中唐白居易有《画竹歌》,虽然写的是画面上的竹,但实际上不可能不对真实的竹作描绘、作评价。白居易在此诗中写道:"人画竹身肥拥肿,萧画茎瘦节节竦。"强调竹的重要品格——劲节。另,白居易在诗中还写道:"婵娟不失筠粉态,萧飒尽得风烟情。"这是强调竹子另一品格——清雅。

非常有意思的是中唐一位女诗人薛涛(约 768—832 年)也喜欢竹,她在《酬人雨后玩竹》中写道:

> 南天春雨时,那鉴雪霜姿。众类亦云茂,虚心宁自持。多留晋贤醉,早伴舜妃悲。晚岁君能赏,苍苍劲节奇。

薛涛爱竹的"雪霜姿",这雪霜姿,在朦胧的春雨中更见出蓬勃的生命力——青春的生命力;再就是喜爱竹的"虚心自持";第三就是"劲节奇"。短短

李思训《江帆楼阁图》
〔台北故宫博物院藏〕

阎立本《步辇图》

/ 台北故宫博物院藏 /

章怀太子墓壁画 观鸟捕蝉图
/ 陕西历史博物馆藏 /

舞乐图
/ 莫高窟第 220 窟南壁 /

胡人打马球图壁画
/ 陕西历史博物馆藏 动脉影 摄 /

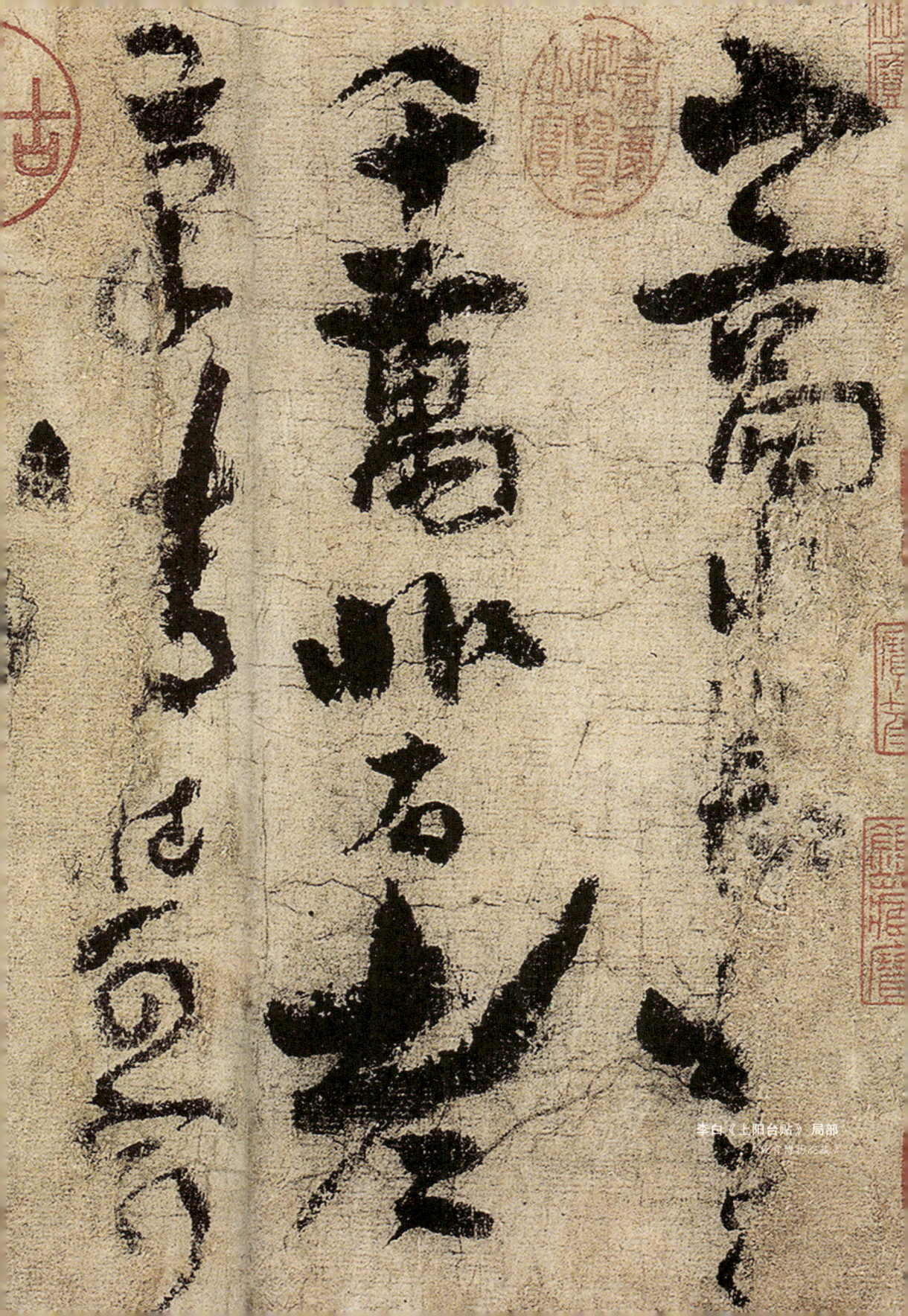

山高水長

物象萬千

非有老筆

清壯何窮

十八日

上陽臺

太白

相是時諸梵天王即各相詣共議此事而彼
衆中有一大梵天王名救一切為諸梵衆而
說偈言
我等諸宮殿　光明昔未有　此是何因緣　宜各共求之
為大德天生　為佛出世間　而此大光明　遍照於十方
尒時五百萬億國主諸梵天王興宮殿俱各
以衣祴盛諸天華共詣西方推尋是相見大
通智勝如来處于道場菩提樹下坐師子座
諸天龍王乾闥婆緊那羅摩睺羅伽人非人
等恭敬圍繞及見十六王子請佛轉法輪即
時諸梵天王頭面礼佛繞百千帀即以天華
而散佛上其所散華如須弥山并以供養佛
菩提樹其菩提樹高十由旬華供養已各以
宮殿奉上彼佛而作是言唯見哀愍饒益我
等所獻宮殿願垂納處時諸梵天王即於佛
前一心同聲以偈頌曰
世尊甚希有　難可得值遇　具無量功德　能救護一切
天人之大師　哀愍於世間　十方諸衆生　普皆蒙饒益
我等所從来　五百萬億國　捨深禪定樂　為供養佛故
我等先世福　宮殿甚嚴飾　今以奉世尊　唯願哀納受
尒時諸梵天王偈讚佛已各作是言唯願世
尊轉於法輪度脫衆生開涅槃道時諸梵天
王一心同聲而說偈言
世雄兩足尊　唯願演說法　以大慈悲力　度苦惱衆生

敦煌遗书　唐内府写经卷　局部
／大英博物馆藏／

李隆基《鹡鸰颂》局部
／台北故宫博物院藏／

鶺鴒頌　俯同魏光乘作
朕之兄弟唯有五人此
為方伯歲一朝見雛
載崇藩屏而有睽談
後延入宮掖申友于
守京職每聽政之
笑是以賴牧人而各
之志詠常棣之詩豈
～怡怡如展天倫之
愛也秋九月辛酉有
鶺鴒千數栖集於

韩幹《牧马图》
/ 台北故宫博物院藏 /

的一首诗,准确概括了竹的主要品格。从"多留晋贤醉,早伴舜妃悲"还隐隐见出竹与善的正面关系。

以上这些咏竹诗都充满着正面的情感力量,给人以鼓舞,并给人以青春美的享受。

松树,是初唐、盛唐、中唐比较受到诗人喜欢的咏物诗题材。咏松诗中,首推杜甫的《戏韦偃为双松图歌》,诗云:

> 天下几人画古松,毕宏已老韦偃少。绝笔长风起纤末,满堂动色嗟神妙。两株惨裂苔藓皮,屈铁交错回高枝。白摧朽骨龙虎死,黑入太阴雷雨垂。松根胡僧憩寂寞,庞眉皓首无住著。偏袒右肩露双脚,叶里松子僧前落。韦侯韦侯数相见,我有一匹好东绢。重之不减锦绣段,已令拂拭光凌乱。请公放笔为直干。

这里且不说画,只说所画的对象——松。杜甫专注的是松的姿态:"两株惨裂苔藓皮,屈铁交错回高枝。白摧朽骨龙虎死,黑入太阴雷雨垂。"前两句写枝干:树干粗大,树皮皱裂;树枝盘屈,坚硬如铁。后两句写气概:闪亮处,斑驳的光影,疑是龙虎的铮铮铁骨;黑阴处,堆积的树叶,疑是大雨从长空倾泻。这松是什么形象?显然,是饱经风霜的斗士形象、英雄形象。崇拜英雄,这是盛唐突出的时代精神,此松就是此时代精神的写照。

中唐白居易有《和松树》一首,诗云:

> 亭亭山上松,一一生朝阳。森耸上参天,柯条百尺长。漠漠尘中槐,两两夹康庄。婆娑低覆地,枝干亦寻常。八月白露降,槐叶次第黄。岁暮满山雪,松色郁青苍。彼如君子心,秉操贯冰霜。此如小人面,变态随炎凉。共知松胜槐,诚欲栽道傍。粪土种瑶草,瑶草终不芳。尚可以斧斤,伐之为栋梁。杀身获其所,为君构明堂。不然终天年,老死在南冈。不愿亚枝叶,低随槐树行。

仍然在歌颂松的伟岸,加了一点新的精神——正直,不随流俗,以此比君子,然后批判"变态随炎凉"的小人。此诗伦理意义非常强,诸多地方耐人品味,比如"粪土种瑶草,瑶草终不芳",又比如"不愿亚枝叶,低随槐树行"。

梅是中国传统文化中用以表示高洁的植物,与松、竹并称为"岁寒三友"。在唐代诗歌中已出现咏梅诗,最著名的属初唐张渭(?—778 年)的《早梅》:

　　一树寒梅白玉条,迥临村路傍溪桥。不知近水花先发,疑是经冬雪未销。

　　尽管这样优秀的咏梅诗在唐代不是很多,但为咏梅诗的基本品格奠定了基调。宋代优秀的咏梅诗就多了,但不能不承认咏梅诗的旗帜是盛唐一位不太出名的诗人张渭举着的。

五、晚唐的咏物诗

　　晚唐,虽然也有咏松、咏竹、咏梅的作品,但数量不多,好的也少。

　　晚唐的咏物诗中,就出现的频率来说,柳可能是最多的。遍观晚唐咏柳诗,大多是感伤的。与杜牧同时的赵嘏有《东亭柳》一首,诗云:"拂水斜烟一万条,几随春色倚河桥。不知别后谁攀折,犹自风流胜舞腰。"此诗表面上看,似是借柳表现闺怨,但仔细品味,又觉得似别有寄慨。东亭可能是京城一处娱乐场所,诗人别后重来,国势更加不堪,可怕的不是不堪,而是众多的官员们在醉生梦死,犹如残柳仍在摆弄风流。这种怀旧中饱含忧伤的情感,是赵嘏不少诗的基调。他有一首脍炙人口的诗——《江楼旧感》,实是一首咏月诗。诗云:"独上江楼思渺然,月光如水水如天。同来望月人何处,风景依稀似去年。"对风景的深沉慨叹寄寓着多少对社会现实的不满与失望!

　　咏柳诗在晚唐诗人温庭筠的手中,则完全进入香艳的境界,荡漾着一种淡淡的哀愁,不是士人对国势的忧切,而是玉人对遭际的埋怨。如他的《杨柳八首》,选其一首如下:

　　宜春苑外最长条,闲袅春风伴舞腰。正是玉人肠断处,一渠春水赤栏桥。

　　当士人沉醉于"春风伴舞腰"的女色之中,要么是自甘堕落,要么就是国势不堪。不管是哪种,都是末世的现象。事实上,温庭筠处于唐末最为动乱的年代,他不可能有所作为,唐王朝也不可能有什么作为。由温庭筠开创的"花间词派"只能产生于这个时期,而绝对不会产生于初唐、盛唐,也不太可能是中唐。

　　值得我们注意的是,晚唐的咏物诗中,有不少咏落花或惜花的诗,很能反映晚唐的社会情绪。试择不同作者的几首咏落花诗:

　　高阁客竟去,小园花乱飞。参差连曲陌,迢递送斜晖。肠断未忍

扫,眼穿仍欲归。芳心向春尽,所得是沾衣。(李商隐《落花》)

落花辞高树,最是愁人处。一一旋成泥,日暮有风雨。不如沙上蓬,根断随长风。飘然与道俱,无情任西东。(黄滔《落花》)

一夜霏微露湿烟,晓来和泪丧婵娟。不随残雪埋芳草,尽逐香风上舞筵。西子去时遗笑靥,谢娥行处落金钿。飘红堕白堪惆怅,少别秾华又隔年。(韦庄《叹落花》)

惜花无计又花残,独绕芳丛不忍看。暖艳动随莺翅落,冷香愁杂燕泥干。绿珠倚槛魂初散,巫峡归云梦又阑。忍把一尊重命乐,送春招客亦何欢。(李建勋《落花》)

虽然这些诗立意有别,但有一个统一的基调是惜花、伤花、叹花,最后归之于无计,归之于愁。当然,诗人惜的、伤的、叹的,不只是花,还有他个人的遭际,所有个人的遭际,又无不通向社会的命运。

晚唐大约历时90年,皇帝换了不少,社会矛盾没有丝毫缓和过,朝臣与宦官的争夺、朝臣与朝臣的争夺,不断地变换形式进行着,真乃是你方唱罢我登场。最后演化成农民起义。而在农民起义的烽火中,唐王朝也就如落花,无可奈何委弃于地。生活在唐昭宗年间的韩偓可能最能深切地感受唐王朝的命运了,因为在他去世前已经江山易主,坐天下的人已经不姓李而姓朱了。韩偓在朝为官时就深受后来篡位者朱温的忌恨,而他也绝不依附于朱,故一再遭到贬谪。韩偓的诗多感伤时局,慨叹身世,具有较为深厚的社会内涵。他有《哭花》一首:

曾愁香结破颜迟,今见妖红委地时。若是有情争不哭,夜来风雨葬西施。

"妖红委地",这是喻唐,还是喻己? 也许二者均有之。"不哭",是哭不出来,哭也无用了。"夜来风雨葬西施",更是让人联想甚多,西施,既是美的象征,又是爱国的象征。西施之葬,意味着一个称雄数百年、创造过诸多辉煌的唐帝国消亡了,消亡在漆黑之夜,在风雨之中,"葬"一词寄寓着诗人极为深厚的情感!

咏物诗在诗中,虽然不是大餐,而是小菜,但因为咏题明确,而寓意深切,耐人寻味。有唐三百年,如果将它的各种类型的咏物诗理出一个线索,当不难感受其中的时代脉搏。

第四节　仙道诗:悟了长生理,秋莲处处开

　　道教在中国历史上受到特别关注的时代其实是比较多的,皇帝都希望长生不死,而道教就能提供这样的良方,所以,几乎每一个朝代,道教均受到统治者的青睐。相比之下,唐代的统治者对于道教的重视有些特别。唐代的皇帝认为自己是道家兼道教的先祖李耳的后代,显然,他们推行道教的根本目的,是为自己的统治寻找合理的根据。唐代道士之多,居历朝之冠。其中著名的道士有司马承祯、吕洞宾、杜光庭、吴筠、蓝采和等。不可忽视的是,唐代的道士中,有一些是能写诗的。《全唐诗》中道士(不含女冠)诗人 36 家,存诗 574 首,其中吕洞宾最多,达 286 首;吴筠次之,128 首;杜光庭 30 首。值得特别注意的是,唐代不仅道士多,信道教的著名文人也多,其中最重要的莫过于大诗人李白了。虽然李白还不能算真正的道士,但他是唐代道教精神的代表。在唐代的诗歌之海中,仙道诗之所以特别值得一说,应该说在很大程度上是因为李白信仰道教,他的诗几乎篇篇都有道教味。仙道诗的主题是赞美仙境、仙人,表现了中华民族对于理想人生、理想环境的向往,唐代的仙道诗在这一根本点上没有例外,但是,由于唐代特别是初唐与盛唐是一个很有特色的朝代,它的特色集中体现在从统治者到武士、文人的一往无前的进取精神上,与之相应,在诗歌中则体现为自由的气概、超迈的想象和情感上的直抒胸臆。

一、神仙生活的想象

　　中国道教最具魅力的莫过于神仙了。神仙有五类,一类是民族的祖先,如黄帝、炎帝、女娲等;第二类是神话中人物,如东王公、西王母等;第三类是创教的圣人,主要是老子、庄子;第四类是道教创造的神,如玉皇大帝、太乙真人等;第五类则是修行成功的道士,最著名莫过于"八仙"①。严格说来,前四类应是神,第五类才是仙。由于前四类属于神,总觉得他们与现实中的凡人隔了一层,

---

① "八仙"为铁拐李(李铁拐)、汉钟离(钟离权)、张果老(张果)、何仙姑、蓝采和、吕洞宾、韩湘子、曹国舅八人。"八仙"中的人物原型,有说他们大多是唐朝人。

他们的形象基本上固定,没有太多变化。神虽然法力无边,与人却不太亲近,就美学意义上言,其魅力就不如那修行成功的道士。道理很简单,审美,就其本质而言,是人的自我欣赏,当然,这值得欣赏的人,是具有理想意义的人。修行成功的道士,他们原本是人,修行后成为仙,有了人所不具备的能量与本领,比如,能在天空中飞,能在大海上行,像孙悟空一样善变化,这就是理想意义的人了。但他们仍然具有人的情感,且也生活在人们中间,只是人们通常不能认识他们,因而他们仍然是人。因此,仙正好符合审美的本质——人的自我欣赏。

在唐朝的神仙诗中,有一部分诗描写仙人的模样与生活。著名的道士、"八仙"之一的吕洞宾就有大量这样的诗篇。《全唐诗》介绍他说:"吕岩,字洞宾,一名岩客。礼部侍郎渭之孙,河中府永乐县人。咸通中举进士,不第,游长安,酒肆遇钟离权得道,不知所往。"从这个介绍看来,吕洞宾是实实在在的人,《全唐诗》录他的诗近300首,可见对他的重视了。吕洞宾在不少诗中,表达出他既在人间,又超越人间的乐趣。其《七言》中有一首云:

> 落魄红尘四十春,无为无事信天真。生涯只在乾坤鼎,活计惟凭日月轮。八卦气中潜至宝,五行光里隐元神。桑田改变依然在,永作人间出世人。

这首诗强调他虽然成了仙,但还是在人间,是人间的"出世人"。在人间,意味着他仍然是人,有人的七情六欲,但是,他"出世",没有人在世间的痛苦。人活着,最大的痛苦莫过于死亡,而他是不死的。尽管"桑田改变",但他是永存的。

不管哪种仙,既可以生活在人不能至的天宫、龙宫之中,也可以生活在尘世之中,尘世间的一切快乐均可以享受,而且这种富贵、这种荣耀,特别是这种自由、这种潇洒是常人望尘莫及的。"八仙"之一的蓝采和,原型是唐朝的一名乞丐。他有《踏歌》一首,极言做仙人的快乐:

> 踏踏歌,蓝采和,世界能几何?红颜一椿树,流年一掷梭。古人混混去不返,今人纷纷来更多。朝骑鸾凤到碧落,暮见桑田生白波。长景明晖在空际,金银宫阙高嵯峨。

凡人都生活在一定的时空之内,他的自由受制于一定的时空,而仙人却超出了这一定的时空,他可以随意地见到早不在尘世的古人,还能见到未来的人。

至于空间，那他就更自由了，想去哪，就去哪，能飞天，能入地，还能像鱼一样，生活在水中。这样一种极端自由，虽然只是属于身体的自由，可哪有人不羡慕的？

　　修道的最高目的是成仙，是不死，即便不能成仙，不能做到不死，也可以做到健康、长寿。道教也常以这一点来诱导普通人。吕洞宾有一组五言诗，宣扬修道能让人健康，返老还童。其中一首云：

　　　　悟了长生理，秋莲处处开。金童登锦帐，玉女下香阶。虎啸天魂住，龙吟地魄来。有人明此道，立使返婴孩。

"返婴孩"，从哲理上，它来源于《老子》。《老子》第 28 章云："知其雄，守其雌，为天下溪。为天下溪，常德不离，复归于婴儿。"老子讲的"复归于婴儿"，应该说主要是精神意义上的，让人更接近自然状态，更近道。道教则将它用在身体上面，认为通过修道，具体来说通过炼丹，让人青春永驻。尽管这只是一种幻想，但如果炼丹不走入邪路，它的确有强身健体的作用。这也是道教积极的作用之一。

　　当然，健康是相对的，不死，那完全不可能，因此，也有不少修道之人为之感到迷惑，甚至痛苦。一位名为"酒肆布衣"的道士有诗《醉吟》二首，感叹生命之盛衰。诗云：

　　　　阳春时节天气和，万物芳盛人如何？素秋时节天地肃，荣秀丛林立衰促。有同人世当少年，壮心仪貌皆俨然。一旦形羸又发白，旧游空使泪连连。

　　　　有形皆朽孰不休，休吟春景与秋时。争如且醉长安酒，荣华零悴总奚为。

"酒肆布衣"虽在修道，但头脑十分清醒，他知道，所谓不老、不死全是假的，天地万物都在变，别看春景无限好，一到秋冬就衰飒，人哪里能逃过这自然规律呢？

　　诗人姚合（约 779—约 885 年）有《哭孙道士诗》，诗中云："修短皆由命，暗怀师出尘。岂知修道者，难免不亡身。"诗人韦应物是信道教的，但他的《西王母歌》就明显地表现出对道教所鼓吹的长生不老的怀疑，诗云：

　　　　众仙翼神母，羽盖随云起。上游玄极杳冥中，下看东海一杯水。海畔种桃经几时，千年开花千年子。玉颜眇眇何处寻，世上茫茫人自死。

无论"众仙翼神母"的仙氛是多么的神秘、美妙,而浓烈惆怅的情绪却弥漫全篇,其根本缘由是"世上茫茫人自死"。

二、修道过程的描摹

成仙需修行,修行简称"炼丹",炼丹分外丹与内丹,外丹即炼丹药,吕洞宾有好些诗是描写炼丹药的,且录两首:

> 水府寻铅合火铅,黑红红黑又玄玄。气中生气肌肤换,精里含精性命专。药返便为真道士,丹还本是圣胎仙。出神入定虚华语,徒费功夫万万年。(《七言》之六)
>
> 九鼎烹煎九转砂,区分时节更无差。精神气血归三要,南北东西共一家。天地变通飞白雪,阴阳和合产金花。终期凤诏空中降,跨虎骑龙谒紫霞。(《七言》之七)

吕洞宾将炼丹神秘化了,同时也美化了,说是"天地变通飞白雪,阴阳和合产金花",事实上,这炼丹是道教最为人诟病的地方,诸多虔心修行的人包括皇帝吃了丹药不仅没有成仙,还送了命。为什么上千年来人们对丹药一直抱有迷信呢?最大的可能是丹药中也有一些是良药。道士中有良医,唐朝的孙思邈就是其中一位。他有四言诗,也写炼丹,诗中云:"取金之精,合石之液,列为夫妇,结为魂魄。一体混沌,两精感激。河车覆载,鼎候无忒……"这炼丹很可能是制药。

道士修行最重要的是炼内丹,即修心。修心,最基本的是对功名利禄的超脱。在道教理论来源之一的道家哲学看来,人活在世上之所以活得很累,最重要的原因是人将功名利禄看得太重了,所以,道家主张"去累"。

虽然有诸多道士将修道看成是做官的"终南捷径"①,但真正的道士,还是尽力超越功名利禄,并以此为乐的。唐昭宗时的道士郑遨(866—939年)有《偶题》两首:

> 似鹤如云一个身,不忧家国不忧贫。拟将枕上日高睡,卖与世间荣贵人。

---

① 《新唐书》有关诗人卢藏用的传中云:"始隐(终南)山中时,有意当世,人目为'随驾隐士'。……司马承祯尝召之阙下,将还山,藏用指终南曰:'此中大有嘉处。'承祯徐曰:'以仆视之,仕宦之捷径耳。'"

帆力劈开沧海浪,马蹄踏破乱山青。浮名浮利浓于酒,醉得人心死不醒。

如何看功名利禄,的确是人生快乐与痛苦的一大关捩。功名利禄真个是人生痛苦之源? 对于某些人,似也未必,不要说诸多的儒生以做官为乐,绝大多数人以赚钱为乐,就是修行的道士,其中也有不少人"假隐自名,以诡禄仕"(《新唐书·隐逸传》)。江夏道士李升某次在与著名诗人元稹、白居易共进的宴席上,曾坦然作诗言道:

生在儒家遇太平,悬缨垂带布衣轻。谁能世路趋名利,臣事玉皇归上清?(《元白席上作》)

这说的全是实情。是人,在这世上,怎么能不看重名利? 如果能做官,谁愿去做隐士呢? 当然,功名利禄并非坏事,求取功名利禄也是人性的需要,问题是,凡事有一个适度的问题。过分追求功名利禄,以致利欲熏心,唯利是图,那就可能有问题了。另外,更重要的是,人有一个精神追求的问题。物质财富固然重要,精神上的财富更重要,人之为人,最根本的是人能够做到在精神上超越物质。毕竟人性是丰富的,人生也是丰富的。获取功名利禄只是人生意义之一,绝对不是全部。而且,更重要的是,功名利禄只是人之用,而不是人之本,用是为本服务的,当人之用成了人之本,人反倒成了功名利禄之用了。这个时候,功名利禄的性质就发生了变化,它不再是人的快乐的源泉,而是人的痛苦的渊薮。道教敏锐地发现了功名利禄异化的可能性,提早进行防范,这提早,就是根本不让功名利禄进来,也许,这种做法有点消极,但对于获取功名利禄本不很容易的士子来说,这也不失为一种有效的安慰。

从理论上说,成仙需要对功名利禄进行超越,但要在实际上做到,却又谈何容易?

人首先得活着,修道企求成仙者,吃饭均不成问题,即使全无家业,也可以去乞讨,"八仙"中的第一仙铁拐李不就是一个乞丐吗? 问题是,修道不能只是活着,还需要有追求。功名利禄不能追求了,就要有别的追求来填充。最好的填充为三样:喝酒、炼丹、游山玩水。

一般来说,修道之人心态比较平和,面对自然美景自得其乐,道士吴子来(生卒年不详)有一首《留观中诗》,诗云:

> 终日草堂间,清风常往还。耳无尘事扰,心有玩云闲。对酒惟思月,餐松不厌山。时时吟内景,自合驻童颜。

唐代道士张令问(生卒年不详)有诗寄杜光庭,诗云:

> 试问朝中为宰相,何如林下作神仙。一壶美酒一炉药,饱听松风清昼眠。(《寄杜光庭》)

杜光庭(850—933 年)当然也很懂得这一点,他本来就是一个喜欢游山玩水也善于从山水中寻出仙趣的人。他有《题福唐观二首》,其一云:

> 盘空蹑翠到山巅,竹殿云楼势逼天。古洞草深微有路,旧碑文灭不知年。八州物象通檐外,万里烟霞在目前。自是人间轻举地,何须蓬岛访真仙。

是呀,既然现实的山水是如此的美丽,又何须去蓬莱仙境访真仙? 岂不是说,这现实中的美好山水就是仙境,而徜徉于其间的人,就是仙人? 这样一来,杜光庭实际上也就把仙和仙境都彻底地解构了。

三、自由精神的抒发

道教中有清醒者,知道成不了仙。他们笃信道教别有缘由在,这其中就有大诗人李白。

李白是信道教的,虽然他的诗中也说到炼丹,但其实他并不热衷炼丹。他也不怎么清心寡欲。对于功名利禄,李白毕生都在追求着。且不说他早年为求功名给当时的荆州刺史韩朝宗写了一封不无巴结逢迎的信,也不说他一度在玄宗朝廷做过虽无实权但也称得上春风得意的翰林,单说他晚年,竟听信永王李璘灭贼兴邦的谎话加入其幕府,恐怕不能只是以政治上无远见论处,究其真实原因,还是心中济世的心仍然很强烈。济世,对于封建社会的知识分子,也没有什么不好,甚至还应看成有社会责任心的表现,问题是,这样就做不成真道士,也谈不上成仙了。

那么,李白为什么还要以道教自我标榜呢? 重要的原因,是道教(其实主要是道家)那种精骛八极、神游万里的自由精神让他极为向往。他曾著有《大鹏遇希有鸟赋》一文,此文的来历,据李白自述,是因为在江陵见到了当时著名的道士司马承祯,司马承祯夸奖他"有仙风道骨,可与神游八极之表",故作此赋以自广。后来,他又作《大鹏赋》,此赋开头即言:"南华老仙,发天机于漆园。吐峥嵘之高论,开浩荡之奇言。征至怪于齐谐,谈北溟之有鱼。吾不知其几千里,其名曰鲲。化成大鹏,质凝胚浑。脱鬐鬣于海岛,张羽毛于天门。"非常明白,李白终生希冀的其实不是长生不死,而是庄子在《逍遥游》中所表述的鲲鹏精神,即自由精神。

托身道教的自由精神在李白诗中的表现具有李白的个性特色,这种特色就其内容来说,主要为二:

一是自由的批判。如《醉后答丁十八以诗讥予捶碎黄鹤楼》:

> 黄鹤高楼已捶碎,黄鹤仙人无所依。黄鹤上天诉玉帝,却放黄鹤江南归。神明太守再雕饰,新图粉壁还芳菲。一州笑我为狂客,少年往往来相讥。君平帘下谁家子,云是辽东丁令威。作诗调我惊逸兴,白云绕笔窗前飞。待取明朝酒醒罢,与君烂漫寻春晖。

此诗相当调皮,表现的基调却是自由批判精神,捶碎黄鹤楼,这意味着什么?可以做无尽的想象。黄鹤仙人的家——黄鹤高楼被捶碎了,黄鹤仙人没有家了,他当然生气,于是去向玉帝告状。有意思的是,玉帝并没有因此怪罪捶楼之人,也不收留黄鹤仙人。这其中的奥妙够人品味。诗的后半部分是写自己的醉态,这醉的本色为"狂",而狂,基本的意义则是反常规。托名为酒醉,借体于道教,抒发的却是一种自由批判的精神。整首诗诙谐风趣,议论纵横,思维跳跃,语句奇警,虽逸出天外,却尽在环中,美意连连,如春风拂面,思致高妙,令人回味无穷。

李白的以自由批判为主题的仙道诗中,也有将批判的意旨挑得很明白的。如《梦游天姥吟留别》,此诗应该不是山水诗,它写的是一个梦,实际上是自由的想象。梦见的是仙境,活跃在仙境中的是仙人:"霓为衣兮风为马,云之君兮纷纷而来下。虎鼓瑟兮鸾回车,仙之人兮列如麻。"梦境很美,梦中的心情也很好,然梦醒后面对的现实却让人一点也快乐不起来。李白直抒胸臆,狠批权贵:"安能摧眉折腰事权贵,使我不得开心颜。"

任何批判均具有现实的意义,何况是来自李白这样伟大的诗人的批判!

二是自由的理想。李白也将自己的自由想象与理想联系起来,将自由的想象作为理想来描述。值得我们注意的是,李白不是对未来社会作乌托邦式的描绘,而是将道教的境界作为自由想象的内容,于是,道教的境界就成为人生理想的境界。像他的《古风五十九首》之一云:

> 客有鹤上仙,飞飞凌太清。扬言碧云里,自道安期名。两两白玉童,双吹紫鸾笙。飘然下倒影,倏忽无留形。遗我金光草,服之四体轻。将随赤松去,对博坐蓬瀛。

诗中写的"鹤上仙"就是理想的人生。李白是想做这样的仙人,但是他也明白,这样的仙人只是存在于想象之中,现实生活中是不可能有的。虽然现实中不可能有像鹤上仙这样自由徜徉于天上人间的仙人,但李白希望能够具有类似鹤上仙的自由心境,至少不需要去摧眉折腰事权贵,可以自由地徜徉于美好的山水自然之中。从本质上看,李白的那些主要表现自由理想的仙道诗也是具有批判意义的,只是这样的诗,其批判完全隐藏在诗的背后了。

李白的仙道诗主要表现的就是这样一种自由的精神,在自由的想象与抒怀中,也有惆怅,但更多的是傲岸;有颓唐,但更多的是奋进。傲岸、奋进,本来与道教主柔、主阴的哲学是不切合的,但在李白的诗中结合得却是这样的完美。且看他的《襄阳歌》后半部分:

> 千金骏马换小妾,醉坐雕鞍歌落梅。车旁侧挂一壶酒,凤笙龙管行相催。咸阳市中叹黄犬,何如月下倾金罍。君不见晋朝羊公一片石,龟头剥落生莓苔。泪亦不能为之堕,心亦不能为之哀。清风朗月不用一钱买,玉山自倒非人推。舒州杓,力士铛,李白与尔同死生。襄王云雨今安在,江水东流猿夜声。

半是酒醉,半是清醒。醉让其思致风发,想落天外;醒让其思想深刻,切入时弊。仙道在李白的诗歌中,已经不是歌咏的主题,只是题材。言仙,言道,不是目的,只是手段。只要将吕洞宾的仙道诗与李白的仙道诗作个比较,就很容易发现它们的不同。吕洞宾的仙道诗是真正的仙道诗,而李白的仙道诗则是托名的仙道诗。

四、静穆之美的创造

道教的重要理论来源道家哲学强调"法自然","法自然"的哲学表现为无为,无为不是不作为,而是尊重自然,让一切生灵自然而然地生存。自然而然的审美境界概括为"静"。仙道诗,不论具体题材是什么,都能表现出静的意味。静可以分为表层的意义与深层的意义,表层的意义就是不动,深层的意义就是自然而然。就静的深层意义言,王维的《辛夷坞》是最能体现道家的"静"的境界的。其诗云:

> 木末芙蓉花,山中发红萼。涧户寂无人,纷纷开且落。

诗的境界强调了"寂""无人"。"寂"并非一点声音也没有,花落也还是有声音的,重要的是"无人",其实说"无人"也不妥当,如果真是无人,这样的景象又是如何得知的? 一定有人在观赏。既有人在观赏,就不是无人。那为什么要说"无人"呢? 原来,这"无人"说的是无人干扰,即《老子》中说的"无为"。人不去干扰这芙蓉花,这芙蓉花就在这深山老林中自开自落。诗的最后一句"纷纷开且落","开且落"说明这花并没有被人摘走,不然就只有"开",没有"落"了。"纷纷",透出欢乐的情绪,见出生命的意味,原来,这芙蓉花也喜欢赶趟,该开的时候抢着开,该落的时候争着落,于是就"纷纷"了。

既然"静"的本质是自然而然,那么,即使有声音,有动,只要是发乎本性,自然而然,就也是"静"。王维有这样的诗。如他的《鸟鸣涧》:

> 人闲桂花落,夜静春山空。月出惊山鸟,时鸣春涧中。

也许桂花落,人听不到声音,但受惊的山鸟,那带有恐惧的鸣叫却打破了寂静。然而,这样的诗,其境界是真正的"静",且不说月出是自然的,那受惊山鸟的鸣叫也是自然的。

王维是各方面修养极好的诗人,人们也许只知道他好佛的一面,殊不知,王维其实也崇道,不仅道家,还有道教。《老子》《庄子》作为他儿时的读物,不仅早就背得滚瓜烂熟,而且早就化成他的文化血肉。王维有《双黄鹄歌送别》,其中有句"家在玉京朝紫微",这不分明是道教的语汇吗? 王维不是一般的懂道教,他有修道的经历,曾隐居终南山学道,其《终南别业》云:"中岁颇好道,晚家南山陲。"

在唐代文化中,"终南山"几成为道教的代名词。王维的《答张五弟》,写的就是终南山,此诗的意境也是一个"静"字:

终南有茅屋,前对终南山。终年无客常闭关,终日无心长自闲。
不妨饮酒复垂钓,君当能来相往还。

这首诗强调一个"闲"字,而且这闲是"自闲",闲,在道家哲学中,其实也是"静"。心静则闲,心闲则静。

"闲"不仅通"静",也通"虚",闲曰静,虚也曰静。闲一般指人闲,人闲有事闲、心闲两种情况,虚也有两种,或为心虚,或为物虚。唐朝著名道士吴筠有《游仙二十四首》,其中有句云:"百龄宠辱尽,万事皆为虚。""百龄宠辱尽"属于心虚,"万事皆为虚"则为物虚了,因为心虚才有物虚。

"虚"与"空"相通,空境就是虚境。空同样也有心空与物空两种,与虚不同的是,空更多地用在诗中,因为空较虚更富有审美情调,而虚则多见出形而上的意义。王维《鸟鸣涧》中的"夜静春山空",它真个空了吗? 当然不是,夜静的春山与白昼的春山一样丰富,怎么会是空的呢? 其实,在这里,王维写的"夜静春山空",根本上是一种心境。心如夜静的春山,睡了。功名之念、利禄之思,全睡了。于是,没有了喧嚣,没有了争夺,没有了驰逐。心静了,也就宽阔了,不仅宽阔了,而且更富生命力了。

中唐的诗人顾况笃信道教,他早年攻读于茅山玄阳观,所作诗多蕴有道味。他特别能描绘空境,他的《归山作》云:

心事数茎白发,生涯一片青山。空林有雪相待,古道无人独还。

"空林",果空吗? 当然不是,那白皑皑的雪,将大地严严实实地覆盖起来了。正是这覆盖,更见出空林不空。白雪无言,却在"相待",这不是分明召唤人去探索吗? 道上无人,是寂,然此道乃"古道",曾经有多少人在此走过,因此,它并不寂。

仙道诗就是这样,营造一个寂静的空境,在寂静中蕴藏着蓬勃的生命,在空境中逗发你无尽的联想。

品读仙道诗中的静穆美,总是会很自然地想到道家哲学说的"无"。事实上,诸多的仙道诗也将"无"这一概念用上去了。无声,无人,无事,无伴,无处,无语,无迹……然而,不管怎样的"无",总是让人感受到生命的气息,而且,正是这"无",让人倍感生命的清纯与高洁。顾况《初秋莲塘归》云:"秋光净无迹,莲消锦云红。只有溪上山,还识扬舲翁。如何白蘋花,幽渚笑凉风。"这"无迹"的

"净"，给美丽的秋色准备了一面多么好的背景！没有这无迹的净，哪有莲花的艳丽，白蘋花的清雅？

当然，表达空境的仙道诗也并不都有这样的美，有些诗，寂灭至极，给人一种警悚感。如王维的《鹿柴》，此诗云："空山不见人，但闻人语响。返景入深林，复照青苔上。"深山老林，会有这样的景象。但此景，很难让人高兴起来。空山中其实有人，只有声音，为什么只有声音？或许是森林太密，看不见，或许是人离得有点远。而那随着太阳移动的影子再次照在那青苔上了，这说明，时间至少过去一整天了，而人为什么还看不见呢？那"人语"，在语什么？我们不知道王维作此诗的背景是什么，但能感觉得出来，王维的心中有一种神秘的宗教体验。

五、道隐之士的悲歌

中国传统文化以儒、道、释为主，儒重进取，道、释均主退隐。知识分子的人生理想，一般以儒为宗，重在为国家做一番事业，光宗耀祖。道、释均只作为儒的一种调剂、补充。值得注意的是，在中国，诸多的道士均有做官的经历，或是先修道后做官，或是先做官后修道。这点与释家大不相同，出家做了和尚，还俗的有，还俗后去做官的则极少。

中国文化自古以来就有隐士传统，最早的隐士伯夷、叔齐，为高士，后世多称颂之。因为有这样的领头人物，隐士队伍大多数应还算优秀分子。道教产生于汉代，奉道家创始人老子、庄子为始祖，老子做过周守藏吏，官不大，后脱离了周室，隐居去了；庄子一辈子没有做过官，为隐士。因为有这样的祖师爷，道教自然而然地就有了隐士传统。基于老子、庄子的巨大影响，最高统治者对于隐士一直格外尊重，注意从隐士中发现人才。武则天时，卢藏用隐居终南山，以淡泊名利自我标榜，声名传到武则天耳朵里，她倒反而要卢藏用来京城做官，这恰中卢藏用的下怀。做官原来还有这样一条捷径，于是不少知识分子去做隐士，并有意无意地制造出一些声名来，以引起统治者的注意。应该说，这中间也确有一些有识之士，如李泌，本为隐士，多次应召入宫。唐德宗时，吐蕃犯境，朝廷惊惶失措，德宗任用李泌为宰相，而李泌也认为自己应该去任职。著名历史学家范文澜讲到这段历史时说："这时候，确实只有李泌一人可以挽救危局。"[①]大

---

① 范文澜：《中国通史简编（修订版）》第三编，第157页。

多数入朝做了官的隐士其实也没有多少能耐,但赚得了声名,最著名的有两位,一位为司马承祯,一位为吴筠。司马承祯被唐睿宗接到京城后,睿宗问以治国之策,他回答的却是道家的要义,诸如《老子》的"为道日损""游心于淡"及《周易》的"与天地合其德"之类,均为空疏之言,然而睿宗对他却很佩服,说是"广成之言,既斯是也"(《旧唐书·司马承祯传》)。他自己知道,要在朝廷混下去,总有一天会遭祸,故固辞还山,获得皇上隆重的赏赐。吴筠善诗,其诗名传至京师,玄宗得知,召入宫,授以待诏翰林。玄宗问到"神仙修炼之事",他说是"此野人之事,当以岁月功行求之,非人主之所宜适意"(《旧唐书·吴筠传》)。至于治国,也没有多少本事,最后也与司马承祯一样,在赚够声名、金帛后还山,仍做道士。不过,此时的道士就远非当年的道士了。

像李泌、司马承祯、吴筠这样的传奇,也不是所有的隐士都能演绎,绝大多数隐士只能终老山林,无从津达,做官不成。而长生不老、成仙,他们其实也清楚,这只是心中的幻影,自欺欺人。于是,就有感伤、哀怨、悲凉,甚至愤懑,然又无可排遣,只能借酒浇愁。其中能诗者,就将这种感受诉诸诗。咸通年间,有道士名张辞者,写了一首《题壁诗》,诗云:

> 争那金乌何,头上飞不住。红炉漫烧药,玉颜安可驻。今年花发枝,明年叶落树。不如且饮酒,莫管流年度。

"今年花发枝,明年叶落树"这样的景象本来切合道家的天地万物皆变的观点,可以生发出积极的情绪来,然而张辞却从中感受到时光的流失,生命的衰飒,于是,悲从中来。在张辞,自然的现象竟导不出"法自然"之道。这不很悲哀吗?

庐江道士许坚(生卒年不详),有《题扇》:

> 哦吟但写胸中妙,饮酒能忘身后名。但愿长闲有诗酒,一溪风月共清明。

许坚说"饮酒能忘身后名",可见他很在意"身后名",一个道士对名如此看重,他还能入道成仙吗?

另一位隐士,名张白,自称白云子,少应举不第,入道。常挑一铁葫芦,得钱便饮酒。① 如此爱酒,为的是什么?且看他的《武陵春色》:

---

① 有学者认为张白系宋太祖年间人。

武陵春色好,十二酒家楼。大醉方回首,逢人不举头。是非都不采,名利混然休。戴个星冠子,浮沉逐世流。

与许坚一样,喝酒是为了求醉,求醉是为了"是非都不采,名利混然休"。需要靠饮酒来忘却名利是非,要想做到庄子说的"坐忘",那完全是妄想。也许,张白做隐士,压根儿就不是为了修道,而是别有所图。

酒是好东西,它可以让人忘掉一些东西,但酒只能奏效一时,酒醒后,这些隐士不那么好过了,他们会更痛苦。

当然,醒后,隐士们一般休言功名不成而痛苦,多言救国无望、报国无门而痛苦。

唐代著名道士亦是隐士杜光庭有一首《景福中作》:

闷见戈铤匝四溟,恨无奇策救生灵。如何饮酒得长醉,直到太平时节醒。

显然,这是一次酒醒之后所作,情感很沉痛。

第五节　佛教与唐诗

佛教在唐代得到重大发展,在诸多方面体现出来了,这其中,佛教与唐诗结缘即是佛教繁荣的一个重要表现。而且更重要的是,佛教借诗得到更广的传播。唐代僧人,有学问的很多,都能写诗,《全唐诗》自卷八〇六至卷八五一全是僧人的诗,其中著名的有寒山、拾得、贯休、齐己等,另外,还有诸多诗人热衷于写有佛教意味的诗。值得一说的是禅宗"灯录"中的偈语也都是诗。佛教与诗结缘有两重意义,就佛教来说,佛教得到阐释、弘扬;而就诗来说,扩大了诗歌的内容,丰富了诗的审美。

由于受到文体的约束,诗歌阐扬佛教,不可能做到如经文那样,自如地表述佛教的教义。从现有佛诗包括禅诗来看,诗本身的性质没有变,它是诗,具有诗的品格,抒情的意味,以及诗的音乐感和画面感,因而具有诗的审美价值。它与一般的诗的不同在于它的内容是佛教的,虽是佛教的,但又不是佛教的教义,而是佛教的精神。

一、寒山的佛教诗

在阐释佛教的基本精神方面,寒山(生卒年不详)也许是最为成功的。关于寒山,《全唐诗·寒山》有一个简单的介绍:

> 寒山子,不知何许人。居天台唐兴县寒岩,时往还国清寺。以桦皮为冠,布裘敝履。或长廊唱咏,或村野歌啸,人莫识之。闾丘胤官丹丘,临行,遇丰干师,言从天台来。闾丘问:"彼地有何贤可师?"师曰:"寒山文殊,拾得普贤,在国清寺库院厨中着火。"闾丘到官三日,亲往寺中。见二人,便礼拜。二人大笑曰:"丰干饶舌,饶舌,阿弥不识,礼我何为?"即走出寺,归寒岩。寒山子入穴而去,其穴自合。尝于竹木石壁书诗,并村野屋壁所写文句三百余首。

《全唐诗》卷八〇六收的全是寒山的诗,300 余首,均为五言诗,有律,有绝,也有古体。这些诗全是阐扬佛教精神的。佛教有一个基本出发点,认为人生就是苦难,就是烦恼。寒山诗就这样说:"人生在尘蒙,恰似盆中虫。终日行绕绕,不离其盆中。神仙不可得,烦恼计无穷。岁月如流水,须臾作老翁。""烦恼",而且是无穷无尽的烦恼。为什么会有这么多的烦恼?寒山有一个生动的比喻:"人生在尘蒙,恰似盆中虫。"老在盆中打转转,转些什么呢,无非是生老病死功名利禄,等等。为什么不能将这一切放下,跳出这只盆呢? 这正是佛教所要劝谕的。

寒山大体上从反正两个方面来教导人们如何跳出这只盆:

从反面,他批评诸多妨碍佛性获得的坏的人性,如贪,如瞋,如痴,如作恶。他的诗这样写道:

> 贪人好聚财,恰如枭爱子。子大而食母,财多还害己。散之即福生,聚之即祸起。无财亦无祸,鼓翼青云里。
>
> 瞋是心中火,能烧功德林。欲行菩萨道,忍辱护真心。
>
> 世有多解人,愚痴徒苦辛。不求当来善,唯知造恶因。五逆十恶辈,三毒以为亲。一死入地狱,长如镇库银。

从正面,他强调,佛教的超脱人世间的烦恼苦难即跳出尘蒙这只盆,主要是修心。他在诗中说:

> 人以身为本,本以心为柄。本在心莫邪,心邪丧本命。未能免此
> 殃,何言懒照镜。不念金刚经,却令菩萨病。

人之所以在尘蒙这只盆出不去,是因为心邪了,各种恶念、贪欲都想要实现,而这些全在这只盆中,不要说你跳不出去,是你根本就没有想要跳出去,烦恼如影随形,无法摆脱。看来,跳出这只盆的关键或者说首要是净心。心净了,就知道盆外有一个美好的天地,就想跳出这只盆,去寻找那份盆外的美好了。这净心不在乎你是不是出家,出家了也需要净心,因为身出家了,心未必出家。寒山说:

> 我见出家人,不入出家学。欲知真出家,心净无绳索。澄澄孤玄
> 妙,如如无倚托。三界任纵横,四生不可泊。无为无事人,逍遥实
> 快乐。

寒山对佛教教义的阐扬有三个突出特点:一是切合普通人的心理;二是将印度的教义与中国儒家的礼教相融合,或者说将佛教儒教化或儒教佛教化;三是用语通俗。他写的这些诗在当时就是顺口溜。比如下面这首诗:

> 我有六兄弟,就中一个恶。打伊又不得,骂伊又不著。处处无奈
> 何,耽财好淫杀。见好埋头爱,贪心过罗刹。阿爷恶见伊,阿娘嫌不
> 悦。昨被我捉得,恶骂恣情掣。趁向无人处,一一向伊说。汝今须改
> 行,覆车须改辙。若也不信受,共汝恶合杀。汝受我调伏,我共汝觅
> 活。从此尽和同,如今过菩萨。学业攻炉冶,炼尽三山铁。至今静恬
> 恬,众人皆赞说。

这首诗,完全可以作为江南常见渔鼓词来唱。它说的是社会上常见的现象,举的只是一个例子,形象生动,口语化,朗朗上口,完全可以想见这首诗在社会广泛流行的情形。这样的作品,能入《全唐诗》,积千年还在流传,足见它的艺术生命力。

二、齐己的佛教诗

寒山开佛教劝善诗的先河,其后,这类诗就非常多了。寒山劝善诗为佛教诗之一类,佛教诗尚有许多类。唐代高僧齐己(863—937 年)也是一位诗僧,他

的诗歌风格就完全不同于寒山。寒山的诗重在劝化,是为人的,齐己的诗重在抒情,是为己的。《全唐诗》录齐己诗十卷,是所录诗僧中收诗最多的一位。齐己俗姓胡,名得生,湖南益阳人,出家于大沩山同庆寺,后长期栖居南岳东林。后入蜀,路经湖北江陵,为人挽留于龙兴寺,为僧正。他自号衡岳沙门。有《白莲集》十卷,外编一卷。现存诗十卷。

齐己是典型的文人型僧人,写诗绝少阐经论义,主要是抒发自己的情怀,虽然诗人没有刻意标榜自己的僧人身份,但那种超凡越俗、孤洁自持的情怀,似寒月生辉,侵人体肤,动人心魄。且看《夜坐》:

> 百虫声里坐,夜色共冥冥。远忆诸峰顶,曾栖此性灵。月华澄有象,诗思在无形。彻曙都忘寝,虚窗日照经。

这是描述自己彻夜打坐的体验。在这百虫聒噪的月夜打坐,可有思绪? 有的。他的思绪在无边无际的山峰游走,峰峰百虫劲鸣,峰峰生意盎然。形象高华绝美——月华如水,光影荡漾。这种意象,就是他的心灵、他的人格:澄明、高洁、灵动。齐己很喜欢写月夜,他写过一首题为《不睡》的诗,诗云:

> 永夜不欲睡,虚堂闭复开。却离灯影去,待得月光来。落叶逢巢住,飞萤值我回。天明拂经案,一炷白檀灰。

灯影、月光、落叶、飞萤,这是一个何等静谧、空灵、生动的世界,而这个世界与齐己已完全融为一体。

齐己喜欢月夜,也喜欢秋天。他有《秋空》《秋江》二首:

> 两岸山青映,中流一棹声。远无风浪动,正向夕阳横。岛屿蝉分宿,沙洲客独行。浩然心自合,何必濯吾缨。(《秋江》)

> 已觉秋空极,更堪寥泬青。只应容好月,争合有妖星。耿耿高河截,翛翛一雁经。曾于洞庭宿,上下彻心灵。(《秋空》)

秋江、秋空,这样的意象与月夜完全一致,都在象征着、烘托着、渲染着齐己的精神境界,这种精神境界的特点就是:空明、宁静、灵动,充满生意。

佛教被中国化后,最重要的改变就在这里。也许原始佛教更多地重往生,重涅槃,重来世,而中国化的佛教则更多地重现世,重修心,重超越——精神上的超越。实际上,佛教传入中国后,消化了中国传统文化中的大部分,诸如道家文化、儒家文化。在齐己的精神世界中，我们更多看到的是一位中国文人的心灵世界。且看他的《月下作》：

> 良夜如清昼，幽人在小庭。满空垂列宿，那个是文星。世界归谁是，心魂向自宁。何当见尧舜，重为造生灵？

齐己步出月庭，仰望星空，竟然也像俗世之人一样去辨识星座，只是他关心的不是北斗，不是紫微，也不是牛女，而是文星，说到底，他未必真将自己当作僧人，却实实在在认定自己是文人。所以，他要寻找的是文星。我们注意此诗还说到尧舜，按佛教原有的教义，是不认祖宗的，然传入中国后，接受了中国文化，尊祖敬宗了。在这美好的月夜，眺望星空，齐己没有想到西方的极乐世界，却想到了中华民族的始祖尧舜，而且关心的是"造生灵"的事，这不就是改良世态人心的事吗？先祖的造人、佛的劝世、儒的教化融为一体了。

齐己的诗中，不少地方谈到中国的传统文化，谈到孔子，谈到庄子，谈到《周易》，都表示敬崇与肯定，读齐己的诗，感觉他是一位文人，一位中国文人，一位有着高洁情怀的中国文人，同时也是一位高僧。

齐己重友情，他的诗大多数系赠诗。接受他诗作的人有僧人，也有俗人。从这些诗可以看出齐己另一个方面的精神世界。这里，我们先看他与僧界交往的两首诗：

> 威仪何贵重，一室贮水清。终日松杉径，自多虫蚁行。像前孤立影，钟外数珠声。知悟修来事，今为第几生。（《赠询公上人》）
> 岳僧传的信，闻在麓山亡。郡有为诗客，谁来一影堂。梦休寻灏沔，迹已绝潇湘。远忆同吟石，新秋桧柏凉。（《闻尚颜下世》）

这两首诗，一首询问询公上人修行如何？修出第几生了？这当然是一句幽默语。从这幽默当中，我们可以感受到齐己的明智与豁达。齐己自然懂得人只有一生，但他却又肯定修行的意义。第几生？不在几，而在生。想询公上人接到此信，自当会心地莞尔一笑。第二首是悼亡诗。谁说和尚无情？生之乐，死之悲，谁也不能越过。当尚颜法师的死讯传来，齐己不禁悲从中来。"新秋桧柏凉"，树犹如此，人何以堪？

既是僧人的情感，又是普通人的情感。即使是僧界的交往，也不能例外。

齐己是著名诗僧、画僧贯休的弟子，贯休下世，他有悼诗《闻贯休下世》：

吾师诗匠者,真个碧云流。争得梁太子,重为文选楼。锦江新冢树,婺女旧山秋。欲去焚香礼,啼猿峡阻修。

让人纳闷的是,此诗竟然一点也看不出是僧人所写,既没有说到佛国,也未提涅槃。全诗根本没有将贯休作为一位僧人来纪念,而是将他看作一位伟大的文学家来纪念。再看他的《寄明月山僧》:"山称明月好,月出遍山明。要上诸峰去,无妨半夜行。白猿真雪色,幽鸟古琴声。吾子居来久,应忘我在城。"齐己赠诗的对象正好名明月,于是齐己就在明月上起兴。这首诗意境清新,如果不是题目,仍然很难说此诗赠予的对象是僧人。尽管如此,两首诗所表达的高洁情怀,仍然流露出非同一般的世外之情。

如果说齐己赠予僧界的诗具有尘世感,不让读者感到他们是异人,那么反过来,他赠世俗人士的诗却又别具超尘绝俗的意味,让人们感到这些俗人其实不是俗人,而是高士。比如,他的《寄镜湖方干处士》一诗是这样写的:

贺监旧山川,空来近百年。闻君与琴鹤,终日在渔船。鸟露深秋石,湖澄半夜天。云门几回去,题遍好林泉。

方干也是诗人,家住会稽镜湖,这也是贺知章的家乡,自贺知章去世后,此地山川美景空了近百年,现在出了个方干,这山川、林泉、鱼鸟,全都重新展现出光彩。"闻君与琴鹤,终日在渔船。鸟露深秋石,湖澄半夜天。"这种生活乐趣,岂是一般俗人所能体会的?方干俨然是仙界人物了。

现在的读者想象不到,作为僧人的齐己还写了《采莲曲》这样的诗。此诗云:

越溪女,越江莲。齐菡萏,双婵娟。嬉游向何处,采摘且同船。浩唱发容与,清波生漪涟。时逢岛屿泊,几共鸳鸯眠。襟袖既盈溢,馨香亦相传。薄暮归去来,芰萝生碧烟。

诗中不仅写越女的美,而且有"鸳鸯眠"这样的字眼,按佛教教义,这是"罪过",然而,此诗在当时并没有给齐己带来麻烦。说明当时的佛教比较开放,当然,齐己立身也是非常严谨的,他虽然写一些世俗生活,但并没有堕入恶趣。

唐朝时,佛教处于中国化的最后完成阶段,这个时候,佛教远谈不上自守家门,而是广为吸取中国传统文化。齐己有一首诗,谈到佛经与中国文化融合的情况。这部经为《法华经》，他说：

> 况闻此经甚微妙，百千诸佛真秘要。灵山说后始传来，闻者虽多持者少。更堪诵入陀罗尼，唐音梵音相杂持。舜弦和雅薰风吹，文王武王弦更悲。如此争不遣碧空中有龙来听，有鬼来听，亦使人间闻者敬，见者敬。自然心虚空，性清静。此经真体即毗卢，雪岭白牛君识无。（《赠念法华经僧》）

《法华经》来自印度，它传入中国后要翻译，译后可为用华文表述的经，要持诵，这个过程中，唐音、舜弦等中国文化因素怎么不参与其中，对它进行重塑了呢？

三、皎然的佛教诗

唐代诗僧中声名最大的为皎然。皎然（约720—约803年），俗姓谢，云是谢灵运之后。关于皎然的生平，皎然在他诗中有所透露，大抵是早年学儒，中年慕道，晚岁遁入空门。精湛的佛学修养兼杰出的诗歌才华，使得他的诗透出不一般的凡响。无论是佛学的真谛，还是诗的审美，都达到了极致。佛与美达到完美的统一。在诗歌理论上皎然倡"取境"，他的诗是他理论的最好实践。他有一首诗论及佛境与诗境的关系，即《秋日遥和卢使君游何山寺宿敪上人房论涅槃经》：

> 江郡当秋景，期将道者同。迹高怜竹寺，夜静赏莲宫。古磬清霜下，寒山晓月中。诗情缘境发，法性寄筌空。翻译推南本，何人继谢公。

按此诗的逻辑，秋景同于道，意指秋景含有道，道在这里为佛道，佛道与秋景融为一种境，为佛境，佛境催发诗情，诗情催发诗思，于是，妙句泉涌，诗歌产生。

从这首诗，我们当悟出佛与诗的关系，在皎然看来，佛境是诗之源，或者说诗之本。他的诗中多处提到境，如：

> 境清觉神王，道胜知机灭。（《妙喜寺达公禅斋寄李司直公孙芳都曹德裕从事方舟颜武康士骈四十二韵》）

示君禅中境,真思在杳冥。(《答俞校书冬夜》)

什么是境?皎然并没有明言,然而他的诗就是最好的说明,可举他的一首诗为例:

> 望远涉寒水,怀人在幽境。为高皎皎姿,及爱苍苍岭。果见栖禅子,潺湲灌真顶。积疑一念破,澄息万缘静。世事花上尘,惠心空中境。清闲诱我性,遂使肠虑屏。许共林客游,欲从山王请。木栖无名树,水汲忘机井。持此一日高,未肯谢箕颍。夕霁山态好,空月生俄顷。识妙聆细泉,悟深涤清茗。此心谁得失,笑向西林永。(《白云上人精舍寻杼山禅师兼示崔子向何山道上人》)

这首诗与境相联的有三个字:幽(幽境)、空(空中境)、静(万缘静)。应该说,这三个概念是对境的最好阐释。三个概念中,静是关键,是境生之源,境生之力。因为静,万缘即人世间的种种功名利禄之念,生老病死之念,通通放下,这就叫作"了",这一了,心就空了,空不仅宽了,而且爽了,爽了就灵了,灵了就充满了活力,有了活力,则可以生,因空而生,因无而有。由于静的力是无限的,因此,由静而产生的动即生也是无限的,于是,就有了幽,有了空。幽者,深也,暗也,远也,通向无限;空者,无也,寂也,广也,亦通向无限。显然,境,指的是心境,是心的力量,此心境,不是别的心境,按皎然的本意是佛境。而按我们的理解,则不专于佛境。只要心灵得到良性而充分的开发,它就可以生境,境是无限的,当然可以有佛,也可以有儒,还可以有道,几乎是要什么就有什么。但必须说明,境是虚的,是精神,能不能化为物质,决定于诸多的条件。皎然论境,只是局限于精神领域,专于佛境。

幽、空、静作为境的三要素,就是在上引的诗所描写的自然景象中也得到了充分的体现。"为高皎皎姿,及爱苍苍岭""夕霁山态好,空月生俄顷"都生意盎然,耐人寻味。

皎然有一首写给另一诗僧也是高僧灵澈的诗,也很能见出他对佛境的理解:

> 晴明路出山初暖,行踏春芜看茗归。乍削柳枝聊代札,时窥云影学裁衣。身闲始觉骥名是,心了方知苦行非。外物寂中谁似我,松声草色共无机。(《山居示灵澈上人》)

此诗,佛禅味比较浓,"身闲""心了"显然是指已入法门,得佛三昧,超脱了,如果说据"隳名是"尚不能确定为佛家,因为道家也是,那"心了方知苦行非",就凸现为禅了。"寂"在这里是进入禅机的关键,寂,不是身寂,而是心寂,正因为是心寂,外物岂有能比的? 最高境界则是"松声草色共无机"。诸法无我,万物平等,天人合一,这就是禅境,亦是诗境,美境。

论佛用境,皎然不是第一位,但将佛境延及诗境,皎然是最早的几位之一,据文献,还有王昌龄①,但以皎然成就最大。皎然以境论诗,形成一本专著《诗式》。此书设"取境"专节,其他节虽然没有标明论境,但究其实,均属于境论,其实,《诗式》一书,未尝不可以另取一名为"境学"。

皎然将境延及诗,首先,对佛教是一个重要贡献。佛教认为人生是痛苦的,强调来世、涅槃,让人们误解为重死轻生。现在用境来释教,就完全不同,因为境的本质是生。境的生,重在生意,生意重在意,这就让人们更加重视修心。因修心而达修身,修心重修性,而修性有诸多法门,佛教教义于此而展开。

其次,对诗学是一个重要贡献。中国古代的诗学始自儒家,儒家诗学有两个节点:言志,缘情。志情合一于意象。皎然创境,将志情的统一的象提升到境,大大开拓了诗的精神领域,更重要的是,极大地提升了诗的审美品格。由于有了境,中国道家哲学中的一些用来论道的概念如"道""妙""悟"顿时焕发出美学光辉,竟然成了重要的美学概念。

虽然皎然前有一些诗人已经在创作实践中触及诗境问题,但皎然的出现,使这一实践中的诗学问题上升到理论高度了。

皎然佛禅诗中大多有境,择取二三赏析之:

> 手携酒榼共书帏,回语长松我即归。若是出山机已息,岭云何事背君飞。(《酬秦山人出山见呈》)
>
> 左右香童不识君,担簦访我领鸥群。山僧待客无俗物,唯有窗前片碧云。(《酬秦山人见寻》)

两首诗看来是一组。第一首写携酒访秦山人。秦山人留下话,说即回,但作者来到时,秦山人还未回。本来事情成了结局。然而,作者却发现一个自然

---

① [日]遍照金刚《文镜秘府论·南卷》中曾引王昌龄的《诗格》,其"取思"有云:"搜求于象,心入于境。"

现象：岭云背着秦山人出山的方向飞。这就有寓意了——"机"应未息。那就是说，秦山人就要回山了，是岭云捎来了信息。一个自然现象——岭云背君飞，本没有什么了不得。但诗将君行与云飞连起来看，就构成了一种交互反向的运动，与佛教非常看重的"机"联系起来，就营构了一种境，显得情趣盎然，又耐人寻味。第二首写访客不遇，山僧无甚待客，让客在山欣赏碧云。本来不过是一句谦词罢了，然一个"无俗物"，就让这"碧云"顿时不同寻常起来了，原来，这才是雅啊！雅在何处，让人浮想联翩，禅意悠然……

四、贯休的佛教诗

晚唐重要诗僧有贯休（832—912 年）。贯休俗姓姜，婺州兰溪人。他在中国绘画史上赫赫有名，以画罗汉而著称。宋朝初年，太宗赵光义遍访名画，给事中程羽牧蜀，将贯休《罗汉》十六帧上呈。《宣和画谱》著录其作品 30 件，现传世画迹《罗汉》十六帧藏日本京都高台寺。

其实，贯休不只是精于绘画，亦精于诗和书法，只是书法没有流传，而诗则有所流传。据史载，他的诗集原名《西岳集》，名诗人吴融为之作序。后弟子昙域更名为《宝月集》，有 30 卷，已亡，《全唐诗》收诗共 12 卷。

《全唐诗》有关于他的介绍，言他"七岁出家，日读经书千字，过目不忘。既精奥义，诗亦奇险，兼工书画。初为吴越钱镠所重，后谒成汭荆南。汭欲授书法，休曰：'须登坛乃授。'汭怒。"唐天复年间（901—904 年）入蜀，蜀主王建赐以紫衣，号禅月大师。因有诗句"一瓶一钵垂垂老，万水千山得得来"，故时称"得得来和尚"。

贯休诗中的佛教气象华丽、伟大、光明。

贯休有诗："美如仙鼎金，清如纤手琴。孙登啸一声，缥缈不可寻。但觉神洋洋，如入三昧林。释手复在手，古意深复深。惭无英琼瑶，何以酬知音。"（《拟齐梁酬所知见赠二首》其二）此诗本意不是礼佛，但它说"美如仙鼎金"这种境界如同佛教的"三昧林"，就无异于说"三昧林"美艳动人。如果说这首诗尚不足以充分说明贯休心目中的佛世界是一个美妙的世界，那么，《题弘顗三藏院》当是可以用作例证的了，此诗云：

> 仪清态淡雕琼瑰，卷帘潇洒无尘埃。岳茶如乳庭花开，信心弟子

时时来。灌顶坛严伸罎塞,三十年功苦拘束。梵僧梦里授微言,雪岭白牛力深得。水精一索香一炉,红莲花舌生醍醐。初听喉音宝楼阁,如闻魔王宫殿拉金瓦落。次听妙音大随求,更觉人间万事深悠悠。四音俱作清且柔,爱河浊浪却倒流。却倒流兮无处去,碧海含空日初曙。

此诗前面几句描绘佛教的清雅、华丽、庄严,其后写佛事,着意于诵经的描绘,僧人妙舌,灿若莲花,经音如纶音,音乐中,楼阁闪辉,金殿峥嵘,佛国的种种美妙似是全出现了。这种描绘,我们在诸多的佛经中看到。如《佛说大乘无量寿经》第三十八章云:

忽见阿弥陀佛,容颜广大,色相端严,如黄金山,高出一切诸世之上。又闻十方世界,诸佛如来,称扬赞叹,阿弥陀佛种种功德……时诸佛国,皆悉明现,如处一寻。以阿弥陀佛殊胜光明,极清净故,于此世界所有黑山、金刚、铁围,大小诸山,江河,丛林,天人宫殿,一切境界,无不照见。譬如日出,明照世界……钟磬琴瑟,箜篌乐器,不鼓自然,皆作五音,诸佛国中,诸天人民,各持花香,来于虚空散作供养。

贯休对弘顗三藏院的描绘,其基本情调是与之完全一致的。

除了描绘佛教的清雅、华丽、庄严,贯休的诗,还有很多是写僧人形象的,如:

吾师楞伽山中人,气岸古淡僧麒麟。曹溪老兄一与语,金玉声利,泥弃唾委。兀兀如顽云,骊珠兮固难价其价,灵芝兮何以根其根。真貌枯槁言朴略,衲衣烂黑烧岳痕。(《经旷禅师院》)

貌古似苍鹤,心清如鼎湖。(《赠信安郑道人》)

吾师师子儿,而复貌瑰奇。何得文明代,不为王者师。(《寄怀楚和尚二首》)

电激青莲目,环垂紫磨金。眉根霜入细,梵夹蠹难浸。(《遇五天僧入五台五首》)

这些人物给予我们的感觉不就是罗汉画中的罗汉吗?

贯休在佛教艺术上的贡献是多方面的,除了佛教诗和罗汉画,其实,他的书法在当时也很出名。他的书法是学怀素的,怀素也是僧人。贯休曾有长诗赞美怀素的草书,诗题为《观怀素草书歌》,诗中说:"张颠颠后颠非颠,直至怀素之颠始是颠。"他认为怀素才是草书之祖。贯休倾心表示对怀素的崇拜,说:"我恐山为墨兮磨海水,天与笔兮书大地,乃能略展狂僧意。"

佛教与唐诗的关系,不只是表现为诸多僧人写诗,而且也体现在诸多文人用诗礼佛。其中李翱(772—841 年)有《赠药山高僧惟严二首》很值得注意。诗云:

> 练得身形似鹤形,千株松下两函经。我来问道无余说,云在青霄水在瓶。
> 选得幽居惬野情,终年无送亦无迎。有时直上孤峰顶,月下披云啸一声。

佛禅的境界原来竟是这样的潇洒,活泼,自由,神秘,清凉,难怪有那么多的诗人为之倾心!

第三章　唐代散文的审美意识

第一节　青云之志

  唐代散文中有诸多以人生志向为主题的文章,其中不乏精美之作,著名的有王勃的《滕王阁序》、李白的《与韩荆州书》《春夜宴桃李园序》、刘禹锡的《陋室铭》。这些文章的突出特点是情真、气雄、达观。首先是情真,字字出自肺腑,句句动人心弦。其次是气雄,几乎所有这类文章都充满着建功立业的豪情壮志,在这样的文章中,虽然也有愁,但绝不悲悲切切地曲尽愁肠,也有忧,但忧的是生民性命、家国、天下。第三是达观。达观重在达,达者,通也,想得开,也放得下。在这些文章中,绝少看到对蜗角之名的追逐,更没有蝇头之利的斤斤计较,文中所透显出来的胸襟宽阔如蓝天,情怀激荡似大海。而这一切的中心则是唐代文人特具的青云之志。

一、王勃的《滕王阁序》

  唐朝散文首推王勃的《滕王阁序》。

  王勃写这篇文章时,应该为 25 岁,是年(上元二年即 675 年),他去交趾看望他的父亲,经过南昌,巧遇都督阎公设宴南昌名胜滕王阁,一时高朋满座,胜友如云,雅士云集,诗人毕至。在众多描写胜景盛宴的文学作品当中,唯独王勃的《滕王阁序》能够胜出,且自作品产生之日起,广为传诵,流传至今,这不是偶然的。反复吟诵这篇文章,悟出此文之魅力全在穿透人生之本,从而让人身有同感,情有同生,心有同悟,志有同奋。

且看下面一段文字:

> 遥襟甫畅,逸兴遄飞。爽籁发而清风生,纤歌凝而白云遏。睢园绿竹,气凌彭泽之樽;邺水朱华,光照临川之笔。四美具,二难并。穷睇眄于中天,极娱游于暇日。天高地迥,觉宇宙之无穷;兴尽悲来,识盈虚之有数。望长安于日下,目吴会于云间。地势极而南溟深,天柱高而北辰远。关山难越,谁悲失路之人? 萍水相逢,尽是他乡之客。怀帝阍而不见,奉宣室以何年?

这段文字在《滕王阁序》中是最为重要的。前几句概括人生之乐:一是"四美具","四美"为良辰、美景、赏心、乐事;二是"二难并","二难"为贤主难遇、嘉宾难聚。概而言之,也就是山水之乐,人事之乐。

人来这个世界为何而来? 中国古代的儒道释三家哲学均有不同的回答。释家哲学,说人是受苦而来,人的出生就是苦,活一辈子就是苦一辈子,无法摆脱。想要摆脱只有一法,那就是念佛,求入极乐世界。道家没有明说这个问题,但从老子说的"复归于婴儿"(《老子》第28章)来看,他认为人长大了,有了智慧就有了机心,懂得荣辱就有了追求,如此等等就难免痛苦。复归于婴儿不可能,那最好的办法是"法自然"(《老子》第25章)。由道家发展出来的道教则明确提出成仙,法自然难以捉摸,还不如经过一段修炼,羽化而登仙。

与释道两家相比,儒家哲学对这个问题的探讨可能最为务实,也最为深刻。首先,儒家不认为人生就是苦难,儒家认为人生不是受苦而来的,是求乐而来的。那么,什么是乐? 孔子就有种种说法。《论语》开篇说:"子曰:'学而时习之,不亦说乎? 有朋自远方来,不亦乐乎? 人不知而不愠,不亦君子乎?'"(《论语·学而》)这里就说了三种快乐:学习乐,交友乐,还有一种乐为"人不知而不愠",这种乐有点特别,表面上看,它不是乐,但在这里"不愠"就是乐了。怎么不是乐呢? 人家不知道你,不理睬你,你"不愠"——不埋怨人家,很淡定,心很安,这不就是乐吗? 从某种意义上说,这种乐不是因于外界,而是因于内心。内心自持的乐,才是最高的乐。

孔子有事功之乐,这是不消说的,不然,他不会奔走列国去复周礼。孔子最重视的一种因于外界的乐是山水之乐,这是大家熟知的,如他在与学生们言志时,独赞赏曾点的"浴乎沂,风乎舞雩,咏而归"(《论语·先进》)的快乐。山水之乐在孔子是怎样的一种乐?从孔子的名言"知者乐水,仁者乐山"(《论语·雍也》),"岁寒,然后知松柏之后凋"(《论语·子罕》),"逝者如斯夫,不舍昼夜"(《论语·子罕》)来看,他的山水之乐实际上追求的是一种与天地自然在精神上相通的境界。读这些名句,总给人怦然心动之感。这只是在游山玩水,打发时间或是锻炼身体吗?显然不是。在从天地自然中寻求精神支柱、精神境界这一点上来看,儒家其实与道家是一致的。

那么,王勃在文章中表达了怎样的人生观,认为人生的价值是在哪里呢?王勃说,他来到滕王阁上,躬逢胜饯,欣赏风景,"逸兴遄飞",这就是乐了。从他乐的"四美具,二难并"来看,此乐涵盖了孔子的山水之乐、交友之乐和学习之乐。

王勃的快乐中,没有涉及"人不知而不愠"。王勃当时尚是青年,正是建功立业的时期,相当于《周易》乾卦中的"见龙在田",就心态来说,期盼着"利见大人",以待"或跃于渊",哪里不希望人知呢?事实上,他急急地赶到滕王阁,就是想参加这个盛会,就是想图个人知。

王勃的心态是青年心态的反映。青年,特别是刚刚步入人生的青年,哪个不想获得一个机会,青云直上呢?青春活力无限,青春光芒四射,王勃就像是一棵沐着阳光雨露的小树,正蹿着向上长啊!

王勃的这种心态也是唐代初期至盛唐的时代心态。有唐一代,从唐高祖即位的 618 年至唐玄宗即位的 712 年,虽然朝廷政权有些波动,但整个社会是安定的,是前进的。知识分子对于自己的人生充满希望,可以说,每个人都怀揣着一个美丽的梦,不仅渴望实现这个梦,而且相信可能实现这个梦。这样说,不是没有根据的。唐帝国的开创者李渊、李世民一改魏晋以来凭门第取士的旧策,实施的是凭才能取士、论功绩给赏的新国策。据《旧唐书·高士廉传》,唐太宗对于山东人氏好自矜夸门第的陋习十分厌恶,命令高士廉等刊正姓氏,重新编写谱牒,"仍凭据史传考其真伪,忠贤者褒进,悖逆者贬黜,撰为《氏族志》",并且说了如下一番话:

> 我与山东崔、卢、李、郑,旧既无嫌,为其世代衰微,全无冠盖,犹自

云士大夫,婚姻之间,则多邀钱币。才识凡下,而偃仰甚高,贩鬻松槚,依托富贵。我不解人间何为重之? 只缘齐家惟据河北,梁、陈僻在江南,当时虽有人物,偏僻小国,不足可贵,至今犹以崔、卢、王、谢为重。我平定四海,天下一家,凡在朝士,皆功效显著,或忠孝可称,或学艺通博,所以擢用。见居三品以上,欲共衰代旧门亲,纵多输钱币,犹被偃仰。我今特定族姓者,欲崇重今朝冠冕,何因崔干犹为第一等? 昔汉高祖止是山东一匹夫,以其平定天下,主尊臣贵。卿等读书,见其行迹,至今以为美谈,心怀敬重。卿等不贵我官爵耶? 不须论数世以前,止取今日官爵高下作等级。

这段话是唐代人才政策的精辟说明。话说得再清楚不过了,唐代取士是不看出身门第的,汉高祖刘邦,原只是山东一匹夫,有何门第可谈? 然而他平定天下,谁还能说他出身低贱不能做皇帝呢? 唐朝取士,只看三点:功效、忠孝、学艺。这三点第一点为功效,这是最重要的,或是军功或是文治,不管在哪个岗位上,总要做出成绩来。忠孝排第二,说的是品德。学艺排第三,讲的是才华。按这三点取士,这就给广大出身寒微的人才开辟了道路。因此,整个唐代都人才辈出。唐帝国几次遭遇严重危难,几乎亡国,终于挺了过来,跟不乏人才大有关系。试想想,安史之乱,如果没有郭子仪、李光弼、哥舒翰这样的军事人才,怎么能够平定? 尽管由于帝国最高统治者未能处理好宦官与朝官的关系问题,帝国中后期一直存在着严重的朋党之争,但总还是有更为出色的人才出来支撑危局。

因此,整个有唐一代,特别是初唐至中唐,基本实施的是一条有利于人才脱颖而出的人事政策。王勃的《滕王阁序》所见出的建功立业的英雄气概就是这种时代精神的反映。那个时代,有才能的人,谁不在奔走,寻找谋取功名的机会? 王勃说的"关山难越,谁悲失路之人;萍水相逢,尽是他乡之客。怀帝阍而不见,奉宣室以何年",确是事实。王勃从山西来到江西,虽不一定谈得上"关山难越",但也可说是路途遥远,而李白从"尔来四万八千岁,不与秦塞通人烟"的蜀地而来,就完全称得上"关山难越"。因为报国,就得离家,就得奔走,就得干谒,就得投门,种种艰辛和屈辱就难免了,更重要的是,即使受得了千般艰辛,忍得了万般屈辱,就一定能见得了皇上,取得了功名吗? 也未必,"怀帝阍而不见,奉宣室以何年"的悲剧比比皆是。

　　然而，既然有希望，就要奔走，不奔走，就没有希望，所以，这种奔走从本质来说，还是快乐的，是一种乐事。

　　王勃对于这种为了功名的奔走，有诸多感慨：

> 嗟乎！时运不齐，命途多舛。冯唐易老，李广难封。屈贾谊于长沙，非无圣主；窜梁鸿于海曲，岂乏明时？所赖君子见机，达人知命。老当益壮，宁移白首之心？穷且易坚，不坠青云之志。酌贪泉而觉爽，处涸辙以犹欢。北海虽赊，扶摇可接；东隅已逝，桑榆非晚。孟尝高洁，空余报国之情；阮籍猖狂，岂效穷途之哭！

　　有两种困难是无法克服的：一是时运，一是命运。怎么办？

　　王勃认为，要承认、要接受时运与命运。承认和接受时运、命运，有消极与积极之分。消极的，放弃一切努力，任凭时运的摆布，命运的安排。显然这是王勃不取的。他的态度是积极的，这积极分为三个层次。一是"君子见机，达人知命"。这"见"与"知"就大有讲究，表现出一种审美的态度，而且与《周易·系辞上》说的"君子乐天知命故不忧"是一致的，也与孔子说的"人不知而不愠"在精神上是相通的。二是知而不安，继续奋斗。"老当益壮，宁移白首之心？穷且易坚，不坠青云之志。""老"尚要奋斗，穷且不废壮志，年轻，还不算贫穷，那就更不要说了。第三个层次是"酌贪泉而觉爽，处涸辙以犹欢"。贪泉本是不宜饮的，因为它会让人贪，然而在奋斗之时，人也无妨"贪"一点，以这种"贪"为爽；处涸辙怎么会高兴呢？涸辙指艰难处境，如果有人不以艰为苦，而能以艰为乐，那就不是常人，而是非常了不起的人了，这种人其实就是孟子说的大丈夫。王勃的意思很清楚，即使因为时运、命运的缘故，不能成就事业，但只要努力，也能成就为君子，成就为大丈夫。按儒家哲学，前者为"外王"，后者为"内圣"，外王不成，内圣能成，也是非常值得的，而且，在儒家，内圣比外王重要。孟子非常看重艰难环境对人的锻炼作用，他认为，不能只是将艰难环境看成对人的考验，还要充分看到，艰难环境，对于人能"动心忍性，曾益其所不能"（《孟子·告子下》）。既如此，奋斗就具有绝对的意义，不管在哪种情况下，都不能消极，都要积极。"北海虽赊，扶摇可接"，有些事表面看来不可能，其实也未必不能。这话否定了时运、命运的绝对性。"东隅已逝，桑榆非晚"，否定一切不愿动作起来的理由，鼓励人们奋斗。

尽管在文中，王勃也不时流露出一些悲观的态度，说什么"孟尝高洁，空余报国之情；阮籍猖狂，岂效穷途之哭"，那都是有意说给阎公听的，让阎公慧眼识才，竭力荐才，不让孟尝、阮籍这样有才能的人士空余报国之情。

不管言语如何委婉别致，也不管内心确是思绪万千，事实上，有关人生的事，王勃也是思虑过多次了，可以说是心中早已有数，胸有成竹。由于毕竟是在阎公面前，何况还有诸多才俊在座，只能谦而又谦，尽管如此，那种高远的人生之志还是脱颖而出，直冲云霄。看似悲观，实不悲观，看似谦逊，实是自负。时运、运命云云，只是激起阎公爱才之心的托词，王勃又哪里相信这些？

机会难得啊！首先，这是都督阎公主持的聚会，若得阎公赏识，即可平步青云；其次，此会胜友如云，高朋满座，若才华出众，即可风传天下。尽管王勃在文章中做了很多修饰，但最后还是清楚地道出自己的凌云之志和当下的处境及心境：

> 勃，三尺微命，一介书生。无路请缨，等终军之弱冠；有怀投笔，慕宗悫之长风。舍簪笏于百龄，奉晨昏于万里。非谢家之宝树，接孟氏之芳邻。他日趋庭，叨陪鲤对；今兹捧袂，喜托龙门。杨意不逢，抚凌云而自惜；钟期既遇，奏流水以何惭？

不卑不亢，言辞得体，但表意很清楚，希望得到赏识和提携。

值得一说的是，为了赢得阎公和同座的好感，王勃说一些诸如"都督阎公之雅望，棨戟遥临""腾蛟起凤，孟学士之词宗"之类的谀辞，也许是难能免俗吧。不过，据《新唐书·王勃传》中所写，阎公安排的这场文会，本来的目的是希望让自己女婿的文章获得赞赏，但因为王勃的文章胜出，也就干脆明确地将这第一颁给了王勃，因此，阎公也还称得上"雅望非常"。①

更重要的是，王勃出自真诚，描绘并赞赏豫州地望之美："豫章故郡，洪都新府。星分翼轸，地接衡庐。襟三江而带五湖，控蛮荆而引瓯越。物华天宝，龙光射牛斗之墟；人杰地灵，徐孺下陈蕃之榻。雄州雾列，俊采星驰。台隍枕夷夏之

---

① 关于此次宴会，《新唐书·王勃传》云："初，道出钟陵，九月九日都督大宴滕王阁，宿命其婿作序以夸客，因出纸笔遍请客，莫敢当，至勃，汎然不辞。都督怒，起更衣，遣吏伺其文辄报。一再报，语益奇，乃瞿然曰：'天才也！'请遂成文，极欢罢。"

交,宾主尽东南之美。"这些描绘当然能获得豫章都督阎公的欢心,但不是谀辞,是对豫章,扩大一点,是对中国山川风物、历史文化的写真和由衷赞美。王勃的报国之志其实就建立在这个基础之上,王勃所希望做的是在中国这壮丽的大地上,添上一笔新的图画,在中国辉煌的历史上续上一曲新的篇章。

《滕王阁序》是唐代士人的功名曲,更是唐代士人的青春歌。

二、李白的《与韩荆州书》

关于李白,《旧唐书》《新唐书》均有传,内容大同小异,其中最为重要的不同是,《旧唐书》说他是山东人,家世平常;而《新唐书》则说他为"兴圣皇帝九世孙",他的出生也被赋予神秘色彩,说是"母梦长庚星,因以命之"。这样写,当然是为了突出李白的不凡。不论是在唐代,还是在中国,李白都称得上是一个代表性人物:唐代文化的代表,中国传统文化的代表。谈到中国,如果要联系上人物,李白当是其中之一。

人们都知道李白是大诗人,但少有人知道,李白也是大散文家。《古文观止》收入他两篇散文:《与韩荆州书》《春夜宴桃李园序》。这两篇文章在精神气质上与王勃的《滕王阁序》是一致的,都充分反映出唐代青年士人强烈的入世之心、报国之志。这其中,《与韩荆州书》和《滕王阁序》都有浓厚的干谒色彩,《滕王阁序》干谒的对象是都督阎公,《与韩荆州书》干谒的对象是荆州刺史韩朝宗。《滕王阁序》是序,序的本义为诗集之引言,然而王勃在此文很少谈诗,而是大谈自己的人生抱负,从阎公主持的滕王阁盛宴谈起,由江山胜迹到人物风流,再到自己,还不算跑题。《与韩荆州书》则直奔主题。

按常规,干谒文字都是需要做自我推销的。李白的自我推销如何呢?且看他的文字表白:

> 白,陇西布衣,流落楚汉。十五好剑术,遍干诸侯;三十成文章,历抵卿相。虽长不满七尺,而心雄万夫。皆王公大人,许与气义。此畴曩心迹,安敢不尽于君侯哉?

这些文字,让我们马上联想到王勃在《滕王阁序》中的自我陈述:"勃,三尺微命,一介书生。无路请缨,等终军之弱冠;有怀投笔,慕宗悫之长风。舍簪笏于百龄,奉晨昏于万里。非谢家之宝树,接孟氏之芳邻。他日趋庭,叨陪鲤对;

今兹捧袂,喜托龙门。"表达的方式是差不多的,但各有特色,相比较而言,王勃比较谦虚,而李白则很自负。这与两人当时的处境不同有关。就年龄来说,王勃写此文时不过 25 岁,而李白则过 30 岁。另,王勃当时犯了事,据《旧唐书》,王勃年少即入沛王府,担任修撰一职。诸王斗鸡,互有胜负,本是好玩的事,然王勃却将它当回事,为沛王写了一篇《檄英王鸡》文,唐高宗李治看了此文后大怒,说"据此是交构之渐",将王勃赶出王府。很长一段时间后,王勃才补为虢州参军。王勃不善与同事相处,恃才傲物,为同僚所嫉。更糟糕的是,他还犯了官司,本为死罪,后获得赦免的机会,保住了性命,但已从官场中除名了。如此状况,王勃焉能不小心谨慎,哪敢自唱高调呢? 李白不同,他在遇到韩朝宗前已经名动天下,只差做官了,他来拜见韩朝宗为的是做官。他的干谒策略则是自我表扬与表扬(表扬韩朝宗)相结合。

一般来说,自我表扬是容易让人生反感的,认为是吹牛皮,然李白的自我表扬不是这样。首先,他说的都是事实。据《李白年谱》,他五岁能诵六甲,十岁,通《诗》《书》,观诸子百家之书。开元三年(715 年),李白 15 岁,《与韩荆州书》中说"十五好剑术,遍干诸侯"。这好剑术是不奇怪的,李白自幼习道。另,他的《赠张相镐二首》其二云:"十五观奇书,作赋凌相如。"据《李白年谱》作者的推断,此赋即是《明堂》。开元八年(720 年),李白 20 岁,此时他卓异不凡的个性已经充分显示出来了。他任侠,曾手刃数人,武功应是超人的。更重要的是,他的文学才华已经受到权贵重视。《新唐书·李白传》云:"苏颋为益州长史,见白异之,曰:'是子天才英特,少益以学,可比相如。'"又,有逸人名东严子者,隐居于岷山,李白跟从他,亦在此地巢居,读书。有学者认为,此即是杜甫赠诗"匡山读书处"的匡山。这几年的埋头读书,对李白大有好处,李白作诗,奇思妙想喷涌而出,新词丽句光彩照人,其中不乏前人的养分,只是不露痕迹。李白其实并不是只凭才气作诗,也凭学问作诗。开元十三年(725 年),李白 25 岁。是年,他"出游襄、汉,南泛洞庭,东至金陵、扬州,更客汝、海,还憩云梦,故相许圉师家以孙女妻之,遂留安陆者十年。"开元十八年(730 年),李白 30 岁,此时还在安陆,与孟浩然等游。又过 5 年,开元二十三年(735 年),李白 35 岁,他离开安陆,开始他的第三次壮游,第一次是出川,第二次是 25 岁前,游苍梧、洞庭、淮扬、金陵一带,这第三次出游则是北上太原,转齐、鲁一带。这出游一路,结交了不少地方官吏、诗人文友,写了不少的好诗。时有人评论他:"诸人之文,犹山无烟霞,春无草树,李白之文,清雄奔放,名章俊语,络绎间起,光明洞彻,句句动人""朝野豪彦,一见尽礼,许为奇才"(《上安州裴长史书》)。

一般人如果像李白这样自我表扬的确有胡吹之嫌,而李白这样说,人们只会信其有,不会疑其无,因为他人的评论甚至远远超过了他的自许。像当朝权贵、亦为诗坛泰斗的贺知章一见李白,竟以"谪仙人"称之,吟李白的《乌栖曲》,说"此诗可以哭鬼神矣"。杜甫也是这样说:"笔落惊风雨,诗成泣鬼神。声名从此大,汩没一朝伸。"(《寄李十二白二十韵》)从《与韩荆州书》中,我们感受到的李白精神主要有哪些呢? 壮游天下、心融天地、笔追自然的审美态度;志登龙门、心雄万夫、心忧黎民的青云之志;灵慧通天、日试万言、倚马可待的绝世才华。

第二节　吊古之伤

中华民族是一个非常重视历史的民族。一个朝代刚建立,一件大事就是为刚逝去的朝代写史,写史的目的,不只是记录历史事件,还有总结历史经验和教训的意思。中国的史学发达与之相关。除史学家外,文学家也喜欢写史。文学家写史,在重视历史的经验教训这一点上,与史学家几乎没有什么区别,与史学家写史的重大不同,在于他们多持审美的视角。从审美的视角来看历史、写历史,让他们从拘泥于历史事件的具体的真实性中解放出来。历史大事一般不违背、不虚构,但进入作品中的具体事件,则往往有虚构的成分。更重要的是,他们不仅注重历史活动中的人物情感生活,而且也常常将自己的情感活动渗透进去。他们对历史事件的评价不是纯理智的,而是具有浓重的情感色彩,这种情感色彩,使得历史文学更具感染力。中国古代的历史文学有小说,诗歌,也有散文。散文是夹在科学与文学之间的一种文章,以历史事件为题材的散文,在中国古代,多以凭吊、追念的形式体现出来,这类文章不太注重历史事件本身的梳理,而注重历史事件中所蕴涵的理性意义的开掘,因而多具有很强的主观性。唐代的文章中,属于这类的也有不少,最有名也最优秀的当推杜牧的《阿房宫赋》和李华的《吊古战场文》。

一、杜牧的《阿房宫赋》

中华民族长达五千年的历史中,一个突出的历史现象是王朝兴替不断。这一现象成为诸多历史学家最感兴趣的话题,也成为诸多有历史情结的文学家的创作题材。在散文作品中,唐代杜牧的《阿房宫赋》堪称这一方面的杰构。

杜牧,字牧之,号樊川居士,京兆万年(今陕西西安)人,唐文宗大和二年(828年)进士,官至中书舍人。杜牧所在的时代为晚唐,唐帝国已经大为衰落了,此时,最大的问题是帝国内部的斗争。这种内耗导致唐代朝廷走马灯似的换人。820年,宦官杀了唐宪宗,立了穆宗。仅四年,穆宗病死,敬宗即位。827年,宦官刘克明等杀了敬宗,拥立宪宗子绛王李悟。不成想,宦官王守澄等发禁兵杀了刘克明、李悟等,拥立江王李涵为皇帝,即为唐文宗。宦官如此凶残,可谓肆无忌惮,历史上仅见。朝官也不含糊,他们一方面与宦官有矛盾,另一方面,内部也有矛盾,牛僧孺、李德裕分别为对立的两派的首领,他们的斗争非常激烈,宰相也是换个不停。唐文宗对此束手无策,叹息道:"去河北贼易,去朝廷朋党难。"这种主要出自内部的斗争,极大地损害了唐帝国的国力。帝国的命运岌岌可危。杜牧是晚唐头脑比较清醒的大臣,虽然他曾为牛僧孺的幕僚,又为李德裕所器重,但未参加朋党,出于对帝国命运的忧虑,他写下《阿房宫赋》,虽然此文没有直接涉及唐帝国的现实,但是,体现在此赋中的忧国忧民精神显然是立足于当下的。

此赋立意精巧,别具一格。它分四步走:

第一步,精心描绘宫观的壮丽和人物、用物之美。

写阿房宫的美,分为两个方面。一个方面是宫观之美,文章细致地描绘了阿房宫的外观、体量、气势,还有自然环境:

> 六王毕,四海一,蜀山兀,阿房出。覆压三百余里,隔离天日。骊山北构而西折,直走咸阳。二川溶溶,流入宫墙。五步一楼,十步一阁;廊腰缦回,檐牙高啄;各抱地势,钩心斗角。盘盘焉,囷囷焉,蜂房水涡,矗不知其几千万落。长桥卧波,未云何龙?复道行空,不霁何虹?高低冥迷,不知西东。歌台暖响,春光融融;舞殿冷袖,风雨凄凄。一日之内,一宫之间,而气候不齐。

这种描写是有事实依据的。《史记》大致描写过阿房宫的规模:"乃营作朝宫渭南上林苑中。先作前殿阿房,东西五百步,南北五十丈,上可以坐万人,下可以建五丈旗。周驰为阁道,自殿下直抵南山。表南山之颠以为阙。为复道,自阿房渡渭,属之咸阳,以象天极阁道绝汉抵营室也。"杜牧的描写属于文学性的,它不局限于事实的陈述,而比较讲究突出阿房宫的壮美。绚丽丰富的想象,工丽对仗的语言,杜牧驾轻就熟地完成了对这种美的描摹。

另一个方面是写阿房宫中的人物、用物之美。这里,主要的手法是多镜头展示。有特写,如"明星荧荧,开妆镜也;绿云扰扰,梳晓鬟也"。可以想象,那开窗理妆的宫女是何等艳丽、动人。也有长镜头,如"雷霆乍惊,宫车过也;辘辘远听,杳不知其所之也"。自远而近又由近而远的宫车驰过,声音由小到大,又由大到小,小到如轻风,大到如雷霆。这情景叫人一惊一乍,心驰神飞。在生动的形象描绘之中,作者渗入情感,道出宫女内心无限之苦楚:"一肌一容,尽态极妍,缦立远视,而望幸焉。有不见者,三十六年。"至于用物,更是应有尽有,都是奇珍。

如此凸显宫内人物、用物之美,其意不在美,而在吸引人们注意这美背后的肮脏,血腥,苦难。原来,这宫内的人物、用物都是从六国抢来、盗来的:"妃嫔媵嫱,王子皇孙,辞楼下殿,辇来于秦。朝歌夜弦,为秦宫人。""燕赵之收藏,韩魏之经营,齐楚之精英,几世几年,剽掠其人,倚叠如山。一旦不能有,输来其间。"

突出一个"掠"字,暴秦的性质由此而定,原来,秦不过是天下最大的强盗罢了。

第二步,揭露阿房宫建设中的奢侈浪费。作者写道:

> 负栋之柱,多于南亩之农夫;架梁之椽,多于机上之工女;钉头磷磷,多于在庾之粟粒;瓦缝参差,多于周身之帛缕;直栏横槛,多于九土之城郭;管弦呕哑,多于市人之言语。

这显然是夸张,但这种夸张并不让人感到虚假,因为在这里,作者不是在对阿房宫作计量上的分析,而是痛斥这种华丽背后的实质:对民脂民膏的糟蹋。它直接损害了百姓的利益:"秦爱纷奢,人亦念其家。奈何取之尽锱铢,用之如泥沙?"

于是,宫殿的华丽成为罪恶的证据,美在这里成了丑。

第三步,明确提出"族秦者秦也,非天下也"。秦其实并不是被别人推翻的,而是被自己推翻的。它的暴政,它的奢靡,它的浪费,它对百姓的残暴,都不是别人要它这样做的,而是自己的选择。也正是这种自我选择导致了它的灭亡。

第四步,就是如何从秦的灭亡吸取教训。文章说:"秦人不暇自哀,而后人哀之;后人哀之而不鉴之,亦使后人复哀后人也。"这最后一步才是文章的主旨。作者强调,鉴之比哀之重要。这话是别有深意的,显然是针对晚唐的现实而言。晚唐与暴秦当然不一样,但在一个根本点上是一样的,那就是不珍惜民脂民膏、奢靡浪费,百姓已经强烈地不满了。事实是,从唐文宗登基的 827 年到王仙芝起义的 874 年,也不过 40 多年。公元 859 年发生在浙东的裘甫起义,就已经标志着唐朝廷崩溃的开始。

二、李华的《吊古战场文》

自人类产生以来就战争不断,关于战争人们有太多的话要说,太多的情感要倾诉。尽管人们普遍能接受战争有正义与非正义之分的观点,对于正义的战争不予以反对,还加以赞颂,但是,一个不能否定也不能漠视的现实是,战争毕竟是要流血的,让诸多的生命毁于战争,总不能说是什么好事。所以,中国自古以来就有反战的声音,老子说:"兵者不祥之器,非君子之器,不得已而用之,恬淡为上。胜而不美,而美之者,是乐杀人。夫乐杀人者,则不可得志于天下矣。"(《老子》第 31 章)"善为士者不武。"(《老子》第 68 章)"常有司杀者杀,夫代司杀者杀,是谓代大匠斫,夫代大匠斫者,希有不伤其手矣。"(《老子》第 74 章)唐代著名诗人杜甫也在《前出塞》中说:"苟能制侵陵,岂在多杀伤。"

与杜甫同一时期的文人李华(715—766 年)在其著名的《吊古战场文》中,对战争做了深刻的反思。从文章的内容来看,他所写的战争基本上属于处于中原地带的汉民族政权与处于边界地带的少数民族政权的战争,可以概括为夷夏之战,少数民族政权为夷,汉民族的政权为夏。从具体场景来看,主要指西北地带的战争。这一地带的确是夷夏之战的主战场,自春秋战国以来,战争不断。李华深感这没完没了的战争给百姓带来的巨大伤痛而写下这篇文章。这篇文章给人的突出印象是美,在历代以战争为主题的散文中,在审美这一点上,可能很难找到与之相媲美的文章。在取审美维度写文章这一点上,杜牧的《阿房宫赋》与之是一样的,但《阿房宫赋》有一个讨巧的地方,那就是阿房宫本身就是美的,对阿房宫的审美是在对美的对象进行审美。而古战场本身是丑的,对古战场的审美实际上是在对丑的对象进行审美,径直说是在审丑。由于此种审丑融汇了作家的情感、理解,这种情感、理解均是正能量,更重要的是,融汇了作家情感、理解的古战场风光,是通过美丽的艺术媒介(在这里是美丽的文学语言)予以传达的,因而,它就给人以强烈的美感了,这里的美感不能简单地归为对美的事物的感受,它是一种融入诸多元素烹制出来的心灵鸡汤,一种正面的高峰心理体验。

文章最值得称道的就是这种审美的维度,而在具体展现上,它具有一些特点:

首先是典型环境的设置上,充分考虑此环境的代表性、概括性。

就时间来说,有实虚之分。从文字交代来说,它说的是"秦欤,汉欤,将近代欤",包括了从秦到近代这漫长的历史,实际上,它着眼于近代,因为这近代指的就是唐代,李华关心的只能是唐代。这种写法,是古代常用的,通常不明说自己所在的朝代,而托名前朝。就空间来说,它确定为以"平沙"为特点的战场,然平沙在哪? 众所周知,沙漠战场在中国主要在今甘肃、青海、宁夏、内蒙古一带。然具体为何处,文章不说。这样,文章就有了一个广阔而又纵深的时空,作者就在这时空中抒发情怀,纵论对战争的看法,探讨历史的教训。这种写法有它的优点。但如果不能具体,则会显得空洞,抽象,而缺失审美的感染力。所以,作者又为文章设置了一个具体的时空。

空间:沙漠。时间:秋冬。于是,构成这样的具体情境:

> 浩浩乎,平沙无垠,敻不见人。河水萦带,群山纠纷。黯兮惨悴,
> 风悲日曛。蓬断草枯,凛若霜晨。鸟飞不下,兽铤亡群。

文章在这里营造出一种荒凉、空旷、冷寂、肃杀的氛围,给人一股恐怖感。到这时,作者才托亭长之口曰:"此古战场也,常覆三军。往往鬼哭,天阴则闻。"这个环境是典型的。既具体,又有很大的概括性。

其次,在战场残酷性的表述上,将具体情境的描写与历史事实的概述结合起来。

具体情境的描述,用"吾想夫"领起。具体写了三个情景:一是期门之战,二是穷寒远征,三是白刃拼搏。均写得极为生动,很有层次,类似电影手法,有全景,有特写,有近景,有远景,镜头或推或拉或摇。如期门受战:

> 主将骄敌,期门受战。野竖旄旗,川回组练。法重心骇,威尊命

贱。利镞穿骨，惊沙入面。主客相搏，山川震眩。声析江河，势崩
雷电。

"野竖旄旗，川回组练"是全景，而"利镞穿骨，惊沙入面"则是特写。战斗之激烈，让人惊心动魄，目骇神飞。

关于历史事实的概述，则由"吾闻夫"领起，从周朝一直讲到汉朝。其基本观点是，战争虽然难以避免，但并不在杀人，能达到目的，将敌人赶走就可以了，保住边疆就可以了。这种观点跟杜甫的"苟能制侵陵，岂在多杀伤"是一致的。

文章最精彩的是结尾一段的吊祭，它不取这类文章通常取的国家、民族主义的立场，而取人道主义的立场，由一连串的"谁无父母""谁无兄弟""谁无夫妇"，引出"生也何恩，杀之何咎，其存其没，家莫闻知"。如此引己入人，设身处地，将读者拉了进来，历史近了，他人近了，战争切身了。

作者何尝不知道，世界上诸多事情不是按照人的意愿来行事的。战争也是如此，你不希望战争，战争硬将你拉进去。作者不能不慨叹："时耶命耶？"尽管如此，他还是明确地表白自己的观点："守在四夷"。即不反对战争，但反对侵略战争，战争的目的是保卫边疆，概括为一个字——守。

李华的《吊古战场文》既表达了他对历史的看法，也表现出他对历史的审美态度，其中流露出的审美意识具有普遍的意义和价值。

人是有历史感的，人的思维对象不只在现实，还在历史。人们喜欢思考历史。因为历史具有特殊重要的意义：历史不可重复，但历史又可以重复。不可重复的是事物的现象，可以重复的是它的内在规律。历史是人类最好的老师。

历史不仅是人类最好的老师，也是人类重要的审美对象。它的突出优点，与现实形成了一个距离，既有物理的距离，又有心理的距离。物理的距离指它已经成为过去，不可重现，只能让人们去想象，去体会，因此，它给人们更多的思维自由的空间、想象自由的空间，这种思维的自由、想象的自由，为审美创造了优越的条件。更重要的是，事件成为历史，它对于现实人们的心理距离有些远了，但还不是非常远，它既是不切身的，因为它不可能对现实人们产生实际的利益，又不是不切身的，不仅人们可以设身处地地去想象，去感受，更重要的是，参加过历史事件的人们是我们的先人，与我们血脉相承，因此，它与我们仍然存在着某种利益关系。这种不远不近的心理距离同样为审美的可能创造了前提。

中华民族在其发展的过程中,有一个突出的优点:历史没有中断,其脉络是清晰的,积累了极为丰富的史料。体现在对历史的审美上,一是体现在历史文献记录中的审美,二是体现在文艺作品中的审美,三是体现在历史文物遗存中的审美。三者汇成一条浩瀚的江河,奔流至今,并通向未来。这条历史审美的大河,唐代是绚丽的一段。唐代所审美的历史是此前的历史,基于唐帝国自身的强大,它对于历史的思考与审美,较少顾念唐帝国的存亡,而多站在人道主义的立场上。杜牧的《阿房宫赋》是这样,李华的《吊古战场文》也是这样。

第三节　山水之娱

中国的山水文学由来已久,汉代的辞赋中有大段的山水描写,而到三国魏晋南北朝,始有单纯的山水文学出现,不仅有了山水诗,而且有了山水游记。陶弘景的文章《答谢中书书》不到一百个字,然将山水之美写得淋漓尽致,其开篇的"山川之美,古来共谈",揭示人性中的山水情怀。郦道元的《水经注》本是地理著作,却以生花放彩的文笔将山水写得极美,其中不少篇章成为山水文学的名篇。也就是在与自然山水的接触之中,人们不仅感受到了快乐,而且也形成了对山水的审美意识。

唐代山水文学空前发达,但主要体现为山水诗,而在山水游记方面似略有欠缺,不过,柳宗元精美的山水游记在相当程度上弥补了这种缺憾。永贞元年(805年),柳宗元被贬为永州司马。永州地处偏僻而多山水之胜,柳宗元至此,心情郁闷,无可消遣,此地的山水倒成了排解心中烦闷的重要工具,柳宗元本是好游山玩水之人,暇时常携伴踏访永州周边的山水,多有新的发现。柳宗元将自己的发现一一记载下来,共有十余篇,有人将其中八篇单挑出来,统名为"永州八记"。"永州八记"是山水文学的瑰宝,在对自然风景的描摹上,远超魏晋南北朝时代的山水散文,它有更为生动、更具感觉及心灵的冲击力,更可贵的是,柳宗元在这些游记中表达了他对山水审美的一些看法,这些看法丰富了中国山水审美思想,尤其值得我们重视。

一、柳宗元的山水游记

山水美是怎样美的,美在哪里?这是柳宗元山水游记给我们的第一个回答。虽然回答了，但他没有直言，不过，从他对山水的描绘中，我们能够知道他要说的是什么。且看"永州八记"中最短的一篇《至小丘西小石潭记》：

从小丘西行百二十步，隔篁竹，闻水声，如鸣佩环，心乐之。伐竹取道，下见小潭，水尤清冽。全石以为底，近岸，卷石底以出，为坻，为屿，为嵁，为岩。青树翠蔓，蒙络摇缀，参差披拂。

潭中鱼可百许头，皆若空游无所依。日光下彻，影布石上，怡然不动；俶尔远逝，往来翕忽。似与游者相乐。

潭西南而望，斗折蛇行，明灭可见。其岸势犬牙差互，不可知其源。

坐潭上，四面竹树环合，寂寥无人，凄神寒骨，悄怆幽邃。以其境过清，不可久居，乃记之而去。

同游者：吴武陵，龚古，余弟宗玄。隶而从者，崔氏二小生：曰恕己，曰奉壹。

这篇文章有两处提到"乐"字，分别为第一段、第二段。第一段作者"心乐之"，是因为闻水声，这水声如鸣佩环，可以想见水声清亮，具有音乐般的美；接着就是看见潭水了，这是怎样的水？作者写道"水尤清冽"，另外，就是潭周的"青树翠蔓"。水是清的，树是青的，非常爽目，这是视觉的美。这段写的小石潭的美，主要还是形式美，它们悦耳悦目。

第二段写到鱼，鱼本是人们喜欢的，此处的鱼有它特殊的美，就是这鱼因为处于透明且浅的水中，疑若"空游"，它们或怡然不动，或俶尔远逝，透出鱼最可贵的品性——自由而灵动。正是这一点，让作者"乐"了。此处所写的鱼"似与游者相乐"，显然，它高出第一段的自然形式美，透显出自然生机盎然的美。生机盎然可以理解为生意，其实不只是鱼能体现自然的生意，叮咚的山泉、翠绿的树木都可以体现出自然的生意，但无疑，没有比鱼更能见出人与自然的互动的了。水、树固然宜人亲人，但它们无识无觉，而鱼却是活物，是可以与人进行交流的，这交流实质是生命与生命的交流，所以，"似与游者相乐"，乐就乐在就生命的交流，以及它们的相互肯定、相互致意，这才是自然山水美的真谛啊！

值得我们注意的是文章的第三段，景其实还是原来那景，只是人的心态发生变化了，四面环合的竹树，让人感到压迫，幽深静谧的气氛，让人感到寒冷恐惧,于是,只是简单地记载了场景,就离之而去了。为何同样的景观,却没有能让柳宗元产生美感呢?我们须注意到两点。一是明写,此地"寂寥无人"。这里说的"无人"不在字面上有人没有人,而是说,此地景观对于人的心理所产生的感觉是什么呢?是压迫人还是肯定人?通常少人的空旷地或是漆黑的夜晚,容易让人感到恐怖。所以,重要的不是无人,而是"寂寥"。二是暗写,显然在游玩的过程中,柳宗元的心态发生了变化,他可能想到自己被流放的处境,对一切都不感兴趣了,所以,本来被他视为美的景也不视为美的了,本来流连徘徊,不忍离去的景地,也就恨不得早点离去。这说明什么?自然景观的美可以找出一些标准,比如色彩的悦目、声音的悦耳、生机的悦心,但根本的还是决定于欣赏者的心态,心态好,普通景观也是美的,心态不好,再美的景观也引不起兴趣。

柳宗元居永州,心情是很糟糕的。他的游山玩水,纯粹是散心。在《始得西山宴游记》中,他开篇就说:"自余为僇人,居是州,恒惴栗。其隙也,则施施而行,漫漫而游。"这样一种心态,使得他所发现的山水美都蒙上一层特殊的情感色彩。

二、"幽丽奇"之美

从《至小丘西小石潭记》可以大致看出柳宗元的山水审美观。原来,他的山水审美有两个支撑点:客观方面,是自然景观本身的性质,这性质应是美的,我们可以称之为"美质";主观方面,就是欣赏者的修养和心情,我们可以称之为"美情",山水审美就是客观的美质与主观的美情的统一。

柳宗元是承认山水的审美性质有高下之别的。在《袁家渴记》中,他的这一观点表达得很明确。他说:"由冉溪西南水行十里,山水之可取者五,莫若钴鉧潭。由溪口而西,陆行,可取者八九,莫若西山。由朝阳岩东南水行,至芜江,可取者三,莫若袁家渴。皆永中幽丽奇处也。"这里,柳宗元说的"可取者",就是具有较多美质的山水。美质从何体现出来?他提出"幽丽奇"三字。

幽者,绿也,静也,清也。幽的基础是绿,如小石潭"青树翠蔓,蒙络摇缀,参差披拂",如袁家渴树林茂密,郁郁葱葱,"每风自四山而下,振动大木,掩苒众草,纷红骇绿,蓊葧香气"。绿要绿得厚重,绿得深邃,从而给人一种生命的敬畏感、情境的静谧感和超越红尘的清真感。

丽者,鲜也,华也,靓也。尽管丽的表现形态多样,可纤秾,可素淡,但有一个共同特点,就是具有强烈的感官冲击力和极度的感官舒适感。柳宗元对于水之丽特别有感觉,在《至小丘西小石潭记》中,他说"闻水声,如鸣佩环,心乐之",在《石渠记》中,他又说到水声,说"泉幽幽然,其鸣乍大乍细"。一般来说,有泉处,风景必美,石渠之侧"皆诡石怪木,奇卉美箭,可列坐而庥焉"。柳宗元的感觉没有错,水是生命之源,有水就有了葱绿的山水、色彩鲜丽的花,整个大自然就有了灵气,有了灵韵。

奇者,尤物也。奇景都是平常很难看到的景观,因为奇,突破了人们的欣赏习惯,人们马上要去建构一种新的审美心理去适应它,一时间不能不惊骇,不能不无措。经过一番心理调节,人们很快适应了这种景观,产生新的审美感受,这种感受因为是新的,前所未有的,所以特别让人感到兴奋。奇,是自然山水美质的极致。凡奇均为"一"。在人类所有的活动中,唯有审美,最为看重的是这个"一"——不可重复性。美之所以具有长盛不衰的魅力,重要的是因为它永远为唯一。

柳宗元在他的游记中写到很多奇景。有奇石:"梁之上有丘焉,生竹树。其石之突怒偃蹇,负土而出,争为奇状者,殆不可数。其嵚然相累而下者,若牛马之饮于溪;其冲然角列而上者,若熊罴之登于山。"(《钴鉧潭西小丘记》)有奇水:"其中重洲小溪,澄潭浅渚,间厕曲折。平者深墨,峻者沸白。舟行若穷,忽又无际。有小山出水中。山皆美石。"(《袁家渴记》)不能不佩服柳宗元描绘的细致、逼真,原来这奇景之奇,重要的是突出的生动性、突出的变异性。一句话,它超出了平庸。

三、"旷景"和"奥景"

关于山水的美质,柳宗元除了提出"幽丽奇"三字经,还提出"二适"说,见于他的《永州龙兴寺东丘记》:

> 游之适,大率有二:旷如也,奥如也,如斯而已。

什么样的地理条件其景为旷？柳宗元说:"其地之凌阻峭,出幽郁,寥廓悠长,则于旷宜。"这话的意思是,如果这个地方山岭高耸陡峭,谷幽沟深,天高地阔,寥廓悠长,则与旷景相宜。旷景不怕它敞,柳宗元说:"因其旷,虽增以崇台延阁,回环日星,临瞰风雨,不可病其敞也。"

什么样的地理条件其景为奥？柳宗元说："抵丘垤，伏灌莽，迫遽回合，则于奥宜。"这话的意思是，如果这地方，仿佛是压迫在蚁穴之中，掩伏于灌木丛莽，视野迫促，景物拥挤，那就称为奥景了。对于奥景不要怕它深邃："因其奥，虽增以茂树丛石，穷若洞谷，翕若林麓，不可病其邃也。"

旷景与奥景，一以视野开阔取用，一以景深丰富见长。旷，揽大千风光于眼底，拓人胸襟，油然而生奇壮之感。奥，于有限中窥见无限，激人遐想，从而平添寻幽访胜之趣。

大多数景区，兼具旷、奥两种景观。像永州龙兴寺的东丘就兼具两种景观：

"今所谓东丘者，奥之宜者也。其始宾之外弃地，予得而合焉，以属于堂之北陲。凡坳洼坻岸之状，无废其故。屏以密竹，联以曲梁。桂桧松杉梗楠之植，几三百本，嘉卉美石，又经纬之。俯入绿缛，幽荫荟蔚。步武错连，不知所出。温风不烁，清气自至。水亭狭室，曲有奥趣。"（《永州龙兴寺东丘记》）——这是奥景。

"登高殿可以望南极，辟大门可以瞰湘流，若是其旷也。"（《永州龙兴寺东丘记》）——这是旷景。

柳宗元深为一丘兼两种景观而高兴，他说："丘之幽幽，可以处休。丘之眖眖，可以观妙。"（《永州龙兴寺东丘记》）

奥、旷两景的基础是自然界提供的，但为了某种需要，柳宗元也自己动手，对景观进行某种改造，永州法华寺是永州地势最高处，本是观旷景的好地方，可是，其西庑下，有大竹数万，又兼诸多丛竹，蒙杂拥蔽，什么也看不见。柳宗元在征得僧人觉照的同意之后，命仆人持刀斧，将杂竹砍了不少，这样一来，"丛莽下颓，万类皆出，旷焉茫焉，天为之益高，地为之加辟；丘陵山谷之峻，江湖池泽之大，咸若有而增广之者"（《永州法华寺新作西亭记》）。更有意思的是，柳宗元用自己的俸禄在这个地方盖了一座亭，这亭一盖，更好观景了。大千风景，尽收眼底。

从众多的游记来看，柳宗元相对比较偏爱的是旷景，在《始得西山宴游记》中，他写到登上高山纵目远眺的感觉："萦青缭白，外与天际，四望如一。然后知是山之特立，不如培塿为类。悠悠乎与颢气俱，而莫得其涯；洋洋乎与造物者游，而不知其所穷。"显然，旷景最大的好处是拓展心胸，驱除烦恼，化小我为大我，与天地合一。处于贬谪境地的柳宗元太需要这种景观了！

四、自然山水的生命意味

柳宗元对自然山水美的欣赏,似乎最为倾心是山水中的生意。

自然生意通过两种景观表现出来:对于无机自然物来说,就是它的动感;而对于有机自然物来说,就是它的生趣。

且看柳宗如何写水:

> 有泉幽幽然,其鸣乍大乍细。渠之广,或咫尺,或倍尺,其长可十许步。其流抵大石,伏出其下。逾石而往有石泓,昌蒲被之,青鲜环周。又折西行,旁陷岩石下,北堕小潭。潭幅员减百尺,清新多儵鱼。又北曲行纡余,睨若无穷,然卒入于渴。(《石渠记》)

如此细致地写溪水的流动过程在山水散文中是少见的,柳宗元要这样写,是因为他对溪水的曲折流程感兴趣,而小溪因途中遇到各种不同的阻碍,不得己不断地改变流向,最后到达袁家渴。柳宗元似是觉得这溪也是有生命的,它灵活地应对不同的阻碍,巧妙地克服不同的困难,成功地保存着自己,执着地向着未来流去。

如果说,袁家渴的溪水更多委曲着自身,随山势而流转,多少见出一些无奈的话,钻鉧潭的水则似具有一种反击的豪情,它虽然因石的阻隔,不得不屈折东流,却在奔流中用自己的浪花不断地击打着顽石,“其颠委势峻,荡击益暴,啮其涯”(《钻鉧潭记》)。

又看柳宗元如何写风:

> 每风自四山而下,振动大木,掩苒众草,纷红骇绿,蓊勃香气。冲涛旋濑,退贮溪谷。摇飏葳蕤,与时推移。(《袁家渴记》)

这风有些气势了,虽然“掩苒众草,纷红骇绿”,却也吹来了“蓊勃香气”。这种强烈的动感,是不是显示了柳宗元战斗的激情? 被贬谪来到蛮荒之地的柳宗元,官虽降了,距政治中心远了,但斗志不减,是不是在企盼着新的政治风暴的到来?

再看柳宗元如何写石:

> 其石之突怒偃蹇,负土而出,争为奇状者,殆不可数。其嵚然相累

而下者,若牛马之饮于溪;其冲然角列而上者,若熊罴之登于山。(《钴
鉧潭西小丘记》)

石本是静的,将它想象成牛马熊罴,就成了动的。重要的是在柳宗元的心
目中,这负土而出、争为奇状的石头均具有一副"突怒偃蹇"的姿态,似是在泥土
中挣扎,又似是在向天空宣战。

柳宗元笔下的自然山水如此地具有战斗的姿态,如此地具有抗争的豪情,
不能不让人认为,这种形象实际上是柳宗元自身精神的写照。

撇开柳宗元自身被贬的特殊情况,仅就人一般的审美来说,也都是将自然
山水看成是有生命的,而且类似人的生命。没有人喜欢死寂的山水,道理很简
单,只要是正常的人,都珍惜生命、热爱生命。从自然山水中感受生命,是自然
山水审美的一般规律。与一般人不同的是,柳宗元对生命的感受,既是极为细
腻的,又是极为豪壮的。前者如"往来翕忽,似与游者相乐"(《至小丘西小石潭
记》)的小鱼的生命;后者如"莫得其涯"的"造物者"(《始得西山宴游记》)的
生命。

自然山水之美,从本质来看,美在生命的意味。

五、"美不自美,因人而彰"

永州本是不毛之地,柳宗元来这里之前,基本上默默无闻。柳宗元来这以
后,到处寻访美景,写下诸多脍炙人口的山水游记,永州声名也就由此而鹊起。
后世诸多好事者按柳宗元所写去寻访风景点,找到后,莫不大失所望:风景远不
是柳宗元写的那样美。是柳宗元欺骗了大家? 当然不是。这里,有两个概念需
要适当加以区分:山水与山水美。山水是客观存在的,客观地描写它,是可以作
为地理科学资料的,郦道元的《水经注》就是这样的文字。但山水美,却是客观
的山水与欣赏者主观的心情的统一。我们前面将山水所具有的审美潜质称为
"美质",而将欣赏者的主观心情称为"美情",山水美是两者的统一。

柳宗元作为贬官来到永州,心情本是郁闷的,他自己说"居是州,恒惴栗",
游山玩水,是他释放恐惧、驱逐郁闷的重要方式。故"日与其徒上高山,入深林,
穷回溪,幽泉怪石,无远不到。到则披草而坐,倾壶而醉。醉则更相枕以卧,卧
而梦。意有所极,梦亦同趣"(《始得西山宴游记》)。这里,我们要特别注意这个

"梦"。观景之后,饮酒而醉,醉而梦。梦见什么?应该是比较美好的东西,不然不会说"意有所极,梦亦同趣"。这美好而有趣的东西从哪来?从观景来。基于此,柳宗元过后写的山水游记有浓重的梦境色彩。梦境的缘故,将永州的山水在一定程度上美化了也幻化了。由于柳宗元的身份的缘故,其情感基调是悲伤的,所以,尽管面对某一局部景点有大喜过望、洋洋自得之感,这种感觉也都只是瞬间即过,几乎所有的游记,其结尾都是感伤的。这种被柳宗元情感浸染过的山水,还能说是客观的永州山水吗?

柳宗元一点也不回避山水审美的主观性。在《邕州柳中丞作马退山茅亭记》中,他直白地说:"美不自美,因人而彰。"

"美不自美,因人而彰",可以做诸多层次的理解:

首先,任何景观都是因为人的发现才得以彰显的。人是山水的伯乐。柳宗元在说了"美不自美,因人而彰"之后,说:"兰亭也,不遭右军,则清湍修竹,芜没于空山矣。"这话说得对,的确,如果没有王羲之的那篇《兰亭集序》的美文,兰亭肯定不会有名。"清湍修竹",江南哪里没有?所以,兰亭之美,实因王羲之而彰。柳宗元作文的马退山,也是柳州一处风景优美的地方,首先是山势非常好,"诸山来朝,势若星拱",其次,植被丰富,"苍翠诡状,绮绤绣错"。为了便于观景,柳宗元特意在山上做了一座亭。亭子做好后,"每风止雨收,烟霞澄鲜,辄角巾鹿裘,率昆弟友生冠者五六人,步山椒而登焉。于是手挥丝桐,目送还云,西山爽气,在我襟袖,以极万类,揽不盈掌",感觉非常好!据此,柳宗元也发表感慨:"是亭也,僻介闽岭,佳境罕到,不书所作,使盛迹郁湮,是贻林间之愧。故志之。"也是同样的道理,没有柳宗元,就没有这亭;没有这亭,这马退山的美景就不能为人充分发现;还有,没有柳宗元这文,这亭就不能为人所知了。说来说去,山水之美离不开人的发现。

其次,什么样的人发现什么样的山水。从某种意义上讲,山水之美与欣赏山水的主体有某种对应性。永州的山水,在柳宗元看来,有两个突出特点:一是奇,无论山、石、水、树、鱼,都有些不同寻常,有些怪异;二是幽,多有石洞,有泉水,水声铿锵,树林苍翠,整个景区幽郁、深奥。这样的景观,恰好是柳宗元所欣赏的,之所以欣赏,在某种意义上,是它与柳宗元的才华、气质构成一种同构的互相肯定关系。《小石城山记》是柳宗元一篇非常重要的山水游记,在此文中,他说:

吾疑造物者之有无久矣,及是,愈以为诚有,又怪其不为之中州,而列是夷狄,更千百年不得一售其伎,是固劳而无用,神者傥不宜如是,则其果无乎? 或曰:"以慰夫贤而辱于此者。"或曰:"其气之灵,不为伟人,而独为是物,故楚之南少人而多石。"是二者,余未信之。

柳宗元在这里兜圈子,其真实用意不在讨论造物者之有无,而是说明一个事实:山水美与人是存在一定的对应关系的。永州山水充满灵气,其实很美,然而它因为不在中州,不为人知,不能派大用场,这正如柳宗元这样的人才,虽然有才,却不能为君王所用,而被贬在僻远的蛮荒之地。可见,山水美与人才都一样,都需要有欣赏者,没有欣赏者,就没有山水的美,也没有人才。现在好了,永州的山水,不要再发愁没有人欣赏了,因为柳宗元来了;而柳宗元也不要埋怨没有知音了,这永州的山水就是你的知音。

六、自然山水的审美感受

山水在欣赏者心中激起怎样的反应,或者说,山水审美是怎样实现的,柳宗元也有着具有诗意的描述,《钴鉧潭西小丘记》有这样一段文字:

得西山后八日,寻山口西北道二百步,又得钴鉧潭。西二十五步,当湍而浚者为鱼梁。梁之上有丘焉……丘之小不能一亩,可以笼而有之。……即更取器用,铲刈秽草,伐去恶木,烈火而焚之。嘉木立,美竹露,奇石显。由其中以望,则山之高,云之浮,溪之流,鸟兽之遨游,举熙熙然回巧献技,以效兹丘之下。枕席而卧,则清泠之状与目谋,瀯瀯之声与耳谋,悠然而虚者与神谋,渊然而静者与心谋。

这段文字可以分为两个部分。第一部分是所看到的景观:有原有的景观,潭水、急湍、鱼梁、小丘、竹树、怪石等;有经过整理后新出现的景观,嘉木、美竹、奇石。第二部分是写对景观的感受。景观作为信息,作用于柳宗元的全部感官,引起相应的感觉反应,信息经过神经通道,进入大脑,刺激着大脑皮层各个相应的兴奋中枢,使人的整个心灵有所反应。

首先一个强烈的反应是,山、云、溪、鸟兽,这些本属于客观的景物,都仿佛为人而设,争相与人相亲。这就是说,在审美的情状下,人与山水的关系拉近了,它们不仅是相关的,而且是相互作用的,共同创造着审美情状。值得我们特别注意的是,柳宗元用"举熙熙然回巧献技,以效兹丘之下"来比喻山水与人的相亲关系,说明在审美的情状下,所有的自然物都人化了,它们像人一样有了情感,它们的"回巧献技",不是它们自身发生了什么变化,而是在人审美视域中发生了变化,这种变化的原因是人的审美情感的作用,是审美移情。

其次,我们注意到,人的审美是有一个过程的,大体上,由外到内,由局部到全身,由物我两分到物我一体。

柳宗元具体描述"枕席而卧"仰天欣赏山水美的感受过程,大体上为两个层次。

第一层次为感官享受:"清泠之状与目谋,瀯瀯之声与耳谋。"此为审美的第一步——悦耳悦目。其实不只是耳、目两个主要的感官受到刺激,全部感官都受到刺激。有些感官没有直接受到刺激,但可以因别的感官受到刺激而产生相应的反应,此之为"通感"。感官刺激形成的信息分为感觉与知觉两个层次,感觉是单一感官所形成的反应,知觉则是诸多感觉综合的结果。知觉是审美认识的最初成果,也是审美深入的基础。在审美知觉的基础上,由于审美情感的作用,催发了审美的想象,知觉所得的认识,经想象而变形,虽然离客体实际越远了,却离主体的情感需要更近了。像将"山之高,云之浮,溪之流,鸟兽之遨游"看成是"举熙熙然回巧献技"就是情感想象的成果了。

"悠然而虚者与神谋,渊然而静者与心谋。"此为审美的第二层次——悦志悦神。何谓"悠然而虚者"? 这是指宇宙之道。"渊然而静者"也是宇宙之道。"悠然"指其广大,"渊然"指其深邃,含空间义,也含时间义,无边无际,无始无终。至大至远而入于虚,至闹至响而入于静。虚者无垠,静者无声。由具体到整体,从有限至无限。审美由想象进入思考了。这种思考,是"神"在作用,"心"在作用。在这个过程中,神得到实现,心得到解放。这是审美极致,也是人最大的愉快。

审美在达到这个阶段时,人与物实现了精神上的合一。这种状态,柳宗元描绘为"悠悠乎与颢气俱,而莫得其涯;洋洋乎与造物者游,而不知其所穷"(《始得西山宴游记》)。

山水审美最大的意义是让人实现心灵的解放。因贬官而来永州,由于心情郁闷,永州的山水在柳宗元的心目中是痛苦的象征,没有好的印象。他曾在《与浩初上人同看山寄京华亲故》中说:

海畔尖山似剑铓,秋来处处割愁肠。若为化得身千亿,散上峰头望故乡。

尖山如剑锋,似利刃,愁肠百转,怎禁得如此切割? 然而,当暂时地忘却当下痛苦的处境,换一种审美的眼光来看这山、这水,竟从这山、这水中,找到了些微的慰藉,而当审美深入,与山水交上了朋友,看山山亲,看水水灵,情感就发生了变化。进一步沉醉于山水之美,似"与造物者游"时,就"心凝形释,与万化冥合"(《始得西山宴游记》)。

在中国文化史上,还没有一位人物,在山水审美方面有如此全面而又深刻的美学思想。仅就这一点而言,柳宗元当之无愧是中国古代山水审美理论及实践的卓越代表。

第四节　园林之乐

中国的园林由来已久,从文字上追溯,园林最早的形式有两种:一为"囿",主要用来豢养动物,供统治者打猎冶游;另为"圃",主要用来种植,不是大规模的田野种植,而是围起来的小面积的种植,主要种菜,也种植一些特殊的观赏作物,并不排除在园内养一些小动物。所以,从起源上看,中国的园林与农耕社会有关,它是农耕后定居的产物。定居主要体现为盖房子,房子大致分为两类,一类用作公共活动(祭祀、议事之类)与居住,一类用来观天,其中有台。这台为用土堆就的方形高台,本是用来观天象的,后也用来观景与游赏。台应是最早的园林建筑。《三辅黄图》记载:"周文王灵台在长安西北四十里。"《诗经》有《灵台》,对周文王的灵台予以歌颂。以台为范本,以观景为目的的各种建筑,如亭、轩、阁、廊等,首先在帝王的宫苑兴起,继而又在富贵人家私家院子出现,于是,园林就作为一种特殊的居住模式得以成立。园林的突出特点有二:一是其功能兼居住与观景,二是其景观兼山水与建筑。汉代园林多在宫苑,到唐代,不仅皇家宫苑多建为园林,而且官衙也建成园林,当然,更多的是别业,即各种私家宅院。柳宗元的文章中就有好些记官署、记亭池的文章,这些文章所记的官署、亭池都是园林。柳宗元的园林审美意识正好在这些文章中得到比较充分的展现。

一、园林的社会价值

做园林,显然是为了观游,而观游自先秦始,一直遭人诟议。批评的理由不一,其中之一是"非政"。柳宗元似是不同意这种看法,在《零陵三亭记》中,他说:

> 邑之有观游,或者以为非政,是大不然。夫气烦则虑乱,视壅则志滞。君子必有游息之物,高明之具,使之清宁平夷,恒若有余,然后理达而事成。

柳宗元是从心理学的角度谈园林的重要性的。他主要讲了两点:一是心情,二是视界。心情是会严重影响思考的,气烦则虑乱,这无疑是对的;至于视界,如果视界拥堵,心胸必然不够宽阔,也难以有远见卓识。即使是君子,也会有"气烦"的时候,也有"视壅"的状况,所以,君子也需要有"游息之物""高明之具",让这"游息之物""高明之具"清除烦心之事,开阔视界,从而让君子有一个大心绪,一个好视界,情理通达,事情就能办成。

下面,柳宗元就举零陵县为例,这零陵县"东有山麓,泉出石中,沮洳污涂,群畜食焉,墙藩以蔽之"。这种状况延续了很久,一直没有得到重视,在这里为县令者数十人,皆视而不见。后来了个薛存义,他来此做县令,在将政务治理好之后,就着手治理这块地方了,"乃发墙藩,驱群畜,决疏沮洳,搜剔山麓,万石如林,积坳为池。爰有嘉木美卉,垂水聚峰,珑玲萧条,清风自生,翠烟自留,不植而遂。鱼乐广闲,鸟慕静深"——风景变美了。在这个基础上,薛存义又做了三座亭子,作为观景的场所。另外,也在合适的地方筑就了馆舍。这样,这零陵县城东山麓的湿地,给建设成了一座真正的园林,柳宗元所推崇的"高明游息之道,具于是邑"。

这样的"游息之物""高明之具",真个能让君子去烦除忧,拓宽视野,有利于为政吗? 柳宗元是这样说的:

> 由薛为首,在昔裨谌谋野而获,宓子弹琴而理。乱虑滞志,无所容入。则夫观游者,果为政之具欤? 薛之志其果出于是欤? 及其弊也,则以玩替政,以荒去理。使继是者咸有薛之志,则邑民之福。其可既乎? 予爱其始,而欲久其道,乃撰其事以书于石。薛拜手曰:"吾志

也。"遂刻之。

这段话耐人寻味：

第一、二句话似是说，这样的好风景真能让薛存义们获得一个精神上休息的场所，有利于他们的心理健康，也有利于他们的为政。这里，他举了两个古人作例。一是战国时郑国的大夫裨谌。这裨谌很怪，据《左传·襄公三十一年》，裨谌"谋于野则获，谋于邑则否""郑国将有诸侯之事，则必使乘车以适野"。另是春秋时的宓子。宓子即宓子贱，他和巫马期都做过单父宰，宓子"鸣琴不下堂而单父治"，巫马期"戴星而入，以身亲之，单父亦治"。在谈到治单父的体会时，宓子将自己与巫马期比较了一下，说："彼任力，我任人。任力者劳，任人者逸。"柳宗元用这两个例子，无非是想说明，做官的方法是很多的，重要的是要有一个好的心绪，"乱虑滞志，无所容入"。

第三、四句话，他连用反问句："则夫观游者，果为政之具欤？薛之志其果出于是欤？"似乎对前一句提出怀疑。观游的重要性不容否认，但是不是"为政之具"，他有保留；另，薛存义之志是不是就出于这即"山水鱼鸟之乐"，他也有保留。

第五句话，他提出观游也有其弊，这弊就在"以玩替政，以荒去理"——这就是玩物丧志了。看来，柳宗元对于观游的肯定还是有所保留的，一方面，肯定观游有利于为政，另一方面，又指出观游有可能不利于为政。关键是要把握好一个度。

第六句话，他提出，如若让后继者能够有薛存义之志，那么，老百姓就有福了。那薛存义的志到底是什么志？从文章前面的介绍来看，薛存义的志首先是为政之志，他来到零陵县，采取一系列做法，使这个"政庞赋扰"、百姓纷纷逃亡的县换了个样："民既卒税，相与欢归道涂。"这才是根本的。其次，才是观游。柳宗元说"余爱其始，而欲久其道"，这个"始"就是薛存义种种爱民之举，"欲久其道"之"道"，是爱民之道。

只有到文章末尾我们才知道，他开头说的"邑之有观游，或者以为非政，是大不然"，是需要作分析的。

不仅观游可以让人从中悟出为政之道，治理山水的过程也可以让人见出为政之志。柳宗元在《永州韦使君新堂记》中说，韦使君来到永州后，在郊外选了一块土,此地"有石焉,翳于奥草;有泉焉,伏于土涂。蛇虺之所蟠,狸鼠之所游。茂树恶木,嘉葩毒卉,乱杂而争植,号为秽墟",韦使君对这块土地做了清理,"芟其芜,行其涂。积之丘如,蠲之浏如。既焚既酾,奇势迭出。清浊辨质,美恶异位。视其植,则清秀敷舒;视其蓄,则溶漾纡余……"这里,关键一句话是"清浊辨质,美恶异位"。除此以外,韦使君还盖了一座堂,供宾客宴游和赏景。由此,柳宗元赞道:

> 见公之作,知公之志。公之因土而得胜,岂不欲因俗以成化?公之择恶而取美,岂不欲除残而佑仁?公之蠲浊而流清,岂不欲废贪而立廉?公之居高以望远,岂不欲家抚而户晓?夫然,则是堂也,岂独草木土石水泉之适欤?山原林麓之观欤?将使继公之理者,视其细知其大也。

这段文字说得十分透彻,原来这治理山水、建设景观的过程中,也体现为政的原则。这里有一个很有意思的对应体系:

蠲浊而流清——废贪而立廉
居高以望远——家抚而户晓

前者为观游,后者为为政;前者为审美,后者为行善。人们也许只是从治理过的风景中感受到美,而柳宗元则不仅从中感受到美,还感受到善。

二、人与自然的互动

园林是人的生活场所,是一种在世间又超世间的理想境界,因此,常有人将它与隐士联系起来。潭州杨中丞在潭州为官,发现一处好风景,因为在做官,不敢自我享受,说"是非离世乐道者不宜有此"(《潭州东池戴氏堂记》),这反映了当时一种比较普遍的美学观点:按当时的美学观,自然山水是隐士居住的场所,作为儒家知识分子,可以爱好山水,却不能贪恋山水,儒家的事业不在山林而在庙堂。正是因为此,杨中丞最后将他发现的这一处美好风景让给了一位姓戴的宾客。这位戴氏"尝以文行",学问是不错的,曾几次被人向朝廷推荐,而"志不愿仕"。如此说来,应是一位隐士了。他的为人也有些老庄风度,柳宗元说他"与人交,取其退让,受诸侯之宠,不以自大,其离世欤?好孔氏书,旁及《庄》《文》,以至虚为极,得受益之道,其乐道欤?"这样一位人士"当弘农公[即杨中

丞——引者]之选而专兹地之胜",按柳宗元的看法:

> 地虽胜,得人焉而居之,则山若增而高,水若辟而广,堂不待饰而已奂矣。

这实在是一个非常重要的观点!通常讲人与地有一种缘分,缘分带有偶然性,而按上面所说的观点,人与地的关系具有一种内在的必然性。不仅人有一个是否得地的问题,地也有个是否得人的问题。如若相得,人会得利——不论是物质之利还是精神之利,地也会得利——山若增而高、水若辟而广。

这里包含好几个层面的意思:

就人生理想这一层次来说,隐者爱山水,儒者爱庙堂,隐者以得山水为乐,儒者以得庙堂为乐。这是中国传统文化的重要思想。

但这也只是就人生理想的层次来说,而就一般人性来说,人人都爱山水,儒家虽重庙堂,但也喜爱山水,孔子就有"知者乐水,仁者乐山"的隽语。此话本意万不可拘泥,山水哪能分开各就所谓的"知者"和"仁者"呢? 其实此话的真实含意不过是想说明,智慧如水,重在灵动;而仁德如山,重在坚定。智者与仁者也不可分,真正的仁者应是智者,而智者,如不是奸猾之徒,也应是仁者。

不过,尽管知识分子都爱山水,不管是仁者还是智者,他们对于山水品味的要求还是有差别的。像李白,就比较喜欢大山大河,他觉得在这种气势磅礴的山水中能找到自己;而像王维这样的诗人,就喜欢比较寂静但也不失生命意味的山水。从"永州八记"我们发现,柳宗元喜欢比较有个性、比较奇特的山水。他的游记中,常看到对于各种怪石的详细而又生动的描写。柳宗元比较喜欢水,"永州八记"几乎篇篇写到水,他喜欢的是清亮的泉水、清冽的池水,他喜欢水的澄清、透明、灵动。从这些情况来看,每个人对山水的爱好,岂不是与他的个性相关? 柳宗元敏锐地发现山水与人存在着一种内在的精神关系。进入审美心灵、受到审美肯定的山水,与欣赏者的个性、爱好、气质、修养是相通的。进一步,我们可以理解为:审美的山水是审美心胸的物态化,而审美心胸是审美山水的精神化。柳宗元有一首著名的诗,名《江雪》。诗云:"千山鸟飞绝,万径人踪灭。孤舟蓑笠翁,独钓寒江雪。"此景阔大。千山、万径,空间趋向无限;鸟飞,不知飞了多少年,人踪,不知走过多少人,时间趋向无穷。这是背景。在这个背景下的孤舟、蓑笠翁、寒江雪是具体的、有限的。虽然是具体的,却通向抽象的意境,虽然是有限的,却联着无限的时空。事实上,这孤舟蓑笠翁是抽象的具象、无限的有限。时令为冬,鸟飞绝,无鸟,然有人在,有鱼在,即有生命在。于是,严寒中透着温馨,严酷中显现希望。柳宗元为什么喜欢这样的景观、这样的意境? 须知,这景观,这意境,其实就是他心灵世界的真实投射。

潭州杨中丞让戴氏在风景美丽的东池做一处名为戴氏堂的园林,他认为这东池比较符合戴氏的隐士身份,戴氏在得到这块土地之后,又做了诸多的建设,"以泉池为宅居,以云物为朋徒,摭幽发粹,日与之娱,则行宜益高,文宜益峻,道宜益懋"(《潭州东池戴氏堂记》)。看来,这按照戴氏情趣改造过的山水对于戴氏的行、文、道均有助益。山水与人就这样互为知己,相互作用。一方面,山水因人,其美得以彰显;而另一方面,人因山水,其德得以提升。

三、因地制宜的造园法则

做园林,少不得要将原来的山水景观做一番改造。这些改造大体分为两类。一类属于疏浚,如柳宗元在他的文章中谈到的"刬辟朽壤,翦焚榛秽,决涎沟,导伏流""伐恶木,刜奥草"(《桂州訾家洲亭记》)之类,这样做,是为了让美的景观凸显出来。另一类则需要动动山水的筋骨了,或削山,或辟水,或垒石,或修路,有些改造是为了建筑,有些则为了创造新的山水景观。这种伤筋动骨的改造,柳宗元又是怎样认为的呢?

《永州韦使君新堂记》有一段文字:

> 将为穹谷嵁岩渊池于郊邑之中,则必辇山石,沟涧壑,陵绝险阻,疲极人力,乃可以有为也。然而求天作地生之状,咸无得焉。逸其人,因其地,全其天,昔之所难,今于是乎在。永州实惟九疑之麓。

这段话本意是说永州是一块天造地设的好地方,在这里做园林建设,不需要对山水伤筋动骨。如果换在别的地方,这伤筋动骨就难免了。对山水伤筋动骨,诸如"辇山石,沟涧壑",这样做,不是上策。它的缺点,一是"陵绝险阻",将山水本有的险阻平掉了,虽然于人的行走有某种方便,但险势没有了,那由险势带来的美——雄险之美也没有了;二是"疲极人力",这是艰险的活,"疲极人力"也许还算好的,至其极端,还会伤及人的生命。尽管如此,柳宗元并没有完全否定"辇山石,沟涧壑"这种做法,这要看是不是真有需要。在园林建设中,这种对山水伤筋动骨的事也是有的,但很少。

最好的做法是"逸其人,因其地,全其天"。这三句话中,关键一句是"因其地"。明代计成强调"相地合宜,构园得体"(《园冶》)。"相地"的目的是"因地",地有诸多形势,做园林最好不要伤它的势,而要"因"它的势。如何"因"? 计成说了诸多情况:"园林惟山林最胜,有高有凹,有曲有深,有峻而悬,有平而坦,自成天然之趣,不烦人事之工。入奥疏源,就低凿水,搜土开其穴麓,培山接以房廊。杂树参天,楼阁碍云霞而出没;繁花覆地,亭台突池沼而参差。绝涧安其梁,飞岩假其栈。"所有这些,均是因山就势的做法。

永州韦使君做新堂,虽然没有对山水做伤筋动骨的改造,但还是做了一些清理,至于建筑,也还是遵守了"因其地"的原则:"凡其物类,无不合形辅势。"此地怪石甚多,是景观一大特色,于是,就有意地将栋宇做在石头四周。另就是远景可观,要充分彰显远景的观赏效果,让堂庑"外之连山高原,林麓之崖,间厕隐显。迩延野绿,远混天碧,咸会于谯门之内"(《永州新堂记》)。

四、园林中的建筑营造:堂

园林如何建,关键是园林中的主建筑——堂如何建。明代计成说:"凡园圃立基,定厅堂为主。"(《园冶》)堂虽然占的面积不一定大,也不一定完全居中,但是,堂是一园之主宰,堂一确定了,不仅其他的建筑好摆了,而且,园中的山水花木也好整理了。

柳宗元有一篇《潭州杨中丞作东池戴氏堂记》,记述东池戴氏堂这一园林建设的基本思路:

> 弘农公刺潭三年,因东泉为池,环之九里。丘陵林麓距其涯,坻岛渚州交其中。其岸之突而出者,水萦之若玦焉。池之胜,于是为最。公曰:"是非离世乐道者,不宜有此。"卒授宾客之选者谯国戴氏曰简,为堂而居之。堂成而胜益奇,望之若连舻縻舰,与波上下。就之颠倒万物,辽廓眇忽。树之松柏杉槠,被之菱芡芙蕖,郁然而阴,粲然而荣。凡观望浮游之美,专于戴氏矣。

这段话有三个层次:一是东泉为池,以岛、渚、岸为胜;二是戴氏在这个地方筑了一座堂;三是堂成后风景就更奇了。奇在哪? 景物有秩序了。那些岛屿,原来没有看出它们之间有什么联系，现在有了堂，不仅有了章法，而且更具动态，"望之若连舻麋舰，与波上下；就之颠倒万物，辽廓眇忽"，完全是另一种景观，让人想象这是水军操练基地，而自己也仿佛成了将军，在战舰上颠簸；放眼一望，那本不大的池，在想象中幻化成了大海。至于树木、菱芡芙蕖，也跟着动起来，随着阳光的变化，一会儿郁然而阴，一会儿粲然而荣，那景象就显得诡谲怪异，别具情趣了。

永州韦使君在郊外找了一处荒芜之地做了一座园林，做园林，自然少不得要疏浚流泉，清除污秽，广植花木；另外，还做了一座堂。这堂对于园林景观同样起到了很好的组织作用：一、"怪石森然，周于四隅：或列或跪，或立或仆，窍穴逶迤，堆阜突怒"；二、"凡其物类，无不合形辅势，效伎于堂庑之下。外之连山高原，林麓之崖，间厕隐显，迩延野绿，远混天碧，咸会于谯门之内"。(《永州新堂记》)

五、园林中的建筑营造：亭

有些园林没有堂，不住人，但有亭，这亭是供观景用的，亭的设置地点没有一定，但有一个基本原则，就是亭周围一定有较好的景观，坐在亭中可以赏景。因此，亭主要是为赏景设置的。柳宗元在《永州崔中丞万石亭记》写了这样一座亭。此亭的来历，乃是御史中丞崔能莅永州，闲日登城，发现北郊"大石林立，涣若奔云，错若置棋，怒者虎斗，企若鸟厉，抉其穴则鼻口相呀，搜其根则蹄股交峙，环行卒愕，疑若搏噬"，风景不错。于是，将这个地方做了一些清理，最后，"乃立游亭，以宅厥中"。在亭中赏景，则又如何呢？柳宗元写道：

直亭以西，石若掖分，可以眺望。其上青壁斗绝，沉于渊源，莫究其极。自下而望，则合乎攒峦，与山无穷。

这亭是面西的，因为景观在西。景主要为怪石，这些形状各异的怪石，仿佛从人的臂下肘掖分出。细想想，仿佛这亭就是人，石正是从亭下由近及远展开的。立在亭中，眺望风景：青壁绝崖，沉于深渊，不可见底；乱石簇尖，连山成脉，无穷无尽。

亭的作用虽然主要用于观景，但亭其实也如堂一样，于景观有组织作用。曾在零陵县担任过县令的薛存义在县城东部做了一座园林，建了三座亭，名读书亭、湘秀亭、俯清亭。柳宗元在《零陵三亭记》中详细说明园林建造的过程，他说：

> 爰有嘉木美卉，垂水聚峰，玲珑萧条，清风自生，翠烟自留，不植而遂。鱼乐广闲，鸟慕静深，别孕巢穴，沉浮啸萃，不畜而富。伐木坠江，流于邑门；陶土以埴，亦在署侧；人无劳力，工得以利。乃作三亭，陟降晦明，高者冠山巅，下者俯清池。

经过清理之后的山水，清雅宜人。薛存义在此筑了三座亭，看来，亭立江边，用的木料是上游流过来的，用的陶土也是就近取之。三亭依山而建，高低错落，陟降晦明，观景不一。处于山巅的亭，是用来观赏天象和群峰的，而建于江边的亭是用来俯瞰清池的。三座亭实际上囊括了园林的美景。

一般来说，亭以四面皆空为宜，若不能，应有三面是空的，而且亭的建立，一定要注意视界宽阔。邕州柳中丞在马退山做的茅亭就有这样一个特点。柳宗元的《邕州柳中丞作马退山茅亭记》谈到这座亭：

此亭比较朴素："无槚栌节棁之华，不斫椽，不翦茨，不列墙，以白云为藩篱，碧山为屏风。"但形势比较险要："是山崒然起于莽苍之中，驰奔云矗，亘数十里，尾蟠荒陬，首注大溪，诸山来朝，势若星拱，苍翠诡状，绮缛绣错。盖天钟秀于是，不限于遐裔也。"这样一座亭，由于处于高山之巅，又面向大江，不仅视界远大，且景观雄壮。柳宗元写他率昆弟友生冠者五六人登上此亭观赏风景的感受：

> 于是手挥丝桐，目送还云，西山爽气，在我襟袖，以极万类，揽不盈掌。

多么伟大又多么潇洒的人物，多么伟大又多么神奇的自然，就在这亭中，目远送着还云，袖吸纳着爽气，人与自然就这样浑然一体！

亭是神奇的！

六、柳宗元的园林美学思想

当然，稍有一点规模的园林，决不只是有亭，还会有许多其他建筑。园林作为自然与人工的有机组合，虽然是以自然为体，却是以人工为魂的。人工主要为建筑。人通过建筑组织着山水，协调着山水，指挥着山水，唱一曲天人合一之歌。

桂州刺史裴中丞在訾家洲做了一座园林,这座园林比较有规模,柳宗元为这座园林写了一篇文章——《桂州裴中丞作訾家洲亭记》,这篇文章比较全面地反映了柳宗元的园林美学思想。文云:

> 大凡以观游名于代者,不过视于一方,其或傍达左右,则以为特异。至若不骛远,不陵危,环山洄江,四出如一,夸奇竞秀,咸不相让,遍行天下者,唯是得之。

> 桂州多灵山,发地峭坚,林立四野。署之左曰漓水,水之中曰訾氏之洲。凡峤南之山川,达于海上,于是毕出,而古今莫能知。

> 元和十二年,御史中丞裴公来莅兹邦,都督二十七州事。盗遁奸革,德惠敷施。期年政成,而富且庶。当天子平淮夷,定河朔,告于诸侯,公既施庆于下,乃合僚吏,登兹以嬉。观望悠长,悼前之遗。于是厚货居氓,移民于闲壤。伐恶木,刜奥草,前指后画,心舒目行。忽焉如飘浮上腾,以临云气。万山面内,重江束隘,联岚含辉,旋视具宜。常所未睹,倏然牙见,以为飞舞奔走,与游者偕来。

> 乃经工化材,考极相方。南为燕亭,延宇垂阿,步檐更衣,周若一舍。北有崇轩,以临千里。左浮飞阁,右列闲馆。比舟为梁,与波升降。苞漓山,涵龙宫,昔之所大,蓄在亭内。日出扶桑,云飞苍梧。海霞岛雾,来助游物。其隙则抗月槛于回溪,出风榭于篁中。昼极其美,又益以夜,列星下布,颢气回合,邃然万变,若与安期、羡门接于物外。则凡名观游于天下者,有不屈服退让以推高是亭者乎?

> 既成以燕,欢极而贺,咸曰:昔之遗胜概者,必于深山穷谷,人罕能至,而好事者后得以为己功。未有直治城,挟阛阓,车舆步骑,朝过夕视,讫千百年,莫或异顾,一旦得之,遂出于他邦,虽物辩口,莫能举其上者。然则人之心目,其果有辽绝特殊而不可至者耶? 盖非桂山之灵,不足以瑰观;非是洲之旷,不足以极视;非公之鉴,不能以独得。噫! 造物者之设是久矣,而尽之于今,余其可以无藉乎?

这篇文章非常精采,仅就园林美学维度考之,也能揭示其若干卓越的思想。第一,柳宗元认为,园林的基础是自然山水之美。訾家洲这座园亭之所以值得建,而且建成以后确也称得上名胜,与桂州这块地方多灵山且山势奇美有很大的关系。

第二,建园林,如果是政府所为,有一个前提,那就是当地的社会治理、经济发展确实做得不错,建园林有利于广大百姓观游,于当地的建设属锦上添花。从文章介绍来看,裴公来桂州,期年政成,应该是有实力来建园林的。

第三,建园林少不得要移民,要占用土地,要合理地处置这些事务。文章中说裴公为建园林,"厚货居氓",应该说对移民的处置是得当的。

第四,建园林,要处理好山水与建筑的关系,建筑要依山就势,善于借景、纳景、引景。裴公在訾家洲景区建的燕亭、崇轩、飞阁、闲馆,都建立在相应的地形地貌的基础之上。选址得当,造形合理。

第五,园林中,建筑与山水景观需相得益彰,訾家洲景区建的亭、轩、阁、馆均能做到与自然山水景观融为有机的一体。"比舟为梁,与波升降。苞漓山,涵龙宫,昔之所大,蓄在亭内",应该说,做得非常成功。

第六,在景区做建筑,从根本上来说,是为了更好地观景。訾家洲的建筑达到了这个目的:"日出扶桑,云飞苍梧。海霞岛雾,来助游物。其隙则抗月槛于回溪,出风榭于篁中。昼极其美,又益以夜,列星下布,颢气回合,邃然万变。"

第七,园林的最高品格是仙境。柳宗元在文章中说到"若与安期、羡门接于物外"。安期、羡门均是古代著名的仙人,白居易有诗《梦仙》云:"须臾群仙来,相引朝玉京。安期羡门辈,列侍如公卿。"宋代王安石有句:"安期羡门相与游,方丈蓬莱不更求。"在柳宗元看来,訾家洲园林达到了仙境的品格。

第八,山水美的发现在于人,园林的建设品格之高低亦在于人。柳宗元在文末强调訾家洲山水美的发现、园林景观的建设与裴公有很大关系。但是,光凭人心是不能创造山水美,也不能建设园林美的。柳宗元说:"人之心目,其果有辽绝特殊而不可至者耶?盖非桂山之灵,不足以瑰观;非是洲之旷,不足以极视;非公之鉴,不能以独得。"这里说了三种因素,实是两种因素:一是客观的因素——桂山、訾家洲本身的美质;二是主观的因素——裴公的才情。是这两者的共同作用,才造就了此处自然山水之美和园林景观之美。

第五节　理性之光

唐代散文最为后世称道的是理性的色彩。论理,不是唐代散文专有的,中国先秦的文章就重论理,这种重理的传统到唐代发扬光大,达到了极致,而成为中华散文一道亮丽的风景线,一种审美特色。代表性的作家当属韩愈。

韩愈字退之,孟州河阳(今河南孟县)人,官宦人家出身,擢进士第,历官至吏部侍郎,故人称"韩吏部"。长庆四年(824年)卒,年五十七,赠礼部尚书。韩愈为官甚有作为,最为人称道的有两件。一件是唐宪宗元和十四年(819年),他上《谏迎佛骨表》,反对皇上佞佛,皇上大怒,他性命几乎不保,后被贬潮州。这一事件,就韩愈来说,一是说明他承孔子之学,夷夏之辨的概念很鲜明,在韩愈看来,佛为夷狄,不可奉为华夏之法;另是说明当时的佛教的确还没有实现汉化,因而,不能为知识分子所普遍接受。另一件事是,韩愈被贬到潮州做刺史后,因当地近海,鳄鱼常上岸肆虐,为害百姓。韩愈作《祭鳄鱼文》致祭鳄鱼,据说鳄鱼就不再来骚扰了。这两件事的确重要,但是,相比于韩愈在古文运动上的贡献,就又不能不退居其次。韩愈是唐宋古文运动的领袖人物。古文运动实际是文化运动,而不只是文学运动。韩愈倡言,在思想上,要继承孔孟传统,这里,重要的是提出了孟子,他认为,这一传统始自尧。"尧以是传之舜,舜以是传之禹,禹以是传之汤,汤以是传之文、武、周公,文、武、周公传之孔子,孔子传之孟轲,轲之死,不得其传也。荀与扬,择焉而不精,语焉而不详。"(《原道》)他认为,他自己就是承接孟轲的人。韩愈绕过荀子、扬雄,直承孟子,是有深意的。一是孟轲民本意识特别突出,这一点,韩愈最为推崇;二是孟轲的文风恣肆汪洋,气势雄浑,这也正是韩愈最为欣赏的。韩愈的文风,近似于孟轲。韩愈不仅倡导在思想上承传孔孟,再续并弘扬儒家道统,而且在文章的写作上提出一整套理论,开中国文章学上"文以载道"的先声。可贵的是,韩愈不只是提出理论来,还从事创作,将理论运用于实践,取得了丰硕的成果。

韩愈的文学作品当然不是理性的符号。韩愈是深懂文学特征的,他的诗、散文甚至论文都具有审美色彩,可以说,他的文学创作较好地实现了理性意蕴与审美情韵的统一,甚至可以说,实现了理性的审美化。这一点,散文较诗更为突出。具体来说,他巧妙地处理好了四个关系:

第一,理与辨。理重在析,析理又重在辨,辨体现为两点:一是对概念的内涵加以分析,从质上定性,从量上定界;二是对相近、相关、相邻的概念进行辨析,加以区别。如他的名篇《原道》的第一段:

博爱之谓仁,行而宜之之谓义,由是而之焉之谓道,足乎己而无待于外之谓德。仁与义为定名,道与德为虚位。故道有君子小人,而德有凶有吉。老子之小仁义,非毁之也,其见者小也。坐井而观天,曰天小者,非天小也。彼以煦煦为仁,孑孑为义,其小之也则宜。其所谓道,道其所道,非吾所谓道也。其所谓德,德其所德,非吾所谓德也。凡吾所谓道德云者,合仁与义言之也,天下之公言也。老子所谓道德云者,去仁与义言之也,一人之私言也。

这段文章极见其理性之力。而理性的体现则为辨。论"辨"可以分成五小段。第一小段,对"仁""义""道""德"四个概念进行辨析。这四个概念有一个逻辑程序:"仁"为基本概念,它的性质为"博爱";以"博爱"为指导,"行而宜之",就是"义";将"仁""义"联在一起,则"仁义"合成一个共同体,按照它去做,就成为"道";如果这"道"即仁义充实于内心,"足乎己",不需要借助外力注入,那就是"德"。第二小段,将"仁""义""道""德"四个概念分成两组:"仁""义"为一组,"道""德"为一组,"仁""义"为"定名","道""德"为"虚位"。相比于第一段的分论,此段为合论。如果第一段为总论,后面的均为申论。第三小段为第二小段的申论,此段将"道""德"与"君子""小人""吉""凶"联系起来加以论述,说"道有君子小人""德有凶有吉"。第四小段提出老子的仁义观,认为老子"小仁义",这段实是上一段的申论。既然道与德都能分出君子小人来,仁义同样也能分出大小来。韩愈于是将老子的仁义观归入小类。韩愈不说老子否定仁义,只是说老子的仁义观过于狭小了。措辞很得体,见出处置有分别。第五小段,回到道德,与第三段接起来,又合上第四小段,进一步申说,强调自己的道德观不同于老子,正面明言自己的道德观——"吾所谓道德云者,合仁与义言之也",并定位此为"天下之公言也",而将老子的道德观定位为"一人之私言也"。

整个这段文章,围绕的是仁义道德四个概念。四个概念,分为两组:仁义、道德。仁义为基础,仁义两者,又以仁为本。既正面阐释四个概念的内涵是什么,又反面批判老子的仁义道德观。这批判主要是作辨析,强调其区别。如此论述,思路清晰,条理分明,我们在接受这种论析的过程中,不仅感受到了理性的力量,也感受到理性的光辉,理性的美。

第二,理与气。气是一种精神力,在孟子哲学中它得到高度重视,孟子的文章,气显得特别旺盛。孟子文章中的气是一种以仁义为核心的道德力,如果将道德概括为理,此气即为理气。孟子文章中的理气不仅正,而且旺,凌厉劲健。邪恶不得不因之低伏,而正义却因之而高扬。韩愈是非常崇拜孟子的,他的文章也有这种理气,如《进学解》。此文在韩愈众多文章中是写得比较潇洒活泼的一篇。此文设置一个太学讲堂的环境,作为国子先生的韩愈来到太学,大讲一番"业精于勤荒于嬉,行成于思毁于随"的道理,要大家好好学习,不要过多地考虑选拔人才的不公,即所谓"业患不能精,无患有司之不明,行患不能成,无患有司之不公"。不想,学生立即予以反驳且带着嘲讽,说先生您的学问如此这般的好,您的成就如此这般的大,可待遇如此这般的差,为什么"不知虑此,反教人为"? 韩愈听了微微一笑,让学生近前,说了一番大道理,可谓侃侃而谈,自成天地,境界之高,也不能不让人叹服。当然,反复品味此文,仍能感受到一股怀才不遇的愤懑之情在,原因是,那段借学生之口的自我表彰太精彩了,情感充沛,辞采粲然。摘之如下:

> 先生口不绝吟于六艺之文,手不停披于百家之编。纪事者必提其要,撰言者必钩其玄。贪多务得,细大不捐。焚膏油以继晷,恒兀兀以穷年。先生之业,可谓勤矣。抵排异端,攘斥佛老。补苴罅漏,张皇幽眇。寻坠绪之茫茫,独旁搜而远绍。障百川而东之,回狂澜于既倒。先生之于儒,可谓有劳矣。沉浸浓郁,含英咀华,作为文章,其书满家。上规姚姒,浑浑无涯。周诰殷盘,佶屈聱牙;春秋谨严,左氏浮夸;易奇而法,诗正而葩;下逮庄骚,太史所录;子云相如,同工异曲。先生之于文,可谓闳其中而肆其外矣。少始知学,勇于敢为。长通于方,左右具宜。先生之于为人,可谓成矣。

> 然而公不见信于人,私不见助于友。跋前踬后,动辄得咎。暂为御史,遂窜南夷。三年博士,冗不见治。命与仇谋,取败几时。冬暖而儿号寒,年丰而妻啼饥。头童齿豁,竟死何裨。不知虑此,反教人为?

是自我表彰,亦是自我调侃;是满怀愤懑,亦是豁然透脱;是向当局抗议,亦是向命运投降。感情是复杂的,但不是壅堵的,亦如裹着泥沙的长江黄河,奔腾而下,一泻千里。

韩愈文章生气灌注,正气凛然,意气风发,在中国古代散文中独树一帜,少有人可比。

第三,理与势。势是力之态,具体来说,它有三个特点:一、此力有明确的指向;二、此力有强劲的蓄备;三、此力处待发或刚发之时,能让人明显感受到它的威猛和生命力。韩愈的文章很能见出这种势来,此势在韩文中主要表现为理势。理势的构建在韩文中是多种多样的,见得最多的是对比法,或古与今比,或圣人与自己比。在这种比较中,读者情不自禁地被纳了进去,对号入座,切身地感受到作者理论的威力,自然而然地跟着作者的思路走,不知不觉地接受作者的观点。

《原毁》就是这样的好文章。文章分三个部分,前两个部分,分别论述古之君子与今之君子在"责己"和"待人"这两个问题上的区别。第三部分则予以总结。读此文的第一段,我们就感到有一股被理所裹挟的势在,不可停顿,因为在得知古之君子如何责己重以周、待人轻以约后,就迫切地想知道今之君子如何,而在得知今之君子如何之后,就非常想知道这是为什么。

理势是内在的,具有一定的客观性,因为它是事理内在的逻辑,但是,作者在明白这事理后,可以根据立论的需要,有意强调某些方面、弱化某些方面,让理朝着自己所需要的方向发展,这样,理势也就体现出一定的主观性来。《原毁》的立论是讨论"毁",探讨为什么现今做好人这么难,这样容易遭人毁谤。根据他的这一需要,在分别论述古今君子在责己与待人两方面之不同后,他就这样说:"虽然,为是者有本有原,怠与忌之谓也。怠者不能修,而忌者畏人修。"诚然,怠与忌是造成今之君子"责人也详""待己也廉"的重要原因,但不是唯一的原因,作者为了立论的需要,将它定为事之本原,可以接受。在怠与忌两者之间,作者偏于论述忌,因为这也是立论的需要。最后导出的结论是:"是故事修而谤兴,德高而毁来。"

理势也有一种美在,这种美主要在其力。人的心理活动均有力在,情有力,理亦有力,通常看重情之力,其实理之力毫不弱于情之力。更重要的是,理之力较之情之力更能见出方向性,也就是说见出势。清人王夫之论势,很看重势。他说:"势者,意中之神理也。唯谢康乐为能取势,宛转屈伸以求尽其意,意已尽则止,殆无剩语;夭矫连蜷,烟云缭绕,乃真龙,非画龙也。"(《姜斋诗话·卷二》)王夫之将势看作意中之神理,这神理实际是指力的走向,只有正在走动、正在生长的生命才是活的生命、有威力的生命。就像一条龙,不管它是在宛转还是在伸展,都是在飞腾。宛转是蓄力,伸展是发力。韩愈的文章,其理势的构成,也有这种蓄力、发力的过程。像上面所举的《原毁》,第一段写古之君子,是龙之宛转,属蓄力;第二段则写今之君子,是龙之伸展,属发力。结论是合蓄力与发力,是力的更为强烈的撞击。

第四,理与情。文章皆有情,不仅诗有情,散文有情,论文也有情。韩愈作文,是善于用情的。大体上来说,理论文章中,其情与理是结合在一起的,由于理论文章重在说理,其情一般融汇在理论性的论述之中,在恣肆纵横的论理中,能感受到一股情感的暗流在涌动。《原道》《原毁》《师说》《进学解》等以论理见长的文章均如此。这些文章中的情由于融汇在理之中,需要在品读中去体味,去体察。韩愈一些主要用于赠人的文章,如"序""书""祭文""墓志铭",则情味十足,这些文章中的情既见于事,融于理,又直出胸臆,浩然沛然,似大雨倾盆。如他的《柳子厚墓志铭》有这样一段:

> 其召至京师而复为刺史也,中山刘梦得禹锡亦在遣中,当诣播州。子厚泣曰:"播州非人所居,而梦得亲在堂,吾不忍梦得之穷,无辞以白其大人;且万无母子俱往理。"请于朝,将拜疏,愿以柳易播,虽重得罪,死不恨。遇有以梦得事白上者,梦得于是改刺连州。呜呼!士穷乃见节义。今夫平居里巷相慕悦,酒食游戏相征逐,诩诩强笑语以相取下,握手出肺肝相示,指天日涕泣,誓生死不相背负,真若可信;一旦临小利害,仅如毛发,反眼若不相识。落陷阱,不一引手救,反挤之,又下石焉者,皆是也。此宜禽兽夷狄所不忍为,而其人自视以为得计。闻子厚之风,亦可以少愧矣。

这段文章,前叙事,叙中含情;后评论,评中带情。前后两截,后截更为精彩,显然,韩愈自己的块垒给触动了,积郁在心中的愤懑一喷而出。此段论述,其意义已经远超出纪念柳宗元了。

韩愈文章的抒情大多都显豁透脱,以直率见长,但也有一些文章抒情比较含蓄,这种含蓄是因为有某种不需言明的理在。如《送董邵南序》,文不长,仅百余字,录之如下:

> 燕赵古称多慷慨悲歌之士。董生举进士,屡不得志于有司,怀抱利器,郁郁适兹土。吾知其必有合也。董生勉乎哉!

夫以子之不遇时，苟慕义强仁者皆爱惜焉。矧燕赵之士出乎其性者哉！然吾尝闻风俗与化移易，吾恶知其今不异于古所云邪？聊以吾子之行卜之也。董生勉乎哉！

吾因子有所感矣。为我吊望诸君之墓，而观于其市，复有昔时屠狗者乎？为我谢曰："明天子在上，可以出而仕矣。"

此文有个关键处：董生要去的地方是河北，古称燕赵之地。董生落第，不见用于朝廷，去河北，企图在地方政权谋个施展抱负的位置。按说，这没有什么不可以，但在当时有相当大的风险，因为那时的河北是藩镇割据的地方，朝廷视为外地，一直在思虑如何削藩平镇，实现唐王朝的统一。韩愈是主张削藩的，但他没有理由阻止董生去，只是不希望董生附逆，背叛朝廷。这些话似又不便明说，只能将满腹的心事概括为"董生勉乎哉"。一篇短文，"董生勉乎哉"出现两次，相当引人注意，想来，董生应是明白韩愈心意的。韩愈似乎不愿让董生过于紧张，也许问题没有那样严重，所以，后面的文章又放开了，让董生代他去朝拜战国名将乐毅的坟墓，又去看看当年高渐离屠狗的集市。最后点明，圣明的天子终有一天会赏识你的。如此深情厚谊，又如此款款道来，让人温暖不已！

韩愈的散文闪耀着理性的光辉，其睿智，其温馨，其美，千古之下，为之慨叹。

第四章　唐代小说的审美意识

第一节　文体：作意好奇

唐代的文学,首推诗歌,其次是古文,再次就是小说了。中国的小说一直不发达,但是,它也有一定的地位,而且也称得上源远流长。自有文字产生以来,就有人在写小说,秦始皇焚书,将绝大部分小说烧掉了,但民间也还有保存者,汉初大收各种书籍,就中收了不少小说,共有 15 家、1 380 篇。小说在汉代得到一定的发展,受到文人的重视。桓谭说:"小说家合残丛小语,近取譬喻,以作短书,治身理家,有可观之辞。"①虽然没有达到与诗相颉颃的地位,但也具有与诗相似的功能了。唐代是小说的重要发展时期。鲁迅说:"小说到了唐时,却起了一个大变迁。……六朝时之志怪与志人底文章,都很简短,而且当作记事实;及到唐时,则为有意识的作小说,这在小说史上可算是一大进步。而且文章很长,并能描写得曲折,和前之简古的文体,大不相同了,这在文体上也算是一大进步。但那时作古文底人,见了很不满意,叫它做'传奇体'。"②这种评价是很高的。从某种意义上讲,中国的小说,只有发展到了唐代成为"传奇",它才实现了审美的觉醒,成为一种独立的文学样式。

---

① 〔唐〕李善注《文选》卷三一引《新论》,转引自鲁迅:《中国小说史略》,《鲁迅全集》第九卷,人民文学出版社 2005 年版,第 6 页。
② 鲁迅:《中国小说史略》,《鲁迅全集》第九卷,第 323 页。

　　唐代小说的地位并不低，著名的文人如牛僧孺、元稹、白行简都写小说，但一个明显的事实是，写小说的人远比写诗的人少。除了诗的实际地位一直高于小说，还有小说的审美品格决定了它并不适合所有的写作者。那么，这一审美品格是什么呢？就是尚奇。小说重在讲故事，虽然任何人都能说出一个已有的事实，却不是什么人都能编出一个让人听来津津有味的好故事来。何谓好故事？有诸多要求，如意义好，品味正，但基本的一条是：奇。唐代小说充分体现出这一点，所以，唐人干脆将小说称为"传奇"。

　　小说尚奇，与它的起源有关。按鲁迅的说法，诗起源于劳动与宗教，而小说则起源于休息。"人在劳动时，既用歌吟以自娱，借它忘却劳苦了，则到休息时，亦必要寻一种事情以消遣闲暇。这种事情，就是彼此谈论故事，而这谈论故事，正就是小说的起源。"①

　　这一说法富有启发性。虽然不能说所有的诗都用来"忘却劳苦"，但确实有一种诗是用来忘却劳苦的，如鲁迅在《门外文谈》说到过的劳动号子，它可以起到振奋精神、协调动作、减轻疲劳的作用。不管是哪一种诗，由于它的基本功能是用来唱的，因而承载的内容不能太多，太复杂。诗的主要功能是抒情，情可以借声音来表达，不一定需要语言。当然，当这种主要用来唱的诗成为案头上可读的文学作品时，它还是需要一些文字的。尽管如此，它的文字主要是用来说明或诱发一种情感，而不是主要用来陈述一个事实，特别是一个复杂的事实。小说，按鲁迅的说法，起源于休息，消遣闲暇，就必须考虑这故事有没有可能让人听得津津有味，而且有没有一定的长度，以达到消磨一定时间的目的。

　　就小说的发展史来看，大体上，先秦两汉的小说主要是神话。神话是关于神的故事，中国古人心目中的神，主要有两类。第一类是祖先神。脱离蒙昧尚不久的中华民族先人，最感兴趣的莫过于先祖的故事了，这故事一代一代传下来，也许开初真实的成分多一些，后来不断加工，加工的主要手段是不断地奇化，目的是圣化，但效果不只是圣化，还有美化。第二类是自然神，汉人的著作《山海经》就是一部关于自然神的神话。这部书展现出来的光怪陆离的世界，达到了奇幻的巅峰。

　　魏晋南北朝的小说，主要分两类，一类为志怪，一类为志人。志怪类的小说

_____

① 鲁迅：《中国小说史略》，《鲁迅全集》第九卷，第 313 页。

主要是说鬼怪。《太平御览》有不少这类故事,志怪的专书主要有干宝的《搜神记》、伪托陶潜的《搜神后记》、荀氏的《录鬼志》、陆氏的《异林》、戴祚的《甄异传》、祖冲之的《述异记》、祖台之的《志怪》、刘敬叔的《异苑》、刘义庆的《幽明录》、东阳的《齐谐记》、吴均的《续齐谐记》等。这类小说的特点,不外乎一个字:怪。它也谈神,但这神与神话中的神迥异。神话中的神是造物主兼祖先,它们是圣王,是英雄,它们当然也有怪异之处,但这怪异全然被神圣化了,故而不以怪异视之,而六朝的志怪小说,其中的神全然不能与之相比,它们大抵假托自然之物,或顶着一个仙人之名,实际上是巫的化身。至于鬼,那纯然是恐吓人的谎话,便编入故事,在吓人的同时,也寓有某种意义。

志人小说,主要有宋临川王刘义庆的《世说新语》八卷,梁刘孝标注之,则为十卷。此书中的故事,全是真人,是否实事,则不可确考,大体上应有所根据。故事分类编排,其好处是见出当时士人生活的方方面面。其风格已不是怪,而是雅,雅得过分,则有些奇。如其中有一个故事,云:"王子猷尝暂寄人空宅住,使令种竹。或问:'暂住何烦尔?'王啸咏良久,直指竹曰:'何可一日无此君?'"

重奇,是中国古代小说的重要传统,此一传统在唐代传奇中又出现了新的特点。这一特点是什么呢?按照明代胡应麟的说法:"变异之谈,盛于六朝,然多是传录舛讹,未必尽幻设语,至唐人乃作意好奇,假小说以寄笔端。"①这里说了两种奇法:一是"传录舛讹",另是"作意好奇",六朝小说的奇是第一种,唐代小说的奇是第二种。"传录舛讹",强调的是传录,即记载录下各种传闻,这其中有的系神话传说,多少含有历史的成分;有的系街谈巷语,只不过传录时造成错讹,以致失实了。因为重在传录,无心造假,其舛讹虽造成了奇,但骨子深处仍存有几分真。然如果是"作意好奇",那就不同了,因为作者的目的就是为了奇,为此而存心造假。一是无心造假,另一是存心造假,都造出奇来,那么这奇,在审美上有什么不同呢?无心造假,虽然有假,但本事存真,虽奇尚不能称之为幻。而存心造假,本事就虚,整个故事就恍若云霞,充满着迷幻、动荡的色彩和光影,而作者希望的就是这种效果。如果将这两种创作深入地比较一下,则可以发现,前者还没有完全走出史的范围,仍然在记事,以存真为主要目的,而后者则完全走出了史的范围,是在做虚幻的文学,以审美为唯一的目的了。

---

① 〔明〕胡应麟《笔丛》卷三六,转引自鲁迅:《中国小说史略》,《鲁迅全集》第九卷,第73页。

　　"作意好奇",当以《古镜记》为代表。此小说作者为王度,初唐著名儒者王通之弟,他以真名实写自己得一面古镜的故事。全文大体上分为两个部分,前一部分写他自己持此古镜所发生的故事,后一部分写他的弟弟王勣持此镜浪迹江湖所发生的故事。全篇十几个故事,都非常奇特,其中降妖祛魅的故事为主体,值得注意的是,其中降老狐的故事颇有曲折,不只是一般逐奇,还耐人寻味。故事云:王度在朋友程雄家遇一容貌端丽的女子,名曰鹦鹉。王度引镜自照,不想,鹦鹉遥见,叩首流血。原来,此女乃狐狸。虽是狐狸,在其幻变为人之后,遭遇的却是现实中普通女人常有的痛苦——丈夫的欺凌、遗弃,而本为精魅的鹦鹉竟无能为力。在王度的古镜照耀下,隐形无路,死期已至。这里,有一段描写,十分精彩:

> 度又谓曰:"汝本老狐,变形为人,岂不害人也?"婢曰:"变形事人,非有害也。但逃匿幻惑,神道所恶,自当至死耳。"度又谓曰:"欲舍汝,可乎?"鹦鹉曰:"辱公厚赐,岂敢忘德。然天镜一照,不可逃形。但久为人形,羞复故体。愿缄于匣,许尽醉而终。"度又谓曰:"缄镜于匣,汝不逃乎?"鹦鹉笑曰:"公适有美言,尚许相舍。缄镜而走,岂不终恩?但天镜一临,窜迹无路。惟希数刻之命,以尽一生之欢耳。"度登时为匣镜,又为致酒,悉召雄家邻里,与宴谑。婢顷大醉,奋衣起舞而歌曰:"宝镜宝镜,哀哉予命! 自我离形,而今几姓? 生虽可乐,死必不伤。何为眷恋,守此一方!"歌讫,再拜,化为老狸而死。一座惊叹。

　　故事中的老狸变形为人,仅仅是羡慕人而已,并无害人之心,事实上,她没有害过人,反倒是遭人害。先是丈夫的欺凌,现在又经王度宝镜这一照,这人就做不下去了。这女子不仅长得美丽,品德也很高尚。王度怜她,说可以放她走,而她自省,她是不配受这种恩德的,宁死。让人最为感动的是,她希望在死之前,好好地做一下人,所谓好好地做一下人,也就是尽醉而已。所以,她恳求王度将宝镜收进匣里,自己不至于立刻化为老狸。她不禁悲伤地说:"久为人形,羞复故体。"她深深地懂得,这个世界上人才是高贵的,为自己是狐而羞耻。这里,隐含着儒家的人与禽兽之别的思想。对待死,她虽不无悲伤,但亦达观,说是"生虽可乐,死必不伤。何为眷恋,守此一方"。这样一位由老狸变化而来的少女,不是很可爱也很可敬吗? 故事诚然是编造的,为虚幻,但其中的思想、情理却是现实的,可以理解。这里包含一种非常深刻的审美意识,那就是在奇幻的形式之中寄寓着真且善的思想内容。这由老狸变化而来托名为鹦鹉的少女,其容貌、言语、行为,不都很美吗?《古镜记》中的其他故事也大体如此,即使故事情节是奇幻的,思想内涵却是真且善的。

《补江总白猿传》的故事也是奇特的,它说的是,梁将欧阳纥的妻子被白猿劫走,欧阳纥入山寻找妻子,杀死白猿,而妻子已孕,生下一个孩子,模样有些类猿。这样的故事可能是有些根据的。自古至今,一直有类似的传闻。此小说如果仅仅是写这样一个故事,虽然能满足人们逐奇的心理,但不可能有很高的文学价值。此小说之所以能传下来,且在宋代演绎成话本《陈巡检梅岭失妻记》,是因为故事有比较深刻的思想内涵。

小说写道:"纥妻纤白,甚美。其部人曰:'将军何为挈丽人经此?地有神,善窃少女,而美者尤所难免。宜谨护之。'纥甚疑惧,夜勤兵环其庐,匿妇密室中,谨闭甚固,而以女奴十余伺守之。"欧阳纥携妻子出征,当然是因为爱妻,不独因为妻美,而传说中"地有神,善窃少女,而美者尤所难免",则曲折地反映出人类社会对美的重视,爱美是人性的表现之一,它往往是人类诸多事件的原动力。白猿是动物,是不懂美的,它劫夺欧阳妻,应与爱美没有关系,然小说开头一段地神爱美而窃少女的言论,将此故事的基调定在爱美上了。这样的定调,没有冲淡小说的传奇性,然提升了小说的文化品位,包括它的审美品位。如小说定调在人兽交配这样粗俗的基调上,那小说肯定无足观,尽管它奇,因为这样一种反人性的基调只会让人厌恶,让人难堪。也许有人认为,这样一种分析有些小题大做了,然只要将小说看下去,就可以发现,小说作者完全是有意识地以美来为小说定调的。欧阳纥妻失踪之后,下面的情节设计为:欧阳纥遍山寻妻;欧阳纥闯入石洞,得知妻子下落;欧阳纥杀死白猿;欧阳纥携妻归,一年后妻生一子,类猿。仅看这梗概,也许我们会想象此故事很血腥,很恐怖,很丑恶,然而,事实并不是这样。欧阳纥遍山寻妻,笔墨不多,突出一个细节——"得其妻绣履一只",实为小说添一亮色,让人心中一喜。欧阳纥闯入一石洞前,有一段精彩的描写:"南望一山,葱秀迥出,至其下,有深溪环之,乃编木以度。绝岩翠竹之间,时见红采,闻笑语音,扪萝引絙而陟其上,则嘉树列植,间以名花,其下绿芜,丰软如毯,清迥岑寂,杳然殊境。东向石门有妇人数十,帔服鲜泽,嬉游歌笑,出入其中。"这段描写很美,寻妻的焦虑、痛苦虽然没有着意淡化,然寻幽探胜的审美不经意地强化了。下面写欧阳纥进入一石门,遇见诸多女子,都是白猿劫来的,其中就有他的妻子。作者没有渲染石洞中夫妻相见的大悲大喜,却细细地写诸妇人向欧阳纥献计,如何缚杀白猿。这段也没有恐怖,读来很有兴味。下面的情节为高潮——缚杀白猿。首先是,白猿回来了,白猿是什么形象呢?小说写道:

> 日晴,有物如匹练,自他山下,透至若飞,径入洞中。少选,有美髯
> 丈夫长六尺余,白衣曳杖,拥诸妇人而出。

这哪里是可怕的动物?分明是美丈夫!小说就这样写白猿的出场。欧阳纥乘其不备,将它杀死,临死前,它说:"此天杀我,岂尔之能。然尔妇已孕,勿杀其子,将逢圣帝,必大其宗。"这样的话,哪里像出自动物或者坏人之口?

读完整个小说,给人的感觉竟然不是丑恶的,血腥的,而是美好的。这让我们感到惊讶,原来唐人在作怪异题材小说时,心中蕴藏的不只是善,还有美。如果说,《古镜记》以善立意,那么,《补江总白猿传》则以美立意。

我们认为,胡应麟说的唐人小说"着意作奇"的意思,就是将真善美的思想渗透进怪异的题材中去,通过怪异的故事传达出真善美来。

第二节　功业:英雄际会

在中华民族数千年的封建朝代史中,唐代的前期与中期是最为辉煌的。它就像一个人,正处于青春期,充满着意气风发的进取气概,洋溢着志在必得的乐观和潇洒,奋斗的前景就像刚刚出山的太阳,熠熠生辉。这种时代精神在唐代传奇名篇《虬髯客传》中得到了极为生动也极为辉煌的反映。

《虬髯客传》见于《太平广记》卷一九三,另有诸多杂记类著作也记载了此小说,内容大同小异。此小说影响甚大,明代张凤翼作的《红拂记》、凌初成作的杂剧《虬髯翁》均据于此。

小说作者迄今尚无定论,《太平广记》没有署作者名,《说郛》《虞初志》等题为张说所作,但《容斋随笔》《宋史·艺文志》等认为是杜光庭所作。鲁迅编的《唐宋传奇集》,署杜光庭。也许,杜光庭的可能性更大。杜光庭生于850年,卒于933年,处州缙云(今浙江省缙云县)人,曾入天台山修道,做过唐僖宗的内庭供奉,唐亡,做过蜀的谏议大夫,晚年隐居青城山。

　　小说并不长,但情节复杂,虽然主要段落写得很仔细,但时间跨度很大,中间多有隐匿,需要人去想象,整个小说如神龙腾天,云遮霞隐,龙的首身只能片段呈现,而如此,这个小说就更具魅力。小说写得有声有色,直如虎啸风生,龙吟云萃,读之,光辉四射,钟鼓齐鸣。

　　这个小说其实有两个主人公,表面上看是虬髯客,而从实质上看是李世民。虬髯客实际上是李世民的陪衬。李世民出场两次,均是在刘文静的家里,第一次出场,他的形象为"不衫不履,裼裘而来,神气扬扬,貌与常异"。应该说,这外在的衣着与内在的神气有一个反差。然而,虬髯客的反应是"见之心死","招靖曰:'真天子也'"。李世民外在衣着与内在神气这一个反差,丝毫没有影响到虬髯客的正确观察,这一方面是证明虬髯客观人之厉害,另一方面,也许是更重要的方面,是说明李世民非凡的精神气概,这内在的方面,是任何粗陋衣着也掩盖不了的。此次见面,正如李靖诈刘文静的,为"相"。第二次也是在刘文静家里,此次在场人物加了一个道士,这道士是虬髯客特意请来的道兄,请他来,也是为了察相——察李世民的相。因为虽然上次与李世民见面,虬髯客对李世民已经作出了"真天子"的判断,但他说只得十八九,还须让道兄见见,以作最后的论断。所以,此次见面是对上次判断的验证。实际效果则超出这一目的,因为,此次见面,道兄的感受比虬髯客上次的感受更为强烈。小说写道:

　　　俄而文皇到来,精采惊人,长揖而坐。神气清朗,满座风生,顾盼
　　炜如也。道士一见惨然,下棋子曰:"此局全输矣!于此失却局哉!救
　　无路矣!复奚言!"罢奕而请去。既出,谓虬髯曰:"此世界非公世界,
　　他方可也。勉之,勿以为念。"

　　此时的李世民,形象有所改变,"精采惊人",道兄"一见惨然",立刻作出论断,在争夺天下的龙战中,胜者非李世民莫属,虬髯公无望矣!

　　两次见面,前者是后者的铺垫,后者是前者的发展。直接写李世民的文字两处相加,不过40字,然而李世民的形象已经鲜活突出,真个是"精采惊人"了。

　　当然,写李世民,小说更多用的是间接的手法——陪衬。有远衬,有近衬。远衬有二:一是红拂对杨素的低评,说杨素的"尸居余气",正是这种"尸居余气"为李世民的夺取天下创造了条件,接着引出李世民,说是"太原有异人","望气者言太原有奇气,使访之",表示想去见李世民;二是李靖说他尝识一人,此人堪

谓之"真人",意欲投奔,此人正是李世民。近衬亦有二:一是虬髯客,虬髯客也是非凡人物,"有龙虎之状",他本也有夺取天下的野心,但是两次见到李世民之后,彻底打消了这个念头,去数千里外的东南成就一番事业;二是道士,他见到李世民后的惨然之状,突出烘托了李世民的天子气概。

歌颂李世民是小说的主题。李世民虽然不是唐帝国的开国之君,却是唐帝国开国最大的功臣。更重要的是,他即位后开创的贞观之治,为唐帝国的长治久安奠定了基础。而作为一位英明的帝王,他身上体现出的英雄气概,也许是这篇小说更为强调的。李世民是中国几千年封建王朝史中最为英明的君主,他的文治武功,为历代传颂,经久不息,早已成为中华民族重要的精神文化遗产。此小说的作者杜光庭生于晚唐,此时的唐帝国早已没有了李世民当政时的强大了。内忧外患,灾难频仍,此时的帝国风雨飘摇,随时都有可能被推翻。杜光庭写此小说的意图是显明的,即呼唤李世民这样的君王重新出现,唐帝国的英雄气概再度振起。

小说着墨最多也最有魅力的是虬髯客。虬髯客是一位江湖好汉,在隋末那个动乱的年代,诸多江湖人士或已揭竿而起,啸聚山林,或在窥探方向,伺机而动,都想取隋而代之,虬髯客是伺机者之一。小说对于这一点写得比较隐晦,但不时露出虬髯客的真面目。虬髯客之所以那样关注李世民,是因为李世民是他争夺天下的重要对手。他要好生掂量一下,能不能战胜李世民。

虽然小说没有明言,但清晰可知虬髯客是一位造反的英雄,是改朝换代的好汉。在中国的历史中,不是所有的造反者均被视为英雄的,但隋末的那场旨在推翻隋王朝重建新江山的战争,造就了不少英雄豪杰。李世民是第一位。在其周围,或是他的战友,或是他的对手,也都称为英雄。在这个特定的历史时期,重建一个美好的江山是历史的正道,谁能担当此重任?说是命定,那是别有意图,实际上均是战争选择的结果。李世民的胜出,究其本,不是天意,而是李世民的个人因素,是他的英明,还有他的机遇。天子从来不是上天命定,而是被人为选择。在动乱的年代,争霸天下,这一点极为突出。虬髯客的可贵也许就在于他善于察人,也善于审己。他在两次察看李世民时清醒地知道了李世民才是未来的真龙天子,于是决定毅然放弃中原逐鹿,退避东南海岛,另图大业,这不能不说是明智之举。当然,亦可能有些盲目,但小说的立意是歌颂李世民,如此安排,也是可以理解的了。

小说中的另外两个人物,也是英雄、奇人。李靖身怀韬略,一直在寻找明主以建功立业,投杨素遭拒后正欲投李世民。红拂虽是杨素家的艺妓,然胸怀大志,腹有远谋,更了不得的是慧眼识人,沉着机警。她与李靖私奔,在当时称得上是惊天骇世之举。红拂夜奔的故事,已经十分精彩,虬髯客的突然到来,让故事陡生波澜,而人物在张力弥满的内在冲突中,形象顿时焕发出光辉,个性十分鲜明。

作者善于构制情境。最为精彩的一段是灵石旅舍,旅店内,火炉上正烹着肉,肉香四溢。红拂站在床前梳着长发。李靖正在刷马。就是这样一个情境,有些温馨,有些浪漫。"忽有一人,中形,赤髯而虬,乘蹇驴而来。投革囊于炉前,取枕攲卧,看张[即红拂——引者]梳头。公怒甚,未决,犹刷马。"——气氛顿时紧张起来。且看三人如何交锋:

> 张熟视其面,一手握发,一手映身摇示公,令勿怒。急急梳头毕,敛衽前问其姓。卧客答曰:"姓张。"对曰:"妾亦姓张,合是妹。"遽拜之。问第几,曰:"第三。"因问妹第几,曰:"最长。"遂喜曰:"今多幸逢一妹。"张氏遥呼:"李郎且来见三兄。"公骤拜之。

一场眼看就要爆发的冲突在红拂的柔情认同姓、认干妹之中悄然化为轻烟。

下面的对话进入正题,然亦不妨在谈正题时写人物的动作,以体现人物的性格。虬髯客显然是饿了,对肉香特别有感觉,大呼饥。于是,李靖去外面买胡饼。虬髯客不待李靖请,遂"抽腰间匕首",切肉大食起来。"食竟,余肉乱切送驴前食之,甚速。"一个似是无关大局的细节将虬髯客的性格、神情写得惟妙惟肖。

正谈着"避地太原"的事,虬髯客突然问"有酒乎"。李靖打酒回,正饮间,没有下酒物,虬髯客将革囊打开,原来是一个人头,还有人的心肝。头仍放入革囊,切肝为食。虬髯客说这是他仇人。情节至此,让人又是一惊。虬髯客的另一性格——嫉恶如仇、恩怨分明、敢作敢为彰显出来了。

如此波澜迭起的铺垫,三人的性格已经很鲜明,而读者在这一惊一乍之中,神经也异常警觉。待到最后讨论太原投奔李世民的事,就显得十分庄重了。这太原访李世民的讨论,将虬髯客精细、神异的一面显示出来了,原来,这不是一个粗鲁的汉子,而是一位有远谋的人。

基于晚唐时唐帝国风雨飘摇的现实,出于维护唐帝国正统君权的需要,小说作者弱化虬髯客争霸天下的龙虎之志,而强化他让李避唐的天下之识。小说最后写道,贞观十年(636 年),已为唐太宗左仆射平章事的李靖得讯虬髯客在东南立国,沥酒而拜之,心中有话(实是作者的思想),曰:"乃知真人之兴也,非英雄所冀,况非英雄乎!人臣之谬思乱者,乃螳臂之拒走轮耳。我皇家重福万叶,岂虚然哉!"这段话的重要意义不只在于肯定唐帝国的正统地位,还在于它讨论了一个重要的主题:何谓英雄。这在历代的传奇中,是极为罕见的。从美学的维度言之,英雄之光何在? 小说的几个主要人物全是英雄。李世民作为真天子,当然是英雄,无须讨论,而且作者也压根儿不愿讨论,因为他的旨意是明显的,就是要肯定唐帝国的合法性,这合法当然是合天意。李世民究竟何德何能,小说一字未提,只是说他相貌好,"精采惊人"。

值得讨论是的是李靖、红拂与虬髯客。李靖、红拂投奔李世民,成就了一番事业,按一般的英雄观,应是英雄。虬髯客呢? 他亦有"龙虎之状",也不无龙战之思,但在两次与李世民的接触中,自认为远不如李世民,决计退避东南。退避,一般说乃懦夫所为,然在这里应为识时务。作者正是从识时务这一点上肯定虬髯客的。东南立国虽"非英雄所冀",但"况非英雄乎"应该说也是英雄。这篇小说的英雄观,核心是"识",红拂之奔李靖,是识;李靖投奔李世民,是识;虬髯客退避东国立国,同样也是识。此之识,耐人寻味。虬髯客不同于李靖,他是有君王之志的人,想做君。在审人审己的基础上,他采取不与李世民争霸天下的策略,这是识;然而他也不去投奔李世民,像李靖那样,心满意足地做臣,因为他有君王之志,不愿意过分委屈自己,于是,在东南也成就了一番小小的帝业:"有海船千艘,甲兵十万,入扶余国,杀其主自立。"这就不仅是识,还是智了。人之实现自己,需要精审,既审人又审己,还要审时审势,量力而为之,择时而为之。虬髯客不就是这样的吗?

问天下,谁是英雄?《虬髯客传》会有诸多的答案。

在中国历代文言小说中,《虬髯客传》是非常奇异的,此外再没有发现与之同一主题者。从某种意义上讲,《虬髯客传》才是唐代传奇的卓越代表。

第三节 荣华:一枕黄粱

一个非常值得注意的社会现象是,不管是在哪个民族,哪个国家,也不管是在哪个时代,追名逐利总是社会的主旋律,但一个同样不容忽视的现象是,成功者总是少数,失败者总是大多数。不管是成功者还是失败者,都有一种哲学,即如何看待自己的人生。一般来说,成功者的人生,人们是不怎么注意的,有关它的哲学思考,苍白而无力;而失败的人生,人们是最为关注的,有关它的哲学思考最为丰富,也最具魅力。小说也是如此,小说悲剧居多,悲剧人物多为社会生活中的失败者,由于小说切近生活,比之哲学理论,悲剧更能打动人的心肠。这几乎是一条放之四海而皆准的社会规律,中华民族也不例外。值得注意的是,虽然悲剧受到喜欢是人类社会的普遍现象,但各民族处理悲剧题材的手段是不一样的,中华民族大体上取两种手法:一种是径直将其写成悲剧;另一种则是将它喜剧化。这种表现手法少用在爱情题材,多用在人生的主流价值——功名利禄这类题材上,这类题材的处理明显地见出道家或佛教的人生哲学。

《枕中记》是唐代传奇中最具影响力的篇章之一。小说主人公为卢生。小说开头,他与吕翁有一段很有意思的对话:

> 卢生顾其衣装敝褻,乃长叹息曰:"大丈夫生世不谐,困如是也!"翁曰:"观子形体,无苦无恙,谈谐方适,而叹其困者,何也?"生曰:"吾此苟生耳。何适之谓?"翁曰:"此不谓适,而何谓适?"答曰:"士之生世,当建功树名,出将入相,列鼎而食,选声而听,使族益昌而家益肥,然后可以言适乎。吾尝志于学,富于游艺,自惟当年,青紫可拾。今已适壮,犹勤畎亩,非困而何?"

这段话透显出当时人们对于人生价值的看法。这里,有两个相对的概念很重要:一是适,一是困。适为畅意,人生美也;困即困顿,人生苦也。什么是适,卢生认为"建功树名,出将入相,列鼎而食,选声而听,使族益昌而家益肥",那才是适。这种看法,是当时社会的主流看法,也不只是当时社会,应该说是整个封建社会的主流看法。如果不执着于其中的封建意识,而将其改造成一种社会功利,一种建功业于社会同时也扬名于社会的普遍价值,那么,它也是所有人类社会的主流意识。

值得我们重视的是,虽然凡人都可以有这样的人生理想,但不是所有的人都能实现这种人生理想。事实是,绝大多数人是不可能"出将入相""使族益昌而家益肥"的,怎么办?在中国封建社会大体上有多种态度:

第一种态度是坚持原来的生活理想,不甘失败,孜孜不倦地努力着,奋斗着,其中手段得当的,尽管没有成功,尚能赢得人们的赞扬或叹息;也有手段不得当的,最终结果不管是成功还是失败,都只会遭到人们的憎恨与唾弃。

第二种态度是承认失败,自暴自弃,怨天尤人,最后走向堕落。

第三种态度是降低生活标准活着,虽然不能建功树名,但可以称誉乡邻;虽然不能出将入相,但可以在社会上有一个与自己身份、能力合适的岗位;虽然不能使族益昌而家益肥,但至少可以养家糊口。

第四种态度是坚决地换一种人生方式,不以功名利禄为念,甚至视功名利禄如粪土,过一种最为简单的生活,体验道法自然的快乐——一种精神上的快乐。这种生活方式有向神仙道教与佛教禅宗发展两种取向,前者追求成仙,后者渴望成佛。

《枕中记》写的是完全不同于上面所说的一种:通过做梦,实现自己的人生理想。人都有梦。梦中的确可以有现实生活中根本不可能有的美事。《枕中记》写的就是一个梦,如果说这个梦有什么特别的话,那就是,它是号称仙人的吕翁有意识地让卢生做的,而且做的梦就是卢生所要的人生之适——"建功树名,出将入相,列鼎而食,选声而听,使族益昌而家益肥"。

小说近乎真实地描写了卢生这个梦境。卢生结婚了,娶的是清河郡望之女崔氏。以后的经历:科举,举进士,登第。再以后就是做官的履历,一直做下来,做到同中书门下平章事即宰相之职,最后,还进封为燕国公。尽管位极人臣,风光无限,但抵挡不住岁月的摧残,最终还是一命呜呼,病死了。有意思的是,梦中的卢生是死了,而做梦的卢生却"欠伸而悟"——醒过来了。整个做梦的过程长达60多年,而在现实生活中,煮熟一顿饭的时间还不到。

梦醒后的卢生对于"适"有了新的体会,他说:"夫宠辱之道,穷达之运,得丧之理,死生之情,尽知之矣。"到底知道什么呢?小说没有说,而从卢生梦中做官的全部过程来看,也不尽然是飞黄腾达,快乐无极的。这个过程也充满着凶险,他上过前线,打过仗,几丧沙场;也受到过攻讦、诬陷,下过大牢。当府吏率军丁来抓捕他时,他惶骇不已,引刃自刎,幸妻子将其救下。在这个过程中,他曾有过反思,如果不做这官,像过去那样做农民,哪会有这样的风险。他有些后悔了,对妻子说:"吾家山东,有良田五顷,足以御寒馁,何苦求禄? 而今及此,思衣短褐、乘青驹,行邯郸道中,不可得也。"

人是有欲望的,欲望不是坏事,但欲望需要控制。卢生最终明白了吕翁的苦心:"此先生所以窒吾欲也,敢不受教?"

《枕中记》的积极意义是不言而喻的,它喻示人生其实是有多种选择的,所谓适,其实不只一种,有多种,出将入相对某些人来说,是适,但对另一些人来说也许并不适。"勤畎亩"也许在某些情况下看来是困,但如果与下炼狱相比,那又是多么地适! 道理也许并不复杂,但要懂得这道理却不容易。卢生这个梦做得好,他梦中的亲身经历让他终于明白了这样一个简单的人生哲理。

同样是做梦,《南柯太守传》所表达的人生哲学似乎更为深刻,而故事也更为精彩。

就情节设置来说,虽都是写梦,《枕中记》的梦境仍然在现实世界,只是虚构了一段经历。而《南柯太守传》的梦境则奇幻多了,那是另一个世界——蚂蚁国度,名曰"大槐安国"。蚁穴也称国,而且称大国。可笑吗? 不。按庄子哲学,无所谓绝对的大,也无所谓绝对的小。事实上,这个蚁国,亦如人的国度,有着一切与人世国一样的繁华。淳于棼来到这个国度,丝毫没有感到什么不适,他所看到的这个国家的公民,全都是人。人蚁区别何在? 在这个小说里,全给抹煞了。将世界一切对立与区别在道的意义上给予抹煞。一切区分都决定于视角,如《庄子·德充符》所说:"自其异者视之,肝胆楚越也。自其同者视之,万物皆一也。"这里,视同的维度是得到庄子赞赏的,在庄子看来,这个世界是一维的,这一维就是道。万物皆为道的存在,虽然其体貌形状有别,或大或小,或长或短,甚至或美或丑,但是在道这个根本上,它们是一样的。

按这个观点,在人世间做官与在蚂蚁国做官没有什么区别。小说的真谛也许就是这样,不是吗? 它所描写的蚂蚁国中的风土人情与人世间无异,特别有意思的是,小说有一长段描写蚂蚁国中的诸多女子(实是蚂蚁仙子)戏谑淳于棼的情景,将现实生活中声色之乐展露无遗:

是夕,羔雁币帛,咸容仪度,妓乐丝竹,肴膳灯烛,车骑礼物之用,无不咸备。有群女,或称华阳姑,或称青溪姑,或称上仙子,或称下仙子,若是者数辈。皆侍从数十,冠翠凤冠,衣金霞帔,采碧金钿,目不可视。遨游戏乐,往来其门,争以淳于郎为戏弄。风态妖丽,言词巧艳,生不能对。复有一女谓生曰:"昨上巳日,吾从灵芝夫人过禅智寺,于天竺院观石延舞《婆罗门》。吾与诸女坐北牖石榻上,时君少年,亦解骑来看。君独强来亲洽,言调笑谑。吾与穷英妹结绛巾,挂于竹枝上,君独不忆念之乎?又七月十六日,吾于孝感寺侍上真子,听契玄法师讲《观音经》。吾于讲下舍金凤钗两只,上真子舍水犀合子一枚。时君亦讲筵中于师处请钗合视之。赏叹再三,嗟异良久,顾余辈曰:'人之与物,皆非世间所有。'或问吾氏,或访吾里。吾亦不答。情意恋恋,瞩盼不舍。君岂不思念之乎?"生曰:"中心藏之,何日忘之。"群女曰:"不意今日与君为眷属。"

这段描写能说是蚂蚁国中的生活吗?恐怕不能。作者不仅将蚂蚁国写成人的国,而且,巧妙地在蚂蚁国中增加了两位淳于棼的故人,一位是周弁,一位是田子华,这就更增加了它的现实色彩。也许在作者看来,虽然是在蚂蚁国中做驸马,做大官,这驸马、这官还是值得一做的,哪怕它只是一个梦,一个短暂的时间。小说结尾,说淳于棼醒了过来,"感南柯之浮虚,悟人世之倏忽,遂栖心道门,绝弃酒色"。这个结论似乎不能成立。逻辑性地推导,淳于棼应该是希望再做一个这样的梦。虽在梦中,但能享尽荣华富贵,又有何不好呢?

值得我们注意的是,小说的立意不是这样的。小说最后,作者自己站出来说话了,说他在某地见到过淳于棼,所写的事是真实不误的。"虽稽神语怪,事涉非经,而窃位著生,冀将为戒。后之君子,幸以南柯为偶然,无以名位骄于天壤间云。前华州参军李肇赞曰:贵极禄位,权倾国都,达人视此,蚁聚何殊。"很显然,小说作者是将人与蚁区分开来的,将人降为蚁,那是对人极大的侮辱。这就是儒家的人与禽兽之别了。

作者李公佐据儒家思想嘲讽淳于棼,然而淳于棼最后并没有洗心革面回到儒门,而是"栖心道门,绝弃酒色"。小说的内在矛盾是很清楚的,其实,儒家说的人与禽兽之别,实质上是认为人要讲礼仪。淳于棼即使梦入蚂蚁国,也并没有改变人的本质,他还是讲礼仪的,再者,这蚂蚁国,从其实质来看也不是动物的王国,而是人的王国。大槐安国的种种设置,它的人情物理,与地面上的真实国度有何差异？没有。小说嘲笑这个蚂蚁国，落空了。也许，小说真正的立意是想说，人生如梦，即使是荣华富贵，也没有什么了不起，也不过是一场梦。因此，不值得"以名位骄于天壤间"也，当然，也不值得人们梦寐以求。

《枕中记》《南柯太守传》有一个共同点，即都在探讨荣华富贵的问题，这实在是抓住了人生的一个根本。从人性的角度讲，人都贪慕荣华富贵，自古至今皆如此，但有两个东西值得注意：荣华富贵是不是人生的终极追求？这两个小说似乎都在说，不是。那么，人生的终极追求是什么呢？《南柯太守传》没有回答这个问题，《枕中记》是回答了的。《枕中记》的回答是"适"。适，适生，适己。适生即适合于生命，适己即适合于自己。小说中那位仙翁说得很清楚："观子形体，无苦无恙，谈谐方适，而叹其困者，何也？"在仙翁看来，一个人，无苦无恙即身体健康，又能谈谐方适即精神愉快，那就是适了。卢生不满足于这，偏要去追求荣华富贵，荣华富贵也不是不可以追求，但有个与己合适不合适的问题，如果与己不适，就追求不到，即使追求到了，有苦有恙，伤生害性，就不值了。什么是人生之美？《枕中记》的回答是经典的：适。

第四节　婚恋：情纯义重

古往今来的婚恋小说，主题不外乎情义两字，情涉及爱情的本质，义涉及做人的原则。在这个问题上，唐代婚恋小说的主题基本上是健康的，它重情，也重义。

《飞烟传》故事并不复杂，它写一位名飞烟的女子的爱情悲剧。飞烟本是一位下级武官的妾，她对这桩婚姻很不满意，一日与邻居赵家公子赵象偶遇，赵象一见倾心，托门媪捎去情书，不想飞烟早就钟情于赵象了，两人书信往来，暗通情愫。一日，趁武官晚上值班，由门媪接引，赵象逾墙过来，两人遂结秦晋之好。后事发，赵象逃走，飞烟为丈夫鞭死。就是这样一个故事，作者以何观点处理题材，关系到不同的思想意义。他至少有五种处理法：一、将飞烟写成一个荡妇，本为有夫之妇，不守妇道，与他人私通；二、将飞烟写成被骗女子，重在批评赵象；三、将飞烟写成失足女子，不是荡妇，也不是被骗，而是偶尔失足，经教育，认识错误，重新做人；四、将飞烟写成节妇，遭遇赵象胁迫或诱骗，不管是已失身，还是只是受辱，最后不愿苟活，自杀殉节；五、将飞烟写成一位重情的女子，她勇敢地爱,并勇敢地为它付出生命。这个小说是按第五种方式处理题材的。

像飞烟这样情纯且情重的女子,在中国古典小说中多为一见钟情。原因很简单,古代的女子多在深闺,难以见到家族外的男子。飞烟虽然也很少见到丈夫以外的男子,但因她家与赵象家是邻居,偷窥赵象有一段时间了,因此,当赵象向她表达爱慕时,她对为赵象传信的门媪说:"我亦曾窥见赵郎,大好才貌。此生薄福,不得当之。"

飞烟与赵象的爱情是借助诗文传递的,开始一段没有能够见面,小说有一段写到飞烟阅赵象书信的感受,道:

> 飞烟拆书,得以款曲寻绎。既而长太息曰:"丈夫之志,女子之情,心契魂交,视远如近也。"

话虽不多,但很有分量,"心契魂交,视远如近",足以见出飞烟情之深,情之重。

情节的发展是两人终于见面,有了私情。这种私情最容易受到伤害的是女子。伤害之一是精神上的,为人所瞧不起。飞烟在意的不是为别人所瞧不起,而是会不会被赵象瞧不起。她在与赵象第一次幽会后,拉着赵象的手说:"今日相遇,乃前生姻缘耳。勿谓妾无玉洁松贞之志,放荡如斯。直以郎之风调,不能自顾。愿深鉴之。"此时,在飞烟的心中,实际上装着的不是社会,而只是一个人,这个人就是她深爱的赵象了。别人对她的看法不重要,唯一重要的是赵象对她的看法。这种担心,正说明她对赵象的爱是极为纯粹的。

如同所有陷入热恋的男女一样,赵象、飞烟恨不得时时在一起。然而,虽仅一墙之隔,赵象也不能轻易地翻墙过来。飞烟的相思诗写道:"相思只怕不相识,相见还愁却别君。愿得化为松上鹤,一双飞去入行云。"诗虽然过于直白,情感却是十分真挚的。

在中国旧社会,男女偷情,对于女子而言是拿着生命做赌注的。如若发现,男子还可以跑,女子一般是跑不掉的,多半是死路一条,而且死得很惨。飞烟没能逃出这样的命运。一般,偷情女子此时会魂飞魄散,乞求活命,如实招来。但飞烟的反应完全不同。小说写道:

> (飞烟丈夫武公业)乃入室,呼飞烟诘之。飞烟色动声战,而不以实告。公业愈怒,缚之大柱,鞭楚血流。但云:"生得相亲,死亦何恨。"

深夜,公业怠而假寐。飞烟呼所爱女仆曰:"与我一杯水。"水至,饮尽
而绝。

坚守自己的爱情,死而不惧,明确地说"生得相亲,死亦何恨",如此能爱敢
爱的女子让人感佩不已! 飞烟的确是弱女子,她无力逃脱武公业的魔掌,但确
又是强女子,武公业能摧残她的身体,却无法摧残她的精神。武公业能剥夺她
的生命,却无力剥夺她的爱情!

飞烟这样纯情的女子形象出现在唐代不是偶然的。在中国历代社会中,唐
代相比较而言是比较开放的,武则天作为皇后,竟然能称帝,这帝做得还不错,
充分说明唐代女子的地位并没有被意识形态所固定。既然女子都能做皇帝,那
么,自己的爱情又有什么不可以追求的呢? 杨太真本是玄宗之妃,皇帝与妃一
般来说,也谈不上爱情,至少不纯情,然而,在唐代,唐玄宗与杨太真的情感关系
竟然也被一班文人炒作成爱情。白居易有长诗《长恨歌》,生动而又感人地描绘
了这帝与妃的爱情。另外,唐代还有一些小说家将它写成小说,著名的有乐史
的《杨太真外传》,小说虽然对唐玄宗贪色误国有所批判,但同样肯定他与杨太
真的爱情,认为是真爱。我们现在是无法得知玄宗与太真爱情的真实情况了。
其实,他们之间是不是存在真正的爱情已经不重要,重要的是,诸多文人的创作
传达了一个重要的信息:唐代是有真正的爱情的。

爱情的本质在爱,这爱应该是纯粹的男女之爱,虽然它会附丽上一些别的
功利因素,但本质应是超功利的。细检中国文学史中以纯情为基础的爱情故
事,虽然不只是唐代有,但从总体上来看,唐代是比较多的。这在一个方面说
明,唐代人是活得比较潇洒的,唐代的人性是比较完全的。在重情特别是重纯
情这一点上,魏晋南北朝开了一个好头。刘义庆的《世说新语》中记载了诸多重
情的故事,其中就有爱情故事,如《惑溺》载:"王安丰妇常卿安丰,安丰曰:'妇人
卿婿,于礼为不敬,后勿复尔。'妇曰:'亲卿爱卿,是以卿卿。我不卿卿,谁复卿
卿!'遂恒听之。"重情在唐代达到顶峰,此后就走向下坡路,宋明理学出,情受到
很多节制,不要说杨太真这样纯情的贵妃出现不了,飞烟这样纯情的民间女子
也出现不了。爱情萎缩了!

唐代小说中的爱情不仅重情,而且也重义。《李娃传》堪为代表。李娃为长
安名妓,来京赴考的常州刺史之子荥阳公子慕其容貌,将带来的全部资财投入,

得以与李娃狎游共处,不久,资财荡尽,为"姥"即妓院老鸨设计赶出家门,流落街头,偶为来京公干的父亲发现。父亲得知情况后认为儿子污辱了门庭,将儿子痛打一顿,弃之而去。公子遭殴之后,乞讨为生。一日来到李娃的住宅,疾呼乞食。在公子,并不知是李娃的住宅,而李娃一听声音,就知是生来了,让侍儿立即开门。本有过节的三位人物——李娃、生、姥又将会有怎样的冲突呢? 小说写道:

> 娃自阁中闻之,谓侍儿曰:"此必生也,我辨其音矣。"连步而出。见生枯瘠疥厉,殆非人状。娃意感焉,乃谓曰:"岂非某郎也?"生愤懑绝倒,口不能言,颔颐而已。娃前抱其颈,以绣襦拥而归于西厢,失声长恸曰:"令子一朝及此,我之罪也!"绝而复苏。姥大骇,奔至,曰:"何也?"娃曰:"某郎。"姥遽曰:"当逐之。奈何令至此?"娃敛容却睇曰:"不然。此良家子也。当昔驱高车,持金装,至某之室,不逾期而荡尽。且互设诡计,舍而逐之,殆非人。令其失志,不得齿于人伦。父子之道,天性也。使其情绝,杀而弃之。又困踬若此。天下之人尽知为某也。生亲戚满朝,一旦当权者熟察其本末,祸将及矣。况欺天负人,鬼神不佑,无自贻其殃也。某为姥子,迨今有二十岁矣。计其赀,不啻直千金。今姥年六十余,愿计二十年衣食之用以赎身,当与此子别卜所诣。所诣非遥,晨昏得以温清,某愿足矣。"姥度其志不可夺,因许之。

李娃这段话句句在理,字字有情,集中突出一个"义"字。义在理,理在宜。李娃陈述与公子这段情事始末,要说的就是公子如此处境,于他是不公,不正,不宜,而置他于此田地是姥加上她本人共同设的诡计,于姥及她来说,已经是不仁,不义,也可以说是不宜。既然如此,为什么不能改变一下呢? 李娃将义看作人的本性,又将义提到天的高度,说不义,就是"欺天负人"。欺天负人必遭天谴,且鬼神不佑。此番言论,铿锵有力,正气凛然。加之,又捎带恐吓,于是,本来想再次将公子驱逐的姥,也不得不接受李娃的建议,何况这建议充分考虑到了她的利益。李娃的形象光彩照人,于文学,是难得的典型,于生活,亦堪称做人的楷模。

小说后面具体描写李娃是如何引导公子读书参加科举的,意在突出李娃的远见。李不是那种目光短浅之人,公子读书二年,自认为可以"策名试艺",然李娃认为不可,还要做到"精熟""以俟百战"。第三年,李娃认为可以了,公子"一上,登甲科",本来可以取官职了,李娃却劝他"砻淬利器,以求再捷",于是,公子继续努力,终于在大比之年,"策名第一"。

李娃的目的终于达到了,公子邀她一同进京,她明白表示退出。原来,她帮助公子,纯粹是为了成就公子,是为了情,更是为了义,不是为的自己,直截地说,不是为了荣华富贵。虽然小说的结尾,还是荣华富贵,但不是李娃的初衷,不是她的目的,所以,一点也没有减损李娃的光辉。

在重义这一点上,与《李娃传》类似的还有唐代传奇《柳毅传》,它通常也被人看作是爱情小说,但其实爱情并不是这篇小说的主题,它的主题是义。小说主人公柳毅在返乡途中,偶遇牧羊女,并不是一见钟情爱上了她,而只不过是为牧羊女的不幸所感动,心甘情愿地为牧羊女传递一封求救的家书。牧羊女本为洞庭湖龙王之女,在成功得救后,洞庭君的弟弟钱塘君向柳毅提亲。这样一段婚姻他人闻之会欣喜若狂的,何况龙女也具有惊人的美丽。然而柳毅谢绝了。小说写道:

> 毅肃然而作,欻然而笑曰:"诚不知钱塘君孱困如是!毅始闻跨九州,怀五岳,泄其愤怒;复见断金锁,擘玉柱,赴其急难。毅以为刚决明直,无如君者。盖犯之者不避其死,感之者不爱其生,此真丈夫之志。奈何箫管方洽,亲宾正和,不顾其道,以威加人?岂仆之素望哉!若遇公于洪波之中,玄山之间,鼓以鳞须,被以云雨,将迫毅以死,毅则以禽兽视之,亦何恨哉!今体被衣冠,坐谈礼义,尽五常之志性,负百行之微旨,虽人世贤杰,有不如者,况江河灵类乎?而欲以蠢然之躯,悍然之性,乘酒假气,将迫于人,岂近直哉!且毅之质,不足以藏王一甲之间。然而敢以不伏之心,胜王不道之气。惟王筹之!"

这段话语,可谓慷慨激昂,义正词严,虽然似有些过分,有些矫情,但作者的意图就是突出柳毅高尚的道德品质。他试图说明一个问题:道德无功利,不求回报。柳毅传书,只是为了救人,不为别的。不要说金帛不要,就是像龙女这样的美人,也不要。这才是君子,才是伟丈夫!让人感到特别有趣也很有意味的是,柳毅坚辞婚姻之后,在洞庭君夫人专为他设的送别宴上,与龙女有过一次见面。在这次见面上,龙女打扮得光彩照人,前来向柳毅致谢,此时的柳毅没了痛批钱塘君的英雄气,倒是"殊有叹恨之色"。叹的是什么,恨的又是什么,个中情味是很清楚的。说明柳毅也还是普通人,对于美丽善良的龙女,他内心深处也藏有一份真爱。小说对于柳毅的刻画,点睛之笔正在这里。

也许为了印证善恶有报的古训,也许为了增加小说的情趣,作者在小说后半段增加龙女投胎为凡间女子最终嫁给了柳毅的故事。在笔者看来,这增加的部分,绝不是狗尾续貂,它最大的意义是弥补柳毅告别龙女那种难以言传的遗恨,回答洞庭君夫人"此别岂有复相遇之日乎"的询问。在艺术上,这样就更完整了。

细较《李娃传》和《柳毅传》两篇小说中的义,它们还是有些不同的。李娃对公子已经产生了爱情,这爱情本有义在;只是后来误受姥的影响,丧失了义,为此她已受到良心的谴责,她对公子的救助,是改正曾经的失义,让情回复到有义之情。柳毅救助龙女原不是出于爱情,而是出于义,义是独立的。由情及义,像李娃这样,是可以的,因为情中本有义;而由义添情,像钱塘君向柳毅建议的,那是不可以的,因为这样,这义就不纯粹、不高尚了。在中华文化传统中,义具有独立的本体性,它可以骄傲地拒绝情,也可以拒绝利。而且唯其可以独立,它才具有至尊的地位,成为为人之本。

重义,是不是说明唐代社会仍然看重儒家思想呢?可以这样理解,但是,重义应该说并不是儒家的专利,中华民族的传统文化,包括道教、佛教文化,都普遍看重义,即使曾经在秦代得到最高统治者青睐的法家文化,也并不是不要义,只不过是不为义而舍利。秦以后,法家文化衰落,自汉至唐,利义二者一直是义先利后。在唐代,儒家的地位表面上看似是不如汉代,因为它不独尊儒术,但儒家思想倒是比汉代更普及了,更深入人心,深入社会了。儒家思想以仁义为本,仁为义之本,义是仁之体。仁义为善,仁义之美即善之美。

爱情是人生不可或缺的重要主题,也是艺术亘古不变的重要主题,爱情之美向来为人所推崇,爱情之美,核心为情,情之性为爱,而爱之质则为义。无义之爱,要么堕落为奸邪之阴谋,要么沦为禽兽之无耻。义薄云天,不仅体现在涉及家国之事上,也体现在婚恋这儿女之事上。

第五节　女性:德色双馨

女性永远是文学天空中最为璀璨的星星。文学审美在很大程度上是对女性的审美。

对于女性的美，一般都注重其外貌的美，几乎所有的文学作品，只要是以女性为题材，其女性主人公一般都是美丽的，除非在特殊的情况之下，基于某种特殊的需要，而将女性特意写丑。值得注意的是，虽然大部分作品不忘写女性的美，但不过分渲染美，而着意于女子之德。唐代的传奇不是这样，它不只是一般地写女子美，而且着意渲染这种美。《任氏传》在这方面极为突出。任氏偶遇郑六，一见钟情，遂嫁给郑六，郑六的朋友王鉴得知郑子娶了丽人，派家僮以赠送家具为名去探看一下，看是不是有这回事。家僮回家复命，他不是慢慢地走的，而是"奔走返命，气吁汗洽"，下面的对话更精彩：

> 鉴迎问之："有乎？"又问："容若何？"曰："奇怪也！天下未尝见之矣。"鉴姻族广茂，且夙从逸游，多识美丽。乃问曰："孰若某美？"僮曰："非其伦也！"鉴遍比佳者四五人，皆曰："非其伦。"是时吴王之女有第六者，则鉴之内妹，秾艳如神仙，中表素推第一。鉴问曰："孰与吴王第六女美？"又曰："非其伦也。"鉴抚手大骇："天下岂有斯人乎？"

这种描写我们只是在汉乐府的民歌中偶尔能看到，小说中此前没有看到。这说明什么呢？说明在唐代，人们更重视美了，汉代谈到容貌美，还多少有些谨慎，因为不管是对男人还是对女人来说，道德或者才华才是最重要的，而在唐代，特别是盛唐，人们普遍地看重女性的外貌，唐玄宗不就是因为杨太真容貌艳丽而不顾礼制强娶了这位本为儿媳的女子吗？

应该说，在唐代以前的小说中，女性形象也是美的，但均不能给人留下深刻的印象，而在唐代传奇中，好些女性的美给人留下深刻的印象。唐人是如何做的呢？

第一，自觉地守护审美至上的原则，不让形象受到非审美因素的破坏。《任氏传》中的女主人公为任氏，任氏为狐女，对任氏这一身份，小说中是点到为止，小心地不让狐的形象破坏她的美。小说中的她，容貌婉丽，妩媚，有血性，有情趣，活脱脱一个活泼可爱的姑娘。小说最后写到她的死，一般不可避免地会写到她狐狸的原形，然而小说根本不提"狐"这一字眼，而将其写得像羽化登仙一样的飘渺、神奇。不妨将这精彩的描写录之如下：

> 信宿，至马嵬。任氏乘马居于前，郑子乘驴居其后，女奴别乘，又

在其后。是时，西门圉人教猎狗于洛川，已旬日矣。适值于道，苍犬腾出于草间，郑子见任氏歘然坠于地，复本形而南驰。苍犬逐之，郑子随走叫呼，不能止，里余，为犬所获。郑子衔涕出囊中钱，赎以瘗之，削木为记。回睹其马，啮草于路隅，衣服悉委于鞍上，履袜犹悬于镫间，若蝉蜕然。惟首饰坠地，余无所见。女奴亦逝矣。

这段话写得极为生动，作者注意到了两个地方。一是任氏遇到苍犬的袭击，歘然坠地，复本形而逃跑，这里，他不说"狐"字，只说"本形"，显然有意回避这一词。二是任氏被掩埋后，郑子回睹，见马在路旁啮草，非常平静，仿佛什么也没发生过。任氏的衣服委于鞍上，鞋袜悬于镫间，地上有任氏的首饰。同样，写得很平静，很轻松，正如作者所说"若蝉蜕然"——也就是成仙了。如此细心地保护任氏的形象，爱怜之意可见。如此守护着审美至上的原则来表现女性形象，可视为唐代传奇的一大特点。这一写法，不独《任氏传》有，其他的传奇小说也有。

第二，注重表现女性的动态美。唐代前的小说，写女性多注重静态的描绘，比如五官怎样、服饰怎样之类，尽管写得很细，还用了诸多的比喻，但给人留下的印象不深，而唐代的传奇，写女性之美，则比较注重动态，此动态，不只是被写的女子的动态，还有与之相应的对象的动态，如《任氏传》写任氏的出场，就极具光彩：

偶值三妇人行于道中，中有白衣者，容色姝丽。郑子见之惊悦，策其驴，忽先之，忽后之，将挑而未敢。白衣时时盼睐，意有所受。郑子戏之曰："美艳若此，而徒行，何也？"白衣笑曰："有乘不解相假，不徒行何为？"郑子曰："劣乘不足以代佳人之步，今辄以相奉。某得步从，足矣。"相视大笑。同行者更相眩诱，稍已狎昵。

这段描写实在是太妙了，白衣女子（即任氏）静态的描写，仅"容色姝丽"，其他多为动态，尤妙的是它采取由彼及此即通过郑子对白衣女子的献殷勤来写白衣女子迷人的美，而白衣女子的"时时盼睐"，以及对郑子挑逗的回应，让这种迷人的美达于极致了。

这篇小说中还有一段，也很精彩：

经十许日，郑子游，入西市衣肆，瞥然见之，襄女奴从。郑子遽呼之。任氏侧身周旋于稠人中以避焉。郑子连呼前迫，方背立，以扇障其后，曰："公知之，何相近焉？"郑子曰："虽知之，何患？"对曰："事可愧耻，难施面目。"郑子曰："勤想如是，忍相弃乎？"对曰："安敢弃也，惧公之见恶耳。"郑子发誓，词旨益切。任氏乃回眸去扇，光彩艳丽如初。

这是郑子与任氏的第二次见面，地点在闹市。郑子发现任氏，自然是喜出望外，急忙呼喊，并努力迫近；然任氏不想与郑子在这样的场合见面，侧身在人丛中周旋以躲避。实在没有办法了，任氏就说出不愿见面的缘由："事可愧耻，难施面目。"其实也就是害羞、不好意思吧，其中也有礼制方面的顾虑，但看来不是主要的。郑子赌咒发誓，任氏终于相信了，小说写她"回眸去扇，光彩艳丽如初"。本是障扇，现在将扇子去掉，本是背立，现在回眸，将面目现出来，将眼光投向郑子，那种目光流盼的美，让郑子销魂。这段描写极富动感，在一追一躲之中，充分展现出任氏的美丽与可爱。

第三，不只写女性的外貌的美，还能深入写出女性内心的美。这点尤为可贵。我们只要将六朝的小说与唐代的小说比较一下，就不难发现这一点。六朝的小说由于不着重写内心，写外貌也多程式化，一套陈词滥调，因此，小说中的女性形象都比较单薄，而唐代小说中的女性形象则比较丰满，有个性，这里最主要的原因是注重写人物的内心世界。

值得注意的是，不同的小说，侧重于写不同方面的内心世界。

像《任氏传》，这美丽的女子任氏因为是狐仙，在日常生活中没有普通女子的那种拘谨，与男性交往较为开放，但并不是说她是放荡的。在小说中，我们看到，她钟情于郑六，对他是专一的，而对于郑六的朋友王鉴，虽然她也与之交往，但绝不越过底线，当王鉴试图强暴她时，她极力反抗，虽然她也知道，王鉴也是真心爱她而且爱得发狂的。当她实在无力抗拒时，她放弃了反抗，而神色惨变，王鉴感到奇怪，问她"何色之不悦"，下面有一段对话：

任氏长叹息曰："郑六之可哀也！"鉴曰："何谓？"对曰："郑生有六尺之躯，而不能庇一妇人，岂丈夫哉！且公少豪侈，多获佳丽，逾某之比者众矣。而郑生，穷贱耳。所称惬者，唯某而已。忍以有余之心，而夺人之不足乎？哀其穷馁，不能自立，衣公之衣，食公之食，故为公所系耳。若糠糇可给，不当至是。"

　　这段话不是用智,而是内心真实的表白,一方面,反映出她对郑生的爱是纯真的,另一方面,她对王鋆的劝告句句在理,亦句句给力,反映出她具有卓越的处理危机的能力,还有她不凡的见解与智慧。一席话,掷地作金石声。任氏的形象,至此算是树立起来了——光彩夺目,靓丽无比。王鋆被感动,不再强迫她。一场危机就这样解决了。

　　同为爱情小说,《离魂记》中的女主人公倩娘又别是一种形象。作者完全不写倩娘的外貌,只写她颇为出格的行动,而这行动显示出来的却是她不凡的内心世界。这是一个私奔的故事,由于某种阴差阳错的原因,倩娘与她心仪的男子王宙不得成婚,王宙深为恚恨,不得已离家去京城。倩娘得知王宙走的是水路,从陆路急忙追赶。小说写道:

　　　　日暮,至山郭数里。夜方半,宙不寐,忽闻岸上有一人行声甚速,须臾至船。问之,乃倩娘徒行跣足而至。宙惊喜发狂,执手问其从来。泣曰:"君厚意如此,寝梦相感。今将夺我之志,又知君深情不易,思将杀身奉报,是以亡命来奔。"

　　如此夜奔追郎,在当时是极需要胆量的,敢冒这样大的风险,除了因为她太爱王宙,还因为她有过人的胆识。倩娘深知,如果不追上船,她与王宙的缘分就彻底断了。小说将这般不寻常的见识加诸女主人公身上,也就为她不同寻常的冒险行为找到了根据,倩娘的光采也许主要不在她的重情,而在她的胆识。

　　同样是夜奔,《虬髯客传》中的女子红拂与倩娘又异。红拂不过是杨素小妓,其工作是执红拂打扫几案上的灰尘,可这女子具有非凡的眼光与见识。在李靖向杨素进言之时,她就在旁边侍立,李靖的风度特别是他的见地让她非常倾心,李靖离去后,她即刻向府上门吏打听李靖的住处,当晚,不顾危险来投奔李靖。小说写道:

　　　　公归逆旅。其夜五更初,忽闻叩门而声低者,公起问焉。乃紫衣戴帽人,杖揭一囊。公问谁,曰:"妾,杨家之红拂妓也。"公遽延入。脱衣去帽,乃十八九佳丽人也。素面画衣而拜。公惊答拜。曰:"妾侍杨司空久,阅天下之人多矣,无如公者。丝萝非独生,愿托乔木,故来奔耳。"

　　虽然红拂夜奔有爱情的因素,但此小说的主题似不在爱情。从整个小说的框架来说,它是一个政治小说,李靖来找杨素,原本想借杨素的地位,谋一番事业,但杨素不是识才之人,更没有拯救天下的雄心壮志。后来,李靖在虬髯客的帮助下,投奔了李世民,真正成就了一番大事业。关于红拂,小说借虬髯客之口,说道:

> 一妹[即红拂——引者]以天人之姿,蕴不世之艺,从夫之贵,以盛轩裳。非一妹不能识李郎,非李郎不能荣一妹。起陆之贵,际会如期,虎啸风生,龙吟云萃,固非偶然也。

显然,小说赞赏红拂的,不是她的爱情,而是她的见识。唐代真是一个了不起的时代,不要说有志的男人们一个个都想干一番治国安邦的大事业,就是女子也一个个有胆有识,上面说到的任氏、倩娘、红拂均是这样,这是不是也反映了唐代的一种精神风貌?

女子有胆有识已算可贵的了,何况在红拂,此种胆识还不是一般的胆识,它是关于国家大事的胆识。女子能关注天下大事,并能作出正确的判断,在封建社会是非常难得的。红拂是古今中外少见的奇女子。

当然,像红拂这样的女子,在中国历史上不算很多,在重男轻女的社会里,女子难以有红拂这样的胸怀、见识和胆量。但是,中国历代都还出过类似红拂这样的巾帼英雄,虽然有些是小说中的人物,难以确指,但肯定有所本。如果执着于真实,那晚清的秋瑾就是真正的巾帼英雄,虽然秋瑾远不是红拂可比拟的,但我们还是分明看得出,她们的内在精神仍然是一脉相通。就此而言,红拂这一形象在中国文学史上有其不朽地位。

同样主要表现女子的勇敢、胆略,《谢小娥传》却有它不同的特色。这篇小说与爱情无涉,它的主题为报仇。小娥为商人之女,父与夫均为往来江湖的商贾。在小娥14岁那年,父与夫均为盗杀害,家族数十人悉沉江而死,她亦受伤,坠入水中,为人救活,隐身寺院。小娥立志报仇,一直在寻访盗贼的真实姓名,而她能依据的材料是父与夫托给她的梦。父说,杀他的人为"车中猴,门东草";夫说,杀他的人为"禾中走,一日夫"。经高人指点,得知杀她父亲和丈夫的人分别为申兰、申春。小娥化装成男佣,被招进申兰家,侍候在申兰身旁,已两年有余,申兰竟毫无察觉,对她很是信任。报仇的机会终于来了:

> 是夕,兰与春会,群贼毕至,酣饮。暨诸凶既去,春沉醉,卧于内

室,兰亦露寝于庭。小娥潜锁春于内,抽佩刀,先断兰首,呼号邻人并至。春擒于内,兰死于外,获赃收货,数至千万。初,兰、春有党数十,暗记其名,悉擒就戮。时浔阳太守张公,善娥节行,为具其事上旌表,乃得免死。

小娥的机智、沉着、机警、果决,让人惊叹。小娥本为弱女子,若未有家庭变故,她会与其他女孩子一样生活着,平平常常,不大可能有太大的波澜。而在突遭家庭惨祸之后,她顿时换成了另一个人,能量也顿然增大到极致,凭着自己的力量竟然报了仇。小说作者最后借君子之口,对小娥的行为作了一个评价:"誓志不舍,复父夫之仇,节也;佣保杂处,不知女人,贞也。女子之行,唯贞与节,能始终全之而已,如小娥,足以儆天下逆道乱常之心,足以观天下贞夫孝妇之节。"而作者自己也明白地说:"知善不录,非《春秋》之义也,故作传以旌美之。"

自古以来,对于女子之美,人们均以德色双馨作为评价标准,只以色视女子,一直被认为是对女子价值的误读。应该说,中华民族一直是坚持了这个传统的,诸多大儒对此均有论述,然以文学的形式,对这一传统做形象的表现,唐代的小说应是作出了重要贡献。诸多的以爱情为主题的小说,女性主角多德色双馨,而极现其独特的美丽,有意思的是,在这些小说中,男主角相对地黯然失色,少有能与女性主角相颉颃的。

第五章　唐代文论的审美意识

　　唐以前的朝代,不重视文学艺术理论,魏晋南北朝只是一个例外。唐代是中国历史上第一个重视文学艺术理论的朝代,不仅产生了一大批论诗论文论画论书的文章,还出现了诸多专著。最为重要的是王昌龄的《诗格》、司空图的《二十四诗品》、段安节的《乐府杂录》、张彦远的《历代名画记》、孙过庭的《书谱》等。这些论著以理论的形态概括出唐代的审美意识,它们与以艺术形态、生活形态呈现出来的审美意识相互印证,交相辉映,展现出唐代审美意识的泱泱大观。唐代文论中作为主体的是关于诗与一般文章的理论著作,它们构成唐代文论的主体。本章主要阐述这部分文论中的审美意识,至于艺论,则在讨论相关艺术的章节中予以阐述。

第一节　诗品论

　　风格是艺术成熟的标志,也是艺术美特色呈现的标志。唐代诗歌是唐代文化的代表,犹如万马奔腾的头马,对于推动整个唐代文化的发展起着极其重要的作用。风格作为一个美学概念,也首先在诗歌创作中提出。在唐代,论述诗歌创作风格最为重要的著作是司空图的《二十四诗品》。

一、司空图及其《二十四诗品》

　　司空图(837—908年),河中虞乡(今山西永济县境内)人。据《旧唐书》,司空图于唐懿宗咸通十年(869年)登进士第,曾为王凝幕僚,辟为上客,召授殿中侍御史。唐僖宗广明元年(880年)擢为礼部员外郎。司空图所处的时代,唐王朝已快走到尽头了,天下大乱,农民起义蜂起,黄巢军攻下长安,僖宗出逃宝鸡,司空图从之不及,退还河中,后隐居不出。僖宗后,局势更加混乱,唐王朝的颓败也更加明显。司空图对唐王朝已失望至极,朝廷几次征召,都不愿出山。好在唐昭宗对司空图有所理解,不为难他,其诏书曰:"司空图俊造登科,朱紫升籍,既养高以傲代,类移山而钓名。志乐漱流,心轻食禄。匪夷匪惠,难居公正之朝;载省载思,当徇幽栖之志。宜放还中条山。"(《旧唐书·哀帝本纪》)司空图于是隐居中条山之王官谷。司空图思想观念兼儒道二家,晚年更倾向于道,生性放达。据说,他避祸隐居中条山时,"预为寿藏终制",有朋友来看他,他将朋友引到土坑之中,赋诗对酌,朋友或有难色,他则劝之曰:"达人大观,幽显一致,非止暂游此中。公何不广哉?"(《旧唐书·司空图传》)唐王朝灭亡的第二年(908年),他"闻辉王(即唐哀帝)遇弑于济阴,不怿而疾,数日卒"(《旧唐书·司空图传》)。

司空图于诗于文均有很高成就。作为诗人的他,尤为可贵的是,能深入地总结自汉至唐特别是唐代开国以来的诗歌实绩,从中概括出诸多堪为中国诗学经典的理论,对后世影响极大,应该说,他在这方面的成就远超过他的创作。司空图诗学理论方面的成就集中体现在《二十四诗品》中。《二十四诗品》(又名《诗品二十四则》)是一部用诗体写成的诗歌理论著作。"品",在中国古代有二义,一是作动词用,相当于论,与论不同的是,它具有浓郁的审美意味,是在审美感受中的论述;另一义则是作名词用,指位,这位可以有级别,也可以没有级别。南朝梁时,有钟嵘著《诗品》,将汉末盛行的"九品论人,七略裁士"的做法用于论诗,此"品"兼动词、名词二义,而以动词义为主,《诗品》相当于"诗论"或"论诗"。司空图的《二十四诗品》的"品"则明显地是作名词用的。"二十四诗品"就是二十四种不同位的诗。这二十四种诗是没有上下等级之别的,这就区别于钟嵘的《诗品》。钟嵘论诗及诗人,是按艺术成就的高低分为上中下三等的。唐代不仅用品论诗,也用品论书论画,张怀瓘论画与书有神妙能三品说,朱景玄说神妙能三品外还有逸品,这神妙能逸诸品是有高下之分的。司空图论诗似乎没有这种高下概念,二十四种诗地位是平等的。这种做法可能与唐代诗歌极为繁荣、风格极为丰富、无法论及高下有关。

二、《二十四诗品》阐释

《二十四诗品》论列了雄浑、冲淡、纤秾、沉著、高古等二十四个"品",对自汉至唐的诗歌风格进行了系统而简练的总结和描述。下面,我们就结合唐代的诗歌创作来对这二十四个"品"作一些简要的分析和引申。

雄浑

大用外腓,真体内充。反虚入浑,积健为雄。具备万物,横绝太空。荒荒油云,寥寥长风。超以象外,得其环中。持之非强,来之无穷。

雄浑这种风格,重要的是"真体内充",因而能"反虚入浑"。气势雄强是因为"积健",虽超以象外,却得其"环中"。此种风格显然强调的是真体、内力。唐代的诸多诗歌都具有这种品质,其中,比较充分地体现这种风格的诗人是李白和杜甫。李白的真体主要为道,杜甫的真体主要为仁,一近道家,一为彻底的儒家。

冲淡

素处以默,妙机其微。饮之太和,独鹤与飞。犹之惠风,荏苒在衣。阅音修篁,美曰载归。遇之匪深,即之愈稀。脱有形似,握手已违。

冲淡这种风格明显地属于道家,素、默、妙等词均是道家常用语。此种风格的关键处在"妙机其微"。道机微妙,尽在眼前的山水中,也尽在诗人和读者的心境中。"阅音修篁,美曰载归"准确地描绘出此种美感的特点。清代杨廷之《诗品浅解》云:"言自竹下过,明玕微动,其声清和,其美致有欲载之以归而不可得者。"其实,不是"欲载之以归而不可得者",就是"载归"了。正如孔子听韶乐而三月不知肉味,那美浸染感官透入心灵化为血液,吞吐为气息了。

司空图晚年好道,于道家深有体会。此品,就其形象之美、比喻之切而言胜过诸品。唐代道教盛行,好道的诗人很多,能充分体现此种风格的当为王维。

纤秾

采采流水,蓬蓬远春。窈窕深谷,时见美人。碧桃满树,风日水

滨。柳阴路曲,流莺比邻。乘之愈往,识之愈真。如将不尽,与古
为新。

春光明媚,美人如云。这生动形象的描绘,不外乎是要说明,纤秾这种风格崇尚的是感性形象的美——视觉的美、听觉的美等。唐人尚美,诸多的诗人包括李白、杜甫、白居易均有这种作品,但最能体现纤秾风格的诗也许是张若虚的《春江花月夜》,这诗写得太美了,兹引数句如下:

春江潮水连海平,海上明月共潮生。滟滟随波千万里,何处春江
无月明。江流宛转绕芳甸,月照花林皆似霰。空里流霜不觉飞,汀上
白沙看不见。江天一色无纤尘,皎皎空中孤月轮。江畔何人初见月,
江月何年初照人。人生代代无穷已,江月年年只相似。

纤秾这种美也不只是感性形象美,司空图说"乘之愈往,识之愈真",就意味着它思想性很强,能让人深入地品味,不尽地琢磨,而且不断有新的体会。《春江花月夜》就是这样的好诗。

沉著

绿杉野屋,落日气清。脱巾独步,时闻鸟声。鸿雁不来,之子远
行。所思不远,若为平生。海风碧云,夜渚月明。如有佳语,大河
前横。

沉著,从诗句意象来看,这沉著似乎并不是常用来说杜甫诗作的"沉郁"。这里的"沉",是指沉着,有内涵,气态从容;这里的"著",是指厚重,虽厚重,但不粘,不滞。脱巾独步,应有所思;时闻鸟声,应有安慰。鸿雁不来,音讯断绝,思中带忧。所思不远,应是新鲜的,仿佛就在昨天,然这思联系为"平生",意思是此情关涉一生,就极为厚重了。大河前横,佳语难递;思绪如织,不知所终。此沉著风格主要见于思乡、怀友一类诗。杜甫、柳宗元、刘禹锡等均写过此类诗,风格大体上就是沉著。

高古

畸人乘真,手把芙蓉。泛彼浩劫,窅然空踪。月出东斗,好风相
从。太华夜碧,人闻清钟。虚伫神素,脱然畦封。黄唐在独,落落
玄宗。

高古,多见于游仙诗。高古,在司空图看来,突出的特点是要见出"虚伫神素,脱然畦封"的味道,即要对人世间有所超越:历尽劫波,看破红尘,了断生死,无喜无哀,如《庄子》中所写的畸人,虽"畸于人而侔于天"(《大宗师》)。唐代道教发达,游仙诗很多,李白、王维、孟浩然、顾况是写游仙诗的高手,他们的游仙诗,高古中还有人间烟火味,而像吴筠、司马承祯这样的道士,他们写的游仙诗,就真个是"黄唐在独,落落玄宗"了。

典雅

玉壶买春,赏雨茅屋。坐中佳士,左右修竹。白云初晴,幽鸟相逐。眠琴绿阴,上有飞瀑。落花无言,人淡如菊。书之岁华,其曰可读。

典雅,不只是属于道家,儒家也讲典雅。只是,司空图所理解的典雅,更多具有道家意味。诗中所描绘的意境,像是隐士的生活环境。赏雨,赏竹,赏云,赏鸟,赏瀑,赏花……就在人与自然景观的情感交流中,实现了两者审美心理上的合一。人即是雨,即是竹,即是云,即是鸟,即是瀑,即是花……唐诗中,要论典雅,王维当为首位,其次,该是韦应物了,白居易评韦应物的诗说是"高雅闲淡"。不过,典雅不只属于他们,唐代绝大多数诗人都写过典雅的诗,仅就诗来说,张九龄的《感遇》其实堪为典雅之典范。

洗炼

如矿出金,如铅出银。超心炼冶,绝爱缁磷。空潭泻春,古镜照神。体素储洁,乘月返真。载瞻星辰,载歌幽人。流水今日,明月前身。

洗炼,作为一种风格,当为简洁而精神。司空图仍然是侧重于从道家的角度来阐述洗炼的,他强调"超心",这让我们想到《庄子》所说:"今一以天地为大炉,以造化为大冶,恶乎往而不可哉?"(《大宗师》)另,贾谊《鵩鸟赋》亦云:"且夫天地为炉兮,造化为工;阴阳为炭兮,万物为铜。合散消息兮,安有常则?千变万化兮,未始有极。忽然为人兮,何足控抟?化为异物兮,又何足患?"这样一种风格与典雅应是异曲同工。

劲健

行神如空,行气如虹。巫峡千寻,走云连风。饮真茹强,蓄素守

中。喻彼行健,是谓存雄。天地与立,神化攸同。期之以实,御之
以终。

劲健这种风格,更多属于儒家。司空图强调此种风格的劲健在于它的内核
之真之强,由于诗人"饮真茹强"方能让诗作显现出"行神如空,行气如虹"的气
势。唐代诗人中韩愈可视为这种风格的代表。司空图在《题柳柳州集后序》中
有对韩愈诗作的评价,他说:"尝观韩吏部歌诗累百首,其驱驾气势,若掀雷揭
电,奔腾于天地之间,物状奇变,不得不鼓舞而徇其呼吸也。"

绮丽

神存富贵,始轻黄金。浓尽必枯,淡者屡深。雾余水畔,红杏在
林。月明华屋,画桥碧阴。金樽酒满,伴客弹琴。取之自足,良殚
美襟。

绮丽,在中国文化中,本来自富贵,为有形的财富,很难说只属于儒家,是一
种普适的社会观念,司空图据道家思想给予解释。既然此富贵非凡人之富贵,
乃神人之富贵,自然各种有形之财富就根本不在乎了。所以,事实上,司空图说
的富贵是一种精神上的充实,一种自由与快乐。此种状态的美,说是绮丽,那是
现象上的,如红杏在林,但实质恬淡。此种境界如苏轼所说:"发纤秾于简古,寄
至味于澹泊"(《书黄子思诗集后》),"外枯而中膏,似澹而实美"(《评韩柳诗》)。
它的由来,必先为纤秾,后经过提炼升华,才达此境。此亦如苏东坡所说:"凡文
字少小时须令气象峥嵘,彩色绚烂,渐老渐熟,乃造平淡,其实不是平淡,绚烂之
极也。"(《与侄书》)唐代诗人达到绮丽境界者甚多。像钱起的《谷口书斋寄杨补
阙》:"泉壑带茅茨,云霞生薜帷。竹怜新雨后,山爱夕阳时。闲鹭栖常早,秋花
落更迟。家僮扫萝径,昨与故人期。"句句有景,色彩华艳,当然是绮丽,但细品
此诗,清新透脱,实是恬淡。

自然

俯拾即是,不取诸邻。俱道适往,著手成春。如逢花开,如瞻岁
新。真与不夺,强得易贫。幽人空山,过雨采蘋。薄言情语,悠悠
天钧。

自然,在这里也可称为一种风格,一种境界。自然的实质是"俱道",何谓

道？即老子所说的"自然"。老子云："人法地,地法天,天法道,道法自然。"(《老子》第25章)司空图在此所描绘的所有景色均为自然,即所谓"俯拾即是"。"花开""岁新"这样的美景,都不是求的,而是"逢"的,只需去"瞻"就好了。司空图在这里体现出的审美观从哲学基础来说属于道家,却又是艺术美的普适法则。凡艺术美,均以自然为美。李白就非常推崇自然之美。他在《古风》中说:"自从建安来,绮丽不足珍。圣代复元古,垂衣贵清真。""清真"即为自然。在《经乱离后天恩流夜郎忆旧游书怀赠江夏韦太守良宰》中又说:"览君荆山作,江鲍堪动色。清水出芙蓉,天然去雕饰。"

含蓄

不著一字,尽得风流。语不涉己,若不堪忧。是有真宰,与之沉浮。如满绿酒,花时反秋。悠悠空尘,忽忽海沤。浅深聚散,万取一收。

含蓄这种风格虽然自古有之,但并不突出,汉代的乐府还是直抒胸臆为多,包括刘勰的《文心雕龙》,其"隐秀"章虽然也涉及含蓄的问题,但"隐秀"是就艺术的一般规律言的,不属于论述含蓄这种风格。因此,司空图或许是最早将含蓄列为一种风格的美学家,这与他崇尚"象外之象""味外之旨"有很大关系。到宋代,含蓄的地位突出了,成为诸多艺术风格中最好的艺术风格,甚至成为中华艺术美的特殊处,后发展成为一种审美传统。唐代自觉地追求含蓄的诗人不是很多,尽管他们都写过含蓄风格的作品,特别是在盛唐。比较自觉地追求含蓄风格的诗人,主要是李贺、李商隐两位,他们都是晚唐的诗人。李贺的含蓄,字面形象怪诞难解,背后的意思其实并不深邃;李商隐的含蓄,字面形象精致易明,背后的意思就难以捉摸了。他们的风格对后世产生了重要影响,某种意义上,他们的含蓄成为后世此类风格的典范。

豪放

观化匪禁,吞吐大荒。由道反气,处得以狂。天风浪浪,海山苍苍。真力弥满,万象在旁。前招三辰,后引凤凰。晓策六鳌,濯足扶桑。

"观化"又作"观花",据原文表达的意思,应该是"观化"。《庄子》中说了诸多的"化",如"物化""大化"等,均是指自然界的变化。司空图强调,豪放这种风格主要还不在于它所反映的对象体积巨大、力量雄伟，而在于作者自身的"真力"，而这种"真力"是"由道反气"的结果。"处得以狂"，按杨廷芝《诗品浅解》的说法，意思是"言其实有所得，则自狂也。由道返气就内言，处得以狂就外言"。"三辰"指日月星，这种"前招三辰，后引凤凰"的境界，在李白的诗中得到了突出的体现。所以，这段关于豪放的文字，实是就李白的诗作提炼出来的。

精神

欲返不尽，相期与来。明漪绝底，奇花初胎。青春鹦鹉，杨柳楼台。碧山人来，清酒深杯。生气远出，不著死灰。妙造自然，伊谁与裁。

精神，作为一种艺术风格，让现代人感到奇怪。所以，当代有学者认为这不是指艺术风格，而是在讲艺术创作原理。我们倒是觉得是指艺术风格。这种风格的特点是生气勃勃，充满青春活力。这种活力从何而来？从自然而来。所以，"精神"是从"妙造自然"而来。司空图提出这种风格，也是因为从李白的诗作中受到了启发。李白是中国古代最为杰出的青春诗人，青春概念在这里不是指年龄，而是指活力，精神活力。"碧山人来"就出自李白的《山中问答》。而"明漪绝底，奇花初胎"，简直就是针对着李白诗作的风格说的。

缜密

是有真迹，如不可知。意象欲生，造化已奇。水流花开，清露未晞。要路愈远，幽行为迟。语不欲犯，思不欲痴。犹春于绿，明月雪时。

缜密，当代也有学者认为这不是说艺术风格，而是说艺术构思。怎么不是说风格？如果《二十四诗品》有那么几品不是说风格，那还能说是诗品吗？缜密，无非是说，作诗比较理性，注重思想，注重结构，也注重用语。唐代虽然是重感性的时代，但不是说就不重理性。作诗也一样，有的诗人比较重灵感，诗句如泉水一般自心灵冒出；有的诗人则不依赖灵感，其诗句多是一字一句精心推敲出来的。前一种诗人主要凭才情写诗，后一种诗人当然也有才情，但他不只凭才情，也凭功力写诗。李白属于前一种诗人，杜甫属于后一种诗人。缜密这种艺术风格是就杜甫的创作实际提炼出来的。杜甫是中国古代最突出的"苦吟"诗人。他自诩："为人性僻耽佳句，语不惊人死不休。"（《江上值水如海势聊短述》）

疏野

惟性所宅,真取不羁。控物自富,与率为期。筑室松下,脱帽看诗。但知旦暮,不辨何时。倘然适意,岂必有为。若其天放,如是得之。

疏野,也是道家的生活方式,移作诗的风格,其精神是相通的。这种风格与自然、冲淡、飘逸都是一类的,不同在于所强调的重点。自然重在然,冲淡重在淡,飘逸重在逸,而疏野则重在野。野,不是胡作非为,而是释放天性即天放。这类诗在唐代也是比较多的,如果要找一个代表,孟浩然可能最为合适。

清奇

娟娟群松,下有漪流。晴雪满竹,隔溪渔舟。可人如玉,步屧寻幽。载瞻载止,空碧悠悠。神出古异,淡不可收。如月之曙,如气之秋。

清奇风格,也属于道家。用清、奇二字概括,可能重在清。儒家、道家均讲清,二者相通,但有重要不同。儒家的清,重在正。正,要求以己合律,律指儒家的礼,合礼即合律,即为正。道家的清,重在真。真,要求以己合道,道为自然,人之自然即人自身,所以,真实质是以己合己。正,失己得礼;真,返己得道。真,实质是寻找自我。"清奇"一品所描写的种种畸行,实是真行。也许因为它与世俗不符,故称之为奇,这奇实就是畸。

委曲

登彼太行,翠绕羊肠。杳杳流玉,悠悠花香。力之于时,声之于羌。似往已回,如幽匪藏。水理漩洑,鹏凤翱翔。道不自器,与之圆方。

委曲这种风格,顾名思义,它的表达是比较委婉、徐缓的,这一是因为所反映的对象比较复杂,需依次慢慢道来,抽丝剥茧,才能说得明白;二是情感比较缠绵,需回环往返,反复言说,方得曲尽其致。这种风格与含蓄相近,但不是含蓄,含蓄是本来可以说清楚,而有意不说清楚,让人去捉摸,从捉摸中得到乐趣;委曲是本来就说不清楚,却又想尽量说清楚,希望不让人误解。李商隐的那些让人有些费解的诗,有些可算含蓄,有些则属于委曲。委曲的美,如"杳杳流玉,悠悠花香",其美感微妙悠长。其实,好诗皆需要不同程度的委曲,哪怕事情本不复杂,情感也很单纯。就审美来说,曲着说总是比直着说有魅力。当然,这也要看文体,像词这种韵文,较之同为韵文的诗和曲,就更要注意曲着说。刘熙载说:"昔人论词要如娇女步春。"(《词概》)

实境

取语甚直,计思匪深。忽逢幽人,如见道心。清涧之曲,碧松之阴。一客荷樵,一客听琴。情性所至,妙不自寻。遇之自天,泠然希音。

实境,就是直说,这大体上是指那些直抒胸臆的作品。直说也能产生美。不是因为直说本身怎么样,而是直说的对象本就是美的,所以,这种直说是"忽逢幽人,如见道心"。尽管直说的对象是美的,直说,还必须是"情性所至",不矫情,是什么就说什么;而且必须有个性,有自己,不蹈袭,不摹仿,"遇之自天"。东施效颦,不管效的对象多么美,都是丑的。李白不少诗属实境这种风格,像著名的《赠汪伦》,明白如话,但因掏的是真心,抒的是真情,千古之下,仍感人至深。

悲慨

大风卷水,林木为摧。适苦欲死,招憩不来。百岁如流,富贵冷灰。大道日丧,若为雄才。壮士拂剑,浩然弥哀。萧萧落叶,漏雨苍台。

悲慨,比较好理解。这种风格自古就有。杜甫有一些诗当为悲慨代表,如《登高》,不仅悲,且壮矣;不仅慨,且慷矣。其中有云:"无边落木萧萧下,不尽长江滚滚来。"以自然之景状内心之悲慨,让人读之心动不已。悲慨这种风格的诗李白也有,沉著不如杜甫,但豪放过之。

形容

绝伫灵素,少回清真。如觅水影,如写阳春。风云变态,花草精神。海之波澜,山之嶙峋。俱似大道,妙契同尘。离形得似,庶几斯人。

形容,是指在写作上比较追求生动、细致,形神兼得。从司空图的种种比喻

238

来看,他希望抓住一些最能见出事物本质或者说精神的细节,最好是动态的细节,如"水影"。司空图讲的"形容","其"容"不是复制,克隆式的复制得出的"似"未必"似",而艺术性的"离形"倒往往"得似",不仅有神似,而且也有形似。如顾恺之画裴叔则,《世说新语·巧艺》云:"顾长康[即顾恺之——引者]画裴叔则,颊上益三毛。人问其故。顾曰:'裴楷[即裴叔则——引者]俊朗有识具,正此是其识具。'看画者寻之,定觉益三毛如有神明,殊胜未安时。""益三毛"可谓"离形",然因为这"离形",裴楷的"识具"显现出来了,应该说也更像裴楷了。

　　超诣

　　匪神之灵,匪几之微。如将白云,清风与归。远引若至,临之已非。少有道契,终与俗违。乱山乔木,碧苔芳晖。诵之思之,其声愈希。

　　超诣,是一种很高的境界,堪称为天地境界,作为诗的一种风格,它指的是一种自然而然的极致。这中间不见人工,不见神力,一切均为天机,就好像白云与清风一样。值得我们注意的是,这种境界虽有形可睹,却通向无限,不可把握,唯有心会。"远引若至,临之已非",这种境界,就其不可把握来说,可以说是玄,但它并不是空幻的,它有旨归,这旨归就是道。《老子》云"大音希声",这超诣的境界就是大音希声。唐代有诸多达到超诣境界的作品,最为突出的还是李白的某些诗作,脍炙人口的《蜀道难》《梦游天姥吟留别》就是。虽然司空图论超诣的立足点是道家哲学,但是,严格说来,超诣似还不能简单地归为道家的审美理想,而应该说是一切艺术的审美理想。以儒家立身的诗人,其诗作也是可以达到超诣境界的。

　　飘逸

　　落落欲往,矫矫不群。缑山之鹤,华顶之云。高人画中,令色氤氲。御风蓬叶,泛彼无垠。如不可执,如将有闻。识者已领,期之愈分。

　　飘逸属于道家,这种风格的重要特点是逸,逸为超越,具体来说,此种风格基本上已经没有人间烟火气了。杨廷之《诗品浅解》释云:"缑山之鹤,凭虚而来,羽化登仙。华顶之云,卷舒自若。高人顺其心之自然,无隔无阂,飘然意远。"飘逸是自然的,不可力求,若有人"期之",则"愈分"。说起来有些玄,然在道家看来，这完全是可以理解的。

旷达

生者百岁，相去几何。欢乐苦短，忧愁实多。何如尊酒，日往烟
萝。花覆茅檐，疏雨相过。倒酒既尽，杖藜行歌。孰不有古，南山
峨峨。

旷达，在这里表现为一种"乐天知命"的人生态度，但并不消极。作为艺术
风格，其作品所表现出来的情调，一是对生活的热爱，另就是对自然的热爱。陶
渊明的诗，其基本风格是旷达。类似陶渊明诗风的，在唐代，最重要的有孟
浩然。

流动

若纳水輨，如转丸珠。夫岂可道，假体如愚。荒荒坤轴，悠悠天
枢。载要其端，载同其符。超超神明，返返冥无。来往千载，是之
谓乎。

流动，在这里主要有两个要点，一是动感，不是说在作品中只能表现动态、
不能表现静态，问题是要有流动感；二是道感，天地万物均在运动，这运动的根
本是道。司空图强调"坤轴""天枢"的作用，"坤轴""天枢"就是道。中国艺术在
时空二维，特别重视的是时这一维，空间的存在表现为时间的存在，而时间的存
在表现为空间的变化。"来往千载，是之谓乎"作为此诗的最后一句，有画龙点
睛的意义。杨振纲《诗品解》引《皋兰课业本原解》云："上天下地曰宇，往古来今
曰宙。知者乐水，逝者如斯，鱼跃鸢飞，可以见道，皆动机也。"①

三、司空图诗品论的特点

司空图生活在中晚唐，可以说，他这部《二十四诗品》一方面是他个人审美
情趣的反映，另一方面也是唐代诗歌审美情趣的总结。《二十四诗品》与其说论
述的是二十四种诗歌风格，还不如说论述的是二十四种从诗歌中体现出来的审
美情趣。概括一下，大体上我们可以见出如下几个重要特点：

第一，二十四品全是论诗歌风格的，不是如某些学者所说，其中一些是论述

---

① 转引自叶朗总主编：《中国历代美学文库·隋唐五代卷》（下），高等教育出版社 2003 年版，第 435 页。

创作规律的。这二十四种风格,是诗的风格,不是诗人的风格。一诗人多能作多种风格的诗。

第二,唐代的审美情趣是非常丰富的,不要说一般的阳刚之美、阴柔之美这样的概念无法概括,就是按中国古代学派诸如儒家、道家、禅宗的观点,将它派入某家某派也很难。从司空图的表述来看,他主要是就人们的审美感知与心理体认这两个方面来表述的。也就是说,一是看它对人的视觉以及其他感觉的审美冲击力,二是看它对于人的思想情感所引起的波澜。如雄浑和冲淡,前者感觉冲击力强,后者感觉冲击力小,如此,反映出冲击力来源物之不同。两种风格对人的情感与思想的影响是不同的,前者强而重,后者柔而淡。同属于一个类型的风格,如雄强、豪放,虽然对人的感觉冲击力均是强的,但是强的具体情况不一样,于人心理上产生的滋味也不一样。这种主要从审美心理上来对诗歌风格进行阐述并分类的特点,说明司空图的《二十四诗品》具有开拓的意义。

第三,就司空图所述的情况来看,大体上可以按时空力度(大/小)、画面色彩(艳/素)、情感波澜(巨/细)、思想趋向(世俗/自然)四个维度为之分类,就中往往两两相对,但不是严格的两两相对,如冲淡既可与纤秾相对,也可与雄浑相对。另外,也不是都能找到相对,如超诣,就不能找到相对的诗品。

第四,就总体思想倾向来看,司空图是站在道家立场来总结诗歌的风格的,且不说司空图的政治观如何,就审美来说,他无疑是倾心、认同道家的。他基本的美学观就是:美在自然(自然而然)。《二十四诗品》几乎无一不是对这一观点的表述,所谓二十四品,不过是自然的二十四品罢了,自然有多少形态、多少情状、多少特征能够为人所感知,那就有多少诗品。

《二十四诗品》,全是取自然景象来晓喻诗歌风格的。先秦曾有以自然比德一说,到唐代,不仅是比德,而且比美了。有唐一代是道家发展得最好的一个时期,它对中华民族的深层影响,是通过对文人的影响来实现的。司空图早岁也许更多地奉行儒家哲学,而在历经黄巢起义后,他的思想完全移到道家立场,执意不去朝廷为官是一表征。而就审美来说,他彻底地服膺自然。在他看来,自然才是全能的,全美的,而且是世界上所有美的根源。所有的艺术作品包括诗歌,虽然具体所写不都是自然物,但精神上都是效法自然的,是自然精神在艺术中的体现。

尽管二十四诗品的具体形态及意味不一样,但仍能看到,它们的根本是共同的。这根本就是对自然的认同,对生命的认同。不论哪一种诗品都充满着活力,充满着生机。所以,美在自然,还应进一步理解成美在自然生机。

第五,虽然司空图也许不能作为整个唐代审美意识的代表人物,但能在相当程度上反映唐代的审美趋向。从诗歌创作的实际来看,初唐至盛唐,审美情趣儒道并举、多元化,李白与杜甫分别为道家和儒家审美情趣的代表。双峰并峙,难分高下;二水分流,时分时合。进入中唐以后,逐渐地,道家审美情趣占上风,然儒家仍然强劲,重要诗人有韩愈。到晚唐,应是道家稳居上风,韩愈这样的人物再也看不到了。这种创作态势是不是具有一定的规律性,反映出中华审美某种走向呢?

第六,司空图的《二十四诗品》排列遵循自然展现的方式。自然展现,不拘格套,随心所欲,虽然张弛有度,但这度不是呆板的、简单重复的。它就像是自然界的山脉,有高有低,但高低不等;亦如河流,有曲有直,但不是曲直相当。最后一品为流动,将人的视线引向远方,将心灵引向无限,直如"江流天地外,山色有无中"(王维《汉江临泛》)。

《二十四诗品》以诗的方式论诗,其论超卓,其诗优异,是论之奇葩,也是诗之奇葩。

第二节　意象论

意象是中国古代美学的核心概念,中国艺术美的载体就是意象,换句话说,美就在意象。意象这一概念的形成及发展有一个过程。大体上,其源均溯于《周易》。《周易·系辞》云:"是故《易》者,象也;象也者,像也。""圣人设卦观象,系辞焉而明吉凶。""圣人立象以尽意。""象"成为《易》之本体。"象"从何来? 从"观"而来,从"立"而来,"观"说明它来自外,"立"说明它创自内。"象"的基本品格由此而定。实际上,此"象"即为意象。《周易》中的"象"当然不是艺术中的象,但它的诸多品格通向艺术之象,这就在思维层面上为意象的产生奠定了基础。意象作为概念出现,是在南北朝时刘勰的《文心雕龙》中。刘云:"独照之匠,窥意象而运斤;此盖驭文之首术,谋篇之大端。"此意象存在于艺术家的心中,为心象,我们可以称之为艺术心象。艺术心象不是艺术意象,艺术意象是艺术心象的外化。艺术意象与艺术心象不同,主要在于它已经物态化,成为大众均可欣赏的对象。艺术心象的物态化,涉及艺术传达媒介的性质及质量,也涉及艺术传达的观念、技艺等。正是在这一层面上,艺术家成为与众不同的人,具有一定专业技能的人。

一、意象理论的探索与实践

意象作为艺术概念全面地得到重视和论述是在唐代。

首先,意象理论得到了比较深入的阐述,这其中,王昌龄和殷璠的"兴象"说、皎然的"取境"说、刘禹锡的"象外"说、司空图的"味外"说最为重要。这些理论大体上已经将意象理论的方方面面都说到了,也说尽了。宋代严羽的"镜花水月"说、清代王夫之的"情景合一"说、清代王渔洋的"神韵"说以及近代王国维的"境界"说,都不过是唐代意象理论的提升与总结罢了。

其次,意象理论广泛地在诗歌创作中得到了实践。唐代的诗人有一个突出的优点,那就是知道自己要追求什么样的艺术风格,追求什么样的美,相当自觉地将自己的艺术理想付诸艺术实践。李白说:"蓬莱文章建安骨,中间小谢又清发。"(《宣州谢朓楼饯别校书叔云》)他喜欢什么很清楚。对于当代诗人,他独推孟浩然,诗云"吾爱孟夫子,风流天下闻"(《赠孟浩然》)。李白如此标榜,也如此实践。他创作上的巨大成就与理论上的自觉性有很大关系。杜甫也是如此,他有《戏为六绝句》,对于前代诗人做了精辟的评点,然后明确表示他要走的路子:"不薄今人爱古人,清词丽句必为邻。窃攀屈宋宜方驾,恐与齐梁作后尘。"

就意象理论建树来说,王昌龄、殷璠、皎然、司空图四人的贡献是最大的。

二、王昌龄的意象理论

王昌龄,字少伯,京兆长安(今属陕西省西安市)人,开元十五年(727 年)进士,历任汜水尉、校书郎,天宝初贬江宁丞,后再贬龙标尉,世称王江宁或王龙标。《旧唐书》《新唐书》均有传,说他"为文,绪微而思清"(《旧唐书·文苑传》)、"工诗,绪密而思清"(《新唐书·文艺传》)。王昌龄擅长七绝,有"诗家夫子"的美誉。有论诗专著《诗格》《诗中密旨》,残篇现存《吟窗杂录》和《诗学指南》两书中。后人怀疑《诗格》不是王昌龄所写,然日本僧人遍照金刚(弘法大师)编著的《文镜秘府论》中收有《诗格》的某些篇章。遍照金刚是唐德宗贞元二十年(804年)来中国留学的,他在中国大约停留了三年,唐宪宗元和元年(806 年)回国。

《文镜秘府论》是他回国后,出于介绍中国诗歌创作的需要编写的,其中收录了很多中国唐代的诗学著作,有皎然的,也有王昌龄的。

《诗格》和《诗中密旨》详尽地阐述了诗歌创作的理论,这些理论基本上来自王昌龄自己的创作体验,但具有普遍的价值,反映出唐代诗歌创作理论的最高水准。仅就意象理论的提出来看,《诗格》和《诗中密旨》有如下几个方面的突出贡献:

第一,提出了"意象""意境"等重要概念。"意象"一词虽最早出现在刘勰的《文心雕龙》中,但它并不是后来所说的艺术意象,而只是意象的心理雏形,并没有得到物态化,不能作为观赏对象。王昌龄的《诗格》中有一处用到了"意象"这一概念:

> 诗有三格:一曰生思,二曰感思,三曰取思。
>
> 生思一:久用精思,未契意象,力疲心竭,放安神思。心偶照境,率然而生。
>
> 感思二:寻味前言,吟讽古制,感而生思。
>
> 取思三:搜求于象,无心于境,神会于物,因心而得。

这段文字的中心是"意象",说的是意象的生成。王昌龄认为意象的生成有生思、感思、取思三种方式。

生思就是思,奔着目的去思。这思为精思,思之久,因而力疲心竭,然而"未契意象"。用"契"来说意象的初生,说明意象的生成重在机缘,重在灵感。若能"放安神思",即将心态放开一些,不那么用心,不那么苦思,倒是很可能偶尔受到启发,心境洞开,于是,意象率然而生。王昌龄在这里说的"意象",也还是心象,不过,这心中的意象很接近于艺术意象,因为搜寻如此之费心(精思),得到又重在"心偶照境",显然不是一般的心象,而是具有很高的艺术品格,并且只要艺术家挥毫就立马可见的艺术意象。

感思,也是意象得到的方式,它重在感。这感的对象指的还不是现实事物,而是前人的诗句。由前人的诗句受到启发,因而得到意象。

取思,可能是最好的方式。它有三个要点。一是求象。这象显然是现实形象。二是得境。境指心境,心境不是普通心境,而是审美心境,即艺术品格很高的心境,心境之得,不能用意,只能是"无心"。三是神会。神会是前二者之合。

神会是心与物会,情与景会,审美心境与审美对象之会,如此这般,意象就产生了。

基于上面的分析,我们认为,取思是意象生成最好的途径。而意象是什么,也可以在取思中得到最好的说明。

意境是中国古代美学中的重要范畴,一般认为,意境是意象的高级形态,与之相关,艺术美的高级形态也在意境。王国维很看重意境,他在《宋元戏曲史》中说:"然元剧最佳处,不在其思想结构,而在其文章。其文章之妙,亦一言以蔽之,曰:有意境而已矣。"显然,王国维是在艺术美的高级形态(最佳)意义上,使用意境这一概念的。

意境这一概念最早出现在唐代,而见之于文本则是王昌龄的《诗格》。王昌龄在《诗格》中说:

> 诗有三境:一曰物境,二曰情境,三曰意境。
> 物境一:欲为山水诗,则张泉石云峰之境,极丽绝秀者,神之于心,处身于境,视境于心,莹然掌中,然后用思,了然境象,故得形似。
> 情境二:娱乐愁怨,皆张于意而处于身,然后驰思,深得其情。
> 意境三:亦张于意,而思之于心,则得其真矣。

显然,这里说的意境,不是王国维说的意境。王昌龄说境有三:物境、情境和意境。三境没有高下之分,它们之不同,在于构成意象的元素在意象中所处的地位不同。物境主要是对山水诗而言的,山水诗所咏的对象为山水,山水为物,这样所构成的境就是物境。情境是以"娱乐愁怨"为对象的,这样构成的境就是情境。同样,意境是以"意"和"思"为对象的,这样构成的境就是意境。这样的分类,的确没有太大的意义,事实上,意象中物(景)、情、意三者皆有,而且它们多融合在一起,景必含情,情必含意。王昌龄的贡献主要是创造了一个词,为后人对它作重新阐释提供了条件。

尽管如此,王昌龄对物境生成的描述还是触及了意境的一些本质特点,即意境的基础是意象,作为意境,它要求它的象超绝一般而成为极佳之象,即成为最具感觉冲击力之象。在论述物境时,王昌龄谈到山水诗中的物,要求"张泉石云峰之境,极丽而绝秀者"。"极丽""绝秀"措辞很有分量,已足以说明意境中之象是怎样的象了。"极丽而绝秀"的"泉石云峰之境",在唐诗中比比皆是,如:

山随平野尽，江入大荒流。月下飞天镜，云生结海楼。（李白《渡荆门送别》）

戍鼓断人行，边秋一雁声。露从今夜白，月是故乡明。（杜甫《月夜忆舍弟》）

野旷天低树，江清月近人。（孟浩然《宿建德江》）

白日依山尽，黄河入海流。（王之涣《登鹳雀楼》）

千山鸟飞绝，万径人踪灭。（柳宗元《江雪》）

春潮带雨晚来急，野渡无人舟自横。（韦应物《滁州西涧》）

月落乌啼霜满天，江枫渔火对愁眠。（张继《枫桥夜泊》）

……

此种超绝一般的象，王昌龄将它看成"境"或"境象"。象之所以能成为境，有两个关键处。一是诗人的心在起作用："神之于心"。这里说的"神"是山水景物之神。山水景物之神因"心"的力量突出了，显现了，这样，山水景物就有精神了，生光放彩了。"象"成了"境"——"处身于境，视境于心"，身在境中，境在心中，境中的象"莹然掌中"，光彩而可爱。二是"思"在起作用。在山水景物之神突出之后，继之"用思"。这用思，指理智地强化景物的特点、神韵，这里包括更好地选字造句、更好地运用声律等。于是，"了然境象，故得形似"。此形似，因建立在神似的基础上，是神似突出之后的形似，实际上是形神兼备的意象。经这样分析，我们发现，王昌龄的"物境"论实际上通向了王国维的意境论。王国维说："何以谓之有意境？曰：写情则沁人心脾，写景则在人耳目，述事则如其口出是也，古诗词之佳者，无不如是。"（《宋元戏曲史》）王昌龄说的"视境于心，莹然掌中，然后用思，了然境象"，不就是这样吗？

第二，王昌龄在论述意象、境象的创造时，也强调了意象、意境的一些本质特点。

其一，强调"兴"在意象、意境创造中的重要作用。兴，是情与意相统一的心理力量，有没有兴，或者兴是不是足够强大，关系意象、意境能否生成。王昌龄在《诗格》中提出14种起首入兴体："一曰感时入兴，二曰引古入兴，三曰犯势入兴，四曰先衣带后叙事入兴，五曰先叙事后衣带入兴，六曰叙事入兴，七曰直入比兴，八曰直入兴，九曰托兴入兴，十曰把情入兴，十一曰把声入兴，十二曰景物入兴,十三曰景物兼意入兴,十四曰怨调入兴。"这十四种入兴法,实际上讲的是情与意是如何与景物融会而成为意象的。

其二,在论述诗歌意象有 14 种常用体时,提出了"象外语体"和"象外比体"(《诗格》)。晚唐司空图论诗,认为最好的诗是"象外有象""味外有旨"。这两点,后来被公认为意境的本质特点。司空图是否从王昌龄获得启发不得而知,但王昌龄早于司空图提出"象外",是不争之事实。

其三,认为诗有五趣向:"一曰高格,二曰古雅,三曰闲逸,四曰幽深,五曰神仙。"(《诗格》)五趣说主导面属于道家,这是可以肯定的。虽然意境说的来源是多元的,但是,就其主流来看,属于道家。虽然王昌龄的五趣说无意谈意境,但凡是称得上具有意境的作品,都在不同程度上具有这五种趣向。王昌龄为五趣各举一例,从他所举的例来看,全是有意境的代表作:

> 高格一:曹子建诗"从君度函谷,驰马过西京"。
> 古雅二:应德琏诗"远行蒙霜雪,毛羽自摧颓"。
> 闲逸三:陶渊明诗"众鸟欣有托,吾亦爱吾庐"。
> 幽深四:谢灵运诗"昏旦变气候,山水含清辉"。
> 神仙五:郭景纯诗"放情凌霄外,嚼蕊挹飞泉"。

三、殷璠的意象理论

殷璠,丹阳人,盛唐诗人,曾举进士,生活于开元、天宝年间,生卒年不详。《河岳英灵集》是他编选的一个唐代诗歌选本,选录了李白、王维、常建等 24 家诗 200 多首,起自开元二年(714 年),终至天宝十二载(753 年)。殷璠于各家均有评语,另,全书有序,评语和总序很能见出盛唐的审美情趣,反映出当时人对于诗歌创作的总体评价。从选诗多少来看,王昌龄第一,为 16 首;王维、常建并列第二,为 15 首;李顾第三,为 14 首;李白、高适、崔国辅并列第四,为 13 首。24 家中没有杜甫。从选诗来看,作者的审美情趣明显侧重于自然清新的风格,他不怎么主张诗歌过多地反映社会现实,特别是具体的社会生活情景,而是希望诗能够超脱一些,空灵一些,与现实有一定的距离。殷璠的审美情趣,虽然未必是当时占据主流的审美情趣,但从此选本受到欢迎并能流传下来这一事实看,至少可以说是当时比较重要的、代表了当时相当一部分人的审美情趣。

《河岳英灵集》中的美学思想最为重要的一是风骨说,二是意象说。关于殷璠的风骨说,我们将在另节论述,此节仅阐述他的意象说。就文本来看,殷璠其实并没有提出"意象"这一概念,他说的是"兴象"。兴象与意象只是用语不同,本质上完全一致,因此,殷璠对兴象的论述,我们视为对意象的论述。

兴象的兴,来自儒家的诗教。《周礼·春官》说:"太师教六诗,曰风,曰赋,曰比,曰兴,曰雅,曰颂。"《毛诗序》称六诗为六义,说:"诗有六义焉,一曰风,二曰赋,三曰比,四曰兴,五曰雅,六曰颂。"关于"兴"的解释很多,其中重要的有二:一、兴作为诗之意蕴,与诗的"美刺"功能有联系,因此,兴中有理,这一点后来成为风骨说的重要内涵;二、兴作为诗的重要特点,与诗的抒情功能有联系,刘勰说"起情故兴体以立"(《文心雕龙·比兴》),这又恰好成为意象说的重要支柱。殷璠既重风骨,又重意象,而无论是对风骨还是对意象而言,兴都是出发点,或者说立足点。

殷璠在《河岳英灵集》的序中说:

> 夫文有神来、气来、情来,有雅体、野体、鄙体、俗体。编纪者能审鉴诸体,委详所来,方可定其优劣,论其取舍。至如曹、刘诗多直语,少切对,或五字并侧,或十字俱平,而逸驾终存。然挈瓶庸受之流,责古人不辩宫商徵羽,词句质素,耻相师范。于是攻异端,妄穿凿,理则不足,言常有余,都无兴象,但贵轻艳。虽满箧笥,将何用之?

这段文章提出了"兴象"概念。兴象的提出是有一个背景的,这个背景就是对曹植、刘桢等建安诗人的误读。曹、刘的诗多直语,词句质素,缺乏形象,也不讲声律,然而他们的诗有情感,有气概,有感染力。这里,就隐含着对于兴象的理解。兴象重在兴,即重在情,重在气,但兴象也不能没有形象,没有文采,没有声律。这样看来,兴象应是情感充沛、色彩光鲜、音韵铿锵的形象。虽然色彩光鲜、音韵铿锵,但不能"轻艳"。轻艳无风骨,而兴象有风骨。

从对各家作品的具体评价中,我们可以更清楚地知晓殷璠兴象说的具体内涵。他论常建诗云:

> 建诗似初发通庄,却寻野径百里之外,方归大道。所以其旨远,其兴僻,佳句辄来,唯论意表。至如"松际露微月,清光犹为君",又"山光悦鸟性,潭影空人心",此例十数句,并可称警策。

此段文字说的是常建的诗,常建在殷璠心中是很有地位的,《河岳英灵集》中,他的诗摆在开篇,录入的诗也很多,15 篇,为第二位。之所以这样,最大的可能是常建的诗最切合殷璠的审美情趣。常建的诗应是有兴象的。这段关于常建诗的论述,最为重要的是"其旨远,其兴僻,佳句辄来,唯论意表"四句。旨远,言其意深,意深就有分量;兴僻,言其情切,情切不是情重而是非同一般,故称僻。这种旨,这种兴,合为一体,为旨兴。旨兴一起,佳句辄来,贴切自然。看这"意表",就能知意。意表浃切,难分彼此了,这就是兴象,即是意象。殷璠关于兴象的论述,与王夫之的论述非常相似。王夫之认为意象由情与景组合而成,兴在其中起重要黏合作用,然"兴在有意无意之间,比亦不容雕刻。关情者景,自与情相为珀介也。情景虽有在心在物之分,而景生情,情生景,哀乐相触,荣悴之迎,互藏其宅"(《姜斋诗话·卷一》)。

殷璠论常建的诗,重在论兴象的一体性、创造性与深刻性,而他论孟浩然的诗,则重在论兴象的自然、清新、活力。他说:

> 浩然诗,文彩芊茸,经纬绵密,半遵雅调,全削凡体。至如"众山遥对酒,孤屿共题诗",无论兴象,兼复故实。又"气蒸云梦泽,波撼岳阳城",亦为高唱。

殷璠认为孟浩然的诗,不用典故,不掉书袋,清新自然,文采奕奕,充分见出生命的活力。

《河岳英灵集》这一唐诗选本之所以历千年而有生命力,在很大程度上与殷璠选诗重兴象很有关系。

四、皎然的意象理论

皎然,系谢灵运十世孙,湖州人。唐代释福琳有《唐湖州杼山皎然传》,传中云:

> (皎然)幼负异才,性与道合,初脱羁绊,渐加削染,登戒于灵隐戒坛守真律师边,听毗尼道。特所留心于篇什中,吟咏情性,所谓造其微矣。文章隽丽,当时号为释门伟器哉。后博访名山法席,罕不登听者。然其兼攻并进,子史经书,各臻其极。凡所游历,京师则公相敦重,诸郡则邦伯所钦,莫非始以诗句牵劝,令入佛智,行化之意,本在乎兹。

及中年,谒诸禅祖,了心地法门,与武邱山元浩、会稽灵澈为道交,故时谚云:"昼之昼,能清秀。"①

皎然为中国古代杰出的诗人和诗歌理论家,他的《诗式》一书是中国古代诗学的重要著作。该书本为皎然读诗笔记,无意行世,御史李洪读后,赞叹不已,说是他读过的沈约《品藻》、慧休《翰林》、庾信《诗箴》都不及此。此书传世上千年,一直褒奖有加。另,日僧遍照金刚编撰的《文镜秘府论》中收有皎然《诗议》,亦是非常重要的诗学著作。

皎然的诗学论著涉猎丰富,论见深刻,不同的学者从中均有不同的发现。如果将皎然的诗论放在中国诗学主体理论——意象学的长河中来看,我们发现,皎然的最大贡献在于对"境"这一概念的阐释上。

中国古代的"意象"概念,立足在"象"。"象"概念来自《周易》。《周易》的"象"虽来自现实世界中的物象,却不是物象的搬用。制卦者先是观象——物象,物象因观而入心,成为心象,此心象再经制卦者加以改造,注入心理内容,则成为意象。《周易》一书中没有"意象"概念,它说的"象"其实就是意象。"象"在《周易》中为哲学概念,用于占卦。后移入文艺,则成为美学概念。唐代论诗,继续用"象"概念,或"兴象",或"意象",但新增加了"境",现在无法确定是谁最早将"境"引入诗学中,但在"境"的论述上,数皎然最为丰富,也最为深刻。

第一,关于"境"的特征。

皎然《诗议》说:

> 夫境象不一,虚实难明,有可睹而不可取,景也;可闻而不可见,风也;虽系乎我形,而妙用无体,心也;义贯众象而无定质,色也。凡此等,可以对虚,亦可以对实。

在这段话中,他提出"境象"这一概念,境象是境之象,显然,境不等于象,境的构成,按这段话,应有"景""风""心""色"等。景可睹,余三种均不可睹(风"不可见"、心"无体"、色"无定质"),相对来说,景为实,风、心、色为虚。然而值得我们注意的是,景只是可睹,但不可取,说明景既可以理解为实(相对于风、心、色来说),也可以理解为虚(就不可取来说)。皎然强调,以上四种构成均既可以对

---

① 〔唐〕皎然著,李壮鹰校注:《诗式校注》,人民文学出版社2013年版,第364页。

虚,也可以对实,也就是说均具有虚实两重性。

皎然显然是按照佛教的教义来阐释境的。"风""心""色"均具有浓郁的佛教意味,不等于世俗所用的意义,对于诗之境,我们倒是不必拘泥于佛教的教义,从诗歌审美的实际来看,"景"为诗面上出现的各种感性形象(是物象的反映,而不是物象);"风",应是诗的韵味;"心",是诗中的意理;"色",是融汇于形象中的情调、气氛。

境当然也是意象,但它属于高级意象,较之于一般的意象,它的突出特点是空灵。空灵,即虚实难明,充满着生命的活力,也充满着生命的神秘。空灵,既是虚实的统一,又是有限与无限的统一。任何一首诗,其字面所表现的境象都是有限的,但它提供的想象与思维空间又是无限的。关于境这一性质,他说道:"固须绎虑于险中,采奇于象外,状飞动之句,写冥奥之思。"(《诗议》)"象外""冥奥"均是无限,一般的意象难以表现,而境可以。皎然评谢灵运的诗有这样的话:"且如'池塘生春草',情在言外;'明月照积雪',旨冥句中。"(《诗式·卷二》)"情在言外",指通向无限;"旨冥句中",强调归于有限。有限是无限的有限,它是开放的;无限是有限的无限,它是有指向的。境的通向无限,是从有限通向无限,而无限的发展,在某种意义上又反作用于有限,回归有限,从而强化有限,深化有限。这是一个良性的互动,回环往返中的发展、上升。这才是境。

第二,关于"境"的创造。

关于"境"的创造,皎然用的语汇为"取境",并在《诗式》中设有"取境"一章。这段文字如下:

> 评曰:或云,诗不假修饰,任其丑朴,但风韵正、天真全,即名上等。予曰:不然。无盐阙容而有德,曷若文王太姒有容而有德乎? 又云,不要苦思,苦思则丧自然之质。此亦不然。夫不入虎穴,焉得虎子? 取境之时,须至难至险,始见奇句。成篇之后,观其气貌,有似等闲,不思而得,此高手也。有时意静神王,佳句纵横,若不可遏,宛如神助。不然。盖由先积精思,因神王而得乎?

这段文字从驳论入手,驳两论:一是认为诗可以不要修饰,任其丑朴,只要风韵正、天真全,就是上等了;二是认为写诗不要苦思,苦思就丧失自然的质地,不成其为自然了。按皎然的看法,这都是对诗的误解,如此导出他的几个重要观点：

（一）真、善、美是三个不同的概念。无盐"阙容"即不漂亮，然而她"有德"。"阙容"与"有德"是两码事，前者关乎的是她的美学质量，后者关乎的是她的伦理学质量，两者不能互换，不能因她有"有德"而称为美女，同样，也不能因为她"阙容"而称为善女。美与善不是一回事，美不是善，善不是美。无盐的"阙容"是自然给她的，既然是自然的，它合道，为真，然而它不美，可见真并不是美。

（二）自然并非全美。无盐"阙容"是天生的，由此可以推出自然并非全美。

（三）艺术包括诗有三个评价标准：是不是"丑朴"，即是不是美；是不是"风韵正"，即是不是善；是不是"天真全"，即是不是真。三者缺一不可。

（四）艺术能不能做到真善美，要看艺术家是如何去创造艺术品的。艺术家如何创作出具有真善美品格的艺术作品，涉及艺术家的审美理想、审美修养、艺术技巧等诸多方面。

皎然《评论》中说："夫诗工创心，以情为地，以兴为经，然后清音韵其风律，丽句增其文彩。如杨林积翠之下，翘楚幽花，时时开发，乃知斯文，味益深矣。"这段话主要是就艺术元素处置的维度来谈艺术创造的。元素为四：一为情，为地；二为兴，为经；三为清音韵，为风律；四为丽句，为文彩。四个元素中不仅有真，也有善和美。只有这四个元素得到正确处置，构成一个有机体，才能创作出优秀的艺术作品来。

在《诗式·取境》中，他偏重于从艺术构思即取境的维度来看艺术美的创造。

他认为，在艺术美的创造上，取境是决定艺术美品位的关键性因素。他说："诗人之思初发，取境偏高，则一首举体便高；取境偏逸，而一首举体便逸。"（《诗式·辨体有一十九字》）在他看来，境关涉到诗体，"风律外彰，体德内蕴，如车之有毂，众美归焉"（《诗式·辨体有一十九字》）。众美归境。

取境，既然是取，就不能不用心思。因此，苦思是不能避免的。皎然不同意"苦思则丧自然之质"的观点，在他看来，"自然之质"不是自然可得的。自然界存在的自然之质，不能直接转化成艺术形象中的自然之质，它需要艺术家做诸多的努力，因为这中间有诸多的艰难困苦。

在这个过程中，艺术家能不能给自己设置更高的标准，力求做出独特的创造，就成为事情能否成功的关键。皎然主张高标准。他说："取境之时，须至难至险,始见奇句。"皎然这种观点,在杜甫那里找到根据,杜甫说:"为人性僻耽佳句,语不惊人死不休。"(《江上值水如海势聊短述》)可见,杜甫诗中的那些奇句是来之不易的,是苦思的结果。

皎然承认有"意静神王,佳句纵横"的情况存在,但他认为,那是"先积精思"的结果,也就是说,功夫用在前头了。

皎然在中国文字中拈出一个"境"来概括艺术形象的品质,主要基于两个方面的思考。第一,他认为,艺术美在很大程度上归功于艺术家的创造,而艺术家的创造又主要归结为心灵的功能。原有的用来表述艺术形象创造的概念,诸如象、意象、兴象,均不能很好地表达心的功能,有必要去寻找一个更合适的概念来表述这层意思。第二,他认为,佛教中的"境"与艺术意象具有相通之处,最重要的就是它们都是心造物。《俱舍颂疏》云:"心之所游履攀援者,故称为境。"更重要的是,皎然认为佛教中的境具有更高的对现实的超越性,即它更虚,更空,也更灵,这恰好是艺术意象所需要追求的。基于以上两个原因,他就用境来表述艺术意象的最高层次。

"境"在后来的发展中,逐渐地被其实已经在用的"意境"一词所取代,到晚清,学者王国维又拈出"境界"一词来表述"境"。其实,王国维也不是只用"境界"一词而不用"境"和"意境"的。他的《人间词话》一书,主要用"境界"一词,而《宋元戏曲史》一书则主要用"意境"一词。至于"境",多与别的词组合用,如"有我之境""无我之境"等。

从境这一概念在艺术理论中的首次使用以及对这一概念的精辟阐述来看,皎然也许应视为意境说的重要奠基者之一。

五、司空图的意象理论

在中国古典诗学的建构上,司空图的贡献是巨大的。他的《二十四诗品》开中国古代诗歌风格学之先河,他的两封书信——《与极浦书》《与李生论诗书》又为中国古代意境理论提供了重要的观点:"象外之象"和"味外之旨"。这两"外"论,实为意境说的本质所在。可以说,正是司空图的两外论,为意境论的最后完成一锤定音。

且看司空图的"象外之象":

戴容州云:"诗家之景,如蓝田日暖,良玉生烟,可望而不可置于眉睫之前也。"象外之象,景外之景,岂容易可谈哉? 然题纪之作,目击可图,体势自别,不可废也。(《与极浦书》)

什么叫"象外之象,景外之景"? 司空图没有细说,但他引戴容州的话来解释。戴容州以李商隐的诗句"蓝田日暖玉生烟"(《锦瑟》)为例,说明诗家之景应是"可望而不可置于眉睫之前"。望,是远看,置于眉睫之前,是近看。李商隐的"蓝田日暖玉生烟"的景象,只能远看,不能近看吗? 从字面上来看是这样的。那么,这玉生烟的景象是什么样的景象? 首先,玉能不能生烟? 玉当然不能生烟。既不能生烟,又为何说玉生烟呢? 原来,这玉生烟,是幻觉。阳光下,玉的光影摇曳,让人误认为玉生烟了。李商隐为什么对这种幻觉感兴趣呢? 原来,在这种幻觉产生之时,他的想象飞升了,头脑里出现的形象已经不是玉生烟了,而是一位美丽的女子——他心目中的情人,玉一般的纯洁美丽,又烟一般的飘渺不定。

司空图不否认有一种以纪实为主的"题纪之作",字面之景正是表意所在,象与意贴合。但是,他认为具有更高美学价值的作品应是这样一种具有"象外之象"的作品。它的好处是不仅扩大了诗歌的艺术容量,给读者以广大的再创作空间,而且还大大深化了诗歌的内涵,增加了诗歌的审美情趣,提升了诗歌的审美魅力。

在《二十四诗品》中,司空图也谈到了"象外之象"。如谈"雄浑",他说:"超以象外,得其环中。"这里,他不仅谈到了象外,还提出一个"环中"。象外是形象之外的象,别的象。环中是作品主旨。也就是说,虽然诗歌让人产生了象外之象,但这象外之象是与环中有关系的象。就像放风筝,不管放得多高,飞得多远,它都离不了把握风筝线的那只手。飞得愈高、愈远,愈足以见出那只手的有力与灵巧。司空图的这一说法,与皎然的"情在言外""旨冥句中"是一致的。

再看司空图的"味外之旨"说:

文之难而诗尤难。古今之喻多矣,而愚以为辨于味而后可以言诗也。江岭之南,凡足资于适口者,若醯,非不酸也,止于酸而已;若鹾,非不咸也,止于咸而已。中华之人以充饥而遽辍者,知其咸酸之外,醇美者有所乏耳。彼江岭之人,习之而不辨也,宜哉。诗贯六义,则讽

谕、抑扬、渟蓄、温雅,皆在其间矣。然直致所得,以格自奇。前辈诸
集,亦不专工于此,翅其下者耶? 王右丞、韦苏州澄澹精致,格在其中,
岂妨于道举哉? 贾阆仙诚有警句,视其全篇,意思殊馁,大抵附于寒
涩,方可致才,亦为体之不备也,翅其下者哉? 噫! 近而不浮,远而不
尽,然后可以言韵外之致耳。……倘复以全美为工,即知味外之旨矣。
(《与李生论诗书》)

这段文章多所称引,它的意思很丰富,核心是说优秀的作品应有"韵外之
致""味外之旨"。从逻辑上来看,"韵外之致""味外之旨"与"象外之象""景外之
景"是配套的。如果说,象外之象,主要是作用于读者的想象,那么,味外之旨则
主要作用于读者的思维。前者为读者提供广阔的想象空间,后者为读者提供广
阔的思维空间。而这种广阔同样最后归之于对诗歌主旨的深入理解,即"得其
环中""句冥旨中"。将"韵外之致""味外之旨"与"象外之象""景外之景"统一起
来,就可以立马见出为中国文人所激赏的意境理论其实于此已经完成。此后,
宋代严羽的"镜花水月"说、明代胡应麟的"兴象风神"说、清代王夫之的"情语景
语"说和"现量"说、王渔洋的"神韵"说、王国维的"有我之境""无我之境"说,都
只不过是在此基础上的生发罢了。

意象论是中国古典美学的中心理论,此理论在唐代基本完成建构,这是唐
代文人对中国古典美学最为重要的贡献,唐代文化以诗为旗,旗上绚丽的色彩
却是由意象论所浸染的。没有意象论,哪有这面旗的辉煌与魅力?

第三节　文教论

儒家非常重视教化,《毛诗序》称之为"风",这种教育是全民的,全社会的,
《毛诗序》说是"上以风化下,下以风刺上"。儒家所重视的全民教育是通过诸多
手段进行的,其中之一就是文学艺术,我们简称之为"文教"。文教始于诗教,诗
教创始人是孔子,他说"《诗》三百,一言以蔽之,曰:思无邪"(《论语·为政》)。
于《诗》予以如此高的品位,那它当然有资格成为百姓的教材了。《毛诗序》更是
将诗的教育作用推到吓人的地步,说是"正得失,动天地,感鬼神,莫近于诗",又
说"先王以是经夫妇,成孝敬,厚人伦,美教化,移风俗"。这样一种教化理论,由
诗移到文,不仅写诗要这样,为文也要这样,这就是"文教"。"诗教",先秦孔子

首创，到汉代，以《毛诗序》为标志，显示基本完成；"文教"，没有谁去研究它，到底什么时代，由什么人提出它。

一、"文教"概念的提出

我们认为，文教的提出，应是在初唐。李世民在《帝京篇序》中，首提"文教"概念。他说：

> 予追踪百王之末，驰心千载之下，慷慨怀古，想彼哲人。庶以尧舜之风，荡秦汉之弊，用咸英之曲，变烂漫之音，求之人情，不为难矣。故观文教于六经，阅武功于七德，台榭取其避燥湿，金石尚其谐神人，皆节之于中和，不系之于淫放。故沟洫可悦，何必江海之滨乎！麟阁可玩，何必两陵之间乎！忠良可接，何必海上神仙乎！丰镐可游，何必瑶池之上乎！释实求华，以人从欲，乱于大道，君子耻之。

这段文字的关键词是"文教"。文教的由来，在李世民看来，可以追踪到尧、舜。文教的核心是反对"释实求华"，珍惜民脂民膏。文教的目的是显然的：缓和矛盾，求得江山万代。虽然李世民是从政治上来看待文教的，但因为文教的核心是反对"释实求华"，于文学艺术上的重要影响就是对于齐梁间形成的浮华文风的批判。南朝齐梁两个朝代形成的文风，文学史上称之为浮艳。浮艳的文风，客观来说具有正反两个方面的意义，就正面来说，它看重文学的娱乐作用，相对比较注重作品的艺术性、形式美，格调也多比较轻柔，易于为人所接受，能给人带来快乐；而从反面来说，这种文风比较忽视教化作用，其内容多为风花雪月，忽视从正面提升人的社会责任感，风格比较柔媚，缺少阳刚气概，历代持儒家人生观的学者认为这种艺术最大的弊病是"玩物丧志"。

上引李世民的话，主要是表述"游息艺文"要重实轻华，避免玩物丧志，倒是没有具体地指斥齐梁文学，李世民的大臣魏徵就明确地批判这种文风了。在《隋书·文学传序》中，他评论梁代文学，说：

> 梁自大同之后，雅道沦缺，渐乖典则，争驰新巧。简文、湘东，启其淫放；徐陵、庾信，分路扬镳。其意浅而繁，其文匿而彩，词尚轻险，情多哀思。格以延陵之听，盖亦亡国之音乎！

这就说得再明确不过了，梁代的这种浮艳的文风危害非常之大，它与亡国

相联系,或导致亡国,或为亡国的预兆。魏徵还曾更为具体地批评陈后主声色犬马的生活,并由此得出普遍性的结论:

> 古人有言,亡国之主,多有才艺,考之梁、陈及隋,信非虚论。然则不崇教义之本,偏尚淫丽之文,徒长浇伪之风,无救乱亡之祸矣。(《陈书·后主本纪》)

尽管初唐的政治家们明确提出了"文教"的概念,也大声疾呼要重视文学包括诗歌的教化功能,但是也存在一定的局限,那就是,这种文教的提倡,只是落实在理论上对齐梁淫丽文风的批评上,而文章究应如何写,正面的建树甚少。由于文学包括诗歌毕竟不是奏疏类的公文,而是人们休闲时的精神寄托物,所以,在实际的文学活动中,就是李世民本人也难免不对那种"流霞成彩"的艺术作品感兴趣,原因很简单,就是这种文学作品美(《旧唐书·刘洎传》)。事实上,初唐时朝廷的一些大臣如虞世南、褚遂良、李百药、长孙无忌、杨师道、封行高、岑文本等,都是一边跟着太宗批评齐梁文学的淫丽之风,另一边又热衷于写宫廷诗和艳情诗。

人们确实难以真正做到将淫丽之风剔除出去,因为不容否认,这种作品是美的,它具有魅力。看来,问题其实不在淫丽,而在主宰淫丽的精神,它到底是腐蚀着人们灵魂的恶,还是养育高尚情操的善。从理论上来说,人们可以将养育高尚情操的丽称为绮丽,而将会腐蚀人们灵魂的丽称为淫丽。但在实践上,绮丽与淫丽的区别很难把握。

二、"初唐四杰"的贡献

不过,也有可贵的实践,这就是"初唐四杰"(骆宾王、王勃、卢照邻、杨炯)的文学创作。"初唐四杰"情况不同地沿袭着齐梁追求华丽文风的喜好,像王勃,他写的《滕王阁序》就极尽铺排之能事,辞藻极其华丽。但是,在美的背后,那种精神就不同了,不是颓废,不是消沉,而是昂扬奋发的精神。正是这种积极向上的精神气概从根本上改变了美的实质,这是一种以善为灵魂的健康的美,而不是以恶为灵魂的病态的美。显然,这种美不能称之为淫丽,称之为绮丽也不妥当,因为它雄壮。王勃也写那种可以称之为绮丽的诗,如《铜雀妓二首》。试录其中一首:

妾本深宫妓,层城闭九重。君王欢爱尽,歌舞为谁容。锦衾不复

襞,罗衣谁再缝。高台西北望,流涕向青松。

仔细品味,可以发现这首诗的风格虽然也许可以称为绮丽,但绮丽背后的情调并不颓丧,这个深宫妓,即使内心深处有着无限的痛苦,对生活也着实极为失望,但即使失望,她也不做低头垂涕状,而是"高台西北望,流涕向青松"。这样的情调委实与齐梁的艳情诗有着区别。卢照邻(约637—约689年)有些作品也写风花雪月,但作品中透出的英气咄咄逼人,如他的《梅花落》:

梅岭花初发,天山雪未开。雪处疑花满,花边似雪回。因风入舞

袖,杂粉向妆台。匈奴几万里,春至不知来。

从"舞袖""妆台"来看,似涉及艳情,但此诗岂可视为艳情诗?它分明是一首慷慨激昂的边塞诗。有意思的是骆宾王也写过一首题为《艳情代郭氏答卢照邻》的诗。诗中委婉清丽地表达一名妇女对戍边夫君的思念,从题材来看很像艳情诗,诗中不少句子也写得花枝乱颤,芬香动人,然而从头到尾读下来,诗中透露出的那份硬朗洒脱却不是艳情诗常有的。这份硬朗洒脱并不在于诗中的女主人公是这样的人,而在于诗人是这样的人。正是因为诗人的心天高地阔,才有诗境的天高地阔。"初唐四杰"的成功实践,为从理论上总结教化与审美的统一提供了经验。明代的王世贞这样说:

卢、骆、王、杨号称"四杰",词旨华靡,固沿陈、隋之遗。翩翩意象,

老境超然胜之,五言遂为律家正始。内子安稍近乐府,杨、卢尚宗汉、

魏,宾王长歌虽极浮靡,亦有微瑕,而缀锦贯珠,滔滔洪远,故是千秋绝

艺。(《艺苑卮言·卷四》)

这话说得再清楚不过了,在四杰,教化与审美的统一已经做得相当好了,尽管也还有微瑕。现在,缺的主要是理论上的总结、概括。

三、陈子昂的"兴寄"说和"风骨"说

一个身负历史使命的伟大人物很快就出现了,他就是陈子昂。

陈子昂(约661—702年),字伯玉,梓州射洪(今属四川)人。陈子昂一生迭遭坎坷,然风骨凛然,堪谓峥嵘岁月,彪炳青史。陈子昂少有奇志,轻财好施,慷

慨任侠。24 岁举进士,曾得到武则天重视,初授麟台正字,继升右拾遗。后因"逆党"问题株连下狱。26 岁、36 岁时两次从军边塞。38 岁(圣历元年即 698 年)时,因需奉养年老的父亲而辞官回乡。居丧期间,权臣武三思指使射洪县令段简罗织罪名,加以迫害,冤死狱中。陈子昂善诗,现存 100 多首,其诗风骨遒劲,寓意深远,代表作《登幽州台歌》("前不见古人,后不见来者,念天地之悠悠,独怆然而涕下。")为千古绝唱,至今常出现在人们的语汇中。

上面我们说到,教化与审美的统一,在"初唐四杰"就有了可贵的经验,但缺少理论上的总结,陈子昂的突出贡献,就是在理论上标举"兴寄"和"风骨",为教化与审美的统一从理论上作出了概括。两说均出自《与东方左史虬修竹篇序》:

> 东方公足下:文章道蔽五百年矣。汉魏风骨,晋宋莫传,然而文献有可徵者。仆尝暇时观齐梁间诗,彩丽竞繁,而兴寄都绝,每以永叹。思古人常恐逶迤颓靡,风雅不作,以耿耿也。
>
> 一昨于解三处见明公《咏孤桐篇》,骨气端翔,音情顿挫,光英朗练,有金石声。遂用洗心饰视,发挥幽郁。不图正始之音复睹于兹,可使建安作者相视而笑。解君云:"张茂先、何敬祖,东方生与其比肩。"仆以为知言也,故感叹雅制,作《修竹诗》一篇,当有知音以传示之。

这篇文章提出两个重要概念:兴寄、风骨。这就是陈子昂关于教化与审美统一的理论概括。

兴寄,由兴与寄构成。兴,最早见于《论语》,孔子以兴论诗,说"兴于诗",又说"诗可以兴"。这里的兴主要是起情的意思。汉代《毛诗序》说"诗有六义焉:一曰风,二曰赋,三曰比,四曰兴,五曰雅,六曰颂",这兴成为六义之一。义在这里,应是要素义,六义即六种要素。要素,在这里含义丰富,可以是构成元素,也可以是实际功能。兴,作为构成元素解,它是诗的元素之一,指情感,诗中有情感;作为实际功能解,它是诗的功能之一,指起情,诗能启发人的情感,进而宣泄人的情感,提升人的情感。汉儒郑众释兴:"比者,比方于物也;兴者,托事于物也。"(《周礼·春官》郑玄注引)到郑众这里,兴增加了两个意义:一是托事,兴与事相接,有意义;二是寓物,兴以物相系,有形象。汉儒郑玄的解释有新的拓展,他说:"兴者,见今之美嫌于媚谀,取善事以劝之。"(注《周礼·春官·大师》)这里将善引进来了,明显表明兴有教化的功能。至此,兴的含义就全面了。原来,兴不仅有情感,还有形象,有事理,助教化。有情感、有形象,应该有美;而有事理、助教化,就有善了。

陈子昂大概觉得郑众、郑玄的解释可能还不足以引起人们的重视,于是在"兴"后加一"寄"字,创造"兴寄"这一新的概念。寄就是寄托,包括事理、胸怀、志向等。由于加上了"寄"字,兴原本的美善合一的意义就更突出了。就这样,陈子昂用"兴寄"这一概念完成了教化与审美统一的理论概括。

兴寄突出"寄",它与《毛诗序》的"诗言志"说是一脉相承的,所不同的是,关于志的表达方式,"诗言志"说并没有言明,而"兴寄"说则明确地说,寄(含志)是通过兴来表达的。志寄在兴中,即寄在情中,寄在象中,寄在事中,于是,这诗的言志就不是概念的推导,而是情象的表达,不只是善,还是美。

"风骨"说,在陈子昂这里,主要意义仍然取自刘勰的《文心雕龙》。刘勰说:"诗总六义,风冠其首。斯乃化感之本源,志气之符契也。是以怊怅述情,必始乎风。沉吟铺辞,莫先于骨。故辞之待骨,如体之树骸。情之含风,犹形之包气。"(《文心雕龙·风骨》)按此说,风为情,骨为理。风以述情,骨以言(辞)理。值得注意的是,刘勰还强调"风"为"化感之本源",就是说,风与骨的统一,不仅是情与理的统一,还是审美与教化的统一。

陈子昂的风骨说也有突破刘勰风骨说的地方,那就是他强调"汉魏风骨"。什么是"汉魏风骨"呢? 陈子昂没有明确地说,然他举东方左史虬的《咏孤桐篇》为例,说这篇作品"骨气端翔,音情顿挫,光英朗练,有金石声"。这大概可以作为汉魏风骨的说明了。"骨气端翔,音情顿挫,光英朗练,有金石声"是一种形象的比喻,它要说的应该有三点:一是作品具有正面的引人向上的精神价值;二是作品具有刚健质朴的艺术品格;三是作品具有优质的审美品质,能给人美的享受。概括起来,也就是教化与审美的统一,善与美的统一。陈子昂在这篇序中提到"正始之音",正始之音,一般指三国正始年间,以何晏、王弼为首的一些学者以老庄思想糅合儒家经义谈玄析理所形成一种学风。这种学风虽然后来的发展有空疏之处,但在正始年间还比较务实。诗歌创作受此影响,逐渐与玄理相结合,形成一种新的诗风,代表性诗人为嵇康、阮籍。他们的作品,风清骨峻,寄兴深远,与建安文学一脉相承,所以,"建安作者相视而笑"。然正始之音较建安文学显得轻灵,更具审美性。

陈子昂反对的文学是齐梁文学,认为它的问题在于追求形式,"彩丽竞繁",

而"兴寄都绝""风雅不作"。陈子昂重视文教的立场非常鲜明,然而他的理论与初唐时李世民、魏徵等人的说法相比,显然更圆熟了。从他对于正始之音的重视来说,他主张诗不妨写得空灵些,只要骨子深处是刚健的就可以了,像嵇康的作品那样。

四、李白、杜甫对教化与审美统一的倡导

倡导教化与审美统一的,在盛唐很有一些人物,其中包括李白、杜甫、殷璠、皎然等。李白在诸多诗篇中表达对建安文学、汉魏风骨的向往与追随。他的《古风》中有句"大雅久不作,吾衰竟谁陈?……正声何微茫,哀怨起骚人",这话明显见出他是重视诗的教化功能的,然,他又有句"文质相炳焕,众星罗秋旻",说明他又是重视审美的。坚持教化与审美统一、内容与形式统一,这在李白是明确的,然在艺术风格上,他比较开放。众所周知,李白属于豪放派的诗人,但也写过不少小清新的作品,其风格倒近于齐梁风格的绮丽。在李白看来,绮丽与风骨并不相矛盾,他说:"蓬莱文章建安骨,中间小谢又清发。"(《宣州谢朓楼饯别校书叔云》)"蓬莱文章",显然属于道家、道教的了,道家和道教都讲对现实的超越,似是脱离政治,然而,唐代的道教人士热衷于政治的很多,与儒生没有什么区别,所不同的是他们比较容易来,也比较容易去。有发挥才能的可能就来了,机会不合适就走了。"建安骨"即指建安风骨,是那种"梗概多气"的文学;"小谢"即南朝著名诗人谢朓,他的诗属于"清发"一路,与建安文学迥异。三种文学李白都喜欢。应该说,在追求教化与审美统一上,李白较陈子昂又进一步了。

杜甫基本观点同于李白。在《戏为六绝句》中,他比较全面地阐述了自己的文学观:

庾信文章老更成,凌云健笔意纵横。今人嗤点流传赋,不觉前贤畏后生。

王杨卢骆当时体,轻薄为文哂未休。尔曹身与名俱灭,不废江河万古流。

纵使卢王操翰墨,劣于汉魏近风骚。龙文虎脊皆君驭,历块过都见尔曹。

才力应难跨数公，凡今谁是出群雄？或看翡翠兰苕上，未掣鲸鱼碧海中。

不薄今人爱古人，清词丽句必为邻。窃攀屈宋宜方驾，恐与齐梁作后尘。

未及前贤更勿疑，递相祖述复先谁？别裁伪体亲风雅，转益多师是汝师！

这组诗强调五点。第一，不愿与齐梁作后尘，从根本上与齐梁的淫丽之风划清界限。第二，正面学习的榜样是屈原、宋玉，从艺术品位来说，"汉魏""风骚"是诗人所追求的。"汉魏"，指的是建安文学代表的风骨精神；"风"指的是《诗经·国风》体现出来的教化作用，"骚"指的是屈原作品体现出来的那种高尚而又充沛的情感韵味。这几种因素的统一，也就是教化与审美的统一。第三，从艺术风格来说，不必专于一种，而可以多样化，掣鲸鱼于碧海之中的雄壮固然极佳，"翡翠兰苕上"的小清新也不是不可取。第四，重要的是真诚，是自然，"清词丽句"是重要的，重要就在于它是真诚的，是自然的。这与李白推崇的"清水出芙蓉"的美完全一致。第五，"转益多师"。也许这是杜甫最为成功的地方。元稹为杜甫墓写的铭特别强调这一点，他说："至于子美，盖所谓上薄风骚，下该沈宋，古傍苏李，气夺曹刘，掩颜谢之孤高，杂徐庾之流丽，尽得古今之体势，而兼人人之所独专矣。"（《唐故工部员外郎杜君墓系铭并序》）

杜甫的诗因为真诚地反映现实，具有强烈的济世情怀，同时又特别讲究遣词造句，所以，在当时就赢得很高的声誉。晚唐文人孟棨在他的《本事诗》中称杜甫的诗为"诗史"，这"诗史"一出，影响深远。杜甫不仅成为中国诗歌史上教化与审美相统一的最高代表，而且为诗歌添上一份沉甸甸反映现实充当历史的责任。也许，其作用就不完全是正面的了，因为诗委实难以担当起这样的责任，而要这样，就只能牺牲审美了。事实上，后世试图效法杜甫的诗，成功的不太多。

五、殷璠、皎然、司空图对教化与审美关系的理解

在文教理论构造上，鼓吹"兴象"说的殷璠也有重要的贡献。殷璠在《河岳英灵集》序中先是说"夫文有神来、气来、情来，有雅体、野体、鄙体、俗体"，然后

批评"挈瓶庸受之流"种种乱责古人的卑劣行径,尖锐地指出他们的作品"理则不足,言常有余,都无兴象,但贵轻艳"。接着,直指齐梁文风:"自萧氏[指南朝的萧梁——引者]以还,尤增矫饰。"再接着,阐释初唐至盛唐的文风:"武德[唐高祖年号——引者]初,微波尚在。贞观[唐太宗年号——引者]末,标格渐高。景云[唐睿宗年号——引者]中,颇通远调。开元十五年后,声律风骨始备矣。实由主上恶华好朴,去伪从真,使海内词场,翕然尊古,南风周雅,称阐今日。"这个过程描述得相当清晰,立场也很鲜明。然而正面表述观点是在该书的《集论》:

> 论曰:昔伶伦造律,盖为文章之本也。是以气因律而生,节假律而明,才得律而清焉。宁预于词场,不可不知音律焉。孔圣删诗,非代议所及。自汉、魏至于晋、宋,高唱者十有余人;然观其乐府,犹有小失。齐、梁、陈、隋,下品实繁,专事拘忌,弥损厥道。夫能文者,匪谓四声尽要流美,八病咸须避之,纵不拈掇,未为深缺。即"罗衣何飘飘,长裾随风还",雅调仍在,况其他句乎?故词有刚柔,调有高下,但令词与调合,首末相称,中间不败,便是知音。而沈生虽怪,曹、王曾无先觉,隐侯言之更远。璠今所集,颇异诸家:既闲新声,复晓古体;文质半取,风骚两挟;言气骨则建安为传,论宫商则太康不逮,将来秀士,无致深憾。

这段文字,有"两批""三立"。"两批"是:一批齐、梁、陈、隋间的下品诗,"专事拘忌,弥损厥道";二批自南朝以来过分讲究声律的形式主义文风,所谓"四声尽要流美,八病咸须避之"。"三立"是:一立作品结构完整,具体表现为"词与调合,首末相称,中间不败";二立内容与形式统一,即"文质半取";三立教化与审美统一,即"风骚两挟","风"重在言志,重在教化,"骚"重在缘情,重在审美。

相较于前面陈子昂论教化与审美的统一,殷璠似乎更注重作品的审美性,这主要见于他在评论各位诗人的创作时,很重视诗的兴象。兴象是兴之象,兴虽然兼有情理两者,然重在情,不是情在理中,而是理在情中,因此,兴象实质是情之象,较之于理之象,显然更富审美性。比如,他论常建的诗,说是"其旨远,其兴僻,佳句辄来,唯论意表"。"旨远"即意深,"兴僻"即情殊,两者融合,借"意表"即意象表现出来,而且"佳句辄来",句兼有意形音诸多因素,既称佳,自然美妙无比。

与殷璠相似,在教化与审美的统一上,更多地注重审美的还有皎然。在整个唐代，从审美上深入探讨诗美的诗人，大概无过其右者。皎然重视诗教，他在《诗式序》中，申说他探讨诗歌审美的目的是"庶几有益于诗教矣"。皎然提出"诗境"说，将教化与审美一起提到创境的高度，境成了，教化有了，审美也有了。一切在境，"取境偏高，则一首举体便高；取境偏逸，而一首举体便逸。……风律外彰，体德内蕴，如车之有毂，众美归焉"（《诗式·辨体有一十九字》）。重境是诗艺一个重大的发展，中国诗歌审美最高范畴在境，由境派生出意境、境界，中国诗歌美学才最终完成。境存在偏向审美的可能，但皎然还是兼顾教化的，他提出境要"体德内蕴"，但到晚唐，司空图来谈境时，其境实际上归于审美了，他说"思与境偕"，似是"思"与"境"是两码事，"思"关涉教化，而"境"只是审美了。

六、白居易的新乐府与教化说

关于教化与审美统一的理论认识，在唐代，到殷璠、皎然这里就算是达到顶峰了，此后，基本上没有什么可以一观的理论。值得一说的主要有白居易的"乐府"说。白居易字乐天，号香山居士，祖籍太原，后迁居下邽（今陕西渭南）。贞元十六年（800 年）进士及第，授秘书省校书郎，后任左拾遗及太子左赞善大夫。元和十年（815 年）因得罪权贵，被贬为江州司马。白居易诗文俱佳，以诗闻名。在现今人们的口碑中，唐代诗人里他仅次于李白、杜甫，列为第三。白居易在创作上忠实地奉行儒家的教化原则，自觉地继承汉乐府的现实主义精神，倡导新乐府运动。在谪居江州期间，他将自己任左拾遗以来所写的诗，分门别类，进行整理，共分为四类：题为"新乐府"者，共 150 首，谓之讽喻诗，这些诗因事立题，都是触及社会现实问题之作；第二类为闲适诗，是他退公独处后吟玩情性的诗，有 100 首；第三类为感伤诗，属于"事物牵于外，情理动于内，随感遇而形于叹咏"的诗，也有 100 首；第四类为杂律诗，有五言、七言、长句、绝句，自一百韵至两百韵，共 400 余首，全部诗作约 800 首。① 从这个量，我们发现，虽然新乐府诗在他的全部诗中不占主要比例，但地位是突出的。他自认为最有价值的也是那些新乐府诗。

新乐府诗并不为权贵所喜欢，他在给元稹写的信中说："凡闻仆《贺雨诗》，众口籍籍，以为非宜矣；闻仆《哭孔戡诗》，众面脉脉，尽不悦矣；闻《秦中吟》，则

---

① 见白居易《与元九书》。

权豪贵近者,相目而变色矣;闻《登乐游原》寄足下诗,则执政柄者扼腕矣;闻《宿紫阁村》诗,则握军要者切齿矣!"然而在百姓中受到普遍欢迎。"自长安抵江西,三四千里,凡乡校、佛寺、逆旅、行舟之中,往往有题仆诗者;士庶、僧徒、孀妇、处女之口,每有咏仆诗者。"(《与元九书》)白居易的新乐府诗有这样的社会效果,足以说明他的新乐府实践是成功的。白居易的诗之所以获得这样大的成就,是与他的诗学主旨相关的。

在诗歌创作指导思想上,白居易是主张儒家教化论的。教化论的核心是"风","上以风化下,下以风刺上"即对整个社会进行教化。白居易完全拥护这一观点,明确表示:"文章合为时而著,歌诗合为事而作""以诗补察时政""以歌泄导人情"(《与元九书》)。在《新乐府序》中,他对自己的创作思想从写作目的、写作方式上进行概括:

> 序曰:凡九千二百五十二言,断为五十篇。篇无定句,句无定字,系于意,不系于文。首句标其目,卒章显其志,《诗三百》之义也。其辞质而径,欲见之者易谕也;其言直而切,欲闻之者深诫也;其事核而实,使采之者传信也;其体顺而肆,可以播于乐章歌曲也。总而言之,为君、为臣、为民、为物、为事而作,不为文而作也。

这里值得特别注意的是"五为"——为君、为臣、为民、为物、为事,概括起来即为社会。传统的乐府诗,主要还是为君、为臣而作,白居易将它拓展到为民。这就充分体现出《毛诗序》所说"上以风化下,下以风刺上"的原则。

自古以来,文学创作的目的不外乎两种:一为自我表现,二为服务社会。本来,任何文学创作,只要是公之于世的创作,均兼有这两种目的,但是,学者还有作家自己总是将其分割开来,不是标榜自我表现,就是标榜服务社会。这种坚执也不是没有价值的。首先,如果说目的有显性、隐性之分,那这自我表现、服务社会,何者为显,何者为隐,就相当重要了。如果显性目的为自我表现,表现的东西重在自我,只要自我感兴趣均可以写;而如果显性目的是服务社会,那所表现的东西就不能只是自我感兴趣的了,需要考虑它的社会意义。一般来说,社会普遍感兴趣的东西主要是时事,所以,触及时事是乐府诗的突出特点。白居易的新乐府诗就题材来看,主要也是时事。这是他的诗引起重要社会反响的原因之一。其次是表达方式,目的决定方式。如果显性目的是表现自我,就不需过多考虑表达方式,能将自己的思想情感予以宣泄,自己能心领神会就行了;而如果显性目的是服务社会,就不能不考虑表达方式的社会可接受性。白居易是充分照顾到这一点的。上面引文说,他写诗"其辞质而径,欲见之者易谕也;其言直而切,欲闻之者深诫也;其事核而实,使采之者传信也;其体顺而肆,可以播于乐章歌曲也"。这四个方面均很重要,缺一不可。易谕,也许是首要的,但是,做到这一点并不太难,事实上,无论是在历史上还是在现实上,通俗易懂的诗是非常多的。重要的是有没有价值。这涉及两点,一是是否深刻,另是是否真实。白居易强调"深诫""传信"。应该说,这才是新乐府的灵魂。只是好懂,然不深刻、不真实,哪能有正面的社会效果呢?最后一点是可以播于乐章歌曲,这是乐府诗的传统。这一传统十分重要,它不只让诗得到更好的传播,还能让诗增加音乐的美学因素,从而更具魅力。

将中国传统的诗教论与乐府论结合起来是白居易在诗学上的一个突出贡献。

白居易的诗学也有不足。重视诗教无疑是对的,但诗教——扩大一点,文教,它与其他的教有什么不同,这是至关重要的。唐代诗人,从"初唐四杰"起,已经意识到这一问题,陈子昂在理论上予以总结,提出"兴寄""风骨"说,再以后有李白的"清真"说、杜甫的"转益多师"说,特别是殷璠的"兴象"说和皎然的"取境"说。而白居易提出什么说呢?准确地说,白居易在创作上是解决了这一问题的,他的新乐府诗大多写得有情调,具有较强的审美魅力,但是在理论上,白居易没有提出有特色的理论。

七、晚唐皮日休等人的文教观

白居易的新乐府运动,在他死后只有极少的诗人承其余绪。晚唐,诗人视野在个人的闲适、感伤上,虽然诗艺不乏新巧,意境也不乏精致,但不要说像杜甫那样黄钟大吕式的巨作绝迹,就是白居易这样热衷反映时事且在审美上达到一定成就的诗人也不多见。至于理论上就更弱了。差可一说的是皮日休。皮日休,字逸少,自号鹿门子,湖北襄阳人。咸通八年(867年)进士,曾在苏州刺史崔璞幕府任军事判官,后入朝任著作郎、太常博士等。黄巢义兵过江,劫以从军,至长安,署为翰林学士。关于皮日休的归宿,一说唐军收复长安,皮日休遭唐军杀害,一说皮日休讥刺黄巢,遭黄巢杀害。唐代诗人中,如此结果者极少,殊为可叹。因为处于乱世，皮日休较前代诗人更能体会人生的艰险，而对于政治的腐败也有更深的感受，作为文人，他真正能做的，也就只有写诗著文揭露社会的黑暗面，发抒人生的感叹了。在诗歌理论上，他倾向于白居易，重视诗歌反映现实、教化社会的功能。在《正乐府十篇》的小序中，他说：

> 乐府，盖古圣王采天下之诗，欲以知国之利病，民之休戚者也。得之者，命司乐氏奏之于埙篪，和之以管龠。诗之美也，闻之足以劝乎功；诗之刺也，闻之足以戒乎政。故《周礼》太师之职，掌教六诗，小师之职，掌讽诵诗。由是观之，乐府之道大矣。今之所谓乐府者，唯以魏、晋之侈丽，陈、梁之浮艳，谓之乐府诗，真不然矣。

这篇序文的重要性在于它阐明了乐府诗的真正意义。皮日休认为，乐府诗就其源头来说，本是古圣王用以了解民情的手段。"劝乎功""戒乎政"是它的全部功能。皮日休批评魏、晋、陈、梁那些所谓的乐府诗，认为它们其实不是乐府诗，因为它们侈丽、浮艳。

这段话总体上是对的，但还有一些不周全之处。不错，乐府诗的功能是"劝乎功""戒乎政"，但就是这两项功能吗？它还有没有审美的功能？皮日休没有说，但从他批评魏、晋、陈、梁的诗风来看，似是乐府诗就不能讲究形式美了。"侈丽""浮艳"固然过分了，然"丽""艳"要不要呢？就皮日休自己的乐府诗创作实践来看，由于他过分排斥诗的丽与艳，其作品的审美效果就显得略有逊色了。

不过，皮日休很强调诗人的真诚，写诗需有感而发，言事需为真事。他在《松陵集序》中说："古之士穷达必形于歌咏，苟欲见乎志，非文不能宣也，于是为其词。词之作，固不能独善，必须人以成之。昔周公为诗以遗成王，吉甫作颂以赠申伯。诗之赠酬，其来尚矣。后每为诗，必多以斯为事。"穷达为什么必形于歌咏呢？主要是情感激发，非宣泄不可，而由于此时的情感是极为真挚且强烈的，所以特别能打动人，只要有合适的词句表达之，就能成为好诗。皮日休在这里还提出诗重赠答，这非常重要。赠答，有对象，情感就有交流，情感交流以情感真诚为前提，不真诚岂能交流？除此之外，诗的酬赠是诗的重要传播途径。中国古代没有报纸也没有刊物，朋友间的酬赠就是主要的表达方式了。诗之美，虽然与辞藻有一定的关系，但主要还在诗情的真诚。皮日休的诗，虽然比较质朴，不太注重辞藻，但因为情感真挚，见解深刻，仍然具有相当的审美魅力。

与皮日休持同样立场的,晚唐诗人中还有杜荀鹤、陆龟蒙等。

不能不指出,文教观在晚唐出现了一些新的情况:盛唐已经完成了的教化与审美统一论有所分化,即部分诗人特别强调教化,忽视审美;也有部分诗人则过于追求审美,而对教化有所忽视。

唐代的文教论,始自李世民,到皮日休这里,大体上就告终结了。从发展脉络来看,初唐,理论上重教化,实践上仍重审美,两者没有做到很好的整合。"初唐四杰"已意识到这一问题,在实践上追求着教化与审美的统一,但未臻佳境。盛唐李白、杜甫继续着"初唐四杰"的探索,实现了教化与审美的统一,而在理论的概括则主要见之于陈子昂的兴寄论、风骨论,殷璠的兴象论,皎然的取境论,这一探讨,到晚唐司空图那里,则有脱离教化专务审美的倾向。自中唐始,教化与审美又出现分离,白居易提出新乐府运动,在理论上偏重于教化,但由于白居易本人的才气与修养,他的新乐府诗尚基本上能做到教化与审美的统一。到晚唐,教化与审美的分离就明显了,一些诗人追求唯美,实际上又在走齐梁的老路,只是尚未影响到诗歌创作的全局。而皮日休、杜荀鹤等则坚持着白居易乐府诗的道路,这些作品虽然有着强烈的现实感,情感极为真挚,但由于不太注重审美,诗歌的面目就未免显得寒碜了。

第四节　文道论

文道问题凸显是唐代文论的一个重要现象。这里首先有一个问题:文道论是讲什么的?

首先必须对文道论中的两个关键词——文和道——作一些解析。

一般来说,文有三义:一为文章含文学,二为文章的形式,三为文章审美效应。道也有三义:一为宇宙本体,即中国哲学中所说的太极;二为自然规律,即中国哲学中所说的"天地之道"或"自然之道";三为社会规律,即儒家所说的仁、礼、中庸等政治道德原则,亦称为"君子之道"。

由于文与道的多义性,它们所构成的关系也就多样,大体上有四种关系:

一、本与末的关系,道为本,文为末。道生文,如朱熹说的"文从道出"。

二、内容与形式的关系,道为内容,文为形式。

三、被载体与载体的关系,道是被载体,文是载体。

四、被饰体与饰物的关系,被饰体是道,饰物是文。

以上四种关系是主要的关系,此外还有一些别的关系。在具体情境下,文与道的关系不只是一种,而可能同时存在多种。

文道论与文教论,实际上是相关甚至相重的,但文教论重在教,所以,此理论的主旨是讨论文的社会功能;文道论重在道,此理论的核心是讨论文章的构成。

一、唐代文道论的文学背景

唐代的文道论得到广泛的注意,其重要背景是古文运动。

唐代自建国始,由于李世民的提倡与重视,出现一种文学革新活动,这种文学革新活动主要在两个领域展开。一是诗歌领域,主要为批评齐梁浮艳的文风,重提风骨、兴寄等理论,要求诗歌具有社会现实意义,进而要求实现教化与审美的统一。二是散文领域,锋芒所向是自汉代以来流行的骈文,此种文体过于讲究俳偶、辞藻,片面追求形式美,情感虚伪,内容浅薄,不仅严重约束了思想情感的自由表达,而且此种专务形式的浮艳虚夸文风严重毒化社会风气。唐代的最高统治者当然不能容许此种文风蔓延,一批有识之士积极作为,在理论上打出复古的口号,以先秦散体文章为典范,努力扭转轻内容重形式的倾向,将写作态度真诚、文章内容充实、思想情感纯正作为论文的第一标准,进而要求文质彬彬,情文并茂。

古文运动的兴起,也不只是唐帝国政治上的需要,也是中国古代散文自身发展的需要。中国古代的散文,诞生于先秦,它是一种不拘形式、自由抒写心灵的文字,代表作为《孟子》《庄子》《荀子》。到汉代,文章写法有些变了,受骚体的影响,文人著文更多地注重俳偶、辞藻,更重要的是,非常热衷于在文章中运用典故,极为繁复,晦涩难懂,诘曲聱牙。这种文风原本是追求一种形式美,初衷不错,但过分了,形式压倒内容,就走到穷途末路了。文章不能这样写,那该如何写呢?人们必然想到先秦的古文。复古不是目的,而是参考,更是旗号。准确地说,古文运动早在南北朝时期就开始了。

古文运动意义甚大,实质是一场思想解放运动。解放了文风,为的是解放思想,而解放思想,必取解放文风此途径。唐帝国的江山得以巩固,古文运动应是助力之一。古文运动的直接成果,是散文创作的繁荣,涌现了一大批古文大家。其中韩愈、柳宗元成就最大。古文运动所产生的这种文辞简约质朴、切合思想情感表达且特具审美魅力的文体，成为中国古代主要的散文文体，一直贯穿下来。虽然今日这种文章少了，但其基本精神与行文风格仍然活跃在不少学者、作家的文笔中。古文修养实际上已经成为当今写作者的基本修养。没有一定的古文修养的人，其实是写不好白话文的。

如同唐代的诗歌创作成就与诗学成就极不相配一样，唐代的古文创作成就也与古文理论成就极不相配。也许唐代的诗人、学者们只是享受着创作的愉快，根本没有将这造福于后世的理论总结置于重要位置。这方面，古文理论较诗歌理论又逊色甚多。虽然，远自隋末，一些文人著作中已经提及文与道的关系，但直至中唐，韩愈亮出复古的旗号，古文的理论总结问题才得到一些文人的重视，各种观点也出来了，其中，有关文道的论述，初见深刻，为宋代的进一步的论述开辟了道路。

二、唐代文道论的思想渊源

唐代的文道论不仅有古文运动为其背景，而且也有理论上的渊源。

理论的渊源，如果追溯得远一点的话，可以达先秦儒家。孔子提出"文质彬彬，然后君子"（《论语·雍也》），这话虽然不是论文，后来却用在论文上。孔子的文道观，重质亦重文，然质是第一位、决定性的。孔子用"绘事后素"作比喻，说明礼是诗之素，而到荀子，则进一步认为礼文一体，说"凡礼，始乎棁，成乎文，终乎悦校。故至备，情文俱尽；其次，情文代胜；其下，复情以归大一也"（《荀子·礼论》）。先秦儒家的重要典籍《周易》中关于"天文"与"人文"的关系的论述，也是唐代文道论重要的理论来源。《易·贲卦·彖传》云："刚柔交错，天文也；文明以止，人文也。观乎天文以察时变，观乎人文以化成天下。"这话在唐代的文道论中很容易看到。

先秦道家也是唐代文道论的渊源之一。这里，最重要的是《老子》的道论。《老子》将道看成天地万事万物的总根源，说"道冲而用之或不盈，渊兮似万物之宗"（《老子》第4章），后世的文道论说"文从道出"实际上来源于此。另外，《老子》也认为道是宇宙运行的总规律，强调"人法地，地法天，天法道，道法自然"（《老子》第25章），这种观点于后世的文道论影响也很大。既然人最终要法道，那文自然也要法道了。而道为自然，法道就成为法自然。唐代文道论中有不少言论推崇自然之美,应该是受到道家思想的影响。

道家有一个总概念,即道,儒家也有一个总概念,即理。后来的发展,则是道与理互训,儒道互补,两个学派均从对方学说中受到启发,但实际情况是儒家吸收道家的东西更多。儒家后来也讲道,儒家的道既有道家的自然之道,也有属于自身的人伦之道。人伦之道主要是伦理道德意义上的道。这种人伦之道,经儒家的提升,一是跟政治挂钩,成为治国的基本原则,另是与哲学挂钩,成为宇宙本体,号称"天道"或"天理"。因为后世的文人多为儒家之徒,所以,实际上,文道论以儒家思想为基础,种种诸如"文以载道""文以明道"或"文从道出"的理论,其所说的"道"均为儒家之道。

从具体的理论形态来看,唐朝的文道论不能说是一个全新的理论。早在南北朝时期的梁代,就有人注意到文与道的关系了,那就是刘勰。刘勰在《文心雕龙》的第一编《原道》中说:"人文之元,肇自太极。""太极"是《周易》提出的宇宙本体,它就是道。人文肇自太极,就蕴含着"文从道出"的思想。道为文之本。《文心雕龙·原道》还说:"玄圣创典,素王述训。莫不原道心以敷章,研神理而设教。"玄圣指中华民族的先祖,素王即为孔子,他们创造的人文,其来源也是道,其过程是:将道吸纳进心,将道为心,然后,外化为文章。在刘勰这里,道已经完成了自然之道与人文之道的统一,为唐代的文道论奠定了坚实的基础。

三、隋末王通文道论的影响

如果不执着于思想的自觉、理论的完备,应该说早在隋末,文道论就出现了。被尊为"文中子"的王通(584?—618年)是这一理论的提出者。王通字仲淹,绛州龙门人,隋末大儒,曾任蜀郡司户书佐、蜀王侍读。隋炀帝时,弃官归,聚徒讲学,门人私谥为"文中子"。关于文与道的关系,王通说:

> 李百药见子而论诗,子不答。百药退,谓薛收曰:"吾上陈应、刘,下述沈、谢,分四声八病,刚柔清浊,各有端序,音若埙篪,而夫子不应,我其未达欤?"薛收曰:"吾尝闻夫子之论诗矣,上明三纲,下达五常,于是征存亡,辨得失。故小人歌之以贡其俗,君子赋之以见其志,圣人采之以观其变。今子营营,驰骋乎末流,是夫子之所痛也,不答则有由矣。"

子曰："学者,博诵云乎哉? 必也贯乎道。文者,苟作云乎哉? 必也济乎义。"(《中说·天地篇》)

这段话中的李百药(565—648 年)是与王通同时的学者,在隋,历东宫通事舍人、太子舍人、吏部员外郎,出为桂州司马。贞观时,拜中书舍人、礼部侍郎,后转太子左庶子,参与修撰《北齐书》。薛收是王通的学生。李百药与王通论诗,王通不作答。李百药觉得自己对于诗的四声八病等格律算是烂熟了,而且还能讲究刚柔清浊,王通的不作答,是不是认为他对诗的理解还未到位呢? 薛收于是给他讲自己所知道的王通对诗的理解。原来,在王通看来,对于诗来说,重要的不是格律、音韵之类,而是"上明三纲,下达五常",也就是说,它的本质是纲常,即礼,亦即理,亦即道。诗就是这道的表现形式,它要能让人明白、晓达它所要表现的"道"——在王通,这"道"具体指三纲五常。

由此拓展,作文也同样需要"贯乎道""济乎义"。

概括王通的文道观,则是:文必贯道,道由文达。

文出自文人之手,文人对于道的修养如何,决定着文的品位。他就这样评论着前代作家的作品:

谢灵运小人哉! 其文傲,君子则谨。沈休文小人哉! 其文冶,君子则典。鲍照、江淹,古之狷者也,其文急以怨。吴筠、孔稚珪,古之狂者也,其文怪以怒。谢庄、王融,古之纤人也,其文碎。徐陵、庾信,古之夸人也,其文诞。

子谓颜延之、王俭、任昉有君子之心焉,其文约以则。

子曰:"君子哉,思王也,其文深以典。"(《中说·事君篇》)

王通所评述的这些作家,在文学史上均有一定的地位,绝大部分已有定评,王通仅凭作家自身的儒学修养来评说作品的价值与品位,显然是极为片面的。

王通的重道轻文、以道定文,在后世产生了一定的负面影响。

在文道论的问题上,由隋入唐的李百药,其观点与王通确是不一样的。李百药能够接受文要贯道的观点,但不能同意文的功能就只是贯通,文作为文,还要讲究美。他在《北齐书·文苑传序》中说:"夫玄象著明,以察时变,天文也;圣达立言,化成天下,人文也;达幽显之情,明天人之际,其在文乎。"这些话,为文定了位:"达幽显之情,明天人之际",目的是"化成天下"。此观点与王通的观点

基本上是相通的,但比王通的视野要宏阔,并不专于儒家立场。下面他又接着说了一段,其观点就不同于王通了:

> 逖听三古,弥纶百代,制礼作乐,腾实飞声,若或言之不文,岂能行之远也。子曰:"文王既没,文不在兹?"大圣踵武,邈将千载,其间英贤卓荦,不可胜纪,咸宜韬笔寝牍,未可言文,斯固才难不其然也。至夫游、夏以文词擅美,颜回则庶几将圣,屈、宋所以后尘,卿、云未能辍简。于是辞人才子,波骇云属,振鹓鹭之羽仪,纵雕龙之符采,人谓得玄珠于赤水,策奔电于昆丘,开四照于春华,成万宝于秋实。

虽然不太好说这些话是针对王通的,但确实对王通的文道论是一个颠覆。王通不是说务格律音韵之类是"驰骋乎末流"吗?李百药则以孔子的"言之无文,行而不远"(《左传·襄公二十五年》)为据,纵论古今,充分说明文其实不只是一个贯道的问题,还有一个"才"的问题,没有才,文章就没有文采;而没有文采,文章就没有感染力;而没有感染力,那道又如何达之于人呢? 得道不易,得才就易吗? 从某种意义上讲,更难,因为才具有一定的先天性。李百药说,"大圣踵武,邈将千载",出了不少英贤,但都"韬笔寝牍",没有著述留世。为何? 缺才。

有了才,那文章就焕然生采。李百药用了一系列瑰丽的比喻来描述文自身的审美魅力:"得玄珠于赤水,策奔电于昆丘,开四照于春华,成万宝于秋实。"显然,文的这种功能远不是贯道了。

四、魏徵、王昌龄、刘冕的文道论

由初唐直到中唐韩愈之前,有不少学者论述过文与道的关系,也许有必要做一个简单的梳理。其中重要的有:

(一) 魏徵

开国功臣魏徵是既重道又重文的。在《隋书·文学传序》中,他说:"《易》曰:'观乎天文,以察时变,观乎人文,以化成天下。'《传》曰:'言,身之文也,言而不文,行之不远。'故尧曰则天,表文明之称,周云盛德,著焕乎之美。"他认为,"江左宫商发越,贵于清绮,河朔词义贞刚,重乎气质"。他主张将这两者统一起来，"各去所短，合其两长"，这样，就"文质彬彬，尽善尽美矣"。

（二）王昌龄

王昌龄在文道论上有重要贡献。他说：

> 或曰：夫文字起于皇道，古人画一之后方有也。先君传之，不言而天下自理，不教而天下自然，此谓皇道。道合气性，性合天理，于是万物禀焉，苍生理焉。尧行之，舜则之，淳朴之教，人不知有君也。后人知识渐下，圣人知之，所以画八卦，垂浅教，令后人依焉。是知一生名，名生教，然后名教生焉。以名教为宗，则文章起于皇道，兴乎《国风》耳。自古文章，起于无作，兴于自然，感激而成，都无饰练，发言以当，应物便是。（《论文意》）

王昌龄的观点显然不同于上述的王通等。王通将文归于"言志"，即阐扬儒家纲常礼仪的需要，也就是说将文之本归于儒家的人伦之道。而王昌龄则将文之本归于"皇道"，这里的"皇"是最大最高的意思，"皇道"就是最大最高的道，这最大最高的道是什么呢？不是三纲，不是五常，也不是仁礼，而是"气性""天理"，气性、天理在这里为"自然"——《老子》哲学说的自然。这种"合气性""合天理"的道即为自然之道，用今天的概念来表述，就是自然规律。天地万事万物包括人伦社会莫不需要依据它而生。那个时候，人们也有歌咏，那歌咏是从内心自然发出的，没有修饰，也不需要修饰，全然是天然的。

由此，他提出一个极为重要的观点："自古文章，起于无作，兴于自然，感激而成，都无饰练，发言以当，应物便是。"

美在哪里？美在自然，美在天工，美在真。人工的修饰均不需要了。

王昌龄站在皇道的立场上全面地肯定了"道"（只是皇道）而否定了"文"（文饰）。

然而，王昌龄其实又是很重视文（文饰）的。众所周知，他写诗很重视格律、音韵，他著有《诗格》《诗中密旨》二书，全是讲声韵的。既然起于皇道的文章包括诗歌不需要修饰，为什么后来竟重视起文采、声韵了呢？按王昌龄的看法，主要是人心不古了。远古圣人，基于大家都能自觉地遵守皇道，实施的是无为而治；而后来的帝王，基于大家不能自觉地遵守皇道，实施的是有为而治。有为而治,需要教化,教化需要理论,这理论即所谓"名教"。文章应名教之需而产生,已不是自然的产物。既然是名教的产物,就不能不按照名教的需要而有所加工了,这就必然要文,如孔子所说,言之无文,行之不远。

此为一方面。另一方面,王昌龄谈到,文的需要还跟文章的抒情功能相关。王昌龄虽然承认文章有阐扬名教的功能,但他没有认为,文章只有这一功能,他在叙述文章史时,说孔子传于游、夏,游、夏传于荀卿、孟轲,荀、孟传于司马迁,司马迁传于贾谊。"谊谪居长沙,遂不得志,风土既殊,迁逐怨上,属物比兴,少于风雅,复有骚人之作,皆有怨刺,失于本宗。"(《论文意》)这里说的"本宗"为"皇道",由皇道产生的文章是没有怨刺的,由名教产生的文章就有怨刺了。怨刺为情,情在文章的写作中具有特殊重要的作用,实际上它才是文章的原动力。所以,王昌龄说:"诗本志也,在心为志,发言为诗,情动于中,而形于言,然后书之于纸也。"(《论文意》)言需要饰,只有饰才能更好地表达情,表达志,于是,就不能不讲究文采,讲究声律。这样,由道又导向文,最后还是道与文的统一。

(三) 柳冕

柳冕(? —805 年),蒲州河东(今山西永济)人,贞元初为太常博士,历吏部郎中、婺州刺史,贞元十三年(797 年)兼御史中丞、福州刺史,充福建都团练观察使。柳冕博学而富有文辞,在中唐的政坛、文坛上均有重要的地位,在唐代的古文运动中,他的重要作用不能忽视,实际上,他关于文道关系的论述开韩柳古文运动的先河。他的理论主要有:

一、道为文章之本。他说:"文章本于教化,形于治乱,系于国风,故在君子之志为心,形君子之志为文,论君子之道为教。"(《与徐给事论文书》)这个说法与王通的说法可谓一脉相承。但它强调社会治乱对于文章产生的重要作用。

二、文用于教化。既然道为文之本,那么文为道用也就是顺理成章的事。道之用,即为"教化",如果不把文章的宗旨定在教化上,那文就堕落成"技"了。他说:"故文章之道,不根教化,别是一技耳。当时君子,耻为文人,语曰:'德成而上,艺成而下。'文章技艺之流也,故夫子末之。"(《谢杜相公论房杜二相书》)

三、文生于情。社会治乱之所以于文章的产生有重要作用,主要是治乱最能激发人的情感。柳冕说:"夫文生于情,情生于哀乐,哀乐生于治乱,故君子感哀乐而为文章,以知治乱之本。"(《与滑州卢大夫论文书》)这个说法是深刻的,它与中国文论史上的"发愤著书"说、"诗穷而后工"说均有一定的联系。

关于情,柳冕还有更为深刻的认识,他说:"天生人,人生情,圣与贤在有情之内久矣。苟忘情于仁义,是殆于学也;忘情于骨肉,是殆于恩也;忘情于朋友,是殆于义也。此圣人尽知于斯,立教于斯。"(《答荆南裴尚书论文书》)"仁义""骨肉""朋友","此三者发于情而为礼,由于礼而为教。故夫礼者,教人之情而已"(《答荆南裴尚书论文书》)。将情与理看成一体,于是,理有多高,情也就有多高。这样,文与道的关系中,文的地位与道的地位只是名份上的区别,实质是没有区别的,说文以道为本,也可以推导出文以情为本。故,柳冕既说文生于理,也说文生于情。情与理在柳冕,是一回事。孔颖达有类似的观点,孔颖达说:"在己为情,情动为志,情志一也。"(《春秋左传正义》)

四、文质彬彬,文道合一。由于主情理一体,必然推导出文道一体,道不离文,文不离道;文以道为本,道以文为体;本体不分。柳冕说:"是以君子之儒,学而为道,言而为经,行而为教,声而为律,和而为音。"(《答荆南裴尚书论文书》)这个过程涉及好几个统一:第一,道与言的统一,此处的言即为文,所以,这个统一可以理解为道与文的统一、本与体的统一;第二,文与行的统一,文在这里为经,行为教,因此,这个统一是经与教的统一、理论与实践的统一;第三,内容与形式的统一,内容即上面说的道与经,当它们化为文时,必然要注意声律、和音,讲究形式上的美好、结构上的完整、总体上的和谐。柳冕引孔子的话"文质彬彬,然后君子",后说"兼之者斯为美矣"(《答荆南裴尚书论文书》)。

韩愈之前,到柳冕这里,文道的问题已经谈得相当深入了,但柳冕自身缺乏实践,他虽然也著文,却不是文章大家,由于自身实践上的缺失,他的理论没能产生重大影响。

五、韩愈的文道论

唐代的文道论,其理论巅峰有二:一为韩愈,另为柳宗元。韩柳二人有一个共同点,那就是,他们不只在理论上较前人和同代人说的更为深刻,更重要的是,他们以自己的创作实践成功地实施了自己的理论。在中国文学史上,韩柳二人均属第一流的人物,而在唐代,在文章领域,他们无疑是最为卓越的两位代表。

韩愈字退之,河南河阳人,贞元八年(792年)进士,仕途颇多风波,时贬时升,三次由朝廷调任地方官,而在朝廷,也多有调迁,任过监察御史、职方员外郎、中书舍人、太子右庶子、国子祭酒、刑部侍郎、兵部侍郎、吏部侍郎等。韩愈作为文学家在诗歌、古文等领域均有重大成就,而以作为古文运动的领袖声望最高。关于他在古文运动中的贡献,李汉在《昌黎先生集序》中说是"摧陷廓清之功,比于武事,可谓雄伟不常者矣"。

关于文章,韩愈提出一系列引人注意的观点,基本上是以文与道的关系为中心的:

第一,韩愈强调他说的道是儒家之道。在《原道》中,他说:"博爱之谓仁,行而宜之之谓义,由是而之焉谓之道。"那么,怎么理解《老子》批评仁义呢? 韩愈认为老子其实也不是否定仁义,只是"小仁义"即看轻了仁义,换句话说,他误读了儒家。韩愈以正统儒家的继承人自居。他说:"曰:斯道也,何道也? 曰:斯吾所谓道也,非向所谓老与佛之道也。尧以是传之舜,舜以是传之禹,禹以是传之汤,汤以是传之文、武、周公,文、武、周公传之孔子,孔子传之孟轲,轲之死,不得其传焉。"(《原道》)言下之意,孟轲之后,就由他来承传了。

第二,道为文之本。韩愈说:"夫所谓文者,必有诸其中。是故君子慎其实。实之美恶,其发也不掩。本深而末茂,形大而声宏,行峻而言厉,心醇而气和,昭晰者无疑,优游者有余。体不备不可以为成人,辞不足不可以为成文。"(《答尉迟生书》)"本"在这里只是一个比喻。韩愈的本意是说,文章重在内容,这内容的美与恶是至关重要的,要使内容美,不能不慎。而所谓慎,就是要让内容为美,就必须让儒家的道充实其内。这就好比本深而末茂,有此,文章就有可能写好了。

既然儒家之道为文之本,韩愈认为,要写好文章,作者一定要加强这方面的修养。韩愈说:"养其根而俟其实,加其膏而希其光。根之茂者其实遂,膏之沃者其光晔。"他自述体会:"行之乎仁义之途,游之乎《诗》《书》之源,无迷其途,无绝其源,终吾身而已矣。"(《答李翊书》)

韩愈的这种观点,他的学生李汉总结为"文者,贯道之器也"(《昌黎先生集序》)。

第三,韩愈的古文运动,是打着复古的旗号的,他明确地说:"或问为文宜何师? 必谨对曰:宜师古圣贤人。"(《答刘正夫书》)

第四,强调文章要有独创性。虽然道是普遍的,但是,每个人据道写作是有个性的,有独创性的。韩愈强调写文章要能"自树立":

> 夫百物朝夕所见者,人皆不注视也,及睹其异者,则共观而言之。夫文岂异于是乎?汉朝人莫不能为文,独司马相如、太史公、刘向、扬雄为之最。然则用功深者,其收名也远。若皆与世沉浮,不自树立,虽不为当时所怪,亦必无后世之传也。……若圣人之道,不用文则已,用则必尚其能者。能者非他,能自树立,不因循者是也。有文字来,谁不为文?然其存于今者,必其能者也。(《答刘正夫书》)

也许,在文道论的建构上,韩愈最为独特的贡献就在这里了,韩愈的文章之所以特别,正是因为韩愈著文"能自树立"。韩愈著文,注重个性,虽然所谈无非儒家之道,然用辞却分明出自自家心胸,而且韩愈有意求怪、求异,所以,皇甫湜认为,他的文章"毫曲快字,凌纸怪发,鲸铿春丽,惊耀天下"(《韩文公墓志铭》)。

第五,韩愈认为社会的动荡和作者内心的不宁静是文章产生的重要原因。他说:"大凡物不得其平则鸣。""人之于言也亦然。有不得已者而后言,其歌也有思,其哭也有怀。"(《送孟东野序》)

这一观点是深刻的。虽然韩愈强调儒家修养对于写作是如何如何重要,认为这种修养相当于木之本,本深而末茂,但由于他又强调作家的"自树立"和作家的内心的不平,这就冲破了原设的樊篱。实际上,儒家之道只是看问题的指导思想,而作为文章内容的是作家自身的独特的经历,是作家对人生独特的感受。不是儒家之道,而是作家独特的个性、经历,形成了作家独特的用词风格,以至于标新立异,卓立于天下。

六、柳宗元的文道论

唐代的古文运动,旗手是韩愈,大将为柳宗元。韩柳并称,韩在前。这个排列是合理的。虽然,就文学成就来说,韩与柳难分轩轾,但由于韩的社会地位高于柳,其实际影响远大于柳。柳宗元,贞元九年(793年)进士;十四年(798年)中博学宏词科,为集贤殿正字。他的科举是很顺的,但仕途颇为不顺,主要原因是他参与了唐顺宗时的一场改革——王叔文领导的改革,以致被贬永州十年,诏回京,未几,又出为柳州刺史,最后死在任上。他的政治抱负化为泡影,不过,却在另一个方面成就了柳宗元。永州、柳州当时均为僻壤,人穷地贫,但是山水秀丽。柳宗元在此流连,不仅愤懑得以释放,而且锦绣才华得到一个展现的机

弈棋仕女图屏
/ 新疆维吾尔自治区博物馆藏 /

李昭道《明皇幸蜀图》
/ 台北故宫博物院藏 /

王维《江干雪霁图》

/ 台北故宫博物院藏 /

张萱《虢国夫人游春图》宋摹本 局部

/ 辽宁省博物馆藏 /

佚名（北宋）《仿周昉宫妓调琴图》

/ 纳尔逊 - 阿特金斯艺术博物馆藏 /

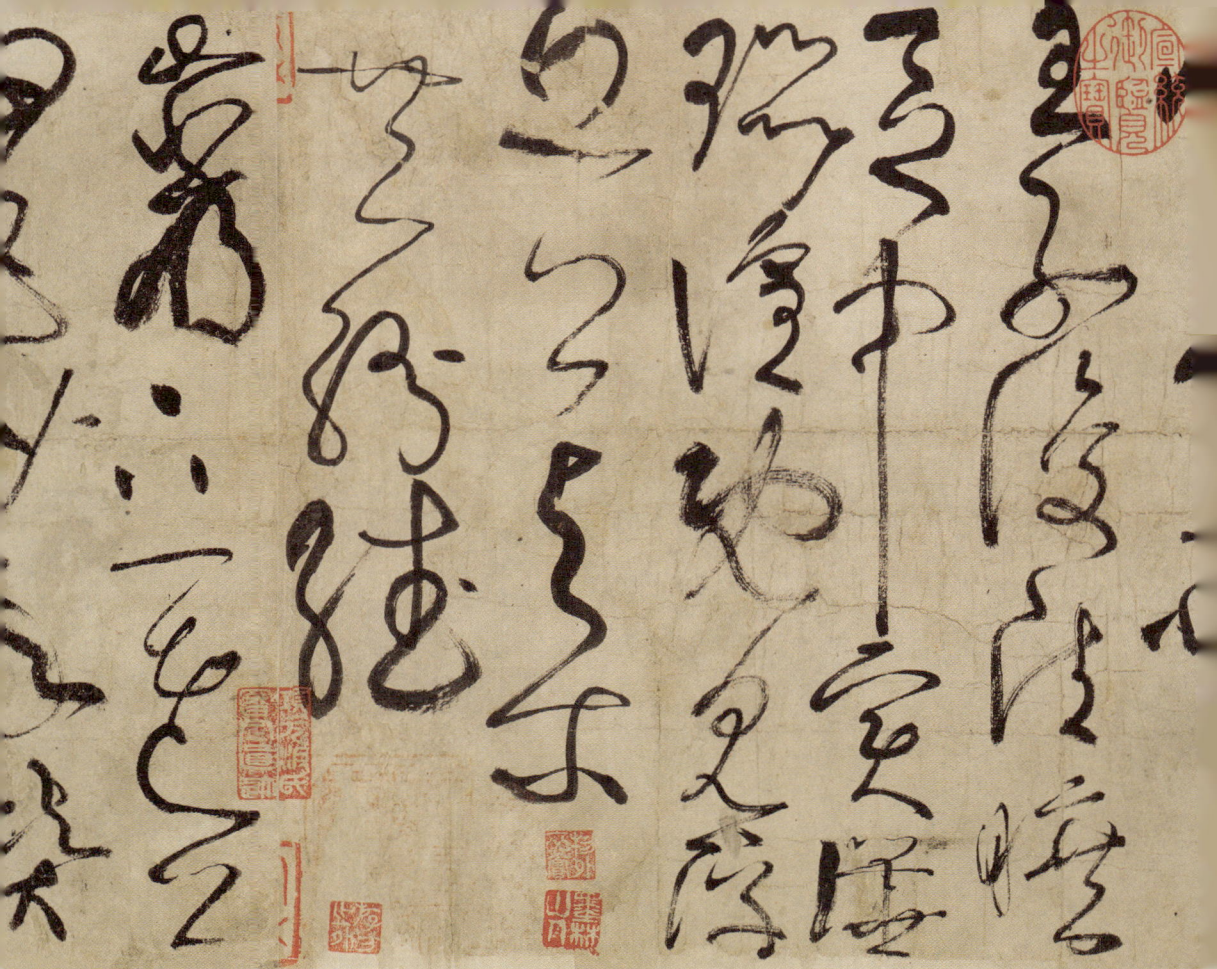

张旭《古诗四帖》 局部
/ 辽宁省博物馆藏 /

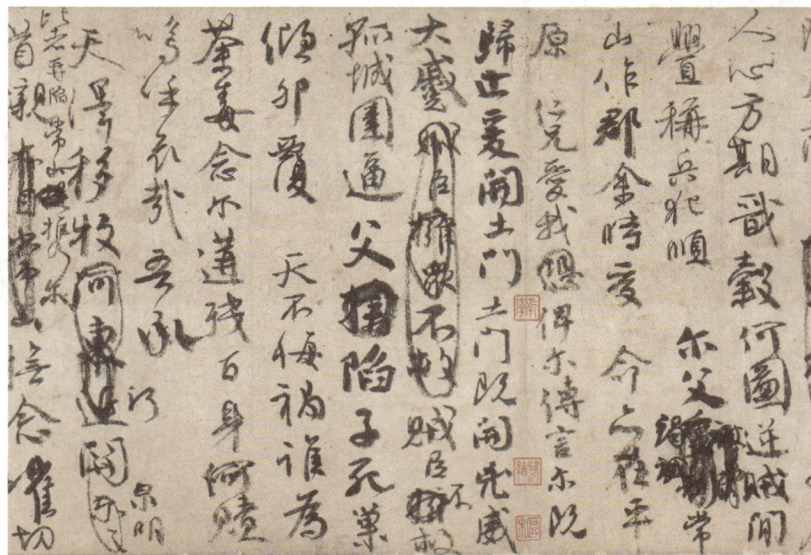

颜真卿《祭侄文稿》 局部
/ 台北故宫博物院藏 /

会。那个时候,他写了许多山水游记。柳宗元根本想象不到,他在后世最有影响的作品竟然不是他的诗、文,而是他的山水游记。

柳宗元与韩愈同朝为官,柳小于韩五岁,却早逝于韩五年。他们在政见上似有所不同,但并不交恶;在文学上惺惺相惜,私相倾慕,不过,联系并不密切。从现有的文献资料看,他们还谈不上是朋友。然韩愈为柳宗元写的墓志铭,对柳评价甚高。其中,谈及柳宗元遭贬时虑及刘禹锡有老母在堂不能流放过远遂提出与之互换贬地事,感慨系之,说道:"士穷乃见节义。今夫平居里巷相慕悦,酒食游戏相征逐,诩诩强笑语以相取下,握手出肝肺相示,指天日涕泣,誓生死不相背负,真若可信;一旦临小利害,仅如毛发比,反眼若不相识。落陷阱,不一引手救,反挤之,又下石焉者,皆是也。此宜禽兽夷狄所不忍为,而其人自视以为得计。闻子厚之风,亦可以少愧矣。"韩愈对柳宗元的才华也评价甚高,说是:"隽杰廉悍,议论证据今古,出入经史百子,踔厉风发,率常屈其座人,名声大振。"(《柳子厚墓志铭》)两人同朝,都为文坛巨子,能如此相重,确属难得。

柳宗元的文论思想许多地方同韩愈相似,但也有胜出之处。关于总体思想,韩愈独尊儒学,排斥佛老,而柳宗元则不这样。他也非常推崇儒学,在《与杨诲之第二书》中说"吾之所云者,其道自尧、舜、禹、汤、高宗、文王、武王、周公、孔子皆由之"。但他不排斥佛老,而且他还是一位对佛老很有研究的学者。他著有《天说》等哲学论文,《天说》批判天能赏罚的唯心主义天命观,阐发天没有意志、是物质实体的观点:"彼上而玄者,世谓之天;下而黄者,世谓之地;浑然而中处者,世谓之元气;寒而暑者,世谓之阴阳。是虽大,无异果蓏、痈痔、草木也。""功者自功,祸者自祸。"这种观点继承的是荀子的唯物主义思想。而荀子,恰好是韩愈有意忽略或者说排斥的。柳宗元为诸多佛教高僧写过碑文,重要的有《曹溪第六祖赐谥大鉴禅师碑》《南岳弥陀和尚碑》《龙安海禅师碑》,对于佛教执客观公正的态度,在《曹溪第六祖赐谥大鉴禅师碑》中,他说:"其道以无为为有,以空洞为实,以广大不荡为归。"这话用来说禅,其潜台词是:禅为披着袈裟的道家。他又说:"始以性善,终以性善,不假耘锄,本其静矣。"这话又分明是说,禅与儒有共同之处。正是因为柳宗元不专于一学,因此,作为宇宙本体的道在他那里,应该包含有多方面的意义,有儒家之道,也有道家之道,还有佛学之道。如果说,韩愈的文道论多少有些狭隘的话,那么,柳宗元的文道论就很广阔。他论文,如涉及道这样的本体,不一定都指儒家之道。

关于文,柳宗元认为有二道。他说:

> 文有二道:辞令褒贬,本乎著述者也;导扬讽谕,本乎比兴者也。著述者流,盖出于《书》之谟训、《易》之象系、《春秋》之笔削,其要在于高壮广厚,词正而理备,谓宜藏于简册也。比兴者流,盖出于虞夏之咏歌、殷周之风雅,其要在于丽则清越,言畅而意美,谓宜流于谣诵也。(《杨评事文集后序》)

与韩愈认为文只有一道不同,柳认为有二道。第一道——"辞令褒贬",其出处为《尚书》《周易》《春秋》,均为儒家经典,重史,故宜藏于简册。第二道——"导扬讽谕",其出处为"虞夏之咏歌、殷周之风雅",即《诗经》,也是儒家经典,重教。重史,求其真,一字之褒贬,严于斧钺。重教,求其善,既有正面的导扬,也有婉转的讽谕。值得我们注意的是,他在谈第二道"导扬讽谕"时,强调此"本乎比兴者流",而比兴,就不只是关乎教化,还关乎审美。比的形象性、兴的情感性,让《诗经》充分地赢得了审美的品格,它不只是政治教化的工具,还是极具审美魅力的艺术,而且也许这一点是更本质的。表面上看,柳宗元谈文有二道,似未出韩愈"文以贯道"的思想圈子,然实际上,他深入了。不仅深入了,而且还有所突破,因为他将道与比兴联系在一起,这就有审美了。原来,审美不只是在文辞、声律等形式上,还在其"导扬讽谕""辞令褒贬"的内容及其表达方式上。

关于文与道的关系,他明确提出"文以明道"的思想。从现在所看到的文献,柳宗元在《报崔黯秀才论为文书》《答韦中立论师道书》《与吕道州温论非国语书》中都提到"文以明道"。文何以明道?柳宗元说:

> 圣人之言,期以明道,学者务求诸道而遗其辞。辞之传于世者,必由于书。道假辞而明,辞假书而传,要之之道而已耳。道之及,及乎物而已耳,斯取道之内者也。今世以贵辞而矜书,粉泽以为工,道密以为能,不亦外乎?(《报崔黯秀才论为文书》)

柳宗元在这里,将言看成文,言以明道,就是文以明道。"明"在这里,应有两义:一是表明,就是道需要表达,文有表达道的意义;二是增明,道经过文的表述,不仅其意清楚地表达出来了,而且还增明了。增明,首先指增加了审美魅力。由于人们读书,首先接触的是言即文辞,这文辞如果漂亮,人们就喜爱,因为喜爱文辞,不仅读懂了文辞所表达的道,而且还增加了对道的理解,实际上,是进一步发挥了道。因此，增明，增的不只是审美的魅力，还有对道的理解以及对道的实践。

道为内，辞为外，由外而入内，因辞而得道，这就是文以明道。辞以达道、明道为正，辞不达、不美，就不能达道、明道。然而如果辞有些过了，也可能让一些人迷上辞而不去达道了。这就是柳宗元批评的"贵辞而矜书，粉泽以为工，遒密以为能"了。

柳宗元说，他著文也有一个成长过程：

> 始吾幼且少，为文章，以辞为工。及长，乃知文者以明道，是固不苟为炳炳烺烺，务采色、夸声音以为能也。（《答韦中立论师道书》）

看来，文也有以辞为工、不以明道为目的的，写这种文章，在柳宗元是少年所为，而在别的人，也许一辈子就是这样的。这就形成了文学史上的两派：一派为功能主义，一派为唯美主义。

柳宗元基本上属于功能主义派，但是，他也还重视审美，在这点上他与韩愈是一样的。换句话说，他们都看重文辞，都极力让文章更有色彩，更有魅力。与唯美主义不同的是，唯美主义将美看成目的，而韩愈、柳宗元将美看成手段，用柳宗元的话来说，就是"羽翼夫道"（《答韦中立论师道书》）。

值得我们注意的是，韩愈著文强调"自树立"，柳宗元评文则强调要多元化。两人恰好在一篇文章上产生了思想上的碰撞。著文追求自出心裁、特别注重创新的韩愈写了一篇类似小说的作品《毛颖传》。小说主题，实是毛笔的产生。韩愈大胆地虚构了一个蒙恬狩猎获白兔以兔毛制笔的故事。这笔就是毛颖，它在作品中被拟为人。小说情节十分离奇，重要的历史人物蒙恬、秦始皇、神话中的嫦娥都出场了。想不到满嘴孔孟之道的韩愈竟写出这样颇具幽默感的作品，一时间，非议甚多。柳宗元时在永州，他读了这个作品后，写了一个感想，其中表示出对这个作品的理解。他认为，这样的作品的确似俳语，逗人开心一笑。笑又有什么不好呢？他说："俳又非圣人之所弃者。《诗》曰：'善戏谑兮，不为虐兮。'《太史公书》有《滑稽列传》，皆取乎有益于世者。"（《读韩愈所著毛颖传后题》）这里，柳宗元实际上是认为，明道的文章未必都是严肃的，也可以是轻松的，甚至可以是俳语。

俳语一般与娱乐联系在一起，文章可以写成俳语，是不是文章也有娱乐功能呢？柳宗元明确表示肯定，他说："学者终日讨说答问，呻吟习复，应对进退，掬溜播洒，则罢愈而废乱，故有'息焉游焉'之说。不学操缦，不能安弦，有所拘者，有所纵也。"（《读韩愈所著毛颖传后题》）这话说得相当实际，即使是学者也不能终日讨说答问，老这样，他终有疲惫的时候。休息娱乐游玩也是人性的需要，人总得有所拘，也有所纵。一张一弛，方为文武之道。接着，柳宗元说到审美趣味上去了，他认为审美趣味是多种多样的，应该允许审美趣味的多样化。他说：

> 大羹玄酒，体节之荐，味之至者。而又设以奇异小虫、水草、楂梨、橘柚，苦咸酸辛，虽蜇吻裂鼻，缩舌涩齿，而咸有笃好之者。文王之昌蒲菹，屈到之芰，曾皙之羊枣，然后尽天下之味以足于口，独文异乎？
> （《读韩愈所著毛颖传后题》）

是啊，既有大餐，也有小吃，咸酸苦辣甜，各有所爱。怎能要求一律呢？像周文王，他喜欢吃菖蒲菹，屈到嗜芰如命，甚至说，他死了祭他一定要用芰，孔子的学生曾皙特别爱吃羊枣。既然吃允许各人所爱，文章为什么又不可以呢？柳宗元这样一种观点，在当时非常可贵，实际上，他不仅提出了审美多元化，而且鼓励创作的多元化。在"文以明道"的旗号下，想不到竟然有如此广阔的自由发展空间。它让我们想到了万紫千红的春天。

唐代的古文运动，在韩柳时代达到了顶峰，这一运动并不因唐帝国的结束而结束，在宋代又有新的发展。之所以会这样，在很大程度上与柳宗元具有开放性的文道论有关。从这个意义上讲，始自唐代、延及明清的古文运动，真正的旗手应是柳宗元。

第六章 唐代书法的审美意识

　　书法是中国古代最具民族特色的艺术形式之一。书法艺术的源头可以追溯到新石器时代的陶文和商周时期的甲骨文、金文。到了东汉时期，随着书写工具的不断完善、书法理论的成熟以及大批文人的参与，有影响的书法家不断出现，作为汉字的一种书写方式的书法，也逐渐发展成为一种具有审美观赏价值的高级艺术。经过东汉、三国、两晋、南北朝的发展，书法艺术达到了完全的成熟，篆、隶、真、行、草等各种书体已基本定型。其中的佼佼者如杜度、张芝、蔡邕、皇象、钟繇、索靖、卫铄、王羲之、王献之、羊欣、王僧虔等，均因为书法艺术的高超而成为当时文人学士们竞相效仿的对象。东晋、南北朝时期，由于南北地理的隔绝及南北风尚、文化和学术等的差异，书法也相应地出现了南北分立的格局。北派书法长于碑榜，具有方（用笔）、密（结体）的风格特点；南派书法长于尺牍，具有名士派头、贵族气息和飘逸俊雅的特点（这与江南士大夫率多仰慕老庄思想并精于清谈和玄学有关）。移居江南的王氏家族中的王廙、王羲之、王献之、王微、王僧虔、智永（俗姓王，王羲之九世孙）等是其中的代表。隋唐时期，随着国家的统一、文化和学术的融合，书法也相应地呈现出南北融合的趋势。从整个朝代的角度看，唐代的书法是综合南北书派的特点发展而来的。唐代书法，由于历史悠久、人物众多、成就突出而成为继东汉、六朝之后中国书法发展的又一高峰。①

第一节　兴盛原因

唐代历经 289 年,涌现出大量的书法艺术家并留下了大量的书法艺术作品。尽管有些名人如五代的李煜、宋代的米芾和清代的康有为等人对唐代书法多有诟病,但从整个中国书法史来看,它确是一个难以企及的历史高峰。李煜、米芾的评论是基于五代、北宋渐趋尚意的书法美学观点,而康有为则是站在尊碑贬帖的立场来看待唐代的书法。他们都有非常明显的复古倾向,其共同点是推尊六朝乃至汉代的书法,视唐代书法的革新为倒退,观点都难免有片面失当之处和抱残守缺之嫌。

唐代书法极为兴盛且名家辈出,这既有社会的原因,也有个人的原因。概而言之有三个主要的原因:一是时势所趋,二是有利可图,三是个人的志趣爱好。就社会的角度来说,又具体可以分为五个原因。

一是有帝王的倡导。《孟子·滕文公上》谓:"上有好者,下必有甚焉者矣。"在君主专制时代,这种上行下效的社会心理定势表现得尤为明显。唐代帝王中擅长书法的有唐太宗、唐高宗、武则天、唐玄宗、汉王李元昌等。特别是唐太宗,更是一个对唐代书法发展起到了关键作用的人物。《宣和书谱》卷一谓:"大抵唐以文皇喜字书之学,故后世子孙尚得遗法。至于张官置吏,以为侍书,世不乏人,良以此也。"唐太宗不仅擅长书法,而且在书法理论上也有很高的造诣,著有《论书》《笔法》《指意》《笔意》等多篇书法理论文章。他以兵法讨论书法的特殊立场,推崇"骨气""神气"和"丈夫气"的书法审美观念,以及他对王羲之的偏好,和他最擅长的行书,都对整个唐代书法和书法美的意识产生了深远而深刻的影响。唐太宗喜欢王羲之的书法,曾不遗余力地加以搜罗,甚至不惜巧取豪夺,其指使萧翼计赚兰亭的故事一时成为美谈,当时的画家阎立本还把此事画成图画

---

① 李嗣真《后书品》点评的唐代书法家计有 10 人,盛唐和中唐时,张怀瓘《书断》点评的唐代书法家计有 24 人,窦臮《述书赋》点评的唐代书法家计有 45 人。至元末明初陶宗仪撰《书史会要》,则具列唐代书法家 382 人,又撰《书史会要补遗》,增补 278 人,总计 660 人。李嗣真、张怀瓘、窦臮三人点评的是最著名的一些书法家,其中一些人如虞世南、欧阳询、褚遂良、李阳冰、张旭等,都是中国书法史上里程碑式的人物,其影响并不限于唐代。而陶宗仪列举的,则范围比较广,除了那些大师级的人物,还包括当时擅长书法并且多以擅长某种书体而为世所重的一些文人、官员、僧人和妇女。

流传于世。同时,唐太宗大量摹写古人真迹,供皇亲国戚和近臣内侍学习,这也促成了唐代摹拓名家书法之风的盛行。除了唐太宗,唐玄宗、唐穆宗、唐宣宗和唐昭宗等,也对唐代书法的兴盛有着特殊的贡献。唐玄宗本人擅长隶书,用笔肥厚,对苏灵芝、徐浩、颜真卿等人的书法风格均有不同程度的影响,他设置的翰林院(也称玉堂)和丽正书院(后改称集贤院)汇聚了徐浩、韩择木、史惟则、蔡有邻、张怀瓘等著名的书法家和书法理论家,对当时书法的鼎盛起到了推波助澜的作用。中唐的唐穆宗和晚唐的唐宣宗、唐昭宗,虽然书法水平一般,但在网罗书法人才方面非常积极,对延续唐代重视“字书之学”的传统也起到了一定的作用。唐穆宗时代,出现了侍书学士、楷书大家柳公权;而在唐宣宗和唐昭宗时代,则出现了裴休、司空图和僧人书法家高闲、亚光等。

二是有制度的保障。在唐代,书法的好坏,尤其是楷书的好坏,是与读书人的仕途密切相关的。首先,唐代进一步完善了隋代建立的科举制度。在科举考试中,除了设有专门的书科,在明经、进士等科的考试中,书法的优劣也是非常重要的参考标准。其次,在科举考试之后的吏部铨选中,“楷法遒美”更是直接决定读书人的任职资格。在吏部铨选中设定的“身、言、书、判”四条标准中,书法占据其一。因为有这样的“利诱”和“明文规定”,所以学习书法便成为唐代一种普遍的社会风气,如宋代马永卿《懒真子》卷三中所说:“唐人字画,见于经幢碑刻文字者,其楷法往往多造精妙,非今人所能及。盖唐世以此取士,而吏部以此为选官之法,故世竞学之,遂至于妙。”此外,唐代还设立了许多专业的书法职务,如唐太宗时代的弘文馆中有专门的侍书学士,唐玄宗时代的翰林院中有相当于侍书学士的书待诏,集贤院中还有待制、写御书、拓书手等专门人才。最后,唐代还非常重视书法教育,所谓侍书学士和侍书待诏,本身就有教习皇族子孙书法的责任,弘文馆、翰林院、集贤院等同时也是教育机构。而在宫中,则设有专门教习宫人书法的内教博士。

三是有广泛的用途。相对于汉魏六朝而言,唐代书法的普及程度是非常高的。汉魏六朝时期,特别是东晋南朝时期,书法的欣赏和品评主要是在文人士大夫之间进行。当时的书法,多少带有一点贵族气息。但是唐代以后,书法开始演变成一种既高雅又实用的艺术。可以说,唐代书法的发展是更平民化了。除了帝王贵胄和文人士大夫,见于史传的书法家还有妇女和僧人、道士等方外人士,比如女性书法家归马氏、刘秦妹、薛涛、吴彩鸾(道姑),僧人书法家怀素、高闲、昙光、亚栖、贯休、梦龟、文楚等。而且,还有许多无名无姓的抄书手和佣书手,其书法也有相当的艺术价值。现今保留下来的许多唐代写卷(如敦煌的经书抄本),就出自这些无名书法家之手。所以清代的王士禛说:"唐人留意书学,即不以书名,往往有欧、虞、颜、柳风气。"(《池北偶谈》卷一四)。而且他还指出,那些在文学史上著名而在书法史上不知名的文人,其书法也往往"有可观之处",如贾岛笔法类钟(钟繇)、张(张芝),李商隐笔法类《黄庭经》(王羲之)等。

就用途而言,唐代书法的用途是很广的。除了科举考试、吏部铨选考试以及文人雅集诗酒唱和需要用到书法,刻石(摩崖)、题额、书碑、铭塔、书对(对联)、题画、题壁、书屏、书障、书诰、抄经(写经、刻经)等等,都涉及书法。其中,书碑和抄经是当时相当普遍的书法活动。东晋、南朝禁止立碑(有特殊功勋、皇帝特许的人除外)①,所以南派书法的成就主要表现在帖上,而北朝人喜欢立碑,所以书法的成就一般以碑为高。唐代兴起于北方,同时也继承了北朝书碑的传统。当时的书法家大多兼擅帖学和碑学(其中,碑刻书法中又以墓志居多)。此外,唐代宗教特别是佛教盛行,译经工程浩大而活字印刷术尚未发明,所以抄经(写经、刻经)就成为佛教传播的一个有效途径。这极大地推动了唐代书法特别是楷书和行书的普及。

因此可以说,在唐代,书法的成就绝不是建立在少数书法家的个人爱好基础上,而是一个时代的风气使然。正如 19 世纪法国美学家、艺术批评家丹纳在解释何以在某个时代会产生某种艺术风格以及何以在某个时代会产生如此众多的艺术家和艺术杰作时所认为的那样,艺术作品是一种社会现象。因此,对艺术的解释必须基于一种"总体"的立场。他认为,艺术作品从属于一个"总体",这个"总体"有三个层次:第一,艺术作品属于艺术家的全部作品这个总体;第二,艺术家及其全部作品又属于一个比艺术家更大的艺术宗派或艺术家家族;第三,艺术家家族还包括在一个更大的总体之内,这就是围绕在它周围而趣味与它一致的社会。对艺术作品的研究必须从社会这个最大的总体出发,最终实现对艺术作品自身的研究。他把一个杰出艺术家或一件杰出艺术作品与社会"总体"之间的关系,形象地比喻为独唱与合唱的关系。他说:

> 我们隔了几个世纪只听到艺术家的声音;但在传到我们耳边的响

---

① 清代刘熙载《艺概·书概》中说:"晋氏初禁立碑……此禁至齐未弛……北朝未有此禁,是以碑多。"

亮的声音之下,还能辨别出群众的复杂而无穷无尽的歌声,象一片低沉的嗡嗡声一样,在艺术家四周齐声合唱。只因为有了这一片和声,艺术家才成其为伟大。①

就唐代的书法来说,那些杰出的书法艺术家如虞世南、欧阳询、褚遂良、张旭、怀素、徐浩、李邕、李阳冰、颜真卿、柳公权等人,可以说是那个时代的"独唱演员",而在他们的周围,却有着无数默默无闻或无名无姓的"合唱演员",以及"留意书学"的整个文人阶层和重视书法的全体社会环境。如果没有这样一个庞大的"总体"的存在,按照丹纳的观点,是不可能产生虞世南、欧阳询、褚遂良、张旭、怀素、徐浩、李邕、李阳冰、颜真卿、柳公权等彪炳史册的书法明星的。

四是有市场的需求。从唐代著名书法理论家张怀瓘《书估》一文中对自王羲之以来各种书法作品价格的分析以及张彦远《历代名画记》中"约字以言价"的说法来看②,唐代既存在书法作品的广泛收藏,也存在书法作品的大量交易。对于唐代的读书人来说,他们既可以通过写字来谋生,也可以通过写字来增加朝廷俸禄之外的额外收入。唐代人信奉道教和佛教,认为道经和佛经的抄写是一种可以获得福报的功德(为了表示虔诚,有的甚至采用血书),由此催生了一个专以抄经为生的特殊群体(佣书手)。而对于那些有名的读书人或者在朝为官的读书人来说,则可以通过写碑,特别是墓碑、祠庙碑(包括宗祠、家庙和寺观在内)获得"润笔费"来贴补家用。从《全唐文》中所收录的各种唐人文章来看,那些有点阿谀奉承之嫌的墓志铭和枯燥乏味的祠庙碑铭占有相当大的比重,而且,几乎所有的文章作者都写过墓志、祭文、祠庙碑、神道碑一类的东西。这些东西,少部分是出于朋友邀约的免费服务,而多数则是必须支付钱物的有偿劳动。如《旧唐书·李邕传》记载,李邕长于写碑颂,"虽贬职在外,中朝衣冠及天下寺观,多赍持金帛,往求其文。前后所制,凡数百首,受纳馈遗,亦至巨万。时议以为自古鬻文获财,未有如邕者"。又如高彦休《唐阙史》卷上记载,宰相裴度欲立洛阳福先寺碑,本想请白居易撰文,而皇甫湜"争为之",文成"约三千字",一字索绢三匹,"更减五分钱不得"。可见当时写碑的报酬是很高的。而且,文

---

① [法]丹纳:《艺术哲学》,傅雷译,人民文学出版社1983年版,第6页。
② 分别参见唐代张怀瓘的《书估》和张彦远的《历代名画记·论名价品第》。他们两人都提出了按时代先后、艺术质量(等级)和"物稀则贵"的原则进行市场定价的方法。

章写成之后,有的还要请名家书写(也有的人如李邕,大概是文章、书法一起收费,因为他既善于写文章,又是大书法家)。像撰文一样,书写也有相应的润笔费。宋代朱长文《续书断·妙品》中说,柳公权善于书碑,"当时大臣家碑志,非其笔,人以子孙为不孝。外夷入贡,皆别署货贝,曰此购柳书。……凡公卿以书贶遗盖巨万,而主藏奴或盗用,不复诘"。像柳公权这样的书法大家,市场很大,报酬也很高,卖书所得的钱物恐怕连他自己也记不清了。而且他的作品,像初唐欧阳询的作品一样,在当时就已经走出国门,成了紧俏的出口商品。

五是有家族的传统。中国是一个重视血缘、敬重祖先、爱惜家族荣誉和传统的国家。这种根深蒂固的血缘情结和家族意识是中国文化发展中非常重要的特色之一。祖训、家学和门庭观念,以及家族成员之间的相互感染、互相仿效,曾经造就了许多"文化世家""书法世家"。譬如魏晋南北朝时期的"卫氏"——卫觊、卫瓘(卫觊子)、卫恒(卫瓘子)、卫铄(卫夫人,卫瓘侄女),"八王"——王导、王廙(王导从弟)、王羲之(王导、王廙侄)、王献之(王羲之子)、王劭、王珉(王导孙、王洽子)、王蒙、王述。此外,还有王导子王恬、王荟,王羲之子王徽之、王操之,王献之外甥羊欣,也擅长书法,王羲之四世孙王僧虔则是南朝齐梁时期著名的书法家兼书法理论家。还有"六郗"——郗鉴、郗愔、郗昙、郗超、郗俭、郗恢,"四庾"——庾亮、庾怿、庾翼、庾准,北朝(北魏)的"崔、卢二氏"——崔悦、崔潜(崔悦子)、崔元伯(崔潜子)、卢谌、卢偃(卢谌子)、卢邈(卢偃子),等等。在唐代的书法传承中,也有不少是出自家学渊源,如虞世南传笔法于子虞纂,又传笔法于甥陆柬之;虞纂传笔法于子虞焕;陆柬之传笔法于子陆彦远,陆彦远传笔法于甥张旭;欧阳询传笔法于子欧阳通;徐师道传笔法于子徐峤之,徐峤之传笔法于子徐浩;邬彤传笔法于表弟怀素;韩休传笔法于子韩滉等。

因此,自两晋南北朝以来,修习书法艺术,对于一些世家大族来说,还有一个动机,那就是为了光大门楣。即如晚唐的张彦远所说:"书则不得笔法,不能结字,已坠家声,为终身之痛,画又迹不逮意,但以自娱。"(《历代名画记》卷二)张彦远出身名门,高祖、曾祖和祖父都曾担任过宰相,而且家藏法书名画极多,所以他才有"已坠家声,为终身之痛"的感愧。

第二节　时代风格

对于唐代的书法,尤其是在唐代最为普及的楷书,历来褒贬不一,如五代的李煜、北宋的米芾和清代的康有为都批评过唐代的书法。此外,还有宋代的荣咨道、姜夔,明代的项穆、杨慎、王世贞,清代的宋曹、包世臣等,也都对唐代书法颇有微词(详见下一节论述)。批评者一般的观点是认为唐代书法过于规矩,不像以王羲之为代表的六朝(晋宋)书法那样有意趣和韵味。在唐以后的书论中,有一种流行的看法是"晋尚韵,唐尚法,宋尚意,元明尚态"①。这些说法,不管是负面的评价,还是客观的描述,都反映出一个事实,即唐代的书法是与六朝书法不一样的,有它自己的时代风格和审美品格。

一、唐代流行书体述略

唐代书法留给后世的一个最直观的印象,是书法家多、书法作品多,而且各种书体都有,都可以找出划时代的代表人物。

所谓书体,是指书法中具有特殊形态和结构类型的文字样式。在中国传统书法理论中,对书体有不同的划分,名称也不尽统一。以数量而论,西晋卫恒《四体书势》分为古文、篆书、隶书、草书四种;南朝梁庾元盛《论书》分为悬针书、垂露书、科斗书、飞白书、星隶、花草隶、鸟篆、大篆、小篆等 120 种;唐张怀瓘《书断》分为古文、大篆、籀文、小篆、八分、隶书、章草、行书、飞白、草书等十种;韦续《墨薮》分为龙书、八穗书、篆书、一笔书、八分书、散隶、行书、草书等 56 种;宋代集体编撰的《宣和书谱》分为篆书、正书、行书、草书、八分书五种。在这些不同的书体分类当中,《宣和书谱》的分类比较接近今人通常的说法。而在像庾元盛和韦续那样复杂的分类当中,有很多类别其实只是标志性的图案,如庾元盛列举的 50 种彩色"书",都不属于书法的范畴。

按现今通常的说法,中国书法中的书体,最主要的只有五种,即篆书、隶书、草书、行书和楷书,每一种书体之下又可分为若干个类别(变体)。唐代以前,这五种书体都已经存在。唐代并没有创造出新的书体,但在不同的历史阶段,却因时风所趋而表现出不同的偏重。

若以艺术成就、流行范围和重视程度而论,则唐代的书体可以依次排列为:楷书、草书、行书、隶书、篆书。其中,前三种书体的作品最多,后两种书体的作

---

① 明代董其昌在《容台集·容台别集·题跋·书品》中提出"晋人书取韵,唐人书取法,宋人书取意"的说法,而清代梁巘则在《评书帖》中加上元明两代,补充为:"晋尚韵,唐尚法,宋尚意,元明尚态。"

品最少,擅长隶书和篆书的书法家也相对较少。同时,在唐代的书法创作中,最具有创造性的书体是楷书和草书。楷书和草书之外,行书也很发达,唐代能写楷书和草书的书法家大多能写行书,但作品数量、地位和成就都不如宋代。据历代书史记载,唐代擅长篆书和隶书的作者也不少,但真正有影响的人物并不多。

从整个书法史来说,唐代贡献最大、作品数量最多的是楷书。楷书又称正书、真书或今隶(唐代书论中通常有某某人"善草隶"的说法,"隶"实指"今隶"即楷书,而所谓"八分"才是现在所说的隶书)。楷书是隶书之变,如《宣和书谱》卷三说"汉建初有王次仲者,始以隶字作楷法",即认为楷书是由古隶演变而成。初期的"楷书"仍留有隶书的笔意,结体较宽,横画长而直画短,如钟繇的《贺捷表》《宣示表》《荐季直表》、王羲之的《乐毅论》《黄庭经》等。

唐代楷书在继承前人的基础上渐趋成熟和规范,具有法度谨严、结体端正方整、喜用中锋、用笔一丝不苟的特点。相比于其他书体来说,唐代楷书的运用面最广,可以说是一种最实用的书体。因此唐代精于楷书的书法家也最多,如虞世南、欧阳询、欧阳通、褚遂良、王绍宗、王知敬、高正臣、陆彦远、薛稷、徐浩、颜真卿、柳公权、沈传师、裴休等,都是当时有名的楷书家。其中,"初唐四家"中的虞世南、欧阳询、褚遂良(另一为薛稷)和中晚唐以"颜柳"并称的颜真卿、柳公权,是最具有代表性的楷书能手,他们的作品在当时即已被一般读书人奉为习字的典范。

虞、欧、褚、颜、柳的楷书,总的特点是结体端严、笔力遒劲,但各自又有不同的特点。虞世南的楷书,内刚外柔,优雅秀逸,上承王羲之七世孙智永禅师遗轨,为王派的嫡系;欧阳询的楷书源出古隶,以二王楷体为基础,参以六朝北派(魏碑)的雄劲书风,结体严密,笔法峻峭;褚遂良的楷书,以疏瘦劲练见称,虽祖述王羲之,而能得其媚趣;颜真卿一扫褚、薛后学日趋绮靡柔媚、用笔细巧的书法习气,因应盛唐气象宏阔的时代精神,以雄浑沉厚、大气磅礴的书法风格异军突起,成为"唐楷"中最杰出的代表;柳公权则直接颜真卿,上承欧阳询,结体紧凑,用笔清劲,有一种仙风道骨的洒脱面目,成为中唐以后习楷书者心目中的偶像。

如果说,唐代的楷书代表了"唐书尚法"的一面,那么,草书的勃兴,则代表了唐人性格中意气风发、豪放不羁和书法中重视才情、妙悟和意象的一面。

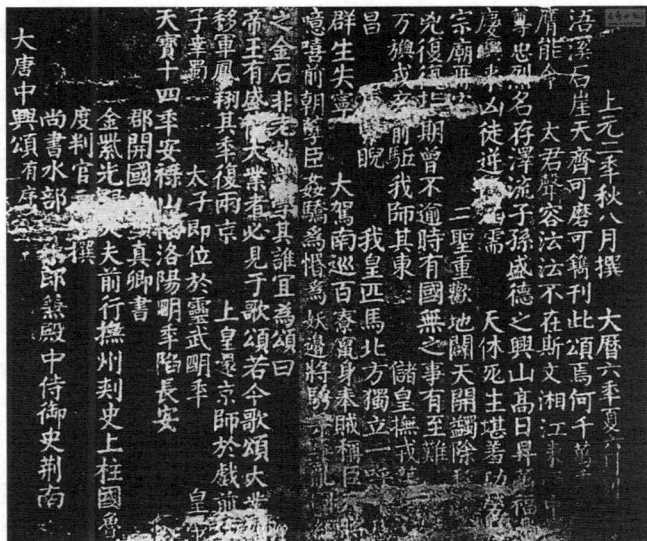

图 6.1
颜真卿《大唐中兴颂》局部

　　据历代字书和史书记载,草书形成于汉代,许慎《说文解字·叙》中说:"汉兴有草书。"南朝梁庾肩吾《书品》中说:"草势起于汉时,解散隶法,用以赴急,本因草创之义,故曰草书。"据庾肩吾的说法,则草书也为隶书的变体。唐张怀瓘《书断·上》中也说:"草书者,后汉征士张伯英[即张芝——引者]之所造也。"

　　草书有章草、今草、狂草之分(此外还有一种介于草、行之间的行草)。章草起于西汉,盛于东汉,字体具有隶书的形态,而且字字区别,互不相连。今草起于何时则有不同的说法,其中一种说法是起于汉末张芝,略晚于张芝的草书家崔瑗在《草书势》中有"状似连珠,绝而不离"的描述,可知汉末已存在今草的写法;另一种说法是起于东晋王羲之和王洽,书法史上一般也把王羲之、王洽、王献之等人的草书称为今草。① 今草是章草的进一步简化,同时字的结构也有所变化,笔势也更为流畅,而且部分的字与字之间相互联结在一起。狂草,也称癫草,是唐代的独创,其特点是笔势回环跳跃,狂放不羁,通篇或笔连或势连,一气呵成。草书发展到狂草,已完全变成一种不具有实用意义的表现艺术,或者甚至可以说是一种带有表演性质的艺术(如张旭的以头濡墨,满壁而书,就有点像是书法表演)。

---

① 关于今草的创立,在唐代便有两种不同的说法,欧阳询认为是王羲之和王洽所创,而张怀瓘则认为是更早的张芝所创,参见张怀瓘《书断·上》。

唐代的草书,早期以孙过庭和贺知章为代表。孙过庭和贺知章的草书基本上属于今草的范畴,而且像当时的楷书一样,明显受到王羲之和王献之的影响。中期以"张癫狂素"(即张旭和怀素)为代表,用笔狂放,满幅生动,是狂草的典型代表。张旭的草书用笔粗犷,字形不易辨识,以气势取胜,常一笔数字,隔行不断;怀素的草书用笔清瘦,细而有力,如铁线银钩,字形相对清晰可辨。后期以僧人书法家高闲、亚光、亚栖、贯休等人为代表。其中,亚光最为知名,其草书师法张旭,但又有今草的特点,用笔遒健奔放而自成一家。

楷书与狂草是两种风格完全相反的书体。介于这两者之间的是行书。张怀瓘《书断·上》中说:"行书者,后汉颍川刘德昇所作也。即正书之小伪,务从简易,相间流行,故谓之行书。"可知行书是正书的变体。但在东汉时期,行书还只是萌芽,直到东晋,行书才开始流行起来。这与书圣王羲之的推广有着极大的关系。由于行书既保留了楷书的基本字形,同时在结体和用笔上又有较大的自由度,因此它既有广泛的用途(这是因为它在写法上比篆书、隶书、楷书等要简单迅捷),又深受整天与案牍打交道而不胜其烦的士大夫阶层的喜爱。

唐代书法受王羲之的影响很深,其中也包括行书。唐代著名的书法家如虞世南、欧阳询、褚遂良、王知敬、王绍宗、高正臣、陆彦远、薛稷、张旭、徐浩、颜真卿、柳公权、沈传师等,也大多精于行书。其中,专以行书见长的则有唐太宗李世民、陆柬之、李邕、李白、杜甫、韩滉、元稹、杜牧、司空图等人。明都穆《书法雅言·正奇》中说唐代的行书经过了三次变化:"李邕初师逸少,摆脱旧习,笔力更新,下手挺耸,终失窘迫……此行真之初变也。欧阳询亦拟右军,易方为长,险劲瘦硬,崛起削成,若观行草,复太猛峭矣。褚氏登善始依世南,晚追逸少,遒劲温婉,丰美富艳,第乏天然,过于雕刻。此真行之再变也。"有唐一代,行书方面最杰出的代表是李邕。李邕(675—747年),字泰和,扬州江都人。因为担任过北海太守,所以历史上也称呼他为"李北海"。他的父亲李善,人称"书簏",是当时著名的训诂学家、文学家和书法家,以注《文选》知名。《宣和书谱》卷八中说,李邕"精于翰墨,行草之名尤著。……初学变右军行法,顿挫起伏,既得其妙,复乃摆脱旧习,笔力一新。李阳冰谓之书中仙手"。李邕的行书作品主要有《麓山寺碑》《李思训碑》《晴热帖》《尢上人帖》等。李邕的行书虽从王羲之的行书变化而来,却有一种磊落洒脱、刚正奇伟的气派。他的书法,用笔飘逸而结构稳健,虽为行书而又有楷书的风范。其风格一如其人,唐张鷟《朝野金载》说他"文章、书

图 6.2
李邕《李思训碑》局部

翰、正直、辞辩、义烈皆过于人,时谓六绝"。李邕虽出身名门,但命运多舛,仕途坎坷,因为性格耿直,得罪了不少人,晚年竟遭宰相李林甫诬陷,杖杀于北海任上。著名诗人杜甫得知其死讯,悲不自胜,写下《八哀诗》悼之。

相比于楷书、草书和行书,隶书和篆书是两种更古老的书体。因为时间久远,用途不广,而且写起来既费时又费力,因此精于此道的人也就相对较少。

张怀瓘《书断·上》中说:"隶书者,秦下邽[今陕西省渭南市——引者]人程邈所造也。……覃思十年,益大小篆方圆而为隶书三千字。奏之,始皇善之,用为御史。以奏事繁多,篆字难成,乃用隶字。以为隶人佐书,故名隶书。"由此可知,隶书是由篆书变化而来的。隶书的基本特点是字体扁平,用笔较粗而带有波磔。唐代擅长隶书("八分"或"八分书")的书法家,有韩择木、史惟则、蔡有邻、李潮、瞿令问、顾戒奢、张庭珪等人,其中韩、史、蔡、李四人被称为唐代隶书"四家"。而韩、史、蔡、李四人当中,又以韩择木和史惟则的名声最大,当时的士大夫人家和有钱人家都以能得到他们的书碑或题榜为荣。

"唐隶"主要以盛唐"四家"为代表。这四人都生活在唐玄宗时代。这与唐玄宗擅长隶书、喜欢"肥厚"的用笔有关,也与在此之前,由于褚遂良、薛稷的影响太大,因他们的字体用笔偏瘦而致使临习者用笔越来越细有关。因此,唐玄宗的推崇隶书和"肥厚",似也包含有矫正时弊的动机在内。但唐代隶书在"肥厚"之外还有一个特点,就是清代学者刘熙载《艺概·书概》中所说的"严整警策",这个特点的形成,与唐代书法比较重视结构的总的审美倾向有关。所以,

图 6.3
唐玄宗《石台孝经》局部

唐代的隶书虽然用笔偏于肥厚,但其中仍然包含着对"骨力"表现的审美要求。

像隶书一样,唐代篆书的主要成就也出现在盛唐。张怀瓘《书断·上》说:"小篆者,秦始皇丞相李斯所作也。增损大篆,异同籀文,谓之小篆,亦曰秦篆。"在整个书法史上,能写篆书的人也许很多,但真正称得上著名书法家的人却并不多。宋朱长文《续书断·神品》中说:"历两汉、魏、晋至隋、唐逾千载,学书者惟真草是攻,穷英撷华,浮功相尚,而不曾省其本根,由是篆学中废。"据历代书史记载,李斯(小篆的创始人)之前有周史籀(籀文或大篆的创始人,但其人已不可考),李斯之后有东汉的蔡邕(据传曾用古文、篆、隶写有《魏石经》,也称《三体石经》)。蔡邕之后至唐代以前,没有一个真正以篆书著名的书法大家。

事实上,篆书,包括大小篆在内,作为一种流行字体来说,它的所谓"中废"是有其历史必然性的。其中,难写、难认并由此而逐渐失去了实用的价值,是一个很重要的原因。就唐代来说,篆书实际上已经是一种相当稀罕的、只能激发极少数经学家或古文字学学者的兴趣,并且只在极少数场合(比如题写碑额)和极少数文人当中流行的东西。因此,精于此道的书法家不多,也就是情理之中的事。

据《宣和书谱》记载,唐代的篆书家中,有李阳冰、卫包、唐元度、释元雅四人。这四人当中,李阳冰曾撰有《刊定说文》30 卷,唐元度则撰有《九经字样》之类的文字学著作,说明他们不仅是书法家,而且也是对"字学"("小学")有着浓厚兴趣的学者。但就其书法艺术水平而言,这四人当中真正留名青史的篆书

图6.4
李阳冰《三坟记》局部

家,实际上只有李阳冰一个人而已。卫包、唐元度、释元雅三人的篆书,据历代的评论是以"规矩"见长,或者说是以"点画皆依古法"见长,而李阳冰则能在继承古法的同时,从自然物象中获取灵感,从而创造出既严谨规整又富有力度和变化的篆书作品。所以自唐以后,李阳冰就被称为"李斯后一人",其篆书甚至被认为超过了李斯,更不用说蔡邕(蔡邕的书法成就主要表现在隶书和飞白书上)了。而且在唐以后(包括唐代)的书法史论著作中,唐代的书法家大多遭受过这样那样的批评,唯有李阳冰是一个例外。在为数众多的书法史论著作中,找不到一条认为他的书法有缺点的评论。这不能不说是一个奇迹。

李阳冰(生卒年不详),字少温,赵郡(治今河北赵县)人,诗人李白的族叔,官至将作监(管理土木工程的官员)。书法方面,据说他曾授笔法于张旭,但他的主要兴趣是在篆书上。对于篆书,李阳冰是狠下了一番苦功的。在《上李大夫论古篆书》一文中,他曾自述"志在古篆三十年",并且拟定了一个庞大的计划,即用小篆字体书写《六经》,号为《大唐石经》。可惜这个计划没有能够实现。他的主要作品据历代载录有《三坟记》《庶子泉铭》《怡亭石刻》《二世诏》《帖亭碑》《般若台题铭》《城隍庙碑》等。他的篆书,既具有古篆的意趣,又具有飞扬的气势,笔画规整而婉曲,变玉箸为铁线,用笔古拙、瘦硬而形态活泼。唐窦臮《述书赋》说他"工于小篆,初师李斯峄山碑,后见仲尼吴季札墓志,便变化开阖,如虎如龙,劲利豪爽,风行雨集"。宋朱长文《续书断》在"神品"中列入三个唐代书法家,其中之一就是李阳冰(另两个是颜真卿和张旭),说他的篆书"其气壮,其法备,又光大于秦斯矣。……痕迹如屈铁……疑龙蛇骇解鳞甲,活动皆飞去"。

自唐代以后,学习篆书(小篆)的人,大多以他的作品为临写的范本。无论对于整个篆书史来说,还是对于一般的篆书学习来说,他都是一个无法绕开的人物。

二、唐代书法的一般特点

具体来说,单独一件书法作品的风格特点,会因人、因时、因体(书体)的不同而表现出不同的差异,这是不能一概而论的。

首先,不同的书法家,因为师承、学养、经历、气质、个性等的不同,其作品的风格特点是不同的,即如唐孙过庭《书谱》中所谓:"消息多方,性情不一,乍刚柔以合体,忽劳逸而分驱①:或恬憺雍容,内涵筋骨;或折挫槎枒,外曜锋芒。"或如明项穆《书法雅言·资学》中所说:"书之法则,点画攸同;形之楮墨,性情各异。"譬如,整个唐代的书法家,几乎人人都在不同程度上受到了王羲之书法的影响,但各人所受到的影响和在各人风格上的表现却不一样。清代孙岳颁、王原祁等主编《佩文斋书画谱》卷一〇所载南唐后主李煜《评书》说:"善书法者各得右军一体,若虞世南得其美韵而失其俊迈,欧阳询得其力而失其温秀,褚遂良得其意而失其变化,薛稷得其清而失于拘窘,颜真卿得其筋而失于粗鲁,柳公权得其骨而失于生犷,徐浩得其肉而失于俗,李邕得其气而失于体格,张旭得其法而失于狂。"又比如虞世南、欧阳询、褚遂良、薛稷,虽然并称为"初唐四家",但他们的作品风格却各不相同。虞世南、褚遂良、薛稷三人的风格比较接近,而欧阳询则大不一样。虞世南、褚遂良、薛稷三人的作品虽然也很有力度,但总体上看是注重意态和韵味一路,其对力量感的表现相对比较含蓄。而欧阳询则是以劲险或险劲取胜的,他的楷书刚劲有力,行书更是达到"不避危险"的地步。在有的作品当中,比如《张翰帖》和《行书千字文》,他为了表现险峭、挺耸的力量感,不惜使用锐利的笔锋并把字体向上拉长。再比如同样是写楷书,清梁巘《评书帖》中说"欧书横笔略轻,颜书横笔全轻,柳书横笔重与直同",在横笔的使用上,唐代三个楷书大家欧阳询、颜真卿、柳公权也有轻重的不同。

其次,不同时期的书法家的作品,其风格特点是不一样的。清傅山《傅山全书》第一册卷四二《杂记九》中说:"唐初字书得晋宋之风,故以劲健相尚,至褚、薛则尤瘦硬矣。开元、天宝以后,变为肥厚,至苏灵芝辈,几于重浊。故杜老云:

---

① "驱",疑为"躯"之讹。分躯,即分身之意。

'书贵瘦硬方有神。'""贞元、元和以后,柳、沈之徒复尚清劲。唐末五代字学大坏,无可观者。"康有为也在《广艺舟双楫·体变第四》中说:"唐世书凡三变,唐初欧、虞、褚、薛、王、陆并辔叠轨,皆尚爽健。开元御宇,天下平乐。明皇极丰肥,故李北海、颜平原、苏灵芝辈趋时主之好,皆宗肥厚。元和后,沈传师、柳公权出,矫肥厚之病,专尚清劲,然骨存肉削,天下病矣。"康有为在这里主要讲的是唐代的楷书,如果加上其他书体,则变化更多。

以楷书而论,唐代书法大约可以分为早期、中期(略相当于盛唐和中唐)和晚期三个时期。早期用笔爽健而姿态偏于婉媚(以虞世南、褚遂良、薛稷为最),中期用笔肥厚而气势雄浑、豪迈(以颜真卿为最),后期用笔瘦硬、笔格清劲(以柳公权为最)。

早期即初唐的书法,是从魏晋南北朝时期和隋代的书法发展演变而来的。无论楷书、草书还是行书,都基本上处在"钟王"(钟繇、王羲之)或"二王"(王羲之、王献之)的影响之下,同时也部分受到了北派书法的影响,理论上强调形势、骨气、神气、态度必须兼顾,书法风格以"遒媚"见长,总体上具有力巧兼备、严谨规范而又变态万方的综合特点,既具有北派书法的雄强之气又具有南派书法的雅媚之态(相对而言,偏于"婉媚""妍媚""雅媚""媚好"者居多,受南派书风的影响居多)①。中期和后期,虽未完全摆脱"二王"的影响,但已独具唐人面目,其主要特点是重"筋骨",代表人物是颜真卿和柳公权,历史上有"颜筋柳骨"的赞誉。颜真卿与柳公权的楷书,共同点是结体端严,不同点是:颜书用笔偏肥,柳书用笔偏瘦;颜书沉雄伟岸,柳书劲健精简。颜书化篆隶入楷,变方为圆,既有含忍之力又有圆厚之态;柳书含果敢之力而以骨胜,笔画瘦硬,给人以刚劲、清脱、简洁的感觉。

第三,不同的书体,因为结构方法、样式以及用途的不同,也会有不同的面貌。这在历代有关书体的理论叙述中讲得很多。如唐孙过庭《书谱》中说:"趁变适时,行书为要,题勒方冨[古同'幅'——引者],真乃居先。"这是讲不同书体有不同的用途。又说:"虽篆隶草章,工用多变,济成厥美,各有攸宜。篆尚婉而通,隶欲精而密,草贵流而畅,章务检而便。"这是说不同书体有不同的书写规范和审美要求。再如清代刘熙载《艺概·书概》中说:"书凡两种:篆、分、正为一

---

① 唐代孙过庭《书谱》中说:"古质而今妍。"所谓"妍",当是指初唐时期的书法。

种,皆详而静者也;行、草为一种,皆简而动者也。"又说:"他书法多于意,草书意多于法。"都是这个意思。唐代历史上流行的篆、隶(分)、楷(正)、行、草五种书体,其实是各有不同的书写要求和用途的。篆、隶基本上用于书写碑匾,楷书则除书写碑匾之外也用于很多正式场合,如科举考试、经籍誊抄、政府公文包括表奏及皇帝诏令之类的书写,所以要求结构严谨,一丝不苟(当然,唐代也有用行书来写碑匾的,但相对来说数量上不如前三种,尤其是楷书;用草书写碑写匾的就更少)。而行书和草书,尤其是草书,则多半是用于私人场合,如个人诗文的抄写、闲暇时的消遣、专门出于审美目的的创作、亲朋好友和同僚之间的书信往来、文人雅集时的诗赋酬答等,所以相对来说用笔和结体都要自由一些。

而且,即便是同一个书法家,当他在使用不同书体进行书写的时候,由于书体的不同,再加上书写时的心境不一样,也会有很大的差异。比如颜真卿,他的楷书中规中矩,而行书则变化多端。宋代米芾不喜欢颜真卿的楷书,以"粗恶"评之,而对他的行书则相当佩服。颜真卿的《祭侄季明文稿》便是一篇变态万方、动人心魄的行书杰作。唐玄宗天宝十四载(755年),安禄山、史思明谋反,颜真卿孤军守平原,其兄颜杲卿带着儿子颜季明守常山。第二年,颜杲卿父子相继遇难。至德三载(758年),颜真卿派另一个侄子颜泉明去收尸,颜杲卿失去一脚,颜季明仅得一头。回到蒲州安葬颜杲卿父子时,颜真卿写下《祭侄季明文稿》。可想而知,在这样的情况下,颜真卿是饱含着感情甚至泪水来写出这样一篇文字的(从文稿中不少涂改之处可以看出,其悲愤不能自已的心情也仿佛跃然纸上)。因此,这样的作品,自然是以"意"取胜,而非以"法"见长的。

以上主要是从不同时代的书法家的个人作品来谈。如果撇开这些具体的差异来看整个唐代的书法,那么其中也可以看出许多共同的特征,并由此辨析出唐代书法审美趣味或审美意识的大体走向。

先是所谓"尚法"。明人董其昌《画禅室随笔·评法书》中说:"晋宋人书但以风流胜,不为无法,而妙处不在法。至唐人始专以法为蹊径,而尽态极妍矣。"

唐代书法确实非常重视法度。这既表现在理论上,也表现在创作实践上。

在理论上,唐人非常重视笔法(包括执笔、运笔、笔画)和结构(即如何结字,唐代书法理论家张怀瓘称之为"结裹法"),出现了许多讲笔法和结构的专书或专文,如唐太宗的《笔法诀》《指意》《论书》、虞世南的《笔髓论》、欧阳询的《八诀》《传授诀》《用笔论》《三十六法》、张怀瓘的《玉堂禁经》、颜真卿的《述张长史笔法十二意》、无名氏的《古今传授笔法》《张长史传授永字八法》等。以结构（结字）而言，清冯班《钝吟书要》就指出有"晋人尽理，唐人尽法，宋人用新意"的差别。

在创作上，则有两种表现。第一，在书法的艺术表现效果上，要求将刚柔、动静、肥瘦、方圆等审美特质结合起来，达到一种和谐圆融的美感。在唐代文学家李华的《字诀》中，这叫作"华质相半"，他说："大抵字不可拙，不可巧，不可今，不可古，华质相半可也。钟、王之法，悉而备矣。近世虞世南深得其体，别有婉媚之态。"这种所谓"华质相半"的审美效果，实际上也只是一种理想。事实上，在不同的书法家那里，是各有偏至或偏胜的。第二，也是常为历代评论家所诟病的，是在写法上注重中锋用笔，强调字体的大小适中、结构的稳健和笔画的整齐。唐代书法家唐太宗李世民、欧阳询、张旭、徐浩、颜真卿、亚栖等人，都有过这方面的论述。如唐太宗在《王羲之传赞》中就曾批评过钟繇的书法，说他的书法"字则长而愈制"。什么叫作"愈制"？就是笔画或太长或太短，字体或太大或太小。所以唐代书法家徐浩在《论书》中就提出了一个"折中"的要求，即所谓："字不欲疏，亦不欲密，亦不欲大，亦不欲小。小促令大，大蹙令小。笔不欲捷，亦不欲徐，亦不欲平，亦不欲侧。"而晚唐僧人书法家亚栖则称之为"中道"。《宣和书谱》卷一九曾引亚栖的话说："吾书不大不小，得其中道。"后来清代的学者冯班也在《钝吟书要》中称赞道："虞世南能整齐不倾倒。欧阳询四面停匀、八方平正。此是二家书法妙处。"

唐代书法重视结构，这主要是受北派书法的影响，而且也被视为一个长处。康有为说："夫唐人虽宗二王，而专讲结构则北派为多。"（《广艺舟双楫·体变第四》）但唐代书法强调字体适中、笔画整齐和中锋用笔的特点，则备受诟病。北宋书法家米芾在《海岳名言》中曾以嘲讽的口吻说："小子展令大，大字促令小，是颠〔即张旭——引者〕教颜真卿谬论。盖字自有大小相称，且如写太一之殿，作四窠分，岂可将一字肥满一窠，以对殿字乎？盖自有相称大小不展促也。"其后，南宋姜夔《续书谱》中也批评道："真书以平正为善，此世俗之论，唐人之失也。……且字之长短大小、斜正疏密天然不齐，孰能一之？谓如东（東）字之长，西字之短，口字之小，体（體）字之大，朋字之斜，党（黨）字之正，千字之疏，万（萬）字之密，画多者宜瘦，画少者宜肥。魏晋书法之高，良由各尽字之真态，不以私意参之耳。"又说："晋人挑剔或带斜带拂，或横引向外，至颜、柳正锋为之，正锋则无飘逸之气。"

　　客观地说,唐人"尚法"主要表现在楷书当中,而且也有其客观的、历史的原因,那就是国家一统之后对文化统一和文字统一的要求。唐代的社会情况与魏晋南北朝那种分裂的局面是不一样的。字体的规范化在唐代是一种历史的必然。因应于政治和文化的需要,不仅唐太宗提出了字要有"制"的要求,而且很多学者和书法家也提出了统一字体的要求,如颜师古。颜师古之后,颜元孙起草了《干禄字书》,并由颜真卿予以书写,在当时的读书人中颇为流行。

　　但值得注意的是,唐人并非一味"尚法"。初唐孙过庭在《书谱》中就主张,书法的最高境界是"无间心手,忘怀楷则"。更何况唐代的行书,特别是草书,并不以"尚法"为特点。

　　也许,一个更重要且更能代表唐代书法时代风貌的特征是对"力"的表现。虽然具体来讲唐代的书法有婉媚、妍媚、雄浑、险劲、清劲、爽健、肥厚、瘦硬等等分别,但总体上来看,唐代是重视气势、风骨、意气或者说是崇尚阳刚之美的。这一点,与整个唐代的时代精神有着密切的关系。

　　唐代的知识分子,尤其是初唐和盛唐的知识分子,大多具有积极的、入世进取的精神。虽然在唐代不乏消极应世或留恋于声色犬马的人,也不乏归隐田园、啸傲林泉的高人逸士,但总体来看,唐代知识分子普遍采取的人生态度,是积极的、入世的、希望有所作为的。即便是那些遁入空门的方外人士,也非常世俗化。他们也常常游走于庙堂和闹市,与高官、文豪甚至帝王贵胄保持着密切的往来。比如书法家中的怀素、高闲、晋光,都是以自己的书法能得到当时文人的欣赏或皇帝的青睐为荣。可以说,在整个中国历史上,没有哪个朝代的知识分子,能像唐代的知识分子那样,充满了报效国家或者挽狂澜于既倒的豪情壮志(这可以在唐代的边塞诗中得到具体印证)。因此也可以说,正是在这样一种时代精神的感召之下,唐代的书法,相比于之前的魏晋六朝和之后的宋代来说,就多了几分"骨梗",而少了几分"姿媚",或者说多了几分掀天揭地的豪情,而少了几分孤芳自赏的韵味。

　　在唐人的书法理论著述中,我们可以看到他们最喜欢使用的是"遒劲""险劲""劲健""刚健""凝重""遒逸""雄逸""雄强""骨气""骨力""风骨""神骨""筋骨""气力""气势"和"飞动"之类刚性的评价术语。如盛唐书法理论家蔡希综在《法书论》中说:"每字皆须骨气雄强,爽爽然有飞动之态。"而且事实上,在初唐时期，唐太宗李世民就为整个唐代书法的审美追求定了一个大体的基调。他在《论书》中说："今吾临古人之书，殊不学其形势，唯求其骨力，而形势自生。"又在《王羲之传赞》中批评梁代书法家萧子云说："子云近出，擅名江表，然尽得成书，无丈夫之气。……虽秃千兔之翰，聚无一毫之筋，穷万谷之皮，敛无半分之骨。"所谓"无丈夫之气"，即无"筋骨"、无"骨气"的意思，或者说是创作缺乏激情、字形没有神采、用笔软弱无力的意思。直到晚唐，著名书画史家张彦远也还在《历代名画记》卷九中指出："书画之艺，皆须意气而成。""意气"，实际上就是一种发自内心的激情或豪情。

　　证之于唐代的书法艺术作品，也可以看出，无论是早期的"遒媚"，还是中后期的"雄浑"或"清劲"，都透露出对力之美的追求。而且无论用笔细还是粗、结体密还是疏，也无论是楷书还是草书、行书、隶书和篆书，都表现出一种刚性的审美品格。作为一种时代风格，这种特点在欧阳询、颜真卿、柳公权、张旭、怀素、李邕、李阳冰等人的作品中表现得尤为明显。

　　唐代书法风格中上述特点的形成，就社会心理的层面来说，是与唐代的时代精神或时代性格相吻合的，正如现代新儒家哲学家牟宗三先生在讨论唐代哲学和唐诗的时候所说："唐朝所服从的是生命原则（principle of life）。……相对地说，汉朝是服从理性原则（principle of reason），唐朝是服从生命原则。为什么以'生命'来说明呢？佛教在此不相干，《十三经注疏》也无精彩，而唐朝大帝国能开出这么一个文明灿烂的大帝国，就政治上而言，是唐太宗的英雄生命，他是典型的中国式英雄，十八岁就开始打天下，打三、四年就完全统一中国，建立唐朝大帝国，这是英雄。英雄是表现生命，不是服从理性，生命是先天的，唐朝有此强度的生命。除唐太宗之英雄生命之外，唐朝的精彩在诗。……生命放光辉就是诗才。英雄的生命也是光辉，就是英雄气概。表现为诗是诗才、诗意、诗情，此是才情。英雄不能说才情而说才气，不能说气象而说气概。"①这些话可以用来说明唐代的诗歌，也可以用来说明唐代的书法乃至全部的艺术。从"生命原则"来看，唐代书法的"尚法"，实在只是一种表面现象。与晋书尚韵、宋书尚意、元明书尚态相比，与其说唐书是"尚法"，还不如说唐书的根本特征是"尚气"！从审美的角度说，整个唐代的书法，其根

---

① 牟宗三：《中西哲学之会通十四讲》，上海古籍出版社 1997 年版，第 18 页。

本的倾向是崇尚阳刚之美。①

第三节　楷书之美

如前所述,唐代书法中,成就最大的是楷书和草书。而以数量之多和用途之广而言,则楷书又在草书之上。唐代楷书中,初期有虞世南、欧阳询、褚遂良、薛稷"四家",中期(盛唐和中唐)则有并称"颜柳"的颜真卿和柳公权。"四家"中,薛稷的书法成就明显不敌前三家,但他家世显赫(为隋诗人薛道衡曾孙、秦王府学士薛收孙、初唐名臣魏徵外孙),而且官至礼部尚书、太子少保②,并以精通辞赋和绘画而名重一时,因此他对唐代早期书法风格的形成也是有相当影响的(薛稷主要生活在武则天和唐中宗时代)。在整个唐代历史上,可以说凡是读书人都能楷书,很难说得清楚到底有多少按我们今天含混的标准来说可以被称为书法家的楷书能手。据自唐以后的有关文献记载,除了上述几个独步古今的楷书大师,还有很多以楷书知名的书法家,如欧阳通、王知敬、王绍宗、高正臣、徐浩、柳公绰、沈传师、裴休等,都在楷书方面有着独特的造诣。

一、唐楷的审美特征

唐代的楷书,历来有不同的评价。正面的评价自然很多,负面的评价也不在少数。如宋米芾《海岳名言》:

> 欧阳询道林之寺,寒俭无精神。柳公权国清寺,大小不相称,费尽筋骨。裴休率意写碑,乃有真趣,不陷丑怪。……
>
> 字之八面,唯尚真楷,见之大小,各自有分。智永有八面,已少钟法。丁道护欧虞笔始匀,古法亡矣。柳公权师欧,不及远甚,而为丑怪恶札之祖。自柳世始有俗书。
>
> 开元已来,缘明皇字体肥俗,始有徐浩以合时君所好,经生字亦自此肥。开元已前古气无复有矣。

---

① 唐代张怀瓘《书议》谓:"风神骨气者居上,妍美功用者居下。"明代赵宧光《寒山帚谈》中说:"晋、唐媲美,晋以韵胜,唐以力胜。……晋韵独冠古今,自足千古,骨似稍逊,力足以扶之。"在这里,气、骨、力,意思是一样的。
② 唐代朱景玄《唐朝名画录》中曾说薛稷"天后朝位至宰辅,文章学术,名冠时流"。

　　唐人以徐浩比僧虔,甚失当。浩大小一伦,犹吏楷也。……

　　柳与欧为丑怪恶札祖。

　　筋骨之说出于柳,世人但以怒张为筋骨,不知不怒张自有筋骨焉。

　　欧、虞、褚、柳、颜皆一笔书也。安排费工,岂能垂世?李邕脱子敬,体乏纤浓。徐浩晚年力过,更无气骨。……

　　颜鲁公行字可教,真便入俗品。

宋姜夔《续书谱·真》:

　　良由唐人以书判取士,而士大夫字画类有科举习气,颜鲁公作干禄字书,是其证也。矧欧、虞、颜、柳前后相望,故唐人下笔应规入矩,无复魏晋飘逸之气。

明杨慎《墨池琐录》卷一:

　　丁道护襄阳启法寺碑最精,欧、虞之所自出。北方多朴而有隶体,无晋逸,谓之毡裘气。盖骨格者,书之祖也;态度者,书法之余也。毡裘之喻,谓少态度耳。

　　书法唯风韵难及。唐人书多粗糙,晋人书虽非名法之家,亦自奕奕有一种风流蕴藉之气。

明杨慎《墨池琐录》卷二:

　　米元章目柳公权书为恶札。如玄秘塔铭,诚中其讥。

　　书法之坏,自颜真卿始。自颜而下,终晚唐无晋韵矣。至五代李后主,始知病之,谓颜书有楷法而无佳处,正如叉手并足如田舍郎翁耳。李之论一出,至宋米元章评之曰:颜书笔头如蒸饼,大丑恶可厌。又曰:颜行书可观,真便入俗品。

明杨慎《墨池琐录》卷二引宋人荣咨道的话说:

　　褚遂良、薛稷、柳公权不过名书,未得为法书也。

明项穆《书法雅言·正奇》:

　　考诸永淳以前,规模大都清雅,暨夫开元以后,气习渐务威严。颜清臣蚕头燕尾,闳伟雄深,然沉重不清畅矣。柳诚悬骨鲠气刚,耿介特立,然严厉不温和矣。

明项穆《书法雅言·规矩》:

> 今之学书者……诮真卿、公权如将容。

清宋曹《书法约言·论楷书》:

> 有唐以书法取人,故专务严整,极意欧、颜诸家。欧、颜诸家宜于朝庙诰敕。

清包世臣《艺舟双楫·论书十二绝句有序》:

> 三唐试判俗书胚,习气原从褚氏开。

清康有为《广艺舟双楫·卑唐第十二》:

> 至于有唐,虽设书学,士大夫讲之尤甚。然缵承陈、隋之余,缀其遗绪之一二,不复能变,专讲结构,几若算子。截鹤续凫,整齐过甚。欧、虞、褚、薛,笔法虽未尽亡,然浇淳散朴,古意已漓,而颜、柳迭奏,渐灭尽矣!米元章讥鲁公书丑怪恶札,未免太过。然出牙布爪,无复古人渊永浑厚之意。

清康有为《广艺舟双楫·余论第十九》:

> 六朝人书无露筋者,雍容和厚,礼乐之美,人道之文也。夫人非病疾,未有露筋。惟武夫作气势,矜好身手者乃为之,君子不尚也。季海、清臣,始以筋胜。后世遂有去皮肉而专用筋者,武健之余,流为丑怪,宜元章诮之。
>
> 张长史“大字促令小,小字展令大”,非古法也。张猛龙碑结构为书家之至,而短长俯仰,各随其体。观古钟鼎书,各随字形,大小活动圆备,故知百物之状。自小篆兴,持三尺法,剪截齐割,已失古意,然隶楷始兴,犹有异态,至唐碑盖不足观矣。……鲁公书如宋开府碑之高浑绝俗,八关斋之气体雍容,昔人以为似瘗鹤铭者,诚为绝作。……然麻姑仙坛握拳透爪,乃是鲁公得意之笔。所谓“字外出力中藏棱”,鲁公诸碑,当以为第一也。

这些批评,包括五代李煜,宋代米芾、荣咨道、姜夔,明代项穆、杨慎,清代宋曹、包世臣、康有为等人的批评，主要集中在两点：一是指责唐代楷书结体过于严整，有科举习气；二是指责唐代楷书用笔过于刚劲，缺少态度和风韵。这些批评一方面反映出五代、两宋以后书法审美标准的变迁，以及文人趣味和南派书风渐居上位的历史事实，另一方面也反映出唐代楷书的审美意识恰恰就正是体现在严整和刚劲这两个方面。

唐代楷书重严整，这的确与科举有一定的关系。但更主要的是，这种严整的要求是与隋唐之际国家统一所推动的文化、学术统一这一大的历史趋势密切相关的。从隋代智永的《千字文》到唐代颜元孙撰集、颜真卿书写的《干禄字书》，都包含着这样一种潜在的动机在内。

至于唐代楷书普遍具有的"刚劲"的特点，则如上节所言，是与整个时代精神密切相关的。刚健、雄浑、豪放、飘逸，这是整个唐代文学艺术的主导精神，也是唐代审美意识的突出特点。这其中包含着唐代强盛的国力、开放的政治和社会、入世进取的士人心态和崇尚武力、游侠之类观念等潜在的原因在内。

但后世的这些批评，也并非没有偏颇失当之处，尤其是李煜以"叉手并足如田舍郎翁"类唐代的楷书，米芾以"恶札"骂欧阳询、柳公权的书法，以"蒸饼"比喻颜真卿的用笔，更是一种非常主观的先入之见。他们大多是站在复古的立场，在推尊晋书的同时，或者在标榜"意趣""韵味""态度"的同时，极尽贬低唐楷之能事。同时，这些批评，也多少有点以偏概全的意思。事实上，即如明项穆《书法雅言·资学》中所说的那样："书之法则，点画攸同；形之楮墨，性情各异。"唐代的楷书并不是铁板一块的。虞、欧、褚、薛、徐、颜、柳、沈，各有各的面目。考诸唐代的各种书法史论，更可以看出，唐代人对于楷书的基本要求，并不是一味的刚健、险劲，也非一味的瘦硬或丰肥，而是要求刚柔、肥瘦、方圆、险夷都要兼顾。而且，如果我们不仅仅只限于楷书来讨论的话，那么，所谓谨守法度、专务严整，也不是绝对的。一方面，唐代书法理论非常重视妙悟和自然，而不是一味强调法度。两相比较，唐代人更重视的是前者而不是后者。另一方面，唐代的行书和草书，往往都是以书写个人的情感或表现个人的才情为鹄的，很难用"尚法"这样的概念去匡廓。而且，唐代的楷书虽然有平正、刚劲的一面，但也不乏变化、温婉的一面。这一点，从以下书家的作品中都可以看出来，只不过是表现的重点不一样罢了。

二、唐楷的主要代表

唐代的楷书,大体上可以分为三个发展阶段:第一个阶段以虞世南、欧阳询、褚遂良为代表;第二个阶段以颜真卿为代表;第三个阶段以柳公权为代表(柳公权的书法,有刚健、清劲之风,似也可以视为对第一个阶段的某种程度的回归)。颜、柳之后,虽然习楷书的人不在少数,但再无杰出的人物,晚唐的杜牧、司空图等人,俱以行书见长。第一个阶段的楷书,强调"遒美""遒媚"或"遒丽"(其中各有偏嗜);至颜真卿、柳公权,则转为雄浑和清劲。

(一)虞世南

唐代初期的楷书,也就是第一个阶段的楷书,是从隋代发展而来的。隋代书法多受王羲之的影响,同时由于国家的统一和南北分裂局面的结束,也开始出现融合南北书法风格的趋势。这种趋势,在初唐时期的书法中有着非常明显的表现。初唐楷书的主要代表虞世南、欧阳询、褚遂良都曾在隋朝担任过官职,其中虞世南和欧阳询在进入唐代为官时已经开始步入老年(唐朝立国时,虞世南60岁,欧阳询61岁,褚遂良晚一辈,22岁)。他们两个人,都是博通经史的饱学之士,在唐同为弘文馆学士,并且深得唐高祖李渊和唐太宗李世民的器重,其在唐代立国之初的地位,相当于是"国师"一级的书法家。特别是虞世南的书法,因为是王羲之一脉正传,深受唐太宗喜爱,君臣之间日夕讲论,互相引以为知己。

虞世南(558—638年),字伯施,越州余姚(今浙江慈溪)人。隋朝内史侍郎虞世基之弟,隋炀帝时官拜起居舍人,唐时任秘书监、银青光禄大夫、弘文馆学士等,封永兴县子,死谥"文懿"。他是初唐著名的书法家、文学家、诗人和政治家,唐太宗称他为德行、忠直、博学、文词、书翰"五绝"。他年轻时居于南方,师从当时著名的学者顾野王学习经史文章,又从同郡著名僧人书法家智永学习书法,既精于文辞,又擅长书法。虞世南有诗文集30卷(已散失不全),民国张寿镛辑成《虞秘监集》四卷,收入《四明丛书》。由他编写的《北堂书钞》被誉为唐代四大类书之一,同时也是中国现存最早的类书之一。书法方面,虞世南兼工楷、行、草书,而以楷书最为知名,他的楷书与欧阳询、褚遂良、薛稷合称为"初唐四家"(日本学界排除薛稷,称欧阳询、褚遂良、虞世南为"初唐三大家")。

关于虞世南书法的来历,一般认为是出自隋代的智永。《宣和书谱》卷八谓："释智永善书,得王羲之法。世南往师焉,于是专心不懈,妙得其体。晚年正书遂与王羲之相后先。……虽以正书见称,而行字出奇处亦不在名流之下。"智永的书法源出王羲之,并且对隋和初唐时期的书法都有很大的影响,明冯武《书法正传》说他"妙传家法,为隋、唐学者宗匠"。虞世南得智永亲炙,自然在唐代也被认为是王派正宗。但除了智永,虞世南的书法也受到了北派书法的影响。明杨慎《墨池琐录》卷一说:"丁道护襄阳启法寺碑,欧、虞之所自出。"丁道护是隋文帝时期的书法家,以楷书知名,按清阮元《北碑南帖论》的说法是属于北派。他的书法也是从"二王"而来,但较多地吸取了魏碑的一些特点,用笔遒劲,结体方正,从法度谨严和字形端正大方上看,实已开唐楷之先河。

虞世南的楷书,历来评价很高。他的最大特点是"内刚外柔",笔画有力而形态优雅,有一种温文尔雅的气象和含蓄温婉的美感,非常贴近儒家温柔敦厚的审美趣味和道家平淡天真的审美理想,所以特别受到历代文人的重视和喜爱,被推为初唐楷书第一。唐代书法理论家张怀瓘在《书断·中》中比较虞世南和欧阳询的书法风格时说,虞世南"书得大令[即王羲之——引者]之宏规,含五方之正色,姿荣秀出,智勇在焉。秀岭危峰,处处间起。……论其众体,则虞所不逮。欧若猛将深入,时或不利;虞若行人妙选,罕有失辞。虞则内含刚柔;欧则外露筋骨。君子藏器,以虞为优"。

虞世南与欧阳询同时,书法风格也都以汇通南北、刚柔兼济为特点,但各有不同的侧重。虞书的用笔较圆,起笔和收笔处都比较含蓄,笔锋不外露,而且笔画粗细适中,骨肉停匀,结构稳健大方,不紧不松,给人一种中正平和、含蓄内敛而又姿态优美的感觉。这种美感的探求,在虞世南所著的《笔髓论》和唐太宗所著的《笔法》《指意》等文章中也可以很明确地看出来。虞世南《笔髓论》中说:"心正气和,则契于妙。心神不正,书则敧斜。志气不和,字则颠仆。其道同鲁庙之器,虚则敧,满则覆,中则正,正则冲和之谓也。"又说:"虚心纳物,守节藏锋故也。"这些话的意思是说,书法创作要有一种安闲平和的心态,而书法也要有一种中正平和或冲和的美感。那么如何才能做到这一点呢? 除了用笔要"粗而能锐,细而能壮,长者不为有余,短者不为不足",更重要的一点是要能"藏",要收得住笔,即如唐太宗《笔法》中所说的"为点必收""为画必勒""为撇必掠""为竖必怒""为戈必润""为环必郁"和"为波必磔"。

虞世南的楷书代表作据传有《孔子庙堂碑》《千佛铭》《狮子赋》《昭陵刻石

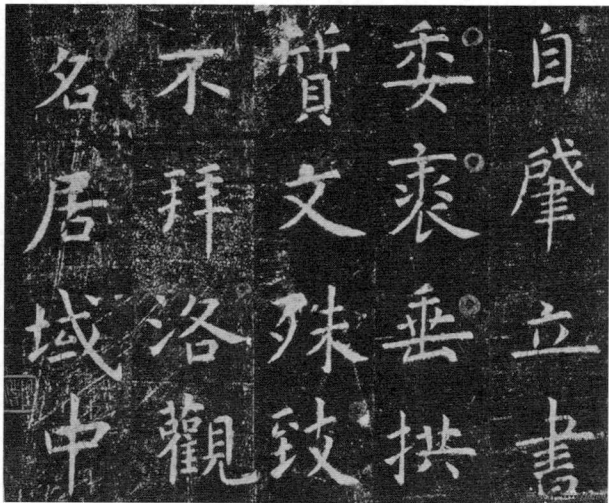

图6.5
虞世南《孔子庙堂碑》局部

铭》《嘉瑞赋》等，其中《孔子庙堂碑》最为世人称道，被认为是虞世南楷书中的精品。原碑已毁，今存为宋元重刻本。这幅作品，用笔圆润，骨力内张，是虞世南楷书风格的典型代表。

（二）欧阳询

欧阳询（557—641年），字信本，潭州临湘（今湖南长沙）人，仕隋为太常博士，入唐后擢给事中，迁太子率更令、太常少卿、弘文馆学士。他和虞世南一样，博通经史，曾主持编撰著名的类书《艺文类聚》，同时也是一个全能的书法家，兼擅楷、行、草、篆、八分（隶）和飞白，而以楷书和行书知名。他的楷书代表作有《九成宫醴泉铭》《皇甫诞碑》《化度寺碑》等，行书则有《仲尼梦奠帖》《行书千字文》等。他的楷书被称为"欧体"，在当时和后来都有很大的影响，甚至影响到朝鲜和日本。而他的行书，则在唐代中期，特别是宋以后，就遭到许多著名书法家和理论家的批评，被认为是用笔刻露、"猛峭"、"偏丑"，"有伤清雅之致"，既有悖儒家的温柔敦厚之旨，也不符合宋以后文人士大夫以"韵味""意趣"和"态度"的有无来评价书法艺术水平高低的审美标准。

其实，在唐代初期，最具革新精神，也最能体现兼容并包的唐代文化特点的书法家，应该首推欧阳询。欧阳询学继"二王"，兼师索靖（甘肃敦煌人），而能博采南北书法之长。① 他的书法作品,结构严谨,用笔劲利,气势雄健,对唐代楷书影响巨大。在某种程度上说,他的书法,包括楷书和行书,实际上已经揭开了盛唐和中唐时期唐代书法大变革的序幕。

清代钱泳在《履园丛话·书法分南北宗》中,把欧阳询的书法归为北派,说:"南派由钟繇、卫瓘及王羲之、献之、僧虔等,以至智永、虞世南、褚遂良;北派由钟繇、卫瓘、李靖及崔悦、卢谌、高遵、沈馥、姚元标、赵文琛、丁道护等,以至欧阳询、颜真卿、柳公权。"又说:"南派乃江左风流,疏放妍妙,宜于启牍;北派则中原古法,厚重端严,宜于碑榜。"欧阳询的书法是以"外露筋骨"和"劲险"著称的,这一点确实具有北派书风的特点。刘熙载《艺概·书概》中说:"南书温雅,北书雄健""北书以骨胜,南书以韵胜"。北派书法的特点是更加注重骨力的表现。

欧阳询书法的总体风格是"劲险"或"险劲",据《宣和书谱》卷八中所说,他初"学王羲之书,后险劲瘦硬自成一家,议者以谓真行有献之法"。欧阳询书法风格的形成,与他的生活和经历有很大关系。据史书记载,欧阳询幼孤,为陈中书令江总收养,并教以书法。他年轻时生活在江南,养父江总所教授的应该也是以王羲之、王献之为代表的南派书法。但进入隋唐以后,他便随江总来到了北方,先后进入隋唐两朝官场,并与唐高祖李渊、唐太宗李世民父子多有交往。他在公务之余,接触到了大量的北派书法作品,其书法风格便逐渐具有了北派的面目。唐代窦臮《述书赋》中说:"欧阳询……书出于北齐三公郎中刘珉。"而《宣和书谱》卷八中则说:"询尝行见索靖所书碑,初睡之而去,后复来观,乃悟其妙,于是卧于其下者三日。由是晚年笔力益刚劲,有执法面折庭之风,或比之草里蛇惊,云间电发。至其笔画工巧,意态精密俊逸处,而人复比之孤峰崛起,四面削成。论者皆非虚誉也。"索靖是西晋著名的书法家和将领,同时也是北派书法的代表人物。张怀瓘《书断·上》中说索靖"善章草书,出于韦诞。峻险过之,有若山形中裂,水势悬流,雪岭孤松,冰河危石,其坚劲则古今不逮。或云楷法则过于卫瓘,然劣兵极势,扬威耀武,观其雄勇,欲陵于张,何但与卫"。索靖书法风格的基本特点是"峻险"乃至于"扬威耀武",是偏于阳刚之美一路的。又明杨慎《墨池琐录》卷一中说:"丁道护襄阳启法寺碑最精,欧、虞之所自出。"从这

① 据清代阮元《南北书派论》和《北碑南帖论》的说法,隋唐书法家大多习隶体,虽然受王羲之的影响,但骨子里还是以北派为主流,欧阳询是其中最突出的代表之一。

些说法可以看出,欧阳询的书法来源很复杂,其中,西晋的索靖,东晋的王羲之、王献之,北齐的刘珉和隋朝的丁道护等人都对他有影响。

可以说,在初唐折中南北书风这一总的审美倾向上,欧阳询与当时许多书法家的做法是一样的,他的不同,尤其是与同时代的虞世南的不同,就在于他的书法更多吸取了北派书法用笔刚健凌厉的特点。而这种风格,正好与唐代楷书推崇风骨和阳刚之美的大趋势相吻合,并对后来的楷书家如颜真卿、柳公权等产生了深刻的影响。

除了用笔瘦硬刚劲、字体峻峭雄健以至于"不避危险"这个特点(这与他的书法字体形态偏长、有向上耸立的感觉有关,而且主要表现在他的行书作品上),欧阳询的楷书还有一个特点就是非常重视结构。他的作品,结构紧凑,有一种向内收束(字体八面俱向中心收拢)的感觉。

欧阳询也是"唐书尚法"的代表。在理论上,他是初唐最早系统阐述书法用笔、结体诸法的人,著有《八诀》《转授诀》《用笔论》《三十六法》等理论文章。因为尚法,所以,他的楷书所呈现的第一个特征是平正、稳健、结体严密紧凑。清代学者冯班《钝吟书要》中说他的字"四面停匀,八方平正"。因此,欧阳询的楷书虽然"险峻",但又具有平正、稳健、严谨的特点。可以说,于平正中见险峻,又于险峻中求端正,是他的书法之所以能自成一家的最主要的特点。在他的作品中,最能体现这种风格的是《九成宫醴泉铭》和《化度寺碑》。

图 6.6
欧阳询《九成宫醴泉铭》局部

（三）褚遂良

在初唐"四家"或"三家"中，褚遂良出生晚于虞世南和欧阳询将近 40 年。他的父亲褚亮是虞世南和欧阳询的同事，并与欧阳询为友。褚遂良在年轻时曾特别受到欧阳询的褒奖。

褚遂良（596—659 年），字登善，阳翟（今河南禹州）人，是继虞世南和欧阳询之后深得唐太宗信任的一位书法大家。他幼承家学，博学多才，隋末时跟随薛举为通事舍人，事唐历任秘书郎、起居郎、谏议大夫、中书令、尚书右仆射。唐高宗时，因反对武则天为后，被贬为潭州（今湖南长沙）都督，武则天册封为皇后之后，转桂州（今广西桂林）都督，再贬为爱州（今越南清化）刺史，不久后于显庆四年（659 年）去世。

褚遂良擅楷书、行书和草书，初学虞世南，又学史陵，兼学欧阳询、欧阳通父子，后取法于王羲之，与欧阳询、虞世南、薛稷并称"初唐四家"，楷书作品主要有《伊阙佛龛碑》《孟法师碑》《房玄龄碑》和《雁塔圣教序》等。

关于褚遂良的书法风格和来源，唐李嗣真《书后品序》中说："太宗与汉王元昌、褚仆射遂良等，皆受之于史陵。褚首师虞，后又学史。"史陵是隋代的书法家，擅长楷书，用笔瘦硬，结体疏朗。又，唐张怀瓘《书断·上》中说，褚遂良"少则服膺虞监，长则祖述右军。真书甚得其媚趣。若瑶台青琐，窅映春林，美人婵娟，不任罗绮，增华绰约，欧、虞谢之"。《宣和书谱》卷八中也说："遂良初师世南，晚造羲之。正书尤得媚趣，论者况之瑶台青琐，窅映春林，婵娟美女，不胜罗绮。盖状其丰艳，雕刻过之，而殊乏自然耳。"而清代傅山《傅山全书》第一册卷四二《杂记九》中又说："唐初字书得晋宋之风，故以劲健相尚，至褚、薛则尤瘦硬矣。"至于褚遂良书法风格的归属，清代阮元的《南北书派论》和现代马宗霍的《书林藻堂》卷八都将他归为北派，而清代钱泳的《履园丛话·书法分南北宗》在引用阮元的看法时则将褚遂良改判为南派。

这是两种都不错却互相矛盾的说法。之所以会出现这样相反的判断，是因为褚遂良的楷书作品中本身就有着不同的风格。早期的《伊阙佛龛碑》和《孟法师碑》均带有北派隶书的味道，用笔结体有一种所谓"疏瘦"的感觉。① "疏"指其结构，"瘦"指其用笔。特别是《伊阙佛龛碑》，用笔瘦硬，半隶半楷，结体疏朗，字形阔大，是傅山所说的"瘦硬"的典型。《孟法师碑》的结构稍微紧凑一些，但用笔遒劲，有欧阳询和欧阳通楷书的一些特点。后期的《房玄龄碑》和《雁塔圣教序》则又有不同。《房玄龄碑》用笔较细，结体较宽，仍然保持着疏瘦的特点，但在略呈侧势的横笔和略微上扬的波磔之中，已然包含有一种生动飘逸的感觉。至于《雁塔圣教序》，风格和趣味就更是大不一样了。《雁塔圣教序》向来被认为是最能代表褚遂良楷书风格的杰作，艺术水平也相当高。这件作品正是张怀瓘所谓"其得其媚趣"，"若瑶台青琐，窅映春林，美人婵娟，不任罗绮，增华绰约，欧、虞谢之"的典范。从用笔上看，这件作品既有隶书用笔的飘逸，又有行书用笔的流畅，点画皆取圆势，线条以细笔居多，横笔有起有伏，直笔坚实稳定，转折处婉转柔和，风格上可以明显看出王羲之、虞世南作品中那种"婉媚"的影子，而且有过之而无不及。他的这件作品，具有用笔细劲（如"时""潜""寒"等字的横笔）、锋芒内敛（如"顯""覆"两字的点法、撇法、捺法）、形态飘逸（如"儀""載"两字的钩法或"戈脚"）、结构舒展（如"以"字的写法）的特点，这些都给人以一种外表温和、形态柔美即有"媚趣"的感觉。

图 6.7
褚遂良《雁塔圣教序》局部

---

① 唐代张怀瓘《书断·上》在谈到隋代书法家史陵的书法风格时，说他的作品"有骨直，伤于疏瘦也"。褚遂良师法史陵，其"疏瘦"的特点也可能是受到了史陵的影响。

（四）颜真卿

初唐时期的楷书，虽然也要求"风骨""气力"的表现，但除了欧阳询较多地吸收了北派书法的一些特点，大多人接受的是王羲之的影响，字体形态上不免有些"妍媚"之态。虞世南的书法给人的主要是一种温文尔雅的感觉，欧阳询的书法用笔刚劲、结构紧凑、字势险峻，但在一撇一捺之间，也多少包含有一种婉转流丽的审美旨趣。褚遂良的书法有一种瘦劲的感觉，但用笔偏细而缺乏恢宏的气象。所以，从总体上看，初唐时期的楷书是偏重于优雅的美感意味的。而到了盛唐，风气开始转变为雄浑，优雅变为宏壮，楷书作品也因之表现出一种磅礴的气象——这就是通常所说的"盛唐气象"。其中，颜真卿就是最为杰出的代表之一。颜真卿虽然历经唐玄宗、唐肃宗、唐代宗、唐德宗四个朝代，但他的作品所表现出来的气象雄浑的时代精神，仍然可以归属于"盛唐气象"的范畴之内。

颜真卿（709—784 年），字清臣，生于京兆万年（今陕西西安），祖籍琅琊临沂（今山东临沂费县），进士出身，累官至尚书右丞，封鲁郡公，赠太子太师，世称"颜鲁公"。

颜真卿擅长楷书、行书和草书，而以楷书最为知名。他的楷书被称为"颜体"，与赵孟頫、柳公权、欧阳询并称"楷书四大家"，并经宋人改造后成为宋代通行的标准字体——宋体。除了楷书，颜真卿的行书也是很有名的，其《争座位帖》《祭侄季明文稿》《乞米帖》等成为宋以后米芾等文人书法家极力吹捧的行书典范。

颜真卿出身名门和书法世家，是《颜氏家训》作者、北齐文学家和书法家颜之推之后，唐代训诂学家和书法家颜师古五世从孙。他的父亲也精于书法，曾得舅氏唐代著名书画家殷仲容传授笔法。据历代的记述和传为颜真卿本人撰写的《述张长史笔法十二意》一文，可知颜真卿的书法源出于张旭（当然不限于张旭）。

在唐代书法史上，颜真卿是有名的忠烈之士，许多论者认为他的书法风格与他的人格和个性密切相关。安史之乱发生时，颜真卿任平原太守，孤军抵御贼寇而建有功勋。晚年遭人暗算，以古稀之年被派往叛将李希烈部劝降，李希烈不听，因痛骂之而被缢杀。《宣和书谱》卷三谓："惟其忠贯白日，识高天下，故精神见于翰墨之表者,特立而兼括,自篆籀分隶而下,同为一律,号书之大雅,岂不宜哉。论者谓其书点如坠石,画如夏云,钩如屈金,戈如发弩,此其大概也。至其千变万化,各具一体,若中兴颂之闳伟,家庙碑之庄重,仙坛记之秀颖,元鲁山铭之深厚,又种种有不同者。盖自有早年书千佛寺碑,已与欧、虞、徐、沈暮年之笔相上下,及中兴以后,笔力迥与前异,亦其所得者愈老也。欧阳修获其断碑而跋之云:如忠臣烈士,道德君子,端严尊重,使人畏而爱之,虽其残阙,不忍弃也。其为名流所高如此。"

颜真卿的楷书风格,主要以雄浑、庄重而不失雅致见长。元郑杓《衍极》刘有定注谓:"盖古书去晋唐以降日趋姿媚,至徐[徐浩——引者]、沈[沈传师——引者]辈几于扫地矣。而鲁公蔚然雄厚蠲[古同'涓'——引者]雅,有先秦科斗、籀篆之遗思焉。"

颜真卿楷书之所以具有雄厚、庄重而不失雅致的审美特点,主要是因为他的楷书体势偏圆,用笔多肥厚,横笔轻而直笔重,给人以稳重、端庄、文雅的感觉,又多用藏锋,用笔刚劲而含蓄,加之结构宽宏,有一种隐约向外伸展的力量,故也能给人以力量沉厚而大气磅礴的感觉。清梁𪩘《评书帖》中说:"欧以劲胜,颜以圆胜。"又说:"开宝前欧、褚诸家提空笔作书,体皆瘦硬。自明皇学魏隶,力趋沉著,笔实体肥。"说明颜真卿用笔肥厚或圆厚,也不完全是出于个人的师承和个性,而同时包含有时代风气的影响在内。他在这方面的代表作,主要有《多宝塔感应碑》《大唐中兴颂》《颜氏家庙碑》《颜勤礼碑》等。其中,《多宝塔感应碑》被认为是最具颜体典型特征的作品,而论艺术水平,则多推崇《大唐中兴颂》和《麻姑仙坛记》。《大唐中兴颂》用笔粗豪,结构稳健,气势开张,有一种堂堂正正凛然不可犯的庄严气象。《麻姑仙坛记》为其70岁左右的作品,与他的其他作品不同,这幅作品用笔偏瘦,虽然早期作品中所透露出来的那种气势恢宏的感觉还在,但似乎又在此基础上更增加了几分含蓄、温和、老练的长者风范。

此外,历代书法评论中还有一种非常流行的说法是"颜筋柳骨",意指颜真卿的楷书以"筋"取胜,而柳公权的楷书以"骨"取胜。那么,什么叫作"筋",什么叫作"骨"呢?清代刘熙载在《艺概·书概》中有一个很简洁的定义:"字有果敢之力,骨也;有含忍之力,筋也。"颜真卿和柳公权的共同特点是"力"的表现,但颜书用笔圆转肥厚,且多用中锋和藏锋,所以力的感觉不外露,故能产生以"筋"胜的感觉。肥厚,古人也称为"肉多",肉多,则骨不外现。骨不外现,拿人体来

图 6.8
颜真卿《多宝塔感应碑》局部

作比喻,即有两种情况:一是臃肿,一是健硕。颜真卿的楷书以肉多见长,但因为有力量的感觉支撑,有厚实的用笔和稳健的结构支撑,所以给人的是一种有弹性、有张力的、以"筋"取胜的审美感觉。

（五）柳公权

柳公权(778—865 年),字诚悬,柳公绰之弟,京兆华原(今陕西铜川)人。通经术,晓音律,进士出身,历唐穆宗、唐敬宗、唐文宗三朝,累官至太子少师,世称"柳少师"。

柳公权兼工楷书、行书和草书,而以楷书著称。他的楷书初学王羲之,继学欧阳询和颜真卿,取王、欧、颜之长而自成一家,在王书遒媚、欧书险峻与颜书雄浑之间,形成了自己以骨力劲健见长、风格清劲爽利的"柳体"。

在中国书法史上,柳公权与颜真卿齐名,人称"颜柳"。柳公权的楷书与颜真卿的楷书有一个共同的特点,即结体端正、疏朗,中锋用笔,力量感很强。但颜真卿的字用笔肥厚,"肉感"较为突出,而柳公权的字则用笔偏瘦,"骨感"较为突出,所以后世有"颜筋柳骨"的说法。而且,与颜书的肥厚(庄重)相比,柳书清劲、通脱的感觉——或类似于王羲之书法中那种洒脱的韵味——也更为明显。

在用笔劲健、瘦硬方面,柳公权的楷书吸取了欧阳询楷书的特点,被历代评论家认为是"欧阳询之变"。但两者之间又有不同。清梁𪩘《评书帖》中说:"欧以劲胜……欧书劲健,其势紧;柳书劲健,其势松。"也就是说,欧书的结构紧凑内敛,而柳书的结构疏朗开张(也可以说,柳书有欧书的劲健而没有欧书的险峻,在结构上更接近颜书阔大的作风)。

柳公权的楷书代表作有《玄秘塔碑》《金刚经》《神策军纪圣德碑》《度人经》《阴符经》等。其中,最著名也最能代表他个人风格的是《玄秘塔碑》。清代书法理论家侯仁朔在《侯氏书品·险品·玄秘塔碑》中,将历代书法作品分为正品、奇品和险品三种类型,而把柳公权的《玄秘塔碑》列为"险品",并且评论道:"柳诚悬用力捉笔,刚猛之气无敌千古;至布置点画,必以长短补砌,邪正撑拄,其法律森严难犯……虽乏恬澹雍容之度,而廉顽立懦,非此不能中人骨髓也。"又说:"柳书则一意作真,以求入木三分之力,奈筋骨外露,笔笔皆属尽境。即以力言,亦反不若晋人之沉着也。"侯仁朔一方面指出柳书的优点是法律森严,笔力劲健,有一种独步古今的刚猛之气,在"超脱神骏"方面甚至超过颜真卿,但另一方面也批评他丢失了晋书含蓄温婉的笔法,"筋骨外露,笔笔皆属尽境",似乎再没有一点回转的余地。我们从他的《玄秘塔碑》这件作品当中,确实可以看出侯仁朔所说的这些特点。

这件作品给人的感觉,首先是结体端正,一点一画都非常规矩。《旧唐书·柳公权传》记载,唐穆宗曾向他询问用笔法,他回答说:"用笔在心,心正则笔正。""正"是他对创作(创作心理和用笔结体)的一个基本要求,表现在字体的结构上,就是侯仁朔所说的"布置点画,必以长短补砌,邪正撑拄"。其次,是字形阔大,笔势外张,有一种像颜真卿楷书作品中那样的气度雍容而极具张力的美

图 6.9
柳公权《玄秘塔碑》局部

感。① 最后,最明显的一点是,笔画坚瘦劲挺,转折处取方折的态势,画末出锋,笔锋锐利(即侯仁朔所说的"筋骨外露,笔笔皆属尽境"),给人一种坚强不屈、超然挺拔的感觉。②

楷书发展到柳公权,已经到了像他的用笔那样"尽境"的地步。至此,唐代楷书以"气力"和"气格"取胜的时代风貌也已表露无遗,而再没有出现能够与之抗衡的楷书大家了。从某种意义上说,柳公权才是唐代楷书的最高代表。柳公权的书法兼具颜真卿的"雄浑"和欧阳询的"雅健",凸显了唐代书法的气、力之美,也就是牟宗三所说的"生命"之美。

第四节　草书之美

相比于楷书而言,草书是一种更能清晰表达唐代人,尤其是唐代文人士大夫内心情感和豪迈性格的书体。

关于草书与楷书两种书体的差异,唐代和唐代以前都有很多论述。就唐代而言,初唐虞世南的《笔髓论》、孙过庭的《书谱》和盛唐张怀瓘的《书议》等论著,都对此进行了深入的剖析。如孙过庭《书谱》中说:"真以点画为形质,使转为情性;草以点画为情性,使转为形质。"但相比而言,张怀瓘的论述最为透彻。他在《书议》一文中对草书审美特点的总结也最为全面,他说:

> 草与真有异,真则字终意亦终,草则行尽势未尽。或烟收雾合,或电激星流,以风骨为体,以变化为用。有类云霞聚散,触遇成形,龙虎威神,飞动增势。岩谷相倾于峻险,山水各务于高深。囊括万殊,裁成一相。或寄以骋纵横之志,或托以散郁结之怀。虽至贵不能抑其高,虽妙算不能量其力。是以无为而用,同自然之功;物类其形,得造化之理。皆不知其然也,可以心契,不可以言宣。观之者,似入庙见神,如窥谷无底,俯猛兽之牙爪,逼利剑之锋芒。肃然危然,方知草之微妙也。

---

① 清代梁巘《承晋斋积闻录》中说:"柳少师……玄秘塔碑用笔刚劲,而其体宽绰有余。"
② 明代赵宧光《寒山帚谈·附录一·金石林绪论·真书部》中说:"柳公权专事波折,大去唐法。过于流转,后世能事,此其滥觞也。玄秘塔铭亦无所取。"

这段话主要说的是如何认识草书的审美特点，即"草之微妙"。如果说，孙过庭"真以点画为形质，使转为情性；草以点画为情性，使转为形质"的说法，在于强调草书要注重整体的美感的话，那么，张怀瓘"真则字终意亦终，草则行尽势未尽"和"以风骨为体，以变化为用"的说法，则主要强调的是草书生动的意象、动态的美感以及由有限走向无限的审美意味。

一、唐草的审美特征

在唐代擅长草书的书法家中，有人习章草（很少），有人习行草，有人习今草，有人习狂草。但总的来说，唐代的草书主要是从王羲之等人的今草（也称为"新草"）发展而来的，并且到了盛唐时期，便逐渐派生出一种新的草体即狂草。狂草，是最能体现唐代草书艺术水平和审美意趣的一种草书。

唐代习草书的书法家，在性格上和行为上有一些共同的特点很值得注意，如好酒使气、行为不羁之类。比如以草书见长的贺知章，唐窦臮《述书赋》谓："知章性放善谑，晚年尤纵，无复规检。年八十六，自号四明狂客。每兴酣命笔，好写大字，或三百言，或五百言。"又比如狂草的创始人、有"张癫"之称的张旭，窦臮《述书赋》谓："张长史则酒酣不羁，逸轨神澄，回眸而壁无全粉，挥笔而气有余兴。若遗能于学知，遂独荷其颠称。"宋朱长文《续书断·上》中也说："君性嗜酒，每大醉，呼叫狂走，下笔愈奇。尝以头濡墨而书，既醒视之，自以为神不可复得也。"再比如与张旭齐名、有"狂素"之称的怀素，陆羽《僧怀素传》中说："怀素疏放，不拘细行……酒酣兴发，遇寺壁、里墙、衣裳、器皿，靡不书之。"嗜酒、不拘细行，都是一种不受约束的、豪放的性格，这种性格，对于书法风格的形成，就像同样也是嗜酒、行为不羁的李白、吴道子一样，有着极大的关系。

唐代的草书，以张旭、怀素的狂草为代表，一个最突出的特点是笔画简练，笔迹狂放，笔力流利劲爽，笔势连绵不断，字形变化多端，有一种让人目不暇接甚至眼花缭乱的感觉。唐代的草书，发展到贺知章，已经有了"怪逸"（《宣和书谱》卷一八评语）的特点，而到了张旭和怀素，则进一步发展为"癫"和"狂"了（狂草，唐时称为"颠草"或"癫草"，后世也有论者称之为"逸草"或"飞草"；"颠草"和"狂草"这两个名称，是与张旭的"癫"和怀素的"狂"有关系的）。据张怀瓘《书断》卷上的说法，汉末的张芝便已发展出号称"一笔书"的今草，他说："章草之书，字字区别。张芝变为今草，如水流速，拔茅连茹，上下牵运，或借上字之下而为下字之上,奇形离合,数意兼包。若悬猿饮涧之象,钩锁连环之状,神化自若,变态不穷。"张芝的草书作品今已无存,历史上也有不同的说法,很难确知其究竟是一种什么样的风格。据张怀瓘的说法,是字势相连,而字形则"偶有不连者"。而张旭、怀素的书法则不但字字相连,一气呵成,而且形态更加豪放飘逸,比张怀瓘所描述的张芝今草要进一步。

唐代的草书,虽然具有潇洒飘逸的特点,但也像楷书一样,结构严谨、笔力遒劲、骨气洞达。《宣和书谱》卷一八说,张旭"草字虽千奇百出,而求其源流,无一点不该规矩,或谓张癫不癫者是也"。以用笔而论,则无论是"怪逸"的贺知章,还是"癫狂"的张旭和怀素,都非常重视力的表现,用笔于婉转流畅之中透露出一种刚强、劲健的力的感觉。

由于形态多样且笔力雄强,唐代的草书也特别注重情感的抒发。贺知章的"兴酣命笔",张旭的"以头濡墨而书""回眸而壁无全粉",怀素的"酒酣兴发,遇寺壁、里墙、衣裳、器皿,靡不书之",都带有一种类似于戏剧舞蹈的表演性质,同时也具有一种非常突出的情感表现性质。其审美旨趣,与端正严肃或温和娴静的楷书是大不一样的。总体上说,唐代草书突出地体现出崇尚精神自由和生命力张扬的审美趣味。

二、唐草的主要代表

唐代的草书,初期主要受"二王"的影响,还不足以代表唐代的时代精神。直到张旭出来,才将唐代的草书推向了一个高峰,并且形成了一种为唐代所特有的历史风貌。此后的怀素、高闲、晋光、亚栖、贯休等人,也大多是在师法他的基础上再另辟蹊径,自立成家。在唐代,最具有代表性和典型唐代审美品格的草书家就是张旭和他的后继者怀素。

(一)张旭

张旭(675—约750年),字伯高,一字季明,吴县(今江苏苏州)人,先后任常熟县尉、左率府长史、金吾长史。张旭嗜酒,工诗,善书,性格豪迈,风流倜傥。诗以七绝见长,别具一格,与李白、贺知章等人共列"饮中八仙",又与贺知章、张若虚、包融等号称"吴中四士"。在书法方面,兼善楷书和草书,而尤以草书见长。他的楷书作品有《郎官石柱记》《严仁墓志》等,草书作品则有《肚痛帖》《古诗四帖》《心经》《千字文》等,其中以《肚痛帖》和《古诗四帖》最为知名。

张旭的最大贡献是改变了自王羲之以来的今草体势,笔画更为省略,字形更趋抽象,字体更多欹侧变化,用笔更为起伏跌宕,且从头至尾,一气呵成,隔行不断,给人以奔放流畅、神妙莫测的感觉。张旭的草书,与李白的诗歌、裴旻的剑舞,被当时人称为"三绝",由此也可知,他的草书是属于豪放不羁、富有浪漫色彩和英雄气概的一种艺术风格。

张旭的草书被称为"狂草",当时也称为"颠(癫)草",张旭本人也因此获得"张颠"的雅号。所谓"癫",主要不是指他的为人,而是指他的书法。这又有两层意思,一是指他的书法有一种癫狂之态,即如唐代学者蔡希综《法书论》中所说:"长史张旭,卓然孤立,声被寰中,意象之奇,不能一一全其古制。"张旭的草书,不重字形,不拘绳墨,也不像初唐书法那样偏重于温婉和含蓄的美感,其结体和用笔,多以意气为主而以气势取胜,有一种类似于酒醉后的疯癫之态。另一方面也是指他的创作。张旭的创作,有很强的表现性,甚至也可以说有很强的表演性,如宋朱长文《续书断·上》中说的:"君性嗜酒,每大醉,呼叫狂走,下笔愈奇。尝以头濡墨而书,既醒视之,自以为神不可复得也。"又据《太平广记》卷二〇八记载:"旭言:'始吾闻公主与担夫争路,而得笔法之意;后见公孙氏舞剑器而得其神。'饮醉辄草书,挥笔大叫。以头揾水墨中而书之,天下呼为张颠。"从这些记载来看,张旭写字,形同舞蹈表演,就像所谓"李白斗酒诗百篇"的

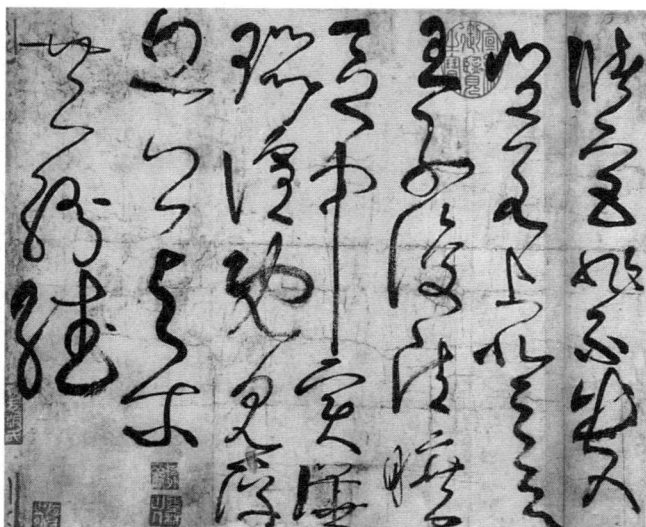

图 6.10
张旭《古诗四帖》局部

传说一样，或者像张彦远《历代名画记》中所记载的吴道子"好酒使气，每欲挥毫，必须酣饮""笔才一二，像已应焉"的绘画情景一样，大概都可以算作是盛唐时期偏重"意气"的书画艺术家们特有的一种做派，同时也可以说是大气磅礴、酣畅淋漓的盛唐气象的一种标志性表现。

关于张旭草书的艺术风格和审美意趣，韩愈在《送高闲上人序》中有一段非常有名的论述，他说：

> 往时张旭善草书，不治他技。喜怒窘穷，忧悲愉佚，怨恨思慕，酣醉无聊不平，有动于心，必于草书焉发之。观于物，见山水崖谷，鸟兽虫鱼，草木之花实，日月列星，风雨水火，雷霆霹雳，歌舞战斗，天地事物之变，可喜可愕，一寓于书。故旭之书，变动犹鬼神，不可端倪，以此终其身而名后世。

张旭的草书，在艺术风格上具有气势雄强和意象瑰奇的特点。气势雄强，代表了唐代艺术的基本审美品格，而意象瑰奇，则也开启了中国书法自北宋以后渐趋尚"意"的端绪。只不过，唐代的主"意"与北宋以后的尚"意"还有一个很明显的区别，即唐代人常把"意"与"气"相连，而北宋以后的人则常把"意"与"理""韵""趣"等相连。因此，唐代的艺术，包括书法在内，是以阳刚之美为主导，而北宋以后的中国艺术，则渐渐偏于阴柔之美了。

（二）怀素

唐代的狂草，以张旭和稍晚的怀素为代表，两人并称为"张癫狂素"或"颠张醉素"。从时间上看，怀素要晚生于张旭几十年，实际上也可以说是张旭的后继者。

怀素（约生于 735 年），俗姓钱，字藏真，临湘（今湖南长沙）人，幼年时随伯祖惠融禅师在湖南零陵（今湖南永州）出家。他在《自叙》中说："怀素家长沙，幼而事佛，经禅之暇，颇好笔翰。"据其自述和有关历史记载可知，怀素学书非常刻苦，传说他洗笔的水池深黑似海，用过的毛笔堆积如山，埋于地下号曰"笔冢"。又据说他因家贫无纸，在零陵清阴庵广种芭蕉树，常以蕉叶为纸练习书法，或在涂漆的木板上书写，写而复擦，擦而复写，木板都为之洞穿。

怀素学习书法，幼年时得益于善习欧体书法的惠融禅师，青年时则曾从表兄、张旭的学生邬肜学习笔法。除此之外,他也像张旭观担夫争道、公孙大娘舞剑而悟笔意一样,主张向自然学习。据其《自叙》所言,他曾对比他年长的书法大家颜真卿说:"贫道观夏云多奇峰,辄常师之。夏云因风变化,乃无常势;又遇壁拆之路,一一自然。"

怀素是继隋代智永之后在中国书法史上享有崇高地位的又一位僧人书法家。大约因智永和怀素擅长草书的缘故,以及唐代禅僧不太拘泥于清规戒律,中唐以后许多著名僧人如高闲、亚栖、梦龟、贯休等人,也都以笔墨纵逸、气势恢宏的狂草为能。

怀素虽为沙门,但其性格、嗜好和行为却如同当时的文人墨客一般。与他同时代的"茶圣"陆羽在《僧怀素传》中说:"怀素疏放,不拘细行,万缘皆缪,心自得之。于是饮酒以养性,草书以畅志。时酒酣兴发,遇寺壁、里墙、衣裳、器皿,靡不书之。"

基于这样的气质,怀素的创作也像张旭的创作一样,带有很强的表演色彩或自我表现色彩。对于他这种狂放不羁的创作风格,当时的诗人写下了许多脍炙人口的诗篇,如李白《草书歌行》云:

> 少年上人号怀素,草书天下称独步。……吾师醉后倚绳床,须臾扫尽数千张。飘风骤雨惊飒飒,落花飞雪何茫茫。起来向壁不停手,一行数字大如斗。恍恍如闻神鬼惊,时时只见龙蛇走。左盘右蹙如惊电,状同楚汉相攻战。

窦冀《怀素上人草书歌》云:

> 粉壁长廊数十间,兴来小豁胸中气。……忽然绝叫三五声,满壁纵横千万字。

韩偓《草书屏风》题怀素书云:

> 何处一屏风,分明怀素踪。虽多尘色染,犹见墨痕浓。怪石奔秋涧,寒藤挂古松。若教临水畔,字字恐成龙。

这些诗篇多少有一些夸饰的成分,但大体上道出了怀素青壮年时期草书的基本格调。怀素的草书代表作有《自叙帖》《苦笋帖》《食鱼帖》等,其中以《自叙帖》最为有名。他的草书,用笔圆劲有力,使转如环,奔放流畅,一气呵成,有"惊

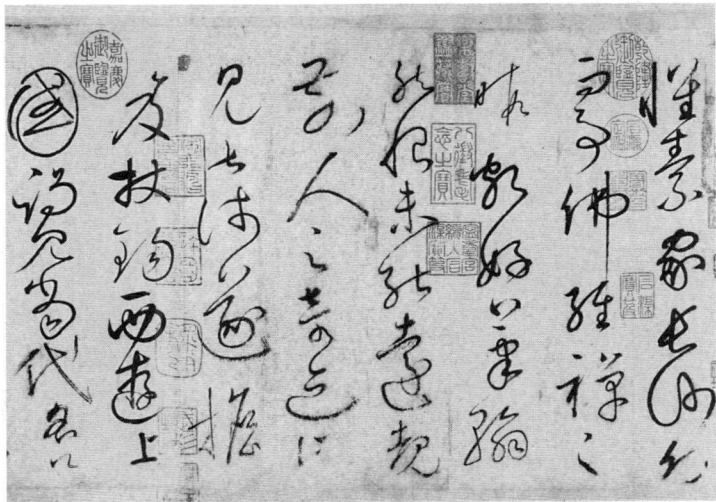

图 6.11
怀素《自叙帖》局部

蛇"之喻。他虽然与张旭齐名,并以癫狂著称,但两人的风格并不完全相同。元郑构《衍极》刘有定注云:"张旭妙于肥,藏真[即怀素——引者]妙于瘦。"张旭草书用笔较粗,偏于肥;怀素草书用笔较细,偏于瘦。张旭的草书之美,是遒劲之外兼有粗豪之态;怀素的草书之美,是刚健之外兼有飘逸之姿。怀素书法中的笔画有时很细,如铁丝,如寒藤,如龙飞蛇走。此外,他还善于用枯笔(渴笔),其书法线条带有一种筋骨外露而富有弹性的美感。但总的来说,他们两人的书法风格,都在不同程度上代表了唐代意气风发、豪放不羁的时代精神和推崇阳刚之美的价值取向,同时也在不同程度上,在遒劲端严的楷书之外,开拓了另一种激情四射、意象奇特的审美空间和韵味。

第五节　书法理论

唐代书法创作的繁荣,带来了书法理论(包括书法批评)的兴盛。唐代的书法理论著作,比较著名的史载有虞世南的《笔论》(《笔髓论》)、李世民的《论书四则》(《论书》《笔法》《指意》《笔意》)和《王羲之传赞》、欧阳询的《用笔论》《八法》和《传善奴诀》(《传授诀》)、李嗣真的《书后品》、孙过庭的《书谱》、徐浩的《论书》、李阳冰的《论古篆》(《上李大夫论古篆书》)、张怀瓘的《书断》《书议》和《文字论》、颜真卿的《述张长史笔法》(《述张长史笔法十二意》或《述张长史十二意笔法》)、陆羽的《僧怀素传》、李华的《论书》、窦臮的《述书赋》、韩愈的《送高闲上人序》、韦续的《墨薮》、卢携的《临池诀》(《临池妙诀》)、蔡希综的《法书论》等。此外,还有一部由晚唐张彦远编纂的《法书要录》,搜集了自汉至唐最主要的书法理论著作,在当时和后来也有很大的影响。

唐代的书法理论,大致上可以分为书体论、创作论和作品论(包括鉴赏论)三个最主要的部分。其中,书体论包括对不同书体的起源和艺术特征的辨析;创作论包括对创作者(气质、人品和才学等)、创作心理(创作之前的心理准备和创作过程中的妙悟、想象等)、创作技法(用笔、结体和布局等),以及法则与个性、规矩与天才、形式与表现、继承与创新等美学问题的讨论;作品论包括作品风格特征的描述、作品价值等级的划分、作品真伪的鉴定、作品价格的分析、作品欣赏的方法等问题的讨论。

撇开说法各异的个别观点不谈,我们从唐人的书论中,可以看出其中包含着一些带有时代特征的、共同的看法,或者说一些带有时代特征的、共同的审美意识和价值取向。

一、变古通今

唐代的书法理论著作,与唐代以后尤其是明清以后的书法理论著作相比,有一个很明显的特点,即它虽然重视规矩、法度、师承,却并不像宋元以后特别是明清以后的书法理论著作那样,有那么多复古的陈词滥调。

唐代的书法理论,从一开始就是主张创新的。创新是整个唐代书法理论的主调。初唐时期的提倡综合南北,本身就是一种创造。虽然当时的书法家无一例外都把王羲之推崇到至高无上的地位,好像是在刻意复古,但他们推尊王羲之的动机,却是基于王羲之推陈出新的革新精神。更何况唐人学王羲之,也并非全盘照抄,而是各取所需,另有新的创造。故初唐李嗣真《书后品》在比较王羲之和钟繇的书法价值时说:"右军肇变古质,理不应减于钟。"李嗣真认为王羲之高于钟繇的理由很简单,就是他能"肇变古质",能够跳出质朴稚拙的汉隶的范围,创造出一种用笔遒媚、蕴藉深厚、风格潇洒的书法(正书、行书和草书)来。与李嗣真同在初唐而稍晚的孙过庭,则在《书谱》中更为明确地提出书法要随着时代的不同而不断进步的观点,以对抗那种今不如昔的复古论调,他说:

夫自古之善书者,汉魏有钟、张之绝,晋末称二王之妙。……评者云：彼之四贤，古今特绝。而今不逮古，古质而今妍。夫质以代兴，妍因俗易。虽书契之作，适以记言，而淳醨一迁，质文三变，驰骛沿革，物理常然。贵能古不乖时，今不同弊，所谓文质彬彬，然后君子，何必易雕宫于穴处，反玉辂于椎轮者乎？

孙过庭的这种看法，被盛唐时期的书法理论家张怀瓘所接受并加以发扬。张怀瓘《书断》卷中在评价唐高祖、唐太宗、唐高宗、唐玄宗"四圣"的书法时说，他们的一个共同特点是"开草隶之规模，变张、王之今古"。而在《文字论》一文中，他也曾自述其书法是"不师古法，探文墨之妙有，索万物之元精，以筋骨立形，以神情润色。虽迹在尘寰，而志出云霄，灵变无常，务于飞动"。张怀瓘所处的时代，正是唐代书法大变革的时代。这个时代的书法家如徐浩、李邕、李阳冰、张旭、颜真卿及稍晚的怀素、柳公权等，都是在广泛吸取前人书法成就的基础上，通过独特的感悟和大胆的创新，以清晰的个人面目出现在中国书法的舞台上的。这个时候，被以唐太宗为首的初唐书法家神化了的王羲之书法，也开始有人站出来批评了。比如张怀瓘就在《书议》中批评王羲之的草书"有女郎材，无丈夫气，不足贵也"。而王羲之影响的减弱，也可以从一个侧面说明唐代书法在盛唐以后发生了重大的变化，而走向了完全独立的发展道路。虽然徐浩、李邕、张旭、颜真卿、怀素、柳公权等人的书法，在唐代和唐代以后的评论当中，都被认为是部分地受到了王羲之的影响，似乎不这样说，就不能证明他们书法的艺术价值一样。但就他们的作品来说，无论是用笔还是结构，都很难明显地看出王羲之的影响了。从这个意义上说，唐人"尚法"，却并不保守。在法度与变化之间，唐代书法更重视的是变化的一面。

颜真卿在《述张长史笔法十二意》一文中曾引述了张旭的一个看法，这个看法也很有代表性。颜真卿问张旭：学习书法，怎样才能达到古人的水平？张旭回答：首先要学会圆转灵活地执笔，其次要学会相称合宜地布置，第三要有精良的纸张，第四要有上好的毛笔，第五要善于"变法适怀"。他认为："纵舍规矩，五者备矣，然后齐于古人矣。"从"变法适怀""纵舍规矩"的话可知，张旭并不把守"法"、守"规矩"作为书法的最高要求。

二、务存骨气

中国古代历来喜欢用拟人的方式来讨论艺术创作，把艺术形象看作是一个和谐的生命有机体,并把其生命特征分为血肉、筋骨、态度、神气(以及精神、韵味、意趣)等不同的方面。但事实上,这种圆满和谐的状态只不过是一种最高的理想。至于谈到具体的作品,则由于地域、时代风气或个人禀赋、气质、性格的不同,在实际的创作中往往各有偏至和倚重,即有的重血肉,有的重筋骨,有的重态度,有的重神气。

血肉出于用墨,筋骨、态度、神气则多半与用笔有关。书法风格和审美特征的形成,与墨的干湿、浓淡、笔的长短、粗细(肥瘦)、方圆(曲直)、顺逆、偏正、轻重、迟速(缓急),以及结构的向背、虚实、疏密、开合、简繁等等都有密切的关系。

唐代人讨论书法,大体上也是希望面面俱到,特别是早期的书法理论如虞世南、李世民的书论中更是如此。但总的来说,注重"骨气""骨力""气力""风骨""筋骨"是一个大的趋势,也是一个主要的看法。清人刘熙载《艺概·书概》中说:"书之要,统于'骨气'二字。""骨气"虽非唐人的发明,也非只有唐代才这么说,但我们在唐代的书论中,确实可以发现这个词或与之类似的"骨力""风骨""气力"等词的出现频率是相当高的。如孙过庭《书谱》中说:

> 假令众妙攸归,务存骨气;骨既存矣,而遒润加之。亦犹枝干扶疏,凌霜雪而弥劲;花叶鲜茂,与云日而相晖。如其骨力偏多,遒丽盖少,则若枯槎架险,巨石当路,虽妍媚云阙,而体质存焉。若遒丽居优,骨气将劣,譬夫芳林落蕊,空照灼而无依;兰沼漂萍,徒青翠而奚托。

从具体的作品来看,初唐时期的书法虽有温润的气息和婉媚的姿态,但无一例外地都重视"骨气"的表现。进入盛中唐以后,书风大变,婉媚之态渐少,而雄强之气日增。李邕、李阳冰、徐浩、张旭、颜真卿、怀素、柳公权、沈传师等人的书法,多半都是以刚劲、雄浑、粗犷或豪放取胜。晚唐的书法有"取意"的倾向(主要为行书和草书),但总体上看,也还是以用笔遒劲为主要的美感基调。如裴休的楷书,朱长文《续书断·下》评为"遒劲有楷法";景光的草书,《宣和书谱》卷一九评为"笔势遒健"。因此,有唐一代,书法美的基本表现是一种以"骨气""骨力""气力""风骨""筋骨"等的表现为主要特征的阳刚之美,所以张怀瓘《书议》中用神采各异的"猛兽鸷鸟"来比喻"书道",并且确立了一种"风神骨气者居上,妍美功用者居下"的审美价值标准。甚至那些被列入史册的女性书法家,她们的风格也具有一种男性化的、刚健的风格,如薛涛的行书,《宣和书谱》卷一〇评为"作字无女子气,笔力峻激"。

　　除了"骨气"的概念,唐人论书也经常提到"逸气"(以及与之相关的"遒逸""超逸"等)和"意气"(以及与之相关的"意象""意势"等)的概念。如李嗣真《后书品》中说:"子敬草书,逸气过父,如丹穴凤舞,清泉龙跃,倏忽变化,莫知所成。"又如张怀瓘《书断》卷上说:"若逸气纵横,则羲谢于献;若簪裾礼乐,则献不继羲。"唐人所说的"逸气",与元代以后书画理论中经常讲的"逸气"是不同的。后者是一种在庄禅思想影响之下的超然态度和情感,表现在作品中不免带有虚静、空寂的特点;而前者是一种超越常规法则约束的、豪迈不羁的审美态度和情感,表现在作品中则凝结为一种气势雄强的美感。窦蒙《〈述书赋〉语例》中说:"纵任无方曰逸。"在唐人的书法理论中(包括绘画理论,如朱景玄《唐朝名画录》),"逸"的基本含义是超出规矩、法则的约束。正是在这一含义的基础上,李嗣真在《后书品》中正式提出了"逸品"书法的概念,并将李斯、张芝、钟繇、王羲之和王献之等五人列入其中。李嗣真所说的"逸品"即具有"逸气"的作品,一方面具有合乎自然,不受规矩、法则约束的意思;另一方面,如果我们把李嗣真《后书品》中"子敬草书,逸气过父"的话与上引张怀瓘《书议》中评王羲之的草书"有女郎材,无丈夫气"的话联系起来理解的话,那么,所谓"逸气"和"逸品",也包含有骨气洞达、气势雄健和神采飞扬的意思。

　　同样,"意气""意象""意势"等概念也具有类似的含义。如张彦远《历代名画记》中说的:"书画之艺,皆须意气而成。"张怀瓘《文字论》中说的:"探彼意象,入此规模,忽若电飞,或疑星坠。气势生乎流便,精魄出于锋芒。观之欲其骇目惊心,肃然凛然,殊可畏也。"颜真卿《述张长史笔法十二意》中说的:"趣长笔短,常使意势有余。"在这里,"意"的概念,似乎也不能完全等同于宋以后人所说的"意"。宋代以后见诸书画论著中的"意",在主观上表现为一种超然玄远的审美情感,而在客观上表现为一种深远、平淡的意趣。相比之下,张彦远所谓"意气",更多的是指一种不受世俗或规矩拘束的激情,而张怀瓘的"意象"和颜真卿的"意势",则基本上可以说是由"意气"而来的、表现于作品之中的、具有阳刚之美的"气象"和"气势"。

三、达其情性

　　在唐代的书法理论中,有一种视书法为书法家情感和个性表现的看法。最早提出这种看法的是孙过庭。他在《书谱》中说：

> 篆隶草章，工用多变，济成厥美，各有攸宜。……故可达其情性，形其哀乐。……岂知情动形言，取会风骚之意；阳舒阴惨，本乎天地之心。既失其情，理乖其实，原夫所致，安有体哉。

又说：

> 右军之书，代多称习……写乐毅则情多怫郁，书画赞则意涉瑰奇，黄庭经则怡怿虚无，太师箴又纵横争折。暨乎兰亭兴集，思逸神超，私门诫誓，情拘志惨。所谓涉乐方笑，言哀已叹。

孙过庭认为，不同的书体都可"达其情性，形其哀乐"。由此可知，唐代书法的审美追求，在注重法则和形式结构的基础上，也是非常注重性情的表现的。

孙过庭所说的"情性"，既包括喜怒哀乐等情感，也包括书写者的性格和气质。二者的结合，则具体表现为书法的形态和风格。

在不同的书体当中，行书和草书由于书写（用笔和结构）上比较自由，相对来说也更能明显地表现出书写者的情感和个性。在唐代最具有代表性的两种书体当中，楷书固然也有情性表现上的差异，如虞世南书温文尔雅、委婉含蓄如谦谦君子，颜真卿书庄重严肃、浑厚雄健如忠臣义士，但相对来说，草书尤其是狂草更具有直接表现书写者情感和个性的优势。所以韩愈在《送高闲上人序》中说，张旭草书的魅力，主要来自于其内心情感的表现，所谓"喜怒窘穷，忧悲愉佚，怨恨思慕，酣醉无聊不平，有动于心，必于草书焉发之"（据上引颜真卿《述张长史笔法十二意》中转述的张旭"变法适怀"语可知，张旭本人也是非常强调书法是要表现情感的）。

可以说，唐代的楷书与草书，虽然总的来说都代表了唐人崇尚刚健之美或力量之美的心理，但楷书所代表的，是理性、庄重的一面，而草书尤其是狂草，则具有豪放不羁、一任性情的英雄气概。

孙过庭"达其情性，形其哀乐"的观点，张旭"变法适怀"的观点，以及韩愈注重情感表现的观点，都既是对书法艺术的一种美学要求，也是对书法表现特征的一种理论阐释。而且，在实际的创作当中，在严谨规范的书写之外，唐代书法家随着时代的变迁也越来越注重在书法中表现自己的情感和个性。如果说在初唐时期，唐代的书法家还在或南或北、亦南亦北中折中调和，并且带有比较明显的所谓"尚法"的特点的话,那么,盛唐和中唐以后,唐代的书法家便开始大胆地突破古法的局限,通过个人情感和个性的表现创造出了异彩纷呈的书法局面。晚唐以后,虽然没有再出现像李邕、李阳冰、张旭、颜真卿、怀素、柳公权那样的大书法家,但很多诗人、文学家(如韦庄、杜牧、司空图、贯休)的参与,也使书法逐渐朝着"尚意"的方向发展,从而为宋以后"尚意"和"尚态"的审美取向奠定了基础。如诗人杜牧的书法,《宣和书谱》卷八说:"作行草气格雄健,与其文章相表里。"又如诗人兼画家贯休的书法,《宣和书谱》卷一九说:"作字尤奇崛,至草书益胜,崭峻之状,可以想见其人。"杜牧和贯休的书法,显然都具有明显的表现意味或者说"尚意"的特征。

四、技由心付

张怀瓘在《书断》的序文中说:"技由心付,暗以目成。"即书法的技艺虽诉诸视觉,但它的主宰却是人的心灵。他又在《文字论》中说:"深识书者,惟观神采,不见字形。……从心者为上,从眼者为下。……不由灵台,必乏神气。……自非冥心玄照,闭目深视,则识不尽矣。"这些说法,都是强调"心"或"心灵"("灵台")在书法创作中的主导地位。

相比于汉魏六朝的书法理论,唐代的书法理论不仅更为重视情感表现的意义(或更为突出情感表现与书法艺术价值的关系),而且一般来说,也更为重视书写主体(心、心神或心意)在整个创作过程中的主导地位或优先地位。这主要表现在两个方面:

一是强调在创作之前先要有一种虚静平和的心理状态。这方面的论述很多,如虞世南《笔髓论》中说:"欲书之时,当收视反听,绝虑凝神,心正气和,则契于妙。"传欧阳询《八法》中说:"澄思静虑,端己正容,秉笔思生,临池志逸。"孙过庭《书谱》中说:"当缘思虑通审,志气和平,不激不厉,而风规自远。"此外,宋朱长文《续书断·上》所引柳公权的"心正则笔正",也属于此类。

二是强调"悟""心悟""妙悟"或"天才"在书法创作过程中的意义。如虞世南《笔髓论》中说:"故知书道玄妙,必资神遇,不可以力求也。机巧必须心悟,不可以目取也。"张怀瓘《书议》中将书法之道比喻为"无声之音""无形之相",并说:"若心悟精微,团古今于掌握。"这些看法,多半源自道家体道的理论。在唐代的书法理论著作中,对"悟"并没有明确的界定。有些说法,如张怀瓘《书断》

中的"及乎意与灵通,笔与冥运,神将化合,变出无方",都非常抽象,难以理解。但当时书法家的一些经验之谈,或当时一些被历代书论反复征引的事例,却透出了一点可以领会的消息。

首先是李阳冰《上李大夫论古篆书》中的说法:

> 阳冰志在古篆,殆三十年。见前人遗迹,美则美矣,惜其未有点画,但偏旁摹刻而已。缅想圣达立卦造书之意,乃复仰观俯察六合之际焉。于天地山川,得方圆流峙之形;于日月星辰,得经纬昭回之度;于云霞草木,得霏布滋蔓之容;于衣冠文物,得揖让周旋之体;于须眉口鼻,得喜怒惨舒之分;于虫鱼禽兽,得屈伸飞动之理;于骨角齿牙,得摆抵咀嚼之势。随手万变,任心所成,可谓通三才之气象,备万物之情状者矣。

其次是陆羽《僧怀素传》中有关张旭、怀素如何领悟书法之道的记载:

> 怀素疏放,不拘细行,万缘皆缪,心自得之。……怀素心悟曰:"夫学无师授,如不由户出。"乃师金吾兵曹钱塘邬彤,授其笔法。……至中夕而谓怀素曰:"草书古势多矣,惟太宗以献之书如凌冬枯树,寒寂劲硬,不置枝叶。张旭长史又尝私谓彤曰:'孤蓬自振,惊沙坐飞,余师而为书,故得奇怪。'凡草圣尽于此。"怀素不复应对,但连叫呼数十声曰:"得之矣。"……至晚岁,太师颜真卿以怀素为同学邬兵曹弟子,问之曰:"夫草书于师授之外,须自得之。张长史睹孤蓬、惊沙之外,见公孙大娘剑器舞,始得低昂回翔之状。未知邬兵曹有之乎?"怀素对曰:"似古钗脚,为草书竖牵之极。"……颜公徐问之曰:"师亦有自得之乎?"对曰:"贫道观夏云多奇峰,辄常师之。夏云因风变化,乃无常势;又遇壁折之路,一一自然。"颜公曰:"噫!草圣之渊妙,代不绝人,可谓闻所未闻之旨也。"

从上面这些记述和记载可以看出,唐代书法理论中的所谓"悟",主要是指要从自然中去加以领会。这也就是张怀瓘《书断》卷上所说的:"善学者,乃学之于造化,异类而求之,固不取乎似本,而各挺之自然。"由这一说法可以看出,唐代书论不仅注重"师古人(古法)",而且更强调"师造化"。

五、自然无为

如上所述,唐代的书法理论非常重视"骨气"和"情性"的表现。但它所追求的最高理想或审美境界,则是"自然"。孙过庭《书谱》中说:

> 观夫悬针垂露之异,奔雷坠石之奇,鸿飞兽骇之资,鸾舞蛇惊之态,绝岸颓峰之势,临危据槁之形;或重若崩云,或轻如蝉翼;导之则泉注,顿之则山安;纤纤乎似初月之出天涯,落落乎犹众星之列河汉;同自然之妙,有非力运之能成。

"自然"的概念出自《老子》,是其所说的"道"的一个基本规定,或指天地万物自生自化的本性。作为与"人为"相对的概念,它的基本含义是"无为"或"非人为"。在书法理论中,"人为",就是上文中孙过庭所说的"力运"。

因此,所谓"自然",从人即主体的角度来说就是"无为"。虞世南《笔髓论》中说:"字虽有质,迹本无为,禀阴阳而动静,体万物以成形,达形通变,其常不主。""无为",在书法创作上来说,主要有三层含义:

首先,从创作心理上说,是"无意""无心""无我"。"无意""无心""无我"是让心灵从一切外在的约束中解放出来,甚至也从书写活动的约束中解放出来,即如唐太宗《笔意》中所说:"必使心忘于笔,手忘于书,心手遗情,书不妄想。要在求之不见,考之即彰。"只有在这样高度自由,或者说既高度虚廓又高度集中的状态中,书写者的想象才能得到充分的发挥,情感才能得到充分的释放。

其次,从创作过程上说,是克服法则的局限,或超越法则的限制,以表现内心真实的情性和字体真实的形态。如孙过庭《书谱》中说的:

> 若运用尽于精熟,规矩谙于胸襟,自然容与徘徊,意先笔后,潇洒流落,翰逸神飞……必能傍通点画之情,博究始终之理,镕铸虫篆,陶均草隶。体五材之并用,仪形不极;象八音之迭起,感会无方。至若数画并施,其形各异;众点齐列,为体互乖。一点成一字之规,一字乃终篇之准。违而不犯,和而不同。留不常迟,遣不恒疾。带燥方润,将浓遂枯。泯规矩于方圆,遁钩绳之曲直。乍显乍晦,若行若藏。穷变态于毫端,合情调于纸上。无间心手,忘怀楷则。自可背羲献而无失,违钟张而尚工。

第三，从艺术境界上说，是要塑造活泼生动的形象，达到见不出人为痕迹或人工造作的境地。这也就是张怀瓘用"悬针垂露""奔雷坠石""鸿飞兽骇""鸾舞蛇惊"等自然现象来加以描绘的、充满"变态"的境界。从这个意义上说，"自然"与"生动"是同义语，而它的反面就是刻板、机械、循规蹈矩、千篇一律、缺少变化。

第七章　唐代绘画的审美意识（上）

　　绘画是一种历史悠久的视觉艺术形式，它的历史可以追溯到旧石器时代的晚期。就中国绘画来说，它的产生不仅早于书法，而且也早于文字的发明，其历史可以追溯到新石器时代的岩壁画（距今一万年左右）和彩陶纹饰（距今六七千年左右）。但自三代以后至汉末魏晋以前的中国绘画，大多以墙壁和器物（包括织物）为载体，带有明显的装饰意图，并具有辅助政教的实用功能。它的艺术审美价值反不如出现较晚的书法那样受到人们尤其是文人士大夫的重视。汉末魏晋以后，文人开始介入绘画创作。特别是东晋、南北朝以后，出现了很多带有文人士大夫身份的著名画家，他们的出现，不仅推动了绘画技法的完善和绘画观念的变革，更为重要的是大大提高了绘画这种艺术形式在中国艺术乃至中国文化体系中的地位。这个时候的绘画，虽然还是以宣扬政教为主要目的，但也出现了以"畅神"或抒发个人情性为旨归的文人审美意识。同时，基于道、佛思想的文人审美意识也开始系统化为自成体系的绘画理论，并在传统的政治标准和道德标准之外，树立起了新的审美标准。

　　隋唐时期，绘画因应国家的统一和经济的发展而走向繁荣。入唐以后，绘画作为一种宣传政教和表现自我的艺术形式受到了社会各阶层人士的喜爱和推崇。元代诗人杨维桢《图绘宝鉴序》中说："书盛于晋，画盛于唐宋。"唐代绘画的兴盛，既体现在新题材的开拓、新技法的发明、新材料的运用和新画种的发展上，也体现在收藏、装裱、修补、鉴定、临摹、著录、评价、研究等与绘画创作相关的活动日益频繁上。除此之外，唐代绘画的兴盛，还有一个最直观的表现，就是画家人数众多。史书上记载的唐代画家总数,远远超过了以往任何一个朝代。在唐代 289 年的时间当中,涌现了一大批在历史上有重大影响的画家。据唐代彦悰《后画录》、窦蒙《画拾遗》、朱景玄《唐朝名画录》、张彦远《历代名画记》以及北宋郭若虚《图画见闻志》、宋徽宗敕编《宣和画谱》、清代王原祁《佩文斋书画谱》、彭蕴璨《历代画史汇传》等书的记载,唐代知名的画家约有 393 人左右。这个数目,相当于唐以前画家总数的两倍以上。① 而且,这些画家基本上只是活跃于当时的政治文化中心——长安和洛阳及其周边地区——的画家。②

第一节 绘画的专业化

从整个中国绘画史来看,唐代绘画无论在题材、技法还是观念上,都开创了一个前所未有的新局面。但由于唐代的历史长达 289 年,其间发生的许多变化似也不能一概而论。唐代初期,特别是唐太宗当政时期,唐代绘画主要是以人物画为主,山水画、花鸟画还没有受到特别的重视,技法也相对比较幼稚;人物画因应政治的需要,特别注重表彰功德、明乎鉴戒的政治伦理功能,人物造型偏重于写实。自武则天大力提倡佛教之后,佛教绘画日趋兴盛,到唐玄宗开元、天宝年间,绘画所呈现的世界更是包罗万象,人间、天堂、仙境、地狱几乎收罗净尽。政治性人物画开始减少,宗教人物画走向世俗化,世俗人物画大量出现,山水画异军突起,与人物画平分秋色,包括花鸟在内的各种动植物画也开始受到重视;人物画以形神兼备为主旨,用笔和色彩并重,技法越来越成熟和精炼,山水画开始注重表现体积、质感、空间和境界,水墨画作为表现文人意趣的新的表现形式开始出现,动植物画分门别类、各有专擅的局面开始形成。安史之乱以后,唐代绘画开始受到经济和政治的影响,中唐以后特别是德宗、宪宗朝以后逐渐呈现出衰退的趋势。但这种衰退是相对的——在表面衰退的同时也酝酿着新的变化。首先,由于战争等人为因素的破坏,许多绘画作品尤其是名家和大家的作品被毁,这从一方面刺激了中晚唐时期私人收藏、鉴定和作品买卖的发展,由此关于绘画的评价和研究也兴盛起来,出现了像张彦远《历代名画记》和

---

① 据张彦远《历代名画记》记载,唐以前有名有姓的画家约为 169 人。

② 若以时间论,则唐代的画家中,当以活动于盛唐时期的为最多,如张彦远《历代名画记·叙画之兴废》中所说:"圣唐至今,二百三十年,奇艺骈罗,耳目相接,开元天宝,其人最多。"

朱景玄《唐代名画录》那样有影响的作品；其次，早期绘画重视教化的倾向有所淡化，绘画向游戏、娱乐、抒情的方向发展；第三，虽然早期写实的倾向在继续，出现了许多因袭前人的作品，但写意的倾向也开始萌芽和抬头，这直接影响到五代两宋的绘画观念；第四，出现了许多新的甚至是怪诞的绘画技法，为宋元以后的"逸品"或"逸格"绘画的产生开辟了道路；第五，花鸟画和专门题材的"杂画"越来越受到重视，进一步改变了早期佛道题材一家独大的局面，画风也一改早期的"宏大叙事"而变得更加亲切自然，同时也更加贴近日常生活。

在唐代绘画领域中所发生的许多新的变化当中，最突出的一点是绘画的专业化倾向更趋于明显。其中包括绘画的职业化和专门化（门类的分化）。

初唐时期，唐高祖、唐太宗和武则天都十分注重古代绘画的搜集。唐张彦远《历代名画记·叙画之兴废》中说："圣唐武德五年，克平僭逆，擒二伪主，两都秘藏之迹，维扬寇从之珍，归我国家焉。……太宗皇帝特所耽玩，更于人间购求。天后朝张易之奏召天下画工修内库图画，因使工人各推所长，锐意模写，仍旧装背，一毫不差。"这些苦心搜集来的古代绘画作品，虽然只是唐以前绘画作品的一小部分，而且真假参半、良莠不齐，但对唐代绘画的发展还是起到了极为重要的刺激与借鉴作用。而且，为了保存和保护这些作品，唐代还专门设立了相应的收藏、鉴定、模写、装裱机构，如在唐太宗时期的弘文馆和唐玄宗时期的集贤殿书院、翰林院和史馆中，都有专门负责绘画事宜的部门，并配备了专门的绘画官吏或御用画师——画待诏、画直等。唐代的这一类绘画专业机构，实际上是五代两宋时期翰林图画院的雏形。特别是在唐玄宗时期，供职于集贤殿书院和开元馆的画家或画师最多，这些画家或画师既负有鉴定、修补、临摹古代名画的责任，同时也有为皇帝创作新画的义务，包括图写"御容"、装饰宫墙和屏风、以画笔记录帝王日常生活和政治生活中的各种事件。

但唐代还不存在"院体画"与"文人画"的对立。唐代绘画虽然自王维以后便有了"画中有诗"（苏轼对王维画的评语）这种文人趣味的表现，但总的来看，唐代的画家中还没有出现近人傅抱石所说的"在朝的画家"与"在野的画家"的分判与对立①。相反，唐代画坛还出现了一种很特别的现象，即画家与工人（画

---

① 傅抱石说："在朝的绘画，即北宗。1. 注重颜色骨法。2. 完全客观的。3. 制作繁难。4. 缺少个性的显示。5. 贵族的。在野的绘画，即南宗，即文人画。1. 注重水墨渲染。2. 主观重于客观。3. 挥洒容易。4. 有自我的表现。5. 平民的。"见傅抱石：《中国绘画变迁史纲》，上海古籍出版社1998年版，第43页。

师)的密切合作。据唐张彦远《历代名画记·记两京外州寺观画壁》记载,大画家吴道子和杨庭光的很多画作,都是"工人布色",也就是由工人即画师或画匠填充颜色,而他们本人只是负责勾画线条或轮廓。而且,当时许多"在野的"、具有文人身份的画家,其创作态度也十分严肃认真,并且在表现技法上相当考究。这与宋代苏轼、米芾和元代倪瓒等人所推崇的那种"不求形似"的、"逸笔草草"的、带有业余性质的文人绘画是大不一样的。

因此,唐代绘画相比于宋元以后那种用笔简率的文人绘画而言,大体上是属于傅抱石所说的"制作繁难"的一类。这使得唐代绘画具有了一种非常明显的"职业化"特点。所谓"职业化",一是指唐代的画家中,有很多人实际上是以绘画为一生的事业,如初唐的阎立本,虽然位至宰相,但他的实际工作却是为唐高祖、唐太宗和唐高宗祖孙三代画肖像,或是以绘画的形式描绘当时的人物、故事和重大的政治、外交事件。又比如盛唐和中唐之际的吴道子、李思训和周昉等人,虽然也担任过一定的官职,但这些官职大多只是一些闲职,如吴道子的"宁王友",周昉的宣州长史,或者只是因为某些特殊的关系由皇帝封赠的官衔,如唐代宗室李思训的左武威大将军、秦州都督等。二是指唐代的绘画对技法相当讲究,在当时是独立于文学和书法之外的一种专门的技艺。能诗、能书、能画的"三栖明星"在当时也有,如郑虔和王维等人,但毕竟不像宋元以后那样多。当时稍有点名气的文人,大多能够写几首诗,写几笔字,但要说到画画,却不那么简单和容易。因此,按人数计算,唐代的诗人和书法家就远比画家要多。

与绘画的专业化相适应,唐代的绘画也开始出现专门化的趋势。如上所述,唐代绘画的题材与唐以前的绘画相比要广阔得多。但精于各种题材的全能画家毕竟是少数。唐代朱景玄《唐朝名画录·序》中说:"近代画者,但工一物以擅其名,斯即幸矣。"元汤垕《古今画鉴·杂论》中也说:"古人以画得名者,必有一科是其所长。如唐之郑虔,蜀之李昇,并以山水名。"中国绘画发展到唐代,人物、山水、花鸟等名目开始明朗起来。唐朱景玄《唐朝名画录》中将绘画分为人物、禽兽、山水、楼殿屋木四个类别,而在目录当中又细分为写真、人物、高僧、古贤、佛像、真仙、鬼神、功德、地狱、天王、女士、外国、禽兽、鞍马、青牛、鹰鹘、雉兔、竹鸡、花鸟、蜂蝉、燕雀、草木、山水、松石、云龙、台殿、车服等几十个名目。这些名目,大体上可以归纳为人物、山水、动植物和建筑四类。其中,以建筑为主要描绘对象的绘画在宋以后称为"界画",精于此道的画家不多,而且因为它要求像工匠制图那样周密精细,因此在宋以后文人画一统天下的情势之下,自然也就不获重视。据朱景玄的叙述,唐代专工楼殿屋木或楼台木屋即"界画"的画家只有檀智敏和郑俦两人,此外有吴道子兼善"台殿"和周昉兼善"宫苑"。在人物、山水和动植物三种题材方面,除了像吴道子这样的全才,则大多只是擅长其中的一种或几种题材。而且,有些画家虽然擅长多种绘画题材,但真正出名的只有一两种题材,如阎立本擅长人物、鞍马、功德、车服等,而最出名的则是他的写真人物;周昉擅长写真、佛像、天王、女士、真仙等,而最出名的则是他的仕女图和观音像。据朱景玄《唐朝名画录》、张彦远《历代名画记》和郭若虚《图画见闻志》的记载,在唐代的画家中,专工人物写真的画家主要有阎立德、阎立本、陈闳、释法明、钱国养、程修己、李仲昌、李仿、孟仲晖等;专以佛道人物为能的主要有张孝师、尉迟乙僧、王韶应、王定、尹琳、卢棱迦(亦作卢楞伽或卢稜伽、庐楞伽)、杨庭光、陈静眼、陈静心、武静藏、李琳、李伦、赵公祐、范琼、贯休等("画圣"吴道子也以佛道绘画出名,但他的画,题材很广,所画对象常包括人物、山水、动植物及建筑物在内);精于仕女(当时称为"士女""女士"或"绮罗人物")的有张萱、周昉、高云、王朏、萧溱、张涉、张容、李凑等;精于山水松石的有李思训、李昭道、王陀子、朱审、杨炎、王宰、郑虔、卢鸿、毕宏、王维、张藻、项容、刘商、张志和、王墨、李灵省、荆浩等,精于花鸟的有殷仲容、韦銮、边鸾、于锡、梁广、程邈、陈庶、刁光胤等;以画鹤知名的有薛稷;以画鹰知名的有白旻;以画猫知名的有卢弁;以画马知名的有韦无忝、韦偃、曹霸、韩幹;以画牛知名的有韩滉、戴嵩;以画竹知名的有萧悦;以画龙知名的有冯绍政;以画火知名的有张南本等。

　　唐代绘画中的这种专业化和专门化的倾向,既表明唐代绘画作为一个独立的艺术门类正在日益受到社会各阶层的重视,也表明唐代画家在审美兴趣上有着更为广泛和更加多样的要求。而且,不同题材所带来的表现难度,也极大地推动了唐代绘画在表现技法上的不断完善。

第二节　佛教画的流行

　　唐代绘画的兴盛,有很多原因,但其中最直接的原因主要有三个:一是朝廷的重视,二是民间的需要,三是文人士大夫的提倡。民间的需要中,又主要有两种表现:一是私人收藏的需要,二是宗教宣传的需要。

从整个中国绘画史来看,在东汉、三国、两晋、南北朝和隋的绘画中,已经出现了很多以宗教人物和故事为题材的绘画(古代统称为"道释画")。但就规模、成就和影响而言,都远远赶不上唐代。唐代大多数画家都曾从事过宗教绘画创作,其中,被尊为"画圣"的吴道子就是以宗教绘画著称的大画家,他一生的创作,绝大部分都是以佛、道两教的人物和故事为题材。绘画与宗教携手合作,并因此造就许多杰出的画家和作品,这是唐代绘画中一个非常特出的现象。

唐代的宗教有中国本土的道教,也有外来的佛教、伊斯兰教和景教等,但势力最大的无疑是佛教。因此,从绘画方面而言,对唐代绘画影响最大的也主要是佛教。

唐代佛教绘画最主要的载体形式是寺庙(包括石窟)壁画。从绘画的载体而言,唐代的绘画有壁画、卷轴画、屏风(屏障)画、扇面画等形式,但最发达的是壁画。自先秦两汉魏晋南北朝以来,壁画一直是中国绘画中最主要的绘画类型。而到了唐代,这一类型的绘画则可以说达到了登峰造极的地步。唐代的壁画,包括宫殿、坛庙、墓室、居室、寺观、衙署等墙面上的绘画。其中,以佛教人物和故事(佛本生故事和佛传故事)为题材的佛教寺庙壁画所占的比重最大。以佛教故事为题材的绘画在当时被称为变相或经变相(简称为"变"),与当时演说佛教故事的变文一样,具有普及佛教或使其教义通俗化的意义。当时著名的画家大多有画壁的经历,而且也因画壁而出名。根据唐代朱景玄、张彦远等人的描述,像吴道子、周昉那样的大画家,在图画寺壁的时候,往往导致万人空巷,"观者如堵"。佛教寺庙在唐代不仅是弘扬佛法的道场,也是展示绘画艺术的重要场所。其作用堪比今日的美术馆和画廊。这些壁画的创作,虽然是基于宗教宣传的目的,但也有装饰和欣赏的作用(据画史记载,唐代的寺庙壁画中也有大量的山水画和花鸟画或动植物画,这些画的作用主要就是为了装饰和欣赏)。

一、唐代佛教绘画的滥觞

唐代的佛教绘画是在东汉以来佛教绘画的基础上发展起来的。从历史上看,佛教绘画的产生,与佛教及佛教寺庙的出现直接相关。佛教传入中国一般认为是在东汉,东汉建立了白马寺、阿育寺、大安寺、昌乐寺等一批最早的佛教寺庙。但佛教的广为流传及佛教寺庙的大量兴建则是在两晋南北朝时期。这一时期,除北魏太武帝、北周武帝灭法毁佛之外,其他诸帝如西晋武帝、东晋明帝,南朝的宋文帝、齐武帝、梁武帝、陈武帝,北朝的北魏明元帝、孝文帝、孝明帝、孝庄帝等大多崇信佛法。据史书记载,西晋时期,仅长安、洛阳两地就有寺庙1 800所,东晋时又兴建了1 700所。南北朝时期的佛教信仰,北朝以北魏为最(工程浩大的大同云冈、洛阳龙门等石窟皆开凿于北魏),南朝以梁代为最。据记载,北魏寺庙达3万多所,僧人达200多万。梁代仅金陵一地,寺庙就有700多所。梁代的梁武帝萧衍,是一个虔诚的佛教徒,同时也是一个对佛教的广为传播起到了重要作用的人。据记载,他曾赴同泰寺三度舍身,于中大同元年(546年)三月亲自出席同泰寺法会,讲解《金字三慧经》,又于太清元年(547年)三月在同泰寺设无遮大会,并下令建造大爱敬寺、大智度寺等寺庙。史书上说他"笃信正法,尤长释典,制涅槃、大品、净名、三慧诸经义记,复数百卷。听览余闲,即于重云殿及同泰寺讲说,名僧硕学,四部听众,常万余人"(《梁书·武帝本纪》)。萧衍的信仰也影响到当时的广大士庶阶层。他的儿子昭明太子萧统也是一个虔诚的佛教徒。《梁书》上说:"高祖大弘佛教,亲自讲说;太子亦崇信三宝,遍览众经。乃于宫内别立慧义殿,专为法集之所。招引名僧,谈论不绝。太子自立二谛、法身义,并有新意。"(《梁书·昭明太子传》)皇室贵族尤其是皇帝本人的喜好,在一人专制的封建社会,无疑有着非常重要的影响。《宣和画谱》卷一说,当时最著名的画家张僧繇以画佛为能,也有迎合皇帝喜好的因由:"僧繇画释氏为多,盖武帝[即梁武帝——引者]时崇尚释氏,故僧繇之画往往从一时之好。"

汉末魏晋南北朝时期,佛教绘画非常发达,已经成为中国绘画的主体。这一时期的画家几乎人人都擅长佛教绘画,其中以南朝为最多(北朝雕塑盛于绘画)。较知名的画家有曹不兴、卫协、顾恺之、司马绍(晋明帝)、谢灵运、陆探微、陆绥、陆弘肃、顾宝光、袁倩、顾景秀、王微、宗炳、谢稚、顾骏之、江僧宝、僧祐、智积菩萨、戴逵、史道硕、张僧繇、张善果、张儒童、解蒨(解倩)、沈标、姚昙度、毛惠秀、萧绎(梁元帝)、王由、杨乞德、冯提伽、曹仲达、杨子华、刘杀鬼等。

隋唐时期是中国佛教发展的鼎盛时期,同时也是中国佛教建筑、雕塑和绘画发展的鼎盛时期。

隋文帝时,长安、洛阳两地有寺3 792所。隋开皇元年(581年),文帝杨坚诏令修复天下寺庙,造佛像大小106 580躯,修治旧像1 508 940躯。炀帝杨广时也新造佛像3 850躯,修治旧像101 000躯。而且这些还都只是官方出资所雕铸,其他私人造像则不知其数。据说,当时的智者大师一个人就募集资金造佛像 800 000 躯。除了建筑和雕塑,隋代的佛教绘画也很发达。著名画家展子虔、郑法士、郑法轮、孙尚子、董伯仁、杨契丹、陈善见、田僧亮、李雅等都画过佛教绘画,而当时来华的外国僧人尉迟跋质那和昙摩拙义则以画佛像、鬼神为能事。

　　唐代初年,佛教及佛教建筑、雕塑和绘画的发展规模还不如隋代。高祖李渊和太宗李世民虽然并不排斥佛教,但提倡以经术治国,相对来讲更重视儒家思想在其统治体系中的地位(建了不少宣尼庙,同时在宗教方面,只专重一个老子,也建了不少老君庙)。因此,此时并没有大量的佛寺建筑及相关的雕塑和绘画。而且,据《旧唐书·高祖本纪》记载,武德九年(626 年),唐高祖还曾以“京师寺观不甚清净”为由,下诏清理寺庙道观,敕令京师留寺三所,其余天下诸州留寺一所,少数“精勤练行,守戒律”的僧尼留置大寺庙由国家养起来,大部分为躲避徭役或混迹寺庙捞取私利、行为不端、“妄为剃度,托号出家”的“猥贱之侣”则令其还俗。但自唐高宗、武则天、唐中宗、唐睿宗朝以后,迨至唐玄宗朝(玄宗虽崇道,但于佛教也任其发展),佛教一下子大盛起来。尤其是武则天,对于佛教的兴盛更起到了推波助澜的作用。她甚至利用沙门怀义等十人伪造的《大云经》为自己的统治辩护,诏令两京及各州兴造大云寺,度僧千人,“并令释教在道法之上,僧尼处道士、女冠之前”(《旧唐书·则天皇后本纪》)。在她的倡导下,佛寺越修越多,装饰越来越精巧富丽,以至她的大臣狄仁杰都感叹:“今之伽蓝,制于宫阙,穷奢极壮,画缋甚工,宝珠殚于缀饰,瑰材竭于轮奂……里陌动有经坊,阛阓亦立精舍。”(《旧唐书·狄仁杰传》)至她的儿子唐睿宗朝,虽规定“每缘法事集会,僧尼、道士、女冠等宜齐行道集”,倡导佛道平等,但“天下滥度僧尼、道士、女冠并依旧”(《旧唐书·睿宗本纪》)。这么“滥度”下去,佛寺自然也就更多。此后的唐代宗、唐穆宗等也都笃信佛教,如唐代宗李豫,曾于长安资圣寺、西明寺主讲《仁王佛经》,亲自现身说法。到了唐代晚期,佛教寺庙、僧众之多几乎泛滥成灾,甚至在思想文化和政治经济上都对统治者构成严重威胁。于是出现了一件大事件,即所谓会昌法难。会昌五年(845 年)七月,“志学神仙”的唐武宗李炎在道士赵归真、刘玄靖等人的怂恿下,以佛教“非中国之教”、教义有违儒家伦理纲常(不忠君、不事亲、不尊师等)、修建寺庙劳民伤财、“云构藻饰,潜拟宫居”、僧尼不劳而获或侵吞田产而致国风败坏等为由,“拆寺四千六百余所,还僧尼二十六万五百人……拆招提、兰若四万余所,收膏腴上田数千万顷,收奴婢为两税户十五万人"(《旧唐书·武宗本纪》)。这次毁佛事件,拆毁了大多数的寺庙,同时也毁坏了大量的佛像和壁画。唐代绘画史家张彦远说:"会昌五年,武宗毁天下寺塔,两京各留两三所,故名画在寺壁者,唯存一二。"(《历代名画记》卷三)据《旧唐书》记载,当时长安留下来的寺庙只有左街的慈恩寺、荐福寺和右街的西明寺、庄严寺(四寺留僧 30 人),其他各州最多也只留得一所。但唐武宗只活了 33 岁,毁佛事件之后的第二年二月他就死了。他的排佛政策被他的继承者、他的皇叔唐宣宗李忱推翻。唐武宗死后不久,唐宣宗就在长安左右两街复建了 16 所寺庙,并且诛杀了刘玄靖等 12 名道士,罪名是"以其说惑武宗,排毁释氏故也"(《旧唐书·宣宗本纪》)。这样,佛教的势力又得以滋长起来。

　　有唐一代,曾经存在过很多大大小小的寺庙。据新旧《唐书》及唐代学者段成式《寺塔记》、张彦远《历代名画记》等书记载,仅长安及周边地区就有大兴善寺(也名兴善寺,为著名禅师不空所居)、慈恩寺、宝应寺(后改资圣寺)、西明寺(后改福寿寺)、庄严寺(后改圣寿寺)、千福寺(后改兴元寺)、永泰寺(后改万寿寺)、化度寺(后改崇福寺)、万善寺(后改延唐寺)、经行寺(后改龙兴寺)、菩提寺(后改保唐寺)、崇敬寺(后改唐昌寺)、法云寺(后改唐安寺)、青龙寺(后改护国寺)、清禅寺(后改安国寺)、章敬寺、资敬寺、保寿寺、兴唐寺、唐兴寺、光明寺、开业寺、赵景公寺(也名景公寺)、佛光寺、灵华寺、玄法寺、奉慈寺、光宅寺、净域寺、招福寺、荐福寺、崇济寺、永寿寺、永福寺、楚国寺、皈依寺、灵宝寺、宝刹寺、安宝寺、西禅寺、东禅寺、隆法寺、大云寺、广福寺、景云寺、唐安寺、鸟巢寺、德业寺、崇圣寺、温国寺、定水寺、奉恩寺、懿德寺、胜光寺、净法寺、空观寺、净景寺、济度寺、海觉寺、寿果寺、纪国寺、褒义寺、永泰寺、总持寺、禅定寺、弘敬寺、延兴寺等著名寺庙。此外,洛阳及周边地区的天宫寺(高祖旧宅)、光发寺、敬爱寺、天女寺、云花寺、恩觉寺、福先寺、长寿寺、龙兴寺、大云寺、弘圣寺、昭成寺、圣慈寺、光严寺等寺庙,在当时也很知名。

　　唐代的寺庙,大的一般称为"寺",小的一般称为"招提""兰若""禅院"和"普通院"。唐代的佛教壁画,以"寺"中所画为最多。"寺"的建筑有几个特点。一是大多建于人口稠密的大城市,如长安、洛阳、益州(成都)等,因此在这种地方画壁画,关注的人自然也就会很多,而画家也相应地就更容易出名。二是规模庞大,如唐段成式《寺塔记》卷下所记载,唐三藏曾经居住过的长安慈恩寺"凡十余院总一千八百九十七间,敕度三百僧"。这样的规模,可以容纳很多僧人,也可以容纳很多看客。观众一多,气氛也就十分热闹。而且,规模大,在此展示画技的画家也很多,不同时代和同一时代的画家可以在此彼此交流,使之成为一个无须组织的绘画艺术交流场所。三是有足够的绘画展示空间。唐代寺庙的构成,包括塔(佛塔、舍利塔)、钟楼、鼓楼、影堂、佛堂、普贤堂(院)、曼殊堂(院)、观音堂(院)、禅院(堂)、行香院、藏经阁、放生池等构筑物,它的布局是在寺中包含许多院落,院落中包含殿堂和庭园,而寺及寺内各个院落又由围墙和回廊围合,各自成为相对独立的空间单位。规模大、殿堂多,加上绵延全寺的回廊,留下了许多空白的墙面,这些墙面便是画家们施展绘画才能的地方。据段成式《寺塔记》和张彦远《历代名画记》等书的记载,寺庙的殿堂、回廊的墙壁上以及门楣上方的墙壁上都画满了各种图画,由此可以想见当时佛教壁画的盛况。

佛教寺庙的大量存在,带来了与之相关的佛教艺术的空前繁荣。唐代寺庙有塔有殿、有亭榭楼阁和花草树木的园林化布局,使之不仅成了士庶百姓游览观光的胜地,而且也成了当时的公共文化娱乐中心,是士庶百姓听俗讲、看杂戏、庆祝节日、读书休闲、观法书名画、俯瞰全城景色的场所(这种情况,也可说是唐代佛教世俗化的重要表现之一)。

在唐代,佛教的普及程度相当高,僧人与帝王贵胄、文人士大夫、普通百姓都保持着密切的往来。佛教与绘画相互倚重,既宣扬了教义,装饰了庙宇,也推动了绘画的发展,造就了画家的盛名。

唐代的佛教绘画,包括壁画和悬挂于佛殿和僧舍的卷轴画,主要是以佛教的相关人物和传说为题材。其表现形式,可以根据题材的不同区分为两个大类:一是佛、佛弟子、菩萨、天王、天王部从、力士、帝释、罗汉、飞天等神祇和历代高僧大德的画像;二是佛经故事画,即称为"经变"或"变相"的一类绘画。这些绘画所依据的佛教经典有《无量寿经》《阿弥陀经》《华严经》《法华经》《维摩诘经》《金光明经》等,据唐代朱景玄《唐朝名画录》和张彦远《历代名画记》两书的记载,当时流行的佛经变相有地狱变、涅槃变、灭度变、除灾患变、西方变、净土变、维摩诘本行变等。除了佛教人物(广义来说,包括各种神灵、鬼怪、僧人、供养人等),唐代还有在佛教寺庙墙壁上描绘山水、松石、花鸟或动植物(如龙、凤、雕、鹰、狮、虎、马、鹤、松、竹、牡丹等)的习惯。这使得唐代的佛教绘画呈现出一种横跨天上、人间、地狱,将天、地、人、神、鬼、动物、植物汇聚一堂的,既庄严森然又热闹非凡的万千气象。

二、唐代著名的佛教画家

据唐裴孝源《贞观公私画史》、朱景玄《唐朝名画录》、张彦远《历代名画记》、段成式《寺塔记》,宋郭若虚《图画见闻志》、黄休复《益州名画录》及宋代宋徽宗时编撰的《宣和画谱》等书的记载,唐代擅长佛教绘画的画家有张孝师、阎立德、阎立本、尉迟乙僧、范长寿、何长寿、王韶应、王知慎、尹琳、武静藏、薛稷、田琳、杨仙乔、陈静眼、陈静心、吴道子、卢棱迦、杨庭光、李生、翟琰、张藏、韦偃、陈闳、程修己、王维、张璪、毕宏、杨乔、皇甫轸、释善导、释思道、释杨发成、刘焉、姚景仙、董谔、耿昌言、周昉、韩幹、朱审、郑俦、王定、陆滉、姚彦山、李伦、袁子昂、杜景祥、王元之、李昌、李重昌、刘行臣、刘茂德、赵龛、刘阿祖、张法受、董忠、苏思忠、陈庆子、师奴、陈庶子、张志、张遵礼、程逊、李岫、杨岫之、邵武宗(一作赵武端)、李真(一作李异)、杨坦、边鸾、陆庭曜、赵公祐、范琼、陈皓、彭坚、孙位、左全、张南本等人。可以说,唐代几乎绝大部分有影响的画家,都从事过佛教绘画的创作。至唐末五代时期,擅长佛教绘画的画家,则主要活动于南唐和西蜀两地,较著名的有周文矩、王道求、张玫、李罗汉、宋艺、杨元真、杜敬安、杜楷、阮知海、张图、邱文晓、赵才、邱文播、辛澄、朱繇、杜子瓌、王齐翰、释贯休、释令宗、释智蕴等人。而以规模之大和数量之多而论,唐末五代时期以成都的大圣慈寺最为知名。

(一) 初唐

唐代最著名的佛教画家,初唐时期有张孝师和尉迟乙僧。

张孝师,长安(今陕西西安)人,官至骠骑尉。据画史记载,张孝师最擅长的是鬼神和“地狱变”,用笔粗放简略,作品有长安隆法寺画壁、长安净域寺地狱变、慈恩寺地狱变、净法寺地狱变等。唐代释彦悰《后画录》称他的画“象制有功,云为尽善。鬼神之状,群彦推雄”。朱景玄《唐朝名画录》中说:“张孝师,画亦多变态不失常途。惟鬼神地狱尤为最妙,并可称妙品。”张孝师的画今已无存,据有关记载推测,应该主要是以表现相貌古怪的鬼神形象和阴森可怖的地狱景象见长。《宣和画谱》卷一说:“张孝师……尝死而复生,故画地狱相为尤工。是皆冥游所见,非与想象得之者比也。吴道玄见其画,因效为地狱变相。"

尉迟乙僧,吐火罗国人①,贞观初年,吐火罗国王以其善画推荐到长安,唐太宗授之以宿卫官,后又赐封郡公。他的父亲尉迟跋质那也擅长绘画,当时人称他的父亲跋质那为"大尉迟",称他为"小尉迟"。

据段成式《寺塔记》、张彦远《历代名画记》、《宣和画谱》等书记载,尉迟乙僧的作品有弥勒佛像、大悲像、明王像、天王小像、降魔像、佛铺图、佛从像、外国佛从图及长安慈恩寺、安国寺、奉恩寺等处壁画,长安光宅寺佛像、梵僧、变形三魔女、降魔变及洛阳大云寺鬼神、菩萨、净土经变、婆叟仙、黄犬和鹰等。

彦悰《后画录》中说,尉迟乙僧"善攻鬼神",所画"外国鬼神","奇形异貌,笔迹洒落,有似中华"。窦蒙《画拾遗》中也说他的画"澄思用笔,虽与中华道殊,然气正迹高,可与顾(恺之)、陆(探微)为友"。他的画风,重视色彩和形体塑造,与中国本土绘画的重线条不同。朱景玄《唐朝名画录》中说,他在长安慈恩寺塔前所画功德"凹凸花面中间千手千眼大悲,精妙之状,不可名焉。又光泽寺[当为光宅寺——引者]七宝台后面画降魔像,千怪万状,实奇踪也。凡画功德人物花鸟,皆是外国之物像,非中华之威仪"。朱景玄认为,尉迟乙僧的画法及所画形象都不类中国,但艺术质量却是上乘。《宣和画谱》卷一也记载,尉迟乙僧"在慈惠寺[当为慈恩寺——引者]塔前画千手千眼降魔像,时号奇踪。然衣冠物像,略无中都仪形,其用笔妙处,遂与阎立本为之上下也"。元代汤垕《古今画鉴》称尉迟乙僧"作佛像甚佳。用色沉著,堆起绢素而不隐指……不在卢楞伽之下"。

(二)盛唐至中唐

自武则天时代大力提倡佛教以后,唐代的佛教绘画日益走向昌隆。盛唐至中唐时期,最著名的佛教画家有吴道子、卢楞伽、杨庭光、周昉等。

吴道子,东京阳翟(今河南省禹县)人。朱景玄《唐朝名画录》中说他"少孤贫。天授之性,年未弱冠,穷丹青之妙"。据传,吴道子最初担任过兖州瑕丘县的县尉。兖州瑕丘县在今山东省兖州濮阳县境内。县尉是管治安的官。按唐

---

① 古吐火罗国今属阿富汗北部地区。《唐朝名画录》作土火罗国人,《历代名画记》作于阗国人,于阗国居民也本为吐火罗人。

制,州下面还有郡,郡下面才是县,县的管辖范围比现在的县要小。吴道子做这个官也不知做了多久,后来就回到了东京。在东京洛阳时,受到唐玄宗的赏识,召入内庭供奉,赐官内教博士,封宁王友,改名道玄(一作道元),以道子为字。

吴道子一生的创作,绝大部分都集中在佛教绘画上。朱景玄《唐朝名画录》引《西京耆旧传》中的话说,吴道子曾于"寺观之中图画墙壁凡三百余间。变相人物奇踪异状,无有同者"。这可能与他笃信佛教有关。《唐朝名画录》中说:"吴生常持《金刚经》,自识本身。"

吴道子的性格大抵属于豪放而不拘细行,甚至恃才傲物、好酒使气的一类。《历代名画记》卷九说他"好酒使气,每欲挥毫,必须酣饮"。段成式《寺塔记》也说他"嗜酒",同时又记载:当时有一位与他同时名叫皇甫轸的画家,曾在长安净域寺"画鬼神及雕,形势若脱","吴以其艺逼己,募人杀之",可知其画风粗犷而为人高傲霸道。吴道子年轻时跑到山东去做一个管治安即管偷盗、打架斗殴之类的官,想必他自己在家乡便有些黑社会老大般的脾气和手段。要不然他当不了县尉,因为当时人手少,一个县的县尉只有一个,多的时候为两个,其他都是在地方招聘的帮手。

关于他的师承,《宣和画谱》卷二说他"学书于张颠、贺知章,不成,因攻画"。可知他在书法上的老师是唐代的张旭和贺知章,但他没有向书法方面发展。至于绘画上的师承,张彦远《历代名画记》说他"师于张僧繇(又师于张孝师)"。元代画论家汤垕《古今画鉴》又说他"早年常摹恺之画,位置笔意大能仿佛",几可乱真,连精于鉴赏的绘画大家宋徽宗都误其摹本为顾恺之的真迹。看来,他多半是一个自学成才的画家,东晋的顾恺之和梁代的张僧繇都不是他直接的老师。张孝师是初唐时人,也不大可能是他的老师。

吴道子的佛教绘画,主要集中在长安和洛阳。包括大量的佛象和经变相,其中尤以《地狱变相》最为世人称道。《唐朝名画录》中记载,他曾在长安景云寺画《地狱变相》,以至京城的屠户和渔民都"见之而惧罪改业","率皆修善"。《宣和画谱》卷二中也说:吴道子的画,"世所共传而知者,惟地狱变相。观其命意,得阴骘阳授、阳作阴报之理"。

他的作品非常多,如长安永寿寺的神像,慈恩寺的文殊像、普贤像、降魔变,景公寺的地狱变、天王像、帝释像、梵王像、天女像及龙神,唐兴寺的金刚变、西方变、菩萨像、帝释像,荐福寺的神鬼、行僧、维摩诘本行变,菩提寺的智度论色偈变、消灾经事，安国寺的西方变、维摩变、释天及诸佛像，洛阳天宫寺的除灾害变，以及长安、洛阳大兴善寺、资圣寺、光宅寺、永寿寺、千福寺、温国寺、总持寺、天宫寺、敬爱寺、福先寺、长寿寺等处的佛教壁画。《宣和画谱》卷二记载有佛会图、天尊像、菩萨像、帝释像、维摩像、炽盛光佛像、阿弥陀佛像、三方如来像、毗卢遮那佛像、孔雀明王像、观音菩萨像、思维菩萨像、慈氏菩萨像、等觉菩萨像、北方妙声如来像等 93 件作品。但可惜的是，他的作品都随寺庙的倒塌和毁坏而消失了。现今所能看到的吴道子的画，只有《天王送子图》等极少量的摹本。

吴道子的佛教绘画多不设色，但造型准确，神态逼真，气势雄强，用笔简练粗放如"莼菜条"，衣纹飘动，满壁生风，有"吴带当风"之誉，在当时和后世都有重大的影响。晚唐、五代至北宋的佛教绘画，大多留有吴派画风的痕迹（关于吴道子的绘画风格，将在下一章详述）。

卢棱伽，京兆（今陕西西安）人，早年居长安，唐玄宗避难川蜀时随驾到成都，乾元初（758—759 年）为成都大圣慈寺画壁，作品甚多且名声益著。《宣和画谱》卷二说他"尤喜作经变相。入蜀名益著，虽一时名流，莫不敛衽。……尝于大圣慈寺画行道僧，颜真卿为之题名，时号二绝"。

卢棱伽的画最初师法吴道子，《历代名画记·叙师资传授南北时代》中说："卢棱伽、杨庭光、李生、张藏并师于吴（各有所长，棱伽、庭光为上足）。"但据说他的才力不及吴道子，性格也不同，因而舍弃吴道子那种大刀阔斧的豪放作风，转而走细密精致的路子。他的画，是所谓"密体"绘画，以用笔绵密、造型精细见长。

据《历代名画记》《寺塔记》《益州名画录》等书记载，卢棱伽一生所画，绝大部分都是佛像和经变相。他曾于长安化度寺画地狱变、千佛寺塔画传法二十四弟子、褒义寺画涅槃变，成都大圣慈寺画马鸣、提婆像及弥勒、罗汉、行道僧、弥陀二菩萨等像，又于长安资圣寺、庄严寺画壁，自比于吴道子，并确也得到了吴道子的赞赏。这些作品有不少毁于会昌五年唐武宗的灭佛运动，但据《宣和画谱》记载，至宋尚有 150 余幅作品存世，即：献芝真人像 1 幅、成道释迦佛像 1 幅、释迦佛像 4 幅、大悲菩萨像 1 幅、观音菩萨像 1 幅、文殊菩萨像 1 幅、普贤菩萨像 1 幅、七俱胝菩萨像 1 幅、罗汉像 48 幅、十六尊者像 16 幅、罗汉像 16 幅、小十六罗汉像 3 幅、智嵩笠渡僧像 1 幅、渡水僧图 2 幅、高僧像 2 幅、高僧图 2 幅、孔雀明王像 1 幅、十六大阿罗汉像 48 幅。除献芝真人像为道画之外，其他皆为佛画。

杨庭光，是与吴道子同时代的人，最初与吴道子齐名，后转师吴道子。风格类卢棱伽，属于用笔较细的一类。《宣和画谱》卷二中说他"善写释氏像与经变相，旁工杂画山水等，皆极其妙。时谓颇有吴生体；但行笔差细，以此不同。要之行笔细，则所以劣于吴生也"。汤垕《古今画鉴》中也说，"杨庭光学吴生，行笔甚细而不弱。画佛像多在林中，杂画一一臻妙"。他的作品，据《历代名画记·记两京外州寺观画壁》记载，有长安安国寺画涅槃变、菩提寺画（内容未记录）、光宅寺画（内容未记录）、资圣寺画经变、慈恩寺画经变、宝刹寺画（内容未记录）、唐兴寺（兴唐寺）画山水、千福寺画鬼神、西明寺画（内容未记录）、洛阳圣慈寺画本行经变、维摩诘并诸功德。据《宣和画谱》记载有药师佛图、大力菩萨变相、观音像、药师佛像、五秘密如来像、观音像、如意轮菩萨像、思定菩萨像、思维菩萨像、仁王菩萨像、长寿菩萨像、菩萨像等。

周昉，京兆（今陕西西安）人，出身士族，生活优裕，常游于卿相之间，趋走于权贵门庭。他是唐代杰出的人物画家，其画师法张萱而有出蓝之誉，最出名的是以贵族妇女悠闲生活为题材的人物画，其体态丰腴、衣着华丽的妇女形象及细腻而简劲的用笔，给人十分深刻的印象。除此之外，他也兼擅佛画。朱景玄《唐朝名画录》记载，唐德宗修建章敬寺时，曾特命他画佛教神像，"落笔之际，都人竞观，寺抵园门，贤愚毕至。或有言其妙者，或有指其瑕者。随意改定，经月有余，是非语绝，无不叹其精妙，为当时第一"。

周昉的佛教绘画作品，据《唐朝名画录》和《历代名画记》记载，有长安胜光寺水月观音、自在菩萨、大云寺行道僧、广福寺神像、宣州禅定寺北方天王像等。他尤其擅长画水月观音，别创一体。

安史之乱以后，唐朝国力渐衰，人口锐减，民生凋敝，佛教造像和绘画这一类美术活动也随之走向衰微。会昌五年（845年），唐武宗崇信道教，打击佛教，天下寺庙十之八九被毁，数十万僧尼被勒令还俗，佛教活动既不能开展，佛教绘画也就无从谈起。公元878年黄巢起义，战火随之连年不断，迨至唐末，都城长安几成废墟，寺庙所剩无几，佛教绘画大多湮灭。因此可以说，唐代佛教绘画的鼎盛期是在武则天朝至安史之乱前后这段时期，而绘画的中心则是在长安和洛阳及其周边地区。

（三）晚唐

到了晚唐、五代时期，由于西北和中原战乱的原因，大批人口——包括帝王贵胄、文人学士和精于佛教绘画的画家纷纷避难西蜀，因此，佛教绘画的中心也由西北和中原转移到了经济相对富裕、政局相对稳定的四川成都，形成了一个偏安一隅的相对繁荣局面（唐武宗会昌五年的灭佛行动也波及成都，但天高皇帝远，破坏比长安、洛阳等地要小）。这个时期也涌现了许多擅长佛教绘画的画家，其中最著名的有赵公祐、范琼、孙位、张南本和贯休等。

赵公祐，长安（今陕西西安）人，唐敬宗宝历年间（825—827年）和唐文宗大和（827—835年）、开成年间（836—840年）寓居成都，专工人物和佛教绘画，尤其擅长画佛像、天王和神鬼。他的作品，主要集中在成都的大圣慈寺和圣兴寺，包括天王像、天王部属像、十二神像等。北宋黄休复《益州名画录》将他的画定为"神品"，说他"天资神用，笔夺化权，应变无涯，罔象莫测，名高当代，时无等伦。数仞之墙，用笔最尚风神骨气，唯公祐得之，六法全矣"。

范琼，籍贯不详，唐文宗开成年间寓居蜀城，以善画人物、佛像、天王、罗汉、鬼神著称于世，于唐宣宗大中年间（847—860年）至唐僖宗乾符年间（874—879年），在成都大圣慈寺、圣寿寺、圣兴寺、净众寺、中兴寺等处画释迦佛像、弥勒佛像、阿弥陀佛像、七佛像、释迦十弟子像、药师像、文殊菩萨像、观音菩萨像、天王像、天女像、仙人像、金刚像、高僧像及诸变相（大悲变相、西方变相等）二百余堵墙壁，形状各异，"笔踪超绝"。黄休复《益州名画录》将之与赵公祐的画同列为"神品"。

孙位，东越（古东越国即今浙江东南部和福建北部一带）人，号会稽山人，唐僖宗时随皇帝车驾自京入蜀。北宋黄休复《益州名画录》中将他列为最高品级"逸格"中唯一的画家，说他"性情疏野，襟抱超然，虽好饮酒，未曾沉酩。禅僧道士常与往还。豪贵相请，礼有少慢，纵赠千金，难留一笔，唯好事者得其画焉"。他的佛教绘画作品，主要有成都应天寺、昭觉寺所画东方天王及部从、眉州福海院所画行道天王等。他的绘画风格，以用笔简略、造型准确、形象生动见长，黄休复说，在他所画的东方天王及部从壁画中，"人鬼相杂，矛戟鼓吹，纵横驰突，交加戛击，欲有声响。鹰犬之类皆三五笔而成，弓弦斧柄之属并掇笔而描，如从绳而正矣，其有龙拏水泃，千状万态，势欲飞动；松石墨竹，笔精墨妙，雄壮气象莫可记述。非天纵其能,情高格逸,其孰能与于此邪"。

张南本,籍贯不详,与孙位同时,画火与孙位画水齐名,当时无人能及。寓居蜀城即成都,攻画人物、佛像、龙王、鬼神。佛教绘画作品主要有成都圣寿寺宾头卢变相、灵山佛会图,大圣慈寺大悲变相,竹溪院六祖像,兴善院大悲菩萨、八明王、孔雀王变相等。《益州名画录》述其所画"千怪万异,神鬼龙兽、魍魉魑魅错杂其间,时称大手笔也"。

贯休,法号禅月大师,俗姓姜,婺州兰溪(今浙江金华兰溪)人,一说婺州金溪(今江西抚州金溪)人,唐末五代著名的高僧、诗人、书法家和画家,有诗、书、画"三绝"之称。草书师怀素而自成一体,谓之"姜体",画人物师阎立本而偏于怪诞。他的佛教绘画作品,据《宣和画谱》记载共有 30 幅:维摩像 1、须菩提像 1、高僧像 1、天竺高僧像 1、罗汉像 26。他的作品不算多,但风格很突出,尤其是他所画的罗汉像,相貌清奇古怪,表情幽默滑稽,线条曲折多变,用墨浓厚深重,设色清淡雅丽,别有一种落拓不羁的风趣。《益州名画录》谓其"画《罗汉》十六帧,庞眉大目者,朵颐隆鼻者,倚松石者,坐山水者,胡貌梵相,曲尽其态。或问之,云:休自梦中所睹尔"。《宣和画谱》卷三中也说,贯休所画"罗汉状貌古野,殊不类世间所传。丰颐蹙额,深目大鼻,或巨颡槁项,黝然若夷獠异类,见者莫不骇瞩"。

像贯休这样身在佛门的诗人和艺术家,在唐代(包括唐末至五代时期)还有很多。就绘画方面来说,据唐张彦远《历代名画记》,北宋黄休复《益州名画录》、郭若虚《图画见闻志》等书记载,除了贯休,还有思道、杨法成、智俨、法明、智瑰、善导、金刚三藏、悠然、道芬、道玠、江僧、令宗、运能、楚安、传古、智蕴、德符等人。其中,法明(唐开元时人)擅长人物写真,悠然、道芬、道玠专攻山水,江僧以画松为能,唐末五代时期的楚安精于楼台,传古以画龙水知名,德符长于松柏,而其他的僧人则都以善于佛教绘画著称。这种僧人画家群体的出现,也从一个侧面反映了唐代佛教与绘画之间的相互交融,以及佛教绘画的繁荣与流行。

三、唐代佛教绘画的审美旨趣

唐代的佛教绘画,就其作用而言是一种宗教绘画,因此,宣传佛教教义是它最基本的功能。在文盲很多而佛教经典又极其繁琐的唐代社会,图画的确可以弥补文字的不足,使高深的佛教义理变成一种直观、通俗的视觉图像。

但唐代的佛教绘画,作为一种艺术也不可避免地要受到当时的文化、思想和审美趣味的影响。

首先,唐代佛教绘画在表现内容上也像唐代的佛学一样,出现了所谓"中国化"的倾向。其中最突出的一点是佛教教义的儒家化。唐代佛教绘画,既表现佛教生死轮回、因果报应的原旨,也表现儒家的善恶观念。如上引朱景玄《唐朝名画录》中记载的,吴道子在长安景云寺画《地狱变相》,以至京城的屠户和渔民都"见之而惧罪改业","率皆修善"。这种观点,在很大程度上说,其实是先秦以来以绘画为"鉴戒"的思想的延续。

其次,唐代的画家之所以热衷于佛教绘画,与唐代人崇尚道教、向往神仙世界的旨趣也是一致的。在唐代,佛画和道画,只是所画的人物不同,而画法是一样的。唐代佛教绘画中表现出来的那种奇特的想象和飘逸的境界,与道教所描绘的神仙境界,其实也难分轩轾。比如唐代佛教绘画中经常出现的飞天形象,这个飞天的形象凌空蹈虚,身轻如燕,漫天飞舞,与庄子笔下"肌肤若冰雪,绰约如处子,不食五谷,吸风饮露,乘云气,御飞龙,而游乎四海之外"的"姑射神人"就有几分相似。又比如贯休所画的那些类似于现代西方表现主义风格的罗汉,相貌丑陋、表情古怪,与庄子笔下那些"德有所长而形有所忘"、丑怪甚至带有残疾的"真人"也是如出一辙。

再次,更主要的一个变化或许是唐代佛教绘画中那种明显的世俗化和感性化倾向。初唐时期,唐代的佛教绘画还基本上是沿袭六朝的风格。其中的佛教人物形象大多带有西域或印度的色彩。所以,在隋和初唐时期,由外国来华的僧人画家尉迟跋质那、迟尉乙僧父子大受欢迎,因为他们所描绘的佛教世界,更接近当时人们想象中的佛陀祖籍——印度,而他们所描绘的人物,似乎也看起来更"正宗"。但是,武则天时代以后,这种带有异国情调的佛教绘画就越来越少了。中国的面目、本土的面目也就越来越清晰地呈现出来了。到了开元盛世,受到社会安定、经济富足和节日般喜气洋洋的生活氛围的感染,唐代的佛教绘画也开始走向了世俗化和感性化。

唐代佛教绘画的世俗化和感性化,主要有三种表现:

第一,人物形象更中国化和世俗化,也即更接近世俗生活中的人物形象,如吴道子的代表作《送子天王图》。这幅可以媲美于文艺复兴时期拉斐尔《西斯廷圣母》(其主题也是"送子",即表情静穆、眼神忧郁的圣母抱着婴儿耶稣来到人

图7.1
吴道子《送子天王图》局部

间)的绘画作品,其中除了接引的鬼神形象丑怪、不类人类,主要的三个人物——净饭王、摩耶夫人和婴儿释迦牟尼,都是一种相当世俗化的形象。净饭王、摩耶夫人的表情和装束与现实中的中国皇帝和皇后相仿佛,而三个人物的关系则像是一个和睦的三口之家,全没有一点异国情调和宗教神秘感可言。

第二,画面场景的世俗化和"热闹化"。唐代那些人物众多、带有戏剧性的情节变化的"经变"故事画,给人的感觉是场面热闹如同一场盛宴。如敦煌壁画中许多带有乐舞场景的绘画,其热闹的场面、生动的舞姿、酒具和茶杯,以及仿佛能听得出声响的乐器,都让人想到当时长安城东南芙蓉池边熙熙攘攘的夜宴场面,或是长安城西北一带胡人居住区欢声雷动的胡旋舞表演。

第三,非宗教题材的大量介入。在唐代的佛教寺庙中,不仅有佛教题材的绘画,而且有山水、松石、楼阁、牛马、虎豹、鹰鹘、鸡犬、蝉雀、花草和世俗人物等现实题材的绘画。可以想象,在本来很严肃、很神圣、很清静的佛教场所,画上这样一些活蹦乱跳或色彩鲜艳的东西,会是一种什么样的氛围感觉。不仅如此,据朱景玄《唐代名画录》、张彦远《历代名画记》和黄休复《益州名画录》等书的描述,在佛教题材的绘画当中,也经常有这些题材出现。或许是为了渲染诸神栖息的极乐世界,或许是为了炫耀引以为豪的技巧和才情,也或许是为了吸引围观的信徒和人群,唐代的画家在描绘佛、菩萨、罗汉、力士之类神祇的时候,常常为他们配上一个扈从众多、载歌载舞的特殊舞台,或是一个有山有水、鸟语

图 7.2
敦煌壁画《反弹琵琶》

花香的自然背景。除了这样的安排,在唐代的佛教绘画如敦煌壁画当中,我们还可以看到,那些颇有幽默感的画家或者画师,在毕恭毕敬描绘佛教神像和故事的时候,还添油加醋地画上了许多不相干的东西,比如耕田、屠狗、放鹰、斗鸡之类。因此,在神圣的画面上,除了神灵鬼怪,我们还可以看到许多世俗的甚至可以说是猥琐的人物,比如商贩、农夫、兵卒、屠夫、厨子、酒鬼、乞丐、小偷、强盗等等。唐代的绘画,比起宋代以后的绘画,更注重情节和故事,也更会讲故事。因此,世俗生活中的朝贺、外交、战争、宴饮、游行、狩猎、农耕和婚丧嫁娶等场景,也基本上是照搬到佛教故事的描绘和解说中去了。

唐代绘画题材由宗教到世俗、由西域到中土的变化,也反映出唐人审美旨趣的变化。

第三节　新技法的创造

唐代绘画像唐代书法一样,对创作技法表现出特别浓厚的兴趣。尽管唐代绘画和绘画理论中也有"写意"的萌芽,但唐代绘画的主导观念,似乎更侧重于如何描绘一个对象,而不是如何表现自我。张彦远在《历代名画记·论画六法》中说:"夫象物必在于形似,形似须全其骨气。骨气形似,皆本于立意而归乎用笔。"他这段话既强调了骨气和立意的重要,也强调了形似和用笔的重要。形似和骨气是造型的两个方面,立意是创作的前提,而用笔则是造型或创作不可或缺的手段。形似(形)、骨气(神、神气、气韵)、意、笔,在此是一个统一而不可分割的整体,其目的都在于如何在画面上描绘出一个真实生动的形象。这是第一位的。这种看法,虽然有走向后世所谓"写意"的倾向,但与元以后的那种轻视形似、强调自我表现、强调以画为寄、以画寓意的主张还是有一段距离的。

从各种历史文献的记载来看,唐代绘画的创造性,最突出的一点表现在绘画技法的突破上。唐代绘画技法的突破,一是力图打破唐以前绘画中那种图案化和公式化的画法,二是为了表现出更真实的形体和色彩感觉,三是为了创造出更新奇、更独特的画面效果。可以说,在绘画技法上,唐代是中国绘画史上最富有创造力的时代之一。

首先是笔法。中国绘画的最大特点是善于用线条来描绘对象物,而线条主要体现为用笔。因此,从东晋顾恺之以后,绘画理论中就特别重视对用笔的讨论。南朝谢赫《画品》中提出的绘画"六法"中,"骨法用笔"是仅次于"气韵生动"的第二法。在唐代的绘画理论中,用笔的问题也受到了特别的重视。在张彦远的《历代名画记》中,就有一节专门论述"顾陆张吴用笔"。

但相对来说,用笔的问题从唐以前到唐以后有一些新的变化。唐以前的用笔理论还比较抽象,只是强调用笔要有骨力,而没有具体讨论如何用笔的问题,而在唐以后,特别是在晚唐张彦远的《历代名画记》和唐末五代荆浩的《笔法记》中,用笔的问题开始有了更为明确的规定和要求。张彦远不但强调用笔与"骨气"的关联,而且强调用笔与"立意"和"意气"的关联,并且依据"书画同体"的推论提出了一个著名的命题——"书画用笔同法"。荆浩在《笔法记》中提出"笔法"的概念,以"气、韵、思、景、笔、墨"为绘画"六要",并且提出了用笔的具体要求:"凡笔有四势,谓筋肉骨气。笔绝而断谓之筋,起伏成实谓之肉,生死刚正谓之骨,迹画不败谓之气。"张彦远和荆浩的用笔理论,既是对前人用笔理论的概括和总结,也是对用笔(线条)在中国绘画中的特殊审美价值的进一步突出和强化。与这种理论相对应的,是唐代绘画在用笔上的变革。相对来说,唐以前的绘画,无论是人物画还是山水画,其用笔大体上都是粗细一律而较少变化,而唐以后的绘画,则在线条的粗细和形态上出现了许多变化。如在人物画中,吴道子创造的"莼菜描",张萱、周昉创造的"铁线描",均已突破过去那种粗细一律的用笔方法。又如在山水画中,唐以前的画法,大体上也是粗细一律的用笔方式,山石和树木的描绘重在轮廓的勾勒,而在唐以后的画法中,则开始出现皴擦的方法,线条有了形态上的变化,在山石和树木的描绘中,除了轮廓的勾勒,更突出了质感和体积感的表现。

其次是设色。看唐代的画,明显的感觉是色彩更为丰富了。张彦远《历代名画记·论画体工用拓写》中曾具列了唐代绘画中的一些主要颜料,有"武陵水井之丹""磨嵯之沙""越嶲之空青""蔚之曾青""武昌之扁青(上品石绿)""蜀郡之铅华(黄丹)""始兴之解锡(胡粉)""林邑昆仑之黄(雌黄)""南海之蚁铆(紫铆)""造粉""燕脂""吴绿""头绿(簩绿)""大青(簩青)"等名目。著名隋唐史学家岑仲勉先生说:"就设色言之,则六朝多用蓝色,隋唐乃色彩繁丽。所用颜料,据美国 R. J. Gttens 分析,共十一种,即烟炲、高岭土、赭石、石青、石绿、朱砂、铅粉、铅丹、靛青、栀黄、红花(胭脂)是也。或言以曾青和碧鱼设色,则近目有光云。"[1]由这些说法可以知道,唐代画家对于如何在画面上创造出绚丽夺目的色彩效果也是极为重视的。这与宋元以后相对较为轻视色彩的绘画观念是不太一样的,尽管唐代已经有水墨画出现,而宋元以后绘画中也有大量的彩色绘画存在。

再其次是用墨。唐以前的画论中,没有用墨的专门讨论。至唐代张彦远的《历代名画记》,才开始讨论用墨的问题。在《历代名画记·论画体工用拓写》中,张彦远提出了"运墨而五色具"的观点,说:"夫阴阳陶蒸,万象错布,玄化亡言,神工独运。草木敷荣,不待丹碌之采;云雪飘扬[当作'飏'——引者],不待铅粉而白。山不待空青而翠,凤不待五色而粹[当作'绰',五色相杂之意——引者]。是故运墨而五色具,谓之得意;意在五色,则物象乖矣。"张彦远的看法,在中国绘画理论史上,首次肯定了墨在绘画中的特殊地位和价值。到了唐末五代的荆浩,则将笔、墨并列于绘画"六要",视为同等重要的表现媒介,并且以笔墨是否协调来评论唐代的画家,认为:"张璪员外……笔墨积微,真思卓然,不贵五彩,旷古绝今……王右丞笔墨宛丽,气韵高清……李将军理深思远,笔迹甚精,虽巧而华,大亏墨彩。项容山人树石顽涩……用墨独得玄门,用笔全无其骨。……吴道子笔胜于象,骨气自高……亦恨无墨。"(《笔法记》)

在唐代的绘画创作中,墨的运用出现了许多新的方法,如在山水画中出现

---

[1] 岑仲勉:《隋唐史》,湖北教育出版社 2000 年版,第 627 页。

了王维的"破墨"法和王洽(王墨)的"泼墨"法。这些新的用墨方法的出现,既深化了对质感、体积、空间、气韵、意境等的表现,也创造出了单以水墨表现物象的水墨绘画形式。这种绘画形式,在宋元以后逐渐成为中国绘画中最能表达文人审美意趣的一种绘画表现方式。

除了上述用笔、用色、用墨上的这些变化,唐代绘画技法的突破还有一个非常显著的特点,即出现了许多超出甚至可以说是违反常规的"另类"画法。

在唐以前的中国绘画史上,也曾出现过一些非正统的、"另类"的画法。如张彦远《历代名画记》卷四引《拾遗录》谓:"烈裔,消魱国人[一本作'列裔,謇涓国人'——引者]。秦皇二年,本国献之。口含丹墨,喷壁成龙兽。以指历地,如绳界之。转手方圆,皆如规矩度。度方寸内,五岳四渎列土备焉。善画鸾凤,轩轩然惟恐飞去。"这种画法,画史多有记载,但并未引起足够的重视。入唐以后,这一类画法的记载日益多了起来,如朱景玄《唐朝名画录》:

> 韦偃,京兆人,寓居于蜀,以善画山水、竹树、人物等,思高格逸。居闲尝以越笔点簇鞍马人物、山水云烟,千变万态,或腾或倚,或龁或饮,或惊或止,或走或起,或翘或跂,其小者或头一点,或尾一抹;山以墨斡,水以手擦,曲尽其妙,宛然如真。

> 张藻员外,衣冠文学,时之名流,画松石、山水,当代擅价。惟松树特出古今,能用笔法,尝以手握双管,一时齐下,一为生枝,一为枯枝。

张彦远《历代名画记》:

> 树石之状,妙于韦鹍[亦作"韦偃"——引者],穷于张通[张璪也——引者]。通能用紫毫秃锋,以掌摸色,中遗巧饰,外若混成。

> 有好手画人,自言能画云气,余谓曰:古人画云,未为臻妙,若能沾湿绡素,点缀轻粉,纵口吹之,谓之吹云。此得天理,虽曰妙解,不见笔踪,故不谓之画。如山水家有泼墨,亦不谓之画,不堪仿效。(卷一)

> 王默,师项容。风颠酒狂。画松石山水,虽乏高奇,流俗亦好。醉后以头髻取墨,抵于绢画。(卷一〇)

符载《观张员外画松石图》:

> 是时,座客声闻士凡二十四人,在其左右,皆岑立注视而观之。员

外居中,箕坐鼓气,神机始发。其骇人也,若流电激空,惊飙戾天。摧挫斡掣,撝霍瞥列。毫飞墨喷,捽掌如裂,离合惝恍,忽生怪状。及其终也,则松鳞皴,石巉岩,水湛湛,云窈眇。投笔而起,为之四顾,若雷雨之澄霁,见万物之情性。

段成式《酉阳杂俎》前集卷六《艺绝》:

> 李叔詹常识一范阳山人,停于私第,时语休咎必中,兼善推步禁咒。止半年,忽谓李曰:"某有一艺,将去,欲以为别,所谓水画也。"乃请后厅上掘地为池,方丈,深尺余,泥以麻灰,日汲水满之。候水不耗,具丹青墨砚,先援笔叩齿良久,乃纵笔豪(毫)水上。就视,但见水色浑浑耳。经二日,榻(搨)以稚绢四幅,食顷,举出观之,古松、怪石、人物、屋木无不备也。李惊异,苦诘之,惟言善能禁彩色,不令沉散而已。

封演《封氏见闻录》:

> 大历中,吴士姓顾,以画山水历抵诸侯之门。每画,先帖绢数十幅于地,乃研墨汁及调诸采色各贮一器,使数十人吹角击鼓,百人齐声唉叫,顾子着锦袄锦缠头,饮酒半酣,绕绢帖走十余币,取墨汁滩写于绢上,次写诸色,乃以长巾一,一头覆于所写之处,使人坐压,己执巾而曳之,回环既遍,然后以笔墨随势开决为峰峦岛屿之状。夫画者澹雅之事,今顾子瞑目鼓噪,有□[原缺一字——引者]戟之象,其画之妙者乎?

以上这些记载,有的属于传说,或许是出于作者的虚构,有的则是实指,历史上确有其人其事。段成式记载的范阳山人,作画类同道教法术,但所用的方法也不是没有可能,所谓"掘地为池""纵笔豪(毫)水上。……榻(搨)以稚绢四幅",即相当于现代中国画中的水拓法。封演记载的那位"以笔墨随势开决为峰峦岛屿之状"的顾姓画家,张彦远《历代名画记》中记载的那位纵口吹云的"好手画人",朱景玄记载的"以越笔点簇鞍马人物、山水云烟"的韦偃,朱景玄、张彦远和符载记载的"手握双管,一时齐下"的张璪,以及张彦远记载的"醉后以头髻取墨抵于绢画"的王默(王墨),其画法都有些不同寻常,简直可以称得上是唐代的"先锋派"或"前卫艺术家"。还有像张彦远《历代名画记》卷九记载的唐代画家吴道子"好酒使气,每欲挥毫,必须酣醉",也多少有些表演的性质和"另类"的做派。

这些画法,虽然在当时并非都被认可,但也从一个侧面反映出唐代绘画在技法上的大胆创新。这种以狂怪为特征的绘画,事实上在晚唐时已被部分接受,并且被认为是一种新的品类。朱景玄在《唐朝名画录》中称之为"逸品"。他说:"以张怀瓘画品断神妙能三品定其等格,上中下又分为三。其格外有不拘常法,又有逸品,以表其优劣也。"在"逸品"的范围内,他列举了三个画家即王墨、李灵省和张志和,并附记云:

> 王墨者,不知何许人,亦不知其名,善泼墨画山水,时人故谓之王墨。多游江湖间,常画山水松石杂树。性多疏野,好酒。凡欲画图幛,先饮醺酣之后,即以墨泼,或笑或吟,脚蹙手抹,或挥或扫,或淡或浓,随其形状为山为石为云为水。应手随意,倏若造化。图出云霞,染成风雨,宛若神巧,俯观不见其墨污之迹,皆谓奇异也。

> 李灵省,落托不拘检。长爱画山水,每图一幛,非其所欲,不即强为也。但以酒生思,傲然自得,不知王公之尊重。若画山水竹树,皆一点一抹,便得其象,物势皆出自然。或为峰岭云际,或为岛屿江边,得非常之体,符造化之功,不拘于品格,自得其趣尔。

> 张志和,或号烟波子。常渔钓于洞庭湖。初颜鲁公典吴兴,知其高节,以渔歌五首赠之。张乃为卷轴,随句赋象,人物舟船鸟兽烟波风月皆依其文,曲尽其妙,为世之雅律,深得其态。

> 此三人非画之本法,故目之为逸品,盖前古未之有也,故书之。

朱景玄列举的这三个画家,有三个共同特点,即都为隐逸之士,都是不拘细行的性情中人,都是把绘画当成即兴表演或随意发挥的人。而他们的画法,则属于"格外不拘常法"和"非画之本法"的"另类"画法。

这些画法在唐代虽然不占主流①,但隐然已经预示着一种新的审美追求。到北宋初期,这种"格外不拘常法"和"非画之本法"的作品,因其与众不同而被

---

① 比如王墨的泼墨,朱景玄认为是"非画之本法"。张彦远《历代名画记·论画体工用拓写》中也提出批评说:"山水家有泼墨,亦不谓之画,不堪仿效。"为什么不堪仿效?因为"不见笔踪",也就是看不出用笔和线条。这与张彦远和唐代绘画理论家一般来说非常重视用笔的审美旨趣是不相合的。

视为最具创造力的天才作品。在北宋黄休复的《益州名画录》中,"逸格"位居"神格""妙格"和"能格"之上,并且以"自然"代替"不拘常法"和"非画之本法"来作为这一类绘画作品的基本规定。他说:"画之逸格,最难其俦。拙规矩于方圆,鄙精研于彩绘,笔简形具,得之自然,莫可楷模,出于意表,故目之曰逸格尔。"在"逸格"的名义之下,黄休复只列举了唐末的一位画家——孙位(亦作"孙遇"),介绍说:"孙位者……号会稽山人,性情疏野,襟抱超然,虽好饮酒,未曾沉酩。禅僧道士常与往还。豪贵相请,礼有少慢,纵赠千金,难留一笔,唯好事者得其画焉",所画"天王部众,人鬼相杂,矛戟鼓吹,纵横驰突,交加戛击,欲有声响,鹰犬之类皆三五笔而成……松石墨竹,笔精墨妙,雄壮气象莫可记述。非天纵其能,情高格逸,其孰能与于此邪"。又据北宋郭若虚《图画见闻志》卷二《纪艺上》记载,孙位"志行孤洁,情韵疏放。……善画人物、龙水、松石墨竹,兼长天王鬼神,笔力狂怪,不以傅彩为功"。从黄休复和郭若虚的描述来看,孙位在性格、气质和绘画上的表现,与朱景玄列举的三个"逸品"画家王墨、李灵省和张志和,实际上可以视为同路人。

第四节　水墨画的产生

如上所述,唐代绘画技法的突破中,墨法占有非常重要的地位。墨的运用和墨的审美价值的重视,为水墨绘画的产生奠定了坚实的艺术基础和理论基础。唐末五代山水画家荆浩认为,墨法或水墨画法是唐代特有的贡献,他在《笔法记》中说:"夫随类赋彩,自古有能。如水墨晕章,兴吾唐代。故张璪员外树石,气韵俱盛,笔墨积微,真思卓然,不贵五彩,旷古绝今,未之有也。"

一、水墨技法的表现

唐代水墨画的产生,一般认为是受到了吴道子一派"白画"(白描画、墨线画)的启示。朱景玄《唐朝名画录》中说:"每观吴生画,不以装背为妙,但施笔绝踪,皆磊落逸势。又数处图壁只以墨踪为之,近代莫能加其彩绘。"现代画家和古画鉴定家谢稚柳先生说:"水墨人物画,照历来所称,就是'白描',是单以墨线条来描绘而不再加颜色。"又说:"王维,遵循了吴道子的画派,占领了水墨画的领域,成为水墨山水画的鼻祖。"①据张彦远《历代名画记》记载,唐代两京和外州寺观壁画中有很多类似于粉本的"白画",主要以吴道子、董谔和杨庭光等人为代表。这些没有上色(或者预备事后由"工人布色"却没有来得及布色)的"白画",都是用墨线勾勒的,与上了色的彩画有明显的差别。此外,据记载,吴道子还发明了一种新的画法,即以墨线勾勒,然后在墨线上略施淡彩,当时称为"吴装"。这种绘画,仍然是以墨线作为主要的表现手段,在艺术效果上,与没有上色的"白画"当属于同一类型的绘画。

除了人物画,吴道子也可能画过水墨山水画或白描山水画。朱景玄《唐朝名画录》中记载:"明皇天宝中忽思蜀道嘉陵江水,遂假吴生驿驷,令往写貌。及回日,帝问其状,奏曰:臣无粉末,并记在心。后宣令于大同殿图之,嘉陵江三百余里山水,一日而毕。时有李思训将军山水擅名,帝亦宣于大同殿图,累月方毕。明皇云:李思训数月之功,吴道子一日之迹,皆极其妙也。"吴道子画"嘉陵江三百余里山水,一日而毕",其速度之快不可能像李思训那样精细刻画,甚至也不可能像李思训的山水施以金碧辉煌的色彩。荆浩在《笔法记》中曾批评吴道子的画"有笔而无墨",可能指的是他的山水画而不是他的人物画,因为荆浩是在把他同项容、李思训、王维、张璪等人进行比较时得出这一结论的,而项容等人都是以山水画著名的画家。

据朱景玄《唐朝名画录》和张彦远《历代名画记》的记载,唐代的水墨画,主要表现在山水画和花鸟画(或动植物画)当中。花鸟画中,张彦远曾提到殷仲容画花鸟"或用墨色,如兼五采"的例子。殷仲容(633—703年)主要活动于唐高宗和武则天时代,是初唐著名的书法家和画家。殷仲容出生时间早于吴道子,因此可以说,唐代的水墨画并不全都来源于吴道子一派的"白画",其起源可能更早。说水墨画源自吴道子画派,主要是从水墨山水画的成立来讲的,因为王维的山水画直接受到了吴道子的影响。朱景玄《唐朝名画录》中说王维"画山水松石,踪似吴生,而风致标格特出"。

从唐代的绘画史来看,严格意义上的水墨画尤以山水画居多。其中,主要的代表有王维、张璪、项容、王墨(王默或王洽)、孙位等人。张彦远《历代名画记》中所谓"夫阴阳陶蒸,万象错布,玄化亡言,神工独运。草木敷荣,不待丹碌

---

① 张春记编:《谢稚柳谈艺录》,河南美术出版社2001年版,第3—4页。

之采；云雪飘扬，不待铅粉而白。山不待空青而翠，凤不待五色而粹。是故运墨而五色具"，指的就是山水画。据符载、朱景玄、张彦远和荆浩的记载，王维、张璪、项容、王墨（王默或王洽）的山水画都是善于用墨，其中，王维发明了破墨，王洽发明了泼墨，张璪"毫飞墨喷"，项容"用墨独得玄门"。而且，在他们的山水画中，已经有了皴、擦、染、留白等技法的运用，墨色出现了浓淡深浅的变化。

在唐代，水墨画还是一种新的技法和新的绘画表现形式，还不像宋元以后那样普遍。像被称为"水墨山水画鼻祖"和"文人画之祖"的王维，他的山水画也并不都是水墨画，也不完全是明代董其昌等人所推崇的那种以平淡天真为特点的所谓"文人画"。张彦远《历代名画记》卷一○中说："王维……工画山水，体涉今古。人家所蓄，多是右丞指挥工人布色，原野簇成，远树过于朴拙，复务细巧，翻更失真。清源寺壁上画辋川，笔力雄壮，常自制诗曰：当世谬词客，前身应画师。……余曾见破墨山水，笔迹劲爽。"可知王维的山水画风格是多样的，所谓"破墨山水"只是其中的一种风格，而他的用笔，则是以"笔力雄壮""笔迹劲爽"或朱景玄《唐朝名画录》中所谓"怪生笔端"为特点的。

尽管如此，水墨画的出现，在唐代和中国绘画史上来看，仍然是一个具有重大美学意义的艺术现象。它不仅拓展了绘画的表现范围，完善了绘画的表现技法，奠定了宋元以后水墨画发展的基础，而且也为文人审美意识的表达提供了一种重要的表现形式。荆浩在《笔法记》中提出的"画有六要：一曰气，二曰韵，三曰思，四曰景，五曰笔，六曰墨"中，"气"与"韵"被视为两种不同的审美要求。这种看法与他将"笔"与"墨"相提并论的看法是一致的。而且，当他把谢赫的"气韵"拆开为两个概念时，实际上也就更加突出了"韵"的特殊地位，而这种突出，也是与他对"墨"的重视分不开的。因此，也可以说，水墨画的产生，在中国绘画史上还有一个重要的作用，就是在审美观念上推动了中国绘画由重视形似、骨气逐渐向重视韵味、意趣、意境转变。

二、写实到写意的变迁

与水墨技法的产生密切相关的，是唐代绘画尤其是山水绘画中"写意"倾向的出现。张彦远在《历代名画记·论画体工用拓写》中说："运墨而五色具，谓之得意；意在五色，则物象乖矣。"可知，水墨的使用，是具有"写意"的特点的。所谓"得意"，也可以说就是"写意"。

在绘画造型或形象的塑造上,唐代绘画总的来看是写实的(即所谓"形似"或"形神兼备")。柳诒徵先生认为:"唐画专以工细象形为主,非后世之写意画,潦草简率,谓得神似也。"①但此说也未必尽然。

据张彦远的说法,唐代乃至唐代以前就存在两种不同风格的绘画,即疏体和密体。他在《历代名画记·论顾陆张吴用笔》中说:"张、吴之妙,笔才一二,像已应焉,离披点画,时见缺落,此虽笔不周而意周也。若知画有疏密二体,方可议乎画。"他说的"张"是指南朝梁的画家张僧繇,而"吴"则是指唐代画家吴道子。张僧繇和吴道子都以画佛教绘画尤其是地狱变相著称,据张彦远看来都是用笔简略粗放一类的疏体绘画,而且都是以"笔才一二,像已应焉,离披点画,时见缺落,此虽笔不周而意周"为主要特点的。这种风格的绘画,很明显地带有写意或追求写意的倾向。以吴道子为例,《宣和画谱》卷一说他画画"落墨已即去,多命琰〔吴的弟子翟琰——引者〕布色。盖人物精神,只在约略浓淡之间,而道玄辄许可。"这种画风与元代文人画家倪瓒所谓"逸笔草草,不求形似,聊以自娱耳"的画风虽不能等同,但精神上是相通的。

因此,虽然总体上唐代的绘画是偏于写实的,也就是说,它的注重点是物象的描绘而不是自我的表现,但其中也包含着后世所谓"写意"的萌芽。除了吴道子那种"笔才一二,像已应焉"的人物画和"嘉陵江三百余里山水,一日而毕"的山水画,王维、张璪、王墨、李灵省、张志和那些隐逸之士的山水画,应该说都带有明显的抒情的意味。

此外,唐代的花鸟画或动植物画中,也同样包含有"写意"的萌芽。如唐代最著名的画竹名家萧悦。白居易《画竹歌并引》中说:"协律郎萧悦善画竹,举时无伦,萧亦甚自秘重,有终岁求其一竿一枝而不得者。"并歌咏其画竹云:

> 植物之中竹难写,古今虽画无似者。萧郎下笔独逼真,丹青以来惟一人。人画竹身肥拥肿,萧画茎瘦节节竦。人画竹梢死赢垂,萧画枝活叶叶动。不根而生从意生,不笋而成由笔成。野塘水边欹岸侧,森森两丛十五茎。婵娟不失筠粉态,萧飒尽得风烟情。举头忽看不似画,低耳静听疑有声。西丛七茎劲而健,省向天竺寺前石上见。东丛八茎疏且寒,忆曾湘妃庙里雨中看。幽姿远思少人别,与君相顾空长

① 柳诒徵:《中国文化史》(下卷),上海古籍出版社 2001 年版,第 525 页。

叹。萧郎萧郎老可惜，手颤眼昏头雪白。自言便是绝笔时，从今此竹

尤难得。

萧悦的作品今已无从得见，但从白居易所谓"萧画茎瘦节节竦""萧画枝活叶叶动""不根而生从意生，不笋而成由笔成""婵娟不失筠粉态，萧飒尽得风烟情。举头忽看不似画，低耳静听疑有声"等描述来看，他的画虽然"逼真"，但很明显带有写意或以竹的形象来寄寓某种"远思"的特点。

事实上，唐代绘画中，存在着两种不同的风格和趣味。如果拿水流来比喻，那么，笔法与色彩并重、用笔工致、色彩绚丽、注重形神兼备或者注重对象描绘、具有写实风格的那一类绘画是主流，而用笔简略或偏于水墨即张彦远所谓"运墨而五色具"或荆浩所谓"水墨晕章"、带有写意倾向的那一类绘画是潜流。从整个唐代的绘画尤其是人物画和动植物画来看，"潦草简率，谓得神似"的绘画几乎没有，在山水画中，虽然有王墨那样"应手随意"的泼墨画，但也不占主流。但随着文人趣味的日益凸显和绘画、文学、书法之间的相互渗透，原先作为潜流的那一类绘画便不断涌现出来，到了宋元尤其元代以后，便逐渐演变成了中国绘画的主流。而原先作为主流的那种绘画反倒退居到了次要的地位，或者说反倒成为潜流了。

因此，后世所说的"文人画"也好，"写意画"也好，在唐代都可以找到它的渊源。但必须指出的是，唐代画论中所说的"意"，与宋元以后所说的"意"仍有非常明显的差别。

"意"的概念在宋以后频繁地出现在各种绘画史论包括绘画批评著作当中。这个"意"与唐代绘画史论和绘画批评著作中的"意"，如张彦远《历代名画记》中所说的"得意""立意"，并不完全相同。宋以后所说的"意"常常同"理""韵""趣""士气""书卷气"等概念联系在一起，带有明显的道家和禅宗思想的色彩，在审美表现上多以含蓄、优雅、天真、平淡为特质。而唐代如张彦远所说的"意"，则通常与"意气""神气""骨气""气力""气势""气象"等概念联系在一起，在审美表现上多以刚健、雄伟、劲爽、遒劲等为特质。而且，虽然唐代的画论突出了用墨的意义，但除了唐末五代时期的荆浩，初唐的彦悰、李嗣真，盛唐的张怀瓘，中晚唐的朱景玄和张彦远等人论画，基本上还是以突出用笔的价值为主。而在他们对用笔的各种要求中，"骨气"或"力"的表现是最基本的要求。所谓"意"，也正

与充满"骨气"或"力"的用笔相表里。他们所推崇的画家,主要还是阎立本、李思训、吴道子、王维、张璪、周昉这样一些技法精妙、风格遒劲的画家。这是唐代绘画最基本的审美价值取向。

第五节　文人画的肇始

明代画家董其昌在《画旨》中认定:"文人之画,自王右丞始。"王右丞即王维。从整个中国绘画史来看,文人画的产生并不是一个突然发生的历史事件和文化现象,而是数百年甚至上千年历史演变的结果。自魏晋南北朝以后,文人便大量介入绘画的创作和批评,并且开始了系统的理论总结。魏晋南北朝时期的著名画家如荀勖、张墨、卫协、王廙、顾恺之、史道硕、戴逵、陆探微、宗炳、王微、顾骏之、谢赫、毛惠远、张僧繇、杨子华、田僧亮、曹仲达等人,都不是普通的工匠,而是有知识、有文化的朝廷官员或江湖隐士。这些人物的出现,改变了汉魏以前绘画多半出自工匠之手的局面,形成了主要基于文人喜好的绘画语言、价值标准和思想主张。这些都为日后文人画的产生和流行奠定了基础。

从创作主体的角度来说,文人画的创作主体是文人士大夫。唐张彦远在《历代名画记》卷一中说:"自古善画者,莫匪衣冠贵胄、逸人高士,振妙一时,传芳千祀。"所谓"文人画""士夫画"与"画工画""工匠画"的区分,最初主要是从画家的身份或主体的修养上来说的,并由此引出对两种不同画风的分判。在魏晋南北朝时期,虽然还没有"文人画"或"士夫画"之类的说法,但有一个意思相近的概念,即"士体"。张彦远《历代名画记》卷六引谢赫评刘绍祖的话说:"善于传写,不闲构思,鸠敛卷帙,近将兼两。宜有草创,综于众本,笔迹调快,劲滑有余。然伤于师工,乏其士体。其于模写,特为精密。"说明"士体"的概念在南朝已经出现。到了初唐时期,这个概念还被一些评论家所采纳,如在同书张彦远引初唐评论家彦悰评郑法轮的话说:"法轮精密有余,不近师匠,全范士体。"据谢赫和彦悰的看法,"士体"是与"师工"或"师匠"(工匠画)相对的一种绘画风格,这与后来文人画家们的看法是一致的。但谢赫和彦悰对"士体"的规定还不是十分明确,而且两人的看法也有些互相矛盾。前者似乎认为"士体"的特点是不尚模仿、不尚精密,而后者除了肯定其不尚模仿,恰恰又认为它的特点是"精密有余"。对于这两个人的看法,张彦远在《历代名画记》中有一个评价,说:"详观谢赫评量,最为允惬。""僧悰之评,最为谬误,传写又复脱错,殊不足看也。"根据张彦远的这个评价来看,谢赫对"士体"与"师工"(匠体)的区分更足以采信。因此所谓"士体"的特点应该主要是不尚精密。

从创作技法上说,在魏晋南北朝至唐代,也出现了两种"画体",即"疏体"和"密体"。"疏体"与"密体"主要是从用笔是否周密、细致的角度上来加以区分的。"疏体"用笔简略,比较接近后世的写意画;"密体"用笔周密,比较接近后世的工笔画。而从审美旨趣上看,则似乎前者更符合后世文人画的理想。

"疏体"和"密体"作为一种绘画风格,据张彦远的说法是产生于魏晋南北朝时期,而作为绘画理论概念,则是由张彦远本人在《历代名画记》一书中提出来的。这也说明,"疏体"与"密体"的分流,在唐代已经变得更为明显了。张彦远在《历代名画记·论顾陆张吴用笔》中说:"若知画有疏密二体,方可议乎画。"他所说的"疏体"和"密体",主要的区分是在用笔。他说:"又问余曰:'夫运思精深者,笔迹周密,其有笔不同者谓之如何?'余对曰:'顾陆之神,不可见其盼际,所谓笔迹周密也。张吴之妙,笔才一、二,像已应焉,离披点画,时见缺落,此虽笔不周而意周也。'"按照张彦远的理解,顾恺之、陆探微"笔迹周密",属于"密体",而张僧繇、吴道子"离披点画,时见缺落",属于"疏体"。而且,他还指出,张僧繇和吴道子的画虽然笔迹简略,但意思周全,具有偏重于表现"意"的特点。这种倾向,与后世文人画之不重形似而重气韵和意趣的审美取向,也是类似的。

从创作观念上说,从魏晋以后,受玄学和佛学的影响,中国绘画理论中已经开始出现了一种要求超出"形"的描绘而注重于"神"的表现的理论,如顾恺之"写神说"、宗炳"畅神说"和谢赫"气韵说"等。这些理论所代表的价值取向事实上都被后来的文人画家所吸收,而且被后世的文人画家奉为圭臬。

因此可以说,从魏晋到唐的这一段绘画历史,虽然总的倾向是比较偏重于客观物象的描绘,而不像苏东坡、米芾以后那样看重主观情感的表现,但创作主体的变化,以及由此带来的技法和观念上的变化,则为文人画在宋元以后的大发展准备了条件。

到了唐代,文人士大夫参与绘画创作的程度越来越深,再加上唐代以诗赋、书法取士的传统,以及山水画的兴盛,绘画的"文人化"或绘画中文人趣味的表现也越来越明显。

傅抱石先生在区分南北宗绘画时说:"在朝的绘画,即北宗。1. 注重颜色骨法。2. 完全客观的。3. 制作繁难。4. 缺少个性的显示。5. 贵族的。在野的绘画,即南宗,即文人画。1. 注重水墨渲染。2. 主观重于客观。3. 挥洒容易。4. 有自我的表现。5. 平民的。"①按照这个标准来看,唐代还没有多少"标准"的文人画家,因为这个时候的画家,虽然有些偏重于"水墨渲染",偏重于"主观",偏重于"挥洒容易",偏重于"平民"("平民"可能不准确,应该主要是偏重于"在野的"即隐逸文人的趣味),但他们——包括被董其昌推尊为文人画创始人的王维在内,在描绘客观物象方面,都还不完全是元以后倪瓒所倡导的那种"逸笔草草""不求形似"的风格。

从历史上有关唐代绘画的一些记载来说,唐代确实有许多在画法上接近后世文人画的作品,如吴道子的"笔不周而意周"的"疏体"人物画,韦偃、张璪的带有皴擦效果的山水画,张志和、李灵省、王墨的用笔简略、带有个人表现色彩("自得其趣")的山水画。这些作品中那种随性而为的、即兴式的表现方法,确实也对后来的绘画产生了影响。但唐代的"文人画"或唐代绘画中的文人化倾向,主要的表现应该说是在它的审美取向或精神旨趣上。

现代画家和学者陈师曾曾在《文人画之价值》一文中说:"何谓文人画?即画中带有文人之性质,含有文人之趣味,不在画中考究艺术上之工夫,必须看出许多文人之感想,此所谓文人画。"②

什么是"文人之趣味"? 或许可以用一句很通俗的话来概括:不把画当画。或者说,不为画而画。此一特点在张彦远的《历代名画记》卷二中有很明确的说法,他说:"意不在于画,故得于画。"南宋的邓椿也在《画继》中说:"画者,岂独艺之云乎?"他们的意思都是说,画家不应以"画"为唯一目的和最终目的。

所谓"不把画当画"或"不为画而画",具体来说又主要表现在三个方面:以学问入画,以诗(诗歌)入画,以书(书法)入画。而由此衍生出来的审美趣味,也可以概括为三点:重道理(或者说重"本质"、重"事物的内在精神",即在画中见出学问和思想的趣味),重意境(即在画中见出诗的趣味),重笔墨(即在画中见出书法的趣味)。

首先,是以学问入画,注重于"道理""本质"和"事物的内在精神"等的表现,

① 傅抱石:《中国绘画变迁史纲》,第 43 页。
② 陈师曾:《文人画之价值》,载刘梦溪主编《中国现代学术经典·鲁迅 吴宓 吴梅 陈师曾卷》,河北教育出版社 1996 年版,第 813 页。

在绘画中,也就是注重于"形"之外的"神""气韵"等的表现。

《论语·里仁》中说:"士志于道。"又《论语·述而》中说:"志于道,据于德,依于仁,游于艺。"中国古代文人的修养在先秦时期被统称为"道艺",而在"道""艺"之中,"道"又是主要的。自孔子的时代以来,中国古代的"士"或文人士大夫就常常以"道"自任,把对"道"的体认和践履看作是他们安身立命的首要任务。因此从"道"的立场上看,没有什么纯粹的"艺",一切的"艺"都是为了表现"道"、实现"道"的。

然而"道"是什么?在艺术中,包括在绘画中,通常表现的就是一种形而上的思想或理想。有时是一种明确的观念,有时则可能只是一种超越形骸之外的情绪。中国绘画理论中的"神""气韵""意""理""生意""生理""意趣"等等,都是"道"的不同表现。正如法国当代画家巴尔蒂斯所说:"物象的背后,还有另外一种东西,一种眼睛所不能见到但可以用精神去感觉到的真实存在。中国古代大师之所以高明,能征服后人,能征服我们,就在于他们捉住了这种东西,并且完美地把它表现出来。"①中国画家从顾恺之以后就强调"以形写神",其目的也可以说就在于注重"道"或"真实存在"的表现。或者反过来说,中国绘画从顾恺之以来,就不主张绘画仅仅以"形"的描绘为目的和满足。

从这一点来看,唐代的绘画中确实有一种要求超出"形"的局限以表现对象的"神""气韵"与"意",进而表现天地之"道"或"理"的倾向。如符载《观张员外画松图》中说:"观夫张公之艺非画也,真道也。当其有事,已知夫遗去机巧,意冥玄化,而物在灵府,不在耳目。故得于心,应于手,孤姿绝状,触毫而出,气交冲漠,与神为徒。"朱景玄《唐朝名画录》中说:"画者,圣也。盖以穷天地之不至,显日月之不照。挥纤毫之笔则万类由心,展方寸之能而千里在掌。至于移神定质,轻墨落素,有象因之以立,无形因之以生。"又张彦远《历代名画记·论画六法》中说:"古之画,或遗其形似而尚其骨气,以形似之外求其画,此难与俗人道也。……以气韵求其画,则形似在其间矣。……夫象物必在于形似,形似须全其骨气,骨气形似,皆本于立意而归乎用笔。"以上这三种说法,意思是差不多的,即都认为绘画不只是"形"(形与色)的描摹,它还有或者必须有"形"之上的追求。而这一点,正是中国文人画的灵魂。

---

① [法]巴尔蒂斯:《巴尔蒂斯论艺术》,啸声译,载《美术家通讯》1995 年第 8 期。

其次,是以诗入画,注重于意境的表现。中国绘画之重视意境,一方面是受到了哲学包括先秦道家、魏晋玄学和唐宋佛学等等的影响,另一方面也是受到了诗歌或文学的更为直接的影响。

在中国古代文人的知识修养中,诗或文学是一种最基本的修养。正如陈师曾所指出的:"试问文人之事何事邪?无非文辞诗赋而已。文辞诗赋之材料,无非山川草木、禽兽虫鱼及寻常目所接触之物而已。其所感想,无非人情世故、古往今来之变迁而已。"①

所谓"文人画",自然也就是能够从其中见出文人的修养和思想情感的画。而诗,也就成为其中不可或缺的质素。

画与诗发生关系的历史,可以追溯到东晋的顾恺之。《晋书·顾恺之传》云:"恺之每重嵇康四言诗,因为之图,恒云:'手挥五弦易,目送归鸿难。'嵇康《赠秀才入军诗》云:'目送归鸿,手挥五弦,俯仰自得,游心太玄。'"但画与诗的关系成为一个理论问题则是在宋代。郑午昌《中国画学全史》称宋以后的中国绘画为中国绘画的"文学化时期"。所谓"文学化时期",一个直观的特点就是文学向绘画的渗透。比如,北宋时期已经有"画是有形诗,诗是无形画"这样流行的说法。当时翰林图画院的图画考试也常以诗为题,如"野水无人渡,孤舟尽日横"之类。而且,用文学的或诗的眼光、标准来看画论画也是从宋代开始的。

但在绘画中表达诗的意趣,或者用绘画的语言来表现诗的意境,在唐代也可以找到许多例子。如郭若虚《图画见闻志》卷五记载:

> 唐郑谷有雪诗云:乱飘僧舍茶烟湿,密洒歌楼酒力微。江上晚来堪画处,渔人披得一蓑归。时人多传颂之。段赞善善画,因采其诗意景物图写之,曲尽潇洒之思。持以赠谷,谷珍领之,复为诗寄谢云:赞善贤相后,家藏名画多。留心于绘素,得事在烟波。属兴同吟咏,功成更琢磨。爱余风雪句,幽绝写渔蓑。

郑谷(约851—约910年)是唐末著名诗人,僖宗朝进士,江西袁州(今江西宜

---

① 陈师曾:《文人画之价值》,载刘梦溪主编《中国现代学术经典·鲁迅 吴宓 吴梅 陈师曾卷》,第814页。

春)人,可知段赞善为唐末画家。① 这则故事不仅说明诗与画是相通的,而且说明诗的情景和意趣可以用绘画来表达。

在唐代,最著名的文人画家当然是王维。王维的画入宋以后的地位越来越高,到明清之际达到极点。宋人之推崇王维的画,主要看重的是他画中表现的"诗意"。苏东坡在《书摩诘蓝田烟雨诗》中说:"味摩诘之诗,诗中有画;观摩诘之画,画中有诗。"这个评论在古代几乎成为对王维画的定评。宋以后的人推崇王维的画,多半也是把他作为"诗中有画""画中有诗"的典型来看待。甚至董其昌认定王维是文人画的创始人,主要理由恐怕也正在于此(间或还有王维杰出的诗人身份、精通音乐和佛学的文化人身份和逍遥自适的隐士身份)。

诗歌与绘画,一为语言艺术,一为造型艺术。它们的相通与融合不在于形式上,而在于精神上。具体地说,即是在于情感和想象上。

中国的诗歌历来强调比兴,并且长于抒情,这种要求和特点是可以与绘画相互融通的。中国绘画一直以来都反对把单纯描写事物的形色、形态作为目的,而主张要有所"寄托",要表现出某种耐人寻味的"意思",如清代画论家盛大士所说:"作诗须有寄托,作画亦然。旅雁孤飞,喻独客之飘零无定也;闲鸥戏水,喻隐者之徜徉肆志也。松树不见根,喻君子之在野也;杂树峥嵘,喻小人之昵比也。江岸积雨,而征帆不归,刺时人之驰逐名利也;春雪甫霁,而林花乍开,美贤人之乘时奋兴也。"(《溪山卧游录》卷二)盛大士所谓"寄托",即古代诗学中所谓"比兴"。在这种情况下,画家所要表达的就是一种情感的象征。

此外,中国的诗歌,乃至于全人类的诗歌,作为一种语言艺术来讲都有一个共同的特点,就是长于想象。想象的特点是可以离开眼前的现实,或者说可以不受当下视觉经验的局限。这就为意境(意想中的境界)的创造提供了一个重要的心理契机。而自然的景象通过想象的作用,再加上情感的发抒,便构成了某种特殊的意境。如清代画家布颜图所说:

> 境界因地成形,移步换影,千奇万状,难以备述。……吾姑举其大略而言之,如山则有峰峦岛屿,有眉黛遥岑;如水则有巨浪洪涛,有平溪浅濑;如木则有茂树浓阴,有疏林淡影;如屋宇则有烟村市井,有野舍贫家。

---

① 段赞善,疑为"段赞善"。赞善是官名,即赞善大夫的省称。唐代有画家名为段去惑,郭若虚所指或为此人。

若绘峰峦岛屿,必须……令观者飘然有霞[当作"遐"——引者]举之思。若绘眉黛遥岑,必须……令观者旷然有千里之思。若绘巨浪洪涛,必须……令观者浩然有湖海之思。若绘平溪浅濑,必须……令观者悠然有濠上之思。若绘茂树浓阴,必须……令观者有爽然停骖待晚之思。若绘疏林淡影,必须……令观者凄然而动闾里之思。若绘烟村市井,必须……令观者欣然有入市沽酒之思。若绘野舍贫家,必须……令观者倏然有课农乐野之思。以上情景,能令观者目注神驰,为画转移者,盖因情景入妙,笔境兼夺,有感而通也。(《画学心法问答》)

诗与画,都在于情与景的感通。南宋周密《浩然斋雅谈》卷上引北宋翰林学士田锡诗云:"竹色迎秋清似画,别情因景化为诗。"如果说它们之间有所区别,则诗侧重于情而画侧重于景。但有"画意"的诗必须借景以抒情,并化情为景;而有"诗意"的画则必须因情以造景,化景为情。在唐代绘画中,最能体现这种融合的是山水画。而在唐代的山水画家当中,最著名的也是那些精通诗歌、喜欢饮酒、行为不拘检的文人或隐士,如卢鸿、郑虔、王维、张璪、顾况、张志和、王墨等。因此也可以说,唐代文人画的主要代表是唐代的一些文人山水画家。

最后,是以书入画,注重于笔墨趣味的表达。

注重笔墨趣味,是苏东坡、米芾以后文人画的一个主要特点,其极端形式是所谓"墨戏"或"墨戏画"。在宋元以后的文人画中,笔墨被视为一种"游戏",实际上也就是被视为一种具有独立观赏价值的艺术表现媒介。

像诗歌一样,书法作为表达思想的一种手段和知识人身份的象征,也是中国古代文人士大夫的专擅。在中国古代,有不会写字的工匠,但绝没有不会写字的文人(不识字或知识水平很低的工匠自然谈不上什么书法)。当文人还没有参与绘画创作的时候,书法与绘画之间并没有什么直接的关系,但自从文人参与绘画创作之后,书法与绘画的关系就成了一个无法回避的问题。最早谈到这个问题的是南朝的王微。王微在《叙画》中说:"辱颜光禄[即颜延之——引者]书。以图画非止艺行,成当与《易》象同体。而工篆隶者,自以书巧为高,欲其并辩藻绘,核其攸同。"不过,王微在这里只是批评书法不如绘画的观点,指出绘画与书法的不同,目的是为绘画的地位辩护,还没有指出书法与绘画的融通。真正意识到绘画与书法可以相通的是唐代的张彦远。在《历代名画记》中,张彦远通过"书画同体"的考察,提出了"书画同笔同法""工画者多善书""画之臻妙,亦犹于书"等命题。这些命题自宋以后便得到许多画家和绘画理论家的附和,并最终成为一种共识,继而成为后世文人画理论的一个核心思想。

而在具体的创作当中,将书法融入绘画则是文人画的一贯做法。如北宋米芾《画史》中谈到:"江南陈常以飞白作树石,有清逸意。人物不工,折枝花亦以逸笔一抹为枝,以色乱点,画欲夺造化,本朝妙工也。"元代文人画家赵孟頫《秀石疏林图卷》的题款上说:"石如飞白木如籀,写竹还与八法通。若也有人能会此,方知书画本来同。"元代画竹名家柯九思说:"尝自谓写竿用篆法,枝用草书法,写叶用八分法,或用鲁公撇法。木石用折钗股、屋漏痕之遗意。"(《画竹谱》)明代董其昌说:"善书必能善画,善画必能善书,其实一事耳。"(《画禅室随笔·画源》)又说:"士人作画,当以草隶奇字为之:树如屈铁,山如画沙,绝去甜俗蹊径,乃为士气。"(《画禅室随笔·画诀》)在米芾、赵孟頫、柯九思、董其昌等典型的文人画家看来,书法的运用或以书法的笔法来从事绘画,是文人画之所以成为文人画的必要条件。

这种情况,以及这种思想的发生,是从唐代开始的。就思想上来说,张彦远就是最主要的代表。他的"书画同笔同法""工画者多善书""画之臻妙,亦犹于书"等命题,虽然没有明确地说要把书法的用笔融合到绘画中去,但从他对历代画家的那些评论可以看出,他看重的是绘画的用笔(或"笔迹""笔踪")。而用笔的好坏,与画家的书法修养是有很大关系的。

唐代是一个书法非常兴盛的时代。国家以书法取士,社会上也普遍喜爱书法,因此当时的文人,虽然不必都称为书法家,但至少可以说是懂得书法的。更何况,在唐代的画家当中,也有不少人在当时就是被视为书法家或兼工书画的艺术家的,如李元昌、阎立本、殷仲容、薛稷、李思训、卢鸿、郑虔、王维、张志和、宋令文、韩滉等。被称为唐代"第一"的大画家吴道子,虽然不以书法见称于世,但据张彦远的记载,他曾向当时的书法大家贺知章和张旭学习过书法。而吴道子的画,据张彦远的说法是最长于用笔,线条遒劲飘逸,这种艺术效果的形成,自然离不开书法的影响。

因此,唐代虽然还没有"文人画"的概念,但事实上已经有了文人审美趣味在画面中的大量表现。同时在绘画理论和观念上,也开始形成注重气韵、神气、意境、笔墨表现的文人绘画美学导向。

第八章　唐代绘画的审美意识（下）

　　单就题材而言，唐代画家视野之开阔，描绘对象之多样，好奇心之热烈，想象力之丰富，也可以说是独步古今、空前绝后的。从天堂到地狱，从人类到自然，从中国到外国，几乎无所不包。举凡佛道神祇、妖魔鬼怪、外邦人物、帝王将相、圣人贤哲、高人逸士、妇女儿童、山水树石、鲜花绿草、奇禽异兽、宫观楼阁、车船、器物、珍玩、市肆、田家之类，均在画面上有所表现。

　　按传统的分类，中国画包括人物画、山水画和花鸟画三大类。这三大类绘画中，人物画——包括肖像画和人物故事画——在唐代处在首要的位置。这一方面是唐以前绘画传统的延续，另一方面也与唐代由于较开明的社会环境而使人更热衷于现实的、感性的生活有关。

第一节　人物画

　　唐代绘画史家朱景玄曾明确地将人物画置于各类绘画的首位，他在《唐朝名画录》中说："夫画者以人物居先，禽兽次之，山水次之，楼殿屋木次之。"这与宋代以后以山水画（以及花鸟画）为主的情况是不同的。宋、元、明、清四代，以人物画著称于世的画家，远没有以山水画和花鸟画著称于世的画家多。同时，在画史的编撰方面，宋代的画史著作如北宋郭若虚的《图画见闻志》、刘道醇的《宋朝名画评》和《五代名画补遗》、宋徽宗敕编的《宣和画谱》、南宋邓椿的《画继》，虽然都是把人物画摆在第一的位置来叙述，但其中宋以后的人物画家并不多。而且在绘画专论方面,宋代的山水画论著也因山水画的兴盛而多了起来,如北宋郭熙的《林泉高致》和韩拙的《山水纯全集》,都是在画史上非常重要的作品。到了元代,理论上已经把山水画抬高到了首要的地位。如元代汤垕《古今画鉴·杂论》中说:"世俗论画,必曰有十三科,山水打头,界画打底。"说明把山水画放在首位在当时已经是一种非常流行的看法。到了明、清两代,这种看法已经深入人心,并且已经成为编辑画史者的共识和惯例了。如晚明学者唐志契就提出了一种与唐代朱景玄截然不同的看法,认为"画中惟山水最高,虽人物花鸟草虫,未始不可称绝,然终不及山水之气味风流潇洒"(《绘事微言·画尊山水》)。唐志契之后,清代人所编的画史著作也几乎都是把山水画放在首要的位置来叙述,如沈宗骞的《芥舟学画篇》、郑绩的《梦幻居画学简明》,都是先谈山水而后谈人物。客观地讲,这种绘画历史的叙述方式,既反映了绘画发展的实际情况,也反映了绘画思想和文人士大夫人生态度的历史变迁。比如,唐代的画论家总的来讲都非常看重绘画的教化功能,而后来的画论家则更看重绘画的娱乐、消遣或审美功能(晚明的董其昌甚至还谈到了绘画的养生功能),这种观念上的转变,与绘画本身的发展是相互关联的。

虽然唐代已经出现了山水画和花鸟画,而且取得了很高的成就,但相对于宋元以后的发展情况来说,唐代绘画中成就最大的首先是人物画。在唐代,人物画的地位是最高的,而且精于此道的画家数量也是最多的。从唐代朱景玄的《唐朝名画录》和张彦远的《历代名画记》来看,唐代的画家十之八九都能画人物。比如李思训、王维等人,在绘画史上都是以画山水著称,而他们同时也能画人物。

唐代人物画所画的"人物"包括哪些呢?大致来讲有三类,一是生活中的人物,二是历史中的人物,三是虚构的人物。生活中的人物包括帝王、功臣、贵胄、妇女、儿童、文官、武将、高人逸士、高僧大德和外国人物等在内。这一类绘画,有的是为了表现特定的生活情节,如阎立本的《步辇图》、张萱的《虢国夫人游春图》之类,可称为生活故事画;有的是受命或受托单独描绘人物的容貌,如唐玄宗时代翰林待诏陈闳所画的玄宗"御容"之类,则可称为人物肖像画,在当时称为"写真"。历史人物包括历史上那些有影响的人物如帝王、忠臣、烈士、贞女、圣贤、高士之类,则可称为历史人物画(其中,注重表现历史情节的,也可称为历史故事画)。虚构的人物包括两大类:一是宗教神话人物,包括佛教、道教经典中的人物以及已经被神化的历史人物(如释迦牟尼、老子、关羽等),当时统称为"道释画";二是文学作品中的人物如宋玉笔下的巫山神女之类。这一类人物画,也有两种分别,即有的单独描绘人物(如单画一个释迦牟尼,或单画一个老子),有的则不仅描绘人物而且表现一定的情节,如吴道子的《地狱变相》《送子天王图》等。

从数量上看,唐代人物画中,画得最多的是帝王将相、圣人贤哲、忠臣烈士、神灵鬼怪、僧人道士、贵族妇女、高人逸士之类人物(以贵族妇女为题材的画也称为仕女画,以高人逸士为题材的画则称为高士图)。其中,佛道两教,尤其是佛教中的神鬼人物,则作为一条主线贯穿于唐代人物画史的始终。

从时间上看,唐代人物画的兴盛,主要是集中于初唐、盛唐和中唐三个历史时期。其中,初唐时期成就最高的是以阎立德和阎立本兄弟为代表的肖像画和人物故事画(包括历史故事和生活故事);盛唐和中唐成就最高的是以吴道子为代表的道释人物画和以张萱、周昉为代表的仕女画。

一、"二阎"画派

初唐时期的人物画,比较有影响的有尉迟乙僧和张孝师等人的佛教人物画,范长寿、何长寿等人的风俗图和道教人物画,阎立德、阎立本兄弟的人物写真和人物故事画。相比较而言,二阎兄弟的人物画影响最大,这与初唐时期高祖、太宗二帝更关心现实的政治问题而对佛道两教采取比较理性、克制的态度是有关系的。高祖李渊和太宗李世民虽然都不反对佛教和道教,但他们都不像武则天以后那样执着和迷信于宗教的力量。他们在不反对佛道两教的同时,也大力提倡儒家的纲常道德,主张以"经术"治国。出于维护政局稳定和儒家正统地位的需要,他们都把佛道两教限定在一个可控的范围之内,既没有大规模地兴建佛寺道观,也不鼓励出家为僧为道。相反,他们还出台了很多措施,沙汰僧道,勒令那些不合格的僧道还俗,同时规定都城寺观的数量。因此,这个时候的佛道壁画也还不像以后武则天时代那样盛行。

这个时候,受到朝廷重用的画家是阎立德和阎立本这样的画家,他们的绘画多半是以现实人物和历史人物为题材,以表彰功德、粉饰太平、宣扬政教为目的。

阎立德和阎立本出身于艺术世家。他们的父亲阎毗是北周和隋朝著名的建筑师、工艺师和书画家,隋炀帝时官至将作少监。阎立德在唐高祖时任尚衣,唐太宗时任将作大匠和工部尚书,负责礼服、腰舆、伞扇等宫廷用品的制作和翠微宫、玉华宫的建造。同时他也像他的父亲一样精于绘画,据史载有《王会图》《职贡图》《文成公主降番图》《扫象图》《采芝太上像》《游行天王国》《玉华宫图》《诗意图》《斗鸡图》等作品传世。其中,《扫象图》《采芝太上像》《游行天王国》属于道释画,其他都为现实题材的绘画。

阎立本在唐高祖时任秦王府库直,唐太宗时任主爵郎中和刑部郎中,唐高宗时任工部尚书和右相,加封博陵县公。就绘画方面来说,阎立本的成就远在其兄阎立德之上,在当时有"丹青神化"之誉。据朱景玄《唐朝名画录》和张彦远《历代名画记》记载,他的很多画都是据实描绘,甚至带有写生和现场记录的性质。武德四年(621年),他受唐高祖诏创作《秦府十八学士真图》,塑造了杜如晦、房玄龄、薛收、褚亮、陆德明、孔颖达、虞世南、许敬宗等当时尚在世的学士的形象;贞观十七年(643年),又受唐太宗诏创作了《凌烟阁二十四功臣图》,描绘了长孙无忌、魏徵、李靖、程咬金、李勣、秦叔宝等在世或已故的唐朝开国功臣的形象。此外,在唐太宗贞观年间,他还多次受诏为唐太宗写真,描绘外国使臣朝贡的情景,现场图画虢王李元凤射虎的场面和长安禁苑水池中的奇鸟。

据唐代裴孝源、李嗣真、朱景玄、张彦远等人的记载,阎立本人物画的题材既有现实和历史中的人物,也有佛教和道教中的人物,但以现实和历史中的人物居多,作品除了以上所说的,还有《职贡图》《西域图》《太宗步辇图》《永徽朝臣图》《昭陵列像图》《唐文皇训子图》《萧翼赚兰亭图》《锁谏图》《文姬十八拍图》《杨妃茶花图》《校书图》《醉道图》《宣圣像》《维摩像》《三清像》《行化太上像》《延寿天尊像》和《历代帝王图》(《列帝图》)等。

阎立本的人物画,线条遒逸,设色浓厚,构图严谨而富有戏剧性。他的画面构图,通常是以主要人物为核心,将比例高大的主要人物置于画面的中心,然后

图 8.1
阎立本
《职贡图》

围绕主要人物依次布置其他次要人物。同时,由于他所画的人物大多为现实中的人物,因此他的人物画总的来说是以形态逼真为特点。张彦远《历代名画记》卷九曾引武则天时的书画评论家李嗣真的话说:"博陵大安[博陵即阎立本,大安即阎立德——引者],难兄难弟。自江左陆、谢云亡,北朝子华长逝,像人之妙,号为中兴。至若万国来庭,奉涂山之玉帛;百蛮朝贡,接应门之位序。折旋矩度,端簪奉笏之仪;魁诡谲怪,鼻饮头飞之俗。尽该毫末,备得人情。"据李嗣真的这个评论来看,阎立本和阎立德兄弟俩最擅长的是"象人"(当时也称为"写真""写容""写貌"),也就是画像,最大的特点是"尽该毫末,备得人情",也就是描绘细致、形神兼备。

阎立本和阎立德的这种画法,除了构图上的那种为了突出主要人物(一般是帝王)而做出的刻意安排违背实际情况,总的风格是写实的。这种风格后来被许多人继承,如稍后的王知慎等人,成为唐代肖像画和人物故事画的一种典型风格和画法。

二、吴道子画派

唐高宗和武则天的时代,特别是武则天的时代以后,佛教大兴,长安、洛阳及其周边地区相继修建了许多规模庞大的寺庙建筑群。这些建筑群的出现,带来了佛教壁画的日益兴盛。在这样的大背景之下,到了唐玄宗的时代,造就出了一位被称为中国"画圣"的天才画家吴道子。

苏东坡在《书吴道子画后》一文中说:"文至于韩愈,诗至于杜甫,书至于颜真卿,画至于吴道玄,天下之能事毕矣。"吴道子在唐代乃至整个中国绘画史上,都是一位声名显赫、影响深远的画家。如果要举出一个最能代表唐代绘画风格的画家的话,那么,这个人毫无疑问就是吴道子。

在唐人所著的各种绘画史论著作中,对吴道子的评价都很高。他的性格和气质与当时同样负有盛名的李白和张旭很相似。他好酒使气、行事果敢甚至不计后果的作风,多少也是盛唐士人意气风发的时代心理的写照。同时,他图画三百多堵墙壁的旺盛精力,不用圆规直尺便能画出准确的圆环直线的艺术造诣,几乎无所不能、遍写世间万物的绘画禀赋,线条飞舞、气焰高涨的绘画风格,也颇能满足当时人们的好奇心和对天才人物的心理期待。朱景玄在《唐朝名画录》中说他"凡画人物佛像神鬼禽兽山水台殿草木,皆冠绝于世,国朝第一",张彦远在《历代名画记·论画山水树石》中说他"天付劲毫，幼抱神奥"。在唐代，吴道子就被视为一个不世出的、偶像级的全能画家。

但总的来看，吴道子最擅长的还是人物画。他的人物画，主要取材于佛道两教的经典和传说。从其师承上看，吴道子的佛道人物画主要继承的是张僧繇和张孝师等人的风格（此二人也以佛画最知名）。唐代书画理论家张怀瓘称他为"张僧繇后身"即张僧繇的化身。《宣和画谱》卷二甚至说："至其变态纵横，与造物相上下，则僧繇疑不及也。"而张彦远《历代名画记》卷九"张孝师"条下则说："张孝师……尤善画地狱。气候幽默……吴道玄见其画，因号为地狱变。"

吴道子虽然画了三百多堵墙壁，但他的人物画，已经没有真迹流传于世，对于他的画风，我们只能根据画史的记载和评论去加以领会。从历代的有关记载来看，他的画风有两个非常突出的特点。

一是笔力雄壮。吴道子的画非常重视笔法，并以笔力雄壮、气势生动见长。唐段成式《寺塔记》中说，他在长安赵景公寺的白描《地狱变》"笔力劲怒，变状阴怪"，所"画龙，及刷天王须，笔迹如铁"。而其在长安菩提寺画的《智度论色偈变》则"笔迹遒劲"，所画礼骨仙人，更是"天衣飞扬，满壁风动"。元汤垕《古今画鉴》中也说到他画的《荧惑像》，"烈焰中神像威猛，笔意超动，使人骇然"。这种单以线条来刻画人物，并在用笔上见出神韵气力的特点，大概与他早年曾经学过书法有关。而吴道子的画，大概也可以算作是将书法用笔的意趣融入绘画的最早范例，故张彦远在《历代名画记》中就把他的画看作是其"书画同体"观点的一个主要例证。此外，朱景玄《唐朝名画录》还记载，开元中，唐玄宗驾幸洛阳，吴道子与裴旻将军、张旭长史相遇，各陈其能，三个人一个舞剑、一个写字、一个画画，配合默契，技巧之精湛令人称奇。可知他的用笔凌厉而充满气势，而且具有音乐舞蹈般的节奏。《历代名画记》卷九中说："道玄观旻舞剑，见神出鬼没，既毕，挥毫益进。"

二是不重细节、略施淡彩。吴道子的画，也是张彦远《历代名画记》中所说的"疏体"，重笔法而不重色彩，重神采而不重细节。他的画多为白描，或只略施淡彩，而且运笔神速，一气呵成，气脉相联，满壁生动。朱景玄《唐朝名画录》说他的画"不以装背为妙，但施笔绝踪，皆磊落逸势。又数处图壁只以墨踪为之，近代莫能加其彩绘"。又说吴道子最擅画圆光，"不用尺度规画，一笔而成"。当他画兴善寺中门内神的圆光时，"长安市肆老幼士庶竞至，观者如堵，其圆光立笔挥扫,势若风旋,人皆谓之神助。"汤垕《古今画鉴》中说,吴道子"早年行笔差细,中年行笔磊落,挥霍如莼菜条,人物有八面,生意活动,方圆平正,高下曲直,折算停分,莫不如意。其傅彩于焦墨痕中略施微染,自然超出缣素。世谓之吴带当风[一本作'吴装'——引者]"。

从以上两点来看,吴道子的人物画与初唐二阎的人物画是不一样的。二阎的人物画法度严谨,"备该毫末",而且设色浓厚,而吴道子的人物画则是"行笔磊落挥霍",而且不重细节和设色。套用西方绘画的用语来说,二阎是"古典派",而吴道子是"浪漫派"。

吴道子的这种画风,在当时和后世都有很大的影响。在唐代,吴道子的弟子众多,而在后世如五代和两宋时期,也有无数的模仿者。唐代的佛教寺庙壁画,几为他和他的弟子们所独霸。据《历代名画记》《寺塔记》等书记载,他的弟子有卢棱伽、杨庭光、李生、张藏、翟琰、王耐儿、释思道等,而以卢棱伽和杨庭光最为知名。北宋郭若虚的《图画见闻志》记载,唐末五代和北宋时期,左全、宋卓、韩求、李祝、朱繇、卫贤、曹仲玄、武宗元、王瓘、孙梦卿、侯翼、高文进、张昉、孙怀悦、李元济等皆以画佛像著名,而吴道子是他们共同的老师。当时许多以画佛像著称的画家,都以效仿吴道子为高,如李公麟和晁补之。南宋绘画史家邓椿在《画继》卷三中说,李公麟的画,"士夫以谓……佛像追吴道玄"。晁补之的画,"云气仿吴道玄"。

三、张萱、周昉画派

中国古代有一种专以妇女为题材的人物画,后世称为"仕女画"。这种画的起源颇早,南朝谢赫《画品》中就提到:"刘瑱:用意绵密,画体纤细,而笔迹困弱,形制单省。其于所长,妇人为最。"姚最《续画品》也提到:"沈粲:笔迹调媚,专工绮罗,屏障所图,颇有情趣。""绮罗"即仕女的代称。到了唐代,出现了许多画仕女(当时也称为"士女"或"女士")的画家,如杨宁、杨昇、张萱、周昉等。其中,影响最大的是张萱和周昉。

唐代仕女画的流行,是与唐代尤其是开元、天宝年间相对开放的社会风气有关的。当时的贵族妇女比起其他朝代的贵族妇女来说,可以说是显得更为浪漫、时髦,而且充满青春的活力,她们穿上袒胸露背的薄薄衣衫,或者穿戴上胡人的衣服、靴子和帽子,甚至女扮男装走在街上招摇过市,都是很常见的。而

图 8.2
张萱《捣练图》(宋摹本)局部

且,像杜甫《丽人行》中所描写的那样,"三月三日天气新,长安水边多丽人。态浓意远淑且真,肌理细腻骨肉匀。绣罗衣裳照暮春,蹙金孔雀银麒麟",对于唐代的贵族妇女来说,春游,包括结伴郊游甚至夜游,在水边、野外和灯下嬉戏,都是很普遍的一种现象。这就为画家们提供了难得的画材,同时也为画家们表现盛唐气象提供了一种独特的视角。

张萱便是生活在开元、天宝年间的画家。张彦远《历代名画记》卷九"张萱"条中说:"萱好画妇女婴儿。有妓女图、乳母将婴儿图、按羯鼓图、秋千图、虢国夫人出游图传于代。"比张彦远早的朱景玄在《唐朝名画录》中记载稍详,说:"张萱,京兆人也。尝画贵公子鞍马屏障宫苑士女,名冠于时。善起草,点簇景物,位置亭台,树木花鸟,皆穷其妙。又画长门怨词,撼思曲槛亭台金井梧桐之景也。又画贵公子夜游图、宫中七夕乞巧图、望月图,皆多幽思,逾前古也。"张萱的人物画,多取材于贵妇人和贵公子,表现的是贵妇人和贵公子的生活情态,用笔细腻,设色柔丽。如著名的《虢国夫人出游图》,描绘的是杨贵妃的两个姐姐虢国夫人和秦国夫人怀抱幼儿带着一干侍从、侍女、保姆骑马春游的情景,《捣练图》描绘的是十几个贵族妇女从事捣练、理线、熨衣、缝制的劳动场面。画中人物衣着华美,体态丰腴,表情闲适,同时又充满了活泼的生活情趣。

图 8.3
周昉《簪花仕女图》(传)
局部

　　周昉像张萱一样主要生活在唐玄宗时代的长安城,多周旋于当时的上流社会之中。他的绘画风格与张萱非常接近。张彦远《历代名画记》卷一〇说:"周昉,字景玄。官至宣州长史。初效张萱画,后则小异,颇极风姿。全法衣冠,不近闾里。衣裳劲简,彩色柔丽。"周昉的仕女画作品传有《簪花仕女图》《挥扇图》《按筝图》《西施图》《三杨图》《杨妃出浴图》《虢国夫人图》《欠伸美人图》《横笛士女图》等。今所见传为周昉作品的《簪花仕女图》,画中描绘了五个贵族妇女和一个侍女的形象,外加两只宠物狗、一只白鹤、一块湖石和一株辛夷花树。人物从右至左依次排列,或高或矮,或进或退,或戏狗,或执扇,或赏鹤,或拈花,或扑蝶,像一幅连环画一样展示出贵族妇女们无所事事、慵懒闲适的生活。人物形象丰满,体态优雅,衣着质地轻盈,色彩明快,衣纹勾勒采用铁线描,给人以线条简劲而色彩柔丽的艺术美感。

　　张萱和周昉所刻画的这种雍容华贵、体态丰腴、表情闲适的贵族妇女形象,是唐代女性美的经典形象,在当时的敦煌壁画和五代时期的仕女画如周文矩的仕女画中也可以见到。同时它也被传播到日本,对日本浮世绘版画中大量出现的女性形象也有深刻的影响。如果说,在唐代的人物画中,阎立本和阎立德的人物画是"古典派",吴道子的人物画是"浪漫派"的话,那么,张萱、周昉的仕女画,则有点类似于 18 世纪专画希腊神话和上流社会贵族男女的、带有女性风格的、色彩艳丽的法国"洛可可"绘画。

　　在以现实人物为题材、追求写实且法度严谨、用笔周密和注重细节描绘等方面,张萱和周昉的绘画风格比较接近阎立本和阎立德,但相比较而言,阎立本和阎立德的人物画多以帝王、功臣之类男性为题材,用笔较粗,用色沉厚,人物表情庄重,场面严肃,而张萱和周昉的人物画则多以仕女为题材,用笔较细,用色明快,人物表情闲适,场面欢快。因此,我们也可以把阎立本和阎立德的画称作是一种男性主义的风格,而张萱和周昉的画则是一种女性主义的风格。而且,作为唐代的早期绘画,阎立本和阎立德的画带有很浓重的政治伦理色彩,而张萱和周昉的画则有一种浓厚的日常生活气息,因此,也可以说,阎立本和阎立德的画偏于理性,张萱和周昉的画偏于感性。

第二节 山水画

在人物画之外,山水画在唐代虽不处于主导地位,但也获得了很大的发展。据张彦远《历代名画记·论画山水松石》的说法,山水画虽然发端于魏晋南北朝时期,但它的成熟则是在盛唐开元以后。他说:

> 魏晋之降,名迹在人间者,皆见之矣。其画山水,则群峰之势若钿饰犀栉,或水不容泛,或人大于山,率皆附以树石,映带其地,列植之状,则若伸臂布指。详古人之意,专在显其所长而不守于俗变也。国初二阎擅美匠学,杨、展精意宫观,渐变所附,尚犹状石则务于雕透,如冰澌斧刃,绘树则恻[一本作"刷"——引者]脉镂叶,多栖梧苑柳,功倍愈拙,不胜其色。吴道玄者,天付劲毫,幼抱神奥,往往于佛寺画壁纵以怪石崩滩,若可扪酌,又于蜀道写貌山水。由是山水之变,始于吴,成于二李[李将军、李中书——引者]。树石之状,妙于韦鹦,穷于张通[张璪也——引者]。通能用紫毫秃锋,以掌摸色,中遗巧饰,外若混成。又若王右丞之重深,杨仆射之奇赡,朱审之浓秀,王宰之巧密,刘商之取象,其余作者非一,皆不过也。近代有侯莫陈厦、沙门道芬,精细稠沓,皆一时之秀也。

所谓"若钿饰犀栉,或水不容泛,或人大于山""列植之状,则若伸臂布指","状石则务于雕透,如冰澌斧刃,绘树则恻脉镂叶,多栖梧苑柳,功倍愈拙,不胜其色"云云,都说明初唐和初唐以前的山水画,无论在造型上还是在空间和色彩的表现上,都还有一种图案化或公式化的倾向,造型生硬,用笔刻板而缺少变化,空间错位,远近不分,色彩与所画对象不相协调,因而还不能真正表现自然事物的真实形态和空间、色彩变化。直到开元、天宝时期的吴道子出来,山水画的技法才为之一变,并且随之出现了许多风格各异的山水画家,形成了青绿、白描、水墨等不同的画法和派别。

因此,中国的山水画是到了盛唐和中唐时期才走向成熟和兴盛的。在这个时期,出现了吴道子(吴以人物为主,也擅山水)、王陀子、李思训、李昭道、郑虔、卢鸿、韦鷗、王维、毕宏、张璪、杨炎、朱审、王宰、刘商、顾况、张志和、项容、李灵省、王墨等著名的山水画家。到了唐末五代时期,则出现了荆浩和李昇等山水画家。

盛唐和中唐时期,最著名的山水画家主要有吴道子、李思训、李昭道、王维、张璪等人。从风格上讲,吴道子的山水画用笔劲健简略,色彩轻淡而近于白描,喜欢用粗略奔放的线条表现崇山峻岭、巨壑长川;李思训、李昭道的山水画用笔精密,设色浓丽,多表现都市郊外的山水风光或达官贵人的避暑圣地,是中国青绿山水画的早期代表;王维、张璪的山水画用笔较为粗放且墨色浓厚,多表现荒郊野外的山水树石或高人隐士的幽栖之所,是后世水墨山水画的先驱。

关于吴道子的山水画,张彦远说他喜欢在佛教壁画中"纵以怪石崩滩",又"于蜀道写貌山水",《历代名画记》卷九"吴道子"条中说他"因写蜀道山水,始创山水之体,自为一家","王陀子"条中说"世人言山水者,称陀子头,道子脚"。而关于吴道子写蜀道山水的故事,据朱景玄《唐朝名画录》和张彦远《历代名画记》两书的记载,他曾受命于唐玄宗到蜀地嘉陵江考察,考察完了之后,与同时代的山水画名家李思训一道,在长安大同殿的墙壁和掩障上图绘蜀地嘉陵江一带的山水。据说,绵延三百里的嘉陵江山水,吴道子仅凭记忆一天就画完了,而李思训则用了几个月的时间才得以完成。从这些记载和传说来看,吴道子的山水画就像他的白描人物画一样,大体上也只是单用墨线或者略施淡彩来描绘的。而且他的山水画,除了用笔、用墨和用色都极为简略,还有一个特点就是善于描绘怪石嶙峋的山脚,或山与水相互交接处巨浪拍岸的景象。这种简略、粗放、重整体、重气势而不重细节的山水画风格,与他"好酒使气"、喜欢意气用事的性格,确实也是非常相称的。此外,朱景玄《唐朝名画录》中谈到王维的山水画时说他"画山水树石,踪似吴生,而风致标格特出。……画辋川图,山谷郁郁盘盘,意出尘外,怪生笔端"。所谓"踪",也称为"迹",也就是用笔或线条。据张彦远《历代名画记》卷一〇"王维"条的说法,王维的山水画有一个特点就是"笔力雄壮"和

"笔迹劲爽"。由王维画的风格可以推知,吴道子山水画的主要特点应该就是用笔粗放而有力,甚至有些怒张和狂怪。

而李思训就不一样了。从他以几个月的时间来完成蜀道山水的故事可以看出,他的画是画得很认真的。据历来的说法,他是青绿山水画(或称金碧山水画)和南宗山水画的始祖,他的山水画用笔工致而且设色浓厚,与吴道子相比,完全是另一种风格、另一路画法。元代赵孟頫《题李思训蓬山玉观图》说:"画山水用金碧,始于李思训,秾艳中而出潇洒清远,非大手笔不能也。"李思训的山水画,用色浓厚绚丽是最突出的特点,而"潇洒清远",则与他用笔遒劲且善于在画面中突出空间的表现有关。

李思训的山水画作品,据传有《江帆楼阁图》《巫山神女图》《江山渔乐图》《御苑采莲图》和《溪山图》等。他的山水画,从题材和内容上看大体上有两种。一种类似于隋代展子虔的《游春图》,描绘的是皇宫禁苑内的园林景色或都市近郊的避暑、游览胜地,画中有许多细小的人物作为点景,如《御苑采莲图》和《江帆楼阁图》。其中《江帆楼阁图》最有名,画面右上半为水、左下半为山,水上有渔舟,山边有松石、房舍和行人,远处有一种水天空阔的感觉,而近处则是一派春意盎然、游人穿梭往来的景象。另一种是云霞缥缈的神仙世界,如《巫山神女图》一类。张彦远《历代名画记》卷九说他"画山水树石,笔格遒劲,湍濑潺湲,云霞缥缈,时睹神仙之事,窅然岩岭之幽",当是指的这一类绘画。

李思训是唐朝宗室,官至左武卫大将军,封彭城公,赠秦州都督。他是御用画家,也是贵族画家,他的画,设色浓厚,场面热闹而祥和,所表现出来的可以说

图8.4
李思训《江帆楼阁图》局部

是一种王公贵族的闲情逸致。而所谓"笔格遒劲"，则是当时即盛唐时期普遍追求阳刚之美的审美趣味使然。历代画评都认为，李思训善"勾斫之法"，也就是说他善于用线条来勾勒山石和树木之类。荆浩《笔法记》中说："李将军理深思远，笔迹甚精，虽巧而华，大亏墨彩。"说明他的画善于用笔而不善于用墨。同时，在唐玄宗的时代，由于唐玄宗本人的大力提倡，在文人阶层甚至整个上层社会都有一种崇信道教、企慕神仙之事的思想风尚。因此，李思训在山水画中热衷于描绘云霞缥缈的神仙境界，这一方面是为了迎合上好，另一方面也为时风所趋。其子（一说是侄子）李昭道，画风大体上与李思训类似，据传有《幸蜀图》《桃源图》《落照图》等山水画作品，但从他的《幸蜀图》（即《明皇幸蜀图》）来看，山石的勾勒与色彩不相融合，线条刻板，棱角突出，艺术水平似不如李思训远甚。

与李思训、李昭道相比，王维、张璪又是另一种风格。

王维的山水画据传有《辋川图》《雪溪图》《雪霁图》《江山雪霁图》《雪山归樵图》《雪山楼阁图》《千岩霁雪图》《山阴图》《林亭对弈图》《万峰积雪图》《雪渡图》《雪山图》《钓雪图》《山居图》《蓝田烟雨图》《秋林晚岫图》等。到宋代时，王维的画大受追捧，作伪者日多，已是真假莫辨了。至今流传的有《辋川图》《雪溪图》《江山雪霁图》等摹本（或伪托）。王维的画，据上引朱景玄的话说，是从吴道子来。他与吴道子相似的地方，据朱景玄和张彦远两个人的说法，是用笔遒劲。但除了这个特点，他的画还有两个特点：一是善于用水墨，二是善于表现高远的意境。朱景玄说他的画"风致标格特出""意出尘外"，张彦远说他的画"重深"，又说他发明了一种新画法叫作"破墨山水"。荆浩的《笔法记》中也说："王右丞笔墨宛丽，气韵高清，巧写象成，亦动真思。"朱景玄、张彦远和荆浩离王维的时代都不算久远，他们的描述大体上是可信的。从他们三个人的描述来看，王维的山水画长于用墨和意境的表现，有些作品甚至可能是纯水墨的画法。同时，水与墨相调和，可使墨色发生深浅不同的变化，而墨、色与轮廓线的浑融，则可以更好地表现出山石树木的质感和体积感，而且看起来也显得更为自然一些。因此之故，在中国绘画史上，王维被认为是文人画、南宗山水画和水墨山水画的创始人。

张璪的山水画大体上也是王维一路。张彦远说他的画"中遗巧饰，外若混成"，荆浩说他的画"气韵俱盛，笔墨积微，真思卓然，不贵五彩"，也是特指他最

图 8.5
王维《雪溪图》(传)

擅长于用墨,而且他的用笔,间用皴擦,不拘成法,大刀阔斧,气势雄强,似乎比王维的画还要苍劲,意境也比王维的画更为深邃。唐符载《观张员外画松图》中说他"毫飞墨喷,摔掌如裂,离合惝恍,忽生怪状。及其终也,则松鳞皴,石巉岩,水湛湛,云窈眇。……孤姿绝状,触毫而出"。元稹《画松》中也说:"张璪画古松,往往得神骨。翠帚扫春风,枯龙夏寒月。"

王维、张璪的"水墨晕章"的画法在唐代是一种很普遍的画法,同时也是一种深受文人士大夫推崇的新风格。杜甫《奉先刘少府新画山水障歌》中所说的"元气淋漓障犹湿,真宰上诉天应泣",大概指的就是这种风格类型的山水绘画,其趣味和格调都不同于李思训和李昭道的金碧山水,更不同于唐代一些末流画家精细勾勒的山水作品。

唐末五代时期,著名的山水画家荆浩和李昇继承了这种画法并且有了进一步的发展,由此影响至北宋初期的关仝、李成、范宽等人,形成了北宋山水画墨色浑厚、笔力雄健的新格局。荆浩长期隐居太行山洪谷,专工山水画。他的作品,据传有《四时山水图》《三峰图》《桃源图》《天台山图》《匡庐图》等。荆浩的山水画以笔墨并重见长,有四面峻厚、意境高远的特点。他曾批评吴道子画山水有笔而无墨,项容画山水有墨而无笔,自认为自己的画是要笔墨兼顾的。寓居成都的李昇，也是以山水画著称的画家，他的山水画最初师法张璪，后以真山水为范本，着力描绘"蜀境山川平远"，黄休复《益州名画录》中说他"意出先贤，数年之中，创成一家之能，但尽山水之妙。每含毫就素，必有新奇"。其作品据传有《桃园洞图》《武陵溪图》《青城山图》《峨眉山图》《二十四化山图》《三峡图》《雾中山图》《汉州三学山图》《彭州至德山图》等。

终有唐一代，山水画虽然不如人物画那样普及，但在文人士大夫或上层社会的圈子内还是很有影响的。唐代山水画的流行，与唐代皇家和私家园林的大规模创建有很大的关系，同时也与当时佛教和道教，尤其是道教的兴盛，以及安史之乱之后不断滋生的文人隐逸思想有着更为直接的关联。

李白《观博平王志安少府山水粉图》中说：

> 粉壁为空天，丹青状江海。游云不知归，日见白鸥在。博平真人
> 王志安，沉吟至此愿挂冠。松溪石磴带秋色，愁客思归坐晓寒。

唐代人所创造的山水画境界，既像是道教神仙的出没之所，又像是高人逸士的幽栖之地。清代笪重光《画筌》中说："农夫草舍，常依垅亩以栖迟；高士幽居，必爱林峦之隐秀。"唐代山水画家中，本来就有不少是隐士或准隐士，真隐士有卢鸿（隐居嵩山）、道芬（僧人）、郑町、梁洽、项容、荆浩（隐居太行山）等，准隐士则有王维（中年后隐居终南山）、张璪（朱泚之乱即公元783年后不知所终）、顾况（晚年隐居茅山）、张志和（常啸傲江湖，自称烟波钓徒）、王墨（居官半年便浪迹江湖）等。这些人的共同特点，一是好饮酒，二是性格豪迈、不拘细行，三是精通书法、诗歌、音乐或医卜、阴阳、术数之类学问。他们的审美趣味，自然与那些养尊处优的贵族或圆滑世故的官僚不一样。

唐代的山水画大体上有两种不同的价值取向：以李思训、李昭道为代表的青绿山水或金碧山水，主要表现的是王公贵族的审美趣味；而以王维、张璪为代表的水墨山水或接近水墨风格的不太重视色彩的山水画，则主要表现的是文人或隐士的审美趣味。但就题材和内容而言，那种介于这两者之间的、表现道教神仙境界的山水画，似乎是当时的一种普遍爱好。而且，总体上来说，由于山水无论是作为休闲游玩之所还是作为避世隐居、访仙求道之所，都具有颐养情性的精神作用，因此山水的表现方式就不像人物画、花鸟画或动植物画那样致力于物象的真实描绘，而更注重于空间、氛围和意境的表达。

第三节　动植物画

如上所述,我们现在对中国绘画的习惯性分类是把它分为三类即人物画、山水画和花鸟画。这种分类的定型是在明清时期。而在此之前,中国绘画的分类是相当复杂的。如北宋刘道醇《宋朝名画评》中分为人物、山水林木、番马走兽、花卉翎毛、鬼神、屋木六类,《五代名画补遗》中分为人物、山水、走兽、花卉翎毛、屋木五类;宋徽宗敕编的《宣和画谱》分为道释、人物、宫室、番族、龙鱼、山水、畜兽、花鸟、墨竹、蔬果十类。唐代人撰写的绘画史论著作中似乎还没有明确的分类,但其中提到的名目很多,如朱景玄《唐朝名画录》就提到人物、写真、古贤 、佛像、天王、菩萨、鬼神、真仙、神佛、高僧、僧佛、功德、地狱、外国、番落、戎夷、女士、士女、贵公子、武将、高士、风俗、村田、山水、树石、松石、林石、竹、竹石、竹木、竹树、花竹、花木、草木、树木、杂树、桧树、松柏、云水、山泽、烟波、风月、舟舡、舟船、宫苑、台殿、车服、木屋、楼台、花鸟、禽兽、异兽、鸟兽、鞍马、车马、人马、番马、鹰犬、鹰鹘、鹰鸽、云龙、龙水、雉兔、犬兔、鹤竹、雀竹、竹鸡、蜂蝉、燕雀、青牛、水牛、驴子、猫儿等名目。这些名目有的可以看作是一个独立的类型,而有的则只是单指某一种或两种题材,还算不上是一个严格的分类。

唐代以前的绘画史论著作中,还没有"花鸟"或"花鸟画"的名称,但已经出现了"人物"和"山水"之外的动物(包括昆虫)画。如东晋顾恺之《论画》中说的"凡画,人最难,次山水,次狗马"中的"狗马",南朝谢赫《画品》中说的"顾骏之……画蝉雀。……刘胤祖:蝉雀特尽微妙。……丁光……擅名蝉雀"中的"蝉雀",等等。

从上述朱景玄提到的一些名目来看,唐代已经出现了"花鸟"的概念。但这个概念似乎很难包括龙、马、牛、驴、鹰、鹘、鸽、雉、兔、犬、猫等动物在内。因此,在分类上,一般可以有两种处理方式,一是将这些题材的绘画列入"花鸟画"的范畴而成为一种"广义的花鸟画",二是单独或笼统地称之为"动植物画",而把花鸟画作为其中的一个主要的类别。在本节的叙述当中,我们将主要称之为"动植物画"。

据唐人的画史记载,唐代已经出现了许多专攻动植物或精于动植物题材的

画家。如初唐释彦悰《后画录》中提到的:

　　唐刘褒[应为刘孝师——引者]:……鸟雀其变,诚为酷似。

　　唐吐火罗国胡尉迟乙僧:……攻四时花木。

　　唐振威校尉康萨陀:……异兽奇禽,千形万品。

　　动植物画像山水画一样,都属于自然题材。而且也像山水画一样,相对于人物画而言,处于次要的地位。如果仅以"花鸟"画来说的话,那么,从中晚唐时期的绘画史家朱景玄和张彦远的论述中均可以看出,它在唐代的地位是最低的,发展也是相对较晚的。在《唐朝名画录》和《历代名画记》两书中,朱景玄和张彦远明确指出擅长"花鸟"的画家有尉迟乙僧、薛稷、殷仲容、韦銮、卫宪、冷元琇、程邈、董奴子、卫芊、贝俊、李韶、魏晋孙、蒯廉、白旻、边鸾、陈庶、梁广、梁洽、于锡、周太素等20余人。但如果把擅长画鞍马鹰鹊的李元昌,擅长画龙马虎豹的李元嘉,擅长画龙的冯绍正,擅长画鹰的姜皎,擅长画马的韦无忝、曹霸、韩幹、田深,擅长画牛的韩滉、戴嵩,擅长画猫的卢弁,擅长画竹的萧悦等人以及凡是书中提到的能够画驴、狮、犬、雉、鸡、兔、鹤、蜂、蝉、雀、燕雀之类的画家都一并算上的话,那么,人数还是相当可观的。

　　在唐代的动植物画家中,对后世影响最大的,首先是以"花鸟"独擅、被后世推尊为"花鸟之祖"的边鸾,其次是李元昌、韦无忝、曹霸、韩幹、韩滉、戴嵩等动物画家。

　　边鸾,京兆(今陕西西安)人,生活在唐德宗时期,朱景玄《唐朝名画录》说他"最长于花鸟。折枝草木之妙,未之有也。或观其下笔轻利,用色鲜明,穷羽毛之变态,奋花卉之芳妍。贞元中新罗国献孔雀解舞者,德宗诏于玄武殿写其貌,一正一背,翠彩生动,金羽辉灼,若连清声,宛应繁节。……写玉芝图,连根苗之状精极,见传于世。近代折枝花居其第一,凡草木蜂蝶雀蝉并居妙品"。张彦远《历代名画记》卷一○谓:"边鸾,善画花鸟,精妙之极。至于山花园蔬,亡不遍写。为右卫长史。花鸟冠于代而有笔迹。"从朱景玄和张彦远的描述来看,边鸾花鸟画的主要特点是设色鲜艳明快,用笔细劲有力,形态逼真生动,风格工整精致,是属于后世所谓"工笔花鸟"或"工笔重彩花鸟"一类的绘画。这种绘画,是唐以后至五代、北宋时期最主要的一种花鸟绘画样式。据北宋郭若虚《图画见闻志》的记载,唐末的刁光胤、滕昌佑和五代的黄筌等著名花鸟画家都受到了边

图 8.6
边鸾《鸭图》(传)

鸾的影响。而且,由于黄筌、黄居寀父子所代表的以"富贵"为特色的花鸟画在北宋时为朝廷所认可,因此,边鸾对宋代花鸟画风格的形成也间接地产生了影响。或者说,北宋时期以黄居寀、宋徽宗等人为代表的"院体"花鸟画,其画法的来源,实际上可以追溯到唐代的边鸾。

在唐代,除了"花鸟",还存在大量以动植物为题材的绘画。而且,从有关的记载来看,唐代画家似乎对鹰鹘之类猛禽和牛马之类大兽更感兴趣。对此,著名诗人杜甫曾写下许多脍炙人口的诗篇,如:

杜甫《画鹰》:

> 素练风霜起,苍鹰画作殊。㩳身思狡兔,侧目似愁胡。绦镟光堪摘,轩楹势可呼。何当击凡鸟,毛血洒平芜。

杜甫《画鹘行》:

> 高堂见生鹘,飒爽动秋骨。初惊无拘挛,何得立突兀。乃知画师妙,巧刮造化窟。写作神骏姿,充君眼中物。乌鹊满樛枝,轩然恐其出。侧脑看青霄,宁为众禽没。长翮如刀剑,人寰可超越。乾坤空峥嵘,粉墨且萧瑟。缅思云沙际,自有烟雾质。吾今意何伤,顾步独纤郁。

杜甫《题壁上韦偃画马歌》:

　　韦侯别我有所适，知我怜君画无敌。戏拈秃笔扫骅骝，欻见麒麟出东壁。一匹龁草一匹嘶，坐看千里当霜蹄。时危安得真致此，与人同生亦同死。

　　唐代画家特别喜欢画鹰鹘和牛马之类，这是与当时的社会风气和审美趣味有关系的。鹰鹘（即隼）属于猛禽，与狩猎有关。唐代的帝王本来有胡人的血统，以武力兴起于中国西北，自始至终与西北方向的游牧民族保持着密切的往来。因此在唐代的帝王贵胄乃至士大夫阶层中，有一种养鹰和放鹰的习惯，在当时似乎也是一种时髦，传说李白就在江夏放鹰捕鱼，今武汉东湖边建有李白放鹰台。著名诗人白居易曾作有《放鹰》一诗，诗云：

　　十月鹰出笼，草枯雉兔肥。下韝随指顾，百掷无一遗。鹰翅疾如风，鹰爪利如锥。本为鸟所设，今为人所资。孰能使之然，有术甚易知。取其向背性，制在饥饱时。不可使长饱，不可使长饥。饥则力不足，饱则背人飞。乘饥纵搏击，未饱须縶维。所以爪翅功，而人坐收之。圣明驭英雄，其术亦如斯。鄙语不可弃，吾闻诸猎师。

　　唐代画家喜欢画鹰鹘（主要有李元昌、姜皎、韦无忝、冯绍正、贝俊、白旻等人），固然与渔猎的风气有关，但另一方面也可以说是希望借助鹰鹘来表达一种豪迈的英雄气概。这种愿望，与唐代人崇尚阳刚之美的审美旨趣是一致的。同样，唐代画家喜欢画马或鞍马，大体上也是基于同样的动机。马是战争和狩猎的工具，也是当时最主要的代步工具。而且马的飞奔、跳跃、嘶鸣和昂扬的神态，也有一种气势雄强的美感，因此，当时的人尤其是帝王之家和官宦人家都喜欢蓄养宝马，而画家也喜欢画马。唐代精于画马的画家主要有汉王李元昌、韩王李元嘉、江都王李绪、阎立本、康萨陀、王韶应、陈闳、程修己、韦无忝、韦偃、韦鉴、曹霸、韩幹、李衡、齐旻、张遵礼、齐皎、卢少长、黄谔、曹元廓、韩伯达、陈恪、李渐、李仲和等人。其中最有名的是曹霸和韩幹。曹霸是开元、天宝时期的画家，官至左武卫将军，常应唐玄宗诏画宫中御马，据传有《牧马图》《九马图》《马图》《汗血马图》《照夜白图》《人马图》等作品。杜甫在《丹青引赠曹将军霸》一诗中，对其画的马给予了很高的评价，说："诏谓将军拂绢素，意匠惨澹经营中。斯须九重真龙出，一洗万古凡马空。"韩幹是曹霸的弟子，以绘画得到著名诗人和画家王维的褒奖和推荐，官至太府寺丞，专为唐玄宗及诸王所蓄厩中宝马写真，

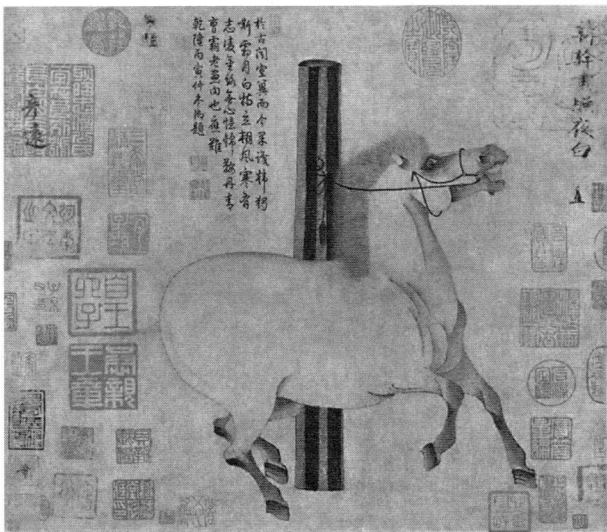

图 8.7
韩幹《照夜白图》

据传有《牧马图》《照夜白图》《唐明皇试马图》《宁王调马打毬图》《天马图》《骑丛图》《五陵游侠图》《双马图》《玉花骢照夜白》《龙朔功臣图》《明妃上马图》《五陵游侠图》《贵戚阅马图》《于阗黄马图》《御马图》《马图》《三马图》《饮马图》《五马图》《郭家师子花》《二马图》《八马图》等以马为题材的绘画作品。他画马的水平，据杜甫在同一首诗中的说法，是不如他的老师曹霸的，所谓："弟子韩幹早入室，亦能画马穷殊相。幹惟画肉不画骨，忍使骅骝气凋丧。"对于这种评价，晚唐的张彦远很不满，认为杜甫不懂画。他说："彦远以杜甫岂知画者，徒以幹马肥大遂有画肉之诮。"韩幹所画的马，造型准确，线条简练，体格健壮，有一种俊逸、雄强的美感。

至于画牛，动机似乎与画鹰鹘和马不太一样。画牛，表现的是一种田家风味，这与唐代文人士大夫大多向往乡村生活的审美导向有关系。唐代画牛的画家中，最著名的是韩滉和戴嵩。韩滉，字太冲，官至检校左仆射、同平章事，封晋国公。工隶书和章草，善画牛羊和田家风物，据传有《田家移居图》《尧民击壤图》《归去来图》《五牛图》《子母犊》等作品。今存《五牛图》，用笔遒劲，设色淡雅，五牛形态各异，神态悠闲，颇能给人一种懒洋洋、慢悠悠的乡村生活感觉。戴嵩是韩滉任浙东西两道节度使时的巡官，画牛师法韩滉，尤喜画斗牛，他笔下的牛，奔腾跳跃，生动活泼。他的作品，据传有《斗牛图》《戏牛图》《归牧图》《放牧图》《春景牧牛》和《牧童弈棋》等，从这些作品的题目可以大体上知道，他的绘

图8.8　韩滉《五牛图》局部

画旨趣也是以表现闲适的乡村生活为主。

　　唐代的动植物画,题材很广,与元代以后花鸟画题材相对比较褊狭的情况是不太一样的。从绘画技法上讲,唐代的动植物画有两种,一种为彩画,一种为水墨(墨画)。张彦远《历代名画记》卷九中说,武则天时期的殷仲容"工写貌及花鸟,妙得其真。或用墨色,如兼五采",说明当时已经出现纯用墨色来表现的花鸟画或动植物画。但相比较而言,在唐代的花鸟画或动植物画中,最主要的还是彩画。而且,即便是殷仲容的墨画,风格也是"妙得其真"的。墨画与彩画的关系,有点类似于今天的黑白照片与彩色照片的关系,差别只在于一为黑白,一为彩色,而逼真的效果则是一样的。因此,唐代的花鸟画或动植物画,在风格上更接近人物画,而不同于山水画。也就是说,它更注重于对象的描绘,或者说更偏重于写实。而且,在追求对动植物的形体和色彩进行如实描绘的同时,它也非常注重动植物本身的秉性或"生意"的表现,其审美旨趣,与当时人物画的追求形神兼备是一致的。

第四节　绘画理论

　　唐代公私绘画收藏之风的兴起和绘画创作的日益繁荣,促成了绘画研究的不断深入(包括画迹的鉴定、画史的编纂、画法的探究、画理的讨论和作品的评价等)。在这一时期,先后出现了彦悰《后画录》、裴孝源《贞观公私画史》、窦蒙《画拾遗》、李嗣真《画后品》、张怀瓘《画断》、王维《山水诀》(传)、张璪《绘境》、符载《观张员外画松石图》、朱景玄《唐朝名画录》、张彦远《历代名画记》、荆浩《笔法记》等一系列绘画史论著作。其中,彦悰、窦蒙、李嗣真、张怀瓘和张璪的著作已经散佚,部分内容保存在张彦远的《历代名画记》当中。

这些著作的内容相当复杂,既涉及当时各种绘画史实(包括收藏、考订、流传、装裱、修补、模揭及画家生平和轶闻)的记录和绘画作品的评价,也涉及旧理论的诠释和新理论的阐发。从绘画理论的角度说,唐代绘画理论中涉及的内容主要包括对绘画功能、形神关系、心物关系、笔(形)意关系、书画关系和笔墨表现等问题的讨论。其中与前人看法不一样的地方,或者说其中所表现出来的新的绘画观念,可以从以下几个方面来看。

一、画者圣也

如何看待绘画在人的现实生活和精神生活中的作用,不仅涉及对绘画艺术性质的认识和对绘画创作目标的界定,而且也涉及绘画这门艺术和从事这门艺术的画家或文人的文化身份与地位的合法性。

因此,有关绘画功能问题的讨论,附带地也有为绘画辩护的意思。这个问题的提出,与文人开始参与绘画的创作和评论有关,而从时间上说则主要是出现在汉末。受汉代儒家思想的影响和重视道德教化的社会风气的熏染,最初关于绘画功能的看法,都普遍带有一种浓重的道德主义或鉴戒主义的色彩。比如东汉王延寿《鲁灵光殿赋》中说:

> 图画天地,品类群生。……贤愚成败,靡不叙载。恶以诚世,善以示后。

三国魏曹植《画赞序》中说:

> 画者见三皇五帝,莫不仰戴;见三季暴主,莫不悲惋;见篡臣贼嗣,莫不切齿;见高节妙士,莫不忘食;见忠节死难,莫不抗首;见放臣斥子,莫不叹息;见淫夫妒妇,莫不侧目;见令妃顺后,莫不嘉贵。是知存乎鉴戒者,图画也。[①]

西晋陆机说:

> 丹青之兴,比雅颂之述作,美大业之馨香。宣物莫大于言,存形莫善于画。(《历代名画记》卷一引)

[①] 曹植《画赞序》一文,《陈思王集》题为《画说》。

南齐谢赫《画品》中说：

> 图绘者,莫不明劝戒[一本作"诫"——引者],著升沉,千载寂寥,
> 披图可鉴。

这种道德主义或鉴戒主义的绘画功能观,就其思想实质而言,是儒家思想渗透于绘画理论的结果。但另一方面,这种观点的出现和流行,也与汉魏六朝时中国绘画仍以人物画为主,而人物画又以表现政治、伦理和宗教内容为主的绘画事有关。北宋米芾《画史》中说:"古人图画,无非劝戒。"明代唐志契《绘事微言》卷二引无名氏《画题》中也说:"古画首以劝戒为名,次以隐逸为高。"这些说法,都表明古代(这里的"古代"指的应该是宋代以前)对绘画功能的认识是以"劝戒"(劝善戒恶)为主的,同时也表明在古代绘画中,曾经存在过大量以"劝戒"为导向的绘画作品(其题材多为古代经籍和民间传说中的、有教化意义和示范意义的人物和故事)。

但与此同时,自魏晋以后,由于受到玄学和倡导个性解放、回归自然的社会风气的影响,以及与劝戒并无直接关系的山水绘画的出现,在绘画理论中,也开始出现了一种可以称之为畅神主义或性情主义的绘画功能观。如宗炳《画山水序》中说:

> 于是闲居理气,拂觞鸣琴,披图幽对,坐究四荒。不违天励之从
> [一本作"藜"——引者],独应无人之野,峰岫峣嶷,云林森眇,圣贤映
> 于绝代,万趣融其神思,余复何为哉?畅神而已。神之所畅,孰有
> 先焉。

王微《叙画》中说:

> 望秋云,神飞扬;临春风,思浩荡。虽有金石之乐,珪璋之琛,岂能
> 仿佛之哉。披图按牒,效异山海,绿林扬风,白水激涧。呜呼,岂独运
> 诸指掌,亦以明神降之,此画之情也。

宗炳和王微的这种看法,主要是针对山水绘画而发的,其主旨是"畅神"即个体精神的解放,而不是"劝戒"即伦理观念的表现。

与上述两种看法相关,当时还出现了一种带有形上学色彩的观点,即认为绘画可以通达宇宙之道。如宗炳《画山水序》中说:"圣人含道映物,贤者澄怀味

象。"王微《叙画》中说:"以图画非止艺行,成当与《易》象同体。"同时谢赫《画品》中评陆探微的画说:"穷理尽性,事绝言象。"这些说法,都隐含了这样一种看法,即认为绘画可以揭示和表现事物的内在本质或本性即自然之道。

唐代以后,这些看法开始走向综合。如朱景玄《唐代名画录》中说:

> 画者,圣也。盖以穷天地之不至,显日月之不照。挥纤毫之笔则万类由心,展方寸之能而千里在掌。至于移神定质,轻墨落素,有象因之以立,无形因之以生。其丽也西子不能掩其妍,其正也嫫母不能易其丑。故台阁标功臣之烈,宫殿彰贞节之名。妙将入神,灵则通圣,岂止开厨而或失,挂壁则飞去而已哉。

朱景玄的看法有两点值得注意:一是认为绘画可以发挥特殊的教化作用;二是认为绘画之所以能够发挥特殊的教化作用,是因为它具有以有形表现无形的特点和"入神""通圣"的神奇作用。

朱景玄之后,在唐代绘画理论家中,对绘画的作用有更为全面的认识的是《历代名画记》的作者张彦远。在《历代名画记》卷一中,张彦远系统地总结了前人的各种看法,并加以发挥。其最核心的观点,主要体现在下面两段话当中:

> 夫画者,成教化,助人伦,穷神变,测幽微,与六籍同功,四时并运。发于天然,非繇述作。

> 故鼎钟刻则识魑魅而知神奸,旂章明则昭轨度而备国制,清庙肃而鐏彝陈,广轮度而疆理辨。以忠以孝,尽在于云台;有烈有勋,皆登于麟阁。见善足以戒恶,见恶足以思贤。留乎形容,式昭盛德之事;具其成败,以传既往之踪。……是知存乎鉴戒者图画也。

这两段话,第一段是概括的说法,第二段是对第一段"成教化,助人伦"一语的具体展开。

宗白华先生说,张彦远《历代名画记》在美学和艺术批评史上的重要价值之一,就在于它认为绘画具有"形上的"性质,从绘画中"看出了艺术之形上的意义"①。这种"形上的意义",就具体体现在他所说的"夫画者,成教化,助人伦,穷神变,测幽微,与六籍同功,四时并运。发于天然,非繇述作"这段话上面。

---

① 宗白华:《张彦远及其〈历代名画记〉》,载《学术月刊》1994年第1期。

　　张彦远所谓"成教化，助人伦"，对个体而言是变化气质，成就道德人格，对社会而言是改变风俗，建立伦理秩序，其实质是使个体和群体由粗俗走向高雅，由原始走向文明。而"穷神变，测幽微"则是一种比"成教化，助人伦"更高的目标和要求。前者可以说是一种伦理学意义上的价值，而后者则可以说是一种哲学或玄学意义上的价值。因为"神变""幽微"这两个语词，与《周易》所说的"一阴一阳之谓道"的"道"有关。在《周易》中，"神变"也称为"神化"，"幽微"也称为"几"，二者都是"道"体变动的表征。从绘画的意义上说，张彦远所谓"穷神变，测幽微"，是说绘画可以描绘"道"的形象，或者说可以认识和表现天地万物生成、变化的内在本质。正因为如此，绘画才有"与六籍同功"的地位，并且也才可以达到"四时并运，发于天然，非由述作"的境界。

　　因此，在张彦远对绘画功能的认识当中，也包括了对绘画形上目标的界定。而这种形上目标的确立，是绘画由"形下"转向"形上"、由形的描绘转向神的表现、由直接经验转向自由想象的前提。

　　除此之外，张彦远还谈到，绘画的另一精神功能是"怡悦情性"。他在评论南朝王微的画时说："图画者，所以鉴戒贤愚，怡悦情性。"（《历代名画记》卷六）"怡悦情性"，实际上是对宗炳和王微"畅神说"的一个具体解说，即承认绘画有使精神得以解放的意义。同时也表明，绘画的伦理功能和认识功能，不是以说教的方式而是以审美的方式来实现的。

　　张彦远之后，唐末五代的荆浩提出了一个更具体的看法，他说："嗜欲者，生之贼也。名贤纵乐琴书图画，代去杂欲。"荆浩的"代去杂欲"说，更明确地肯定了绘画（包括琴书等艺术）具有使人的精神超越于物欲之上的审美功能。这种功能，与绘画形上目标的确立，与上述张彦远所说的"成教化，助人伦，穷神变，测幽微"之类的功能，实质上是一致的。

二、全其骨气

　　绘画中的形象塑造，首先涉及"形"和"神"两个方面。形神问题最初是一个哲学问题。先秦两汉时期，在形神问题的讨论中，占主导地位的观点是强调神对于形的主宰作用。魏晋南北朝时期，形神问题变成了佛学中的神灭神不灭的问题。其中出现两种观点，一种认为神将随形而灭，另一种认为形灭而神不灭。但无论哪一种观点，都认为神的地位和作用要高于形。因此，受这种思想的影响,汉末以后的中国绘画理论,一般都是强调绘画形象的塑造要形神兼备而又要以神为主,也就是说,绘画的直接目的是"写形"或"存形",而它的最高目标则是"写神"或"传神"。如东晋顾恺之提出的"以形写神"和南齐谢赫提出的"六法",都是强调"神"在绘画形象塑造中的优先地位。谢赫的"六法"中,"骨法用笔""经营位置""应物象形""随类赋彩"和"传模移写"五法,都属于"形"的描绘范畴,而"气韵生动"一法则涉及"神"的表现。因此可以说,谢赫的"六法"实际上是顾恺之"以形写神"说的进一步展开。

唐代的绘画理论基本上继承了六朝时期形神兼备而以神为主的看法。但在继承顾恺之"以形写神"和谢赫"气韵生动"等观念的基础上,唐代的绘画理论更进一步突出了"骨气""气力""气势"和"气象"等等的表现。这一点,在唐代前期表现得尤为明显,而在唐代后期,虽然画风有所改变,并且在美学上更注重"意"的表现,但"骨气""气力""气势"和"气象"等评价术语仍然非常频繁地出现在各种绘画著述当中。如释彦悰《后画录》评孙尚孜"骨气有余"、评杨契丹"殊丰骨气",李嗣真《画后品》评张僧繇"骨气奇高",张怀瓘《画断》评陆探微"笔迹劲利,如锥刀焉",朱景玄《唐朝名画录》评张璪"气傲烟云,势凌风雨",等等。

"骨气""气力""气势"和"气象"等概念在张彦远的《历代名画记》中得到了更为突出的强调。在这部著作当中,张彦远首次对谢赫的"六法"进行了解释。他在《论画六法》一节中说:

> 古之画或遗其形似而尚其骨气,以形似之外求其画,此难与俗人道也。今之画纵得形似而气韵不生,以气韵求其画,则形似在其间矣。……夫象物必在于形似,形似须全其骨气,骨气形似,皆本于立意而归乎用笔。故工画者多善书。

又在《论顾陆张吴用笔》一节中说:

> 或问余以顾、陆、张、吴用笔如何。对曰:顾恺之之迹,紧劲联绵,循环超忽,调格逸易,风趋电疾,意存笔先,画尽意在,所以全神气也。

从这两段话来看,张彦远的意思有五点:第一,绘画创作的直接目的是"象物",也即描绘、塑造真实的形象;第二,真实的形象不等于"形",而是"形内"与"形外"的统一,因此,"象物"不等于"形似",而应兼顾"形似之外"的描绘;第三,构成"形外"或"形似之外"的东西就是谢赫所说的"气韵",也即"骨气"或"神气";第四,气韵、骨气、神气是第一位的,判断一幅画的好坏,不是看它在形的描绘上有多么精细,而是要看它在气韵、骨气或神气的描绘上有多么成功;第五,气韵、骨气或神气的描绘不是通过视觉经验就可以达到,而是要通过内心的领悟和想象即"立意",并且要通过富有美感的线条来表现,才可以让观赏者感受到。

张彦远的上述看法,与顾恺之强调"神"和谢赫强调"气韵"的美学观并没有本质的不同,但他用"神气""骨气"来解释"神"和"气韵",则流露出一种不太一样的审美意识,即特别突出"骨"和"气"这两个概念的地位。而"骨"和"气",在中国美学中,特别是在宋代以前的美学中,主要代表的是一种阳刚的力量和美。这种力量和美,在唐代的书法、绘画、诗歌和散文当中都有突出的表现,而且在理论上也有诸多的论述。就绘画而言,张彦远最为推崇的、最能代表唐代画风的吴道子的画,正是以"骨"和"气"取胜的。因此可以说,张彦远上述看法所代表的,是唐代绘画中占据主流的一种以"骨"和"气"为美,或以阳刚之力为美的审美意识。

此外,唐代的绘画理论家,包括张彦远在内,特别强调在绘画中表现"骨"和"气",也具有反对拘谨、细密、柔弱的画风而追求潇洒、豪放、刚健的画风的意义。这种画风是唐代特别是初唐和盛唐时代精神的体现。而"骨"这个概念,在绘画和书法中,通常都与用笔有关。因此,张彦远等人对"骨"的推崇,也包括对用笔以及在绘画中表现书法的趣味的推崇。对用笔的推崇,经唐代张彦远等人的倡导,影响深远,成为中国绘画的重要美学特色。

三、灵心自悟

绘画既是对外物的摹写,也是主观的创造。它既源于自然,又高于自然。在强调师古人、师造化的同时,唐代的绘画理论中有一种更进一步突出画家个人灵性和内心妙悟的倾向。或者说,在心与物关系中,唐代的绘画理论家更强调的是"心"的作用和表现,如释彦悰《后画录》中评康萨陀"无闻伏膺[即没有师承——引者],灵心自悟[张彦远《历代名画记》作'虚心自悟'——引者]",窦蒙《画拾遗》评阎立本"直自师心,意存功外",李嗣真《画后品》评顾恺之"思侔造化,得妙物于神会",又张彦远《历代名画记》引张璪的话说"外师造化,中得心源",符载《观张员外画松石图》中说"道精艺极,得之于元悟,不得之于糟粕",朱景玄《唐朝名画录》中说"挥纤毫之笔则万类由心",等等。

唐代绘画理论之所以重视"心"的作用和表现,是与上述唐代绘画理论中特别强调"骨气"和"神气"的理论有关的。因为"骨气"和"神气"都是内在的东西,它不能靠眼睛去把握,而要靠"心"去领会。另一方面,这也与唐代佛教和道教哲学的流行有关。佛教讲"万法唯心",是一种以"心"为本源和主宰的哲学。而唐代的道教,一方面受先秦庄子重"心斋""坐忘""心游"等思想的影响,另一方面受佛教唯心主义的影响,也开始由"外丹之学"转向"内丹之学",其主旨是强调"心"在体道成真中的优先地位。

因此,唐代绘画理论中强调"心"的作用和表现,也是一种必然的思想趋势。而其中最富有代表性和理论价值的,是中唐山水画家张璪提出的"外师造化,中得心源"这一具有划时代意义的命题。

张璪所说的"造化"略相当于今人所说的"自然界"。但在古代汉语中,"造化"是一个功能性的而非实体性的概念,它主要指的是自然事物的生长变化,而不是自然事物的实体性存在。如《庄子·大宗师》中说的:"今一以天地为大炉,以造化为大冶,恶乎往而不可哉!"这里的"造化",就是指天地生成万物的过程。因此,张璪所谓"造化",并不等于各种自然事物的集合,也非单指某些视觉所能把握的具体事物,而他所说的"师造化",也就不等于对自然事物(实体)的模仿("师"即效法、模仿、学习、领会等),而是对天地生成万物的过程(功能)的模仿。如传为王维所作的《山水诀》中说:"夫画道之中,水墨最为上。肇自然之性,成造化之功。"绘画与造化同"功"之类的话,在古代画论中经常可以见到,如张彦远《历代名画记》卷四中说的"体象天地,功侔造化"。由这个"功"字可以知道,中国绘画所要描绘的,与其说是某些单个的自然事物,还不如说是天地生成、化育万物的过程和功能。

因此,所谓"外师造化",实质上是外师"变化"。在中国画家看来,绘画所要描绘的,不是静止状态下的某个孤立的事物,而是处在不断变化和宇宙整体之中的事物;不是当下视觉范围内的形貌和色彩,而是显现于形貌色彩之上(之中)的事物生长变化的真实情状。而在无限变化的整体之中把握住有限具体的事物,或在有限具体的事物中表现出无限变化的整体,则正是中国绘画艺术境界最基本的特征和要求。

但这种要求是如何实现的呢?从画家主体方面说,这种所谓"外师造化"的过程,并不能单凭直接的感知,而是要靠超越当下经验的想象,即东晋顾恺之《论画》中所说的"迁想妙得",用张璪的话来说,就是要"中得心源"。

张璪的"心源"一词,本为佛教用语。在佛教典籍中,心源也称为"灵源""法源"等,主要有两层含义。一是指世间万物的本源。这本源不在外,不在物,而在内在的心,如宋普济编《五灯会元》卷四中所谓"千百法门,同归方寸,河沙妙德,总在心源"。二是指本源的心。本源的心,就是本来如此的、既无善恶也无是非的心,或曰"本心""本体之心",佛教典籍中通常称之为"真心"或"真如之心"。按照佛教的说法,所谓觉悟,就是觉悟本心或心源。而觉悟"本心"或"心源",被认为是获得人生最高智慧和真理的前提,如唐代宗密《禅源诸诠集都序》中所谓"迹绝于意地,理现于心源"。

因此,张璪所说的"心源",不是一般意义上的"心",而是具有特殊意义的"本心",或者说,它并不包括全部的心理活动和现象,或画家个人全部的主观经验和思想感情。作为一种借用,张璪的"心源",也可以说就是一种超越于身体欲望、日常经验和习惯成见之上的审美的或艺术的心灵,包括超越于身体欲望和日常经验之上的审美或艺术的态度、感觉、情感和想象等在内。这其中,最主要的是审美的、艺术的态度。在中国绘画美学中,这种"心",通常被冠以"林泉之心""趣远之心""玄妙之心"等不同的名目。

所谓"中得心源",不是简单地指要在绘画中表现自己的感觉和情感,而是说首先要摒弃或超离一切身体欲望、日常经验和习惯成见,培植或建构审美的、艺术的心灵,并以此心灵来看待宇宙间的一切事物与现象,即符载《观张员外画松石图》中所说的"遗去机巧,意冥玄化"。

张璪的"外师造化,中得心源",实际上强调了三层意思:第一,绘画必须穷尽自然事物的变化,揭示自然事物的内在本质和生命;第二,要解除内心的束缚,打破经验与常规的局限,以一种超然的审美态度去面对自然事物,并以此态度去对自然事物的形色相貌进行取舍;第三,只有具备了超然的审美态度,做到心无旁骛和心无挂碍,也就是所谓"中得心源",才能够领悟隐含于形相之内的造化之道与造化之功,也就是说达到"外师造化"的目的。

从中国绘画美学的历史来看,"外师造化"并不是张璪的独创,而是中国绘画的一贯传统。张璪的主要贡献是借用佛教的"心源"一词,更进一步突出了"心"或主体在绘画创作中的意义。而对"心"或主体在绘画创作中的意义的强调,这种思想既继承和发扬了自魏晋以来重"神会"与"心悟"的美学传统,也彰显和强化了中晚唐和北宋以后中国绘画日益重视写意和意境创造的价值取向。

除此之外,因为注重于"心"的作用和表现,所以,在唐代的绘画理论中,也有一种推崇天才和妙悟的看法。一般来说,唐代的绘画理论家都非常重视天才。他们推尊吴道子就是一个突出的例子。而吴道子这个人,从唐代有关画史的记载来看,似乎并无具体的师承,张彦远在《历代名画记·论画山水树石》中说他"幼抱神奥","神奥"就是天才。

"天才",主要不是指天生有才,而是指与众不同的才能。就艺术来说,天才的基本特点就是不守常规,不拘常法,并且具有超常的感受能力和想象能力。用当时的话来说,就是"元悟(玄悟)"或"妙悟",如张彦远在《历代名画记·论画体工用拓写》中说的:

> 遍观众画,唯顾生画古贤得其妙理,对之令人终日不倦,凝神遐想,妙悟自然,物我两忘,离形去智,身固可使如槁木,心固可使如死灰,不亦臻于妙理哉。所谓画之道也。

张彦远在此所谓"妙悟",是指对"妙理"的领悟,而就绘画而言,指的主要是对"骨气""神气"或"气韵"等事物内在本质和生命的领悟,而这种领悟最根本的心理内核就是超乎功利和感官经验之上的自由想象。

四、画尽意在

唐代绘画理论在心物关系中突出了"心"对于"物"的优先地位,因此也就必然重视主体的"意"(构思、想象)在绘画创作中的作用。

从前面引用的张彦远"骨气、形似,皆本于立意而归乎用笔"中,我们可以知道,张彦远是主张用"立意"来统帅整个绘画形象的塑造(包括用笔)的。除了这个命题,张彦远还提出了几个与"立意"相关的命题,即《论顾陆张吴用笔》一节中说的"意存笔先,画尽意在,所以全神气也""意不在于画,故得于画"、《论画六法》一节中说的"笔不周而意周"和《论画体工用拓写》一节中说的"运墨而五色具,谓之得意;意在五色,则物象乖矣"。

张彦远为什么如此重视"意"的概念? 这有几个方面的原因。首先,自顾恺之和谢赫以来的绘画美学传统,都是以注重"神"或"气韵"的表现为绘画的主要目标的。而"神"或"气韵"的表现,必须诉诸画家的想象,即顾恺之所谓"迁想妙得",所谓"迁想",其实就是"立意"或想象。其次,在张彦远之前,就有强调画家主观想象和妙悟的作用的观点,以及张璪"中得心源"的观点。而且,受佛教尤其是禅宗的影响,在晚唐的诗歌和散文理论中,普遍存在一种注重"意"和"意境"的审美倾向,如皎然、司空图的诗歌理论和杜牧的散文理论。处在晚唐思想界的张彦远,是不可能不受此种倾向的影响的。再其次,张彦远本人是一个精通八分书(隶书)的书法家,他对书法的喜爱使他对绘画中的用笔问题给予了特别的重视,而且他偏爱带有书法意趣的吴道子的疏体绘画,而吴道子的画是以"意气"见长的。同时他的"意存笔先"的命题,本来也是六朝时期书法理论中的一个命题。最后,张彦远对"意"的重视,也是出于对当时绘画状况的思考。唐代绘画总体上比较偏重于形似,导致晚唐时期出现了许多斤斤于形似和色彩或用笔过于精细刻画的画家。他在《历代名画记·论画六法》中批评当时的绘画说:"今人之画错乱而无旨,众工之迹是也。……今之画人,粗善写貌,得其形似,则无其气韵,具其彩色,则失其笔法,岂曰画也。"因此,他提出上述命题,也有矫正时弊的用意。从《历代名画记》一书来看,张彦远是非常反对那种以"精细"或"谨细"为特点的绘画风格的。他最推崇的是用笔粗放简略的张僧繇和吴道子。他的"无意于画故得于画"和"笔不周而意周"等命题,正是针对张僧繇和吴道子的画来说的。

张彦远的上述命题,有多种意思:

第一,是强调"意"在整个绘画创作过程中的优先地位,包括对"形"的优先地位和对"笔"的优先地位。所谓"意存笔先,画尽意在",就是这个意思。这里的"画",即笔画,而"先",则既指时间优先,也指逻辑优先。

第二,他所说的"意",既是画家的意图和想象,也是构成绘画中最本质的内容,也就是他所说的"气韵""骨气"或"神气"。换句话说,即画家的意图和想象是指向内在的"气韵""骨气"或"神气"的,而不是指向外在的形和色的,所以他说"所以全神气也",又说"意在五色,则物象乖矣"。

第三,由于他所说的"意",是指向内在的"气韵""骨气"或"神气"的,因此这样的"意",就不是一般日常生活中的"意欲"或与形色的表现相联系的那种低级的"意图",所以他说"无意于画故得于画"。也就是说,画家不能以笔画本身和外在的形色为目的,而应该以表现内在的精神即"气韵""骨气"或"神气"为目的。或者说,是要以他在《历代名画记·叙画之源流》中所说的"穷神变,测幽微"这种形上学的目的为目的。

第四,按照他的说法,"意"是对绘画形象的整体把握,或者说,只有先"立意"才能把握所画对象的全体。而反过来说,如果不能先"立意"或"立意"不在对象的"气韵""骨气"或"神气",则所画的只是琐碎的外表。所以他说"笔不周而意周"。"周",即"周全",也就是完整;"不周",即"缺少",也就是不足。这句话的意思是说,仅凭笔画或形似是无法把握整个对象的,只有"意"才能统帅全局,才能传达出对象的整体精神。同时,"周",在此也是指"周密"。在张彦远看来,笔画的周密与否,相对于"意"的表现来说,或相对于"气韵""骨气"或"神气"的表现来说是次要的。笔画周密,不一定能传达对象的精神,也不一定不能传达对象的精神。反之,笔画不周密也是一样。在这里,关键要看所立之"意"是否周密。在缺乏"立意"的情况下,笔画的周密,不但不能传达出对象的精神,反而有可能破坏这种传达。而在"立意"明确的情况下,笔画的不周密因为舍弃了那些无用的细节,反而更能完整地传达出对象的精神。基于这种看法,张彦远一方面肯定顾恺之和陆探微的"周密",说:"顾、陆之神不可见其盼际,所谓笔迹周密也。"另一方面又赞美张僧繇和吴道子的不周密,说:"张、吴之妙,笔才一、二,像已应焉,离披点画,时见缺落,此虽笔不周而意周也。""笔不周而意周"这个命题,突出的是对所画对象的内在精神和生命的整体把握,就像唐末司空图《二十四诗品》中所说的"不著一字,尽得风流"一样,都是要求以最简省的笔墨去表现最丰富而无穷的意蕴。正如优秀的诗意在言外一样,优秀的画也是意在画外。张彦远的"画尽意在"与司空图论诗推崇"象外之象""味外之旨"是一致的。

总之,在张彦远看来,"立意"是绘画的根本前提,而表"意",并且将"意"指向内在的"气韵""骨气"或"神气",则是绘画的最高目的。

张彦远的这些看法,事实上融合了顾恺之以来强调描绘对象之"神"和中唐以后文学理论中强调意境创造的理论。他的这种思想,也可以说是唐代意境论美学在绘画领域中的一种表现。虽然,他的尚"意"的理论与后来某些文人画家只强调表现个人情感的主张是不一样的,但他用"意"的概念来指代所画对象的"气韵""骨气"或"神气",为后来重视"写意"的各种理论开启了方便之门。

五、书画同体

在绘画创作中，"意"和它指向或指代的"气韵""骨气"或"神气"，都不是抽象的概念。它必须通过具体的、可视的笔墨来表现。

在《历代名画记》中，张彦远提出了另一个命题来试图解决绘画中如何用笔的问题，即"书画同体"。他在《叙画之源流》一节中说：

> 古先圣王受命应箓，则有龟字效灵，龙图呈宝。自巢、燧以来，皆有此瑞，迹映乎瑶牒，事传乎金册。庖牺氏发于荥河中，典籍图画萌矣。轩辕氏得于温洛中，史皇苍（仓）颉状焉。奎有芒角，下主辞章。颉有四目，仰观垂象。因俪鸟龟之迹，遂定书字之形。造化不能藏其秘，故天雨粟；灵怪不能遁其形，故鬼夜哭。是时也，书画同体而未分，象制肇创而犹略。无以传其意，故有书；无以见其形，故有画，天地圣人之意也。

这段叙述绘画起源的话，明显带有猜测的性质，因为它依据的是自古以来的传说，而没有任何具体的考古学证据。但是，正是依据这样一个假设的命题，张彦远在接下来的论述当中，又通过顾恺之、陆探微、张僧繇、吴道子等画家的个案分析，进一步提出了三个具有美学价值的命题，即"书画用笔同法""工画者多善书"和"画之臻妙，亦犹于书"。

张彦远的这些命题，旨在说明绘画与书法在用笔上有共同的特点和要求，即他在《论顾陆张吴用笔》一节中所说的"气脉通连""连绵不断"和"一划"而"见其生气"。而从美学的意义上说，则是：好的绘画用笔就如同好的书法用笔一样，都是流畅有力和富有生命意味的。

张彦远的这些看法，在宋代即被诸多理论家所接受。如北宋画家郭熙在《林泉高致·画诀》中说："世之人多谓善书者，往往善画，盖由其转腕用笔之不滞也。"宋代以后，张彦远的"书画同体"变为"书画同源"，并且因为"书画同源"而进一步变为"援书入画"，即要求将书法的用笔和趣味融入绘画，如北宋郭若虚在《图画见闻志·叙制作楷模》中说："画衣纹林木用笔全类于书。"郭若虚之后，这一类看法很多，如上一章第五节引用的米芾、赵孟頫、柯九思、董其昌等人的话，就都很有代表性。他们的看法，实际上是对张彦远"书画同体""书画用笔同法""工画者多善书""画之臻妙,亦犹于书"等命题的进一步发挥。

虽然张彦远并没有明确提出要以书法的笔法来画画,但他这些命题事实上为后来文人画追求"笔墨趣味"的审美主张提供了必要的理论基础。清代画论家盛大士《溪山卧游录》说:"画有以丘壑胜者,又有以笔墨胜者。胜于丘壑为作家,胜于笔墨为士气。"重笔墨,是文人绘画最根本的特点之一。而张彦远的"书画同体""书画用笔同法""工画者多善书"和"画之臻妙,亦犹于书"等命题的提出,无疑为这种特点和要求的确立提供了理论的依据。同时,从具体的创作来说,绘画与书法的融合,一方面为用笔与形似分开并成为相对独立的欣赏对象提供了条件,另一方面也为绘画从"写形"走向"写意"开辟了道路。因为书法是一种抽象的表现艺术,"见形""图形""存形"或"象物"都不是它的职能,而抒情、写意则是它的主要长处。因此书法向绘画的渗透,既使绘画摆脱形似的束缚成为可能,也使绘画在"意"或情感的表现上更加自由,即如元代画论家汤垕《古今画鉴·杂论》所说:"画梅谓之写梅,画竹谓之写竹,画兰谓之写兰,何哉?盖花卉之至清,画者当以意写之,不在形似耳。"也如清代画论家华琳《南宗抉秘》中所说:"夫作画而不知道用笔,但求形似,岂足论画哉!作画与作书相通,果如六朝各书家,能学汉、魏用笔之法,何患不骨力坚强,丰神隽永也。"

六、墨兼五采

宋以后的绘画理论,大多笔墨并提。这种提法实际上源于唐代。唐代以前的画论,没有专门讨论用墨的问题。比如在谢赫的"六法"中,并没有用墨一法。这并不是说唐以前的绘画是不用墨的,而是说当时并不追求墨色的变化,也不靠墨色的变化来表现对象的变化。唐以前的画,包括唐代的很多画,主要靠色彩和线条即用笔来表现,而且线条只有勾勒轮廓、形状和纹理(衣纹、水的波纹和山石的分界等)的作用,线条本身的墨色没有深浅、浓淡、枯润的变化,在形态上甚至也很少有粗细的变化。

唐代以后,开始出现殷仲容那样不加彩色的墨色花鸟画和吴道子那样如莼菜条一样的白描人物画,用墨开始有了独立的意义。特别是山水画的出现,进一步强化了用墨的表现作用和意义。因为山石的质感和体积、树木的阴阳向背、远景和近景的距离、山水之间的云烟变化,都很难单纯用线条来表现。于是,在唐代,出现了王维的"破墨"法和张彦远所说的山水家的"泼墨"法,出现了韦偃的"山以墨斡,水以手擦",张璪的"毫飞墨喷",双管齐下,一画生枝,一画枯枝,以及王墨以"发髻取墨抵于绢画"之类怪诞的画法。

唐代绘画创作中的用墨实验,为理论上提出和研究用墨的问题提供了材料。因此,在唐代的绘画理论中,一方面非常重视用笔,另一方面开始注重用墨,而且对用墨的特殊价值和笔墨融合的必要性也给予了特别的注意。

在唐代,关于这个问题的讨论,主要集中在张彦远《历代名画记》和荆浩《笔法记》两部著作当中。在《历代名画记》中,张彦远在评价殷仲容的墨色花鸟画时,提出了"墨兼五采"和"运墨而五色具"的命题。而这个命题,也就是中国绘画理论中著名的"墨分五色"说的最早出处。五色,是先秦以来的传统说法,在秦汉时期的文献中包括赤、黄、青、黑、白五种色彩,也称为"五彩",相当于西方绘画中有彩色中的三原色(红、黄、蓝)加上无彩色中的黑、白。在张彦远的"墨兼五采"和"运墨而五色具"中,"五色"泛指彩色,而"兼"和"具",则是指墨的黑色由于有浓淡、深浅的变化,可以替代色相和明度的变化,并进一步表示明暗、远近的变化。就张彦远的论述来看,虽然他对王墨等人的泼墨并不表示赞同,但对殷仲容、王维和张璪等人的画法则非常认可。他反对泼墨的理由和反对"吹云"(在画面上"点缀轻粉,纵口吹之")的理由是一样的,那就是"不见笔踪",即不见线条。这种画法,与张彦远推崇用笔,并且要求用笔生动、流畅、有力的旨趣全不相合,在他看来是一种离经叛道的画法。因此,总的来说,张彦远是主张笔墨兼备的。

到了唐末五代时期,荆浩再一次提出用墨的问题。他说:"夫画有六要:一曰气,二曰韵,三曰思,四曰景,五曰笔,六曰墨。"(《笔法记》)荆浩的这个"六要",既继承了谢赫、张璪、张彦远等人的看法,又有了新的发展。他的"气""韵"取自谢赫的"六法"之"气韵生动";"笔"源自谢赫的"骨法用笔"和自谢赫以来特别是自张彦远以来注重用笔的理论传统;"思"是与张璪"中得心源"和张彦远注重"立意"有关的概念;"景"是与他讨论的对象即山水画有关的范畴;而"墨"则是对唐代绘画和绘画理论注重用墨的审美倾向的一种概括。在这个"六要"当中,有两点非常值得注意的地方:一是把"气韵"分开来说,二是将笔、墨并列在一起。其中透露出来的信息也有两点:一是他更重视"韵"或韵味的表现,二是他更重视墨的运用。而且,他之重视"韵"的表现与重视墨的运用之间,似乎也有一种必然的关系。在这里,气、韵与笔、墨之间,构成了某种对应关系。而总的来说,他的观点是追求"气韵双高"和笔墨并用的。正因为如此,他才批评吴道子的"有笔无墨"和项容的"有墨无笔"。

　　唐代绘画理论中对用墨的重视,也为宋以后水墨画的发展奠定了理论基础。同时,墨的运用技法的完备,也在笔与色之外开拓了新的表现空间和新的表现可能,造就了荆浩《笔法记》中所谓"水墨晕章"和杜甫《奉先刘少府新画山水障歌》中所谓"元气淋漓障犹湿"之类的、为中国绘画所特有的艺术效果,以及各种或幽深、或平淡、或清新、或宛丽、或浑厚、或古拙的艺术新风格、新境界。

第九章　唐代乐舞的审美意识

中华民族的乐舞传统源远流长,在相关概念的使用上有一个逐渐规范的过程。在先秦,"乐"这一概念包含的东西很多,后来大体上明确,只包括诗歌、音乐、舞蹈三种艺术。然而实际的使用并不都是这样,要看语境。有的地方,乐这一概念包括了诗歌、音乐、舞蹈三种艺术,然而有的地方仅指音乐,或音乐与舞蹈相结合的艺术。这一情况一直延续到封建社会结束。我们在这里讨论唐代的乐舞成就,是将诗撇开的,当然,实际的情况不会是这样,中国古代的乐舞都是有词的,词就是诗。

唐代在中国音乐舞蹈史上具有重要地位。无论是宫廷的乐舞,还是民间歌舞,都获得空前发展。唐帝国的诸多皇帝,如唐太宗、唐高宗、唐玄宗,均有自己的乐舞思想,而且他们也都十分重视乐舞。由于唐帝国持开放的国策,诸多外国乐舞来到中国,它们或是与中国原有的乐舞相融合,成为具有中国特色的外国乐舞,或是以其因素影响着中国原有的乐舞,并参与着中国新的乐舞的创造。正是因为如此,唐代的乐舞不仅展现出百花齐放的繁荣景象,而且向着高水平的乐舞大戏方向发展。唐代乐舞中的审美意识特色突出,一方面,它与整个唐代的精神合拍,甚至可以说,它就是唐代精神的体现;另一方面,在艺术之林中,乐舞具有综合性,兼诗、乐、舞于一体,且它的用途很广,不仅国家礼仪性的活动要用到它,而且日常生活也要用到它,其政治性与娱乐性均很突出,因此,在它身上所体现出来的审美意识较之其他艺术更为丰富,也更具有震撼力。

第一节　和为主题

周公制礼作乐,定礼乐治国之方针,孔子坚定地认为,唯有周公的礼乐治国才是治理天下的根本道路,后世儒家无不奉为圭臬。荀子著《礼论》又著《乐论》,两论并举,认为礼在分,分则等级分明,不至于争;乐在同,同在情理沟通,不至于乱。礼乐两者缺一不可。公孙龙子著《乐记》,继续荀子的事业,更为深入地阐述着礼乐两者的相互作用:"乐自中出,礼由外作。""乐至则无怨,礼至则不争。揖让而治天下者,礼乐之谓也。"(《乐论篇》)后世的统治者基本上均继续着这条治国的路线。关于乐的作用,《旧唐书·音乐志》明确地说:

> 乐者,太古圣人治情之具也。人有血气生知之性,喜怒哀乐之情。情感物而动于中,声成文而应于外。圣王乃调之以律度,文之以歌颂,荡之以钟石,播之以弦管,然后可以涤精灵,可以祛怨思。施之于邦国,则朝廷序;施之于天下,则神祇格;施之于宾宴,则君臣和;施之于战阵,则士民勇。

这段文字虽然出自《旧唐书》编者刘昫之手,却应是唐代统治者的认识。它说明乐在唐代具有五个方面的作用:

第一,对个人来说,"可以涤精灵,可以祛怨思"。"涤精灵",实质上就是用儒家的正统观念来建构人们的生活理念,而"祛怨思",则与亚里士多德的诗的宣泄说异曲同工。这一观点的提出,实质上已超越了伦理学的范围,而进入了审美心理学的领域,因而值得特别重视。从审美心理学的立场来看音乐,音乐不只能让人快乐,还能宣泄人的不良情绪,从而净化心灵。

第二,对邦国来说,它能让"朝廷序",即让国家有法度。也许人们认为国家法度是由礼决定的,乐哪能起这作用? 这个想法错了,在古代礼乐相连,乐中有礼,而且乐就是礼。举凡祭祀、朝会、宴请、外事等国家大事,均需奏相应的乐,此乐不仅起着奠定基调烘托气氛的作用,而且它实际上成为某一礼仪的标志。朝廷上,某一音乐奏起,君臣立即进入角色,一切有条不紊地按既定的程序进行,丝毫不会乱,也不能乱。

第三,对天下来说,它是沟通神祇的重要途径。神祇在中国传统文化中,既是具有超凡本领的人格神,更是神秘莫测的天地自然。中国传统文化中讲的自然其实并不是自然界,而是造就自然界之自然,那就是它的内在规律。这规律不是外在赋予的,而是它本身具有的,是它的本然,因而也称之为自然而然。按上面所引,乐既然能沟通神灵,也就具有让人感悟天地本然的重要意义。正如《乐记》所云:"大礼与天地同序,大乐与天地同和。"唐代的统治者要的就是这种大礼、大乐。

第四,对宴宾来说,它能起到沟通君臣情感的作用。朝廷之上,君臣之间,通常除了严肃还是严肃,除了言理,哪还能言情? 然而,在宴会上,音乐一起,君臣均放松了,情感也就能沟通了。这种快乐,站在君王的立场是与民同乐。先秦儒家对于音乐的这一重要作用,特别强调。孟子来到齐国见梁惠王就大谈独乐乐不如众乐乐的道理。他引经据典,说:"文王以民力为台为沼,而民欢乐之,谓其台曰灵台,谓其沼曰灵沼,乐其有麋鹿鱼鳖。古之人与民偕乐,故能乐也。汤誓曰:'时日害丧,予及女偕亡。'民欲与之偕亡,虽有台池鸟兽,岂能独乐哉?"(《孟子·梁惠王上》)

第五,对战争来说,它有鼓舞士气的作用。中国自古以来就有军乐或军歌,军乐或军歌具有强烈的节奏和炽热的情感,可以调动将帅兵卒的情绪,即士气。

以上五个功能,核心是教化,中国儒家美学十分强调乐的教化功能。孔子讲诗教,诗在先秦属于乐,故诗教即为乐教。

当然不是所有的乐都能承担起教化人心的功能的,能够担当教化人心功能的音乐只能是"思无邪"的音乐。这"思无邪"的音乐是"雅乐"。雅乐的突出代表是《韶乐》,孔子非常喜欢也极力推崇韶乐。与雅乐相对的不健康的音乐,在孔子时代以郑声为代表。孔子说"郑声淫"。在他那个时代,正邪颠倒,雅俗不分,孔子极为愤慨,明确地说:"恶紫之夺朱也,恶郑声之乱雅乐也。"(《论语·阳货》)《旧唐书》述乐教之由来,简要地描述自周至唐这礼乐制度时废时立的全部过程,突出介绍了隋文帝开皇年间重建礼乐制度的情况。文曰:

> 自永嘉之后,咸、洛为墟,礼坏乐崩,典章殆尽。江左掇其遗散,尚
> 有治世之音。而元魏、宇文,代雄朔漠,地不传于清乐,人各习其旧风。
> 虽得两京工胥,亦置四厢金奏,殊非入耳之玩,空有作乐之名。隋文帝
> 家世士人,锐兴礼乐,践阼之始,诏太常卿牛弘、祭酒辛彦之增修雅乐。
> 弘集伶官,措思历载无成,而郊庙侑神,黄钟一调而已。开皇九年平

陈,始获江左旧工及四悬乐器,帝令廷奏之,叹曰:"此华夏正声也,非吾此举,世何得闻。"乃调五音为五夏、二舞、登歌、房中等十四调,宾、祭用之。隋氏始有雅乐,因置清商署以掌之。既而协律郎祖孝孙依京房旧法,推五音十二律为六十音,又六之,有三百六十音,旋相为宫,因定庙乐。诸儒论难,竟不施用。隋世雅音,惟清乐十四调而已。隋末大乱,其乐犹全。(《旧唐书·音乐志》)

这一事件即为音乐史上著名的"开皇乐议",它的重要价值是确定了雅乐体系,这一体系后来为替代隋朝的唐帝国所继承。这中间有一个关键人物起了作用,就是祖孝孙。祖孝孙历仕隋唐两朝,在隋,他是受隋文帝之命整理雅乐的重要人物。入唐,高祖擢用他为吏部郎中,转太常少卿,主管雅乐事宜。由于唐帝国当时处在建国之初,事务繁冗,祖孝孙也未遑对隋代的雅乐做更多的改创,在重要的国家事务场合需要奏雅乐时,祖孝孙就奏请将这部经由隋代移过来的雅乐照搬了上去。直至武德九年(626年),唐帝国建国九年之后,他才奉命修订雅乐,贞观二年(628年)二月新制的雅乐终于登上唐帝国的大雅之堂。历数这一过程,有三个要点需要强调:

第一,雅乐的由来,是有一个传承体系的。按《旧唐书》所述,此体系溯源于黄帝,创立于西周,为华夏正声。战国时天下大乱,"礼乐出于诸侯,雅、颂沦于衰俗",雅乐体系遭到弃置,秦始皇建立统一政权后,也不用这个体系。直到汉武帝、汉宣帝时代,雅乐体系才得以捡拾起来。尽管如此,却并不显得纯粹。"虽流管磬之音,恐异茎、英之旨。其后卧听桑、濮,杂以兜离,孤竹、空桑,无复旋宫之义;崇牙树羽,惟陈备物之仪。烦手即多,知音盖寡。"(《旧唐书·音乐志》)虽然如此,它还是承续下来了,直至西晋末年。这个时候,天下再次陷于战乱,典章殆尽,雅乐再次遭到浩劫。隋帝国建立,推崇礼乐的隋文帝非常重视建立雅乐系统,但问题是,雅乐弃置多年,哪儿可以寻找它的踪迹呢?目光只能扫向隋建立前的南北分治政权。客观地说,南北分治的政权也还是有各自的雅乐体系的,问题是哪一个更接近于华夏正声。出生于北方的隋文帝凭着自身的理解,果断地判定来自南陈的雅乐为华夏正声,以此为基础,创建属于自己的雅乐体系。唐代的雅乐沿袭于隋,后虽经改创,大体上还是以隋为基础的。此华夏正声脉系十分重要。

第二，据上述，华夏正声实际上兼融了南北文化的精华。中国历史上凡大一统的政权，除明代外均先在北方立国，然后统一南方。这种南向统一，理论上意味着北方文化对南方文化的征服。然而实际情况并不是这样，由于南方较北方战乱少，经济繁荣，文化昌盛，多是先进文化代表，因此，政权上的统治并不意味着在文化上的统治。由于南方文化为先进文化，其文化上的融合，往往表现为南方文化对北方文化的征服。隋文帝认为南陈的曲调为华夏正声，并以陈乐为隋乐的基础就说明了这一点。唐乐袭隋，说明唐代的雅乐体系充分吸收了南方音乐文化的精华。隋是短命的王朝，而唐是中国历史上仅汉可与之媲美的强大帝国，它袭隋所建立的雅乐体系，作为华夏正声获得南北民众广泛的认同，是真正的大一统之声。

第三，唐乐作为华夏正声，不只是因为它兼融了南北音乐文化，还因为它对时下的南北音乐都进行了改造。《旧唐书·音乐志》云：

> 孝孙又奏：陈、梁旧乐，杂用吴、楚之音；周、齐旧乐，多涉胡戎之伎。于是斟酌南北，考以古音，作为大唐雅乐。

这重建的雅乐系统，一是重视复古，《旧唐书·音乐志》云："周礼旋宫之义，亡绝已久，时莫能知，一朝复古，自此始矣。"同时又重视用今，古今结合，于古有据，于今有用。二是重视兼融，虽然主要取自源自南陈的隋乐，但还是充分考虑到了北方的雅乐，可以说，隋朝的开皇乐议到了唐贞观年间得到了一个很好的总结。这样建构的雅乐应该说较以前任何一个时期的雅乐要合理，要丰富，要更正统。

从《旧唐书》对于唐朝雅乐的具体描述来看，此乐的制作，理论根据是《礼记·乐记》所说的"大乐与天地同和"，故其节律的安排明显与日月运行的规律相一致。"制十二和之乐，合三十一曲，八十四调。祭圜丘以黄钟为宫，方泽以林钟为宫，宗庙以太簇为宫。五郊、朝贺、飨宴，则随月用律为宫"（《旧唐书·音乐志》），所有用于朝廷重要礼仪的雅乐见出一个共同的主题：和。有不同的和乐，用于不同的礼仪活动：

> 初，祖孝孙已定乐，乃曰大乐与天地同和者也，制十二和，以法天之成数，号大唐雅乐：一曰豫和，二曰顺和，三曰永和，四曰肃和，五曰雍和，六曰寿和，七曰太和，八曰舒和，九曰昭和，十曰休和，十一曰正

和,十二日承和。用于郊庙、朝廷,以和人神。(《新唐书·礼乐志》)

尽管自唐太宗以后,各种雅乐的形式有一些改变,但是,由太宗定下的和的基调一直沿袭了下来。武则天光宅年间,太常寺奏请皇帝封泰山时所用的雅乐,虽然形式颇多,但大都名为"和":"皇帝行,用太和之乐。其封太山也,登歌、奠玉币,用肃和之乐;迎俎,用雍和之乐;酌献、饮福,用寿和之乐;送文、迎武,用舒和之乐;亚献、终献,用凯安之乐;送神,用夹钟宫元和之乐。禅社首也,送神用林钟宫顺和之乐……"(《旧唐书·音乐志》)如此种种的"和"说明什么呢?说明在统治者心目中,音乐的最高境界是和,人心的最高境界是和,社会的最高境界也是和。这种和境直通向天,它是得到上天认可的,而且它就是天的意旨所在。统治者想要的就是这种能有上天保证的长治久安的和。

追求和境,当然不是唐帝国独有的社会理想,中华民族自远古以来,就有这种追求,但无疑,这种和境在唐帝国统治者的心目中达到了空前的高度,成为唐帝国精神的一道鲜明的亮色。

值得我们注意的是,在唐帝国最高统治者的心目中,皇帝是主要的歌颂对象,帝国的和境,是有一个中心的,这个中心只能是皇帝。所以,他们在编制各种以和为题的祭祀音乐时,也不忘编制各种以皇帝为歌颂对象的庙乐:

初,太宗时,诏秘书监颜师古等撰定弘农府君至高祖太武皇帝六庙乐曲舞名,其后变更不一,而自献祖而下庙舞,略可见也。献祖曰光大之舞,懿祖曰长发之舞,太祖曰大政之舞,世祖曰大成之舞,高祖曰大明之舞,太宗曰崇德之舞,高宗曰钧天之舞,中宗曰太和之舞,睿宗曰景云之舞,玄宗曰大运之舞,肃宗曰惟新之舞,代宗曰保大之舞,德宗曰文明之舞,顺宗曰大顺之舞,宪宗曰象德之舞,穆宗曰和宁之舞,敬宗曰大钧之舞,文宗曰文成之舞,武宗曰大定之舞,昭宗曰咸宁之舞。其余阙而不著。(《新唐书·礼乐志》)

凡此种种,说明唐帝国所谓的以和境为理想的雅乐其核心仍然是等级分别的礼制,而皇帝处于最高的等级,这种秩序是不可破坏的。所以,从根本上看,所谓和只是维护唐帝国长治久安的和。

以上说的各种雅乐,均以崇宏的主题宣扬着唐帝国至高的尊严与一统天下的气势。值得我们注意的是,在唐帝国的雅乐中,也有一些曲目比较活泼清新,如一首名为《景云河清歌》的雅乐：高宗即位时，天降祥瑞，景云现、河水清，大臣张文收采古代《天马》《朱雁》两曲之义，创作了这首歌，用于宴会。这首歌曲的主题同样是渲染祥和的气氛，歌颂帝王的功德，但它更具有审美的情趣。同类性质的歌，还有《白雪》，词为高宗的诗，曲调则借用古曲。玄宗作有《龙池乐》，此曲的由来也很有意思。玄宗在做皇帝前住在隆庆坊，此坊后来变成了兴庆宫，并开凿了一个水池。有风水先生说这个水池为潜龙池，意味着玄宗登基前在此龙潜。玄宗也颇以为然，亲自制作此曲。凡此种种，反映出唐帝国极为强烈的天命在兹自豪感。唐帝国乐舞那种目空一切的雄伟与自负在中国古代的帝王音乐中虽然不是绝无仅有的，但从总体气势和体系的完整性来看，当无能出其右者。

第二节　崇武尚文

唐代的乐舞中，首出者应为《秦王破阵乐》，这首军功乐舞充分体现出唐帝国的英雄气概，是唐朝精神的最强音。其曲之由来，《旧唐书·音乐志》有清楚的记载：

> 贞观元年，宴群臣，始奏秦王破阵之曲。太宗谓侍臣曰："朕昔在藩，屡有征讨，世间遂有此乐，岂意今日登于雅乐。然其发扬蹈厉，虽异文容，功业由之，致有今日，所以被于乐章，示不忘于本也。"尚书右仆射封德彝进曰："陛下以圣武戡难，立极安人，功成化定，陈乐象德，实弘济之盛烈，为将来之壮观。文容习仪，岂得为比。"太宗曰："朕虽以武功定天下，终当以文德绥海内。文武之道，各随其时，公谓文容不如蹈厉，斯为过矣。"德彝顿首曰："臣不敏，不足以知之。"

从这段文字来看，《秦王破阵乐》在李世民登基前就有了[1]，那时，李世民为秦王。唐高祖的几个儿子，老大李建成已封为太子，协助李渊治理国家。李世民为二子，足智多谋，文武双全，主要率兵讨伐企图与唐帝国相抗衡或反叛唐帝

[1] 关于这乐舞的由来，《旧唐书·音乐志》说："太宗所造也。太宗为秦王之时，征伐四方，人间歌谣秦王破阵乐之曲。及即位，使吕才协音律，李百药、虞世南、褚亮、魏徵等制歌辞。"而白居易《七德舞》诗的序云："武德中，天子始作《秦王破阵乐》，以歌太宗之功业。"（《全唐诗》卷四二六）此"天子"似是唐高祖李渊。当然不会是李渊亲自操笔，而是他下令让臣下作这首曲子。两种说法似是第一种可信。

国的军事势力,平定天下。据《新唐书》记载,《秦王破阵乐》产生于秦王破刘武周的战争中,它本来的作用是激励士气。李世民亲自作词,词曰:"受律辞元首,相将讨叛臣。咸歌破阵乐,共赏太平人。"(《旧唐书·音乐志》)那个时候,此乐纯为军歌,不是雅乐,李世民登基后,它进入雅乐,登上朝廷宴会之堂了。李世民对这首当年的军歌深有感情,他充分肯定这首破阵乐的意义:就当年来说,有激励作用——鼓舞士气;而就今天来说,有警示作用——以示不忘本。正是因为它有警示意义,唐太宗认为,这首乐舞,当今是可以演的,也应该演。但是,他对于封德彝过于夸大军功的话不予同意。在封德彝,他赞美《秦王破阵乐》的壮观,说是"文容习仪岂得为比",其本意不过是想拍李世民的马屁而已,并无轻视文治的意思,李世民不是不明白这一点,他借封德彝的话题,只是想引出他治国的一番见解。他认为"文武之道,各随其时",就唐帝国来说,确是用武功定天下的,但是,这安天下却不能靠武功,而只能靠文德。

为此,他对《秦王破阵乐》进行改造。首先,令魏徵、虞世南、褚亮、李百药改制歌词,并更名《七德》之舞,从这来看,他是试图将文治的内容加入战舞,使这部乐曲的主题发生变化。随后,他亲自动手绘制《破阵舞图》:"左圆右方,先偏后伍,鱼丽鹅贯,箕张翼舒,交错屈伸,首尾迥互,以象战阵之形。"并令"吕才依图教乐工百二十人,被甲执戟而习之"。(《旧唐书·音乐志》)从这编舞来看,此乐的本质并没有变化,它仍然是战争舞。而就其审美效果来看,"观者见其抑扬蹈厉,莫不扼腕踊跃,凛然震竦",武臣列将自然更是心领神会,皆云"此舞皆是陛下百战百胜之形容"。这正是战争舞的效果,可见,唐太宗的这种改造,并没有让这曲战争乐舞发生根本性的变化。尽管如此,将乐舞名由"破阵乐"改为"七德"①,就给这场战争定了性,说明这不是野蛮的征讨,而是文明的开创。战争中太宗的所作所为,虽然是在指挥着军队杀人,但杀的是该杀之人,所以是在实施仁德。

既然说在改,为什么又不彻底地改?主要的原因在于李世民心中的战争情结及其对战争的态度。虽然他口中宣称"以文德绥海内",相信他也在理论上认定这是正确的,但是,他深知,这唐帝国完全不是靠文德得来的,而是靠武功打

---

① 关于"七德",《左传·宣公十二年》云:"夫武,禁暴、戢兵、保大、定功、安民、和众、丰财者也。"杜预注:"此武七德。"

出来的。他不仅自始至终参加了这场打天下的战争,而且还是率领千军万马的统帅。他对战争其实是有深厚情感的。身经百战的他,在和平时期回首他所参加过的战争,可以说太伟大,太神奇,太值得回味;但另一方面也可以说太恐怖,太残忍,不堪回首。诸多刻骨铭心的经历自然涌上心头:近乎疯狂的野蛮有之,近乎圣洁的大慈亦有之,洞触天开的奇思有之,濒临崩溃的绝望亦有之。种种超乎寻常的情感只有身处血肉横飞的战场上才能感受到,喜怒哀恶欲,那是平常时人们说的情感,在战场上它全变形了,变得不可理解,也不需要理解。各种人性逼到了底线,或者干脆说冲破了底线,人,不是人了。正是因为战争太残酷,所以,表现战争的歌舞,如果过于接近真实,就会污耳污目,严重地摧残人的审美感受。毕竟这是艺术,是要让人欣赏的,如果看不下去,过于难受,岂能起到它应起的作用? 所以,从美学上来说,表现战争的艺术要与真实的战争拉开一个距离,化实为虚。对于李世民来说,也许更多的还不是从美学上考虑,他考虑的是这《秦王破阵乐》如果过实,他的一部分部下难以接受,因为他的一些将领原本不属于他,而属于他的对手刘武周、薛举、王世充、窦建德等,是李世民将他们争取过来的。关于这一点,《新唐书·礼乐志》有具体的记载:

> 太常卿萧瑀曰:"乐所以美盛德形容,而有所未尽,陛下破刘武周、薛举、窦建德、王世充,愿图其状以识。"帝曰:"方四海未定,攻伐以平祸乱,制乐陈其梗概而已。若备写禽获,今将相有尝为其臣者,观之有所不忍,我不为也。"

《秦王破阵乐》的种种修改,虽然也出自太宗的真实意愿,但也有一些出于无奈。太宗太懂战争了。他口中虽大谈文德,心中却顽强地说,不能放弃战争,不能弃置武力。打江山要靠武力,守江山还是要靠武力。《秦王破阵乐》这换汤不换药的修改,真实的原因就在这里。

唐太宗的音乐审美观念明显地表现为崇尚阳刚之美,崇尚事功之美。

太宗的音乐审美观念并没有能够为他的儿子高宗所继承,永徽二年(651年)十一月,高宗祭祀于南郊,臣下奏言当演出《秦王破阵乐》,高宗则说:"《破阵乐舞》者,情不忍观,所司更不宜设。"说此话时,"惨怆久之"。(《旧唐书·音乐志》)于是,他将这部以歌颂军功为主题的乐舞打入了冷宫。

高宗此种态度原因有三:一是他个人的原因,高宗为人较为懦弱,生性善良;二是作品本身的原因,虽然《秦王破阵乐》在太宗时代已经做了诸多修改,但仍然保留着诸多恐怖的场面;三是社会原因,到高宗,帝国政权已经稳固,除了边疆还有小规模战争,基本上没有战事了。升平日久,易生淫乐之心,整个社会的审美风尚较太宗时有了变化,人们更喜欢轻曼优美的作品,战争舞蹈自然就不那么合乎人们的审美心理了。

时间很快过去 27 年,一次祭祀活动,改变了《秦王破阵乐》的命运。关于这件事,《旧唐书·音乐志》有记载:

> 三年七月,上在九成宫咸亨殿宴集,有韩王元嘉、霍王元轨及南北军将军等。乐作,太常少卿韦万石奏称:"破阵乐舞者,是皇祚发迹所由,宣扬宗祖盛烈,传之于后,永永无穷。自天皇临驭四海,寝而不作,既缘圣情感怆,群下无敢关言。臣忝职乐司,废缺是惧。依礼,祭之日,天子亲总干戚以舞先祖之乐,与天下同乐之也。今破阵乐久废,群下无所称述,将何以发孝思之情?"上瞿然改容,俯遂所请,有制令奏乐舞,既毕,上歔欷感咽,涕泗交流,臣下悲泪,莫能仰视。久之,顾谓两王曰:"不见此乐,垂三十年,乍此观听,实深哀感。追思往日,王业艰难勤苦若此,朕今嗣守洪业,可忘武功?古人云:'富贵不与骄奢期,骄奢自至。'朕谓时见此舞,以自诚勖,冀无盈满之过,非为欢乐奏陈之耳。"侍宴群臣咸呼万岁。①

这段文字非常生动,很可能是真实情景的描述。弃置近 30 年的《秦王破阵乐》得以重启,是什么打动了高宗皇帝让他改变了对这曲乐舞的态度呢?细味韦万石的话,关于将《秦王破阵乐》重新搬出来,他说了三个理由。一、《秦王破阵乐》"是皇祚发迹所由",应该演出,以"宣扬宗祖盛烈,传之于后,永永无穷",也就是太宗当年说过的"以不忘于本也"。二、按礼,祭之日,皇帝应"亲总干戚以舞先祖之乐,与天下同乐之"。这第二个理由,太宗没有说过。礼需遵从,似乎这不算什么新理由,古往今来均如此,值得注意的是,此说是与天下同乐。这无异于说,《秦王破阵乐》其实也可以作为欢歌来处理。虽然它是战争舞,可以让人情不忍观,但如果换一种眼光,或者说换一副审美心胸,也是可以让人快乐

---

① 《贞观政要》卷七亦有这段文字,少数字句有异。

的。这第二点理由是深刻的，它触及到艺术的本质，不管哪种艺术，悲剧还是喜剧，抑或是正剧，它都应给人带来审美享受，审美享受的过程是丰富的，它可能只有快感，也可能既有快感又有痛感，快感与痛感并存或互化，但有一个基本点是必须肯定的，那就是审美享受的本质是让人愉悦的，愉悦的本质是情感得到宣泄，思想获得启迪，心里充盈着正能量。人们审美，能不能获得审美享受，即获得这种心理的正能量，不只是决定于艺术品的审美性质和审美质量，还决定于审美者的审美态度。高宗以前观《秦王破阵乐》说是"情不忍观""惨怆久之"，当然与《秦王破阵乐》自身的审美内容与审美形式有关。这个作品因为内容与形式的原因，的确容易让人不忍观，容易让人惨怆，但如果能持正确的审美态度，在不忍观之时，实现审美的超越，也不是不能化惨怆为愉悦的。韦万石向高宗进言时，唐帝国建国已经 60 年，观赏乐舞的人绝大多数没有战争的体验，观赏此舞时，头脑中所浮现的战争的情景早非实景，而只能想象了。欣赏者既然难以感同身受，这战争乐舞对欣赏者，在很大程度上就已不是战争的回忆，而是战争的游戏了。故韦万石讲的"与天下同乐"这一理由，应该说能打动高宗，也站得住脚。第三点理由是"发孝思之情"。对于高宗来说，这一点应是最能打动他的。

有许多理由助《秦王破阵乐》在唐代各种重要的礼仪场合重现。自此，《秦王破阵乐》在唐帝国再没有被弃置过，除了武则天为皇帝时，史书上没有明载是否用《秦王破阵乐》，唐帝国后续的帝王均用《秦王破阵乐》。唐玄宗善音乐，在他当政时，《秦王破阵乐》与《太平乐》《上元乐》同为主要的演出曲目，规模很大，光擂鼓的宫女就多达数百人。白居易有诗赞《七德舞》即《秦王破阵乐》。诗云：

　　七德舞，七德歌，传自武德至元和。元和小臣白居易，观舞听歌知乐意，乐终稽首陈其事。太宗十八举义兵，白旄黄钺定两京。擒充戮窦四海清，二十有四功业成。二十有九即帝位，三十有五致太平。功成理定何神速，速在推心置人腹。亡卒遗骸散帛收，饥人卖子分金赎。魏徵梦见子夜泣，张谨哀闻辰日哭。怨女三千放出宫，死囚四百来归狱。剪须烧药赐功臣，李勣呜咽思杀身。含血吮创抚战士，思摩奋呼乞效死。则知不独善战善乘时，以心感人人心归。尔来一百九十载，天下至今歌舞之。歌七德，舞七德，圣人有作垂无极。岂徒耀神武，岂徒夸圣文。太宗意在陈王业,王业艰难示子孙。

这首诗说明,《秦王破阵乐》直至中唐还在演出,自它诞生之日算起,已历190年。值得说明的是,《秦王破阵乐》原有五十二遍,归入立部伎之中,当它修入雅乐更名为《七德》后,只留下两遍了(参见《旧唐书·音乐志》)。白居易看到的是只有两遍的《七德舞》。白居易观罢《七德》乐舞,是如何理解此乐舞的主题的呢? 他说:"太宗意在陈王业,王业艰难示子孙。"王业具体为何? 白居易理解为两个部分:一是战争,平定天下的战争,这方面,白居易描述得比较概括、简略;二是施德,这部分,白居易描写得比较具体。施德大部分与战争有关,包括厚葬阵亡遗骸、抚恤将士遗属、厚赏部将军功等;也有一些德与战争无关,如放出宫女。战争的意义白居易没有说,施德的意义则归结为"以心感人人心归"。应该说,这种理解是符合太宗改编《秦王破阵乐》的本意的。

高宗时韦万石对《秦王破阵乐》意义的阐释较太宗自己的阐释是有拓展的,特别是提出"与天下同乐之""发孝思之情",已经拓展到审美领域去了,然白居易仍然将它归结到太宗的立场上,太宗说在和平时期表演此乐舞"以示不忘本",白居易说"王业艰难示子孙",完全一致。

虽然《秦王破阵乐》经太宗的改编主题与军功有所偏离,但军功仍然是文德的基础,这个基础不管怎样改,变不了。应该说,《秦王破阵乐》的本质还是军歌。唐代雅乐中,军舞不少,太宗时有《凯安》,高宗时有《一戎大定》,文宗时有《凯乐》。虽然这些军歌均为庆功乐舞,但军队的雄威仍然是要着力表现的,像《凯乐》,其演出的是:"凡命将征讨,有大功献俘馘者,其日备神策兵卫于东门外,如献俘常仪。其凯乐用铙吹二部,笛、筚篥、箫、笳、铙、鼓,每色二人,歌工二十四人。乐工等乘马执乐器,次第陈列,如卤簿之式。"(《旧唐书·音乐志》)场面很壮观。

重视军功,终唐都没有变。但是,唐代自开国之日始,就很重视文德了。太宗在这方面有相当高的自觉意识,也亲自动手创作文舞。《旧唐书·音乐志》云:"庆善乐,太宗所造也。太宗生于武功之庆善宫,既贵,宴宫中,赋诗,被以管弦。舞者六十四人,衣紫大袖裙襦,漆髻皮履。舞蹈安徐,以象文德洽而天下安乐也。"至高宗,文武两个方面的乐舞齐备,且使用有明确的章程。仪凤二年(677年),太常少卿韦万石启奏高宗,曰:"据贞观礼,郊享日文舞奏豫和、顺和、永和等乐,其舞人著委貌冠服,并手执籥翟。其武舞奏凯安,其舞人并著平冕,手执干戚。奉麟德二年十月敕,文舞改用功成庆善乐,武舞改用神功破阵乐,并改器服等。"至于在祭祀庆典场合是文舞在先还是武舞在先,按礼官韦万石的说法是应有区别的,凡是以揖让得天下者,先奏文舞,后奏武舞;凡是以征伐得天下者,则先奏武舞,后奏文舞。唐帝国属于后一种情况,所以,在举行重要的祭祀和庆典活动时,先奏《神功破阵乐》(为《秦王破阵乐》的另名),后奏《功成庆善乐》。

值得补充的是,《秦王破阵乐》曾传于国外,远达日本、印度。《新唐书·西域传》记载:"隋炀帝时,遣裴矩通西域诸国,独天竺、拂菻不至为恨。武德中,国大乱,王尸罗逸多勤兵战无前,象不弛鞍,士不释甲,因讨四天竺,皆北面臣之。会唐浮屠玄奘至其国,尸罗逸多召见曰:'而国有圣人出,作秦王破阵乐,试为我言其为人。'玄奘粗言太宗神武,平祸乱,四海宾服状,王喜,曰:'我当东面朝之。'贞观十五年,自称摩伽陀王,遣使者上书。"此乐舞有多种版本保存在日本。唐代崔令钦《教坊记》中说:"日本另有《皇帝破阵乐》及《秦王破阵乐》。其舞入《太平乐》故,又有《武德太平乐》《安乐太平乐》之别称。"如此,则充分说明《秦王破阵乐》的影响是国际性的。

《秦王破阵乐》地位十分显赫,它作为唐代的第一乐曲,好比近世国家之国歌。它的重要地位及影响,最为突出地反映了唐朝的音乐审美观念,即重武尚文,这一思想并不是孤立的,而是整个唐代的审美倾向的表现之一。唐诗中边塞诗的突出地位,书法中阳刚派书法之执牛耳,都与音乐审美中崇尚军功之美相一致。

第三节　娱乐旨归

唐初,太宗与臣下有一次关于《玉树后庭花》的对话:

> 太宗谓侍臣曰:"古者圣人沿情以作乐,国之兴衰,未必由此。"御史大夫杜淹曰:"陈将亡也,有玉树后庭花,齐将亡也,有伴侣曲,闻者悲泣,所谓亡国之音哀以思。以是观之,亦乐之所起。"帝曰:"夫声之所感,各因人之哀乐。将亡之政,其民苦,故闻以悲。今玉树、伴侣之曲尚存,为公奏之,知必不悲。"尚书右丞魏微进曰:"孔子称:'乐云乐

云,钟鼓云乎哉。'乐在人和,不在音也。"十一年,张文收复请重正余乐,帝不许,曰:"朕闻人和则乐和,隋末丧乱,虽改音律而乐不和。若百姓安乐,金石自谐矣。"(《新唐书·礼乐志》)

这段对话鲜明地反映出唐太宗李世民的音乐审美观念。李世民的基本观点是"古者圣人沿情以作乐,国之兴衰,未必由此",这观点包含着两个重要思想:

第一,"圣人沿情以作乐"。音乐以情为本,音乐的产生是情之使然。情为乐之本,一方面,人有情需要抒发,于是寄托于音乐,抒情成为作乐之动力;另一方面,音乐中饱含情感,情感成为音乐的内容。儒家经典《乐记》中说:"情动于中,故形于声。声成文,谓之音。"太宗的观点与之相似。

第二,"国之兴衰,未必由此"。这话的意思是音乐与政治是两码事,不能由音乐判定国家的兴衰状况,也不能将国家兴衰的责任推到音乐头上。在这个问题上,李世民与儒家的观点存在着尖锐的对立。《乐记》认为:"是故治世之音安以乐,其政和;乱世之音怨以怒,其政乖;亡国之音哀以思,其民困。声音之道,与政通矣。"李世民虽然承认音乐是情感的产物,但不认为国家的兴衰与音乐有必然关系,音乐决定不了国家的兴衰,它也不能作为国家兴衰的标志。换句话说,音乐与国家兴衰是两码事,"声音之道"与"政"并不相通。

那又应怎样理解"亡国之音哀以思"? 李世民说:"夫声之所感,各因人之哀乐。将亡之政,其民苦,故闻以悲。今玉树、伴侣之曲尚存,为公奏之,知必不悲。"这里又包含有诸多的思想:

人的哀乐由什么决定? 从根本上来说,是人的生存状况决定的。但是,作为情感,它由外物感发。这外物又有两种情况:一是生活本身,如太宗所说,"将亡之政,其民苦";二是非生活本身的他物,如自然。自然景物可以逗发人对某种实际生活的联想,故而让人生悲喜情感。一般来说,春光容易让人喜,而秋景容易让人悲。当然,这情与景的关系又因人而异。

人的情感不外乎喜怒哀乐爱恶欲这些类别,而引起同类情感的事物却是很多的,同为悲,可以因感肃杀之景而生,也可以因人生某一不幸遭际而生。能不能因它们生的情均是悲,而将它们等同起来呢? 李世民是不赞成的。

这不同事物之间有没有影响呢? 太宗认为是有的。"将亡之政,其民苦",

因为苦,对于《玉树后庭花》这样凄婉的曲调就容易产生悲伤之情。

但是,能不能受到音乐的影响,一方面,固然与音乐的性质有关系,悲伤曲调的音乐易生悲情,欢乐曲调的音乐易生乐情;另一方面,也与欣赏者自身的状况有关系,而欣赏者自身的状况,一则在自身的素质等,另则在所处的时代、社会。李世民斩钉截铁地对臣下说:"今玉树、伴侣之曲尚存,为公奏之,知必不悲。"

李世民是深刻的,他既注意到了事物的区别,又注意到了事物的联系,并且注意到了是什么性质的区别,又是什么性质的联系。国之兴衰与乐之喜悲是完全不同的两件事,其区别是根本的,它们之间也有联系,这联系只是现象的。李世民还注意到影响事物价值判断的两个方面:客观方面、主观方面。音乐的影响也决定于两个方面:乐曲自身的性质、欣赏者自身的状况。李世民为了替《玉树后庭花》解脱,强调欣赏者自身的情况在音乐欣赏中的主体地位,而忽视了音乐自身的性质的作用,存在一定的片面性。李世民的观点得到白居易的赞同。白居易在《复乐古器古曲》文中说:

> 和平之代,虽闻桑间濮上之音,人情不淫也,不伤也。乱亡之代,虽闻咸、护、韶、武之音,人情不和也,不乐也。……若君政和而平,人心安而乐;则虽援簧枠,击野壤,闻之者必融融泄泄矣。若君政骄而荒,人心困而怨;则撞大钟,伐鸣鼓,闻之者适足惨惨戚戚矣。

李世民的音乐无关于国之兴衰的观点与嵇康的"声无哀乐"论有些相似。嵇康的"声无哀乐"论,强调乐音本身没有情感,只有声之高低轻重快慢节奏等。李世民没有明说音乐的乐声有没有情感,他只是说"悲悦在于人心,非由乐也"(《贞观政要》卷七)。①此话意在说明悲悦之情的由来,并没有否定乐中有情感的因素。

由音乐的移情作用,李世民谈到了音乐的建设。承上说,音乐之性质不决定于国之兴衰,那么,它决定于什么呢?李世民认为决定于"人和"。他说:"乐在人和,不在音也。""朕闻人和则乐和,隋末丧乱,虽改音律而乐不和,若百姓安乐,金石自谐矣。"(《贞观政要》卷七)

---

① 这句本也是在与祖孝孙讨论《玉树后庭花》时说的,但《旧唐书·音乐志》不载。

　　"乐在人和",这观点是深刻的。乐是为人服务的,是人决定乐,不是乐决定人。社会安定,人心和谐,人们不仅能创作出诸多和美的音乐,而且也能欣赏诸多不同情调的音乐。产生于亡国时代的音乐只有在"将亡之政"的背景下,才能发生摧毁人心的作用,而在健康的社会,它的这一作用被抑制了。所以,什么才是繁荣艺术的根本,李世民认为,建设一个美好的社会,让"百姓安乐"才是根本。

　　既然音乐之性质不决定于国之兴衰,那么,音乐也不应承担决定国之兴衰的责任。于是,李世民从根本上为《玉树后庭花》《伴侣曲》解脱了"亡国之音"的罪名。从这个意义上说,李世民的音乐思想是对儒家音乐思想的一个极大的突破。

　　李世民为《玉树后庭花》开脱罪名,是想让此乐舞继续为他服务。《玉树后庭花》凭什么赢得李世民的青睐呢? 答案也是明确的,它具有强大的娱乐功能。李世民是充分肯定音乐的娱乐功能的,也许他认为音乐的基本功能就是娱乐,虽然他没有明确地这样说。

　　《玉树后庭花》产生于陈朝,作者为后主陈叔宝。《隋书·五行志》载:"祯明初,后主作新歌,词甚哀怨,令后宫美人习而歌之。其辞曰:'玉树后庭花,花开不复久。'"典籍中仍存留有陈叔宝所作词的片断:"丽宇芳林对高阁,新妆艳质本倾城。映户凝娇乍不进,出帷含态笑相迎。妖姬脸似花含露,玉树流光照后庭。"(宋·郭茂倩《乐府诗集》)从词中可以看出,此曲是赞美宠妃张丽华的。关于张丽华,《陈书·后主张贵妃传》中有记载:"张贵妃发长七尺,鬒黑如漆,其光可鉴。特聪惠,有神采,进止闲暇,容色端丽。每瞻视眄睐,光采溢目,照映左右。常于阁上靓妆,临于轩槛,宫中遥望,飘若神仙。才辩强记,善候人主颜色。"乐曲编排也相当美,有上百宫女参加演出,场面华丽辉煌。

　　此曲作为"亡国之音"似乎已成为定论,唐代诗人写了不少诗讽刺它,最有名的要数杜牧的《泊秦淮》:"烟笼寒水月笼沙,夜泊秦淮近酒家。商女不知亡国恨,隔江犹唱后庭花。"但是,它本身的美仍然有诸多诗人予以描绘和赞美。李白在诸多诗中提到《玉树后庭花》乐舞或涉及"玉树""后庭花"等典故,如:"天子龙沉景阳井,谁歌玉树后庭花。"(《金陵歌送别范宣》)"昨夜梁园里,弟寒兄不知。庭前看玉树,肠断忆连时。"(《对雪献从兄虞城宰》)"玉树春归日,金宫乐事多。后庭朝未入,轻辇夜相过。"(《宫中行乐词》)"别殿悲清暑,芳园罢乐游。一

角尖項強
力相持蹴
蹄騰轟々
出奇想是
牧童指點
後股間激
露屓捶々
乾隆御題

牧童遨戲何耍去帽
放雙牛鬪角又畫
跋曾經閱畫錄錄
誠美跋夏為差
辛丑秋再題

戴嵩《斗牛图》
/ 台北故宫博物院藏 /

张议潮统军出行图
/ 莫高窟第 156 窟 /

佚名 《唐人宫乐图》

〔台北故宫博物院藏〕

孙位《高逸图》局部

/ 上海博物馆藏 /

周昉《簪花仕女图》局部
/ 辽宁省博物馆藏 /

闻歌玉树,萧瑟后庭秋。"(《月夜金陵怀古》)也许李白的笔致还有些暧昧,其赞美似在言外,但牛殳的《琵琶行》对《玉树后庭花》的赞美与对陈后主及二妃的同情是毫不遮掩的。此诗曰:"伤心忆得陈后主,春殿半酣细腰舞。黄莺百舌正相呼,玉树后庭花带雨。二妃哭处山重重,二妃没后云溶溶。"

《玉树后庭花》属于清乐,系南朝旧乐,这类音乐多为娱乐类的乐舞,由于李世民说国之兴衰与音乐无关,因此,就有大量的清乐保存下来。对此,《旧唐书·音乐志》中有很多记载,如:

> 清乐者,南朝旧曲也。永嘉之乱,五都沦覆,遗声旧制,散落江左。宋、梁之间,南朝文物,号为最盛;人谣国俗,亦世有新声。后魏孝文、宣武,用师淮、汉,收其所获南音,谓之清商乐。隋平陈,因置清商署,总谓之清乐,遭梁、陈亡乱,所存盖鲜。隋室已来,日益沦缺。武太后之时,犹有六十三曲,今其辞存者,惟有白雪、公莫舞、巴渝、明君、凤将雏、明之君、铎舞、白鸠、白纻、子夜、吴声四时歌、前溪、阿子及欢闻、团扇、懊憹、长史、督护、读曲、乌夜啼、石城、莫愁、襄阳、栖乌夜飞、估客、杨伴、雅歌、骁壶、常林欢、三洲、采桑、春江花月夜、玉树后庭花、堂堂、泛龙舟等三十二曲。

这些音乐,《旧唐书·音乐志》一一作了介绍,其中就有关于《春江花月夜》《玉树后庭花》《堂堂》的介绍,说此三曲"并陈后主所作。叔宝常与宫中女学士及朝臣相和为诗,太乐令何胥又善于文咏,采其尤艳丽者以为此曲"。

唐代宫室充斥着诸多艳歌丽舞,除了陈叔宝所作的几首乐舞,还有一些比较著名的前朝乐舞。如上引文提到的《明君》,它为吴声,表现的是汉元帝时昭君出塞的故事。本来这故事是悲凄的,但是,这部乐舞着力表现的不是昭君出塞这一重要的关涉国家安全的事件,而是昭君的美貌,核心情节是昭君入辞的一段:"及将去,入辞,光彩射人,耸动左右,天子悔焉。汉人怜其远嫁,为作此歌。"乐舞为晋巨富妓绿珠所编,她还自制一段唱词:"我本汉家子,将适单于庭,昔为匣中玉,今为粪土英。"(《旧唐书·音乐志》)如此乐舞,完全是满足帝王淫乐心理的需要。就其消极情绪而言,应该说比《玉树后庭花》更甚,但由于它歌声曼妙,舞姿优雅,颇受唐代帝王喜爱。

唐代的宫廷舞蹈有软舞、健舞之分,软舞为柔性的舞,健舞为刚性的舞。唐崔令钦《教坊记》云:"《垂手罗》《回波乐》《兰陵王》《春莺啭》《半社渠》《借席》《乌夜啼》之属,谓之软舞;《阿辽》《柘枝》《黄麞》《拂林》《大渭州》《达摩支》之属,谓之健舞。"健舞多来自胡地,乐曲高亢激昂,穿云裂石,震撼人心;软舞乐曲则婉约、轻柔、缠绵,多余音绕梁三日不绝之感。软舞、健舞的区别不仅在内容上,也在表演方式上。明代沈德符说:"唐时教坊乐又有……软舞……健舞……又不专用女郎也……今世学舞者,俱作汴梁与金陵,大抵俱软舞。虽有南舞、北舞之异,然皆女伎为之;即不然,亦男子女装以悦客。古法渐灭,非始本朝也。"(《万历野获编》卷二五)按沈德符的说法,软舞是由女人演的,男演员要进入,也必须化装为女人。这样要求,其目的是显然的,为了取乐于男性统治者。软舞多前朝旧曲,也有来自胡地或吸收胡地乐舞而创作的。软舞乐曲轻婉,舞姿曼妙,具有优美的品格。唐代诗人李群玉在《长沙九日登东楼观舞》中描绘他所看到的《绿腰》舞,"翩如兰苕翠,婉如游龙举""低回莲破浪,凌乱雪萦风",可谓风情万千。

两种不同舞蹈风格的舞曲在唐代各自成其规模,说明唐代的乐舞已经达到相当高的水准,已经成熟。这种情况,与唐诗形成诸多流派是相一致的。这说明唐人在审美追求上达到了更高的水准。

唐代宫廷不仅保留了大量的前朝旧曲,还自制新曲,以供自己娱乐的需要。这其中,《春莺啭》是最为重要的一部。《春莺啭》的第一作者,据崔令钦《教坊记》载:"高宗晓音律,闻风叶鸟声,皆蹈以应节,闻莺声,命歌工白明达写之为《春莺啭》。后亦为舞曲。"这首乐曲杨贵妃表演过,诗人张祜有诗记之:

> 兴庆池南柳未开,太真先把一枝梅。内人已唱《春莺啭》,花下偬偬软舞来。(《春莺啭》)

这首诗提供了一些很重要的线索:此舞表演的地点为兴庆池,此为唐代宫苑园林。表演的方式为群舞,主舞为杨太真,她手里把着一枝梅花,居于舞池中央,婉转起舞。伴唱伴舞的为"内人"即教坊年轻貌美的宫伎①,她们边唱边舞,动作轻柔曼妙。此舞的性质为软舞,《春莺啭》以精美的乐舞奉献给观众,其美妙的场景,出现在诸多诗人的笔下。如诗人和凝曾描绘过舞女们生动的表演:

---

① 唐崔令钦《教坊记》云:"妓女入宜春院,谓之'内人',亦曰'前头人',常在上前头也。"

"红玉纤纤捧暖笙,绛唇呼吸引春莺。霓裳曲罢君王笑,宜近前来与改名。"(《宫词》)著名诗人元稹亦有诗赞美它:"柔软依身著佩带,裴回绕指同环钏。佞臣闻此心计回,荧惑君心君眼眩。君言似曲屈为钩,君言好直舒为箭。巧随清影触处行,妙学春莺百般啭。倾天侧地用君力,抑塞周遮恐君见。翠华南幸万里桥,玄宗始悟坤维转。"(《和李校书新题乐府十二首·胡旋女》)

《春莺啭》在唐朝时由日本的遣唐使带回日本,至今仍有舞图、乐谱遗存。它传到日本后,又名《和风长寿乐》《天长保寿乐》,传说"该舞由舞伎4—6人表演。乐曲则由游声、序、飒踏、入破、鸟声、急声六个部分组成"。《春莺啭》也传到朝鲜。朝鲜的《进馔艺轨》对《春莺啭》有记载,说此乐是唐高宗令白明达所作,关于表演形式,为"舞伎一人,立于席上,进退旋转不离席上而舞",并附有图记,舞伎头戴花冠,着黄绡衫,束红绣带,足蹬飞头履。①

在唐代诸多以审美为旨归的乐舞中,《春莺啭》有它的代表性。首先,它没有政治的、道德的内容,主要是歌颂春天的美,这样的乐曲在唐代可能只有《春江花月夜》堪与之相媲美。这首乐曲确也逗发人们热爱春光、珍惜时光之情,张易之的《出塞》诗就从《春莺啭》中获得灵感,诗云:"一春莺度曲,八月雁成行。谁堪坐秋思,罗袖拂空床。"其次,它的音乐舞蹈确实很美。这样美的乐舞得以在唐代出现,说明唐人对于音乐功能的认识已经在相当程度上突破了儒家的音乐观。从某种意义上说,如果没有唐太宗对于《玉树后庭花》"亡国之音"罪名的洗刷,就没有《春莺啭》。

第四节 广纳胡乐

唐代在中国历史上的开放程度是最高的,周边的国家几乎都与唐代有交往。这其中,陆上与海上两条丝绸之路起了很大的作用,通过这两条通道,唐帝国与世界上诸多有较高文明的国家如罗马、印度联系在一起。不仅物质文化得以交易,而且精神文化也得以交流。各种源自世界上其他民族的宗教如佛教、祆教、摩尼教、景教进来了,各种其他民族创造的艺术也进来了,这其中,乐舞以及相连带的乐器的进入,最为突出。乐舞的进入,对唐帝国君民的艺术生活产

---

① 参关也维:《唐代音乐史》,中央民族大学出版社2006年版,第70页。

生了巨大影响。

就帝国的宫廷音乐来说,高祖登极之后,享宴因隋制,用的主要是取自南朝的清商乐,后来逐步建立起自己的音乐体系。唐帝国宫廷音乐分为立部伎和坐部伎两个部分。立部伎是立着演奏的,坐部伎是坐着演奏的。就《旧唐书·音乐志》的介绍来看,立部伎有八部。这八部乐为《安乐》《太平乐》《破阵乐》《庆善乐》《大定乐》《上元乐》《圣寿乐》《光圣乐》。这八部乐中,《太平乐》来自天竺(印度)、师子国(斯里兰卡)等国。

> 太平乐,亦谓之五方师子舞。师子鸷兽,出于西南夷天竺、师子等国。缀毛为衣,象其俯仰驯狎之容。二人持绳拂,为习弄之状。五师子各依其方色,百四十人歌太平乐,舞抃以从之,服饰皆作昆仑象。
>
> (杜佑《通典·乐六》)

此乐舞,段安节的《乐府杂录》将其归入"龟兹部",描绘狮子彩绘的情况:"戏有五方狮子,高丈余,各衣五色。每一狮子有十二人。戴红抹额,衣画衣,执红拂子,谓之狮子郎,舞太平乐曲。"五方狮子分青赤黄白黑五色,由140人载歌载舞,气氛热烈,场面宏大,震撼人心。

传入唐帝国的五方狮子代表着"五行",黄色的狮子必居中心,因为在五行中,黄色为尊,代表皇权。黄狮子通常是不能单独舞的,要舞也只能供皇上观赏。据《唐语林》卷三记载:"王维为大乐丞,被人嗾使舞黄狮子,坐是出宫。黄狮子者非天子不舞也。后辈慎之。"

狮子舞在唐朝宫廷乐舞中还有大曲[①],名《西凉伎》,相传为开元年间陇右节度使郭知运进献,为西域龟兹乐与河西走廊各族乐舞交融而成。虽然是另一部曲子,但均为舞狮子。白居易、元稹均有长诗《西凉伎》,对舞蹈的场面做了生动的描绘。

立部伎中虽然只有《太平乐》这一部乐来自国外,但其他乐都来自西域的曲调和乐器。坐部伎有《讌乐》《长寿乐》《天授乐》《鸟歌万寿乐》《龙池乐》《破阵乐》六部。这六部乐中"自《长寿乐》已下皆用龟兹乐,舞人皆著靴,惟龙池备用雅乐,而无钟磬,舞人蹑履"。(《旧唐书·音乐志》)

---

① 据《唐六典》卷一四"协律郎"条:"太乐署教乐,雅乐、大曲,三十日成;小曲,二十日。"大曲是相对于小曲来说规模较大的融乐、舞、诗于一体乐曲。

除立部伎、坐部伎外，宫廷常用的管弦杂曲也多用来自国外的音乐，主要为西凉乐；至于鼓舞曲，则多用龟兹乐。

唐代传入中国的音乐，《旧唐书·音乐志》将它们概括成《四夷之乐》：

> 作先王乐者，贵能包而用之。纳四夷之乐者，美德广之所及也。
> 东夷之乐曰靺离，南蛮之乐曰任，西戎之乐曰禁，北狄之乐曰昧。

这四夷是唐帝国周边的国家，不只是四个国家，所以夷乐实际上是很多国家音乐的总称。东夷乐中有《高丽乐》《百济乐》，南蛮乐中有《扶南乐》《天竺乐》《骠国乐》，西戎乐中有《高昌乐》《龟兹乐》《疏勒乐》《康国乐》《安国乐》，北狄乐中有鲜卑、吐谷浑、部落稽三国之乐。一般来说，源自南朝旧曲的商乐均较为柔糜、温雅，而来自四夷的乐舞均具有一种原始的野蛮、强劲，具有强烈的感官冲击力。

这些来自异域的音乐不仅带来奇妙的乐舞，而且也带来奇异的装束，让中原的观众大饱眼福。像《高丽乐》，演员的着装是这样的：“工人[即演员——引者]紫罗帽，饰以鸟羽，黄大袖，紫罗带，大口袴，赤皮靴，五色绦[同'绦'——引者]绳。舞者四人，椎髻于后，以绛抹额，饰以金珰。二人黄裙襦，赤黄袴，极长其袖，乌皮靴，双双并立而舞。”又，“南蛮、北狄国俗，皆随发际断其发，今舞者咸用绳围首，反约发杪，内于绳下”。（《旧唐书·音乐志》）

诸多来自西域的音乐对于中原音乐的影响是不一样的，从史料上看，影响最大的是龟兹音乐。龟兹的音乐特别有名，玄奘西行取经，路过龟兹，于龟兹的音乐很有感受，他在《大唐西域记》卷一中说龟兹“管弦伎乐，特善诸国”。据玄奘介绍，当时的龟兹，东西千余里，南北六百余里，国都城亘周十七八里，是一个物产丰富、经济繁荣的国家。这个国家文字“取则印度，粗有改变”，人民信仰佛教。由于地处印度、西域与中原交通的中道上，西域诸国的乐伎东传中原时会聚于龟兹，因此龟兹音乐大盛。早在隋前的东魏西魏时代，龟兹音乐就传入中原，《隋书·音乐志》说：“至隋有西国龟兹、齐朝龟兹、土龟兹等，凡三部。开皇中，其器大盛于闾阎。”到唐代，龟兹音乐对中原的影响更大。唐帝国宫廷内诸多重要大曲均受到龟兹音乐的影响。唐帝国宫廷燕乐立部伎八部乐曲“自破阵舞以下，皆雷大鼓，杂以龟兹之乐，声振百里，动荡山谷”，坐部伎六部乐曲“自长寿乐已下，皆用龟兹乐”。（《旧唐书·音乐志》）

　　唐朝宫廷乐舞中有好几部直接来自西域地区。《新唐书·礼乐志》载："大历元年,又有广平太一乐。凉州曲,本西凉所献也,其声本宫调,有大遍、小遍。""贞元中,南诏异牟寻遣使诣剑南西川节度使韦皋,言欲献夷中歌曲,且令骠国进乐。皋乃作南诏奉圣乐。"这些直接来自西域地区的曲目中,《伊州》比较有名。《新唐书·礼乐志》载："开元二十四年,升胡部于堂上。而天宝乐曲,皆以边地名,若凉州、伊州、甘州之类。后又诏道调、法曲与胡部新声合作。明年,安禄山反,凉州、伊州、甘州皆陷吐蕃。"《乐府诗集》卷七九引《伊州》,更是明确说这部乐曲是"西京节度(盖)嘉运所进"。这部源自西域的乐曲进入唐朝宫廷后,宫廷的乐师对它进行加工改编,杂融入道调、法曲等,使它成为一部优秀的宫廷燕乐大曲。王安潮认为："从《乐府诗集》卷七九录有《伊州》曲辞的句式、音韵特点可以看出,这是一部唐代诗风的曲辞。而其中的很多篇章都已证明为唐代诗人所作。这与唐玄宗喜欢约请当时著名的诗人为其大曲填词的史实相合。"[1]这一事实说明来自异域的乐曲是可以与汉文化进行融合并取得成功的。

　　儒家是非常看重"夷夏之辨"的,孔子就非常看不起夷狄,《论语·八佾》中记载他的话说："夷狄之有君,不如诸夏之亡也。"夷狄的音乐更是从来不入儒家之眼,胡乐进入中国,唐代的知识分子也表示过反对——杜佑在《通典·乐序》中说："秦汉以还,古乐沦缺,代之所存,韶武而已。下不闻振铎,上不达讴谣。俱更其名,示不相袭。知音复寡,罕能制作。而况古雅莫尚,胡乐荐臻,其声怨思,其状促遽,方之郑卫,又何远乎?"杜佑将胡乐与郑卫之音列在一起,其排斥的立场非常明显。

　　然而时代变了,形势变了。开创唐帝国的李渊、李世民对于儒家文化并没有太多的偏爱。虽然他们自诩为道家始祖李耳之后,似对道家文化更多青睐,但其实他们对道家也谈不上信仰。他们最为可贵的是持开放的态度,不拘成见,也没有成见,不仅对儒家、道家等诸多汉文化学派兼收并蓄,而且对异域文化包括印度文化、西域文化、日本文化、南诏文化也兼收并蓄。对于儒家的礼乐传统,他们并不反对,某些方面还能做到遵循,但并不亦步亦趋,处处照搬,而能依据实际情况酌情处置。像音乐,他们承认它具有辅助礼治、标志礼制的功能,但并不认为就只有这一功能。对于根于音乐之本的审美功能,他们在实际上更

---

[1] 王安潮:《唐代大曲的历史与形态》,中央音乐学院出版社 2011 年版,第 225 页。

为重视。基于审美的需要,他们妥善地处理雅俗的关系,重雅不轻俗,大胆地吸收民间音乐,以丰富宫廷音乐。同样,也是基于审美的需要,他们妥善地处理夷夏的关系,既坚持中原音乐的传统,又大胆地吸收夷狄音乐。

如果我们稍许深入地研究一下唐帝国的最高统治者为什么那样喜欢夷狄音乐,就可发现这是有原因的。原因之一:来自夷狄地区的乐舞有一个非常突出的特点,那就是它质朴、刚健,充满着原始生命力。从人的审美心理来说,非常需要这样一种美。来自南朝旧曲的商乐,在这方面远不如夷狄乐舞。于是,对夷狄乐舞的喜爱就成为一股不可抗拒的文化潮流。原因之二:唐帝国是从血泊中打出来的,它崇尚的精神不是轻柔曼妙的优美而是刚健雄壮的崇高。夷狄音乐的蛮野与刚健在一定程度上符合了唐帝国精神建设的需要。

人们通常只是认为唐帝国是当时世界第一强国,具有大国的气度与胸襟,对来中国做生意、旅游、求学或者献艺的人士均持欢迎的态度,这诚然是对的。但是,这不是主要的,主要的还是唐帝国自身的需要。需要总是第一位的。新兴的唐帝国需要具有蛮荒气息与原始生命力的夷狄之乐。正是在需要的背景下,夷狄乐舞连同它所代表的文化,以从来没有过的规模进入汉文化为主体的中原地区,于是,一场轰轰烈烈的华夏文化的新建设开始了。

第五节 乐舞典范

众所周知,唐代最有名的乐舞为《霓裳羽衣舞》。它是唐帝国精神文化的一面鲜艳旗帜,堪称唐代精神文化的代表之一。

《霓裳羽衣舞》在宫廷燕乐中为大曲。大曲是由数支曲段编组的结构复杂的乐舞,是一种融乐歌舞于一体的联合表演。《霓裳羽衣舞》是唐朝宫廷燕乐大曲之一,此乐集中了唐帝国音乐的精华,显示出唐朝音乐审美所达到的最高成就。

关于此曲的创作过程,有诸多不同的说法。

一是河西节度使杨敬忠献曲说。

《新唐书·礼乐志》载:

> 其后,河西节度使杨敬忠献霓裳羽衣曲十二遍,凡曲终必遽,唯霓裳羽衣曲将毕,引声益缓。帝方浸喜神仙之事,诏道士司马承祯制玄

真道曲。茅山道士李会元制大罗天曲,工部侍郎贺知章制紫清上圣道曲。

此说的价值有二。一是说明《霓裳羽衣曲》来源于河西节度使杨敬忠所献,但献的是哪个西域国家的乐曲,却没有说。《新唐书》写于北宋,如果《霓裳羽衣曲》来源是清楚的,史官不会不在史书中写明,这说明《霓裳羽衣曲》的来源在北宋就有些模糊了。二是说明唐玄宗热衷于道教音乐,言下之意是《霓裳羽衣曲》融进了诸多道教音乐的精华。基于《新唐书》作为正史的地位,它的这种说法应是最为可靠的。

二是玄宗独创说。

宋郭茂倩《乐府诗集》"霓裳辞十首"条载:

> 《唐逸史》曰:"罗公远多秘术,尝与玄宗至月宫。初以挂杖向空掷之,化为大桥。自桥行十余里,精光夺目,寒气侵人。至一大城,公远曰:'此月宫也。'仙女数百,皆素练霓衣,舞于广庭。问其曲,曰《霓裳羽衣》。帝晓音律,因默记其音调而还。回顾桥梁,随步而没。明日,召乐工,依其音调,作《霓裳羽衣曲》。一说曰:开元二十九年中秋夜,帝与术士叶法善游月宫,听诸仙奏曲。后数日,东西两川驰骑奏,其夕有天乐自西南来,过东北去。帝曰:'偶游月宫听仙曲,遂以玉笛接之,非天乐也。'曲名《霓裳羽衣》。后传于乐部。"

此说强调《霓裳羽衣舞》是唐玄宗独创的,灵感来自与术士幻游月宫。

三是玄宗构思乐曲意境,曲调采用《婆罗门曲》说。

宋王灼《碧鸡漫志》卷三载:

> 杜佑《理道要诀》云:"天宝十三载七月改诸乐名,中使辅璆琳进旨,令于太常寺刊石,《内黄钟商婆罗门曲》改为《霓裳羽衣曲》。"《津阳门诗》注:"叶法善引明皇入月宫,闻乐归,笛写其半,会西凉都督杨敬述进《婆罗门》,声调吻合,遂以月中所闻为散序,敬述所进其为腔,制《霓裳羽衣》。"月宫事荒诞,惟西凉进《婆罗门曲》,明皇润色,又为易美名,最明白无疑。

此记载说《霓裳羽衣曲》首创为唐明皇,他梦游月宫闻乐,获得灵感,正在创作时,西凉都督杨敬述进《婆罗门曲》,此曲恰好与唐明皇拟定的声调吻合,于是,以月宫所闻为内容,以《婆罗门曲》为腔调,写成一个乐曲。原名《内黄钟商婆罗门曲》,后改名为《霓裳羽衣曲》。这一说法确定《霓裳羽衣曲》的作者为唐明皇,此曲内容是想象中的月宫与月宫音乐,腔调则来自印度的《婆罗门曲》。

《碧鸡漫志》还有一段话,言及《霓裳羽衣舞》:

> 刘梦得诗云:"开元天子万事足,惟惜当年光景促。三乡陌上望仙山,归作霓裳羽衣曲。仙心从此在瑶池,三清八景相追随。天上忽乘白云去,世间空有秋风词。"李肱《省试霓裳羽衣曲》诗云:"开元太平时,万国贺丰岁。梨园进旧曲,玉座流新制。凤管迭参差,霞裳竞摇曳。"元微之《法曲诗》云:"明皇度曲多新愁,婉转浸淫易沈著。赤白桃李取花名,《霓裳羽衣》号天乐。"刘诗谓明皇望女几山,持志求仙,故退作此曲。当时诗今无传,疑是西凉献曲之后,明皇三乡眺望,发兴求仙,因以名曲。"忽乘白云去,空有秋风词",讥其无成也。李诗谓明皇厌梨园旧曲,故有此新制。元诗谓明皇作此曲多新态,霓裳羽衣非人间服,故号天乐。然元指为法曲,而乐天亦云:"法曲法曲歌《霓裳》,政和事理音洋洋。开元之人乐且康。"

这段文字的价值是引用了三位诗人的诗,说明唐玄宗创作此曲的心态,至于此曲的由来,仍然是玄宗创意,采用《婆罗门曲》腔调。

细细分析种种说法,说此调完全来自西凉,不可取;说乐舞完全由玄宗独创,不符合实际,因为曲调中有异域的腔调。以乐舞的实际并参照各说,《霓裳羽衣舞》应该说是以玄宗创意为灵,以清商乐为体,婆罗门乐为血,共同构成的具有"法曲"品格的乐舞杰作。

《霓裳羽衣舞》的段数,有数种不同的说法:《新唐书》说杨敬忠进献《霓裳羽衣舞》十二遍;南宋姜夔说他在长沙见到一个《霓裳羽衣舞》的残本,为十八阕;王国维在《唐宋大曲考》书中说《霓裳羽衣舞》二十段;现代学人杨荫浏则认为,这部乐舞三十六遍。

《霓裳羽衣舞》的结构虽然复杂,但演出形式却是灵活的。据史载,天宝四载(745年)册立杨贵妃时,杨贵妃在木兰殿上表演《霓裳羽衣舞》,用的是独舞的形式。而白居易在元和年间看到的《霓裳羽衣舞》则是双人舞的形式。

唐代诸多诗人非常喜欢《霓裳羽衣舞》。据《碧鸡漫志》卷三："唐史称客有以《按乐图》示王维者,无题识。维徐曰:'此《霓裳》第三叠最初拍也。'客未然,引工按曲乃信。"王维对《霓裳羽衣舞》熟悉到如此地步,可见喜爱之深。白居易也非常喜欢《霓裳羽衣舞》,自称"千歌百舞不可数,就中最爱霓裳舞"。他有长诗《霓裳羽衣歌 和微之》,此诗对乐舞表演全过程做了生动的描述,已经成为研究《霓裳羽衣舞》的重要资料。为了更好地了解《霓裳羽衣舞》的美妙,不妨将此诗录下:

> 我昔元和侍宪皇,曾陪内宴宴昭阳。千歌百舞不可数,就中最爱霓裳舞。舞时寒食春风天,玉钩栏下香按前。按前舞者颜如玉,不著人家俗衣服。虹裳霞帔步摇冠,钿璎累累珮珊珊。娉婷似不任罗绮,顾听乐悬行复止。磬箫筝笛递相搀,击撷弹吹声逦迤。散序六奏未动衣,阳台宿云慵不飞。中序擘𫘝初入拍,秋竹竿裂春冰坼。飘然转旋回雪轻,嫣然纵送游龙惊;小垂手后柳无力,斜曳裾时云欲生。烟蛾敛略不胜态,风袖低昂如有情。上元点鬟招萼绿,王母挥袂别飞琼。繁音急节十二遍,跳珠撼玉何铿铮。翔鸾舞了却收翅,唳鹤曲终长引声。当时乍见惊心目,凝视谛听殊未足。一落人间八九年,耳冷不曾闻此曲。溢城但听山魈语,巴峡唯闻杜鹃哭。移领钱唐第二年,始有心情问丝竹。玲珑箜篌谢好筝,陈宠觱篥沈平笙;清弦脆管纤纤手,教得霓裳一曲成。虚白亭前湖水畔,前后只应三度按。便除庶子抛却来,闻道如今各星散。今年五月至苏州,朝钟暮角催白头;贪看案牍常侵夜,不听笙歌直到秋。秋来无事多闲闷,忽忆霓裳无处问。闻君部内多乐徒,问有霓裳舞者无?答云七县十万户,无人知有霓裳舞。唯寄长歌与我来,题作霓裳羽衣谱。四幅花笺碧间红,霓裳实录在其中;千姿万状分明见,恰与昭阳舞者同。眼前仿佛睹形质,昔日今朝想如一;疑从魂梦呼召来,似著丹青图写出。我爱霓裳君合知,发于歌咏形如诗。君不见,我歌云:惊破霓裳羽衣曲。又不见,我诗云:曲爱霓裳未拍时。由来能事皆有主,杨氏创声君造谱。君言此舞难得人,须是倾城可怜女。吴妖小玉飞作烟,越艳西施化为土。娇花巧笑久寂寥,娃馆苧萝空处所。如君所言诚有是,君试从容听我语:若求国色始翻传,但恐人

间废此舞。妍蚩优劣宁相远？大都只在人抬举。李娟张态君莫嫌，亦
拟随宜且教取。

从这首诗并结合其他文献，《霓裳羽衣舞》的美，可以从以下几个方面去看。

一是这部乐舞完整的结构。唐代的大曲由三个部分构成：散序，中序、拍序或歌头，破或舞遍。《霓裳羽衣舞》具备这三个部分。白居易元和年间曾陪唐宪宗在宫廷欣赏过全套《霓裳羽衣舞》。时隔多年，他还清晰地记得舞曲的三个组成部分。散序，诗中说是"散序六奏未动衣"，"六奏"在这里就是六段的意思。中序，诗中说"中序擘騞初入拍"，就是说，散序还没有入拍，它只有乐器的演奏，制造气氛，培植情调，引人入境。中序就有演员出场了，进入歌舞的核心。这部分，专家根据白居易诗的注文推断，应是 18 段。入破，这是第三部分，诗中写道"繁音急节十二遍"，这是入破，共 12 段。入破的突出特点是节奏加快，音调升高，气氛热烈，意味着进入高潮了。结尾，犹如凤凰收翅，引颈长鸣，声震长空，余音不歇，令人回味无穷。虽然说三段结构是大曲的通例，但《霓裳羽衣舞》把这种结构的美发挥到了极致。从白居易的描绘来看，《霓裳羽衣舞》前半部分节奏是缓慢的，格调清徐、舒缓，这与这部乐舞表现月宫仙境的主题是切合的。此时，仙女在翩翩起舞，音乐曼妙，欣赏者应是完全进入境界，忘我，似与仙女共舞。入破，这是高潮。仙宫的美妙张扬到了极致。仙宫的美，自乐舞开始，一直表现为优美，然逐渐加大力度，此刻突然化为崇高。欣赏者的情绪顿时激动起来，情不自禁地欢呼，歌唱。也许，处此情境，欣赏者不免会生出些许感伤，然而这个过程是短暂的，瞬间又进入乐境，忘了现实。如此反复多次，直到结束。它给人的审美感受，就好像是看见一只彩凤从天空降落，收却双翅，向着青天长吟，那金玉般的声音让人全身震撼，满心舒服，遐想翩翩。

二是舞女的服装与装束。"桉前舞者颜如玉，不著人家俗衣服。虹裳霞帔步摇冠，钿璎纍纍珮珊珊。娉婷似不任罗绮，顾听乐悬行复止。""颜如玉"说明本是天生丽质，美貌动人，现着上虹裳、霞帔、摇冠，就更美了。唐代诗人郑嵎《津阳门诗》注解中写唐玄宗生日时，宫中演出《霓裳羽衣舞》，舞女的着装是"梳九骑仙髻，穿孔雀翠衣，佩七宝璎珞"。

三是音乐之美。《霓裳羽衣舞》的音乐是最有特色的，它是源自南朝的商调与源自印度的婆罗门曲的成功融合。关于《霓裳羽衣舞》的基调是商调，《碧鸡

漫志》卷三有记载：

> 明皇改《婆罗门》为《霓裳羽衣》，属黄钟商，云"时号越调"，即今之越调是也。白乐天《嵩阳观夜奏霓裳》诗云："开元遗曲自凄凉，况近秋天调自商。"又知其为黄钟商无疑。

商调是中华民族传统的音乐。三国曹魏时代朝廷设"清商署"。清商乐的来源，一说源于古代的商歌，一说源于汉乐府中相和大曲的清商三调。三调为平调、清调和瑟调。其中清调以商音为主。商调风格为柔，通常用来表现悲伤的情感。唐玄宗创作《霓裳羽衣舞》时用商调，也是做了一些修改的，至少那种悲伤味是滤去了的，然而，总是感到未能达到他所需要的那种调质，他的内心中充满的情感不仅不是悲伤的，而且还是欢快的，因为他要表现的不只是仙女翩跹的舞姿，也不只是仙境的神秘、优美、静寂，还有他遇仙时的那种惊喜以及进入仙界后盈满全身的畅快与欢乐。用商调，哪怕是改革后的商调，达不到啊！此时，他得到了《婆罗门曲》。此曲表现的意味或者说内涵与唐玄宗的心境可以说完全不同，但此乐曲的欢快的调质，正是他所需要的。所谓"会西凉都督杨敬述进《婆罗门》，声调吻合"，这吻合的首先是调质，那种欢快的调质。《霓裳羽衣舞》全部乐曲应该是中国传统的商调与来自印度的《婆罗门曲》的融合。这种融合之所以成功，首先是因为这种融合出于所要表现的主题的需要。玄宗遇仙，心情既是愉悦的，又是激动的，更是欢快的。他从仙境出来，又难免有些悲伤，不胜怀念，思慕之至。此种复杂的情绪，只用商调或只用《婆罗门曲》均不能成功。当然，有需要也不能保证成功。保证成功，还需要有高超的音乐修养与作曲才华，而这，唐玄宗不缺。他是那个时代最为卓越的音乐家、作曲家。

关于《霓裳羽衣舞》音乐的美，白居易用"秋竹竿裂春冰坼""跳珠撼玉何铿铮"来比喻，唐代的王建也有类似的比喻。王建有《霓裳辞十首》，其一曰：

> 弟子部中留一色，听风听水作《霓裳》。散声未足重来授，直到床前见上皇。

这首诗中的"听风听水作《霓裳》"曾经引起诸多学者的猜想。有人还在龟兹找到一个名"千泪泉"的地方，说此是当年《婆罗门曲》的灵感来源之处。此说不足信，未必"听风听水"只是《婆罗门曲》的作者，就不会是《霓裳羽衣舞》的作者，只是龟兹音乐家，就不会是唐帝国的音乐家。而且，"听风听水"只是一个比喻,说明此乐曲的创作从大自然中获得灵感,因此,乐曲中融入了自然的美,融入了天籁。白居易观看《霓裳羽衣舞》,听其音乐,竟然听出"秋竹竿裂春冰坼""跳珠撼玉何铿铮"的意味,正说明这舞曲内含自然美,不仅是文明之声,还是天籁。

此音乐是天地间从来没有过的新声。王建说:"旋翻新谱声初足,除却梨园未教人。宣与书家分手写,中官走马赐功臣。"(《霓裳辞十首》其四)这首诗充分证明乐谱系原创,而且玄宗很珍惜,很看重,不让外传。

四是舞姿之美。关于这一点,白居易诗中有诸多描绘:"飘然转旋回雪轻,嫣然纵送游龙惊;小垂手后柳无力,斜曳裾时云欲生。烟蛾敛略不胜态,风袖低昂如有情。"从这些生动的描写,我们能够感受到舞姿的优美,也可以看出,此舞姿不是一味的柔,一味的软,一味的轻,它也有刚,有硬,有重,取的是刚柔相济之美。虽然诗中没有言明此舞有着胡舞的因素,但从诗句,我们能够感受到胡舞的韵味,甚至能够想象出类似敦煌壁画、克孜尔壁画中飞天的风采。

五是精神境界的创造。这部乐舞的创作立意,诸多资料认为是从唐玄宗幻游月宫仙境而来的。《乐府诗集》中甚至说玄宗在月宫除了看到素练霓衣的仙女在跳舞,还问了曲名,答曰"霓裳羽衣"。书中说:"帝晓音律,因默记其音调而还。"如此说来,不仅立意来自幻游仙境,连乐舞也大半来自仙境。杨敬述献的《婆罗门曲》因与玄宗已作的乐曲"声调相符"而被采用,具体采用些什么呢? 只是声调,不关立意,即使是声调,也仅采用与玄宗自己创作的乐曲相符的部分,不是全部。《婆罗门曲》不是《霓裳羽衣舞》音乐的基调,《碧鸡漫志》说得很清楚:"月中所闻为散序,敬述所进其腔。"散序在大曲中为开头部分,对于全乐舞来说,它起着定调的作用。既然如此,有三点可以肯定:第一,《霓裳羽衣舞》是以仙境为主题的;第二,仙境概念属于道教,《婆罗门曲》系佛教音乐,此部乐舞,以道教思想为主,但融入了佛教的思想;第三,玄宗幻游月宫时已听到《霓裳羽衣舞》的乐曲,他回来后只是据回忆记录。玄宗在月宫听到的乐曲当然不会是印度的音乐,只能是作为华夏正声的清商乐。创作《霓裳羽衣舞》是以月宫所闻为散序的,这就意味着清商乐是此乐舞的基调。《婆罗门曲》的进入,只是丰富了华夏正声,而不是改变了华夏正声。

就第一、二点来说,它充分说明此部乐舞是在弘扬唐代文化精神的。唐代崇尚道教,以神仙境界作为人生、社会的理想。从这个意义上看《霓裳羽衣舞》,

它当得上是唐代精神文化的一面旗帜,它的浪漫品格,它的绚丽风采,与李白诗歌可以相提并论。道教思想包含着中国文化诸多深层次的基因,在某种意义上,它较之儒家、佛教,更多地见出中华民族崇尚自然、崇尚自由、崇尚未来的一面。道教以神仙境界为人生理想,这神仙境界不在彼岸,不在来世,就在此岸,就在今天。这样,就将未来与现实统一起来。诸多学者认为道教消极,其实是对道教的误解。

以上五个方面,在《霓裳羽衣舞》中不是分别显示出来的,而是作为整体的意象显现出来的。《霓裳羽衣舞》的美,美在意象,美在由意象升华的意境。

从审美意义上说,《霓裳羽衣舞》提供了一个什么是意境的范例。《霓裳羽衣舞》在中华美学史上的地位如同李白的诗歌、怀素的书法、王维的画,都是非常重要的。

《霓裳羽衣舞》的命运悲喜交织。应该说,在唐代它的命运是好的,虽然玄宗之后,此乐舞很少演出,但偶尔还可以见到。《碧鸡漫志》载:"宪宗时,每大宴,间作此舞。文宗时,诏太常卿冯定,采开元雅乐,制云韶雅乐及霓裳羽衣曲。是时,四方大都邑及士大夫家已多按习,而文宗乃令冯定制舞曲者,疑曲存而舞节非旧,故就加整顿焉。"五代,由于战乱,更重要的是江山易主,《霓裳羽衣舞》逐渐湮没,至宋代,《霓裳羽衣舞》已难觅其踪。大学者沈括在山西偶见《霓裳羽衣舞》残谱,竟然自我怀疑。此事载于《梦溪笔谈》。[①] 南宋时,姜夔在长沙乐工的故书堆中发现商调《霓裳曲》十八阕,虚谱无词,他为"中序"填了一首词,流传至今。词云:"亭皋正望极,乱落江莲归未得。多病却无气力,况纨扇渐疏,罗衣初索。流光过隙,叹杏梁、双燕如客。/人何在? 一帘淡月,仿佛照颜色。幽寂,乱蛩吟壁,动庾信、清愁似织。沉思年少浪迹,笛里关山,柳下坊陌。坠红无信息,漫暗水、涓涓溜碧。漂零久,而今何意? 醉卧酒垆侧。"现代学人杨荫浏先生为之译谱[②]。

近代,学人吴梅曾整理过《霓裳羽衣舞》乐谱,并排练过这一乐舞。吴梅用的曲谱来自清代《长生殿》中的《霓裳》曲牌。这一曲谱与唐代的《霓裳羽衣舞》是不是相似,有多少相似,就难说了。中国近代音乐的先驱萧友梅曾根据白居

① 《梦溪笔谈·乐律一》中说:"今蒲中逍遥楼楣上有唐人横书,类梵字,相传是《霓裳谱》,字训不通,莫知是非。"
② 杨荫浏、阴法鲁:《宋 姜白石创作歌曲研究》,人民音乐出版社1957年版,第42页。

易的《霓裳羽衣舞》诗编出《新霓裳羽衣舞》，并于 1923 年 12 月亲自指挥北京大学音乐传习所管弦乐队演出过。此外，也还有人编出名为《霓裳羽衣曲》的乐曲，但均属现代人的作品，与唐代的《霓裳羽衣舞》没有多大关系了。

唐代的《霓裳羽衣曲》也许真成了绝响！此乐舞自诞生到现在，已过去一千多年，现代观众多么希望能一睹它当年的风采，相信这一天终会到来。

第六节　乐美解放

唐代乐舞之繁荣，是此前任何一个朝代都无法相比的。这种繁荣主要体现在五个方面：

第一，大量外国、外域乐舞的传入，特别是来自西域的乐舞。这种乐舞犹如一股强劲的西北风，刮遍唐帝国乐坛，严重地影响上至皇帝下至百姓的音乐生活。

第二，宫廷燕乐非常丰富，有十部乐之多[1]。乐舞节目有立部伎、坐部伎之分，唐高宗时有立部伎节目八部，坐部伎节目六部。除此以外，还有不少规模较小、娱乐性更强的一般性歌舞，这些乐舞按美学风格分成软舞、健舞两个大类。

第三，曲子、大曲和法曲出现。唐代是中国音乐史上一个重要的时代，出现了诸多新的音乐体裁，其中最重要的是曲子和大曲。音乐学家王小盾说："曲子也就是艺术歌曲——相和歌——有一明显区别，即有了规范的曲体。唐代曲子可以采用因声度辞的方式（或曰依调填词的方式）歌唱，而相和歌却不可以这样；唐代曲子有曲谱，唐以前的歌曲却很少有曲谱。其原因都在于：唐代的曲子有规范的曲体，而这种曲体规范，是同节奏乐器的使用、乐工之间的交流相联系的。"[2]曲子是大曲的结构部件，大曲又称燕乐大曲，是一种综合歌唱、舞蹈、器乐于一体并拥有多段结构的乐舞。《七德舞》《春莺啭》《霓裳羽衣舞》均为大曲。大曲体制庞大，内涵丰富，声容并茂，结构严谨，它的出现标志着唐代乐舞发展到更高水平。

法曲也是唐代出现的一种乐舞形式。关于法曲，历来解释不一。一种理

---

[1] 唐高祖武德年间，承隋制，沿用九部乐，唐太宗在九部乐的基础上，形成十部乐，即燕乐、清商乐、西凉乐、天竺乐、高丽乐、龟兹乐、安国乐、疏勒乐、康国乐、高昌乐。

[2] 王小盾：《隋唐音乐及其周边》，上海音乐学院出版社 2012 年版，第 292—293 页。

解,认为"法曲似是以器乐演奏为主的纯音乐形式,其中部分为歌唱"①。《霓裳羽衣舞》是法曲,说明它也可以作为纯音乐来演奏。音乐史家刘再生认为"法曲往往集中大曲的音乐精华部分进行演奏,因而与大曲有着极其密切的关系,在某种程度上讲,法曲就是隋唐时期的民族交响音乐"②。另一种理解,认为法曲为唐玄宗时代开创的兼融古今雅俗的优美乐曲。《旧唐书·音乐志》云:"时太常旧相传有宫、商、角、徵、羽谦乐五调歌词各一卷,或云贞观中侍中杨恭仁姜赵方等所铨集,词多郑、卫,皆近代词人杂诗,至绍又令太乐令孙玄成更加整比为七卷。又自开元已来,歌者杂用胡夷里巷之曲,其孙玄成所集者,工人多不能通,相传谓为法曲。"唐玄宗是法曲的创造者。任半塘说:"自隋以后,汉魏六朝所存之音乐统称曰'清商乐',简称'清乐',隋文帝认为'华夏正声',唐玄宗变之,略渗胡音,而盛称'法曲'。"③从以上摘引来看,法曲不仅是宫廷雅乐与里巷俗乐的整合,而且是华夏正声与胡夷音乐的整合,堪称集众美于一身,因此,法曲应是最美的音乐。《唐会要》卷三四云:"(文宗)开成三年四月。改法曲名仙韶曲。"更是证明了法曲为最美的音乐。《破阵乐》《一戎大定乐》《霓裳羽衣舞》《春莺啭》这些著名的乐舞均为法曲。

第四,民间音乐非常发达。有自娱性的踏歌、小令,也有表演性的民间歌舞,如反映劳动情景的《采茶舞》,体现民俗的《伴嫁舞》,还有诸多宗教性的乐舞、巫舞、傩舞、师公舞、萨满舞等。特别值得一说的是具有浓郁中华民族传统文化意味的《龙舞》在民间广为流布,很受欢迎。狮子舞本来自西域,经中原人民接受后,改编成具有中华民族气派的乐舞,同样在全国城乡演出,传播着喜庆祥和的气息。

第五,具有戏曲雏形的乐舞悄然生长。在一般娱乐性乐舞的基础上,一种有情节的歌舞戏在唐代发展着。《旧唐书·音乐志》载:"歌舞戏,有大面、拨头、踏摇娘、窟礓子等戏。玄宗以其非正声,置教坊于禁中以处之。"这里说的《踏摇娘》是有情节的。此戏表演一位男子,经常酒醉后殴打其妻,其妻在遭到殴打后,用歌声向观众哭诉,由于歌唱时身体舞动,故名之曰"踏摇娘"。此歌舞有领唱,领唱唱毕,众人就和:"踏摇娘和来! 踏摇娘和来!"除此之外,唐代有一种参

---

① 刘再生:《中国古代音乐史简述》,人民音乐出版社 2006 年版,第 299 页。
② 刘再生:《中国古代音乐史简述》,第 300 页。
③〔唐〕崔令钦撰,任半塘笺订:《教坊记笺订》,中华书局 2012 年版,第 54 页。

军戏,有情节,多以讽刺、诙谐为风格,深受观众喜爱。最早的参军戏多为讽刺贪官,后来题材不限于此。参军戏可以视为后代戏曲的雏形。

唐代的乐舞如此繁荣发达,从根本上看是唐代政治稳定、经济发达所致,也与初唐至盛唐的君王大多具有宽阔的胸怀且喜爱文艺有关。但最为重要的是唐朝实施开放的国策,这种开放不仅是对国外开放,让诸多的外国人进来,从事各种经济文化活动,从而带来各种艺术,也带来各种不同的艺术观念、美学观念,更是在国内允许各种学派自由发展,儒家的正统地位相对于汉武帝之后的汉帝国大为降低,从而为思想的自由、艺术的自由、审美的自由打开了方便之门。唐朝乐舞百花齐放、欣欣向荣的局面是这种自由的突出体现。

追溯乐舞上的变化必然涉及审美观念上的变化,在唐代,乐舞审美观念的变化是相当显著的。主要体现在如下问题上:

第一,关于礼乐关系。

中国传统文化奉行礼乐治国,礼主要为政治,乐主要为艺术,礼乐的关系实为政治与艺术的关系。传统的礼乐观,是将乐与政治紧紧地绑在一起的,《乐记·乐本篇》云:"审声以知音,审音以知乐,审乐以知政,而治道备矣。"并且将乐分成治世之音、乱世之音和亡国之音,说:"治世之音安以乐,其政和;乱世之音怨以怒,其政乖;亡国之音哀以思,其民困。声音之道,与政通矣。"这一观点在唐代首先遭到唐太宗的反对,在讨论《玉树后庭花》是不是亡国之音时,他明确反对以音审政的观点,认为不能从《玉树后庭花》的音乐中审出当时的政治状况来,反对给《玉树后庭花》扣上"亡国之音"的帽子。这在中国历史上是第一次提出将乐与礼即将艺术与政治分开来,非常重要。这一观点的提出,为唐代音乐的繁荣创造了最好的条件。种种域外的音乐进来了,不管它的政治立场如何,是否合于儒家的礼;种种出于娱乐目的的乐舞如《春莺啭》诞生了,不问它通于什么样的"政"。

唐代的诸多文人在礼乐关系问题上纠结着,代表人物为白居易。白居易一方面固守祖宗成法,认为必须坚持礼乐并用,说:"序人伦,安国家,莫先于礼;和人神,移风俗,莫尚于乐。二者所以并天地,参阴阳,废一不可也。何则? 礼者纳人于别而不能和也;乐者致人于和而不能别也。必待礼以济乐,乐以济礼,然后和而无怨,别而不争。"(《议礼乐》)按此话,乐的作用可谓大矣,完全是政治的工具。然而,在另处,白居易又认为乐与政治没有必然的联系,他说:"若君政和而平,人心安而乐,则虽援黄桴,击野壤,闻之者必融融泄泄矣。若君政骄而荒,人心困而怨,则虽撞大钟,伐鸣鼓,闻之者适足惨惨戚戚矣。"结论是:"谐神人和风俗者,在乎善其政,欢人心;不在乎变其音,极其声也。"(《复乐古器·古曲》)在现实的音乐生活中,白居易对于那些娱乐性很强然无助于政治的乐舞赞美备至,写过不少诗歌颂它们。晚年,他这样自述自己的音乐观:

> 每良辰美景,或雪朝月夕,好事者相遇,必为之先拂酒罍,次开诗篋。酒既酤,乃自援琴,操宫声,弄《秋思》一遍。若兴发,命家僮调法部丝竹,合奏《霓裳羽衣》一曲。若欢甚,又命小伎歌《杨柳枝》新词数章。放情自娱,酩酊而已。(《醉吟先生传》)

原来,音乐没有诸如"谐人神和风俗"这样大的政治功能,只不过是供人娱乐而已。

当然,全面地考察艺术与政治的关系,也不能说艺术就完全与政治没有关系,但是,绝对不能将艺术归于政治。艺术可以为政治服务,政治也可以为艺术服务,艺术有它的独立品格,并不从属于政治,反过来也一样,政治有它独立的品格,也不从属于艺术。将艺术与政治紧紧地绑在一起,在一般的情况下,由于政治实际上的强势,必然会导致艺术的死亡。特殊的情况下,艺术过于强势,也会造成对政治的重要伤害。

第二,关于雅乐与俗乐的关系。

儒家对于音乐是讲究雅俗之别的,但什么是雅,什么是俗,往往没有严格的标准。说到雅乐,举例多是《咸》《韶》,说到俗乐,举例多是郑、卫之声,然而面对实际的音乐现象,雅俗的区分并不容易。隋文帝即位时,着手建立雅乐体系已经非常困难了。然隋文帝非常看重雅乐,认为这是国家大事,不能没有雅乐。于是,他让臣下开展讨论,看这雅乐究竟应是什么样子,同时,又派诸多乐官北上南下搜寻雅乐,最后亲自认定来自南朝的商乐为华夏正声。

唐帝国显然没有这样重视雅乐,唐高祖时代,雅乐体系沿用隋制。直到唐太宗即位,方着手建设属于自己的雅乐体系,这动作之慢,已见出对雅乐不重视了。唐的雅乐该如何建?

太宗放话:"礼乐之作,盖圣人缘物设教,以为撙节,治之隆替,岂此之由?"(《旧唐书·音乐志》)意思是要学习圣人的做法,根据当代的实际情况来做规划,做设计,即"缘物设教"。太宗没有强调雅乐的纯正性,没有提出要区分南北,也没有强调要区分夷夏。为什么这样随便? 太宗说:"治之隆替,岂此之由?"意思是国家的治乱,根本就不在此。这话的深层含义是:不要将雅乐的事看得太重了,它不过就是乐罢了。它不是政治,无关治乱。

这种指导思想下建立的雅乐当然就不可能纯粹了,如唐太宗时太常少卿祖孝孙所奏:"陈、梁旧乐,杂用吴楚之音;周、齐旧乐,多涉胡戎之伎。于是斟酌南北,考以古音,作为大唐雅乐。"(《旧唐书·音乐志》)

唐太宗建立的这个雅乐体系,后来的唐朝皇帝没有反对,就这样继承下去。不过,唐代的一些知识分子就不满意了。白居易就是一个。他在《立部伎》一诗中慨叹"立部贱,坐部贵",说:"坐部退为立部伎,击鼓吹笙和杂戏。立部又退何所任? 始就乐悬操雅音。雅音替坏一至此,长令尔辈调宫徵。"有意思的是,白居易对于唐代雅乐的式微,也只是慨叹而已。他其实也不是很欣赏那种一味承传南朝音乐体系的雅乐。同样有意思的还有白居易的朋友元稹,他也慨叹雅乐的式微,但是,在他的《立部伎》一诗中,那俗乐如此生动迷人:"宋晋郑女歌声发,满堂会客齐喧呵。珊珊珮玉动腰身,一一贯珠随咳唾。"而那雅乐如此地让人疲软乏力,让人昏昏欲睡:"太常雅乐备宫悬,九奏未终百寮惰。"

中国的雅乐体系虽然一直谈不上纯正,但是,统治阶级仍然坚持着"思无邪"的传统,嚷着要与郑卫之声、齐梁之曲、南陈之乐划清界限。但是,在唐代,所有这一切似乎都仅停留在文字或口头上,而在实际的音乐生活中,它的确没有多大意义了。唐朝人不在理论上而在实践上将雅乐放弃了。雅乐的衰退,为音乐的发展开辟了道路。

第三,关于坚持华夏传统与接纳外国音乐的关系。

中国向来以世界中心自居,以文明之国自居,以礼仪之邦自居。这种观点一直受到冲击,但是也一直坚持着,直到隋朝,虽然胡乐已经大量地流入中国了,隋文帝还在努力建立所谓"华夏正声"。他的"华夏正声"中没有包括胡乐,只有清商乐,这清商乐主体来自汉民族建国的陈朝。唐代则不同了,唐帝国的创始人李渊本出身于鲜卑族,属于实实在在的胡人,虽然鲜卑族汉化了,但不可避免地保留着诸多的胡文化因素,也许这是唐帝国对于胡地音乐持接纳态度的重要原因之一。当然,胡乐美也是重要原因。胡乐的突出特点是是刚健质朴,热烈奔放,音调绚丽,充满着原始生命力,对轻约婉转的清商乐是一个非常好的调剂物。就一般的审美规律来说,刚柔相济是审美的理想,一味刚或一味柔都不是人们所需要的。所以,普通百姓接受胡乐不仅毫无问题,而且趋之若鹜。而对于唐帝国的统治者来说,他们更是需要这种音乐,因为他们不是靠文治,而是靠武功打下天下的。缠绵的歌曲怎能鼓舞士气,它只会动摇军心,唯有像胡乐这样充满着生命活力的乐舞才是振奋军心的强心剂。虽然帝国已经建立,战争已经结束,但并不意味着精神就可以松懈,斗志就可以衰退。帝国的建设与维护,亦如打天下一样,仍然充满着艰难,需要奋斗。诸多的社会原因,让胡乐在唐帝国不仅获得立足之地,而且参与帝国代表性乐舞如《霓裳羽衣舞》这样的乐舞创作。关于唐帝国的最高统治者们喜爱胡乐的情况,有诸多记载,下面录的一条来自段成式的《酉阳杂俎》:

> 玄宗常伺察诸王,宁王尝夏中挥汗鞔鼓,所读书乃龟兹乐谱也。
> 上知之,喜曰:"天子兄弟,当极醉乐耳。"

这说明什么呢?说明在唐代喜欢龟兹乐是得到鼓励的。龟兹乐有谱,这谱能当成书来读,一方面固然见出诸王音乐修养之好,另一方面更见出龟兹乐对中原音乐的重要意义。音乐史家王小盾说:"这段记录也反映了一个重要现象:西域音乐不仅向中土提供了大批乐器和乐曲,而且提供了新的记谱、读谱风尚。这种风尚不仅代表了新的音乐书写的方式,而且代表了新的音乐观念。因为乐谱总是同规整的曲体联系在一起的,鼓谱则联系于较鲜明的节奏观念。可以说,西域音乐的输入,其最重要的意义,就是在唐代造成了新的节奏观念和曲体观念。"[①]王小盾认为,若没有这种观念,就不会有曲子、大曲等新的音乐品种的流行。

虽然广为吸纳外国的音乐,但唐帝国仍然坚持继承汉民族的音乐传统,像《霓裳羽衣舞》这样的乐舞,虽然套用了《婆罗门曲》的腔调,但基调仍然是属于汉民族音乐的"商调"。这一点,宋王灼《碧鸡漫志》卷三有清楚的记载:"明皇改《婆罗门》为《霓裳羽衣》,属黄钟商,云'时号越调',即今之越调也。"

唐朝的文人对于胡乐进入华夏正声是有所担忧的,白居易在《法曲 美列圣,正华声也》中就这样说:"法曲法曲合夷歌,夷声邪乱华声和。"但又是肯定的,甚

[①] 王小盾:《隋唐音乐及其周边》,第 288 页。

至是赞扬的,白居易就写过赞扬《霓裳羽衣舞》的诗歌。也许在理性上,他是反对胡乐的,但从情感上来说,他是喜欢胡乐的,总的来说,他喜欢胡乐。可以说,唐朝自上而下对于胡乐是欢迎的。

　　唐朝人音乐观上的诸多解放,集中体现为对音乐本质的认识,他们实际上认为,音乐的本质就是审美,而审美,一是生命的张扬与内心情感世界的和谐,另是娱乐,这两者是统一的。对于音乐有没有政治、伦理方面的功能,唐帝国的最高统治者要么是否定,如唐太宗,要么是束之高阁、存而不论,如玄宗。而对音乐的审美功能他们则大加肯定,特别是玄宗。《旧唐书·音乐志》载:"玄宗在位多年,善音乐……太常乐立部伎、坐部伎依点鼓舞,间以胡夷之伎。……玄宗又于听政之暇,教太常乐工子弟三百人为丝竹之戏,音响齐发,有一声误,玄宗必觉而正之,号为皇帝弟子,又云梨园弟子,以置院近于禁苑之梨园。太常又有别教院,教供奉新曲。太常每凌晨,鼓笛乱发于太乐署。别教院廪食常千人,宫中居宜春院。玄宗又制新曲四十余,又新制乐谱。"如此皇帝,世所仅见,与其说他是一国之主,还不如说他是剧院总经理、总编剧兼总导演。他这样爱好乐舞,完全没有功利性,纯是爱美——艺术的美。唐代最高统治者对于音乐本质的这种正确认识,促进了音乐的繁荣,因此,从某种意义上讲,唐帝国音乐的繁荣,是音乐审美的解放。

第十章　唐代雕塑的审美意识

雕塑是一门古老的艺术，它的历史可以追溯到旧石器时代。虽然在中国古代艺术史上，雕塑并不像书法、绘画等艺术那样受到掌握审美话语权的文人士大夫的重视，但由于雕塑与宗教祭祀和偶像崇拜等群体精神活动有关，因此它所表现出来的审美意识带有更浓厚的群体色彩和更明确的时代特征。自先秦两汉以来，中国雕塑的发展一直与祭祀和宗教信仰息息相关。东汉以后道、佛两教的流行和造像活动的兴起，极大地拓展了雕塑的表现范围。到了唐代，道、佛、儒三家鼎立，道、佛两教更是如日中天，因此，雕塑艺术也相应地表现出了前所未有的盛况。相比于前代而言，唐代的雕塑无论是在题材和内容上，还是在材料和技法上，甚或是在规模和数量上，都有了巨大的突破。

第一节　唐代雕塑概述

我国具有悠久的雕塑历史，拥有丰富的雕塑艺术遗产。著名美术史家巫鸿说："在中国的传统词汇中，与用石块及陶土制作立体形象有关的两类名词说明了雕塑的两种基本方法。"[1]在硬质材料上直接雕琢为"雕""刻"，就是刻凿；在软的材质上进行塑形被称为"堆"或"塑"。本章所涉及的雕塑就是指上述两类。

我国古代雕塑主要分为宗教雕塑、陵墓雕塑（包括地上纪念性石雕和墓室

---

① 李松、[美]安吉拉·法尔科·霍沃、杨泓、巫鸿等：《中国古代雕塑》，外文出版社 2006 年版，第 17 页。

内随葬雕塑)、装饰雕塑和其他内容的雕塑。原始社会的石器和陶器拉开了我国雕塑艺术的序幕。商、周、春秋战国时期的青铜器,也具有雕塑艺术的基本特征,但它们多为实用性的器物,如礼器、乐器、兵器和饮食器等,均具有一定的实际用途。到秦汉时期,我国雕塑艺术空前兴盛,产生了如秦始皇兵马俑群、霍去病墓前的动物石刻等杰出的雕塑作品。魏晋南北朝时期,随着佛教的兴盛,开始出现大规模的石窟造像活动,如云冈石窟、龙门石窟中就出现了诸多杰作。隋唐时期,形成了中国雕塑史上的又一高峰。唐帝国政府机构中的工部管辖全国的工匠,从事雕塑的艺术家和工匠随之大量涌现,雕塑工艺技术非常发达,整体上呈现出一派繁荣的景象。

唐代雕塑艺术的成就首先表现在宗教造像艺术中。唐代在政治和文化上都采取较为开放的政策。武德五年(622年),唐高祖在《赐高丽王建武诏》中说:"朕恭膺宝命,君临率土,祗顺三灵,绥柔万国。普天之下,情均抚字,日月所照,咸使乂安。王既统摄辽左,世居藩服,思禀正朔,远修职贡。故遣使者,跋涉山川,申布诚恳,朕甚嘉焉。方今六合宁晏,四海清平,玉帛既通,道路无壅。方申辑睦,永敦聘好,各保疆场,岂非盛美。"以后历代的帝王都坚持这一方针。这使得唐帝国成为一个善于吸收和包容外来文化的国家。由此,唐代的宗教信仰相对自由,不仅本土宗教道教得到很好的发展,还有景教、祆教、摩尼教和伊斯兰教等外来宗教。与此相关,唐代的宗教造像得以发展兴盛。宗教造像不同于一般的人物造像,它的内容是表现宗教题材,是偶像的制作,而不是纯粹的艺术创作行为,因此,在造像的过程中必须遵守宗教艺术的规定,包括经典和仪轨,不能随便更改。

唐初统治者崇道抑佛。唐代帝王因姓李,为了使自己的家谱神化,尊老子李耳为先祖,自称是老子的后裔。唐高祖在625年下诏叙三教先后,以道教为首,儒教次之,佛教最后。公元666年唐高宗尊封老子为"太上玄元皇帝"。唐玄宗对道教更加崇奉和扶植,并在公元733年将《老子》列入科举考试范围。玄宗之后,肃宗、代宗、宪宗、穆宗、武宗和宣宗等都继续崇奉和扶植道教。因此之故,道教在唐代占有特殊的地位,道教雕塑也得到了极大的发展,特别是在唐玄宗时期,皇帝多次颁令国内各地广建道观,当时的名山都邑基本上都有道观。据杜光庭中和四年(884年)在《历代崇道记》中载:"从国初已来,所造宫观约一千九百余所,度道士计一万五千余人,其亲王贵主及公卿士庶,或舍宅舍庄为观,并不在其数。"这些道观中供奉老君造像,特别是东西两京。据记载,唐玄宗曾在京城太清宫的老君像前,雕刻皇帝本人的玉石雕像。但可惜的是,由于自然和人为的双重因素,唐代道观早已损毁,目前我们所能见到的多是原置于道观的雕像。相对来说,在原址得以保存的唐代道教石窟和摩崖造像,主要在四川一带偏远山区。

在唐代流行最广并注重造像宣传的是佛教。唐代佛教几度受挫,但总体发展胜过隋代。佛教各大宗派中的华严宗、法相宗、律宗、禅宗、密宗等都形成于唐代。唐代承袭北魏开窟造像的风气,开展了大规模的佛教造像活动。唐代佛教造像主要集中在敦煌莫高窟、洛阳龙门石窟、太原天龙山石窟、济南驼山和云门山石窟等处。为了使教义更快更广泛地传播,唐代佛教造像逐步对来自印度的佛教形象进行改造,摆脱外来的样式,走上本土化、民族化的道路,也逐渐走出早期的古朴风格,并不断拓展题材,以表现现实生活的内容。在唐代,佛教经典中的故事情节仿佛是当时世俗生活的写照。因此,唐代的佛教造像逐步由禁欲的"出世"转向世俗的"入世",逐步趋于世俗化和汉化。

陵墓雕塑是我国古代雕塑艺术的重要组成部分,同时也是我国古代盛行厚葬的产物。它集中反映了特定历史条件下人们的审美意识、社会理想和艺术表现水准。秦汉以来的厚葬之风,到隋、唐更为盛行。唐代陵墓石雕主要集中在陕西关中地区,共18座陵墓和诸多陪葬墓。其中14座借山势以增强陵墓的宏大气势,也是石雕群与自然环境有机融合的成功案例。如唐太宗就将九嵕山作为天然的"山陵",宋王溥《唐会要》卷二〇记述昭陵:"凿山南面,深七十五丈,为元宫,缘山傍崖,架梁为栈道,悬绝百仞,绕山二百三十步,始达元宫门。"昭陵陵园周长60公里,占地200平方公里,有180座陪葬墓。在唐代,帝王除了建造规模巨大的陵寝,还在陵前设置石雕(仅唐代十八帝王陵墓前所雕石人石兽等,就达数百件之多)和大量墓内人俑来体现帝王的权威和地位。唐代开创了陵墓石雕仪卫行列体制,为后世的陵墓石雕树立了典范。唐代陵墓雕塑数量之多、规模之巨,在中国陵墓雕塑史上是极具代表性的,这些雕塑在中国古代雕塑艺术史上也占有重要的地位。

唐代雕塑兴盛,出现了我国雕塑史上唯一一本雕塑理论著述《塑诀》,但这本书已经佚失。唐代涌现了众多技艺高超的雕塑家,如有"塑圣"之称的杨惠之。此外还有窦弘果、毛婆罗、孙仁贵、张寿、张智藏、宋朝、陈永承、刘爽、赵云质、李岫、韩伯通、刘九郎等人,他们都"绝巧过人"。这些造像的能工巧匠大多擅长绘画,如吴道子的徒弟张爱儿、王耐儿从事捏塑和石刻。

总之,唐朝的雕塑艺术已经呈现全面成熟的态势。在表现形式上,石雕、铜铸、木雕、泥塑、陶瓷塑等材料,以及夹纻、锤鍱等工艺都已得到普遍使用。它们广泛应用于宗教造像、祀祠雕塑、丧葬明器乃至日常生活器具的制作,与人们的生活紧密相连。

第二节　佛教造像

公元元年前后,佛教由印度传入中国。传入中国的佛教,不只是抽象的教义,而是整个佛教文化,其中即包括宣扬佛教教义的佛教造像。自南北朝以后,受到印度及南亚、西亚佛教造像的影响,佛教造像活动也开始在中国,尤其是西北和西南地区流行起来。佛教造像在中国出现了两次高峰,一是南北朝时期,一是隋唐时期。南北朝时期的佛教造像尚未脱离异域风格的影响,而到了隋唐时期,则逐步形成了中国佛教造像庄重典雅、雍容华贵的风格,标志着中国特色的佛教造像开始走向成熟。

一、唐代佛教造像的背景及分期

唐代佛教造像的发达与成熟,既与其开放的国策、稳定的政局和强盛的国力有关,也与佛教的隆盛有关。开放的国策、稳定的政局和强盛的国力是唐代佛教造像走向繁荣的首要条件,而佛教的隆盛则是佛教造像得以开展的直接诱因。唐代是中国佛教发展的鼎盛期,寺庙林立,高僧辈出,派系众多,译经、变相、造像等与佛教相关的文化活动进行得如火如荼。

唐代佛教信仰已经深入社会各个阶层,不仅皇室大力提倡,平民百姓也崇佛,这是促成佛教造像成熟不可缺少的因素。唐高宗、武则天和唐玄宗等君王信奉佛教,李世民虽不信佛教,但出于统治者利益的考虑,依然支持佛教。武则天笃信佛教,她在位期间是唐代崇佛的第一次高峰。长安四年(704 年),她命凤阁侍郎崔玄暐和高僧法藏等到法门寺迎奉佛骨,以佛教徒的方式虔诚地表达了对佛骨的崇敬。此外,她还主持了《华严经》80 卷的翻译,封一些和尚为县公,授僧怀义为行军总管,使佛教与政治的关系变得密切起来。唐中宗也是崇佛之君,在位时虽没有亲自迎接佛骨,但是敕送佛骨却开创了先例,并且与皇后、公主等"下发入塔",可见中宗也推崇佛教。唐玄宗时期的全国寺院总数比唐初增加了将近一半。唐肃宗、唐代宗是唐代崇佛第二次高潮。虽然唐武宗采取排佛、灭佛的措施,但在唐懿宗上台后,又形成了第三次崇佛高潮。

在官方支持和民间信仰的推动下,唐代佛教兴盛。国家和民间投入大量财力、物力和人力到寺观的营造中。中宗景龙二年(708年)九月,并州清源县尉吕元太上疏:"蚬旌宝盖,接影都畿,凤刹龙宫,相望都邑。"(宋·王溥《唐会要》卷四八)可见,在当时的两京和各郡县,到处都建有高规格的寺观。唐武宗在会昌五年(845年)发起大规模的拆毁佛寺和强迫僧尼还俗的毁佛运动,根据当时的报告:"天下所拆寺四千六百余所,还俗僧尼二十六万五百人。"(《旧唐书·武宗本纪》)这一数据说明了当时佛教的兴盛。佛教的兴盛使得以寺庙和洞窟修建为中心的造像、雕塑、绘画等行业得以繁荣和兴盛。

佛教的兴盛并不足以促成唐代佛教造像的辉煌,政治上的大一统局面、经济的繁荣和文化的繁荣也是重要的原因。政治的统一、社会的稳定,使经济得到长足的发展,强大的政治力量和军事力量,以及雄厚的经济实力使得人们在文化艺术创作领域可以吸收不同地域的艺术风格,吐故纳新,广收博取,创造出新的艺术风格样式。陈子昂、李华、韩愈、柳宗元和刘禹锡等人掀起的古文运动,一洗前朝文学的空洞无味;以李白、杜甫、王维、白居易、元稹等人为代表的唐代诗歌创作群体,将诗歌艺术推向顶峰;欧阳询、薛稷、张旭、颜真卿、怀素、柳公权等一批书坛领袖,创造出独具特色的书法风格;阎立本、吴道子、张萱、周昉等人的人物画,韩滉、戴嵩、曹霸、韩幹等人的动物画,李思训父子的金碧山水画,王维、张璪、王墨等人的水墨山水画,杨惠之、张爱儿、窦弘果、张寿、宋朝等人的雕塑,合力营造出了一种浓厚的艺术氛围,并为石窟造像提供了良好的客观环境和发展契机。

营窟造像活动兴起于北魏。唐代,石窟工程建设和艺术创作的水准达到了它的巅峰。唐代的石窟造像主要集中在敦煌莫高窟、洛阳龙门石窟、太原天龙山石窟、济南驼山和云门山石窟等处。如敦煌莫高窟现存492个洞窟,其中唐代洞窟就有238个,占全部洞窟数的近一半。又如龙门石窟,开凿于北魏孝文帝迁都洛阳(494年)之后,在唐代达到造像高潮,其所凿石窟占总数的60%以上,特别是在高宗和武则天时期。这一石窟也是唐代皇家发愿造像最集中的地方,它除了规模庞大,也汇集了当时石窟艺术的精华,是唐代佛教造像的代表,也代表了当时雕塑的最高水准。龙门石窟大小窟龛共编 2 345 号,大小佛教人物雕像共有十万多尊,还有 2 800 多块古代碑刻题记,这些作品约 2/3 是在唐高宗和武则天时期完成的。

唐代石窟佛教造像可分为初唐、盛唐、中晚唐三个阶段。以数量和规模而论,唐代的石窟佛教造像主要集中在初唐和盛唐。初唐和盛唐国力雄厚,气魄宏大,造像水平也相对较高。

初唐,承袭北齐、北周风格而逐渐转向写实。如驼山第二窟主尊面相敦厚丰润,五官端正,胁侍菩萨眉目清秀,颐丰颊阔,胸、腹、胯更侧重曲线美的体现。敦煌莫高窟第 419 窟的迦叶长者,牙齿参差,残缺不齐。一道深似一道的皱纹,爬满额头。凹陷的双睛,若有所思。鼻翼两侧的肌肉,松弛下垂,更显得苍白无力。瘦骨嶙峋的身体,简直难以站立。枯干无力的手,颤颤地托着瓦钵,俨然一幅胡人长者的白描。它既符合佛经中所说的迦叶"德高望重"之要求,又与现实生活有密切联系。

到了盛唐时期,经过长期的摸索之后,当时的工匠艺人们又通过对其他艺术的吸收与借鉴,创造出了一种符合中国人审美情趣的庄重典雅、雍容华贵风格。这时的造像注重形神兼备,既没有形缺而神伤的现象,也没有形足而神失的情况。完美的形体中蕴藏着无尽的神韵,而贯穿于形体中的神韵,又使得形体更加饱满和谐。

这个时期的菩萨、佛弟子、天王、力士、罗汉、飞天诸形象,朝着两个方向发展:一是世俗化,即撷取世俗人物形象作为塑像的现实依据,使造像由写意向写实发展;二是个性化,即注重突出佛教神灵的个性或性格,使其更加丰富多彩,神情毕现。如敦煌莫高窟第 194 窟的菩萨像,面庞丰满,体态丰腴,肌肤细腻,衣着华丽,仿佛是唐代贵族妇女的真实写照。又如迦叶长者像,神态极其微妙,个性非常突出,那嘴角与眼神中传出的浅笑,与灵山佛会释迦牟尼说法拈花示众、迦叶微笑的故事正相吻合。而相邻的阿难形象正好相反,他虽与迦叶同在释迦牟尼殿上称臣,并与迦叶形影不离,但形象迥异。他年轻,富有朝气,既像是富豪之家的门童,又像是刚刚剃度的小沙弥,一脸稚气。从视觉形象上看,阿难头部大,肢体短,犹如童子一样可爱。他与迦叶一左一右,侍奉在释迦牟尼两侧。一老一少,一高一矮,一深沉一天真,正好构成了两相对比、相映成趣的艺术格调。

在佛教造像中,罗汉是经常使用的题材。其中群体罗汉雕塑,以龙门看经寺 29 尊长者像的艺术成就为最高。按《历代法宝记》记载,这是据从迦叶到达摩的西土二十九祖师传法谱系塑的尊者像。这些尊者,或持莲花、握锡杖、拈串珠、持梵箧、提净瓶、托宝珠,或回首顾盼,传法付钵,或安详端坐,手指禅机,或背弓腰曲,踽踽前行。29 位尊者,29 种神情,高的矮的,胖的瘦的,有天真可爱的少年,也有老成持重的长者,可谓惟妙惟肖,千姿百态。

除了罗汉,飞天也是最有特色的形象。龙门看经寺的藻井飞天,头、胸、腹、大腿、小腿,每一部分都有不同的曲折变化。两只手臂,一只托盘,一只甩向后面。两条飘带,一条缠住甩向后面的那条手臂,另一条绕于胸前,承受前身的重量,后部借助小腿的倒翘与长裙的飘摆,减轻身体的重量,再加上修长的身体和舒展的身姿,给人以飘飘欲仙的感觉。又如敦煌莫高窟第 320 窟中的两组盛唐时期表现飞翔在"极乐世界"上空的飞天,一个在前面扬手散花,一个在后面腾跃追赶,翩翩起舞,顾盼有情,表现了一种遨游太空的欢乐景象。即如《法华经·譬喻品》中所说,"诸天伎乐,百千万神,于虚空中一时俱作,雨众天华"。这两组飞天形象,表现的正是这种令人心驰神往的浪漫景象。

中晚唐的佛教造像,受到安史之乱的影响,数量由多变少,规模由大变小,已经大不如从前了。虽然敦煌与四川诸地因为受战乱影响较小而仍然保持着造像的传统,但终究财力不济,造像风格也开始朝着小巧和精致的方向发展了。

二、唐代佛教造像的特点

与佛教中国化的进程相适应,佛像的造型也出现了中国化的趋势。从南北朝开始,佛教造像逐渐摆脱外来的影响,如菩萨造像更趋于女性化,就是一个最突出的表征。女性,按中国人的传统观念,是包容、慈悲的象征。到唐代,佛教人物形象更趋于民族化和本土化,而其题材和内容则更趋于现实化和世俗化。

首先,唐代的佛教造像艺术已经完成了中国化的过程。佛教造像传入中国之初,明显带有印度人的特点。就五官而言,低颧骨、高鼻梁、薄嘴唇,是典型的印度人的容貌。就衣着而言,袒胸露臂或半裸流线造型,着轻纱透体,这些特征保留有印度热带习俗的印迹。整体形象基本上来自印度贵族,衣着华丽,体态优雅,表情庄重。张彦远在《历代名画记》卷五中就有这样的记载:"帝〔东汉明帝刘庄,公元58—75年在位——引者]乃使蔡愔取天竺国优瑱王画释迦倚像,命工人图于南宫清凉台及显节陵上,以形制古朴,未足瞻敬。"这种照搬古印度的造像风格与中国人的审美观念格格不入。为了适应中国人的审美习惯,从魏晋时期开始,佛教造像转向汉化,印度人的形象变为中国人的形象。

　　唐代佛教造像开始对人物形象进行改造,将中国传统的雕塑技法和审美观融入,借用传统的镂雕、圆雕手法,使用阴刻和阳刻的手法表现衣纹。经过这些改造,佛教造像在造型上趋于本土化。佛像造型出现明显变化,脸型方正,五官变为鼻短目平,整体非常柔和,完全是中国人的面貌。迦叶和阿难是释迦弟子,他们胁侍于佛左右是佛教造像中的常见形制,且通常将迦叶表现为老者形象,阿难表现为青年形象。唐代佛教造像向本土化转变之后,佛的这两位弟子一改胡相或梵相,转为汉人形象。如敦煌莫高窟第328窟的阿难像,塑于初唐,其无论相貌、衣饰都是典型的汉族青年形象。

　　其次,唐代佛教造像逐渐世俗化或现世化。佛的形象、菩萨的形象都被逐渐还原为人的形象。如果说北魏时期的佛教造像秀骨清像,长脸细颈,有一种超凡脱俗的气质的话,那么唐代的佛教造像则更倾向于艺术形式的探寻,而不是宗教内容的表达。他们把对神的幻想,变成了对人间美好生活的向往。而这也就意味着逐步将虚幻的、神秘的东西剥离开来了,把俗世的、感性的东西融合进来了。因此,这个时候的佛、菩萨造像呈现出了一种特殊的

图 10.1
莫高窟第 328 窟阿难像

时代趣味,既侧重现实,也侧重写实,这使得唐代佛教造像具有了更多人情味和亲切感。

这种世俗化的佛教造像因为更亲近,所以更容易被信众接受。《历代名画记》卷八中有这样一段记载:田僧亮、杨契丹和郑法士在长安光明寺作画,"(郑法士)又求杨画本,杨引郑至朝堂,指宫阙衣冠车马曰:此是吾画本也。由是郑深叹服"。可见,从隋朝起,佛教造像就已经开始以现实生活中的人和物为蓝本进行创作。这一做法在唐代更为时兴。如莫高窟第 328 窟迦叶像,迦叶身着圆领通肩袈裟,前臂裹护臂,双手合十,双目紧闭,神情专注,仿佛是一位年高德劭、慈祥和蔼的老者。再看他的衣装,褶纹简洁流畅,起伏随体,转折自然,又俨然是一位有血有肉、心态平静的虔诚僧人,而不再仅仅只是传说中不食人间烟火的圣徒。他的形态既庄严又亲切,既神性又人性。唐代的佛像造像,几乎都有这种神性中带有人性的亲切、人性中又显示出神性的庄严的特点。

唐代佛教造像的世俗化倾向使得它在艺术表现上偏于写实。如敦煌莫高窟第 45 窟的南方天王像,像高 160 厘米,宽 40 厘米,厚 17 厘米。此像面容威严,双目圆睁,身着沙场武将汉式戎装,抬手握拳,只不过头不带盔,而是云鬓高髻,姿态雄健有力,一派孔武有力、骁勇善战的英勇气概。这一形象完全是对唐代武将的再现。再如敦煌莫高窟第 17 窟的洪辩(晚唐敦煌高僧,俗姓吴,世称吴僧统、吴和尚)坐禅像,像高 90 厘米,宽 34 厘米,厚 23 厘米。第 17 窟既是洪辩的影堂,也是举世闻名的藏经洞。咸通三年(862 年),洪辩圆寂后,弟子悟真等在其生前禅室塑其尊像以供凭吊。洪辩结跏趺坐于长方形禅床上,身正神定,神情肃然。洪辩塑像之后北壁之上画一菩提树,枝挂净水瓶、挎装。菩提树的左侧有执扇比丘尼一身,右侧有执杖近侍一身。壁画与洪辩彩塑像融为一体。像在绘画中为高僧画像一样,在雕塑中为高僧塑像也是唐代的普遍风气,这种塑像,完全可以看作是僧人的个人肖像(写真)。

唐代佛教造像的这种世俗化倾向,表现了唐人对现实生活的肯定和赞美,他们从依附于神的幻想转化为借助于神的世界来表现现实世界。至此,佛教造像已不再只是塑造偶像,而更多的是在其中表达对美好生活的向往。

图 10.2　莫高窟第 45 窟南方天王像

图 10.3　莫高窟第 17 窟洪辩像

最后，唐代佛教造像具有明显的女性化的特点。《曼殊室利经》中记载，菩萨具有定、慧二德，主慧德的菩萨，名毗俱胝，作男形；主定德者，名求多罗，为女形。菩萨现身为男还是女依情况而变。在印度，以男为尊的思想使得佛教中的神都是男性的面孔，菩萨常常是留髭、白眉的男子像。菩萨刚传入中国，也是男子像。从魏晋南北朝时期开始，佛教造像中的菩萨形象就逐渐女性化，到了唐代，不论是男相还是无性相的菩萨，都明显具有了女性的特点。唐僧道宣的《释氏要览》中说："造相梵像，宋齐间皆唇厚、鼻隆、目长、颐丰，挺然丈夫之相。自唐来，笔工皆端严柔弱似妓女之貌，故近人夸宫娃如菩萨也。"可见，在唐代的佛教造像中，将"男身女相"的菩萨直接塑造为女性的表现方式是十分普遍的，这种女性化的倾向在唐代的佛教造像中是一个非常重要和最为显著的特点。据说唐代画工在描绘菩萨天女等形象时，常以现实生活中的女性为模特进行写生。如造于盛唐时期的敦煌莫高窟第 194 窟西壁龛内的二胁侍菩萨造像，外形上采用男性的比例标准，肩膀的宽度及厚度、胸部都是按照成年男性的比例结构塑造，佛像显得魁梧，具有阳刚之美。但在脸部五官和表情的塑造上，蚕眉凤目，秀鼻樱唇，体态婀娜，显然突出的是成年女性的特征，以此来表现菩萨的慈悲，可谓是"菩萨如宫娃"的典范之作。

总之，唐代佛教造像是神性与人性的完美结合，它一方面要体现宗教的教

图 10.4
莫高窟第 194 窟西壁右胁侍菩萨

义和目的,表现出神性的庄重;另一方面又要体现感性生活的需求,表现出人性的亲切。在神与人之间,超世与现世之间,唐代的雕塑艺人通过对佛教造像的本土化、世俗化和女性化改造,创造出了一批更接近于人和人间的神像,开辟了一个理想的、妙趣横生的、令人向往的美的世界。

三、由唐代佛教造像看唐人审美意识

唐代的佛教造像不仅是一种宗教传播活动,也是一种艺术审美活动。通过对唐代佛教造像特点的分析,我们可以反观唐代人的审美意识。这种审美意识,主要体现在以下两个方面。

(一)突出身体美感

中国传统思想对身体有独特的理解。在中国漫长的历史中,身体常被当成祸患之始,它是灵性之后的一个阴影,是精神的负累。老子说:"吾所以有大患者,为吾有身。"庄子认为,人只有"形如槁木,心如死灰"才能接近审美状态,只有"吾丧我"才能"闻天籁"。道家认为,身体从属于自然并要回归自然;儒家认为,应该给予身体以社会的规定,即它必须符合礼的尺度。到魏晋时期,人物品藻中已经关注到身体具有独特的美感,但是仍然将重心放在人物的"神"上。值得注意的是,此时所说的"神"不再独立于个体生命之外,而是与生命的感性表现直接相关,这种见之于身体的感性形式表现出来的"神"也称为"韵",如"体韵""神韵""风韵""情韵"等。总体而言,中国传统思想对身体具有一种无法克服的羞耻感,因此,中国传统艺术没有直接表现身体的裸体艺术。对于中国艺术来说,身体只能遮蔽,不能显现。但唐代佛教造像艺术则在对身体美的表达上呈现出另外一番景象,这与其本身的宗教造像传统相关,也与其所处的历史语境相连。

唐代佛教造像所表现出的对身体美的关注,反映出唐人的身体美学观念。这主要表现为三个方面:

第一是人体美的观念。在唐代佛教造像中,人体美的表达比较含蓄。这种含蓄的表达缘于菩萨的着装和体姿相对平静两大因素。它们既不像古希腊人体雕塑那样对身体美进行赤裸裸的展现,也不像唐以前的雕塑那样用厚重、肥大的衣服对身体进行包裹。敦煌的唐代彩塑,尤其是观音、飞天,不仅身体多是裸露,而且女性特征突出,如丰满的乳房、曲线毕露的身姿、润滑柔软的肌肤以及妩媚多情的神情。虽然有些雕塑并不是严格意义上的裸体,但也明显透露出女性特有的身体美。如敦煌莫高窟第 45 窟西壁南侧的一尊菩萨像,她裸露上半身,身体呈"S"形曲线,充分显露出女性的柔美身姿。再如炳灵寺第 64 龛的左、右侧菩萨,发髻高盘,笑口微启,鼓胸丰乳,端庄优雅,是唐人所向往的女性美的典范。

第二是服饰美的观念。唐代人推崇时尚,注重装饰,尤其是妇女的衣着装饰发展到了登峰造极的地步。唐代佛教造像最为流行的是青发高髻,余发垂肩,穿戴宝冠,耳饰金环,斜披罗衣,肩有钏,腕有环,身穿红裙,腰裹绿巾,璎珞绕身,宽带双垂,且面作粉状,朱唇翠眉。这种装束正是唐代最时尚的着装打扮。如塑于唐高宗上元二年(675 年)的龙门石窟奉先寺文殊菩萨,像高 13.25米,侍立于卢舍那佛左侧。文殊菩萨头戴花蔓藤,冠带垂肩,头光三层以串珠、宝相花、尖拱火焰纹围饰。面容秀丽,双目俯视,唇角上翘,长耳饰环,项饰精美华丽,体现了初唐时期的装饰趣味。

第三是姿态美的观念。唐代的菩萨像,半裸的身躯丰腴,从胸部到腰部形成突出而明朗的曲线,配合整个身体舒展的轮廓线,构成柔美的三段曲线美。这种身姿与其神情、动作配合,美丽动人。如敦煌莫高窟第 328 窟西壁龛内右

图 10.5
龙门石窟奉先寺文殊菩萨

胁侍菩萨。菩萨随意婀娜地坐于束腰莲台高座上,云鬟高髻,饰项链、臂钏、腕镯,壁绘项光十分精美,整尊塑像尤显菩萨窈窕端庄之美。

(二) 追求华美大气

唐代由于财力雄厚、文化昌盛,雕塑技术日渐精湛,佛教造像精致华丽,整体造型简练大方,尤其是一些大型石刻,彰显华美大气之风。始凿于唐开元初(713 年)、作为镇江佛而开凿的乐山大佛,通高 71 米,头高 14.7 米,直径 10 米,头顶髻 1 021 个,是我国最大的一尊摩崖石刻造像。乐山大佛作"跏趺坐",如一座金字塔端坐在凌云山栖鸾峰临江峭壁上,他在佛龛内从山顶直落山脚,与咆哮奔腾的惊涛骇浪对应,给人稳如泰山的感觉。乐山大佛规模宏大,气势雄伟,金身彩绘,服饰华贵优美,刻线精美流畅,又建有 13 层楼阁覆盖,显示出唐代造像者的独具匠心和唐人华美大气的美学追求。

此外,龙门石窟奉先寺的造像群规模庞大,气势恢宏,为龙门群像中最大者。壁龛左侧有唐玄宗开元十年(722 年)补刊的《河洛上都龙门之阳大卢舍那像龛记》:

> 佛身通光座高八十五尺,二菩萨七十尺,迦叶、阿难、金刚、神王各

高五十尺。粤以咸亨三年壬申之岁四月一日,皇后武氏助脂粉钱二万
贯……正教东流七百余载,佛龛功德唯此为最。纵横今十有二丈矣,
上下今百四十尺耳。

　　根据记载,该像龛大约开凿于唐高宗时代的初期,武则天在咸亨三年(672
年)施脂粉钱二万贯资助建造,完工于唐高宗上元二年(675 年)十二月三十日。
这一群像的主持建造者为西京实际寺善道禅师、法海寺主惠暕法师、大使司农
寺卿韦机、副使东面监上柱国樊元则及支料匠李君瓒、成仁威、姚师积等。主佛
卢舍那大佛,以高浮雕的方式凿出,基座和背景都是人工开凿于石壁上,大像龛
东西深约 40 米,南北宽达 36 米。在如此大面积的区域,剔除多余的石灰石是
一件非常耗费时间和劳力的事。卢舍那佛像通高 17 米,头高 4 米,耳长近 2
米。他头饰螺髻,身着贴体通肩式袈裟,结跏趺坐于束腰须弥座上,造型匀称适
度,体态端庄典雅、丰颐秀目,头部稍低呈俯视态,目光文静含蓄、恬淡凝神,雍
容睿智的神情与崇高不凡的气宇,给人以关注世间疾苦、温和可亲之感。卢舍
那佛像左右为迦叶、阿难二弟子,分别高 10.5 米和 13.4 米。次为文殊、普贤二
菩萨。再次为多闻、增长二天王并二力士,他们壮硕刚健、狰狞恐怖,衬托出卢
舍那的悲悯情怀。菩萨、天王间又雕出高约 6 米的特大型女供养人各一躯,妆
束双髻、体着长裙、足履云头屐。卢舍那大佛高大的身躯、主尊的地位,在整铺
造像的烘托下,显得神圣肃穆,犹如人间君王,凌驾于一切之上。"功成妙智,道
登圆觉"的主尊威严,与和蔼可亲的慈悲心怀,巧妙地融合在卢舍那佛一身。

　　奉先寺群雕是唐代格调饱满、形神兼备的典范之作,集中体现了这一时期
雕塑华美大气的美学特质。创作者将该群雕表现得如此华美壮丽有以下三个
原因:

　　第一,与主佛的象征意味十分吻合。"卢舍那"梵语称 Losana,意为"佛光净
满""光明遍照"等。《一切经音义》卷二一记载:"毗卢遮那,云光明遍照也,言佛
与身智,以种种光明照众生也。或曰毗,遍也;卢遮那,光照也;谓佛以身智无碍
光明,遍照理事无碍法界也。"卢舍那佛是释迦如来的报身形象,是表现佛陀智
慧光大之义的,通译可作"佛的智慧光明遍照"。

　　第二,与当时的政治支持密不可分。武则天以皇后身份资助这一工程的进
行,她借助这一宗教造像表达自己参与国家政治的动机已十分明显。她也通过

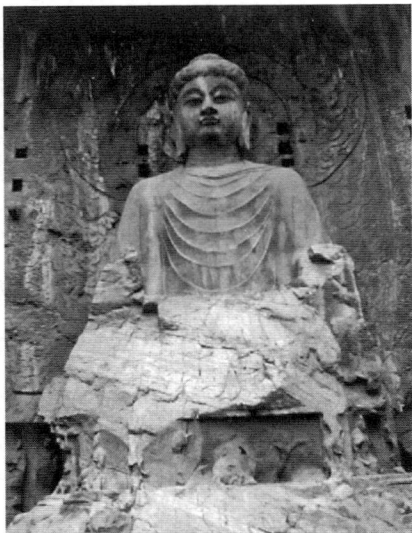

图 10.6
龙门石窟奉先寺卢舍那大佛

对卢舍那这一艺术形象的讴歌，为自己树碑立传，从而确立至高无上的政治权威，奠定宗教神学的基础。载初元年（689 年），武则天制名曰"曌"，取日月普照之义，专意与"卢舍那"意义吻合。这无疑是从大卢舍那佛那里借用征符含义，为自己称制建立大周政权寻找宗教神学根据。武则天要通过宗教造像，把顶礼膜拜大像龛的善男信女的皈依之情，引导到对武氏政权的无上崇敬上，所以参与这一工程设计的善导、惠暕等人才参照现实宫廷生活的图景，对大像龛进行了类比模拟的处理，以满足武氏对这一自比形象"图兹丽质。相好希有，鸿颜无匹。大慈大悲，如月如日"的审美要求。

第三，与当时的审美需求密切相关。奉先寺卢舍那大佛个体形象的塑造，是盛唐艺术家突破宗教"出世"思想的束缚，取材于广阔的现实生活，对丰富多姿的现实人物特征加以概括，进行深入开掘、精心提炼、细腻刻画的最终定型，是我国佛教艺术理想化、人格化造型的典范。它所显示的巨大艺术魅力，在存世的艺术作品中至今亦属无与伦比。它极好地诠释了本书所说的唐代佛教造像本土化、世俗化、女性化的特点。

正如帕提农神庙（Parthenon）中的雅典娜雕像体现了古希腊城邦文化的面貌一样，作为唐代社会审美理想的一种最终定型，龙门大卢舍那造像也可以说是盛唐时代中国文化面貌的一个独特的艺术呈现。唐代造像的庄严妙相、端正法度，最直观地表现出了大唐盛世注重身体美、追求华美大气的审美理想。

第三节　道教造像

道教是中国土生土长的多神教,它以传统鬼神信仰为基础,以国家祭祀和民间崇拜的各种神祇、仙人为主体,同时吸收儒家的先王圣人和佛教的菩萨罗汉等,由此形成一个复杂而庞大的信仰体系。在道教的神仙谱系中,既有山川土地、日月星辰,也有原始宗教中的天神、人鬼,还有从历史名人演变而来的仙人,乃至帝王、圣贤、英雄、隐士等特出的人物。因此,道教造像的题材非常广泛。唐代由于统治者的提倡,道教兴盛,大规模的造像活动得以展开。而且,唐代道教造像已开始寻找自己的道路,走出宫观祭坛,着意于石窟和摩崖造像,逐步形成了自己独特的制作模式、规范和艺术风格。

一、道教造像的基本特点

道教造像一般指的是系统化、规范化的道教尊神造像。早期道教的神仙谱系不明确,也不系统,因此那些与道教神仙信仰相关的图像只属于道教图像的范畴,而不能归为道教造像,如陕西绥德东汉王得元墓壁上的西王母浮雕、山东嘉祥武安出土的东汉神仙灵异浮雕等。在汉墓壁画和画像石、画像砖中也有很多与神仙信仰相关的形象,这些形象都还不能算作是道教造像。真正的道教造像活动,开始于魏晋南北朝时期。

道教兴起之初是并不注重通过雕塑的方式传播教义的,祭祀时通常只有牌位或壁画。这种现象与道教的教义及修行方式有关,《老子想尔注》(敦煌本)中说:"道至尊,微而隐,无状貌形象也;但可从其成,不可见知也。"到魏晋南北朝时期,开始出现道教造像。这一方面受到了佛教"以像设教"的影响,唐释法琳《辩正论》引王淳《三教论》谓"近世道士,取活无方,欲人归信,乃学佛家制立形象,假号天尊及左右二真人,置之道堂,以凭衣食。宋陆修静亦为此形";另一方面也是因为造像有利于与建筑结合,在相对固定的地方塑造朝拜的对象,更有利于吸引信徒和传播教义。《隋书·经籍志》中记载:"(北魏)太武亲备法驾,而受符箓焉。自是道业大行,每帝即位,必受符箓,以为故事,刻天尊及诸仙之象而供养焉。"这是最早的关于道教造像的记载。魏晋南北朝时期的道教造像受佛教造像的影响,主要表现在两个方面:

第一，道教人物形象带有佛教人物的影子，道教神像的面目、服饰、手的动作和坐的姿势都带有佛教造像的影子。道教造像也采用圆拱龛、莲花坐，有背光和头光，以飞天、夜叉等为装饰，和佛教造像的区别仅在于身着道服，头戴冠，有胡须，手持麈尾，或双手交叉于胸前，或手持符。如北周天和三年（568年）的老君石雕像，结跏趺坐于须弥座，右手握羽扇，左手倚几，头后有圆形头光，两侧各立一着道袍抱笏的侍者，这种造型和排列方式都是佛教的模式。

第二，道教的神像系统受到了佛教神像系统的影响。道教根据佛教的神像系统，创造了一些在道教中没有的神仙。如"天尊"这个称谓，最初就是来源于佛教。不仅如此，在神像布局上也受佛教影响。如在碑石或龛窟中，老君与佛像对应，处于中心位置；处于主像左右两侧的胁侍真人或者女真则与胁侍菩萨对应；伎乐仙人与伎乐天都处于碑石或龛窟的上部两侧；供养人都处于碑石或龛窟的下部。

此外，道教造像艺术雕塑风格的形成，也受到了道家思想的影响。道教以"道"为最高信仰，并以此为基点建立自己的神学理论体系，将道家创始人老子尊奉为道德天尊，又将《老子》作为道教四大经典之一。道家思想对道教造像活动的影响主要表现在以下几个方面：首先，在道家看来，"道"是宇宙最高的实体，是万物的本源，它是无形的，不可限定的，但它又是实有的存在体，因此道教中的每一位神仙也是具有变化性的，他们可以有多尊神像；其次，在道家看来，"道"是朴素、纯真的，因此道教造像也往往不涂抹颜料，而是呈现出材料本身的色彩；再其次，道家强调要泯灭物我的差别，"万物齐一"，物我相融无间，主张"天人合一"，因此道教造像特别是石窟造像往往与自然山水融为一体，其手法是直接利用山体岩石进行雕刻，造像背部仍然连接着山体岩石，这些神灵雕塑与山体岩石合为一体，既神圣崇高又温暖亲切，既属于自然又独立于自然，总体上透露出自然、朴拙之意，浑厚博大之势，大足道教石刻、鹤鸣山道教造像都是如此；最后，"道"是天地万物的创造者，它不受时间和空间的限制，因此道教造像的材质具有稳定性和坚固性，昭示了"道"所具有的永恒、不朽的特质。

道教造像与世俗雕塑相比，则具有如下一些特点：

第一，道教雕塑是神的道德性人格化的体现。道教的雕塑不仅要明道，还要明德。也就是说，道教雕塑不只要描绘神的尊容，而且要表现其所具有的内在的道德和神威，因此，道教雕塑是道德性人格化的体现。有学者指出："道教的造像……不仅要表现其作为神的尊严,还要表现其所具有的道德、内在美和它的神通。"①如玉皇大帝的造像往往端庄严肃,表现出一种宁静、飘逸和超然的风度,显示他洞察一切的高超智慧,代表着无上的权威。又如,土地神为白须白发的老人,总是慈眉善目,等等。

第二,道教造像中的神仙呈现出世俗性与神圣性相融合的审美风貌。道教重视的是成仙的过程,在道教看来,凡夫俗子经过修炼可以化为仙,他们与神仙之间没有绝对的鸿沟,"此岸"与"彼岸"精神共融。道教中神仙常以凡人的面目显身于世,具有常人的气性,因此,道教造像凝结着"神圣"与"世俗"两种品质。世俗性、人间性附加于神像之上,使这些形象浸透了温暖而亲切的人生气息。他们或者威严努目,或者温文尔雅,形成了人格化、典型化的神像。如三皇、东岳等尊神,长圆脸型,前额宽阔,面颊丰颐,丹凤眼、卧蚕眉,身材厚实,身着帝王服饰,这些形象就是以中国古代帝王的形象为原型塑造的。当然,道教造像毕竟不同于世俗造像,它还要表现出神圣性和崇高感,还要表现出灵性和神性,其中要有"道""气""神"灌于全身,表现出神像的神圣与超越性。因此,作为神像的创作者,需要灵性、悟性,要能体悟宇宙大道的精妙。

第三,道教造像在制作上形成了自己独特的制作模式、规范,根据神灵地位、作用的不同,其形象、制作的材质、施色等方面的制作要求也不同。如果造像不依照规则,或稍有不敬,都会受到鬼神的惩罚。《三洞奉道科戒》中记载:"科曰:凡造像皆依经具其仪相……衣冠华座,并须如法。天尊上披以九色离罗或五色云霞、山水杂锦,黄裳、金冠、玉冠","不得用纯紫、丹青、碧绿等"。"真人又不得散发、长耳、独角,并须戴芙蓉、飞云、元始等冠。"金刚"长一千二百丈,按剑持杖,身挂天衣飞霞,宝冠,足踱巨山、神兽、大石、诸鬼之上,立作杀电之势"。对金刚的高度、衣着、动作、姿态及配件等都做出了具体的规定。这种规定的结果是使道教造像走向规范化和程式化,限制了创作的自由。

第四,在注重写实的同时,某些造像也用写意夸张的手法。道教雕塑主要采用写实的手法。道教较少用图像形式直接表现道教典籍中的内容,因为这些内容和仪轨过于夸张,无法用恰当的艺术手法表现。因此,宫观祠庙中的道教雕塑形象多为端坐或恭立,他们成为沟通信徒与神仙世界的媒介。但对于某些

---

① 王宜娥:《道教的造像艺术》,载《中国道教》,1989 年第 1 期,第 36 页。

神像,却又可有夸张的表现。如护法神王灵官,身披金甲红袍,赤面髯须,三目怒视,左持风火轮,右举钢鞭,形象威武勇猛,令人畏惧。再如四大金刚也以夸张的动作和表情,让人心生畏惧,给人以崇高感和敬畏感。

第五,道教认为神灵可以分离自己的肉体和灵魂,神灵驻守在他们的神像中显示神通,为人们驱灾降福,因此,一位神可以有多尊神像。

第六,道教造像常是群体呈现,这些群像是对道经中仙家群集场面的模拟,由此造成撼人心魄的气势,营造出神秘的宗教氛围,让人们对仙境产生无限向往,对于得道成仙产生浓厚的兴趣。

第七,道教造像民间性较强,特别是早期道教产生于民间,北朝时期的道教石刻造像主要在民间,因此,其审美趣味、造像内容、雕刻形式和手法都流露出民间文化的特点。如北朝的道教造像主要在陕西,其艺术风格有浓厚的陕西乡土气息,具有质朴、简单、自然甚至略显粗糙的特点。

二、唐代道教雕塑

在将近 300 年的时间里,唐代帝王都以道教为"本朝家教",始终崇奉和扶植道教,举国上下尊崇道教,蔚然成风。在这种情形下,一方面道教组织空前兴盛;另一方面,各地修建大量道教宫观,道教造像艺术由此进入到一个全新的时期。唐代道教造像兴盛,其窟龛造像主要集中在巴蜀地区,唐卢照邻《益州至真观主黎君碑》说:"观中先有天尊真人石像,大小万余躯,年代浸深,仪范凋缺。"保存至今的唐代道教窟龛主要有四川绵阳西山观摩崖造像、四川安岳玄妙观、四川仁县坛神岩、丹棱唐代龙鹄山石窟、四川剑阁鹤鸣山唐代摩崖造像,其中尤以绵阳、剑阁、安岳道教造像最为突出。这些道窟中还有诸多佛道并存或儒释道三教并存的石窟,这是唐代佛道共存与融合的实物见证,如玄妙观就有道像和佛道合龛像。但另一方面,在这些道窟中我们也已经能隐约看到唐代道教造像在进行新的探索。

与前代道教造像的相同之处在于,唐代道教造像在一定程度上仍然受到同时期佛教造像的影响。这种影响表现为四个方面:首先,在容貌上,道教龛窟中的天尊、老君、真人和胁侍等形象如佛教人物,圆脸、眉眼平直,颈部有三道蚕纹;其次,道教人物的手势模仿佛像手印;再次,在服饰上,道教人物也多着对襟式,轻薄贴身,人们甚至可以透过衣服看到起伏的肌肉轮廓;最后,在雕刻手法上,衣纹褶皱往往采用阴刻线条,上身呈圆弧形,下身则是流畅的线条,而这种雕刻手法往往用于佛教造像中。如唐代常阳天尊石造像(玉雕老君像,现藏山西省艺术博物馆),是华清宫朝元阁老君殿遗物,像高 1.93 米,汉白玉雕造,采用圆雕手法。老君身着开襟道袍,腰束帛带,结跏趺坐于须弥座上,丰须长髯,相貌温厚,显得雍容合度,气宇轩昂而肃穆。他身下的台座分三层,其中,上部为长方形,以番莲为饰,即是对佛教须弥座的模仿。此外,唐代道教窟龛中出现的"三宝"(三清)像和三面六臂、二面四臂的神将,都与当时的佛教造像有些类似。

图 10.7 常阳天尊石造像(玉雕老君像)

图 10.8 赵思礼所造当阳天尊像

唐代道教造像努力探寻自己的道路,在造型模式上也有了一些新的变化,但还未形成道教造像体系,这一体系最终在宋元得以完成,因此可以说,唐代道教造像是道教造像体系完成的重要过渡环节。这种过渡性主要表现在以下几个方面:

第一,唐代道教造像力图摆脱佛教造像的影响,并尝试融入现实生活的元素,逐步形成自己的造像体系。如唐玄宗开元七年(719 年)赵思礼所造当阳天尊像,天尊头戴芙蓉冠,蓄三缕长须,外有道袍、内束腰带,左手扶三足凭几,右手持麈尾上举,衣裾覆座,头的比例略大,面相略方,神态安详,整体给人以仙风道骨的感觉。这是唐代人努力摆脱佛教影响的结果。唐代开始,道教造像模式发生变化,龛窟上往往是一老君或天尊,二胁侍、二女真、二力士,有的还有护法神将,数目不等,最多的有 12 个,规模比以前大。

　　唐代道教造像力图摆脱佛教造像这一点在晚唐表现得尤其明显。这可以用晚唐极具代表性的四川剑阁鹤鸣山道教造像系统为例来加以说明。鹤鸣山在盛唐时期开凿,直至晚唐,共有道教造像 23 龛 88 尊。从内容及造像题材上看,以"长生保命天尊""五星运纹图"和"六丁六甲神"组合为显著特色。该道教造像的主尊就是"长生保命天尊",天尊像高 2.1 米,宽 0.7 米,头戴道冠,柳眉细眼,大耳垂肩,唇薄颌圆;右手下垂,手握红心法器,左手指节并拢,举至肩齐;身上道袍宽松,交领内衣的结带垂拂于胸前,袍袖宽肥下垂;脚着方头道履。该天尊像的容貌、服饰、发式、手势等已经表现出想要摆脱佛教的影响,并进而形成自己风格的意图。这一神像也充分表现了唐代道教造像艺术雍容持重的风格。神像脑后是双层桃形光环,这是五斗米教的原始图标——五斗星图。"五星运纹图"表示的是"阴阳五行德运"的理论,是道家天人合一思想的体现,也反映了道教追求长生的思想境界,是道教信徒修炼的标志之一。"六丁六甲"在道教造像中是护法神,他们是真武手下的大将。这里雕刻的六丁六甲各持雌雄铜剑,代表道法无边,同时也隐含有阴阳五行之义,即如东晋葛洪《抱朴子·内篇·登涉》中所说:"铜成以刚炭炼之,令童男童女进火,取牡铜以为雄剑,取牝铜以为雌剑,各长五寸五分,取土之数,以厌水精也。带之以水行,则蛟龙水神不敢近人也。"六丁六甲身着铠甲覆膊、护胸、护腿,脚蹬靴,这基本上是当时武士、将军的装扮,这是将现实生活中的人拉入道教造像体系中的表现。因此,唐代道教在造像的过程中,已经学会从现实生活中汲取灵感,去表现本土文化,并力求实现人与神、神与人的融合,这既是道教造像运动扩大影响的方式,也是道家"天人合一"教义的体现。

　　第二,唐代以前的道教造像主要在宫观中,唐代道教造像走出宫观,主要以石窟和摩崖造像为主。造像场域的不同使得唐代道教造像与前代的造像有着明显的区别,这在很大程度上也是宫观造像与室外石窟、摩崖造像的区别。这种区别主要表现在以下几个方面。首先,唐代之前的道教宫观造像,可现场塑造也可非现场塑造,基于材质等原因,宫观造像普遍存在修复、再塑造的情况,创作自由度高;唐代道教在室外自然山水中造像,完全是现场塑造,塑造后就无法移动,基本上不存在再塑造的情况,并且要依据石窟和岩石的具体情况创作出与之对应尺寸和形象的神像,需要与整体环境相配合,创作自由度相对低。

图 10.9
四川剑阁鹤鸣山长生保命天尊

其次,唐代之前的道教宫观造像,其造像的个体大小受到宫观的局限,规模的铺开更强调横向的展开和铺陈,以数量给人以震撼;唐代道教室外造像,所造之像大小变化多样,大到可以将整个山体进行造像,达到几十米,小则只是几十厘米,可以通过体量的庞大给人以肃穆感。再其次,唐代之前的道教造像多为彩塑,除雕塑外还可与其他艺术形式配合;唐代道教造像以雕刻为主。最后,两者表现的神仙体系不同。唐代之前的宫观道教造像除了道教主神,在许多小的祠庙中还供奉着很多俗神,甚至还有凡人的形象,这些造像更注重人物的刻画,多亲和慈祥,而不在于表达神灵威严的气息,更多表现的是人与神的沟通,或者说更多表现的是"人"性的一面。可以说,宫观道教表现的是亲民的神,而石窟、摩崖象征着为上层阶级服务,是高高在上的神,这些造像要表现诸神仙风道骨的特质,更注重"神"性。如顾恺之在《画云台山记》中说:"画天师,瘦形而神气远。"

第三,唐代统治者尊奉道教,他们将自己置入道教造像体系中。如唐玄宗曾在京城太清宫的老君像侧摆放雕刻本人的玉石雕像。《旧唐书·礼仪志》中说:"初,太清宫成,命工人于太白山采白石,为玄元圣容,又采白石为玄宗圣容,侍立于玄元之右。"这也就说明在太清宫建成之时,侍立于太上老君右边的只有玄宗雕像,肃宗即位后,将自己的雕像补刻于老君之左,而该观中三尊雕像都身着"衮冕之服""朱衣朝服"。

综上所述,道教从最初的反对偶像崇拜,不主张通过造像的方式传播教义,逐步走向偶像崇拜,这是道教在长期传承过程中积累的认识。唐代道教造像从唐初佛教中吸收教义、礼仪的方式,到唐晚期一方面努力摆脱佛教造像的影响,从题材、人物形象、故事情节、造型方式等方面实现突破,另一方面拉开与前代道教造像的距离,最终为宋代道教造像系统的完成奠定了坚实的基础。

第四节　帝陵石雕

中国古代陵墓雕塑分为地面雕塑和地下雕塑,前者指陵墓前或墓周围设置的石人、石兽、石柱等组成的仪卫或大型纪念性雕塑,后者指陵墓内的随葬俑。陵墓地面雕塑往往是配合地面建筑而陈设的各种石雕和石刻。唐代陵墓雕塑也开创了前所未有的新局面,不仅种类繁多,而且雕刻技艺高超。它们作为唐代雕塑艺术的重要组成部分,集中体现了当时人们的审美理想和价值观念,折射出唐代的社会发展状况。

一、唐代帝陵石雕的历史分期

生与死是人类自诞生以来就倍感困惑的问题,中国古人认为人的肉体尽管已经死亡,但其灵魂将脱离肉体而继续存在,生命是永恒的。由此,他们将人的生存状态分为阳间与阴间两大阶段,《礼记·祭义》中说:"众生必死,死必归土,此之谓鬼。"鬼是阴间世界的生命实体,那么人在阳间所需要的一切在阴间也同样需要,而墓葬的主要职能之一就是满足墓葬主人的这一需要。因此,中国人非常重视墓葬,"事死如事生"是中国古代丧葬文化的中心思想之一。中国丧葬礼仪的核心是等级。《礼记·檀弓》说:"帝之葬地曰陵,显贵者赐葬陵旁曰陪陵,余曰茔、冢、坟、墓。"死者生前的地位和尊贵以及社会观念等都通过丧葬活动体现出来。古代坟墓的高低、大小与墓主的身份高低密切相关,这一点在考古发现中已得到证明。

中国历代帝王无一不重视陵寝的建设,帝王的陵墓往往就是一座地下宫殿,他们在陵寝的建设中进一步明确皇权的至高无上性,体现着特定的权威性。陵墓雕塑以直观可视的方式诠释着中国人的墓葬观念,更以其直观的实体架设在生死线上,沟通现实世界和幻想世界。"陵园雕刻的创作主旨是在生与死之间、现世与虚幻之间、人与自然之间、天与地之间提供一个直观维系的中间层次，达到对生命与死亡界限的遮蔽。陵园雕刻的这一职能是无可替代的。"①据记载，我国在新石器时代晚期就已有墓葬，墓葬多为长方形或方形竖穴式土坑墓，并有大量奴隶殉葬和车、马等随葬。战国陵墓设有固定陵区，并出现陵墓雕塑，这时多以在陵墓中雕制石人代替生前役使的奴仆侍从。

陵墓外作为仪卫的石雕像最早出现在秦代，如秦始皇陵围绕陵丘设内外二城及享殿、石刻、陪葬墓等。《史记·秦始皇本纪》中记载："始皇初即位，穿治郦山，及并天下，天下徒送诣七十余万人，穿三泉，下铜而致椁，宫观百官奇器珍怪徙藏满之。"秦始皇在未统一六国之前就下令在骊山修建陵墓，统一六国后征发全国刑徒70多万人继续修造。秦始皇陵不仅规模宏大，而且还在墓室中填埋了大量陶制的宫殿、百官、宝物珍奇作为随葬品。《西京杂记》卷三在谈到汉五柞宫时也提及："西有青梧观，观前有三梧桐树。树下有石骐麟二枚，刊其胁为文字，是秦始皇骊山墓上物也。头高一丈三尺，东边者前左脚折，折处有赤如血。父老谓其有神，皆含血属筋焉。"由此可知，秦代已经有陵前石雕和陪葬俑，类似于汉代墓前的神兽。

到汉代，石雕群开始出现，地面雕塑除了设置石阙、享堂，开始以高大雄伟的石雕像列置神道两侧，并已经初步具有相当的仪制和规模。目前能见到的实物，最早的陵园石雕是西汉霍去病墓石雕。现已发现的石雕作品有14件，有动物也有人物。陵墓石雕除了具有配合地面建筑的审美功能，更为重要的是带有仪卫性和纪念性。

唐代陵墓不管是墓前石雕仪卫像还是墓室随葬俑，都开创了新的局面。唐帝陵石雕达到中国古代帝陵石雕艺术的最高峰。唐代陵墓雕塑由朝廷专设的"将作监甄官署"负责。清代学者徐乾学的《读礼通考》记载："大唐百官制，将作监甄官令，掌凡丧葬供明器之属。"《旧唐书·职官志》也说："甄官署：令一人，从八品下。……甄官令掌供琢石陶土之事。凡石磬碑碣、石人兽马、碾硙砖瓦、瓶缶之器、丧葬明器，皆供之。"甄官署掌管石器、陶器的制作。甄官署的工匠来自民间，他们被称为"五作""工匠之徒"或"供作行人"。当时，很多工匠都以制作明器为生。王溥《唐会要》卷三八对明器的制作有明确规定："宣示一切供作行

① 王鲁豫：《一体化与多层次：中国古代陵园雕刻的创作意念》，载《新美术》，1988年第2期。

人,散榜城市及诸城门,令知所守,如有违犯,先罪供造行人贾售之罪。"民间工匠的培养主要是通过师徒相授的形式展开,他们在官府作坊中谋生。由于唐代工匠管理体制逐渐由奴隶性质的劳役制走向手工业工匠的工艺制,工匠们的积极性得到提升,创作的自由度也更大。他们的雕塑作品中体现了当时流行的社会审美风尚。此外,各陵园的主持设计者由宫廷指派的"山陵使"担任,他的审美品味又体现了宫廷贵族的审美要求。因此,唐代陵墓雕塑的审美趣味一方面体现了唐代流行的民间审美风尚,另一方面又符合官方主持机构的制度要求,体现了上层贵族的审美需求。

与前代帝陵不同,唐帝陵以山为陵墓的主体,墓室深凿到山腹中,因此,唐代帝陵多在山区,分布在陕西关中平原北边缘一带的山岭上,有关中十八陵的说法。除了十八陵,按照帝陵规格建造的陵墓还有六处。根据帝陵石雕风格、表现内容、格局的变化,唐帝陵石雕可以分为探索期、成熟期和衰败期。探索期(618—675年)的帝陵有永康陵、兴宁陵、献陵、昭陵,共计4座。这一时期的帝陵石雕一方面继承了魏晋南北朝的传统,另一方面在摸索中前进,陵墓石雕表现为形制不一,艺术表现方式多样。成熟期(676—710年)的帝陵有建初陵、乾陵、恭陵、顺陵、定陵、桥陵、泰陵,共计6座,这一时期的石雕种类和数量剧增,雕刻工艺精湛,并确定了石雕组合的制度和样式。衰退期(711—888年)的帝陵有惠陵、建陵、元陵、崇陵、丰陵、景陵、光陵、庄陵、章陵、端陵、贞陵、简陵、靖陵,共计13座,这一时期的石雕继续延续发展成熟期的设置制度和造型样式,并在程式化中追求变化,但在美学上表现为审美追求日益淡漠,尺寸上变小,工艺水平也大大降低,形制趋于卑小,制作的工艺相对粗疏,线条松散。

二、唐帝陵石雕艺术风格的演变

唐帝陵前的石雕按照性质和用途可以分为五类:第一,标志类,如华表和六骏;第二,护卫类,如石狮、石虎、武将等;第三,仪仗类,如文臣、仗马和控马者等;第四,文化交流类,如鸵鸟、犀牛和蕃酋等;第五,升仙思想类,如翼鸟、六龙等。如前所述,唐帝陵石雕分为三个时期,唐帝陵石雕艺术也经历了一个由无序到有序、由稚拙到成熟精致的发展历程。

礼制是陵墓艺术的核心,严格的等级制度使得身份不同的人在埋葬等级上也有区别,这种区别在墓葬形制和随葬品上都得到了体现。与此同时,帝陵石

图 10.10
献陵石虎

雕艺术的内容和形式均直接受到礼制的影响,如石雕设置品种、造型规范、列置的数量、尺寸、排列组合方式等,都要按照某种程式和规定来进行,并随着陵寝制度的发展做出相应的调整。唐初社会秩序较为混乱,这在某种程度上减少了前代陵墓石雕在艺术表现方面的束缚,故唐初帝陵石雕在艺术风格上表现出自由、多样化的特点。而这一点,随着社会的安定、礼制的逐步确立,到乾陵最终为秩序化所取代。唐代帝陵石雕的造型和礼制,经历了从自由多样化到成熟程式化的转变、从无序到有序的转变,最终在晚期各方面退化。

初唐帝陵石雕在艺术表现方式上较为自由、多样。这一时期的石雕一方面受东汉魏晋南北朝帝陵雕塑风格的影响,另一方面也加上了自己的创造,在艺术表现上呈现出多样化的特点。如献陵的石虎呈似行似止的站立姿态,身体浑圆而健壮,头部硕大,双目作"八"字方折透出凶光,鼻子和嘴刻画概括,背部、腹部和四肢的线条简练,只在某些关节点和肌肉处做出微妙的隆起和柔和的转折。整件作品呈圆雕形式,并配以少量线刻,呈现出浑厚、质朴的风格。但同在献陵的石犀,在表现上则采用细腻的手法,细致地刻画了犀牛褶皱的皮肤和粗笨的身体。再如献陵神道柱的造型,糅合了南北朝的特点又加以创新。献陵神道柱,在柱头设置蹲兽,柱础盘绕双兽,这种造型延续了东汉和魏晋的传统。柱身八棱,与北齐义慈惠石柱类似,柱身刻花纹。初唐陵墓石雕的其他动物形象,镌刻出猛兽的形象,大都具有粗壮的身躯、简练的线条,逼真而不重外表装饰,表现出质朴、古拙的审美趣味。可见,唐初的帝陵石雕在艺术表现上比较自由,既继承了前朝程式又融合了新的元素，形成了多样化的艺术表达。

图 10.11
乾陵蹲狮

　　与初唐帝陵石雕不同，盛唐时期的帝陵石雕艺术逐步发展出一种雄壮豪迈、具有凛然之气的成熟风格，形制开始走向程式化。这种程式化在石狮的雕刻上表现得尤为明显。位于河北的建初陵蹲狮，昂首挺胸，鬃毛疏松卷曲自如，怒目平视，张口低吼，四肢抓地，肌腱坚实有力。姿态上前肢斜向支撑，后肢蹲地，作雄踞状，呈稳定三角形。这件作品抓住了狮子的神韵，极具力量感和动感，成为唐陵成熟期的造型规范。乾陵正门的一对蹲狮，其体型、肢体动作及具体细节刻画，也都与此非常类似，在神态上流露出睥睨一世的威势。此外，在成熟期，各陵墓中的鞍马石雕表现也基本一致，总的特点是重视对骏马结构特征的把握，注重其头、颈、胸、腰、臀、腿的比例关系和转折，在尺度和造型手法上逐渐形成规制。

　　总的来说，唐初社会各种礼仪制度相互交错影响，典章制度尚未建立。在制度上既没有延续前代的格式，也没有形成自身的制度。这一时期的永康陵、兴宁陵、献陵和昭陵的石雕，在内容、格局及组合方式等方面各陵自成一体，局面较为混乱。如永康陵有天禄，兴宁陵则设置麒麟，献陵四门外对称设有石虎，南门外设置石犀一对、神道柱一对。然而，这种设置在昭陵中却没有，它只在山北宣武门内设置十四国国君立像和浮雕"六骏"。可见唐初帝王陵前石雕制度尚不统一，没有形成定制。

　　唐代在经历了早期混乱的社会局面后，逐步走向有序的发展。随着各种典章制度的确立,陵墓石雕也建立起自己成熟典范的创作模式和布置秩序。在石雕的内容和布局上,从建初陵、恭陵开始逐步规范和完整,到乾陵定制完备。一般四门蹲狮,北门增设鞍马。这一时期帝陵雕塑布置的典型特征是:从南门外的南端神道柱开始,沿神道两侧依次排列天马(或天鹿)、驼鸟、鞍马与马倌、文武臣、番使、石狮,并配以石碑。而中期帝陵石雕的列置布局则基本上是望柱、翼马、鸵鸟、仗马、武将,且在四神门各列置坐狮一对,个别陵墓略有变化。可见,唐帝陵的列置制度到中期已经趋于完善,有比较固定的格局。

唐晚期帝陵石雕继承了中期石雕的特点,在布局模式上基本没有变化,但在石雕的内容和造型上有所变化。特别是在尺寸上,唐中期的帝陵石雕规模最为宏大,形体更加硕大,形象也更加雄壮豪迈。如献陵的坐狮身高180厘米,乾陵南神门东列坐狮高达300厘米、西列为280厘米,桥陵南神门东列坐狮高270厘米、西列为275厘米。又如,顺陵的麒麟高415厘米,长420厘米,是兴宁陵麒麟的近两倍。这样高大的造像也使石雕本身更具表现力和丰富性。再如乾陵的翼马,整体造型气势雄浑,以石灰岩雕成,头、颈、胸的形体转折明显,起伏较大,腹下镂空处理,筋骨坚实,体态结构清晰,表情生动刚烈。这种简练而有力的线条,让马呈现出潇洒自如、英姿焕发的姿态。与此相对应,唐晚期泰陵的翼马则体量上偏小,腹下充实,四蹄蹬地,颈、胸的转折起伏不大,在气势上呈现出含蓄有余、霸气不足的弊端。

三、唐代帝陵石雕的美学特征

唐帝陵石雕的美学特征可以概括为两点:第一,唐帝陵石雕从前代的虚幻回归现实,表现出浓厚的现实精神;第二,唐帝陵石雕及群体造像组合都重气韵节奏,有强烈的韵律感和节奏感。

唐帝陵石雕的现实精神主要表现在以下三个方面:

首先,唐帝陵石雕以现实中存在的动物为重要的表现题材。处在探索时期的永康陵、兴宁陵、献陵、昭陵诸陵正值国鼎初定时期建造,这一时期的题材刚刚脱离南北朝时期组合模式的束缚,现实动物形象开始出现并迅速发展。除了传统的白虎、青龙、朱雀、玄武、麒麟、狮子、辟邪、天禄,又增加了仗马、鸵鸟、石羊等。如永康陵和兴宁陵有石门狮,献陵神道柱顶有狮子蹲坐,而昭陵则有牵狮人的走狮。其中,最能表现此时现实精神的作品是鞍马。马是唐代不可缺少

图 10. 12
昭陵六骏之飒露紫

的交通、劳役和战争的工具,也是唐代一切造型艺术领域中最常见的题材。唐代的马脱离了前代墓前石马的神圣性而直接呈现它在现实生活中的状态,是带有现实使用价值的鞍马。马在唐代帝陵中以圆雕、浮雕或圆雕与浮雕相结合的方式出现,往往陈列在陵园内外和神道两侧。圆雕与浮雕结合的方式使雕塑更具稳定感,如有的天马与仗马腹部不镂空,与四肢连为一个整体,表现出明显的整体性和完整性。

最早列置石马的永康陵的四匹仗马开创了帝陵列置石马的先河,奠定了唐帝陵仗马设置的基本形式,即鞍鞯缰辔俱全。自昭陵、隆尧唐祖陵之后,陵墓列置石马成为一项制度。如"昭陵六骏"表现的是李世民生前骑过的六匹战马,也象征着他所经历的最主要的六场战役。这六匹马不是以神马的形象出现,它们配有鞍、鞯、镫、缰绳等,这是对唐代战马装饰的再现,其中三匹作奔驰状、三匹作站立状。这六匹马相传是依据阎立本的手稿雕刻而成,在创作手法上吸收了佛教雕刻艺术的手法,用准确的造型和简洁的线条,生动地表现出战马的体态、性格和驰骋疆场的情景。其中"飒露紫"表现的是战马受箭伤后,丘行恭为其拔箭的场景。因为受伤,飒露紫眼神低沉,臀部微微后坐,四肢无力,露出疲惫之态,但是拔箭瞬间的疼痛使它全身战栗。这件作品刻画传神,看到这件作品我们可以感受到飒露紫的紧张和疼痛,它却步后退,又不失骄矜气质,表现出它的坚毅和刚强,正如李世民为其所作的赞文:"紫燕超跃,骨腾神骏,气詟三川,威凌八阵。"(《六马图赞》)唐代的石雕马既刻画细腻、比例准确、结构分明、线条流畅，又壮怀激烈，它们或雄健或沉着，或高昂或狂放，多配合剧烈的、运动的状态，使其呈现出更丰富的内容和强烈的空间关系，神韵十足。

其次，神兽造型由虚幻转向现实。陵墓石雕从其产生时开始就具有镇墓、辟邪的功能，往往使用虚幻的神兽。其中天禄、辟邪是神兽的中心题材，它们具有祈护祠墓、冥宅永安之意，也作为升仙之坐骑。它们似鹿而长尾，一角者为天禄，二角者为辟邪。《后汉书·孝灵帝本纪》中记载："复修玉堂殿，铸铜人四、黄钟四，及天禄、虾蟆。"西汉史游《急就篇》说："射魃辟邪除群凶。"颜师古注："射魃、辟邪，皆神兽名。"唐陵中的永康陵、兴宁陵、顺陵和桥陵都有天禄，这些天禄形象不同于东汉南朝的骇人猛兽，而是类似于鹿的蹄类动物，只是独角，并多了具有装饰意味的翼状线刻，性情也显得温顺。随着神兽勇猛驱邪功能的退化，取而代之的是现实中的鹿和马的形象。

最后，人的形象以群体姿态大规模地出现在唐陵石雕中。在唐之前，人的形象主要出现在墓室的随葬俑中，直到汉代才从地下走到地上，但一般都以个体形象出现。作为群体形象的人物雕像则首次出现在唐代帝陵中。如在昭陵前有 14 国番酋君王石刻像，每尊像都刻有真实人名，这是现实人物情景的再现。乾陵前有文武臣 10 对，番使立像 61 尊①，马倌 5 对，共计 91 人。这些形象的出现反映了唐朝的繁荣昌盛和陵主征服海内、八方来朝的功绩，具有政治宣传的作用，反映了初唐时期人们的自信和追求现实的心态。唐陵石雕人物身份等级不同，人物造型深入到人物性格，而不是一般的模写形貌，服饰的雕琢也更加细致，人物的形体更为真实，表情丰富。如文武群臣，他们的表情庄严、威风凛凛，他们就是自觉维护皇权统治的将相权臣，就是现实生活的真实写照。唐陵中人物群体像的大规模出现，意味着对人的重视，意味着人具有了把握自己命运的力量。

除强烈的现实精神之外，唐帝陵石雕及群体造像组合都重气韵节奏，有强烈的韵律感和节奏感。唐陵石雕不论人物石雕还是动物石雕，都从流畅的线条中彰显出气韵节奏，这一点在中期表现得尤其明显。不仅如此，在石雕群组合

---

① 《历代陵寝备考》中记载："乾陵之葬，诸蕃来助者众，武后欲张大夸示来世，于是录其酋长六十一人，各肖其形。"

布局上也重节奏感,并往往大量运用重复的手法来达到此效果。如四门石狮、并排的鞍马以及成对出现的文武臣像形成横向对称,纵向则使用一定数量的重复石雕队列,这些重复的石雕在尺度、形体以及动作上相同或相似。这种重复就如同现实中的宫廷仪仗、百官列队,营造出一种肃穆的氛围,给人以气势上的压迫感,让观者在心灵上产生一种震撼感。同时,这种重复又让人感受到韵律的变化,体现出特定的形式美追求。

总而言之,唐帝陵石雕艺术在中国陵墓雕塑史乃至中国美术史上都具有开拓性的意义,它结束了前代无序的表达,开始了陵墓石雕制度化、程式化的表达,如在内容、技巧规范和组合形式上成为一种规范和程式化的表达。

第五节　墓俑雕塑

中国在原始社会末期尚有人殉制度。但随着文明程度的提高,人们开始用虚拟的制品即"明器"来代替真实的人和动物,墓俑雕塑由此产生。俑是人殉的代替品,而动物塑像则用来取代活的动物。墓俑雕塑在我国历史上出现得比较早,早在战国和西汉时期就有陶塑、铜铸、石雕刻的墓俑,《礼记·檀弓》中记载:"其曰明器,神明之也。涂车刍灵,自古有之,明器之道也。"所谓"涂车刍灵"指的是用泥做车、用刍草扎人,这是墓俑雕塑的前身。

在唐代,甄官署对帝王贵族官僚陪葬墓俑的等级、数量及体积大小做出了相关规定,如《唐六典·甄官署》中记载:

> 凡丧葬,则供其明器之属……三品以上九十事,五品以上六十事,九品以上四十事。当圹、当野、祖明、地轴、诞马、偶人其高各一尺;其余音声队与童仆之属,威仪、服玩,各视生之品秩所有,以瓦、木为之,其长率七寸。

可见,唐代丧葬活动中仍然坚持等级制的原则,但很难得到遵守,特别是在唐晚期,许多墓葬都僭越官职等级的限制。唐代墓葬中明器数量大、形式多样、规模庞大都是前所未有的,除了金玉器类,还有大量的三彩陶塑和陶俑。这些明器雕塑形象、逼真、生动,真实地表现了当时的世俗生活,是当时社会生活及人们精神状态的体现。唐代盛行在墓室中放置三彩陶塑和陶俑,而且往往以雕刻组群的形式来表现复杂的内容,营造出一种壮丽的景象。

唐三彩作为一种具有鲜明塑制目的和创作意识的明器,其造型样式代表着唐代的审美趣味、标准及其转向。它与唐诗一样最能表现唐代气象。下面,就以唐三彩为例来说明唐代墓俑雕塑所体现出的唐人审美意识。

唐三彩创始于唐高宗时期,到武则天时期为其初创期,这一时期的三彩器多为单一色釉,品种也比较单一,多为红陶。表现的题材往往是墓主人的出行仪仗,并以牛车为主。人物清瘦修长,表情和动作都比较僵硬,保留了北朝以来陶俑的特点。第二个时期,即从武则天至唐玄宗时期,随着国力的强盛,当时的达官贵人为了夸耀财富和奢侈豪华的场景,在一墓中所置唐三彩多达几十件、百余件,甚至数百件。对此,《旧唐书·舆服志》有相关记载,如太极元年(712年)六月,左司郎中唐绍曾上疏睿宗:

> 近者王公百官,竞为厚葬,偶人象马,雕饰如生,徒以眩耀路人,本不因心致礼。更相扇慕,破产倾资,风俗流行,遂下兼士庶。若无禁制,奢侈日增。

这种奢侈之风甚至到了完全失控的地步,例如永泰公主墓中有三彩俑和器皿179件[①],懿德太子墓中有70余件[②]。唐玄宗遂下令:“古之送终,所尚乎俭。其明器墓田等,令于旧数内递减……皆以素瓦为之,不得用木(漆)及金银铜锡。”(《唐会要》)这样,陪葬明器在数量上受到了限制,转而强调以质量取胜。到玄宗当国之时,三彩陶器也进入鼎盛时期,在烧制的数量、种类、造型、艺术价值等方面,均代表了唐三彩的最高烧制水准。唐三彩由单一色釉转向多彩釉,体形渐大,风格趋于奢华。人物比例均衡、准确,形象丰满,体态生动。人物逐渐丰满,衣服紧窄。表现的题材包括以立马为主体的仪仗陶群,还有家居生活场景,胡俑大量增加。第三个时期,随着安史之乱的发生,唐朝政权动摇,经济衰退,三彩的烧制随之进入衰退期。陶俑数量大减,金属俑增多。人物造型肥肿,缺少神采。

唐三彩所体现的唐人审美意识主要表现在以下几个方面:

第一,唐三彩釉色绚丽斑斓,反映出唐人的浪漫情怀。唐三彩是一种低温铅釉陶,是在汉代铅釉的基础上发展而来的。三彩釉常以黄、绿、褐,或白、绿、

---

① 陕西省博物馆:《唐永泰公主墓发掘简报》,载《文物》,1964 年第 1 期。
② 陕西省博物馆:《唐章怀太子墓发掘简报》,载《文物》,1972 年第 7 期。

褐,或黄、白、蓝,或黄、白、绿等三种颜色为主要色调。胎体用较为细腻的白色粘土制成,用铅作为助熔剂,再以含铜、铁、钴、锰等着色离子的原料作为着色剂,经过约800摄氏度的高温烧制而成。在烧制过程中,铅使得各种着色金属氧化物烧成时熔于铅釉中,并互相渗透和扩散,各种颜色互相浸润流动,从而形成鲜艳夺目、釉层透明的彩色釉。这种浪漫写意的色彩流露出唐代人追求自然天成的审美趣味和豪放洒脱的生命情怀。这与在诗歌领域出现的浪漫主义诗人李白所营造出的奇伟瑰丽的诗境相呼应,与书法领域中张旭、颜真卿等人豪放、阔大、雄健的书法风格相对接,都是唐代浪漫精神的写照。

第二,就表现题材而言,唐三彩直观地呈现出唐人的生活状态,可以说是一部再现唐代社会生活风貌的"百科全书"。唐三彩不重渲染鬼怪,而重勾画人间百态,重描绘现世。随葬的三彩俑种类繁多,有镇墓俑、仪仗俑、侍仆俑、马俑和骆驼俑等。在功能上,有水器、酒器、饮食器、文具和建筑模型等。其中,饮食器又有盘、豆、碗、钵、盒、杯、罐等。就人物俑而言,唐以前多为兵士俑、乐工俑和侍女俑,而在唐俑中,出现了平民百姓,甚至昆仑奴和胡人。其中有表现社会各个阶层和不同领域、不同年龄层次及不同情感状态的人物形象,包括文臣、武将、贵族等上层社会中的人物,以及武士、商人、牵马俑、伎乐俑、侍女等中下阶层的人物形象。如天王俑,在唐三彩中天王俑往往是以武将的形象出现,在墓葬中居于仪仗群之首,它们形体高大,仪表威严。文吏俑再现的是唐代文官的形象,面目清秀,表情恭敬,上穿开领宽袖长袍,下着长裙或长裤。就女俑造型而言,有贵妃、女官、歌舞伎和侍女等,她们的服饰装扮多是当时的流行服饰,而且神态动作各不相同。唐代社会开放,对妇女的礼教束缚较少,女子可以从事骑马、出游、乐舞、打球、下棋等活动,这些在女俑中皆有表现。在动物俑方面,除了传统的鸡、狗、牛、鸭、鸟、猪等家禽,还出现了骆驼、马等动物。上述例证充分说明,俑像的制作者们对各种俑相的摄取,都是来自现实生活。唐三彩的世间性和风俗性,集中反映了当时的审美文化。

第三,唐三彩的艺术风格兼收并蓄,既有北方的浑厚、粗犷、劲健的气魄,又有南方的清新、柔润、明快、细腻的特点,同时还融合了印度、欧洲和中亚波斯艺术的一些造型元素。因此,唐三彩艺人在造型上创造出了一种具有异邦色彩和趣味的新器型。其中,特别借鉴了波斯和阿拉伯国家生活用具的造型特点和宗教神器的样式。如三彩凤首壶,该壶型是唐三彩中最常见的器型,它与同时期的双龙柄壶一样,都具有明显的波斯萨珊式器物造型的特点,是外来器型与本土器型的融合,表现了唐人对于异域文化广收博取的自信和气魄。

第四,就造型而言,唐三彩摆脱了先秦及汉魏六朝以来的古拙之风,器型饱满、浑圆、端庄,显示出宏硕壮健的气魄,象征唐人博大的胸怀、昂扬的进取和创造精神。如三彩马,唐人对马有着独特的情怀,唐代很多诗人、画家都擅长表现马。唐代马匹的使用已从战争需要转换为生活需要,马鬃、马尾和马身的装饰性花样增多。尽管现在出土的三彩马在形态上各有风采,或挺胸矗立,或昂首嘶鸣,或眺望远方,或静立徘徊,或俯首吻蹄,但它们都有唐马的特征,即膘肥体壮。唐代马的头部较小,颈部较宽,背部肉厚,臀部滚圆,剪鬃挽尾,四肢劲挺有力,线条流畅,整体比例准确,遵循"圆—方—圆"的构思法则,这使得马圆浑而不臃肿,矫健而又俊美。马的造型肥硕、刚健、高大,一是唐人写实精神的表现,二是因盛唐艺术以丰满、健美、阔硕为美。

第五,唐三彩具有高超的塑造手法,并具有综合性的特点。唐三彩高超的塑造手法表现在塑造对象的上下比例处理得当,比例均衡、不失分寸。在人物俑的塑造上,他们对人体有详细的观察和体会,在充分把握了人体解剖知识的基础上,对各部分的尺寸比例做出合理安排,并充分考虑到形体结构对衣纹产生的影响,有虚有实。除此之外,他们还注意四肢和身体的比例关系,考虑到肌肉、筋脉乃至关节的松紧程度。为了使雕塑对象形神兼备,他们采用捏塑、雕刻或印模制成,并在具体的造型上先用高度概括的原调手法塑造整体形象,通过浮雕的手法对局部进行处理以增强造型的立体感。这样,也就使得唐三彩俑既有整体的敦厚感,局部又清秀。他们还在此基础上又加以绘色塑型,如此使唐三彩俑既有体积感,又富有色彩美,体现出唐代人的审美趣味。

唐代雕塑艺术的变化,既反映了唐代的兴衰变化,也反映了唐代人审美意识的转变。与社会发展相适应,唐代雕塑基本上也呈现出初唐、盛唐、中晚唐三个阶段。在此,我们可以用唐三彩女俑的变化来加以说明。初唐女俑多为女立俑、女坐俑、骑马俑和乐舞俑等。这些女俑头大身小,头与颈肩关系僵硬,五官整体比较平整,脸型浑圆,鼻梁扁平,与额头没有明显的转折,而下巴与耳朵的塑造较为含糊,表情变化少而僵硬,身体拘谨。可见,这一时期的女俑雕塑技巧还比较拙劣。初唐女俑面部消瘦,面容清秀,身材颀长,体态婀娜、苗条,在衣着服饰上多以窄袖为主,长裙以长直线来表现女子的纤瘦和修长。如巩义食品厂

1号唐墓出土的女侍俑,高22厘米,泥质白陶;身材苗条,梳低平半翻髻,面带微笑,身着曳地紧袖长裙,高束胸。初唐女俑体现了唐初女性以纤腰袅娜为美的审美观念,唐初僧人法宣《和赵王观妓》说的"宫里束细腰",以及著名诗人刘希夷《春女行》中说的"纤腰弄明月"均可作为佐证。

到唐中期,女性审美观发生变化,丰腴逐渐取代纤瘦。此外,随着国力的强盛,厚葬之风盛行。在当时,三品以上官员陪葬的明器竟多达90件。陶俑以三彩铅釉为主,而彩绘陶俑的比例下降。这个时期的三彩女俑主要表现上层社会的妇女。这些贵妇体态丰腴,衣着华美,或亭亭玉立,或交手端坐,有一种高贵和闲适优雅的情调。它们表现了盛唐时期女子的非凡气度和丰腴优雅。这是唐代工匠们对饱满圆润形体的追求,也是盛唐人"以丰肌为美"的审美追求。如西安东郊韩森寨雷府君宋氏墓出土的陪葬女立俑,头上梳着盛唐时期流行的高髻,发顶梳花形,脸盘圆润,体态丰腴,衣饰流畅飘逸。西安西郊中堡村唐墓出土的三彩女立俑,高44厘米,丰颊厚体,面颊上泛着红晕,目光温柔,红唇轻抿,透出一丝微笑。体态丰腴,身穿蓝底白花上衣,右肩斜披一长巾,裙下露出尖头履。头稍侧仰,双手交于胸前,神情优雅,妩媚多姿,充满了女性的魅力。这一时期的女俑在着装上也变得更为开放,袒胸露肩的款式增多,衫袖加宽,表现出盛唐女性的自信和开放,这是盛唐气象的直观体现。

到中晚唐时期,国家战争频繁,社会动荡不安,经济凋敝,地方割据势力得以形成,各地墓葬的方式也不同。皇室和贵族的陵墓规模缩小,陶俑中的明器种类和数量锐减,俑体变小,人物造型单一、缺少变化且制作粗劣,艺术水平和质量逐渐走向衰落,在发式上也由高髻转为堕马髻。在人体的塑造上,过于肥满臃肿,衣带松垮,整体给人一种萎靡不振的颓废感和无力感。

唐三彩是唐代雕塑的一部分,但它与龙门石雕、敦煌彩塑、大足石刻、陵前石雕等大体量的雕塑不同。石窟和摩崖艺术规模庞大,场面宏阔,可以叙述故事,以气势震撼人。而唐三彩的优势则在于其灵活性,它既可以个体的形象出现,也可以群组的方式展开,既可大胆、粗略,也可精雕细刻。

人们往往认为最能代表唐代文艺时代精神的是诗歌与书法,但通过本章的论述,我们发现就所达到的精致完美和绚烂成熟的水准而言,唐代雕塑艺术的成就绝不亚于同时期的诗歌和书法。唐代雕塑与秦汉时期质朴遒劲、含蓄的雕塑作品以及南北朝时期健壮而概括、装饰性强的雕塑作品相比,各有特点。现就唐代雕塑在题材选取、造型样式、表现手法和美学特质等方面的特点作如下总结：

第一，唐代雕塑体量大，重气势，表现出高大壮美的美学特质。无论是宗教类雕塑还是陵墓雕塑，唐代雕塑在体量上非常大，重视气势的营造，在整体造型上表现出劲健有力、气魄宏大而富有活力的美学特质，给人雄壮健硕的感觉，表现出盛唐雄伟瑰丽的气象。

第二，唐代雕塑取材广泛，并且更切近现实生活。唐代雕塑在艺术加工上极富想象力和创造性，注重将客观与主观融合、虚幻与现实融合；在风格上更趋于写实，在内容表达上更关注自身的美。如在佛教造像上，他们在虚幻的宗教塑像上加入了强烈的现实因素，并根据主体的欲求加以改造。唐代佛教造像虽仍是佛、菩萨、天王、力士，但明显反映当时人的真实生活，具有较为明显的世俗化倾向，塑者运用高超的造像手法，将理想中美的形象很真实地塑造出来。特别是菩萨或观音像，她们已经不是宗教偶像崇拜中的神，而是在体现神性的同时也表现女性的阴柔美、丰腴美和世俗美，成为人世间美与善生活理想的集中代表，没有哪个时代的菩萨如盛唐那样具有动人的魅力。她们的脸型、服饰、妆容乃至体态，多以当时中国上层社会人物为根据，由此也表现出唐代佛教造像逐步本土化的一种趋势。在陵墓雕塑上，呈现出从虚幻回归现实的趋势，即使以神兽为表现内容的作品也趋于生活化，追求现实的真实感。

第三，唐代雕塑在表现手法上更趋于写实，当时的雕塑艺术家已经能够掌握标准的人体比例和解剖资料，可以制作出面面俱到的圆雕，艺术家写实能力的提升使其艺术表现力具有张弛变化，用雕塑形象折射出生活的范围日趋扩大。在风格处理上，他们将理想的探索与手法的真实统一、相对简单有序的处理和栩栩如生的展示统一，同时每件雕塑作品的各个环节与群像的其他雕塑彼此配合，有被着重强调出来的统一感。如唐代的墓葬俑是真实的人物造像，从其表现的人物类别到表现形式都反映了人世间美的典型，成为中国雕塑史上写实人物雕塑艺术的高峰。

第四，唐代雕塑在造型上更趋于本土化。初唐时期的雕塑在继承魏晋南北朝传统风格的同时融汇西域风格，并注入时代元素，创作出趋于本土化和民族化的雕塑作品。盛唐时期，随着文化交流和各民族融合的日趋加深，雕塑家们进一步吸纳外来风格、创作技法和创作理念，并将之合理地融入自己的雕塑作品当中。

第五，唐代雕塑注重形体的体量感，形体饱满，雕塑作品表现出无限的张力。这一点在盛唐雕塑中表现得尤为明显。这一时期的雕塑造型，多以饱满的外凸弧形为主，以圆为主，局部小形体变化细腻，圆中带方，具有厚重磅礴的气势和雍容大度的美感，表现出大唐盛世经济富足、军事强大和文化自信的时代特征。

第六，唐代雕塑具有绘画性。唐代绘画和雕塑尚未分化，绘画艺术的进步也促进了雕塑造型能力的提升。唐代用线艺术达到了圆熟和极致的艺术高度，特别是在人物造型上，常用线条塑造人物的性格和特点。吴道子的"吴家样"被运用到雕塑中，产生圆转、衣服飘动的"吴带当风状"。唐代雕塑的绘画性还表现为将色彩与雕塑结合在一起，形成了"绘塑"的艺术形式，这一方式在唐代得到广泛运用。其中敦煌彩塑可以说是将泥塑、色彩和壁画完美结合的经典案例，该窟的彩塑从来没有将"绘"和"塑"的创造手法截然分开，常以彩塑的形式突出主佛或菩萨，然后以壁画的形式描绘飞天、听法的僧众以及山水、植物等形象，创造一个虚实结合的空间。

总之，唐代雕塑是中国古代雕塑高度发展的阶段。唐代雕塑表现出浓厚的现实主义精神，重写实的创作手法、本土化的表现以及系统化创作体系就是这一时期雕塑艺术的总体特色。此外，唐代不论是宗教雕塑还是陵墓雕塑都从某些层面反映出唐人雄健、豪迈、气魄宏大的审美意识，它们共同参与了唐代整体审美意象的构建。

第十一章　唐代城市建设的审美意识

中国古代城市,其起源可以追溯到新石器时代,此后经过了漫长的发展演变过程,其中隋、唐两朝在中国城市发展史上是一个承前启后的时代。基于中国传统社会特定的经济文化背景,古代中国城市曾经长期沿袭并保持了分封制时期那种军事堡垒式的城市格局,这一时期形成的城市布局和管理制度也被长期延续和发展。秦汉之后,由于大一统国家的形成,作为一个大国的政治、经济和文化中心的城市,在早期封国军事堡垒式的城池、封邑和聚落的基础上发展出一套独特的城市制度,也就是所谓“里坊制”城市。这种制度在唐代发展到顶峰,而就在唐代末年,这种制度盛极而衰,并且在随后的北宋时期被彻底废止。唐代城市制度可以看作是对此前中国城市规划手法的总结,也是之后中国城市文化高度发展的开端,因此,唐代城市建设在中国整个城市发展史上具有里程碑式的意义。

第一节　唐代城市的历史定位

中国古代没有现代意义上的“城市”这个提法,“城”和“市”是两个独立的概念。“城”,指的是城墙。“城池”这个词倒是经常使用,其含义是一套完整的城防设施,包括城墙和护城河,是一座军事要塞或堡垒。在多数情况下,一旦筑了城,假以时日,它的旁边迟早会出现市,中国古代的城市多数都是如此产生的。当然,也有少数城市的产生过程并非如此,比如汉口、佛山、景德镇等,这些地方刚好相反,是先出现了一个工商业集镇,然后发展为一个城市。在中国古代城市发展过程中,"市"所占的分量是逐渐增加的,这也可以看作是中国城市向现代意义上的城市靠近的过程。当然,除了"城"和"市",城市还应该有它独立的文化土壤,在古代城市中,这个元素产生得更晚一些。对一个城市来说,"城"是骨骼,"市"是血肉,而城市文化是灵魂,三者具备才是完整意义上的城市。在唐代,前两个要素业已接近成熟,第三个要素也正在发育之中,因而唐代的"城"已经开始向现代意义上的城市转化了。

早在夏、商、周时期,"城"就作为一个个封国的核心而存在。封疆之内,一座城池连同它周边的田野和庶民居住的聚落,就构成了一个"国家"。因而在很长一个历史时期中,"城"和"国"这两个概念是常常被人们混淆的。《周礼·考工记》中关于西周都城制度的规定就反映了这个问题,当时可以直接把一个城市称作"国":

> 匠人营国,方九里,旁三门。国中九经九纬,经涂九轨。左祖右社,面朝后市。市朝一夫。

这段文字将建筑城池称为营国,对国的尺度、形态和布局做了详细的规定。当然这只是一种理想,实际上我们没有在古城遗迹中发现完全符合这种规范的城池遗迹,其意义更多地在于它所表达的理念而非形式。这种理念也反映出当时人们对城市价值的认识与近现代有较大差别。作为儒家经典的《周礼》,对城池布局形态的营造强调的是它的社会礼制规范的象征意义,它的尺度和内容都不足以承担今天的城市所承担的职能。这样的"城"或"国",外观形态方正平直,功能布局主次分明,空间划分秩序井然,除了提供管理上的便利,更重要的是它的空间有很强的仪式感和明确的尊卑上下等级秩序。当然,即使在分封制时期,人们关于城池形态布局也有不同的主张,比如管仲就有不同的见解:

> 凡立国都,非于大山之下,必于广川之上。高毋近旱,而水用足;下毋近水,而沟防省;因天材,就地利,故城郭不必中规矩,道路不必中准绳。(《管子·乘马第五》)

这段文字对城池形态方面的要求和《周礼》的观点相反,其基本原则是因地制宜。至少在营造城池方面,管仲是个实用主义者,他没有在城市的形状和空间秩序上做过多讲究,更不打算在空间的仪式感上花费太大功夫,只是要求城市用水充足、便于排涝、因势利导、省工省料。这样一些功能主义的观念倒很像是一个近现代规划师提出来的。

上述两种观念都不可避免地影响到后来的城市建设,当然也会影响到唐代城市发展。但是,直到春秋时期,上述两种观念都没有突破早期封国的传统,也即城池主要还是作为封国军事堡垒而建的,当时各国对于居民数量、城市经济规模、城市文化生活这样一些指标并不太看重。在小国寡民的时代,城池在军事上具有战略性的意义,一座坚固的城池甚至可以成为一个濒于灭亡的势力反败为胜的基础。在春秋时期,一个国家依托一两座城池转败为胜的例子多不胜数,与之相似的还有中世纪欧洲封建城堡和日本古代的所谓"天守城"等等。但在大一统国家建立之后,城池的这种军事意义就日渐退化了。在天下一统的大背景下,依靠一两座城池与全"天下"对抗并试图"翻盘"是不明智的。比如明朝末年,崇祯皇帝听到大顺军进京的消息就自杀了,尽管此时最坚固的城池紫禁城还完好无损地掌握在他手中,他也明白大势已去。这个时期的城池尽管更加坚固,也还具有相当的军事价值,但相对而言,它更注重的是和平时期的经济价值和文化上的象征意义。

中国在近代工商业产生之前很久就成了稳定统一的大国,从而导致中国古代城市的发展历程有其独特性,这些独特性使得人们容易对中国古代城市的性质产生误解,认为它根本就不是现代意义上的城市。客观上,中国古代城市发展的高度成熟,反而使得传统城市与现代工商业运作规律矛盾加大,导致中国现代城市发展对传统城市面貌的破坏较为严重。事实上,由于中国两千多年前就进入统一大国时代,城池的军事功能相对退化得更早,人们也就更早地开始关注城市的经济文化意义。于是,中国还在农业时代就产生了功能极为复杂、规模极其庞大的城市,比如唐长安城这样的百万人口大都市。这些城市经济技术背景和现代城市差别很大,使得今天的人们对其性质感到困惑。有些近代西方学者对中国和欧洲的古代城市作过这样的对比:

> 所以在中国整个历史上,城市和封建城堡是没有区别的;城市就是城堡,并建造成周围乡村的行政中心、防御及避难地。……每个人同他原籍的村庄紧紧联系着,在那里仍耸立着他祖先的祠堂。……欧洲的城市或自治市是由内向外发展的,以广场、会场、教堂、集市和市

政及行会大厅为中心。①

从这段论述内容来看,李约瑟先生对中国传统城市是有所了解的,至少在唐代以前,特别是春秋时期以前,中国城市大致就是这个性质。但他对中国古代城市的了解并不全面,主要是对战国以后特别是唐朝以后中国城市所发生的变革缺乏深入了解。李约瑟先生对自然科学更为内行,关于中国城市的描述其实有套用欧洲中世纪或日本城堡概念的嫌疑。但这段文字用于描述战国以前的中国城市是比较恰当的。

中国古代社会对城市功能的认识当然也有一个渐变的过程,这个过程甚至相当漫长,但从未间断,所以对中国古代城市一定要用历史的眼光来观察。从秦汉时期开始,中国社会进入中央集权的大一统社会形态,农业和手工业经济稳定发展,那种封建城堡式的城池就逐渐变得不合时宜了。唐玄宗时期发生安史之乱,叛军攻破潼关消息传来,唐军立即就放弃长安。尽管当时长安城是世界上最大的城市,也拥有完善的城防设施,但唐政府并不敢幻想在此据守待援,甚至击败叛军。试想一下,如果是在春秋时期,拥有一个像长安这样具备深沟高垒的大都市,一个国家几乎就可以立于不败之地,何至于主动放弃?但时代变了,城市的职能也在无形中发生了变化,主动放弃长安并非完全出于胆怯,而是因为此时城池的军事堡垒功能已经相对退化了。与此同时,它的商业、宗教、居住、文化娱乐、行政管理、基础设施等方面都已发展到相当高的水平。可以说,隋唐时期的中国城市虽然还不是现代意义上的城市,但与欧洲中世纪的城市相比,在各方面都已发育得更加成熟,也就是说它在各个方面都更接近于现代城市。

第二节　唐代城市的个案分析

一、唐长安城

唐代城市建设成果中最具代表性的当然就是唐长安城。唐长安城始建于

---

① ［英］李约瑟:《中国科学技术史 第四卷第3分册:土木工程与航海技术》,汪受琪等译,科学出版社、上海古籍出版社2008年版,第77页。

隋代,在隋代称为大兴城,是隋文帝时期选址新建的一座城池,是一座完全按规划设计建造的城市,以下这段文字记录了兴建大兴城的大致背景。

> （开皇二年六月）丙申,诏曰:"朕祗奉上玄,君临万国,属生人之敝,处前代之宫。常以为作之者劳,居之者逸,改创之事,心未遑也。而王公大臣陈谋献策,咸云羲、农以降,至于姬、刘,有当代而屡迁,无革命而不徙。曹、马之后,时见因循,乃末代之晏安,非往圣之宏义。此城从汉,凋残日久,屡为战场,旧经丧乱。今之宫室,事近权宜,又非谋筮从龟,瞻星揆日,不足建皇王之邑,合大众所聚。论变通之数,具幽显之情,同心固请,词情深切。然则京师百官之府,四海归向,非朕一人之所独有。苟利于物,其可违乎!且殷之五迁,恐人尽死,是则以吉凶之土,制长短之命。谋新去故,如农望秋,虽暂劬劳,其究安宅。今区宇宁一,阴阳顺序,安安以迁,勿怀胥怨。龙首山川原秀丽,卉物滋阜,卜食相土,宜建都邑,定鼎之基永固,无穷之业在斯。公私府宅,规模远近,营构资费,随事条奏。"仍诏左仆射高颎、将作大匠刘龙、钜鹿郡公贺娄子干、太府少卿高龙叉等创造新都。……（十二月）丙子,名新都曰大兴城。（《隋书·高祖本纪》）

这段文字描述了当时长安新都选址和建造的基本情况。隋文帝登基之时,汉长安经历魏晋南北朝长期战乱早已残破不堪,因而诏令选址营建新都。新都坐落于龙首原一带,这里山川秀丽,物候、地质都很理想,适宜作为新王朝都城的基址。新都营造工程项目以左仆射高颎为营造总监,其余将作大匠、太府少卿等分工监造。半年后,又公布了新都的名称——"大兴城"。高颎是隋开国元勋、丞相一级的高官,由他总领新都建设项目、作为名义上的负责人是顺理成章的事。但高颎并非技术官僚,具体规划设计还得另有专业技术负责人才行。据《隋书》记载,隋大兴城的技术负责人是当时著名的工官宇文恺:

> 高祖[即隋文帝——引者]为丞相,加上开府中大夫。及践阼,诛宇文氏,恺初亦在杀中,以其与周本别,兄忻有功于国,使人驰赦之,仅而得免。后拜营宗庙副监、太子左庶子。……及迁都,上以恺有巧思,诏领营新都副监。高颎虽总大纲,凡所规画,皆出于恺。后决渭水达河,以通运漕,诏恺总督其事。后拜莱州刺史,甚有能名。（《隋书·宇

文恺传》》

隋文帝登基后,第一件事情就是清除前朝勋贵宇文氏家族,宇文恺也险些被杀,因与周皇室关系疏远且其兄宇文忻有功于隋而得以幸免。此后他曾任宗庙营造副监,显示出在建筑工程方面的才华。隋文帝因宇文恺"有巧思"故任命他为新都营造副监。高颎总领大纲,新城的规模、制度多半出于他的思路,但具体规划设计工作都是由宇文恺负责完成的。此人后来在开运河、营建东都和扬州城等建筑工程中均有杰出表现,是我国古代最杰出的建筑师。天时、地利、人和齐备,大兴城的规划建设,无疑是一个伟大时代由一个伟大建筑师完成的伟大作品。

任何时代,营建都城都是国家大事,古人认为"定鼎之基永固,无穷之业在斯",它关系到一个王朝政权的巩固与发展,关系到政治、经济、军事、文化等方面的影响,也关系到都城自身诸多方面的发展潜力。既然如此,城市的空间格局和建筑布局就必须有一些符合时代要求的原则与方法。早在数千年前的中国,作为人工建造物的城池与建筑,在艺术手法上应该"象天法地"就已成为一种全民族的精神信仰。一切城市的空间布局,通常都会被赋予一些象征性的涵义,隋、唐时代的都城规划布局当然也是如此。从大兴城的空间布局来看,所谓"建邦设都,必稽玄象"的模仿某些天象的思想都得到了极大的重视与阐扬。

在隋大兴城内,宫城、皇城与外郭都作平行排列,其中宫城象征北极星(天极),以之为天之中枢;皇城和百官衙署象征环绕着天极的紫微垣;而郭城则象征向北极环拱的群星。唐人即有"开国维东井,城池起北辰"(张子容《长安早春》)的诗句,说的就是这种布局。当然,这种布局并非唐代创立,而是自古以来封建皇帝南面而立以治天下的传统思想的体现,其作为历代帝王的治国指导思想,数千年以来贯穿始终,当然也就体现到各朝都城的布局上,以都城布局来强化君王受命于天的王权思想。

北宋宋敏求所著《长安志》中引用的《隋三礼图》记载,隋大兴城的街道和里坊数目设计也有"天象"依据。皇城之南四坊,象四时;其南北的九坊,取《周礼》的九逵之制;皇城的两侧,外城南北一十三坊,象征一年有闰,且不论是出于设计者的本意还是后人附会,似乎它就是具有象征意义的一种制度,因为这几乎是当时所有都城设计共同遵循的普遍法则。

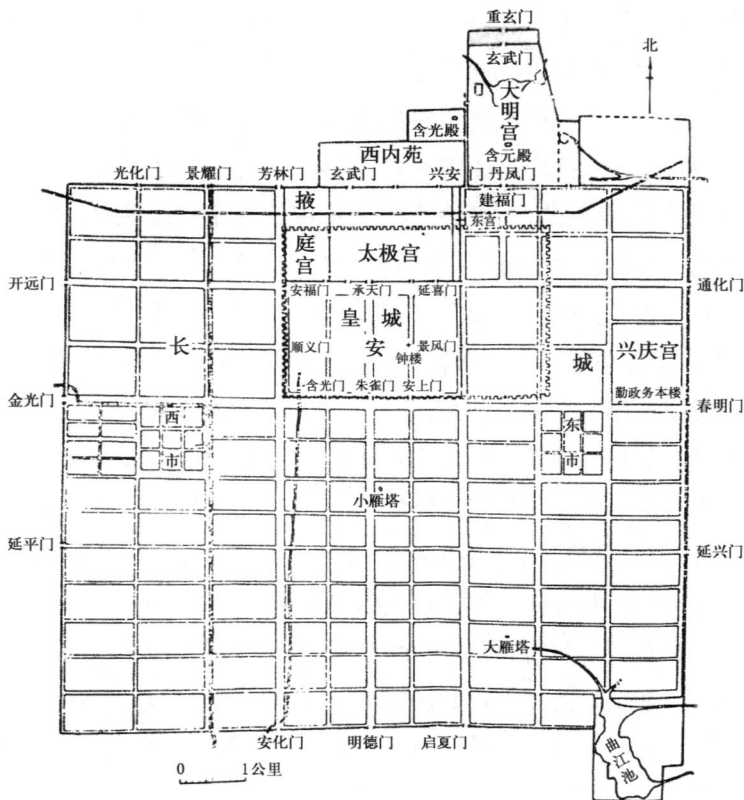

图 11.1
唐长安城平面图①

　　宇文恺将这样的法则贯穿于大兴城的选址以及规划设计的诸多层面之中。大兴城址选择在汉长安城南边,地势宏阔开敞,基地上有东西向的六道土脊横贯,假如当时人们可以从空中俯视长安大地的话,他们一定能看出这种形状正如《易经》中的乾卦六爻。《易经》之乾卦属阳,称九,横贯长安地面上的这六条土岗由北向南,正好对应乾卦六爻的初九、九二、九三、九四、九五、上九。

　　假如从六坡的高度来看,其地势又是从南到北渐次降低的。让人不解的是宫城所处的位置相对较低。其实,当时不把宫城布置在最高点是另有原因的。根据星宿的方位,最核心的紫微垣居北天之中央,它以北极星为天之中枢,其东、西两藩一共有 15 颗可见星环绕着。紫微垣所处位置恰如人间君王,皇帝贵为天之子,地上的君王和天上的星宿当然应该相互对应。因此,必须把皇宫布

---

① 资料来源:刘敦桢主编:《中国古代建筑史(第二版)》,中国建筑工业出版社 1984 年版,第 118 页。按:本书第十一、十二章的平面图和复原图均取自该书。

置在北边的中央位置,对应于紫微垣。而且,北边又有渭河可以依托,从城池安全防卫的角度来看,也更加安全。

根据《易经》乾卦爻辞的解释,初九代表"潜龙,勿用"。九二的高坡则是"见(现)龙在田",所以只能用于"置宫室,以当帝王之居"。九三那道坡则是"君子终日乾乾,夕惕若,厉无咎"。如果能把百官的衙署放在这里,正好可以体现出文武百官们自强不息、忠君勤政的观念。于是乎,宫城与皇城分别布置在对应着九二和九三的两道坡上。九五是最尊贵的,所谓"九五至尊",当属"飞龙"之所在,不能用于常人所居,于是便在这道高岗中轴线位置东西对称地建造了两座规模宏伟的寺观,其中西面是属于道教的玄都观,东面是佛教寺庙兴善寺,这也是希望利用神佛的力量来镇压这个地方的帝王气。中唐时期的宰相裴度曾因为将住宅建在这"九五"高坡上,被人借机诬陷说是"宅据冈原,不召自来,其心可见"。其实,唐代住在这个高岗上的名臣还有不少,张说、李宗闵、李晟、杨国忠、韩愈、柳公权等都曾在此建宅院居住。

长安城东西向、南北向交错布置有25条街道,全城被划分为两市108个里坊。以朱雀大街为界,全城共分为东西两大部分:东部属于万年县,原本应有55里坊,因城东南角的曲江风景区占去了两个里坊的位置,实领一市53坊;西部属于长安县,实有一市及55个里坊。

108个里坊恰好对应于108位神灵和108颗星曜;南北排列着13个里坊,象征一年有闰;皇城以南,东、西各有四个里坊,象征一年四季;皇城南边的南北九个里坊,象征《周礼》所记载的"五城九逵"。为了避免泄漏帝王之气,隋文帝曾下令,宫城、皇城之南的所有居民里坊,取消南、北门而只开东、西两门。

传统的风水理论在建筑布局上提倡子午向,也就是坐北朝南,这一原则也被历代帝王所遵循。唐长安城最早的宫殿建筑也的确都是坐北朝南的朝向。我国古代帝王在宫殿中的座位要求,是使其身处北方而面向南方。帝王是一朝之尊,所以帝王必须坐在北边,而北就是"上",如同紫微垣在天穹中的位置,群臣则坐在南边,表示身份较为卑下。另外,当时将宫城南面的正门叫作"朱雀门",将宫城北面正门命名为"玄武门",这些都来源于传统风水理论中"左青龙、右白虎、前朱雀、后玄武"的方位象征。当然,有其名还需有其实,太极宫的正北门既然被命名为玄武门,那就必然附带有与之相对应的"坎"卦的寓意(八卦中的"坎"象征"陷")。唐初,因继承皇位所发生的宫廷政变——玄武门之变就发生在这里,与之不谋而合,也恰好给后人提供了附会卦象的素材。由此看来,在隋唐时期,城市的街道和建筑的命名也都有一定的规则。在太极宫中,太极殿北面建有两仪殿,"两仪"的意义也出自《易传》:"易有太极,是生两仪,两仪生四象,四象生八卦。"

都城营造要象法天地,同时也要遵从礼制。大兴城总体布局基本上选择了《周礼·考工记》中推荐的西周王城的模式,符合儒家所提倡的礼制规范。城池中轴线明确,功能分区清楚,道路经纬分明。主要宫城太极宫也尽量附和了西周的"三朝五门"制度,但也有不同之处。在《考工记》所记载的都城制度里,宫城位于城池的中心位置,整个城池平面是一个中心轴对称图形,宫城左右是宗庙和社稷坛,市场在宫城北面。这种中心轴对称的构图也反映在早期各种礼制建筑上,例如明堂、陵墓等。但魏晋以来,这种中心轴对称构图模式已逐渐被放弃,人们转而采用了沿一条南北向中轴线顺序展开空间序列的构图模式,重点建筑往往布置在中轴线的北端,南边是一系列的引导空间。空间布局方式变化源于建筑环境审美方式的变化,自有其深层原因,这里暂不详述。但这种变化显然也反映在大兴城的规划布局上。隋大兴城的宫城作为城市空间的重心也被放在中轴线的北端,市场布置在宫城以南的东西两侧,显然与"面朝后市"的原则不完全相符。

在此之前,从秦汉时期一直到魏晋之前,都城之中的城市格局并没有严格的章法。皇宫、官署、民居往往交错相处,十分杂乱。直至曹魏邺城、北魏洛阳之后,都城的均衡对称格局才开始得到重视,逐步形成了方正有序的城市布局。至隋大兴城,这一制度基本发展成熟。在大兴城中,皇宫、皇城、民居里坊三个主要部分相对分开,界线分明,既安全,又实用。城池以对准宫城、皇城及外郭城正南门的大街即朱雀大街为中轴线,在外郭城范围内用25条纵横交错的大街将全城划分为108个里坊和东、西两个市坊。这种方格网式的规划布局,使整个城的平面如同棋盘。唐朝建立后,大兴城改称长安城,对城池设施做了诸多方面的修葺。同时,随着唐代宫廷官署结构变化、城市人口增长、经济文化发展,长安城数十年来在使用中也暴露出来不少问题。总之,隋大兴城的理想化的布局,随着城市的发展和改造逐步被打破。尤其是大明宫和兴庆宫的兴建,对长安城的布局产生了深远的影响。

首先,到唐太宗贞观八年(634年)前后,因太极宫局促,同时为了当时身为太上皇的唐高祖李渊避暑之需,太极宫的东侧郭城北墙外面龙首原上新建了大明宫。大明宫坐落在龙首原南缘,较为清凉,弥补了太极宫地势低下的缺憾。至唐高宗龙朔年间,大明宫扩建,其总体规模经扩建已经和太极宫不相上下,由于地势高,其气魄之恢宏犹在太极宫之上。唐高宗之后,唐朝的帝王主要以大明宫作为宫寝,只是在举行重大典礼时,才到太极宫遵照礼制行事。因为大明宫坐落于长安郭城之外,其宫城的正门丹凤门就开在外郭城的北墙上,南面正对着翊善坊。由于坊墙阻碍了皇宫的通行,为了开辟一条正对皇宫的丹凤门街,将翊善坊分为翊善、永昌两个里坊,同时增置了光宅、来庭两个里坊。四个里坊的中间开辟了一条直达皇城延喜门和郭城通化门之间东西街的南北向大道。这样一来,朱雀大街以东就比原来多出了两个较小的里坊。

第二个比较重要的改变也出现在唐长安的东半部分。这一改变发生在郭城之内,是因为修建兴庆宫而对东城部分里坊做了改造。所谓兴庆宫,其位置本来是一个里坊隆庆坊所在地,唐玄宗李隆基在即位之前曾经和几位兄弟在此居住。唐开元二年(714年),为了避玄宗的讳,隆庆坊被改为兴庆坊,并开始修建兴庆宫。到开元十四年(726年),兴庆宫的规模再次加以扩大,不得不侵占了永嘉坊的半坊用地,而西面胜业坊东墙此时也由于兴庆门之外的街道加宽不得不向西退缩,这样一来就使得原来那种畦分棋布、整齐划一的街坊面貌大为改变。同时,由于这些改动都集中于朱雀大街以东,也就是长安城中轴线的东半部分,就使得朱雀街两侧原本东西对称的空间布局形制发生了根本变化。

唐长安城北据渭水,东依灞河,其城池的东西长度达到 9 721 米,南北宽度达到 8 651.7 米,全城面积达 84.10 平方公里。这座中国唐代都城的气魄之恢宏、面积之巨大,在全世界整个农业时代都无可比拟。出现在其他文明地区的古城如 3 世纪的罗马城(面积约为 13.68 平方公里)、5 世纪的东罗马拜占庭城(面积约为 11.99 平方公里),抑或 8 世纪末两河流域的巴格达城(面积约为 30.44平方公里),与唐长安城相比都远为逊色。唐都长安无疑是包括中国古代都城在内的古代世界帝都之冠,它的面积约达到世界古代名城巴格达的 2.8 倍、罗马的 6.2 倍、拜占庭的 7 倍。

唐长安城的规划手法严密,设计严谨,城市布局规整如同棋盘,是世界上率先采用方格网布局手法的城市。它运用了由宫城、皇城和外郭城共同构成的三重城墙规制,是中国古代城市建设的最高规格。其中宫城是核心,位于城池北部,是皇帝处理朝政以及皇族居住的宫室所在,城中建有太极宫、掖庭宫以及东宫。宫城的核心是朝会场所太极宫，作为太子居所的东宫和后妃们居住的掖庭宫分列宫城轴线两侧，呈东西对称布局。三所宫殿建筑中以太极宫最为宏伟壮观。考古发掘资料显示，仅宫城与皇城之间的横街就宽达 220 米，而最狭窄的街道宽度也达到 50 米。因此，单凭街道宽阔这一点，就可以想见，这座建造在"川原秀丽，卉物滋阜"之地上的唐都规模有多么宏伟。它的宽达 200 米的大街可以说前无古人后无来者，这条宽阔的大街任意一段都可作为广场看待，如果把整条大街作为广场，那么它的面积远远超过了欧洲古代几乎所有的城市广场。唐代建筑文化的特点，正如清代学者顾炎武在《日知录》里所说："予见天下州之为唐旧治者，其城郭必皆宽广，街道必皆正直，廨舍之为唐旧创者，其基址必皆宏敞。"这是唐朝这个时代的气度，它的出现反映了唐代文化气质的内在必然性！

皇城又被称为"子城"，长安的皇城布置在宫城的南边，是中央政府机构的所在地。皇城的北边和宫城仅一街之隔，从东到西和宫城宽度一致，其平面也是规整的长方形。皇城与宫城之间所隔的那条横街，也就是宽达 220 米的那条大街，它是唐长安城也是世界上最宽阔的街道，实际上相当于皇宫和衙署之间的一个大型广场。皇城内部布置了各府、寺、监、省、局、署等中央政府机构，皇城的东南和西南两角设置有祭祀皇室先祖的太庙以及祭祀社稷之神的太社，其布局方案遵循周礼要求的"左祖右社"制度。

外郭城又称罗城，从东、西、南三面环卫宫城和皇城，长安外郭城的平面形态是一个东西边较长、南北边较短的长方形。外城是一般老百姓和官僚的居住区，在一百多个里坊中，对称地布置了东市、西市两个市场，东、西市是长安城主要的商业区。

长安城中所有的街道都是南北、东西走向，街道宽敞笔直，将全城划分为大小不同的矩形地块。作为城市中轴线的朱雀大街是宽度仅次于宫城和皇城之间那条大街的街道，可以直达太极宫承天门。城内里坊的布局沿中轴线左右对称、均匀分布，呈棋盘式。此外，长安城内各类建筑设施功能齐全，应有尽有。密布的里坊之间有两大市坊，即东市和西市。市坊的面积较一般里坊大，约占两坊之地，是城内主要商业设施。此外城内宗教建筑众多，寺观林立。园林景观也很丰富，有私家园林、寺院园林、公共园林，甚至于沿街沿河都有精心设计的绿化景观。城中水源充足，既有天然的河流穿城而过，也有人工开凿的运河渠道。不仅有供皇家贵族专用的离宫别苑,还有为一般平民准备的郊游踏青场所。里坊制布局是长安城最典型的特征,其里坊制居住区规则划一,秩序井然。元李好文《长安志图》上卷记载:

> 皇城之东尽东郭东西三坊,皇城之西尽西郭东西三坊,南北皆一十三坊,象一年并闰,每坊皆开四门,中有十字街,四出趣门。皇城之南,东西四坊,以象四时;南北九坊,取周礼王城九逵之制。

长安城里坊虽然布局严整,但各里坊的大小形状并不完全相同。根据里坊在城中所处的位置,其面积大小各异。以皇城和宫城为中心,东、西两边的里坊离城市中心较近,因而人口多,里坊的面积也比较大,其尺度与宏伟的宫城、皇城也较为协调。所谓里坊其实就是一种用墙围合起来的居住区,一般的里坊通常为长方形平面,四边是街道,四面或两面对街道开门。根据对唐长安城的居德坊、群贤坊、胜业坊、怀德坊以及长兴坊等里坊的考古探测,我们初步了解到一些情况,即当时里坊的围墙,也就是坊墙的墙基厚度通常在 2.5—3 米左右,都是夯土板筑墙,也就是俗称的"干打垒"。各里坊的围墙都接近周边街道的排水明沟,大部分距离沟边约 1.5—2 米。[①] 长安城遵循的这种封闭式的里坊制度非常古老,它使得一个大都市井然有序、便于管理,但也会使得城市居民的生活单调且不太方便。

里坊墙四面沿街开有坊门,坊门的规格样式按照制度各有不同。朱雀大街两侧的四列里坊面积最小,只开设东、西两个门;皇城东西两侧的六列里坊面积最大,开有东、西、南、北四门。坊门的开启、关闭有专人负责。里坊的内部也有街道,一般设有两个门的小里坊只有一条横街,而设有四个门的较大里坊用十字街,十字街将里坊划分为四个街区,其中还有十字小巷将里坊划分成 16 个更小的区域。里坊内十字街的宽度一般为 15 米,小巷的宽度约为 2 米多。[②] 由于坊门的设置和坊内街道划分的特点,唐人习惯以与十字街或坊门的位置关系来描述位置,如"某门之南""某门之东"或"十字街东之北""十字街东之南"等。如果是远离门、街的位置,则用东南隅、西南隅、东北隅、西北隅等,[③]这样的描述在

---

① 中国科学院考古研究所西安唐城工作队:《唐代长安城考古纪略》,载《考古》,1963 年第 11 期。
② 马得志:《唐代长安与洛阳》,载《考古》,1982 年第 6 期。
③ 马健超:《〈北里志〉中的三曲》,载《西北大学学报》,1981 年第 2 期。

唐人的文章里经常可以看到。

关于长安城宏伟壮观的景象,唐代的文人留下了许多文学作品,为我们了解唐代都城的艺术氛围提供了另一类资料。比如唐代文人袁朗写的《和洗掾登城南坂望京邑》：

> 二华连陌塞,九陇统金方。奥区称富贵,重险擅雄强。……神皋多瑞迹,列代有兴王。我后膺灵命,爰求宅兹土。……帝城何郁郁,佳气乃葱葱。……复道东西合,交衢南北通。万国朝前殿,群公议宣室。鸣佩含早风,华蝉曜朝日。……端拱肃岩廊,思贤听琴瑟。逶迤万雉列,隐轸千闾布。……处处歌钟鸣,喧阗车马度。日落长楸间,含情两相顾。……

诗人从描述长安城所处的地理环境开始,将关中这一带地势之雄奇描写得荡气回肠,帝都的营造非此地莫属。王朝的兴盛、王权的巩固似乎都与此地形势有密不可分的关系,这也确实是当时人们的共识。但从城市环境美学的角度来讲,此地形势也确有傲视天下的帝王气象。诗中接下来还着重提到交通便利、万国来朝、群贤汇聚的人文景象,以及车水马龙、歌舞升平的生活场景。如此对长安城的外部环境气势、城池之壮观、经济之繁荣、政治之清明、生活之安宁富足都加以歌颂。文字虽然简略,却将唐代都城的审美境界表达得淋漓尽致。

二、唐洛阳城

隋唐时期实行两都制度,当时首都是长安,洛阳为陪都。洛阳城虽较长安城略小,但也是帝都的布局,形制等级与长安相仿。与长安不同的是,洛阳在前朝的基址上兴建,且地形较长安更为复杂,局限较多,因此形状无法像长安那样规整。与长安城一样,洛阳城的规划营造技术工作也是由长安城的总设计师宇文恺负责。据《隋书·宇文恺传》记载：

> 文献皇后崩,恺与杨素营山陵事,上善之,复爵安平郡公,邑千户。
>
> 炀帝即位,迁都洛阳,以恺为营东都副监,寻迁将作大匠。恺揣帝心在宏侈,于是东京制度穷极壮丽。帝大悦之,进位开府,拜工部尚书。

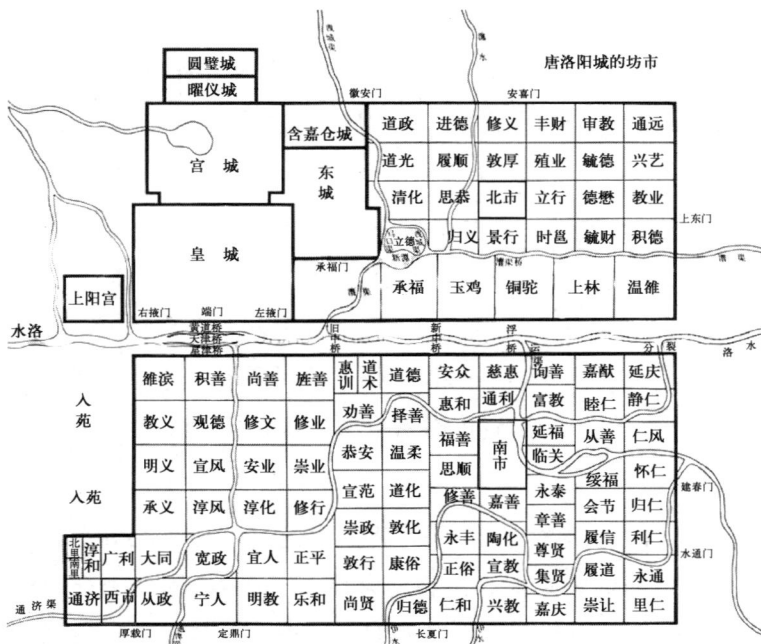

图 11.2
唐洛阳平面图

　　洛阳城营造总监是杨素,宇文恺担任营造副监职务,并很快升迁为将作大匠。由于隋炀帝欲迁都洛阳,且生性奢靡,宇文恺揣度上意,将洛阳规划营造得"穷极壮丽"。

　　和长安城相似,洛阳城池的外部环境同样具有王者雄踞天下的风范。它背依邙山,面向伊阙,从古人的风水观念来看,这样背山面水的地理位置非常理想。此处从东周、东汉到魏晋南北朝,曾作为不同政权的首都经营近千年。这期间,尤其是北魏政权在此规划营造的都城形制对后世影响极大。在隋唐时期,作为陪都的洛阳城同样拥有宫城、皇城和郭城三道重城。其中皇城位于都城的西北角,这可能是有意和长安有所区别的布局,隋唐时期的江都宫和榆林宫也采用类似的布局方案。但也可能是受地貌所限,因洛阳城西北角占据着洛阳城最高位置,隋、唐在这处高地上建造了宫城和皇城。宫城除了南面有皇城,其北面也建有重城,东面有东城,西面是御苑。宫城与皇城墙体都是包砖墙,坚固异常。洛阳城布局上的最大特点是洛水穿城而过,将洛阳分为南北两部分,如同一个吕字。皇城临洛水,宫城后面又建有曜仪和圆璧两座小城,宫城东北建有隋唐重要粮仓含嘉仓城。北城东部及洛水以南是里坊居住区和商业设施等。隋唐洛阳城的城市规模略小于长安,但由于此处设有含嘉仓,储藏转运河南、河北诸道官粮,是王朝重要战略设施,因此洛阳城的安全防卫要求甚至要高于长安城。

　　洛阳外郭城设有 8 个城门,城内街道纵横相交成棋盘式布局,与长安类似。定鼎门大街又称天门街,因正对皇城南面的端门而得名。洛阳城内共有 103 坊,周围筑有坊墙,墙正中开门,坊内正中设十字街。其里坊面积较长安城略小,划一方三百步(一里)的里坊规格,是对洛阳故都(北魏洛阳城)旧制的恢复,对里坊居民的控制似乎比京城大兴更加强化。

　　据清代徐松所辑《元河南志》卷一记载:京城"隋曰罗郭城……周回五十二里"。而《长安志》卷七则说"唐京城……外郭城……周六十七里"。无论哪个记载正确,洛阳城都小于长安,但洛阳城却比长安城多设了一个市坊,一共有三个市。而且这三个市都有可通漕运的河道可资利用:通远市位于洛水北、漕渠南;丰都市可利用运渠;大同市则可借通济、通津两条渠道转运物资。洛阳城大部分里坊的面积约 0.5 平方公里,小于长安里坊,似乎是沿袭北魏洛阳城的制度。北魏时期采用的里坊制对隋唐影响较大,当时很多地方州县城的坊里尺度,似乎都是取法于洛阳的。根据洛阳的市场、漕渠的布局,可以看出洛阳对商业更加重视,相对于长安的政治氛围,洛阳更多地考虑了工商业繁荣的问题。当时的文献对唐洛阳城有如下描述:

> 东都大城周回七十三里一百五十步,西拒王城,东越瀍涧,南跨洛川,北逾谷水。宫城东西五里二百步,南北七里。城南、东、西各两重,北三重,南临洛水。开大道,对端门,名端门街,一名天津街,阔一百步。道旁植樱桃石榴两行。自端门至建国门,南北九里,四望成行,人由其下,中为御道,通泉流渠,映带其间。端门即宫南正门,重楼,楼上重名太微观,临大街。直南二十里,正当龙门。出端门百步,有黄道渠,渠阔二十步,上有黄道桥三道。过渠二百步至洛水,有天津浮桥跨水,长一百三十步。桥南北有重楼四所,各高百余尺。过洛二百步,又疏洛水为重津渠,阔四十步,上有浮桥。津有时开合,以通楼船入苑。重津南百步余,有大堤。(杜宝《大业杂记·东都》)

　　洛阳城跨越瀍涧、洛川、谷水三条河流而建,城内河渠纵横,重津渠直通内苑,水运交通异常发达,相对于西京长安更有利于商贸物流。从宫城端门南行百步就有三座黄道桥跨越黄道渠。南北向中轴线上御道宽百步,长九里,道路两旁种植樱桃、石榴为行道树,人行树下,道旁有河渠与沿途花木相映照,美不胜收。唐代北方城市的街道宽阔正直,两侧多是坊墙和坊门,建筑景观变化不多,但街道两侧常以樱桃、石榴、槐树为主要城市绿化树种,既可冬蔽风雨夏遮烈日,又可在不同季节有花卉供观赏。这些树种都是当地土生土长的植物,无须太多照料即可生长茂盛。主要街道都是以明渠排水,这些渠道有些甚至可以行船。宽阔的道路两侧,花木水景交映,城市街景庄严隆重却又不失自然清新。

唐朝东都洛阳城的宫室建筑始建于隋朝。隋代就已经基本奠定了东都宫室的大体形制,到唐高宗时期,唐王朝对东都宫室进行了整修和扩建,比较重要的改建工程是兴建上阳宫,自此,上阳宫成为洛阳主要的宫殿。如同长安的大明宫,上阳宫也脱离了洛阳城中隋代宫城的格局。其选址依托皇城,宫门朝向东方,目的是利用洛阳皇城原有的设施,和皇城形成有机联系,在古代都城改扩建上,这是唐代的创举。

由于隋末战争的破坏,洛阳的基础设施到唐初早已破败不堪,但在唐代得到迅速恢复,安史之乱前,洛阳曾是全国经济中心。其重要原因在于,当时以洛阳为中心形成了一个国内甚至是国际的交通网。这里有从洛阳通往西域的丝绸之路,有由岭南道过大庾岭到扬州再进入运河水路通往洛阳的商路。当时,洛阳城的居民中就有大量从事商业的常住或暂住人口,因此也就出现了许多酒楼、客舍。与此同时,各地商贩乃至外国商人也看中此地商机,云集于洛阳。武则天执政时,曾长期以洛阳为京城,使得洛阳陪都的政治地位日益提高,因此洛阳城同时成为重要的文化大都市。隋唐时期,因为交通便利,洛阳还是当时一个非常重要的科举考试场所,每次举行会试都会有大批举子在此聚集。

东都洛阳城的居民分布有如下特点:洛水两岸的坊居民较少,因为洛阳每发水灾时,洛水两岸的里坊首当其冲,受害最深。其次是城东南及长夏门、定鼎门等郭城南边及东边的一些里坊,居民比较稀少,这是因为洛阳城东南角以及郭城东边一些里坊远离城市中心,一般居民不喜欢,但由于此处是东都风景最美之处,因此成了部分仕途失意者和文人学士的理想居所。定鼎门大街正对皇城的端门,两侧的里坊多是皇亲国戚或高官居住。北市多为贫民聚居之地。胡人多数居住在都城的北市和南市周围一些里坊里面。

隋唐时期,洛阳城的城市规划手法对周边地区及国家都产生过深远的影响。唐王朝所拥有的众多属国及周边其他国家的都城布局受洛阳城影响的程度甚至要大于长安城。渤海国上京龙泉府遗址就是比较典型的例子。渤海国是唐朝到五代这一时期,由靺鞨族在我国东北地区建立的地方政权。所谓上京龙泉府,即是渤海国建都时间最长的城市,同时也是规模最大、设施最完善的都城。该城坐落于黑龙江省宁安市,城西濒临忽汗河即今天的牡丹江,所以也称为忽汗城。此外,周边国家城市,如日本的京都等,也都参照洛阳格局进行规划设计。隋唐洛阳城的国际影响,之所以在当年会大于长安城,其主要原因在于:一、洛阳城交通便利,来往商人、使团较多;二、洛阳城规模较为适中,容易被其他国家和地区接受。此外还有一点,就是洛阳城的布局因地制宜,较为灵活,对于许多地形地貌较为复杂的地区来说,参考价值更大。这三点也恰恰反映了洛阳城区别于唐朝其他城市的个性所在。

三、唐扬州城

唐扬州城是唐代南方最重要的城市。它位于今江苏省扬州市市区及近郊,现在地面上仅存城墙残址。据《旧唐书·地理志》记载:

> 扬州大都督府,隋江都郡。武德三年,杜伏威归国,于润州江宁县置扬州,以隋江都郡为兖州,置东南道行台。七年,改兖州为邗州。九年,省江宁县之扬州,改邗州为扬州,置大都督,督扬、和、滁、楚、舒、庐、寿七州。贞观十年,改大都督为都督,督扬、滁、常、润、和、宣、歙七州。龙朔二年,升为大都督府。天宝元年,改为广陵郡,依旧大都督府。乾元元年,复为扬州。自后置淮南节度使,亲王为都督、领使;长史为节度副大使,知节度事。恒以此为治所。

根据上述记载,扬州在隋代称为江都郡,公元620年,唐王朝将江宁也就是现在的南京改称为扬州。公元626年,又废除了江宁县的扬州,改称当时的邗州为扬州。公元742年,改扬州为广陵郡。公元758年,又改称扬州府,扬州这个地名至此才最终确定。故当时以及后世也常以广陵指代扬州。诗人李白曾写过《送孟浩然之广陵》一诗:"故人西辞黄鹤楼,烟花三月下扬州。孤帆远影碧空尽,惟见长江天际流。"其中的广陵和扬州所指是同一地方,就是我们今天所说的扬州。

图 11.3
唐、宋扬州城

隋唐的扬州城是当时除西京长安和东都洛阳之外规模最大也最为重要的城市。由于它是隋唐时期国家对外贸易最重要的港口,因此在中国的城市发展史上也具有特殊的意义。隋唐时期的扬州城坐落于今天扬州的市区及北郊,位于长江下游的北岸,为处于长江两岸的南北交通要冲。扬州也称为广陵,隋代称江都,其建城的历史非常悠久。《史记·六国年表》载:"楚怀王十年……城广陵。"这是最早的有关扬州建城的文献记录。西汉时期,吴王刘濞建广陵国都,规模为城周十四里半。至六朝时期,当时的广陵城曾经分别作为徐州及南兖州的治所。隋朝曾在此设置扬州总管府,隋炀帝大业年间,在此营建了江都宫。唐代初期,在此地设有大都督府,以后又曾作为淮南节度使的所在地。隋唐以前,扬州城只是建在扬州北部的蜀冈上,从选址及规模来看,其军事意义似乎大于经济意义。但随着大运河的开通,扬州经济得以快速发展,城市规模也逐步扩大。约在盛唐时期,蜀冈以南的平原上营造了罗城。至此,扬州城进入了它的鼎盛时期。唐末五代,扬州城遭受了严重的破坏,几乎沦为废墟。唐以后,各时代的扬州府城基本是在唐代罗城的基础上重建的。作为中国古代城市,扬州与长安、洛阳有着很大的区别,主要体现在三个方面:

其一,扬州在隋唐时代并非京城,而只是一个地方城市。因此,扬州城在城市制度上比东西两京等级要低得多。城市中也没有宫城、苑囿、坛庙等皇家礼制建筑,成为城市布局核心的只不过是地方官署衙门。城市街道、里坊等设施,在规模或尺度上比两京要小得多。但正是这种政治地位上的差异,使得扬州具有两京所不具备的灵活性。

其二,扬州地处东南水网丘陵地带,地质、水文、气候等条件与关中、洛阳有巨大差异。因此,扬州城从城池的平面形状到所用材料与北方城池均有所不同。

其三,扬州建城之初,其意义主要体现在作为一个军事要塞方面,而成为一个繁华都市却不完全是出于军事、政治因素。中国古代南北交通主要是东部沿海、中部沿汉江和西部越秦岭三条线路,扬州作为军事要塞控制着东线,春秋时期以降一直很重要。但促使扬州发展成为一个大都市的并非军事因素,而是隋唐运河航运业以及航运所带来的商业繁荣。

唐扬州城包括子城和罗城两部分,总面积大约 20 平方公里。作为一个地方城市,扬州没有皇城和宫城,取代其地位的是官府衙门所在的子城,又称为"衙城"。隋唐扬州的子城位于城北,是衙署所在地;南边称罗城,也叫作"大城",是居住及商业和手工业区域。这种城市布局是唐代设有都督府或节度使驻节地的州城的通用形制。扬州的子城建在制高点蜀冈之上,其平面是近似于矩形的不规则多边形,沿用了春秋至汉、晋、隋几朝的故城,子城据此高地可以控制罗城。蜀冈下面南部的平原上,在唐代建筑了罗城。罗城为长方形,其东西宽度为 3 100 米,南北长度为 4 300 米,城内有完善的水陆交通体系。

据有关史料记载,唐代的扬州城商业极为繁荣,所谓"十里长街",描述的正是唐扬州城的繁荣景象,后来成为一个描述城市商业繁荣的常用词语沿用至今。这个词出自唐代是有着深远历史意义的。千余年间,扬州城只是蜀冈上的一个军事要塞,这和人们理解的中世纪城市面貌相符合。但是,自从蜀冈南面的平原上建起罗城,形成十里长街,扬州城的性质就发生了翻天覆地的变化,中国城市发展也随之进入一个崭新的历史时期。唐代的长安或洛阳这样的里坊制城市中是没有商业街的,沿街看到的只是坊墙和坊门。商业街的出现意味着里坊制的消亡,意味着宵禁制的废除,意味着中国历史上第一个"不夜城"的诞生。这一事件在城市发展史上的重要意义怎么形容也不过分。这一革命性的变化没有发生在长安或洛阳那样的国际大都市,却发生在扬州这个远离政治文化中心的南方城市,是有其必然原因的。

从国内物资流通角度来看,扬州作为运河枢纽,南方各道货物在此转运,发往黄河流域各地区。由此形成全国最大的商品集散地,不仅吸引各地商贾在此汇聚,也使得扬州人乐于经商取利。据《唐会要》记载:"广陵当南北大街,百货所集"(卷八六"市"条),而且"江都俗好商贾,不事农业"(卷八九"疏凿利人"条)。百姓大行经商之风,自然对扬州的工商业发展起到了重要的推动作用。从对外交往和商贸角度来看,当时的国际经济、文化交流非常频繁,远道而来的有日本、波斯、大食、朝鲜等国的使臣、商人和求法僧侣,他们也多选择沿长江到扬州再沿运河转赴两京,因而扬州也成为当时对外交流最重要的港口之一。据文献记载,当时侨居扬州经商的胡商数以千计。比如《资治通鉴》卷二二一《唐纪三十七》的记载:唐肃宗上元元年(760年)广陵之乱时,"神功入广陵及楚州,大掠,杀商胡以千数,城中地穿掘略遍"。又如《新唐书·五行志》记载:"(天宝)十载,广陵大风驾海潮,沈江口船数千艘。"从这些记载来看,当年扬州的繁荣景象绝非虚言。由于港口和运河的重要转运功能,自然形成了沿运河两岸鳞次栉比的店铺商号,也就是十里长街。这些商户也是国家税赋来源,为保护这些"财源",唐政府兴建罗城,从而形成了此后扬州城的基本形态。因此,扬州罗城并非由于商业发达而废除里坊,而是因为商业繁荣,突破了市坊制度,形成商业街。

随着商业的繁荣,扬州的城市人口也逐步增多。唐代史学家杜佑在《通典》卷一八一"州郡"条有如此记载:"广陵郡,户七万三千三百八十一,口四十六万九千五百九十四。今之扬州,理江都、江阳二县。"这还只是官方统计的户籍人口,加上侨居人口及外来胡商等,扬州总人口数应该远超过此数。自安史之乱后,中原动荡,加上军阀混战、藩镇割据,中原士农商贾逃往江淮避难者众多,扬州城居住的人口估计还有增加。扬州的十里街市,正是形成于这种经济繁荣和人口剧增的背景之下。这种先有自然形成的商业街市,后建城池设施的发展途径,在中国古代城市发展史上也是较为罕见的。

属于商业经济型城市的扬州,与作为政治中心的长安和洛阳相比,有着明显的差异。东、西两京的城市布局注重表现"筑城以卫君,造郭以居民"的传统筑城原则,郭城的规划和布局围绕着宫城和皇城展开。为加强对城市居住区的控制和监管,郭城内各个居民区都实行严格的里坊制。坊内的一般住宅都不能对街开门。这样一种严格的制度为唐代的大多数州、府、县城所遵循。抛开长安城巨大的里坊不谈,以洛阳城为例,其里坊略呈正方形,边长 50 米(三百步),坊周边设围墙,四面开门,每个坊内都有十字街,把坊内空间分割成四块,每块用地内再设十字小街,从而构成更小的地块。这种由大小十字街套叠形成的平面空间布局以及它的标准尺度(边长 50 米左右)似乎成为唐代州府和县城布局的统一制度。

中国古代城市建设的发展,由唐至宋是一个重要的转折时期。宋代汴京城虽然也是在唐代旧府城基础上兴建起来,但与唐代已有了根本上的不同。唐代城市,如长安和洛阳,其形制有着共同的渊源。两者都将宫城和皇城布置在城北端,不同仅在于洛阳的宫城和皇城在西北,而长安的在正北。宋代东京的宫城位置是在城市中央偏北处,外围建造禁城和罗城,形成护卫宫城的三重城墙。更为重要的是,宋代城市已经彻底放弃了沿用千年的里坊制。商业街市在宋代已是一种合法而且普遍的城市布局方式。

五代时期,周世宗在显德二年(955 年)下诏修建汴京罗城时说:"惟王建国,实曰京师,度地居民,固有前则。东京华夷辐辏,水陆会通;时向隆平,日增繁盛。而都城因旧,制度未恢,诸卫军营,或多窄狭,百司公署,无处兴修。加以坊市之中,邸店有限,工商外至,络绎无穷……宜令所司于京城四面,别筑罗城。"(宋·王溥《五代会要》卷二六"城郭"条)由此可知,汴京是在"华夷辐辏,水陆会通;时向隆平,日增繁盛"这样的商品经济飞速发展的背景下,才规划建造罗城的,而开放式的街市布局更符合商业活动的需求。由此也可见,汴京罗城的兴建和唐代扬州城罗城的建造背景极为相似。宋张择端《清明上河图》中所描绘的汴河两岸的繁荣景象应该也和唐代扬州之十里长街类似。从这里我们可以发现两座不同时代的城市在规划思路上的内在联系。可以说,宋代汴京城的规划显然受到了唐代扬州城,特别是扬州罗城的规划手法的影响。城市制度的演变,以及里坊制的废除,虽然最终表现在北宋汴京城的规划手法上,但毫无疑问,这种全新的城市规划布局方法源于唐代扬州城。当然,里坊制瓦解一定是有多种因素的,但从唐代扬州城的变迁,我们不难看出,促成这样的城市变革的主因就是城市商业的发展。从对这两个城市的分析中我们可以得出这样的结论:传统里坊制的崩溃,应该始于盛唐或稍晚时候。而且,这种现象一定是率先出现于扬州这类南方的商业发达的城市中,而不是出现在那些强调政治意义的、类似于长安或洛阳的城市中。唐代的扬州城,作为这类过渡型城市的代表,在中国城市建设史上是非常值得我们重视的。

第三节　唐代城市的审美特征

隋唐时期,中国城市经济、文化职能的重要性已经开始显现出来,但城市布局和管理制度却相对滞后。多数城市采取类似《考工记》里提出的那种布局模式,城市布局和管理制度沿用源于封国时代的里坊制。出现这种现象有多种原因。魏晋南北朝时期,剧烈的动荡引发了一场全社会的文化反思,各个领域都取得了一系列成果。这些成果为之后的隋、唐两朝准备了一大批新的文化和技术思路可供选择。

沿着历史线索反推一下就可发现,隋、唐两朝的城市格局之所以选择西周制度,首先有其政治上的考虑。南北朝后期,政权更迭频繁,各家政权都热衷于从历史上寻求合法性的包装。中原地区在南北朝后期是鲜卑族政权北魏的地盘,此后北魏分裂为东魏和西魏,西魏又经过一次政权更迭后称"周",史家为免混淆,称之为北周。这当然是鲜卑族政权为了标榜自己文化上的正统而刻意把政权的渊源上溯到西周时期。北周王朝为表明自己这个政权的文化传承并非虚妄,特意在不同领域采取了许多西周制度,当时采用的一系列西周文化符号中,最直观的部分就出现在城池、建筑上。隋取北周而代之,唐灭隋而立国,隋唐两朝继承的是北周的衣钵。有意无意之间,西周制度在隋唐两朝也成了一个很自然的选项。

采用里坊制这种古老制度还有技术上的延续和确保安全的考虑。魏晋时期新建的城市多半运用这种方案,例如曹魏时期的邺城也是采用里坊制的规划布局。即使到了隋唐时期,在当时的技术条件下,维持一个百万人口的大都市的运转仍然是非常困难甚至有极大风险的。城市的秩序、供应、治安、给水排水、消防、环卫、防疫等方面问题都会随着城市规模的增长而急剧放大。这些问题在世界城市发展史上有过惨痛教训,欧洲近代城市的瘟疫、火灾以及各种安全问题曾经演化成为严重的灾难,城市付出了巨大代价,并且经过很长时间才逐渐解决。中国古代城市却没有出现过那么严重的灾难,这和中国城市制度的严谨性以及城市制度循序渐进的发展步骤有关系。总之,学会管理运作一个百万人口的大都市需要长时期的经验积累,操之过急一定会出问题,这也是唐代城市选择里坊制这种久经考验的古老制度的另一个原因。

里坊制的渊源至少可以上溯到西周时期。西周立国之前,大约是秉承早期游猎、游牧的传统,各部族常有迁徙之举,直至商代仍然如此。《史记·殷本纪》记载:

> 自契至汤八迁……帝中丁迁于隞。河亶甲居相。祖乙迁于邢。……帝盘庚之时,殷已都河北,盘庚渡河南,复居成汤之故居,迺五迁,无定处。……帝武乙立。殷复去亳,迁河北。

常作迁徙的族群,对于其居住单位的管理通常较为松散随意。"帝"以及其下属各部族首领通常筑有城池,这种城池当然还只是单纯意义上的城堡,部族所属的臣民环绕城堡,因地制宜地以聚落形式建立驻地即可。这种传统大约延续至西周立国。此时的周人重视农业,故不常迁徙,臣民居住管理模式成为一个重要问题。西周时期,在天子直辖地区,有天子王城、都城、公邑、卿大夫家邑等不同城邑单位。这些城邑之间的广大地域居住着大量以务农为主的"庶民",西周政府为此建立了一套"乡遂制度",对这些土地、人口施行管理。据《周礼·地官司徒第二》记载,当时有如下规定:

> 五家为比……五比为闾……四闾为族……五族为党……五党为州……五州为乡……
>
> 五家为邻,五邻为里,四里为酇,五酇为鄙,五鄙为县,五县为遂。

"乡"和"遂"两种体系结构完全一致,里面都有一个最基本的居住单位,分别叫作"闾"和"里"。在西周制度下,闾和里是一种为便于行政管理而设置的单位,而且主要是为城池以外的区域设置的,并非城市内的居住单位,当时与之相应的建筑设施是什么形式我们也不得而知,只知道这种单位的规模是 25 户人家。此后,"闾里"作为基本居住单位沿用了上千年,至秦汉时期已经演化成为城市内外的基本居住单位。根据当时文献的记述,汉代长安城居住区即采用了闾里制度:

> 长安闾里一百六十,室居栉比,门巷修直。有宣明、建阳、昌阴、尚冠、修城、黄棘、北焕、南平、大昌、戚里……(佚名《三辅黄图》卷二)

从这段文字中我们可以了解到,汉代长安城居住区以闾里为基本居住单位,并且城市规模很大,可以容纳 160 个闾里。但从汉长安城考古发掘的情况来看,城内面积并不大且被皇家宫殿占用了大半,根本容纳不下多大的居住区,因此这些闾里估计多半在城外。

由于"闾"和"里"名异而实同,所以日常语言中仅称"某某里"即可,而"某某里"直到今天仍是中国城市常用的命名方式。隋唐时期,闾里的称谓被"里坊"取代。在"闾里"和"里坊"这两个词语中,"里"都是一个长度单位,而"闾"和"坊"都是象形符号。"闾"字形中有门户、街巷、人口,而"坊"则是以"土"形成的"方"形。隋唐时期的城市基本邻里单位"里坊"确实就是用夯土墙围合而成的一个长方形空间。

所谓"里坊制"名义上就是将居民区划分为一个个一里见方的区域,以坊墙围合,四面开设坊门。坊内有十字形街道通往四门,居民住宅分布于坊内,平时有胥吏,看守按时启闭坊门,每坊的转角处还设有军巡铺,功能类似于今天的派出所。里坊制城市通常实施宵禁管理制度,白天开放,夜间闭门禁止居民出入。这种制度的优势体现在治安、消防、防疫等安全管理方面,但对于城市商业文化活动显然是不利的,夜间的各类文娱商业活动都被局限在一个个分隔的里坊之内。城市街景也与现代都市有很大区别,沿街看到的都是坊墙和坊门,略显单调。

到隋唐时期,里坊仍是当时城市中最基本的居住单位。早在秦汉时期,普通民众即所谓的"编户民"都住在城池内外统一建设的闾里之中,北魏以降才出现"坊"的称谓,隋炀帝时期又改"坊"为"里"。隋唐时期,长安城规划建设了百余个居民居住单元——"里坊",而隋唐之后,伴随着城市经济的进步,居民居住单位的形式也不断发生改变,陆续出现了街、厢乃至明清时期的胡同。这些开放式的居住区与封闭的里坊相比,在居住方式与景观构筑方式上存在着很大的差异。所谓"一里见方"也只是一个概略的描述,唐代各个城市乃至于同一城市之中不同里坊的面积并不相同。比如长安城里坊面积较大,洛阳城的就小得多。即使同为长安城内的里坊,其大小也不相同,有些面积甚至相差近一倍。

隋唐时期的里坊不仅仅是居民的住宅区,有时也是一部分官署、佛寺或道观之类公共建筑的所在区域。历史文献中常有某些人物居住于某某里的记载。例如《长安志》记载:"平康坊。南门之东菩提寺,街之北阳化寺,西北隅隋太师申国公李穆宅,西门之南尚书左仆射河南郡公褚遂良宅,西南隅国子祭酒韦澄宅、兰陵公主宅、万安观［永穆公主宅、梁国公姚元崇宅、太平公主宅——后敕赐安西都护郭虔瓘，三宅合并为观。——引者］，东南隅右相李林甫宅［李靖宅——陆颂——李令问——李林甫。——引者］、嘉猷观，南门之西刑部尚书王志愔宅，次北户部尚书崔泰之宅、侍中裴光庭宅、太子宾客分司东都张弘靖宅［崔融旧第。——引者］……"诸如此类的记述，说明隋唐时期的里坊制在都城规划中得到普遍贯彻，是一种极为严谨的制度。无论庶民、贵族、官僚还是僧道宗教人士，只要居住在都城之内，都必须受到这一制度的约束。

　　唐代的里坊制已经达到非常成熟的阶段，当时的里坊通常都任命一个坊正①来负责坊内居民督察事务。坊门的启闭也有严格的时间规定，"先是京师晨暮传呼以警众，后置鼓代之"（《新唐书·马周传》）。而且里坊在管理上极其严密，所有一切都是为城市的安全考虑。每天夜晚街鼓鸣响后，街上禁行，所有人必须按要求回到坊内，即所谓"六街鼓绝行人歇"。普通居民只能从坊门进出，非三品以上官员，不得在坊墙上开门。因此，唐代两京的街景极为别致，放眼望去，大街两旁是整齐划一的夯土坊墙和一扇扇坊门，这是一种现代人很难想象的奇特景观。里坊制为的是便于实行宵禁，每天日落需关闭坊门，直到次日五更才能开坊门。若非有紧急公事，或者是婚丧疾病且持有文牒者，一律不得夜间在大街上行走。如果违禁夜行，是要拘捕判罪的。②唐代京城宵禁制度由金吾卫左右街使负责执行，并与城、坊、市门的启闭和"街鼓"的管理相互配合。每坊都有墙有门，每个门都有吏卒守卫。闭门鼓之后，坊门也随之紧闭，城市居民就只能在各坊之内活动。此时金吾卫左右街使分别率领骑兵队巡行街上，实施戒严，如此可以确保城市治安。到五更三筹时分，街鼓再次敲动，各坊、市之门打开，此时金吾卫骑兵停止巡逻。违犯这一制度的，就被称为"犯夜"，会受到制裁。当时的城市居民非常害怕犯夜，每到黄昏，一定要赶回自家里坊。

　　隋唐时期的城市继承并且发展了魏晋以来的城市规划营造手法，从天象地理形式到城市内部空间秩序，从每个街区到每户宅院，都被纳入一个完整有序

①《唐六典》卷三："百户为里，五里为乡。两京及州县之郭内分为坊，郊外为村。里及村、坊皆有正，以司督察。"《通典》卷三："在邑居者为坊，别置正一人，掌坊门管钥，督察奸非，并免其课役。"《唐律疏义》卷一一《职制下》："其里正、坊正，职在驱催。"同书卷三〇《断狱下》："里正、坊正、村正等，唯掌追呼催督。"
② 关于唐代京城的宵禁制度，初唐时期长孙无忌等人受敕编撰的《唐律疏义》中有详细的阐述，参见该书卷七、卷八《宫卫》和卷二六、卷二七《杂律》。

的空间体系之中。城市以皇家宫苑或官署建筑为中心,将其主轴线向南延伸出来,形成城市主轴线,其余民居、市场、寺庙等依附于这条主轴线布置,形成完整统一的空间体系。通过这条主轴线,将每一户宅院、每一条街道与整个城市统一起来,再通过这条轴线将城市纳入人们心中的天地秩序之中。唐代城市尺度恢宏、街道宽阔、两侧门墙简洁,城市空间单纯而有序,给人以特有的心灵震撼。唐代宫苑、官署建筑相对于秦汉时期的尺度似乎已经缩小了一些,但唐代城市利用这一系列严整有序的空间体系,在气势上超越了前朝,彰显出大唐盛世的宏伟气象。

当然,唐代城市也不是片面强调空间的秩序化,在保证严整秩序的同时也有其灵活、自由和顺应自然的一面。如长安城的芙蓉园就打破了主轴线的一致性,就连大明宫这样的重要建筑也因利用地势的要求而偏离了主轴线。其里坊、民居也通过不同等级标准形成统一中的适度变化。其他地方城市,特别是南方山区水网地带的城市就更注重因地制宜。扬州城等江南城市甚至没有严格的里坊制度。这也反映了儒家治国理念的核心内涵,即强调秩序与自由、理性与感性的平衡——所谓"礼辨异,乐统同"。

第十二章　唐代建筑营造的审美意识

北宋时期,将作监李诫在他主持修编的《营造法式》的序中,开篇第一句话就说:"臣闻,上栋下宇,《易》为大壮之时;正位辨方,《礼》实太平之典。"《易经》是中国最古老的文化典籍之一,建筑在《易经》中属"大壮"卦范畴,一如其字面含义,建筑的属性就是宏伟壮观。《礼》即《周礼》,是此前近两千年历史证明过的"太平之典"。《易经》主要是从建筑的基本属性和建筑艺术效果的角度谈论建筑,而《周礼》则是从建筑的空间秩序和等级制度的角度谈论建筑。二者的着重点不同,对建筑的判断标准也就不可能完全相同。这恰恰是中国传统建筑发展过程中最独特也最精彩的部分。中国古代建筑从追求"大壮"之美发展到欣赏"礼制"之妙,其重要的转折点就在隋唐时期。

第一节　唐代建筑的历史定位

中国古代建筑的起源及发展有其自身的独特性。与大多数文明的发展历程不同,中国古代文明在新石器时代,也就是距今五六千年的这段时间内,在黄河和长江流域几乎同时出现了大批分属于不同文化的不同原始建筑类型。而到了距今四千多年的时期,龙山文化和二里头文化迅速覆盖了中原地区并向长江流域发展,成为夏商文化的起源。经过夏、商、周三朝的探索与发展,西周时期大致形成了两种风格倾向。这两种建筑风格逐步发展成为后世主要的两种建筑发展方向,在不同年代受到不同程度的重视。

倾向之一是所谓高台建筑，也被称作台榭建筑。这种建筑类型相对古老一些，通常是在地面上筑起一座夯土台基，木结构建筑环绕包覆在夯土台外，主要建筑空间置于台上。这类建筑似乎是上古的祭祀建筑"台"和居住建筑"榭"的组合，也可以说是天与人的统一。它所体现的是一种神圣和华贵的气质，多少有些宗教色彩，追求的是建筑的高大、形式变化的丰富和装饰的繁复华丽。当然，这也是世界上绝大多数建筑体系，尤其是农业时代的建筑体系所追求的发展方向。更高、更大、更华丽，这样的标准几乎符合所有建筑师和业主的愿望。台榭建筑还有一个更重要的特点，就是重视对环境的利用，这点尤其体现在群体布局上。从殷商直到魏晋时期，台榭建筑都是中国建筑舞台上的主角。需要强调的是，台榭建筑的台和后来建筑的台基不完全相同。比如故宫太和殿的台基只是建筑的基础而已，但台榭建筑的台是建筑主体的组成部分，是形成建筑空间形态的关键结构因素。

另外一种建筑风格更符合现代人对中国传统建筑的理解，就是我们今天所说的合院式建筑，最典型的就是北京四合院。四合院的源头可以追溯到西周时期，陕西凤雏村发现的西周宗庙或宫室遗迹就属于这一类型。由于这一建筑形式将堂、室、廊庑建筑环绕院落布置，因而被称为"合院式"建筑。这一建筑布局方式源于西周，对于崇尚周礼的儒家学者来说就具有政治上的象征意义。而且，从实际运用方面来看，这个类型的建筑空间形态也和儒家所提倡的礼仪制度行为模式相适应。所以这两种建筑模式的发展和后期不同王朝的治国理念有着密切的关系。

东汉时期，儒家治国理念得到普遍认可，传统的木结构技术也在同一时期趋于成熟。这时候高台建筑风格本已走向衰落，西周建筑体制开始占据主导地位。但魏晋时期的动荡使得人们对现实产生了疑问，开始对两汉以来的政治文化进行深刻的反思。这些社会思潮上的波动也不免影响到各个政权对建筑风格的态度，从而使得高台建筑出现了一次"回潮"。北周出于政治包装的需要强化推行了西周文化传统，这一倾向被隋唐两朝所继承，因而唐代建筑风格明确地体现了西周礼制思想。但由于时代的原因，在后人看来，唐代建筑仍然带有明显的"古风"，有些秦汉乃至先秦时期盛行的布局方案和艺术构思仍然被沿用，所以可以说，唐代建筑具有明显的过渡期特征，唐朝也是中国建筑发展史上的一个重要转折点。

　　至隋唐时期,国家在经历了长期动乱后重新统一,两汉的经验和魏晋的教训,特别是魏晋南北朝时期在思想和技术领域取得的巨大成就,为新的时代新的发展准备了足够的动力。唐代前期政治清明、胸怀远大,吸纳了大量外来技术和艺术元素。在这样的时代背景下,中国建筑得到了一次千载难逢的发展良机。我们今天津津乐道的大运河、长安城、赵州桥等诸多划时代的工程和建筑成就多完成于隋唐时期。而隋唐以后,所有王朝在治国基本思想上基本没有太大变化,对于建筑形制也就没有提出根本性变革的要求,这也就决定了唐代建筑成为此后千余年中国建筑的发展依据。

第二节　唐代建筑的个案分析

一、宫殿建筑

　　中国古代最具代表性的建筑莫过于宫殿建筑,遗憾的是唐代宫殿建筑地上部分早已荡然无存。好在唐人留下了大量有关历史文献和描述当时建筑形态的文学作品,加上近年考古发掘成果,使我们可以一窥唐代宫殿建筑之端倪。

(一) 太极宫

　　太极宫建于隋初,当时称作大兴宫,唐睿宗景云元年(710 年)改称太极宫。太极宫是唐代正宫大内,故又称京大内。唐太极宫位于唐长安城中央的最北部,实际上是太极宫、东宫、掖庭宫的总称。据考古文献记载,宫城东西宽2 830.3米,南北长 1 492.1 米,是一个东西长、南北短的长方形。其中掖庭宫宽702.5 米,太极宫宽 1 285 米,东宫宽 832.3 米。宫城的北墙属于外郭城北墙的一部分,西墙则与西安城的西城墙处于同一直线上,南墙的位置在今西安城内西五路以南 80 米处,为西安城西墙的北部所压,今天的"西五台"恰好在宫城的南墙之上;东墙位于今西安城内的革命公园西边,向北经尚平路一带。宫城北面为西内苑,其南面的隔横街与皇城相望,东、西墙外分别为兴安门街和芳林门街,宫城中的太极宫、东宫和掖庭宫三宫与南北宫墙长度相同。

　　宫城城墙为夯土版筑,墙壁高 10.3 米,墙基宽一般在 18 米左右(只有东城墙部分的宽度是 14 米多),与高 5.3 米、墙基宽 9—12 米的外郭城相比,构筑得更为坚固高大。

太极宫的四周共开有十个城门：南面有五个城门，自左至右依次为永安门、广运门、承天门、长乐门、永春门；西面和北面均有二个城门，西面为嘉猷门、通明门，北面为玄武门、安礼门；东面通向东宫只开有一个城门，即通训门，该门也是东宫的西门。东宫南、北尚开有四个城门，南面为广运门、重明门、永春门，北面一门名玄德门。掖庭宫因为是宫女所居，故不开南、北门，只开东、西门，两门没有名字，西面门只称西门。

承天门在所有城门中是最重要的。它位于太极宫南墙的正中，该门门址在今西安城内莲湖公园的南侧。据考古探测，其东西残存部分尚长 41.7 米。已发现三个门道，门道的进深为 19 米，中间门道宽 8.5 米，东、西侧门道均宽 6.4 米。门址底下皆铺有极其坚固的石条和石板。门上有高大的楼观，东西朝堂位于门外左右，门前有宽广的宫廷广场，南面是一条宽约 150—155 米的南北向大街——朱雀大街，直对朱雀门、明德门，位置十分重要。作为太极宫的正门，承天门是封建皇帝举行"外朝"大典的地方。元旦、冬至等重大节日，设宴奏乐都在此处进行。朝廷如遇有赦宥，或接待万国朝贡使者、四夷宾客，或除旧布新，皇帝也要亲临承天门听政。据史料记载，唐太宗册封李治为皇太子、睿宗即皇帝位、玄宗受吐蕃宰相尚钦藏献盟书等重大朝会，都在此举行。

太极宫的北门是玄武门，在当时也具有重要的政治、军事地位。太极宫地势较高，"俯视宫城，如在掌握"，是宫城北面的重要门户。唐武德九年（626 年）六月四日，秦王李世民诛杀太子李建成、齐王李元吉的"玄武门之变"就发生在这里。贞观十二年（638 年），太宗李世民又下令，于玄武门置左右屯营，以诸卫将军领之，其兵名为飞骑，后经过不断扩充，从百骑、千骑到万骑，武则天垂拱元年（685 年）改为左右羽林军。唐中宗神龙元年（705 年）张柬之翦除张易之兄弟，景龙三年（709 年）太子李重俊翦除武三思，唐隆元年（710 年）临淄王李隆基翦除韦后等三次宫廷政变均发生在这里。这与左右羽林军的布设以及争夺禁军主力的较量有很大的关系。因此，这里成了中央禁军的屯防重地，也就成了历次宫廷政变的策源地。

当然，在平静之时这里仍然是皇帝举行盛宴、歌舞升平的重要场所。贞观十四年（640 年），太宗曾于玄武门宴请群臣及河源王诺曷钵，"奏倡优百戏之乐"；景龙三年（709 年）二月初二，中宗登玄武门楼观宫女分朋拔河为戏，并"遣宫女为市肆，鬻卖众物，令宰臣及公卿为商贾，与之交易，因为忿争，言辞猥亵。上与后观之，以为笑乐"（《旧唐书·中宗本纪》）。

太极宫宫内布局严格按照古代宫室建筑原则执行，非常讲究。宫内主体建筑采用"前朝后寝"的原则，分为"前朝"和"内廷"前后两个部分，两部分的界线是朱明门、肃章门、虔化门等宫院墙门。院墙门以内为"内廷"部分，以外属于"前朝"部分。"前朝"部分又按照《周礼》"三朝制度"进行布局，分为外朝、中朝、内朝。承天门及东西两殿为外朝，外朝是"举大典，询众庶之处"；太极殿为中朝，是皇帝主要听政视朝的地方，皇帝登基，册封皇后、太子、公主、诸王大典，宴请朝贡使节等，多在此殿举行。另外，每逢朔（初一）、望（十五）之日，皇帝均临此殿会见群臣，视朝听政。高宗以后，皇帝多移居大明宫和兴庆宫，但是每遇登基、殡葬或告祭等大礼仍移至此殿进行，比如德宗、顺宗、宪宗、敬宗即位，代宗、德宗葬仪等，因此，它在长安三内诸殿中地位最尊。为行事方便，太极殿西侧设有中书内省、舍人院，东侧设有门下内省、弘文馆、史馆，为宰相和皇帝近臣办公的处所，以备皇帝随时顾问和撰写文书诏令。最后，内廷地区的两仪殿为内朝，是帝王与宗人集议及退接大夫之处。两仪殿是太极宫内第二大殿，因在禁内，故只有少数大臣可以入内和皇帝商谈国事，这里也经常是皇帝宴请大臣和贡使之处，太宗多次在此殿宴请五品以上官员。"内廷"部分也称作"后寝"，在唐代即所谓"北入虔化门，则宫内也"。其中两仪殿、甘露殿等殿院及山水池、四海池，为唐代皇帝进行日常统治活动及后妃居住的生活区。可见，全宫在整个建筑布局上以中轴部位突出主要建筑，太极殿、两仪殿、承天门南北排列，处于全宫的中部，其他殿院与阁门分布于两侧，左右对称；在建筑布局的手法上，与整个长安城总体布局一致，突出了这些象征封建皇权统治的殿门的重要地位。

太极宫是都城长安第一处大的宫殿群，有殿、阁、亭、馆三四十所，加上东宫还有殿阁宫院 20 多所，构成了都城长安一组富丽堂皇的宫殿建筑。其中分布着许多著名的宫殿建筑，如太极殿、两仪殿、甘露殿、承庆殿、武德殿、凌烟阁等等。除主要政殿太极殿、两仪殿之外，甘露殿是第三大殿，也是皇帝在内宫读书之处。武德殿与东宫邻接，在隋代即较有名，隋文帝废太子勇为庶人即在此殿宣诏，唐初李渊赐李世民居承乾殿后，又赐李元吉居武德殿，这更方便了他与太子李建成的沟通往来。先天元年（712 年），李隆基即位之初，还曾在此殿听政，可见其地位也不一般。凌烟阁是功臣的画像阁，因功臣图形于其中而有名。贞观十七年(643年),太宗曾为长孙无忌、魏徵、杜如晦等24人图形,表彰其政绩及辅弼之功,这就是所谓的"凌烟阁二十四功臣"。其实唐代图形功臣于此阁共有三次。除贞观年间的一次外,代宗广德元年(763年)七月,又为功臣郭子仪、李晟等画像。德宗贞元五年(789年)九月,总汇前代功臣李光弼、褚遂良等27人肖像,在前代的基础上进行了新的遴选。第三次是在宣宗大中二年(848年)七月,绘唐初以来"堪上凌烟阁功臣"王珪、李岘、岑文本、马周、马燧等37人图像,"立阁图形,荣号凌烟"。图形凌烟阁成为唐朝褒奖功臣的一种重要形式。现在陕西省麟游县文化馆还藏有宋人游师雄摹刻的唐凌烟阁功臣画像残石,从中可以看到当年大唐帝国许多荣登此阁的名臣。

东宫与掖庭宫分别位于太极宫的东西两侧。两宫建于隋初,平面形制为纵长方形,面积均小于太极宫。东宫为太子居住之处,亦称储宫。从隋太子杨勇、杨广到唐高祖时太子李建成、李世民及太宗时太子李治等都居住在这里,从玄宗以后,皇太子才往往随其父皇住在皇宫内别院。东宫的最主要宫殿为明德殿。它为东宫第一正殿,是皇太子接见群臣和举行重大政治活动的地方。隋时称嘉德殿,唐初更名为显德殿。后因中宗李显为太子住东宫,避其名讳,改称明德殿。武德九年(626年)八月九日,太子李世民在高祖李渊逊位后于此殿举行登基仪式。当时太宗即在此殿听政,一直到贞观三年(629年)四月,太上皇李渊由太极宫迁居大安宫后,太宗李世民才去太极宫中太极殿听政。另外,在东宫中,建于太宗贞观十三年(639年)的崇文馆也是一处非常重要的政殿。它本为皇太子读书之处,唐代在此设"崇贤馆学士",以侍讲宫中。崇文馆又是唐代的贵族学校。唐制规定:"崇文馆,生二十人,以皇缌麻以上亲,皇太后、皇后大功以上亲,宰相及散官一品、功臣身食实封者、京官职事从三品、中书黄门侍郎之子为之。"(《新唐书·选举志》)另外,崇文馆也是宫内秘籍图书校理之处,是一个大型的皇家图书馆。掖庭宫是宫女居住和犯罪官僚家属妇女配没入宫劳役之处。大致分为三个区域:北部为太仓;中部为宫女居住区,其中也包括犯罪官僚家属妇女配没入宫劳动之处;西南部为内侍省所在地。内侍省是宦官机构,所谓"内侍奉,宣制令",掌管宫中的一切大事小情。1978年5月,曾在西安城内西五台以西、距今西安西城墙240米处发现了"光化二年岁次己未六月癸亥朔二十七日己丑建"的《大唐重修内侍省之碑》,位置恰在原掖庭宫的西南,从而证明这里确曾是内侍省无疑。

总之，太极宫是初唐政事活动的中心，高祖、太宗在这里君临天下，成就了一代圣制，"贞观之治"政令皆由此地发出，贞观君臣论政的许多著名故事也发生在这里。高宗龙朔以后，政事活动中心东移大明宫，然中宗、睿宗、玄宗、僖宗与昭宗仍有部分时间在西内听政，这里仍保留着唐代重要的政治中心地位。

（二）大明宫

大明宫是唐代最为著名的宫殿建筑，是太宗时期在长安城东北郊新建的宫殿建筑群，所以也称东内。贞观年间，因天气炎热，唐太宗李世民为给太上皇准备避暑场所，由百官献赀助役，开始营建大明宫。大明宫的兴建过程可以说是一波三折。根据《资治通鉴》卷一九四的记载：太宗贞观八年（634年）七月，"上屡请上皇避暑九成宫，上皇以隋文帝终于彼，恶之。冬，十月，营大明宫，以为上皇清暑之所"。但大明宫还未建成，太上皇李渊就已经于次年五月病死于大安宫。大明宫的营建工程也就此停工。大明宫的再次大规模营建就到了高宗龙朔时期。龙朔二年（662年），高宗染风痹，恶太极宫卑下，故就修大明宫。当时为修大明宫曾征收关内道之延、雍、同、岐、幽、华、宁、鄜、坊、泾、虢、绛、晋、蒲、庆等共15州钱，且在龙朔三年（663年）二月减京官一月俸禄，以助修建。经过这次大规模营建，大明宫才算基本建成。当然，此后大明宫尚有多次营建和修葺，如玄宗开元元年（713年）曾修缮大明宫，宪宗元和十二年（817年）、十三年（818年）又曾两次增修大明宫殿堂，新造蓬莱池周围廊庑四百间，疏浚龙首池，起造承晖殿等。

大明宫在郭城的东北处，西接宫城的东北隅，南接都城之北，立于龙首原的高地之上。据考古实测，大明宫周长7 628米，面积3.3平方千米，平面形制是一个南宽北窄的楔形。它的北墙长1 135米；西墙长2 256米；南墙为郭城北墙

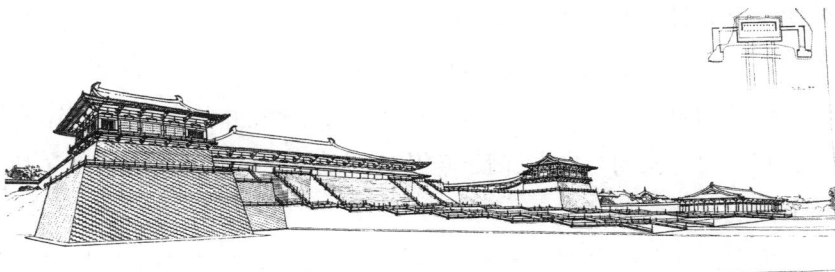

图 12.1
大明宫含
元殿

东部的一段,长1 674米;东墙的北部偏西12度多,由东墙西北角起向南(偏东)1 260米,转向正东,再304米,又折向正南长1 050米,与宫城南墙相接。它是唐长安城规模最大的一处宫殿区。

大明宫周围环筑有宫城,墙面与太极宫一样为夯土版筑,只有各城门两侧及转角处内外表面砌有砖面。据考古实测,城基的宽度,除南面墙基宽约9米外,其他三面墙基均宽13.5米,深1.1米。城墙构筑十分坚固,两边比城基各窄近1.5米,筑在城基中间,底部宽10.5米。此外,在宫城北部之外,东、西、北三面都构筑有夹城,亦为版筑土墙,平行于宫城墙。北面夹城最宽,距宫城墙宽约160米。东、西两面夹城距宫城墙宽均为55米。夹城位于宫城的后部,与宫城城墙配合,共同构成严密的防卫体系结构。

在唐朝三大内中,大明宫是规模最大的。其建筑布局以丹凤门、含元殿、宣政殿、紫宸殿和玄武门为南北轴线,官厅、别殿、亭阁与楼观等四五十所建筑分布于东西两侧。大明宫的北部为生活建筑区,南部为朝政建筑区。南部三大殿又构成前、中、后三个空间,分别为"大朝""中朝""内朝"。"大朝"是举行国家盛大庆典的地方,以高大雄伟的含元殿为主体,面朝宽阔的丹凤门广场。"中朝"以宣政殿为主体,是皇帝常朝和百官办事的行政中心,朝廷各重要机构如中书省、门下省、殿中内省、御史台、弘文馆、史馆等均设在其左右。"内朝"以紧连后宫的紫宸殿为主体,官员召入此殿朝见亦称"入阁",在当时是一件非常荣耀的事情。大明宫的北部以风景如画的太液池为界又可分为东、西两大活动区:东部为皇帝与后妃的活动区,以蓬莱阁、绫绮殿、浴堂殿等为主;西部为金銮殿、麟德殿和翰林院等,是皇帝在内廷引对臣僚以及举行宴会、观乐赏戏之处。麟德殿是这里最有名的宫殿,大约建于唐高宗麟德年间,故以"麟德"命名,麟德殿西近大明宫西墙的九仙门,大臣出入方便,故"凡蕃臣外夷来朝,率多设宴于此,至臣下亦多召对于此也"。武则天长安元年(701年)和长安三年(703年)曾在此殿两次宴见日本使节粟田朝臣真人。会昌五年(845年)六月,武宗曾在此殿会见契丹、南诏、室韦、渤海等少数民族与边境地区的贡使。宫城的北部尚有作为宦官衙署的内侍省,中唐以后,宦官逐渐干预朝政并掌握中央禁军,形成所谓的"北司"。北司长期与中书、门下省代表的"南司"分庭抗礼,造成了唐朝后期政治上的混乱和腐败。

大明宫中最宏伟的宫殿建筑是含元殿,它位于丹凤门正北,是大明宫第一大殿,也是当时整个长安城中最宏伟的宫殿。它修建在龙首原上,殿基高四丈多。唐李华《含元殿赋》描写说:"左翔鸾而右栖凤,翘两阙而为翼,环阿阁以周墀,象龙行之曲直。"含元殿的东西两侧建有向外延伸的阁楼,东名翔鸾阁,西名栖凤阁,殿阁之间以回廊相互连接。含元殿与丹凤门相配合,作用和太极殿相似,是举行"外朝"的地方,每逢元旦、冬至,皇帝则亲临此殿听政和举行朝会。唐代著名诗人岑参《和贾至舍人早朝大明宫之作》中所说的"九天阊阖开宫殿,万国衣冠拜冕旒",描写的就是当时含元殿大朝会的盛况。

含元殿东西长约 735 米,南距丹凤门约 588 米,殿庭极为宽阔。殿基高出地面 40 余尺,高高地屹立于龙首原南沿之上,为了方便百官朝见,殿前修建了两条平行的斜坡砖石阶道,共长 70 余米。由丹凤门北望,这两条阶道宛如龙生而垂其尾,极为壮观,故称为龙尾道。每遇朝会,群臣即由此两道而上。龙尾道的修筑使得含元殿愈显高大雄伟,但也因坡长阶高,这条道成为年迈大臣朝见之畏途。大中十二年(858 年)正月,宣宗在含元殿卜尊号为"圣敬文思和武光孝皇帝"。当时太子少师柳公权已 80 岁,从坡下步行至殿前,力已委顿,误听封号为"光武和孝",结果被御史弹劾,罚了一季俸。

含元殿的高大宏伟历来为人所称颂,统治者为建此宫也耗费了大量人力物力。李华在其《含元殿赋》中有详细的描述:其中建筑木材是江南山林中精选运来的所谓"择一干于千木"的"荆杨之材";为了砍伐这些木料,"操斧执斤者万人",然后"朝泛江汉,夕出河渭",运至长安,"拥栋为山";建筑工人都是能工巧匠,所以殿屋修得非常壮丽,站在含元殿前,终南山清晰可见,长安街道尽收眼底。现在建筑物虽然已荡然无存,但是在宫殿遗址上仍可体会到当日登高望远、视野开阔的情景。

长安城主要由隋大兴城改建而来,原来的大朝所在地是隋代建造的太极宫。大明宫在规模上超过太极宫,在地势上可以俯瞰全城,从实用的角度来说要比太极宫好得多。但其位置偏离长安城主轴线,从象征意义看,不适合举行大典。因此唐王朝在大明宫建成后,多数时间都在大明宫处理朝政,只有举行大典才回到太极宫。为满足皇室和朝廷各类活动需要,大明宫里兴建了许多殿堂建筑,其中有许多著名的建筑,而且大多与一些重要的政治事件或人物相关。比如含元殿是事实上的唐朝政治中心,宣政殿是会见使臣、举行殿试的场所。再如麟德殿,它是中国古代已知面积最大的木结构建筑,是皇家举行大型宴会

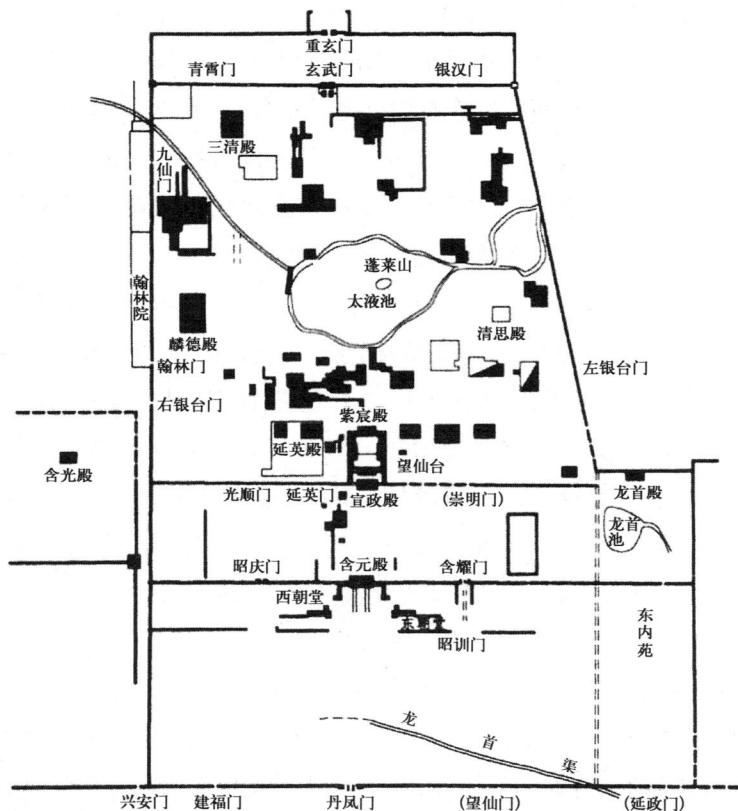

图 12.2
唐大明宫
平面示意图

的场所。

　　大明宫的前朝部分采用的是《周礼》中所称的三朝五门制度,其三朝就是含元殿、宣政殿和紫宸殿。紫宸殿是前三殿中最小的一个殿,也是大明宫的内衙正殿。皇帝日常的一般议事多在此殿,故也称为天子便殿。由于入紫宸殿必须经过宣政殿左右的东西上阁门,故入紫宸殿又称为"入阁"。能够"入阁"与皇帝商议军国大事,在当时对大臣来说是颇为荣耀的事情。紫宸殿西侧的延英殿,中唐以后也颇为有名。它是皇帝在内廷引对朝臣、议论政事的主要殿所。从代宗时起,皇帝每有咨对,或宰臣有所奏议,即在此殿召对,称为"延英召对"。开始仅限于宰相,以后扩大到群臣,而且初无定时,以后或双日开延英,或皇帝不御正殿,就在延英殿视政。

　　如同历朝的皇家宫室一样,唐大明宫采用的也是前朝后寝的布局模式。其后宫部分环绕太液池布置各类建筑,布置方案类似于早期台榭建筑群,是一种因地制宜的自由式或风景园林式的布局手法,因而整个后宫部分类似于一个巨大的皇家园林。太液池利用了用地中的最低处,是一个面积超过 15 公顷的人工湖。湖边有回廊四百余间,池中堆土山名蓬莱,诗人也称太液池为蓬莱池。太液池中种植莲花,水中养殖鱼类,蓬莱山上种植各种奇花异卉,环湖则是柳暗花明、绿草如茵。后宫建筑群的营造手法与前朝有明显不同,前朝似乎采用的是儒家正统思想所提倡的那种秩序井然、等级森严的空间序列,而后宫空间组织则合乎道家所推崇的顺其自然乃至模仿蓬莱神仙境界的手法。其后宫部分的营造手法,最终成为后来皇家园林的一个范本。

(三) 兴庆宫

兴庆宫在玄宗时代是国家的政治中心所在,也是玄宗与贵妃杨玉环长期居住之地,号称“南内”,是唐长安城三内之一。据记载,宫内原来有兴庆殿、南薰殿、大同殿、勤政务本楼、花萼相辉楼和沉香亭等建筑物。

由于大唐国泰民安、四海升平,玄宗和杨贵妃经常在兴庆宫内举行大型国务、外交活动,在唐诗中留下了许多名篇佳句。李白那篇脍炙人口的《清平调词》三首便与在沉香亭举行的一次活动有关:“云想衣裳花想容,春风拂槛露华浓。若非群玉山头见,会向瑶台月下逢。/一枝秾艳露凝香,云雨巫山枉断肠。借问汉宫谁得似,可怜飞燕倚新妆。/名花倾国两相欢,长得君王带笑看。解释

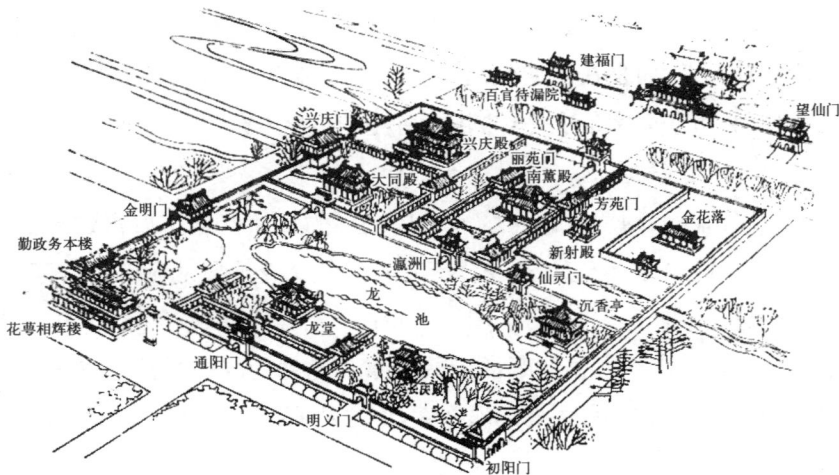

图 12.3
兴庆宫复
原图

517

春风无限恨,沉香亭北倚阑干。"

兴庆宫坐落于唐代长安城的东门春明门内,原来是长安外郭城内的隆庆坊所在之地,玄宗登基以前的藩王府邸。因此地靠近东市,交通便利,故有多位王子居住于此,被当时的人们称为五王子府。但此地虽是王子府邸,也属于长安城诸多里坊之一,并非宫殿建筑。隆庆坊变身为兴庆宫有一个漫长的渐变过程。

在李隆基登基以后,此处成为其潜邸,为了避他的名讳,隆庆坊被改名为兴庆坊。唐开元二年(714年),李隆基将其四位兄弟的府邸迁到了兴庆坊左邻诸坊,此后兴庆坊被改建为兴庆宫。开元八年(720年),兴庆宫的西南部修建了花萼相辉楼和勤政务本楼。开元十四年(726年),因李隆基对此地情有独钟,在这里长期处理朝政和居住,于是索性在兴庆宫建造了朝堂,由于面积不够,此次扩建将其北侧永嘉坊的南半部分、西面胜业坊的东半部分并入了兴庆宫。开元十六年(728年),兴庆宫正式成为玄宗的听政场所,因为在原有的大明宫、太极宫南边,故被称作"南内"。开元二十年(732年),为了方便与北面的大明宫和南面的曲江池联系,在东外郭城增筑了一道夹墙,形成一条隐蔽的通道,可以从兴庆宫直接抵达大明宫或曲江池。总之,兴庆宫历经多次改建和扩建,最终其宫城南北长度达到1 250米,东西宽度达到1 080米,用地规模超过2 000亩。

兴庆宫原为长安诸多里坊之一,其平面形状也是一个长方形。由于是利用原有亲王府邸逐次改建而来,其总体布局与传统宫殿建筑多有不同。首先,它的前朝殿堂与后宫御苑部分的位置关系正好与传统宫殿相反。其南部为后宫御苑而将朝堂置于北边,按照当时的观念这是前寝而后朝。它的正门也不是在南墙中轴线上,而是在西墙偏北位置。其朝堂部分仍按三朝纵列的布局,各殿坐北朝南,由北而南依次是大同殿、兴庆殿和交泰殿。三殿之前有大同门,门里有钟楼、鼓楼分列左右。

兴庆宫南面的后宫御苑区域布局则更为灵活。整个后宫建筑群以龙池为核心,龙池南岸建有五龙坛、龙堂等景观建筑。龙池以北则有沉香亭、百花园等著名的建筑园林。李白《清平调词》中有"沉香亭北倚阑干"的诗句,就是描写玄宗与杨贵妃在兴庆宫龙池旁活动的场景。龙池的规模受到原隆庆坊用地面积限制,不可能像大明宫太液池那么大,但也达到2万平方米以上,虽称不上烟波浩渺,也还是相当可观的。基于当时皇家苑囿的审美传统,象征蓬莱仙岛的山石和奇花异卉、池中的莲花游鱼都是必不可少的景致。相对太极、大明两宫而言，兴庆宫规模不大，但建筑景致则过之。近年兴庆宫遗址出土了大量装饰性瓦件，各类纹饰达数十种，且有黄绿两色的琉璃滴水，说明当时兴庆宫屋面可能已经采用了类似琉璃瓦剪边的做法。隋唐建筑总体上用料质朴，色彩简单，即使大明宫也没有采用琉璃瓦。用琉璃瓦给屋顶镶边的做法称剪边，这是宋代常用的手法。

兴庆宫在唐代宫殿建筑中形成较晚，虽然也处于都城之中，但在整个城市格局中并不占有决定性地位。其空间布局较为灵活，主要建筑相对其他宫殿而言也精致小巧一些。政治象征意义和建筑形式、布局的仪式感在这里都不是那么重要，它的特点是更注重园林空间，总体风格较为轻松优雅，风格倾向于度假休闲的行宫。虽然规模、尺度远不及太极、大明两宫，但它却预示着中国古代皇家宫殿建筑向更精致、更注重细节和内涵的发展方向。

二、明堂

明堂是中国最古老的礼制建筑之一，据传始于黄帝时代，是历代帝王受命于天的象征。西周以后，明堂建筑受到儒生们的高度重视，作为推行儒家教化的场所，成为崇尚西周礼制的标志性建筑。明清之前，国家凡欲推行儒家治国理念，往往以建明堂来表明态度。西汉时期，武帝打算推行儒学，第一个措施就是兴建明堂。北周王朝及其继承政权都以周文化继任者自居，但因战乱不止而长期难以实现明堂的修建。隋朝建立，天下初定，隋文帝时期，建明堂一事被再次提上议事日程。据《隋书·牛弘传》记载，时任礼部尚书牛弘上书建议修建明堂，并对明堂的性质和建筑形制作了系统考证。上书中说道：

> 窃谓明堂者，所以通神灵，感天地，出教化，崇有德。孝经曰："宗祀文王于明堂，以配上帝。"祭义云："祀于明堂，教诸侯孝也。"黄帝曰合宫，尧曰五府，舜曰总章，布政兴治，由来尚矣。周官考工记曰："夏后氏世室，堂修二七，广四修一。"郑玄注云："修十四步，其广益以四分修之一，则堂广十七步半也。""殷人重屋，堂修七寻，四阿重屋。"

这里提到，所谓明堂是一个可通神灵的建筑，是与天地交感、颁行教化文章、表彰崇高德行的地方。在明堂举行祭祀，是为了教育天下人行孝道。明堂在不同时期名称不一,黄帝时代叫合宫,帝尧时代称五府,舜帝时候叫总章,是各时期颁布政令、推行教化以达到天下大治的精神中心,由来久远。上书关于名称形制又有如下描述:

> 蔡邕……又论之曰:"明堂者,所以宗祀其祖以配上帝也。夏后氏曰世室,殷人曰重屋,周人曰明堂。东曰青阳,南曰明堂,西曰总章,北曰玄堂,内曰太室。……"

明堂是祭祀祖先、将祖先与上帝联系起来的地方,明堂的构成有五个主要内容,即东边的青阳、南边的明堂、西边的总章、北边的玄堂和中心的太室(也称太庙)。牛弘对明堂的外形和尺度数据也作了详细考证:

> 蔡邕……又论之曰:"……制度之数,各有所依。堂方一百四十四尺,坤之策也,屋圆楣径二百一十六尺,乾之策也。太庙明堂方六丈,通天屋径九丈,阴阳九六之变,且圆盖方覆,九六之道也。八闼以象卦,九室以象州,十二宫以应日辰。三十六户,七十二牖,以四户八牖乘九宫之数也。户皆外设而不闭,示天下以不藏也。通天屋高八十一尺,黄钟九九之实也。二十八柱布四方,四方七宿之象也。堂高三尺,以应三统,四向五色,各象其行。水阔二十四丈,象二十四气,于外,以象四海。王者之大礼也。"观其模范天地,则象阴阳,必据古文,义不虚出。

根据牛弘的说法,明堂的尺度数据都有严格的依据和象征意义。大堂一百四十四尺见方,象征地;圆顶楣枋直径二百一十六尺,象征天。中间的明堂六丈见方,其上通天屋直径九丈,隐含阴阳九六之数,并且上圆下方是九六之数的表达。八个出口具八卦之形,九个内室象征九州,十二宫对应十二辰。三十六个门扇、七十二扇窗户是夏后世室四户八牖乘以九的变数。窗扇都设在外面不关闭,对天下表示天地无私。通天屋高八十一尺,是九九黄钟音律的象征。二十八柱列布四面,象征二十八宿。堂高三尺示意三统,四面五色象征五行。环形水面宽二十四尺,象征二十四节气,同时有四海的含义。这个建筑是王者的象征、最高礼制的体现,以天地为模范、阴阳变幻为准则。明堂建筑是国家精神中心,所有数据都以古代文献为依据,其内容不容虚构。

牛弘对明堂的考据线索清晰,内容完整,一座宏伟壮观的国家祭祀建筑已经跃然纸上。隋唐时代继往开来,对前朝的总结和对将来的启示同样丰富,在

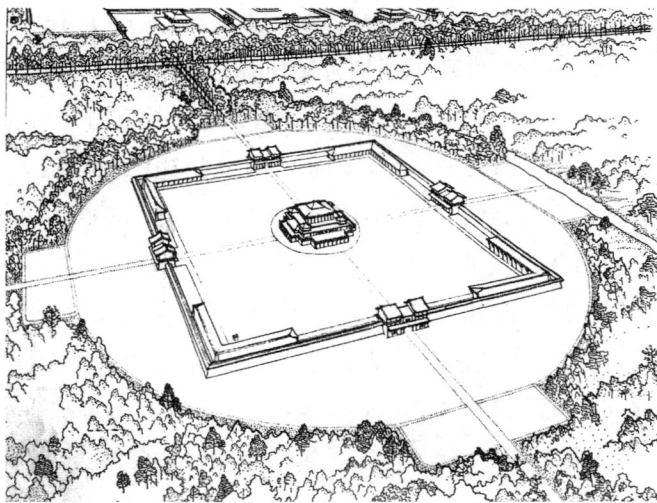

图 12.4
汉明堂复原图

建筑上也是有继承更有创举。但是,牛弘的倡议未得到隋文帝的批准,隋朝初创,百废待兴,明堂之议没能实施。唐太宗时,建明堂的计划再次被提出来,但又恰逢关中发生饥荒,建明堂的计划再次缓行。直到公元 685 年,武则天掌握政权时,建设明堂的计划才得以实现。武则天掌权之后,将唐朝政治中心转移至东都洛阳,明堂建成后,武则天认为明堂这个名称太平淡,亲自改名为"万象神宫"。公元 690 年,武则天就在万象神宫登基称帝。洛阳地处中原,地理上是传统的关东文化中心区,所谓关东世族在唐代掌握文化话语权,享有极高的社会声望。同时,关东地区也是青年才俊辈出的地方,唐代科举考试也通常在洛阳举行。因此,将明堂辟雍建造于此也是一个合乎情理的选择。

明堂建筑虽有古老传统,但先秦明堂建筑规模有限,且没有留下建筑实物。汉代兴建明堂时,儒生们就为明堂的建筑形制有过争议。汉武帝最终在汉长安南郊兴建了明堂及礼制建筑群,规模相当庞大,远远超过先秦时期。近代对汉长安明堂建筑遗址的发掘证明,汉明堂的建筑形制基本符合牛弘的描述。唐代曾经在汉长安基址上重建过未央宫,说明当时的汉代建筑基址还基本保存完好。有了这个实物佐证,唐代的重建明堂在形制上应该是没有什么疑问了。

据《资治通鉴》卷二〇四记载,唐代明堂建筑"高二百九十四尺,方三百尺",高度远超牛弘的考据,也超过西汉时期的明堂建筑。唐代明堂可以说是把明堂建筑的宏伟尺度和技术水平都推向了巅峰,比照其他唐代建筑,也可以想象出它那震撼人心的艺术感染力。1975 年,在洛阳南郊发现了唐代建筑"天堂"的遗址,这是武则天礼佛的场所,据历史记载与明堂应该相距不远。1986 年,就在天堂遗址左近处发现了明堂遗址,面积竟达近万平方米,规模远远超出人们想象。

但唐代明堂存在的时间并不长,这也是它过于夸张的尺度造成的。在中国历史上,只要达到一定尺度以上,建筑越高则寿命越短,百米左右的高大木构建筑几乎都有类似的结局,即毁于火灾。高大的木构建筑一着火即无法扑救,这是木结构建筑的致命伤。公元 695 年,一场大火烧了一夜,万象神宫于是化为灰烬。此后重建,改称"通天宫",这个称谓既反映了这个建筑高度上的宏伟尺度,也符合明堂建筑的基本性质。但通天宫的规模尺度及工艺水平已不及万象神宫。此后洛阳明堂建筑屡毁屡建,都未能恢复万象神宫的壮丽神采。

明堂建筑在建筑风格上属于早期台榭建筑类型,这类风格的建筑所追求的是庞大的体量、繁复的形式变化和华丽的装饰。从汉代明堂及洛阳明堂遗址的形态来看,它应该是一个由环形水面包围的中心轴对称式建筑。明堂的位置处于都城南边,与城市的关系相当于明清北京的天坛。虽然我们常说唐代建筑高大宏伟,但那只是相对宋代以后而言,相比于秦汉时代,唐代建筑已转而采用了分散的建筑布局方式,单体建筑尺度已大为缩小。在唐代建筑普遍采取群体分散布局的背景下,这个高耸入云的庞然大物一定是最为突出的一个地标,远来的人们还未看见洛阳城的墙垣殿堂,就早早地看到了明堂那个象征天穹的大圆顶。

虽然此后历代仍有兴建明堂辟雍之举,但在建筑艺术手法上已经与唐代及此前的这类建筑有了本质的不同。比如明清国子监的辟雍,虽保留了环形水面和中心轴对称的平面布局,但它只是太学建筑空间序列中的一个环节,而且形制等级也不是建筑群中最高的,尺度很小,不少人多次经过都没有发现它的存在,充其量只能算是保留了一个象征性的传统符号。台榭式建筑是中国一种古老的建筑类型,它的风格倾向和许多其他文明背景下的建筑类似,追求巨大的单体建筑尺度、对称的造型、丰富的形态变化和装饰细节。这类建筑在各方面追求与天争胜,带有明显的宗教神秘色彩,试图将建筑建造成一个宇宙的模型,企图通过这些建筑将人类的精神传达到天庭。

但在古代中国,文化的发展将人们的思想逐渐带到人文理性的轨道上,建筑艺术风格也逐渐趋于理性和平静的表达方式。魏晋以后,建筑的追求逐渐回归人类社会,回归现实生活。建筑开始关注空间环境的实用与舒适,关注各种生理与心理的功能要求,注重建筑与居住者、建筑空间与自然环境空间的交流与交融。那些夸张的尺度、恢宏壮丽的气势也从此被渐渐遗忘。而唐代的明堂建筑似乎是中国历史上最后一次兴建这种"古风"建筑,它将中国此类建筑艺术推向了顶峰,同时也为这类建筑画上了完美的句号。

三、宗教建筑

隋唐时期我国宗教兴盛,特别是佛教发展迅速,而长安城又是全国宗教文化中心。当时本土及外来宗教众多,不仅有本土的道教,也有东汉时期传入的佛教,还有一些现今已不多见的祆教、景教、摩尼教等,其中佛教在唐朝最为兴盛。唐代佛教不仅对中国佛教发展有着极为重要的意义,而且也影响到其他国家和地区,比如日本、朝鲜等国家。目前,我国现存最为古老的木构地面建筑就是唐代的佛教寺庙建筑。

佛教自东汉时期传入中原,其寺院建筑模式经历了一段本土化的过程。从初期的塔院式寺庙到僧院式寺庙,最终定格为佛殿式寺庙建筑。塔院式在北魏时期石窟建筑中很常见,即在合院建筑院落中心有一座佛塔,僧房环绕布置,僧侣做功课时都是面对佛塔进行的。僧院式则取消了院落中的佛塔,去掉了一个具象的朝拜对象,这应该是教义上的进步所致。南北朝时期佛教兴盛,出现了许多"舍宅为寺"的善举。这样一来,中原地区居住建筑的空间模式被佛教寺院广泛接受,由此形成了具有中国特色的佛教寺院建筑,被称为"佛殿式"寺庙建筑。今天所见中原寺院大多属于此类。

隋唐是我国佛教发展史上的一个重要时期,佛教建筑制度在这期间也得以发展完善,形成了禅宗寺院的一个标准模式,即"伽蓝七堂制"。这时的寺院建筑已经形成与中原地区宫殿、住宅相似的空间格局,其主要建筑以一系列院落为中心,沿主轴线顺序展开。不同时期的"七堂"内容有所不同,初期的伽蓝七堂制庙宇中的七堂主要包括山门、佛殿、法堂、方丈、僧堂、浴室、东司(厕所)等建筑物,其核心即佛殿建筑,亦即后世所称的大雄殿或大雄宝殿。佛寺建筑在中国传统建筑中等级地位并非最高,却是遗存数量最多的建筑类型。中国传统建筑最主要的木结构建筑部分保存困难,遗留至今最古老的木构建筑就是唐代的,且只有少数寺庙大殿部分保留下来。也就是有了这些遗存建筑,我们才得以直观地感受到唐代建筑的风范。

山西素有地上文物博物馆的美誉,现存古建筑数量之多、价值之高都居全国之首。现存的唐代木构建筑都在山西省,其中南禅寺大殿是我国现存最早的木结构建筑,位于五台县东冶镇李家庄旁。该寺创建于唐德宗建中三年(782年),主殿面阔、进深各三间,平面近正方形,单檐歇山顶,屋顶鸱尾秀拔,举折平缓,出檐深远,明间装板门,次间装直棂窗,转角处阑额不出头,阑额上不施普拍枋,斗拱为五铺作双抄单拱偷心造,用材颇大,唐代作风明显。此殿体量虽小,但让人感到内力深蕴。

现存规模最大、等级最高的唐代木构建筑是五台山的佛光寺大殿。佛光寺位于五台县佛光新村,距离五台县城大约30公里。佛光寺的正殿亦即佛光寺的东大殿,是我国现存规模最大、保存最完整的唐代木构建筑。佛光寺兴建于唐大中十一年(857年),除了建筑本身,佛光寺内还保留了大量的唐代壁画、题记、雕塑等,被称为"四绝",是极为珍贵的历史文物,具有非常重要的历史价值、艺术价值。佛光寺依山而建,建筑群有明确的中轴线,山门、殿堂逐级向上排列,其正殿东大殿位于最上一层平台,在所有建筑中位置最高,可以俯瞰全寺,显示出崇高的等级地位。佛光寺大殿七开间,"金箱斗底槽"柱网布局。台基低矮,挑檐深远,斗拱雄大,构件粗壮。整个建筑简洁雄浑,造型奔放有飞腾之势,是最为典型的唐代建筑风格。

现存最早的唐代建筑是五台山南禅寺大殿。该建筑规模不大,三开间单檐歇山屋顶,台基低矮,几乎未加装饰,表现的完全是材料和结构的本真造型和色彩。建筑造型遒劲有张力,具有明显的向上升腾的动态。建筑虽小,且简单质

图 12.5
五台山佛光寺大殿

图 12.6
五台山南禅寺大殿

朴,却极富艺术感染力,给人以强烈的精神震撼。

　　近年新发现的唐代建筑还有两处,其中之一是山西平顺天台庵大殿。天台庵坐落在平顺县城东北方约 25 公里处的王曲村村口的一座孤山上,始建于唐末天祐四年(907 年)。天台庵的大殿建筑规模虽然不大,但结构简练,构件粗大而构造严密,建筑上没有多余的附加装饰,这些特点都体现了唐代建筑的基本艺术特征。遗憾的是,天台庵大殿建筑后期修缮痕迹较重,原真性不如五台山的两处唐代建筑。但由于唐代建筑已是极为难得,故此殿仍不失为唐代建筑的重要遗存之一。

　　从这些幸存的唐代佛教建筑上,我们可以总结出唐代单体建筑的一般特征。这些特点具有鲜明的时代背景,是中国建筑历史上重要的一页。唐代建筑

图 12.7
天台庵大殿

屋面坡度平缓,挑檐深远,这是中国早期建筑遗风。唐以前,建筑墙体多为夯土工艺,不耐雨水侵蚀,须有巨大的屋顶、深远的挑檐为墙体避雨。唐代建筑空间较为低矮,给人以头重脚轻的观感,一方面是因为屋顶大,另一方面也是因为受席地而坐的传统影响,建筑内部空间确实相对低矮一些。唐代建筑构件粗大,结构简单明了,这是木结构技术和木工工艺发展过程中的一个阶段性特征。让后人最难理解的是唐代建筑台基特别低矮,这一点与此前建筑反差极大。

其实唐代建筑台基的低矮并非刻意追求低调,恰恰相反,唐代建筑风格是比较张扬个性的。如果全面去看唐代艺术风格就会发现,唐人非常注重真实自然的审美趣味,这种审美情趣也体现在建筑风格上。当时无论宫殿还是陵墓建筑都会尽可能地利用自然地貌,寺庙建筑也不例外。这些建筑中人工建造的台基部分很低矮,但无一例外都利用了自然地貌中的高地,以自然高地作为建筑台基的一部分甚至是主要部分,来凸显建筑的宏伟。如果将唐代建筑从环境中孤立出来,那么它的立面比例是很不协调的,但它与环境结合在一起却非常和谐。这种追求真实自然的风格倾向也体现在对待建筑装饰的态度上,唐代建筑几乎没有多余的装饰物,其建筑美感基本由建筑造型、结构和构造工艺体现出来。

四、居住建筑

里坊作为唐代城市的基本居住单位,犹如今天的居民小区,在多数城市中,它都是排列整齐、规划有序的。唐代的里坊多数呈长方形,在不同的城市,以及同一城市中的不同街区,里坊的面积也不同。比如唐长安城的里坊就有五种大小不同的类型。其中,皇城东西两侧的 12 个里坊最大,东西宽度约 955.5 米、南北长度达 808.5 米,每个坊的面积约达到 0.77 平方公里,和北京故宫相当。而面积最小的是朱雀大街两侧的 18 个里坊,东西宽度约 477 米、南北长度为514 米,面积只有约 0.25 平方公里,还不到最大里坊面积的一半。在当时的各个城市中,长安的里坊平均面积也稍大于洛阳以及其他地方城市里坊。

里坊制居住模式渊源久远,但在隋唐时期的城市中发展到高度成熟的阶段。这种居住模式与今天差异极大,以至于现代人已很难想象那时的生活场景。每个居住区都被两三米厚的夯土墙围合,如果出门必须按时早出晚归,大街上既无商业活动也无娱乐设施。所有的商业、娱乐、宗教、政治、文化活动都被安排在一个个微型的具有特定功能的"城"里。整个城市似乎是一百多个小型城池的集合体，如同一个多细胞生物，不同里坊就是其不同功能的细胞。

唐代住宅已经没有实物遗存，所幸文字描述和壁画所描绘的形象资料都较为丰富。唐代住宅以四合院式建筑为主，通常为南北向，入口有门屋，门内一般设有影壁。前院正北面是堂，院落两侧有两厢及廊庑，堂后为室。从部分壁画资料来看，唐代的堂屋建筑有带楼层的，明清四合院中已没有这样的建筑形式。这种一楼为堂二楼为室的做法似乎是早期建筑遗风。不少壁画中描绘的正堂建筑还是二阶堂形式，这种两阶的布置最早出现在夏代二里头文化遗迹中，与周礼提倡的礼仪行为规范相适应，是一种古老传统的体现。唐代居住建筑入口常用"乌头门"，这种门直到宋代仍然流行，但在唐代，乌头门的等级较高，一般五品以上官员才可使用。

中国古代一直注重居住建筑等级制度的规定，唐代也是如此。高宗时期完成的《唐律疏义》中已有规定士庶住宅规格的《营缮令》。据该书卷二六《杂律·舍宅车服器物违令条》载：

> 诸营造舍宅、车服、器物及坟茔、石兽之属，于令有违者，杖一百。虽会赦，皆令改去之（坟则不改）。
>
> ［疏议曰］："营造舍宅者，依《营缮令》：王公已下，凡有舍崖，不得施重拱、藻井。……此等之类，具在令文。若有违者，各杖一百。虽会赦，皆令除去，唯坟不改。……其物可卖者，听卖。若经赦后百日，不改去及不卖者，论如律。"
>
> ［疏议曰］："舍宅以下，违犯制度，堪卖者，须卖；不堪卖者，改去之。若赦后百日，不改及不卖者，还杖一百。故云论如律。"

这里主要是规定了一项主要的限制，即王公以下住宅不能有重拱和藻井。所谓重拱即四铺作以上的多层斗拱，藻井则是厅堂上空彩绘雕饰的天花。住宅和坟茔有违制的，限期改造或出售给地位相应的人家，逾期不改且没有出售的将受杖一百的惩罚。

继《唐律疏义》之后，玄宗开元二十六年（738 年）完成的《唐六典》对第宅等级有了更为具体的规定：

> 凡宫室之制，自天子至于士庶，各有等差。

> 天子之宫殿皆施重拱、藻井。王公、诸臣三品已上九架,五品已上七架,并厅厦两头,六品已下五架。其门舍三品已上五架三间,五品已上三间两厦、六品已下及庶人一间两厦。五品已上得制乌头门。若官修者,左校为之。私家自修者,制度准此。(卷二三)

这里规定了只有天子才可以用重拱和藻井,王公及各级官僚的厅堂间、架也就是开间和进深根据品级各有不同,且特地强调,五品以上才可以用乌头门。

唐文宗时期,又颁布《营缮令》,对住宅等级制度做出一些调整:

> 又奏,准《营缮令》:"王公已下,舍屋不得施重拱、藻井。三品已上堂舍,不得过五间九架,厅厦两头门屋,不得过五间五架。五品已上堂舍,不得过五间七架,厅厦两头门屋,不得过三间两架。仍通作鸟(乌)头大门,勋官各依本品。六品七品已下堂舍,不得过三间五架,门屋不得过一间两架。非常参官,不得造轴心舍,及施悬鱼、对凤、瓦兽、通袱乳梁装饰。其祖父舍宅,门荫子孙,虽荫尽,听依仍旧居住。其士庶公私第宅,皆不得造楼阁,临视人家。"(《唐会要》卷三一)

这次的规定更加细致具体:不是常参官[①]的,其住宅平面形式不能用轴心舍[②],不能用悬鱼、瓦兽等装饰。祖上留下的宅第,虽越制,子孙也可以沿用。但所有住宅均不允许造楼阁,为的是保护邻里的隐私。故文宗以后,居住建筑中的楼阁式多层建筑逐渐消失了。我们在汉代至魏晋时期的明器中常常看到的住宅中的楼阁建筑形态,大约就是从此时开始逐渐消失的。

同时趋于衰落的还有轴心舍平面布局形式。这种布局方案保证了前堂后室之间有便捷可靠的联系通道,特别适合北方寒冷的冬季。由于其形制与官署建筑冲突,在唐代以后的住宅建筑中逐渐减少,但也没有马上消失。元代还可以见到此类住宅,北京后英房一处元代住宅遗址就保留有轴心舍平面布局形式。但到了明、清两代,中原地区已经完全不见此类民居,这样的布局形式只存在于王府一级的建筑或是某些偏远地区的民宅中。

从这些规定中,我们发现唐人非常重视建筑的等级制度建设,其法规逐步

---

① 唐代在京三品以上官员定期朝见皇帝,称为常参官。
② 前堂与后室之间,在中轴线上贯以连廊,形成工字形平面,称轴心舍。这是唐代官署常用的平面形制。

完善,细节逐渐丰富。这些规定一定程度上限制了居住建筑的多样性和个性的表现,但也确保了整个住宅区乃至整个城市在总体效果上的协调一致,突出了城市空间的核心和视觉中心。在这样的等级制度下,城市以宫殿、官署、寺庙作为视觉上的主、次重点,在大片尺度、装饰繁简不同的居住建筑烘托下,形成一个主题鲜明、层次丰富、节奏清晰的城市空间体系。这种制度在政治上当然是有歧视性的,但在城市空间的控制上起到了一定的积极作用,甚至避免了现代城市的一些弊端。唐代城市的恢宏气势,在很大程度上有赖于这些制度的严格执行。

五、市场建筑

唐代商业贸易极为发达,对于市场建设和管理也非常重视。从近年考古发掘的情况来看,唐代市场建筑已经高度规范化、专业化,其中一些设施被之后的商业街所继承。唐代商业建筑最大的特点在于里坊式的市场与商业街并存,许多商业经营模式都在这段时间发展成熟起来。里坊式的集中市场是一种古老的市场模式,西周文献中就记录了这类市场的详细管理制度,《周礼·司市》详细叙述了西周时期的市场经营模式和管理办法:

> 司市掌市之治、教、政、刑、量度、禁令。以次叙分地而经市,以陈肆辨物而平市,以政令禁物靡而均市,以商贾阜货而行布,以量度成贾而征价,以质剂结信而止讼,以贾民禁伪而除诈,以刑罚禁暴而去盗,以泉府同货而敛赊。
>
> 大市,日昃而市,百族为主。朝市,朝时而市,商贾为主。夕市,夕时而市,贩夫贩妇为主。
>
> 凡市入,则胥执鞭度守门,市之群吏平肆、展成奠贾,上旌于思次以令市。市师莅焉,而听大治、大讼;胥师、贾师莅于介次,而听小治、小讼。

当时的市场由专门管理部门和官员"司市"负责,掌握市场的治安、经营制度、法规以及度量标准等,并有平抑物价、防止欺诈、惩治违法等职能。市场从经营时间上分早市、晚市和大市,大市的经营主体是"百族",朝市是商贾,晚市则是贩夫贩妇也就是小商贩。百族、贩夫贩妇并非专业商人,说明当时农商分工还不彻底。市场入口有门,而且有"胥"执鞭守卫,那么这类市场肯定是封闭管理的,有围墙或栅栏之类维护设施。

《周礼·司市》也对市场内部的商店建筑形态作了描述,而且,同一市场由三种不同人群在不同时段分别使用,说明市场中很可能没有固定的店铺商厦,只是一块封闭管理的场地而已,最多有些临时性棚屋。市场管理人员有"群吏""市师""胥师""贾师"等官吏,其中"市师""胥师""贾师"等官员还要"听讼",也就是裁决商业纠纷,那么很可能市场中会设有固定的管理用房。

通过分析我们大致可以得出这样的结论:周代的正式市场是封闭管理的,在商业经营方面专业分工还不太彻底。其经营模式还比较原始,有些像后世的庙会,但管理制度相当严格。与之相应的是,除了市场周边一圈围护结构和入口大门,内部的商业店铺建筑比较简陋或者根本没有永久性建筑,但有比较正规的管理用房。这类市场模式一直沿用千余年,至南北朝时期已被纳入城市总体规划中,其用地规划和建筑营造均已正规化。唐代在继承这一制度的基础上进一步完善,里坊式市场的建设达到了历史最高水平。其中最具代表性的自然是唐长安城的主要商业设施——东市和西市。

东、西市不仅是唐长安城的主要商业区,同时也是唐代全国性商业贸易包括外贸的中心。其中东市以国内商人为主,经营中原及江南各道产品;西市则多为胡商,经营商品也以舶来之物为主。在当时,这两处市场极为繁荣,沿街、曲各类店铺林立,货物琳琅满目。开市之时,人头攒动,商贩顾客摩肩接踵。

唐代的市场也是用里坊的形式设置的,所以也可以称为市坊,当然它的面积要比居住性里坊大得多。据文献记载,长安城东、西两个市坊的面积都相当于普通居住性里坊的两倍。根据近年考古发掘资料来看,东市坊的面积约为0.92平方公里,大致比北京故宫的总面积还要大30%。西市在隋代称利人市,与东市对称布置于长安城中轴线两侧,分别位于太极宫西南和东南边。东、西两市面积相当,西市略大于东市。

市坊面积比居住性里坊大,内部街道布局也不同。市内主要街道呈"井"字型,每条街两端都通向一个市坊门,因而每个市坊东、南、西、北面各有两个门,共八个门。市坊周边道路宽度都在120米以上,车马行人通行比较方便。东市靠近大明宫和兴庆宫,周边贵族府邸很多,因而有不少销售奇珍异宝的商家。各市坊的内部空间被"井"字型街道划分为九宫格形式,这些坊内的主街宽度约16米,可通车马,道旁尚有排水沟和1米宽的人行道。九个区域内部尚有小巷,唐代称之为"曲",这样可以确保所有店铺都能临街临巷开门。店铺的面积通常都不太大,开间多数在 4—10 米,进深都在 3 米左右。市坊的围墙和居民里坊相似,都是夯土墙,墙基部分厚度约 4 米。

从文献记录和近年考古发掘情况来看,当时的商业贸易非常繁荣,商品种类也极为丰富。比如,在东市就发现了许多料器、水晶、珍珠、玛瑙等珠宝和贵重物品的遗存。而西市虽离宫殿贵族区较远,但离通往丝绸之路的开远门较近,周边里坊里有许多外来商贩居住,且这一区域平民人口密集,因而西市之繁荣比东市尤有过之。由于西市的繁荣富裕景象,当时人们也称之为"金市"。李白《少年行》诗中就有"五陵少年金市东……笑入胡姬酒肆中"的诗句,对当年长安西市的生活之一景作了生动的描述。

所谓里坊制,也包括对商业坊市的管理制度。和居住性里坊一样,长安城的市场同样实行宵禁制度。市坊的大门与居民里坊的大门及城门一样,都要按时开启、关闭,市场各门都派有专门人员负责管理。市中心建有市楼,这既是市场的标志性建筑,也是发送钟鼓信号的场所。市场内各种管理设施一应俱全,有各级官吏分别负责治安、物价监管、质量检查和仲裁纠纷等事项。这种里坊制市场发展到唐代已完全成熟,市场内店铺街曲整齐有序,整个市场秩序井然。不过,唐代的封闭式市场已经是此类市场建筑的绝唱,发展了近两千年的里坊式市场逐渐被街市取代。就在中唐时期,南方如扬州这类地方商业城市逐渐兴起,由商业行为推动的更加灵活多样的商业街道开始出现。这类商业街道店铺鳞次栉比,商品琳琅满目,彻夜灯火通明。扬州城的十里长街不仅深受一般百姓的欢迎,也使得一大批文人雅士深受感染,逐渐被社会各阶层普遍接受,成为之后的主要市场模式。但唐代里坊式市场的部分基因仍遗传至今,浙江义乌小商品市场、江西景德镇瓷器市场等专业市场的布局方式和营业管理模式与当年的里坊市场仍有相似之处。

第三节　唐代建筑的审美特征

唐朝前期,经过了百余年的稳定发展,国家经济得以恢复,国力强盛,疆域广阔,农业、商业、手工业全面发展,国家繁荣、人民富足,到唐玄宗开元年间国力达到巅峰。京都长安城和东都洛阳城陆续兴建了规模宏大、景象壮丽的宫殿和苑囿,各道、各州府兴建了大批城池官署。随着商业经济的持续繁盛,全国各地陆续出现了泉州、扬州、洪州(南昌)、益州、明州、幽州、荆州、广州等地方性商业中心城市。这些地方城市特别是南方城市的布局逐渐出现了一些新的变化。唐朝建筑总体上具有规模宏大、气魄雄浑的特点,建筑材料运用和工艺技术也有了明显的进步。首先是砖的运用增多,特别是墓、塔等建筑广泛使用砖结构,从西域引入的琉璃烧制技术也得以发展和广泛运用。同时,建筑的木结构技术日趋成熟,出现制度化和标准化的倾向。

从整个唐代来看,作为中国古代主要建筑类型的木构建筑进步尤其大。在唐代,国家对于各类建筑已进行了一系列的技术管理和推广,如建筑监理制度,各建筑均有"都料"监造,建筑上还要刻都料之名以示其责任。各地建筑因此在建筑风格、建造质量上表现出相当高的一致性与统一性。今天我们仍能看到若干保存完好的唐代木构建筑,这与这样的管理体制和规范的技术有直接关系。

唐代在宫殿形制上结束东西堂之制,恢复三朝五门的宫廷主轴线,建筑群处理手法也十分成熟。早在隋代,宇文恺设计明堂,用1∶100的图及模型送宫廷审查。唐代大明宫的主体建筑按照这一思路规划布置于中轴线上。而唐高宗和武则天合葬的乾陵,因应地形按照"因山为阙"的手法组织轴线,更显示出对于轴线运用的高度成熟。以大明宫麟德殿为代表,中国的木构建筑群已经基本解决了大面积大体量的技术问题。唐代长安的承天门和含元殿、洛阳的应天门均采用了"门"形平面的门阙之制。这一平面格局作为皇宫的正门形式,由五代洛阳五凤楼、北宋东京宣德门(又作端门)、故宫午门等继承下来。唐代建筑对日本影响很大,日本平城、平安两京城之规划,日本佛寺及住宅庭院的式样,均带有很明显的唐风。

唐代陵寝制度及陵墓承继两汉厚葬风俗,在布局上有新发展;在山陵营造方式上,继承发展了汉文帝开创的利用自然山体挖掘地宫的模式,因地制宜布置陵园,皇帝陵墓有大量雕刻,如昭陵六骏。唐代的佛教发展很快,主要城市和风景名山兴建了大量佛寺、塔、石窟,留存至今的有山西五台山南禅寺、佛光寺大殿及众多佛塔。我国现在能确证的最早的木结构建筑实物,就有山西五台山的南禅寺和佛光寺等部分殿堂,都是唐代建筑。这些建筑的共同特点是,单体建筑的屋面坡度平缓而出檐深远,斗拱在结构中所占比例较大,结构材料粗大坚固,门窗等围护结构简洁大气,整体风格端庄质朴。其木构件部分已接近标准化、模数化。构件尺度均衡，承力作用清晰明确，且注重结构、构造构件的装饰作用，各构件在技术上合理，在艺术上美观。砖石工艺的发展更加明显，用砖石仿木结构，显示了精致的调试加工工艺。

可以说，唐代建筑发展遇上了一个得天独厚的历史机遇。第一，魏晋时期对前代各类艺术思路的分析总结为当时建筑发展提供了思想武器。第二，中国传统建筑木结构技术经东汉、魏晋的深化发展在此时已完全成熟并趋于规范化，为建筑营造提供了可靠的技术基础。第三，随着魏晋南北朝时期外来宗教文化的传播，大量西域艺术符号、工艺技术被引入中原，极大地丰富了传统建筑语言。第四，随着儒、道、禅三教学说的成熟与融合，依托新的儒学理论，形成了系统完整的新的建筑理论体系。

唐代建筑总的来说提倡的是源于西周的建筑制度。这类建筑强调纵深层次，沿轴线依次布置有门、堂、室等建筑空间，与今天所说的四合院建筑相似，也是我们今天看到的明清故宫建筑的发端。合院式宫殿建筑强调建筑群体布局的纵深层次，由门到前殿再到后宫，一系列不同功能的建筑院落沿中轴线从南到北依次展开，各部分建筑规模、功能、样式、等级各不相同。前朝部分由大朝、常朝、治朝三朝组成，前朝之南是午门等五座门，因而这种布局被称作三朝五门制。唐代沿袭北周、隋代的建筑体制并加以发展，对三朝五门在实践中探索，形成了一套切实可行的做法，成为后来宫殿建筑的重要范本。但从大明宫等唐代宫殿建筑遗迹的情况来看，当时的后宫部分仍然保留了一些古典的皇家苑囿的布局方案，与前朝部分风格迥然不同。这一点恰好反映出唐代建筑承前启后的时代特征。

在几千年历史里，中国传统建筑风格曾经发生过多次重大的变革。夏后氏世室、殷人重屋、周人明堂，建筑形式历经两千余年的探索与选择，在唐代似乎已经有一个多数人认可的结论。任何时代，建筑审美意识的产生和确立，都和人类对自身在宇宙中的定位有关。人们试图用建筑语言表达自己对宇宙自然的认识与感悟，表达和彰显自身的价值与理念，阐述自己与神明或宇宙自然的关系。这样一来，建筑的形态必然和当时的主流世界观及社会意识有密切的关系。夏、商千余年间，处于启蒙阶段的中华文明与大多数文明一样，认为人类世界与神明世界是可以沟通甚至往来的。帝王们为彰显其权力的神圣，往往倾向于强化建筑的神圣性。这类建筑追求高大乃至与天相接，丰富如宇宙万物之变化无穷,华丽如臆想中的天国仙界。由此催生出的高台建筑风格,至少在宫殿及宗教建筑中延续至魏晋时期。所谓上行下效,这种风格对民间建筑一定会产生影响,我们仍可以在汉代明器或画像砖上看到汉代民居是如何追求尺度高大和样式新奇的,也许两汉、魏晋建筑比起先秦建筑来更加轻盈纤巧,但那只是技术上的区别,其审美目标都是一样的。

周人的人文与现实主义精神在那个年代实属难得。也许是殷商过度依赖宗教的教训使然,周人的理性思维催生了人类农业时代最具人文理性色彩的建筑类型。它就是我们今天所说的合院式建筑。它是伴随着周代礼制产生的,所提供的建筑空间体系契合于西周礼制所规定的行为规范。它是围绕人的行为设计的,这样的观念在今天仍不过时。人之所需,高不过八尺,宽不过方丈,舒适好用即可。这样简朴渺小的建筑要让帝王们接受,实在是强人所难,这也是西周之后千余年高台建筑仍然盛行的原因。然而,随着儒家学说的发展、儒家治国理念正统地位的确立,这一形式最终为社会接受,成为中国传统建筑主流。农业时代,这种建筑发展"从天上回到人间"的现象仅仅发生在中国。

魏晋时期的社会动荡,促使当时的知识阶层对"前半期"的文化历程进行全面的反思,对个人修养、社会目标、"人"与"天"的关系问题都有了更深刻的认识。而正是这些认识上的转变,促成了中国哲学、美学及艺术理论的大发展。首先就是对艺术形式与内容的关系有了深刻认识。东晋时期的王弼将对这一问题的研究推进了一大步。王弼在研究《周易》卦象、卦辞、卦意的关系时注意到形式、语言和意义之间的关系问题。他说:

> 忘象者,乃得意者也;忘言者,乃得象者也。得意在忘象,得象在忘言。故立象以尽意,而象可忘也……(《周易略例·明象》)

在王弼看来,"象"的内涵超越语言,而"意"的内涵又超越了"象",所以得"意"者可以忘"象"。意与象的关系也就是艺术内容与形式的关系,而艺术形式的作用在于传达某种精神内容,内容是可以超越形式的。这就如黑格尔在他的艺术发展阶段论里所提到的"浪漫型"艺术,其精神内容压倒了物质形式。[1] 这一理论的另一个重要意义是,意、象关系的讨论,也使得欣赏者的主观意识在审

---

[1] 参见〔德〕黑格尔:《美学》(第二卷),朱光潜译,商务印书馆 1979 年版,第 276 页。

美实现过程中的作用问题被纳入视野,这就为后来"意境"理论的出现奠定了基础。"得意忘象"理论的出现预示着中国艺术发展即将进入一个新时期,在建筑领域,这一理论为建筑摆脱虚夸的形式提供了依据。

唐代意境理论的成熟更使人们认识到建筑的心理尺度和物理尺度是可以分开的。我们常说唐代建筑宏伟壮观,那是相对宋代以后建筑而言。对比秦汉时期,唐代建筑平均尺度已经缩小了不少。

魏晋时期的文化反思强化了对精神自由的追求。在中国古代体验式审美过程中,人的内心作用是至关重要的。早在春秋时期,《老子》就提出了"涤除玄览"的观念,所谓"涤除"就是"将内心打扫干净",所谓"玄览"就是用内心直观的方法,直接把握事物的本质。这种方法也许不太容易和现代科学的认识方式达成一致,但是在内心摆脱了欲望羁绊的状况下,以"自然的"心灵去体验天地自然之道,无疑是符合艺术审美活动规律的。这也和康德提出的"鉴赏判断是无目的的合目的性"①有异曲同工之妙。从老子的"涤除玄览"到南北朝宗炳的"澄怀味象",中国人对审美活动自由心灵状态的要求是一脉相承的。魏晋人对这种自由的精神状态的探索也达到高峰,直至提出"越名教而任自然"的口号。

嵇康在《释私论》中说:"心无所矜,而情无所系,体清神正,而是非允当。……寄胸怀于八荒,垂坦荡以永日。斯非贤人君子高行之美异者乎?"他所主张的无非是去除内心物质欲望和世俗情感的羁绊,以自然、自由的心态遨游于天地之间,即只有达到"体清神正"的状态,才能具有"是非允当"的判断能力。他在《答难养生论》中又说道:"顺天和以自然,以道德为师友;玩阴阳之变化,得长生之永久;任自然以托身,并天地而不朽。"这是为解脱精神羁绊、获得心灵自由开出的一剂药方,即只要顺应自然,遵循天地自然之大道,就不难获得心灵的自由。总之,魏晋追求精神自由之风很是盛行,无论是嵇康的"越名教而任自然"还是"七贤"的竹林之游,或是陶渊明的"采菊东篱下",所为无非就是"自由的游戏"。

魏晋时期所进行的文化反思,对于中国艺术发展的作用至关重要。当时人们所关注的诸如审美对象的"意"与"象"、"神"与"形"的关系问题以及审美活动中的"自由的心灵"的问题,导致后世建筑营造的思路产生了革命性的变化。其

---

① ［德］康德:《判断力批判》(上卷),宗白华译,商务印书馆1964年版,第74页。

中最重要的是对审美对象的构成、审美对象与审美主体的关系、艺术品的形式和内容的关系有了清晰的认识,这就为艺术的内容超越形式提供了理论依据。对于建筑而言,人们认清了物理尺度和心理尺度的关系,认识到在高度、体量上与天地争胜是不可取的。因此,这之后的宫殿建筑虽然物理尺度缩小了,但心理尺度也就是建筑给人的心灵震撼却更加强烈。

强调自由的心灵就等于强化了人在天地自然这个大体系中的地位,强化了个人思想的作用及个性的意义。"人"的地位的强化同时意味着"神"的地位相对下降,也就是中国人所说的"天地""自然"这些概念的神性的一面被弱化,君王的神性也随之弱化。"人"与"自然"的关系变得更平等,于是也就更亲密,一些曾经被帝王、贵族们垄断的艺术形式也开始从天上降落人间。所有这一切都为艺术的多样性、独创性提供了条件,为魏晋以后中国艺术的爆炸式发展奠定了基础。从此以后,环境营造的素材不再局限于神仙海岛,人们可以根据自己的理解自由地创造。台榭、楼阁这样一些过去为帝王和贵族垄断的建筑形式开始走入民间,成为各地景观建筑的经典形式,而民间的园林宅院也开始加速发展,成为普通民居的基本模式。私家园林中的许多艺术手法甚至逐渐超过了皇家宫殿建筑,反过来成为皇家园林行宫的模仿对象。

我们发现,相对于秦汉时期,唐代建筑体积逐渐缩小,那种虚张声势、炫耀技术和财富的造型和繁琐的装饰减少了。建筑的风格经历了绚烂之极后逐渐归于平淡,而内外空间和那些感人的细节却日渐完美和丰富。这个变化过程似乎和黑格尔的"艺术阶段论"①有某种契合之处,唐代的中国建筑似乎已经历了"象征主义"和"古典主义"阶段,进入"浪漫主义"阶段。

基于中国传统文化对人与自然环境关系的理解,中国人最终对建筑采取了体验式的审美实现途径,这一变化也是在唐代最后完成的。在建筑领域中,这一审美模式对建筑发展产生的影响非常直观。这一方式给了建筑观赏者以极大的自由度和参与空间。一个人对建筑物的印象很大程度上取决于个人的内心感受,相对而言,观赏者受建筑物本身及建筑师思想的左右要少些。建筑师考虑更多的是为观赏者提供一个触发某种或一系列心理感受的环境条件,并且给观赏者足够的空间和时间以及尽可能大的自由度,让观赏者有一定的选择余

---

① 参见[德]黑格尔:《美学》(第二卷),朱光潜译,第33页。

地并逐步体会建筑的含义。观赏者对建筑的最终印象虽然来源于建筑环境的激发，但在很大程度上取决于观赏者自由的心灵感受，也就是所谓"意境"。在这一观赏模式下，观赏者对建筑物的优美、崇高以及建筑环境的美好等感受不完全源于建筑物本身，而是观赏对象与观赏者心灵碰撞的结果。意境理论在园林建筑中体现得更为明显，但在所有建筑营造中它都是非常重要的理论依据。

在这一系列目标的牵引下，中国古代建筑所要营造的首先是一个完整而丰富的空间体系，在这个空间序列中，观赏者可以在很大程度上任意选取自己的线路、位置及行进速度，也可以随心所欲地从各个视角对建筑及其环境从容地观察。建筑对于观察者的观察角度、距离、速度等只作大致的限定。所以在一个建筑空间系统中，并没有绝对的主体或高潮，对个别建筑的观赏也没有绝对的视角和视距要求。这样的观赏方式可以提供无限多的或者说是连续的画面，观赏者每次进入的时间、速度、线路和注意力分配的不同，很可能造成完全不同的印象，形成不同的审美感受。如果再加上个人心理状态的变化，那么理论上每个建筑群对同一个人都具有永久的陌生感。

这一种审美方式的优越性是多方面的。

首先是较好地协调了审美与使用的矛盾。建筑物首先要满足使用的功能，人们在建筑之内生活起居或是进行与审美毫不相干的工作、思考，这些行为与审美活动有本质区别，甚至是妨碍审美活动的。此时人们无心去寻找一个合适的角度、合适的位置对建筑进行观察。我们不妨反思一下自身的情况，日常生活中我们很难有机会专门对自己居住的建筑做单纯的观赏活动，自己居住的建筑无论多漂亮，基本是给客人看的。其原因就在于"使用建筑"与"观赏建筑"是两回事。而中国传统的空间体验式审美模式较好地协调了两者的关系，可以做到"在使用中体验美感，在审美中使用建筑"。

其次是避免了建筑物的观赏角度问题。比如法国的卢浮宫，它的东立面是欧洲古典风格的典范，但如果你碰巧站在它的西北角就不会对它留下什么好印象。很多艺术品都有这样的问题：越是追求"正面"的完美，就越是显出"反面"的丑陋。橱窗中的陈列品可以回避这个问题，但一座建筑却很难规定人们只准看它的东面而不看西面。而在中国的宫殿建筑中，你根本没有机会找到一个角度去观看一个完整独立的建筑物，因为无论你处于建筑群的什么位置，总是身处一个完整连续的建筑空间系统之中，看到的或准确地说感觉到的是一系列连续变化的建筑环境。这样一来,中国古代建筑设计就不必在单体建筑和细部的形式、比例上过多纠缠,而可以将更多的注意力放在建筑与建筑、建筑与环境空间的关系上,这一点应该说是符合建筑发展本质的。

再者,这一观赏方式避免了审美疲劳的发生。即使是像雅典卫城或卢浮宫东立面那样完美的建筑画面,看多了也会麻木。到了唐代,在一座中国古典建筑的空间体系中,观赏画面是连续的、无限的,每次进入同一空间环境,由于时间、线路和关注焦点的不同,都会留下不同的感受。一座完整的中国古典建筑,看多少遍也不会缺乏新鲜感。实际上,对于建筑的欣赏,中国人很少用"看"这个词汇,而多半用"游览"一词。"游"说明这一审美过程是在移动中完成的,而"览"在词意上虽与"看"接近,但没有"看"那么专注。由于画面的无限丰富,一组建筑不可能被"看"完,较为粗略的"览"一方面不至于把观赏者的思想完全限制住,更易于激发观赏者的主观情绪,另一方面也为将来反复多次的"游览"保存了动力。对中国古典建筑的欣赏过程不像看一幅或几幅画,而像是看一出戏,特别是像在戏园子里欣赏一出中国的传统戏剧,在一种接近日常生活的过程中,无意识地体验到建筑的魅力。

最后,也是最重要的,这一审美模式给予观赏者和使用者最大的尊重。一方面,在美感的产生过程中,建筑所发挥的作用不是绝对的,它允许观赏者自由地发挥想象力,让观赏者最大程度地参与创作。每一次美的感受都源于建筑环境与观赏者的情感的共鸣,在这里观赏者自己也是建筑美的创作者。这样的审美原则与其他中国传统艺术也有一定的关联性,在建筑发展过程中,我们能清晰地发现其中的联系。在建筑领域,过去人们经常注意到的是这一审美原则在传统园林建筑中的体现,实际上在中国各类传统建筑中都能看到这一原则的运用。另一方面,这种审美模式导致在建筑设计上更注重"人"的行为模式,设计者不得不把"人"进入建筑环境后可能发生的行为作为重点来考虑,并通过建筑空间以及其他元素对"人"的行为加以适当的引导。于是,中国一个传统建筑群中可以没有唯一的核心建筑,但它的核心必定是身处建筑环境之中的那些"人"。在游览一座中国古代建筑时,如果所见画面中没有"人"这个核心元素,那么这个画面就是不完整的。这类建筑设计手法的成熟与唐代诗歌、绘画的理论发展不无关系,在具体表现上与中国的山水画也极为相似——中国的山水画中必须有人物,山水只是人所处的环境,而画作所要表达的是人与自然环境的理想关系。

唐代建筑给后人留下的最深刻印象就是"真"。在农业、手工业时代,各个文明背景下的建筑风格都有走向繁琐装饰的倾向,追求夸张的体量、造型和华丽繁琐的装饰似乎是每个建筑体系在一定经济条件下自然而然的选择。然而,唐代建筑却在经济极度繁盛之时出现了可以称之为"极简主义"的建筑风格。在唐代建筑上,几乎找不到一种没有结构或构造意义的单纯装饰物。灰、白、红等建筑材料本身的简单色彩,暴露的结构构架,粗犷而飘逸的线条却构成了优雅、灵动的空间体系,形成一种能够直击人们心灵深处的艺术感染力。唐代建筑同样高度注重建筑的精神功能,善于营造宏伟壮丽的环境氛围,同时又强调建筑艺术的真实性,建筑的气势力求借助自然环境的映衬而凸显出来,建筑与环境相得益彰。在注重精神功能的同时,唐代建筑也注重生活需求和生活情趣,园林被引入城市民居,居住建筑的空间细节更加丰富细腻、体贴入微。商业建筑专业化、景观建筑平民化,建筑艺术向普通人的生活靠近了一大步。唐代建筑的艺术效果不依赖夸张的尺度和繁复华丽的装饰,其美感由建筑空间形态和工艺技术表现出来,所体现的是建筑本身原真的美感。

第十三章　唐代园林营造的审美意识

中国古典园林是中国传统建筑艺术中的一颗明珠。虽然在各个建筑体系中,园林似乎都处于居住建筑的从属地位,但中国园林最真实、最深刻且最直观地反映了中国人对宇宙的认知和对现实生活的追求。中国的传统园林是连接人与自然的窗口,也是人与人沟通的平台。人们在园林中体验自然、品味人生、修养身心,园林在古代中国的意义远不是一个花园那么简单。园林在中国历史上也经历了漫长的发展变迁,从早期略具神秘色彩的圣地到皇家特有的游猎场所,直到走进千家万户成为一般人家日常生活环境的组成部分,这个过程体现的是人们对宇宙自然和人类自身认识的变化,体现的是人们对人生意义的认识的日益深刻和真实。而唐代则是中国古典园林发展的一个重要转折时期。

第一节　唐代园林的历史定位

我们今天所看到的中国园林包含着极为深刻的思想内涵和复杂的艺术手法,这些都是数千年积累和完善后的成果。对于中国园林来说,唐代是一个重要的历史转折点。中国园林只是一个笼统的概念,其中的皇家园林和私家园林在思想内涵、艺术手法和空间尺度上都有较大差别。皇家园林在唐代已经高度成熟,可以说达到了巅峰,而私家园林的发展则迟缓得多。现在人们所能看到的最具代表性的中国园林实际上是江南私家园林,它的完全成熟已是明代的事情。唐代却是园林开始进入城市、进入平民人家的时候,尽管当时在艺术手法上还不是那么丰富和完善，但从那时起，私家园林可以说是进入了快车道，开始了它的高速发展。要了解唐代园林，首先要了解它的思路和手法从何而来，如何演变以及因何变化，这就需要大致了解这些思路和手法的来源。因为这些思路和手法是经过数千年积累起来的，所以我们有必要对此前的园林发展过程先作一个粗略的分析。

中国园林常被称作自然山水园林。早期的园林或许真的就是利用自然山水略加修饰并与宫殿建筑结合而营造的园林。因其直接利用自然山川地貌，所以规模巨大。直到秦、汉时期，也还只有帝王、贵族才可能拥有真正意义上的园林。这些园林在早期多被称作"苑"或"苑囿"。总之，由于其尺度巨大，营造这类园林的前提是园主拥有大量的土地，即使是富有的平民也不可能拥有这样的私园。私园的推广普及恰恰始于唐代，因而唐代园林在中国造园史上具有承前启后的重要历史地位。中国古代之所以营造园林，是为了让人们在生活中品味、体验自然之道，从而达到陶冶情操、修养自身的目的。这里有两方面的问题。第一个问题是：什么人有这样的资格和必要？经过千余年的探索，得出的理想答案是所有人都有资格且有此必要。第二个问题是：如何让尽可能多的人消费得起园林？这就存在造园理论、手法和技术的限制了。历经千余年的探索，中国式自然山水园林才得以进入平民的私家宅院。唐代园林的主要成就并不是皇家苑囿的规模或质量超越了前朝，而是园林进入了"寻常百姓家"，而这个成就正是基于对此前千余年建筑环境营造经验的总结和发展。

和其他艺术门类相似，园林的起源与上古时期的自然崇拜有一定关联。桑林、昆仑山等早期传说是最早的造园活动的动因和依据。桑林是中国古代特有的一种园林形式，它产生之初并不是为了生产某种奢华的衣料。最早的丝出现在良渚文化遗迹中，当时的气候以及生活方式并不适于穿着丝绸衣物，丝绸在当时更可能是一种宗教崇拜的产物。蚕虫在丝茧中成蛹、羽化象征着生命的延续与升华，故桑林是古人与上天交流的神圣场所。古代关于桑林的记载从殷商持续到战国时期，《吕氏春秋·顺民》中记载有："天大旱，五年不收，汤乃以身祷于桑林。"说明早期桑林确实负有"通天"的职能。《诗经·鄘风·桑中》有这样的描述："期我乎桑中，要我乎上宫。"在这里，桑林又成为男女幽会的场合。《战国策·韩策一》中，张仪说韩王："……则王之国分矣，鸿台之宫，桑林之苑，非王之有也。"这里的桑林已成为王室宫苑的一部分。这些记载说明，早期园林具有某种原始崇拜和宗教神圣的色彩。

山岳崇拜也是园林艺术手法的重要源头之一。在中国,最早的文字记载中就出现过"昆山"字样。位于遥远的西北边陲、常年被冰雪覆盖的昆仑山,即便在今天看也还是中原大地河流的发源地。在古人心目中,那是个神圣的地方,是可以"通天"、与神明交流甚至直接登天的地方。那里的神奇美景自然成了营造人间苑囿的最好素材。晚些时候,出现了周穆王西巡以及东海蓬莱神仙海岛的传说,为园林营造提供了更为丰富的素材。

当然,早期的园林也有其实用的功能和功利的意义,这与中国文化很早就开始向人文理性方向发展的历史进程有关。随着宗教在中国古代社会中作用的逐渐减弱,王室宫苑的建造目的也逐渐世俗化、实用化。它们一方面成为王室贵族的游猎场所,另一方面也作为王室的一个供给基地。毕竟在那个商品经济极度原始的时代,日常吃穿用度以及大兴土木所需的一切资源,多半都要直接取于山川大地。对于皇室贵族来说,自家后院有一个农牧业基地是一件极为重要的事情。

夏、商之后,苑囿的规模越来越大,建筑也渐趋华丽。这里面有建筑技术与艺术手法的进步因素,更重要的是王权与神权的统一。这一权力的统一导致了作为祭祀建筑的台和作为居住建筑的榭得以统一,于是才有了高大的台榭建筑。本来,台设于桑林之中用于祭祀与通天,这类建筑从旧石器时代一直到明清时期都有,例如古人所说的"轩辕之台"和北京天坛的圜丘。台原本也是通天神山的象征,但从夏、商两朝开始,台与榭结合逐渐成为皇家宫室建筑的一种主流风格,变得世俗化了。据《史记·殷本纪》的记载,殷纣王时期,"益收狗马奇物,充仞宫室。益广沙丘苑台,多取野兽蜚鸟置其中"。在这里,宫室、苑、台结合,成了帝王居住游猎娱乐的场所。关于台榭建筑的性质,《尔雅》中曾有过详细的解释:"观四方而高曰台,有木曰榭。"如果是世俗的用途,露天的台当然是不合适的,必须有木构建筑遮风避雨。可以说,台榭苑囿的出现意味着中国自然山水园林的原始形态已经形成了,此后的园林,特别是皇家园林,基本上都是由这种台榭苑囿发展演化而来。

台榭式宫室与苑囿的结合,这一宫殿建筑模式在春秋时期就已成为各国宫室建筑的支流而得以发展起来。其中,楚国的章华台最具有代表性。据汉代贾谊《新书》卷七记载:"翟王使使楚,楚王欲夸之,故飨客于章华之台上。上者三休而乃至其上。"由于章华台十分高大,人们登顶途中需休息三次,此后章华台就有了"三休台"的称谓。北魏郦道元在《水经注·沔水》中记载,章华台"台高十丈,基广十五丈",也就是说直到北魏时期,章华台的台基残存高度仍有 30 米,宽度达 45 米。1987 年发现的放鹰台遗迹,面积竟达到 4 500 平方米,规模甚至大于三休台。章华台建筑群包含有台榭建筑十余座,目前已发掘面积达到 200 多万平方米,是北京故宫面积的 2.8 倍。该建筑群位于荆江三角洲,地处丘陵,利用江河湖泊之美景,与自然山川融为一体,其景象之壮观、建筑之华丽,使得中原诸侯为之折服。[①]

　　章华台在中国造园史上的的贡献是巨大的。它将居住、朝政、宴乐、游览、观景等诸多功能融为一体,事实上成为后世园林可游、可居、可观等功能定位的先声。在规划设计方面,它巧妙地利用地形地貌,因地制宜,将宫室建筑与自然山川形势结合在一起,使自然景观与人文景致相得益彰,在艺术手法上也足以成为后代造园家的完美范本。其主体建筑依山傍水,其余各台榭都以核心建筑章华台为中心,因山势、就地利分布于四周,甚至将汉水引入苑中,营造了一系列人工水景,在环境营造艺术手法和环境美学意象上都为后代园林设计树立了一个标杆。更为重要的是,它还确立了中国建筑环境审美的目标和实现途径,即居住环境应该是自然、优雅而壮观的,实现这一目标最好的办法就是顺应自然,按照仙境的标准改造自然。虽然中国古典园林在当时还没有从宫殿建筑中独立出来,但它的基本原则和高超的手法已经在宫殿建筑群体布局中得到了发展和完善。章华台的出现,说明苑囿已经向风景区转化,它的景观意义已经远远大于宗教意义和生产意义。

　　此类苑囿宫室建筑,到秦、汉时代达到了巅峰。这时,建筑环境对于仙界景致的营造水平已经相当高超,表现内容更加丰富,技法更复杂而完备,规模和尺度更是恢宏巨大到了难以复制的程度。规划眼界也已经提高到宫苑建筑群的层面,这一层面上的布局通常采用"象天"手法,环境细节则依托真实的自然环境加以"仙境化"。《史记·秦始皇本纪》记载:"……焉作信宫渭南,已更名信宫为极庙,象天极。""乃营作朝宫渭南上林苑中。先作前殿阿房……周驰为阁道,自殿下直抵南山。表南山之颠以为阙。为复道,自阿房渡渭,属之咸阳,以象天

---

① 参王铎:《中国古代苑园与文化》,湖北教育出版社 2003 年版,第 3 页。

极阁道绝汉抵营室也。"《三辅黄图》也有相应记载,如:"筑咸阳宫,因北陵营殿,端门四达,以则紫宫,象帝居。渭水贯都,以象天汉。横桥南渡,以法牵牛。"(卷之一)这个布局实际上是以咸阳宫为天极,以渭水为银河,其余诸宫为紫微、太微等北天诸星座,完全仿效天象布局。该书又记载:"秦每破诸侯,彻其宫室,作之咸阳北坂上。南临渭,自雍门以东至泾、渭,殿屋复道周阁相属,所得诸侯美人钟鼓以充之。""规恢三百余里。离宫别馆,弥山跨谷,辇道相属,阁道通骊山八十余里,表南山之颠为阙,络樊川以为池。"秦宫殿群规模可说是空前绝后,群体布局模仿天象,环境空间则充分利用了咸阳周边地区山川河流等自然地貌,其尺度远远超过了以人类的视觉所能观察的范围,几乎是尽人力所能营造了一个介于天人之间的神奇境界。也就是在同一时期,有一个相对而言尺度不算太大的宫苑建筑,为后世宫苑环境设计开启了一种新的思路。

这一思路,就是在具体的环境处理层面采用模仿神仙海岛的方式。清顾炎武《历代宅京记》记载:"兰池宫……秦纪云:始皇引渭水为池,筑为蓬、瀛,刻石为鲸,长二百丈。"《元和郡县志》也有相应记载:"兰池陂,即秦之兰池也,在县东二十五里。初,始皇引渭水为池,东西二百里,南北二十里,筑为蓬莱山,刻石为鲸鱼,长二百丈。"在早期宫殿建筑营造中,宫殿与园林建筑尚无明确分界,也就是没有园林的概念。随着建筑功能逐渐细化,园林实际上成为从宫殿建筑中演化出来的一个分支,这个原属于宫殿建筑空间的一个部分,逐渐将其他功能弱化,向单一的审美功能空间转化,成为后世中国自然山水园林的开端。而秦代的兰池宫,在这一转变过程中具有里程碑式的意义。当然,可以想见,当时模仿神仙海岛的具体手法还较为生硬,但这一思路为园林营造开辟了一条新的途径,即从利用和改造自然环境转为设计并建造一个全新的环境,且这个人工设计的环境仍是源于自然并高于自然的。所谓"艺术源于生活而高于生活",这个理念在今天仍不过时。

从秦汉时期开始,园林这种优雅自然而且健康的建筑环境,对人的身心健康及个人精神修为所产生的积极作用受到了极大的重视。这也和秦汉时期神仙文化的兴盛以及帝王贵胄追求长生不老有关系。至汉代,皇家宫苑营造手法仍继承了春秋以来象天法地、模仿天界和仙境的手法。汉代虽以秦朝因穷奢极欲而亡国的历史为教训,在范围营造上也表现得较为节制,但总体上仍是"汉承秦制",在建筑思路上并无明显区别。尤其到了汉武帝登基后,因武帝醉心于长生不死之术,在营造建章宫时将"神仙海岛"的意象表现得淋漓尽致。建章宫的布局"由正门圆阙、玉堂、建章前殿和天梁宫形成一条中轴线,其他宫室分布在左右,全部围以阁道。宫城内北部为太液池,筑有三神山,宫城西面为唐中庭、唐中池。中轴线上有多重门、阙,正门曰阊阖,也叫璧门,高二十五丈,是城关式建筑。后为玉堂,建台上。屋顶上有铜凤,高五尺,饰黄金,下有转枢,可随风转动。在璧门北,起圆阙,高二十五丈,其左有别凤阙,其右有井干楼。进圆阙门内二百步,最后到达建在高台上的建章前殿,气魄十分雄伟。宫城中还分布众多不同组合的殿堂建筑。璧门之西有神明台,高五十丈,为祭金人处,有铜仙人舒掌捧铜盘玉杯,承接雨露。建章宫北为太液池[①]。《史记·孝武本纪》也有记载:"其北治大池,渐台高二十余丈,名曰泰液池,中有蓬莱、方丈、瀛洲、壶梁,象海中神山龟鱼之属。"这里提到的蓬莱、方丈、神山、龟鱼等都说明了建章宫环境营造模仿神仙海岛的手法,这些手法也成了之后历朝营造皇家园林的基本手法,直到明清北京的三海和颐和园中,我们仍能发现类似的手法运用。当然,尽管模仿神仙海岛给环境营造提供了更加灵活自由的手段,但毕竟神仙海岛的规模仍然巨大,这些手法还是缺乏进一步推广的价值。

　　从以上分析来看,直到西汉时期,园林仍然为皇室垄断,一般平民人家并无经营园林的迹象。如此尺度的苑囿,也远非一般人家所能企及。造成这种状况的原因之一是当时的社会经济水平和社会阶级结构。天子、诸侯、士大夫、庶人等级分明,爵位世袭,经济、文化都存在被贵族、豪门垄断并固化的倾向,平民既无造园的能力也缺乏造园的意识。另一方面,当时的园林尚未摆脱原始的神圣氛围,手法亦不完备。自然山水园林所表达的是自然之大美,大自然的恢宏壮阔、万千气象必须用多大的尺度来表达仍然是一个关键问题。平民人家消费得起的私家宅园尺度有限,"小中见大"的手法说来简单,其中却包含着极为深刻的哲理,它的产生既要有长期持续的追求,也要有合适的历史机遇,而这个机遇在东汉末年终于到来了。

　　由于东汉末年及魏晋南北朝时期发生了长达数百年的战乱,汉代的儒家治国理念遭到普遍质疑。于是,佛家、道家思想得到士大夫阶层的重新认识。人们开始关注过去忽视的东西,开始注意到个人修养与社会和谐的关联性。特别

---

① 王铎:《中国古代苑园与文化》,第 99 页。

是佛家关注人的内心世界，使得人们注意到内心感受与外部环境的关系问题。

魏晋时期的文化反思，使得人们对自然、社会、个人的关系有了全新的也是更加深刻的认识，同时对于自先秦以来一直崇尚的"天人合一"理念也有了新的领悟。人们开始明白一个道理，美好的东西应该是真实的，如果要在美与真之间选择，那么应该毫不犹豫地选择真。那些虚夸的、可望不可即的事物以及装模作样的形式主义的东西开始遭到唾弃。后世所说的"魏晋风度"，正是后来人们对当时的真实、率性、自由的思想境界的赞叹。虽然神仙海岛也是自由的，但它缺乏个性，而且太不真实。人们开始思索，这样的境界与我有何关系，我们的世俗生活中是否也有美好的元素，现实生活中是否也有美妙的环境。

东晋著名诗人陶渊明的思想可以作为魏晋风度的代表，他在《桃花源记》一文中阐述了他自己心目中更为现实的"神仙海岛"。文中描述的桃花源是这样一番场景："土地平旷，屋舍俨然。有良田、美池、桑竹之属。阡陌交通，鸡犬相闻。……黄发垂髫，并怡然自乐。"这里没有高山大海，也没有琼楼玉宇，一群群"怡然自乐"的农夫农妇就是"神仙"。桃花源里最美的景观不过是"有良田、美池、桑竹之属"，这不过就是人间的村落而已，但这才是人们可以触摸到的"仙境"。"天道"不过是自然之道，自然而然地生活在天地之间，这就是天道，就是天人合一。当我们回过头来，突然发现，原来仙境就在你我身边，何必西到昆仑，也不必远浮东海，现实生活中的美景就足以让人陶醉。从这以后，中国自然山水园林的发展之路豁然开朗，它开始变得更加世俗化和个性化了。园林的主人可以把自己的喜好灌注于山水园林之中，使园林成为自我精神的延伸。中国园林得以发展至后期的江南私园那种蕴含深邃、精美绝伦的境界全赖于此。

中国传统的自然山水园林得以蓬勃发展，并且走进千家万户，得益于多方面的机缘巧合。其环境所模仿的蓝本得以解放无疑是关键一步，但这个条件并不充分。儒家文化历来强调，对人的教育，最好的方法并非强制灌输，而是教化，即潜移默化的教育方式。儒家主张将人格的培养过程贯穿于现实生活，生活中的行为都可以成为教化的内容。音乐、书法、绘画都是生活中的教育课程，没有专家、没有教师也可以完成学业。一只典雅的花瓶，一个别致的茶碗，都可以成为教材。只有这样，才能将教育面无限地扩大。在儒生们看来，仅仅有少数人垄断文化是没有意义的，实现社会的和谐有赖于全社会教育水平的提高。要将每个人甚至每个贩夫走卒都熏陶得有了"六朝烟水气"，这个社会才能和谐美好。如此一来,居住环境对于人的性情品德修养的意义也就不言自明了。但是,和其他的生活内容不同,园林环境这种优雅的生活要素,造价过于高昂,建章宫对一般平民来说比昆仑山还要遥远。

要使园林进入千家万户,首先要缩小它的尺度。模仿对象的转变为此提供了很好的条件,但仍然不够。自然山水无论何处都是尺度巨大的,自然山水园林要体现自然山水的精神境界,似乎必须有相当于自然的尺度。经济上追求小尺度,而自然风光必然是大尺度,这个矛盾成为制约园林建筑走进千家万户的主要障碍。如何能有一种手法,在有限的空间内体现出大自然的精神风貌,也就是"小中见大",成为解决这一矛盾的关键。这又需要一个漫长而艰难的过程。总体来说,中国园林在唐以前经历了长期的发展演变,积累了丰富的经验、理论和方法,这些经验、理论和方法为唐代园林的发展奠定了基础。

这里仍有两点需要强调:其一,中国传统造园理论思想及艺术手法是逐渐演变、积累、丰富完善的,并非用新的去否定旧的。不仅唐代,即使明清时代的私家园林中也能看到一些源自不同时代古老手法的痕迹。其二,庶民或平民营造的私家园林产生很早,两汉时期就有,之前有没有也无法确证。但唐以前私家园林的营造思路和手法其实和皇家苑囿类似,与我们今天所说的江南私园有本质区别。东汉和魏晋的文人士大夫别业宅园已较为普遍,但手法上简单而率真,其目的、性质虽与私家园林相近,但造园艺术手法上还有很大差距,可以说还不是同一种性质的事物。

第二节　唐代园林的个案分析

一、皇家苑园

(一) 大明宫御苑

唐代皇家园林的代表作首推大明宫后面的太液池区域,也就是大明宫的后花园。太液池在大明宫北部,是皇家宫殿的后宫区域,位于大明宫后宫区域中部低洼处,凿于贞观、龙朔时期。唐宪宗元和十二年(817年)闰五月曾加以疏浚维修,并在太液池周围建造回廊四百间,其周绿柳扶风,碧波荡漾,楼阁、殿堂回廊相连成为皇家主要的宫苑。据韦述《两京新记·大明宫》记载：

> 紫宸殿北曰蓬莱殿，其西曰还周殿，还周西北曰金銮殿。金銮西
> 南曰长安殿，长安北曰仙居殿，仙居西北曰麟德殿。此殿三面，故以三
> 殿名。东南、西南有阁，东西有楼。大福殿在三殿北，重楼连阁绵亘。
> 西殿有走马楼，南北长百余步，楼下即九仙门，西入苑。拾翠殿在大福
> 殿东南。拾翠楼在大福殿东北。

紫宸殿是前朝三大殿的最后一个殿堂，它的北面就是蓬莱殿，这个殿名就已示意从这里开始进入了苑囿区域。蓬莱殿西边是还周殿，还周殿西北是金銮殿，金銮殿西南有长安殿，长安殿北边有仙居殿，仙居殿西北是麟德殿。麟德殿三面，又称三殿，三殿北有大福殿，重楼阁道相连，西殿有走马楼，楼下有门名叫九仙门，即御苑的西门。

御苑太液池分东西两部分，西池较大。池中又垒土成山，名曰蓬莱山。根据考古实测，太液池之西大池东西长 500 米，南北宽 320 余米，面积约 240 亩；东池南北长 220 米，东西宽 150 余米，约 50 亩。两池面积都比较大。以太液池为界，后宫又可分为东西两大活动区，东部为蓬莱阁、浴堂殿、绫绮殿等，是皇帝和后妃的活动区域。西部以麟德殿、金銮殿和翰林院等建筑为主，是皇帝在内廷召见臣僚、举行宴会和观赏乐舞之处。这里最有名的宫殿建筑应算麟德殿了。麟德殿大约建于唐高宗麟德年间，故以"麟德"为名，建筑面积达 5 000 余平方米，是故宫太和殿的 2.5 倍。麟德殿西近大明宫西墙的九仙门，便于外朝大臣们出入，所以当时"凡蕃臣外夷来朝，率多设宴于此，至臣下亦多召对于此也"（清·沈自南《艺林汇考引》）。

当年太液池中盛植莲花，且池中养殖有可食鱼类。唐、宋时，国人尚嗜好生鱼，即所谓鱼脍。唐朝名相李德裕的《述梦诗》里有"荷静蓬池脍，冰寒郢水醪"两句，自注说："每学士初上赐食，皆蓬莱池鱼脍。夏至后，颁赐冰及烧香酒，以酒味稍浓，常和冰而饮。禁中有酒方。荔芰来自远，卢橘赐常叨。先朝初临御，南方曾献荔芰，亦蒙颁赐。自后以道远罢献。"

这里所说的就是当年皇帝在太液池边赐宴群臣的情况。每当学士当选赐宴，都用蓬莱池鱼脍。夏至后则赐冰酒，也是御酒坊自酿，酒比较浓，又值盛夏，所以加冰饮用。早期还常常赏赐荔枝、芦柑等远来时令产品，后因路远靡费而

取消。

从这些对大明宫太液池区域的描述来看,大明宫御苑的风格及其功用至少部分沿袭了秦汉以来皇家苑囿的营造思路,也有部分改变之处。其布局与前朝之三朝五门宫殿建筑组合为一个整体,直接将后宫建筑和园林融合为一体,宫即是苑,苑也就是宫。这样的布局方案由来已久,是春秋以来的传统。御苑以太液池为中心,池中布置"神仙海岛"景观主题,则是秦汉手法的延续。其规模虽不失宏大,但因所依托的大明宫总体规模较秦汉时期宫殿小一些,故其后宫苑囿区域也相应小巧精致一些。从使用状况来看,虽也有如"蓬莱鱼脍"这样的物产,但没有了秦汉上林苑的各类畜栏,其游猎、养殖功能已经退化,观赏、游览、宴乐成为主要活动内容。由此看来,唐代皇家园林的营造理念已经与此后宋、明时代基本相同。也就是说,中国古代皇家园林营造理论至唐代已发展成熟,此后的变化多数体现在局部和细节的具体处理手法上。

(二)兴庆宫御苑

大明宫太液池是唐朝"东内"后宫所在地,因是皇宫建筑,其自由度受限,总体格局略显呆板。唐代皇家园林不止这一处,除去一些自然风景名胜,较为典型的人工营造园林要数兴庆宫园林。兴庆宫是唐玄宗时代的政治中心,也是玄宗与爱妃杨玉环长期居住的地方,当时称为"南内",是唐长安城三大内之一。兴庆宫内主要有兴庆殿、南薰殿、大同殿、勤政务本楼、花萼相辉楼和沉香亭等建筑物,苑园部分在主要殿堂建筑南边。

兴庆宫坐落于唐长安城东边的春明门内,该地段属于长安外郭城内的隆庆坊,原本是唐玄宗登基前的藩王府邸。李隆基作为藩王时,与其兄宋王等五位王子一同住在长安比较繁华的东市附近的隆庆坊,这地带当时被称为"五王子宅"。那时的隆庆坊内就已经有园林景观。

唐先天元年(712年),李隆基登上皇帝位,成为唐玄宗,为避其名讳,隆庆坊改名为兴庆坊。开元二年(714年),其四位兄弟的府邸被迁往兴庆坊以西、以北的相邻里坊,于是兴庆坊全坊被改建为兴庆宫。开元八年(720年),兴庆宫西南角建成花萼相辉楼和勤政务本楼。开元十四年(726年),兴庆宫建造了朝堂并扩大范围,将北侧永嘉坊的南半部和西侧胜业坊的东半部合并入兴庆宫。开元十六年(728年),经扩建的兴庆宫正式成为玄宗听政之所,被称为"南内"。开元二十年(732年),在外郭城的东垣增筑了一道夹墙,使得兴庆宫直接与大明宫、曲江池相通。开元二十年至二十四年(732—736年),向西扩建花萼相辉楼。天宝十年(751年),兴庆殿后增建了交泰殿。至此,兴庆宫布局规制基本形成。

从营造过程来看,兴庆宫并非通过一次规划建设的,而是逐步改建、扩建完成的。由于它所处地方原本是长安城百余个里坊之一,其位置与长安城轴线并无特定关系,也不像大明宫那样占据城北高地,所以整个兴庆宫的布局在当时的皇家宫苑建筑中更加自由灵活,更具园林建筑特色。唐以前,皇家园林通常与后宫建筑融为一体,或者说后宫部分本来就是园林式的,所以苑囿部分一般布置在主要殿堂北边。而兴庆宫布局却与此正好相反,苑园部分在南或者说是在前面。因此,不论是当时还是后代,人们更倾向于认为兴庆宫是一处皇家园林而不会太注意到它曾经也是正式的朝廷所在地。

虽然尺度小于大明宫的后宫部分,但兴庆宫园林布局仍然是沿袭太液池和“神仙海岛”模式。相比之下,其建筑尺度也较小,风格更加灵活自由,整个园林格调更加亲切宜人。兴庆宫用一道东西向的横墙将整个宫苑分隔为南北两部分。北部为前朝宫殿区,其正门兴庆门在西宫墙上。南部为后宫苑园区,东边通过夹墙与大明宫相连通。兴庆宫正殿即兴庆殿,其他重要建筑还有大同殿、南薰殿、新射殿等。龙首渠横贯整个宫殿区,在瀛洲门的东侧,穿越前殿与后宫之间的东西横向隔墙注入苑园区的主要水体龙池。苑园区以龙池为中心,其东北角有沉香亭。兴庆宫的西南方有勤政务本楼和花萼相辉楼,也是唐玄宗宣布大赦、改元、受降、受贺以及接见大臣、使节举行宴会的地方。整座宫殿居然没有一条全局的中轴线,这在唐代乃至此后的宫殿建筑中都是极为罕见的。

由于这里曾是唐玄宗李隆基的“潜邸”,也可能是因为生性浪漫的玄宗更喜欢兴庆宫轻松自由的环境氛围,自建成后,玄宗绝大多数时候都在此处居住。当年李白曾在此作《清平调词》三首:

> 云想衣裳花想容,春风拂槛露华浓。若非群玉山头见,会向瑶台月下逢。
>
> 一枝秾艳露凝香,云雨巫山枉断肠。借问汉宫谁得似?可怜飞燕倚新妆。
>
> 名花倾国两相欢,长得君王带笑看。解释春风无限恨,沉香亭北

倚阑干。

一方面李白诗歌的风格历来天马行空,另一方面也是因为兴庆宫毕竟是皇家御苑,诗歌所描写、联想的环境都反映了典型的汉唐皇家园林富丽堂皇宛若仙境的特征,符合兴庆宫这类皇家苑园的特点。特别是诗中提到的沉香亭,应该就是兴庆宫中的沉香亭。但皇家园林营造的基本思路与文人园林有所不同,文人园林以恬淡的诗意生活意趣为主旨,而唐代皇家园林体现的,更多的还是贵族奢华富丽的审美趣味。

二、城市公园——曲江池、芙蓉园

在中国历代园林景观建筑中,唐代的曲江池、芙蓉园可以说是一个极为特殊的例子。这个地方在秦代称为恺洲,并且修建有离宫"宜春苑",汉代曾在这里开挖渠道,修建"宜春后苑"和"乐游苑"。隋朝营造大兴城时,因其地势,开凿为池,隋文帝命名为"芙蓉池",称其苑为"芙蓉园"。唐玄宗时恢复了"曲江池"的名称,而园名仍称"芙蓉园"。据记载,唐玄宗时曾引浐河水,经黄渠从城外南来注入曲江,又为芙蓉园增建亭台楼阁。芙蓉园占据了城东南角一个里坊的地段,并突出城外,周围有围墙,面积约为 2.4 平方公里。曲江池是利用芙蓉园西部一处洼地营造的湖面,水面在 0.7 平方公里左右。芙蓉园以围绕水景的自然风光为核心,水面岸线曲折,可泛舟水上游览。池中植有许多菖蒲、荷花、菱芰等水生植物,两岸多有亭台楼阁掩映在绿荫之中。在唐代,曲江池是长安城重要的风景名胜区,每年都会定期开放,届时所有人不分贵贱皆可游玩。在各个节日中,以中和、上巳两节游人最多,重阳节、中元节以及每月的晦日也都有游人来此游玩。

曲江池的西边一部分是杏园,与大慈恩寺大雁塔南北相望,位置在长安东南角上的通善坊。这一区域以杏为主题,种植杏树很多,春天杏花开放时,是曲江风景的最引人入胜处。宋代张礼在《游城南记》中说:"出(慈恩)寺,涉黄渠,上杏园,望芙蓉园,西行,过杜祁公家庙。"这段描述指出了杏园的具体位置。杏园首先以杏花吸引游人,姚合的《杏园》诗描述:"江头数顷杏花开,车马争先尽此来。欲待无人连夜看,黄昏树树满尘埃。"唐代科举,新科进士们在得中之后,要在杏园举行"探花宴",选出"两街探花使",即在进士中选出两个年轻人,任务是在曲江池沿岸采摘名花。杏园盛会上有不少歌舞佳人助兴,才子佳人汇聚一园,自然是难得一见的盛况。因为杏园宴会有极其精彩的活动内容,所以有许多诗人以诗咏之。

曲江池、芙蓉园的盛衰与唐王朝的兴亡几近同步,它壮阔的风景代表着大唐王朝的盛大气象,它的沧桑变化也记载着大唐的成败和荣辱。在唐代诗人们的眼中,曲江所具有的独特文化意蕴和精神象征是任何其他景观都无法取代的。进士及第,沐浴皇恩,游赏于杏园,留名于雁塔,这些都是唐代士子们的一生追求。曲江屈曲迤逦,气象万千,却表现得平静而祥和;雍容华贵,形势壮阔,却表现得清新自然,这正是中国文人士大夫们千年来所追求的境界。或是怀才不遇,或是意气风发,文人学子们都愿意流连于此,把酒当歌,诗文唱和,或抒发一腔豪情,或一浇心中块垒。喜怒哀乐、人生百味,在曲江胜景中似乎都能找到抒发体验的途径。在唐人心中,"曲江"已不再只是一处园林,而变成了一个包含着许许多多感情因素的境界,成为诗人灵感的环境源泉。园林的这种境界恰恰是中国造园意匠的最高境界。唐代著名诗家几乎都在此留下了脍炙人口的名篇佳句,这些诗歌章句也为我们了解曲江池的壮阔景象和深邃意境提供了最好的线索。

前后历时近 200 余年,贯穿整个唐代,描写"曲江"的诗歌数量极多。其中不乏名家手笔,王维、李白、韩愈、宋之问、白居易、杜牧、李商隐等人都有与曲江相关的诗篇传世。例如宋之问的《春日芙蓉园侍宴应制》:

> 年光竹里遍,春色杏间遥。烟气笼青阁,流文荡画桥。飞花随蝶舞,艳曲伴莺娇。今日陪欢豫,还疑陟紫霄。

这是一首比较单纯地描述曲江景色的应制诗。诗中有青阁、画桥等精美建筑,有竹、杏、花、蝶、莺等花鸟树木,云雾飘渺之间,恍若置身紫霄。这说明曲江的造园硬件要素虽然并不是奇绝奢华,却可以做到意境幽远,引人遐思,这正是中国传统园林所追求的至高境界。而唐代文人士大夫豪迈奔放、胸怀天下,更多的作品借景抒情,意境更为深远博大。《曲江三章章五句》是杜甫以"曲江"为题所作的诗歌,意境更为高远:

> 曲江萧条秋气高,菱荷枯折随波涛,游子空嗟垂二毛。白石素沙亦相荡,哀鸿独叫求其曹。

即事非今亦非古，长歌激越捎林莽，比屋豪华固难数。吾人甘作
心似灰，弟侄何伤泪如雨。

自断此生休问天，杜曲幸有桑麻田，故将移往南山边。短衣匹马
随李广，看射猛虎终残年。

当杜甫作此诗时，曲江池、芙蓉园正处于鼎盛时期，应是满眼欣欣向荣的景
象，但其在杜甫笔下竟是如此萧瑟不堪，这既源于怀才不遇的愁闷，也表现了诗
人对国家前途的深切忧虑。这种忧虑激愤的风格是杜甫在动乱前夜的风格主
线，由此可见，同样的景致，对于不同情绪的观赏者可以激发出不同的主观感
受，这也是唐以后园林所追求的艺术境界。虽然是同样的景观，但其在杜甫心
中是一种感受，而在白居易心中又是一种感受。如《上巳日恩赐曲江宴会
即事》：

赐欢仍许醉，此会兴如何？翰苑主恩重，曲江春意多。花低羞艳
枝，莺散让清歌。共道升平乐，元和胜永和。

白居易描述的是上巳节皇帝在此宴请翰林院官员的场景，一样的曲江，诗
人所看到的却是春意浓浓、皇恩浩荡、莺歌燕舞的太平盛世景象。但谈到曲江，
白居易也并不总是能够保持如此乐观向上的心境，例如他曾在《八月十五日夜
湓亭望月》诗中感叹道：

昔年八月十五夜，曲江池畔杏园边。今年八月十五夜，湓浦沙头
水馆前。西北望乡何处是？东南见月几回圆。临风一叹无人会，今夜
清光似往年。

此时白居易身在东南，心悬故国。诗中的曲江池、杏园都是曲江芙蓉园中
的核心景观，是诗人当年得意之地，也是引发其对故乡、故人、朝廷、国家许多怀
念和担忧的景致所在。年复一年，月有圆缺，清光虽与往年相似，但只身远离故
乡，虽能临风叹月，却不知故人是否安在。诗人以湓浦、水馆与曲江、杏园两处
景观的反差，烘托出自己心境的反差，通过对曲江美景的回忆表达出对当年美
妙时光的无限眷恋。在这里，曲江实际上成了诗人受伤心灵的家园，因为曲江
不但见证了他的欢乐与人生的辉煌，也凝聚了他自身的豪情与理想。每当他想
到曲江，便会生发出对人生起伏的感悟和对国家兴衰的慨叹，此时他笔下的曲

江便又有了别样的风光。

曲江在中国古代园林中是较为特别的例子，它既非完全的自然景观胜地，人工雕琢的痕迹又不像当时的皇家园林那么浓重。其尺度相当巨大，也超过一般私家园林的规模。其中水面、丘壑、林木、草甸等虽非天然生成，却也不全由人工造作。它只是将水源引入一片自然的洼地所形成的一片水面，所以岸线自然蜿蜒曲折，园内的景观建筑也不多，因地制宜布局其中，整个园林简洁自然，宛若天成。唐人欧阳詹所著《曲江池记》对曲江的描述和所发感慨颇能切中要害。他在开篇就谈到曲江水面的特点：

> 水不注川者，在薮泽则曰陂曰湖，在苑囿则为池为沼。苑之沼，囿之池，力垦而成则多，天然而有则寡。兹池者，其天然欤？循原北峙，回冈旁转，圆环四匝，中成窅坎，窆窀港洞，生泉吸源。东西三里而遥，南北三里而近。当天邑别卜，缭垣未绕，乃空山之泲，旷野之湫。

自然界的水面大小不同或叫作湖或称为陂，在苑囿中的水面则称为池或者沼。苑囿里面的池沼，人工开垦的多，自然形成的少。那么这个池（即曲江池）是天然的吗？顺应着高地，环绕着山岗，回环转折形成四道水弯，其间有平缓的港湾也有陡峭的驳岸，水波荡漾能感觉到源泉涌流不绝，水面四望各有三里之遥。它看起来简直像是上天别出心裁的安排，如同深山里的河流滩涂，或是旷野中的湖泊水际。

这一段描述感慨，究其大意，无非是惊叹于曲江水面虽由人作却宛自天开的自然神韵。唐以前的苑囿池沼多为接近圆形的几何形态，即使私家宅园可能也还没有达到如此境界，如此自然不着人工痕迹的处理手法让人惊叹，也预示着造园手法向着因地制宜、顺其自然的方向发展。欧阳詹接下来的分析似乎是在直截了当地阐述营造自然山水园林的基本原则：

> 夫物苟相表里，制必同象，泄夫外则廓以灵海，导夫内则融乎此湫。历代帝王，未得而有，岂降巢宅土之后，联绵千百之代，建卜都邑，不欲合夫天意而居乎？……字曰曲江，仪形也。观夫妙用在人，丰功及物。

要表达任何事物，其形制必然要"同象"。其形式外在来源就如自然美妙的大海，在这里却将其神韵融会于这个池沼。历代帝王都不曾拥有这样的池沼。

从人类离开巢穴安居于大地上至今,绵延何止百代,卜筑安居,营建都邑,不都想让自己的居所合乎天意吗? 命名为曲江,合乎其形式。看来其中体现的自然之妙处在于营造之人匠心独具,其中人事之功,也可惠及自然之物。这一段强调的是,园林景观要表达自然之大美,其形制必须与自然景观"同象"。这正是中国古代自然山水园林以及诗歌、绘画作品的艺术手法精髓。艺术作品通过与天地、宇宙、自然的同构关系,折射出天地自然之大美。他接下来说:

> 兹池者,其谓之雄焉。意有我皇唐,须有此地以居之;有此地,须有此池以毗之:佑至仁之亭毒,赞无言之化育。至矣哉! 以其广狭而方于大,则小矣,以其渊洞而谕夫深,则浅矣。而有功如彼,有德若此,代之君子,盖有知之而不述,令民无得而称焉。

这个曲江池可以称得上雄伟了。想来我大唐就应该有这样的大地,有这样的大地就应该有这样的水面来衬托,从而体现天地之至仁和无言的教化。如果仅以面积来衡量,它显得小了,仅以深度来衡量,它显得浅了。但它反映了天地化育之功,自然生养之德,谦谦君子品行,所有天地之大美、自然之至善无需言语表达。这段文字可以说将中国园林小中见大的手法和潜移默化的精神功能阐发得淋漓尽致。对于曲江池的具体活动内容,亦即使用功能,欧阳詹也作了详细介绍:

> 泛菊则因高乎断岸,祓禊则就洁乎芳沚。戏舟载酒,或在中流。清芬入襟,沉昏以涤;寒光炫目,贞白以生。丝竹骈罗,缇绮交错,五色给章于下地,八音成文于上空。砰翰沸渭,神仙奏钧天于赤水;黷蔼敷俞,天人曳云霓于元都。其洗虑延欢,俾人怡怿,有如此者。至若嬉游以节,宴赏有经,则纤埃不动,微波以宁,荧荧亭亭,瑞见祥形。其或淫湎以情,泛览无斁,则飘风暴振,洪涛喷射,崩腾骆驿,妖生祸觊,其栖神育灵,与善惩恶,有如此者。

登高可以赏菊,就水边可以祓禊,泛舟饮酒可以在水面。嬉戏游赏,宴乐欢聚,或静或动无不相宜。纵览《曲江池记》全文,其中涉及园林布局上法象天地、小中见大的意境目标,因地制宜、顺其自然的基本原则和可居、可游、可观的基本功能。在这篇文章中,中国园林营造中的所有根本问题几乎都已涉及,而且见解高明,预见准确。抛开具体手法、技术等细节问题,他的观点和数百年后计成的观点完全一致,连文风都类似。许多关于园林意境的深度阐述,秉承唐人一贯的宏大胸襟,境界之高远甚至胜于计成。

曲江池的历史虽然久远,但此前已湮没无闻。隋代建造大兴城,城垣方正严整,东南角里坊并无缺失。唐代因此处地势低洼,不宜居住,经改建才将此处辟为芙蓉园。唐代建筑理念原本就推崇顺应自然的风格,大明宫、乾陵等皇家宫殿陵寝也都利用自然地貌。可以想见,芙蓉园的营造并无刻意经营或故弄玄虚的意思。该处地势原本崎岖低洼不宜营建宅院,引入黄渠之水,因势利导,则山势水景自然天成。亭台廊庑稍加点缀,树木花草略加修饰,又有长安城、慈恩寺可以借景,则巍然壮观已经不是一般苑园可以匹敌。正是这种因势利导、顺其自然的营建过程,达成了意想不到的艺术效果,给当时的人们留下深刻印象,也给后人以深刻的启迪。

三、私家园林

东汉以来,文人士大夫逐渐兴起营造别业宅园之风,至魏晋已颇为盛行。唐代科举取士,士大夫阶层成为国家柱石,政治、经济、文化各领域话语权几乎都握于掌中。自然而然地,别业宅园的营造也要上一层台阶。别业基址当然都会选择在远离城市的郊野山林之中,山水风光宜人之处。建别业园林,其目的是修身养性,品味自然,体验山野生活情趣,其中的活动主要是居住休养、琴棋诗书自娱、赏玩环境景观、游览山水风光乃至体验农家劳作等。东晋陶渊明说的“采菊东篱下”就是在这样的宅园中的典型活动。当然,陶渊明时代的这类园林还比较原始,通常都是以富于自然野趣的竹篱茅舍之类乡村风貌为主。直到唐代,这类文人别业与后世所说的私家园林也还是不太一样的,或者说只能算是其中的一个类型。相比于东汉魏晋南北朝时期,唐代的文人别业更为普遍。由于园主人经济和文化地位的提升,也由于观念手法的丰富,唐代的文人别业成为中国造园史上的一个重要篇章。

同时,唐代园林开始进入城市,进入里坊,这是园林发展史上的一个极大进步。城市宅院园林化说明当时园林营造理论、手法都已近乎完备。小中见大,对景、借景、分景、格景等基本手段大致形成。唐代士大夫私宅几乎都有园林部分,称为“山池院”。但仅从其名称来看,就与后世的私家园林有所不同。山池院作为一种早期的人工营造的城市园林,在基本手法上仍然保留了一些早期皇家苑园的东西。

（一）王维辋川园

辋川园是唐代诗人、画家王维在宋之问辋川山庄基础上营建的园林，今已湮没。辋川在陕西省西安市蓝田县西南十余公里处的秦岭山脉之中，风光秀丽，景色奇绝，至今仍是避暑度假胜地。由于园林或一般居住建筑通常结构轻薄，耐久性差，很难保存，所以唐代别业没有能够保存至今的实物。所幸，关于辋川园，在王维与同代诗人裴迪所赋的一组绝句中有非常生动的描述，而且当年王维所绘制的《辋川图》也有后人的摹本存留至今，这为我们了解辋川园的情况提供了相当充实的依据。王维在《辋川集·序》中说：

> 余别业在辋川山谷，其游止有孟城坳、华子冈、文杏馆、斤竹岭、鹿柴、木兰柴、茱萸泮、宫槐陌、临湖亭、南垞、欹湖、柳浪、栾家濑、金屑泉、白石滩、北垞、竹里馆、辛夷坞、漆园、椒园等，与裴迪闲暇，各赋绝句云尔。

这里列出辋川园的 20 个景观节点，《辋川集》是王维与好友裴迪闲暇时所赋描述各处景观的诗句。针对每个景点，王维都用一首五言绝句来阐释其景观构成和意境所涵。我们选取其中主要的略作分析，即可对辋川别业有比较全面的了解，如：

> 新家孟城口，古木余衰柳。来者复为谁，空悲昔人有。（《孟城坳》）

根据诗中描述，孟城坳也叫孟城口，是辋川园所在地名，也是进入辋川园的入口。此处尚有古孟城遗迹，人到此处，看到古木衰柳，沧桑之感油然而生。看到寂静苍凉的景色，也不免为此地旧主人们感伤，其中当然包括庄园旧主人宋之问。同时，他又想到不知此地将来又会为何人所有，于是感悟到自己也只是此地一个过客而已。辋川园作为一个别业园，外围景观以自然景观为主，应该是简单朴素的。然而王维行至此地，看到或许是前辈种植的古木衰柳，便生发出如此的感慨，这正是中国园林所追求的境界：简单而自然的环境，却能激发出观赏者无限宽广的联想和强烈的共鸣。在王维心中，空间早已远远地超越了孟城坳这个小路口和辋川这个山谷，时间也早已穿越了过去和将来，一个或许看似平常的景致,却将他的精神贯入了历史,并融入无限的宇宙。在唐代,尤其是唐代的士大夫别业园中,这种苍凉空寂的崇高意境是后世私家园林所不具备的,这或许就是那个时代的色彩。

飞鸟去不穷,连山复秋色。上下华子冈,惆怅情何极。(《华子冈》)

转过孟城坳,迎面是华子冈,越过山冈,成群的候鸟南飞,连绵的山峦秋色正浓,使人心情怅然。华子冈显然是进入辋川园后的一道障景,景观虽然宏阔,意境却是苍凉,诗人的心境在此一收,也正是华子冈景致所要达到的效果。这种做法在此后的私家园林中是一个普遍运用的手法。

文杏裁为梁,香茅结为宇。不知栋里云,去作人间雨。(《文杏馆》)

文杏馆是辋川园里出现的第一个建筑物,环境场景平和亲切,在此诗人的心境平静下来,思绪似乎也回归理性。杏木做的栋梁,香茅草铺就的屋顶,一个充满乡村意趣的简朴建筑,却不知栋梁上的云纹能否化为细雨滋养人间万物?在这里,诗人第一次产生了有别于上述感伤或惆怅的,积极有为的联想。

檀栾映空曲,青翠漾涟漪。暗入商山路,樵人不可知。(《斤竹岭》)

园圃不可以无竹,可见竹子作为君子品格的象征,在唐代文人中已成为一个基本的认识。越过华子冈,沿斤竹岭逶迤前行,竹林掩映,苍翠如空中涟漪,道路曲折幽暗,无人知道前程何处。这种曲径通幽的效果正是中国传统园林设计中小中见大的基本手法之一。

空山不见人,但闻人语响。返景入深林,复照青苔上。(《鹿柴》)

离开斤竹岭,前方的景象更加僻静幽暗。诗人用人语声反衬鹿柴山谷的静,以落日余晖反衬此处的幽暗。鹿柴景象空灵静谧,最能体现盛唐诗意。诗人至此心神收敛,似乎能够听到自己内心的声音。

秋山敛余照,飞鸟逐前侣。彩翠时分明,夕岚无处所。(《木兰柴》)

行至此处,秋山夕照,百鸟还巢,色彩鲜明,豁然开朗,有柳暗花明之感。如果说鹿柴是"抑"的话,此处便是"扬",这一抑一扬,使辋川园的空间序列展现出一种强烈的节奏感。

结实红且绿,复如花更开。山中傥留客,置此芙蓉杯。(《茱萸沜》)

经竹林之收敛,在此景观再次开朗,秋山夕照是仰视,绿叶红实的茱萸需要俯视,一仰一俯,一远一近,在不知不觉的视觉变化中,心境已渐趋平静。

　　仄径荫宫槐,幽阴多绿苔。应门但迎扫,畏有山僧来。(《宫槐陌》)

至此景观又一次收敛。小径苔痕斑驳,古槐绿荫匝地,心境平和泰然几至忘我,禅意油然而起。

　　轻舸迎上客,悠悠湖上来。当轩对樽酒,四面芙蓉开。(《临湖亭》)

这里景致豁然开朗,一片湖光山色映入眼帘,一叶扁舟,一座凉亭,四面莲花正开。这是《辋川集》中第一次出现水景,翻越山岗,穿过竹林,走过小径,来到临湖亭,放眼望去,眼前景色恍如世外桃源,令人心旷神怡。

　　轻舟南垞去,北垞淼难即。隔浦望人家,遥遥不相识。(《南垞》)
　　吹箫凌极浦,日暮送夫君。湖上一回首,青山卷白云。(《欹湖》)
　　分行接绮树,倒影入清漪。不学御沟上,春风伤别离。(《柳浪》)
　　飒飒秋雨中,浅浅石溜泻。跳波自相溅,白鹭惊复下。(《栾家濑》)
　　日饮金屑泉,少当千余岁。翠凤翙文螭,羽节朝玉帝。(《金屑泉》)
　　清浅白石滩,绿蒲向堪把。家住水东西,浣纱明月下。(《白石滩》)
　　北垞湖水北,杂树映朱阑。逶迤南川水,明灭青林端。(《北垞》)

以上几个景观点都在水边,诗人在这一带或泛舟湖上,或饮酒湖边,或与友人湖畔琴瑟唱和,或独立滩头观赏鸥鹭。宜昼宜夜,宜晴宜雨,宜秋宜夏。这一带湖畔景观应该就是辋川园的主要区域,也是辋川园系列景观的核心之处,地貌形式和植物种类都很丰富,有激流、浅滩、清泉,有翠柳、绿蒲、杂树,还可看到对岸的人家。从诗中描写可以发现,这些景观元素大多并非刻意而为,而是因势利导,自然成趣,这正是别业园的最难能可贵之处。

　　独坐幽篁里,弹琴复长啸。深林人不知,明月来相照。(《竹里馆》)

竹里馆是继文杏馆、临湖亭后出现的第三个建筑物。可见唐代园林与明清私园不同,多半以自然景观为主,建筑物布局稀疏,只为有必需的休息场所,或为某处景观增色才布置一座,且多为小尺度风格简朴的建筑小品。在竹林中作馆一座,是追魏晋遗风的意思,也是一处别具意境的小景致。

　　木末芙蓉花，山中发红萼。涧户寂无人，纷纷开且落。(《辛夷坞》)

　　古人非傲吏，自阙经世务。偶寄一微官，婆娑数株树。(《漆园》)

　　桂尊迎帝子，杜若赠佳人。椒浆奠瑶席，欲下云中君。(《椒园》)

辛夷即紫玉兰，大型乔木，是一种花色花形都极为妍丽的木本花卉植物，可以与水中的莲花相比，是关中地区难得的花卉植物。漆、椒都是中国历史上重要作物，在古代甚至是重要的战略资源，也是关中南部秦岭地区重要的特产。秦岭所产花椒品种最好，可作香料，又是一种中药材，祛风湿、驱虫害，中国古人可以免受虱子、跳蚤的困扰即有赖于是物。很多地区至今仍以鲜花椒烹茶饮用，可生津止渴祛病，别具风味。夏末初秋之夜，烹花椒茶待客也是一桩雅事。

根据《辋川集》的描述，辋川园自然风光宜人，地貌丰富多变，有山冈、山脉、山谷，也有湖泊、溪流、清泉。植被也很茂盛，植物种类也都各具品味，茱萸、槐、竹、椒、漆、辛夷、杂树、荷花、菖蒲等植物都是当地原生，又都有各自的历史典故，因而各具其精神象征意义。整个园中人工痕迹极少，仅小径以及亭、馆数处，隐现于林木之中。整个园子宛如一幅山水长卷，人在画中游，人融入天地之间，现实交织于历史之中，游憩其中，寂然忘我，似有脱胎换骨之效。

(二) 白居易庐山草堂

庐山草堂是白居易在庐山北边香炉峰和遗爱寺之间修建的别墅，几乎未加修饰，品格之纯净简易似乎又超过王维的辋川园。白居易本人对此也颇为自得，因而特地写了一篇《庐山草堂记》。从文字描述来看，庐山草堂虽小，但它简单自然的风格却颇具大唐气象。由于白居易文风平易自然，描写具体细腻而生动形象，草堂建筑跃然纸上，是极为难得的唐代园林景观资料。下面我们根据他的记述，对庐山草堂别业进行一些具体的解析。

白居易《庐山草堂记》云：

　　匡庐奇秀，甲天下山。山北峰曰香炉峰，北寺曰遗爱寺。介峰寺间，其境胜绝，又甲庐山。元和十一年秋，太原人白乐天见而爱之，若远行客过故乡，恋恋不能去。因面峰腋寺，作为草堂。

庐山之奇美秀丽冠绝天下，北部有香炉峰，峰北有遗爱寺。峰与寺之间的风光又胜过庐山其他地方。元和十一年(816年)秋天，原籍太原的白居易游经此地，就像远行游子见到故乡一样，对此地恋恋不舍，因而面对香炉峰，在遗爱寺一侧建了草堂一所。

这一段文字说明此地自然风光甲于天下，又有遗爱寺人文景致，外部环境极佳。庐山北麓，奇峰突起，飞泉直下，苍松古柏，浓荫夹道，曲径通幽，山寺隐现，其环境大体如此。那么，在自然环境如此完美之处兴造别业，它的尺度、色彩和形态风格又该如何把握呢？

> 明年春，草堂成。三间两柱，二室四牖，广袤丰杀，一称心力。洞北户，来阴风，防徂暑也；敞南甍，纳阳日，虞祁寒也。木斫而已，不加丹；墙圬而已，不加白。砌阶用石，幂窗用纸，竹帘纻帏，率称是焉。堂中设木榻四，素屏二，漆琴一张，儒、道、佛书各三两卷。

> 乐天既来为主，仰观山，俯听泉，旁睨竹树云石，自辰及酉，应接不暇。俄而物诱气随，外适内和。一宿体宁，再宿心恬，三宿后颓然嗒然，不知其然而然。

文章大意是说，元和十二年（817 年）春天草堂就已建成。建筑三开间，立面两柱，两间居室（中间是堂屋），四扇窗户；北面开门，引入北风可以避暑；南面开敞，阳光充足，可以御寒。用于构筑的木材只是取正取直而已，不施色彩；墙壁泥浆抹面，不施白灰；台阶用石材，窗户糊纸，门上竹帘，苎麻帷幕，都是材料本色，如此大致是合适的了。堂屋设四张木榻，两扇原木屏风，再备下漆琴一张，儒、道、佛典籍各有两三卷。草堂之外，抬头可以看山景，低头可以听水声，平视则有云雾掩映的山林奇石，从上午到晚间，可以说目不暇给。片刻间精神就可与自然交融，外在舒适而内心祥和。在此修养一晚则身体康宁，两天后心境平和，三天后几乎浑然忘我，不知此身何在。

这一段主要描述了别业建筑形式、主人在其中的活动及心理状态，非常生动。房屋只不过一正两厢，和一般农家民宅格局相当。唐代的建筑风格总的说来都比较简洁，即便是官式建筑也很简单，色彩运用也比较单纯，红柱、白墙、灰瓦三种而已。但白居易此宅木构件不加红色，墙壁也不涂白，窗纸帷幕都是自然材料的颜色。陈设更是简单，榻、屏、书、琴而已。但主人却说自己一天应接不暇，似乎很忙碌。其实是忙于观赏自然风光，忙于和自然对话，忙于和天地交流。在今天看来，这种简朴自然其实也是一种奢侈。在景观色彩丰富的地方，房屋建筑保持俭朴低调,不干扰自然环境是一种最合理的处理手法,直到明清私家园林仍保持这一基本观念。在白居易看来,华丽的建筑是否影响环境不是问题,问题是它会影响自己的心境,让自己本已应接不暇的内心不得安宁。这种源自禅宗的修行观念在唐代文人中间是普遍存在的,对中国园林发展的影响极为深刻。接下来,白居易对草堂环境也作了详细描述。

> 自问其故,答曰:"是居也,前有平地,轮广十丈;中有平台,半平地;台南有方池,倍平台。环池多山竹野卉,池中生白莲、白鱼。又南抵石涧,夹涧有古松、老杉,大仅十人围,高不知几百尺。修柯戛云,低枝拂潭,如幢竖,如盖张,如龙蛇走。松下多灌丛,萝茑叶蔓,骈织承翳,日月光不到地,盛夏风气如八九月时。下铺白石,为出入道。堂北五步,据层崖积石,嵌空垤块,杂木异草,盖覆其上。绿阴蒙蒙,朱实离离,不识其名,四时一色。又有飞泉植茗,就以烹燀,好事者见,可以永日。堂东有瀑布,水悬三尺,泻阶隅,落石渠,昏晓如练色,夜中如环佩琴筑声。堂西倚北崖右趾,以剖竹架空,引崖上泉,脉分线悬,自檐注砌,累累如贯珠,霏微如雨露,滴沥飘洒,随风远去。其四傍耳目、杖屦可及者,春有锦绣谷花,夏有石门涧云,秋有虎溪月,冬有炉峰雪。阴晴显晦,昏旦含吐,千变万状,不可殚纪,覼缕而言,故云甲庐山者。"

房屋南面有十丈见方的平地,其中一半做了平台。平台南面有两倍于平台大小的水面。水边环绕山竹野花,水中养植白莲、白鱼。再往南是山涧,山涧两边古松老杉,大的须十人合抱,高不知有几百尺。松下有灌木、藤萝,遮天蔽日,盛夏犹如初秋般凉爽。树下铺白石子小径,作为出入草堂路径。草堂北面五步就是层层叠叠的悬崖绝壁,崖壁上植被茂盛,绿叶红果不知是什么种类,却四季常青。还有飞泉旁边有茶树,好喝茶的人可以在这里以泉烹茶,消磨时光。草堂东面有瀑布,水落三尺,层层叠叠落入石缝,早晚像白色丝带,声音像琴瑟一般动人。草堂西面,是北面悬崖的延续,用剖开的竹子架空引来崖壁上的山泉,分为几支水流从屋檐流到阶前,像珍珠、雨雾随风飘去。草堂四面,能够看到、听到、走到的景致,春有山谷中如锦绣的花木,夏有石门涧的云雾,秋有虎溪的月色,冬有香炉峰的雪景。早、晚、阴、晴千变万化,难以一一描摹,所以可以说这里的风光是庐山最好的。

这段文字从东南西北四面对庐山草堂环境作了详细描述。草堂所处环境幽美奇绝,山水、树木、花草、奇石等景观要素一应具备,大自然为草堂准备好了一切。室外,人为修建的设施只有门前平台、水池、松下的白石小径和屋西侧引水竹管而已。庐山草堂房舍小而简朴,环境空间也并不开阔。然而,此处四望都是庐山胜景,远有香炉奇峰飞瀑,近有山涧、溪流、断崖,古木高耸、藤萝蔓地,自然景物之丰富密集远非关中一带可比。相比于王维的辋川别业壮阔的景象,这里又别有韵味。兴造别业只为可居,开辟小径只为可游,人工之事多一分都嫌太多。乐天居士所做的设计,充满诗意,其意趣远远超过常人所想,甚至超越了那个时代,其中精妙之处,也给后人以启迪。

(三) 白居易履道里宅园

履道里是唐代洛阳城内的一个里坊,白居易晚年在此建造了自家宅院,并在不少诗文中提及,表现出对这个宅院的相当得意。履道里宅园与上述别业园林都不相同,它是一处完全由人工兴造的城市私家园林,其性质更加接近明清苏州的私家园林。这类园林多居于繁华市区,与住宅结合,是所谓都市山林。这类园林因为位于城市居住区,占地面积不大。在市区有限的空间内,完全凭人工营造出自然山水的意蕴,这才是最能体现中国传统造园技法的园林类型。白居易在他的《池上篇并序》中对此处宅园作了十分详细的记述,其序文中说:

> 都城风土水木之胜在东南偏,东南之胜在履道里,里之胜在西北隅。西闲北垣第一第,即白氏叟乐天退老之地。地方十七亩,屋室三之一,水五之一,竹九之一,而岛树桥道间之。初,乐天既为主,喜且曰:"虽有台,无粟不能守也。"乃作池东粟廪。又曰:"虽有子弟,无书不能训也。"乃作池北书库。又曰:"虽有宾朋,无琴酒不能娱也。"乃作池西琴亭,加石樽焉。乐天罢杭州刺史时,得天竺石一、华亭鹤二以归;始作西平桥,开环池路。罢苏州刺史时,得太湖石、白莲、折腰菱、青板舫以归;又作中高桥,通三岛径。罢刑部侍郎时,有粟千斛、书一车,泊臧获之习筦、磬、弦歌者指百以归。先是颍川陈孝山与酿法,酒味甚佳;博陵崔晦叔与琴,韵甚清;蜀客姜发授《秋思》,声甚淡;弘农杨贞一与青石三,方长平滑,可以坐卧。大和三年夏,乐天始得请为太子

宾客，分秩于洛下，息躬于池上。凡三任所得，四人所与，洎吾不才身，今率为池中物矣。

　　每至池风春，池月秋，水香莲开之旦，露清鹤唳之夕，拂杨石，举陈酒，援崔琴，弹姜《秋思》，颓然自适，不知其他。酒酣琴罢，又命乐童登中岛亭，合奏《霓裳散序》，声随风飘，或凝或散，悠扬于竹烟波月之际者久之。曲未竟，而乐天陶然已醉，睡于石上矣。睡起偶咏，非诗非赋。阿龟握笔，因题石间。视其粗成韵章，命为《池上篇》云尔。

其大意是说：都城（洛阳）风土水木的魅力，在城市东南隅。城东南方的自然条件魅力，集中在履道里。履道里最好的方位是西北角，此处是西北城名列第一的宅院，也是白居易的养老之所。宅院面积有 17 亩，其中房屋占 1/3，水面占 1/5，植物占 1/9。岛屿、树木、桥梁、小径，点缀在园子中间。起初，白居易入住此宅，高兴地说：虽然有了台榭宅院，但是没有粮食也不能保全它。于是建了水池东面的粮仓。又觉得，虽然有子弟，没有书籍无法教导他们。于是又建了水池北面的书库。又发现，虽然常有宾朋来访，没有琴酒无法尽兴。于是建了池子西面的亭子，还加了石樽。白居易被免去杭州刺史时带回来的天竺石、华亭鹤，被免去苏州刺史时带回来的太湖石、白莲、菱角、青板舫等也都用在了此处。建了两平桥，开了环池路，又建了池中的拱桥，连通三岛的路径。在刑部侍郎任上，积攒了上千斛的粮食、一车书，奴婢们学习筝、磬、弦歌的上百，也都带了回来。此前，颍川陈孝山教了酿酒的方法，酒的味道非常好；博陵崔晦叔传授了琴艺，声音非常飘渺；蜀客姜发所教《秋思》曲，声音非常清淡；弘农杨贞一送来三块青石，方长平滑，可以坐卧休息。大和三年（829 年）夏天，白居易开始被任命为太子的宾客，在洛阳城做官，在池院里休息。先后共三任的积累、四人赠送的东西，以及自称为"无用之人"的白居易，如今都变成山池院里的景色了。

每当池面吹起春风，映照秋月，或是莲花盛开的早上，露水清澈、仙鹤鸣叫的下午，摸着杨贞一送的石头，举着陈孝山的酒，弹着崔晦叔的琴，奏着姜发教的《秋思》曲，醉醺醺的很满足，别无他求了。喝完酒弹完琴，又让乐童登上中岛亭，合奏一曲《霓裳散序》，声音随风飘散，似有似无，悠扬地在竹烟波月间久久回荡；曲子还没停止，乐天就已经陶醉，睡在石头上。睡醒起来有时吟诗，非诗非赋，阿龟握笔，写在了石头上，看它勉强成篇文章，就把它命名为"池上篇"了。

《池上篇》的序文里所描写的，是白居易洛阳履道里宅院的大致状况，其中对外部环境、宅院修造思路、大致布局以及主要建筑物乃至园庭陈设都有详细记述，甚至对园中的活动内容和个人感受也都有生动的描写。履道里园是一处典型的唐代城市私家宅园，面积约 17 亩，和明清私家园林的面积大致相当。其中十亩做了宅基地，其余约 1/3 作为园林，这个比例也与明清做法相当。文章对于住宅布局没有做太多描绘，但大致内容还算详细。除住宅外，还有书库、粮仓。园林建筑有桥、亭、台榭。园林中有水面，有三座岛屿。在五到七亩的用地上营造园林已有小中见大的要求，太湖石、青石舫、石板、莲、菱等小品陈设和植物都和明清风格无异。但其中粮仓、台、三岛等内容又有唐代及之前的皇家上林苑的特征。粮仓我们在汉代坞堡庄园中常见到，大概是当时地主庄园的一般设施，台榭建筑在唐代已不时兴，但演化为园林水畔的观景建筑沿用至今；至于水池中模仿蓬莱、瀛洲、方丈等神仙海岛的做法，在皇家园林中一直保持至北京颐和园等皇家园林，但在明清江南私园中山水布置更加自由，一般不作海岛样式。《池上篇》的正文中，白居易还以诗歌的形式对履道里园的环境及主人在其中活动时的心境加以歌咏：

> 十亩之宅，五亩之园。有水一池，有竹千竿。勿谓土狭，勿谓地偏。足以容膝，足以息肩。有堂有亭，有桥有船。有书有酒，有歌有弦。有叟在中，白须飘然。识分知足，外无求焉。如鸟择木，姑务巢安。如龟居坎，不知海宽。灵鹤怪石，紫菱白莲。皆吾所好，尽在吾前。时饮一杯，或吟一篇。妻孥熙熙，鸡犬闲闲。优哉游哉，吾将终老乎其间。

园不在大小，而在其中所蕴含的精神意趣。有房屋可居，有山水可游，有千竿竹可观，有五车书可读。与天地相知，与古人神交，与友人欢聚，与亲人共享天伦，人生境界的极致不过如此。白居易诗中所表达的安宁、满足、平和的心境，正是中国古代自然山水园林所追求的最高境界。

第三节　唐代园林的审美特征

唐代的皇家园林秉承了秦汉以来的神仙海岛主题，体现的是一种高于尘世、居于天人之间的意象。它与皇室宫殿或离宫结合，更多是为了迎合皇室贵族的审美趣味,故景观宏伟壮观,建筑华丽繁复。这样的园林风格到唐代近乎固化,一直延续到明清时期。虽然此后的一千多年间有细节上的变化,但总体格局基本相似。从中国整个园林史来看,唐代取得的最大成就,乃至于承前启后、开辟中国传统园林全新气象的,是文人士大夫的别业园和城市中的山池院。它们表达出来的是另一种思想境界,即不再追求那些虚无缥缈的神仙海岛,也不再幻想肉体的长生不老,而是安于现实社会,追求平静和谐的现实生活,追求内心的和谐以及人与人、人与自然的交流与和谐共处。

应该说,唐代的园林营造手法上还不是十分完备,借景、对景、分景、隔景等手法以及叠山、理水的基本技术都还不如明代那么成熟、有系统。但是,这些手法已经在别业园和城市山池院中个别地、自发地出现了,成为后世造园家可以加以总结的素材。唐代士大夫继承了魏晋以来对事物真谛的探索,对山水自然的真实之美的热爱,认识到了园林建筑与自然环境的正确关系,即在任何情况下,自然的语言都是最美的,用简单的技术去烘托秀丽的自然美景才是园林艺术的根基。同时,唐代文人诗歌、绘画的大发展,也为唐代及后代园林的发展提供了丰富的艺术灵感。所有这一切,都使得唐代园林成为中国园林发展史上一个重要的里程碑。同时,唐代也已经为中国园林确立了园林环境审美的以下基本原则,为后世所继承和发展。

一、诗意居所

中国园林如田园诗,如山水画,如牧童短笛吹奏的清新乐曲。在唐代,它自然而然地出现在山野、村庄、郊区和城市,甚至可以说进入了千家万户。从大自然中艰难跋涉一路走出来的人类为什么要造园林?是留恋还是信仰,是为了实用还是为了美观?应该说,首先是出于对大自然的感激和留恋,然后是崇拜,之后发展到较为单纯的审美目的。各个民族,不同文化体系,园林的发生发展大体上都是这么一种路线。但将园林推到接近于独立艺术门类,与居住、宗教建筑可以平起平坐的地位,并且使其走进千家万户的,只有中国一家。中国园林的产生发展历经数千年,初期的桑林、灵沼、苑囿、上林苑等较为原始的园林与我们今天所谈论的中国式"自然山水园林"相比,本质上已经不再是同一类事物了。之所以如此,是因为中国人对于天地自然认识的转变。其中第一次较为重要的转折是"绝地天通",是人与神的分离,可以说是中国人在上帝面前的"独立

螺钿花鸟纹平脱镜

瑞兽葡萄羽人纹铜镜
/ 陕西历史博物馆藏　动脉影 摄 /

白玉飞天
/ 上海博物馆藏　动脉影　摄 /

伎乐纹八棱铜杯　何家村窖藏
/ 陕西历史博物馆藏　动脉影　摄 /

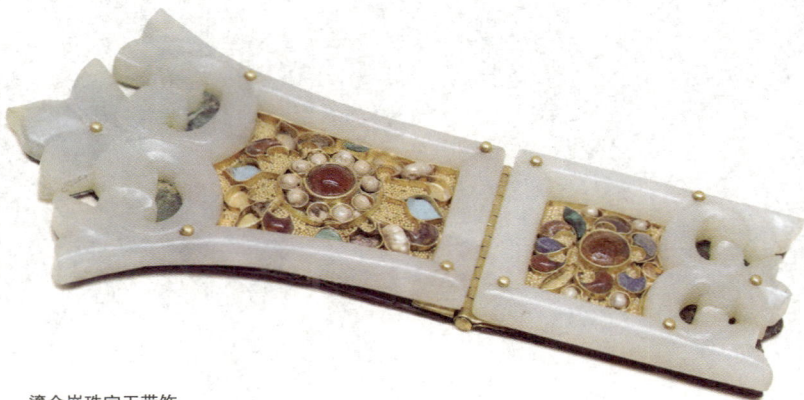

鎏金嵌珠宝玉带饰
/ 陕西省考古研究院藏　动脉影摄 /

赤金走龙
/ 陕西历史博物馆藏　动脉影 摄 /

鸽纹锦残片
/ 甘肃省博物馆藏 动脉影 摄 /

彩持鸟女俑
/ 东京国立博物馆藏 动脉影 摄 /

鸳鸯莲瓣纹金碗　何家村窖藏
/ 陕西历史博物馆藏　动脉影 摄 /

宣言"。

早在人类文明萌芽之时,人们对山林就有着深深的依恋。人类依靠山林寻找栖身之所,躲过了洪水猛兽的侵袭。当人类的力量已经足以应对洪水猛兽而走出山区以后,遥远的山脉仍然是人类童年的美好回忆。那里不仅风光绮丽,还有祖先的英灵和神的召唤。《山海经·大荒西经》中有这样的描述:

> 大荒之中有山,名曰丰沮玉门,日月所入。有灵山,巫咸、巫即、巫盼、巫彭、巫姑、巫真、巫礼、巫抵、巫谢、巫罗,十巫从此升降,百药爰在。

所谓"丰沮玉门"究竟在何处其实根本无法考证,也无须认真。可能是上古时期某个部落的人能达到或能看到的西方的高山,也许在今人看来这个山根本不值一提,但它在当时是一个族群的精神寄托,是"日月所入"之处,是太阳和月亮的家园。这样的深山只有"巫"才可以登临,而后可以与天交流,而且能够取得"百药"医治病痛。在那个部落林立、"天下万国"的年代,每个部落都有自己的"圣山",也都有自己的"巫×"和自己的神明交流。这就是各部族都有自己的"灵山"或"桑林"的起因,它首先是一个部落的圣地。

各部族崇拜自己的祖先或是敬奉自己的圣地,这并无不妥。但在"天下万国"的时代,如果"巫×"们奉着各自的神意,打着神圣的旗号自行杀伐的话,就会生灵涂炭了。所幸中原部落首领们达成了一个划时代的决议,就是"绝地天通"。这一划时代的事件据说是黄帝的孙子完成的。据《史记·五帝本纪》记载:"黄帝子昌意。昌意居若水,娶蜀山氏女。昌意生高阳。黄帝崩,葬桥山。其孙高阳立,是为帝颛顼。"颛顼既然是黄帝的孙子,也就是黄帝部落首领的继任者。这一次宗教改革在中国文化发展史上具有开天辟地的意义。那么,什么是"绝地天通"呢?《国语·楚语下》里面记载了楚昭王和观射父的一段问答:

> 昭王问于观射父曰:"《周书》所谓重、黎实使天地不通者,何也?若无然,民将能登天乎?"对曰:"非此之谓也。古者民神不杂。民之精爽不携贰者,而又能齐肃忠正,其智能上下比义,其圣能光远宣朗,其明能光照之,其聪能听彻之,如是则明神降之,在男曰觋,在女曰巫。是使制神之处位次主,而为之牲器时服。而后使先圣之后之有光烈,而能知山川之号、高祖之主、宗庙之事、昭穆之世……上下之神、氏姓

之出，而心率旧典者，为之宗。于是乎有天、地、神、民、类物之官，是谓五官，各司其序，不相乱也。民是以能有忠信，神是以能有明德，民神异业，敬而不渎。"

根据观射父的理解，"绝地天通"的目的是让人们清晰地理解"神"的"主次之位"，在各地的山川、神祇、祖宗、姓氏中间建立起严格的等级秩序。同时，进一步建立划分天、地、神、民、类物"五官"的人间政治制度，人间的五官各司其职，这样"人"与"神"的职能也就不再混淆不清，从而可以实现"民神异业"而且人类对神"敬而不渎"的人神互不干扰的境界。这一改革使得中华文明早早开始了世俗化的进程，这是一个在各古老文明中独一无二的现象。从此，中华文明和神的关系渐行渐远，对于园林建筑的发展来说，这一事件为宗教圣地脱离宗教背景走向单纯的审美目的提供了极好的条件。神的远去使得古人产生了新的幻想，试图通过自我修炼脱胎换骨获得不死之身。

"仙"的境界是非常奇特的，它给人们提供了一种几乎可以达成的美好的生活模式。这种生活模式抛开某些迷信因素之后，对人们的物质生活和精神生活都提出了诸多即使在今天看来还是相当"超前"的观念。它崇尚人与自然的和谐相处，提倡通过个人修为达到内心自在平静而且肉体强健轻盈的状态。要达到如此修为，人们对生活环境必须提出极高的要求。景观优雅、环境自然、空气清新、山水绮丽，这样的环境要求正是中国自然山水园林所必须具备的。正是人们对成"仙"的追求促成了中国传统自然山水园林的进一步发展。为此人们在意念中、现实中都在寻找理想的仙境，如昆仑山、东海蓬莱、王母瑶池等等。这些景观元素无论虚实如何，都为园林的发展提供了大量素材。

"仙境"意象的产生，也反映出中国传统文化对自然的看重，以及对人与自然和谐关系的探求。人们很早就认识到，无论是将人引入仙境还是带回凡间，人所处的自然环境都会对人的身心产生深刻的影响。对于儒家门生来说，脱离红尘的仙境毫无意义，在现实社会中发挥作用才是正道。但要成为一个对社会有益的人，也必须具有健康的身体和高尚的人格，必须具有君子品格。而君子品格的培养和形成同样离不开环境的熏陶。美好的、健康的环境有助于形成美好的人格，这一种观念也适用于当今。

随着儒家学说的发展和国家的统一，实现现实社会的安定和谐成为社会面临的主要问题。在儒家学说影响下，中国传统园林环境的意象开始从象征"神仙海岛"朝着象征"君子品格"转变。"仙境"的意象实际上将人们的视线从"天"上降低到"山"上，而"君子品格"这种意象直接将目标放在现实社会中。从此，中国自然山水园林的审美意象从天上回到了人间。至魏晋时期，我们已经可以在文学作品中看到这一变化，比如陶渊明的桃花源，正是由一群农业时代的凡夫俗子所营造的田园诗歌般的境界。

安于平静的现实生活，忘记上帝的保佑，放弃成仙长生不老那样不切实际的幻想，让自己与自然融为一体。人从自然中走来，终将回归到自然中去，既然如此，就让我们诗意地栖居在这片大地上。这样的境界，是对现实生活产生诗意般的追求的思想基础。而只有这样的追求，才能产生我们所说的中国式自然山水园林。魏晋时期刚刚完成了这样的思想变革，唐代的园林发展可谓是恰逢其时。有了这样的背景，之后出现各种园林类型、各种造园技法也就是自然而然、顺理成章的事情了。

二、空灵之美

"天人合一"是中国文化的核心命题，正是在这个大背景之下，中国传统园林建筑产生了自己独有的审美判断标准。在几千年的漫长历程中，中国古代园林也有一个缓慢却深刻的演变过程。基于"天人合一"的宇宙观，人们时刻思考着人与自然的关系这个根本性问题。中国自然山水式园林发展也始终沿着天、地和人的关系的线索展开，园林风格发生变化，实际上反映了当时人们对"天人合一"的理解发生了变化。因此，中国园林自然地拥有大局观，这种大局观是从整个宇宙自然的结构及其运行规律出发的，具有深刻的哲学意义。在中国古代士人看来，园林是人与自然交流的场所，是个人体验自然、体验社会、品味人生的最佳场所。因此，园林必须通过一系列手法表现出自然的精神内涵，体现出宇宙自然的结构秩序和运行法则。

如果我们从空间关系的角度去理解"天人合一"，那么身处自然之中的"人"本身也是自然界的一个组成部分。"人"是不可能脱离自然界孤立存在的。既然"人"无法置身于自然界之外观察任何事物，也就只有立足于自然环境之中去体验自然和感受自然。"人"在自然中的位置处于"天""地"之间，由"天"和"地"构成的空间为人类提供了生存的环境。这就给人们营造园林提供了一个基本思路,即营造园林是为了给人提供一个真正适于生存的自然环境。而这样的环境有一个现成的范例,就是由"天""地"和"四方"形成的空间,这个空间由六个界面围合,所以也被道家称为"六合"。园林无论大小都要体现宇宙空间的特定规律,所以,它首先是一种空间的艺术。在唐代,建筑风格本来也就简洁真实,这样一来,人们可以将更多的精力放在园林的整体空间形态而非个别实体的细节雕琢上。

中国园林是一个与自然环境有着有机联系的空间体系。园林的山水、树木、房屋都是为了形成某种有序的空间体系而存在的,也就是说决定园林成败的关键在于空间的效果是否理想,并且最好的园林环境应该成为自然环境的延伸。既然人造的园林环境与自然环境成了一个完整的有机体,那么人只能处于这一环境体系之中,也就是说,园林并不是一个独立完整的观察对象。于是人对园林之美的判断就不可能采用从旁"观察"的方式,而只能采取对园林环境总体体验与感受的方式,这成为古代中国基本的园林审美模式。这种审美模式与欧洲古典园林中将建筑、雕塑、广场甚至树木作为一个独立的对象加以过度雕饰并孤立起来欣赏有本质的区别。当然,人的感受源于多种感官,房屋、山石、水面、植物作为一个个看得见的对象,首先还是要都经得起视觉的挑剔,然后再去解决总体的体验和感受问题,因而视觉感受也是不能够忽视的。但以空间为核心的观念,使得中国传统园林不会在单个元素的形式完美问题上做过多的纠缠,园林中的建筑、树木、山石等的独立形象都是不完整的,甚至是残缺的,但整个园林空间一定要成为一个连续的整体并与环境有机地结合到一起。

至唐代,中国园林已经形成了一套完整的体验式审美方式,人在园中生活,看到花开花落,经历四时变化,品味阴晴圆缺,这种审美方式使得中国古代园林的审美实现途径比其他民族的花园要复杂得多。一方面是涉及的感官更多,不仅有视觉,也有听觉、嗅觉甚至触觉参与。另一方面是涉及面更宽,不仅涉及一座园林本身,还与周围其他环境事物以及可感觉到的自然、社会因素相关。既然是体验,就必须经历一段时间,这不仅与园林及其环境空间相关,还与观赏者身处其中的时间相关。

既然是以空间为核心,园林的核心就在于它的空间内涵。唐代园林的"实体"部分如房屋、桥梁甚至花木山石往往都比较单纯质朴,在私家园林以及文人别业园中,人为建造的东西往往都较低调,不会哗众取宠。当然,这些特征也可部分归因于中国园林通常有足够的、条件优越的自然空间，可以充分展现自然之美，因而无须用其他艺术手法和元素与自然环境争胜。所以中国古代园林从一开始就是"洁净"的，其中人为的事物也都简单自然，与环境没有冲突，使人们身在其中感受到的是自然之大美，而非工艺上的雕虫小技。

通过观察我们可以发现，对中国传统园林的欣赏不仅是对园林内的建筑、花木、山水的欣赏，也是对其中的家具、陈设、字画、古玩、联匾等内容的欣赏，这不仅涉及园林建筑本身，也涉及雕塑、绘画、书法等艺术门类，甚至也包括了文学、历史和哲学的内容。有时候，一两个题字就可以把园林的空间扩展到千里之外，或者把时间延展到数千年前。身在林泉，胸怀天下，"前不见古人，后不见来者。念天地之悠悠，独怆然而涕下"，对中国古代文人士大夫来说，景观能激发如此意境，才可以称得上壮观。而在所有被园林容纳的事物中，最为重要的还是"人"，不同品格的园林环境，配合不同品位的人物，二者如能相得益彰，就是一幅最好的山水画。人物与园林环境相映成趣，整个画面才能显出盎然生意。园林在这里就像是一个包含人类生活所有内容的综合体。一座中国古代园林本身就是"天人合一"的具体表现，就是一个中国人心目中的自然、社会与个人和谐相处的模型。

三、小中见大

通常认为，小中见大是中国明清私家园林营造的基本原则，从前面两节的内容来看，我们发现唐代的园林事实上已经体现了这一基本原则。魏晋时期所进行的文化反思，对于中国艺术发展至关重要。当时人们所关注的审美对象的"意"与"象"、"神"与"形"的关系问题，审美活动中的"自由的心灵"的问题等，导致后世园林营造思路产生了革命性的变化。其中最重要的是对审美对象的构成、审美对象与审美主体的关系有了清晰的认识。认清了艺术品的形式与内容的关系，为艺术的内容超越形式提供了理论依据。就园林而言，人们已经认清了物理尺度和心理尺度的关系，已经了解到物理尺度不是决定景观是否壮观的唯一因素。

魏晋以后，随着贵族、门阀势力的削弱，国家政治、经济权力和文化话语权开始转移到文人士大夫手中。这些人科举出身，为官入仕，靠朝廷俸禄生活。在经济上，他们没有贵族时代传承的封邑，也就没有贵族那么丰厚稳定的经济来源；在文化上，他们十年寒窗，耕读传家，有着深厚的文化艺术修养。经济上的寒微使得他们消费不起皇室贵族那样的上林苑，文化修养上的优势却使他们能够在方寸之间营造出大自然悠远宏大的意蕴。随着中国园林艺术的发展，后世的人们学会了在极小的空间中营造自然的神韵，即使只是一方小小天井、一块奇石、几竿修竹，也可以让主人的思绪逍遥天外。

唐代浪漫主义诗歌的高度发展，文人山水画的出现，为园林意境的营造提供了最有力的艺术素材支撑。大批才华横溢的文人士大夫参与造园，他们是诗人、画家、园林营造家，同时也是园林的主人。于是，从唐代开始，中国园林营造进入了一种天时地利人和完备、社会文化条件几乎完美的状态。对于园林艺术的发展来说，这简直是一种优越得难以想象的机缘。在这样的大背景之下，唐代园林的飞跃式发展已是顺理成章的事情了。当然，皇家园林由于其经济、文化基础与私家园林完全不同，所以受这个大背景影响也较小，真正从中获益的是文人士大夫的私家园林，一般社会富裕阶层如商人、地主等也开始模仿。

中国很早就流行一句老话叫"富不过三代"，这就是魏晋以后贵族阶层几近于消灭以后的社会现实。面对着非终身的流官制度，置身于宦海沉浮、家族兴衰，文人士大夫们需要一个退隐之所，需要一个精神的家园。这种有限的经济条件下的迫切需求，也是催生私园营造手法的动力。当然，营造园林的人总不会拒绝更大的尺度、更大的用地，但经济条件的制约是个无法回避的现实，这是当时整个士大夫官僚社会阶层共同面临的问题。但是，对于私家园林来说，有限的尺度要营造出丰富的自然景观，要让主人感受到大自然变幻无穷的魅力，就必然需要有一系列复杂的艺术手法。在唐代的私家园林特别是城市私家园林中，这些手法或许还没有达到成熟完善的程度，但其基本原则，也就是小中见大的原则，显然已经成为共识。

唐代园林里面小中见大的手法主要表现在"远借"和"幽深"两个方向。所谓"小中见大"，一个办法是从尺度较小的园林中看到广阔的自然环境，也就是借景，这是中国传统私家园林最典型的手法。但借景有不同的方式，在唐代园林，特别是别业园中，主要是远借，也就是为周围远处的景观创造比较好的观赏条件。王维的辋川园借助于辋川山谷以及秦岭山脉的大背景，使得园林景观几乎延伸到视力极限。白居易的庐山草堂，草堂本身几乎没有可观赏的内容，置身其中，所见大致全是庐山风光及周边山崖溪流，营造园林只为观赏自然而来，并非为了营造一个漂亮的园林或居住场所。即使是像曲江池这样的大型公共园林或风景区，也有借用长安城慈恩寺为背景拓展景观的情况。唐代园林的借景处理或许并不是那么细致精微，但与明清园林相比似乎更加自然奔放，这一方面是唐人天生的气质使然，另一方面也与唐代用地相对宽松有关。

幽深也是中国自然山水园林拓展空间的主要手法。"庭院深深，深几许？"这类诗句不仅是诗人心境的流露，也是当时建筑环境的真实写照。用连续曲折富于开阖变化的一系列空间，使人们产生无穷无尽应接不暇的感受，从而为大自然的鬼斧神工所折服。这种方法是更多地利用了人们的心理特点，手法类似于诗歌、音乐，抑扬顿挫，婉转而流畅。在唐代这个充满诗意的年代，人们运用起这样的手法可谓是得心应手，甚至自己都浑然不觉。在王维的辋川园中，20处主体景观渐次展开，把这样的技法表现得淋漓尽致。

如何做到小中见大，实在是一个私家园林成败的根本问题。简而言之，小中见大的基本原理就是让自然连贯的园林空间结构与自然环境产生某种连贯性，将自然环境纳入园林空间或者说将园林环境延伸到自然环境中去，借用大自然之宏伟尺度和丰富变化将园林空间无限拓展。当然，私家园林所拥有的土地是极为有限的，这里所说的连贯或拓展更多是视觉和心理上的。如此一来，人们身处其中却无法把握其真实的物理尺度，感受到的只是宇宙自然的"无穷"。于是，园林物理尺度固然有限，但心理尺度也就是园林环境给予人们内心的共鸣却更加强烈和丰富。但是，仅仅依靠这样一些空间上的技术处理手法仍不足以在方寸之地体现大自然的神韵，在此基础之上，中国园林的精髓更多地体现在精神层面。意境也可以由语言、文字激发出来，富于装饰性的汉字为此提供了最好的载体。王维的辋川园最能体现这个特点，《辋川集》中的 20 首诗所描写的也就是辋川园的 20 景。虽是五言绝句，字数不多，却是气局宏远，蔚为壮观。结合园林的实际景象，这些富有诗意的描写足以让观者思绪超越时空，此时，园林本身的大小尺度早就被忽略了。

第十四章 唐代儒家与唐代审美意识

先秦孔子创立的儒家哲学,自西汉武帝推行"废黜百家,独尊儒术"的政策之后,便开始取得政治上的合法性,并以一种独一无二的、神圣不可侵犯的国家意识形态的面目出现。但到了汉末魏晋时期,它的权威性开始受到挑战和质疑。汉魏之际残忍的杀伐和战争,曹操《蒿里行》中说的"白骨露于野,千里无鸡鸣。生民百遗一,念之断人肠"的悲惨景象,西晋时期的内争外斗,门阀贵族满口仁义道德、满肚子男盗女娼的虚假嘴脸,诗人张华《轻薄篇》中感叹的"末世多轻薄,骄代好浮华。志意既放逸,赀财亦丰奢。被服极纤丽,肴膳尽柔嘉。僮仆余粱肉,婢妾蹈绫罗"的奢侈之风,社会大众和知识阶层进退失据、精神无依的生存境遇,再加上汉代尤其东汉经师将儒家经典神秘化、教条化和繁琐化的做法,都使得儒家思想的吸引力大不如从前。而随后兴起的清谈,炽盛于知识阶层的玄学和风靡于社会各阶层的佛教,以及东晋以后南北分治局面的形成,则进一步加剧了儒家思想作为统治理念和全民价值观的危机,并且也使得那些与儒家有关的制度和文化变得更加面目不清。

隋唐以后,这种情况开始发生变化。为了凝聚散乱已久的人心,稳固刚刚新生的政权,必须有一种强有力的思想引导和制度保障。而有着悠久的历史并且在汉代以后就已经制度化了的儒家思想,便自然成了一种最佳的选项。因此,隋唐两朝的开国之君,隋文帝杨坚和唐高祖李渊、唐太宗李世民,无不提倡要以经术治国,主张复兴六朝以来受到几百年冲击、破坏的儒家思想和文化,包括受儒家思想支配的那一套礼乐制度。在这样的情势之下,久违的儒家之学,有了慢慢复兴的迹象。

当然,这种复兴,政治的意味往往多于学术的兴趣,现实的考量往往多于思想的架构。尤其是在隋唐初期,统治者更关心的是制度建设而不是学术创新。因此,在思想建树方面,隋唐之际的儒家之学既未完全脱去汉儒章句之学的窠臼,也未在宇宙论和心性论等儒家传统形上学的层面提出新的、成体系的见解。而且,入唐以后,这种所谓"复兴"究竟也没有做到一如既往和自始至终——唐高宗末年以后,佛道两教愈盛,僧、尼、女冠和道士不停穿梭于庙堂和豪门,帝王贵胄热衷于长生不老或往生彼岸,举国上下陶醉于社会安定繁荣所带来的丰裕的物质享受,尤其在开元天宝之际,这种情况更是愈演愈烈。当时的人们,不是把目光投向想象中光明灿烂、异香扑鼻的佛陀世界或自在逍遥、天乐齐鸣的神仙世界,就是投向莺歌燕舞、春风得意的滚滚红尘。直到安史之乱发生,整个统治阶层才如梦初醒,开始关心起孔孟的教训来了。于是涌现了一大批儒学之士,在已经显得有些萧条的儒家思想摊子上,重敲锣鼓再开张。但好景不长,唐德宗、唐宪宗以后,至迟在唐文宗以后,所谓"经术治国"就显得有些力不从心了。在晚唐风雨飘摇的情势下,统治者的心思大部分都放在了应付内乱甚至是保命上了。相应地,唐代初期和安史之乱平定之后大约五六十年的儒家"中兴"景象,也开始变得忽明忽暗、扑朔迷离了。[①]

所以,就学术或思想的层面上说,唐代的儒家之学并未在深度和广度上全面铺开。后世学者在谈到这一时期的儒家时也语多不屑,如梁启超说:"六朝、隋、唐之间,为中国学术思想最衰时代。虽然,此不过就儒家一方面言之耳。当时儒家者流,除文学外,一无所事。其最铮铮于学界者,如王通、陆德明、孔颖达、韩愈之流,其于学术史中,虽谓无一毫价值焉可也。"[②]梁启超的这个评价,主要是从学术史的角度而不是文化史的角度来说的。而就学术史的角度来说,只有相比之前的汉代儒学和之后的宋代儒学所取得的成就才有一定的合理性。

---

① 就当时的知识阶层而言,即正在儒家之学刚刚有了点"中兴"气象的时候,就开始有点打退堂鼓了。面对无休无止的藩镇叛乱,宫廷党争,帝王的昏聩、荒淫(如唐穆宗和唐敬宗)和总的来说让人失望的现实,那些高举儒家思想大旗的学者和文学家也开始显得有些无可奈何和底气不足了。于是被韩愈极力排斥的佛道两教又从窗户跳出去而从大门溜进来了。很多早年慷慨激昂以"直言"自诩、以"道义"自任的文人如白居易等,最后的精神归宿仍然离不开佛陀、老子,而弘扬大道、匡扶正义、变移风俗的政治理想,则悄悄改成了文人小圈子里的浅吟低唱,或者个人生活里的宁静、闲适与逍遥了。

② 梁启超:《论中国学术思想变迁之大势》,上海古籍出版社 2001 年版,第 81 页。

虽然唐代儒家学者并没有提出多少可以比肩汉儒、宋儒的新思想，但他们的薪传之功和开拓之功不可以一笔抹杀。更何况，在延续唐代近三百年的统治，于关键时刻挽救政治危局和平复社会动荡，以及造就唐文化独特面貌等方面，儒家的思想和文化都起到了积极的作用。而在审美意识方面，儒家追求现世、关切人间疾苦、重风骨讲道义的价值观，也具有别的思想（包括佛道思想）无法取代的意义。

第一节　唐代儒家之学

从立国之初的唐高祖和唐太宗，到勉强支撑危局的唐僖宗和唐昭宗，唐代的儒学复兴之路充满了曲折和坎坷。统治者对待儒家思想和文化的态度也可以说是千差万别，有的是发自内心的认真提倡与推行，有的则是基于个人喜好或迫于无可奈何的时局敷衍了事、虚应故事。

唐代的儒家之学，以安史之乱为界可以分为两个时期：第一个时期即前期，从立国之初到安史之乱开始；第二个时期即后期，从安史之乱结束到唐朝灭亡。前期儒学的高峰是在唐高祖和唐太宗统治时期，后期儒学的高峰则主要是在唐德宗和唐宪宗统治时期。

一、唐代儒家之学的政治诉求

章太炎说："中国自古即薄于宗教思想，此因中国人都重视政治。周时诸学者已好谈政治，差不多在任何书上都见到他们政治的主张。"[①]春秋时期，"士"或知识分子的命运是与政治联系在一起的。当时的诸子百家，可以比作是一些配方不同的救世"药方"，而各家津津乐道的"道"，其最初和最终的落脚点，都可以说是一种政治策略和手段。西汉初年的司马谈就在《论六家要旨》中说过："夫阴阳、儒、墨、名、法、道德，此务为治者也，直所从言之异路，有省不省耳。"（汉·司马迁《史记·太史公自序》）也就是说，虽然各家各派的说法各异，但总的目标是一致的。也许，像庄子那样的逍遥派是个例外，但庄子的"逍遥于无为"，至少也可以说是一种安身立命的方法，而他主张的"无为而治"，实质上也是一种政

---

① 章太炎：《国学概论》，上海古籍出版社 1997 年版，第 4 页。

治理念——虽然不一定行得通。

因此，中国传统的学术思想，自古以来就是非常注重实际的。对于儒家来说，干预现实政治以求实现"先王之道"的愿望从孔子以来就显得十分迫切。由孔子所树立、孟子所继承的那种虽百折而不回的精神，也为历代儒者所倡导和发扬。

儒家所具有的政治色彩在唐代儒学中表现得十分明显。无论前期儒学还是后期儒学，都具有十分明确的政治目的。

唐代前期儒家学者所面对的，是一个天下一统、雄心勃勃而又百废待兴的大帝国，是一个如何步入正轨而不重蹈前朝覆辙的现实政治问题。因此，确立统一的治国理念和政治制度是当时最为迫切的任务。而统一、稳定、和谐，则是当时的政治、文化"主旋律"。因此，如何把儒家的教义贯彻到整个社会政治生活中去，成为可以操作的政策措施，是当时儒生或"经术之士"的主要工作。这其中包括统一订正儒家文本的文字音义，参详推敲各种歧义互见的解释，确立以儒家经典为内容的教育考试制度和官吏选拔制度，规范祭祀、宴会、外交、朝贺及君臣上下、尊卑长幼之间相互交往的礼仪等。

而后期儒家学者所面对的，则是一个变乱之后惊魂甫定、内忧外困、朝纲紊乱且已呈衰败之象的大帝国。这个时候，在文本、制度和礼仪等方面再去做一些修补工作已经没有多大意义，必须从根本入手，从弘扬儒家精神和义理的角度去重拾民众对儒家和统治者的信心。而且，在体大思精的佛教思想日渐深入人心的情况下，本来应该占据主导地位的儒家这时也面临着非常尴尬的思想困境。如何才能与佛教一决高下，在思想的领地争人心、争信徒，也是摆在当时饱读经书的儒者面前必须予以正视的迫切问题。因此，当时儒学的主要任务，一方面是找出社会变乱、行为失范、人心离散的主客观原因，另一方面是找出有说服力的依据，来证明儒家治国这一根本政治理念的合法性和合理性。这两个任务促成了唐代后期儒家之学由外向内的大转变。当时很多儒家学者认为，社会变乱、行为失范、人心离散的主要原因，是在宗教信仰上尊释老而不尊孔孟；在科举考试上重文辞而轻道理，贵浮华而贱实质；在任用官员上重浮夸而轻实干，近权奸而远贤能；在君臣关系上君不君、臣不臣，君无诚心，臣怀异心，法度废弛，名位错乱。同时，还有教育不兴，学习不讲，以骄奢淫逸自夸，以贪图享乐为荣，社会风气由是大坏。而这一切的形成，从根本上讲，又是由于违背了儒家的基本义理("道")和儒家所要求的起码良心("心性")。因此,要破解宗教生活、政治生活和社会生活中的种种难题,再一次树立起儒家思想和制度的权威,就必须先从根本上弄清楚儒家思想和制度得以成立的依据。于是,唐代后期的儒家之学,就在由外向内转的同时,也开始由下(形而下)向上(形而上)转。

在政治诉求上,前期儒学的任务是借助儒家开出新局,后期儒学的任务则是借助儒家收拾残局。前者的重点主要是文本和制度的建设,而后者的重点主要是思想和心理的建设。

二、唐代前期儒学的工作要点

唐代儒家之学的复兴,首先不是思想的复兴,而是制度和文化的复兴。儒家哲学中的仁爱之道或仁义之道固然是重要的,但对于一个新朝代的统治者来说,最急需的并不是那些摸不着边际的理论,而是实实在在的制度、政策和措施,包括明明白白的规定和可供知识人阅读的儒家文本。所以,唐代立国之初的儒家恢复工作,主要做的是一些非常具体的工作。

(一)建孔庙以树立儒家权威

据《旧唐书·礼仪志》记载,武德二年(619年),诏令立周公、孔子庙于国子学。贞观四年(630年),诏令各州县立孔子庙,配享十哲,图七十二子像于墙壁。贞观二十一年(647年),立左丘明、卜子夏、戴圣、孔安国、刘向、郑玄等儒家人物共22人像于庙内共祭。唐朝立国之初,高祖李渊和太宗李世民第一步就把孔子和儒家的代表人物抬出来,作为偶像来崇拜,并亲自到现场去观看祭祀典礼,这既表现了他们推动儒学复兴的决心,同时也是一种收拢人心的政治策略。此后的唐代君王大多履行着同样的手续,虽然有点像走过场,但这种御驾亲临的示范作用,在君权至上的时代,还是颇能提振儒学之士的信心的。

(二)开科举以吸引儒学之士

唐代立国之初,曾招纳四方杰出的儒家学者充任弘文馆学士。但弘文馆相当于高级研究院,并不能容纳所有儒学之士。因此,最有效的办法是开科举,以仕途利益来吸引天下读书人。科举考试制度在隋朝已经建立,而唐代则更进一步完善了它的形式、科目和程序。唐代的科举考试主要有贡举和制举两种形式。制举是一种在国家急需时举行的、不定期的临时考试，主要针对的是那些有特殊才能并能够胜任急需的人，贡举则是一种定期的常规考试。贡举中包括许多类型（科），如秀才、明经、进士、明法、明字、明算等。在这些考试中，真正受到读书人看重的是明经和进士两科。明经科主要考儒家经典，进士科主要考策论和诗赋。在唐代初期，明经、进士两科并无高低之分。但后来，进士科越来越受重视，无论是读书的人还是做官的人，都常常以进士出身为荣而以非进士出身为耻。这直接推动了唐代文学的繁荣，但也对明经一科造成了很大的影响。故此唐代的经学，不但在质量上，而且在数量上也远远赶不上汉代了。

（三）置学校以推广儒学教育

孔子本身是教育家，汉以后的儒者也大多扮演着官员、绅士、参谋和教师的身份，因此"尊师"与"重教"这两件事是不能分开的。而且教育的目的，在古代不但是今天所说的培养人才，也是培养官员。因此，教育与政治之间，比起今天来说，具有更为直接的关系。而要把儒学与治国联系起来，也就非振兴教育不可。据新旧《唐书》记载，唐代的开国之君李渊和李世民都是非常重视教育的。他们不但在长安和洛阳两都设置了中央国子监（称为"西监"和"东监"，分别下辖国子学、太学、四门学、律学、书学、算学六学），而且还责令各郡县开办郡学、县学和乡学。在国子监六学中，与儒家关系最紧密的是国子学、太学和四门学三学。这三学只是学生的身份不同，而教学的内容是一样的。教学的内容或科目主要包括《周礼》《仪礼》《礼记》《毛诗》《尚书》《春秋左氏传》《春秋公羊传》《春秋穀梁传》《孝经》《论语》《说文解字》《字林》《三苍》《尔雅》。在这些教学内容或科目中，《说文解字》《字林》《三苍》和《尔雅》是文字学方面的著作，其他则是汉代以来儒家学者所尊奉的经典。在唐代，最受重视的是所谓"三礼学"和"春秋学"。相对来说，前期比较重视"三礼"，后期比较重视"春秋"。"三礼"偏重于制度建设，与唐代初期的国家治理有关系，而"春秋"是史书，有以史为鉴、总结教训的意思，与安史之乱前后的社会变局有关系。

唐代儒学教育的兴盛主要是在立国之初，其规模超过以往任何一个朝代，而且声名远播，吸引了不少海外的留学生。五代史学家王定保在《唐摭言·两监》中说："贞观五年已后，太宗数幸国学［即国子监——引者］，遂增筑学舍一千二百间，增置学生凡三千二百六十员。无何，高丽、百济、新罗、高昌、吐蕃诸国酋长,亦遣子弟请入。国学之内,八千余人。国学之盛,近古未有。"但这种情况大概也没有维持多久。在武则天时代,凤阁舍人韦嗣立曾上疏整顿学校,说:"国家自永淳以来,二十余载,国学废散,胄子衰缺,时轻儒学之官,莫存章句之选。"(《旧唐书·韦嗣立传》)这说明在唐高宗和武则天执政时期,是并不重视儒学教育的。这种情况在唐玄宗时期有所改变。唐玄宗学高祖、太宗故事,大开讲论之风,亲临国子学视察,自注《孝经》,并诏令天下州县置学校。但唐玄宗此人似乎更重视道教,自注《老子》不算,还要求所有"士庶家藏《老子》一本,每年贡举人量减《尚书》《论语》两条,加《老子》策",并许以《老子》《庄子》《列子》《文子》参加明经考试(称为"道举"),同时加封道家人物,建立崇玄馆,提倡"玄学",招收玄学生,增设崇玄博士和助教。此外,唐玄宗也是一个艺术家,爱好音乐、舞蹈和书法,他像唐高宗一样,重用"文学之士",并且强化诗赋在科举考试中的地位(如在"制举"中,要求像"贡举"一样加试诗、赋各一首)。(参见《旧唐书·玄宗本纪》)因此,这个时候的儒学教育,其实际地位也已不如唐朝立国之初的时候了。

(四)正经典以统一儒家文本

儒家思想文化的载体是儒家的经典。两汉时期,经学非常兴盛,出现了许多大经学家,也涌现了很多以注经、讲经为业的经师。但到了东晋、南北朝时,由于国家的长期分裂,南北之间的人少有往来,中国南北经济文化被人为隔绝几近三百年。在这么长的时间里,南北两地的生活习俗、学术思想、宗教信仰和文学艺术都表现出了极大的差异甚至对立,如明代曹臣《舌华录·俊语第十一》中所载:"褚季野语孙安国云:'北人学问,渊综广博。'孙答:'南人学问,玄通简要。'支道林闻之曰:'圣人固所忘言,自中人以还,北人看书如显处视月,南人学问如牖中窥日。'"又《舌华录·浇语第十七》载:"庾信至北,惟爱温子昇《寒山寺碑》,后还南,人问北方如何?信曰:'惟寒陵山一片石堪共语。薛道衡、卢思道稍解把笔,自余驴鸣犬吠,聒耳而已。'"这两则语录,正反映了南北读书人所做的学问、写的诗都是大不一样的。而庾信的评论,显然是一种非常鄙视北方诗人的态度。

因此,唐代开国之初的儒学工作,很重要的一项就是规范南北释义各异、读音各异的儒家经典。太宗贞观年间,诏令孔颖达等人撰五经义疏,计 180 卷,名为《五经正义》，包括《周易正义》14卷、《尚书正义》20卷、《毛诗正义》40卷、《礼记正义》70卷、《春秋左传正义》36卷。后又诏令颜师古厘定文字，完成《五经定本》。陆德明又另撰《经典释文》，对五经文字的解释提出了自己的看法。《五经正义》尽管在唐代就遭到许多经学家的批评，争论不断，但它被钦定为南北学子读经、考试的范本，对唐代儒家之学的复兴起到了非常重要的作用。孔颖达等人的经典编纂是由官方推动的工作。除此之外，唐代还有很多私人性质的著作涉及儒家经典的解释，如李鼎祚（唐代中后期人）的《周易集解》等。

（五）制礼乐以彰显儒家文化

儒家的文化主要体现为礼乐。汉代以后，礼乐被制度化。唐代收拾了几百年的乱局，自比于汉代。唐代的儒家思想家也大多羡慕汉代的道德文章。更主要的是，制度化的礼乐，尤其是礼制，直接关系到国家的统治方式和上下尊卑秩序问题。因此，唐代的统治者对制作礼乐特别是制礼这件事表现出特别狂热的兴趣。但经过几百年的乱局，汉代的礼乐是什么样的，已经不是那么清楚了。因此，这件事在唐代做了一百多年，也争论了一百多年。

制礼的工作在隋朝已经开始做。隋文帝曾命太常卿牛弘搜集南北仪注，集成《五礼》130篇。隋炀帝虽然荒淫，但也在江都聚集一帮学者修成《江都礼集》。唐高祖时，无暇留心这件事。唐太宗时，诏令房玄龄、魏徵等修正改定吉礼、宾礼、嘉礼、军礼、凶礼共138篇，分100卷，号为"贞观礼"。唐高宗时，有些人认为贞观礼遗漏了很多东西，需要补充。于是，诏令长孙无忌、杜正伦等进行修改补充，于显庆三年（658年）完成，计有130卷，称为"显庆礼"。这个礼用了差不多20年后，很多学者又认为，这部礼的漏洞太多了，被一些人钻了空子，其严密性反而不如贞观礼。于是没有办法，唐高宗于上元三年（676年）诏令有些场合委决不下时可以参照贞观礼来定。但过不了一年，即在仪凤二年（677年），又有人说新修的显庆礼不师古法，所以皇帝干脆宣布，若有争议则一切按《周礼》办。但贞观礼、显庆礼并没有废弃，加上《周礼》，越发混乱，每逢大事只能把古今所有的礼都搬出来，"临时撰定"。这样过了许多年以后，到唐玄宗时代，即开元十年（722年），又开始制礼。经过十年时间终于完成150卷的"大唐开元礼"，并于开元二十年（732年）开始实施。此后也有一些修修补补的工作，但唐代的制礼工作基本上是完成了。（参见《旧唐书·礼仪志》）

因为制礼这件事很重要,所以我们看新旧《唐书》中的"儒林传"就可以发现,当中的很多人都是研究礼仪或"三礼"的。其他列传中讲到某某人好儒学,也经常提到他"精于三礼"这样的话。

至于制乐,也是在隋文帝的时代就开始了。到了唐代,这项工作仍在继续。新旧《唐书》中提到,在唐朝开国的时候,唐高祖曾令太常少卿祖孝孙修订雅乐。祖孝孙鉴于南北朝时雅乐多杂吴越之音或胡戎之伎,于是斟酌南北,考订音律,于贞观二年(628年)完成了"大唐雅乐",有豫和、太和、政和、顺和、永和、休和等名目。祖孝孙卒后,协律郎张文收接着对大唐雅乐进行了完善。稍后,唐太宗又诏令一些著名的学士文人为这些曲目配上了歌词(《旧唐书》和《全唐诗》中均有收录)。(参见《旧唐书·音乐志》)

唐代雅乐中的大部分都是用于不同祭祀场合的,而且依据礼的规定,在不同祭祀场合必须使用不同的雅乐。表演的时候,有歌唱,有吹奏,有舞蹈,很是热闹。除了雅乐,其他音乐也很发达,如教坊、梨园中教授的那些音乐,但它们就与儒家没有什么关系了。

三、唐代后期儒学的思想主题

从上面的叙述可以看出,唐代前期的儒学研究尽管做了许多工作,但多半是"表面文章"。它注重的是儒家的礼制或规范,而不是儒家的精神和思想。安史之乱的发生,打破了礼乐并作、上下和谐、循规蹈矩又歌舞升平的幻想。于是,儒学的可靠性和有效性都成了问题。

儒学的出路何在?为什么再完备的礼制或规范都不足以管束膨胀的欲望和野心,或者都不足以阻止君臣名分的颠倒错乱和内臣弄权、外臣反水的局面?这就是唐代后期儒学所要回答的问题。

要回答这样的问题,就必须回到儒家的基本教义,重新认识礼制或规范建立的基础,以及它失效的原因。

因此,相比于前期儒家,后期儒家的工作,与其说是寻找治国的良策,不如说是探讨救世的方法,或者,与其说是寻找成功的经验,不如说是总结失败的教训。新旧《唐书》中记载着一些当时尊奉儒家思想的官员的表疏和对话,其言语和态度都不像唐代立国之初的儒者那样从容和淡定,而显得特别迫促和慷慨激昂。因此,唐代的官场生态也出现了一种很热闹和诡异的现象,就是那些敢于

"直言"的官员,那些以"直"相标榜或因"直"而受到士流称赞的官员,不断迁徙流动,忽升忽降,贬这贬那,不是转迁岭南就是转迁西南,甚至一贬再贬,客死他乡。韩愈的例子就很典型。《旧唐书》记载:韩愈"发言真率,无所畏避",上书数千言论宫市之弊,德宗皇帝"不听,怒贬为连州阳山令",宪宗当政时,又上疏谏迎佛骨,"宪宗怒甚","出疏以示宰臣,将加极法",宰相裴度等说情,"乃贬为潮州刺史"。(《旧唐书•韩愈传》)

相对而言,唐代前期儒学注重尊孔祭孔、注经解经、制礼作乐、兴学校教子弟这些形式上的工作,后期儒学更注重探讨儒学的道理和根据。他们普遍认为,这些形式上的工作虽然必要,但最根本的是要看什么人去做。如果君不君,臣不臣,人不人的话,再好的经典和礼乐制度都形同虚设。所以,儒家制度的实行关键在人,在人心,而人心之向背,则在于是否统一到"道"上来。因此,在考试制度方面,他们一般主张取消华而不实的诗赋考试,要求以策论和经义为内容,而在对经典的研究和解释方面,则主张"通经"以致用,反对死守章句。总之,他们更看重的不是无用的形式,而是行之有效的实质,认为只有这样,才能把人心重新凝聚起来,找出医治国家病症的根本办法。

因此,我们在上文中说,从唐代前期到后期,儒学发生了一个转向,那就是由对儒家礼仪、经典的考订转向对儒家义理的探寻。这种转向,也可以称为是"形式的"儒学向"实质的"儒学的一种转变。虽然,无论是前期的儒学还是后期的儒学,目的都是为当时的现实政治服务,但由于它们各自面临的政治问题不同,因此切入政治问题的方式和解决政治问题的方法也表现出了很大的不同。相对来说,前期的政治问题是治国,直接目的是治,间接目的是防止乱;后期的政治问题是救国,直接目的是变乱为治,间接目的是防止再乱。前期的重点是制定制度,后期的重点是收拾人心。前期的儒学基本上走的是汉代章句之学的老路,在理论上并没有什么建树。许多皓首穷经之士一辈子大多只是专攻一两部经典,所做的事情,要么是争论某些注疏的对错或某些语词的音义,要么是引经据典为皇帝出谋划策,说说什么时候该采用什么礼仪、什么礼仪该有什么程序之类的问题。而后期的儒学主张贯通,反对拘泥于文辞,所以也更关心所谓"义理"。他们在理论上提出了许多问题,总的来说是要将儒学由外在的礼仪制度、语言文字引到内在的"道"和"心性"等问题上来,并且由此而引向实行礼仪制度和表达语言文字的主体即人的身上来。这种导向,不但用意更深,而且锋芒更露。因为一谈到"道"和"心"的问题,就自然牵涉为君者的责任问题,正如《孟子·离娄上》中所说:"君仁,莫不仁。君义,莫不义。君正,莫不正。一正君而国定矣。"其锋芒所指,首先是居于最高地位的皇帝,抽象地说,就是"君道"和"君心"。

唐代后期儒学讨论的问题牵涉到很多方面,有些是很现实的问题,如教育问题、考试问题、举贤问题等等,也有一些是比较抽象但仍有明确实际指向的理论问题。这一类问题主要有三个,即"道"或"理"的问题、"心"或"性"和"情"的问题、"天"与"人"的关系问题。

"道"或"理"的问题,是复兴、推广儒家思想必须首先解决的问题。孔子说:"吾道一以贯之。"(《论语·里仁》)又说:"志于道,据于德,依于仁,游于艺。"(《论语·述而》)"道"不是道家的专利,而是先秦诸子的通用概念。在孔子那里,"道"是指"圣人之道"或"先王之道",而在汉代以后的儒家学者那里,所谓"圣人之道"或"先王之道"其实就是"孔子之道"或"孔孟之道"。

唐代后期儒学讨论这个问题的目的,一是要拯救社会大众对儒家的信仰危机,二是要重新确立变乱之后国家发展的指导思想。而他们的潜在动机,则还包括高举"孔孟之道"的旗帜,来纠正政治失误和批判社会现实(包括奢靡、堕落、华而不实等社会现象)的意思在内。

因此,唐代后期儒学中的"道",其实主要指的就是孔孟之道,或者说得更具体一点,就是儒家经典中所阐发的根本义理,即在他们看来可以挽救国家于危难的根本道理。在关于"道"的各种说法当中,韩愈《原道》最简明扼要。他说:"博爱之谓仁,行而宜之之谓义,由是而之焉之谓道,足乎己而无待于外之谓德。仁与义为定名,道与德为虚位。故道有君子小人,而德有凶有吉。"又说:"凡吾所谓道德云者,合仁与义言之也,天下之公言也。老子之所谓道德云者,去仁与义言之也,一人之私言也。""斯吾所谓道也,非向所谓老与佛之道也。"韩愈在这里既区分了儒、道、佛之"道",也区分了君子、小人之"道",而且把"道"落实到"仁"与"义"两个字上面。可知他所说的"道",意思就是行仁义,或者说就是以仁(博爱)、义(公义)作为处理国家和个人事务的根本原则。

韩愈将孔子的"仁爱"改为"博爱",显示了一种更平民化的色彩,而他注重"义",并且强调"足乎己,无待于外",则显然是吸收了孟子的思想。

在中国古代的哲学思想中,"道"这个概念本来就具有两面性,即客观性和主观性。"道"不受个人意志的左右,这是它的客观性,但"道"必须显现于人心并且也要靠人去实现，这是它的主观性。这一点，在儒家，尤其是孟子的思想中，表现得尤为明显，因为儒家的"道"本来就是"人之道"。所以孟子极力强调"心"的作用，说："学问之道无他，求其放心而已矣。"(《孟子·告子上》)又说："尽其心者，知其性也。知其性，则知天也。"(《孟子·尽心下》)

因此，"道"的问题，必然转向"心"的问题。因为"道"的"知"与"不知"，"行"与"不行"，都与人"心"有关，尽管"道"看起来好像是客观存在的、不以个人意志为转移的。

在唐代后期的儒学中，经常讨论"心"或"性"和"情"的问题。他们所说的"性"是一种与生俱来的"善性"或"德性"，而不是人的欲望、本能之类的自然属性。在这个问题上，最有名的说法是韩愈在《原性》中提出的"性三品说"和他的学生李翱在《复性书》中提出来的"复性说"。韩愈的"性三品说"来源于汉代董仲舒的"性三品说"，而且强行把人的"性"分为"三品"，在《原性》中也没有列举出什么确实的证据。李翱的"复性说"认为"性"源自天命，是静的；"情"出于外物的刺激，是动的。静的"性"一方面必须通过动的"情"表现出来，但另一方面动的"情"也可能使静的"性"被污染、被遮蔽。所以必须"复性"，而复性的功夫就是"致知""诚意"和"正心"。李翱的这些看法主要出自《中庸》和《乐记》，同时也吸收了佛教的某些看法，但总的来说也没有太大的学术价值。这里有一点值得注意，就是他们讨论这些抽象问题的实际目的。在当时的儒家学者看来，"先王之道"或"孔子之道"之所以不能通行，政治之所以昏暗，社会之所以混乱，其原因都在于人心。因此，要从源头上恢复政治和社会秩序，就必须抑制情欲的过度膨胀，回复到人人向善的本性或本心上来，如李翱《复性书》中所说的："知至故意诚，意诚故心正，心正故身修，身修而家齐，家齐而国理，国理而天下平。此所以能参天地也。"

除了"心"或"性"和"情"的问题，当时讨论的天人关系问题，也具有类似的政治目的。而且在这个问题上，也存在不同的看法。其中最有名的观点，一是刘禹锡的"天与人交相胜"，一是柳宗元的"天与人交相赞"或"天与人不相预"。刘禹锡在《天论》中认为，"天理"是一种盲目无序的物质力量，它既能创造也能破坏，社会动乱是由于"天理"占上风，社会稳定则是由于"人理"(道德法则)占上风。因此必须利用"天理"的长处，而发挥"人理"的作用去战胜"天理"带来的混乱或负面影响。而柳宗元在《天说》中则不同意这种看法，认为天是天，人是人,天与人各有胜场,也各有特点,"天与人不相预"。天只是元气所构成的自然之物,不可能为社会的混乱负责任。人世间的秩序与混乱,都同人的作为有关系,而跟天没有关系。

关于这个问题的讨论,主导的观点是强调人的作用。即使刘禹锡,他的观点其实也还是强调人的作用。他所说的"天理",包括人的自然欲望,所谓社会动乱是由于"天胜",其实还是说社会动乱的根源在于人自身。

而这种观点的提出,是针对当时一些人尤其最高统治者把社会动荡的根源归咎于"天命"的观点的。如唐德宗时,发生了淮西节度使李希烈等人的叛乱[①],唐德宗与当时的儒家学者陆贽在讨论社会动荡的原因时,曾有过如下一段对话:

> 上与陆贽语及乱故,深自克责。贽曰:"致今日之患,皆群臣之罪也。"上曰:"此亦天命,非由人事。"(《资治通鉴》卷二二八)

唐德宗的看法显然是一种天命决定论,而陆贽则完全是站在人的立场来说话。他的这种看法,正是后期儒家学者普遍的观点。

因此,总的来说,唐代后期儒家尽管在理论上比前期儒家更深入,但在把学术问题的解决同现实政治、社会问题的解决联系起来这点上,却是一样的。这种看问题的立场,反映在美学和审美意识上,就是主张文学艺术的创作要有实际的目的、真实的内容(包括真诚的情感),以及内在的、既能动人耳目又能摄人心魄的"风骨"。

第二节 注重社会功用

先秦儒家强调以礼乐治国,所以它关注的审美对象主要是与礼相配合的音

---

① 唐德宗建中二年(781年),成德节度使李宝臣之子李惟岳、魏博节度使田悦、山南东道节度使梁崇义起兵反唐。建中三年(782年),魏博节度使田悦、淄青节度使李纳、幽州节度使朱滔等相继称王。建中四年(783年),泾原发生兵变,叛军攻陷长安,拥立太尉朱泚为帝,建国号为秦,唐德宗仓皇出逃至奉天(今陕西乾县)。兴元元年(784年),奉旨讨伐的淮西节度使李希烈在平定了田悦、梁崇义等之后,与田悦、李纳、朱滔等勾结,自称天下都元帅、建兴王,随后又带兵攻入汴州,自立为帝,建国号为楚。唐德宗所说的"乱",就是指这些藩镇谋反的事。又据史载,贞元十九年(803年),天下大旱,唐德宗天天吃斋食素向天祷告。总之,在这一段时间里,人祸天灾不断,这或许也是当时儒家学者们热衷于讨论天人关系的最主要的外部诱因。

乐和诗歌,同时也包括广义的所谓"文"("言")。先秦时期的"文",通指所有文字记录(文献),泛指以"礼"为核心的全部制度和文化。而汉代尤其是魏晋以后的"文",则一般是指作为语言艺术的文学(包括有韵的诗歌和无韵的散文)。相对来说,书法、绘画、园林等艺术与儒家所关心的政治伦理问题干系较少,所以,讨论书法、绘画、园林等艺术的,带有儒家思想色彩的言论也相对较少。同时,随着"雅乐"的逐渐衰落,儒家对于音乐这种艺术后来也没有产生什么有价值的理论。因此,自汉以后,儒家美学最关注的审美对象主要是文学,他们的美学主张和审美意识也主要体现在对文学的功用、性质、内涵、效果等问题的讨论上。

儒家关注文学,主要关注的不是它的形式,而是它的作用(目的)和实质。因为在儒家看来,文学的形式服从于它的作用(目的)和实质。这是儒家的老传统、老问题、老观念。但是在唐代,这个问题被再一次提出来讨论,是有其实际的考虑和特殊的背景的。

早在隋朝时期,儒家大学者王通就提出,诗要"上明三纲,下达五常。于是征存亡,辨得失"(《中说·王道篇》)。王通生活到隋末,卒于隋朝灭亡、唐朝建立的那一年。他的思想对唐代初期的许多儒者有很大的影响,因为唐代开国时期的儒学之士如陆德明、李百药、孔颖达、魏徵、颜师古、薛收等,都是从隋朝过来的,而且大多是隋朝的旧臣,有些人还与王通有过交往,听取过他的教诲。

到了唐代初期,关于文学要对社会有用的论调就越发多了起来。如唐代开国功臣魏徵指出:

> 然则文之为用,其大矣哉! 上所以敷德教于下,下所以达情志于上,大则经纬天地,作训垂范,次则风谣歌颂,匡主和民。(《隋书·文学传》)

王通之孙、"初唐四杰"之一的王勃也说:

> 夫文章之道,自古称难。……苟非可以甄明大义,矫正末流,俗化资以兴衰,家国繫其轻重,古人未尝留心也。(《上吏部裴侍郎启》)

魏徵、王勃的看法在当时非常普遍,当时著名的学者和文学家如孔颖达、李百药、令狐德棻、杨炯等都有类似的说法。

那么,在初唐时期,为什么儒家的学者或受儒家思想影响的文学家会如此注重文学的社会功用呢?

最大的原因是当时存在大量对社会无益甚至有害的文学作品。① 这些作品是南朝齐梁文风的延续,特点是言辞浮艳,内容迂诞,不是满嘴风花雪月、自命清高,就是歌颂宫闱享乐、煽动情欲,既不关心国家大事,也不关心人民生活。对于这类作品的特点和有害性,早在隋代初年,著名学者李谔在《上隋高帝革文华书》中就指出:"江左齐、梁,其弊弥甚,贵贱贤愚,唯务吟咏。遂复遗理存异,寻虚逐伪,竞一韵之奇,争一字之巧。连篇累牍,不出月露之形,积案盈箱,唯是风云之状。世俗以此相高,朝廷据兹擢士。禄利之路既开,爱尚之情愈笃。"李谔在文中还说,开皇四年(584年)九月,把上表文辞华艳的泗州刺史司马幼送到有司治罪是非常对的,因为,这种华丽艳冶的文章如果只是自己一个人玩玩也就罢了,问题是它关系到社会风俗人心和国家政治实效,而且常常与利益和权势相勾结,由此也就带来了许多负面效应,致使"其政日乱"。这样的文风,既丢掉了先圣的典章制度和思想学说("令典"和"大道"),也把人心搞乱搞坏了。所以,李谔认为,应该由朝廷发布命令,"弃绝华绮",甚至提出:"请勒诸司,普加搜访,有如此者,具状送台。"

初唐时期,王勃也提出了类似的看法。他在《上吏部裴侍郎启》中提出,在国家新建之时,更应该"黜非圣之书,除不稽之论",这样才能"激扬正道,大庇生人"。

从王勃的论述可以看出,初唐时期对文学社会作用的强调,带有总结旧王朝历史教训和因应新朝代建设需要的意思。这种论调,与当时需要革除旧习惯旧观念、提倡以经术治国、建立王道政治的总体政治需要是一致的。隋朝以前,国家动荡了几百年,隋朝立国不到40年就灭亡了,这都是惨痛的历史教训。虽然国家的治乱兴废并不能归罪于文学,但浮词异说的流行也负有不可推卸的责任。从历史上来看,隋唐以前浮华之风的形成,与魏晋时期兴起的清谈是有密切关联的。早期的清谈,如王弼、何晏、阮籍、嵇康等人的清谈,还有一些实际的内容,感情上也极为真挚。其放达的外表之下,其实饱含着对失望的社会和人生的深深忧虑。而且,他们的言语文字也极为淳朴自然。可是到了晋宋以后,就慢慢流于形式了,清谈变成了一种不切实际、言不及义的空谈,甚至是一种互

---

① 如《新唐书·张荐传》中记载:生活于唐高宗和武则天时代的张鷟"属文下笔辄成,浮艳少理致,其论著率诋诮芜猥,然大行一时,晚进莫不传记。……新罗、日本使至,必出金宝购其文"。说明当时此种浮艳的文章还非常时髦。

相标榜、结党营私的托词,而"放达"则变成了一种完全不顾廉耻的放荡,其时风所及,率皆以傲慢轻薄、纵情恣欲为荣。东晋葛洪在《抱朴子·外篇·疾谬》中对此种社会现象或风气有很生动的描述和批判,他说:

> 世故继有,礼教渐颓,敬让莫崇,傲慢成俗,俦类饮会,或蹲或踞;暑夏之月,露首袒体。……嘲戏之谈,或上及祖考,或下逮妇女。……谋事无智者之助,居危无切磋之益。良史悬笔,无可书之善。谈者含音,无足传之美。……轻薄之人,迹厕高深,交成财赡,名位粗会,便背礼叛教,托云率任,才不逸伦,强为放达,以傲兀无检者为大度,以惜护节操者为涩少。……结党合群,游不择类,奇士硕儒,或隔篱而不接,妄行所在,虽远而必至。携手连袂,以遨以集,入他堂室,观人妇女,指站修短,评论美丑。……落拓之子,无骨鲠而好随俗者,以通此者为亲密,距此者为不恭,诚为当世不可以不尔。于是要呼愦杂,入室视妻,促膝之狭坐,交杯觞于咫尺,弦歌淫冶之音曲,以言诮文君之动心,载号载呶,谑戏丑亵,穷鄙极黩,尔乃笑乱男女之大节,蹈《相鼠》之无仪。……俗间有戏妇之法,于稠众之中,亲属之前,问以丑言,责以慢对,其为鄙黩,不可忍论。……其相见也,不复叙离阔,问安否。宾则入门而呼奴,主则望客而唤狗。其或不尔,不成亲至,而弃之不与为党。及好会,则狐蹲牛饮,争食竞割,擘、拔、森、摺,无复廉耻。以同此者为泰,以不尔者为劣。终日无及义之言,彻夜无箴规之益。诬引老、庄,贵于率任,大行不顾细礼,至人不拘检括,啸傲纵逸,谓之体道。呜呼惜乎! 岂不哀哉!

这种风气,在当时应该是很普遍的。而所谓齐梁文风,正是此种风气的一种表现。在《抱朴子》和此后许多儒家学者看来,这样的风气是一种亡国败家的象征。而隐含在绮靡浮华文风之下的,是先王之道的沦丧,是思想的匮乏、感情的虚伪、礼仪的废弛、道德的败坏。因此,对于隋和初唐的儒者来说,文学的功用事关国家的安定和人心的凝聚,所以必须予以特别提倡。对于那些浮华而无意义的文章,则也势必要群起而反对之。

因此,初唐儒者强调文学的社会功用,是基于治国和治心的政治考虑。

还有一个次要的原因是,唐代兴起于北方,文化上最初继承的是北朝传统,而"继承北朝系统而立国的唐朝的最初五十年代,本是一个尚质的时期"①。虽然初唐时期的文化政策是主张调和南北、兼收并蓄,但当时的美学主张骨子里还是尚气质的北方传统。因此,初唐的注重功用、反对浮华,也是因为源自南朝齐梁时期的绮靡浮华文风与北方士人的审美趣味不相协调。

初唐儒家注重社会功用的审美意识贯穿整个唐代,不时有学者出来重申文学必须有助于社会政治伦理的重要性。但从理论上说,这种声音在武则天之后,特别是开元盛世到来之际,是很微弱无力的。开元之世,承平日久,经济富足,生活安逸,举国上下都沉浸在节日的狂欢之中,又有多少人能听得进儒家学者这种严肃认真的论调?但安史之乱之后,这个问题又在后期儒家学者那里凸现出来了。虽然观点差不多,但言辞似乎比初唐时期更加急切和尖锐了。

经历了安史之乱的一些遵从儒术的学者、诗人和古文运动先驱者,如萧颖士(717—768年)、元结(约719—约772年)、独孤及(725—777年)、李华(生卒年不详)、柳冕(约730—804年在世)等,都反对"形似"或浮夸的学风和文风,主张文学要有切实的社会功用,要描写事实,揭露真相,戒恶扬善,弘扬道义,"文章本于教化,形于治乱"(柳冕《与徐给事书》)。而在此之后的另一批古文运动和新乐府运动的健将,如韩愈、柳宗元、刘禹锡、白居易、元稹等人,同样也是基于儒家的立场,更进一步论述了文学面向社会、面向现实以发挥其政治伦理功能,或发挥其弘扬圣人之道、批评政治得失、明确是非善恶、端正社会人心的作用之必要。甚至到了晚唐时期,著名经学家和文学家皮日休也还重申:"乐府,尽古圣王采天下之诗,欲以知国之利弊,民之休戚者也。……诗之美也,闻之足以劝乎功;诗之刺也,闻之足以戒乎政。"(《正乐府序》)

以上诸人中,以白居易的论说为最多。在《与元九书》《读张籍古乐府》《寄唐生》《新乐府序》《策林六十八·议文章》《策林六十九·采诗》等文章中,他提出了"讽谕""美刺""补察时政""文章为事而作"等观点。如:

> 古之为文者,上以纫王教,系国风,下以存炯戒,通讽谕;故惩劝善
> 恶之柄,执于文士褒贬之际焉;补察得失之端,操于诗人美刺之间焉。
> (《议文章》)

---

① 闻一多:《唐诗杂论》,上海古籍出版社1998年版,第20页。

　　总而言之，为君、为臣、为民、为物、为事而作，不为文而作也。

（《新乐府序》）

　　这些观点都来自传统的儒家思想，如《论语·阳货》中孔子所说的"诗可以兴，可以观，可以群，可以怨"，《毛诗序》中说的"上以风化下，下以风刺上"，东汉经学家郑玄《诗谱序》中说的"论功颂德，所以将顺其美；刺过讥失，所以匡救其恶"等。

　　从表面上看，唐代后期儒家学者和文学家的这些看法，基本上都来自先秦、两汉的传统儒家美学理论，其中并没有特别新颖的东西。但正如上一节中所提到的，唐代后期的儒学所面临的社会政治问题与前期不太一样。前期是在国家安定、政治昌明、举国上下积极向上的情况下提出文学应该为政教服务的问题，后期则是在危机四伏、朝纲紊乱、人心思定的情况下提出同类性质的问题。前者是要宣扬王道，粉饰太平，锦上添花，而后者是要针砭时弊，扶正祛邪，挽狂澜于既倒。两者的出发点是不一样的。因此，唐代后期的儒家美学的核心虽然是正统的儒家思想，但其中又掺杂了屈原、司马迁以降的那种"发愤以抒情"的美学传统。在唐代后期的儒家美学思想中，有一种更为浓厚的、慷慨激昂的感情色彩。

　　此外，虽然都是讲文学要有实际的社会作用，但与唐代前期相比，唐代后期的说法带有更强烈的批判色彩和平民色彩，现实感也更强。前期所针对的是南朝齐梁以来颓废绮靡的文风，后期所针对的，一方面是唐代仍然流行的那些浮华夸饰、矫揉造作的诗赋文章（比如《全唐文》中所搜罗的那些华丽的赋、"虚美"的行状及墓志铭之类），另一方面也是武则天到唐玄宗时代竞尚奢华、专事铺张的生活习惯和社会风尚。虽然华丽的文章不一定导致亡国，但生活的腐化堕落必定导致国家的衰败。因此，后期儒家学者和文学家的反对浮华、推崇实用，不仅是对文学本身的批判，也是对社会生活的批判。同时，后期的这些学者和文学家在论述文学的社会功能时，更注重——或首先注重的是《毛诗序》中"上以风化下，下以风刺上"中的后半句，即"下以风刺上"，如白居易的"讽谕""美刺""补察时政"等说法，都是对统治者来说的。其锋芒所向，是身居高位的皇帝和养尊处优、肆意妄为的上层贵族。

　　如果说，前期的儒学之士所看到的主要是唐代一统天下的丰功伟业和曙光在前的美丽景象的话，那么，后期的儒学之士所看到的，是安史之乱时生灵涂炭的惨状和之后政局不稳、人心浮动、上层贵族仍然安于享乐不思进取、下层百姓仍然生活无依朝不保夕的渺茫景象。因此，在实际的文学创作中，我们看到，前期的创作，朝气蓬勃，豪情万丈，而后期的创作，在慷慨激昂中，又不免夹杂着几分伤感和无奈。在前期的创作中，我们很少看到孤苦伶仃的平民形象，而在后期的创作中，我们就可以看到白居易笔下"满面尘灰烟火色，两鬓苍苍十指黑"的卖炭翁了。因此，唐代前后期的儒家美学，虽然都要求文学面对现实，但前期看到的多半是现实的正面，而后期看到的多半是现实的负面。就具体的文学创作而言，前期的浪漫色彩更浓厚，而后期的批判锋芒更突出。可惜到了晚唐，这种锋芒开始没有了。

第三节　强调明道抒情

如上所述，唐代儒家学者的基本观点，是认为文学（其意义所及，也包括艺术）创作，不应该以炫耀技巧、取悦耳目为目的，而应该有明确的社会作用。他们所说的社会作用，涉及政治（讽谕、美刺、纫王教或补察时政）、道德（惩劝善恶、移风易俗）和心理（导泄人情）等方面。就其所针对的对象而言，主要包括两个：一是最高统治者和围绕在他周围的统治集团，二是社会大众，包括提笔为文为诗的文学家群体。从当时的一些表疏、论说来看，他们直接针对的，多半是皇帝和文人、官僚阶层。至于挣扎在贫困和死亡线上的黎民百姓，他们给予的，更多是同情和悲悯，而不是讽刺和劝诫。

这种观点，也可以说就是主张文学创作要有强烈的使命感、责任感、批判精神和担当意识，即要求文学创作发挥揭露现实的认识作用、明辨是非的引导作用和惩恶扬善的批判作用。

那么，如何才能做到这一点呢？

最好的办法就是转变文风，调整文学创作的方向，树立新的评价标准。而这又包括两个方面的任务，就是一方面反对"形似"（"形似"一词并非绘画理论的专用术语，当时的文论、诗论也好言"形似"），另一方面注重"实质"[1]（"义"

---

[1] 在文质关系问题上，唐代儒家学者总体上是遵循孔子"文质彬彬"的传统教义的。但为了反对当时浮艳的文风，又不得不矫枉过正地特别强调"实"（与"华"对）、"质"（与"文"对）的价值，如韩愈《答尉迟生书》中说的"夫文章者，必有诸其中，是故君子慎其实"，白居易《策林六十八·议文章》中说的"尚质抑淫"及《新乐府序》中说的"其辞质而径，欲见之者易谕也"。

"旨"），用白居易的话来说就是"尚质抑淫，著诚去伪"（《议文章》）。

所谓"尚质""著诚"，表现之一是要有思想，用当时的话来说就是要有助于"道"①的阐明，即"明道"，并且要有明确的价值导向，即"及义"或"济义"。

其实这也是自孔子以来儒家的主导思想。到隋朝末年，王通在《中说·天地篇》中曾明确指出："学者，博颂云乎哉？必也贯乎道。文者，苟作云乎哉？必也济乎义。"王通的"文以贯道"说，后来成为由唐代儒家学者发起的古文运动的一个纲领或"宣言"。整个唐代，几乎凡是热衷于儒家之学的学者和文学家都喜欢讲"道"，而且都认为必须以"道"的表现作为文学创作的先决条件和首要目标。其中又有许多不同的说法，如"贯道""知道""明道"等等。但大体的意思是一样的，就是强调"道"在文学创作中的优先地位和在文学价值中的决定地位，并以此作为一个旗号或者标准来反对那些浮华不实的"虚辞"，从而达到转变文风、转变世风的现实目的。

这其中最杰出的代表是古文运动理论的缔造者韩愈。韩愈不仅从儒家的立场对"道"进行了规定，而且揭示了"文"与"道"的关系。如在《原道》一文中他说：

> 博爱之谓仁，行而宜之之谓义。由是而之焉之谓道，足乎己无待于外之谓德。其文《诗》《书》《易》《春秋》，其法礼、乐、刑、政……

又在《答李翊书》中说：

> 行之乎仁义之途，游之乎《诗》《书》之源，无迷其途，无绝其源，终吾身而已矣。

在《题哀辞后》一文中说：

> 学古道，则欲兼通其辞。通其辞者，本志乎古道者也。

在韩愈看来，"道"与"文"的关系是源与流的关系、本与末的关系，同时也是目标与手段、内容与形式或实质与外表的关系。他的观点很清楚，就是由文及道、因文显道，以"道"来统帅文学的创作，反对没有意义或背离"圣人之道"的

---

① "道"，在隋唐时也称为"理"（虽然还不像宋代那样普遍），如王通《中说·王道篇》中所谓："言文而不及理，是天下无文也。"又如皇甫湜《答李生第二书》中说的："夫文者非他，言之华者也，其用在通理而已。"

"陈言""虚辞"。而他所谓"道",就是孔孟的仁义之道,即孔孟的基本思想或儒家的根本义理。

与韩愈持同样论调的人很多,但说法有一些出入,如柳宗元。柳宗元在当时有关文道关系的各种说法的基础上,提出了一个更为简洁的命题,即"文以明道"。

他在《答韦中立论师道书》中说:

> 始吾幼且少,为文章,以辞为工。及长,乃知文者以明道,是固不苟为炳炳烺烺,务采色,夸声音而以为能也。凡吾所陈,皆自谓近道,而不知道之果近乎?远乎?吾子好道而可吾文,或者其于道不远矣。

柳宗元所说的"文"即文辞,包括诗歌和文章;"明",即阐明、表明或表现。这个"明",不像韩愈说的"志乎道"那么笼统,而且也很清楚地说明了文学是用语言形象来表现"道"的艺术特点。同时,他的"道"也与韩愈的"仁义之道"不太一样。虽然他在《四维论》中也指出"圣人之所以立天下,曰仁义",但他并没有把"圣人仁义之道"当成标签和教条,也没有固守在抽象的"仁""义"概念上,而是更进一步指出,这种"仁义之道"是要与对现实生活的关切结合起来的。如他在《时令论》中说:

> 圣人之道,不穷异以为神,不引天以为高,利于人,备于事,如斯而已矣。

在《送徐从事北游序》中说:

> 以《诗》《礼》《春秋》之道施于事,及于物。

在《答吴武陵论〈非国语〉书》中说:

> 意欲施之事实,以辅时及物为道。

由这些说法可知,柳宗元更注重的是"文以明道"的现实意义。也就是说,他既不是"为文而文"的支持者,也不是"为道而文"的赞成者。所谓"辅时""施事""及物"云云,都带有很强的现实针对性。

唐代儒家学者所说的"道"或"理",总的来说就是由孔孟提出来的那一套政治主张或政治理想,其核心是旨在敬天爱民、开物成务、弃恶向善的"仁义之道"。这种"道"，据他们看来，是合乎天道人心的、被历史证明为有效的"正道"。因此，在历代儒家学者包括唐代儒家学者那里，它也被赋予了某种毋庸置疑的合理性和不能违背的客观必然性。

但从主体的方面来说，这种"道"是要靠有担当的人或者"志乎道"的君子来实现的。因此，"道"或"理"的概念，有时也就转换成了"志"或"意"的概念。换句话说就是，"文"既是对"道"的表现（从客观的方面来说），也是对"志"或"意"的表现（从主观方面来说）。

其实，这些概念在唐代儒家学者那里都是相通的。就文学作品的构成来说，"文"是文辞，即文学作品的形式，而"道""理"则是文辞所要表达的"义""旨"（也称为"质""实"），即文学作品的内容。而这个"道""理"，既是自古以来的所谓"圣人之道"，也是创作者自己的思想意志的表达。故白居易在《新乐府序》中说："篇无定句，句无定字，系于意，不系于文。首句标其目，卒章显其志，《诗》三百之义也。"白居易以"意""志"与"文"或"句""字"对举，说明"意""志"就是他的乐府诗所要传达的内容，而这个内容，自然是与"道""理"分不开的，也与他所说的"讽谕""美刺""补察时政"等现实的作用分不开。

所以，在唐代的诗文理论当中，既讲"道""理"，也讲"志"或"意"。

而"志"或"意"，又是与"情"联系在一起的。所以，在强调发明"道""理"的同时，唐代的儒家学者也强调要表达真实的感情。

所谓"情"，也有两层意思：一是属于社会的"情"，二是属于个人的"情"。

在儒家学者看来，圣人之道实质是"治道"，即治国、理乱之道，而治国、理乱之道的成立，是建立在"得人心"或"得民心"的基础之上的。所以文学中对圣人之道的表现，实际上也就是对"人心"或"民心"的表现，即白居易所谓"导泄人情"。

另一方面，"道""理"能否实行又是建立在君子的"志""意"是否真诚、坚定的基础之上的。因此，文学中对圣人之道的表现，必须带着真挚的感情和顽强的意志，甚至要包括因为"道""理"不彰、是非不明、"人心"或"民心"不得伸张而带来的痛苦、激愤等感情。只有这样，文学中对圣人之道的表现，才能达到针砭时弊、惩劝善恶、弘扬正道的实际效果。

因此，唐代的诗文理论既讲"道""理""志""意"，也讲"情"。"道""理""志""意""情"以及他们所说的"事""物""实""质""义""旨"之类，都是与"文"（"言"

"辞")相对应的、代表文学作品内容的概念。

事实上，唐代的文学理论更主张"情"的表现。这在后期的儒家思想家当中表现得尤为明显。我们在前面已经说过，唐代后期的儒家学者所面临的社会局面更加复杂，社会矛盾更加突出，"圣人之道"不行的情况更加明显，黎民百姓因内乱而流离失所的现象也更加频繁，因此，他们的思想也相应地染上了批判的色彩，内心的情感变得更加热烈和复杂。

比如，韩愈在《送孟东野序》一文中提出来的"不平则鸣"，就是针对当时的社会现实有感而发的。他说：

> 大凡物不得其平则鸣。草木之无声，风挠之鸣。水之无声，风荡之鸣。其跃也或激之，其趋也或梗之，其沸也或炙之。金石之无声，或击之鸣。人之于言也亦然。有不得已者而后言，其歌也有思，其哭也有怀。凡出乎口而为声者，其皆有弗平者乎！

从理论上说，韩愈的"不平则鸣"，是从孔子的"诗可以怨"、屈原的"发愤以抒情"和司马迁的"发愤以著书"等旧有说法来的。它们的一个共同点是认为负面情感对创作具有特殊的价值，并且能够产生特殊的效果（类似于西方谚语中的"愤怒出诗人"）。但另一方面，韩愈的看法，其实主要来自当时充满了"不平"的社会现实，以及他与当局时常发生冲突而致使志意不得伸展、理想不得实现的人生境遇。他说："不得已者而后言。"这种"不得已"，正是儒家"知其不可为而为之"的入世精神的一种表现。与这种"不得已"相伴随的情感，则常常带有负面的性质（激愤、不平、痛苦、哀怨、无奈等），所以他又在《荆潭唱和诗序》中说：

> 夫和平之音淡薄，而愁思之声要妙；欢愉之辞难工，而穷苦之言易好也。是故文章之作，恒发于羁旅草野；至若王公贵人，气满志得，非性能好之，则不暇以为。

这种注重强调负面情感的理论，在韩愈之前的元结那里也有很好的论述。元结在《文编序》中说：

> 故所为之文，多退让者，多激发者，多嗟恨者，多伤闵者。其意必欲劝之忠孝，诱以仁惠，急于公直，守其节分。如此，非救时劝俗之所

须者欤？

韩愈之后的白居易在《寄唐生》中也说：

> 贾谊哭时事，阮籍哭路歧。唐生今亦哭，异代同其悲。……不悲口无食，不悲身无衣。所悲忠与义，悲甚则哭之。……惟歌生民病，愿得天子知。

元结和白居易的说法清楚地说明，这种痛苦的或负面的情感其实是与儒家所追求的"圣人之道"互为表里的。

白居易的"美刺"理论，其实也与上述说法类似。他的"讽谕""美刺""补察时政"和"泄导人情"，虽然都服从于宣扬"圣人之道"这个总目的，但这一目的的实现，不是靠照搬儒家教条大讲仁义道德，而是靠抒发真实的情感或表现真切的感受——包括表达苦闷、伤痛、愤恨、幽怨、悲悯和同情等等。所以，他在《与元九书》一文中对情感的力量大加赞赏，其言道：

> 感人心者，莫先乎情，莫始乎言，莫切乎声，莫深乎义。诗者：根情，苗言，华声，实义。

在他看来，"义"固然重要，但"情"才具有最强的感染力，同时也是诗之所以为诗的根本。而且从他的《寄唐生》以及他自己的许多反映民间疾苦的诗作来说，在一个不安、痛苦、荒谬、不公和丑陋的社会里，在一个百姓流离失所、权贵与平民互相仇视的社会里，也只有深深的同情、悲悯、痛苦、忧虑和愤懑，才最为真实感人，最符合儒家仁义之道的宗旨。

唐代儒家，尤其是后期儒家文学理论中的这种提倡表现负面情感的理论，其实包含的是《周易》所说的"忧患"意识。他们所说的"情"，并不是一种无关痛痒、自得其乐的闲情，更不是一种掩盖痛苦、粉饰太平的"虚情"，而是一种敢于揭露现实、正视痛苦、关爱生命、关心国家的政治伦理之情。因此，他们提出的要在文学创作中表现"道""理"和抒发"志""意"或情感的要求，其实是相辅相成的，与他们反对浮华、提倡实质和效用的美学主张也是一致的。而且，正是这种理与情的结合，才使得唐代受儒家思想影响的那些文学家的诗文创作，具有了一种强烈的现实感和批判精神，同时也使得他们的作品，具有了一种饱含深情的沉雄风格和动人心魂的刻骨力量。

第四节　标榜风骨之美

总体来说,唐代儒家的审美意识是注重经世致用,反对奢靡浮华,强调文学艺术创作不能只是追求形式或外表的华丽(包括韵律和辞藻),而是要表现出有助于社会并且能够感动人心的实质或内涵。表现在对文学艺术之美的界定上,就是在遵循传统儒家"文质统一"的大前提之下,进一步突出"质"的优先地位和"风骨"或"骨气"的美感。

"风骨"或"骨气"的突出,在中国历史上从来都是变革文体、提振精神、转变颓靡之风的一面旗帜。

初唐时期,魏徵就在《隋书·文学传》的序文中提出,要把北方的"贞刚"与南方的"清绮"结合起来:

> 江左宫商发越,贵于清绮,河朔词义贞刚,重乎气质。气质则理胜其词,清绮则文过其意,理深者便于时用,文华者宜于咏歌。……若能掇彼清音,简兹累句,各去所短,合其两长,则文质斌斌,尽善尽美矣。

魏徵这种调和折中、四平八稳的理论,看似完美无缺,却未能阻止源自齐梁时期的那种形式上讲求音韵和词藻、内容上空乏无聊、精神上让人意志消弭的文风的泛滥。而且到了唐高宗和武则天的时代,由于重用"文学之士"和皇帝本人的喜好,这种文风愈演愈烈。因此,"初唐四杰"之一的杨炯就在《王子安集序》中批评说:

> 尝以龙朔初载,文场体变,争构纤微,竞为雕刻。……骨气都尽,刚健不闻。

针对这种情况,并且也为了挽救日益颓废的文风,武则天时代的陈子昂在《与东方左史虬修竹篇序》一文中,提出了一个对后来的古文运动产生了深远影响的主张,就是承继"汉魏风骨"和恢复自先秦以来儒家的"兴寄"传统。他说:

> 文章道弊五百年矣。汉魏风骨,晋宋莫传,然而文献有可徵者。仆尝暇时观齐梁间诗,彩丽竞繁,而兴寄都绝,每以永叹。思古人常恐逶迤颓靡,风雅不作,以耿耿也。一昨于解三处见明公《咏孤桐篇》,骨气端翔,音情顿挫,光英朗练,有金石声。遂用洗心饰视,发挥幽郁。

不图正始之音复睹于兹，可使建安作者相视而笑。

陈子昂所谓"汉魏风骨"，系指以建安文学为代表的那种深刻反映现实、感情真挚且慷慨激昂的文学精神。"风骨"一词出自刘勰的《文心雕龙·时序》。"风"代表真挚的情感并表现为有感染力的文辞，"骨"代表深刻的思想并表现为充实有力的内涵。"兴寄"一词出自《论语》的"诗可以兴"和汉以后儒家诗学中的"比兴"。刘勰《文心雕龙·比兴》中说："比者，附也；兴者，起也。附理者切类以指事，起情者依微以拟议。起情故兴体以立，附理故比例以生。比则蓄愤以斥言，兴则环譬以托讽。"据刘勰的看法，"比兴"是指借助外部的事物，以比喻或比拟的方式来表达具有针对性和批判意义的思想感情。陈子昂的"兴寄"，与刘勰所谓"比兴"的含义是基本一致的，就是强调诗要有寄托，即要有感情和思想。但这种感情和思想，不是随便的一种感情和思想，而是与现实和儒家的仁义之道联系在一起的、具有普遍感染力的感情和思想。它在美感上的具体表现，就是一种有"风骨"或"骨气"的、"音情顿挫，光英朗练，有金石声"的感觉。

"风骨"一词中的"风"和"骨"，在语义上有不同的偏重，即"风"偏重于外，"骨"偏重于内，"风"是作用，"骨"是内质。但在古代的儒家学者看来，它们都同"气"有关。"风"具有"动"和"感"的特点，"骨"则具有刚劲不阿的性质。这都与"气"所具有的流动、弥漫、无所不在、所向披靡的特点有关。所以，整个唐代，儒家的文学艺术理论都非常强调"气"这个概念。而且，由于"魏晋风骨"在理论上的代表是曹丕，所以他们也把曹丕的"文以气为主"理论拿过来，作为他们美学主张的理论依据。

令狐德棻在《周书·王褒庾信传论》中说：

举其大抵，莫若以气为主，以文传意。

柳冕在《答衢州郑使君论文书》中说：

盖言教化发乎性情，系乎国风者，谓之道。……雅之与郑，出乎心而成风。……夫善为文章者，发而为声，鼓而为气。直则气雄，精则气生，使五彩并用，而气行于其中。故虎豹之文，蔚而腾光，气也；日月之文，丽而成章，精也。精与气，天地感而变化生焉，圣人感而仁义行焉。

韩愈在《答李翊书》中说：

气，水也；言，浮物也。水大而物之浮者大小毕浮。气之与言犹是也，气盛则言之短长与声之高下者皆宜。

李德裕在《文章论》中说：

魏文《典论》称"文以气为主，气之清浊有体"，斯言尽之也。……鼓气以势壮为美。

权德舆在《醉说》中说：

予既醉，客有问文者，渍笔以应之，云：尝闻于师曰，尚气，尚理，有简，有通。

这些说法虽然有一些差异，但无不标举出"气"这个概念来。尤其是在安史之乱之后至唐文宗以前这一段儒家之学颇为兴旺的时期，"气"成为儒家学者著作中地位仅次于"道"的概念。

他们所说的"气"，就美学的意义上说，一方面是指作品中的"文气"或"骨气"，它代表的是作品中真实的情感、深刻的思想、锐利的文辞和批判的锋芒所表现出来的，一种既动人耳目又动人心魄的、刚劲雄健的力量和美感。另一方面，它也是指作者的"气节"，代表的是一种因捍卫儒家之道、敢于担当道义、直面现实社会和人生而表现出来的无所畏惧的品格、毅力和勇气。

这后一方面的含义，显然是受到了孟子"居仁由义""富贵不淫""威武不屈""养浩然之气"等观点的影响。尽管在唐代儒者的心目中，孔子具有至高无上的圣人地位，但在思想的架构上，他们似乎更贴近孟子的思想（尤其是以韩愈为代表的后期儒家）。

孟子说：

仁，人心也；义，人路也。（《孟子·告子上》）

又说：

居仁由义，大人之事备矣。（《孟子·尽心上》）

富贵不能淫，贫贱不能移，威武不能屈，此之谓大丈夫。（《孟子·滕文公下》）

我善养吾浩然之气。……其为气也，至大至刚，以直养而无害，则

塞于天地之间。其为气也,配义与道;无是,馁也。是集义所生者,非
义袭而取之也。(《孟子·公孙丑下》)

孟子的这些思想,都为唐代儒家的学者所继承。相比于孔子之讲“仁”,孟
子更注重讲“义”。而讲“义”,就表现出一种百折不挠、勇往直前、带有刚性的力
量感的品格。这种品格,刚好能够引起处在社会局面混乱中的唐代后期儒学之
士的共鸣。

于是,在唐代的儒家学者身上和他们的作品当中,除了讲“风骨”、重“骨
气”,还可以看到有一种以“直”(有时也称为“真”“贞”或“正”)为美的倾向。

如《新唐书》中记载:独孤及任太常博士时,对人“无浮美,无隐恶,得褒贬之
正”(《独孤及传》);穆宁“性不能事权右,毅然寡合,执政者恶之……尝撰家令训
诸子,人一通。又戒曰:‘君子之事亲,养志为大,吾志直道而已。……’……(其
子穆质)性强直……政事得失,未尝不尽言”(《穆宁传》);柳公绰“幼孝友,性质
严重,起居皆有礼法。属文典正,不读非圣书。举贤良方正,直言极谏”(《柳公
绰传》)。又《旧唐书》记载,韩愈性格“狷直”,为文章有“迁、雄之气格”,“发言真
率,无所畏避,操行坚正,拙于世务”。(《韩愈传》)

因为做人讲究“直”,所以他们写文章也要求“直”。如韩愈的弟子李翱,“性
刚急,论议无所避”,“为文尚气质”,以为当时史官记事多有不实,遂上奏状曰:
“夫劝善惩恶,正言直笔……但指事实,直载事功。”(《旧唐书·李翱传》)

在当时许多儒者看来,“直”是正人君子必须具备的一种“德”,同时也是有
“风骨”或“骨气”的文学创作必须具备的一种“美”。对于这一点,白居易说得最
清楚。如他在《新乐府序》中说:“其辞质而径,欲见之者易谕也。其言直而切,
欲闻之者深诫也。其事覆而实,使采之者传信也。”他的要求“直”,是与他要求
诗歌必须“补察时政”的总要求相适应的。与此同时,白居易还在他的许多乐府
诗中,对“直”的品格和“直”的美进行了高度的赞美。

《贺雨》有云:

> 君以明为圣,臣以直为忠。

《赠樊著作》云:

> 元稹为御史,以直立其身。

《薛中丞》云：

> 中丞薛存诚，守直心甚固。……直道渐光明，邪谋难盖覆。

《和〈阳城驿〉》云：

> 因题八百言，言直文甚奇。

《李都尉古剑》云：

> 至宝有本性，精刚无与俦。……愿快直士心，将断佞臣头。

《折剑头》云：

> 我有鄙介性，好刚不好柔。勿轻直折剑，犹胜曲全钩。

《云居寺孤桐》云：

> 一株青玉立，千叶绿云委。亭亭五丈余，高意犹未已。……直从萌芽拔，高自毫末始。四面无附枝，中心有通理。寄言立身者，孤直当如此。

《酬元九对新栽竹有怀见寄》：

> 曾将秋竹竿，比君孤且直。……不爱杨柳枝，春来软无力。

前四首诗，是直接肯定"直"作为一种品德和文章风格的价值，后三首诗，则借用孔门诗教所推崇的比兴手法和儒家"以玉比德"的思维逻辑，进一步赞扬了"直"的伦理意义和审美意义。

此外，唐代的儒家审美意识中还有一种以"简"为美的观念。如上引魏徵所说的"简兹累句"和权德舆所说的"有简，有通"。对于"简"的美学价值，儒家史学家刘知幾在《史通·叙事》中说得最透彻。他说：

> 夫国史之美者，以叙事为工；而叙事之工者，以简要为主。
> 夫叙事者，或虚益散辞，广加闲说，必取其所要，不过一言一句耳。
> 盖作者言虽简略，理皆要害，故能疏而不遗，俭而无阙。

刘知幾的"以简要为主"，也可以说是"以简要为美"。而他强调以简要为主或为美的目的，是为了要明"理"。其思想源出于儒家经典《周易·系辞上传》中的"易简而天下之理得"，实际的指向则仍然是对当时浮靡文风的批判。

从美学上说，所谓"直""正""刚""固""简"等等，其实都是"风骨"或"骨气"的当然之义。因此，总的来说，唐代儒家的审美意识，在文学艺术的作用上，是以正风俗、正人心和刺上化下为价值导向的；在文学艺术的构成上，是以重实质、重内涵、重义旨、重道理、重情感为价值导向的；在审美品格上，是以尚"风骨"或"骨气"为价值导向的。

第十五章　唐代道教与唐代审美意识

　　道教是中国的本土宗教,仙、道、术是道教体系的三个层面,"仙"是道教的信仰层面,"道"是道教的哲理层面,"术"是道教的炼养层面。其中,"仙"是中心,"道"和"术"是理论与实践两端,三者共同构成了道教的完整体系。

　　唐代道教,一方面在神仙信仰、哲学理论及炼养方技三方面均达到了历史鼎盛,三者的和谐发展使道教思想日趋成熟,从而进入道教发展的黄金时期;另一方面,举国上下奉道之风隆盛,无论是帝王官员还是文人百姓,道教都成为其日常生活的一个重要组成部分。道教思想的发展与外在的社会环境共同促成了道教对唐代审美意识的影响。

　　本章主要从内因与外缘两个方面分析唐代道教对唐代审美意识的影响。内因主要指从道教的仙、道、术三方面看其对唐代审美意识的影响,外缘主要指唐代信奉道教的外部社会环境如皇家道教、文人道教对唐代审美意识的影响。最后,从道教神仙思想的角度考察道教与唐代审美意识变化的内在关联。

第一节　道教文化的三个层面

　　道教是中国土生土长的宗教,道教的理论体系和行为系统在传统文化的土壤中孕育生长。从思想层面看,它既吸收了先秦道家、墨家、阴阳五行家的思想学说,又杂糅了古代民间巫术、神仙传说和仙道方术等,后又吸收了儒家和佛教的思想,形成了一个庞大的道教文化体系。它的产生是中国传统文化孕育的结果,具有独特的民族文化特征。

从历史层面上看,道教起源早,形成期长,从孕育到最后形成经历了一个长期的衍化过程。秦汉时期兴起的方仙道和黄老道,是道教萌芽期的重要构成因素。东汉中后期,五斗米道和太平道的产生标志着道教作为一种宗教学说初步形成。汉末黄巾起义后,民间道教活动受到遏制,适合魏晋统治阶级利益的官方道教逐步兴起。东晋高道葛洪在《抱朴子·内篇》中对以往神仙信仰和各种方术作了系统整理和理论阐述,对流俗道士和民间道教活动进行抨击,推动了道教从原始民间宗教向官方宗教的发展。南北朝时期,出现了由门阀世族道教徒发起的道教改革活动,道教发展进入新的高潮,至唐代则进一步由官方宗教发展为皇家道教,进而成为至尊的“国教”。

一、“仙”为道教之本

古人云,“心生而言立,言立而文明”(《文心雕龙·原道》)。所谓万事萌芽,在乎一心,神仙信仰是道教文化的“心”源,是道教得以滋生形成的内驱力。英国学者李约瑟曾指出:“道家思想从一开始就迷恋于这样一个观念,即认为达到长生不老是可能的。我们不知道在世界上任何其他一个地方有与之近似的观念。”[①]神仙信仰是道教的基因,传统文化是道教的母体,道教在发展中不断吸收各方面的营养,最终形成以神仙信仰为核心的枝繁叶茂的道教仙学体系。

神仙虽连用,但意思有别。对“神”的理解,《说文》注为“神,天神,引出万物者也,从示、申”,意为上天垂示、上天垂象;《周易·系辞》讲“阴阳不测之谓神”,神是阴阳变化之道,妙机其微,神秘莫测;孟子作了进一步的比较区分,认为“可欲之谓善,有诸己之谓信,充实之谓美,充实而有光辉之谓大,大而化之之谓圣,圣而不可知之之谓神”(《孟子·尽心下》),从“善”“信”“美”到“大”“圣”“神”,“神”是一种最高的境界。“善”“信”是从人之“欲”与“意”的角度而言,是一种在伦理道德约束下的品质;“美”“大”是从人之内外相符及显现而言,是有诸内必形诸外的和谐品质;“圣”是充实而有光辉的“美”和“大”的广布,是高尚品德的推广和教化;而“神”即造化本身,能通达造化并推而教之者则为“圣”。可见,

---

① [英]李约瑟:《中国科学技术史 第二卷:科学思想史》,何兆武等译,科学出版社、上海古籍出版社1990年版,第154页。

"神圣"是儒家的理想人格,人要成"圣",推崇的是圣人人格。相比之下,"神仙"是道教的信仰所在,强调成"仙",推崇仙人理想。与"神"不同,"圣"或"仙",都是人间的"圣"或"仙"。

仙,本作"僊",《释名》曰:"老而不死曰仙。"《说文》谓:"僊,长生迁去也。"仙的古体字有两种:一是仚,《说文》谓"人在山上皃","皃"即貌,意为人在山上的样子,有高举上升之意;另一是仚,入山长生为仙。可见,仙有三方面的意蕴,一是长寿,二是轻举上升,三是与山结缘,入山修仙。概而言之,仙指的是入山修仙,老而不死,羽化升天。如果说,儒家的圣人人格更强调人能弘道的社会责任,那么道教的仙人理想则更注重人的个体生命的保存与升华。

神与仙不同,神一般是就造化本身而言,仙一般是就人而言。道教的神仙谱系由庞杂的神谱和仙谱构成。先民认识能力有限,多持万物有灵论,以山川雷电皆若有神,故远古之神多为自然神,后来有了祖宗神,再后来有了仙神。仙神,即生而为人,修炼得仙,成仙以通神。自古人们重天道与人道,人可以参天地,赞化育,故仙以人为本,强调人的主动性、能动性和超越性。后来,道教中仙的地位越来越重要,道教称为仙教也未为不可。

道学成为仙学,经历了从"道"到"神"到"仙"的三个逻辑阶段:

第一,"道"的神化。

原始道家认为道是宇宙的本体。道可以从有与无两方面来看。《老子》言:"无名天地之始,有名万物之母。"(第1章)"有"指可识可见有形有象之具体事物,"无"指道,"天下万物生于有,有生于无"(第40章)。王弼注云:"天下之物,皆以有为生。有之所始,以无为本。将欲全有,必反于无也。""无"是没有具体形象、不可名状的存在,也就是道。"无"的含义很丰富,无形,无象,无色,无味,其性质具有无限性、不可规定性。对"无"的命名很容易通向"神"。"神"既有抽象义,也有具象义。抽象义为神秘、神奇、神妙,如《易传》所谓:"神无方而易无体""阴阳不测之谓神"。具象义则为神灵、神人。在《老子》中,"道"的神化尚未被引申为神灵或神人。

在庄子那里,基本也是如此。不同于老子的哲理化表达,庄子更擅长用文学性表达,当他以具体的故事和形象来言说"道"时,就不自觉地将"道"神化为神人了。庄子常以"神人""至人""真人"来言说"道"。在《庄子》中,神人、至人、真人主要有三方面的特点:其一是能超越生死,"不知说生,不知恶死"(《大宗师》),"死生无变于己"（《齐物论》）；其二是有超人的能力，"登高不慄，入水不濡，入火不热"（《大宗师》），"大泽焚而不能热，河汉冱而不能寒，疾雷破山而不能伤，飘风振海而不能惊"（《齐物论》）；其三是有不凡的外表，"肌肤若冰雪，绰约若处子"（《逍遥游》）。神人之所以能如此，原因在得"道"。庄子对"道"加以形象化的描述，本是要突出"道"的神奇，却不成想为道教将"道"化为神人埋下了伏笔。

第二，"神"的人化。

庄子讲的"至人""真人""神人"毕竟不是"人"，只是"道"的具象化和比拟化。真正将"神"人化的，是葛洪。葛洪是实现从道家理论到道教理论过渡的关键人物，是道教理论的奠基者。葛洪《抱朴子》开篇云："抱朴子曰：玄者，自然之始祖，而万殊之大宗也。"这里的"玄"即"道"，葛洪表述为"玄道"："夫玄道者，得之乎内，守之者外，用之者神，忘之者器。"葛洪论"玄道"，强调的是"道"之为用。用道，贵在"道"的得、守、用、忘，其实质是强调用道之人，而用道之人即可谓之"神人"。道为人用，道即在人。人修道到一定的程度，能"恢恢荡荡，与浑成等其自然，浩浩茫茫，与造化钧其符契"（《抱朴子·内篇·畅玄》），也就成"神"了。这与庄子谈神人不同，庄子谈神人是立足于道，葛洪谈神人则立足于人。

第三，"人"的仙化。

凡宗教都有个共同的特点，就是承认神灵世界的存在。但道教与别的宗教不同，道教认为凡人皆可成仙。人成仙有三种情况："按《仙经》云：上士举形升虚，谓之'天仙'；中士游于名山，谓之'地仙'；下士先死后蜕，谓之'尸解仙'。"（《抱朴子·内篇·论仙》）这三种仙中，天仙生活在仙界，但可思凡来到人间；地仙在红尘中生活，游于名山，长生不死；尸解仙则可以蝉蜕尸解，遗世而升天。葛洪强调神仙实有，仙学可成。《抱朴子》通篇所谈即学仙之法。在道教中，虽然也强调以道家的"道"来观察世界，认识生活，领悟养生，但是，这一切均以成仙为中心。

以神仙为本，道教形成了一个自足的神仙世界，即仙界结构和活动于其中的诸仙圣众。作为道门必读书的《神仙传》《真灵位业图》和《天地宫府图》等对道教的成仙位次、仙界与仙真的关系作了系统的阐明。关于成仙的位次，最为著名的是葛洪的三品仙说，即天仙、地仙和尸解仙。三仙栖集之仙界，分别是上仙升登紫庭天界，拜为仙官、仙卿等仙界职司，天庭成为群仙升登的至高仙境；中仙栖集昆仑、蓬莱等名山，于空中结为宫室，东方蓬莱仙岛系和西方昆仑仙山系,两大系统为神仙传记集中常见;下仙则常栖于名山洞室,总领鬼神。南朝陶弘景的《真灵位业图》,按照朝班品序、真灵阶业,将其所搜集的神仙"埒其高卑,区其宫域",成为秩序井严的道教神谱。唐朝司马承祯的《天地宫府图》则"披篡经文,据立图像",编次洞天地府,标出天地宫府、仙真位业的脉络图,将天地宫府整理为一套洞天福地说,成为上天派遣群仙统治之所。

由"道"至"神",由"神"至"仙",神仙就这样成为道教的根本信仰。"道"不再具有本体论意义,"仙"取代"道"成为道教的本体,"道"则成为仙体之"用"。

二、"道"为道教之用

"道"为本,还是用,构成了道家与道教的根本区别。道家是一个以"道"为中心的哲学学派,道教则是一种以神仙思想为中心的宗教体系,两者性质不同,在终极目标、思维方式、行为模式以及对人的审美意识的影响上都有所区别。如老子关于宇宙创生的理论,是在否定了殷周原始宗教天道观的基础上,用道法自然对世界的生成作了新的系统阐释,由原始宗教的天道观发展为自然主义天道观。道教却把"道"人格化,使之成为有意志、有感情的造物主,从宗教哲学的角度改造发展了道家思想。老庄道家追求的是精神上的解脱与自由,而道教则更注重肉体的长生久视和修道成仙。

但在尊"道"这一点上,二者却又有着很深的渊源,这尤其表现为道家思想为道教提供了哲学基础。道家思想一直是道教的重要理论基础。道教吸收了道家的理念,通过"道"的仙化和术化,将哲理化、玄思化的道家思想具体化为一种宗教信仰和宗教实践。所以"道"在道家与道教中的地位和作用是不同的。

道家思想体系以"道"为中心。

"道"的本义,从"首"从"走",也有言说之意。"道"的三层涵义与此有关:从"首",有开始、起初、领头之意,引申义为原初、根本、起源,哲学意为本源性、本体性;从"走",本义行走,和道路有关,哲学意为规律性,宇宙万物的规律、行走的道路、运行的法则;言说,即"道"的言说方式,道家的言意观包括"言不尽意"和"不言之教"。"道"的这三个层面相当于世界观、人生观和方法论。"道"的世界观,探讨宇宙之本和万物之本;人生观,探讨人生归宿、生活道路,循着规律走路,此路即"返"本之路,"反者道之动""反本复初""返朴归真";方法论,即体道方式和言说方式,虚静以体道,体悟天地自然的不言之教。

道家的宇宙观强调个"化"字。道家认为宇宙的运行即是"造化"的显现。世间一切事物都是由于一造一化,循环迁变,并没有什么刻意的施为。"道"作为万物的道路,即从所来之处到所去之处的过程,是阴阳二气不断消长的过程,所以阴阳不是"道",一阴一阳才是"道",一开一阖,一呼一吸,一造一化,"道"就在变化的过程中得以显现。造化无全功,成败祸福相循相依,"道"就是不断地造化,生生不息。故作为宇宙主宰的"道",其性质是动的,"道"特别强调变化,随缘任运。

"道"化生万物体现为两个特点:"形"与"势"。"形"是成物不已,"势"是生生不息。"形"与"势"相当于《周易》的"乾""坤"二卦。乾为健,为大,为刚,生生不息,是为创生原则,故说"天行健,君子以自强不息";坤为顺,为至,为柔,成物不已,是为终成原则,故说"地势坤,君子以厚德载物"。"道"即在此成毁之间,方生方死。

人生观即人生的方向和道路。道家的人生观重在"人法地,地法天,天法道,道法自然",故人生的道路即"返"。"反者道之动""反本复初""返朴归真",在此基础上,人的处世之道即随顺自然之道。顺受天道,不逆天而行,就会顺畅。中国文化的演变也应承着天文、地文、人文的三段论模式。天文是中国文化之祖、之源;地法天,地道依天道而行;人法地,人道依地道而来。此就道心而言。其后人心生而言立,便有多彩、无尽之变文。

对应于乾与坤、势与形,道家的人生观也强调两点,在许地山先生看来即"知"与"守"的人生智慧:"全部《道德经》[《老子》,或称《道德经》。——引者]都是教人怎样知,和怎样守。"①《老子》说:"知其雄,守其雌""知其白,守其黑""知其荣,守其辱"(第28章)。"知"就是乾卦"彖"辞中的"大哉乾元,万物资始,乃统天","守"就是坤卦"彖"辞中的"至哉坤元,万物资生,乃顺承天"。"知"是造化的宇宙观,"守"是坤道的人生观。造化的宇宙观生生不息,物物皆化,坤道的人生观成物不已,厚德载物。道家人生哲学贵在能领会知守进退之道。所以道家的人生观行简易之道,立柔弱与清静之义,柔静是坤道、地道,是禀承天道的自然。道家的顺乎自然、无为而治,都是由坤道而来。生活要求简易,欲望尽量排除,这就是道家所谓"葆真"的功夫。原始道家的长生是只要随着造化的玄机运转,自然能够年寿永久,并非后来道教的恋世主义。

---

① 许地山:《许地山讲道教》,凤凰出版社2010年版,第114页。

道教思想体系以"仙"为中心。

与道家不同,道教讲"道",意在长生。道教汇入了方技家的长生理想,重在肉体不死。道教借《老子》中"道生一,一生二,二生三,三生万物"(第42章)的理论与《庄子》中"精神生于道,形本生于精,万物以形相生"(《知北游》)的理论为其道教神谱、宗教仪式、修炼方法建构起一个基本的框架,形成了由天地人、精气神等衍变而来的"三三"论模式,如三洞妙法、三洞真经等。

道家长生论与道教长生论不同。《老子》曾提到"长生":"天长地久。天地所以能长且久者,以其不自生,故能长生。是以圣人后其身而身先,外其身而身存。"(第7章)认为天地圣人并不以私心私欲成就其长生,从而得以保全真性。而道教神仙家的"长生"则是深信肉体不死之说,主张用药力术数来弥补后天的缺陷。这与原始道家的"长生"思想不同,也不同于庄子所说的"真人"。《庄子·大宗师》说:"古之真人,不逆寡,不雄成,不谟士。……古之真人,其寝不梦,其觉无忧,其食不甘,其息深深。……古之真人,不知说生,不知恶死;其出不欣,其入不距。翛然而往,翛然而来而已矣。不忘其所始,不求其所终。受而喜之,忘而复之。是之谓不以心捐道,不以人助天。是之谓真人。若然者,其心志,其容寂,其颡頯。凄然似秋,暖然似春,喜怒通四时,与物有宜而莫知其极。"此段言真人之特性,真人之情状,真人之缘由,真人能顺应大化之理,不强执,不谋求,不会像庄周梦蝶,有"蝶欤?庄欤?"之惑,故能"其寝不梦,其觉无忧",真人能与物合一,与道同化,超然于物质之外,忘形于时间之中。道家的真人思想,是指真人要回到自然里头,返璞归真,不但不主张肉体永生,而且认为人的生死是必需的。如此,才会有庄子妻死,鼓盆而歌,以其同于大化而已的寓言故事。

在体道方式上,老庄哲学是融合了宇宙与人生问题的哲学,是为求道。而求道要靠内心的体验,通过坐忘、心斋来实现,收心返视,虚以待物,才能虚室生白,灵气往来,在虚明澄静中领悟到天籁大道。而道教的想象,与心斋坐忘不同,需要配合特定的宗教仪式,在斋醮仪式、修心炼气及施行各种法术时进行想象神祇的活动。这不是坐忘,而是坐驰,即以精神驰骛状态去想象神灵的存在,从而进入宗教体验的境界。

如果说老庄思想是一种人对于生存意义的哲学思索,那么道教则是人对于生存形式的一种神学活动。道教的目的是人的羽化成仙、长生不老,它更注重的是实现目标的具体手段与操作程序，即修道之术。

三、"术"为道教之途

道教与道家思想联姻的结果是道家的宗教化和道教的学理化。道家的宗教化使道家由形上走向形下，道教的学理化则提升了道教的哲学品格，使富有玄学意味的道家理论和操作层面的炼养方技相结合，从而促进了道教的全面发展和道教黄金时代的到来。

道教有着丰富的炼养方技，概括而言，大致可分为护身法、灭罪法和长生法三种。[①]

护身法是借助诸神力量保护自己身体安全的方法。要获得该方法必须信奉道教，从上师那里获得券契、治箓、符箓和戒。道教认为诸神保护券契、治箓、符箓和戒的持有者，没有这些的人会受到恶鬼的妨碍。为了得到道教诸神的保护，"清"是必备的品性。"清"指道教修行要求清净身心，入道者要保持身心清净，不为尘俗所染。道教诸神偏好"清"，厌恶"浊"。

灭罪法是消除自己、父母和祖先所犯之罪，除去污秽，使其升仙的方法，具体包括上章、斋、醮和存思法。其中上章法是五斗米道、天师道传统的治病除厄方法，上章时，道士体内送出向天上诸神请求救援的使者——仙官和吏兵，道士将请求的内容作成文章奏上，由此得名上章。斋、醮是灭罪法中最重要的仪式，也是道教特定的宗教活动。斋法主要通过替自己和祖先所犯的罪过进行赎罪，救济死后坠入三塗的父母、祖先，以及为自己升仙和国家安宁祈福。醮是一种传统的祭祀方法，醮祭之时，先于祭坛摆放大量供品、置符和简，随后启请天真降临，称为"奉请"或"奉请天真"。奉请天真后，向诸神敬酒烧香，道士陈述自己所想或所愿之事，叫作"自陈"。自陈之后，感谢自己能够因宿世因缘而降生人界，有幸得遇宝经真文，耻于自己所犯罪过，请求天真救援。自陈之后，举行送天真返回天上界的仪式"上劳"。[②] 斋和醮本是不同的仪式，唐代以后两者开始混同，"斋醮"一词渐渐得到使用。从南北朝初陆修静整备斋法，发展到唐代大体已能应用于生命礼仪的基本需求，唐代道教几乎管理着中国世俗生活中的一

---

① ［日］小林正美：《中国的道教》，王皓月译，齐鲁书社 2010 年版，第 146 页。
② 同上书，第 177 页。

切，生老病死婚丧嫁娶等都伴有道教的仪式。据《唐六典》所载，有七种醮祭：金箓大斋、黄箓斋、明真斋、三元斋、八节斋、涂炭斋、自然斋。其中调和阴阳、防止灾害、为帝王祈福求年的金箓斋和超度祖先亡魂的黄箓斋较为流行。宋元以后，帝室流行罗天大醮，目的是普度一切众生，是大场面的斋醮仪典。

斋醮可说是道教最重要的仪式。斋醮的意义主要在于拔除不祥，因而修真奉道者均需法服齐整、肃穆行事。斋醮的举行原本就具有洁净的意义，唯洁净才能上朝三清，祈降福祥。所以在正式举行斋醮之前，要沐浴、斋戒，使身心清净，内外如一，才能由俗入圣，进入洁净的神圣境界。道冠法服和步虚赞是斋醮仪式中的重要环节。法服的备办、法具的齐备、法事的仪轨等都有严格的规定，这样才能在身心俱净的宗教气氛中，产生朝礼天尊、拜谒神君的神秘体验。成书于隋代的《洞玄灵宝三洞奉道科戒营始·法服品》中强调："凡道士女冠，体佩经戒、符箓、天书在身，真人附形，道气营卫，仙灵依托。其所着衣冠，名为法服，皆有神灵敬护。坐卧之间，特宜清净，或赴缘入俗，教化人间，不可将我法身，混同俗事。"服饰作为一种身份的标识，区分圣与俗、清与浊，从而追求一种超尘脱俗、去凡入圣的境界。

举行斋醮仪式时，为了更好地达到与神沟通的效果，常常要吟咏和歌唱一系列曲调，即步虚。宋郭茂倩《乐府诗集》中引《乐府题解》云："《步虚词》，道家曲也，备言众仙缥缈轻举之美。"唐玄宗崇道，又精于声技，天宝年间曾亲自教诸道士步虚声韵，又命令司马承祯、李会元等道士和贺知章等制作道曲。在皇帝的重视和参与之下，唐朝的步虚词和步虚音乐都得到了极大的发展，许多名士文人如顾况、刘禹锡等也纷纷撰《步虚词》，以歌咏仙真升举之美。当时的步虚音乐除了汉代常用的钟磬等乐器，还加上了西域等地的丝竹乐器，使步虚音乐更加繁富动人。

存思法是冥想体内存在的神灵。道教从创始之初，就强调人身各部位皆有神灵执掌，身内之神与天地之神相通相应，故先教人存思身中之神。如果能存思这些神，神就会安置其身，达到长生不死的目的。在上章、斋、醮时，派遣至天上界的诸神从道士体内唤出或召回之时，都要进行存思法，要模拟虚空中神游的出神之思。存思法是上清派最为重视的修道法。《上清经》认为体内神的存思可以让己身成仙，或者消灭三塗中七代祖先与父母的罪过，使其升仙。

长生法是为了获得长生的健康法，包括金丹、房中、服药、导引、调息诸术和内丹法等。长生法中,外丹、房中、服饵、调息、导引等为葛洪的神仙术所重视,后被吸收进道教,成为道教的修道法门。金丹法是葛洪最重视的神仙术。《抱朴子·内篇·金丹》中论及金丹的性质和服用效果时说:"夫金丹之为物,烧之愈久,变化愈妙。黄金入火,百炼不消,埋之,毕天不朽。服此二物,炼人身体,故能令人不老不死。"北宋张君房的《云笈七签》中收录关于金丹法的文献从卷六三到卷七一,有九卷之多。众多的金丹术资料被记载,可见金丹法在唐代流行之盛。但金丹之盛也带来金丹之祸,唐代有六位皇帝因金丹丧命,这在某种程度上也动摇了金丹长生的信念。取而代之的是不使用药物的内丹法。内丹法,是将体内的精、神、气三气练成为丹,主要通过冥想将金丹术和房中术在人体内进行,在体内生成相当于金丹的内丹。内丹法的形成在唐代后期,盛行于宋代。玄宗时张果著有内丹经书《太上九要心印妙经》,将内丹分为三品。张果注的《黄帝阴符经》和《周易参同契》也成为唐代内丹法的重要依据。

综上所述,为了修道成仙,道教形成了一系列宗教仪式。在上章、斋、醮等仪式中,道门中人着法服、带法器、清净身心,配合着旋绕升天的步虚曲调,在存思冥想中,进入恍惚之境,获得一种仙人接遇的宗教体验。从道教法服到步虚词、仙歌、奇幻的想象,再到神秘的宗教体验,整个仪式中都显现了鲜明的道教审美意识。在道教盛行的唐朝,这些无疑会影响当时审美意识的形成。

第二节　皇家道教中的审美意识

道教在唐代进入发展的黄金时期。帝王的尊崇和推行,使道教从民间道教发展成为尽享尊荣的皇家道教。唐代以道教为国教,道教成为唐代重要的意识形态之一,并广泛影响到唐代的社会生活及文化艺术。

一、至尊"国教"

唐代皇帝崇道,首先是出于稳固统治的政治需要。唐初门阀士族势力强大,若非出身名门,便得不到社会的重视。李氏王朝为抬高其门第、神化其统治,尊老子为始祖,称自己是老子后代,并以老子为道教宗主,借此提高皇族的社会地位,同时利用道教神权来使皇家统治合法化。

朝代更替之际,起义者和统治者常利用宗教来制造舆论。隋末,道教中人积极参与政事,各大政治集团也极力争取道教力量。唐代开国皇帝李渊便是善于抓住时机之人,充分利用道教扩大其政治影响。揭旗之初,他就利用"老子度世,李世当王""老子显灵"等道教图谶、符瑞之说,为夺取政权服务;建国之初,即尊老子为"圣祖",以李氏为老子后裔,并对道教大力扶持,颁布《先老后释诏》,说"老教孔教,此土先宗。释教后兴,宜从客礼。令老先,次孔,末后释",将道教排在首位,确立了道教作为国教的地位,并下令在全国各地兴建道宫、道观和老君庙,塑老子像,使道教在全国威望大增。

唐太宗也抬高道教,以道为先,颁布《令道士在僧前诏》:"自今以后,斋供行立,至于称谓,其道士、女冠,可在僧尼之前。"执政之初,太宗并不迷信道教,只是想利用道教为王朝服务。待政权巩固之后,便开始限制道教。他说:"朕今所好者,惟在尧舜之道,周孔之教,以为如鸟有翼,如鱼有水,失之必死,不可暂无耳。"又说:"神仙事本是虚妄,空有其名。秦始皇非分爱好,为方士所诈……汉武帝为求神仙,乃将女嫁道术人,事既无验,便行诛戮。据此二事,神仙不烦妄求也。"(《贞观政要·论慎所好》)可见,太宗崇道不信道。道教作为国教在其后的统治者那里也得到了承续。唐高宗颁布《上老君玄元皇帝尊号诏》,"追上尊号为太上元元皇帝"。高宗为太宗追福而御赐道观,命之为昊天观。"昊天"代表由皇帝主持的正统国家祭祀中的最高权力,这一举动意味着道教与皇室家族和国家祭祀的结合,标志着道教科仪和国家祭祀礼仪的交融。可见,唐初的几位皇帝尊道教为国教,与稳固统治有重要关系,其后的玄宗则更是由政治上的推崇发展到宗教上的迷恋。

唐代帝王崇道的原因之二是借道抑佛。唐朝建国之初,由前朝扶植起来的佛教势力强大,影响唐初政权的安定与巩固,故须崇道抑佛。高宗之后,武则天称帝之意彰显天下,而李唐道教成为她篡权夺国的意识形态上的障碍,因此,她需要编织新的政治神话来包装自己,佛教由此成为武后可以利用的舆论工具和社会力量。武后称帝后更自称是弥勒佛化生,在全国大力崇奉佛教,执行先佛后道的政策,强令"自今已后,释教宜在道法之上,缁服处黄冠之前"(《释教在道法上制》)。玄宗登基后,针对武则天的先佛后道,主张崇道抑佛。玄宗在开元三年(715年)所作的《老君赞》中称:"万教之祖,号曰玄元,东训尼父,西化金仙。"再次肯定老子在释迦牟尼和孔子之上,并把《老子》一书尊为《道德真经》,把老子思想推为百家之首,以道教思想为早期治国原则。至武宗会昌年间,发生毁佛事件,道教在唐王朝的势力可谓盛极一时。武宗甚至在宫中设置九天道场,祭祀道教诸神,在宫中建造望仙台,高 150 尺,气势宏壮。直到公元 9 世纪下半叶,藩镇割据,大权旁落,唐王朝终于失去了对时局的控制权,帝王们只有依赖他们日益减弱的神权地位,勉强维持其统治。

除了政治原因和意识形态的需要,唐皇崇道的另一个重要原因是企求长生久视。道教的各种道术,如长生术、神仙术、轻举术、房中术等,无论对普通个人还是帝王都有一定的吸引力,尤其是享有至高尊荣的帝王,他们更幻想能用至高的权力来求得长生不死,羽化升天。正如秦皇汉武追求长生不死药一样,唐代诸帝虽不再遣使远入东海求取仙药,却大力支持道士在丹房中炼制丹药。帝王们疯狂迷信长生不死之术,唐代诸帝中多有服丹中毒而死的。据载,开创贞观之治的太宗,晚年因迷恋仙药,服食金丹,致使性情大变。毁佛的武宗也于会昌六年(846 年)死于金丹之毒。除此之外,穆宗、宣宗等也因迷恋金丹而死。皇帝、道士之外,贵族文人也服食仙药,服丹而死之事时常发生。正所谓"风之所吹,无物不扇;化之所被,无往不沾"(《毛诗正义》),帝王崇道,造成朝野上下慕仙之风盛行,此"风"必然也会渗透到唐代诗歌、传奇等艺术作品之中,从而形成唐代独特的审美意识。

二、唐玄宗与道教

唐代道教鼎盛于玄宗时期。玄宗是中国历史上著名的崇道皇帝,玄宗与道教的关系可以说是唐朝皇帝与道教关系的一个缩影,前期以道治国,后期崇道佞道,成也是道,败也是道。玄宗又是历代皇帝中诗歌最好、最解音律、最多才多艺者,盛唐、道唐、诗唐在这里交汇,是偶然,更是历史的必然。以玄宗为例,更可看出皇家道教对唐代社会文化及时代审美精神的影响。

玄宗在位期间,对儒道释三家都加以提倡,但其治国之策则多以道家思想为宗。特别是玄宗统治之初,一方面,针对武则天当政时的铁血政策,主张清静无为,与民休息,垂拱而治;另一方面,当时佛教势力强大,有"天下十分之财佛有七八"之说,因担心佛教无限扩张之后对社会造成威胁,所以玄宗即位后,借道抑佛,将唐代的崇道活动推向高潮。

玄宗推崇《老子》,在朝中设置崇玄学博士,将《老子》列入科举考试,并两次注疏《老子》,第二次所注即《道德真经注》,是迄今能见到的第一个皇帝注本。

玄宗注疏《老子》的宗旨是"取之于真,不崇其教,理国之要,可不然乎",秉承《老子》的理身、理国之道,"理国则绝矜尚华薄,以无为不言为教。……理身则少私寡欲,以虚心实腹为务"(《道德真经疏释题词》)。可见,玄宗着重阐述其中的治国理身理论,倡导无为而治、守弱守雌的政治智慧,较少有宗教色彩的言论。所谓物以类聚、人以群分,玄宗当时任用姚崇、宋璟为相,可谓政治理念相投者。唐柳芳《唐史》中说:"姚崇、宋璟、苏颋等,皆以骨鲠大臣,镇以清静,朝有著定,下无觊觎。四夷来寇,驱之而已,百姓富饶,税之而已。"在玄宗倡导的清明无为的策略下,唐朝终于形成了开元盛世的局面,进入全盛时期。

玄宗在位时,道教隆盛至极。仅从当时朝廷设置道观和为老子塑像、封号一事即可窥见一斑。在设置道观方面,玄宗可谓不遗余力。开元十年(722年),玄宗命长安、洛阳及诸州"各置玄元皇帝庙一所",并按时祭祀老子。天宝元年(742年),将其改为"玄元皇帝宫"。次年又将长安、洛阳玄元宫分别改为"太清宫""太微宫",改各州玄元宫为"紫微宫"。天宝八载(749年),玄宗命令在太清宫、太微宫老子像前"更立文宣王道像,与四真列侍左右"(《唐会要·尊崇道教》)。命立文宣王即孔子仪像列侍在老子像前,足见对老子之尊崇。据记载,仅玄宗朝所置道观就不少于1 300座。① 在为老子所加的封号上,高宗乾封元年(666年),追封老子为"太上玄元皇帝"(《旧唐书·高宗下》),玄宗则层层加码,将老子捧到无以复加的尊贵地位。天宝二年(743年),玄宗追尊老子为"大圣祖玄元皇帝";八载,封之为"大圣祖大道玄元皇帝";十三载(754年)追尊老子为"大圣祖高上大道金阙玄元天皇大帝"。玄宗把老子奉为"天皇大帝",老子的地位可谓空前绝后,无以复加。另外,在尊崇老子的同时,玄宗还极力提高道教领袖的地位。他下诏追尊庄子为"南华真人",文子为"通玄真人",列子为"冲虚真人",庚桑子为"洞虚真人","其四子所著书改为《真经》"(《旧唐书·玄宗下》)。以玄宗加封尊号为例,可以想见玄宗一路高涨的信道热情和道教所享受到的尊荣。

玄宗这种高涨的热情最终化为晚年对道术的痴迷。《旧唐书·礼仪志》记载:"玄宗御极多年,尚长生轻举之术。于大同殿立真仙之像,每中夜夙兴,焚香顶礼。天下名山,令道士、中官合炼醮祭,相继于路。投龙奠玉,造精舍,采药

---

① 王永平:《道教与唐代社会》,首都师范大学出版社2002年版,第183页。

饵,真诀仙踪,滋于岁月。"时势所造,因缘际会,天下名道纷赴朝廷,形成以玄宗为核心的一层层道教文化圈。著名道士皆被玄宗召见问道。道士司马承祯深通"符箓及辟谷导引服饵之术",玄宗遣使迎其入宫,并"亲受法箓",对其厚加赏赐(《旧唐书·司马承祯传》)。道士吴筠曾师事潘师正,得传其正一之法,并且尽通其术,曾著《神仙可学论》等。"玄宗闻其名,遣使征之。既至,与语甚悦。"玄宗向吴筠请教"道法","又问神仙修炼之事"(《旧唐书·吴筠传》)。道士张果,"时人传其有长年秘术",玄宗遣使召之,不就。玄宗又遣使"赍玺书以邀迎之"。张果至东都,备受玄宗宠待,"亲访理道神仙方药之事"(《旧唐书·张果传》)。玄宗曾给宁王写信说:"昔魏文帝诗云:'西山一何高,高处殊无极。上有两仙童,不饮亦不食。赐我一丸药,光耀有五色。服药四五日,身轻生羽翼。'朕每思服药而求羽翼。……顷因余暇,妙选仙经,得此神方,古老云'服之必验'。今分此药,愿与兄弟等同保长龄,永无限极。"(《旧唐书·睿宗诸子·让皇帝宪》)玄宗晚年为求长生不死,耽溺于各种道术,余波所及,形形色色的道士趋之若鹜,宫廷道风弥漫,早期的清明之治一变而为狂热沉迷,终至于视听淆乱。开元末年,玄宗痴迷道教方术,怠于政事,终于爆发了安史之乱。史载:"开元之末,明皇怠于庶政,志求神仙,惑方士之言,自以老子其祖也。故感而见梦,亦其诚之形也。自是以后,言祥瑞者众,而迂怪之语日闻,谄谀成风,奸宄得志,而天下之理乱矣。"(宋·范祖禹《唐鉴》)

　　玄宗周围聚集了当时道教的中心人物和与道教相关的名士,如司马承祯、吴筠、贺知章、玉真公主等高道名流。贺知章是朝廷重臣,司马承祯和吴筠是著名道士,玉真公主是笃信道教的皇亲。三类人可谓三种代表,其中公主入道,更是唐朝一道独特的风景。从《新唐书·诸帝公主列传》中可以发现,皇帝奉道是影响公主、宫人入道的关键。高祖、太宗两代,未见公主入道记载。高宗以后,受帝王影响,公主入道就成为舍离俗世、慕道追福、养生延命的方式。在唐代207位公主中,有12位入道,无一人为尼。公主入道,陪侍宫人亦随同入道,由此形成唐代女冠制度上特别的一类,"送宫人入道诗"①因此成为唐代诗人独具一格的诗题,此类诗题在六朝诗中不曾有,宋诗中亦不曾见,是唐代特有的宗教

---

① 参见李丰楙《忧与游——六朝隋唐游仙诗论集》中的"唐代公主入道与《送宫人入道》诗"一节,中华书局
　　2010年版,第169页。

文化产物。

三、"借以抒其旷思"

玄宗对道教的迷恋,必然会在社会上形成一种崇尚道家和迷信道教的氛围。崇道的玄宗如磁场中心,一批批高道名流、文人雅士层层相吸,汇聚成一股强大的时代思潮。文学艺术作为时代的风向标,也鲜明地反映出崇道尚道之风。盛唐诗坛正是在这种仙风笼罩之下形成的。玄宗在位时期正是唐诗发展的鼎盛时期,诗仙李白、诗圣杜甫、诗佛王维……诗人荟萃,群星璀璨,其形成固然有诸多因素,然帝王对作诗与学道的热衷,无疑对诗人的产生与诗坛的繁荣具有积极的推动作用。

唐皇中存诗最多的是太宗和玄宗,《全唐诗》中太宗存诗 88 首,玄宗存诗 64 首。与太宗相比,玄宗诗中与道家思想和道教活动相关的诗明显增加,有十余首。其中有歌咏道教始祖或道家仙人的,如《经河上公庙》《过老子庙》等。《过老子庙》云:

> 仙居怀圣德,灵庙肃神心。草合人踪断,尘浓鸟迹深。流沙丹灶没,关路紫烟沉。独伤千载后,空余松柏林。

圣德神心,丹灶紫烟,均表达出对老子的崇敬与怀想之情。在玄宗与道教相关的诗中,更多的是送道士时所赋,如《赐道士邓紫阳》《答司马承祯上剑镜》《送赵法师还蜀因名山奠简》《送道士薛季昌还山》《送玄同真人李抱朴谒潏山仙祠》《王屋山送道士司马承祯还天台》《为赵法师别造精院过院赋诗》等,从内容到形式皆具有鲜明的道教意味。其中较有代表性的如送司马承祯的《王屋山送道士司马承祯还天台》:

> 紫府求贤士,清溪祖逸人。江湖与城阙,异迹且殊伦。间有幽栖者,居然厌俗尘。林泉先得性,芝桂欲调神。地道逾稽岭,天台接海滨。音徽从此间,万古一芳春。

送李含光的《送玄同真人李抱朴谒潏山仙祠》:

> 城阙天中近,蓬瀛海上遥。归期千载鹤,春至一来朝。采药逢三秀,餐霞卧九霄。参同如有旨,金鼎待君烧。

另有《送道士薛季昌还山》：

> 洞府修真客，衡阳念旧居。将成金阙要，愿奉玉清书。云路三天近，松溪万籁虚。犹期传秘诀，来往候仙舆。

这些诗中表达出玄宗对修行生活的赞扬、对炼制丹药的期待和对长生秘诀的渴盼，虽身在朝廷，却心慕道场。其诗意象丰富，文采斐然。明代钟惺在《唐诗归》中评曰："六朝帝王鲜不能诗，大抵崇尚纤靡，与文士竞长，偏杂软滞，略于文字中窥其治象。至明皇而骨韵风力一洗殆尽，开盛唐广大清明气象，真主笔舌，与运数隆替相对。""广大清明气象"当是指玄宗前期受道家清静无为之思想影响，以道教的玄思与意象入诗，成就其超诣明丽之风气。玄宗与高道交往、作送高道还山诗，对唐代诗坛及诗风产生了很重要的影响。

此外，从诗中也可看出玄宗与道士司马承祯及其弟子李抱朴、薛季昌等人的密切关系。他们之间，不仅是君臣，更是异迹殊伦的道友。司马承祯在唐朝道士中地位显赫，被称为"四朝国师"，玄宗与其妹玉真公主皆以司马承祯为师，玄宗曾多次召其入宫，并在王屋山为其建造阳台观，以便召见。司马承祯不仅道术精深，而且诗、书、画皆有极高造诣，曾在王屋山阳台宫内作山水壁画，画高16尺，长95尺，画中仙鹤、云气、山形、洞壑一一呈现。李白曾来此访司马承祯，不见其人，唯睹其画，有感而作《上阳台》："山高水长，物象千万。非有老笔，清壮何穷。"

玄宗周围的高道名流，也成为诗人与玄宗之间的桥梁和纽带。他们提携、帮助诗人步入仕途，扬名天下，同时也引领诗人信道、学道，创作道教诗歌，为诗之盛唐起到了积极作用。诗仙李白正是在这样的时代氛围下进入诗唐国度，成为一颗璀璨明星。有"谪仙人"之称的李白，幼年在道风浓厚的青莲乡度过，早年即开始追慕神仙方术，其《上安州裴长史书》有云："五岁诵六甲，十岁观百家。""六甲"指道教术数类的书籍。随着年龄的增长，他的崇道热情逐渐增加，其《感兴八首》有云："十五游神仙，仙游未曾歇。吹笙坐松风，泛瑟窥海月。西山玉童子，使我炼金骨。欲逐黄鹤飞，相呼向蓬阙。"开元十三年（725年），25岁的李白离家远行，与著名道士司马承祯相遇。时年八旬的老道一见英风豪气的李白，便夸赞他"有仙风道骨，可与神游八极之表"。李白当即作《大鹏遇希有鸟赋》一首，以表欣喜知遇之情。可以说，冥冥中正是道教的暗中牵引，李白才有了奉诏入朝的幸运。在政治理想落空后,李白于天宝三载(744 年)被玄宗"赐金放还",开始了人生第二次漫游。李白一生写下大量富有道教色彩的诗歌。如:

> 青冥浩荡不见底,日月照耀金银台。霓为衣兮风为马,云之君兮纷纷而来下。虎鼓瑟兮鸾回车,仙之人兮列如麻。(《梦游天姥吟留别》)

> 明星玉女备洒扫,麻姑搔背指爪轻。我皇手把天地户,丹丘谈天与天语。九重出入生光辉,东来蓬莱复西归。玉浆倘惠故人饮,骑二茅龙上天飞。(《西岳云台歌送丹丘子》)

> 闲窥石镜清我心,谢公行处苍苔没。早服还丹无世情,琴心三叠道初成。遥见仙人彩云里,手把芙蓉朝玉京。先期汗漫九垓上,愿接卢敖游太清。(《庐山谣寄卢侍御虚舟》)

> 平明登日观,举手开云关。精神四飞扬,如出天地间。(《游泰山六首其三》)

李白的游仙诗与"平典似道德论"的玄言诗不同,也与"外枯中膏,似澹实美"的山水田园诗不同,除辞采的华丽、想象的瑰奇之外,最不可取代的是其不可阻挡之"势",精神飞扬于天地之间,不可羁绊。沈德潜评其诗曰:"太白想落天外,局自变生,如大江无风,涛浪自涌,白云卷舒,从风变灭。此殆天授,非人力也。"(《说诗晬语》)"李供奉鞭挞海岳,驱走风霆,非人力可及。"(《唐诗别裁集》)这种气象,与道家思想的影响大有关系。对李白的游仙诗,胡震亨认为:

> (《古风》六十篇中)言仙者十有二。其九自言游仙,其三则讥人主求仙,不应通蔽互殊乃尔。白之自谓可仙,亦借以抒其旷思,岂真谓世有神仙哉?他诗云:"此人古之仙,羽化竟何在?"意自可见。是则虽言游仙,未尝不与讥求仙者合也。时玄宗方用兵吐蕃、南诏,而受箓、投龙,崇尚玄学不废,大类秦皇、汉武之为,故白之讥求仙者,亦多借秦、汉为喻。白他诗又云:"穷兵黩武今如此,鼎湖飞龙安可乘?"其本旨也欤!(《唐音癸签》)

"借以抒其旷思,岂真谓世有神仙哉"一句,可谓点明了李白诗的实质。李白借仙道以抒其旷思,现世人生的不事功名、精神苦闷、个性自由、长生延年等,均可以道教为依凭。这一"旷思"亦是玄宗的旷思,是盛唐时代精神的旷思。正是不可阻挡之时代气势与道教提供的丰富瑰奇的自然意象世界、恢宏自由的精神想象空间达到了完美的和谐，才成就了盛唐之美。就此而言，玄宗、李白、司马承祯等人均是盛唐时代精神所开出的花朵。盛唐与晚唐不同，它的时代精神是以道教为核心载体。而中晚唐后，随着时代的衰败，道教逐渐失去势力，时代精神转向更重内在心性的佛理禅韵，开出中晚唐以禅为载体的各色花朵。

第三节　文人道教中的审美意识

文人崇道，唐代最盛。美国宗教学教授柯锐思曾说："在唐代，道教简直成了中国社会、政治和文化精英们合法的妻子，就此而论儒家则扮演了妾的角色。因此，对最具现代眼光的观察者们来说，获取唐代道教的真实知识通常需要重新思考中国社会与文化的基本特性。"[1]道教从汉代的民间道教发展到魏晋南北朝的士大夫道教，再到唐代的皇家道教，是由政治因素、社会因素及道教神仙思想的发展等多方面的合力造成，是历史的选择，也是道教思想的发展适应了唐代社会和思想的需求。

一、"寿、贵、美"三位一体

唐朝尊道教为"国教"，朝野之士都在思想上自觉或不自觉地接受了道教文化的熏染，而文人及其作品往往集中体现了一个时代的审美意识。道教对唐代审美意识的影响集中表现为"寿、贵、美"三位一体的特点。

文人崇道，原因之一在于帝王的推崇。上有所好，下必甚焉。唐代帝王对道教的推崇极大影响了社会的风气。唐朝尊道教为"国教"，玄宗亲注《老子》，命士庶家藏一部。又设立崇玄馆，令学生学习《老子》《庄子》等真经以应贡举。正所谓"风之所吹，无物不扇；化之所被，无往不沾"，帝王崇道，导致朝野上下崇道慕仙之风盛行，出家修道一时蔚然成风。不少名公巨卿不仅信奉道教，而且接受道箓，以至出现了一人兼有官吏、文士、道士三重身份的现象。唐代文人在

---

[1] ［英］巴瑞特：《唐代道教——中国历史上黄金时期的宗教与帝国》，曾维加译，齐鲁书社2012年版，第123页。

其诗文中表现出这一时期独特的审美意象和审美理想,使道教由政治化、宗教化走向生活化和审美化。

除此之外,道教本身对文人的吸引和文人自身的内在需求也是文人崇道的重要原因之一。唐代是一个非常自由的朝代,唐代对道士也是非常优待的,"当'道士'可以意味着过修道的生活,在朝中做官或者做大学士,过着隐居的生活,写些关于神仙的诗歌、历史以及故事等。可以证明唐代的道士如果选择以上任何一种方式都会受到尊敬"①。在士人心目中,道教信仰有巨大吸引力,它既可企求长寿成仙,又是一种获取功名的独特途径,还可尽享大自然之美,可谓"寿、贵、美"三位一体。而官员、道士、隐士、清客、诗人亦可合为一体,共同满足其世俗和精神的多重需求。盛唐士人渴望建立功名,或奔赴边塞,或走向长安,但他们也追求长生不死,于是隐逸山林,求仙学道,适性山水,审美人生。而唐代自由的宗教政策使追求功名、求仙学道、漫游名山可同时进行,互不相碍。三者相融相摄,不会产生悲观厌世的消极情绪,如李白追求成仙,成仙落空,追求功名,功名落空,最后游历山水,以其仙资、其人生抱负、其壮游相融于诗,成就一派道教诗风,审美人生。

"寿、贵、美"三位一体的审美意识不可避免地与唐代独有的隐逸文化发生关联,形成了唐代独特的隐逸之风。隐逸文化中的一个重要概念是仕与隐的关系问题。从概念上讲,仕与隐是一组相对的概念。魏晋南北朝是罕有之乱世,魏晋隐士为保全性命于乱世,或保全其自由独立之人格,多终身不仕或由仕而隐,仕与隐处在一种比较对立的状态。而唐代在其开放的社会环境和崇道之风的影响之下,仕隐关系相对缓和,并不构成紧张关系,从而形成唐代亦仕亦隐、亦隐亦仕的隐逸思想。

二、适世之隐

唐代前期社会环境安定,社会风气自由,高道受帝王尊崇,道教的长生久视之术可为人增寿益福,道教洞天福地的山水环境之美令人向往,影响所及,遂形成了唐代独特的隐逸文化,即仕隐合一。文人与道教复杂多样的存在样态,正是通过唐代这种独具特色的隐逸文化表现出来的。

---

① [英]巴瑞特:《唐代道教——中国历史上黄金时期的宗教与帝国》,曾维加译,第130页。

　　其一是高道之隐。与边缘化的隐逸状态不同,唐朝隐逸一族甚至成为特殊的高贵阶级,这与道教成为唐朝皇家正教密切相关。唐朝历代君主都尊重隐逸,唐代隐逸之士许多是精于修炼术的高寿道士,《新唐书·隐逸传》记载:

　　　　王希夷,徐州滕人。……隐嵩山,师黄颐学养生四十年。……喜读周易、老子,饵松柏叶、杂华,年七十余,筋力柔强。……玄宗东巡狩,诏州县敦劝见行在,时九十余,帝令张说访以政事,宦官扶入宫中,与语甚说,拜国子博士,听还山。

　　　　吴筠,字贞节,华州华阴人。通经谊,美文辞,举进士不中。性高鲠,不耐沈浮于时,去居南阳倚帝山。天宝初,召至京师,请隶道士籍,乃入嵩山依潘师正,究其术。南游天台,观沧海,与有名士相娱乐,文辞传京师。玄宗遣使召见大同殿,与语甚悦,敕待诏翰林,献玄纲三篇。……大历十三年卒,弟子私谥为宗元先生。

　　　　潘师正者,贝州宗城人。……事王远知为道士,得其术,居逍遥谷。高宗幸东都,召见,问所须,对曰:"茂松清泉,臣所须也,既不乏矣。"帝尊异之,诏即其庐作崇唐观。及营奉天宫,又敕直逍遥谷作门曰仙游,北曰寻真。时太常献新乐,帝更名祈仙、望仙、翘仙曲。卒,年九十八,赠太中大夫,谥体玄先生。

　　　　司马承祯,字子微,洛州温人。事潘师正,传辟谷道引术,无不通。师正异之,曰:"我得陶隐居正一法,逮而四世矣。"因辞去,遍游名山,庐天台不出。武后尝召之,未几,去。睿宗复命其兄承祎就起之。既至,引入中披廷问其术,对曰:"为道日损,损之又损,以至于无为。夫心目所知见,每损之尚不能已,况攻异端而增智虑哉?"帝曰:"治身则尔,治国若何?"对曰:"国犹身也,故游心于淡,合气于漠,与物自然而无私焉,而天下治。"帝嗟味曰:"广成之言也!"锡宝琴、霞纹帔,还之。……卒,年八十九。

　　唐朝帝王看重道士,一是因其自称为老子之后,二是因其企慕长生,尊礼道士其实是希望他们能为自己炼就不死丹药。《新唐书·隐逸传》中记载高宗召道士刘道合入宫中为其合丹,丹成献之而道合卒,"帝后营宫,迁道合墓,开其棺,见骸坼若蝉蜕者。帝闻,恨曰:为我合丹,而自服去",即是证明。

所谓"天地变化,草木蕃。天地闭,贤人隐",历来士人"大道不行则隐",隐士似乎与现实政治无缘。然而唐代统治者尊崇道教,礼遇道士,道士具有很高的社会地位,他们依凭深厚的文化修养,参与政事,为朝廷献策进言,不再是身居高山深谷、不食人间烟火的幽人。这是唐代隐逸不同于前朝的一个新现象。唐代的上层道士积极参加现实政治活动,有名的道士如王知远、司马承祯、吴筠、潘师正、刘道合等都被载入《新唐书·隐逸传》,但这些道隐之士又都是当时著名的社会活动家。如《新唐书·隐逸传》记载,司马承祯三次被统治者召见,89岁去世时,玄宗"赠银青光禄大夫,谥贞一先生,亲文其碑",可谓荣宠有加。其他著名道士如潘师正、刘道合等也有类似经历。

还有一代表性人物是道士吴筠。吴筠进士不中,于是隐居山野,师从上清派著名道士潘师正,曾多次被玄宗召见。《新唐书·隐逸传》中记载:

> 帝尝问道,对曰:"深于道者,无如老子五千文,其余徒劳纸札耳。"
> 复问神仙冶炼法,对曰:"此野人事,积岁月求之,非人主宜留意。"筠每
> 开陈,皆名教世务,以微言讽天子,天子重之。

可见,吴筠名义上是道士和隐士,实际却是入世的儒士,深谙用世之道。从个人角度而言,吴筠"通经义,美文辞,举进士不中。性高鲠,不耐沈浮于世,去居南阳倚帝山",出身儒门,性情高洁鲠直,科举仕途不得意,为狷洁之隐者。然既曾为儒士,必有儒家"修齐治平"的理想,儒道和合似是必然。且从道教发展而言,一方面,道教自身不断调整发展方向,本是民间宗教,魏晋南北朝以来,经过士大夫的改造,走上层路线,争取帝王支持,为王权服务;另一方面,道教在思想义理上也不断吸收儒家的伦理观念,将忠孝仁义、德行礼治纳入自己的思想体系。再加上宽松的社会环境,合力之下,成就了司马承祯和吴筠这样的高道之隐。

其二是功名之隐。长生之外,还可以富且贵,这是唐代许多士人栖隐山林的潜在动机。更何况唐代道士与俗人原无多少分别,道士一样可以应贡举,一样可以做官。唐中宗以方士郑普思为秘书监、叶静能为国子祭酒,玄宗以吴筠为翰林待诏,皆道士做官之例。为时人讥嘲的"随驾隐士"卢藏用,是走"终南捷径"飞黄腾达的典型。据《旧唐书·卢藏用传》记载:

> 藏用少以辞学著称。初举进士选,不调,乃著芳草赋以见意。寻

隐居终南山,学辟谷、练气之术。长安中,征拜左拾遗。……然初隐居之时,有贞俭之操,往来于少室、终南二山,时人称为"随驾隐士";及登朝,趑趄诡佞,专事权贵,奢靡淫纵,以此获讥于世。

卢藏用举进士后,久不调官,决定隐居终南山,学道求仙,等待时机,很快即以高士之名登朝为官,拜左拾遗,后累官吏部侍郎、黄门侍郎等要职。"见承祯将还天台,藏用指终南谓之曰:'此中大有佳处,何必在天台。'承祯徐对曰:'以仆所观,乃仕途之捷径耳。'"(《太平广记》卷二一)一语道破时人假隐士之名寻功名之心的真面目。正如《新唐书·隐逸传》总论所言:"然放利之徒,假隐自名,以诡禄仕,肩相摩于道,至号终南、嵩少为仕途捷径,高尚之节丧焉。"终南捷径之风尚,客观而言,正是建立在道风炽盛、道隐之士积极顺应政治生活和世俗生活的基础之上。

其三是富贵之隐。与以退为进、以隐求仕相反,也有功成身退,奉道而隐,试图为自己选择一种理想生活方式的人。如贺知章,就是一位贵为朝官而学道隐逸的文士。《新唐书·隐逸传》记载其"晚节尤诞放,遨嬉里巷,自号'四明狂客'及'秘书外监'。……乃请为道士,还乡里,诏许之,以宅为千秋观而居"。天宝三载(744年),贺知章请度为道士,玄宗命满朝卿相为其送行,并亲为赠诗。其《送贺知章归四明》诗云:"遗荣期入道,辞老竟抽簪。岂不惜贤达,其如高尚心。寰中得秘要,方外散幽襟。独有青门饯,群僚怅别深。"八十老人告老还乡,辞官入道,亦是功德圆满,固虽有对贤士的惋惜,但更主要的是对其入道之举的赞赏。

贺知章由官入隐,可以说是玄宗朝的一个文化事件,体现出当时两种为世人所认可的价值选择。当然,具体到贺知章本人,也与其个性有关,李白在《对酒忆贺监》中称之为"四明有狂客,风流贺季真",杜甫的《饮中八仙歌》中也有"知章骑马似乘船,眼花落井水底眠"的诗句,写其旷达纵逸的性格特征。这种张扬的个性、放纵不羁的性格特点,正是盛唐时代的精神气质。这种精神特质与道教肯定人的欲望,张扬人的生命,隐者傲岸不群和疏狂自恃的可贵品质正有一种内在的契合,是时代精神的体现。这方面,李白、贺知章等人正是其中最突出代表。

其四是文人之隐。隐逸既已成为社会风气,那些不想做官或功成名就的文人,就也都以隐居为理想的生活方式,并希望在逍遥自得的隐居生活中独善其身。盛唐后的知名文士或诗人大都曾在山中隐居一度或数度,他们构成了唐代有着隐逸和学道经历的庞大的文人群体,如:

> (李白)昔与逸人东严子隐于岷山之阳,白巢居数年,不迹城市。养奇禽千计。呼皆就掌取食,了无惊猜。广汉太守闻而异之,诣庐亲睹,因举二以道,并不起。此白养高忘机,不屈之迹也。(李白《上安州裴长史书》)
>
> 孔巢父,冀州人,字弱翁……早勤文史,少时与韩准、裴政、李白、张叔明、陶沔隐于徂徕山,时号"竹溪六逸"。(《旧唐书·孔巢父传》)
>
> 孟浩然,字浩然,襄州襄阳人。少好节义,喜振人患难,隐鹿门山。年四十,乃游京师。(《新唐书·孟浩然传》)

另有储光羲隐终南山,有《终南幽居诗》,顾况晚隐茅山,自号"华阳真隐",等等。诗人山居或为便于修炼,或为便于读书,但都会多与自然接触,对自然更易欣赏和了解。建安以来的宫廷都市文学转变为唐代的山林田园文学,与文人崇道尚隐之风有重要关系。有些文人或许并未真正入道,但道教精神渗入心灵,道教炼养助益肉身,道教环境清净身心,给文人带来精神与肉体的双重解脱,成为他们的人生追求和审美理想。以诗歌为例,唐诗中与道教思想相关的诗占有很大比例,难以计数。如:

> 常愿事仙灵。驰驱翠虬驾,伊郁紫鸾笙。结交嬴台女,吟弄升天行。携手登白日,远游戏赤城。……永随众仙逝,三山游玉京。(陈子昂《与东方左史虬修竹篇》)
>
> 山观空虚清静门,从官役吏扰尘喧。暂因问俗到真境,便欲投诚依道源。(王昌龄《武陵开元观黄炼师院三首》)
>
> 早岁爱丹经,留心向青囊。(岑参《上嘉州青衣山中峰题惠净上人幽居寄兵部杨侍郎中》)

唐代许多文人都有信道和求仕并举的经历。仕途不顺,心情郁结,便以追求神仙境界来消解排遣,这种崇道尚隐心态非常普遍。以白居易为例,元和十年(815年),白居易因得罪权贵,被贬为江州司马,这成为他人生的一个转折点。为排遣心中郁闷,他曾于庐山香炉峰向道士郭虚舟学炼丹之术。后来,当仕途回升，前途有望时，他的道教信仰又发生改变，其《思旧》中有云："退之服硫磺，一病讫不痊。微之炼秋石，未老身溘然。"可见，这时的白居易又对道教持否定态度，认为像韩愈、元稹那样服食丹药损害身体。60岁时所作《烧药不成命酒独醉》又说："白发逢秋王，丹砂见火空。不能留姹女，争免作衰翁。"可见，晚年的白居易又开始留意于炼丹。而且他还为自己的这种心态自定了说词，称为"中隐"，并作《中隐》诗予以阐释：

> 大隐住朝市，小隐入丘樊。丘樊太冷落，朝市太嚣喧。不如作中隐，隐在留司官。似出复似处，非忙亦非闲。不劳心与力，又免饥与寒。终岁无公事，随月有俸钱。君若好登临，城南有秋山。君若爱游荡，城东有春园。君若欲一醉，时出赴宾筵。洛中多君子，可以恣欢言。君若欲高卧，但自深掩关。亦无车马客，造次到门前。人生处一世，其道难两全。贱即苦冻馁，贵则多忧患。唯此中隐士，致身吉且安。穷通与丰约，正在四者间。

诗中充满了世俗的享乐精神，传达出一种适世自得的人生哲学。白居易在不同阶段对道教所表现出的实用主义态度，令人很容易想起明人袁宏道的"适世说"。在《与徐汉明书》一文中，袁宏道曾提出玩世、出世、谐世、适世四种人生观：

> 弟观世间学道有四种人：有玩世，有出世，有谐世，有适世。玩世者，子桑伯子、原壤、庄周、列御寇、阮籍之徒是也。上下几千载，数人而已，已矣，不可复得矣。出世者，达磨、马祖、临济、德山之属皆是。其人一瞻一视，皆具锋刃，以狠毒之心，而行慈悲之事，行虽孤寂，志亦可取。谐世者，司寇以后一派措大，立定脚跟，讲道德仁义者是也。学问亦切近人情，但粘滞处多，不能迥脱蹊径之外，所以用世有余，超乘不足。独有适世一种其人，其人甚奇，然亦甚可恨。以为禅也，戒行不足；以为儒，口不道尧、舜、周、孔之学，身不行羞恶辞让之事，于业不擅一能，于世不堪一务，最天下不紧要人。虽于世无所忤违，而贤人君子则斥之惟恐不远矣。弟最喜此一种人，以为自适之极，心窃慕之。

玩世者，眼冷心热。出世者，大慈大悲。此两者非有决绝之心不可为，亦不能为,是皆可望不可即之境。谐世者,有用世之心,而超乘不够,透脱不足,其人最多。适世者,可谓游走在玩世、出世、谐世之间,若即若离,或进或出,在谐世与归隐之间徘徊,白居易的"中隐隐于世",可算是"适世"的一个不错注解,重在以审美的态度享受人生的快乐时光。

总之,在道教的影响下,唐代文人的生活方式与生存状态发生了极大的改变,崇道尚隐之风盛行。既有兼具用世之心的高道之隐,也有以隐逸为终南捷径的功名之隐;既有功成身退的富贵之隐,也有独善其身的文人之隐。而修道的生活,又将其与漫游名山大川、追求自然美的生活情趣融为一体。道教也许并没有成为士人们的宗教信仰,但这种道家的气质却对士人生活有着决定性的影响。在这种道教气质中,长生、功名、审美即寿、贵、美形成奇妙的三位一体,做官与归隐、独善其身与兼济天下、身在江湖与心存魏阙能够自然融洽而不相抵牾,这形成了具有鲜明特色的适世之隐,体现出大唐开放自由的社会风气和世俗情怀。而道教与文人在艺术创作中的融合,正契合了唐代自由开放的阔大气象与时代精神。

第四节　神仙道教中的审美意识

唐代作为道教发展的黄金时期,在神仙信仰、教理教义、修养方术等方面都得到了全面、系统和深入的发展。唐代前期,在道教义理方面,受佛教思想影响,"重玄"思想风靡一时,形成一股极富思辨色彩的学术思潮;在修道方法上,更加注重精神修炼;在炼养方技上,外丹鼎盛的同时,内丹术也开始兴起。"重玄"思潮的兴起加速了道教与佛教的融合,推动了"三教合一"格局的形成,成为中国思想文化发展链条上的一个重要环节。在教义教理上,道教学者提出的重玄之境建构了审美的理想境界,而在重玄思想影响下形成的修道方法,则提出了通向道教审美境界的精神路径,其思想和方法都对唐代审美意识的形成产生了非常重要的影响。

一、重玄之境

唐代是重玄学派发展的鼎盛时期,唐代许多道教学者从重玄思想的观点出发,在教义教理和修道方法上提出许多新的见解,从各个方面发展了道教理论。

如成玄英、王玄览、李荣、司马承祯、李筌、张万福、杜光庭等,都在道教理论上有独特的贡献。在以下的论述中,我们主要以成玄英和司马承祯为例对重玄思想中的审美思想加以分析。

"重玄派"严格来说是一个哲学流派,而不是宗教流派。"重玄"语出《老子》第1章"玄之又玄,众妙之门"。玄,是形容"道"的幽冥深远的状态。重玄学者认为,世俗之人主张"万物为有",道家学者主张"万物为无",都犯了偏执之病。成玄英借佛教中观思想注释老庄,主张"双遣二偏"之说。他说:"有欲之人,唯滞于有,无欲之士,又滞于无,故说一'玄',以遣双执。又恐学者滞于此玄,今说'又玄',更袪后病。既而非但不滞,亦乃不滞于不滞,此则遣之又遣,故曰玄之又玄。""玄"就是不滞,以一"玄"消解排遣有无双滞。但不执着于有无还不够,有意识地不执着于有无依然是有执、有滞,还需要排遣,所以提出"又玄",不执顽空,即"非但不滞,亦乃不滞于不滞"。不执有无是一偏,学者若滞于不执有无,又是一偏,"玄"与"又玄"是要双遣二偏,"二偏之病既除,一中之药还遣。于是唯药与病,一时俱消,此乃妙极精微,穷理尽性",成玄英主张以中道之药,除二偏之病,"药"与"病"俱消。这种既破除执滞又排除滞于滞的双重否定的思维方式就是"重玄",是对有无进行双重否定后的一种"道"的绝对虚寂状态和境界。

在宇宙观上,用"重玄"的观点来看待产生天地万物的"道",就既不能把"道"说成是有,亦不能说成是无,也不能说是亦有亦无、非有非无,"道"是一个绝对的精神本体。成玄英用这个观点对境与智、有与无、美与恶、是与非等范畴进行了一系列的论证,认为世界上一切对立的东西都是虚幻的,宇宙间唯有"道"是唯一真实的存在。

在修道观上,作为道教理论家,成玄英不能不回答众生能否且如何进入重玄之境的问题,他要为修道成仙提供理论上的依据,所以道性问题成为重玄理论中的重要问题。在成玄英看来,道性是由人内在的"正性"决定:"道者,虚通之妙理,众生之正性也。""正性"又称为"真性""惠命","命者,真性惠命也"。正性,真性,意即人的先天禀赋。由于后天外物的迷惑和内心的妄执,人们会迷失正性,所以需要引导人们回到其先天本性,故说:

> 一切众生,皆禀自然正性。迷惑妄执,丧道乖真。今圣人欲持学

不学之方，引导令其归本。

至道即自然正性，为众人所有，也是众生之正性，"学不学之方"，即是双遣之义，要能遣滞返正，复归本心，达于至道。因此：

> 修道行人必须处心无系，不得域情狭劣，厌离所生，何者？夫身虽虚空而是受道之器，不用耽爱亦不可厌憎。故耽爱则滞于有为，厌憎则溺于空见，不耽不厌，处中而忘中，乃守真学者也。

修道之人，要无系于心，亦要无系于身。身从性而言是虚空，从形而言是受道之器，不可耽爱，亦不可厌憎，即不能执有，亦不能执无。在无不无，居有不有，一遣也，"处中而忘中"，再遣也，双遣而契于道，此谓重玄之道。对于"双遣"和"中道"观，成玄英作了进一步阐释：

> 众生初从化起修者，必有心欲于果报也。既起斯欲，即须以无名朴素之道安镇其心，令不染有。此以空遣有也。无名之朴，亦将不欲。非但不得欲于有法，亦不得欲于此无名之朴也。前以无遣有，此以有遣无，有无双离，一中道也。不欲以静，天下自正。静，息也。前以无名遣有，次以不欲遣无，有无既遣，不欲还息，不欲既除，一中斯泯。此则遣之又遣，玄之又玄，所谓探幽索隐、穷理尽性者也。

可见，"身"要行双遣之道，"心"更要行双遣之道，既要行"中道"，又要排遣中道，即"一中斯泯"，则遣之又遣，玄之又玄，才能达到"道"之虚静状态。由"道"而"心"而"身"，成玄英的修行之道更重哲思和心性的修养功夫。

道教作为宗教，以神仙信仰为中心，神仙是"道"的实体化表现，也是集真善美于一体的至美化身。成玄英不提神仙，而以圣人为重玄之美的直接化身与显现。"圣人者，体道契理之人也。亦言圣正也，能自正正，故名为圣"，圣人是最高的人生境界，也是最高的审美境界。成玄英以圣人为至道之化身的观点，在某种程度上弱化了肉体成仙的思想，超越了一般道教徒的身心名利欲望，更偏重于精神上的极度超越和自由无待，因而具有了一种形上的本体特性，体现出佛道思想结合后道教哲学的新面目，适应了时代思潮的大发展。这种既不滞于有无又不滞于玄的境界，在表现精神的极度自由上与美学不谋而合，并由此开启了唐代道教美学思想的大门。

二、坐忘修心

如果说成玄英的重玄思想主要是从理论思辨上建构了一至高境界的话，那么司马承祯的安心坐忘之法则是从修炼途径上提出了一条通达之路，并更加生动形象地描绘出一幅至美景象。

司马承祯著《坐忘论》，提倡"安心坐忘之法"，这一理论的提出有多重意义。从思想渊源来说，可追溯至原始道家，是对《老子》"致虚极，守静笃""无欲以观其妙"及《庄子》"心斋""坐忘"思想的发挥；从直接理论背景来说，是隋唐之际"重玄"思潮的产物；从中国文化发展的逻辑思路来说，是儒释道三教合流过程中哲学思想在唐代发生转型的体现；从道教修道方法上看，是唐代修道方法从服气到养气再到养心的转变过程中的重要环节，是道教由外丹转向内丹的理论前奏。

道教早期修习方法主要是受先秦时期神仙方术的影响。据蒙文通考证，在春秋战国时期，神仙方士就形成了三个派别，"古之仙道，大别为三，行气、药饵、宝精三者而已也"①。行气主要指守一、吐纳、导引等方术，药饵主要指服食仙药，宝精主要指房中术。魏晋南北朝时期出现了以陶弘景为代表的丹鼎派。隋唐之际，特别是唐代前期，是外丹派的鼎盛期，道教徒们在修炼方法上延续了炼丹的传统。中唐以后，道教在修习方法上便开始由外丹向内丹转变。而盛唐丹鼎派盛行时，修炼方法上已开始出现新的变化，即受重玄思想影响，形成重视修心的精神修炼法。这种精神修炼法，可以盛唐著名道教学者司马承祯为典型加以说明。

司马承祯，唐代著名道士，茅山宗第12代宗师，被尊为"帝王之师"，有《修真秘旨》《天地宫府图》《坐忘论》等书行于世。其《坐忘论》重在讨论安心坐忘之法，并依修道阶次，列出七条，即信敬、断缘、收心、简事、真观、泰定、得道。

现存《坐忘论》七篇，文前有序，其序为：

> 夫人之所贵者生，生之所贵者道。人之有道，若鱼之有水。涸辙
> 之鱼，犹希斗水。弱丧之俗，无情造道。恶生死之苦，乐生死之业。

---

① 蒙文通：《晚周仙道分三派考》，载《古学甄微》，巴蜀书社1987年版，第337页。

重道德之名,轻道德之行。······审惟倒置,何甚如之。······又《西升经》云:"我命在我,不属于天。"由此言之,修短在己,得非天与,失非人夺。扪心苦晚,时不少留。所恨朝菌之年,已过知命,归道之要,犹未精通。为惜寸阴,速如景烛。勉寻经旨,事简理直,其事易行。与心病相应者,约著安心坐忘之法,略成七条,修道阶次,兼其枢翼,以编叙之。

其言甚诚,其情甚切,其理甚真。司马承祯此序写于 50 岁以后,在研究和总结前人修炼方法的基础上,针对当时修炼中的"心病"与"倒置"等缺陷,集中讨论归道之要和安心坐忘之法。

首先,司马承祯强调安心坐忘,修心炼性,而其心为何物是要追问的一个问题。这是修道阶次的基础。《收心》中说:"夫心者,一身之主,百神之帅。静则生慧,动则成昏。"道教认为人体内的所有器官均有一神灵主宰。这种精神力量的源泉便称为"心性"。这种"性",也就是人心的本性,能主宰百神,能应对世间万物,能产生各种各样的思想,而性之本却无增减、无大小、无生灭变化,这种非增非减、非生非灭、应物而不为物累的心性,与道性的"好生"是相同的。换句话说,人的心性即道性。教人修道,即是修心;教人修心,即是修道。如上清派宗师陶弘景《登真隐诀》中所云:

所论一理者,即是一切众生身中清净道性。道性者,不有不无,真性常在,所以通之为道。道者有而无形,无而有情,变化不测,通于群生。在人之身为神明,所以为心也。所以教人修道也,教人修道即修心也。道不可见,因生以明之;生不可常,用道以守之。生亡则道废,合道则长生也。①

作为陶弘景的三传弟子,司马承祯继承了南北朝以降的道体与心体、道性与心性、修道与修心的宗教理论,强调得道的基本依据在于人自身,"我命在我,不属于天"。相较于之前的烧符拜神之类信仰活动,他更加注重人的心智修为,提高了人的主体性作用,修道变成了一种理性化的行为。不再迷信神仙,神仙也是人,人人皆可为神仙,而成仙的秘诀与能力,就在我自己身上。

---

① 转引自王卡:《读〈上清经秘诀〉所见》,载《中国道教》,1999 年第 3 期。

唐代流行的《阴符经》中亦有此类观点，提倡"观天之道，执天之行，尽矣。……宇宙在乎手，万化生乎身"。后来的各种内丹学都是这种精神的发扬。汉魏南北朝道教虽也说"我命在我不在天"，但仰仗服食，不论服气还是服丹药，其成仙条件都不在自己身上。发展到唐代，服气论已出现了转折，即突破气论，转入心性。

其次，如何安心坐忘，于何处用功，是要追问的第二个问题。何谓"坐忘"，司马承祯《坐忘论·信敬》有言："《庄》云：'隳支体，黜聪明，离形去智，同于大道，是谓坐忘。'夫坐忘者，何所不忘哉！内不觉其一身，外不知乎宇宙，与道冥一，万虑皆遗。"

为达到安心坐忘，司马承祯提出了修道的阶次论。第一阶次是"信敬"。信敬篇开篇即言：

> 信者道之根，敬者德之蒂。根深则道可长，蒂固则德可茂。

对修道者来说，对道产生强烈的信念和诚敬是修道的根基。因此，信敬是修道的前提。

接下来，便进入第二阶次"断缘"，即如何行坐忘之法，其要点是不为俗事萦挂于心，不使俗事成为"尘累"，以至于成为业根。他说：

> 断缘者，谓断有为俗事之缘也。弃事则形不劳，无为则心自安，恬简日就，尘累日薄。迹弥远俗，心弥近道，至神至圣，孰不由此乎？

要保持内心的清静安适，就要断俗缘，弃俗事，不为物累，远俗才能近道。

"断缘"可以说是如何切断人与外界的联系，第三阶次"收心"，则可以理解为是侧重人与内心的相处之道。收心篇在《坐忘论》七篇中篇幅最长，论述最详，位置最重。何谓"收心"？

> 所有闻见，如不闻见，则是非美恶，不入于心，心不受外，名曰虚心，心不逐外，名曰安心，心安而虚，则道自来止。故经云：人能虚心无为，非欲于道，道自归之。

收心重在"虚"心。虚心以待，就像把房屋腾空扫净，心安而虚，则道自来止。司马承祯说的"虚心"，其实是指一超越性的心本体，他说"心者，一身之主，百神之帅"，认为从本质上说心的本体是道，"源其心体，以道为本"。但人们在环境的影响下，"心神被染，蒙蔽渐深，流浪日久，逐隔于道"，若不扫除尘染，则"定慧不生"，无法领悟道的智慧和美好；"若执心住空，还是有所，非是无所。凡住有所，则令心劳，既不合理，又反成病。但心不着物，又得不动，此是真定"；如果"避事而取安，离动而求定，劳于控制，乃有动静二心，滞于住守，是成取舍两病，都未觉其外执，而谓道之阶要，何其谬邪"？可以明显看出收心坐忘与重玄思想的承续关系。司马承祯所说的"收心"，既不随境起灭，也不住于空，是守静又非守静，是起动又非起动。用成玄英的话来说，就是既不滞"有"，又不滞"无"。

以虚论道，是唐初以来的思想风气。成玄英在解释老庄所说的"道"时，多次以"虚"或"虚通"来界定道的性质，唐玄宗御注《老子》也采用这个讲法，如说"道者，虚极之妙用""至道虚而生物"。而虚极之道往往又与气合说，如玄宗云："无名者，妙本也，妙本见气，权舆天地。""妙本降气，开辟天地。"似乎大家都认为道体虚无，其活动与作用在于气。司马承祯处在这样的思想风气之中，也同样以虚论道，如说"道者，神异之物，灵而有性，虚而无象"。但他接着不从宇宙论方面说道气生化，而直接说修真之士应效法道，"克己勤行，虚心谷神，唯迩来集"，由道之虚讲到心之虚。这是他继承唐初道论而又有所突破的地方。

第四阶次为"简事"。这是讲如何遵循收心之法，处理"有为俗事"。他说：

> 是以修道之人，要须断简事物，知其闲要，较量轻重，识其去取，非要非重，皆应绝之。犹人食有酒肉，衣有罗绮，身有名位，财有金玉。此并情欲之余好，非益生之良药，众皆徇之，自致亡败。静而思之，何迷之甚！……是故于生无要用者，并须去之；于生之用有余者，亦须舍之。……若不简择，触事皆为，则身劳智昏，修道事阙。若处事安闲，在物无累者，自属证成之人。若实未成而言无累者，诚自诳耳。

第五阶次是"真观"。真观是对道之真理的认识，返观向内，使行为符合道的要求：

> 夫观者，智士之先鉴，能人之善察，究倘来之祸福，详动静之吉凶，得见机前，因之造适，深祈卫定，功务全生，自始之末，行无遗累，理不违此，故调之真观。……凡有爱恶。皆是妄生，积妄不除，何以见道？是故心舍诸欲，住无所有，除情正信，然后返观旧所痴爱，自生厌薄。

若以合境之心观境，终身不觉有恶；如将离境之心观境，方能了见是非。譬如醒人，能知醉者为恶，如其自醉，不觉他非。故经云：吾本弃俗，厌离人间。又云：耳目声色，为子留愆，鼻口所喜，香味是怨。老君厌世弃俗，犹见香味为怨；嗜欲之流，焉知鲍肆为臭哉！

观是中国哲学和美学中最重要的观念之一。司马承祯讲要以"合境之心""离境之心"观之，方能了见是非。合境之心，意即要在本体层面，达到道心与人心的合一，泯灭主客体差别；离境之心，即心不住境，心若住境，则心有执滞，心有执滞，则是非美丑善恶所由生。合境之心与离境之心分别是从肯定和否定层面而言，以合境之心和离境之心观之是谓真观，这样即可消除积妄，进入无是非美丑善恶的无差别境界，从而在处世上真正做到安天乐命，虽"迹每同人"，却可以"心常异俗"，达到至真至善至美境界。

第六阶次是"泰定"。这是指修行达到虚静至极的境界。他说："形如槁木，心若死灰，无感无求，寂泊之至。无心于定，而无所不定，故曰泰定。"在泰定阶段，人的思想不是产生于对外部世界的认识，而是由道自然产生的，即所谓"道居而慧生"，是来源于人和道的本性。虽然慧出本性，但这一阶段还可能出现"用慧"，即"因慧以明至理，纵辨以感物情"，内心仍有执着，要从"用慧"阶段达到"定而不动，慧而不用"，才能神与道合，达到最后阶次，即"得道"。

"得道"即"与天同心而无知，与道同身而无体"，达到这个境界，则能"身与道同，则无时而不存；心与道同，则无法而不通；耳则道耳，无声而不闻；眼则道眼，无色而不见"，人的形体永固，精神解脱，进入绝对自由境界，即得道成仙。

在司马承祯看来，道性人皆具有，人通过修持皆可成仙。"我命在我不在天"的宣言表现出宏大气魄，如释迦牟尼的"天上天下唯我独尊"，体现出一种自信自尊自大的主体性精神。人虽有道性，然而在俗世之中，心神被染，蒙蔽渐深，因此，人要靠后天的修持得道成仙，而修持在很大程度上是对心的修持，即安心坐忘，注重心的虚境。这样，修道长生的基点从迷信外在的神灵及丹药转向了人自身心性的修炼，在《天隐子·后序口诀》中，司马承祯谈到"又三年，天隐子出焉，授之以口诀，其要在《存想篇》，'归根复命，成性众妙'者是也"，使"性通则妙万物而不穷"，强调存想为修道之要。所谓"存想"：

存谓存我之神，想谓想我之身。闭目即见自己之目，收心即见自己之心。心与目皆不离我身,不伤我神,则存想之渐也。凡人目终日视他人,故心亦逐走;终日接他事,故目亦逐外瞻。营营浮光,未尝复照,奈何不病且夭邪! 是以归根曰静,静曰复命。成性存存,众妙之门。此存想之渐的,学道之功半矣。

存想是修道的关键,是修道过程中由外向内的方向性转变,重在收心返视,斋戒、坐忘皆因存想而致。可见,在修道方法上,宗教色彩逐渐淡化,哲学色彩渐浓,无形中涵化出一种追求超越自由的美学精神。

从美学角度看,修道阶次是修道者的修行准则和修行目标,修道过程注重精神修炼之美,在不同阶次有不同的审美体验和自我评价标准,坐忘是体悟道美的一种独特的审美心境。而得道成仙的最高境界是超越了人之情的道情,超越了人之境的道境,不是以人的后天之性观物,而是以先天道心观物,最终泯灭物我,进入道的澄彻空明和融通无碍的自由之境。这既是一种与天地精神相往来的天地境界和道的境界,也是一种内外调和的审美境界。

三、道教活动及其对审美意识的影响

随着重玄思潮的流行,道教更加注重心性炼养,但道教毕竟是一种宗教,神仙信仰是其根本,因此,唐代的一些道教学者批评只追求心性超越、不炼形成仙的主张,这表明道教的发展有重新回到追求长生的立场和关注具体修道过程的趋势。李荣、吴筠是重要代表性人物,他们的研究重心从重思辨转向实际的宗教修炼之中,这也反映出道教由哲学思辨向神仙道教复归的过程。吴筠提出“形神双修,以有契无”,其形神双修思想在晚唐五代后渐成潮流,即注重形气修炼与心性修炼结合,主张改造神仙道教的外丹和炼形术,以自身为鼎器,精气为药物,以阳神控驭精气在自身中依阴阳法则循环运行,凝炼成丹,这就是所谓内丹之学。

外丹重在修道者与外部大宇宙的关联,解决生命体与外部世界的关系,内丹则重在修道者内部小宇宙的心气炼养,研究生命自身的内部机制。不论内丹还是外丹,道门中人在延年益寿、羽化登仙的生命修养活动中,在与自然宇宙、神仙世界、生命内部机制的相互关系中大体形成了观察、实验、体验几种认知方式①,这

---

① 詹石窗:《道教文化十五讲》,北京大学出版社 2004 年版,第 149—151 页。

些认知方式也提升了人们的审美感知、审美体验和审美想象能力。

其中，观察是指道门中人强调感知环境、观察外部自然世界的能力。《太上洞玄宝元上经》中有"明三经"之说："三经者，一以明天，二以明地，三以明人。"一个合格的修道者应该上知天文，下察地理，中明人和，即能通达天地，以人合于天地之道。其中又讲："天文者，三光也。名为观者，占三光。三光者，日月星也。""地理者，三色也。名为察者，候三色也。三色者，土山水也。"观日月星之辉光，察土山水之色泽，观与察是认知外部世界的一种重要方法。仰观俯察，明自然之理，开人文之光，观天上之日月星辰，察地上之山川草木，是一个修道者最基本的认知方式。

实验是指修道者通过观察，在认知的基础上，积极寻求那些能够保护生命和延续生命的要素，并为此所进行的实验，如采集草药进行服食，开采矿物，提炼金丹等。

体验是宗教中一种比较特殊的认识方式，任何宗教都强调宗教体验。宗教体验与一般的认知方式不同，是以身体之，以血验之，首先是作用于身体各种感官，是视听味触嗅等感官所切身感知的体验，而不是知性获得的认知。这种体验与纯粹生物性本能的体验也有所不同，它是在宗教信仰和宗教情感，甚至于借助其他药物所产生的一种充满想象力的体验，如道教精神修炼方术中的玄览、存想即是这种性质的宗教体验活动。道教体验过程中要察照体内之神明，如五脏之神、口鼻之神等的活动，要专注想象和感受内部体验。存想则是在练功时运用形象思维和精神意念的修行方法，专一想象各种美好、祥和景象和各路仙界神灵的升降活动。

道教的观察、实验、体验等认知方式虽是一种宗教的认知方式，但也与审美感知和审美体验息息相关。在观察和实验中，道门中人丰富和深化了对草木矿石等自然物质的感性形态和物理属性的了解，开拓了唐人的审美感知与审美体验。玄览与存想则开拓了唐人深广的审美想象空间和丰富的审美体验方式。

道教认知活动与修炼方式成为唐代诗歌艺术中丰富的想象力来源之一。修道之人在斋醮仪式、修心炼气及施行各种法术时都要进行想象神祇的活动。葛兆光在《想象力的世界》一书中分析了道教的想象对唐代诗歌创作的影响。道教的想象，与心斋坐忘不同，不是收视返听，而是坐驰，是一种精神驰骛状态，在五音繁会、法术奇幻、神像飞动中热血沸腾，浮想联翩，去想象神灵的存在。[①] 道教的斋醮仪式、奇异法术、仪仗壁画、音乐舞蹈及服食药物，也是刺激这种想象力的因素，让人心醉神迷。特别是四周的壁画仪仗与乐声，更让人感到恍如远离尘世，置身于另一世界。道教利用各种画像及丹药助其神思，特别是服食了那些以汞、硫、铅等刺激性极强的药物所炼成的丹药时，平时所缺少的想象力就会在宗教神灵的启迪下，伴着内心强烈的欲望和冲动一道萌发出来。唐代文人的想象力也在道教的刺激下大大地膨胀起来了。

道教与道家因为终极理想和致思方式不同，所带来的审美趣味也大不相同。道教的终极目标不是追求心理上的恬淡虚静，而是现实存在中的生命永恒。道教在人类的生存欲与享乐欲的刺激下，"已经化成一种热烈地寻仙访道以求长生不死的情绪与幻想"。这种情绪与幻想是道教对中国古典诗歌的重要影响，即"绚丽神奇的情趣"，"驰骋非凡想象力的思维习惯"，这种"审美情趣与艺术思维，才是道教给中国古典诗歌送来的特殊礼物"。[②] 至于受老庄道家思想影响的诗人，追求的是自然恬静、淡雅幽邃的诗趣和含蓄冲和、澹泊朴素的审美理想，两者呈现出不同的审美特色。如果说儒家强调社会人伦的实践理性使文学艺术呈现出现实素朴之美，道家的虚静恬淡、寂寞无为之本真追求使文学艺术呈现出自由超越的冲淡之境，那么，道教则带给文学艺术绚丽繁复的色调和浪漫瑰奇的想象世界。

随着安史之乱的发生，中晚唐时期，道教对文学艺术的影响力开始减弱。一方面，这与道教自身的变化有关。盛唐时期，道教的炼养出现了从斋醮符咒、服饵炼丹向养气静心、全神守一转化的苗头，出现了由外向内转的趋势，不是向外追寻一个瑰丽神奇的神仙世界，而是向内守着一颗空寂清静的本心，道教开始向老庄回归，向禅宗靠拢。另一方面，安史之乱后，一部分士大夫转向禅宗，提倡以精神的净化求取心理的平衡，其自然清静、行卧自由的生活方式与时代巨变中部分士大夫追求澹泊清净的理想与情趣相契合，因此中晚唐之后，禅宗风靡一时，比道教更有影响。禅悦之风，给文学带来的是冲和淡远的审美情趣、含蓄简炼的语言风格。这些因素使得那种具有浓烈宗教色彩的想象力在唐代

① 参葛兆光：《想象力的世界——道教与唐代文学》，现代出版社 1990 年版，第 58 页。
② 葛兆光：《想象力的世界——道教与唐代文学》，第 58 页。

审美意识中逐渐消退。

　　除了在宗教认知活动中体现出来的审美属性,道教科仪轨范中也体现出丰富的审美意识。道教科仪轨范指道教的典礼仪式和行为规范。道教科仪轨范是道教文化的缩影。在前文所述的护身法、灭罪法和长生法等科仪轨范中,表现出丰富的审美意识和具有道教审美趣味的特殊艺术形式,如道教法服、道教音乐、道教雕塑与道教绘画等。

　　由此可见,唐代道教在道教理论、修道方法、宗教活动中体现出的特有的审美意识对唐代审美意识的形成产生了重大影响。从初盛唐时期道教化的审美注重形式上的轻灵飘逸或大气宏阔,到中晚唐后由外向内,更加注重精神上的超越和自由,这种转变在不同的艺术门类中都有所体现。

　　羽化成仙的故事在唐代是一种流行的信仰。神仙说一方面希望以丹药修得在世的羽化成仙,另一方面认为死后也可以升天成仙。这种轻举上升、飘飘欲仙的精神向往普遍反映在唐人的审美意识中。如在服饰审美中,唐人崇尚宽袍广袖、飘飘欲仙的审美效果。在建筑审美中,魏晋至唐代的建筑中成熟的曲线、深远出挑的技术以及曲线上起翘的翼角,追求的是一种轻灵飘逸的美感,是羽化成仙思想在建筑意象上的表达。无论单体建筑还是组合式建筑,均追求一种飞扬的感觉。唐代建筑多有殿堂组合的形式,殿堂、楼阁间以曲廊相连。阁楼通常在殿堂两翼,居于高耸之台上,使起翘的屋顶更有羽翅的感觉。曲廊亦随着台基的高低起伏形成明显的波线,愈增飞跃之势。这种振翅欲飞的风貌在宋代建筑中,在建筑规模与出挑技术上都被减缩,可以说是宋代理学趋向内省的结果。

　　道教审美意识在一定程度上铸就了唐代建筑和诗歌等艺术的宏壮气象,具体展现出唐人迥出尘寰的时空意识。在建筑上,唐代及唐代以前,中国人在空间的观念上气魄很大,有一种向下俯视的空间观。在诗歌意境中,如"黄河之水天上来""岱宗夫如何,齐鲁青未了"之类,视野是朝天仰视,抑或是自高空向下看,给人一种时空壮阔的感觉,文字表达出来动不动就是千里、万里,势不可遏。而相比之下,宋代及宋代以后则多是内省式的观照,诸如"庭院深深""帘幕无重数"的意境,描写小院子、梧桐、园子里的花叶,视角向下、向内,并由此表现出一种细腻精致之美。

　　道教审美意识也体现在唐代道教园林艺术中。道教园林中的很多构想是要在地上实现仙境,如瘦漏皱透的怪石造型与仙山的想象有很深渊源,道教园林以山为仙境、花木为仙人,当然从性命修行的教理上看,园林中的花木还象征着超尘脱俗,可以驱邪益寿,有青春常驻之意。

还有日常起居中的生活美学。道教徒在日常的生活中修炼形气,陶养心灵,这里面蕴含着丰富的生存智慧和生活美学,如司马承祯《天隐子·安处篇》中谈到日常的起居安坐:

> 何谓安处?曰:非华堂邃宇、重袏广榻之谓也。在乎南向而坐,东首而寝,阴阳适中,明暗相半。屋无高,高则阳盛而明多;屋无卑,卑则阴盛而暗多。故明多则伤魄,暗多则伤魂,人之魂阳而魄阴,苟伤明暗,则疾病生焉。此所谓居处之室,尚使之然,况天地之气,有亢阳之攻肌,淫阴之侵体,岂可不防慎哉!修养之渐,倘不法此,非安处之道。……吾所居室,四边皆窗户,遇风即阖,风息即开。吾所居座,前帘后屏,太明则下帘以和其内映,太暗则卷帘以通其外曜。内以安心,外以安目,心目皆安矣。明暗尚然,况太多事虑,太多情欲,岂能安其内外哉!

其将居室的大小、方位、明暗及其与修身养心的关系落到了生活的细微之处,养身与养心无处不在,其中关于人与环境如何安处的思想,体现了道教特有的居住美学思想。

第五节　唐代道教中的仙境与仙人之美

道教的主要目的是求仙得道,唐代道教的发展进入全盛时期和黄金时期,道教的信仰体系和宗教境界对唐代社会及以后的中国文化的审美理想产生了重要影响。道教的境界实际是一种人心与道心合一的天地境界,达此境界者称为神仙。为达此境界,道教有一套宗教教理和宗教仪式及与之相关的宗教情感和宗教体验。在人还没有完全达到理想境界之时,道教的宗教境界便会化为一种审美境界,而追求此种境界的相关活动包括情感体验则转为一种审美活动。道教审美活动中两种重要的因素即仙境和仙人。本节主要分析道教中仙境和仙人的审美意识对中国文化中审美理想的影响。

一、仙境与环境的审美理想

"仙境"是道教的重要概念,它是神仙居住与游玩的地方,道教称之为"洞天福地",也是中华民族理想的生活环境。虽然仙境是理想的所在,但人们总是力图在现实中找到与仙境相类的场所,或将具有一定自然基础的场所打造成仙境。在道教典籍及与道教相关的文献中,关于仙境的描绘与论述,均体现出中华民族关于环境的审美理想。其特点主要有四个方面:

第一,仙境在人间。

所有宗教都会建构一个理想的生活境界,作为人们的终极追求。有的宗教的理想世界在彼岸天国,道教则力图将仙境建在此岸人间。道教认为此生即可通向无限,成仙不一定在死后,生前也可以修炼成仙。所以,道教的羽化不是死亡,而是生命的超越,是对生命有限时间的超越和对生命有限能量的超越。

道教创始之初颇为神秘,其后神秘性慢慢淡化,仙术趋于没落,仙道得到弘扬,而仙道实为人道。明末清初著名道士王常月说:"欲修仙道,先修人道;人道未修,仙道远矣。"[①]人道是什么? 就是儒家的孝悌忠义、三纲五常之类,王常月说:"儒门曰:先平其家,而后可以治国。齐家犹人道,治国犹仙道。家不能治,岂能治国乎?"[②]这种解释让人感到仙道归入儒道了。仙道的人道化,为仙境建立在人间奠定了理论基础。

"仙境"包含两方面的含义,一是重在心神修炼的精神境界义,二是重在修道和成仙后的物质环境义,这里侧重于后者。

从环境美学维度看仙境,它的人间化有一个由泛指到特指、由特指又到泛指的过程。泛指阶段,即仙境没有确定,道士在哪里炼丹,哪里就是仙境。南朝著名道士(也是著名文学家)陶弘景在《答谢中书书》中说:

> 山川之美,古来共谈。高峰入云,清流见底。两岸石壁,五色交辉。青林翠竹,四时俱备。晓雾将歇,猿鸟乱鸣。夕阳欲颓,沉鳞竞跃。实是欲界之仙都。

唐代道士吕洞宾也有诗云:"乔木阴阴衬落霞,好山都属道人家。"(《劝世吟

---

①②《碧苑坛经》,见《藏外道书》第 10 册,巴蜀书社 1992 年版,第 193 页。

二十九首》》"仙都""道人家"都是仙境,中国大地,只要山水美的地方,均可以称为仙境。这种意义下的仙境,可以说是泛指。

所谓仙境的特指是说道教典籍将某些地方确定为仙境。这些地方,有些实有,如昆仑山。昆仑山是众神下到人间的往返通道,《淮南子·地形训》说此山"登之乃神,是谓太帝之居"。有些仙境,不是实有的,地面上找不到,如玄都玉京山,它是元始天尊居住的地方,葛洪《枕中书》云:"玄都玉京七宝山,在大罗天之上。城中七宝宫,宫内七宝台,有上中下三宫,盘古真人、元始天尊、太元圣母之所治。"

特指的仙境始于道教产生之初。东汉时有《五岳真形图》《洞玄灵宝五岳古本真形图》之类的书,确定某些地方为神仙居住的地方。唐代将仙境进一步体系化。司马承祯著有《天地宫府图》,记述道教有"十大洞天""三十六小洞天""七十二福地"。杜光庭在此基础上,编撰《洞天福地岳渎名山记》一书,将道教洞天福地整理成一个庞大的体系。按杜氏建构的体系,仙界有:一、天上的神山;二、海外神山,称"五岳",分别为青帝、赤帝、白帝、黑帝居住,中岳为昆仑山,为天地之心;三、海上十洲及仙岛,如方壶、扶桑、蓬莱等,十洲如玄洲、瀛洲等,均为神仙居住的场所;四、陆上神山,也称"五岳",即东岳泰山、南岳衡山、中岳嵩山、西岳华山、北岳恒山,陆上"十大洞天"即十座名山;五、"五镇海渎",为江河神灵居住地;六、"三十六靖庐",是信奉天师道的道人修道场所;七、陆上"三十六洞天",这"洞天"也是神山,地位仅次于"十大洞天";八、"七十二福地",主要是山,也有洞、平地,是神仙居住的地方。

虽然道教的仙境经过司马承祯、杜光庭等人的确指,特征更为突出,但是道教的仙境并没有局限在这些特指的地方,相反,道教的仙境在更大范围内泛化了。当仙境的特征更鲜明之后,人们自然地将这种认识应用到生活中去,将自然风景好的地方保护起来,视为仙境,中华民族的理想环境观借仙境一说在生活中广为实施。具体来说,一座园林就是一个人造的仙境。明代园林学家计成如此描绘园林之美:

> 悠悠烟水,淡淡云山。泛泛鱼舟,闲闲鸥鸟。漏层阴而藏阁,迎先月以登台。拍起云流,觞飞霞伫。何如缑岭,堪谐子晋吹箫;欲拟瑶池,若待穆王侍宴。寻闲是福,知享是仙。(《园冶·相地》)

子晋、穆王都是仙人，这园是"子晋吹箫""穆王侍宴"之地，那也就是仙境了。

第二，仙境本为寿境。

道教重长生，仙人能不死。道士和道教徒不一定能成仙，却都企求且坚信能长寿。《太平经》宣称："三万六千天地之间，寿为最善。"葛洪也说："天地之大德曰生。生，好物者也。是以道家之所至秘而重者，莫过乎长生之方也。"(《抱朴子·内篇·勤求》)

要做到长寿，首先要能"守道"。《太平经》云："守道而不止，乃得仙不死。"但除了守道，还需要有一个好的环境。好的环境应为寿境，寿境是充满生机的生境。生境首先体现为植物茂密，动物活跃。因此，道教将山林看作修道的首选之地。南朝道士陶弘景挚爱山林，他如此描绘山林中动植物之生命："室迷夏草，径惑春苔""夕鸟依檐，暮兽争来""草霍霍以拂露，鹿飙飙而来群""竹泛泛以垂露，柳依依而迎蝉""鸥双双以赴水，鹭轩轩而归田"(《寻山志》)，一派生意盎然。除了描绘植物、动物这些有机物的美，陶弘景还描绘与生命相关的无机界的美："日负嶂以共隐，月披云而出山""风下松而含曲，泉漱石而生文""石孤耸而独绝，岸悬天而似浮""右联山而无际，左凭海而齐天"(《寻山志》)，万物皆生动鲜活起来。

自然生境是寿境的前提。自然生境对于长寿有两个意义：一、自然生境充满着对人的肉体生命有益的物质，如新鲜的空气、洁净的水、好听的鸟声、好看的山花等；二、自然生境有益于人的精神健康，有利于完善和提升人的精神世界。精神健康的真善美，主要从自然生境中来。真关乎人的智慧，人的智慧主要来自自然的启迪。善关乎人的德行，德行为人所制订，但制订的基本原则却来自自然，自然界的诸多关系，特别是生命的关系，给人以善的启发。美关乎人的快乐，快乐是审美的本质，最高的和谐快乐源于自然，自然是审美的渊薮。如陶弘景所说：

> 山中何所有，岭上多白云。只可自怡悦，不堪持赠君。(《诏问山中何所有赋诗以答》)

白云对于人的精神价值正在于审美。生境既可以看作是个体的，也可以看作是趋向于无限的生命网络，当生境被看作是趋向于无限的生命网络时，生境便是生态。

道教的生态意识强调生物的多元性。《庄子·齐物论》说:"毛嫱丽姬,人之所美也,鱼见之深入,鸟见之高飞,麋鹿见之决骤,四者孰知天下之正色哉?"生物的多元性,意味着它们的差异性,它们各有自己所属的本性。尊重世界的多元性,是生态意识的基础。天下事物各有其性,各有其功能:"涧松所以能凌霜者,藏正气也;美玉所以能犯火者,蓄至精也。"(谭峭《化书》)本性化的生成,是自然法则,也是生态法则。道教的重要教义是尊重天下万事万物的本性和功能,尊重各种生物的生存权利,此教义通向生态学。庄子认为:"彼至正者,不失其性命之情。故合者不为骈,而枝者不为跂;长者不为有余,短者不为不足。是故凫胫虽短,续之则忧;鹤胫虽长,断之则悲。"(《庄子·外篇·骈拇》)唐朝道士成玄英发挥庄子的思想,说:"自然之理,亭毒众形,虽复修短不同,而形体各足称事,咸得逍遥。而惑者方欲截鹤之长续凫之短以为齐,深乖造化,违失本性,所以忧悲。"(《南华真经注疏》)成玄英描绘了一幅人与动物友好相处的情景:"人无害物之心,物无畏人之虑。故山禽野兽,可羁系而遨游;鸟鹊巢窠,可攀援而窥望也。"可谓民胞物与,将仁爱之心施于天下万物。

第三,仙境是和境。

道教作为中国土生土长的宗教,与儒家有不解之缘,二者相辅相成。东汉时期,作为道教早期经典的《太平经》就吸收了不少儒家的内容,讲究忠孝,它的《上善臣子弟子为君父师得仙方诀第六十三》中的基本内容就是阐明道教的忠孝思想与修行的关系。上善的标准就是忠孝。此章云:"上善之臣子民之属也,其为行也,常旦夕忧念其君王也。""上善孝子之为行也,常守道不敢为父母致忧,居常善养,旦夕存其亲,从已生之后,有可知以来,未尝有重过罪名也,此为上孝子也。"

东晋葛洪对于儒道的关系有清醒的认识,他说:"道者,儒之本也;儒者,道之末也。"(《抱朴子·内篇·明本》)虽然此说未必为儒家接受,但是儒道两家有内在联系是客观存在的。唐代佛教兴盛,一度对道教构成威胁,道士吴筠曾猛烈抨击佛教,认为佛教"侮君亲,蔑彝宪,髡跣贵,簪裾贱"(《思还淳赋》),无君无父无尊无贵,破坏了儒家强调的人伦关系。吴筠不仅继承道教前辈重视儒家忠孝节义的传统,而且增加"至贞至廉""乐贫甘贱""希高敦古"等也属于儒家的内容。至南宋,经过理学家的学术传承与创新,道教的理论体系更加完善,成仙与成圣相互作用,不再矛盾。南宋期间在江西出现了名为"净明忠孝道"的道教学派,其第三代传人徐慧将前两代宗师的对话辑录下来,汇成《净明忠孝全书》,此书表现出鲜明的道儒相融的理论体系。

道教吸收儒家的德治思想,将自己所追求的仙境建成了与儒家和谐社会互补的"和境"。在和境的建构上,道教还提出了它特有的化解社会矛盾的手段,主要表现为节制、节欲的观点。《老子》曰:"五色令人目盲,五音令人耳聋,五味令人口爽,驰骋畋猎令人心发狂,难得之货令人行妨。"(第12章)道教基本上遵循老子这一教导,唐朝道士吴筠提出"道俗反其情"(《玄纲论》),认为"人耽厚味与华饰,吾不知其美也"(《洗心赋》),主张节欲修身,反对追求奢华的生活方式,从而减少对功名利禄的争夺,有利于社会的和谐。

第四,仙境是乐境。

与佛教将希望寄托在来生不同,道教强调在此生中实现快乐。道教所构建的仙境是一片乐土,是乐境。被道教尊为《南华经》的《庄子》有专篇论乐。《至乐》列举人世间诸多的乐,有"厚味美服好色音声"之乐,庄子认为此乐为的是人的身体。有"富""贵""寿""善名"之乐,庄子认为富人"多积财而不得尽用",贵人追求"贵","夜以继日,思虑善否",两者皆不值;"寿"固然好,但人总有一死,而且寿是天然的,"人之生也,与忧俱生。寿者惛惛,久忧不列,何苦也";至于"善名"即好名声,完全是外在的,这些都不值得为了它伤害自己。

世界上到底还有没有"乐"呢? 庄子以为至乐即是无乐,是最高的快乐。获得至乐要无为,无为不是什么也不做,而是"法自然",是随顺自然而为。这样的"无为"才能"无不为"。庄子慨叹道:"天地无为也无不为也,人也孰能得无为哉?"

庄子的快乐观对于道教影响深远。元代道士马臻有诗描写这种超脱功名、利禄羁绊的快乐。诗云:

> 家无负郭田,何以怀归耕。岂不有他好,复恐劳其生。穷居四十年,富贵浮云轻。乳鸟喧高枝,壮心忽然惊。所忧闻道晚,德业将无成。言此向知己,欲语已忘情。(《述怀》)

超脱了富贵、功名、利禄、声色,人就有了纯粹的快乐:身顺自然,益寿延年;

情亲自然,鸟语花香;意入自然,洞触天机。马臻的诗也描绘这种快乐:

> 无事每日不出户,满院松竹森交加。昼眠厌听啄木鸟,早凉喜见
> 牵牛花。一真自可了生死,万事不必论等差。谁能屑屑管迎送,客来
> 且试山中茶。(《无事》)

> 老木苍苍合,幽禽琐琐喧。坐长楼转影,静极客忘言。云物何时
> 定,亭台几处存。虚怀推至理,随意且芳樽。(《遣兴二首·之二》)

《太平经》说"天地乐者,善应出也;天地不乐者,恶应出也",快乐是天地赐
给人的本能与权利。人在这个世界上,其实创造是有限的,享受也是有限的,重
要的是在这有限的创造与享受中感受到快乐。

二、仙人与人的审美理想

从道家的道本体到道教的仙本体,是道教对道家根本性的改造。道的演绎
充满着哲学的思辨,而仙的故事则形象生动,富有审美的情趣。神仙是道教的
核心,成仙是修道的最终目的。仙是活生生的存在,仙的故事充满着现实性和
亲和性,然而它也充满了神秘性、奇异性和精神的幻想性。仙的故事同时也构
成了仙的审美性,并影响着人们对人的审美的基本取向。仙的特点和审美意义
主要有以下几点:

其一,仙的超越性。

审美离不开世俗性,但强调不离此岸、不离世俗的超越。仙的审美性正在
于其超越性与世俗性。超越性表现为对自然力束缚的超越和对社会力束缚的
超越。对自然力束缚的超越,首先表现为对生死的超越。道教强调"我命在我
不在天",认为生死问题与天地自然无关,操纵在自己手中。如果诚心修道,不
但可以长寿,而且可以不死。葛洪在《抱朴子·内篇·塞难》中说:"天地虽含囊
万物,而万物非天地之所为也。譬犹草木之因山林以萌秀,而山林非有事焉。
鱼鳖之托水泽以产育,而水泽非有为焉。"因此,葛洪说:

> 由兹论之,大寿之事,果不在天地,仙与不仙,决非所值也。夫生
> 我者父也,娠我者母也,犹不能令我形器必中适,姿容必妖丽,性理必
> 平和,智慧必高远,多致我气力,延我年命;而或尪陋尫弱,或且黑且
> 丑,或聋盲顽嚚,或枝离劬蹇,所得非所欲也,所欲非所得也,况乎天地

辽阔者哉？……故授气流形者父母也，受而有之者我身也，其余则莫有亲密乎此者也，莫有制御乎此者也，二者已不能损益于我矣，天地亦安得与知之乎？

葛洪认为，天道无为，"圣人之死，非天所杀，则圣人之生，非天所挺也""贤不必寿，愚不必夭"。如果说修道可以超越生死，那人自身的各种身体局限也能超越，种种凡人所不致的本领神仙都有：

或竦身入云，无翅而飞；或驾龙乘云，上造天阶；或化为鸟兽，游浮青云；或潜行江海，翱翔名山；或食元气，或茹芝草；或出入人间而不识，或隐其身而莫之见。（《神仙传·彭祖传》）

再者是对社会性束缚的超越。人生在世，会受到种种社会力的约束，但只要做了神仙，就可以像《神仙传》中所描述的河上公那样"上不至天，中不累人，下不居地"，完全成为自由逍遥无拘无束的仙界中人。

审美感受是一种对日常生活的超越，审美自由带有令人解放的性质。道教在修道中对人的肉体和精神束缚的双重超越也具有一种令人解放的性质，在内在精神上与审美自由有相通之处。神仙的快乐与逍遥令人向往，而这种理想可通过修炼而成，于是道教既满足了人们世俗的享乐与欲望，又成为一种俗世中的救赎与希望。

其二，仙的世俗化。

由此可见，仙的形象包含着此岸身体与彼岸精神的对立统一，并向两个极端无限延展，一方面是超越性，向自由飞升，另一方面是世俗化，向享乐深入。二者相反相成，形成一种具有极大张力的结构。世俗化是对人欲的肯定。人欲，一是自我保存，一是种族繁衍，二者首先相关于食色，故食色乃人之大欲。对此，儒家将食色礼制化，并提出"存天理灭人欲"的思想，主张以礼节欲。《周易》中有"节"卦，专讲节制的道理。佛教对人欲更是以清规戒律加以限制。原始道家也主张"少私寡欲"，强调收视返听，老子说："五色令人目盲，五音令人耳聋，五味令人口爽，驰骋畋猎令人心发狂。难得之货令人行妨。"（《老子》第52章）而道教中的神仙与此不同，他们充分满足了人们对于欲望的诉求，对长生不死的渴望，有山珍海味，奇珍异馐，有房中术，采阴补阳，延年益寿。

道教对身体的重视，与汉代的文化形态有关。汉代兴起的黄老之学注重养生,看重肉体生命的重要。汉代皇帝们千方百计地寻找不死之药,自朝廷到百姓,无不将安身养生保身置于重要地位,对神仙之学的兴盛和发展起到了很大的推动作用。人们发现,相比于精神,肉体才是最为实在的。所以有"留得青山在,不怕没柴烧""好死不如赖活着"等崇尚生命本位的现实主义生存哲学,在"太上立德""其次立功""其次立名"的三不朽中,身体如何不朽成为魏晋时人更为关注的问题,这一问题也在唐代的道教思想中得以彰显。

身体突出,精神旁落,这一转变对美学而言,意义不可小觑。众所周知,美学本义为感性学,感性构成审美的基础和大门。感性离不开身体的感受,如果感性的通道被切断,就无法登上审美的殿堂。美是理性与感性的和谐,与哲学不同,美学首先立足于感性,感性是基础,在感性的直观中达到本质的完美,所以说美是道的感性显现。道教的神仙境界和仙人理想即是融汇了感性与理性两个方面。它不否弃身体,重视感性,但它并不是仅仅停留在粗糙的自然性层面,而是将感性提升到理性的高度,体现为与道合一的愉悦。

当然,理性对感性的调节与引导在道教中也是十分重要的,尤其是随着唐代重玄学派和内丹术的兴起,以成玄英和司马承祯为代表的道教思想家们更注意义理的思辨和精神的修炼,注重对人欲的节制和对自然规律的遵从,从而以道导欲,从欲入道。在肯定人欲的基础上获得自由与超越,神仙生活构成了富有中国特色的浪漫主义色彩,成为中华民族最为重要的审美理想。

其三,仙的审美化。

如果说儒家尚善,道家尚真,那么道教可以说是尚美。道教的主要内容是神仙之学。以美来概括神仙之学,重在它对生命价值的开发。如果说儒家主要是从生命的外在意义,即人的社会责任上对于生命价值的开发,那么道家与道教则是向人自身内在的生命价值开发。不同的是,道家注重内在的精神上的自由感,而道教则凸显了对身体的开发,即对自然生死的突破和对自然体能的突破。这样,对人的生命的拓展就更加全面,不仅体现为对社会层面的奉献,还注重自身身体的肯定与享受。

仙的审美化,还表现在道教逐渐对神仙形象的美化上。追溯道教神仙谱系,会发现,最早的神仙,往往是怪异的,谈不上美。以西王母形象的演变为例,不难看出仙的美化过程。早期的西王母,半人半兽,虎牙豹尾,其后从神怪形象变为人形,成为慈祥的老太太,再到后来的王母娘娘,人化的同时,也越来越适应人们精神和情感上对她的需要。大约从汉代开始，基于史前原始宗教信仰的人兽共体的神仙形象消失了，男仙形象也一改其怪异，即使容貌丑陋，也丑得幽默风趣，超尘脱俗，如八仙中的张果老。与佛像的法相庄严不同，唐朝道教更强调神仙的仙风道骨。仙风道骨也成了后世道教神仙谱系中的男神形象，如众多故事中塑造的吕洞宾形象便是这样一位仙人典型。诗人李白也因拥有这样一副相貌和风度而赢得人们的赞誉。

　　而在道教众神仙中，最具魅力、最令人遐想联翩的便是仙女形象。对于美丽仙女的描写，最早见于曹植的《洛神赋》，洛神是上古女神，被认为是伏羲之女，因贪恋洛河美色，降临人间，曹植描述洛神之美，谓之："翩若惊鸿，婉若游龙。荣曜秋菊，华茂春松。仿佛兮若轻云之蔽月，飘飖兮若流风之回雪。远而望之，皎若太阳升朝霞；迫而察之，灼若芙蕖出渌波。"这些描绘成为后来仙女模样的范例，仙女成为最美丽的仙，也成为美的典范。

第十六章　唐代佛教与唐代审美意识

　　佛教自汉代传入中国，便开始了佛教中国化的历程，至唐代形成禅宗，并由禅宗影响宋明理学和心学，成为中国古代思想文化发展的最终到达点，完成中国古代哲学思想发展的逻辑进程。佛教的中国化，是思想伏流与时代背景合力选择生成的结果，反映出文化发展的内在逻辑和生成方向。就思想伏流而言，是指佛教从传入中国开始，就开始了中国化的历程，开始了佛教的道教化、玄学化、儒家化、世俗化过程，立足于本土，最终形成了中国化的佛教。就时代背景而言，佛教从汉末传入到南北朝流行是乱世中心灵救赎的需要，在唐朝至鼎盛是本土社会和思想发展的需要。在重自然之天的道家、重人伦之天的儒家之后，形成了重心灵之天的禅宗，三者融合最终构成了集大成的宋明理学。道家之道重自然，儒家之道重人伦，禅宗也称为心宗，重心灵的觉悟，以此为中心，形成了儒道禅三家独具特色的审美意识。

第一节　唐代佛教的中国化

　　佛学在中国的发展大致可分为三个时期：输入期、建设期和影响期。输入期指汉代至两晋南北朝时朝，这个阶段出现了大量西域输入的佛经和大量从印度、西域来华的名僧，主要以佛经传译为主；建设期指隋唐三百年，这个阶段在译传佛经的同时，进一步发展印度佛教，形成中国化的佛教即禅宗；影响期指宋明时期，主要是禅宗对中国文化的持续影响时期。当然，这三个时期同存并在，不可截然分开。

一、佛教中国化的基本完成

从佛教中国化的历程中,我们可以明显看到唐代佛教发展的新特点。汉代,谶纬之学盛行,佛教中国化主要是佛教的道教化。佛教在中国被理解为道术的一种,汉代佛教始终没有脱离当时流行的神仙方术的影响。处于神仙方术包围中的佛教,为广播教化,不仅要依附于方术道士,而且还必须发挥独特的神力压倒对方。以安息国太子安世高所传授的安般守意禅法为例,经文谓"安名为入息,般名为出息",安般禅法即数息之意,以坐禅数息达到"守意"的目的,类似道教吐纳方术,故被理解为道术的一种,可称为佛的道教化。

魏晋时期,玄风兴起,佛教被理解为魏晋玄学之一派,佛学依附于玄学,是玄佛融合时期。佛教徒借用当时流行的玄学用语和概念去理解佛教,被称为"格义"佛学。格义佛学重虚无,重义解,重智慧,与玄学同流,不同于安般禅法的养生成神、重道术和精神修炼,故当时支谶、支谦的般若学大行于世,"安般守意"禅观从此式微。当时般若名僧执玉柄麈尾,与名士相往来,正是佛教玄学化的表现。

隋唐时期,进入佛教发展的鼎盛阶段,佛教已完全独立,创造了适应中国本土的佛教系统。佛教与中国文化精神相结合,完成了佛教的世俗化和本土化,形成了符合中国国情的佛学宗派,天台宗、华严宗和禅宗等富有民族特色的佛教宗派相继形成,佛教中国化历程基本完成,此后进入持续和发展的新时期。

宋元明清时期,儒道释三家走向圆融。隋唐时期虽已开始三教的融合,但融合的目的在于互相配合,更好地为当时封建宗法制度服务。三教既存在着分立,又有融合,而在宋明时期三教融合更多表现为内在义理的圆融。

二、唐代佛教的地位及社会影响

佛教作为一种意识形态,其发展多与帝王治道相浮沉。佛教在唐代的发展较为复杂,现撷取一二,简要述之。

(一)唐初抑佛

唐初高祖、太宗出于政治和意识形态的需要,与道教祖师老子攀亲结缘,将道教列为三家之首,尊之为国教。以太宗为例,太宗对佛教的态度可以从两个层面来看。一是从治道而言,实行抑佛政策。经过隋末唐初十多年的战乱,唐王朝亟待调整政策,稳定社会,发展生产,重建国家。贞观二年(628年),太宗曾语谓侍臣,认为"梁武父子好释老,致使国破家亡,足为鉴戒",并宣布:"朕今所好者,惟在尧、舜之道,周、孔之教。以为如鸟有翼,如鱼依水,失之必死,不可暂无耳。"(《贞观政要·慎所好》)故太宗时期,仍以礼教为先。佛教主张出世,与社会人伦相悖,且不事生产,不承担赋税徭役兵役等义务,于当时统治无益,因而太宗在基本政策上只能沙汰僧尼,限制佛教发展。据记载,太宗曾两次请玄奘法师还俗,共谋朝政,可见太宗爱惜人才,以政事为重。

另一方面,太宗本人则对佛教较为亲近。这与当时佛教的普遍盛行有着重要关系,人们通过施舍财物、建造佛寺来祈福积德报恩。如太宗为报先母太穆皇后的生养之恩,颁《舍旧宅造兴圣寺诏》,谓:"思园之礼既宏,抚镜之情徒切,而永怀慈训,欲报无从,静言因果,思凭冥福。通义宫皇家旧宅,制度宏敞,以崇神祠,敬增灵祐,宜舍为尼寺,仍以兴圣为名。庶神道无方,微伸《凯风》之思。"太宗将长安通义坊由父母故居所改的通义宫舍为兴圣寺。太宗在《为太穆皇后追福手疏》中说:"欲报靡因,唯资冥助,敬以绢二百匹奉慈悲大道。倘至诚有感,冀销过去之愆;为善有因,庶获后缘之庆。"太宗亦以佛教追念亡臣,以表思旧之情,《为故礼部尚书虞世南斋僧诏》中说:"宜资冥福,申朕思旧之情。可即其家斋五百僧,造佛像一躯。"如果说太宗抑佛是从施政角度而言,太宗的亲佛则有个人因素及受社会习俗影响的层面。可见,太宗与佛教保持若即若离的关系,是由当时的客观情况所决定的。其后,高宗、中宗、睿宗亦信佛法。

(二)则天崇佛

佛教在武则天时期的发展可谓隆盛至极。武则天崇佛首先是基于政治的需要。高宗在位时,武则天支持唐代的宗教政策,奉道教为国教,但高宗逝世后,武则天的政治企图越来越明显,如要称帝必须要有能取而代之的意识形态,于是利用佛教制造符瑞图谶之说,为其大造舆论。公元690年,东魏国寺的僧人献《大云经》给武后。经中讲,有一位叫净光的天女,被佛预言当国王,因为天女原为菩萨化身。净光天女现受女身后,天下诸人皆要奉此女以继王嗣。经上也提到"太后乃弥勒佛下生,当代唐为阎浮提主","阎浮提"即指人世间。佛经中的思想迎合了武则天的政治需求,于是将《大云经》颁行天下。《大云经》问世后,弥勒将下凡为女皇君临天下的说法在民间广为流传。武后利用各种祥瑞,营造天命所赋之势,并借此铲除异己。以此原因,武则天上台后即着手提升佛教地位,"老释既自元同,道佛亦合齐重。自今后,僧入观不礼拜天尊,道士入寺不瞻仰佛像"(《僧道并重敕》),开始把太宗的"道先佛后"改为"佛道并重",然后又进一步明令"自今已后,释教宜在道法之上,缁服处黄冠之前"(《释教在道法上制》),将佛教置于儒、道之前。

武则天登基后采取种种措施提高佛教地位,扩大佛教影响,稳固自己的统治。其一,礼敬高僧,广度僧尼,注重对佛经的翻译与宣传。如对呈献《大云经》的和尚赐予爵位,并赏赐紫袈裟银龟袋,这种赏赐乃则天首创;封神秀法师为国师,礼拜有加,请法藏等大师入宫问道,执以师礼;主持《华严经》的翻译和宣传,极大地提高佛教的社会地位等等。其二,广修佛寺,大塑佛像。武则天令两京及诸州各置大云寺一所,均藏《大云经》,供高僧升坛讲解之用。在她的推动下,以国家出资的形式大量修建寺庙,全国各地建寺成风。据《新唐书·苏瑰传》记载,"武后铸浮屠,立庙塔,役无虚岁。瑰以为'縻损浩广,虽不出国用,要自民产日殚。百姓不足,君孰与足? 天下僧尼滥伪相半,请并寺,著僧常员数,缺则补'"。但大臣们的劝谏也阻止不了则天求佛保佑、积攒功德之心,她依然坚持大兴土木,修建众多寺庙佛像。据统计,洛阳龙门石窟中,武则天时期修建的窟龛约占唐代窟龛总数的2/3以上,可见当时崇佛风气之盛。而卢舍那佛大佛像则是武则天捐其脂粉钱赞助所建,佛像高17米有余,气势雄伟,庄严肃穆,气质高贵。此外,她还对敦煌莫高窟进行修缮和扩建,其中第96窟大佛像,高达33米,佛像威仪天下,俯视人间,正是武则天君临天下的象征。

除了政治的因素,武则天对佛教的态度也十分复杂,也有"祈求神佛保佑的软弱、怯懦的一面""借宗教以自我安慰"[1]等,反映出宗教一方面成为政治的工具和手段,另一方面也满足着人们的精神心理需要和诉求。

其后的玄宗尚道,肃宗、代宗、德宗佛道皆信,宪宗佞佛,于是就有了迎佛骨的举动,也有了韩愈辟佛的行为。宪宗后,穆宗又兴师动众迎佛骨,到敬宗、文宗时,佛教势力达到极盛,这才有了武宗灭佛。

---

[1] 任继愈:《汉唐佛教思想论集》,人民出版社1998年版,第93页。

（三）武宗灭佛

会昌五年（845 年），武宗废佛运动使佛教走向衰落。"武宗未即位时，已好道术，及登帝位，召道士入禁中，信其所言。又雄谋勇断，决革积弊，至会昌五年出现至为严酷的毁法运动。"①会昌法难后，在唐朝发展繁荣起来的佛教，包括密教以及当时最为盛行的五台山信仰，都以这次毁佛为转折点而急速走向衰退。除佛教受损失最大以外，其他外来宗教如摩尼教、祆教、景教等也都作为邪教被摧毁，寺庙被拆除，信徒被取缔，佛教各宗派的物质设施受到严重破坏，难以恢复，寺院经济从此一蹶不振。只有禅宗得到比以前更多的传播机会。有学者甚至认为会昌法难成为中国历史的关节点，会昌废佛是一次民族主义的行动，也是迈向宋代的第一步。②

总体上看，在唐朝多数帝王的支持下，佛教在社会生活中的影响日益普遍，远超儒家。从寺庙的数量上看，孔庙一个城市只有一所，而大大小小的佛教寺庙在城市中的数目无法统计，写经造像风靡全国。从敦煌千佛洞所出手写佛经题记中可以看出，上层贵族、下层平民都捐资抄写佛经，以为先人追福，保家人平安，为皇帝和国家祈福。有些曾反对佛教的大臣贵族，为了给死后的父母修福，也开凿佛窟，表达孝思，如宰相姚崇便在洛阳龙门极南洞留下了为父母造佛像的题记。

除了政治因素，佛教的盛行也是唐代构建大一统意识形态的需要。隋唐是中国历史上最强盛的时期之一，经历了五胡乱华和南北朝的漫长分裂，终于建立起大一统的帝国。大一统的帝国需要与之相应的意识形态，然而，当时的儒家不可能如汉代经学那样成为官方的意识形态。汉代董仲舒的哲学体系，用阴阳五行、天人感应的理论去阐释当时社会政治、自然伦理等诸多现象，基本上可以回应汉人提出的重大理论问题，成为汉王朝大一统的思想体系。而在唐代，由于社会和思想日趋复杂，加之儒家自身的因素，如当时儒家通行的经典是《五经正义》，《五经正义》并没有顺应时代的发展，没有反映出唐朝宏大开阔的风貌。儒家所不能完成的历史使命，不得不由佛道二教加以补充，来回应唐人所

---

① 汤用彤：《隋唐佛教史稿》，北京大学版社 2010 年版，第 33 页。
② ［日］气贺泽保规：《绚烂的世界帝国：隋唐时代》，石晓军译，广西师范大学出版社 2014 年版，第 332 页。

遇到的宇宙、人生等重大问题。儒家虽直接为政权服务,具有务实治用的功能,但儒家在唐代的相对薄弱使它还不能完成这一历史使命。佛教在唐朝的发展与隆盛,从客观上说,正是大唐建构与之相应的意识形态和思想体系的需要。①

　　除了意识形态的重要性,在某种程度上,佛教占据的场所还是当时的经济、文化和艺术中心。佛教势力盛大,拥有众多田宅和教众,占有各方面的优势。寺院用钱物经营信贷,收取利息,起着经济中心的作用;寺院里有大量藏书,有佛教典籍,也有世俗典籍,经常有讲经说法,加之拥有雄厚财力,可以培养知识分子、教育儿童,因此又成为当时的文化中心,成为人们的精神寄托所在。这种文化中心的地位,直至宋代依然未减,为贫困学子提供了求学和受教育的机会,宋代名臣范仲淹、吕端少年时即在寺院读书。寺院把多余房舍租赁出去,提供住宿;应考士子租住,利用藏书,准备科举考试,因此寺院又成为一个联系知识分子的场所,以至于很多唐传奇的故事背景都发生在寺院。②

　　另外,在传播方式上,佛教更注重传播手段的通俗化、艺术化和审美化,佛教通过绘画、雕塑、俗讲等各种艺术手段进行传播,上至王公贵族、下至平民百姓都能受到佛教思想的影响,接受佛教教理教义,使佛教深入人心,从这个意义上说,佛教寺庙又可以说成一个艺术中心,同时也影响了唐代审美意识的变化。

三、八宗共弘,禅宗日盛

　　唐代佛教各宗派的盛衰,大致可分为前后两期,前期形成了"八宗共弘"的繁荣局面,后期武宗灭佛后,各派衰落,唯禅宗一枝独秀。前期佛教开宗立派,以北方为盛,后期则以南方更盛。唐代佛教的宗派主要有从印度传来的三论宗、净土宗、律宗、唯识宗(法相宗)、密宗和中国僧徒自创的天台宗、华严宗、禅宗。③ 与印度佛教强调"空宗"或"有宗"不同,随着大乘佛教的基本精神与中国传统文化,特别是儒家心性思想的交融,中国佛学思想义理上也发生了本质的改变,突出表现为"真空""妙有"的思想。强调出世、虚无、否定的原始印度佛教,被逐步改造为入世、有为、肯定的中国佛教。

①　参任继愈:《汉唐佛教思想论集》,第 299—307 页。
②　参上书,第 69 页。
③　对唐代佛教各宗派的论述,详见汤用彤《隋唐佛教史稿》第四章"隋唐之宗派"。

　　三论宗主要依据鸠摩罗什翻译的龙树《中观论》《十二门论》及其弟子提婆《百论》而立。三论宗以真俗"二谛"为基本教义。"谛"指真实意。"俗谛"也叫世俗谛，是从缘起现象而说，从俗谛说，即说"有"；"真谛"是从法性真如而说，即说"空"，诸法皆空。虽说俗"有"、真"空"，但"有"是假"有"，非实有，"空"是真"空"，非顽"空"，真俗不二，色空不二，即为"中道"义。

　　净土宗是讲成佛最容易的一个法门，提倡快速成佛，以念阿弥陀佛为往生净土之修持法门。天竺僧人世尊著《净土论》，北魏僧人昙鸾作注释，改书名为《往生论》。昙鸾再传善导，善导是唐太宗时人，提倡念佛，此后净土宗日渐发达。净土宗称人类世界为秽土，说阿弥陀佛为极乐世界，在极乐世界中，有情众生，无有一切身心忧苦，唯有无量清净喜乐（《佛说阿弥陀经》）。《无量寿庄严清净平等觉经》描写极乐世界的情形说，生在极乐世界的人：

> 形貌端严，福德无量。智慧明了，神通自在。受用种种，一切丰足。宫殿、服饰、香花、幡盖，庄严之具，随意所需，悉皆如念。若欲食时，七宝钵器，自然在前，百味饮食，自然盈满。虽有此食，实无食者。但见色闻香，以意为食。色力增长，而无便秽。身心柔软，无所味着。事已化去，时至复现。复有众宝妙衣、冠带、璎珞，无量光明，百千妙色，悉皆具足，自然在身。所居舍宅，称其形色。宝网弥覆，悬诸宝铃。奇妙珍异，周遍校饰。光色晃曜，尽极严丽。楼观栏楯，堂宇房阁，广狭方圆，或大或小，或在虚空，或在平地。清净安隐，微妙快乐。应念现前，无不具足。

　　生在极乐世界的人，衣食居所，美好丰足，智慧神通，福德圆满，但凡为人，无不艳羡，而成佛简单，故吸引力极大，如天台宗创始人智顗、法相宗创始人玄奘以及禅宗中许多僧人也都愿往生弥勒净土，净土信仰之广即此可见。

　　佛教传入中国时，戒律也逐渐传来，鸠摩罗什译有《十诵律》，佛陀耶舍译有《四分律》，佛陀跋多罗译有《僧祇律》。唐初终南山白泉寺僧道宣，着重提倡《四分律》，律学渐为专门学问。律宗又叫南山宗，为道宣依《法华经》《涅槃经》所立。戒体是律宗的核心理论。与成佛最易的净土宗比较起来，律宗持戒最严，修行最苦。

　　法相宗创始人为玄奘。玄奘孤游天竺历时 17 年，经 56 国，回来后译经 1 300

卷。后译经说法，创立法相宗。法相宗着重唯识及因明的研究，以阐明"万法唯识""心外无法"为宗旨，又名唯识宗。其弟子窥基最能传其学，因窥基曾住持慈恩寺，故此宗也称"慈恩宗"。法相宗依唯识论所说，以为宇宙万有，皆由心识所变现。内界外界，物质非物质，无一非唯识所变。而所谓能变识，有八种，即眼识、耳识、鼻识、舌识、身识、意识、末那识、阿赖耶识。法相宗注重纯学理的探讨和繁琐的哲学分析，与我国思维习惯不甚相合，故在唐代数传以后，便归于消沉。

密宗又称密教，是相对于显教而言。显教是指释迦牟尼（应身佛）所说种种经典，密教则为毗卢遮那佛（法身佛）直接所说的秘奥大法，其教理组织，不易说明，其根本思想，虽不离乎佛教，但其实际更重仪式和祈祷，又被称为祈祷宗。①因其对唐代审美意识影响有限，此处从略。

天台宗以龙树为初祖，北齐慧文为二祖，慧思为三祖，智顗（智者大师）为四祖。慧文禅师因诵读龙树的《中论》及《大智度论》，受《大智度论》"三智实在一心中得"和《中论》"因缘所生法，我说即是空，亦为是假名，亦是中道义"思想启发，顿悟一心三观的哲学，以为诸相无非因缘所生，缘起缘灭，有不定有，空不定空，空有不二，故名为中道，创立一心三观的思想，天台宗由此萌芽。慧文弟子慧思取大小乘佛法中定慧之学，主张定慧双修，因定生慧。智者大师为天台宗的实际创始人。因智者大师常住天台山，故名为天台宗。天台宗以《法华经》为立宗的经典依据，故又称法华宗。《法华经》的核心思想是"开权显实，会三归一"，倡导声闻乘、缘觉乘、菩萨乘同归一佛乘，主张一切众生悉有佛性。《法华经》是南北朝之后，中国佛教走向大乘佛教为主流的重要经典依据，是中国佛性理论确立以一切众生悉有佛性、众生皆能成佛的重要经典依据。智者大师著有天台三大部（《法华玄义》《法华文句》《摩诃止观》），形成以《法华经》为中心的佛学理论。其中《法华玄义》以五重玄义详释《法华经》经题，《法华文句》从因缘、约教、本迹、观心四个层次对《法华经》进行解释，《摩诃止观》则是智者大师的修道方法论，即"观心大法"，提出"一念三千"这一重要的概念，把诸法归结于刹那一念，以便正观正行。

华严宗创始人是与智顗同时的终南山高僧杜顺。华严宗顾名思义，奉《华严经》为最高经典，强调法界缘起，事事无碍。杜顺著有《法界观》《五教止观》

---

① 参蒋维乔：《中国佛教史》，上海古籍出版社 2004 年版，第 171 页。

等,依《华严经》发展出四法界和法界三观的思想。四法界即理法界、事法界、理事无碍法界、事事无碍法界。界,就事物而言,即差别之义;就事理而言,指性质之义。事法界即形形色色、千差万别的现象世界;理法界指清净纯一的本体世界;理事无碍法界指理法界和事法界互相包容,并无妨碍;事事无碍法界指各种事物之间也都能互相包容,彼此并无妨碍。这四法界相即相容,重重无尽,体现了宇宙万物间的相互关联和存在样态。

如果说四法界是就宇宙的客观存在而言,那么三观则强调主体的观照方法。三观指真空绝相观、理事无碍观和事事无碍观。真空绝相观即真空观,观理法界,观万有事相,皆空无自性。既万有既空,则应泯绝万念,无所住著。理事无碍观即观事理无碍法界,真空之性有不变和随缘二义。不变,则一理湛寂;随缘,则万象森罗。不变而随缘,理不碍事,随缘而不变,事不碍理,即理即事,非理非事,如水与波。事事无碍观即周遍含容观。观事事无碍法界,事物虽有千差万别、大小精粗,而各个皆据全理而成,故一一事物,莫不具真理之全体,所谓芥子纳须弥。且事事随真理而遍在,真理亦遍在于一切事物,无有分别,彼此互遍,互不妨碍。华严宗描述此世界万物如因陀罗之网,由无数种珠宝编织而成,每一件珠宝有无数个面,映射出网中的其他珍宝,又被其他珠宝所映射,互涵互摄,又事事无碍,圆融俱居。华严宗析理精微,然武宗灭佛后亦一蹶不振。

因此,唐代佛教其他各宗的衰落,除武宗灭佛的政治原因外,还有佛教思想自身发展的原因。唐代佛教义理日加繁难,大量繁琐的义疏,表明佛学达至极盛的同时,也意味着其发展的衰亡。佛教各宗都偏奉一经以立法门,如天台宗奉《法华经》,华严宗奉《华严经》,各宗派大师都力图解释其所尊奉的经典,求其通达,加之佛经文辞琐碎烦杂、义旨暗昧难明,反而愈讲愈难通,以致经疏愈积愈臃肿,僧徒愈学愈迷惑。隋唐佛学的发展可比之两汉章句之学,两汉章句之学因其日趋繁琐最终走向玄学,唐代佛学也由繁难入简易,最终走向禅宗。"所以,禅宗是披着天竺式袈裟的魏晋玄学,释迦其表,老庄(主要是庄周的思想)其实。禅宗思想,是魏晋玄学的再现,至少是受玄学的甚深影响。"①禅宗使佛教从繁文缛节和繁琐的思辨中解放出来,加以简易化和中国化,使自己在教义上能

---

① 范文澜:《唐代佛教》,重庆出版社 2008 年版,第 54 页。

自立宗旨,不再依傍他人。另一方面,禅宗也形成了自己的丛林制度,能自力更生,不再依靠放高利贷、收田租的寺院经济生存,如禅宗百丈怀海制定《百丈清规》,要求一日不作,一日不食,以自给自足的方式共同维持僧团的生活,使禅宗能持续发展,并产生广泛影响。

第二节 唐代佛教的审美意识

佛教虽讲空不谈美,但其传播方式却无处不渗透着美,有佛经之美,如《维摩诘经》《华严经》《法华经》《坛经》等均是文学之美的典范;有佛音之美,诵念经文,讲经说法,以声音之美传导经意,引人入胜;有佛像之美,慈眉善目,相好庄严,以形色之美彰显佛法,令人心生想往;另有佛寺、佛塔、佛器、佛饰之造型美,皆于无言之间、微妙之处感化受众,于色声香味触法之介质无不考究,可以说佛教重审美的传播方式比其他二教都深入、广泛。唐代佛教通过绘画、雕塑、音乐、俗讲、通俗文学等各种艺术手段进行宣传,注重佛教宣传的艺术化,且表现出高品位的审美属性。

一、圆融无碍:佛像中的审美意识

佛教在传播过程中注重以绘制佛像的艺术形式传播佛教观念,故佛教又称像教。唐代佛像绘画和佛像雕塑在佛像艺术上可谓灿烂至极,标程百代。唐代佛像的庄严威仪、菩萨像的雍容华丽,展示着宗教的慈悲和美好,也透露出盛唐的繁华与艳丽,无声传达着唐人的思想情感、审美观念和理想追求,表达着人们对繁华人世与极乐天国的双重追求。

佛教造像艺术作为宗教的产物,虽然是以宗教为主要目的,但其意义却远超宗教,对唐代艺术的发展和唐代审美意识的形成起到了重要作用。特别是在雕塑艺术上,填补了古代人物雕塑艺术不足的局面。佛教如何走向造像,造像如何成为唐代佛教最典型的艺术形式,又如何体现出唐代的审美意识,是一个值得深入探讨的问题。

印度佛学的发展自释迦牟尼创立佛教的公元前6世纪开始,到公元11世纪,经历了原始佛学(前530—前370年)、部派佛学(前370—公元150年)、初期大乘佛学(公元50—400年)、小乘佛学(公元150—500年)和中期大乘佛学(公元 5—6 世纪)、晚期大乘佛学(公元 7—10 世纪)六个阶段。① 佛教走向像教大致经历了三个阶段。第一阶段为原始佛学阶段,主要是指佛本人创立佛学及其后三四代传承佛学的历史时期,此时期佛学思想基本一致,内部尚未出现分化。此阶段尚没有佛像艺术。第二阶段为部派佛学时期,佛教教团出现明显分裂,各部派各执所是,以为真理,佛教的造"像"便开始于此时。在公元前 3 世纪的阿育王时代,出现了石柱、佛塔等造像,那时造像主要以佛的相关符号象征佛陀的存在,如马象征逾城出家、法轮象征佛法初转等,而具体的佛像都是对佛的不尊和诽谤。严格来讲,这种隐喻象征法并不是真正的佛教造像,但它们为后来的佛教艺术提供了很多具体的意象,丰富了佛教艺术的表达。第三阶段为大乘佛学时期,"在贵霜王朝,印度才开始有佛像菩萨像的雕刻"②,出现了后来影响中国佛教的犍陀罗艺术。

印度造像艺术由来已久,图像的魅力可从印度文学里流传的"梵天为亡孩画像"③的故事见出。据说,在转轮王屋亚舍统治时期,人可以活到十万岁。可是不幸的是有一个小孩夭亡了,孩子的父亲痛不欲生,以致神志迷乱,禁不住质问国王:"梵典的记载里说,凡是转轮王统治的世道,人民不会死于非命,而今我遇到这样的情形,这是谁的过失呢?请马上把我的孩子还给我,别为此影响了圣上的美名。"这位失去孩子的父亲如此悲号不已,大家都无法让他停息片刻。大梵天为解护国王,便派遣毗首羯麻天子把小孩的形象图写出来,并把这张像交给孩子的父亲。这张像画得栩栩如生,父亲仿佛看到了孩子而停止悲叹。大梵天感叹地赞道:"山中最好的是最高的山,鸟中最好的是大鹏鸟,人中最杰出的是转轮王,艺术中最美妙的是绘画。"于是绘画这种技艺便在人间流传开来。可见,图像能传神,图像能慰藉思念,图像也能寄托美好的理想。

佛像分平面的佛画像和立体的佛造像。据传,最早的佛陀画像始于世尊同时代的中天竺摩揭陀国国王瓶沙王。瓶沙王欲送给友人一张佛像,在得到佛陀的同意后,由画工图写下来。当画工正要对着佛描画时,眼睛却被光亮刺得无法睁开,原来佛全身放射着神光。后来,画工想了一个办法,请佛坐在河边,通过投射到水中的影像来描画。由于水波荡漾,在水中的形象便出现弯曲的线

---

① 吕澂:《印度佛学源流略讲》,上海世纪出版集团 2005 年版,第 8 页。

② 同上书,第 32 页。

③ 参李翎:《佛教造像量度与仪轨》,宗教文化出版社 1998 年版,第 14—15 页。

条,这样画出的佛像被叫作"水丝衣佛"。而最早的佛陀立体像,据说是优填王据舍利弗写下的造像量度所镂造的檀木世尊立像。传说,佛去忉利天为母说法,优填王因不能礼佛而病倒,在获得佛陀的许可后,群臣以牛头山之香檀木造一尊五尺佛像慰王,王病乃愈。于是造像之风流布整个印度境内。可见,佛像既能给人以宗教的慰藉,也能予人以审美的享受。

其后,佛像的造像遵循着严格的量度和仪轨,以表现佛像的相好色相,即"三十二相"和"八十种好"。据说"三十二相"来源于印度神话中圣人所具备的英伟相貌。所谓"三十二相"是指:

1. 足下安平立相。佛立于地上时,脚底与地密合,没有空隙。

2. 足下二轮相。脚心各有一"轮宝"纹。

3. 长指相。手指纤长。

4. 足跟广平相。脚后跟宽而丰满。

5. 手足指缦网相。手指和足趾之间缦网交合,好像有蹼连着。

6. 手足柔软相。手足极妙柔软,温润舒适,具有良好的触感。

7. 足趺高满相。脚背高而且丰满。

8. 腨如鹿王相。大腿像鹿一样有力而健美。

9. 正立手摩膝相。双手过膝。

10. 马阴藏相。阴藏而不露,如马的生殖器平常都是收缩在肚腹之内,平日不可见。

11. 身广长等相。身长与双臂伸展相等。

12. 毛上向相。身上诸毫毛均向上长,如盘旋亦是右旋而头向上。

13. 一孔一毛生相。

14. 金色相。全身呈金色光辉,造像时以贴金涂金表示。

15. 丈光相。身光照向四方一丈远,造像上以后立背光表示。

16. 细薄皮相。

17. 七处隆满相。两手、两肩、脖颈丰满。

18. 两腋下隆满相。

19. 上身如狮子相。

20. 大直身相。身形端正平直。

21. 肩圆好相。没有端肩或溜肩。

22. 四十齿相。

23. 齿齐相。

24. 牙白相。

25. 狮子颊相。朵颐丰满。

26. 味中得上味相。口中常有津液与食物混合,其味无穷。

27. 广长舌相。舌长宽广,伸出口来覆盖面部直到发际。

28. 梵音深远相。

29. 真青眼相。瞳仁如青莲花色,常言莲目。

30. 眼睫如牛王相。睫毛长而美,浓重而不乱。

31. 眉间白毫相。两眉之间略上有一白毫右旋盘成蛇状,放光,展开则可向前直射一丈五尺长,造像时于面部该处点一白点。

32. 顶髻相。佛发自然成螺状卷,顶上隆起一块肉如髻形,造像作中国髻形,上亦有螺发,作青翠色。也称作无见顶相,表示一切人天二乘菩萨,都不能完全见到佛的全部。①

佛像除此"三十二相"外,还有更为具体的"八十种随形好",这是在"三十二相"基础上的微妙好相。"三十二相"与"八十种好"合称"相好",此相好色相非凡人所具有,只有佛、菩萨能兼具相好色相。这也是人与佛在肉身色相上的差异,这种差异显示着被尊为神的佛菩萨对现实人生有限性的超越,将人的欲望提升为超越的神性的光辉和完满。佛菩萨的福德圆满、庄严威仪之相,通过佛教造像的感性之美传达出来,从眼中看到的色相美、耳中听到的声音美、鼻子闻到的香气、嘴里尝到的味道、身体碰触到的质感等种种方面给人以福德圆满的感觉,让人顿生向往之情。有诸内必然形诸外,内在的精神之光则透过佛菩萨造像中的顶光、身光、背光加以表现。佛像让观众通过观想美好而受到感发,达到修行的目的。佛像庄严之美与古希腊的雕像之美有异曲同工之妙:古希腊崇拜身体美,认为完美的身体居住着神,自己的身体越完美,越接近自己理想中的神,达到身体与灵魂的和谐;佛教造像也注重佛像的感性身体之美的塑造,借以显现其超凡入圣的宗教理想。

---

① 参李翎:《佛教造像量度与仪轨》,第14—15页。

佛教注重立像传教的另一重要原因是以像修行的修持方法,即"观佛三昧"。《佛说观佛三昧海经》十卷由东晋佛陀跋陀译,以观佛之相好及其功德为教者。据丁福保的解释,"海者譬三昧之功德深广也"①。"观佛三昧"是指以佛像作为观的对象,将心定于佛陀相好一处之安定状态,观想其功德。观乃是由观想事物的真性,进而揳入所观之物,与之冥合为一,从而发起正智之意。佛教各宗派也都强调观佛修行。天台宗特别注重此二法的修持,因此也被称作止观宗。宗密在《华严经行愿品别行疏钞》卷四归纳出四种念佛之法:称名念佛、观像念佛、观想念佛、实相念佛。其中"观像念佛"和"观想念佛"都跟作为观想对象的佛像有着直接的关系,换句话讲,佛像对信众来讲,绝非仅供顶礼膜拜的对象,对它的观想更构成了修行的基本方法。鸠摩罗什所译《思惟略要法》对观佛三昧法进行了说明,具体的次第为:

> 人之自信无过于眼,当观好像便如真佛。先从肉髻眉间白毫下至于足,从足复至肉髻。如是相相谛取,还于静处,闭目思惟,系心在像,不令他念。若念余缘,摄之令还,心目观察,如意得见。是为得观像定。②

在观佛三昧法后,又谈到生身观法:

> 生身观者,既已观像,心想成就,捡意入定,即便得见。当因于像,以念生身。观佛坐于菩提树下,光明显照,相好奇特。或如鹿野苑中坐,为五比丘说四谛法时;或如耆阇崛山放大光明,为诸大众说般若时。如是随用一处,系念在缘,不令外散。心想得住,即便见佛,举身快乐,乐彻骨髓。③

早期念佛偏重于释迦牟尼佛,以表示对佛陀归敬、礼拜、赞叹、忆念之意。佛教发展到后来,大乘认为三世十方有无数佛,常以阿弥陀佛为代表,念佛即观想佛之相好及功德。"观佛"实际上成为精神和感性身体保持联系的一种有效修行方式。

中国最早的佛像出现在汉代,据载汉明帝"梦见金人,长大,顶有光明,以问

---

① 丁福保编:《佛学大辞典》,上海书店 1991 年版,第 2990 页。
②③ 赵北燕南、曲世宇编:《禅海灯塔》(上),甘肃民族出版社 2006 年版,第 341 页。

群臣。或曰:'西方有神,名曰佛,其形长丈六尺而黄金色。'帝于是遣使天竺问佛道法,遂于中国图画形像焉"(《后汉书·西域传》)。大乘佛教的兴起,带动了佛、菩萨的造像。中国的佛教基本属于大乘佛教,大乘佛教认为四维上下都有佛的存在,于是有了过去佛、未来佛、现在佛等众多佛的形象。至魏晋南北朝,佛教造像艺术大兴。从魏晋至宋元,开窟建寺、塑造佛像之风不断。佛教造像艺术在宗教仪轨与艺术规律的碰撞中、在中西方文化的交流中不断磨合,不断本土化、世俗化,最终成为中国艺术的一大瑰宝。特别是唐玄奘西行求法 17年,带回大量经卷及上百件金玉佛像,极其精妙。加之唐代开始,菩萨信仰大盛,胡风流行,社会开放,妇女拥有较高的社会地位,可以展示自己的乐舞和服饰之美,这种视听之娱的现世享受和对女性美的欣赏与展现自然也流露在对美丽菩萨的塑造上,唐代佛像和菩萨造像更成为艺术中的精品。

像教的流行与唐代社会文化的融合使佛像艺术进入新的发展阶段,带来新的审美意识。一种新的观念、新的美术风格的出现必然有其内在精神的驱动力。在政治上最混乱、精神上最苦闷的魏晋南北朝时期,乱世中人们渴求心灵的静定,佛教因此得以广布,其外化为一种新的美术风格,即石雕壁画,各种佛、菩萨、佛弟子、供养人的造像成为这个时代的代表性艺术。在佛教文化的刺激和外来佛像的影响下,北魏时期出现了巨大、坚硬、崇高、不朽的石像艺术,一直延续到大唐。以敦煌壁画为例,北魏时期的壁画一者因为时代的苦难,再者因为佛教传入较早,其题材多是原始佛传故事和本生经变故事,表现出一种惊心动魄的悲剧之美,如第 275 窟的《出游四门》表现生老病死的悲苦、《尸毗王本生》中的割肉饲鹰救鸽,第 254 窟的《萨埵那太子本生》中的投身救虎。石窟艺术的体量与审美表现迥异于汉代:汉代的石雕艺术多停留在小件的玩赏玉石器之上,而汉画像砖中则表现出在儒家思想影响下现实纯朴的生活景象。

与北朝佛像艺术不同,唐朝社会稳定,佛像风格发生了巨大的变化。一方面,北朝宏伟的佛像在盛唐得以继续。开凿于武则天时期的第 96 窟大佛殿,大佛像高达 35.5 米,开元年间的第 130 窟,内有高达 26 米的大佛,榆林窟第 6 窟也有高 23 米的大佛,这些规模宏大的佛像说明了唐代前期雄厚的经济实力。另一方面,佛像审美也发生了明显的变化。北朝时期早期佛传故事画中体现出的崇高的悲愿与浓烈的激情逐渐稳定,转化为明亮艳丽的色彩和现世的喜乐,出现了一组组光彩夺目、神情怡悦的菩萨、飞天人物画像,以及金碧辉煌、装饰

华丽的殿宇台阁，展现着一个文明盛美的大唐世界。如最具代表性的第 45 窟 7
身彩塑像，以佛为中心，两侧分别是弟子、菩萨、天王，均取"S"形立姿。阿难双
手抱于腹前，身披红色袈裟，衣纹刻画简洁、线条圆润，似乎沉缅于内心清纯喜
悦之中，焕发着恬静的青春之美。迦叶老成持重、智慧坚定，强调筋骨的特质，
颇有长者风范。迦叶与阿难以雕塑的方式构成了唐人两种不同的人生情态。
菩萨像婀娜多姿，璎珞垂胸，富贵华丽，动作优美，神情娴雅，让人想到拉斐尔的
圣母像，带有人间的体温。天王则身披铠甲，足踏恶鬼，威风凛凛。窟中塑像气
象万千，大有帝王气象和满朝文武之势。

可以说，唐代塑造出了中国人理想的菩萨形象，不仅有神性的庄严，也有人
间的自在从容，不仅有父性的威严与刚健，也有母性的慈爱与宽容，不仅有对天
界幸福的祈愿，也有对苦难人间的忧心与悲悯，既是儒者的端正与无畏，又是老
庄世界任情的逍遥与洒脱。可见，唐代佛像的圆融无碍，突出地表现为在感性
与理性的两极中，在理想与世俗的对立中，能达至完美的和谐状态。

二、尚奇求变：佛教变相中的审美意识

史学家陈寅恪曾说："综括言之，唐代之史可分前后两期，前期结束南北朝
相承之旧局面，后期开启赵宋以降之新局面，关于政治社会经济者如此，关于文
化学术者亦莫不如此。退之者，唐代文化学术史上承先启后转旧为新关捩点之
人物也。"[1]唐代文艺和审美思潮也处于转变之中。韩愈论文，破字当头，强调
"文成破体书在纸"，提出"以文为诗""以文为戏"，用赋的笔法消解律诗之美，用
小说笔法消解文的雅正，化整为散，求奇出新。中唐时期，唐代文学艺术和审美
意识均处于变化之中，由韵到散，由雅到俗，浅切与奇诡并存。尚变，成为盛唐
到中唐审美现象的突出特点。虽说造成审美风尚转变的原因有经济、政治、战
乱等多方面的因素影响，但佛教的盛行以及佛教传播中的变文和变相所带来的
影响也是至关重要的。

佛像在佛教的传播过程中所起的作用，主要体现在佛教传播中的世俗化和
审美化上，其中变相与变文在佛教传播中对唐代的审美意识也起到了重要影
响，推动了唐代审美的世俗化，也带来了唐代审美意识中尚奇求变的新特点。

---

[1] 陈寅恪：《论韩愈》，选自《金明馆丛稿初编》，生活·读书·新知三联书店 2009 年版，第 311 页。

唐五代间,佛教宣传教义有两种重要方式,变相与变文。变相变文皆来自佛经,变相主要是通过绘画,而变文则是通过俗讲来传播佛教思想。以变相为例:"变相,有二义,一、变动也。画极乐或地狱种种动相,故曰变相。二、转变其形象。写此之义也。又转变本质为画图相也。毗奈耶杂事十七曰:'浴室火堂依天使经法式画之。并画少多地狱变。'观念法门曰:'画造净土庄严变。'西方要决曰:'造西方弥陀像变。'瑞应传曰:'见西方变相。'"①变与造像、塑像不同,变有二义,一是指变动的画像,所画的内容是极乐或地狱种种动相,多指具有连续情节的故事画,二是画佛菩萨之变化神通的能力。据丁福保的解释,"变化,是转换旧形名为变,无而忽有名为化。佛菩萨之通力能变化有情非情之一切。《法华经》曰'神通变化不可思议'"②。这即是说,情节动相及变化之相构成了变相的主要内容。

从魏晋至唐代,在石窟及寺庙中出现了大量的经变故事画,如《降魔变》《维摩诘本行变》《法华二十八变相》《地狱变》等。其中许多作品配有诗或文字说明(像赞),如现藏于法国国家图书馆的《观音经变》《降魔变》。《观音经变》图卷是横卷式的连环故事画,内容取自《妙法莲华经》中的第二十五品《观世音菩萨普门品》,讲述观世音菩萨以神通力救济苦难的故事。《降魔变》有六幅变相,正面为彩绘,反面配有相应的诗文。该图卷描绘了佛弟子舍利弗为建"祇树给孤独园"与外道六师斗法的六个场景,画面按照斗法的故事情节展开。舍利弗先后变身为金刚、狮子、香象、鸟王、天王及风神,战败外道六师幻化的宝山、水牛、宝池、毒龙、恶鬼及大树。六幅变相主题分别为"金刚智杵破邪山""威棱狮子唉水牛""六牙香象踏宝池""金翅鸟王斗毒龙""毗沙门降黄头鬼""旋岚风扫荡六师"。变相以惊人的想象、奇妙的构思,描绘出惊心动魄的斗法场景,令人想起《西游记》《封神演义》等神魔小说。被称为"北美敦煌学第一人"的美国学者梅维恒据此文图并存的画卷,结合印度与世界各地说唱文学传统,写出《绘画与表演》一书,探讨中国的看图讲故事及其印度起源的问题。可以想见,变相在传播佛教教义的同时也拓展了国人的艺术想象空间,推动了新的艺术形式如连环画、唐传奇及神魔小说的产生。

---

① 丁福保编:《佛学大辞典》,第 2966 页。
② 同上书,第 2965 页。

　　魏晋到唐宋的经变故事画也体现出不同的审美意识。魏晋至隋代的早期经变故事画中，宗教的神秘气氛强烈。到唐代，经变画中那种庄重的神秘气氛减弱，世俗色彩浓厚。以维摩诘居士形象的演变为例，魏晋时期，维摩诘形象刻画生硬，色彩渲染凝重，形体表现呆板，至唐代，维摩诘形象一下开朗起来（敦煌第103窟），端坐的姿态变为随意安坐，非常放松：画面中一个精神矍铄、浓眉阔口的长者，正认真倾听文殊菩萨的论辩，气定神闲，意态潇洒，这反映出大唐开放自由的精神气象，同时也见出佛教在发展过程中越来越世俗化和生活化的历史过程。如梁思成所说："日常生活情形，殆已渐渐侵入宗教观念之中，于是美术，其先完全受宗教之驱使者，亦与俗世发生较密之接触。故道宣于其《感通录》论造像梵相，谓自唐以来佛像笔工皆端严柔弱，而宫娃乃以菩萨自夸也。"[1]所谓"宫娃乃以菩萨自夸"，正是佛教走向现世，与世俗人生相融相摄的艺术表现。至宋代，维摩诘形象则进一步表现出一派文人士大夫的气质，温文尔雅，淡然自处，内涵深厚。宋代是外来佛教与中国传统文化彻底实现统一的时代。与此同时，人的精神状态也开始从外在导向内在，由狂放不羁的气质转化成内敛自重的气质。

　　另外，从段成式的《寺塔记》中，我们也可大体了解唐代变相中的审美意识。《寺塔记》是段成式在唐武宗会昌三年（843年）游历长安17座寺院后的文字记载，不仅记下了这些寺院的基本状况，还留下了大量关于壁画和灵验故事的珍贵描述。在《寺塔记》中，段成式提出了佛教壁画的四个特点：怪、俗、工、妙。[2]其中怪异是最鲜明的特点。"异"，主要是指其中表现的宗教灵异故事；"怪"则是指其鲜明的画风，"漫题存古壁，怪画匝长廊"（《赠诸上人联句》）。许多描述都体现了段成式对怪的欣赏，如"南中三门里东壁上，吴道玄白画地狱变，笔力劲怒，变状阴怪，睹之不觉毛戴"（《常乐坊赵景公寺》），"东廊数石险怪，高僧亦怪"[3]。怪画造型奇特，不循常法，给人耳目一新的感觉。这些怪画有一部分也蕴涵了大量的西域色彩因素，特别是尉迟乙僧的一些作品给中原绘画加入了新的营养。"怪"可以说反映了唐代壁画发展的趋势。

　　"怪"之外，"俗""工"是另外两个鲜明的特点，"俗"指画风，"工"是指画技而

---

[1] 梁思成著，林洙编：《佛像的历史》，中国青年出版社2010年版，第92页。
[2] 参汤麟编著：《中国历代绘画理论评注·隋唐五代卷》，湖北美术出版社2009年版，第90页。
[3] 同上书，第92页。

言。"俗",指唐代雕塑不再像六朝时那样超凡绝尘,而是更接近人间与俗世,更亲切动人。佛教寺庙里的壁画欣赏者主要是中下层人民,寺观的常客是寺观壁画推广教义的主要受众,因而必须满足他们的喜好。

"工"是专门针对壁画的品评要求。"库院鬼子母,贞元中李真画,往往得长史规矩,把镜者尤工"(《崇义坊招福寺》),"工"是指技法上的创新。在技法的创新上,鲁迅曾谈到,"在唐,可取佛画的灿烂、线画的空实和明快"①。唐代佛画以尉迟乙僧的色彩和吴道子的线条画法最为突出。以尉迟乙僧为代表的积色体着力突出了"佛画的灿烂本质"。尉迟画"穷工极妍",注重色彩的表现、色与色之间的构成关系。其另一个特点是"用色沉着,堆起绢素,而不隐指"②。这是继承张僧繇"凹凸法"的一种表现形式,通过色彩的层层晕染而表现出对象的体积感。段成式概括为两大特点:一是色彩浓艳,"佛圆光均彩相,错乱自成";二是凹凸立体的渲染法,"变形三魔女身若出壁",给人以极强的视觉冲击力。③ 如此丰富的色彩体现了唐代绘画色彩明艳、华贵的特点。鲜艳的色彩不仅体现着作者的审美趣味,更是时代审美精神的显现。

与尉迟乙僧注重色彩的表现不同,吴道子的白画人物则是注重线条的表现。据《寺塔记》中的说法,壁画可以分为以线描为主的白画和在白画之上敷染设色的彩画。吴道子的画"早年颇细,中年行笔磊落,挥霍如莼菜条。人物有八面生意活动……其傅彩于焦墨痕中,略施微染,自然超出缣素,世谓之'吴装'"④,其人物画充分代表了唐代线画的空实与明快,无论是略施微染的傅彩,还是单纯的白画,都表现了线条的形式之美。"莼菜条"指线条丰满圆润,富于质感。他改变了六朝绘画的细线,创造出丰韵的莼菜条,体现了盛唐丰满厚重的审美理想。

唐代画家在人物形象的塑造上,要求在接近世俗的基础上,表现出人物的真实性格,达到"备得人情""妙瞬乍疑生,风云将逼人"的艺术效果,这便是段成式所谓之"妙",也称为"绝妙"。"绝妙"是建立在"工"的基础上的,其特点是要求作品写实,工细精微,同时还应绚丽夺目。元代的汤垕曾说:"尝见吴道子'荧

①《鲁迅全集》第六卷,第 24 页。
②〔元〕汤垕:《画鉴》,人民美术出版社 1959 年版,第 15 页。
③ 汤麟编著:《中国历代绘画理论评注·隋唐五代卷》,第 96 页。
④〔元〕汤垕:《画鉴》,第 7 页。

惑像',烈焰中神像威猛,笔意超动,使人骇然。"①可以说,这些变化正体现了佛教变相对唐代审美意识的重要影响。这种尚奇求变的风尚作为一种新的审美趣味和审美观念在中唐诗风、文风、画风中也得到了普遍表现。

三、涵心养性:佛教心性论中的审美意识

如果说道教重人身,儒家重人伦,则佛教最重人心。在对美学的贡献上,如果说道教开掘了审美中人的身体性维度,儒家开掘了审美中人的社会性维度,则佛教开掘了审美中人的心灵性维度。佛教开始盛行的魏晋南北朝,中国哲学发生了从本体论向心性论的转向。本体论注重实体性概念,如先秦时期老子的"道",孔子的"仁",再到汉代气化论,都将本体看作是实体的存在。魏晋六朝时期,儒学式微,玄佛合流,佛教理论家参加了当时玄学家的论战,与世俗学者共同探讨本体论的问题,当时佛教僧人把佛学理解为"性灵之学"或"心学",佛学推动了中国哲学由本体论向心性论的转向。

唐朝流行的大乘佛教,核心内容是探讨佛性论问题,其中心性论是隋唐佛教各宗派共同关心的问题,心性论最终将佛性论归结到一个"心"字上。各宗派用各自的观点、方法分别建立其心性论的思想体系。天台宗讲"心是诸法之本,心即总也",认为心是一切现象的总摄。唯识宗认为世界万物是唯心所变,唯识所现,宇宙万物也都是各人自己内心所造的景象,都是幻相。华严宗认为"如来藏"是"自性清净心",是诸法根源,可派生万物。佛教认为人的每一个动作行为,乃至起心动念都是"业",是心的作为。心的作为必然产生它的后果,即因果业报。故要认识事物的本性,超脱因果业报的生死轮回,唯一办法是心的觉悟,做到人心与宇宙心的合一。因此在佛教的整个教义中,"心"的主观性和能动性,也即心的重要作用被大大地强化了。

心性论对唐代审美意识的影响主要体现为在外师造化的同时,更强调中得心源。具体表现为:

其一,在艺术创作和批评领域,特别是在心物关系问题上,出现了从重物到重心性的表现。从先秦的"感物而动"到两汉的"穷形尽相",再到南北朝以来的强调"心物交融",以及唐宋以来形成的"心空笔脱"等观念……在这种转变过程

---

① 〔元〕汤垕:《画鉴》,第7页。

中,心的地位渐由被动转为主导。

先秦两汉文论重"感物而动"的创作发生模式,如《礼记·乐记》中讲:"凡音之起,由人心生也。人心之动,物使之然也。感于物而动,故形于声。"心基本上处于被动的地位。其后,《毛诗序》在心物关系上更加突出了情的发动与礼对情的引导,认为"性本静,情为动""情动于中而形于言""发乎情,而止乎礼"。

魏晋时期的诗论注重对形的刻画。如陆机说"诗缘情而绮靡","缘情"强调的是感物而动的发生模式,即要"遵四时以叹逝,瞻万物而思纷","绮靡"则是强调对物象的描绘要绮丽精细,富有浓丽之美。陆机受汉赋影响,审美观尚形似。《文赋》中说"虽离方而遁员(圆),期穷形而尽相",主张文辞要"曲尽其妙",注重对形的刻画,是一种偏重形物的审美观。

南北朝以后,受佛教心性论思想的影响,艺术创作和鉴赏更加注重艺术家的主体心灵,注重心物交融的问题,心的作用由受动转为能动。自刘勰开始,逐渐由"品评才性"转移到"精析文心"。刘勰深受佛学影响,文论中佛道互融,在《原道》中提出"心生而言立,言立而文明"的思想,重在自然之道与心之本原。《神思》中谈创作构思,说"陶钧文思,贵在虚静。疏瀹五藏,澡雪精神",强调的是创作主体虚静澄明的心境。

唐代以后,佛教重视心性的思想在文艺理论中得到进一步的发挥,刘禹锡在《秋日过鸿举法师寺院便送归江陵引》中,曾借佛教中的"由定生慧"思想进一步说明了创作中的虚静作用:"梵言沙门,犹华言去欲也。能离欲,则方寸地虚,虚而万景入。入必有所泄,乃形乎词。词妙而深者,必依于声律。故自近古而降,释子以诗名闻于世者相踵焉。因定而得境,故翛然以清。由慧而遣词,故粹然以丽。"后来,苏轼也谈到"欲令诗语妙,无厌空且静。静故了群动,空故纳万境"(《送参寥师》),对诗歌创作理论的探讨从气质之性深入到虚静之心,真如本性。

除了在唐宋诗论中强调"心空笔脱"的文心道性,佛教的心性理论对后世的其他艺术门类也影响深远。如晚明古代小说评点家金圣叹就继承这一思想,将其运用到古典小说理论中,提出"才子之心,烛物如镜"、才子之心"心清如水,故物来毕照"(《第五才子书水浒传》第六十一回夹批)的小说创作理论。"心清如水"是文心第一义,即清静本心,"物来毕照"是文心第二义,心清才能物照。然心清何能物照?在于才子能"亲动心"。亲动心则能知因缘生法之理,"因缘生法，为其文字之总持"（《第五才子书水浒传》第五十五回评），亲动心是才子为文之用，才子心中无物所滞，那么在一定的因缘之下，就会心随物动，和合而起，则能知缘起之法，即能亲动心。以施耐庵而论，他虽非淫妇、非偷儿，然写淫妇、写偷儿，则似化身所附，写一百零八人，人有其性情，人有其声口。非淫妇、非偷儿此是未临文之耐庵耳。写淫妇、写偷儿，惟妙惟肖，"是耐庵于三寸之笔、一幅纸之间，实亲动心而为淫妇，亲动心而为偷儿"（《第五才子书水浒传》第五十五回评）。未临文与亲动心，亦可谓《中庸》所说"未发之前"与"已发之中"在文学创作中的体现。

在绘画理论上，受佛教心性论思想影响，创作更强调要深入到艺术家主体心灵中。唐代画家张璪提出"外师造化，中得心源"的创作理论，"外师造化"强调生活对艺术的作用，师法自然，摹写物象；"中得心源"强调内心的感悟，用"源"字，说明艺术家主观的思想情感在创作中的重要性，造化固然重要，但不是创作之源，创作之源则是"心"念一动。"造化"与"心"二者，张璪更重"心"是不言而喻的。画与诗相同，诗画创作中不是主体心理对客体物象的一种反映，而是主体心理以客体物象为基础的一种能动性的再创造。因此在创作中，唐代画家张彦远提出"意存笔先"。他在论顾恺之用笔时，说："顾恺之之迹，紧劲联绵，循环超忽，调格逸易，风趋电疾，意存笔先，画尽意在，所以全神气也。"（《历代名画记·论顾陆张吴用笔》）"意存笔先"才能"画尽意在"，可见"意"是绘画中最重要的因素，它既在落笔之先，又在笔尽之后，既在笔内，又在笔外，作画能以意为主，画就能全神气。

意存笔先，故能全神气。李白在《当涂赵炎少府粉图山水歌》中提出"驱山走海"来赞美山水绘画作品的表现。五代画僧贯休有诗道："常思李太白，仙笔驱造化。"贯休说的是诗人以诗笔来驱造化，李白说的是画家以画笔来驱山走海，驱的方法不同，理则一致。客观世界的山水树石等是按自然自身的规律分布，画家作画要根据生活的体察积累，立意在先，然后凝想物形，达到"因心造境"。"驱山走海"便是因心造境的一种表现，贵在借物言其心性，而非重其形似。"因心造境"方能取舍布置，经营位置，写出山水之势，全其神气。

心性论思想体现在文学创作上，首先注重创作者的心性修养。这一思想对古代文学艺术创作与鉴赏中强调"士先器识后文艺"的艺术观有重要影响。真正的文艺创作须从为人着手，文如其人，作品毕竟是一种人格的表现，作品的格调反映作者的格局。不去涵养心性,一味从文字上去学习文学,或从技术上去学习绘画,这都是舍本逐末的行为。

古人讲言为心声,书为心画。声画是心的显现,也是涵养心性的途径。"元僧觉隐妙语所云,'我以喜气写兰,怒气写竹'……抑所谓我,乃喜怒哀乐未发之我,虽性情各具,而非感情用事,乃无容心而即物生情,非挟成见而执情强物。春山冶笑,我只见春山之态本然;秋气清严,我以为秋气之性如是。皆不期有当于吾心者也。"①能即物生情,而非执情强物,是能放下作者心中之滞情。心的修养功夫,必须做到心清,创作中才能下笔物明,故能应物而无累于物。如果心有所执,先入为主,则为执情强物,见不出物态万殊,且观物不切,体物不真。

这就是道之虚静本心、儒之未发之我、佛之真如本心在文艺创作中的作用,也是中国艺术创作及鉴赏的逻辑基础。这一逻辑基础在唐代佛学思潮和社会环境的推动下,在中国画论、诗论、书论等艺术理论中均有所体现,同时也使中国审美思潮发生了重大改变。

其二,对心性的重视必然会在艺术作品中强调意象的创作、意境的升华。佛教心性理论内在地通向艺术意象和意境之美。

魏晋南北朝时期,"意""境""境界"等语词已大量出现,但是"意""境"等仍未具有美学方面的含义。唐代,随着佛教的发展,在佛性论这种新思维的刺激下,传统的心物关系理论逐渐加强,唐代佛学理论与艺术意象意境论开始走向融合。唐代文论、诗论、画论中,意象已普遍使用,意象、意境作为一个艺术理论和美学范畴获得重视。如殷璠的《河岳英灵集》以评选结合的形式选编了自梁至唐的诗歌,在唐人编选的唐诗选本中历来最受重视。他认为六朝诗"都无兴象,但贵轻艳",盛唐诗则"自然流出,兴象天然""佳句辄来,唯论意象"。可以说,注重意象,是佛教心性论在唐代诗歌创作理论中的反映。司空图的《二十四诗品·缜密》中有"意象欲生,造化已奇"的说法。张怀瓘在《文字论》中也提出"探彼意象,如此规模",虽没有具体解释意象的含义,但显然已将意象作为艺术的根本特性来看待。因此,"意象"是唐诗创作和评论中的一个重要问题,也势必成为诗学理论要解决的问题。

在理论上推动这一诗学理论与佛学理论内在相融的重要人物是王昌龄和

---

① 钱锺书:《谈艺录(补订本)》,中华书局1984年版,第55—56页。

诗僧皎然。这里以皎然为例加以说明。皎然兼具诗人及僧人双重身份,自称是南朝诗人谢灵运的十世孙。他所写的《诗式》是唐代诗歌理论重要著作,对后世诗歌创作影响深远。皎然论诗不同于刘勰论文,溯源流别,体大虑周,而是注重诗歌的创作活动。在创作中,构思立意无疑最为重要。如皎然认为:

> 前无古人,独生我思,驱江、鲍、何、柳为后辈,于其间或偶然中者,岂非神会而得也?……诗人意立变化,无有倚傍,得之者悬解。

> 凡诗者,虽以敌古为上,不以写古为能。立意于众人之先,放词于群才之表,独创虽取,使耳目不接,终患倚傍之手。

"意",可说是创作主体内在的精神思想或兴发感受,立意构思要能独标新意,不依傍古人,不与古人雷同。皎然重视文意,除了"立意"说,他还提出一个"重意"说。所谓的"重意"是指诗歌寓含的"言外之意",他说:

> 两重意以上,皆文外之旨。若遇高手如康乐公,览而察之,但见性情,不睹文字,盖诗道之极也。

对于"意境"中"意"与"境"的关系,皎然认为意是起主导作用的。皎然在谈到诗之十九体时说:"静,非如松风不动,林狄未鸣,乃谓意中之静;远,非如渺渺望水,杳杳看山,乃谓意中之远。"并非"松风不动,林狄未鸣"才是静,"意"中有"静"便是静,如"月出惊山鸟,时鸣深涧中"。并非"渺渺望水,杳杳看山"才是远,"意"中有"远"便是远,如"采菊东篱下,悠然见南山"。

从"意"到"境",意为中心,而取景则是达意的重要层面。取景,即诗人摄取外在景物即"象"作为可供进一步艺术加工的原始素材,构成皎然所谓的"取境"。换句话说,"取境"是指创作主体(主)对创作对象(客)的摄受过程,创作者摄取物象之后,在心中形成心象,这种心象才是可供创作者从事艺术加工的"境"。皎然还说过"境非心外,心非境中"(《唐苏州开元寺律和尚坟铭》),这便说明了"心"涵摄"境"的关系。

意、象、境的逻辑构造与唯识学强调识与境的逻辑关系具有很大的类似性,并在理论上具有相通性。由于皎然本是僧人,深研佛典,不排除他受到当时唯识学的影响。唯识论者认为世间一切客观外境皆由识所变现,强调心识的能动作用。既然境由心造,因此离心、离识,则无一切境相生。故《大乘起信论》说:"三界虚伪,唯心所作,离心则无六尘境界。此义云何?以一切法皆从心起妄念而生……是故一切法,如镜中像,无体可得,唯心虚妄,以心生则种种法生,心灭则种种法灭故。"换句话说,心识可以待境、取境乃至于变境,而不仅仅是单纯的客观现象的反映。这与皎然说的"境非心外,心非境中"的心境交融的诗论观有异曲同工之妙,体现出内在理论上的相通性。

皎然关于意境特点的分析,也与佛教的境界说内在相通。亦实亦虚、虚实互生是诗歌意境的重要特点。所谓"境生象外",诗歌中的象有三层含义,一是指客观物象,二是指艺术意象,三是指象外之象、象外之境。前者所指相对为实,但此"实"实质为虚,即为意中之象,而象外之象和象外之境,则是在意象之上,艺术空间的拓展和艺境的升华。所以意境是虚实结合体,而其本质为心象和心境。"实"则感性具体,形象鲜明,"虚"则余蕴无穷,意味深远。

意境的"实"与"虚"可以从佛教所讲的性空与实有的关系来加以理解。佛教认为一切事物都处于生灭流转之中,虚幻不实、无有自性;世间一切事物如按真谛看是性空,按俗谛看是假有,能认识其两面即是中道。诸法空相,如镜花水月,说有还无,说无却有,有是心幻,无是性空。

总体上看,唐代佛学思想对文学艺术创作与批评影响很大,是审美意识由外返内的一个重要阶段,从向外的追逐到向内心的返求和涵养,由此而来的"心空笔脱""中得心源"及意象意境理论也成为中国古典美学的核心概念,成为极具民族特色的审美思想。

第三节　禅宗的审美意识

唐代佛教事业,最大莫过于禅宗的创立。禅宗原为禅学,是印度佛教的一种修行方式,突出特点为静定。此学自南北朝由南天竺高僧达摩传到中国以后,在中国中部及南部流传,历经数代高僧,逐渐实现了与中国传统文化的融合,最终在唐太宗到高宗年间,完成其蜕变,成为一个真正中国化了的佛教宗派——禅宗。禅宗的出现是佛教的革命,是中国文化的新一层生长。禅宗对塑造中国人的心理文化结构有重要影响,对于中国人的人生哲学、生活方式、思维方式影响极大,其中对审美和艺术创作影响非常突出。在唐代艺术的宗教化和宗教的审美化过程中,禅宗起到了重要的作用。

一、"拈花微笑"的审美意味

有人说,禅是一枝花。拈花微笑,一如蒙娜丽莎的微笑之谜,一旦出现,魅力永存。据禅宗著名典籍《五灯会元》记载:"世尊在灵山会上,拈花示众,是时众皆默然,唯迦叶尊者破颜微笑。世尊曰:'吾有正法眼藏,涅槃妙心,实相无相,微妙法门,不立文字,教外别传,付嘱摩诃迦叶。'"宋代学者普济在《五灯会元·题词》中说:"世尊拈花,如虫御木,迦叶微笑,偶尔成文,累他后代儿孙,一一联芳续焰。大居士就文挑剔,亘千古光明灿烂。"世尊拈花,迦叶微笑,以心传心,千万载间,绵绵不绝。教外别传,自"拈花微笑"中始。其后之传灯、广灯、联灯、续灯、普灯,灯灯相续,派别枝分,其道则一以贯之。传心传灯,知心知灯者,唯在破愚暗以明其灿然之道。灯灯相传,光明不断。

拈花微笑的画面默然无语,鲜活如在眼前,成为中国禅宗史上最动人的情景。拈花微笑的故事从史学考证上是否实有其事,在禅学历史上是否真实[①],我们不得而知。然正如亚里士多德所说,史诗比历史更真实,更有价值。拈花微笑可能无关乎史,无关于事,却关乎理,关乎禅的神韵与妙理,更内在地通向审美。它借一朵花揭示宇宙、人生的真如本性。

古代有以"花"来讲课的例子,也有智者了解一朵花包含了生命的种种。在西方美学史上,"这朵花是美的"成了通向康德美学的大门,康德正是借"这朵花是美的"这个最自然最朴素的命题说出了美学史上最深刻的关于审美判断的奥秘。康德从一朵花开始,分析出了美学之谜,道出了美的玄思和奥秘。"拈花微笑"也是借一朵花,领悟了宇宙、人生的实相。禅在一朵花和一个微笑之间诞生,因花微笑,由笑花开。那么,我们不禁要问,如来把什么传给了迦叶?这一传授是怎样实现的?那只可意会不可言传的究竟是何物?

拈花微笑的故事有三个因素:一是"花",二是"笑",三是"花"与"笑"之间的默然神会。相对而言,"花"指本然实存的客观现象层,"笑"指心灵实有的主观觉解层,本然实存与主观觉解上的默然神会,则存在于主客物我之际的灵心妙悟,如此,人的灵性与物的本性圆融一体,物性借人性灿然明亮,人性借物性澄

---

① 胡适在《荷泽大师神会传》中曾有考证,印度禅的这二十八祖的法统是后人捏造的,在梵文中也没有印度禅宗法统的记载。

彻明净。借用王阳明的话来说,即"你未看此花时,此花与汝心同归于寂,你来看此花时,则此花颜色一时明白起来"。花的灿然,与汝心同在。

如果对"拈花微笑"这一意象进行逻辑分析,则包含两个层次:笑什么和如何笑。我们可以将之以归结为两个问题:悟道的内容与悟道的方式。悟道的内容即"道",主要指禅宗的世界观,即做到世界、我、佛三者统一,"按南禅观点,当佛祖把自己给予迦叶,代代相传时,他把世界的真谛、宇宙的秘密都带到禅师的心中。于是,外在的宇宙系列变成了内在的生命秩序,把握了我,就是把握了佛,也就是把握了世界。世界即佛即我,'世界''我''佛'三者统一,这是拈花微笑故事中最核心的神魂"①。世界、我、佛三者统一,可以说是道性、我性和佛性三者的统一,也可以说是先天之性、气质之性和佛性最终的一体圆融,是心的实相之境。诚如青原禅师对其悟道境界的描述:"老僧三十年前未参禅时,见山是山,见水是水;及至后来,亲见知识,有个入处,见山不是山,见水不是水;而今得个休歇处,依前见山只是山,见水只是水。"(《五灯会元·青原惟信禅师》)山水还是那片山水,关键是面对山水的那个人,从前是懵懂无觉,其后是我识膨胀,最后是小我脱落,证得以人合天、与道合一的境界。

在悟道的方式上,禅宗强调以心传心,即灵山法会上,世尊传法所言"吾有正法眼藏,涅槃妙心,实相无相,微妙法门,不立文字,教外别传"。惠能因听闻《金刚经》中的"应无所住而生其心"而悟道,在《坛经》中独创"无相戒"②,作"无相颂",立"无念为宗,无相为体,无住为本",强调反身向内,明心见性,在心上用功夫,故禅宗又被称为心宗。

禅宗是中国本土佛教,这个本土化的过程也是一个世俗化和审美化的过程。禅宗的审美化,就体现在上述"拈花微笑"的三要素上。"花"是具体感性且生动活泼的审美对象层,重在感知;"笑"是审美体验层,重在觉解。而传灯悟道的方式则是审美发生的方式,重在主客的交流与互渗,是王阳明所说的"看",看到眼里的也能印在心上,此之谓"心印",是禅宗和美学上所说的"妙悟"。悟到故能笑,笑是一种内在的领悟和喜悦。然所悟何是? 在审美与禅宗之间则有层次之别,一则是悟情悟理,一则是悟道悟空。由悟情到悟空,由人情到道情,则

---

① 顾伟康:《禅宗:文化交融与历史选择》,知识出版社1990年版,第5页。
② 参见《坛经》敦煌新版弘法弟子法海所写集记。杨曾文校写:《六祖坛经》,宗教文化出版社2011年版,第5页。

审美走向禅宗。可见,拈花微笑的三个重要层面感知、妙悟、空灵中,感知是起点,妙悟是桥梁,空灵是目的,感、悟、空可谓禅门三段论,这三个过程正与审美过程中的三个阶段(审美感知、审美体验和审美境界)相类。

就感知而言,宗教和审美都离不开感知。感知是形象的,鲜活的,体验的,禅和审美都是生意盎然、活泼泼的。铃木大拙在《禅学讲座》一书中,通过日本诗人芭蕉的俳句和英国诗人但尼生的两首诗比较了禅所具有的别具特色的感知和思维方式:

细看
荠菜花开了
在墙角边!
——芭蕉

墙上的花
我把你从裂缝中拔下
握在手中
连根带花
小小的花——如果我能够了解
你是什么
连根带花
一切一切——也许
我就能知道
神是什么
人是什么
——但尼生

芭蕉和但尼生都看到了墙角的花,惊异又充满情感,但两人对花的感受方式、行为方式与表达方式却明显不同。芭蕉只是"看",是沉缅于默想之中,凝神静观,心中感觉到某种东西,有丰富的体验,却没有条分缕析,而是整体地表述:花开了,在墙角边! 只用一个惊叹号来说明一切,就像儿童初见一朵花的惊异。但尼生则认为需要对花做点什么,他先把花拔下来,然后去研究它,去分析它,去认知这一不同于主体的客体存在之物,其表述中有明显的二元对立的模式。他在拔下花时,把它当成一个客观概念去认知,把它当成一个存在对象去解剖,这时,花已不是那朵花了,存在者也已经不存在了。正如海德格尔所说的,存在被遗忘了。但尼生所研究的只是存在者,而花的存在则被遗忘了。

这两首诗体现了认知和体验两种不同的方法,即铃木大拙所说的科学的方法和禅的趋近法。科学的方法将事物作为一个研究对象,从不同的维度,用不同的方法去研究它,如生物的、化学的、物理的维度,比较、统计、分析、归纳等种种方法。这种研究固然有其必要性,但都是外部的研究,以至于追问事物本身到底是什么时,却发现它从种种精密之网中流失了。

而禅的趋近法,"是直接进入物体本身,是从它里边来看它。去认知这朵花,乃至去做这朵花,如这朵花一般开放,去享受阳光及雨泽。禅把自己投入创造的渊源中,而饮取其中所含蕴的一切生命。而由于我把自己失却在花中,我知道了花以及我的自我"①。可见,禅的趋近法是让事物作为事物本身而存在,或让生命作为生命而存在,是人和事物的一种交流对话,是倾听与接受。

禅的趋近法与艺术家观照事物的方法非常类似。当艺术家要画那朵花时,除了要观察它的形状,更要拟其神态,要变身为那朵花,如苏轼言文同画竹时"身与竹化"的创作体验:"与可画竹时,见竹不见人。岂独不见人,嗒然遗其身。其身与竹化,无穷出清新。庄周世无有,谁知此凝神。"(《书晁补之所藏与可画竹三首》)当然禅与艺术有所不同,常言道,学佛要无我,写文章要有我。学佛之道重在忘我,忘是一种超越,如庄子说的"忘足,履之适也;忘要,带之适也;知忘是非,心之适也"(《庄子·达生》),忘我,身心脱落,能证万法。而艺术创作则要有我,要有我的情感,我的喜怒哀乐,但"身与竹化"、主客交融的感觉是一样的,不同的是一为道之境,一为人之境,当然两者并不是绝对的,可以艺进于道。

不管是参禅,还是审美,感知都是其中重要的部分,是起点,也是基础。审美离不开感性的体验,审美感知离不开鲜活的宇宙色相,审美是要调动自己的眼耳鼻舌身、色声香味触,去打开自己的感官世界。从某种意义上说,感官的体

---

① 〔日〕铃木大拙、〔美〕弗洛姆:《禅与心理分析·禅学讲座》,孟祥森译,中国民间文艺出版社1986年版,第17—25页。

验更具质感和存在感,它是联接人的生理与精神的重要桥梁和纽带,所以作用于人的感官的食物和味道,如酒、糖和香味等,很容易成为一种带有审美意味的物质存在。佛教虽然讲五蕴皆空,色相皆为幻有,但佛教特别是禅宗显然也会利用这种感性的存在唤起人们的正念。如佛陀和佛像的三十二相好,佛教的戒定慧三香,及禅宗讲的"青青翠竹,莫非法身,郁郁黄花,无非般若",皆是感性现象与自性本原的合一。由此"合一",禅宗在本质上通向审美,并直达审美的灵魂,即感性存在所达到的对完美本性的洞察与领悟。

就禅悟而言,意为佛法不在文字上,不向言语中,不从外求得,即"诸佛妙理,非关文字",而要直指人心,开悟本心。"不立文字,教外别传",正是"拈花微笑"之神韵。"教外别传"从美学角度上讲,具有注重体验、觉解、妙悟的审美意义。

禅从梵文"禅那"音译而来,是指一种精神的集中和冥想,这与后来禅宗所说的"禅"在意义上有所区别。禅宗的"禅",是指对本体的一种顿悟,或是对自性的一种参证。冥想和思索,会失去禅的精神。胡适曾说,中国禅并不是来自印度的瑜伽或禅那,相反,却是对瑜伽或禅那的一种革命。禅宗所理解的禅,与印度禅已经具有了本质的区别。中国人把禅解作顿悟,是一种创见。禅所强调的内心的自证与悟得,与庄子的坐忘、心斋如出一辙。庄子的根本精神实乃禅的核心,所不同的是庄子仍然停留在纯粹的悟力中,而禅宗借着佛教的推动,将其发展为一种致悟的训练,这种致悟的训练和悟道后的表达具有一种明显的美学化的色彩。

禅悟的发生有两个重要特点。一是在平常生活中证悟,所谓砍柴担水,莫非妙悟,在在处处,皆是道场。禅的证悟离不开具体的生活,人生就是一场修行,处处皆可证悟,于生老病死、喜怒哀乐中,了悟性空缘起、无常变化,从而超越我执,活在当下。二是在自然山水中证悟,在春花秋月、草木虫鸣的自然生态中,放下小我,洗涤尘俗,了悟实相。悟的要点在于自心与佛性的契合,而一旦证悟,却又难以用一种逻辑的表述方式加以言说,故常借用诗和诗意化的方式加以表达,这种表达接近审美,并获得一种艺术化的效果。总之,禅悟的出发点离不开感性的形象、具体的生活,自色悟空是禅悟的重要特点,是对物相的本质直观。自色悟空,是一种非逻辑的思维,是言语道断之际的蓦然回首,是要会下转语,这也可以说是一种跳跃式思维,故其表达自然也有一种言外之意、韵外之致的审美效果。

"悟"是要悟"空",而"空"不是"顽空",不是指什么都没有,而是指真空妙有,性空缘起。只有无我相、无人相,去我执、法执,才能了悟诸法实相,领悟自性清净的澄明境界。这种清净本原的澄明之境很少人能企及,也并非语言能表明,因此,在表达方式上,往往就形成了"不著一字,尽得风流"的透脱、含蓄的诗性表达。

中国艺术精神的最大特色,是不喜欢作系统的观念说明,中国历史上最动人的诗就是那些言有尽而意无穷的绝句。一方面,它要通过色声香味触法等表现一个活泼泼的现象世界,但仅仅表现这样的现象世界,又过于拘泥于形迹,于是要超越文字所表达的色声香味触法的现象界,借文字写无限,借声音说无响,借色彩明无形,借物质烘托精神。不离色相而又超越色相,不即不离,若即若离,禅所体现的这种诗意空间,正是审美精神的表现。

审美与宗教不同,宗教是一种彼岸的救赎,审美则是一种在世的解脱,是"一朝风月,万古长空",南宋禅师善能释曰:"不可以一朝风月,昧却万古长空;不可以万古长空,不明一朝风月。"要能夜夜是春宵,日日是好日。正所谓一花一世界,一叶一菩提。与基督教的罪感不同,与印度佛教的生老病死皆是苦不同,禅的精神基于古代中国的乐感文化,体悟天地之大美与大乐。禅宗的精神是自在喜乐,让事物如其所是的存在,以事物本来的样子去对待它们,是谓"如来"。故有"世尊拈花,迦叶微笑",因花微笑,由笑花开,"笑"是内心的喜悦和充实自在,是一种证悟的笑,也是一种审美的笑。

可见,禅宗的感悟、体验、表达方式和境界都使其成为一种最具艺术性的宗教,禅的人生方式及其境界也正是艺术所要达到的最高境界。正是在这个基础上,禅走向了审美。"一夜落花雨,满城流水香",拈花微笑的故事感通每个人的心弦,它启示我们,一切生命的真谛,不靠语言文字,而是心与心的领悟与传递。

二、《坛经》的审美意识和美学意义

佛陀"以心传法"的独特方式成为后世禅宗"不立文字"的依据,迦叶尊者也成为禅宗第一代传人,自二十八祖达摩西来,折苇渡江,嵩山坐禅,面壁九年,成为中国禅宗初祖,由达摩传至慧可,由慧可至僧璨,由僧璨至道信,由道信至弘忍,由弘忍至六祖惠能创立禅宗南宗①。其后禅宗遍传南北,"一花开五叶,结果自然成",成为影响中国文化最深的佛教宗派,对宋明新儒学和新道教的形成影响深远。

《坛经》是中国禅宗的奠基之作,是六祖惠能在韶州大梵寺讲堂传法授戒的记录,由弟子门人辑录,是六祖一生的行迹与思想菁华。《坛经》分为十品,行由品第一、般若品第二、疑问品第三、定慧品第四、坐禅品第五、忏悔品第六、机缘品第七、顿渐品第八、护法品第九、付嘱品第十。《坛经》也是中国僧人著述中唯一被尊奉为"经"的,它在诸经中的地位,甚至可以和《金刚经》《法华经》《维摩诘经》相提并论。《坛经》由惠能自传、惠能传法及教化弟子机缘三大部分组成,其中传法部分构成《坛经》的主体,如说般若、授无相戒等。

《坛经》系统解决了拈花微笑故事中两个最根本的问题——悟道的内容和悟道的方式途径,这构成了禅宗高妙的境界美和独特的形式美。当然,除此之外,《坛经》本身的叙事文法之妙和修行之美也是不可忽视的。故《坛经》之美体现在四个层面,一是表达方式之美,二是思想智慧之澄彻,三是思维方式之妙,四是修行方式之美。其中,思想智慧之澄彻最为重要,前三者相对而言,亦可称为"文字般若""观照般若"和"实相般若"。

（一）《坛经》的文法之美

《坛经》虽是佛经,然文体简洁,文法巧妙,意象生动,叙述完整,主题鲜明,因而在文学史上也具有一定的地位,被称为第一部白话文学作品。《坛经》使用白话即书面化的口语,韵散相间,生动明朗,叙事婉转细致,情节丰富曲折,带有一定的传奇性。其具有完整的故事情节,具备构成白话小说的各种要素,更因善取譬喻,叙事灵动活泼,实传拈花微笑之神韵,在深厚哲思之外,别具丰富的文学趣味和美学旨趣。

《坛经》开篇《行由品》,介绍六祖惠能之行状由来,有很强的故事性和传奇性。其文字之转笔处,意生言外,文字翻空出奇处,别有天地,言语道断之际,如当头棒喝。如不通文字语言的樵夫惠能初闻《金刚经》而豁然大悟,为后世留下

① 禅宗五祖弘忍的弟子神秀和惠能对禅的理解有所不同,史称惠能建立的门派为南禅,神秀建立的门派为北禅。北宗很快衰微,所以,一般说的禅宗均为南禅。

了一段文字公案。惠能至黄梅礼拜五祖时对曰："人虽有南北,佛性无南北。獦獠与和尚不同,佛性有何差别?"字字珠玑,掷地有声,响彻千年。五祖以破柴踏碓保护惠能,退藏于密,再到廊壁作偈、秘传衣钵,处处机锋暗藏,又锋芒毕现,文字之妙,传接而出。特别是杖击三下,三更受法,其戏剧性的情节为后世吴承恩所用,成为《西游记》中菩提老祖传法悟空时敲头三下的灵感来源。当惠能为避争端,问五祖往何处去时,五祖云:"逢怀即止,遇会且藏。"这一机锋,也为后来《水浒传》所用,鲁智深去五台山请智真长老指示愚迷时,长老告送一偈曰:"逢夏而擒,遇腊而执,听潮而圆,见信而寂。"(《水浒传·第九十回》)当代诺贝尔奖获得者高行健的《八月雪》的故事原型即取自《坛经》,六祖于八月迁化时"异香满室,白虹属地,林木变白,禽兽哀鸣"等等,也具有鲜明文学色彩。《坛经》本身的叙事艺术具有强烈的审美性,其叙事方式和叙事意象都对后世文学有着深远影响。

《坛经》中的文学意象之美,也是千年之下,令人向往。虽然《坛经》强调不立文字,但作为开启方便法门的舟筏却不得不通过文字来表达,这可称为"文字般若",它造就了《坛经》本身言说的诗意之美。《坛经》中妙喻不断,如《定慧品》中,惠能以灯光之喻说明定慧不二的修行关系:"定慧犹如何等? 犹如灯光。有灯即光,无灯即暗。灯是光之体,光是灯之用。名虽有二,体本同一。此定慧法,亦复如是。"又如"如人饮水,冷暖自知""离世觅菩提,恰如求兔角""邪见障重,烦恼根深,犹如大云覆盖于日,不得风吹,日光不现"(《般若品》)等等,皆广为人知,普遍流传。

佛典有善用比喻的传统,这与佛陀生前说法即善用譬喻有关,佛陀善以各种浅显易懂的自然现实景况为喻,开示奥妙抽象的佛法,大乘佛教更富于夸张玄想,重视譬喻的运用。如被称为"经王"的《法华经》,"序品"言:"我以无数方便,种种因缘,譬喻言辞,演说诸法。"其中"火宅"喻、"化城"喻、"衣珠"喻、"凿井"喻、"穷子"喻、"药草"喻、"医师"喻被称为"法华七喻"。又如《大涅槃经》提到八种比喻方法:"喻有八种,一者顺喻,二者逆喻,三者现喻,四者非喻,五者先喻,六者后喻,七者先后喻,八者遍喻。"对比喻方法进行详细分类,可见佛经对比喻方法的深入研究和自觉运用。此外还有《百喻经》,更是直接以譬喻故事说法,可见佛经对譬喻的重视。

《坛经》中的譬喻除了继承佛典的善用比喻,也与儒家的诗教理论有异曲同工之妙。《礼记·学记》中讲"不学博依，不能安诗"，是指诗的特点是善用比喻，注重比兴。诗有六义，其中赋比兴三义，都离不开形象譬喻。"诗尚比兴，多就眼前事物，比类而相通，感发而兴起。故举于诗，对天地间鸟兽草木之名能多熟识，此小言之也。若大言之，则俯仰之间，万物一体，鸢飞鱼跃，道无不在，可以渐跻于化境，岂止多识其名而已。孔子教人多识于鸟兽草木之名者，乃所以广大其心，导达其仁，诗教本于性情，不徒务于多识也。"①诗者，正是儒家所说的将仁心由自然万物推及社会伦常，因而在学《诗》之后能识别出天地之性，生发出物我相关的仁义之心，达到"万物一体""道无不在"的境界。仁的天地之性和仁心的活泼灵动的特点，可比之于《坛经》中佛性的"清净自性"。可见，诗教中比兴的意象之美也为《坛经》所具有。

《坛经》虽是语录体，文字看似简明易读，但要能透彻了悟，并不是一件容易的事。俗话说，《坛经》易懂，公案难知。只有在读公案时能有所了悟，才可以说能读《坛经》。但读《坛经》，浅读浅得，深读深得，亦是随人根基，渐入顿悟。然《坛经》作为佛经，文法之外，根本大义仍是其核心。禅宗说了什么和如何说，这两个问题在《坛经》里有系统清晰的阐述。

(二)《坛经》的智慧之境

《坛经》说了什么？主要表现在对心性的领悟上，这是《坛经》中国式智慧的集中体现。中国哲学以儒家的仁学为主体，如果说道家注重仁的自然层面，儒家发展了仁的社会层面，禅宗则深掘了仁的心性层面，而儒道禅三家因共同的仁学基础故能会通共融，和谐共处。概而言之，仁的根本之义可谓自然之道，天地大德，生生之意。

《坛经》的禅法思想主要表现在对心性层面的阐发上，故禅宗又被称为"心宗"，这也是惠能对佛教的革新之处。惠能的佛性论，指"菩提般若之智，世人本自有之"(《般若品》)，般若之智本性即有，此即自性般若，指人人皆可成佛的佛性。自性般若、自性解脱和自性皈依，此即自性三宝，其中自性般若可以说是自性解脱和自性皈依的逻辑基础，在自性空的基础上，要悟此法，修此行，即悟般若法和修般若行。

---

① 钱穆：《论语新解》，台湾商务印书馆 1965 年版，第 600 页。

《般若品》是《坛经》中最重要的部分，体现了惠能对于佛性论的看法。《般若品》为大众说摩诃般若波罗蜜法，惠能认为"世人终日口念般若，不识自性般若，犹如说食不饱。口但说空，万劫不得见性"，惠能的自性般若将空观和心性密切结合起来，般若学说讲诸法性空，一切皆空，惠能借般若之空言自性本空。他说：

> 摩诃般若波罗蜜是梵语，此言大智慧到彼岸……何名摩诃？摩诃是大，心量广大，犹如虚空……世人妙性本空，无有一法可得。自性真空，亦复如是。
>
> 善知识，莫闻吾说空。第一莫著空。若空心静坐，即著无记空。善知识，世界虚空，能含万物色像。日月星宿，山河大地，泉源溪涧，草木丛林，恶人善人，恶法善法，天堂地狱，一切大海，须弥诸山，总在空中。世人性空，亦复如是。
>
> 自性能含万法是大，万法在诸人性中。若见一切人——恶之与善，尽皆不取不舍，亦不染著，心如虚空，名之为大，故曰摩诃。(《般若品》)

自性真空，空纳万有，万法尽在自性中，但心并不因为不舍离一切而受到"染著"，所以心犹如虚空，而此空不是空外境，而是指心的一种超然于万物的境界。惠能批评持空观禅定即"空心禅"的人是落"无记空"，永嘉禅师云："无记者，虽不缘善、恶等事，然俱非真心，但是昏住。"(《般若品》)空心静坐，百无所思者，自称为大，与执有善恶二念之缘虑者，皆名为病，均为邪见。

自性般若重在识其本性，故惠能将寻求智慧的方向转向于内，"直指人心"，见性成佛，顿悟成佛：

> 智慧观照，内外明彻，识自本心。或识本心，即本人解脱。或得解脱，即是般若三昧，般若三昧即是无念。何名无念？若见一切法，心不染著，是为无念。用即遍一切处，亦不著一切处。但净本心，使六识出六门，于六尘中无染无杂，来去自由，通用无滞，即是般若三昧，自在解脱，名无念行。若百物不思，当令念绝，即是法缚，即名边见。善知识，悟无念法者，万法尽通。悟无念法者，见诸佛境界。(《般若品》)

"直指人心"是禅宗哲学的棒喝之力。惠能初闻《金刚经》中"应无所住而生其心"而灵心妙悟，即是直指人心。其心学，便是从这一悟中生发出来。虽然禅的最高目标是见性成佛，但必须由人心去见性。性即心之性。此心非二心，迷心即凡夫，觉心即菩提，故"一念悟时，众生即佛"，但迷心也好，觉心也罢，终归是要在自家心田上下功夫才能自心见佛，当下即悟。

惠能认为见性就是成佛，他曾说"本性是佛，离性无别佛""三世诸佛，十二部经，在人性中本自具有"（《般若品》）。在中国思想史上，惠能有关人性的见解，可以本之于孟子的"万物皆备于我矣。反身而诚，乐莫大焉"（《孟子·尽心上》）。惠能认为性和真实合一，即自性本体与宇宙本体的合一，即他说"一真一切真"，在惠能眼中，菩提就是悟，佛就是觉悟者，"我心自有佛，自佛是真佛"。

顿悟强调以心传心，内心体验的获得不可向外寻求，不可用文字表现，以心传心，是为禅宗传灯录。因此参禅悟道，心性最为重要。《行由品》中自性自度的故事即强调此点。惠能得法南渡之际，五祖送至九江驿边：

> 祖令上船，把橹自摇。惠能言："请和尚坐，弟子合摇橹。"祖云：
> "合是吾渡汝。"惠能云："迷时师度，悟了自度。度名虽一，用处不同。
> 惠能生在边方，语言不正，蒙师传法，今已得悟，只合自性自度。"

《坛经》强调"自性自度"的原则，所谓"不立文字，教外别传""直指人心，见性成佛"，即不执着于经中的文字，不着文字之相，关键在于能否见性。经书只是悟道的工具，即惠能所说"心迷《法华》转，心悟转《法华》"（《机缘品》），与"迷时师度，悟了自度"道理相同。

惠能所建立的禅法，因强调自性顿悟，不提倡读经，也不强调坐禅，少了宗教的清规戒律，多了诗意的狂放洒脱。到后来发展到强调砍柴担水，莫非佛事，在在处处，皆是道场，作为一种宗教的禅宗也就非常生活化了，而且与《中庸》所讲的"百姓日用即道"就有了理论上的呼应和逻辑上的契合。禅宗这种修行方法上的简易和思想上的此岸色彩，使佛教进一步走向世俗，走向生活，走向审美。陶渊明的"结庐在人境，而无车马喧"，即是有无不二，无分别，无念法门的生活境界。

正是在自性般若之智上，惠能提出自性皈依。传统佛学都皈依佛、法、僧三宝，但惠能却皈依觉、正、净自性本具的三宝。《忏悔品》中记载：

从今日去,称觉为师,更不归依邪魔外道,以自性三宝常自证明,

劝善知识归依自性三宝。佛者,觉也。法者,正也。僧者,净也。

惠能也用自性来说明三身。我们的身体是如来法身,我们的自性根本是清净的,一切法都是由自性而生,这即是所谓"清净法身佛"。当我们的感情和欲望被自性所生的般若之光扫净后,我们的自性也就像无云的晴天中所悬挂的红日,光芒万丈,这即是所谓的"圆满报身佛"。我们信仰自心的力量胜于一切的化身佛,因为我们了解只有自己的思想才能塑造自己,此心恶,便入地狱,此心善,便在天堂,一念向善,便生智慧,这即是所谓的"自性化身佛"。惠能的自性三宝和三身的说法无疑是佛教思想史上的革命,它将佛教的佛性转化为人的自性,而非印度佛教中所强调的真如、实相、法性,从而具有更强的主观性。

(三)《坛经》的思维之妙

《坛经》如何说?其思维方式和言说方式在《付嘱品》中得到了系统的体现。《付嘱品》记录了六祖灭度前对众弟子所传授的"三科法门"和"三十六对"心法:

汝等不同余人,吾灭度后,各为一方师。吾今教汝说法,不失本宗。先须举三科法门,动用三十六对,出没即离两边。说一切法,莫离自性。忽有人问汝法,出语尽双,皆取对法。来去相因,究竟二法尽除,更无去处。

三科法门者,阴、界、入也。阴是五阴,色、受、想、行、识是也。入是十二入。外六尘:色、声、香、味、触、法。内六门:眼、耳、鼻、舌、身、意是也。界是十八界,六尘、六门、六识是也。

自性能含万法,名含藏识。若起思量,即是转识。生六识、出六门、见六尘,如是一十八界,皆从自性起用。自性若邪,起十八邪。自性若正,起十八正。若恶用即众生用,善用即佛用。用由何等?由自性有。

三科法门和三十六对法分别是禅宗的世界观和方法论。三科指阴、界、入三科,三科法门是佛教对宇宙人生一切现象所作的三种不同形式的归纳。

阴指五阴,即色、受、想、行、识。五阴,也称五蕴,蕴是积聚义。五蕴中,色

蕴即物质的积聚,由内在的五门眼、耳、鼻、舌、身和外在五尘即色、声、香、味、触所形成。受蕴即感受之意,有身受和心受。身受由五门和五尘所引起,有苦、乐、舍(不苦不乐)三种感受,心受由意根所引起,有忧和喜,受共有苦、乐、忧、喜、舍五种性质。想蕴即心于所知境执取形象,相由心生。行蕴,"行"是造作之义,行蕴是驱使心造作诸业。识蕴,识为心王,识能够知道外境,所以是能知的心,因为由它带动其他的心念,以它为主,故称为心王,随它而生起的心念称为心所。

入是十二入,又称十二处,包括外在世界的六尘和内在自身的六门,六尘即色、声、香、味、触、法,六门也称六根,即眼、耳、鼻、舌、身、意。入,指六根六尘互相涉入的意思。六根、六尘及六识(即眼识、耳识、鼻识、舌识、身识、意识),合称为"十八界",界是区分的意思,十八界即六尘界、六门界和六识界。

五蕴、十二入、十八界皆由自性而来。自性能包含万法,叫作含藏识,如果起了分别思量,就形成转识。由转识生起六识,出于六门,对外接触六尘,所以说,十八界都从自性而起用。自性邪,就生十八邪,自性正,就生十八正。善用、恶用,皆由自性而来。一切唯心造,心生种种法生,心灭种种法灭。三科法门最终落脚于自性,然自性仍待此心悟,故惠能强调直指人心,见性成佛。修行即是要悟其自性,要能明心见性。

惠能告诫弟子说法要善用三十六对法,即相互对待法,出入不落两边,以中道为根本。

> 对法外境,无情五对:天与地对,日与月对,明与暗对,阴与阳对,水与火对,此是五对也。
>
> 法相语言十二对:语与法对,有与无对,有色与无色对,有相与无相对,有漏与无漏对,色与空对,动与静对,清与浊对,凡与圣对,僧与俗对,老与少对,大与小对,此是十二对也。
>
> 自性起用十九对:长与短对,邪与正对,痴与慧对,愚与智对,乱与定对,慈与毒对,戒与非对,直与曲对,实与虚对,险与平对,烦恼与菩提对,常与无常对,悲与害对,喜与嗔对,舍与悭对,进与退对,生与灭对,法身与色身对,化身与报身对,此是十九对也。(《付嘱品》)

太虚法师说:"动用对法,出语尽双,即离两边,来去相因,乃运空、有二轮以摧有、空二见者也。"①世间诸法,皆为对待之法,如上下、去来、生灭、你我等等,若能超越对待,就能随缘自在,拥有一颗平常心。

> 若有人问汝义,问有,将无对;问无,将有对;问凡,以圣对;问圣,以凡对。二道相因,生中道义。如一问一对,余问一依此作,即不失理也。设有人问:何名为暗?答云:明是因,暗是缘,明没则暗,以明显晦,以暗显明,来去相因,成中道义。余问悉皆如此。汝等于后传法,依此转相教授,勿失宗旨。(《付嘱品》)

这种思维方式与言说方式,我们并不陌生。儒家的执两用中,道家的齐物我,佛教的色空不二,皆强调中道而行,不落两边。这种生与死、清与浊、有与无、真与假的不二法门在禅宗之后更自觉地渗透在中国古典诗歌和小说等艺术的创作中,成为作品的形式构成法则。如《红楼梦》,在庞杂的人物与繁复的叙事背后是无所不在的相对法结构,在真与假、虚与实、雅与俗、生与死、清与浊、净与染、情与欲、繁华与幻灭中执两用中,得其中道,构成了结构上的巧妙安排与无尽的审美意蕴。借助于佛教特别是禅宗,我们可以更好地解读古代的文学艺术。牟宗三曾说"《红楼梦》是小乘,《金瓶梅》是大乘,《水浒传》是禅宗"②,也是从佛教的世界观和思维方式上去解读。小乘佛教强调"自了",即《红楼梦》"好了歌"中所唱的"好即了",而《金瓶梅》则有在红尘中炼狱得解脱,在酒色财气、贪嗔痴中转识成智的大悲之心。牟宗三所说的《水浒传》依据的则是金圣叹批点的《水浒》。金圣叹大赞武松、李逵、鲁智深等人为天人、真人、活佛等,所取的正是他们直而不屈、当下即是的特点,而宋江、吴用等人则是皮里阳秋、机心屈折之人。金圣叹本身即有从佛禅角度去解读的特点,可见,从佛教的视角去解读古代文学作品往往是一条比较通达的捷径。

(四)《坛经》的修行之美

《坛经》除了有"文字般若""实相般若""观照般若"之美妙,还有无处不在的般若修行之美,即将坐禅融于自然无为和日常生活之中的所谓"无念为宗"。在自性般若的佛性论基础上,惠能对以往佛教的皈依佛法僧三宝提出了自己的理

---

① 《太虚大师全书》,宗教文化出版社 2004 年版,第 2816 页。
② 牟宗三:《生命的学问》,广西师范大学出版社 2005 年版,第 190—191 页。

解,即皈依觉正净自性三宝,同时也对传统佛教修行中的戒定慧三学作出了自己的理解。

《顿渐品》中记载了一段神秀弟子志诚与惠能的对话:

师曰:"吾闻汝师教示学人戒定慧法。未审汝师说戒定慧,行相如何? 与吾说看。"

诚曰:"秀大师说:'诸恶莫作,名为戒。诸善奉行,名为慧。自净其意,名为定。'彼说如此,未审和尚以何法诲人?"

师曰:"吾若言有法与人,即为诳汝。但且随方解缚,假名三昧。如汝师所说戒定慧,实不可思议。吾所见戒定慧又别。"

志诚曰:"戒定慧只合一种,如何更别?"

师曰:"……吾所说法,不离自性。离体说法,名为相说,自性常迷。须知一切万法,皆从自性起用,是真戒定慧法。……心地无非自性戒,心地无乱自性定,心地无痴自性慧。不增不减自金刚,身去身来本三昧。"

神秀的"戒"和"定",是指在修持禅定的活动中,要有对行为的外在约束,而"慧"则是指要有对心理的内在制约,因此,禅悟是渐修的功夫。而惠能反对把戒定慧分开来看,并且认为三者没有先后之别,其戒定慧是自性戒定慧,是指佛性本身,即体即用,如灯与光,是"劝大根智人"。可见,在惠能看来,最高的智慧莫过于识心见性。

在此基础上,惠能强调自己的禅法是立"无念为宗,无相为体,无住为本":

善知识,我此法门,从上以来,先立无念为宗,无相为体,无住为本。无相者,于相而离相。无念者,于念而无念。无住者,人之本性。……若前念、今念、后念,念念相续不断,名为系缚。于诸法上,念念不住,即无缚也。此是以无住为本。

善知识,外离一切相,名为无相。能离于相,即法体清净。此是以无相为体。善知识,于诸境上心不染,曰无念。于自念上,常离诸境,不于境上生心。若只物不思,念尽除却,一念绝即死,别处受生,是为大错,学道者思之。(《定慧品》)

可见,惠能所建立的禅法一反之前的诸多清规戒律,不提倡外在的读经、坐禅、塑像等,使佛教的修行世俗化,修行方法简易化,只要保持本心佛性,行住坐卧,砍柴担水,一切日常生活皆是修行,这种修行方法,既入于生活,又超越日常生活,入乎其内而又出乎其外,正是一种走向审美和诗意的生活。但这种看似简易的法门却并不简单,需要体验、证悟,从而使感性的生活的现象层与澄明的佛性的自如层之间得以通达。

综上所述,《坛经》的文法之美、思维之妙、智慧之境和修行之美体现出《坛经》本身所具的审美意识,并内在地通向审美。这主要体现在三个重要层面:感、悟、空。感知是起点,妙悟是中介,性空是境界,这三个过程正与审美过程的三个阶段——审美感知、审美体验和审美境界——相类。可见,禅宗的感悟、体验、表达方式和境界都使其成为一种最具艺术性的宗教,禅的人生方式及其境界也正是艺术所要走向的最高境界,体现出中国美学精神的特质。

三、禅宗对中晚唐审美意识的影响

中晚唐正是中国艺术大变迁的关键时期,富丽堂皇的贵族美学渐渐走向了冲和平淡的文人美学。盛唐贵族美学崇尚大红大紫的色彩美、金碧辉煌的山水美、黄金白银的制器美等等,而到了中唐,这种审美趣味发生了变化,如绘画主题从人物转为山水、色彩从浓艳趋于水墨、境界从缛丽变为空灵……一切都在变局之中,唐的开放雄伟渐渐走向宋式的内省与静定。

审美趣味的转向固然有多方面的原因,特别是与唐中后期的社会动乱密切相关,但除此之外,社会思潮也是一个重要因素。中晚唐禅风盛行,文人士大夫论佛参禅,援禅入诗,写了一些禅味极浓的诗。诗论方面,晚唐司空图提出"韵外之致""味外之旨""辨于味而后可以言诗"的观点,标志着一种新审美趣味的形成。到宋代,禅宗高度发展,广泛流行,士大夫谈禅成风,严羽《沧浪诗话》更是以禅说诗。中晚唐以降的关于艺术的创作与评论皆离不开禅学背景,这里试以王维和司空图的诗论为代表加以说明。

古代诗论的发展大体有三个阶段:从先秦两汉的教化诗论到魏晋南北朝的有情诗论,再到晚唐宋代形成的无情(或道情)诗论。这三个阶段也是古代诗论发展的逻辑层次和历史展开。其中,教化诗论是儒家诗论的基本思想,可以《毛诗序》的观点为典型体现,"情动于中而形于言"是诗发生的逻辑前提,"经夫妇,成孝敬,厚人伦,美教化,移风俗""发乎情,止乎礼义"是诗产生的社会功能;六朝时期的有情诗论则是在魏晋玄学思想影响下,诗歌理论在突破儒家思想的限制后形成的重情感重个性的有我之浓情诗论,以钟嵘的"滋味说"为典型体现,强调"诗者,吟咏情性也""干之以风力,润之以丹彩,使味之者无极,闻之者动心,是诗之至也"(《诗品序》),强调诗的形式美与情味美;无(道)情诗论是在中晚唐后受到禅宗思想影响形成的淡(道)情诗论,以司空图、苏轼等的味外诗论为集中体现,注重诗歌背后的超越人格和自然真境。安史之乱后,佛学思潮进入到禅学时代,以司空图为代表的崇尚平淡、味外味的诗学理论也代表着古代诗论进入到一个新的阶段。

继钟嵘以滋味论诗之后,司空图也强调辨于味然后可以言诗,不过,与钟嵘注重悲怨、浓情之味不同,司空图强调平淡的味外之味。在《与李生论诗书》中,司空图以味论诗:

> 文之难,而诗之难尤难。古今之喻多矣,而愚以为辨于味,而后可以言诗也。江岭之南,凡足资于适口者,若醯,非不酸也,止于酸而已;若鹾,非不咸也,止于咸而已。华之人以充饥而遽辍者,知其咸酸之外,醇美者有所乏耳。彼江岭之人,习之而不辨也……然直致所得,以格自奇。……王右丞、韦苏州澄澹精致,格在其中,岂妨于遒举哉?……近而不浮,远而不尽,然后可以言韵外之致耳……
>
> 盖绝句之作,本于诣极,此外千变万状,不知所以神而自神也,岂容易哉?……倘复以全美为工,即知味外之旨矣。

"味"指酸甜苦辣咸,"味外味"则指单一的味道之外,还有余味,特别是指多种味道调配成的醇美的味外之味。司空图认为诗味中以一味而胜者,谓之偏胜,如"郊寒岛瘦",偏胜者亦可成诗坛名家。但偏胜者味薄,醇美者味厚。醇美即全美,指有多重美质交互作用的醇美之味,有醇美之味的诗歌,其味在咸酸之外。味薄者如贾岛、元稹、白居易,味厚者如王维、韦应物。

诗贵有"味外之旨""韵外之致",要能以"全美为工",这是司空图诗论核心。达到此标准的诗至少有两个条件:其一,就诗而论,诗的意象要能"近而不浮,远而不尽",即诗的意象要如在目前,如临其境,且要有无尽之意,能写"象外之象,景外之景";其二,就作诗之人而论,要有"格",要能"直致所得,以格自奇",也就是说,诗不贵作意好奇,刻意为之。清人许印芳在《诗赋赞》中称其为"知非诗诗,未为奇奇",知非诗为诗,以不奇为奇,能达到不知神而自神,看起来似乎不是诗的诗,也没有特别把它写得如何奇特,这样的诗才是真正有味的诗。如北宋诗人梅尧臣所说,"作诗无古今,惟造平淡难",平淡则有禅意,意境深,背后是诗人的心性修养。故诗之格,所谈是诗格,亦是人格,诗格背后是人格的体现,此为诗之基,诗之质,诗之道。

以禅入诗贵在淡而有味,苏轼在《评陶韩柳诗》中说"所贵乎枯淡者,谓其外枯而中膏,似淡而实美,渊明、子厚之流是也"。淡而有味即为韵,何谓韵? 北宋范温《潜溪诗眼》中认为"有余之谓韵":

> 且以文章言之,有巧丽,有雄伟,有奇,有巧,有典,有富,有深,有稳,有清,有古。有此一者,则可以立于世而成名矣;然而一不备焉,不足以为韵,众善皆备而露才见长,亦不足以为韵。必也备众善而自韬晦,行于简易闲澹之中,而有深远无穷之味……其次一长有余,亦足以为韵;固巧丽者发之于平澹,奇伟者行之于简易,如此之类是也。

有余味谓之韵,如专家与大家之别,专家以一技见长,大家除独擅一技外,还有人格的魅力,如佛菩萨之有后光。行于简易闲淡,而有深远无穷之味,贵在能沉潜涵养,韬光养晦。司空图认为"诗中有虑犹须戒,莫向诗中着不平"(《白菊·自古诗人少显荣》),诗要能冲和淡远,诗的冲和淡远,贵在以诗涵养人格性情。

司空图"味外味"的诗论在中晚唐和宋代走向了崇尚冲和平淡的审美趣味,标志着中晚唐诗论渐趋收敛和内省的诗学精神的转向,形成了"绚烂之极归于平淡"的玉的美学。如宗白华所言,"一切艺术的美学,以至于人格的美,都趋向玉的美,内部有光彩,但是含蓄的光彩,这种光彩是极绚烂,又极平淡"①。司空图诗论中尤重王维,认为王维的诗"澄澹精致,格在其中""近而不浮,远而不尽,然后可以言韵外之致"。现以王维为例进一步阐释味外之旨、平淡冲和的美学理想。

被称为"诗佛"的王维,以禅入诗,以诗入画,开创了山水诗、画的新时代。苏东坡在《书摩诘蓝田烟雨图》中赞:"味摩诘之诗,诗中有画;观摩诘之画,画中有诗。"苏东坡亦是承司空图诗论而来,苏东坡认为,"唐末司空图,崎岖兵乱之

---

① 宗白华:《宗白华全集》第 3 册,安徽教育出版社 1994 年,第 453 页。

间,而诗文高雅,犹有承平之遗风。其论诗曰:'梅止于酸,盐止于咸,饮食不可无盐梅,而其美常在咸酸之外'"(《书黄子思诗集后》),苏轼所论与司空图诗论精神相一致,并在此基础上"再生"了陶渊明,"所贵乎枯淡者,谓其外枯而中膏,似淡而实美,渊明、子厚之流是也"(《评陶韩柳诗》),东坡可谓渊明的前世今生,异代而相鸣者。

苏轼论王维之意有两层:其一,就其画论,援诗入画,讲笔墨情趣,重诗意,不求形似,与院体画、匠人画相区别,是为文人画之祖;其二,就其诗论,以画入诗,注重表现自在本然的自然景色,奠定了山水诗虚静空灵的美学标准,将山水诗推上艺术的峰巅。画中有诗,是有禅意;诗中有画,是有色相。王维诗能以山河大地写清净本原,写出淡、静、空的境界,体悟色不异空、空不异色的禅意。以《辛夷坞》为例:"木末芙蓉花,山中发红萼。涧户寂无人,纷纷开且落。"自在芙蓉,纷纷开落,这里有禅的"对境无心",故于花的开落不起哀乐之情;而又在花的开落中,得悟无上妙谛,道无不在。

王维写景物表现出一种禅理、禅意,而不是汉代的诗言志、魏晋的诗缘情的情志诗。情志之外,借诗以言性,言自性本然之状,如禅所说的自在本性。王维诗有禅宗"拈花微笑"之意,其诗如"雨中山果落,灯下草虫鸣""明月松间照,清泉石上流"等,字字入禅。所写之景是静中之动,写内心平静之时的心念一动。此动不起善恶喜怒之分。《中庸》讲"喜怒哀乐之未发谓之中,发而皆中节谓之和",喜怒哀乐之未发谓之性,已发谓之情,性本静,情为动,未发时是平静的,性是一个能感的本性,喜乐之情不中节、不合乎节度则损其性,而合乎节度,无过与不及,则能超越喜怒等情感的有限性,这种超越正是王维诗中表现的境界,也是司空图所说的"超以象外,得其环中"(《二十四诗品·雄浑》),得其环中者,即能写喜怒哀乐未发之中。王维所写、司空图所论即是这种冲和淡远的清净本原之境。

观看方式的不同,也会带来绘画中表达方式的不同和意象的变化。欧洲文艺复兴时期,随着神本位到人本位的变化,绘画也出现了以人为中心的透视法的视觉革命,与此类似,中晚唐时期禅宗盛行,以禅眼看世界,山水画中便也出现了不同于盛唐青绿山水的散点透视和水墨山水画法。王维开创的水墨山水画可谓中国绘画史上的一场视觉革命。

这种独具特色的视觉语言无疑与禅宗的境界有着很大的关系。试以王维与李白眼中的山水来进行比较。李白的"山随平野尽，江入大荒流"与王维的"江流天地外，山色有无中"，诗仙与诗佛眼中的山水都有一种天高地阔的气象，望向现实之外，追求永恒之中，这种终极视野正是仙佛所共同具有的，但不同的是"江流天地外，山色有无中"之中更有一种内与外、有与无的相对法，在内外之间、有无之际，正是《坛经》中三十六对法思维方式的体现。看江流于天地内外之际，看山色在有无之间，感悟到人的视觉的限制和时空的变化，领悟出山色有无、色空不二的中道之意。于是在绘画语言上，放弃西方的透视法，在人的视觉极限之外采取留白的手法。在色彩上，随着季节的变化，山色也随之改变，"山色有无中"是对人所感知的色彩视域的突破，从而洗尽铅华，用黑白水墨去表现色彩的本来面目。留白和水墨，正是禅眼观世界后，在视觉语言上对真如本性的表现，不同于西方透视法中对人的中心地位的突出，恰恰相反，是人在突破小我，身心脱落，归于真如本性，自然之道，表现出禅宗的审美意味。

可以说，经过唐代禅学的革命，经过唐代文学艺术先驱者的开拓，中国艺术有机会对形式与技法做更大的舍弃，从而引领中国人的精神进入更为深沉的静观的境界。这种深沉的境界可以说是道家的虚静之心、儒家的未发之中和佛教的真如本性在中国艺术领域的体现，是中国艺术创作及鉴赏的理论背景和哲学基础，这一基础在唐代佛学思潮和社会环境的推动下，在中国画论、诗论等艺术理论中均得以表现，使中国审美思潮在晚唐到北宋之际发生了重大改变。

在佛教特别是禅宗的影响下，古代诗论从教化诗论走向性情诗论，最后走向无（道）情诗论。无情诗论在诗格上要有象外之象、味外之旨、冲和淡远的意境，在人格上要能修身养性，达于澄明之境。这种澄明之境在佛教上即要能做到惠能所说的"无念为宗，无相为体，无住为本"（《定慧品》），无念不是百物不思，不是心念断绝，不是执心不动，不是压抑心念令其不起，而是于心识所现种种念相，正观其性空、离染、本来清静、无缚无脱之真如自性。如此观时，自然渐得"于念而离念行"（《定慧品》），成就真实无念行，了悟"应无所住而生其心"（《金刚经》），"应无所住"是体，"而生其心"是用，用不离体，体不离用。"应无所住"既不著有，"而生其心"亦不落无，佛要人领悟实相无相，离念即是真心，故说"应无所住"。佛又要人领悟起用之妙，故又说"而生其心"，所谓随缘不变，不变随缘，不变即是无所住，随缘即是生其心。创作中要能心清物明，则能应物而无累于物。如果心有所执，先入为主，则为执情强物，不可见物态万殊，则观物不切,体物不真。于佛教而言,要修到此境,才可以"乐而不淫,哀而不伤"。

综上可见,古代诗论的发展经过了三个逻辑阶段,即重于风教的教化诗论、重于情动的有情诗论到重于性静的无情诗论,魏晋诗论中谈到的浓情更多是指已发之情,晚唐以来的唐宋诗论更多指向未发之中。从教化诗论到有情诗论再到无(道)情诗论,最后落点于人格的完善,这正是承续乐教精神的文脉,走出一条中国特色的诗论。

如果说以司空图为代表的注重味外味的晚唐诗论的提出标志着古代诗论在逻辑上的完成,那么禅宗也可以说是中国哲学在佛学思想推动下在逻辑上的自我完成。晚唐诗论和禅宗思想在诗论史和思想史上,无疑具有理论的生发性和原创性,二者可以说是未发之中的哲学思想在诗论上的逻辑体现和在思想史上的自我完成。

第四节　华严宗的审美意识(上)

佛教自东汉明帝年间传入中国,数百年的传播,并没有真正做到中国化,而是到了唐代,才完成了它的中国化。其重要标志,诚然是禅宗的出现。但是不要忘记,在佛教中国化的漫长过程中,有诸多的佛教宗派作出过贡献,不独禅宗。其中最为重要的是两个佛教宗派,一是天台宗,一是华严宗。天台宗、华严宗都具有严密的哲学体系,而且两者还有不少相通之处。其中,华严宗更为普通百姓所接受。华严宗其经、其论、其疏都极具美学色彩,所描绘的佛国情景极为绚丽,所阐发的成佛之路极为生动。华严宗为中国审美意识的建立作出了重要贡献。

一、《华严经》的汉译过程

华严宗在唐代的创建,与《华严经》传入中国有直接关系。

东汉灭亡后,天下大乱,先是三国,后是魏晋,再是南北朝,国家分裂,性命难保,人心惶惶,何处是身心安顿之所?人们自然而然地将目光投向了佛教。比之一味避世的道教来说,佛教有它的优势。它所描绘的佛国,比之成仙,让人更觉可信,也更可依赖。佛教在中国的发展应该说有基础,但是,由于佛教毕竟来自遥远的印度,传入中国的佛教资源在当时非常有限,因此,如何获取更多的佛经,是当时中国佛学界的一个重大问题。另一个问题就是翻译。东晋时,一部重要的佛教经典——《华严经》,由著名僧人慧远的弟子支法领获得。《华严经》据说是印度高僧龙树菩萨所造,在印度很有名,支法领从西域的于阗国获得此经,实是有幸,不过,他获得的是略本,为梵文。东晋义熙十四年(418 年),吴郡内史孟顗决心将此经译出,他请来自印度的佛学家佛陀跋陀罗(又名觉贤)担任主译,中国僧人法业、慧义、慧贤、慧观等担任助译。参加此工作的达百余人。南朝宋永初二年(421 年),该经译毕,共 60 卷,通称晋译《华严》或《六十华严》①。

唐代武则天时代,佛教大盛。武则天此时读到了晋译的《华严经》,非常倾心,听说此译本为略本,感到遗憾,又听说于阗国还有更全一些的梵文本,遂遣使求取,并希望于阗国派精通梵文的高僧参与翻译。于阗国遂派实叉难陀携经来到洛阳。得到此经,武则天极为高兴,因为它果然较晋译的《华严经》丰富得多。证圣元年(695 年),武则天下令由实叉难陀担任主译,开始译这部新的《华严经》。参加译经的中国僧人很多,其中就有后来成为华严宗大师的法藏。这部经书译好后,武则天还让大诗人王维润饰过,此经共 80 卷,称唐译《华严》或《八十华严》。

在唐代,还有一部《华严经》。唐德宗贞元十一年(795 年),乌荼国王向德宗进献节本的梵文《华严经》。贞元十二年(796 年),德宗诏请来自北印度的佛学家般若三藏担任主译,将此部经也给译了出来。贞元十四年(798 年),此经译毕,共 40 卷,简称《四十华严》。

《华严经》是一部源自印度的佛经,中国僧人在将它译成汉语时,在相当程度上也将这部印度经书中国化了。中文语汇自有它特定的含义,当别一种思想用中文表达时,中文原有的语义必定渗入新义,因此,原来的思想就会发生一些变化。当我们在阐述《华严经》中的审美意识时,这审美意识就既有原印度的成分,也有中国的成分,由于它毕竟为中国人所接受,因此,讨论汉文《华严经》的审美意识,是可以将它看成中国人的审美意识的。

二、《华严经·华藏世界品》的审美意识

《华严经》内容丰富,《六十华严》由八会一说法构成,《八十华严》多了一会,

---

① 参〔宋〕释志磬:《佛祖统纪·卷二十六·第三十六·佛祖历代通载·第八》。

为九会。每一会中,有诸多品。从总体思想来看,《华严经》是由凡夫进至菩萨最后成佛的修行路线图。通过《华严经》,可以看到菩萨修行的次第、等级。在这个过程中,《华严经》不仅展示了修行中的种种精神修炼的辛苦,更展示了修行过程中极在的精神愉快。这种展示不仅是宣扬佛教,也是进行美的熏陶,更重要的是它还凝聚成一种审美观念,可以说,它对中国人审美意识的影响深远。

应该说,佛教都很重视佛国的美丽,任何一部佛经都有关于佛国美的描绘,但似无有过于《华严经》者。《华严经》所展示的佛国美,最为集中的一章要数《菩提场会》中的《华藏世界品》。

这篇经,开首有普贤的宣示。普贤说:"诸佛子,此华藏庄严世界海,是毗卢遮那如来,往昔于世界海微尘数劫修菩萨行时,一一劫中,亲近世界海微尘数佛,一一佛所,净修世界海微尘数大愿之所严净。"这话的意思是,告诉你,下面描绘的是佛国,这里指的是华藏庄严世界海。这华藏庄严世界海不是静态地在那儿存在着,等着你去,而是毗卢遮那如来佛历经修行,最后方才对他显现出来的清净光明的国土。这话的意思是明显的,佛国是修行大成后的收获,而不是预先存在的乐土,不修行或修行不成功就什么也没有。

毗卢遮那如来是何人,我们能像他一样吗? 毗卢遮那是佛名,本义为光明普照,所以毗卢遮那如来又称大日如来。毗卢遮那如来是华严世界的教主,与普贤、文殊同为"华严三圣"。按佛教教义,佛是修行的最高果位,人是可以通过一步步修行达到的。

这样,这华藏庄严世界海,就既具有理想性,又具有现实性。

关于华藏庄严世界海的种种壮丽,经书次第展开,层次分明。

它首先介绍华藏庄严世界海的地理结构。这是一片海,海中有山,名为须弥山。山上有以次而上的象征着修行层次的各种风轮。风轮均富丽堂皇。最上的风轮为殊胜威光藏,它护持着一片海,名普光摩尼香水海,海中有大莲花。华藏庄严世界海住在大莲花之中。周遭有金刚轮山,土地、海洋、树林,各有分界。

其次,它一一介绍华藏庄严世界海各个构成部分的美丽。从尽善尽美的描述中,我们能够体会出哪些较为明显的审美意识呢?

第一,对香的审美意识。香感属于嗅觉。在西方美学史中,审美器官主要为视觉,非视觉的美感不被重视。原因可能主要是西方美学重视审美的认识作用,人类诸多的感官中,于认识的功能上,视觉列在第一位。人类的认识基本上都是依赖视觉来进行的。美感中,列在视觉之后的是听觉。听觉的美在审美上的地位,仅次于视觉。听觉也具有一定的认识功能,虽然不及视觉,但它有视觉不可替代的地方,更重要的是,听觉较视觉更能作用于人的情感。所以,西方美学史中,听觉美感也有相当的地位。这两种感觉之外,肤觉、嗅觉、味觉基本上被忽视掉了。中国古代美学同样重视视觉、听觉的美感,不同的是,对于其他感觉的美,并没有忽视。道家提出"味"这个概念,虽然本义不是审美,却通向审美,味觉美感在中国得到特别的重视。佛教则提出"香"这个概念,于嗅觉的美感有相当深入的认识。《华严经·华藏世界品》中,对香感有充分而细致的描绘。略摘引数句:

> 此世界海大地中,有不可说佛刹微尘数香水海,一切妙宝庄严其底,妙香摩尼庄严其岸。毗卢遮那摩尼宝王以为其网,香水映彻,具众宝色……
>
> 一一香水海,各有四天下微尘数香水河……其香水中常出一切宝焰光云,相续不绝。
>
> 此诸香水河两间之地,悉以妙宝种种庄严,一一各有四天下微尘数众宝庄严。芬陀利华周匝遍满,各有四天下微尘数,众宝树林次第行列。一一树中恒出一切诸庄严云,摩尼宝王照耀其间。种种华香处处盈满,其树复出微妙音声,说诸如来一切劫中所修大愿……

这香感与我们平常的香感明显不同,平常的香感不管是微妙的还是强烈的,都不带文化的内涵,而《华严经》中的香感则有深邃的文化内涵,这文化指佛教。另外,《华严经》中所描述的香感,不是孤立的,它与其他感觉的美感融会在一起。视觉的,如"香水映彻,具众宝色";听觉的,如"种种华香处外盈满,其树复出微妙音声"。更重要的是,这香具有无穷的弥散性,它可以弥漫整个世界,让全世界香气氤氲。

可以说,佛教为中国美学增添一个重要的美学范畴——香。

第二,对光的审美意识。光感虽然也属于视觉,但是,在西方美学史中,人们对光感并没有充分的认识。当然,基督教美学谈到了光,那光附会上了神秘的色彩。也许因为此,包括黑格尔这样的美学家谈美感时,也不怎么谈光感,只有到了近代,在印象主义绘画作品中,光才在美学上真正占有一席之地。中国也有些类似,中国古代美学也不怎么谈光。然而,在佛教经典中,特别是在《华严经》中,光有着特别重要的地位。《华严经·华藏世界品》中,在描述华藏世界时,有许多地方谈到光:

　　此刹海中一切处,悉以众宝为严饰。发焰腾空布若云,光明洞彻常弥覆。

　　此最中央香水海名无边妙华光,以现一切菩萨形摩尼王幢为底,出大莲华,名一切香摩尼王庄严。

　　此上过佛刹微尘数世界,有世界名种种光明华庄严。

　　此上过佛刹微尘数世界,有世界名普放妙华光。

　　此上过佛刹微尘数世界,有世界名众妙光明灯,以一切庄严帐为际,依净华网海住,其状犹如卍字之形……

　　此上过佛刹微尘数世界,有世界名高胜灯,状如佛掌,依宝衣服香幢海住。

种种佛刹微尘数世界,有各种各样的光明灯,这些灯形状不一,有如旃檀月,有如香水旋流,有如师子之座,有如佛掌……于是这华藏世界一片光明。而诸多佛号也以灯或光为名,如:

　　此上过佛刹微尘数世界,有世界名华林幢遍照。佛号大智莲华光。

第三,对境界的审美意识。《华严经》所描绘的华藏世界可谓美轮美奂,尽善尽美。而所有这一切,它又将其归结为"境界"。它说:"以佛境界威神力,一切刹中如是观。"境界有什么特点? 就是虚实相生。首先,它是实,无尽无穷的实,《华严经》所描绘的华藏世界的种种美妙、种种变化,皆是实,然而,"十方所有诸变化,一切皆于镜中像",既然是"镜中像",就是虚,就是幻。"所有化佛皆如幻,求其来处不可得。"这种华藏世界,连《华严经》也认为"刹种难思议"。难,当然是对俗界而言,对于佛子,他不仅能思议,还能充分享受安住其中的自由与快乐。境界,不仅是虚与实的统一,既实又虚,而且这其中极为丰富的一切,也是有序的,"一一皆自在,各各无杂乱""佛于清净国,显现自在音"。自在与秩序、自由与必然的冲突在境界中消失了,自在即秩序,自由即必然。《华严经》讲的这一切,当然是属于佛教的,却也是通向审美的。正是因为如此,佛教的境界观成为美学境界观的重要来源。

三、《华严经·入法界品》的审美意识

《华严经》中,《入法界品》最为重要,此篇经文在唐80卷《华严经》中属"逝多园林会",为三十九品,是《华严经》的结尾。此品描写善财童子按文殊的建议向各善知识问学及修行的全过程。善财童子参学的善知识共有55位。其中,遍友童子未说法,文殊师利两度说法,故只有53位为善财童子所参问。此篇经文极富文学意味,简直就是一篇优美的游记,蕴含的美学意味非常丰富。

善财是生于福城的富家公子,物质上可以说非常富有了,精神上是不是也富有呢? 当然不是。当文殊来福城传法时,善财随着全城的人都来听文殊讲法。文殊注意到这位公子,感到他有灵气,并且也知他已发阿耨多罗三藐三菩提心,遂建议他去"亲近诸善知识,问菩萨行,修菩萨道"。这样,善财就成为修菩萨道的一个象征。

象征是一种人类共同的审美现象,但各民族在创造属于自己的象征时也创造了各自不同的审美观念。也许在其他民族,象征只是审美手法之一,但在中华民族的艺术中,象征不只是手法之一,而具有总体性,也就是说,象征是中华民族艺术总体性的特征,这一点,在中国的造型艺术、戏曲艺术中表现得最为突出。中华民族艺术中所出现的一些意象,实际上是一种象征。不能说中华民族艺术的象征性来自佛经,但佛经中大量的象征手法的运用,特别是善财童子的象征性,对中华民族的审美观念产生了很大的影响。

善财童子问学与修行的过程具有重要的美学启迪作用。

经文开始,写文殊渐次南行,劝诸比丘发阿耨多罗三藐三菩提心。他游历人间,来到福城东,在庄严幢娑罗林中向广大施主传法讲经。关于讲经的状态和目的,《华严经·入法界品》写道:

> 尔时,文殊师利童子知福城人悉已来集,随其心乐现自在身,威光赫奕蔽诸大众,以自在大慈令彼清凉,以自在大悲起说法心,以自在智慧知其心乐,以广大辩才将为说法。

这段话最为关键的一句是"随其心乐现自在身"。身、心,在佛教中是两个

重要概念,身属于色界、物质的世界,心属于有情界、精神的世界。心在身之中,然因受到身的约束,不得自由,怎样克服物质世界对精神世界的约束,将色界改造成有情界,同时又不是将色界消灭而是保留它的存在,是佛教最为看重的问题,也是佛教的主题。

这个过程需要克服种种困难,在克服困难的过程中,产生了调伏界。调伏界以实现色界与有情界的合一为目的,当这种调伏达到最高境界时,便是调伏方便界。调伏方便界全是光明,没有黑境。生活在这个境界中,人满心全是快乐,全部行为均随其心而又合于佛道,既自在又不逾矩。文殊在这里的状态就是如此。他威光赫奕,心情舒畅,自由自在。这种状态就是成佛的境界。实际上,文殊以自身树立了成佛的榜样。审美体验处于巅峰状态,与文殊的"随其心乐现自在身"很有些类似。这样的快乐,不仅有心的活动存在,也有"身"的活动存在,即心是快乐的,身是自在的。

文殊在西方世界主智慧第一,是智慧的化身,或者说智慧的象征。《华严经》第二会中,毗卢遮那佛从他的眉间放出一道光,这是一道精神之光,这道光射到文殊头上,文殊马上就有感应。方东美认为:"这道光就是一种文字,就是一种 revelation of perfect truth(完全真理的启示)。凡是具有慧眼的人,接受了这一光明的照射,马上引发一种精神的感悟,然后就彰显出来,显示智慧。"①文殊在《华严经》中地位特殊,实际上,他是《华严经》的主角。所有宗教都是要讲信仰的,信仰从何而来,不同的宗教有不同的说法,对于佛教来说,这种信仰从智慧来,由智慧产生信仰,才又因智慧的力量,实践信仰,成就佛果。佛果其实也不是别的,就是智慧,只是这智慧更高、更广,号称"智慧海",佛教常用光明来比喻智慧对人的精神的开悟作用,用香来比喻智慧对人的吸引作用、全身心的感染作用。善财童子修行依的是文殊的指引,也可以说依的是智慧的指引。

善财童子修行最后一站是普贤菩萨对他的加持,在佛界,普贤主德行第一,他重德,重行。善财童子修行的这一始一终,意味着生命的智慧要落实到生命的创造,而生命创造的最高成就是品德高尚的人。值得高度注意的是,当普贤菩萨为善财童子"摩顶",善财"即得一切佛刹微尘数三昧门"之后,普贤竟让善财童子观瞻他的清净身:

---

① 方东美:《华严宗哲学(上)》,中华书局 1912 年版,第 18 页。

"善男子，若有众生见闻于我清净刹者，必得生此清净刹中；若有众生见闻于我清净身者，必得生我清净身中。善男子，汝应观我此清净身。"

尔时，善财童子观普贤菩萨身，相好肢节，一一毛孔中皆有不可说不可说佛刹海，一一刹海皆有诸佛出兴于世，大菩萨众所共围绕，又复见彼一切刹海种种建立，种种形状，种种庄严，种种大山周匝围绕，种种色云弥复虚空，种种佛兴，演种种法……

按佛教教义，有欲界、色界、无色界，色界是物质的世界，无色界是精神的世界。善财童子闻道，开大神通，为的是精神世界的彻底解放，有意思的是，开大神通后，并没有抛弃物质世界，还是让他观瞻到了辉煌的物质世界。可见佛教对色界即物质世界其实并不是完全抛弃，而是让它升华，升华出一种精神方能有的辉煌和壮丽，换句话说，让它成为精神的象征。

"清净身"，身是物，清净是灵，有了灵的清净才有身的清净。清净是纯真，不是单一，实际上它是无量数的丰富，无比灿烂、辉煌、壮丽。这不就是美吗？所以，善财童子以生命智慧为动力、以生命创造为行为的最高成果，不是真，也不是善，而是美。华严世界是美的最高境界。华严世界的创造实际上揭示出了美的奥秘。

我们还注意到，普贤的清净身有毛孔，说明它是有生命的，充盈生意的，这是人的生命。但是，却不只是人的生命，还是整个佛国的生命。佛国不是如善财童子所看到的是无量数的诸佛，而是一个难以穷尽也难以描述的生命世界。所有出现在佛国中的具体物，都只是这种生命境界的象征。

善财童子问学已达很高成就时也来到过弥勒菩萨处，观瞻过弥勒菩萨管理的毗卢遮那庄严藏楼阁。这楼阁所藏富丽堂皇，《华严经·入法界品》说："善财童子见毗卢遮那庄严藏楼阁如是种种不可思议自在境界，生大欢喜，踊跃无量，身心柔软，离一切想，除一切障，灭一切惑，所见不忘，所闻能忆，所思不乱，入于无碍解脱之门，普运其心，普见一切，普申敬礼，才始稽首，以弥勒菩萨威神之力，自见其身遍在一切诸楼阁中，具见种种不可思议自在境界。"这里说的"自在境界"与普贤菩萨说的"清净身"是一回事，都是化实为虚、虚实相生的生命创化世界，而且也是真善美相统一的人生境界。

如果说，文殊菩萨是智慧的象征，普贤是德行的象征，那么，弥勒菩萨则可以理解为化智为行、融慧创德的统一人格的象征。

四、《华严经·十地品》的审美意识

善财童子遍访 50 来位善知识以求取佛法真义，成就无量功德，显示了求佛的全过程。求佛过程中的层次，并未清晰地显示，因为善财童子遍访善知识，并没有依据由低到高的层次。

然而，求佛过程还是有层次的，这一层次，在《华严经·十地品》中显示出来了。

整个"十地"，均为金刚藏菩萨所解说的世尊的思想。金刚藏菩萨听世尊说法后，"承佛神力，入菩萨大智慧光明三昧"。他应诸佛的要求，阐述"何等为菩萨摩诃萨智地"时说：

> 菩萨摩诃萨智地有十种，过去、未来、现在诸佛已说、当说、今说，我亦如是说。何等为十？一者欢喜地，二者离垢地，三者发光地，四者焰慧地，五者难胜地，六者现前地，七者远行地，八者不动地，九者善慧地，十者法云地。

从《华严经·十地品》对十地的阐述来看，它基本上可以分成七个阶段：第一阶段为"入"，这就是"欢喜地"，入要欢喜，不仅入的是欢喜地，而且也欢喜地入，入了更欢喜；第二阶段为"除"，这就是"离垢地"，要求除去一切邪念；第三阶段为"立"，即为"发光地"，要求将十种心特别是"清净心"立起来；第四阶段为"观"，即为"焰摩地"，要求遍观宇宙中的一切，在观中体会佛法；第五阶段为"化"，将前所获得的精神成果升华，表现为心境的提升，一是"清净心"，另是"平等心"，合为"平等清净心"，这就是"难胜地"；第六阶段为"赏"，赏也是观，但不是眼观，而是心观，观的是"无相"，是"平等"，这就是"现前地"；第七阶段为"大"，将所获得的功德进一步扩大，由自身到大众，实现由小乘到大乘的转化，成就无量功德，以至无穷，这就是"七者远行地，八者不动地，九者善慧地，十者法云地"。

这个修行的过程，在一定程度上体现出审美的过程。这里，我们只择三个关键性的阶段将这两者进行对比。

(一)审美进入

众所周知,审美由快乐始,而且此快乐不需要努力,而是自然而然的、不知不觉的,由于乐,人的心变柔了,情绪变好了,正因为有这种变化,所以呈现在眼前的一切顿时放射出光辉来。审美能不能发生,决定于审美快乐能不能发生,而审美快乐能不能发生,决定于两个因素,一是是否遇见可以让你高兴的人和事,二是当下的心境如何。我们读第一地品"欢喜地"时,感觉到它似乎也说到了这两个方面。第一地品强调这欢喜地是佛地,是佛住的地方,是佛的家,修行的菩萨来到这里,亲近佛,礼拜佛,求做佛,怎么能不欢喜呢? 事实也是如此:"菩萨住欢喜地,成就多欢喜,多净信,多爱乐,多适悦,多欣庆,多踊跃,多勇猛,多无斗诤,多无恼害,多无瞋恨。"那么,进入欢喜地的菩萨是不是也需要保持好的心态呢? 也是需要的。第一地品强调入欢喜地,心要"广大志乐,无能沮坏",还要"无疲懈",一直保持兴奋的心情。种种不良的心态全要清除,一定要"不污如来家,不舍菩萨戒"。种种良性的心态全要调动,此时的心全是好心:柔和,恭敬,润泽,随顺,谦下,寂灭,调伏,等等。

(二)审美观赏

审美观赏离不开感知,也离不开想象与理解,它是感知与心智的共同起舞,身体与灵魂的共通愉悦。在中国美学中,有一个可以用来说明这一现象的概念——"观"。观虽然语义同于视、看,但在实际使用上,比视、看要深刻得多。视、看一般仅限于感知上对物的感受和认识,而观,则不仅具有感知上的意义,还具有相当深刻的哲学含义,也就是说,当用到观时,它很可能不是一般的视、看。先秦典籍中,观的运用,最为重要的,一是《周易》。《周易》有观卦,整个卦讨论的是观的重要意义;又,《周易·系辞上传》云,"圣人设卦,观象系辞焉"。《周易》中的观决不只是看的意思。二是《左传》。《左传·襄公二十九年》记吴公子季札来鲁国办事,对鲁国国君说"请观于周乐",鲁君先使乐工为之歌《周南》《召南》,季札一听,高兴地赞曰"美哉",就这样听下去,季札不断地发出赞叹,直听到《颂》,长叹曰"至矣哉",并发表长篇的评论。季札这种行为,《左传》说是"观",显然,这里的观不是看、视的意思。在中国哲学包括中国美学中,观有目观和心观两重意义,目观也不只是眼睛在看,它包括一切感觉器官的活动,只不过用目来做代表。心观就更丰富了,有想象,也有理解,有形象思维,也有逻辑思维。因所持的立场与角度不同,心观有多种,可以是哲学的,也可以是伦理的、宗教的、政治的,还可以是审美的,等等。

《华严经·十地品》中的第四地品"焰慧地"就谈到"观":

> 尔时,金刚藏菩萨告解脱月菩萨言:
>
> 佛子,菩萨摩诃萨第三地善清净已,欲入第四焰慧地,当修行十法明门。何等为十?所谓观察众生界,观察法界,观察世界,观察虚空界,观察识界,观察欲界,观察色界,观察无色界,观察广心信解界,观察大心信解界。菩萨以此十法明门,得入第四焰慧地。
>
> 佛子,菩萨住此焰慧地,则能以十种智成熟法故,得彼内法,生如来家。何等为十?所谓深心不退故,于三宝中生净信毕竟不坏故,观诸行生灭故,观诸法自性无生故,观世间成坏故,观因业有生故,观生死涅槃故,观众生国土业故,观前际后际故,观无所有尽故,是为十。
>
> 佛子,菩萨住此第四地,观内身循身,观勤勇念知,除世间贪忧;观外身循身,观勤勇念知,除世间贪忧;观内外身循身,观勤勇念知,除世间贪忧。如是,观内受、外受、内外受,循受观;观内心、外心、内外心,循心观;观内法、外法、内外法,循法观,勤勇念知,除世间贪忧。

考察中华全部典籍,可能没有比《华严经·十地品》论观更深入的了。如此众多的观,《华严经》仅概括为"十",当然不是只有十,十是满数,它代表的是无穷多。考察十观,从方式上来看,不外乎是两种观及其统一:目观与心观及其统一,内观与外观及其统一。这样的观法,与审美观赏是一致的。

《华严经·十地品》将观的功能归结为一句话:"除世间贪忧"。这是非常深刻的。贪,必然伤己(伤身、伤心),也必然伤人、伤物。贪的过程自然会带来诸多烦恼与痛苦,如果不贪,只要能生活下去就好了,那又有多少苦恼的呢?所以,贪为忧之源,除贪,也就是除忧。忧的除去,必然是快乐。所以,《华严经》实际上是将观的本质定位于乐,这就明显地通向审美了。

(三)审美境界

中国美学中的境界观很大程度上来源于佛经,其中重要的是《华严经》,《华严经》通篇阐述的其实就是境——佛境。佛境到底是什么样子,《华严经》各会各品均有不同的概括,其中,《十地品》中的第六地品"现前地"的概括,是最为接近审美境界的:

> 佛子,菩萨摩诃萨已具足第五地,欲入第六现前地,当观察十平等法。何等为十?所谓一切法无相故平等,无体故平等,无生故平等,无灭故平等,本来清净故平等,无戏论故平等,无取舍故平等,寂静故平等,如幻、如梦、如影、如响、如水中月、如镜中相、如焰、如化故平等,有、无二故平等。

这段话是对佛境的最好解释。它从两个角度来谈佛境,一是它的真实义,二是它的比喻义。从真实义来说,它强调佛境有一个根本思想:平等。平等即矛盾的消失,对立的取消,所以导致无:无相,无体,无生,无成,无取,无舍,等等。平等,也就是清净,也就是寂灭。从比喻义来说,佛境就是如幻,如梦,如影,如响,如水中月,如镜中相,等等。

这里,我们且不去对佛境的真实义进行阐述,只就它的比喻义来看它对中国美学境界说建构的影响。一个非常显明的例子就是南宋诗人兼诗论家严羽基本上就是搬用佛境的界说来论诗的。严羽在他的的《沧浪诗话》中这样说:

> 诗者,吟咏情性也。盛唐诸人惟在兴趣,羚羊挂角,无迹可求。故其妙处透彻玲珑,不可凑泊,如空中之音,相中之色,水中之月,镜中之象,言有尽而意无穷。

严羽这段文字论诗的境界,也用一些比喻,这些比喻几乎全来自上引《华严经·十地品》。在严羽看来,诗的境界与佛教的境界在许多地方是相通的。

第五节　华严宗的审美意识(下)

三部《华严经》的译出,为唐代华严宗的创立与发展奠定了基础。但华严宗的创建,并不是一部经书译出就完成了的。华严宗的创建在很大程度上得力于诸多中国高僧对它的阐释。中国的学问,非常看重对经典的阐释,中国文化的主体儒家就是在不断阐释儒家经典中成就的,佛学同样如此。华严宗以《华严经》为主要经典,这并不等于说它的思想仅止于《华严经》。事实是,华严宗诸多佛学思想是宗《华严经》的高僧据自己对佛学的认识而创建的。

一、中国僧人对《华严经》的阐释

华严宗的创始人是陈、隋年间的杜顺法师,是为华严宗初祖。他著有《法界观门》1 卷、《五教止观》1 卷。杜顺门下有智俨法师,传承宗义,著《华严经搜玄记》10 卷、《华严孔目章》4 卷、《十玄门》1 卷、《六相章》1 卷等。

智俨法师的法嗣为法藏,法藏生于唐太宗贞观十七年(643 年),卒于玄宗先天元年(712 年)。法藏原籍西域康居(今属乌兹别克斯坦),祖先历代为康居国丞相,祖父迁来长安后,担任大唐左侍中。可以说,法藏自小就接受过良好的教育。他 17 岁师从智俨学习《华严经》,著《华严经探玄记》20 卷、《华严十重止观》1 卷、《金师子章》1 卷、《华严料简》12 卷、《华严游心法界记》1 卷、《华严经问答》2 卷等。法藏对《华严经》的研究最为深入,为华严宗的建构与发展作出了巨大贡献,被尊为华严宗三祖。

法藏入寂后,华严宗一度因传承乏人而几致湮没。清凉大师澄观出,破斥异端,再兴宗义,作《华严经大疏钞》90 卷,《华严经纲要》3 卷,《华严玄谈》9 卷、《华严经疏》60 卷、《华严法界玄镜》2 卷。其后,他的嗣人宗密法师,著《原人论》1 卷、《新华严合经论》40 卷、《注华严法界观门》1 卷等。

中国僧人对《华严经》做了如此多的阐释、论证,在很大程度上将《华严经》中国化了。华严宗由于获得唐代最高统治者特别的支持,同时又有诸多文人为之倾心,在唐代得到很大的发展,华严宗哲学体系完备,而且极富审美意味,因此,它不管是对中国人的日常审美活动,还是对中国的审美理论及艺术理论建构,都起到了重要的作用。

二、法藏《金师子章》的历史地位

在关于《华严经》的阐释中,法藏的《金师子章》是最为重要的。《金师子章》的产生与武则天有重要关系。武则天登位后,因与李唐王朝利益不同,希望从道教之外的宗教寻求更多的支持,于是,她选择了佛教。而在佛教诸多宗派中,武则天更倾心于华严宗。华严宗诸僧人中,于法藏,她又独为赏识。由于在西域生活过一个时期,法藏有机会接触到梵文,能读梵文《华严经》。法藏 17 岁从云华寺智俨法师研习《华严经》,27 岁时出家。万岁通天元年(696 年),法藏受诏宣讲《华严经》,传说"感日光昱然自口而出,须臾成盖",武则天乃命京都十大高僧为授满分戒,法藏为其中之一。许是种种因缘,武则天注意到了这位来自西域的汉人和尚,不仅让他参与翻译80卷《华严经》,还经常请他来讲解《华严经》。《金师子章》就是法藏为武则天讲解《华严经》的记录。据史载,虽然武则天倾心于《华严经》,但对于法藏创立的华严宗所标榜的"十重玄门""六相圆融"等理论仍然感到困惑,主要是这个理论太玄了。这天法藏以金狮子为喻,竟然将这个玄秘的理论讲解得既深刻又生动,武则天终于开悟。也正因为此,此篇讲经记录流布很广,成为华严宗重要的理论文献。

《金师子章》在中国文化史上占据重要地位,它不仅是重要的佛教文献,而且是重要的哲学文献,也是重要的美学文献。《金师子章》对中国古代美学的贡献,主要是为中华民族的审美意识构建提供了理论营养,也许它没有提供具体的概念,但它提供了思想。

三、《金师子章》"缘起"说的美学意义

"缘起"说是中国古典美学"境界"说的哲学基础之一。缘起说是华严宗重要的理论,它主要是用来说明世界的本质的。《金师子章·明缘起第一》云:

> 谓金无自性,随工巧匠缘,遂有师子相起。起但是缘,故名缘起。

我们面对的是一座金狮子,它有相,这相是如何产生的?一是需要有金,二是需要有工匠的制作。金无自性即金不守自性,不守自性然而不失自性,说明金的自性是永恒的。虽然金的自性不失,然而,它随顺着不同的工匠制作,成为不同的物品。

《明缘起第一》阐明世界一切事物都是由诸多条件和合而成的,这诸多条件的和合即为缘,金狮子是缘的产物。

法藏用金狮子这一比喻,来说明成佛是怎么一回事。原来,成佛需要有自性,也需要有机缘。自性在自身这一面,机缘在外在那一面。两个方面缺一不可。

金狮子这一譬喻具有普遍的意义,不独成佛然。艺术创作何尝不是如此?中国文人论文,莫不注重两个方面。王夫之说:"含情而能达,会景而生心,体物而得神,则自有灵通之句,参化工之妙。"(《姜斋诗话·卷二》)又说:"只于心目

相取处得景得句,乃为朝气,乃为神笔。景尽意止,意尽言息,必不强刮狂搜,舍有而寻无。在章成章,在句成句,文章之道,音乐之理,尽于斯矣。"(《唐诗评选·卷三》)王夫之说的"心目相取",心即为"自性",目观的对象即为"缘",只有这两者"相取"才能成诗成文。

关于金狮子的构成,《金师子章·辨色空第二》说:

> 谓师子相虚,唯是真金。师子不有,金体不无,故名色空。又得空无自相,约色以明。不碍幻有,名为色空。

在金狮子构成的分析上,法藏认为金狮子这"相"(形象)是物质的,可观,可看,它为"色"。金狮子这相原本没有,是应缘而生的,故它的相是虚的,相是色,虚是空,故名"色空"。那有没有真的、实的呢?有,那是金。只有金,才是真实的。金是金狮子的本质,它为"有"。

金狮子相是金狮子的现象,是空。由此导出,现实为空,本质为有。现象虽为空,然看起来似为有;本质虽为实,然看起来似是无。

"约色以明,不碍幻有",现象的色空不妨碍本质的虚有。这无与有、空与实的统一,构成了金狮子,亦即构成了佛教的境界。

关于"色空",法藏在《修华严奥旨妄尽还源观》中还有详细的分析:

> 谓尘无自性,即空也;幻相宛然,即有也。良由幻色无体,必不异空;真空具德,彻于有表。观色即空,成大智而不住生死;观空即色,成大悲而不住涅槃。以色空无二,悲智不殊,方为真实也。《实性论》云:"道前菩萨,于此真空妙有,犹有三疑:一者,疑空灭色,取断灭空;二者,疑空异色,取色外空;三者,疑空是物,取空为有。"今此释云:色是幻色,必不碍空;空是真空,必不碍色。若碍于色,即是断空;若碍于空,即是实色。

空不空,看什么?看有没有自性。尘即物,它没有自性,故空。虽然空,但有相。按没有自性来说,这相是幻相。虽是幻相,相又宛然,所以,又为有。法藏否定了三种对空的误解:一是断空,二是外空,三是取空为有。断空是绝对的空,它断绝于前因后果。外空,是在事物之外的空,与相无关。取空为有,干脆否定空有存在。这三种空有一个共同处,就是都将空与色对立起来。法藏认为,色与空是不能分离的,虽不能分离,却不相妨碍。色不碍空,空不碍色。色是幻色,说明这色本质上为空;空是真空,说明这空其本质为真。尽管这些分析似有些绕,但基本意思是清楚的。法藏的这种理论日后为更多的学者所理解与接受,成为中国哲学特有的本体论,同时也成为中国美学境界理论的哲学基础。

中国美学家关于审美境界的创造常用的虚与实、真与假、诚与幻等概念,其精神内核明显可以见出华严宗的色空理论。王夫之评杜甫《祠南夕望》一诗,云:"'牵江色'一'色'字幻妙,然于理则幻,寓目则诚,苟无其诚,则幻不足立也。"(《唐诗评选·卷三》)

四、《金师子章》"圆成"说的美学意义

"圆成"说是《金师子章》的重要内容,这一理论可以说贯穿全篇,而标出则在《约三性第三》:

> 师子情有,名为遍计。师子似有,名曰依他。金性不变,故号圆成。

此节题名中的"三性"即为《摄大乘论》中的"遍计所执性""依他起性"和"圆成实性"。这三性涉及如何看物的构建。"遍计所执性",不管物的关系,只是执着于物;"依他起性",注重事物关系,认为物是依诸多的因缘条件而起;"圆成实性",认为物有本性,本性不是相,相变,本性不变,只有这个本性才是圆满实足的。佛教常以蛇、绳、麻为例说明三性:夜间视绳为蛇,这是遍计所执性;看清楚不是蛇而是由麻等物编织而成的绳,这是依他起性;仔细考察绳,得知绳的本性是麻,这就是圆成实性。用来说狮子,"狮子情有"即用肉眼看出所谓真实的有。然而它是真的吗?不是,此为遍计所执性。"狮子实有"即狮子是因诸多缘而起的,认识到这一点,属于依他起性。"金性不变"是说制作金狮子的金是不变的,金在不同的因缘下会成为不同的东西,这不同的东西相对于金来说,是色,是相,它是变的。色是虚的,金才是实的,这种视物,为圆成实性。

圆成说的实质是强调内容的真实。不论是儒家讲的理还是道家讲的道、自然,都是真实的。是真实的,却又是感觉不能把握的,而能把握到的具体,是现象,它们都是变化的、虚幻的。中国哲学认为,理不变,道不变,这不变的理和道与佛教说的真如一样,都是永恒的。

由于在几何图形中,圆最为充实,佛教用它来表示大成,因此也就派生出美

学观念上的圆之美。圆之美,一是用圆的喻义,实是讲充实的美、饱满的美、生意盎然的美;另是讲圆形的美。关于圆之美,中国美学有一系列的概念,如圆相、圆满、圆融、圆观、圆成、圆照、圆通等等。

因此之故,中国美学讲的美,都重在内容,孟子说"充实之谓美",刘勰讲"风骨",陈子昂讲"兴寄",重视的都是内容的美。

五、《金师子章》"十玄门"说的美学意义

"十玄门"是中国审美欣赏"圆观"理论的重要基础之一。法藏在《金师子章》中以金狮子为譬喻,阐述了何为十玄门。十玄是:性相、纯杂、一多、相即、隐显、微细、帝网、托事、十世和唯心。在华严宗的理论中,可能十玄门最为精彩,它详尽地阐述了观察事物的多角度、多方面,具有非常强的哲学意义和非常浓郁的审美意味。全引如下:

一、金与师子,同时成立,圆满具足,名同时具足相应门。

二、若师子眼收师子尽,则一切纯是眼;若耳收师子尽,则一切纯是耳。诸根同时相收,悉皆具足,则一一皆杂,一一皆纯,为圆满藏,名诸藏纯杂具德门。

三、金与师子,相容成立,一多无碍;于中理事各各不同,或一或多,各住自位,名一多相容不同门。

四、师子诸根,一一毛头,皆以金收师子尽。一一彻遍师子眼,眼即耳,耳即鼻,鼻即舌,舌即身。自在成立,无障无碍,名诸法相即自在门。

五、若看师子,唯师子无金,即师子显金隐。若看金,唯金无师子,即金显师子隐。若两处看,俱隐俱显,隐则秘密,显则显著,名秘密隐显俱成门。

六、金与师子,或隐或显,或一或多,定纯定杂,有力无力,即此即彼,主伴交辉,理事齐现,皆悉相容,不碍安立,微细成辨,名微细相容安立门。

七、师子眼耳支节,一一毛处,各有金师子;一一毛处师子,同时顿入一毛中。一一毛中,皆有无边师子;又复一一毛,带此无边师子,还

入一毛中。如是重重无尽，犹天帝网珠，名曰陀罗网境界门。

八、说此师子，以表无明；语其金体，具障真性；理事合论，况阿赖识，令生正解，名托事显法生解门。

九、师子是有为之法，念念生灭。刹那之间，分为三际，谓过去现在未来。此三际各有过现未来；总有三三之位，以立九世，即束为一段法门。虽则九世，各各有隔，相由成立，融通无碍，同为一念，名十世隔法异成门。

十、金与师子，或隐或显，或一或多，各无自性，由心回转。说事说理，有成有立，名唯心回转善成门。（《勒十玄第七》）

此十门，全用譬喻。金喻真如本体，狮子为相；此两者为本体与现象的关系。狮子上的毛、眼等为部分，狮子为全体，此两者的关系为部分与全体的关系；另，狮子身上的毛与眼的关系为部分与部分的关系。

第一门，总论金与狮子的关系，从佛教教义来说，强调的是缘起在于各种条件同时具足，而从一般哲学义来说，是事物的本质与现象的关系，两者不能分割，同时具足，才能成其为事物。

第二门至第七门，或论部分与全体关系，或为部分与部分的关系，总体思想是部分与全体的统一、部分与部分的统一。具体来说，第二门论纯与杂的关系。"师子眼收师子尽，则一切纯是眼"，就是说从一狮眼可以看出狮子全体，全体即可以视为眼。狮子眼为纯，其他为杂，那无异说纯即是杂，杂即是纯。第三门论一与多的关系。"金与师子，相容成立"，金为一，狮子为多，一多不碍，各住其位。第四门论部分与部分的关系。"师子诸根，一一毛头，皆以金收师子尽"，其他部分皆如此。既然狮子的毛、眼等各个部分都能见出狮子全体，那么它们也可以相互认同：眼即耳，耳即鼻……第五门论显隐关系。金狮子有显有隐，决定于你如何看，如只看狮子，则无金，狮子显；如只看金，则无狮子，金显。若两处都注意了，则俱隐俱显。第六门论细与粗的关系。此门强调显与隐、一与多、纯与杂、此与彼、主与伴、理与事均是相容的，不碍成立，则"微细成辦"，此"辦"通"辨"。第七门总结部分与全体、部分与部分的关系。"师子眼耳支节，一一毛处，各有金师子；一一毛处师子，同时顿入一毛中"，这是指部分见全体、全体存部分，重重无尽，如天帝网珠。这就是佛教的境界——"因陀罗境界门"。

第八门论说此玄门的意义,归结为"托事显法生解"。托的是金狮子事,显的是佛法,生成的是对佛境的正确悟解。"师子"为相,表示"无明";"金体"喻的是真如实体,"具障(彰)真性"。"阿赖识"即阿赖耶识,又名心、藏识、本识、根本识、种子识、异熟识、第八识等,意译为藏,有能藏、所藏、执藏三义,方立天先生注释:"能藏是指能藏摄一切事物的种子,所藏是指一切事物把自己的种子藏在阿赖耶识之中,执藏是指七识把它执以为我,而第八识藏此我执。阿赖耶识含藏着一切现象的种子(潜在功能),有着决定现象世界的存在和发展的作用,是产生一切事物的本原。它也是所谓众生轮回业报的主体,它含藏的善恶种子,在成熟时就能招感各种不同的果报,从本质上说,大体上相当于灵魂。"[1]阿赖耶识有觉和不觉两种含义,众生通过其觉克服无明,以达到对事物真性的正确悟解即"生正解"。

第九门从时间维度论有为法。"有为法"与无为法相对,法指一切事物。佛教称由因缘造作而生的有生有灭的一切事物为"有为法"。《金刚经》云:"一切有为法,如梦幻泡影,如露亦如电,应作如是观。""九世",一切事物都有过去、现在、未来,而过去、现在、未来,又可以分为过去、现在、未来,故称为"九世"。此门强调各世融通无碍。

第十门将各门奥秘统统归结为心,说是"各无自性,由心回转"。

这些理论总结起来,就是圆融、灵动。这种思维方式,充分体现着中国式的智慧,既有辩证法,又不只是辩证法,而比辩证法丰富;有相对论,也有绝对论,相对中有绝对,绝对中有相对。这种智慧既从佛教中来,也从中国的传统文化特别是道家思想中来,它既是佛教智慧的中国化,又是中国智慧的佛教化。中国的美学就在这种智慧之中升华,这里,直接与十玄门相关的审美意识至少有三:

第一,审美境界的生成。"十玄门"第一说"金与师子,同时成立",意即本体与现象同时成立。王夫之在谈境界生成时说"即景会心""因景因情,自然灵妙""初非想得:则禅家所谓现量也"(《姜斋诗话·卷二》),这"现量"说为佛教法相宗理论,《相宗络索》云:"现量,现者有现在义,有现成义,有显现真实义。现在不缘过去作影;现成一触即觉,不假思量计较;显现真实,乃彼之体性本自如此,

---

[1] 〔唐〕法藏著,方立天校释:《华严金师子章校释》,中华书局1983年版,第100页。

显现无疑,不参虚妄。"但此种说法与华严宗"十玄门"的第一门"同时具足相应门"也是一致的。

第二,审美境界的有无虚实关系。"十玄门"中虚实显隐关系十分复杂,其基本点是一即多、虚即实、显即隐、矛盾的统一、相得、相生、相融,非常灵动。中国美学中的审美境界,其构成元素景与情的关系也是如此。正如王夫之所云:"情景本为二,而实不可离。神于诗者,妙合无垠,巧者则有情中景,景中情。""景以情合,情以景生。"(《姜斋诗话·卷二》)景情构成的境界,其意味由有限走向无限,如晚唐司空图所说"象外之象,景外之景",有"味外之旨",具"韵外之致"。这种情状与"十玄门"说的"重重无尽,犹天帝网珠"很相似。

第三,境与心的关系。"十玄门"的最后一门"唯心回转善成门",强调万法归心,境由心造,这也是中国美学关于境界创造的重要理论,如近代著名思想家梁启超就提出"境由心造"说。

六、华严宗思想及美学价值的总体评价

在佛教中国化的过程中,华严宗功不可没。这在很大程度上,决定于华严宗的缔造者杜顺法师、智俨法师、法藏法师、澄彻法师、宗密法师等对于儒道释三家关系的认识。他们不是执意地要寻找三家的对立,尽管事实上三家的对立也是存在的。他们努力要做的是寻找三家的共同点,并在寻找共同点的过程中,将儒、道两家思想的一些精华吸取过来,对佛教作切合中国人需要的阐释。

裴休为宗密法师《华严原人论》所写的序言中有一段文字,很能见出华严宗在这方面的认识:

> 万灵蠢蠢,皆有其本;万物芸芸,各归其根。未有无根本而有枝末者也,况三才中之最灵而无本源乎? 且知人者智,自知者明,我今禀得人身,而不自知所从来,曷能知他世所趣乎? 故数十年中,学无常师,博考内外,以原自身。原之不已,果得其本。

> 然今习儒道者,只知近者乃祖乃父,传体相续,受得此身;远则混浑一气,剖为阴阳之二,二生天地人三,三生万物,万物与人,皆气为本。习佛法者,但云近则前生造业,随业受报,得此人身;远则业又从惑,展转乃至阿赖耶识,为身根本。皆谓已穷其理,而实未也。

然孔、老、释迦皆是至圣,随时应物,设教殊途,内外相资,共利群
庶。策勤万行,明因果始终;推究万法,彰生起本末。虽皆圣意,而有
实有权。二教惟权,佛兼权实。策万行,惩恶劝善,同归于治,则三教
皆可遵行;推万法,穷理尽性,至于本源,则佛教方为决了……①

此文字耐人寻味,宗密用"三才"论人,说明他已经接受儒家思想,而从文引
《老子》中"一生二,二生三,三生万物"的话来看,则说明他也接受了道家思想。
至于"万物与人,皆气为本",也非佛教思想,而是中国儒道两家共同的观点。宗
密肯定孔子、老子、释迦皆是至圣,而且都以利于群庶为本。既然如此,三教哪
能不相容相生相用呢? 虽然宗密最后强调佛教有胜于儒道之处,那实无关
紧要。

说到佛教的中国化,唐代大乘诸教都有自己的贡献,我们择华严宗来作重
点介绍,只不过以此为代表罢了。更重要的是,就对中国审美意识理论的生成
与建设的意义上来说,华严宗较之别的佛教宗派更多地阐释了佛教的境界,因
而也就为中国古代的审美境界观提供了更多的精神营养。值得我们注意的是,
佛教大乘诸宗,在诸多观点上是相融相通的,如上面提到的法相宗。法相宗
的经典《成唯识论》说:"实相真如谓无二我所显实性""二空所显圆满成就诸法
实性名圆成实"。又《解深密经》云:"复有诸法圆成实性,亦名胜义无自性。"这
些观点与华严宗"十玄门"如出一辙。又如三论宗,三论宗也强调"实相",实相
即真如,而色即幻相。三论宗的《中观论·涅槃经》说:"诸佛依二谛为众生说
法:一以世俗谛,二第一义谛。若人不能知,分别于二谛,则于深佛法不知真实
义。"关于此句经文的理解,高观如居士说:"所谓二谛者,法体本空,说名真谛;
万法假有,说名俗谛。因俗谛故,不动真际,建立诸法;因真谛故,不坏假名,而
说实相。所谓'一空宛然而有,有宛然而空',又谓'色即是空,空即是色',即是
此意。"这种对于空与有、色与空的认识不是与华严宗一般无二? 天台宗创"三
谛圆融"说,三谛为空、假、中三谛,《法华玄义》说:"一实谛即空即假即中,无二
实异。"又说:"实相即空即假即中。即空故名一切智,即假故名道种智,即中故
名一切种智。三智实在一心中得。"此种说法与华严宗也是相通的。天台宗提
出"十法界"说,虽然具体内容与"十玄门"异,但它们都重视"十",而且更重要的

---

① 赖永海:《佛典辑要》,中国人民大学出版社 2007 年版,第 246 页。

是，"十法界"说与"十玄门"说一样，最后都归结为心。天台宗大师智顗在《摩诃止观》卷五上说："夫一心具十法界，一法界又具十法界。一界具三十种世间，百法界即具三千世间。此三千在一念心，介尔有心，即具三千。"此说与"十玄门"的第十玄门"唯心回转善成门"完全一致。禅宗的精神也与华严宗完全相通，只是将程序大大地简化了。

中国古代审美意识建构的基础有三个：儒、道、释。如果说，儒家重在审美的社会价值，道家重在审美的自然品格，那么，佛教则重在心——境的开发。境界是中国古代审美意识的最高范畴，所以，从某种意义上讲，是佛教最终成就了中国古代审美意识的建构。

主要参考文献

《四书五经》,中华书局,2009。

《佛教十三经》,中华书局,2010。

《道藏》,文物出版社,上海书店,天津古籍出版社,1988。

〔清〕阮元校释,《十三经注疏》,中华书局,1980。

杨伯峻译注,《论语译注》,中华书局,1980。

钱穆,《论语新解》,台湾商务印书馆,1965。

陈鼓应注译,《庄子今注今译》,中华书局,1983。

〔清〕郭庆藩辑,王孝鱼整理,《庄子集释》,中华书局,1961。

周振甫译注,《周易译注》,中华书局,1991。

〔汉〕司马迁撰,〔宋〕裴骃集解,〔唐〕司马贞索隐,〔唐〕张守节正义,《史记》,中华书局,1959。

〔魏〕王弼注,楼宇烈校释,《老子道德经注校释》,中华书局,2008。

〔魏〕嵇康著,戴明扬校注,《嵇康集校注》,中华书局,2014。

〔晋〕陆机著,张少康集释,《文赋集释》,人民文学出版社,2002。

王明,《抱朴子内篇校释》,中华书局,1985。

杨明照,《抱朴子外篇校释》,中华书局,1991。

〔梁〕刘勰著,范文澜注,《文心雕龙注》,人民文学出版社,1958。

〔梁〕真谛译,高振农校释,《大乘起信论校释》,中华书局,1992。

〔隋〕王通撰,〔宋〕阮逸注,《中说》,台湾中华书局,1979。

〔唐〕魏徵、令狐德棻,《隋书》,中华书局,1973。

董志翘译注,《大唐西域记》,中华书局,2011。

〔唐〕吴兢撰,谢保成集校,《贞观政要集校》,中华书局,2009。

〔唐〕李林甫等撰,陈仲夫点校,《唐六典》,中华书局,2014。

〔唐〕杜佑撰,王文锦等点校,《通典》,中华书局,1988。

〔唐〕高彦休,《唐阙史》,四库全书文渊阁本。

〔唐〕李吉甫撰,贺次君点校,《元和郡县图志》,中华书局,1983。

〔唐〕封演撰,李成甲校点,《封氏闻见记》,辽宁教育出版社,1998。

〔唐〕刘𝗑、〔唐〕张鷟撰,《隋唐嘉话·朝野佥载》,程毅中、赵守俨点校,中华书局,1979。

〔唐〕刘肃撰,许德楠、李鼎霞点校,《大唐新语》,中华书局,1984。

刘俊文,《唐律疏议笺解》,中华书局,1996。

〔唐〕卢照邻著,李云逸校注,《卢照邻集校注》,中华书局,2005。

〔唐〕张九龄撰,熊飞校注,《张九龄集校注》,中华书局,2008。

〔唐〕王昌龄著,胡问涛、罗琴校注,《王昌龄集编年校注》,巴蜀书社,2000。

高文、王刘纯选注,《高适岑参选集》,上海古籍出版社,1988。

〔唐〕陈子昂著,徐鹏校点,《陈子昂集》,上海古籍出版社,2013。

吴受琚辑释,俞震、曾敏校补,《司马承祯集》,社会科学文献出版社,2013。

〔清〕王琦注,《李太白全集》,中华书局,1977。

〔唐〕杜甫著,谢思炜校注,《杜甫集校注》,上海古籍出版社,2016。

〔唐〕王维,〔清〕赵殿成笺注,《王右丞集笺注》,上海古籍出版社,1984。

王克让,《河岳英灵集注》,巴蜀书社,2006。

〔唐〕张籍撰,徐礼节、余恕诚校注,《张籍集系年校注》,中华书局,2011。

〔唐〕韩愈,《韩昌黎全集》,中国书店,1991。

〔唐〕韩愈著,钱仲联、马茂元校点,《韩愈全集》,上海古籍出版社,1997。

《柳宗元集》,中华书局,1979。

顾学颉校点,《白居易集》,中华书局,1979。

〔唐〕元稹撰,冀勤点校,《元稹集》,中华书局,1982。

〔唐〕皎然著,李壮鹰校注,《诗式校注》,人民文学出版社,2013。

〔唐〕李贺,〔清〕王琦等注,《李贺诗歌集注》,上海人民出版社,1977。

〔唐〕李德裕,《李卫公会昌一品集 别集 外集 补遗》,中华书局,1985。

孙望编著,《韦应物诗集系年校笺》,中华书局,2002。

〔唐〕杜牧著,陈允吉校点,《樊川文集》,上海古籍出版社,2007。

郑在瀛注,《李商隐诗集今注》,武汉大学出版社,2001。

〔唐〕司空图著,郭绍虞集解,《诗品集解》,人民文学出版社,1963。

祖保泉、陶礼天笺校,《司空表圣诗文集笺校》,安徽大学出版社,2002。

〔唐〕段成式,《寺塔记》,人民美术出版社,1964。

〔唐〕段成式撰,方南生点校,《酉阳杂俎》,中华书局,1981。

〔唐〕张彦远著,秦仲文、黄苗子点校,《历代名画记》,人民美术出版社,1963。

〔唐〕张彦远,《法书要录》,人民美术出版社,1986。

〔唐〕崔令钦撰,任半塘笺订,《教坊记笺订》,中华书局,2012。

〔唐〕韦述、杜宝撰,辛德勇辑校,《两京新记辑校 大业杂记辑校》,三秦出版社,2006。

〔唐〕法藏著,方立天校释,《华严金师子章校释》,中华书局,1983。

丁福保笺注,《坛经》,上海世纪出版集团,2011。

杨曾文校写,《六祖坛经》,宗教文化出版社,2011。

〔唐〕释慧琳、〔辽〕释希麟,《正续一切经音义》,上海古籍出版社,1988。

〔唐〕宗密主编,邱高兴校释,《禅源诸诠集都序》,中州古籍出版社,2008。

〔唐〕杜光庭撰,罗争鸣辑校,《杜光庭记传十种辑校》,中华书局,2013。

〔后晋〕刘昫等,《旧唐书》,中华书局,1975。

〔五代〕王定保撰,阳羡生校点,《唐摭言》,上海古籍出版社,2012。

〔宋〕欧阳修、宋祁等,《新唐书》,中华书局,1975。

〔宋〕王溥,《唐会要》,上海古籍出版社,1991。

〔宋〕王溥,《五代会要》,上海古籍出版社,2006。

〔宋〕范祖禹,《唐鉴》,上海古籍出版社,1980。

〔宋〕司马光,《资治通鉴》,中华书局,2007。

〔宋〕李昉等编,《太平广记》,中华书局,1961。

〔宋〕苏轼,《东坡题跋》,中华书局,1985。

〔宋〕沈括著,侯真平校点,《梦溪笔谈》,岳麓书社,2002。

〔宋〕郭茂倩编撰,聂世美、仓阳卿校点,《乐府诗集》,上海古籍出版社,1998。

〔宋〕计有功,《唐诗纪事》,上海古籍出版社,2013。

〔宋〕黄休复,《益州名画录》,人民美术出版社,1964。

〔宋〕郭若虚,《图画见闻志》,上海人民美术出版社,1964。

〔宋〕魏泰、马永卿撰,田松青校点,《东轩笔录 嬾真子录》,上海古籍出版社,2012。

〔宋〕王谠撰,周勋初校证,《唐语林校正》,中华书局,1987。

〔宋〕王灼著,岳珍校正,《碧鸡漫志校正》,人民文学出版社,2015。

〔宋〕宋敏求、〔元〕李好文著,辛德勇、郎洁点校,《长安志·长安志图》,三秦出版社,2013。

〔宋〕普济著,苏渊雷点校,《五灯会元》,中华书局,1992。

〔宋〕志磐撰,释道法校注,《佛祖统纪校注》,上海古籍出版社,2012。

〔元〕辛文房著,王大安校订,《唐才子传》,黑龙江人民出版社,1986。

〔元〕汤垕,《画鉴》,人民美术出版社,1959。

〔元〕骆天骧撰,黄永年点校,《类编长安志》,三秦出版社,2006。

〔明〕沈德符,《万历野获编》,中华书局,1959。

〔明〕曹臣编,《舌华录》,中州古籍出版社,2007。

〔明〕计成原著,陈植注释,杨伯超校订,陈从周校阅,《园冶注释》,中国建筑工业出版社,1988。

〔明〕王世贞著,罗仲鼎校注,《艺苑卮言校注》,齐鲁书社,1992。

〔明〕胡震亨,《唐音癸签》,上海古籍出版社,1981。

〔明〕董其昌著,邵海清点校,《容台集》,西泠印社出版社,2012。

〔清〕董诰等编,《全唐文》,中华书局,1983。

〔清〕陈鸿墀笺,《全唐文纪事》,中华书局,1959。

《全唐诗》,中华书局,1960。

《全上古三代秦汉三国六朝文》,河北教育出版社,1997。

曹方人、周锡山标点,《金圣叹全集》,江苏古籍出版社,1985。

〔清〕叶燮、沈德潜著,孙之梅、周芳批注,《原诗·说诗晬语》,凤凰出版社,2010。

〔清〕王夫之著,戴鸿森笺注,《姜斋诗话笺注》,人民文学出版社,1981。

〔清〕沈德潜编,李克和等校点,《唐诗别裁集》,岳麓书社,1998。

〔清〕王士禛撰,靳斯仁点校,《池北偶谈》,中华书局,1982。

〔清〕孙岳颁、王原祁等编,《佩文斋书画谱》,光绪九年上海同文书局版,中国书店1984年影印。

〔清〕钱泳撰,张伟校,《履园丛话》,中华书局,1979。

〔清〕刘熙载,《艺概》,上海古籍出版社,1978。

〔清〕徐松撰,李健超增订,《增订唐两京城坊考(修订版)》,三秦出版社,2006。

〔清〕徐松辑,高敏点校,《河南志》,中华书局,1994。

王国维,《宋元戏曲史》,中华书局,2015。

杨荫浏、阴法鲁,《宋 姜白石创作歌曲研究》,人民音乐出版社,1957。

王明,《太平经合校》,中华书局,1960。

范文澜,《中国通史简编(修订版)》,人民出版社,1965。

郭绍虞主编,《中国历代文论选》,上海古籍出版社,1979。

《鲁迅全集》,人民文学出版社,2005。

北京大学哲学系美学教研室编,《中国美学史资料选编》,中华书局,1981。

陆侃如、冯元君,《中国诗史》,人民文学出版社出版,重庆出版社重印,1983。

钱锺书,《谈艺录(补订本)》,中华书局,1984。

刘敦桢主编,《中国古代建筑史(第二版)》,中国建筑工业出版社,1984。

蒙文通,《古学甄微》,巴蜀书社,1987。

葛兆光,《想象力的世界——道教与唐代文学》,现代出版社,1990。

顾伟康,《禅宗:文化交融与历史选择》,知识出版社,1990。

陕西省博物馆编:《隋唐文化》,学林出版社,1990。

《华严经今译》,中国社会科学出版社,1994。

刘梦溪主编,《中国现代学术经典·鲁迅 吴宓 吴梅 陈师曾卷》,河北教育出版社,1996。

章太炎,《国学概论》,上海古籍出版社,1997。

牟宗三,《中西哲学之会通十四讲》,上海古籍出版社,1997。

孙映逵主编,《全唐诗流派品汇》,北岳文艺出版社,1998。

闻一多,《唐诗杂论》,上海古籍出版社,1998。

任继愈,《汉唐佛教思想论集》,人民出版社,1998。

傅抱石,《中国绘画变迁史纲》,上海古籍出版社,1998。

李翎,《佛教造像量度与仪轨》,宗教文化出版社,1998。

周祖譔编选,《隋唐五代文论选》,人民文学出版社,1999。

王纯五译注,《洞天福地岳渎名山记全译》,贵州人民出版社,1999。

龙晦、徐湘灵、王春淑、廖勇译注,《太平经全译》,贵州人民出版社,1999。

岑仲勉,《隋唐史》,湖北教育出版社,2000。

上海古籍出版社编,《唐五代笔记小说大观》,上海古籍出版社,2000。

梁启超,《论中国学术思想变迁之大势》,上海古籍出版社,2001。

柳诒徵,《中国文化史》,上海古籍出版社,2001。

张春记编,《谢稚柳谈艺录》,河南美术出版社,2001。

王伯敏、任道斌主编,《画学集成》,河北美术出版社,2002。

王伯敏、任道斌、胡小伟主编,《书学集成》,河北美术出版社,2002。

王永平:《道教与唐代社会》,首都师范大学出版社,2002。

叶朗总主编,《中国历代美学文库》,高等教育出版社,2003。

王铎,《中国古代苑园与文化》,湖北教育出版社,2003。

《太虚大师全书》,宗教文化出版社,2004。

蒋维乔,《中国佛教史》,上海古籍出版社,2004。

詹石窗,《道教文化十五讲》,北京大学出版社,2004。

何清谷,《三辅黄图校释》,中华书局,2005。

吕澂,《印度佛学源流略讲》,上海世纪出版集团,2005。

牟宗三,《生命的学问》,广西师范大学出版社,2005。

辛德勇,《隋唐两京丛考》,三秦出版社,2006。

赵北燕南、曲世宇编,《禅海灯塔》,甘肃民族出版社,2006。

刘再生,《中国古代音乐史简述》,人民音乐出版社,2006。

关也维,《唐代音乐史》,中央民族大学出版社,2006。

李松、[美]安吉拉·法尔科·霍沃、杨泓、巫鸿等,《中国古代雕塑》,外文出版社,2006。

赖永海,《佛典辑要》,中国人民大学出版社,2007。

范文澜,《唐代佛教》,重庆出版社,2008。

《陈寅恪集·金明馆丛稿初编》,生活·读书·新知三联书店,2009。

汤麟编著,《中国历代绘画理论评注·隋唐五代卷》,湖北美术出版社,2009。

汤用彤,《隋唐佛教史稿》,北京大学出版社,2010。

梁思成著,林洙编,《佛像的历史》,中国青年出版社,2010。

许地山,《许地山讲道教》,凤凰出版社,2010。

丁福保编,《佛学大辞典》,上海书店,1991。

王安潮,《唐代大曲的历史与形态》,中央音乐学院出版社,2011。

陶敏主编,《全唐五代笔记》,三秦出版社,2012。

方东美,《华严宗哲学》,中华书局,2012。

王小盾,《隋唐音乐及其周边》,上海音乐学院出版社,2012。

[德]康德,《判断力批判》,宗白华译,商务印书馆,1964。

[德]黑格尔,《美学》,朱光潜译,商务印书馆,1979。

[法]丹纳,《艺术哲学》,傅雷译,人民文学出版社,1983。

[日]铃木大拙、[美]弗洛姆,《禅与心理分析》,孟祥森译,中国民间文艺出版社,1986。

[英]李约瑟,《中国科学技术史》,科学出版社,上海古籍出版社,1990。

[英]崔瑞德编,《剑桥中国隋唐史》,中国社会科学院历史研究所西方汉学研究课题组译,中国社会科学出版社,1990。

[日]小林正美,《中国的道教》,王皓月译,齐鲁书社,2010。

［英］巴瑞特，《唐代道教——中国历史上黄金时期的宗教与帝国》，曾维加译，齐鲁书社，2012。

［日］气贺泽保规，《绚烂的世界帝国：隋唐时代》，石晓军译，广西师范大学出版社，2014。

［日］遍照金刚撰，卢盛江校考，《文镜秘府论汇校汇考（修订本）》，中华书局，2015。

后 记

　　本书是国家社会科学基金重点项目"唐代审美意识研究"的最终成果。项目本名为"中国审美意识通史"，原为 2011 年度国家社会科学基金重大项目，后改为重点项目获准立项，批准号 11AZD053（项目主持人：陈望衡）。考虑到项目研究规模太大，时间跨度太长，涉及的问题太复杂，按照国家社科基金重点项目的要求，参考答辩时评审专家提出的建议，我们课题组决定适当缩小研究规模，截取在中国审美意识发展演变过程中具有特出意义的唐代审美意识作为研究对象，改为"唐代审美意识研究"，报国家社科基金办审批同意。本书《大唐气象——唐代审美意识研究》即为已经结项了的原"中国审美意识通史"项目的研究成果。

　　唐代是中华民族历史上最值得骄傲的时代之一。国力强大，文化繁荣，众所周知。之所以如此，原因很多，最为重要的是这样两条：第一，正道治国，文武并举。唐帝国是靠武力打下天下的，但又是以文治安定天下的。唐帝国一直奉行着正道治国战略，所谓正道，就是文武并举。在唐帝国的青史上，涌现了一大批彪炳史册的人物，他们中有深谋远虑、安邦定国的能臣贤相，有叱咤风云、开疆拓土、保家卫国的良帅猛将，更有诸多才华横溢、创力非凡的文学艺术家。若要研究长达五千年的中国历史，特别是近三千年的中国历史，就必须把延续了近三百年的唐代作为一个特别重要的时代来考量。就治国方面来说，唐代实际上是将文武之道处理得比较恰当的时代。第二，开放治国，海纳百川。唐帝国有着可贵的文化自信，既坚持华夏本位的主体意识，又有着自觉的开放意识。

于内,中国传统文化中的儒、道、佛三家,除个别帝王当政时期有所偏颇外,基本上能做到各用其所长,而忽略其所短。于外,唐帝国允许外域乃至外国的文化进入,拜火教、基督教(进入中国之一支称为景教)在都城长安均有自己的活动场所,各种来自域外的胡乐、胡舞在长安城受到热捧,正是在这样的背景下,才产生了《霓裳羽衣舞》这样堪称唐朝文化标志之一的伟大作品。由于唐帝国秉持开放国策,唐帝国的首都长安成为当时世界上规模最大且最具开放性的国际大都市。在长安,随处可以看到来自异域异国的商贾使者,遇到来自他国特别是日本、韩国的留学生,还有诸多别具风情的异域舞女歌手。而且,联系中国与世界的经济彩带——"丝绸之路"也开始于唐朝。应该说,于人类发展具有重大意义的全球化意识就开始于唐朝。

正是这种在当时看来非常先进的治国理念和国家发展策略,造就了唐帝国强大的国力和繁荣的文化。唐帝国的欣欣向荣、文明昌盛,在它的文学艺术中得到了最为鲜明、最为生动和最具身心冲击力的形象展现。我们将这种具有美学意味的展现称为"大唐气象"。大唐气象的本质是大唐精神:开拓,进取,开放,融会,胸怀天下,自强不息!

本书作为中国审美意识史的断代研究,与众多断代美学史的写法不同。这种不同主要在于,它不是只对唐代的审美理论进行梳理,而是同时兼顾到唐代的审美实践或审美文化。这就是:将审美理论与审美实践两个方面结合在一起,萃取其中最具代表性和典型意义的审美思潮、观念、趣味和标准,将它们统属于"审美意识"这一总的范畴。本书的研究对象为唐代的审美意识。由于唐代审美文化的表现形式多种多样,发展水平也不平衡,故本书在写作思路上对唐朝审美理论与审美实践的评介有所侧重,也有所忽略,而不平均着力,面面俱到,目的是希望能比较准确地勾勒出唐代审美意识的总体轮廓和发展轨迹,描绘出唐帝国独特而鲜明的审美气象。

本书由课题负责人陈望衡教授与范明华教授统筹。全书执笔情况如下:

陈望衡:绪论、第一章、第二章、第三章、第四章、第五章、第九章、第十六章第四至五节。

范明华:第六章、第七章、第八章、第十四章。

李纯:第十一章、第十二章、第十三章。

丁利荣:第十五章、第十六章第一至三节。

李珊：第十章。

全书最后由陈望衡、范明华统稿。

陈望衡

2017 年 4 月 1 日于武汉大学